功能材料学概论

马如璋 蒋民华 徐祖雄 主编

北 京
冶 金 工 业 出 版 社
2017

内 容 简 介

本书是由材料领域各分支有关专家集体编写而成的学术专著，内容包括金属的、陶瓷的、有机的和复合的功能材料，此外还涉及若干新型或特殊功能材料，如功能晶体和玻璃材料、电子材料、半导体材料、超导体材料、减振材料、形状记忆材料、非晶材料、纳米材料、生物医学材料、智能材料等等。本书着重阐明材料的功能原理，兼顾特殊的工艺、典型品种及其应用，并有图表简洁地介绍了若干重要资料。本书的特点在于把功能材料作为一门科学分支阐述，论述严谨，系统性强，反映了"功能材料学"的最新面貌，是使用"功能材料学"作为书名的第一批书籍之一。

本书适于材料、机械、信息工程、汽车制造、电子及自动化、生物医学材料、航空航天、冶金、智能公路、固体物理和化学等领域的学者、工程师、研究生和本科生阅读，特别是对于与"大材料科学"有关的教师、工程技术人员有重要的参考应用价值。

图书在版编目（CIP）数据

功能材料学概论/马如璋，蒋民华，徐祖雄主编 . —北京：
冶金工业出版社，1999.9（2017.2 重印）
ISBN 978-7-5024-2299-8

Ⅰ.①功⋯ Ⅱ.①马⋯ ②蒋⋯ ③徐⋯ Ⅲ.①功能材料
Ⅳ.①TB34

中国版本图书馆 CIP 数据核字（2017）第 029869 号

出 版 人 谭学余
地 址 北京市东城区嵩祝院北巷 39 号 邮编 100009 电话 （010）64027926
网 址 www.cnmip.com.cn 电子信箱 yjcbs@cnmip.com.cn
责任编辑 王雪涛 美术编辑 熊晓梅 责任校对 刘 倩 责任印制 牛晓波
ISBN 978-7-5024-2299-8
冶金工业出版社出版发行；各地新华书店经销；北京虎彩文化传播有限公司印刷
1999 年 9 月第 1 版，2017 年 2 月第 3 次印刷
787mm×1092mm 1/16；38.25 印张；926 千字；592 页
109.00 元

冶金工业出版社 投稿电话 （010）64027932 投稿信箱 tougao@cnmip.com.cn
冶金工业出版社营销中心 电话 （010）64044283 传真 （010）64027893
冶金书店 地址 北京市东四西大街 46 号（100010） 电话 （010）65289081（兼传真）
冶金工业出版社天猫旗舰店 yjgycbs.tmall.com
（本书如有印装质量问题，本社营销中心负责退换）

前　言

20 世纪 80 年代我国开始引入高技术一词，1986 年初制定的《高技术研究发展计划纲要》评选列入的新材料技术中，新的功能材料占据重要地位。随着高技术的进展，一些具有特殊功能的材料，如新型电子材料、光学材料、磁性材料、智能材料、隐身材料、能源材料和生物材料等日益受到重视并快速发展，成为新材料的研究开发重点。不少人在不少地方提到过功能材料，但还没有提出"功能材料学"的论点。我们觉得，把功能材料作为高技术的一个分支来较深入地阐述，提出"功能材料学"是学科发展的必然趋势，具有很高的学术意义和应用价值。

"功能材料学"作为一门学科尚在形成过程之中。提出"功能材料学"，除了基于"功能材料"的快速发展和日益受到重视外，还基于这一领域的学者日益自觉或不自觉地认识到它是多学科、多种新技术和新工艺交叉融合的产物。例如，智能材料就被认为是多种学科和技术（纳米技术、生物技术、信息技术、神经网络学、微致动器技术、光子学、物理学、化学、仿生学等等）的集成化和融合化的结果。近年来，有关新材料特别是新功能材料的书籍频频出版，说明功能材料学作为专著编撰出版是很有必要的。

我国过去专业教育面窄。为了适应知识经济的发展和科学技术发展中的各学科的融合穿插，拓宽并提高科技人员、大学生和研究生的知识面是十分必要的。为此，作者编撰了《功能材料学概论》，它是包容金属、无机非金属、有机、复合等多种类型功能性材料的学术专著。本书所包含的功能材料从化学键性质来说涵盖了：金属的、无机非金属的、有机高分子的、多种复合的等。另外，对具有特种结构的新兴功能材料如纳米材料、智能材料、生物医学材料等特殊功能材料也做了介绍。全书分为 6 篇 24 章，邀请了有关专家撰写，各章包括功能原理、主要性能参数、典型品种、应用和展望等几部分内容。本书是"大材料学科"方面的新著作，适于广大的科技工作者、大学本科生及研究生阅读。

本书各章的作者为：马如璋（绪论、第 23 章），平爵云、马如璋（第 1 章），周寿增、高学绪（第 2 章），李阳、王耘波（第 3 章），张正义（第 4 章），殷声（第 5 章），邵宗书（第 6 章），马纪东、马如璋（第 7 章），张秋禹（第 8、9、10 章），蒋民华、王继扬、邵宗书（第 11 章），王继扬、蒋民华、邵宗书（第 12 章），蒋民华、王继扬、邵宗书（第 13 章），王继扬、邵宗书、蒋民华（第 14、15 章），肖耀福（第 16 章），徐祖雄（第 17 章），刘涛、徐祖雄（第 18 章），陈洪、徐祖雄（第 19 章），王燕斌（第 20 章），吴杏芳（第 21 章），马如璋、鲁燕霞（第 22 章），孙福玉（第 24 章）。

有关功能材料学图书的编撰本书可说是首次尝试，故难免存在这样那样的问题和缺点，尚望读者和有关专家提出宝贵意见，以便今后修改提高。

马如璋、蒋民华、徐祖雄

1998 年 11 月

目　录

第1篇　功能金属材料

第 2 篇　功能无机非金属材料

第 3 篇　功能高分子材料

第4篇 功能晶体材料

第5篇　功能复合材料

第 6 篇　具有特殊结构的功能材料

绪 论

21 世纪人类文明的重要支柱[1~3]——功能材料

人类从猿人发展为现代人、发展到有文字记载的文明人的历史，可以说就是一部材料和技术的演变史。我国是一个文明古国，中华民族在材料的开发应用方面也谱写了世界史中的光辉篇章。丝绸之路闻名世界，至今为人称道，它就是把中华民族发现、发展的丝绸材料和制品推向世界的见证。相传五千年前黄帝时便发明了养蚕造丝。比丝绸更早的，在史前文化中便有了陶器的制作，并逐渐发展为世界闻名的中国瓷器文化。我国的青铜器文化也很有名，相传蚩尤就曾炼铜制剑。我们从图 1 中可以看到人类人口的增长、材料技术进步和人类文明发展之间的密切关系。人类从利用自然界的石块，经过炼铜、制铁，发展到制作硅材料和高分子材料等；而技术上也从用手、骨工具、陶器、蒸汽机到利用计算机；

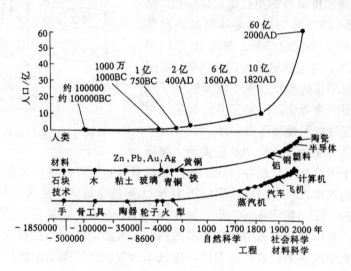

图 1　人类、材料和技术的演变史

知识上也从各种直观认识发展到自然科学和社会科学的各门学科。人们现在常谈到现代社会中信息、能源和材料的重要。据估计到 2000 年新材料的年产值将达到数千亿元人民币（数百亿美元）。对于新材料并没有公认的确切定义。简短地、不太严格地说法可以表述为"在最近将达到实用化的高功能材料"。有些材料早就被发现了，但一直未能达到实际应用的阶段就不能叫做新材料。一般认为新材料有晶须材料、非晶材料、超塑性合金、形状记忆材料、功能陶瓷、功能有机材料、超导材料、碳纤维、能量转换材料等。新材料发展的重点已经从结构材料转向功能材料。1986 年我国制定了《高技术发展计划纲要》，被评选列入的七个技术群是生物技术、信息技术、激光技术、航天技术、自动化技术、新能源技术和新材料技术。包括新材料技术在内的高技术代表着科学技术发展的前沿，它在社会进步和经济发展中发挥着巨大的作用，并对增强综合国力有着重要意义。科学技术是第一生产力的观点，就是前述看法的高度概括和科学论断。

高温超导现象的发现到高温超导材料的发展、实用化和商业化是新材料发展的一个良好例子。对高温超导材料的认识并不是稳定的、一帆风顺的[4~6]。从 1986 年发现起，先是在热潮推动下，认为高温超导材料带动的技术革命就要很快到来。两、三年后变为较为冷静的乐观，再下来就是失望，各国政府和企业对超导研究开发投资都缩减了。最近三、四年来人们对超导材料的应用前景的认识可以说是逐渐走向成熟。美国和日本等都在努力开发应用。1995 年美国国立洛斯阿拉莫斯实验所的科学家已经把高温超导体制成柔韧的细带状，其导电性是铜丝的 1200 多倍，没有电阻。1996 年日本住友电气公司制出了长 1000m 的高温超导线材，其电流密度达到 16000A/cm^2。不少人认为这种线材达到了实用化的水平。可应用的领域有输电导线、电力储存装置、发生强磁场的超导磁体、体积小功率大的电动机、磁悬浮列车以及能让医生观察人体内部情况的手持扫描机等。从 1994 年起美国便加快超导体产业商业化步伐。据有关人士估计到 2000 年高温超导体可能会发展成为 80 亿到 120 亿美元的产业，并在 10 年内使高压输电线的 20% 可能被更换为超导体的。薄膜高温超导体正以最快的步伐迈入小规模微电子领域，即薄膜应用的商业化。一些工业分析家认为最终的市场可能导线和薄膜各占一半。到 2010 年全球超导体产值可能达 600 到 900 亿美元。发展

图 2   超导材料应用的树状图

速度可能不慢于生物技术。超导体应用的广阔前景可从图 2 的树状分布上看到一斑。

再如太阳能电池材料也是在快速发展中[5]。太阳能电池多半是由半导体材料构成，所用的材料主要有硅（Si）、硫化镉（CdS）、碲化镉（CdTe）等。硅是用于太阳能电池的世界上最丰富的材料，可以是非晶态的，也可是晶态的。太阳能技术的主要改进在于电池的实际性能，在于把光变成电力的效率。据说本田汽车上用的太阳能电池能把照到电池板上的光能的 24% 变成电能。参加三年一次太阳能汽车邀请赛上的汽车，有的平均时速达 90 公里。发动机装在车轮上（为了减少中间传动消耗）的太阳能汽车的时速已达 110 公里。

功能材料制备用的新方法[4,6]

用于功能材料制备的新方法很多。例如：快速凝固、镀膜、超晶格、机械合金化、溶胶-凝胶、极限（极高温、高压、高真空、失重等）条件下制备的方法、复合及杂化、晶须及大单晶制备法等等。这些方法的发展与使用加快了新品种的开发和质量的提高。

举几个以后章节中将会多少提及的溶胶-凝胶和复合、杂化工艺例子，粗略说明一下新方法所开创的广大可能性。

溶胶-凝胶方法   在溶胶-凝胶方法中常是把含有 Si、Al、Ti、B 等网络形成元素的烃氧

化物作为母体，以添加碱或酸作催化剂，在酒精溶液中使烃氧化物水解，浓聚而形成—M—O—M—链的无机氧化物网络

$$Si(OR)_4 + xH_2O \longrightarrow Si(HO)_x(OR)_{4-x} + xROH$$

$$n[Si(OH)_x(OR)_{4-x}] \longrightarrow nSiO_2 + n(x-2)H_2O + n(4-x)R(OH)$$

改变母体的化学成分和生成条件，就可改变冷凝物的拓扑结构，可从无水氧化物的致密球变为稀疏的分枝状结构，以满足特定的使用要求。无水氧化物具有可以控制微孔尺寸、微孔体积、折射率和化学性质的特点。这对于高技术的应用是有利的。

快淬快凝技术　通过快淬快凝工艺可以得到在常规条件下的亚稳相。亚稳相可以是材料的使用状态，也可能是为得到好性能的中间状态。在自然界中，亚稳相是很常见的。从亚稳相到平衡态的转变不少情况下是非常缓慢的，因此实际上可以把亚稳状态的材料看作是平衡态来使用。材料学家利用这种动力学差别而设计并加工制造了许多非平衡材料，扩大了可获得有用材料的范围。例如我国考古学家发现 3000 多年前的剑具有亚稳相渗碳体而不是碳的平衡态石墨，有的剑还具有马氏体的组织形貌。杜维兹（Duwez）发展了在 20 世纪 50 年代就广泛应用的快速凝固技术。若从能量方面来说，许多亚稳态的能量比稳态的高得不多，只有 0.01eV/原子。现在准晶这一名词已有相当多的物理和材料学者知晓并使用。它的发现就是通过研究含有过渡元素的铝合金的快凝组织实现的。谢克曼（Shechtman）于 1983 年看到二十面体的点阵对称性的敏锐电子衍射图。根据晶体学规律二十面体点群是一种在晶体中不能存在的对称性。然而谢克曼发现的具有这种对称性的固体，在许多方面表现得像晶体。麦基（Mackay）造出了准晶格（quasilattice）一词。现在通用准晶（quasicrystal）来称呼这种固体结构。晶体内部的结构是由具有三维周期排列的重复单元所组成的。平移周期性只允许 1、2、3、4、6 次旋转轴的存在，并且只有 32 个晶体学点群是允许的组合。谢克曼的发现所违背的规律并不是以自然界某一基本的不可改变的规律为基础的，而是基于晶体学中公认的前提，即晶体都是三维周期性的。他的发现虽然是在材料研究中实现的，但很快在数学晶体学和化学晶体学、固体物理领域引起了反响，并在相关领域中诱发了蓬勃的发展。准晶材料的实用性也在探索中。准晶的发现也说明了现代电子显微镜的优越性，对于微米级大小的粒子，它便可得到敏锐的电子衍射图。前述二十面体具有十次对称性，旋转样品表明这是六个五次反演轴之一。没有现代电子显微镜这种有力的工具，则为了完成这种研究就需要制做大的晶体。而且如果假设一个足够大的晶胞它总是可以适合于某种模型，则内部结构还是不能惟一性的得到解决（例如可以建议谢克曼得到的衍射是通常晶体周期性的多重孪晶造成的）。继谢克曼之后，各国学者间兴起了关于准晶研究的热潮，在各种合金中又发现了 8 次对称和 12 次对称的准晶结构。有些学者认为在某些合金中准晶也可能是平衡相。

复合和杂化　复合就是把两种以上组分材料组成一种新材料的方法，而杂化的基本思想就是将原子、分子集团在几埃（Å）到几千埃（Å）（1Å = 10^{-10}m）的数量级上进行复合。复合材料的应用非常广泛，在国防和国民经济各部门占有越来越重要的位置，它的应用像一株枝叶繁茂的大树正在茁壮生成，随时都在长出新的枝芽。图 3 就是复合材料应用的树状示意图。从中可以看到它应用的领域是多么广泛。"复合"的朴素思想在我国的六、七千年前生活的"半坡人"就已经懂得了。他们用草和泥混合加工后建房子。这样做成的墙比单用泥或草建造的结实多了。真正的现代复合材料大约有 50 年的历史。复合材料各组分紧

密结合、合理分布、性能互补使得制成的材料比简单混合物强得多。可以用 1+1＞2 的式子来形象地说明复合的神奇效果[5]。

杂化是在纳米数量级上进行，从而使各原材料间的相互作用力与整体复合时不同，引起量子效应、表面能量效应等。这些现象对材料里的载流子的传输过程会产生很大的影响，使杂化材料的电学性质不再是各原材料的电学性质相加后的平均值，而可以说是相乘的结果。可以出现各向异性、超导电性等现象。例如在绝缘性高分子薄膜表面镀上一层薄金属层，以此做成电极进行吡咯的电解聚合，生成的聚吡咯在生成的同时形成了高分子薄膜中的导电通路，从而得到导电薄膜。采用杂化技术，还可以制得具有特殊功能的肖脱基（Schottky）元件和非线性光学有机薄膜等等。杂化技术可以应用于高分子科学领域，也可以广泛地应用于其他领域。在图 4 中绘制了杂化材料的研究开发树状图。从中可以看到它的应用前景是多么广阔。

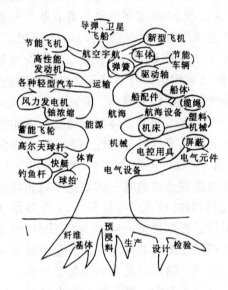

图 3 复合材料应用领域的树状图

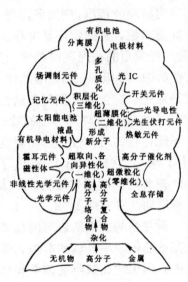

图 4 杂化材料的研究开发树状图

科学发展与新材料探索相互促进

人们在探索新材料时，在科学发展的现阶段，已经不是盲目的，总是在某些已知规律的指导下进行的。这些规律包括数学、物理学、电子学、晶体学、化学等学科中的规律，现在生物技术的发展，仿生学的成就都对这种探索起着重要作用，并且这些规律的应用常以复杂和不寻常方式组合。物质世界丰富的现象都遵从这些规律，而认识这些规律，使材料科学工作者可以估计预测哪些事情是可能的，哪些事情是不可能的。例如不必违背热力学原理去探索永动机的方方面面，进而去发明它。不过在科学发展的各阶段，这些规律的某些说法并不精确，因其局限性而存在例外之处，前述的准晶的发现就是一个例子。在新材料探索中发现的新现象新材料也对旧的观点或理论提出质疑，使它们有必要采取更精确的表述，甚至提出新的理论。贝德诺尔兹和米勒在 1986 年发现了高温氧化物超导体，并因此获得了物理学方面的诺贝尔奖。氧化物超导体的一些特点和现象对传统的 BCS 超导理论提出了挑战，促使物理学家去探索发现新的规律。在宣布超导方面取得突破的今天，在休斯敦召开的高温超导发现十周年（1996 年）纪念会上米勒说，这些材料"有趣极了，把它们怎样工作的过程掩盖得天衣无缝"。也就是说这些物理学家的一致意见是：经过十年研究，从本质上讲仍然没有找到任何线索，去说明高温超导体是怎样完成使电流永远流动而不损失任何能量的。美国的华裔超导专家朱经武也说，他希望在他有生之年能看到解开为什么有超导之谜；看到超导被人类广泛应用；了解超导温度的提高到底有没有限制。总之，材料科学的发展是与各科学分支，特别是固体科学分支的发展密不可分的，具有很强的相互依赖、相互促进作用。在今后十年或几十年内基础物理学的研究和材料学的进展都将会是速度快而意义深远的。一些物理学家认为，在 20 世纪发生了相对论和量子力学两次重要革命后，在物理学领域将迎来第三次革命。在每次革命中，新的理论在基本工具和概念上都与旧理论完全不同，但在某些条件下又与旧理论相似。弦论（String theory，弦论假定物质的基本组成不是点状粒子而是延伸的弦，并在其预测的基础上带来有关统一重力、强核力、弱原子力和电磁力四种重要作用的重要见解）就是这样一种基础物理新理论的萌芽状态。对这种理论的全面阐述具有的革命意义可能与量子力学或者相对论的同样大。这在材料学领域也将迎来重大变化和进展，特别是在量子效应起作用的领域。威斯康星大学材料科学家马克斯·拉加利说，量子效应发挥重大作用的纳米技术，是最后一个未开发的辽阔领域。世界各地有许多科学家都在这领域工作。他们已制造了一些可容纳单个电子、被称为"量子点"的微小结构。电子工业将有可能面临重大转折。

功能材料的分类[5,7]

　　功能材料本身的范围还没有公认的严格的界定，所以对它的分类也就很难有统一的认识。比较常见的分类法有：（1）按材料的化学键分类，功能材料分为功能性金属材料、功能性无机非金属材料、功能性有机材料和功能性复合材料。（2）按材料物理性质分类，这样就有磁性材料、电性材料、光学材料、声学材料、力学材料、化学功能材料等。（3）按功能材料的应用领域分类，这样有电子材料、军工材料、核材料、信息工业用材料、能源材料、医学材料等。不管采用哪一种方法在把千差万别的具体各品种功能材料分类时都会遇到这样或那样的困难。因之在编辑有关功能材料的书籍时，经常把某一两种或多种分类法兼顾采用，或者不提所采用的分类方法，或者说采用了混合分类法。在图 5 中以［利用特性，效果］，［用途的中分类，即功能］，［物性材料举例］，［用途的大分类］和［物件举例］把功能材料进行分类。各项目之间的连线表示特性、功能、用途之间的关系。［利用特性］栏是按材料的特性对材料的功能进行分类；［用途的大分类］栏是按材料的使用目的对材料功能所进行的分类；［用途的中分类］栏列出了材料功能的具体实例。从图中连线的复杂交错就可理解采用某一观点下的分类是多么艰难。

　　本书分为 6 篇，即功能金属材料，功能无机非金属材料，功能有机材料，功能晶体材料，功能复合材料，具有特种结构的功能材料。功能晶体材料独立列出一篇是考虑到它在功能材料中的特殊重要性和现在发展速度很快，若把它分散到各篇中叙述虽然原则上说是可以的，但不易见到它的全貌。具有特殊结构的功能材料一篇是根据新兴功能材料的多样

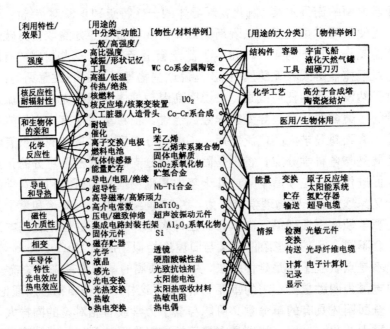

图 5　根据材料的功能进行分类

性，或归类有一定困难而设立的。各篇之下再按功能材料物理性质分章，为了便于叙述，全书采取分章统一编序，并为了减少分章的数目，有些分属在特定篇中的某一分章，把属于另一篇中的相同性质材料的内容也列入本章一起撰写。例如超导材料列入功能金属材料篇，但高温超导体可以认为是由复合氧化物组成，因之应归入功能无机非金属材料篇，但因其基本功能原理与金属超导体是一样的，也是为了撰写方便，把这部分内容一起放入金属篇中来叙述了。

参 考 文 献

1　张杏奎主编. 新材料技术. 江苏：江苏科学技术出版社，1992

2　中国科学技术协会主编. 新材料. 上海：上海科学技术出版社，1994

3　乔松楼，乐俊淮，苏雨生. 新材料技术-科技进步的基石. 北京：中国科学技术出版社，1994

4　发展中的材料研究（Advancing Materials Research. edited by P. A. Psaras，H. Dale Langford. 1987 National Academy Press，Washington，DCUSA）. 杨柯等译. 辽宁：辽宁科学技术出版社，1994

5　赵秦生，胡海南. 新材料与新能源. 北京：轻工业出版社，1987

6　师昌绪主编. 新型材料与材料科学. 北京：科学出版社，1988

7　功能材料及其应用手册编写组. 功能材料及其应用手册. 北京：机械工业出版社，1991

第 1 篇

功能金属材料

功能金属材料是最早为人们认识和利用的功能材料，例如因瓦合金和多种金属磁体的发现和应用已有约百年的历史。目前功能金属材料仍是研究最活跃、开发最有潜力、应用效益极好的高技术新材料领域之一。

功能金属材料中为大家熟知的部分可以叫做传统的功能材料，如电性、磁性、弹性等功能材料。另一部分属于较新发展起来的材料，如非晶合金、储氢合金、形状记忆合金、超塑性合金及金属薄膜等。

本篇主要论述电性、磁性、弹性、膨胀和超导材料。在电性材料一章中简略介绍电子论，这是理解许多功能机理的基础之一。在磁性材料一章中兼述铁氧体磁性材料和金属间化合物磁性材料。在超导材料一章中氧化物高温超导体受到应有的重视并用较大的篇幅来介绍。这种以金属为主兼顾其他的叙述方法是为了压缩全书的篇幅。前面提到的较新功能金属材料将放在第 6 篇中讨论。这有学术角度的考虑，也是为了叙述的方便。例如，形状记忆效应最早是在合金中被观察到并得到开发利用。但是随着科学技术的发展，形状记忆效应也已在无机非金属材料和高分子材料中被观察到，因之形状记忆材料（SMM）的名词就开始逐步取代形状记忆合金这一名词了。其他具有特殊结构的材料也有类似情况。

1 电性材料[1~29]❶

1.1 金属的电导理论

电阻率是材料电性的基本性能之一。如果样品的长度为 L，其横截面积均匀为 S，测出其电阻为 R，则电阻率由下式决定

$$\rho = \frac{RS}{L} \tag{1-1}$$

电阻率 ρ 的倒数为电导率 σ

$$\sigma = \frac{1}{\rho} \tag{1-2}$$

对各向同性的材料来说，ρ 和 σ 为标量，一般来说 ρ 和 σ 是一个张量。表 1-1 列出了室温下一些材料的电阻率

表 1-1　室温下一些材料的电阻率

固　体	电阻率/$\Omega \cdot$ m	固　体	电阻率/$\Omega \cdot$ m
金刚石	10^{12}	纯锗	10
玻璃	10^{10}	镍铬电阻丝	10^{-6}
纯硅	10^{3}	铜	10^{-8}

从表中可以看到它们的电阻率差异极大。不仅如此，材料电阻率与温度的关系也有很大差别，见图 1-1。金属钯和钾的电阻率随温度升高而增加，而半导体锗的电阻率随温度升高而下降，Pd-5%Ag 合金的电阻率随温度变化很小。材料在电性上所以有如此巨大的差异，是由固体中电子的运动规律决定的。[1,2,7]

1.1.1　固体中的电子[3~6]

为了弄清楚材料中的导电电子在外电场下如何运动，首先要了解一下材料中的电子在平衡条件下的一般性质。让我们来比较一下同一种原子当其形成晶体时和处在孤立原子情况下的区别。在孤立原子情况下，电子在原子核的单一力场作用下运动。而当其形成晶体后，电子将在所有晶体中的原子的力场作用下运动，因而电子不再隶属于某个原子核，而是为所有原子核所共有。当一个电子在晶体中运动时，它将受到点阵位置上所有原子核产生的周期性势场的影响，当然它也受到其他电子的影响。一般地可以用"单电子模型"来描述，即每个电子在所有原子核与其他所有电子产生的平均周期性势场中运动。

作为初级近似，如果周期性势场的平均值设为零，这样电子就如同一个自由电子。其动量 $p = \hbar k$，能量 $E = \dfrac{\hbar^2 k^2}{2m}$。再假设自由电子气是限制在边长为 L 的立方体晶体中，那么为要满足周期性边界条件，波矢 k 将受到限制。$k_x = \dfrac{2\pi}{L} n_x$，$k_y = \dfrac{2\pi}{L} n_y$，$k_z = \dfrac{2\pi}{L} n_z$。其中 n_x、n_y、

---

❶　本章 1.5 节和 1.6 节为马如璋撰写。

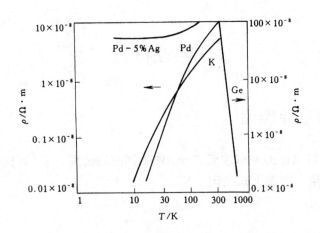

图 1-1　一些材料的电阻率与温度的关系

n_z 为整数,即波矢量是量子化的,同样其能量也将是量子化的。于是晶体中电子的状态必须由量子数 n_x、n_y、n_z 来描述,即用量子化的波矢 k 来描述。矢量 k 处在 k 空间中,所谓 k 空间是一个三维空间,它的三个笛卡尔坐标为 k_x、k_y、k_z。电子所具有的可能的 k 将均匀分布在 k 空间中,每个 k 占有 k 空间体积 $\dfrac{8\pi^3}{V_c}$($V_c = L^3$ 是晶体的体积)。这样的自由电子波函数是平面波 $\psi_k = \dfrac{1}{V_c^{1/2}} e^{ikr}$ 对于电子的每个 k 还可以有 2 个自旋态。如果晶体中有 n 个共有化的电子,由于电子是费米子,它们必须满足泡利不相容原理,即不能有两个以上电子具有同一个电子状态,所以在绝对零度平衡状态下,电子将填充最低能量,一直填充到费米能 E_F 为止。在 k 空间中具有 E_F 的等能面为一球面 $k_x^2 + k_y^2 + k_z^2 = \dfrac{2mE_F}{\hbar^2}$,这一球面称为费米面。于是在 k 空间中将看到所有的电子填充在费米球内,而费米面外是空的。在某些金属如钾中,费米面确是球形的,但由于金属周期势的作用,它们的形状将偏离球形,尽管如此,在绝对零度平衡态下,金属中电子填充的界面是费米面。

现在研究周期势的影响。在周期势的作用下量子力学得出电子波函数必须作如下的修正

$$\psi_k(r) = e^{ikr} u_k(r) \qquad (1\text{-}3)$$

式中 $u_k(r)$ 是一个晶格周期函数。式 1-3 称为布洛赫定理。所以在有周期性势的作用下,电子波函数为一个由晶格周期函数调幅的平面波。电子的状态仍可用 k 矢量来描述,它们均匀分布在 k 空间中。

从图 1-2 所示的一维晶体中的 E-k 曲线上能看到周期势作用的结果。自由电子的色散关系为 $E = \dfrac{\hbar^2 k^2}{2m}$,所以 E-k 曲线是一个抛物线。在周期势 $V(x)$ 的作用下,E-k 曲线将发生变化。如果晶格周期为 a,即 $V(x+a) = V(x)$,那么在 k

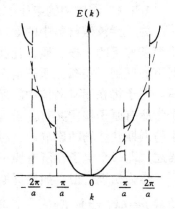

图 1-2　一维周期势中
电子的 E-k 曲线

$=\pm\frac{n\pi}{a}$（n 为一整数）处，$E\text{-}k$ 曲线将明显偏离抛物线。在这些 k 的临界点处，能量有一个能隙。电子的能量将不能具有能隙中的值，这也是因为在这些 k 的临界点上，电子波受到布拉格全反射，反射波和入射波相干涉形成驻波。这种相干后的驻波有两种状态，一种驻波的波节在原子面中间，而另一种驻波，其波节在原子面上，两种驻波状态对应着两种不同的能量造成能隙，形成能带中的禁带。

周期势同样也影响电子的速度。如果取角频率 ω 和波矢 k 为中心的某个范围内的波包，则电子可看作为一个粒子，电子的速度 v 是波包的群速度，$v=\nabla_k\omega$。利用 $E=\hbar\omega$，得

$$v=\frac{1}{\hbar}\nabla_k E \tag{1-4}$$

这表明电子的速度将沿 k 空间中等能面的法线方向，并正比于在法线方向上能量随 k 值的变化率。在一维情况下，如图 1-2 中，电子的速度正比于 $E\text{-}k$ 曲线的斜率。在临界点上，速度为零，这也表明此时的驻波已不能传播。

图 1-2 所示的一维晶体中的临界点在三维晶体中将会是什么形状呢？为此必须利用倒易点阵的数学工具。由衍射几何可知，在三维晶体中，临界点 k 将满足布拉格反射条件即

$$k'-k=G \tag{1-5}$$

其中，k' 为具有同一能量的散射波的波矢，而 G 为某一倒格矢。将上式两边平方可得

$$\left(k+\frac{G}{2}\right)G=0 \tag{1-6}$$

这说明这些 k 的末端都处在倒格矢的垂直平分面上，如图 1-3 所示的那样，$\overrightarrow{OA}=k$，$\overrightarrow{CO}=G$，$\overrightarrow{BA}=k+\frac{G}{2}$ 位于 CO 的垂直平分面 AD 上。在这些面上，波矢满足布拉格反射条件，出现能隙。在 k 空间中，由原点出发，作各种倒格矢的垂直平分面，其所包围的区域，称之为第一布里渊区。其体积为 $\frac{(2\pi)^3}{\Omega}$，式中 Ω 是元胞的体积。图 1-4 画出了体心立方和面心立方晶体的布里渊区的形状。

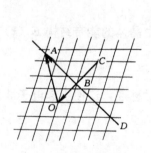

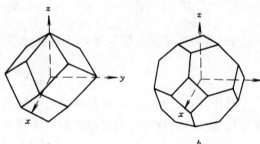

图 1-3 倒格子空间的布拉格
反射条件的几何关系

图 1-4 体心立方及面心立方晶体
的第一布里渊区的形状
a—体心立方；b—面心立方

金属的费米面与布里渊区有什么关系呢？我们可以先计算一下第一布里渊区中可以填充多少个电子态。由于电子的波矢 k 是均匀地分布在 k 空间中的，而每一个 k 有两种不同的

自旋态，因此一共可容纳 $2\times\dfrac{(2\pi)^3}{\Omega}\bigg/\dfrac{8\pi^3}{v_c}=2\times\dfrac{v_c}{\Omega}=2N$ 个电子，这里 $N=\dfrac{v_c}{\Omega}$ 就是晶体中的元胞总数。在一价金属中每个原子或每个元胞中仅有一个导电电子，因此晶体中共有 N 个导电电子，而布里渊区中可容纳 $2N$ 个电子，因此在第一布里渊区中仅有一半被电子填充，这时电子是远离布里渊区边界的。金属锂、钠、钾等都属于这种情况。

在高于一价的固体中将会发生什么情形呢？例如两价金属，虽然 $2N$ 个电子正好填满第一布里渊区，但由于在三维晶体中，各个方向的能隙大小不同，两个能带可能发生交迭，即第一布里渊区有些方向的最高能级比第二布里渊区某些方向的最低能级高，因此电子在第一布里渊区未填满时就开始填充第二布里渊区，这样一来，布里渊区仍没有被填满。金属镁及铝等均属于这种能带交迭的情况，这已由软 X 射线发射谱的实验所证明。

在绝缘体和半导体中，价电子正好把一个能带填满，而高能量的能带全部空着，而两个能带之间隔着一个禁带。如果禁带较宽，就将是绝缘体。如果禁带较窄，一般小于 2eV，这样可以依靠热激发，把本是填满的能带上的电子激发到本是空着的能带上去，这就是半导体如锗、硅等的主要特征。

为了说明上述电子填充能带的情况与导电的关系，必须了解固体中的电子在电磁场作用下的反应，即运动方程。[8]对状态为 $\boldsymbol{k}$ 的自由电子来说，其动量为 $\hbar\boldsymbol{k}$，运动方程即为

$$\hbar\frac{\mathrm{d}\boldsymbol{k}}{\mathrm{d}t}=\boldsymbol{F} \tag{1-7}$$

式中 $\boldsymbol{F}$ 是电场强度为 $\mathscr{E}$ 及磁感应强度为 $\boldsymbol{B}$ 的电磁场作用下电子受到的洛仑兹力

$$\boldsymbol{F}=-e(\mathscr{E}+\boldsymbol{V}\times\boldsymbol{B}) \tag{1-8}$$

利用功能原理可以证明在周期势作用下，式 1-7 仍然成立，因此一般将 $\hbar\boldsymbol{k}$ 看作是在周期势作用下，状态为 $\boldsymbol{k}$ 的电子的准动量。这表明在电磁场作用下，电子的状态将随时间发生变化，因此其速度也将随时间变化，即电子将获得加速度。可以将电子的加速度 a 写成与牛顿第二定律相似的形式即

$$a=\frac{\boldsymbol{F}}{m^*} \tag{1-9}$$

那么 m^* 称为电子的有效质量，一般地 $\dfrac{1}{m^*}$ 为一张量，并由晶体的能带结构 $E(\boldsymbol{k})$ 所决定，

$$\left(\frac{1}{m^*}\right)_{ij}=\frac{1}{\hbar^2}\frac{\partial^2 E}{\partial k_i\partial k_j} \tag{1-10}$$

晶体具有对称性，因而晶体中电子运动状态也具有对称性，这便引起电子波函数及能带结构有多种对称性。利用群论的数学理论不难证明

$$E(\boldsymbol{k})=E(\boldsymbol{k}+\boldsymbol{G}) \tag{1-11}$$

$$E(\boldsymbol{k})=E(-\boldsymbol{k}) \tag{1-12}$$

式 1-11 表明状态 $\boldsymbol{k}$ 与 $\boldsymbol{k}+\boldsymbol{G}$ 是等价的，即能带 $E(\boldsymbol{k})$ 的结构在 $\boldsymbol{k}$ 空间中具有周期性。利用平移倒格矢的方法，可将能带结构限制在第一布里渊区即简约布里渊区中。式 1-12 表明能带结构在 $\boldsymbol{k}$ 空间中是对原点对称的。若以图 1-2 所示的一维晶体的能带为例，则 $E(k)=E(-k)$ 表明能量 E 是 k 的偶函数。由式 1-4 可知速度是 k 的奇函数 $v(k)=-v(-k)$。

宏观电流是微观电子电流的总和。在没有外电场时，无论是满带或不满带的情况下，电子的分布在 k 空间中是对称的。因此状态 k 和状态 $-k$ 的电子电流互相抵消，晶体中总的电流为零。若加了外电场 $\mathscr{E}$ 后，则满带和不满带的电子对电流的贡献有极大的差别。在满带

的情况下，所有的电子状态都以相同的速度向
反电场方向移动，如图 1-5 所示。由式 1-11 可
知布里渊区边界的两个状态是完全相同的，因
为它们正好差一个倒格矢。在这两个状态下，电
子波受到全反射，形成同一个驻波，且电子速
度为零。因此即使有外电场作用，电子的运动
并不改变布里渊区内电子的分布，由布里渊区

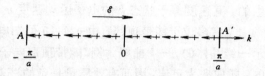

图 1-5　在外电场 $\mathscr{E}$ 作用下电子
状态 k 的变化示意图

边界一边出去的电子，将在另一边重新进入，所以对一个全满的能带来说，即使有电场作
用，晶体中也没有宏观电流，即不能导电。但对一个不满的能带，情况大不相同，电子在
布里渊区中的分布不再是对称的，如图 1-6 所示，背向电场方向运动的电子数比较多，总的
电流不为零，结果晶体中便产生了宏观电流。

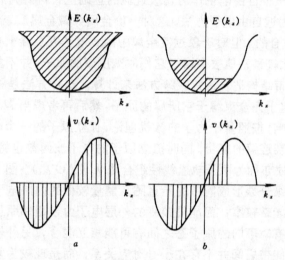

图 1-6　在有电场作用时，满带与不满带中电子的能量与速度的分布
a—满带；b—不满的带

综上所述，能带理论成功地说明了为什么有些晶体是导体，而有些却是绝缘体或半导
体。金属的特征是能带没有被填满，因而能导电。绝缘体的特征是能带全被填满，并与更
高的空能带之间隔着较宽的禁带，因而不能导电。若禁带较窄，就将成为半导体。由于热
激发，满带上的电子将激发到空的导带上，于是导带就成为了不满的能带，所以导带上的
电子就使半导体有了导电的本领。不仅如此，满带上的电子被激发后，少了一些电子，于
是满带就成为了不满的能带，这也同样使半导体有了导电的本领。为了描述这种接近满带
时价带上大量电子的导电性，人们常用"空穴"的概念来处理。可以设想在本是满带中有
一个状态 k 没有被电子占据，这样能带就成为不满的了，在电场的作用下应产生电流 I。如
果加入一个状态为 k 的电子来填补这个空着的状态，这个电子的电流等于 $-ev(k)$。这样能
带又被电子全部填满，因而总的电流应为零，即

$$I + [-ev(\boldsymbol{k})] = 0$$

由此可见

$$I = ev(\boldsymbol{k})$$

这表明当状态 k 是空的时，能带中大量价电子所造成的电流就如同是由一个正电荷 e 所产

生的，其速度等于状态 k 的电子运动速度 $v(k)$ 所造成的电流。这种空的状态称之为空穴。

空穴多位于能带顶部，由式 1-10 可知电子的有效质量取决于能带结构，若以图 1-2 所示一维晶体的 $E-k$ 曲线为例，能带顶部电子的状态接近布里渊区的边界，$E-k$ 曲线是下弯的，即曲率为负值，因而有效质量是负的。这是因为在式 1-9 中周期势的作用已归结为有效质量中，因而能带顶部的电子经受强烈的周期势的作用，使加速度变号。为此空穴可看作是一个粒子，它具有正的有效质量 $m_h^* = -m^*$。由式 1-9 及式 1-8 得

$$a = \frac{1}{m^*}[-e\mathscr{E} - eV \times B]$$
$$= \frac{1}{m_h^*}[e\mathscr{E} + eV \times B]$$

由此可见空穴的运动规律就如同一个带正电荷 e、正质量 m_h^* 的粒子的运动规律。

以上我们在以一个自由电子作为初级近似的基础上，再研究周期势场的影响，从而得到能带结构，称之为近自由电子方法。这对一价金属如碱金属 Li、Na、K 及贵金属 Cu、Ag、Au 中的 s 电子是适合的。但对于象过渡金属中的 d 电子以及稀土金属和锕系金属中的 f 电子来说，这些电子比较紧密地被束缚于它们原来所属的原子，并不象一价金属中的 s 电子那样自由。它们的能带结构适合用紧束缚方法来计算。这种方法是将孤立原子的电子能级作为初级近似，这时电子完全束缚于它所属的原子，然后再考虑当 N 个原子靠近形成晶体后，受其周期势场的影响。按照量子力学的微扰理论，孤立原子的一个能级将分裂成 N 个能级，形成晶体中的一个准连续的能带。同时孤立原子的电子波函数也将变为 N 个原子的电子波函数的线性组合，故亦称为原子轨道线性组合法（LCAO 法）。图 1-7 表示了当原子间距减小形成晶体时，能级分裂形成能带的示意图。能量较低的内层电子由于相邻原子的电子轨道重迭较小，因此能带较窄；而能量较高的外层电子由于相邻原子的电子轨道重迭，因而形成较宽的能带。有时不同的原子态之间有可能相互混合，另外较宽的能带之间还可能交迭，从而使能级与能带之间并不存在一一对应关系，而呈现较为复杂的对应关系。

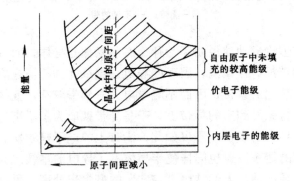

图 1-7　原子接近形成晶体时电子能级分裂形成能带

目前已发展了多种计算能带的方法，并有相应的计算机程序。

1.1.2　金属中的电子输运

金属与合金中的导电过程是电子的输运过程。如果在样品两端加一个稳定的电场，根据公式 1-7，电子在 k 空间中将以均匀速率移动，这时平衡被打破，系统处于非平衡状态，

电流总和不为零,于是产生了持续增加的电流。这是一个均匀作用在所有电子上的相干效应。另一方面,电子在晶体中有散射或碰撞过程,这是一个随机效应,它将使电子恢复到平衡状态。最终的电子分布将由电场引起的相干效应和散射或碰撞的随机效应之间的动力学平衡来决定。为了在数学上处理这种输运过程,可以用玻耳兹曼的微分积分方程来解决。首先设想一个六维空间,它的六个分量为 x、y、z、k_x、k_y、k_z。由于不同状态的电子有不同的坐标和波矢,它们对导电过程的贡献是不同的,所以必须考虑电子的分布,这可以用分布函数 $f(x、y、z、k_x、k_y、k_z、t)$ 来描述,它代表 t 时刻在 (r,k) 点附近单位体积中一种自旋的电子数。

对稳定的输运过程,即电子的分布函数 f 不随时间变化,这表示由于电磁场引起的电子波矢的漂移以及速度导致位置漂移结果造成分布函数 f 的变化即漂移项,应该与电子受到晶体散射造成的分布函数 f 的变化即碰撞项互相抵消。即

$$v \cdot \nabla f + \dot{k}\nabla_k f = b - a \tag{1-13}$$

这就是用来确定分布函数 f 的玻耳兹曼微分-积分方程。式中 $\dot{k} = \dfrac{\mathrm{d}k}{\mathrm{d}t}$ 由公式 1-7 与电磁场相联系,而微分算符分别表示为

$$\nabla = \left(\frac{\partial}{\partial x}, \frac{\partial}{\partial y}, \frac{\partial}{\partial z} \right)$$

$$\nabla_k = \left(\frac{\partial}{\partial k_x}, \frac{\partial}{\partial k_y}, \frac{\partial}{\partial k_z} \right)$$

$$b = \frac{1}{(2\pi)^3}\int \mathcal{H}(k',k)f(k',r)[1 - f(k,r)]\mathrm{d}k'$$

$$a = \frac{1}{(2\pi)^3}\int \mathcal{H}(k,k')f(k,r)[1 - f(k',r)]\mathrm{d}k'$$

式中 b 代表单位时间内因碰撞进入 (r,k) 处单位体积中的电子数,而 a 代表单位时间内因碰撞离开 (r,k) 处单位体积中的电子数。积分内的 $\mathcal{H}(k',k)$ 代表单位时间内从 k' 态碰撞而进入 k 态的几率。

如果样品中没有温度梯度,那么电子在空间中是均匀的,因而可以忽略 x、y、z 坐标,而 f 只依赖于 k_x、k_y、k_z。当电子气处于温度 T 的平衡态时,电子气服从费米统计分布,即

$$f_0(E) = \frac{1}{\mathrm{e}^{\frac{E-E_F}{K_B T}} + 1} \tag{1-14}$$

式中 f_0 为平衡态时的电子分布,它仅是能量 E 的函数,K_B 为玻耳兹曼常数,E_F 为费米能。

式 1-13 的右端碰撞项比较复杂,它取决于碰撞机制,为方便常用一个弛豫时间 τ 来描述碰撞对电子分布的恢复作用,即

$$\left. \frac{\partial f}{\partial t} \right|_{碰撞} = b - a = -\frac{f - f_0}{\tau} \tag{1-15}$$

这表示如果分布函数 f 在某个时刻偏离了平衡费米分布 f_0,那么在碰撞的作用下,它将按指数地回复到平衡分布,其特征回复时间即为弛豫时间 τ。

在只有小电场 $\mathscr{E}$ 的作用下,由式 1-13,式 1-15 及式 1-7 可得

$$f = f_0 + \frac{e\tau}{\hbar}\mathscr{E} \times \nabla_k f_0 = f\left(k - \frac{e\tau}{\hbar}\mathscr{E} \right) \tag{1-16}$$

这表示分布函数 $f(k)$ 实为平衡分布 $f_0(k)$ 沿电场反方向刚性移动了 $-\frac{e\tau}{\hbar}\mathscr{E}$。在平衡分布时，$f$ 在 k 空间中是原点对称的，所以电子电流总和为零；在电场作用下，f 偏离了 f_0，电子分布对原点已不再对称，所以电子电流总和不为零，获得一个净得的宏观电流，见图1-8。对金属电导有贡献的只是费米面附近的电子，它们可以在电场作用下进入能量较高的能级，而能量比费米能低很多的电子，由于能级全被电子填满，故这种电子不参与导电。由式1-16不难证明欧姆定律，并得到电导率

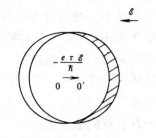

图 1-8　在电场作用下，费米球发生刚性移动

$$\sigma = \frac{ne^2\tau}{m^*} \tag{1-17}$$

式中 n 为金属中的导电电子浓度，τ 为弛豫时间，m^* 为电子的有效质量。

以上的结果可推广到半导体中，在半导体中有两种载流子，即导带中的电子及价带中的空穴，其电导率因而应为

$$\sigma = \frac{ne^2\tau}{m^*} + \frac{pe^2\tau_\mathrm{h}}{m_\mathrm{h}^*} \tag{1-18}$$

其中 n，p 分别为载流子电子及空穴的浓度，而 τ_h，m_h^* 分别为空穴的弛豫时间及有效质量。在金属中只有电子导电，且电子浓度随温度变化不大。当温度升高时，主要因弛豫时间减小，致使电导率下降。而在半导体中，当温度升高时，载流子浓度以指数形式增加，因而使电导率增加。弛豫时间的倒数 $\frac{1}{\tau}$ 即为单位时间内载流子的散射几率。如果有几种散射机理，则根据几率的加法定理有

$$\frac{1}{\tau} = \sum_i \frac{1}{\tau_i} \tag{1-19}$$

式中 $\frac{1}{\tau_i}$ 为第 i 种散射机理对应的单位时间内载流子的散射几率，而 $\frac{1}{\tau}$ 为总的单位时间内载流子的散射几率。通常往往主要考虑两种散射机理，即晶格振动散射 $\frac{1}{\tau_\mathrm{L}}$ 及电离杂质散射 $\frac{1}{\tau_\mathrm{I}}$，所以

$$\frac{1}{\tau} = \frac{1}{\tau_\mathrm{L}} + \frac{1}{\tau_\mathrm{I}} \tag{1-20}$$

其中晶格振动散射是与温度有关的，随着温度升高，原子偏离平衡位置加大，造成周期性势场破坏增加，从而使电子遭到晶格散射的几率增加；而电离杂质散射是与温度无关的，这是由于电离杂质破坏了势场的周期性，从而增加了散射几率。

从式1-17看到电导率的大小除了和载流子的浓度有关，也和弛豫时间并散射几率有关外，还与载流子的有效质量有关。例如过渡金属的电导中，由于过渡金属具有不满的 d 壳层因而有 d 带空穴以及 d 壳层之外的 s 带电子，但 d 带因为相邻原子 d 电子交迭小，故能带窄，有效质量大，相反 s 电子的有效质量小，因而在电导中主要是 s 带电子的贡献，而 d 带空穴的贡献是次要的。

1.1.3　霍耳效应

将有电流通过的样品置于均匀磁场内，如图1-9所示那样，使磁场与电场方向互相垂

直，则将会在样品内垂直于电流和磁场组成的平面方向形成稳定的横向电场，这种现象称为霍耳效应 (Hall 1879)。如果通过样品的电流密度为 j，磁场的磁感应强度为 B，所测出的横向电场 $\mathscr{E}_y$ 将正比于 j 和 B，其比例系数即为霍耳系数 R_H

$$R_H = \frac{\mathscr{E}_y}{jB} \qquad (1\text{-}21)$$

霍耳系数的正负号是这样规定的，如果附加横向电场 $\mathscr{E}_y$ 沿着 y 轴方向，则为正，若背向 y 轴方向，则为负。

霍耳效应来源于运动的载流子在均匀磁场中的洛仑兹偏转，由式 1-8 可知电子和空穴都要向 y 轴负方向偏转，结果将在样品 y 轴两边引起电荷积累，造成 y 方向上的横向电场 $\mathscr{E}_y$，这一电场将阻止载流子的进一步偏转。由电场对载流子的作用力与磁场的洛仑兹力的平衡可以得出电子导电时

$$R_H = -\frac{1}{ne} \qquad (1\text{-}22)$$

空穴导电时

$$R_H = \frac{1}{pe} \qquad (1\text{-}23)$$

由此可见，通过霍耳系数的测定不仅可以确定材料中载流子的浓度，而且还能确定载流子的类型。图 1-10 画出了在一些金属中的霍耳系数随温度的变化。由图可见霍耳系数随温度变化不大，这是因为金属中导电电子浓度随温度变化不太大。然而在半导体如硅中，由于载流子浓度随温度按指数地增加，故当温度升高时，霍耳系数按指数地下降。

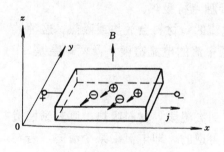

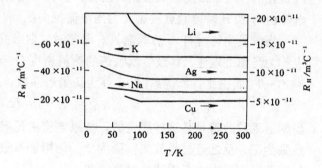

图 1-9　霍耳效应示意图　　　　　图 1-10　一些金属的霍耳系数 R_H 随温度的变化

1.2　金属的热电性

有三种热电效应，即塞贝克效应 (Seebeck 1822)、珀耳帖效应 (Peltier 1834) 及汤姆逊效应 (Thomson 1854)。[9]

塞贝克效应是热电偶的基础。如图 1-11 上图所示的回路中，两种不同材料 A 和 B 相联，而两个接触点处在不同的温度 T_1 和 T_2，断开点处在温度 T_0，那么在断开点的两端就会产生一个开路电压 ΔV，可以用电位差计测量。其数值与材料 A 和 B 组成闭合回路时，如图 1-11 下图，产生的回路热电动势相同。这种效应就是塞贝克效应。如果材料是均匀的，则

ΔV 与 T_0 及温度分布无关，而仅依赖于接触点的温差 $\Delta T = T_2 - T_1$，当 ΔT 很小时，ΔV 和 ΔT 成正比，即

$$\Delta V = S_{AB}\Delta T$$

塞贝克系数就定义为

$$S_{AB} = \lim_{\Delta T \to 0} \frac{\Delta V}{\Delta T} \qquad (1\text{-}24)$$

S_{AB} 的符号是这样规定的，如果冷端电流由 A 流到 B，则材料 A 对 B 来说是正的。S_{AB} 与两种材料 A 和 B 有关，也与温度有关，可以用绝对热电势率将 S_{AB} 分离为

$$S_{AB} = S_A - S_B \qquad (1\text{-}25)$$

这里 S_A 是材料 A 的绝对热电势率，仅与 A 有关；而 S_B 是材料 B 的绝对热电势率，仅与 B 有关。塞贝克系数实际上是 A 和 B 的相对热电势率。

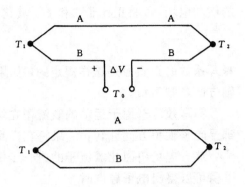

图 1-11　塞贝克效应示意图

当两种材料 A 和 B 相接触时，若在接触点通以电流，则在接触点会放热或吸热，这种效应称为珀耳帖效应。其放热或吸热的热流密度 Q_p 与所通电流的电流密度 J 成正比，比例系数 Π_{AB} 称为珀耳帖系数，即

$$Q_p = \Pi_{AB} J \qquad (1\text{-}26)$$

珀耳帖系数的符号是这样规定的，如果电流由 A 流到 B 时，接触点放热，则材料 A 对 B 来说是正的。反之如接触点吸热，则材料 A 对 B 来说是负的。珀耳帖效应是可逆的，即如果电流由 A 到 B 时接触点放热，则当电流反向流动时，接触点将吸热。

当一段均匀材料 A 的两端具有温差时，则当流过电流时，材料会放热或吸热，这种效应称为汤姆逊效应。其放热或吸热的热流密度 Q_t 与所通电流的电流密度 J 及两端温差 $\Delta T = T_1 - T_2$ 成正比，比例系数 μ_A 称为汤姆逊系数，即

$$Q_t = \mu_A J \Delta T \qquad (1\text{-}27)$$

汤姆逊系数的符号是这样规定的，如果电流由低温段流到高温段，材料吸热，则其汤姆逊系数为正，反之若材料放热，则为负。汤姆逊系数也是可逆的，即电流沿某个流向，若材料吸热，则反向电流就造成材料放热。

正因为珀耳帖效应和汤姆逊效应是可逆的，因而可以将焦耳热从实验中分离出来。因为焦耳热是不可逆的，正比于 J^2，而且永远是放热。在实验中只要测出正反电流下的放热之差的一半，就可以测定珀耳帖系数或汤姆逊系数。

上述三个系数不是独立的，用热力学可推出下述开尔芬关系

$$\Pi_{AB} = T(S_A - S_B) \qquad (1\text{-}28)$$

$$\mu_A = T \frac{dS_A}{dT} \qquad (1\text{-}29)$$

由式 1-29 可积分得

$$S_A(T) = \int_0^T \frac{\mu_A(T)}{T} dT \qquad (1\text{-}30)$$

这样一来，只要仔细地测量不同温度下的汤姆逊系数 $\mu_A(T)$ 就可由式 1-30 计算出材料 A

的绝对热电势率 S_A（T）。而热电偶的热电势率为两种材料的绝对热电势率之差。

正如汤姆逊指出，热电回路与两相回路极其相似，如图 1-12 所示液相与气相的两相回路，在这里通以物质质量流，相当于热电回路中的电流，于是材料 A 和 B 的绝对热电势率 S_A 和 S_B 相当于气相和液相的熵。珀耳帖系数 Π_{AB} 相当于气化潜热。汤姆逊系数则相当于气相与液相的比热，这些可以从式 1-28 及式 1-30 看出。

一般来说，上述 S、Π 及 μ 是张量。对各向同性或立方晶格来说，张量变为标量。但对各向异性材料或研究磁场下的行为有时需考虑张量。

图 1-13 给出了一些金属中绝对热电势率的温度关系。

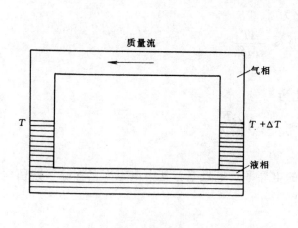

图 1-12　气液两相回路

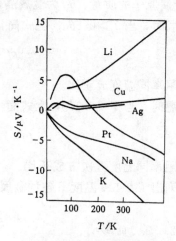

图 1-13　一些金属的绝对
热电势率的温度关系

金属热电性的微观机理主要有两种机理，电子的热扩散及声子的拖曳。平衡态的金属中电子为式 1-14 的费米分布，当金属两端存在温差时，金属中电子分布将偏离平衡分布而处于非平衡态。在高温端金属有较多的高能导电电子，而在低温端金属有较多的低能导电电子，金属中导电电子的热扩散将造成热电势的扩散贡献 S_d，利用玻耳兹曼输运方程可得到

$$S_d = \frac{\pi^2}{3}\left(\frac{k_B}{e}\right) \times k_B T \frac{\partial(\ln\sigma)}{\partial E} \tag{1-31}$$

其中 S_d 即为绝对热电势率的扩散贡献，σ 为金属的电导率。

当金属两端存在温差时，声子的分布也将偏离平衡态分布，而处于非平衡分布。非平衡分布的声子系统将通过电子-声子相互作用，在声子热扩散的同时拖曳导电电子流动，造成热电势的声子拖曳贡献部分。在珀耳帖效应中反过来电子的流动也会拖曳声子流动。这两种机理对热电势的贡献在金属，半金属，半导体中都存在。但对低温下的超导态物质，绝对热电势率为零。

1.3　电学性能与微观结构之间的关系

金属材料的成分、组织、结构以及外界环境如温度、压力、磁场等都将影响其电学性

能。金属材料的电阻率是组织敏感的物理量。[2,7]

1.3.1 纯金属的电阻

1.3.1.1 温度的影响

温度升高加剧晶格的热振动，使晶格势场偏离理想的周期性势场，造成电子受格波的散射增加。用声子的语言，即增加了电子与声子的碰撞几率，致使电阻率增加。许多纯金属的电阻率满足布洛赫-格林爱森公式

$$\rho(T) = \frac{AT^5}{M\theta_D^6} \int_0^{\theta_D/T} \frac{x^5 \mathrm{d}x}{(e^x - 1)(1 - e^{-x})} \tag{1-32}$$

其中 M 为金属原子的质量，θ_D 为金属晶体的德拜温度，A 为金属的特性常数。

在较高温时，当 $T > 0.5\theta_D$，上式简化为

$$\rho(T) \approx \frac{AT}{4M\theta_D^2}$$

即高温下电阻率同温度成正比。

在较低温时，当 $T < 0.1\theta_D$，上式简化为

$$\rho(T) \approx 124.4 \frac{AT^5}{M\theta_D^6}$$

即低温下电阻率同温度五次方成正比。

表 1-2 列出了 295K 温度下各种金属的电导率及电阻率，其中电阻率已扣除了残留电阻。

1.3.1.2 压力的影响

在流体静压力下大多数金属电阻率减小，这可以解释为晶体中原子在压力作用下互相靠近所致。在不太大的压力下

$$\rho(p) = \rho_0(1 + \alpha p) \tag{1-33}$$

其中 $\rho(p)$ 为压力 p 下的电阻率，而 $\alpha = \frac{1}{\rho_0}\frac{\mathrm{d}\rho}{\mathrm{d}p}$ 为电阻压力系数，一般为 $10^{-5} \sim 10^{-6}$，且为负数。在强大的压力下，金属会发生相变，甚至将绝缘体或半导体变为金属导电物质，这将使电阻率发生突变。

1.3.1.3 缺陷的影响

如果说温度使晶格发生动畸变，则缺陷使晶格发生静畸变，结果引起电子波散射几率的增加，从而增加电阻率。缺陷中点缺陷如空位及间隙原子对电阻率的影响最大。造成金属中缺陷的原因很多，如冷加工，热处理，辐照等工艺过程都可能造成金属中的缺陷。

塑性变形过程中形成点缺陷与位错，因而增加电阻率，电阻率的增加 $\Delta\rho$ 与变形量 ε 有关

$$\Delta\rho = C\varepsilon^n \tag{1-34}$$

其中 n 在 $0 \sim 2$ 范围内，C 为比例系数。

经冷加工后的金属再进行退火，则电阻率下降，这是因为在回复及再结晶过程中，冷加工造成的晶格静畸变将部分或全部消除。若退火中发生相变，电阻率将发生突变，所以用电阻法研究相变是一种极灵敏的方法。

淬火产生空位，故一般增加电阻率。纯金从 800℃ 淬火后，在 4.2K 下电阻率增加 35%，而纯铂自 1500℃ 淬火后，在 4.2K 下电阻率增加一倍。淬火温度愈高，空位浓度愈大，因

表 1-2 295K 温度下金属的电导率与电阻率

上行 电导率($10^7\Omega^{-1}\mathrm{m}^{-1}$)   下行 电阻率($10^{-8}\Omega\cdot\mathrm{m}$)

1	2	3	4	5	6	7	8	9	10	11	12	13	14	15	16	17	18
Li 1.07 / 9.32	**Be** 3.08 / 3.25											**B**	**C**	**N**	**O**	**F**	**Ne**
Na 2.11 / 4.75	**Mg** 2.33 / 4.30											**Al** 3.65 / 2.74	**Si**	**P**	**S**	**Cl**	**Ar**
K 1.39 / 7.19	**Ca** 2.78 / 3.6	**Sc** 0.21 / 46.8	**Ti** 0.23 / 43.1	**V** 0.50 / 19.9	**Cr** 0.78 / 12.9	**Mn** 0.072 / 139.	**Fe** 1.02 / 9.8	**Co** 1.72 / 5.8	**Ni** 1.43 / 7.0	**Cu** 5.88 / 1.70	**Zn** 1.69 / 5.92	**Ga** 0.67 / 14.85	**Ge**	**As**	**Se**	**Br**	**Kr**
Rb 0.80 / 12.5	**Sr** 0.47 / 21.5	**Y** 0.17 / 58.5	**Zr** 0.24 / 42.4	**Nb** 0.69 / 14.5	**Mo** 1.89 / 5.3	**Tc** ~0.7 / ~14.	**Ru** 1.35 / 7.4	**Rh** 2.08 / 4.8	**Pd** 0.95 / 10.5	**Ag** 6.21 / 1.61	**Cd** 1.38 / 7.27	**In** 1.14 / 8.75	**Sn(w)** 0.91 / 11.0	**Sb** 0.24 / 41.3	**Te**	**I**	**Xe**
Cs 0.50 / 20.0	**Ba** 0.26 / 39.	**La** 0.13 / 79.	**Hf** 0.33 / 30.6	**Ta** 0.76 / 13.1	**W** 1.89 / 5.3	**Re** 0.54 / 18.6	**Os** 1.10 / 9.1	**Ir** 1.96 / 5.1	**Pt** 0.96 / 10.4	**Au** 4.55 / 2.20	**Hg liq** 0.10 / 95.9	**Tl** 0.61 / 16.4	**Pb** 0.48 / 21.0	**Bi** 0.086 / 116.	**Po** 0.22 / 46.	**At**	**Rn**
Fr	**Ra**	**Ac**															

Ce 0.12 / 81.	**Pr** 0.15 / 67.	**Nd** 0.17 / 59.	**Pm**	**Sm** 0.10 / 99.	**Eu** 0.11 / 89.	**Gd** 0.070 / 134.	**Tb** 0.090 / 111.	**Dy** 0.11 / 90.0	**Ho** 0.13 / 77.7	**Er** 0.12 / 81.	**Tm** 0.16 / 62.	**Yb** 0.38 / 26.4	**Lu** 0.19 / 53.
Th 0.66 / 15.2	**Pa**	**U** 0.39 / 25.7	**Np** 0.085 / 118.	**Pu** 0.070 / 143.	**Am**	**Cm**	**Bk**	**Cf**	**Es**	**Fm**	**Md**	**No**	**Lr**

而电阻也愈大。

1.3.2   固溶体的电阻

纯金属由于它优良的导电性，一般用作导体或电接点材料，但作为各种电阻材料，多用固溶体，因为它具有大的电阻率，小的电阻温度系数，其强度、抗蚀性都比纯金属高。合金固溶体中主要的一种元素为溶剂，其他少量元素是溶解在溶剂中的溶质，其成分及有序化都会影响其电阻率。

低浓度固溶体的电阻率可以分为两部分，一部分是溶剂金属的电阻率 $\rho'(T)$，它是与温度有关的部分；另一部分是同溶质含量有关的电阻率 ρ_0，它与温度无关，与溶质原子浓度成正比，即

$$\rho = \rho_0 + \rho'(T) \tag{1-35}$$

这就是马德森定则 (Mathiessen 1864)。图 1-14 示出了铜的各种低浓度固溶体的电阻率与温度的关系，从图中可以看到由于溶剂基体为铜，所以各直线的斜率是相同的，而不同的溶质原子及不同的溶质浓度表现为直线的高低不同。马德森定则是式 1-20 的直接结果，在这里电子的散射机制有两种，与温度有关的部 $\rho'(T)$ 是晶格热振动引起的，而与温度无关的部分 ρ_0 是由杂质散射引起的。若将固溶体冷却至接近绝对零度，那么 $\rho'(T)$ 将趋于零，此时测出的电阻率即为 ρ_0，故称残留电阻。

残留电阻与溶剂和溶质的原子价有关，如果溶剂和溶质原子的原子价分别为 Z 和 Z' 则

$$\rho_0 = A_1 + A_2(Z - Z')^2 \tag{1-36}$$

其中 A_1 与 A_2 为与浓度有关的常数。这就是诺伯里定则 (Norbury 1921)。图 1-15 示出了铜的各种固溶体的残留电阻与溶质原子价的关系。这是由于溶质原子在固溶体中产生屏蔽库仑势，其有效电荷为 $Z'-Z$，而按照卢瑟福散射模型，散射几率将与散射中心的有效电荷的平方成正比，因此 ρ_0 与 $(Z-Z')^2$ 有线性关系。

如果二元系合金可以互溶形成连续固溶体，例如 Au—Ag 系或 Pt—Pd 系，则固溶体的电阻率将随二组元的成分而变，一般有一个电阻率最大值。如图 1-16 所示，若组元中不含有过渡族元素，那么电阻率最大值在 50% 原子浓度处，但若含有过渡族元素，则电阻率最大值将偏向过渡族组元方向。设 A-B 组元形成固溶体，B 组元浓度为 C，则 A 组元的浓度为 $1-C$，于是合金固溶体的残留电阻 ρ_0 大体与 $C(1-C)$ 成正比，即

$$\rho_0 = AC(1 - C) \tag{1-37}$$

其中 A 为常数。只要其中不出现新相，二组元完全形成连续固溶体，则式 1-37 是成立的，容易看出此二次函数在 $C=0.5$ 处有极大值。

固溶体比纯金属的电阻率高，因为形成固溶体后，晶格静畸变增加了，因而增加了电子的散射几率。但如果固溶体中含有过渡族元素，则其电阻率将显著增高，有时增高几十倍。因此在电热材料和精密电阻材料中，都含有至少一种过渡族元素，如 Fe、Ni、Mn、Cr 等。这些过渡族元素对电阻率所以有如此大的影响，是因为它们具有独特的能带结构和散射机制。过渡族金属的特点是具有不满的 d 壳层和 d 壳层之外的 s 电子，且过渡族金属的 3d 能带与 4s 能带有交迭现象，组成固溶体时，有一部分导电的价电子进入不满的 d 壳层，致使导电电子浓度降低，使电阻率增加，并使电阻率-成分曲线上的最大值不在 50% 处。以镍为例，每个镍原子具有 10 个 3d 和 4s 电子，镍的能带计算结果示于图 1-17 中，从图中看到由于 d 带与 s 带的交迭，两个带的费米能必须持平，因此 10 个电子中有 0.6 个电子填充 4s

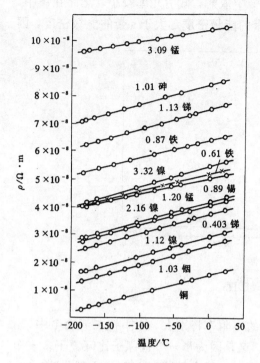

图 1-14 铜的各种低浓度固溶体
的电阻率与温度的关系

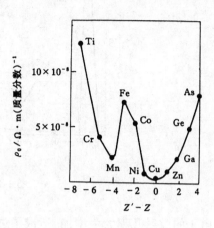

图 1-15 铜的各种固溶体的单位浓度
残留电阻与溶质原子价的关系

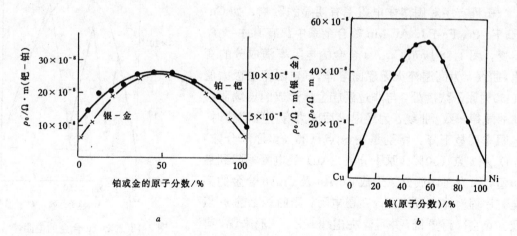

图 1-16 二元系合金电阻 率与成分的关系

a—Ag—Au 及 Pt—Pd 合金电阻率同成分的关系；b—Cu—Ni 合金电阻率同镍浓度的关系

能带，而另外 9.4 个电子则填充 3d 能带，结果在 4s 带中有导电电子，而在 3d 带中有导电的空穴，如前所述，由于 3d 带能带宽度小，能级密度大，有效质量大，因而对导电的贡献小。对导电起主要作用的是 s 电子，d 带空穴导电是次要的。另一方面电阻率正比于散射几率 $\frac{1}{\tau}$，而散射几率与能级密度有关，能级密度愈大，则散射几率也愈大。在非过渡族金属如铜中，由于 d 壳层是全满的，所以 s 电子只在 s 带中散射，散射几率较小，然而在镍中，s 电子不仅散射到 s 带，也可以散射到 d 带，而 d 带的能级密度远大于 s 带的能级密度，因

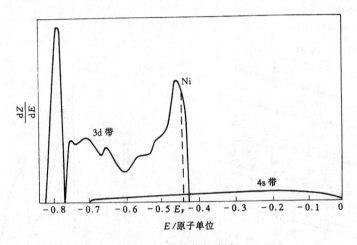

图 1-17　镍的能级密度

而 s 电子的散射几率大为增加，造成了过渡族金属的电阻率特别大。在铜-镍二元合金中，当铜含量超过 60%（原子分数）时，电阻迅速减小。这是因为每一个铜原子比镍原子多一个电子，这多余的电子将填充到镍的 3d 带中的空状态，当铜含量达到 60%（原子分数）时，镍的 3d 带正好被填满，这时不再有 s 带到 d 带的跃迁，使散射几率减小，电阻降低，见图 1-16b。

　　长程有序对固溶体电阻率有明显的影响，如 Cu-Pt、Fe-Pt、Fe-Pd、Au-Mn 等合金系中都有有序-无序转变。图 1-18 所示 Cu-Au 合金的电阻率随成分的变化，曲线 a 为高温淬火无序固溶体，其电阻率的极大值在 50%原子浓度处，与非过渡族金属形成的连续固溶体的规律一致。曲线 b 为经退火后成为有序固溶体时，电阻率明显下降，特别是在 m 点（25%（原子分数）Au）及 n 点（50%（原子分数）Au）处电阻率降到最小值，因为在该成分下形成 Cu_3Au 及 $CuAu$ 合金的完全有序固溶体。假如不计残留电阻，则曲线上的 m 点及 n 点会降得更低，并且落在虚线 c 上。一般来说，有序过程中，晶格势场更趋向于周期性势场，因此电子的散射几率减小，使电阻率降低。

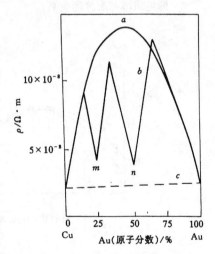

图 1-18　Cu-Au 合金的电阻率
随成分的变化
a—无序；b—有序

　　不均匀固溶体对电阻率的影响也很大。在有些含有过渡族元素的固溶体中，根据金相及 X 射线分析结果是单相的，但若把这类淬火态合金升温，则会发现在某一温度区内电阻率反常增大，继续升温使电阻率的反常增大逐步消失，并最终恢复到电阻率对温度的线性关系。同时冷加工能够破坏这种状态使反常增加消失，而使电阻率下降。

图 1-19 表示 $Ni_{73}Cr_{20}Al_3Fe_3$ 合金的电阻率经淬火后升温过程中的变化。在 350℃以下 ρ 和 T 为线性关系，从 350℃开始 ρ 反常增大，在 600℃达到最大，而后 ρ 反常增大逐渐减小，最终到 850℃完全消失。文献中把这种电阻率反常增大效应称之为 K 状态。K 状态标志着固溶体内组元原子在晶体中分布不均匀，由 X 射线漫散射已证实其原子间距离的大小显著波动。在固溶体内形成原子偏聚区，大约有 100 个原子。这些原子偏聚区破坏了晶格周期性势场，使电子散射几率增加，从而增加了电阻率。也有认为 K 状态标志着某种短程有序。继续增加温度或冷加工将破坏这些原子偏聚区，从而驱散了 K 状态，使电阻率恢复正常。图 1-20 表示不同 Mo 含量的 Ni_3Fe 合金中，经热处理再进行冷加工后其电阻率随冷加工量的变化。从图中看到，Ni_3Fe 合金并无 K 状态产生，故随冷加工量的增大，电阻率也增大。随着 Mo 含量增多，使合金形成 K 状态，电阻反常增大的量逐渐增加，而冷加工破坏了 K 状态，结果随着冷加工量的增加，电阻率反而下降。

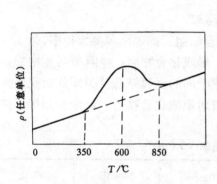

图 1-19 $Ni_{73}Cr_{20}Al_3Fe_3$ 合金
的电阻率随温度变化

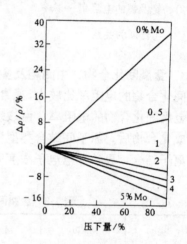

图 1-20 Fe-Ni-Mo 合金冷加工时
电阻率的变化

铁磁有序也会使电阻率发生变化。图 1-21 表示镍的电阻率 $\rho(T)/\rho(T_c)$ 在铁磁-顺磁转变时，电阻率发生的变化。其中 T_c 为镍的居里温度。图中同时画出了钯的电阻率 $\rho(T)/\rho(T_c)$ 随温度的变化，因为钯没有铁磁有序转变，故将其作为参考。铁磁有序电阻率变化的原因是因为 $T>T_c$ 的顺磁状态时，镍没有自发磁化，即处于磁无序状态，故 d 带中的 9.4 个电子，其中 4.7 个电子自旋朝上，另 4.7 个电子自旋朝下，故 s 电子可以散射到自旋朝上的 d 带，也可以散射到自旋朝下的 d 带，散射几率因而较大。当处于 $T<T_c$ 的铁磁状态时，即发生了铁磁有序，由于自发磁化，d 带中自旋与自发磁化方向平行的状态已被 5 个电子填满，只有自旋与自发磁化方向相反的状态可供 s 电子跃迁到 d 带，因而减小 3s 电子的散射几率，使电阻率减小。

当一种磁性离子在一种非磁性金属中形成的稀固溶体如 Cu、Ag、Au、Mg、Zn 为基，掺入杂质 Cr、Mn 或 Fe 的稀固溶体中，磁性离子的局域磁矩将使导电电子气发生磁化，离子磁矩与导电电子之间的交换相互作用在低温下使电子具有反常高的散射几率，结果导致这些合金的电阻率随温度降低不再呈单调下降，而是在低温下，电阻率反常增加，使 $\rho-T$ 曲线在低温处有一个极小值。这种现象称为近藤效应（Kondo，1969），图 1-22 表示了 Cu-

Fe 系稀磁合金的电阻率-温度曲线上的极小值。

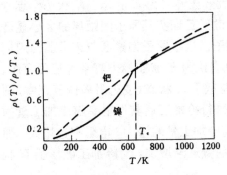

图 1-21　钯及镍的电阻率$\dfrac{\rho\ (T)}{\rho\ (T_c)}$

与温度的关系

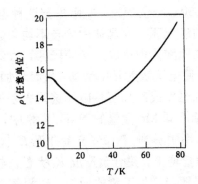

图 1-22　Cu-0.057％Fe（原子分数）

合金电阻率的温度关系

1.3.3　金属间化合物、中间相及多相合金的电阻率

金属间化合物的电阻率比较大,通常它比形成化合物组元的电阻率要大得多。表 1-3 列出了几种金属间化合物的电阻率。由该表可以看出,形成化合物后,电阻率明显增加,这是因为形成化合物后,原子间结合类型发生变化,原子间的金属结合至少部分地变为共价结合,或离子结合,导致导电电子浓度明显减少,有时组成化合物后,合金变为半导体材料。

表 1-3　金属间化合物的电阻率（$\Omega \cdot m$）

分　类	MgCu$_2$	Mg$_2$Cu	Mg$_2$Al$_3$	Mn$_2$Al$_3$	FeAl$_3$
第一组元电阻率	4.35×10^{-8}	4.35×10^{-8}	4.35×10^{-8}	4.41×10^{-8}	9.09×10^{-8}
第二组元电阻率	1.56×10^{-8}	1.56×10^{-8}	2.85×10^{-8}	2.85×10^{-8}	2.85×10^{-8}
化合物的电阻率	5.24×10^{-8}	11.9×10^{-8}	38.0×10^{-8}	500×10^{-8}	141×10^{-8}
分　类	NiAl$_3$	Ag$_3$Al	Ag$_3$Al$_2$	AgMg$_3$	Cu$_3$As
第一组元电阻率	28.5×10^{-8}	1.47×10^{-8}	1.47×10^{-8}	1.47×10^{-8}	1.56×10^{-8}
第二组元电阻率	2.85×10^{-8}	2.85×10^{-8}	2.85×10^{-8}	4.35×10^{-8}	35.1×10^{-8}
化合物的电阻率	28.8×10^{-8}	36.4×10^{-8}	26.0×10^{-8}	16.2×10^{-8}	58.8×10^{-8}

中间相包括电子化合物、间隙相等。这些相的电阻率介于固溶体及化合物的电阻率之间。电子化合物中价电子数与原子数的比值相同的合金相,具有类似的晶体结构。如电子数与原子数比值为 $3:2$ 的称 β 相,比值为 $21:13$ 的称 γ 相,比值为 $7:4$ 的称 ε 相。β、γ、ε 相具有较高的电阻率,其中 γ 相电阻率最高。间隙相主要是过渡族金属与氢、氮、碳、硼组成的化合物。非金属元素处在金属原子点阵的间隙之中,它们大部分属于金属型的化合物,具有明显的金属导电性,这是因为这些相具有金属结合的特点。

由两相或多相组成的混合物,其电阻率是由各组成相的电阻率所决定的。由于电阻率是组织敏感的性能，因此晶粒大小、晶界状态及织构等因素均对电阻率有影响。若一种相的尺寸与电子平均自由程为相同数量级时，则会对电子产生很大的散射作用。如果这些因素都可以忽略的话，则两相或多相合金的导电性可以从各相导电性的算术相加而得。若合金经充分退火，无织构，由比较大的等轴晶组成，且各相的电阻率相近时，多相合金电阻率为

$$\rho = \rho_1^p \rho_2^q \tag{1-38}$$

式中 ρ、ρ_1、ρ_2 分别为混合物、第一相、第二相的电阻率；p、q 为第一相，第二相的体积百分浓度。

1.4 一些电性材料

电性材料包括导电材料，电阻材料（精密电阻材料，电阻敏感材料），电热材料，热电材料等。

1.4.1 导电材料

导电材料是利用金属及合金优良的导电性能来传输电流，输送电能。导电材料广泛应用于电力工业技术领域，有时它也可包括仪器仪表用导电引线和布线材料，以及电接点材料。

导电材料在性能上的要求为高的电导率，高的力学性能，良好的抗腐蚀性能，良好的工艺性能（热冷加工，焊接）并且价格便宜。纯金属中导电性能好的有银、铜、金、铝。

1.4.1.1 铜及其合金

铜是电工技术中最常用的导电材料，铜中杂质使电导率下降，冷加工也会使电导率下降，氧对铜的电导率影响显著。在保护气氛下可以重熔出无氧铜，其优点是塑性高，电导率高。在力学性能要求高的情况下可使用铜合金，如铍青铜可用作导电弹簧、电刷、插头等。

1.4.1.2 铝及其合金

铝的电阻为铜的 1.55 倍，但质量只是铜的 30%，铝在地壳内的资源极其丰富，价格也较便宜，故以铝代铜有很大意义。杂质使铝的电导率下降，冷加工对电阻率影响不大。铝的缺点是强度太低，不易焊接。若需要提高强度，可使用铝合金，例如 Al-Si-Mg 三元铝合金既有高强度，而电导率也不太低。

1.4.1.3 金及其合金

在集成电路中常用金膜或金的合金膜，金有很好的导电性，极强的抗蚀能力，但价格较贵。金系合金也可作电接点材料。

1.4.1.4 银及其合金

银具有金属中的最高电导率，加工性极好，银合金常作接点材料。

1.4.2 电阻材料

电阻材料包括精密电阻材料和电阻敏感材料。精密电阻材料一般具有较恒定的高电阻率，电阻率随温度的变化小，即电阻温度系数小，并且电阻随时间的变化小。因此常用作标准电阻器，在仪器仪表及控制系统中有广泛的应用。至于电阻敏感材料是指制作通过电阻的变化来获取系统中所需信息的元器件的材料，如应变电阻，热敏电阻，光敏电阻，气

敏电阻等材料。

1.4.2.1　Cu-Mn 系合金

Cu-Mn 二元合金的 γ 固溶体,在电阻温度曲线上具有负电阻温度系数,因此以此为基体制成了各种 Cu-Mn 系电阻合金。其锰铜合金是最广泛使用的一种典型电阻合金。其标准成分为:Cu86%、Mn12%和 Ni2%。加入 Ni 可降低合金对铜的热电势,改善电阻温度系数并提高耐蚀性能。为了使合金性能更佳还可加入少量 Fe 和 Si。Cu-Mn 系加入少量 Ge 可使合金电阻增加,加工性能更好。

1.4.2.2　Ni-Cr 系合金

Ni-Cr 系改良型电阻合金是在 Ni-Cr 电热合金的基础上开发的一种高电阻,具有更宽的使用温度,电阻温度系数更小,耐热性良好,耐腐蚀性更佳的易于拉丝的电阻材料。但锡焊较困难。其成分为 Cr20%,Al3%,Mn1%,Fe2.5%,其余为 Ni。

1.4.2.3　Cu-Ni 系合金

Ni 和 Cu 在周期表中位置很近,原子半径相差很小,均有 f.c.c 结构,故可形成连续固溶体。其中康铜的成分为 Cu60%,Ni40%,康铜的电阻温度线性比锰铜好,可以在较宽的温度范围内使用,其最高使用温度可达 400℃,而且耐腐蚀性,耐热性均比锰铜好,但合金对铜的热电势大,为了进一步提高康铜性能,可以加入一些合金元素如 Mn、Si 和 Be 以提高耐热性能,并可控制电阻温度系数。

1.4.2.4　贵金属精密电阻合金

贵金属合金由于耐腐蚀,抗氧化,接触电阻小,电阻温度系数很小($\alpha \leqslant 0.1 \times 10^{-6}/℃$),年稳定性好,因而受到各国的重视。这类合金主要有 Pt 基、Au 基、Pd 基和 Ag 基电阻材料。

1.4.2.5　Fe-Cr-Al 系合金

Fe-Cr-Al 系精密电阻是在电热合金的基础上进行成分的调整后获得的,它可以通过改变 Al 和 Cr 的组成使电阻温度系数从正到负值之间变化,因此可制作出电阻温度系数较小的精密电阻合金。但加工性能稍差,焊接性能不好。

以上是一些精密电阻材料,至于电阻敏感材料则种类繁多,例如应变电阻材料要求有大的应变灵敏系数,常用 Cu 基,Ni 基,Fe 基及贵金属的合金。热敏电阻材料要求电阻温度系数要大,电阻与温度呈线性,稳定性好等,常用 Co 基,Ni 基和 Fe 基合金。而光敏电阻材料常用半导体材料,气敏电阻材料则用有机材料。

1.4.3　电热材料

电流通过导体将放出焦耳热,利用电流热效应的材料就是电热材料,因此广泛用作电热器。对电热材料的性能要求是:有高的电阻率和低的电阻温度系数,在高温时具有良好的抗氧化性,并有长期的稳定性,有足够的高温强度,易于拉丝。目前常用的为 Ni-Cr 系和 Fe-Cr-Al 系合金。$MoSi_2$ 和 SiC 的性能见 1.5.4 节。

1.4.3.1　Ni-Cr 系合金

Ni-Cr 系合金的成分见表 1-4,这类合金随 Cr 量的不同,氧化性能也不同,在 15%Cr 以上,性能良好。

表 1-4 Ni-Cr 系电热合金的成分及特点

名　　称	化 学 成 分 /%				用途及特点	最高工作温度/℃
	Ni	Cr	Fe	Mn		
Ni 80Cr 20合金	78～80	20～22	<1.5	0～2	普遍使用的高耐热合金	1100～1150
Ni 70Cr 20Fe8 合金	70	20	8	2	高耐热合金	1050～1100
Ni 60Cr 15Fe 30合金	60～63	12～15	20～23	0～2	最易加工，价格低廉	1050～1100
Ni 50Cr 30Fe 25合金	50～52	30～33	11～15	2～3	制造厚带和粗线	1200～1250

1.4.3.2 Fe-Cr-Al 系合金

Fe-Cr-Al 合金的成分见表 1-5，这类合金的耐热性随着 Al 和 Cr 含量的增加而提高，但同时增高合金的硬度和脆性，使工艺性能恶化，在高温使用易产生脆性。

表 1-5 Fe-Cr-Al 系合金的成分及特点

序　号	化 学 成 分 /%				加工性能	工作温度/℃
	Cr	Al	C	Fe		
1	16～18	4.5～6.5	<0.05	余	热、冷态中加工	1000
2	23～27	4.5～7	<0.05	余	热、冷态中加工	1250
3	40～45	7.5～12	<0.05	余	热态中加工	1350
4	65～68	7.5～11.5	<0.05	余	只有研磨	1500

1.4.4 热电材料

热电材料是指利用其热电性的材料，对金属热电材料主要是利用塞贝克效应制作热电偶，因而是重要的测温材料之一。而对半导体热电材料则可利用塞贝克效应，珀耳帖效应及汤姆逊效应制作热能转变为电能的转换器以及反之用电能来作加热器和制冷器。

对金属热电偶材料的性能要求为具有高的热电势及高的热电势温度系数，保证高的灵敏度。同时要求热电势随温度的变化是单值的，最好呈线性关系。具有良好的高温抗氧化性和抗环境介质的腐蚀性，在使用过程中稳定性好，重复性好，并容易加工，价格低廉。完全达到这些要求比较困难，各种热电偶材料也各有其优缺点，一般根据使用温度范围来选择使用热电偶材料。为了确定两种材料组成热电偶后的热电势，技术上选用铂作为标准热电极材料，这是因为铂的熔点高，抗氧化性强及较好的重复性。

较常用的非贵金属热电偶材料有镍铬—镍铝，镍铬—镍硅，铁—康铜，铜—康铜等。贵金属热电偶材料最常使用的有铂—铂铑及铱—铱铑等。低于室温的低温热电偶材料常用铜—康铜，铁—镍铬，铁—康铜，金铁—镍铬等。表 1-6 列出了常用国际标准化热电极材料的成分和使用温度范围，其中使用了国际标准化热电偶正、负热电极材料的代号。一般用两个字母表示，第一个字母表示型号，第二个字母中的 P 代表正电极材料，N 代表负电极材料。

表 1-6　常用热电极材料

序号	型号	正电极材料		负电极材料		使用温度范围/K
		代号	成分（质量分数）/%	代号	成分（质量分数）/%	
1	B	BP	Pt70Rh30	BN	Pt94Rh6	273~2093
2	R	RP	Pt87Rh13	RN	Pt100	223~2040
3	S	SP	Pt90Rh10	SN	Pt100	223~2040
4	N	NP	Ni84Cr14.5Si1.5	NN	Ni54.9Si45Mg0.1	3~1645
5	K	KP	Ni90Cr10	KN	Ni95Al2Mn2Si1	3~1645
6	J	JP	Fe100	JN	Ni45Cu55	63~1473
7	E	EP	Ni90Cr10	EN	Ni45Cu55	3~1273
8	T	TP	Cu100	TN	Ni45Cu55	3~673

1.5　广义"金属"电性材料的某些进展

　　优良的导电性是金属的特征。随着科学技术的进步，有时金属的概念有了扩展，例如把金属碳化物、氮化物，金属间化合物等也称做金属，并且这种扩展趋势还在继续。表 1-7 是选择列入的一些金属和金属性材料的电阻率。[10]

表 1-7　一些金属和金属性材料的电阻率

材　料		$\rho/\mu\Omega\cdot cm$	材　料		$\rho/\mu\Omega\cdot cm$
	Cu	1.7	金属陶瓷	TiN	25
	Al	2.6		CeN	17
	黄铜（70Cu-30Sn）	6.2		MoSi$_2$	15
	杜拉铝（Al-4Cu0.6Mn0.6Mg）	5.0~5.3		LaB$_6$	15
	不锈钢（18-8）	7.2		ScC	2.7
金属	Fe-42Ni 合金	65	氧化物	In$_{1.8}$Sn$_{0.2}$O$_3$（ITO）	~200
	镍铬合金（Ni-20Cr）	108		YBa$_2$Cu$_3$O$_7$（晶体 100K）	~50
	Pb-Sn 焊料（Sn-37Pb）	14.5		YBa$_2$Cu$_3$O$_7$（晶体 RT）	~150
	Ti	4.2		CaRuO$_3$（4.2K）	~70
	Ce	75		La$_{0.67}$Ca$_{0.33}$MnO$_3$（薄膜 50K）	~100
	La	57	高分子	聚乙炔（拉伸态）	6.7
	Bi	115		含纳米孔的聚吡咯	440
	Pt	9.59			

　　从导电性来看，这些材料都可以叫做金属，或者说都属于广义"金属"。它们中许多是新型的功能材料。就以金属铜来说，随着技术进步，生产出越来越纯的铜。超高纯铜就是高技术发展的产物，返回来又为高技术服务。下边我们就对导电性的广义金属功能材料的

一些进展作简单介绍。导电材料的重要发展趋势之一是除了电学性能（如高导电率）以外，还要求同时具有另外一项或多项其他优越性能（如高强度、高导热性、高抗腐性、低价格……）。

1.5.1 超高纯铜（UHPC）的生产和应用

通常 UHPC 的生产是通过对一般电解铜的进一步精制。对硝酸电解也有很大的改进。隔板法是降低硫含量的最有效办法。继之运用区熔提纯和真空熔化。悬浮区熔和脱硫区熔也已开发应用。在熔化、铸造和成型过程中要特别注意避免被污染。铜的纯度常用多少个 N 来表示，如 4N Cu、5N Cu、6N Cu。金属的电阻率 ρ 由温度依赖项 ρ_t 和剩余项 ρ_r（等于缺陷引起的 ρ_d 和杂质引起的 ρ_i 之和）相加而成。用 $\rho_{298}/\rho_{4.2}$ 代表的剩余电阻比（RRR）常用来反映铜的纯度，对 6N 和 4NCu，它们分别为 7500 和 160，它们在 4.2K 的电阻率相应为 $2.3\times10^{-4}\mu\Omega\cdot cm$ 和 $1.1\times10^{-2}\mu\Omega\cdot cm$。6N Cu 的最大热导率为 8K 时的 3.0×10^4 W/m·K，4N Cu 的在 18K 的 3.1×10^3W/m·K，即 6N Cu 的热导率比 4N Cu 高 10 倍以上。6N Cu 已用于话筒导线和声频插脚电缆，这样就明显提高了保真度，中频和低频的声音深沉而清晰，圆滑而自然。用作机器人和发报机的抗弯曲导线，使用寿命长，线长可以增加，并且传输微弱的小信号。6N Cu 加少量合金元素形成的合金的强度比紫铜（TPC）的高出 1 倍多，而导电率还保持国际退火铜标准的 80 以上（＞80％IACS）。6N Cu 为基加入 100×10^{-6}In 就可使软化温度达 600K，为此 4N Cu 中需加入 1000×10^{-6}In。高抗热、易浸蚀的 6N Cu＋In 合金可用于自动插头带（TAB）。UHPC 还开拓了在溅射靶和超导磁场技术方面的应用[11]。

1.5.2 高电导率高机械强度合金

高导电高强度合金的用途非常广泛，例如：集成电路的引线框架、点焊机的电极、导电弹簧、滑动接触块、触头材料、电动工具的换向器、大型高速涡轮发电机的转子导线、大型电气机车的架空导线等。在这类合金中铜合金占有重要位置其他金属基的合金有时也被采用，例如铁镍合金和某些情况下的低碳钢等。[11~13]

1.5.2.1 使合金强化的方法

这包括传统的方法，如固溶强化、晶粒细化的强化、冷形变加后续时效强化、过剩相强化（如日本 EK-2 型的 Cu-Cr-Zr 合金中含 0.81％或 0.71％Cr（质量分数），超过了溶解度）、多种强化方法综合。另外还采用越来越多的新方法，如利用喷射成型技术制作开发 Cu-15Ni-8Sn 合金，在接触和弹簧元件方面可代替 Cu-Be 合金。利用调幅分解法开发高导热、低电阻、高韧性的 Cu-9Ni-6Sn 合金，作为框架材料的有力候选者。复合材料法的各种形式也被开发运用，如用氧化物弥散强化法去强化铜；机械合金化法制作 Cu-Al$_2$O$_3$、Cu-ZrO$_2$、Cu-TiC、Cu-ZrC 等；自生复合材料法也是被开发利用的新方法，它指的是在基体金属（例如铜）中加入一定的合金元素，通过工艺手段，生成原位增强相。原位反应复合材料法是利用在基体中元素间或元素与化合物之间发生放热反应而产生增强物。一种新的方法是系统优化设计法（Systems-based design），它是根据工艺过程-结构-性能连环关系用计算机模拟找到最佳综合指标。

1.5.2.2 高导电高强度的引线框架材料

集成电路中的引线框架材料是高导电高强度电功能材料的典型，而高导电高强度材料可以认为是多功能电性材料的一个代表，所以应该对引线框架材料给予重视。这些材料中铜合金占有重要位置，如时效强化的铍青铜；通过沉淀强化的 Cu-Ni-Sn、Cu-Ni-Al 和再加上少量铬、硅的合金；通过变形强化的黄铜、青铜和白铜（Cu-20Zn-15（Ni，Co））。铜系合金主要开发者有美国奥林公司（Olin），日本的三菱金属、神户制钢所和古河电气公司等，前苏联的一些研究所以及我国自行开发和改进型等。铁-镍基合金由于强度高也占有不可忽视的位置。最重要的铁镍合金当首推叫做 Ni42 的合金。在 Ni42 的基础上通过加入少量原子直径大的元素 Nb、Ta、W、Mo 达到固溶强化。加入约 3Nb% 的效果较好。再有就是新开发的复合材料，如 Ni42 覆铝、铜/高强因瓦/铜复合等。在引线框架材料厚度方面有从 0.25mm 逐渐减薄到 0.15mm、0.125mm，0.1mm，并进一步向 80μm 减薄。Cu 系合金的导电性、导热性、蚀刻系数（垂直方向对侧面蚀刻量之比，Cu 基合金为 2.0，铁镍基合金的约为 1.6）占优势。从强度角度看 Ni42 系合金占优势，热膨胀也较铜合金小，所以两个合金系各有优缺点，从使用总量来看铜系比铁镍系合金要大，大约为引线框架材料的 50%～60% 和 20%～30%。

1.5.2.3 系统优化设计法（systems-based design）

具有不同层次结构和多样性性能的材料可以认为是由生产工艺过程和使用过程引导出来的。这种想法可以用明确的流程图来表示（图 1-23）[14]。

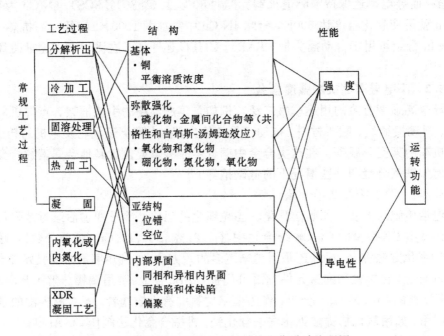

图 1-23 高强度高电导合金的系统优化设计流程图

在流程图最左面是生产工艺过程，它们可以分为常规工艺过程，也就是通常生产上常用的工艺，另外有些是特殊要求时使用的。例如，内部氧化法的基本过程是把 Cu-x 合金雾化粉末在高温氧化气氛中部分氧化，使 x 元素转变为氧化物，然后在氢气气氛中使氧化了的铜还原出来，形成铜与 x 氧化物混合体，然后在压力下成型烧结。常用的有 Cu-Al，Cu-Si 系。机械合金化法也已用于生产高强度高电导铜合金，如 Cu-Al$_2$O$_3$，Cu-ZrO$_2$，Cu-TiC，Cu-ZrC 等。左列最下边的凝固过程是指一些非常规的，正在研究、开发或试验（XDR）的凝固工艺过程。自生复合材料法就属于这类凝固过程。它包括塑性形变、原位反应和原位生长复合材料法三种。它们都经过了熔化和凝固过程。例如原位生长复合材料，就是定向凝固共晶金属基复合材料，在基体中形成定向排列纤维增强体的复合材料，有 Cu-Cr 合金等。

一般说来，高强度和高电导率的要求间存在着矛盾，例如图 1-24 就是世界上商用铜合金的强度与电导率的关系图。图中圆圈实曲线是固溶强化的合金，方框点是析出相强化的合金。可以看出在高强度和高电导率之间有时会是用折衷选择的办法。固溶强化电导率损失的多，所以不适于作为获得高强度高电导率合金的优先选择。析出强化、位错强化和（或）弥散强化可以作为此类合金的设计基础。利用各种性能关系交叉曲线和规律，参考一些文献便可进行模拟。

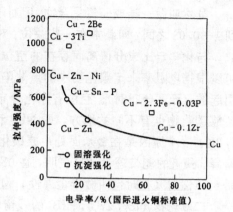

图 1-24 一些商用铜合金的
强度和导电率关系图
(Cu-2Be 铍青铜；Cu-3Ti 日本矿业；
Cu-Zn-Ni "镍银"；Cu-Sn-P 磷青铜；
Cu-Zn 黄铜；Cu-2.3Fe-0.03P；
Cu-0.1Zr 二合金为美国奥林公司开发的)

1.5.3 用于电子设备的金属碳化物、氮化物和硼化物

现代电子设备需要具有金属导电性的材料，但同时不能有电迁移性（导电电子或空穴把动量传递给原子，从而增强了原子的扩散）、不应很快受腐蚀、不扩散入半导体基底中去。常用的铜、铝及其合金并不能完全满足这些要求，故逐渐出现运用能工作更好的过渡金属的化合物。这里所说的过渡族金属是指 Ⅳ 组的 Ti、Zr、Hf 和 Ⅴ 组的 V、Nb、Ta。它们活泼、熔点高可与 C、N、B 形成化合物。它们的一碳和一氮化物是 B1 (NaCl) 结构的，有时把它们叫做间隙化合物。二硼化合物是六方结构的，这些碳、氮、硼化合物都有室温高硬度，高熔点，具有共价、离子、金属性的混合键，低扩散系数，电子（而非离子）导电。因而常被叫做金属（性）陶瓷，其性质见表 1-8[18]。

表 1-8 过渡金属一碳和一氮化合物的物理性质

材料	颜色	点阵常数 RT/nm	硬度 HV	熔点/K	热导率/ $W(m \cdot K)^{-1}$	热膨胀/ K^{-1}	电导率/ $\mu\Omega \cdot cm$	超导 T_c/K	密度/ $g \cdot cm^{-3}$
TiC	灰	0.4327	3000	3340(TiC$_{0.79}$)	33.2	7.95×10^{-6}	61	<1.2	
ZrC	灰	0.4703	2900	3718(ZrC$_{0.79}$)	11.5	7.01×10^{-6}	49	<1.2	
VC$_{0.87}$	灰	0.4172	2480	2921(VC$_{0.75}$)	9.7	7.25×10^{-6}	78	<1.2	
NbC	棕	0.4470	2150	3886(NbC$_{0.78}$)	11.2	7.21×10^{-6}	20	11.1	
TiN	金黄		2100	2950(℃)		9.4×10^{-6}	25		5.40
ZrN	浅黄		1600	2980(℃)		7.2×10^{-6}	21		7.32
HfN	绿黄		1640	3330(℃)		6.9×10^{-6}	33		13.6
VN	棕		1560	2350(℃)		8.1×10^{-6}	85		6.11
NbN	深灰		1400	2630d(℃)		10.1×10^{-6}	78	16	8.43
TaN	灰		3200	2950d(℃)					15.6

虽然叫做一碳或一氮化合物，但对于碳化物应写为 MeC_x，x 经常小于 1，例如 x 值 0.50 到 $1-0.03$ 之间，即碳常有一些缺位。对于氮化物可表为 Me_yN_x，y 和 x 都可以是小于 1 的数。与化学定比成分偏离而存在的空位对电子的散射是碳、氮化物高电阻率的原因，甚至可以根据电阻率来定碳化物中的点缺陷浓度和化学成分。碳化物的高残余电阻也是点缺陷引起的（无序分布时）。空位有序化分布后残余电阻几乎降到零（如 V_6C_5）。Ⅳ族碳化物与Ⅴ族碳化物也有不同的地方，即 NbC 和 TaC 在约 10K 以下成为超导，而Ⅳ的 T_c 则小于 1.2K。一个原因是在费米面处Ⅴ族碳化物的态密度（DOS）较高，这可用超导 BCS 理论来解释。最近的能带理论计算表明，在 0K 这类碳、氮化物的能带在费面处有重叠，所以它们是金属性的（有时也叫做半金属性，但不是半导体性的）。

二硼化物 TiB_2，ZrB_2，HfB_2 的残留电阻较低，这是因为它们的原子空位缺陷少的缘故。如 TiB_2 在室温的 ρ 约为 $6\mu\Omega\cdot cm$。这使得它们能有特殊的用处。二硼化物的 DOS 低电子活动性高是导电性好的原因，直至 1800K 电阻率与温度几乎呈线性上升关系。

从前人们较多是利用碳、氮、硼化物的高硬度制造切割和研磨工具。现在则根据它们是电子导电的，可应用到微电子学方面。这种应用主要有：（1）在硅、GaAs 芯片上的大规模集成电路（VLSI）或超大规模集成电路（ULSI）中用作接头；（2）电机械触头；（3）利用 NbN 制作约瑟夫森结（Josephson junctions）NbN/MgO/NbN、NbN/Si/NbN；（4）在电子微元件中用 TiN 作为扩散阻挡层；（5）代替石墨而使用 TiB_2 为电流引入件（在 HCl 法生产铝的池中）；（6）TiB_2 的电阻率比 TiN 低，故在需要更快速运作的 VLSI 和 ULSI 中使用 TiB_2；（7）由于碳、氮化物的电阻率随温度变化小，熔点高，故用于电子器件中的高温耐久电阻器，也可用于应变计，这些化合物按电阻率温度系数由小到大顺序为：HfN，ZrC，ZrN，TiC，TiN。

1.5.4　导电性 $MoSi_2$ 的开发和应用

二硅化钼被用作电发热元件而广为人知。它是比碳化硅更新开发的电热材料，它不像钼、钨等金属需在特定气氛下工作，其抗氧化性与 SiC 接近，故可在空气中直接使用。通常掺入一些 SiC 使性能改善，可用至 1900℃（SiC 最高用至 1450℃）（表 1-9）。$MoSi_2$ 在 1900℃以下为四方结构，1900～2030℃（熔点）之间为六方结构。电阻率约为 $15\mu\Omega\cdot cm$，应用时对环境无污染。它的密度较低（$6.24g\cdot cm^{-3}$），并有 R' 特性（即在一定范围内，温度升高时强度基本不变），故可用作高温结构材料[21,22]。

这里要特别强调的是它是电子器件中有应用前景的材料。它可用于大规模集成电路的栅极薄膜和电触头材料。一般集成电路在制造过程中要进行 1000℃ 以上的高温处理，$MoSi_2$ 能经受这样的高温。国内外对有多种用途的 $MoSi_2$ 都在积极进行基础研究、生产工艺改进、性能改善方面的工作。

1.5.5　光透明导电膜材料

现在已发现了多种具有这种特性的材料，生产工艺也多种多样[24]。它是在宽禁带半导体氧化物（$E_g\geq 3eV$）中掺杂（或采用非化学计量成分）来实现。现在研究最多的是 SnO_2：F（FTO）、In_2O_3：Sn（ITO）和 ZnO。透明导电膜有一些共同特性：（1）导电率、可见光透过率和红外反射率是相互联系的；（2）电子传导特性和光学常数随薄膜厚度而改变，但都为 N 型，具有高的载流子浓度和低的迁移率；（3）掺杂效率决定于基底本身和掺杂物，不同的掺杂物对透明导电膜的性能有很大影响[25]。

表 1-9　一些电热材料主要性能参考表

材料名称	化学成分/%	密度 ρ/ g·cm^{-3}	20℃时电阻率 ρ_{20}/Ω·m	电阻温度系数 α/℃$^{-1}$	平均线膨胀系数/℃$^{-1}$	平均比热 C/ kJ(kg·℃)$^{-1}$	导热系数 λ/ W(m·℃)$^{-1}$	熔点 T/℃	最高使用温度/℃	使用条件
0Cr25Al5	≤0.06C, ≤0.7Mn, ≤0.6Si, 23~27Cr, 4.5~5.5Al, 余Fe	7.1	1.40×10^{-6}	5×10^{-5}	16×10^{-6}	0.494	12.8	1500	1250	
康太尔铝合金	23Cr, 69Fe, 5.7Al, 0.6C, 2.0Co	7.1~7.25	1.40×10^{-6}	4.85×10^{-5}	$(14\sim15)\times10^{-6}$	0.494	12.8	1520	1350	
Cr25Ni20Si2	≤0.2C, 2~3Si, ≤1.5Mn, 23~27Cr, 18~21Ni	7.84	0.92×10^{-6}	38×10^{-5}	16.3×10^{-6}	0.502	12.8~14	1400~1430	900	
铂(白金)Pt	Pt 100 称量	21.46	0.10×10^{-6}	4×10^{-3}	$(8.95+1.22\times10^{-3}t)\times10^{-6}$	0.193 (1230℃)	69.8	1770	1400	
钼 Mo	Mo 100 称量	10.3	0.045×10^{-6}	5.5×10^{-3}	$(5.1+9.65\times10^{-4}t)\times10^{-6}$	0.272 (10~100℃)	68.6~141 (0~1600℃)	2630	1650	真空中可达1650℃;氢气保护可达2000℃
钨 W	W 100 称量	19.34	0.05×10^{-6}	5.5×10^{-3}	$(4.3+7.1\times10^{-4}t)\times10^{-6}$	0.176 (900℃)	102 (1723℃)	3410	2500	真空中或保护气体中使用
碳粒	C	1~1.25	$(600\sim2000)\times10^{-6}$			0.67~0.996 (0~244℃)			1800	真空中或保护气中达2500℃
石墨	C	2.2	$(8\sim13)\times10^{-6}$			1.842 (827℃)	116.3~174.5	3500	3000	真空或保护气中使用
二硅化钼 MoSi₂	63Mo, 37Si	5.3	$(0.302\sim0.45)\times10^{-6}$	480×10^{-5}	$(7\sim8)\times10^{-6}$			2030	1680	
碳化硅 SiC	94.4SiC, 3.6SiO₂, 0.3C, 0.3Si, 0.2Al, 0.6Fe, 0.6(CaO+MgO)	3.12~3.18	$(1000\sim2000)\times10^{-6}$ <800℃为负 >800℃为正	5×10^{-6}		0.712	23.3 (1000~1400℃)	2227	1450	

透明导电膜的应用领域正在开拓中，发展光敏和电场敏感透明导电膜，将有助于开拓它在未来电子和光电子器件领域中的应用。现在已用于太阳能电池的透明电极。如 FTO 和 ITO 膜在非晶 Si 太阳能电池中应用，效率可达 7.5%。也可用作太阳能电池中的抗反射层。它也可以用于飞机、轮船、车辆的挡风玻璃上镀膜，这样可以通电加热（$0.4\sim1.2\text{W/cm}^2$）防止在玻璃上结霜。在电致变色器件中利用透明导电膜，可以使玻璃透光智能化，减少空调使用时间，还可节约照明电。这主要是利用它能根据太阳光强度来改变透过率和反射率。

1.5.6　磁场引起的电导率变化及 CMR 材料的应用

人们知道磁场能改变金属和半导体的电阻率已有一百年的历史了，这可称做正常磁电阻（n-MR），对这种现象的材料应用已有二十年的历史。约十年前物理学家对磁场引起多层膜的巨大（giant）电阻变化给予了很大关注，并把这种变化叫做巨磁电阻（GMR）。近年来又发现了磁场引起的更大的电阻变化，叫做超巨磁电阻（CMR，Colossal Magnetoresistance）。磁场引起的电阻变化率可以用 $\text{MR}=\Delta R/R_H=(R_H-R_0)/R_H$ 来表示，R_0，R_H 分别为零磁场和外加磁场（例如 $\mu_0H=6\text{T}$）下的电阻值。MR 变化率约为百分之几，GMR 可达 100%，变化率在 1000% 以上的就可叫做 CMR。CMR 首先在具有钙钛矿结构（ABO_3）的稀土亚锰酸盐中发现。当 $LaMnO_3$ 的 La 部分被二价离子（Ca，Ba，Cr，Pb，Cd）取代时，这种亚锰酸盐具有强铁磁性和金属导电性，这种空穴掺杂导致 Mn^{3+} 和 Mn^{4+} 的混合价态，并出现易变（mobile）载流子和锰自旋的倾转（canting）。在 ABO_3 单位晶胞中，立方体角位由大离子

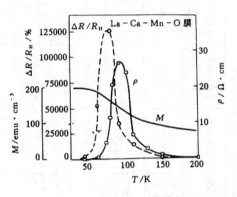

图 1-25　La-Ca-Mn-O 薄膜的 ρ，
MR，M 随温度的变化

直径的 A 离子（La^{3+}，Pr^{3+}，Na^{3+}，Ca^{2+}，Sr^{2+}，Ba^{2+}，Pb^{2+}）占据，直径较小的 B 离子（Mn^{3+}，Mn^{4+}，Cr^{3+}，Fe^{3+}，Ti^{4+}）占据体心位置，氧离子则占据立方体面的六个中心。锰离子位于氧八面体的中心。可用 RMMnO 来表示这类化合物。如 La-Ca-Mn-O，La，Ca，Mn 都可部分为其他元素取代。组成稳定的这类化合物遵从歌德希密提（Goldschimidt）离子半径定则。图 1-25 表示了 La-Ca-Mn-O 薄膜的 ρ，$\Delta R/R_H$ 和 $\mu_0H=6\text{T}$ 下的磁化强度 M 的变化。样品曾经过 900℃ 处理，MR 达到了 120000%，极大值在约 95K，在此温度以上样品为半导体性（$\text{d}\rho/\text{d}T<0$），以下呈金属性。M 在 50K 为 200emu/cm^3，在 150K 为 100emu/cm^3。[26~29]

空穴掺杂的亚锰酸盐的 CMR 可以用双交换过程来定性解释[27]。外加磁场使 Mn^{3+} 和 Mn^{4+} 之间的电子跳跃变得更容易。在磁场中顺磁到铁磁（或半导体到金属）的转变温度升高，所以在一给定温度下，材料可在高低导电状态间变动。$La_{0.67}Ca_{0.33}$

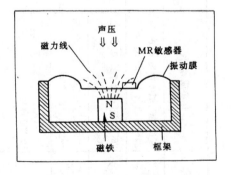

图 1-26　磁电阻麦克风
设计示意图

$MnO_x(x \doteq 3.0)$ 有 CMR 行为。若用少量 Y 取代部分 La，如 $La_{0.60}Y_{0.07}Ca_{0.33}MnO_x$（在 $LaAlO_3$ 上外延生长薄膜）可得到 MR 值高达 10^9%。

CMR 材料有可能用在磁电子学（magnetoelectronics）、极化自旋传输器（spin-polarized transport devices）和麦克风等领域。在麦克风上的应用示意如图 1-26。尺寸约为 $2mm \times 4mm$ 的 La-Ca-Sr-Mn-O 型敏感器安放在塑料振动膜上，射向振动膜的声波强度的变化引起敏感器位置变化，从而在梯度磁场中受到的场强也发生变化，这种磁场强度的变化导致敏感器的电阻变化，随之麦克风中的输出电压 ΔV 发生变化。由于距声源距离加大，敏感器的信号会减小，根据需要可以调整输出的增益。

1.6 结束语

电性金属材料虽是功能材料中历史较久的一个分支，但由于科学技术的发展，对品种和性能要求的范围也越来越多样。工艺和生产手段的进步使得增多品种和完成各种性能要求成为可能。金属间化合物，碳化物，氮化物，碳氮化物，薄膜，各种要求的表面结构和质量，超高纯的，注入改性的，均匀的，有偏聚的等等多样电性材料都已生产出来并正在发展。金属电性材料是基础坚实又充满活力的领域。

参 考 文 献

1　功能材料及其应用手册编写组. 功能材料及其应用手册. 北京：机械工业出版社，1991

2　王润主编. 金属材料物理性能. 北京：冶金工业出版社，1993

3　Dugdale J S. The Electrical Properties of Metals and Alloys. Adward Arnold，1976

4　Coles B R，Caplin A D. The Electronic Structures of Solids. Adward Arnold，1976

5　Mott N F，Jones H. The Theory of the Properties of Metals and Alloys. Oxford，1936

6　Ziman J M. Electrons and Phonons. Oxford，1960

7　Лившиц Б Г. Физические Свойства Металлов и Сплавов Металлургиздат，1980

8　Kittel C. Introduction to Solid Physics. John Wiley & Sons，1976

9　Blatt F J，Schroeder P A，Foiles C L，Greig D. Thermoelectric Power of Metals and Alloys. New York：Plenum，1976

10　Jin S. JOM（Journal of Minerals，Metals and Materials Sociely），1997；37，No. 3

11　Kato M. JOM，1995；44，No. 12

12　郑雁军，姚家鑫，李国俊. 材料导报，1997；52，11（6）

13　陈传时. 上海钢研，1997；52，No. 6，49

14　Ghosh G，Miyake J，Fine M E. JOM，1997；56，No. 3

15　韩庆康. 上海钢研，1994；48，No. 2

16　Sundman B，Jansson B，Andersson J O. CALPHAD，1985；153，9

17　Engstrom A，Hoglund L，Agren J. Metall. Mater. Trans.，1994；1127，25A

18　Williams W S，JOM.，1997；38，No. 3

19　Gusev A I. Phys. Stat. Sol.，1991；17，B163

20　Gubanov V A，Iranovsky A L，Zhokov V P. Electronic structure of Refractory Carbides and Nitrides（Cambridge University Press，1994）

21　王德志，左铁镛，刘心宇. 材料导报，1997；53，11（4）

22　马勤，杨延清，康沫狂. 材料开发与应用，1997；27，12（6）

23 Moore J J. JOM，1994；72，11

24 殷顺湖. 材料导报，1997；33，11（3）

25 黄信凡，杜家方. 陈坤基译. 电子薄膜科学. 科学出版社，1997：225（King-Ning Tu, Mayer J. W., Feldman L. C.：Electron Thin Film Science, 1992）

26 Jin S. JOM，1997；61，No. 3

27 Zener C. Phys. Rev.，1951；403，82（3）

28 Simond J I. Physice Today，1995；26：4

29 Prinz G A. Physics Today，1995；58：4

2 磁性材料[❶]

具有强磁性的材料称为磁性材料。磁性材料具有能量转换、存储或改变能量状态的功能，是重要的功能材料。按矫顽力的大小可将磁性材料分为硬磁、半硬磁、软磁材料三种。磁性材料广泛地应用于计算机、通讯、自动化、音像、电机、仪器仪表、航空航天、农业、生物与医疗等技术领域。它的应用已涉及到工、农、医、现代科技、国防和人类生活的各个领域。据统计1994年全球磁性材料产量约650～750万t，产值100亿美元以上。全球每人每年消耗磁性材料价值2美元，全球磁性材料需求量每年以10%～25%速度增长。新型磁性材料、新技术和新工艺不断涌现，是最活跃的材料领域之一[1~3]。

2.1 铁磁性理论基础

2.1.1 磁学量定义与单位[4]

2.1.1.1 磁极

一根棒状永磁体有两个磁极，即N极和S极。两磁铁的同极性相斥，异极性相吸。两个距离为r，磁极强度（简称极强）分别为m_1和m_2的磁极间的相互作用力为

$$F = k\frac{m_1 m_2}{r^2}r_0 \qquad (2-1)$$

式中r_0是r的矢量单位（由N极指向S极）；$k=\frac{1}{4\pi\mu_0}$，$\mu_0=4\pi\times10^{-7}$，H/m（亨利/米），为真空磁导率；m_1、m_2的单位为Wb（韦伯）。

2.1.1.2 磁矩

可以从两个方面来定义：一个圆电流的磁距定义为

$$M_m = iS \qquad (2-2)$$

式中i是电流强度（A），S是圆电流回线包围的面积（m^2）。M_m的单位是$A\cdot m^2$，其方向可由右手定则来确定。另外，一根长度为l，极强为m的棒状磁铁的磁矩定义为

$$M_m = ml \qquad (2-3)$$

M_m由S极指向N极，单位是$Wb\cdot m$（韦伯·米）。它称为磁偶极矩。iS与ml有相同的量纲。

2.1.1.3 磁场

磁场H可由永久磁铁产生，也可由电流产生。一个每米有N匝线圈，通以电流强度为i（A）的无限长螺旋管轴线中央的磁场强度为

$$H = Ni \qquad (2-4)$$

磁场H的单位是安·匝/米，简写成安/米（A/m）。永久磁铁在其周围产生磁场。极强为m_1的磁极，在距离r远处产生的磁场可用单位极强（$m_2=1$）在该处受到的作用力来定义

---

❶ 本章第2.6节由马如璋撰写。

$$H = \frac{F}{m_2} = k\frac{m_1}{r^2}r_0 \tag{2-5}$$

若 m_1 为正极（N 极），F 的方向与 H 的方向相同；若 m_1 为负极（S 极），F 的方向与 H 的方向相反。

2.1.1.4　磁化强度 M 与磁感应强度 B

一个宏观磁体由许多具有固有磁矩的原子组成。当原子磁矩同向平行排列时，宏观磁体对外显示的磁性最强。当原子磁矩紊乱排列时，宏观磁体对外不显示磁性。宏观磁体单位体积在某一方向的磁矩称为磁化强度 M

$$M = \frac{\sum_{i=1}^{n}\mu_{原子}}{V} \tag{2-6}$$

其单位为 A/m。有时用物质单位质量的磁矩来表示磁化强度，称为质量磁化强度 σ

$$\sigma = M/d \tag{2-7}$$

式中 d 是物质的密度（kg/m³），σ 的单位为 A·m²/kg。

任何物质在外磁场作用下，除了外磁场 H 外，由于物质内部原子磁矩的有序排列，还要产生一个附加的磁场。在物质内部外磁场和附加磁场的总和称之为磁感应强度 B。在真空中，磁感应强度与外磁场成正比，即

$$B = \mu_0 H \tag{2-8}$$

μ_0 为真空磁导率。在物质内部，磁感应强度为

$$\left.\begin{aligned} B &= \mu_0(H + M)\\ B &= \mu_0 H + \mu_0 M\\ J &= \mu_0 M \end{aligned}\right\} \tag{2-9}$$

式 2-8 和式 2-9 中的 B 的单位为 Wb/m²，J 称为磁极化强度，单位为 Wb/m²，有时也称为内禀磁感应强度。

2.1.1.5　磁化曲线

热退磁状态的铁磁性物质的 M、J 和 B 随磁化场 H 的增加而磁加的关系曲线称为起始磁化曲线，简称为磁化曲线，如图 2-1 所示。它们分别称为 M-H、J-H、B-H 磁化曲线。M_s、J_s、B_s 分别为饱和磁化强度、饱和磁极化强度和饱和磁感应强度，H_s 为技术饱和磁化场强度。

2.1.1.6　磁化率和磁导率

M-H 曲线上 M 与 H 的比值称为磁化率 χ，B-H 磁化曲线上 B 与 H 的比值称为磁导率 μ，即

$$\left.\begin{aligned} \chi &= \frac{M}{H}\\ \mu &= \frac{B}{H} \end{aligned}\right\} \tag{2-10}$$

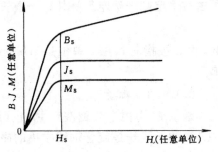

图 2-1　强磁性物质的磁化曲线

式中的 μ 称为绝对磁导率，它被真空磁导率来除则得到相对磁导率 $\mu' = \mu/\mu_0$。μ 的单位是 H/m（亨利/米），χ 和 μ' 是无量纲的。此外还常用质量磁化率 χ_σ 和摩尔磁化率 χ_A，它们之间的关系为

$$\left.\begin{aligned}\chi_\sigma &= \chi/d \\ \chi_A &= \chi_\sigma A\end{aligned}\right\} \qquad (2\text{-}11)$$

式中 d 是密度（kg/m³），A 是摩尔质量。

2.1.2 原子磁性[5]

一切物质都由原子或分子组成，原子由原子核和核外电子组成。电子和原子核均有磁矩，但原子核磁矩仅有电子磁矩的 1/1836.5，所以原子磁矩主要来源于电子磁矩。下面先讨论孤立（自由）基态原子磁矩，然后讨论晶体中的原子磁矩。

孤立基态原子核外的电子除了围绕原子核作轨道运动外，还作自旋运动。原子磁矩是电子轨道磁矩和自旋磁矩的总和。根据量子力学的结果，3d 过渡族金属和 4f 稀土金属及合金的原子磁矩为

$$\mu_J = g_J \mu_B \sqrt{J(J+1)} \qquad (2\text{-}12)$$

式中

$$g_J = 1 + \frac{J(J+1) - S(S+1) - L(L+1)}{2J(J+1)} \qquad (2\text{-}13)$$

g_J 称为朗德（lande）因子，J 为原子总角量子数，L 为原子总轨道角量子数，S 为原子总自旋量子数。

量子力学已证明，原子磁矩在磁场中的投影值是量子化的，它仅能取

$$\mu_{L \cdot H} = g_J m_J \mu_B \qquad (2\text{-}14)$$

式中 m_J 为原子总角动量方向量子数或称原子总磁量子数，它可取 0、± 1、± 2、$\pm 3 \cdots \pm J$，共 $2J+1$ 个数值。只要知道 J、L、S，由式 2-12 到式 2-14，便可计算 μ_J 和 $\mu_{L \cdot H}$ 的数值了。

洪德（Hund）根据光谱实验结果，总结了计算基态原子或离子角量子数 J 的法则，称为洪德法则。其主要内容为：对那些次电子层（s、p、d、f、…等）未填满电子的原子或离子，在基态下，其总角量子数 J，总轨道量子数 L 和总自旋量子数 S 存在如下关系：（1）在未填满电子的那些次电子层内，在泡利（pauli）原理允许的条件下总自旋量子数 S 和总轨道量子数 L 均取最大值；（2）次电子层填满不到一半时，原子总角量子数 $J=L-S$；次电子层填满一半或一半以上的电子时，原子的总角量子数 $J=L+S$。根据洪德法则便可计算基态原子或离子的磁矩。

3d 金属孤立原子（或离子）磁矩要比晶体中的原子磁矩大许多。因为孤立原子（或离子）组成大块金属后，4s 电子已公有化，3d 电子层成为最外层电子。金属晶体中原子按点阵有规则排列，在点阵上的离子处于周围近邻离子产生的晶体场（称为晶场）中。在晶场的作用下，晶体中原子 3d 电子轨道磁矩被晶场固定了，不随外磁场转动，它对原子磁矩无贡献。这种现象称为轨道"冻结"。3d 金属原子主要由电子的自旋磁矩来贡献。

4f 金属则不同，4f 金属孤立离子磁矩（理论计算值）与晶体中的离子磁矩（实验值）几乎完全一致。因为在稀土金属晶体中 4f 电子壳层被外层的 5s 和 5p 电子壳层所屏蔽，晶场对 4f 电子轨道磁矩的作用甚弱或者没有作用。所以 4f 金属的电子轨道磁矩和自旋磁矩对原子都有贡献。

2.1.3 自发磁化理论要点[6]

前面已指出 3d 铁磁金属和多数铁磁性稀土金属原子都有固有的原子磁矩。每一个原子都相当于一个元磁铁。理论与实验均已证明，在居里温度以下，在没有外磁场的作用下，铁磁体内部分成若干个小区域，在每一个小区域内原子磁矩已自发地磁化饱和，即原子磁矩

彼此同向平行排列，这一小区域称为磁畴。为什么在磁畴内部原子磁矩会彼此平行排列呢？这种自发磁化的起因，在 3d 金属中，4f 金属中和 R-TM 化合物中是不同的。下面作简要的介绍。

2.1.3.1　3d 金属中的自发磁化

在 3d 金属如铁、钴、镍中，当 3d 电子云重叠时，相邻原子的 3d 电子存在交换作用，它们每秒钟以 10^8 的频率交换位置。相邻原子 3d 电子的交换作用能 E_{ex} 与两个电子自旋磁矩的取向（夹角）有关，可以表达为[7]

$$E_{ex} = -2A\sigma_i\sigma_j \tag{2-15}$$

式中 σ_i 代表以普朗克常数 $\left(\hbar = \dfrac{h}{2\pi}\right)$ 为单位的电子自旋角动量。若用经典矢量模型来近似，并且 $\sigma_i = \sigma_j$ 时，上式可变成

$$E_{ex} = -2A\sigma^2\cos\phi \tag{2-16}$$

式中 ϕ 是相邻原子 3d 电子自旋磁矩的夹角，A 为交换积分常数。在平衡状态，相邻原子 3d 电子自旋磁矩的夹角应遵循能量最小原理。当 $A>0$ 时，为使交换能最小，相邻原子 3d 电子的自旋磁矩夹角为零，即彼此同向平行排列，称为铁磁性耦合，即自发磁化，出现铁磁性磁有序。当 $A<0$ 时，为使交换能最小，相邻原子 3d 电子自旋磁矩夹角 $\phi=180°$，即相邻原子 3d 电子自旋磁矩反向平行耦合，称为反铁磁性耦合，或反铁磁性磁有序。当 $A=0$ 时，相邻原子 3d 电子自旋磁矩彼此不存在交换作用或者说交换作用十分微弱。在这种情况，由于热运动的影响，原子自旋磁矩混乱取向，变成磁无序，这是顺磁性。如图 2-2。

交换积分常数 A 的绝对值的大小及其正、负与相邻原子间距离 a 与 3d 电子云半径 $r3d$ 的比值的关系如图 2-3。可见在室温以上 Fe、Co、Ni 和 Gd 等的交换积分常数 A 是正的，是铁磁性的。反铁磁性的交换积分常数 A 为负，顺磁性物质的交换积分常数 A 为零。

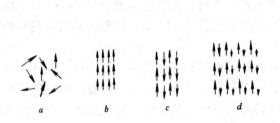

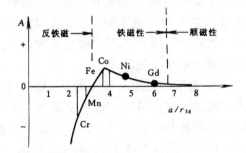

图 2-2　晶体中磁畴内部原子磁矩的排列

a—顺磁性；b—铁磁性；

c—反铁磁性；d—亚铁磁性

图 2-3　3d 金属的交换积分

常数 A 与 a/r_{3d} 的关系

2.1.3.2　稀土金属的自发磁化与磁有序

部分稀土金属元素在低温下要转变为铁磁性，如表 2-1 所示。在稀土金属中，对磁性有贡献的是 4f 电子。4f 电子是局域化的，它的半径仅约 0.06～0.08 nm。相邻的电子云不可能重叠，外层还有 5s 和 5p 电子层对 4f 电子起屏蔽作用，即它们不可能象 3d 金属那样存在直接交换作用。那么稀土金属为什么会转变成铁磁性的呢？为了解释这种铁磁性的起因，茹

德曼（Ruderman）、基特尔（Killel）、胜谷（Kasuya）、良田（Yosida）等人先后提出，并逐渐完善了间接交换作用理论，称为 RKKY 理论。这一理论可以很好地解释稀土金属和稀土与金属间化合物的自发磁化。

表 2-1　稀土金属元素转变为铁磁性的温度

稀土金属元素（RE）	Gd	Tb	Dy	Ho	Er	Tm
居里温度/K	293	222	85	20	20	25

RKKY 理论的中心思想是，在稀土金属中 f 电子是局域化的，6s 电子是巡游电子，f 电子和 s 电子要发生交换作用，使 6s 电子发生极化现象。而极化了的 6s 电子自旋使 4f 电子自旋与相邻原子的 4f 电子自旋间接地耦合起来，从而产生自发磁化，并使稀土金属原子磁矩排列出现多种螺磁性[8]。

2.1.3.3　稀土金属间化合物的自发磁化

稀土金属（RE）与 3d 过渡族金属（M）形成一系列化合物。其中富 3d 过渡族金属间化合物，如 REM_5、RE_2M_{17}、$REFe_{14}B$、$RE(Fe，M)_{12}$ 等已成为重要的永磁材料。这类化合物的晶体结构都是由 $CaCu_5$ 型六方结构派生而来，其中 REM_5，如 $SmCo_5$ 的结构与 $CaCu_5$ 型结构相同。在这类化合物中 RE-R 和 RE-M 原子间距都较远。不论是 4f 电子云间，还是 3d ～4f 电子云间都不可能重叠，4f 电子间或 3d 与 4f 电子间不可能有直接交换作用，它们也是以传导电子为媒介而产生的间接交换作用，而使 3d 与 4f 电子磁矩耦合起来。在稀土金属化合物中，由于传导电子的媒介作用，使得 3d 金属的自旋磁矩与 4f 金属的自旋磁矩总是反平行排列的。根据洪德法则可知，轻稀土化合物中 3d 与 4f 电子磁矩是铁磁性耦合的。而重稀土化合物中，3d 与 4f 电子磁矩是亚铁磁性耦合的，如图 2-4 所示。图中 μ_S^{3d} 代表 3d 电子自旋磁矩，μ_S^{4f} 代表稀土金属 4f 电子自旋磁矩，μ_L^{4f} 代表稀土金属 4f 电子轨道磁矩，μ_J^{4f} 代表稀土金属稀土原子磁矩。可见在轻稀土化合物中 3d 电子自旋磁矩 μ_S^{3d} 与稀土金属原子磁矩 μ_J^{4f} 是同向平行排列，即铁磁性耦合。而在重稀土化合物中 3d 电子自旋磁矩 μ_S^{3d} 与稀土原子磁矩 μ_J^{4f} 是反向平行排列，属于亚铁磁性耦合。

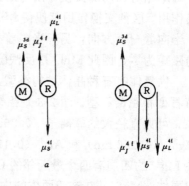

图 2-4　3d 金属与轻稀土金属及重稀土金属化合物间的磁矩耦合

a—金属与轻稀土金属；

b—金属与重稀土金属

2.1.3.4　金属氧化物（铁氧体材料）中的自发磁化——间接交换作用

铁氧体磁性材料是由金属氧化物组成的，其代表式为 $MO·xFe_2O_3$，其中 M 是二价金属离子如 Mn、Ni、Fe、Co、Mg、Ba、Sr 等，x 可取 1、2、3、4、…、6。铁氧体磁性材料中的自发磁化与金属氧化物的自发磁化密切相关。下面以 MnO 为例，说明金属氧化物中的间接交换作用，并进一步说明铁氧体材料中的自发磁化。

图 2-5 是 MnO 的晶胞，图中两个斜影线画出的对角面把它分成两个磁矩相反的次晶格，它的特点是 Mn^{2+} 和 O^{2-} 交替地占据晶格的位置。任何一个 Mn^{2+} 的最近邻都是 O^{2-}，而每一个 O^{2-} 的周围又都是以 Mn^{2+} 作最近邻。显然决定离子磁矩相对取向的不是 Mn^{2+} 和

Mn^{2+} 间的直接交换作用，而是通过 O^{2-} 所产生的一种间接交换作用，它可用图 2-6 来定性地说明。

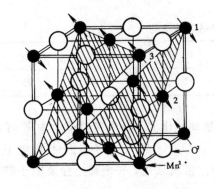

图 2-5　MnO 晶胞中 Mn^{2+} 和 O^{2-} 的
分布及离子磁矩方向

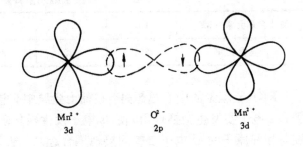

图 2-6　Mn^{2+}-O^{2-}-Mn^{2+} 电子云角分布示意图

此时 Mn^+-O^--Mn^{2+} 的磁矩方向如图 2-7 所示。因此在 O^{2-} 两侧成一直线的两个 Mn^{2+} 的磁矩必然是反平行的。我们称这种通过氧离子而确定 Mn 离子磁矩相对取向的交换作用为间接交换作用或超交换作用。这种交换作用就使得 MnO 中 Mn^{2+} 的磁矩一半向着一个方向，另一半向着相反的方向，而总的磁矩为零，因此 MnO 是反铁磁性的。

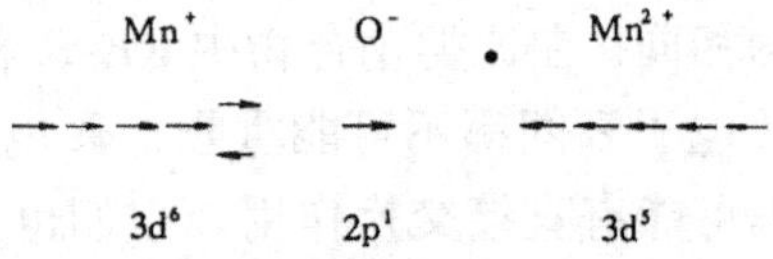

图 2-7　Mn^+-O^--Mn^{2+} 磁矩方向

铁氧体有三种晶体结构类型，即尖晶石型、石榴石型和磁铅石型。图 2-8 是铝镁尖晶石（$MgO \cdot Al_2O_3$）晶体的一个晶胞，它属于立方晶系。可见直径大的氧离子（0.265 nm）占据了晶体的大部分空间，直径比较小的金属离子 Mg^{2+}（0.156 nm）和 Al^{3+}（0.116 nm）镶嵌在氧离子之间的空隙里，而且有一定的规律。在 Mg^{2+} 的四周有四个最近邻的 O^{2-}，如果把这四个 O^{2-} 的中心连接起来，就构成了一个正四面体。Mg^{2+} 处在这四面体的中心位置，而 Al^{3+} 最近邻有六个 O^{2-}，这六个 O^{2-} 的中心连线构成正八面体。Al^{3+} 处于正八面体的中心位置，如图 2-9。分析晶胞中所有离子的相对位置，就会发现 O^{2-} 之间的间隙只有两种。我们称四面体中心位置为 A 位置，八面体中心为 B 位置；占据 A 位置的金属离子所构成的晶格为 A 次晶格，占据 B 位置的金属离子所构成的晶格为 B 次晶格。

A 位置或 B 位置的金属离子间都要通过 O^{2-} 发生间接交换作用。A 和 B 位置上离子的磁矩是反铁磁耦合，在铁氧体中往往是 A、B 两个位置上的磁矩不等，因而出现了亚铁磁性。例如单尖晶铁氧体的结构式为 $(M^{2+}_{1-x}Fe^{3+}_x)$（A 位置）和 $[M^{2+}_x Fe^{3+}_{2-x}] O_4$（B 位置）。A 位置上的磁矩和为 $[5X + m_x (1-X)] \mu_B$，式中 X 为原子数，$m_x \mu_B$ 为金属离子 M^{2+} 的磁矩，$5\mu_B$ 为 Fe^{3+} 的磁矩。B 位置上的总磁矩为 $[m_x X + 5 (2-X)] \mu_B$。而分子的磁矩为 A 位与 B 位上磁矩之差，即：$m = [m_x X + 5 (2-X)] \mu_B - [5X + m_x (1-X)] \mu_B = 10 (1-X) \mu_B + m_x (2X-1) \mu_B$。如 $MnFe_2O_4$ 和 $NiFe_2O_4$ 分子磁矩的计算与实验值基本相符合。

以上讲的，如 $MnFe_2O_4$ 是单铁氧体，在实际使用中单铁氧体在磁性上不能满足要求，于

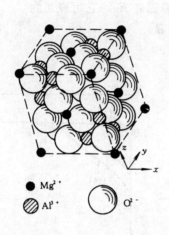

图 2-8 尖晶石晶体结构

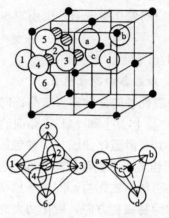

八面体 B 位置　　四面体位 A 位置

图 2-9 四面体和八面体示意图

是人们就根据实际需要将两种或两种以上的单一组分铁氧体按一定的比例制备成多元系铁氧体。

2.1.4 铁磁体中的磁自由能与磁畴结构

次电子层（s、p、d、f、…）填满了电子的原子磁矩为零，是没有净磁矩的原子，这种物质属于抗磁性物质。除此之外所有物质的原子均有净原子磁矩。按物质磁性的不同，可将物质的磁性分为抗磁性、顺磁性、反铁磁性、铁磁性和亚铁磁性，它们的异同点列于表2-2。前三种属于弱磁性，后两种属于强磁性。强磁性物质的最大特点是很容易饱和，原因是强磁性物质中有若干项磁自由能和由磁自由能所决定的磁畴结构。无磁性材料为非铁磁性材料。所有的磁性材料都属于强磁性材料。为便于了解磁性材料的性能，下面将简要叙述强磁性物质中的磁自由能和由它们决定的磁畴结构。

表 2-2 不同磁性物质磁性的异同点

磁特性	抗磁性	顺磁性	反铁磁性	铁磁性	亚铁磁性
原子磁矩 μ_J	$\mu_J = 0$	$\mu_J \neq 0$	$\mu_J \neq 0$	$\mu_J \neq 0$	$\mu_J \neq 0$
磁化率 χ	$-10^{-5} \sim 10^{-6}$	$+10^{-4} \sim 10^{-5}$	$+10^{-2} \sim 10^{-4}$	$+10^2 \sim 10^6$	$+10^2 \sim 10^6$
交换积分常数 A	0	约 0	负	正	负
磁化曲线	线性	线性	线性	非线性	非线性
饱和磁化场 $H_s / A \cdot m^{-1}$	无限大	$>10^{10}$	$>10^{10}$	$10^2 \sim 10^5$	$10^2 \sim 10^5$
磁性强弱	弱	弱	弱	强	强

强磁性物质内存在交换作用能、静磁能、退磁场能、磁晶各向异性能和磁弹性能等。交换能前面已有介绍，它属于近邻原子间静电相互作用能，它是各向同性的。它比其他各项磁自由能大 $10^2 \sim 10^4$ 数量级。它使强磁性物质相邻原子磁矩有序排列，即自发磁化。其他各项磁自由能不改变其自发磁化的本质，而仅改变其磁畴结构。

2.1.4.1 静磁能

强磁性物质的磁化强度与外磁场的相互作用能称为静磁能 E_H。它可表达为

$$E_H = -JH\cos\theta = -\boldsymbol{J} \cdot \boldsymbol{H} \qquad (2\text{-}17)$$

E_H 的单位为 J/m^3。

2.1.4.2 磁晶各向异性能 E_K

单晶体的磁性各向异性称为磁晶各向异性。例如 Fe
单晶体的 [100]、[110] 和 [111] 晶向的磁化曲线是不
同的，如图 2-10。沿磁化曲线与 J 轴包围的面积，即图
2-10 影线面积相当于沿铁单晶的 [100] 方向磁化时，外
磁场对铁单晶所做的磁化功，即 $W = \int_0^{J_s} H \mathrm{d}J$。磁化功小
的晶体方向称为易磁化方向，磁化功大的晶体方向称为
难磁化方向。沿立方晶体的 $\langle UVW \rangle$ 方向和 $\langle 100 \rangle$ 磁化
功的差值 $E_K = W_{\langle UVW \rangle} - W_{\langle 100 \rangle}$ 称为磁晶各向异性能。磁
晶各向异性能 E_K 是磁化强度 M 方向，即磁化方向的函
数。立方晶体的磁晶各向异性能 E_K 可表达为

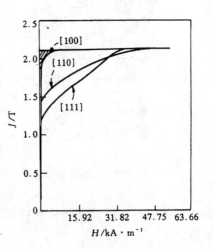

图 2-10 Fe 单晶体不同晶体
方向的磁化曲线

$$E_K = K_1(\alpha_1^2\alpha_2^2 + \alpha_2^2\alpha_3^2 + \alpha_3^2\alpha_1^2) \qquad (2\text{-}18)$$

式中 α_1、α_2 和 α_3 分别是磁化强度 M 与立方晶体三个主
轴夹角的方向余弦，K_1 是磁晶各向异性常数，Fe 的 K_1
是正的，Ni 的 K_1 是负的。

金属 Co、$SmCo_5$ 和钡铁氧体（$BaO \cdot 6Fe_2O_3$）都属于六角晶体，且 $\langle 0001 \rangle$ 是易磁化轴，
基面是难磁化面。只有一个易磁化轴的晶体称为单轴晶体。单轴晶体的磁晶各向异性能 E_K
可表达为

$$E_K = K_1\sin^2\theta + K_2\sin^4\theta \qquad (2\text{-}19)$$

式中 θ 是磁化强度 M_s 与 [0001] 轴的夹角。

多晶体材料在结晶、热处理和加工变形过程中常常形成感生各向异性。感生各向异性
在多数情况下是单轴各向异性。感生各向异性能可表达为

$$E_a = K_u\sin^2\theta \qquad (2\text{-}20)$$

式中 K_u 称为感生各向异性常数。

2.1.4.3 退磁场能

铁磁体与自身退磁场的相互作用能称为退磁场能。当铁磁体处于开路状态，即有磁极
存在时，就必然会有退磁场。退磁场的表达式为

$$H_d = -NM \qquad (2\text{-}21)$$

这说明退磁场等于磁化强度和退磁因子 N 的乘积，式中的负号表示 H_d 与 M 的方向相
反。退磁因子的大小与铁磁体的形状有关。各种形状磁体的 N 可从有关手册中查找。球状
铁磁体的退磁因子为 $N_x + N_y + N_z = 1$，并且 $N_x = N_y = N_z = 1/3$。根据式 2-17，铁磁体的磁
化强度与自身退磁场的相互作用能（称为退磁场能）为

$$E_d = \frac{1}{2}\mu_0 NM^2 \qquad (2\text{-}22)$$

式中 N 是退磁因子，M 是磁化强度。退磁场能是 N 和 M 的函数。

2.1.4.4 磁致伸缩与磁弹性能 E_σ

在磁场中磁化时，铁磁体的尺寸或体积发生变化的现象称为磁致伸缩。通常用纵向磁致伸缩系数 $\lambda_{/\!/}=\left[\dfrac{\Delta l}{l}\right]_{/\!/}$、横向磁致伸缩系数 $\lambda_\perp=\left[\dfrac{\Delta l}{l}\right]_\perp$ 或体积磁致伸缩系数 $\omega=\Delta V/V$ 描述铁磁体的磁致伸缩。其中 $\Delta l=l-l_H$，$\Delta V=V-V_H$，Δl 是长度变化，l 和 V 分别是磁化前的长度和体积，l_H 和 V_H 分别是磁化后的长度和体积。磁致伸缩系数随磁场的增强而增加，当磁场达到一定数值后，它达到饱和值 λ_s，称为饱和磁致伸缩系数。λ_s 有正也有负值，其绝对数值不大。对 3d 金属及合金：λ_s 约为 $10^{-5}\sim10^{-6}$，$REFe_2$ 型化合物的 λ_s 可达 10^{-3}。一般金属及合金的体积磁致伸缩系数也很小，但某些因瓦合金的体积磁致伸缩系数可达到 $(1\sim2)\times10^{-2}$（如 Fe_3Pt）。磁致伸缩现象对铁磁体的畴结构、技术磁化行为及某些技术参量有重要的影响。

假定磁化强度与磁化方向相同，它们与晶体三个晶轴夹角的方向余弦分别是 α_1、α_2、α_3，则立方晶体（如 Fe、Ni 等）单晶体的磁致伸缩系数可表达为

$$\left(\frac{dl}{l}\right)_{s,/\!/} = \lambda_{100} - 3(\lambda_{100} - \lambda_{111})(\alpha_1^2\alpha_2^2 + \alpha_2^2\alpha_3^2 + \alpha_3^2\alpha_1^2) \tag{2-23}$$

式中 λ_{100} 和 λ_{111} 分别是立方晶 $\langle100\rangle$ 和 $\langle111\rangle$ 方向的磁致伸缩系数（或应变）。

当铁磁体存在内应力或有外应力作用时，磁致伸缩要与应力相互作用，与此有关的能量称为磁弹性能 E_σ。对于立方晶体，当磁化强度与应力方向的夹角为 θ 时，其磁弹性能的表达式为

$$E_\sigma = +\frac{3}{2}\lambda_s\sigma\sin^2\theta \tag{2-24}$$

可见磁弹性能随 θ 角而变化。当 λ_s 和 σ 符号相同，并 $\theta=0$ 时，磁弹性能最小，应力的方向是易磁化方向；而 $\theta=90°$ 时，磁弹性能最大，在垂直应力的方向是难磁化方向。当 λ_s 和 σ 符号相反时，$\theta=0$ 时能量最大，沿应力的方向是难磁化方向；而 $\theta=90°$ 的方向磁弹性能最小，垂直应力的方向是易磁化方向。显然应力可使铁磁体变成各向异性，称为应力各向异性。式 2-24 的系数称为各向异性常数，即

$$K_\sigma = \frac{3}{2}\lambda_s\sigma \tag{2-25}$$

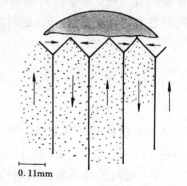

图 2-11 Si-Fe（001）面上片状畴与封闭（三角形）畴

2.1.4.5 磁畴壁与磁畴结构

理论和实践都已证明铁磁体内确实存在磁畴。图 2-11 是 Si-Fe 合金在（001）晶面上观察到的磁畴，它由片状畴和三角畴组成。畴与畴之间的边界称为畴壁。相邻两个片状畴的磁矩夹角为 180°，它们的边界称为 180°畴壁。片状畴与三角畴（又称封闭畴）之间磁矩相互垂直，它们的边界称为 90°畴壁。畴壁的宽度，磁畴的形状、尺寸和取向由交换能、退磁场能、磁晶各向异性能及磁弹性能来决定。平衡状态的畴结构，应具有最小的能量。

A 磁畴壁

1932 年布洛赫（Bloch）首先从能量的观点分析了大块的铁磁体的畴壁——称为布洛赫壁。在 180°畴壁中，如果原子磁矩在相邻两原子间突然反向，如图 2-12a，则交换能的变化

为 $4A\sigma^2$。若在 n 个等距离的原子面间逐步均匀转向，如图 2-12b，则在 $n+1$ 个自旋转向中，交换能 E_{ex} 的总变化为 $\Delta E_{ex} = A\sigma^2\pi^2/n$。可见 n 越大，交换能就越低。因此畴壁中的原子磁矩必然是逐渐地转向。畴壁是由一个磁畴的原子磁矩方向逐渐转向到相邻磁畴的原子磁矩方向的过渡区。在畴壁内其交换能、磁晶各向异性能都比畴内的高。所高出的这一部分能量称为畴壁能，用 E_ω 表示。畴壁单位面积的能量叫畴壁能密度，用 γ_ω 表示。畴壁能密度 γ_ω 和畴壁厚度 δ 分别为

$$\gamma_\omega = 2\pi\sqrt{A_1 K_1} \tag{2-26}$$

$$\delta = \pi\sqrt{A_1/K_1} \tag{2-27}$$

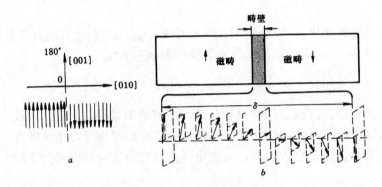

图 2-12　180°畴壁结构

a—原子磁矩在相邻两原子间反向；b—在 n 个等距原子面间原子磁矩逐步均匀转向

式中 $A_1 = A\sigma^2/a$，A 为交换常数，a 为点阵常数，σ 与式 2-16 中的 σ 意义相同。当材料内部存在内应力时，由于应力要引起应力各向异性，则式 2-26 和式 2-27 中的 K_1 应包括应力各向异性常数，见式 2-25。这时式 2-26 和式 2-27 可写成

$$\gamma_\omega = 2\pi\sqrt{A_1\left(K_1 + \frac{3}{2}\lambda_s\sigma\right)} \tag{2-28}$$

$$\delta = \pi\sqrt{A_1\left/\left(K_1 + \frac{3}{2}\lambda_s\sigma\right)\right.} \tag{2-29}$$

可见畴壁能和畴壁厚度与材料的 K_1、A、λ_s、σ 等参量有关。K_1 越大，δ 越小，γ_ω 越大。例如在 Fe-Ni 合金中，K_1 很小，如果内应力也很小的话，则畴壁厚度 δ 可相当地大。

　　B　磁畴的形成与磁畴结构

　　畴结构受到畴壁能 E_ω、磁晶各向异性能 E_K、磁弹性能 E_σ 和退磁场能 E_d 的制约，其中退磁场能是将铁磁体分成磁畴的动力。其他能量将决定磁畴的形状、尺寸和取向。

　　图 2-13a 是边长为 1cm×1cm×1cm 方块状单晶体。如果不分畴，它是一个单畴体，其退磁场能很大，即

$$E_d^a = \left(\frac{1}{2}NM_s^2\mu_0\right)V \tag{2-30}$$

式中 V 是磁体的体积。方块状磁体的退磁因子接近球体的退磁因子，即 $N=1/3$，设 $M_s = 1.73\times10^6$A/m，$V = 5\times10^{-7}$m³，代入式 2-30 得 $E_d^a = 0.313$J。它比畴壁能高许多，是一种

不稳定的状态。若分成 $n=8$ 块的片状封闭畴，如图 2-13b，则总能量降低到 $E_T = 2.42 \times 10^{-6}$ J。可见随磁畴数目的增加，系统的能量逐渐降低。这与实际观察到的磁畴结构一致（见图 2-11）。

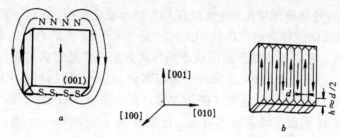

图 2-13 边长为 1cm 的正方单晶体（Fe）的可能磁畴结构，正面是（001）面

a—边长为 1cm 的正方单晶体；b—分为 8 块的片状封闭畴

实际材料中的畴结构，还要受到材料的尺寸、晶界、应力、掺杂和缺陷等的影响。因此实际材料的畴结构是相当复杂的。例如为减少畴壁能与退磁场能，畴壁一般要贯穿掺杂物或空洞的中心，或在掺杂物附近出现三角畴或钉状畴。铁磁体的块度对畴结构也有很大影响。当把铁磁体粉碎成细小的单晶颗粒时，它就可能不再分畴，而以单畴体存在。设 $K_1 > 0$，λ_s 或 σ 很小，一个半径为 R 的球状粉末立方结构单晶体，若不分畴，如图 2-14a。设图中的平面为（100）面，当其他能量为零，只有退磁场能时，它可表达为

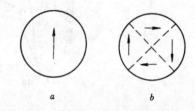

图 2-14 分畴与不分畴的球状铁磁体

a—不分畴；b—分畴

$$E_d = \frac{1}{2} N \mu_0 M_s^2 V = \frac{2}{9} \pi \mu_0 M_s^2 R^3 \qquad (2-31)$$

若分成如图 2-14b 所示的四块封闭畴，这时其他能量为零，只有畴壁能，它可表达为

$$E_\omega = 2\pi \gamma_{90°} R^2 \qquad (2-32)$$

分畴与不分畴两种情况的能量变化如图 2-15。可见单晶体的球状粉末的半径大于 R_c 时，则分畴的情况下能量最低，以多畴体存在。当 $R < R_c$ 时，则不分畴的情况下能量最低，以单畴体存在。R_c 称为单畴体的临界尺寸。

如果将单畴体的临界尺寸继续减小到一定程度后，由于表面与体积比大大地增加，热运动可能使磁矩反转，由单畴体要转变为超顺磁体。由单畴体转变为超顺磁体的临界尺寸 D_p 称为超顺磁体的临界尺寸。

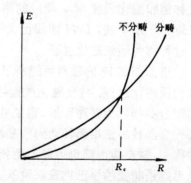

图 2-15 球状单畴体在分畴与不分畴情况下，其能量随 R 的变化

2.1.5 技术磁化与反磁化过程

磁性材料的磁特性与它的技术磁化过程相联系。讨论技术磁化与反磁化过程有利于弄清楚磁性材料的技术参量，如磁导率、剩磁、矫顽力

等的物理意义和它们的影响因素。

2.1.5.1　技术磁化与反磁化过程

处于热退磁状态的大块铁磁体（多晶体）在外磁场中磁化，当磁化场由零逐渐增加时，铁磁体的 M 或 B 也逐渐地增加，这个过程称为技术磁化过程。在这一过程中，反映 B 与 H 或 M 与 H 的关系曲线称为磁化曲线，图 2-16 是 3%Si-Fe 在 27℃时的磁化曲线。磁化曲线对组织是敏感的，它的形状强烈地依赖于晶体的方向、多晶材料的织构、显微组织和畴结构等因素。如图 2-16 所示，磁化曲线可分为四部分。每一部分都与一定的畴结构相对应。图 2-16 中的第 I 部分（OA 段）是可逆磁化过程。第 II 部分（AB 段）是不可逆磁化阶段。在此阶段内，B 或 M 随磁化场急剧地增加。巴克豪森（Barkhausen）指出，这一阶段是由许多 B 或 M 的跳跃性变化引起的。第 III 部分（BC 段）是磁化矢量的转动过程，不可逆壁移

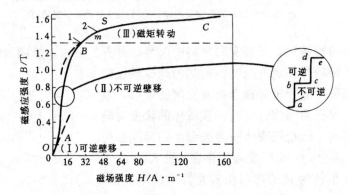

图 2-16　3%Si-Fe 在 27℃时的磁化曲线，图中的放大插图是曲线的
第 II 部分的巴克豪森（Barkhause）效应

阶段结束后，即磁化到 B 点时，畴壁已消失，整个铁磁体成为一个单畴体。但它的磁化强度方向还与外磁场方向不一致。在这一阶段内随磁化场进一步地增加，磁矩逐渐转动到与外磁场一致的方向。当磁化到图 2-16 中的 S 点时，磁体已磁化到技术饱和，这时的磁化强度称饱和磁化强度 M_s，相应的磁感应强度称饱和磁感应强度 B_s。自 S 点以后，M-H 曲线已近似于水平线，B-H 曲线已大体成为直线。自 S 点继续增加磁化场，M_s 还稍有增加，这一过程称为顺磁磁化过程。

正如图 2-17 的磁滞回线所示，由 C 点的磁化状态（$+M_s$）到 C' 点的磁化状态（$-M_s$）称为反磁化过程。与反磁化过程相对应的 B-H 曲线称为反磁化曲线。两条反磁化曲线组成的闭合曲线称为磁滞回线。退磁曲线由四部分组成。第 I 部分是 CB_r。当磁化场减少到零时，每一个晶粒的磁矩都转动到该晶粒最靠近外磁场方向的易磁化方向。在磁化场减少到零的过程中，铁磁体内部也可能产生新的反磁化畴。第 II 部分是 B_rD，它可能是磁矩的转动过程，也可能是畴壁的小巴克豪森跳跃，也可能有新的反磁化畴的形成。第 III 部分是 DF 阶段，是不可逆的大的巴克豪森跳跃。第 IV 部分是 FC' 阶段，是磁矩转动到反磁化场方向的过程。

如果是单畴体或单畴体的集合体，则整个磁化与反磁化过程都是磁矩的可逆与不可逆的转动过程。总的来说，技术磁化与反磁化过程是以畴壁位移和磁矩转动两种方式进行的。

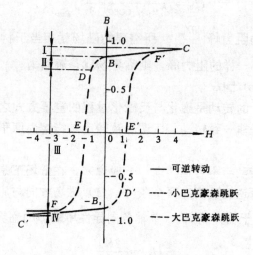

图 2-17 退磁曲线与磁滞回线

2.1.5.2 畴壁的位移过程

由式 2-28 知道，当铁磁体的成分、结构或内应力分布不均匀时，其畴壁能密度 γ_w 的分布如图 2-18b 所示。在平衡状态时，180°畴壁位于 x_0 处。在磁场的作用下（磁场与 y 轴成 θ 角）畴壁向右移动了 x 的距离，则单位畴壁面积位移了 x 的距离后，引起的静磁能的变化为

$$E_H = -2xM_sH\mu_0\cos\theta \qquad (2-33)$$

式中的负号表明位移过程静磁能是降低的，它是驱动畴壁位移的能量。正如图 2-18b 所表明的，畴壁位移过程中，畴壁能是升高的。畴壁位移了 x 距离后，系统能量的变化为

$$\Delta E = \gamma_w(x) - 2x\mu_0M_sH\cos\theta \qquad (2-34)$$

根据 $\dfrac{\partial(\Delta E)}{\partial x}=0$，可得

$$2\mu_0M_sH\cos\theta = \frac{\partial\gamma_w}{\partial x} \qquad (2-35)$$

式中左边是静磁能的变化率，它是推动畴壁向右移动的原动力，而式中右边是畴壁能梯度，是畴壁位移的阻力。

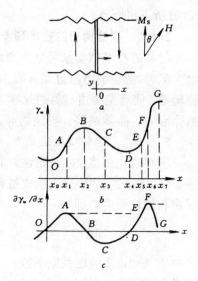

图 2-18 畴壁的位移及能量分布
a—在磁场作用下，180°畴壁的位移；
b—铁磁体的畴壁能量密度的不均匀分布；
c—畴壁能密度 γ_w 对 x 的变化率

畴壁能梯度的变化如图 2-18c。随着畴壁右移，畴壁位移的阻力逐渐增加。畴壁位移到 A 点以前，畴壁位移是可逆的，因为去掉外磁场后，畴壁要自动的回到 x_0 处。在 A 点有最大的阻力峰 $\left(\dfrac{\partial\gamma_w}{\partial x}\right)_{max}$。一旦畴壁位移到 A 点，它就要跳跃到 E 点，即巴克豪森跳跃。此时去掉外磁场，畴壁再也不能回到 x_0 处，而只能回到 D 点，即发生不可逆壁移。畴壁由可逆壁移转变为不可逆壁移所需要的磁场称为临界场 H_0，由式 2-35 可得临界场的公式为

$$H_0 = \frac{1}{2\mu_0 M_s \cos\theta}\left(\frac{\partial \gamma_w}{\partial x}\right)_{\max} \tag{2-36}$$

一般说使畴壁越过最大的阻力峰 $\left(\dfrac{\partial \gamma_w}{\partial x}\right)_{\max}$ 所需要的磁场就相当于材料的矫顽力。如果铁磁体内部仅存在一系列大小一样的阻力峰，则临界场就是矫顽力。

2.1.5.3 磁矩的转动过程

磁矩（或磁化矢量）的转动是磁化与反磁化过程的重要方式之一。畴内的磁矩转动可以是一致转动，也可以是非一致转动。所谓一致转动是指畴内原子磁矩同步地转向外磁场的方向。

磁矩转动包括可逆转动与不可逆转动。一般说来，在低场下是可逆转动。对于单轴各向异性的磁体，发生不可逆转动要有两个条件：（1）磁场方向与原始的磁化强度方向的夹角 $\theta \geqslant \dfrac{\pi}{2}$；（2）磁场应大于临界场 H_0。单轴各向异性单畴体的临界场 H_0 为

$$H_0 = \frac{2K_u}{\mu_0 M_s} \tag{2-37}$$

这就是单轴各向异性单畴体的矫顽力的一般表达式。单轴磁晶各向异性单畴体和应力各向异性单畴体的磁化与反磁化过程也与上述情况相同，有类似的临界场 H_0 的表达式，只不过 K_u 有所不同而已。

2.1.6 磁性材料的技术磁参量

材料的技术磁参量可分为非结构敏感参量（即内禀磁参量）如饱和磁化强度 M_s、居里温度 T_c 和结构敏感参量如剩磁 M_r 或 B_r、矫顽力 H_{cb} 或 H_{ci}、磁导率、磁能积 $(BH)_m$ 及磁损耗等。前者主要由材料的化学成分来决定；后者除了与内禀参量有关外，还与晶粒尺寸、晶体取向、晶体缺陷、掺杂物等因素有关。

2.1.6.1 饱和磁化强度 M_s

饱和磁化强度 M_s 是磁性材料极为重要的磁参量，软磁与硬磁材料均要求 M_s 越高越好。饱和磁化强度决定于组成材料磁性原子数、原子磁矩和温度。在 0K 时的 $M_s(0)$ 是绝对饱和磁化强度，即

$$M_s(0) = n_{\text{eff}} \times \text{单位体积磁性原子数} \times \mu_B = n_{\text{eff}} \times \frac{Nd_0}{A}\mu_B \tag{2-38}$$

式中 N 是 1mol 的磁性原子数，d_0 为 0K 时的密度，A 是原子量，μ_B 是玻尔磁子，n_{eff} 是有效玻尔磁子数。对于 4f 金属与合金 n_{eff} 常等于 $g_J J$，对于 3d 金属与合金 n_{eff} 常等于 $g_J S$。实验结果表明 Fe、Co、Ni 的饱和磁极化强度 J_s 分别为 2.16T、1.19T、0.61T。最近实验发现 $\alpha''\text{-Fe}_{16}\text{N}_2$ 化合物具有很高的 J_s[9]；Fe_{16}N_2 薄膜的 J_s 达 2.38T，平均 Fe 原子磁矩达到 $\mu_{Fe} = 2.9\mu_B$[10]。

当合金存在两个铁磁性相时，则合金的饱和磁化强度 M_s 与两个铁磁性相的饱和磁化强度 M_s 和体积 V 存在如下的关系

$$M_s V = M_{s1}V_1 + M_{s2}V_2 \tag{2-39}$$

如第二相是非铁磁性相（$M_{s2}=0$），则

$$M_s = M_{s1}\left(1 - \frac{V_2}{V}\right) \tag{2-40}$$

式中 V、V_1 和 V_2 分别是合金样品和样品内两个相的体积。说明减少合金的非铁磁性第二相

有利于提高合金的饱和磁化强度 M_s。

2.1.6.2 居里温度 T_c

由铁磁性或亚铁磁性转变为顺磁性的临界温度称为居里温度或居里点 T_c，T_c 是磁性材料的重要参数。T_c 高则材料的工作温度可提高，有利于提高磁性材料的温度稳定性。T_c 是材料的 M-T 曲线上 $M_s^2 \to 0$ 对应的温度，或者是交流磁化率 χ 与 T 关系曲线上 χ 峰值对应的温度。T_c 与分子场系数 λ、原子总角量子数 J、单位体积磁性原子数成正比[11]。

2.1.6.3 磁化率与磁导率

B-H 磁化曲线上任何一点的 B 与 H 的比值都称为磁导率，磁导率随磁化场而变化。磁性功能器件的灵敏度取决于材料的磁导率。磁导率是软磁材料的重要磁参量，由于磁性器件的用途不同，可以有各种不同的磁导率。

A　静态磁导率

在直流磁场中测量的磁导率称为静态磁导率。根据不同的用途和直流磁场的特点，可以有起始磁导率 μ_i、最大磁导率 μ_m、增量磁导率 μ_Δ、微分磁导率 μ_h 等。最常用的是起始磁导率与最大磁导率。

a　起始磁导率 μ_i

起始磁导率可定义为

$$\mu_i = \lim_{\substack{H \to 0 \\ \Delta H \to 0}} \frac{\Delta B}{\Delta H} \text{ 或 } \mu_i = \lim_{H \to 0} \frac{\mathrm{d}B}{\mathrm{d}H} \tag{2-41}$$

它相当于磁化曲线起始点的斜率。在技术上规定在某一弱磁场（例如 $8.0 \sim 0.08 \mathrm{A/m}$）下测得的磁导率为起始磁导率，它与可逆壁移阶段位移的难易程度有关。

铁磁体中的掺杂物对 180° 畴壁可逆位移以及起始磁化率有影响，掺杂物作用下的起始磁导率为

$$\mu_i = \frac{\mu_0 M_s^2}{3a \sqrt{A_1 K_1}} \times \frac{1}{d} \times R^2 \left(\frac{4\pi}{3\beta} \right)^{2/3} \tag{2-42}$$

式中 d 为 180° 畴宽，β 为掺杂物体积百分数，R 是掺杂物半径，M_s 是材料的饱和磁化强度，K_1 是磁晶各向异性常数，A_1 是与交换积分常数有关的参量。由式 2-42 可见，掺杂物体积百分数越少、掺杂物颗粒尺寸越大，磁导率越高。

若仅考虑材料中的内应力，且应力按余弦规律分布，即

$$\sigma = -\sigma_0 \cos \frac{2\pi x}{L} \tag{2-43}$$

式中 L 为内应力的波长。由于内应力的影响而导致的铁磁体的畴壁能也随 x 周期地变化。当 $H = 0$ 时，180° 畴壁应处于畴壁最低的位置。在很小的磁场下，畴壁可逆地位移，在周期性内应力作用下的起始磁化率为

$$\chi_i = \frac{2\mu_0 M_s L}{9\pi^2 \lambda_s \sigma_0 \delta} \tag{2-44}$$

式中 δ 为畴壁厚度，L 为应力波长。由式 2-42 和式 2-44 不难看出，铁磁性材料的起始磁导率是组织敏感参量，它不仅与材料的内禀参量有关，还与材料的冶金因素有关。

影响 μ_i 的主要因素是三个参量，即 K_1、M_s 和 λ_s。M_s 越高，K_1 和 λ_s 越小，μ_i 就越高。M_s、K_1 和 λ_s 主要由合金成分来决定。

b 最大磁导率 μ_{m}

B-H 起始磁化曲线上 B 与 H 比值的最大值为最大磁导率。它一般是靠近临界场，即发生最大不可逆壁移时的磁导率。最大磁导率与畴壁的不可逆壁移的难易程度有关。当只考虑材料中的内应力，并且内应力按余弦规律 $\left(\sigma = -\sigma_{0}\cos\dfrac{2\pi x}{L}\right)$ 分布，或者只考虑掺杂物作用，并且掺杂物按简单立方规律分布时，与畴壁的不可逆位移相联系的最大磁导率分别为

$$\mu_{\text{不可逆}} = \frac{4\mu_{0}M_{s}^{2}L}{3\pi^{2}\lambda_{s}\sigma_{0}\delta} \tag{2-45}$$

$$\mu_{\text{不可逆}} = \frac{4\mu_{0}M_{s}^{2}R^{2}}{9d\sqrt{A_{1}K_{1}}\beta} \tag{2-46}$$

以上两式中各参量的意义与式 2-42 和式 2-44 的相同。可见与畴壁不可逆位移相联系的磁导率与起始磁导率的表达式基本上是相同的。因此影响 μ_{i} 和 $\mu_{\text{不可逆}}$ 的因素是完全一致的。

B 动态磁导率

在交变磁场下测得的磁导率称为动态磁导率。由于材料的使用条件和测试条件不同，可以有各种不同的动态磁导率，如复数磁导率、峰值磁导率、有效磁导率、电感磁导率、脉冲磁导率等。在这里仅介绍复数磁导率。

当交变场按正弦规律变化时，即

$$H = H_{m}\sin\omega t \tag{2-47}$$

时，如果是在低场或低频的情况下，则 B 的变化也基本上保持正弦规律，所不同的是 B 落后 H 一个 δ 角，即

$$B = B_{m}\sin(\omega t - \delta) \tag{2-48}$$

根据欧拉公式和磁导率的定义，可得复数磁导率为

$$\tilde{\mu} = \frac{B}{H} = \frac{B_{m}\exp[i(\omega t - \delta)]}{H_{m}\exp(i\omega t)} = \mu_{p}\cos\delta - i\mu_{p}\sin\delta$$

$$\tilde{\mu} = \mu_{1} - i\mu_{2} \tag{2-49}$$

式中 $\mu_{p} = B_{m}/H_{m}$，称为峰值磁导率。$\mu_{1} = \mu_{p}\cos\delta$ 是复数磁导率的实数部分，它是与 H 同位相的 B 的分量与 H 的比值，如图 2-19 所示。它相当于直流磁场下的磁导率，与磁性材料存贮的能量成正比，即

$$存贮能量 = \frac{1}{2}\mu_{1}H^{2} = \frac{1}{2}\mu_{p}\cos\delta H^{2} \tag{2-50}$$

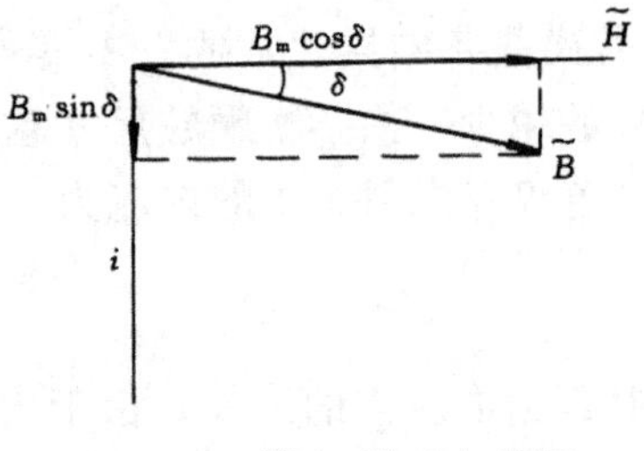

μ_{1} 又称为弹性磁导率；$\mu_{2} = \mu_{p}\sin\delta$ 是复数磁导率的虚数部分，被称为粘性磁导率，其中 δ 角的正切 $\tan\delta$ 称为损耗角。μ_{1}/μ_{2} 比值用 Q 表示，称为软磁材料的品质因素；而 $1/Q = \mu_{2}/\mu_{1}$ 称为软磁材料的损耗因子。

图 2-19 $\tilde{B}$ 与 $\tilde{H}$ 的矢量图

2.1.6.4 剩磁

铁磁体磁化到技术饱和并去掉外磁场后，在磁化方向保留的 M_{r} 或 B_{r} 统称为剩磁。M_{r} 称为剩余磁化强度，B_{r} 称为剩余磁感应强度。M_{r} 是由 M_{s} 到 M_{r} 的反磁化过程来决定。对单轴各向异性无织构的多晶体磁化到技术饱和后每个晶粒的磁化矢量都大体上转向外磁场

的方向；而去掉外磁场后，各晶粒的磁化矢量都转动到最靠近外磁场方向的易磁化方向上，因此多晶体的剩余磁化强度为

$$M_r = \frac{1}{V} \sum_1^n M_s V_i \cos\theta_i \qquad (2\text{-}51)$$

式中 V_i 代表第 i 个晶粒的体积，θ_i 代表第 i 个晶粒的 M_s 方向（即最靠近外磁场方向的易磁化方向）与外磁场的夹角，V 为样品的总体积。如果是单晶体，其剩磁为

$$M_r = M_s \cos\theta \qquad (2\text{-}52)$$

当沿单晶体的易磁化方向磁化时，则 $M_r = M_s$，或 $B_r = \mu_0 M_r = \mu_0 M_s$，这说明 B_r 的极限值是 $\mu_0 M_s$。

铁磁性粉末冶金制品的剩磁与粉末颗粒的取向（织构）度 A、粉末制品的相对密度 ρ、第二相的体积百分数 β 和致密样品（铸造）的磁化强度 M_s 有关，即

$$M_r = A\rho(1-\beta)M_s \qquad (2\text{-}53)$$

可见提高粉末样品的取向度和相对密度可提高剩磁。

2.1.6.5　矫顽力

铁磁体磁化到技术饱和以后，使它的磁化强度或磁感应强度降低到零所需要的反向磁场称为矫顽力，分别记作 H_{ci} 和 H_{cb}，前者又称为内禀矫顽力。矫顽力与铁磁体由 M_r 到 $M=0$ 的反磁化过程的难易程度有关。与技术磁化过程一样，磁体的反磁化过程也包括畴壁位移和磁矩转动两个基本过程。

A　畴壁位移过程所决定的矫顽力

图 2-20 所示的是单晶体的剩磁状态，在正向畴的边上存在一个反向畴。加反磁化场后，由于反向畴的静磁能低，反向畴要长大，即畴壁沿箭头方向位移。当反磁化场较低时，畴壁位移是可逆的。当反磁化场逐渐增加到临界场时，畴壁就要发生不可逆位移。同磁化过程一样，在不可逆畴壁位移过程中，畴壁要发生若干次巴克豪森跳跃，反向畴跳跃式地长大。当反向畴的体积长大到和正向畴的体积相等时，$M=0$，这时的反向磁场就是矫顽力 H_{ci}。由式 2-36 得单晶体畴壁位移的矫顽力为

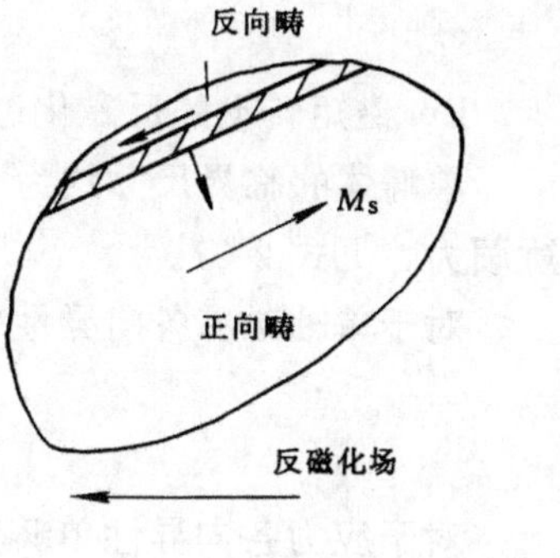

图 2-20　反磁化的畴壁位移过程

$$H_{ci} = \frac{1}{2M_s\mu_0\cos\theta}\left(\frac{\mathrm{d}\gamma_\omega}{\mathrm{d}x}\right)_{max} \qquad (2\text{-}54)$$

式中 θ 是反向磁畴磁矩方向与反磁化场方向的夹角。可见单晶体畴壁位移决定的矫顽力主要取决于两个因素，即 θ 角和畴壁能密度梯度的最大值 $\left(\dfrac{\mathrm{d}\gamma_\omega}{\mathrm{d}x}\right)_{max}$。

a　应力决定的矫顽力

上面已指出铁磁体的内应力能阻碍畴壁运动，材料内部周期性的内应力对 180° 畴壁位移造成的矫顽力为

当 $L \ll \delta$ 时，$H_{ci} = \dfrac{\pi\lambda_s\sigma L}{\mu_0 M_s\delta}$ $\qquad (2\text{-}55)$

当 $L \gg \delta$ 时，$H_{ci} = \dfrac{\pi\lambda_s\sigma\delta}{\mu_0 M_s L}$ $\qquad (2\text{-}56)$

式中 λ 为磁致伸缩系数，σ 为材料的内应力，L 为应力波的波长，δ 为畴壁厚度。当应力波长 L 与畴壁厚度 δ 相当时，有最大的矫顽力。

　　b　掺杂决定的矫顽力

材料内部的掺杂物对于刚性 180° 畴壁位移造成的矫顽力为

$$当 R < \delta 时，H_{\text{ci}} = \frac{K_1}{2\mu_0 M_{\text{s}}} \times \beta^{\frac{2}{3}} \times \frac{R}{\delta} \tag{2-57}$$

$$当 R > \delta 时，H_{\text{ci}} = \frac{K_1}{2\mu_0 M_{\text{s}}} \times \beta^{\frac{2}{3}} \times \frac{\delta}{R} \tag{2-58}$$

式中 K_1 为磁晶各向异性常数，M_{s} 为材料的自发磁化强度，β 为掺杂物的体积百分数，R 为掺杂物的半径，δ 为畴壁厚度。当掺杂物半径 R 与畴壁厚度 δ 相当时，有最大的矫顽力。

　　c　缺陷钉扎场决定的矫顽力

晶体中的点缺陷（如空位、错位原子等）、线缺陷（如位错等）、面缺陷（如晶界、亚晶界、相界、反相畴边界、堆垛层错和孪晶界等）、体缺陷（如空洞、大块掺杂物等）与畴壁存在相互作用。如果缺陷处的 K_1 或 A 比非缺陷区的 K_1 或 A 小时，则缺陷处的畴壁能比非缺陷区的畴壁能低，在平衡状态时，畴壁位于缺陷处。这样畴壁与缺陷是相互吸引的，缺陷对畴壁起钉扎作用。缺陷对畴壁的钉扎作用与畴壁厚度有关。当畴壁厚度远小于晶体缺陷时，则缺陷对畴壁的钉扎强度很小；当晶体缺陷与畴壁厚度相当时，则缺陷对窄畴壁的钉扎强度很大，即矫顽力 H_{ci} 很高。理论计算证明缺陷对窄畴壁的钉扎场接近各向异性场，即

$$H_{\text{ci}} = \frac{K_1}{\mu_0 M_{\text{s}}} \tag{2-59}$$

　　B　磁矩转动的反磁化过程决定的矫顽力

单畴体的临界尺寸约为 $10^{-7} \sim 10^{-8}$m。单畴体磁矩不可逆转动的临界场就是单畴体的矫顽力，见式 2-37。

对于单轴磁晶各向异性单畴体，式 2-37 中的 $K_{\text{u}} = K_1$，则它的矫顽力为

$$H_{\text{ci}} = \frac{2K_1}{\mu_0 M_{\text{s}}} \tag{2-60}$$

对于应力各向异性单畴体，式 2-37 中的 $K_{\text{u}} = \frac{3}{2}\lambda_{\text{s}}\sigma$，则它的矫顽力为

$$H_{\text{ci}} = \frac{3\lambda_{\text{s}}\sigma}{\mu_0 M_{\text{s}}} \tag{2-61}$$

对于伸长形旋转椭球，其形状各向异性单畴体的矫顽力为

$$H_{\text{ci}} = \frac{1}{2}(N_{\text{d}} - N_{\text{c}})\mu_0 M_{\text{s}}^2 \tag{2-62}$$

式 2-62 中 N_{d} 和 N_{c} 分别是伸长形旋转椭球短轴与长轴方向的退磁因子。

　　一个孤立的单畴粒子是没有实用意义的，工业与是常将许多单畴体组合成大块的单畴集合体。单畴集合体的矫顽力与单畴粒子的取向度、填充密度、单畴粒子本身的各向异性和单畴体尺寸有关。

　　C　形核场决定的矫顽力

在多畴的磁性材料中，如果畴壁位移遇到的阻力十分小，很容易磁化到饱和。同时如果材料的磁晶各向异性常数 K_1 很大，在反磁化的过程中形成一个临界大小的反磁化畴核

十分困难，一旦形成一个临界大小的反磁化核，反磁化核就迅速地长大，而实现反磁化，因此形成一个临界大小的反磁化畴核所需要的反磁化场（称为形核场）就是材料的矫顽力。它可表达为

$$H_s = H_0 + \frac{5\pi\gamma_w}{8\mu_0 M_s d} \tag{2-63}$$

H_s 称为形核场（或称发动场），也就是矫顽力。形核场与畴壁能密度 γ_w 成正比，在畴壁能密度很大的材料中，形核场可以很大，如在 $SmCo_5$ 合金中，矫顽力由形核场来决定，其矫顽力可达 $1200\sim4800kA/m$。

2.1.6.6 磁能积

永磁体常用作磁场源或磁力源（动作源），主要是利用它在空气隙中产生的磁场。铁磁体在气隙中产生的磁场强度 H_g 为

$$H_g = \left(\frac{B_m H_m V_m}{\mu_0 V_g} \right)^{\frac{1}{2}} \tag{2-64}$$

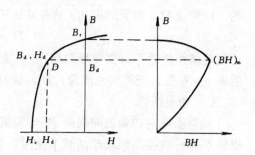

图 2-21　磁铁的最大磁能积

式中 V_m、V_g 分别是磁铁和气隙的体积。磁铁在气隙中产生的磁场强度 H_g 除了与 V_m、V_g 有关外，主要决定于磁铁内部的 B_m 和 H_m 的乘积。H_m 就是磁铁的退磁场，因此 $B_m H_m$ 代表永磁体的能量，称为磁能积。开路（有缺口）永磁体的退磁曲线上各点的磁能积随 B 的变化如图 2-21。其中 $B_d H_d = (BH)_m$ 称为最大磁能积。最大磁能积（简称为磁能积）越大，在气隙中产生的磁场就会越大。因此要求永磁体的磁能积越大越好。磁能积的单位是 kJ/m^3。

$\dfrac{(BH)_m}{B_r H_{cb}} = \gamma$ 称为退磁曲线的隆起度。磁能积和 γ 可以表示为[12]

$$\left. \begin{aligned} (BH)_m &= \gamma B_r H_{cb} \\ \gamma &= \frac{1}{\left(1 + \dfrac{H_{cb}}{B_r} \right)^2} \end{aligned} \right\} \tag{2-65}$$

我们知道 B_r 的极限值是 $\mu_0 M_s$，H_{cb} 的极限值是 $\mu_0 M_r = \mu_0 M_s$，由此不难求得磁能积的极限值，即理论磁能积为

$$(BH)_m^{理} = \frac{1}{4}(\mu_0 M_s)^2 = \frac{J_s^2}{4} \tag{2-66}$$

2.1.6.7 铁磁体的损耗

各种电机和变压器铁芯在使用时要发热，它表明磁性材料在交变场中使用时要发生能量损耗，这一损耗称为铁芯损耗（简称铁损或磁损）。电机和变压器由于导线发热造成的能量损耗称为铜损。磁性材料的铁芯损耗包括三部分，即

$$P = P_h + P_e + P_c \tag{2-67}$$

式中 P 代表材料单位体积的总损耗，单位为 J/m^3，P_h 为磁滞损耗，P_e 为涡流损耗，P_c 为剩余损耗。这三种损耗所占的比例随工作磁场的大小而变化。

A　磁滞损耗

铁磁体反复磁化一周，由于磁滞现象所造成的损耗称为磁滞损耗，它与磁滞回线的面

积成正比。在交变磁场中铁磁体单位体积的磁滞损耗为

$$P_h = \oint H dB \tag{2-68}$$

实践证明，在中、高磁场下，磁滞损耗功率可用经验公式来描述，即

$$P_h = f\eta B_m^{1.6} \tag{2-69}$$

式中 η 为常数。

    B   涡流损耗

    当铁磁体在交变场中磁化时，铁磁体内部的磁通也周期性地变化。在围绕磁通反复变化的回路中出现感应电动势，因而形成涡流。感应电流（涡流）所引起的损耗称为涡流损耗。计算证明，对于厚度为 t 的片状铁磁体，在低频（$f < 500\text{Hz}$）磁场下的涡流损耗为

$$P_e = \pi^2 t^2 f^2 B_m^2 / 6\rho \tag{2-70}$$

可见涡流损耗除了与交变场的频率 f、交变场的大小有关外，还与材料的尺寸（厚度 t 和电阻率 ρ）有关。把材料做成薄片状，提高材料的电阻率 ρ，可降低材料的涡流损耗。

    C   剩余损耗

    从总损耗中扣除磁滞损耗 P_h 与涡流损耗 P_e 所剩余的那部分损耗称为剩余损耗 P_c。软磁铁氧体一般在高频或超高频下使用，而金属磁性材料一般在较低频率下使用。在低频磁场中，剩余损耗主要由磁后效引起。

    总之影响铁芯损耗的因素是多方面的，如材料的合金成分、杂质元素的含量、织构度、晶粒大小、薄片的厚度、表面状态、内应力的大小与分布等对材料的铁芯损耗均有影响。

2.2   金属软磁材料

    矫顽力低（$H_{ci} \leqslant 100\text{A/m}$）、磁导率高的磁性材料称为软磁材料。它主要应用于制造发电机和电动机的定子和转子；变压器、电感器、电抗器、继电器和镇流器的铁芯；计算机磁芯；磁记录的磁头与磁介质；磁屏蔽；电磁铁的铁芯、极头与极靴；磁路的导磁体等。它是电机工程、无线电、通讯、计算机、家用电器和高新技术领域的重要功能材料。软磁材料制造的设备与器件大多数是在交变磁场条件下工作。要求其体积小、重量轻、功率大、灵敏度高、发热量少、稳定性好、寿命长。为此软磁材料应具以下四个基本条件：饱和磁感应强度 B_s 高；磁导率 μ 高；居里温度适当高；铁芯损耗要小。在选择和研制软磁材料时应力求做到：单位体积内材料的磁性原子数要多；原子磁矩要大；杂质元素（如 C、O、S、P 等）的含量要尽可能少；磁晶各向异性常数要低；磁致伸缩系数 λ 要小；内应力 σ_0 尽可能低，尤其是第二类内应力；掺杂物和非磁性第二相的体积百分数越小越好；矫顽力要低；电阻率要高；磁畴宽度要小；材料应能做成薄带或片状，且其厚度要足够小。

    现有软磁材料若按磁特性可分为高磁感材料、高导磁材料、高矩形比材料、恒导磁材料、温度补偿材料等；若按材料的成分，可分为电工纯铁、Fe-Si 合金、Ni-Fe 合金、Fe-Al 合金（包括 Fe-Si-Al 合金）和 Fe-Co 合金等；也可分为晶态、非晶态及纳米晶软磁材料等。

2.2.1   电工纯铁和低碳电工钢

    电工纯铁和低碳电工钢是普遍应用的软磁材料，主要应用于直流电机和电磁铁铁芯、极头、继电器铁芯、永久磁路中导磁体和磁屏蔽、间隙工作电机和小型电机等。我国生产的

电工纯铁的成分与性能列于表 2-3 和表 2-4。表中 DT_1 和 DT_2 用作原材料纯铁，DT_3、DT_4、DT_5、DT_6 是电工用纯铁，其中 DT_4、DT_6 是无时效纯铁，DT_7 和 DT_8 是电子管用纯铁。表中 DT 表示电工用，DT 后面的字母表示磁性能等级。A 为高级，E 为特级，C 为超级；B_{400} 表示在磁场为 400A/m 时的磁感应强度。

表 2-3 国产纯铁的化学成分（质量分数）（%）

牌号	名　　称	化 学 成 分 不 大 于								
		C	Si	Mn	S	P	Ni	Cr	Cu	Al
DT_1	沸腾纯铁	0.04	0.03	0.10	0.030	0.015	0.20	0.10	0.15	
DT_2	高纯度沸腾纯铁	0.025	0.02	0.035	0.025	0.015			0.15	
DT_3	镇静纯铁	0.04	0.20	0.20	0.015	0.020	0.10	0.10	0.20	0.55
DT_4	无时效镇静纯铁	0.025	0.20	0.15	0.015	0.015		0.10	0.20	0.20～0.55

高纯铁在 910℃ 以下为 BCC 结构，在 20℃ 时其点阵常数为 0.2866nm，密度为 $7.87 \times 10^3 kg/m^2$，电阻率为 $0.097\mu\Omega \cdot cm$，弹性模量 E 为 $21 \times 10^{10} N/m^2$（210GPa）。纯铁原子磁矩为 $2.221\mu_B$，磁晶各向异性常数 $K_1 = +4.8 \times 10^4 J/m^3$，$K_2 = +0.5 \times 10^4 J/m^3$，饱和磁致伸缩系数（在 $J_s = 1.6T$ 以下时）为 $+（6～7）\times 10^{-6}$，居里温度 T_c 为 770℃，交换积分常数 $A_{ex} = 1.97 \times 10^{-11} J/m$（$A_{ex} = J_{ex} \cdot S^2/\alpha$，式中 $J_{ex} = 2.83 \times 10^{-21} J$，$s = 1$）。平衡态的单晶体多数形成 90° 和 180° 畴，畴壁厚度 δ_ω 约 $4.5 \times 10^{-8} m$，畴壁能密度 γ_ω 约 $4.32 \times 10^{-3} J/m^2$[13]。

表 2-4 国产电工纯铁的磁性（YB200—75）

磁性等级	牌　　号	$H_c/A \cdot m^{-1}$ 不大于	μ_m 不小于	磁感应值（T）不小于				
				B_{400}	B_{800}	B_{2000}	B_{4000}	B_{8000}
普通	DT_3、DT_4、DT_5、DT_6、DT_8	96	6000	1.4	1.50	1.67	1.71	1.80
高级	DT_3A、DT_4A、DT_5A、DT_6A、DT_8A	72	7000					
特级	DT_4E	48	9000					
超级	DT_4C、DT_6C	32	12000					

多晶纯铁薄带经过在 1300℃ 氢气中退火 18hr，μ_i 可达 2500，μ_m 可达 300000 以上。而一般工业纯铁在 80A/m 时的 μ_i 约为 1800～3500，μ_m 为 5000～10000。影响工业纯铁性能的主要因素是杂质元素如 C、N、O、Mn、S、P、Ni、Cr、Cu、Al 等含量。

2.2.2 Fe-Si 软磁合金（简称硅钢或电工钢）

Fe-Si 合金主要是指低 C（C≤0.015%，最好是≤0.005%（质量分数））与低 Si（Si+Al≤1%（质量分数））和 Si 含量在 0.5%～6.5%（质量分数）范围内的 Fe-Si 软磁合金。在此成分范围内的 Fe-Si 合金具有 BCC 结构，〈001〉是易磁化方向，〈111〉是难磁化方向。K_1、K_2 和 λ 值随 Si 含量的提高而降低，在 6.5%（质量分数）Si 附近其 K_1 和 λ 几乎同时趋于零。电阻率 ρ 随 Si 含量的增加而升高。Fe-Si 软磁合金（常称为电工钢）是全球用量最大的软磁材料，它的产量约占一国钢产量的 0.8%～1.3%。全球目前电工钢产量约 600～650 万 t，它的品种和用途列于表 2-5。其中取向硅钢约 100～150 万 t/a，热轧硅钢约 80 万 t，其余为无取向硅钢。对硅钢的主要要求是在一定交变场下有高的磁感应强度 B 和低的铁芯损耗。自 1900 年发现硅钢至今将近一个世纪以来，均致力于降低硅钢的铁损和提高其磁感 B。

表 2-5　电工钢板的分类

项　　目	类　　别		硅含量（质量分数）/%	公称厚度/mm
热轧硅钢板（无取向）	热轧低硅钢（热轧电机钢）		1.0～2.5	0.50
	热轧高硅钢（热轧变压器钢）		3.0～4.5	0.35 和 0.50
冷轧电工钢板	无取向电工钢（冷轧电机钢）	低碳电工钢	≤0.5	0.50 和 0.65
		硅钢	>0.5～3.2	0.35 和 0.50
	取向硅钢（冷轧变压器钢）	普通取向硅钢	2.9～3.3	0.20，0.23，0.27，0.30 和 0.35
		高磁感取向硅钢	2.9～3.3	

2.2.2.1　影响硅钢磁感应强度 B 的因素

A　取向硅钢

在一定磁场下硅钢的 B 越高，变压器的铁心可做得小些、轻些，同时可节约铜导线和其他原材料。一般要求取向硅钢的 $B_8 \geqslant 1.7 \sim 1.8\text{T}$（$B_8$ 是在 800A/m 磁场下的磁感值）。硅钢的 B 值与成分、杂质元素含量、晶粒取向类型和取向度有关。随着 Si 含量和杂质元素含量的增加，B 值有所降低。Si 含量的提高可提高其电阻率，有利于降低铁损，Si 含量应合理选择，其他杂质元素则越低越好。1934 年发展了 Goss 织构硅钢，如图 2-22 所示。理想的 Goss 织构应是 {110} 面平行轧面，〈001〉方向平行轧向。实际上〈001〉方向与轧向有一平均偏离角 $\overline{\theta} = \dfrac{\alpha + \beta}{2}$，其中 α 是〈001〉与轧向的偏离角，β 是 <001> 对轧面的偏离角。正如图 2-23 所示，随 $\overline{\theta}$ 角的降低，B_8 迅速地提高。普通取向硅钢的 $\overline{\theta}$ 约 7°，$B_8 = 1.82 \sim 1.85\text{T}$，取向度仅 85%～90%。高磁感取向硅钢的 $\overline{\theta}$ 约 3°，$B_8 = 1.92 \sim 1.95\text{T}$，取向度高达 95%。

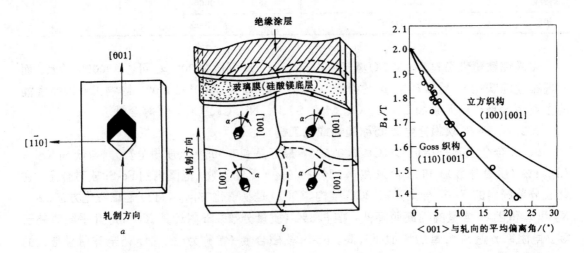

图 2-22　Goss 织构硅钢中晶粒排列和晶粒取向硅钢板示意图　　图 2-23　3.15%Si-Fe 多晶体
a—晶粒排列硅钢板；b—晶粒取向硅钢板　　　　　　　　　平均偏离角与 B_8 的关系

B 无取向硅钢

无取向硅钢的 B_{25} 和 B_{50}（它们分别是磁场为 2500A/m 和 5000A/m 下的磁感应强度）也主要决定于化学成分与晶体织构。随硅、锰、铝和其他杂质元素的提高，B_{25} 和 B_{50} 降低。理想的织构是 {100} $\langle uvw \rangle$ 面织构，(100) $[uvw]$ 组分越多越好。表 2-6 列出了单晶体 [100]、[111] 方向的 B_{25} 与三种不同面织构的 B_{25} 计算值和各向同性硅钢的 B_{25} 实验值的比较。可见实际上生产的无取向硅钢的 B_{25} 已接近理想面织构 (001) $[uvw]$ 硅钢的 B_{25} 了。

表 2-6　按 [100] 和 [111] 单晶体数据计算的几种面织构和各向同性状态的 B_{25} 值

硅含量（质量分数）/%		0	0.3	3.8
单晶体 B_{25}/T	[100]	2.06～2.09	2.06	1.97
	[111]	1.33～1.34	1.33	1.27
面积构 B_{25} 计算值/T	(100) $[uvw]$	1.71～1.98	1.78	1.71
	(111) $[uvw]$	1.52	1.51	1.45
	(110) $[uvw]$	1.58～1.59	1.58	1.51
各向同性		1.63～1.64	1.62	1.55

2.2.2.2　影响硅钢铁损的因素

硅钢的总铁损 P_T 由磁滞损耗 P_h，涡流损耗 P_e 和剩余损耗（反常损耗）P_c 三部分组成。表 2-7 表明了硅钢中 B、f 与 P_h、P_e 和 P_c 的关系；表 2-8 表明了无取向硅钢的 P_h、P_e 和 P_c 占 P_T 的百分数。经验表明取向硅钢中 P_e+P_c 占主要部分，目标是降低 P_e 和 P_c。无取向硅钢中 P_h 占主要部分，目标是降低 P_h。

表 2-7　B 和 f 与 P_h、P_e 及 P_c 的关系

因素	P_h	P_e	P_c
B	$B^{1.6}～B^2$	B^2	$B^{1.5}～B^2$
f	f^1	f^2	$f^{1.5}$

表 2-8　无取向电工钢的 P_h、P_e 及占 P_T 的比例

Si 含量	P_h	P_e	P_c
<0.5%Si	60～80	20～40	0～10
>0.5%Si	55～75	10～30	10～20

2.2.2.3　无取向硅钢

无取向硅钢包括热轧硅钢与冷轧无取向硅钢两种。热轧硅钢比冷轧硅钢的磁感 B 低，表面质量差，铁损大。热轧硅钢的产量逐年降低，有些国家已停止生产。

冷轧无取向硅钢包括低碳（C≤0.015%～0.005%（质量分数））低硅（Si+Al≤1%（质量分数））钢和硅含量为 1.5%～4%（质量分数）(Si+Al) 硅钢。例如我国牌号为 DW540～50 的冷轧无取向硅钢的性能为 $P_{15/50}=5.4$W/kg，$B_{50}=1.65$T，理论密度 $7.75×10^3$kg/m³（反映 Si 含量），最小叠片系数 96%，抗拉强度 $\sigma_b≥365$MPa，延伸率 $\delta=22\%$。日本新日铁生产的牌号为 50H600（H23）的冷轧无取向硅钢性能为 $P_{15/50}=6.00$W/kg，$B_{50}=1.66$T，理论密度 $7.75×10^3$kg/m³，最小叠片系数 96%。低碳低硅无取向硅钢与 1.5%～4.0%（质量分数）无取向硅钢生产工艺大同小异。下面扼要介绍后者的工艺要点：冶炼连铸或模铸开坯，接着进行热连轧成 1.5～3.0mm 厚板，通过一次冷轧法或二次冷轧法制成最终厚度的薄板。不小于 2.0%Si 钢采用一次冷轧法时，热轧板要先经 800～1000℃×（2～5）min 常化处理，目的使热轧板组织均匀，晶粒长大，析出物粗化，加强（100）和（110）组分以及减弱（111）组分，同时设法将其 C 含量降低至 $0.023\% \sim 0.003\%$ 以下。一次冷轧法的总压下量约 $70\% \sim 85\%$。若采用二次冷轧法，先将热轧板冷轧至 $0.37 \sim 0.39$mm，接着在连续炉 $830 \sim 870$℃中间退火 $2 \sim 3$min，同时通以湿氢，以便脱碳。接着采用临界冷轧变形量进行第二次冷轧。对于 2.4%（Si＋Al）和 3.6%（Si＋Al）硅钢，临界变形量分别为 10% 和 8%。最终退火在连续炉，干氢气氛中，$850 \sim 860$℃退火 $2 \sim 4$min，退火时施加 2.9MPa 左右的张力，以保证各向异性小和残余应力小。

2.2.2.4 冷轧取向硅钢

冷轧取向硅钢包括普通冷轧取向硅钢（GO）和高磁感取向硅钢（Hi-B）。表 2-9 列出了若干冷轧取向硅钢的牌号与性能。GO 和 Hi-B 硅钢的生产工艺要点如表 2-10 所示。可见 GO 硅钢是采用二次冷轧法生产。首先将厚度为 2mm 的热轧板在 $900 \sim 950$℃进行脱碳和常化处理，以约 70% 的变形量进行第一次冷轧至约 0.35mm，在 $985 \sim 950$℃湿氢中中间退火和脱碳，第二次冷轧变形量约 $50\% \sim 55\%$，最后在罩式炉内 1200℃干氢中进行最终退火处理，从而得到普通冷轧取向硅钢。我国牌号为 DF4 的 GO 硅钢的厚度为 0.1mm，$P_{15/1000}=16.0$W/kg，$B_{0.5}=1.7$T，矫顽力 $H_c=26$A/m。日本新日铁牌号为 50H800（H30）的 GO 硅钢的厚度为 0.5mm，$P_{15/50}=8.0$W/kg，$B_{50}=1.7$T，理论密度 7.8×10^3kg/m³。Hi-B 硅钢采用一次冷轧法。例如成分为 3%Si-0.03%Al-0.1%Mn-0.03%S-0.04%C 的硅钢热轧至 0.28mm 板坯，然后于 1100℃氨气中连续退火 2min，缓冷至 950℃，在钢带上喷高压水使之急冷，酸洗后以 87.5%变形量一次冷轧至 0.35mm，于 850℃干氢中进行脱碳退火 3min，最后在 1200℃于氢气中进行 20h 的最终退火，并经玻璃质涂层。其磁性能可达到 $B_8=1.92$T，$P_{17/50}=1.15$W/kg。

表 2-9 国产高磁感取向硅钢片几种牌号的典型磁性

牌　　号	厚度/mm	铁　损		磁　感	
		$P_{15/25}$	$P_{17/50}$	B_8	B_{25}
Q_8G	0.30	0.85	1.15	1.92	1.96
$Q_{10}G$	0.35	0.97	1.28	1.92	1.96
Q_{10}	0.35	1.00	1.42	1.84	1.91
Q_{11}	0.35	1.05	1.52	1.84	1.90

表 2-10 几种取向硅钢制造工艺特点

主要工艺	普通取向硅钢（GO）	高磁感取向硅钢（Hi-B）	
		（A）方案	（B）方案
抑制剂	MnS（或 MnSe）	AlN＋MnS	MnSe＋Sb
铸坯加热温度/℃	$1350 \sim 1370$	$1380 \sim 1400$	$1350 \sim 1370$
常化温度/℃	不常化或 $900 \sim 950$	$1100 \sim 1150$	$900 \sim 950$

主要工艺	普通取向硅钢（GO）	高磁感取向硅钢（Hi-B）	
		（A）方案	（B）方案
第一次冷轧压下率/%	70	85～87	60～70
中间退火温度/℃	850～950		850～950
第二次冷轧压下率/%	50～55		60～70
脱碳退火温度/℃		800～850	（在湿 H_2＋N_2 中）
高温退火温度/℃	1180～1200	1180～1200	（820～900）×50hr＋（1180～1200）

正如表 2-10 所示 GO 硅钢以 MnS 作为初次再结晶晶粒长大的抑制剂，并采用两次中等（55%～70%）变形量进行冷轧，B_8 值为 1.82～1.85T。[001] 方向与轧向偏离角 $\bar{\theta}$ 约 7°，二次晶粒尺寸约 3～5mm，Hi-B 硅钢以 MnS 和 AlN 作为抑制剂和采用一次大压下率（＞85%）冷轧。成品硅钢 B_8 值达 1.92～1.95T，$\bar{\theta}$ 角约 3°，二次晶粒尺寸约 8～15mm。添加抑制剂的目的是在最终高温退火升温过程中阻止初次晶粒异常长大和促使（110）[001] 二次晶粒发生异常长大[14]，从而得到单一的（110）[001] 织构。

2.2.3 Ni-Fe 系软磁合金

Ni 含量从 35% 至 90% 的 Ni-Fe 系合金，通过调整 Ni 含量或添加第三或第四组元或采用磁场热处理、应力热处理或控制晶粒取向和有序度等手段，可将 Ni-Fe 系合金做成高导磁合金（国外称 Permalloy）、高起始磁导率合金、高磁感高导磁合金、高矩形比合金、恒导磁（或低 B_r）合金、高硬度高导磁合金（硬坡莫合金）和热磁补偿合金等。它可在弱、低、中等磁场下工作，在软磁材料中它占有独特的位置。自 1913 年发现 Ni-Fe 系软磁合金至今近一个世纪以来，已发展了 70 多种（成分不同）和 300 多种牌号的商品，至今仍得到广泛的应用。

2.2.3.1 Ni-Fe 二元系合金的内禀特性

35%～100%Ni-Fe 合金具有 FCC 结构。由室温至熔点的温度区内没有多形性转变。在 70%～80%Ni 的范围内存在有序与无序转变。Ni-Fe 二元系合金的 B_s、K_1、λ 电阻率 ρ、热膨胀系数 α 和密度 d 与 Ni 含量的关系分别示于图 2-24、图 2-25、图 2-26 和图 2-27。可见在 68%Ni-Fe 处，T_c 最高；在约 50%Fe-Ni 处的 B_s 最高，可达到 B_s=1.6T；在 78%Ni-Fe 处的 K_1 和 λ 对 600℃ 以下的冷却速度十分敏感。成分为 Ni_3Fe 的合金，淬火冷却时，得到无序状态，其 K_1 和 λ 同时趋近零；若缓慢冷却得到有序态 Ni_3Fe 合金时，其 K_1=−4×10^{-3} J/m^3。在 35%Ni-Fe 处，其 B_s 很低，T_c 也很低，约 200℃ 左右。在 Ni-Fe 二元系添加第三和第四组元时，Ni-Fe（M_1，M_2）多元系合金的 K_1、λ 和 B_s 也发生变化，并且出现 $K_1 \rightarrow$ 0 和 $\lambda \rightarrow 0$ 的成分区也在变化。另外若经磁场热处理形成纵向或横向畴结构时，其磁性能也发生大幅度的变化。这就决定了 Ni-Fe 系合金具有多种多样软磁特性的原因。

2.2.3.2 几种有代表性的 Ni-Fe-M 多元系软磁合金

A 79Ni-4～6Mo-Fe 和 77Ni-5Cu-4Mo-Fe（质量分数）超坡莫合金

在 79Ni-Fe 二元系的基础上用少量 Mo 取代 Fe 可提高合金的电阻率 ρ，T_c 和 B_s 稍有降

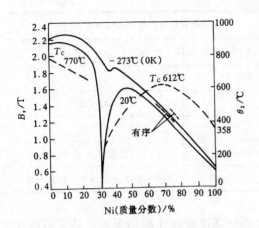

图 2-24　Fe-Ni 合金的居里温度和饱和
磁感应强度 B_s 随成分的变化

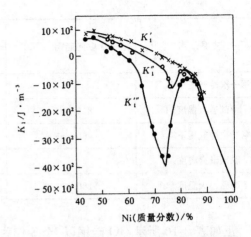

图 2-25　Fe-Ni 合金的磁晶各向异性常数
K_1'—水淬；K_1''—150℃/h；K_1'''—极缓冷

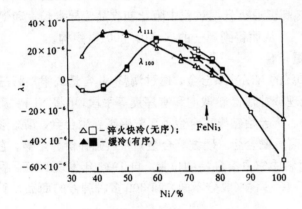

图 2-26　Fe-Ni 合金的磁致伸缩常数

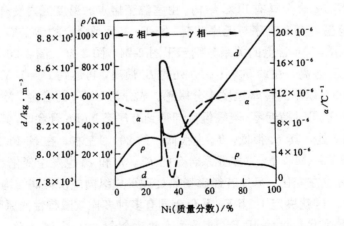

图 2-27　Ni-Fe 合金的密度、电阻率和热膨胀系数随含 Ni 量的变化

低；然而 Ni_3Fe 有序化温度有所下降，抑制了它的有序化，从而可用一般的冷却速度得到无序的 Ni_3（FeMo）合金，使其 $\lambda \to 0$ 和 $K_1 \to 0$，因而可大大提高其磁导率。例如 79Ni-5Mo-Fe 合金，经真空冶炼，冷轧成厚度为 0.35mm 薄带，经 1300℃ 氢气退火（去除杂质），以临界冷却速度（50～100℃/hr）冷却至 600～500℃，然后淬火冷却，其 μ_i 可达 5000～15000，μ_m 可达 600000～1200000。添加 Cu 与添加 Mo 一样，有相同作用，也可得到超坡莫合金。

B 矩形磁滞回线 Ni-Fe-M 多元系软磁合金

65Ni-2Mo（或 Mn）-Fe 合金有足够高的 T_c（约 600℃），经真空冶炼冷轧到一定厚度的薄带，并经纵向磁场处理（在温度 $T \leqslant T_c$ 附近的温度施加一定强度的磁场，磁场方向与轧向即应用方向平行）后，可获得矩形磁滞回线的合金。其矩形比 $B_r/B_s = 0.95$，μ_m 可达 1780000，称为高矩形比高导磁合金。

C 低剩磁和恒导磁合金

恒导磁合金不仅 B_r 低，而且 μ_m 与 μ_i 的差别很小，即 $\mu_m/\mu_i \leqslant 1.10$，磁导率在相当大的磁场范围内是恒定的。例如 65Ni-1Mn-Fe 合金和 47Ni-23Co-Fe 合金，经真空冶炼，冷轧至 0.08～0.02mm 厚度的薄带，经横向磁场处理（在 $T \leqslant T_c$ 附近施加磁场，磁场方向与轧面平行但与轧制方向垂直）后，使之形成 90° 畴结构，便可获得恒导磁和低剩磁的合金。前者的磁性能为：$\mu_i > 3000$，μ 恒定的磁场范围为 0～240A/m，磁导率的恒定性为 $\alpha = (\mu_m - \mu_i)/\mu_i \leqslant 7\%$，$B_r/B_s \leqslant 0.05$。后者的磁性能为：$\mu_i \geqslant 900$，磁导率在 0～800A/m 磁场范围内恒定，$\alpha \leqslant 15\%$，$B_r/B_s \leqslant 0.05$。恒导磁合金的磁导率与磁场处理感生的各向异性常数 K_u 成正比，即 $\mu = B_s^2/8\pi K_u$。

D 硬坡莫合金

在 79Ni-Fe 合金的基础上添加 Nb、Ta 或 Ti、Al、Si 等元素，使固溶体强化，或形成弥散第二相 Ni_3（Al、Ti、Si）的沉淀，使 79Ni-Fe 合金的维氏硬度从 110 提高到 200 以上，同时仍保持很高的起始磁导率 μ_i，且有高的耐磨性。例如 80Ni-7Nb—Mo-Fe 合金的 $\mu_i = 1250000$，μ_m 高达 500000，$H_c = 0.16A/m$，$B_s = 0.6T$，HV=200。它可作为录音磁头材料，现在已实用化。

E 其他 Ni-Fe-M 系软磁合金

50Ni-2～3Mo-Fe 合金，电阻率较大，有较好的高频特性，B_s 达 1.5T，是一种高磁感高导磁材料。34Ni-2Mo-Fe 合金经冷轧和 1100℃ 高温退火后室温 μ_m 可达 35000，电阻率较高，$\rho = 90 \times 10^{-8}\Omega \cdot cm$。其 T_c 约 160℃，相当于 Mn-Zn 铁氧体材料的 T_c，但 μ_m 比它的高得多。另外（30～32）Ni-Fe 合金的 T_c 也接近室温。在该成分的基础上添加少量 Cu、Mo 或 Mn，可调整其 B_s-T 曲线的变化率。此种合金常用作温度补偿材料，如在永久磁路中和其他场合中已得到应用。

2.2.4 Fe-Al 系和 Fe-Co 系软磁合金

在纯铁的基础上添加（0～33）%Al（质量分数）或（0～52%）Al（原子分数）均形成 α-Fe（Al）固溶体，具有 BCC 结构。在 13.9%（质量分数）和 32.6%Al-Fe（质量分数）处分别形成 Fe_3Al 和 FeAl 有序化合物，Fe_3Al 的有序转变温度约 530℃。在 12%Al（质量分数）附近，在有序态时，合金的 $K_1 \to 0$，λ 有最大值。当合金部分有序化时，其 λ 可达 100×10^{-6}。从 K_1 来看，Fe-12%Al（质量分数）合金可作为高 B_s 高导磁材料，也可作为磁致伸缩材料。Fe-12%Al（质量分数）合金的冷加工塑性较差，但若用高纯原材料，经适当加工，在 1250℃ 退火后以 150℃/hr 冷却至 250℃ 出炉冷却，可使合金部分有序化，其 $\mu_i=$ 2500，μ_m 可达 25000。H_c 约 12A/m，$B_s=1.45T$。对于 16%Al-Fe（质量分数）合金，在无序态时，K_1 和 λ_{100} 同时趋于较低值。该合金的冷加工塑性很差，若经过温加工，在 1100℃ 退火，使再结晶完善，消除内应力，从 650~700℃ 水淬冷却，避免 Fe_3Al 有序化，其 μ_i 可达 4000~6000，μ_m 可达 50000。由于淬火速度不易控制，该合金的性能重复较差。6%Al-Fe（质量分数）合金冷加工塑性较好，其磁性能与 4%Si-Fe（质量分数）的相当，也可作为软磁材料。

成分为 6Al-9.5Si-Fe（质量分数）合金的 K_1 和 λ 同时趋于零，同时其电阻率高达 $80\times10^{-8}\Omega\cdot m$，有较高硬度，抗耐磨性好，同时它具有很高的 μ_i。但由于它的脆性大，很难加工成薄带，一直未能实用化。现在可用粉末冶金方法、铸锭切片的办法或急冷法（旋淬法）将其做成薄片状，是良好的高硬度、高耐磨性、高 μ_i 的录音录像磁头材料。该合金称为森德斯特（Sendust）合金。经 900~1200℃ 氢气处理，以 50℃/hr 冷却后，其 μ_i 达 18000~47700，μ_m 可达 75000~115000，H_c 约 1.0A/m，B_{10} 约 0.86~0.92T（$H=10A/m$ 时的 B 值）。在上述成分的基础上适当添加少量 Ni（3.27%（质量分数））其磁性能可进一步提高。

在 Fe 的基础上添加 Co，随 Co 含量的提高，合金的 B_s 提高。当 Co 含量达到 40%（质量分数）时，Fe-Co 合金的 B_s 达到峰值，约 2.4T，并且其 T_c 可达 980℃ 左右。若继续提高 Co 含量，其 B_s 反而逐渐降低。40Co-Fe 合金是高饱和磁感强度 B_s 材料。50%Co-Fe 合金在 730℃ 以下发生有序无序转变，使合金脆性增加，难以进行冷加工。若添加少量 V（2%（质量分数））或少量 Cr（0.5%（质量分数）），可以减缓 Fe-50Cr（质量分数）合金的有序化，并改善其冷加工性能，从而发展了 2V-48Co-48Fe 的软磁合金，称为坡明杜（permendur）合金。我国牌号为 1J22 的 Fe-48Co-2V 合金的磁性能可达到 $\mu_m=8000$，$\mu_i=$ 1000，$B_r=1.5T$，$B_s=2.4T$，$\rho=2.5\times10^{-8}\Omega\cdot m$，$\lambda_s=60\times10^{-6}$。若进一步提高其纯净度，其磁性能可进一步提高，达到 $\mu_m=9250$，$B_r=2.2T$。

2.3　金属永磁材料

矫顽力大于 400A/m 以上的磁性材料称为永磁材料。永磁体经充磁至技术饱和并去掉磁场后仍保留较强的磁性，又称为硬磁或恒磁材料。永磁材料的应用主要利用永磁体在气隙产生足够强的磁场，利用磁极与磁极的相互作用，磁场对带电物体或粒子或载电流导体的相互作用来做功，或实现能量、信息的转换。永磁材料已在通讯、自动化、音像、计算机、电机、仪器仪表、石油化工、磁分离、磁生物、磁医疗与健身器械、玩具等技术领域得到广泛的应用。

应用对永磁体的主要要求是在其气隙产生足够强的磁场强度。式 2-64 表明永磁体在气隙产生的磁场强度 H_g 与最大磁能积 $(BH)_m$ 的开方根成正比，而式 2-65 表明 $(BH)_m$ 与剩磁 B_r、矫顽力 H_{cb} 和退磁曲线（第二象限）的形状（γ）有关。B_r 的极限值是 $J_s=\mu_0 M_s$，H_{cb} $\leqslant H_{ci}$，H_{ci} 的极限值是各向异性场 $H_A=2K_1/\mu_0 M_s$。式中 K_1 是磁晶各向异性常数，也可是其他磁各向异性常数。使用对永磁材料的主要要求是：B_r 高，$(BH)_m$ 高，H_{cb} 高和 T_c 高。永磁材料磁性能优劣的主要判据是：(1) 磁化强度 M_s 高；(2) 磁晶各向异性要大；居里点 T_c

要高。前两条决定了该材料是否有足够高的 B_r 和足够高的 $(BH)_m$ 及 H_{ci}，后者决定了它是否有好的稳定性和较高的工作温度。此外是要求原材料资源丰富，便于加工制造，成本低廉。

目前工业上广泛应用的永磁材料磁能积 $(BH)_m$ 的实际值远低于其理论值（见式 2-66），其原因往往是其矫顽力偏低。如何提高矫顽力是永磁材料学的核心问题。图 2-28 是永磁材料 $(BH)_m$ 的发展情况，它同时也标明了现有永磁材料的种类。

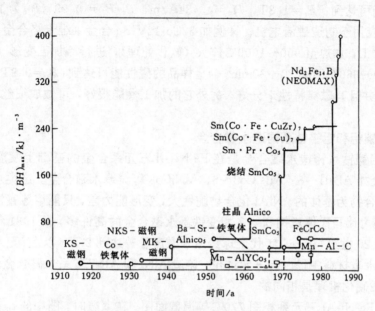

图 2-28 永磁材料磁能积的进展

2.3.1 马氏体磁钢

马氏体磁钢包括碳钢、钨钢、铬钢、钴钢和铝钢等，其含碳量在 $0.7\%\sim2\%$ 之间，是各向同性的。它们的 B_r 较低，一般 $M_r\leqslant0.832M_s$，原因是添加元素 C、W、Cr、Al 等均使 BCC 铁的 M_s 降低，同时有非铁磁体的残留奥氏体和碳化物存在，其矫顽力不高，原因是其矫顽力主要起源于内应力和掺杂物（残留奥氏体和碳化物）。

2.3.2 α/γ 相变的铁基永磁材料

此类合金是在铁的基础上添加扩大 γ 相区的元素，使合金在高温区为 γ 相，在低温（室温以上）区形成 $\alpha+\gamma$ 两相。利用 α/γ 相转变来实现磁硬化（即提高矫顽力）。α 相是铁磁性相，BCC 结构，γ 一般为顺磁性相，FCC 结构。目前在工业上得到应用的主要是 Fe-Mn 系、Fe-Ni 系和 Fe-Co-V 系，这三种合金系的状态图是相似的。图 2-

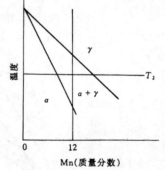

图 2-29 Fe-Mn 合金状态示意图

29 是 Fe-Mn 系状态图。Fe-Mn 系永磁材料合金一般含有 $(12\sim14)\%$ Mn，有时添加少量的 Ti、Cr、Co 等元素。对于 12Mn-Fe 合金，在高温区，如 T_1，合金为 γ 相。自温度 T_1 以一定速度冷却至室温，通过冷变形γ相全部变为α相，然后在α+γ两相区范围内，如T_2进行回火。此时在α相的基体上弥散析出γ相。如果回火温度和时间适当，则γ相十分弥散，而将α相分割、孤立、包围起来，从而使Fe-Mn系合金的矫顽力提高。例如（11～12）Mn-3Ti-2Cr-Fe合金加热至1000℃水淬，然后在350～400℃回火1hr，再在550～600℃回火1hr，合金的B_r可达0.7～1.0T，H_c达4.8kA/m到16kA/m。又如16Ni-15Cu-Fe合金，经非真空冶炼，加热至800～1000℃，冷轧变形后，在550℃回火1hr，接着再进行60%冷变形，合金磁性能可达到：$B_r=1.3T$，$H_c=4.48kA/m$，$B_r/B_{16}=0.99$（B_{16}为1600kA/m时的磁感）。它可应用于制造磁滞电机。又例如52Co-12V-Fe合金（维卡洛合金-Vicalloy）经真空冶炼，热加工，加热至900～1000℃淬火（软化处理），进行冷加工变形（变形量90%以上），再在560～660℃回火20～30min，合金样品的磁性能可达到：$B_r=0.9T$，$H_c=20kA/m$，$B_s=1.1T$，并且其磁滞特性十分好。另外它的加工性能很好，可做成细丝、板、带、棒材等产品。

2.3.3　铁镍铝和铝镍钴系铸造永磁合金

铁镍铝和铝镍钴系铸造永磁合金是在Fe-Ni-Al三元系合金的基础上发展起来的一系列铸造永磁合金如AlNi1～5、AlNiCo3～6、AlNiCo8等铸造永磁合金。这类永磁合金基本上是以NiAl化合物为基体的。NiAl化合物脆性大，变形能力差，只能熔炼直接浇注成磁体元件。它的矫顽力比马氏体磁钢和α/γ相变铁基永磁合金的高许多，自1931年发现以来得到迅速发展。在20世纪50～60年代全球铸造永磁产量曾达到2万t以上，至今已降低到约5000t左右，在永磁材料中仍占有一定地位。铸造AlNi和AlNiCo系永磁合金的相图、相结构、相转变和磁硬化机理是相同的。

图2-30是Fe-Ni-Al三元系相图770℃等温截面图。在室温时，图中的$\alpha_1+\alpha_2$两相区从Fe角扩展到NiAl化合物处。图中α相有BCC结构，γ相有FCC结构。在室温平衡态α_1相几乎是纯α铁，α_2是NiAl相。图2-31是Fe-Ni-Al三元相图从铁角至NiAl的纵截面图。可

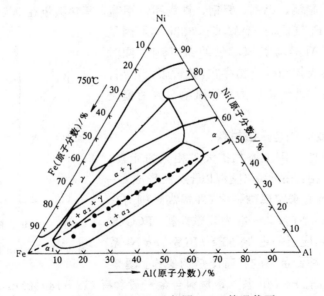

图2-30　Fe-Ni-Al相图770℃等温截面

见从铁角至 NiAl 连线上所有的合金,在室温区均由 $\alpha_1+\alpha_2$ 相组成。例如 AlNi$_2$ 合金的成分为 23Ni-13Al-3Cu-51Fe,根据相图可知在 1000℃ 以上它是单一的 α 相,自 1000℃ 以一定速度冷却下来,大约 700~800℃ 附近它要分解为 $\alpha_1+\alpha_2$ 相,热力学研究表明它是属于 Spinodal

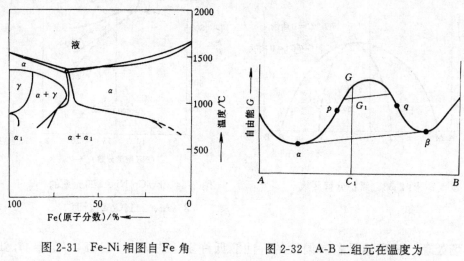

图 2-31　Fe-Ni 相图自 Fe 角　　　图 2-32　A-B 二组元在温度为
至 NiAl 的垂直切面　　　　　　　　T 时的自由能曲线

分解。由合金热力学知道发生 Spinodal 分解的合金系在某一温度的自由能曲线如图 2-32。图中 p、q 点为自由能 G 对成分的二阶导数等于零的点,即 $\partial^2 G/\partial C^2=0$ 的点。成分为 C_1 的合金冷却到图 2-32 相应的温度时,合金系的自由能为 G,处于高能状态,它是不稳定的。会自发地产生成分起伏。稍有成分起伏合金 C_1 的自由能就会降低,例如降低到 G_1。此时还是不稳定的,成分的起伏会继续进行下去,这种成分起伏也可看作是相分离。它不需要形核和形核功,也不需要孕育期,分解将在整个样品的体积均匀地进行。当温度变化时 $\partial^2 G/\partial C^2$ $=0$ 的点可连成一条曲线称为拐点曲线,$\partial G/\partial C=0$ 的点可连成一条相溶解度曲线,如图 2-33 所示。其中 Ⅱ 区为 Spinodal 分解区、Ⅰ、Ⅲ 区是形核长大分解区。

　　成分为 25Ni-13Al-3Cu-Fe 的 AlNi 合金,经冶炼、铸造、1200℃ 固溶处理获得单一的 α 相,然后在 900℃ 以下回火 1~2hr,使之发生 $\alpha \rightarrow \alpha_1+\alpha_2$ 分解,便可获得各向同性的磁体。其磁性能可达到:$B_r=0.6T$, $H_c=36kA/m$, $(BH)_m=9.6kJ/m^3$。

　　在 FeNiAl 的基础上添加适当数量的 Co,同时调整 Ni、Al 和 Cu 的含量,从而得到 AlNi-Co3-6 合金。它的相图和相分离与 FeNiAl 相似。成分为 24Co-14Ni-8Al-3Cu-Fe 的 AlNiCo5 的状态图示于图 2-34。图中 α 相为 BCC 结构,α_1 相是富 FeCo 的强铁磁性相,有 BCC 结构,它的 M_s 比 FeNiAl 中的 α_1 相的更高,居里温度 T_c 达到 870℃。α_2 相是富 NiAl 的,也有 BCC 结构,是弱铁磁性或非铁磁性相。该合金经冶炼、铸造、1200℃ 以上固溶处理,在 850~ 1100℃ 的温度区以大于 0.1℃/s 的速度冷却,以避免 γ 相析出。γ 相有 FCC 结构,它的析出会破坏 AlNiCo 合金的 Spinodal 分解,使磁性恶化。待冷却至 850~900℃ 时,施以 160~ 420kA/m 的磁场,使之在磁场中以临界速度(0.1~1.0℃/s)冷却至 200℃(这一过程称为磁场处理)。然后在 600℃ 回火 5~10hr,就可以得到各向异性的高性能永磁体,沿磁场处理时磁场方向测得其磁性能为:$B_r=1.29T$, $H_{cb}=52.0kA/m$, $(BH)_m=40.0kJ/m^3$。如果不

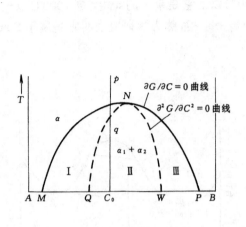

图 2-33　亚稳分解区域

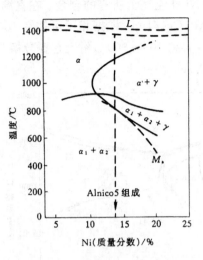

图 2-34　Fe-Co-Ni-Al 四元系的
8%Al、24%Co 纵断面

经过磁场处理，其磁体是各向同性的，性能低许多，约 $B_r = 0.87T$，$H_{cb} = 47.2kA/m$，$(BH)_m = 17.12kJ/m^3$。磁场处理可提高 AlNiCo 磁体磁性能的原因是：α_1 相是富 FeCo 的，α_2 相是富 NiAl 的。α_1 和 α_2 相都有 BCC 结构，在发生 $\alpha \rightarrow \alpha_1 + \alpha_2$ 相分解时，α_1 相的 {100} 与 α_2 相的 {100} 面的点阵错配度小，界面能小，{100} 是 α_1 和 α_2 相的惯习面。如果从 850℃ 以下冷却不进行磁场处理，则 α_1 相将沿 α_2 相晶体的所有的 {100} 面析出，因此 α_1 相是相互正交的，显微组织观察证明了这一点。当在 850℃ 以下进行磁场处理时，由于 α_1 相的 T_c 高于磁场处理和相分解温度，α_1 相一析出就是铁磁性的。在磁场的作用下，为降低静磁能 $E_H = -M_s H \cos\theta$，那么 α_1 相仅能沿与磁场方向平行的 α_2 相的 (100) 面析出，而与磁场垂直或成一定角度的那些 (100) 面上的 α_1 相的析出将被抑制。这样便得到了伸长形的 α_1 相颗粒沿磁场处理时磁场方向规则排列的显微组织，从而得到各向异性的 AlNiCo 永磁体，其磁性能也大大地提高。

当用最佳的磁场处理工艺和回火工艺时，α_1 相颗粒尺寸相当于 FeCo 相单畴尺寸，它的周围被非铁磁性相包围，也就是被 α_2 相"磁绝缘"起来。每一个 α_1 相颗粒是真正的单畴体，整个 AlNiCo 样品（磁体）就是 α_1 相单畴的集合体，其矫顽力可表达为

$$H_{ci} = Ap(1-p)(N_L - N_d)\frac{(M_1 - M_2)^2}{M_s}\left[1 - \left(\frac{D_p}{D}\right)^2\right] \tag{2-71}$$

式中 A 是 α_1 相伸长单畴颗粒规则排列程度的因子（称为取向因子），p 是 α_2 相体积百分数，N_L 和 N_d 分别是 α_1 相单畴颗粒长轴和短轴方向的退磁因子，M_1 和 M_2 分别是 α_1 和 α_2 相的饱和磁化强度，M_s 是合金的饱和磁化强度，D_p 是 α 相单畴粒子由铁磁性转变为超顺磁性的临界尺寸，D 是 α_1 相单畴颗粒的尺寸。回火处理的目的是进行扩大 $(N_L - N_d)$ 和 $(M_1 - M_2)$ 的差值，从而进一步提高磁体的矫顽力。

在 AlNiCo5 合金的基础上，进一步提高 Co 含量，同时添加少量 Ti 和调整 Ni 和 Al 的含量便可得到 AlNiCo8 铸造永磁合金，其成分为 35Co-14Ni-7Al-5Ti-3Cu-Fe。经冶炼铸造和 1240~1280℃ 固溶处理后以 200℃/min 速度冷却，以避免 γ 相析出，冷却到 850℃ 施加 160

～420kA/m 的磁场，冷却至 800℃进行等温磁场处理。因为 Ti 和 Co 含量提高后，降低了 Spinodal 分解温度，$\alpha \to \alpha_1 + \alpha_2$ 分解速度减慢，等温磁场处理才能获得较大的 $(N_l - N_d)$ 和 $(M_1 - M_2)$ 的差值。A1NiCo8 的磁性能可达到：$B_r = 1.04T$，$H_{cb} = 116.8kA/m$，$(BH)_m = 56.8kJ/m^3$。

考虑到 AlNiCo 合金在磁场处理时，在等轴晶的多晶 AlNiCo 合金中，由于晶粒位向是混乱排列的，虽然有磁场热处理，仍不能完全抑制与磁场方向成一定角度 θ 的那些 (100) 面的析出，因此式 2-71 中的 A 值偏低，结果剩磁和磁能积偏低。为克服此不足，人们改进了 A1NiCo 合金的铸造，采用蜂窝状的铸模，如图 2-35。浇注前先将铸模加热至 1200℃以上，然后将高温铸模移到冷却水箱上立刻进行浇铸。在高温铸模内钢液自下而上结晶，从而得到平行棒状样品轴向的柱状晶。对于 AlNiCo 合金来说 [100] 是优先生长方向，因此柱状晶的 [100] 轴与样品轴平行。在磁场处理时，沿样品轴向加磁场，结果使 α_1 相伸长形单畴颗粒均平行于棒状样品的轴向，从而提高了 α_1 相的取向因子 A，并扩大了 $(N_l - N_d)$ 的差值，因此柱状晶 AlNiCo 样品的磁性能大大地提高。柱晶 AlNiCo5 的磁性能可达到：$B_r = 1.33T$，$H_{cb} = 560 \sim 640kA/m$，$(BH)_m = 56 \sim 64kJ/m^3$；柱晶 AlNiCo8 的磁性能可达到：$B_r = 1.095T$，$H_{cb} = 127.2kA/m$，$(BH)_m = 91.6kJ/m^3$。

2.3.4 Fe-Cr-Co 可加工永磁合金

Fe-Cr-Co 可加工永磁合金的永磁性能与 AlNiCo5 合金相似，但它的塑性很好，可加工成尺寸小、精度高的永磁元件（如丝、管、板、带和其他复杂形状），有其独特用途。图 2-36 是 Fe-Cr-Co 三元相图 15%Co-(2～3)%Ti 的纵截面，它的相图、相结构和相分解及磁硬化机理与 AlNiCo 铸造永磁是相似的。它在 1200℃是单一的 α 相，具有 BCC 结构，在低 Cr 区

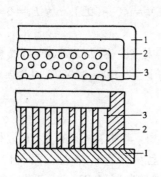

图 2-35　在底面上具有冷铁的多腔热模
1—冷铁或水冷铜结晶器；2—热模；3—模腔

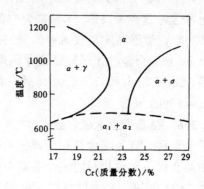

图 2-36　Fe-Cr-15%Co-(2～3)%Ti
合金纵面状态图

的高温范围内存在 $\alpha + \gamma$ 相区。650℃以下 α 相分解为 $\alpha_1 + \alpha_2$ 两相，α_1 相是富 FeCo，α_2 相是富 FeCr 的，两个相均有 BCC 结构。当添加少量 V、Ti、Al、Nb 等元素可扩大高温 α 相单相区，添加少量 Mo、Si 有利于改善冷热加工性能。可以用变形法和铸造生产该合金。变形法生产经冶炼、铸锭、热加工、冷加工、热处理便可得到产品。如 33Cr-16Co-2Si-Fe 合金冷变形时效热处理后性能可达：$B_r = 1.29T$，$H_{cb} = 70.4kA/m$，$(BH)_m = 64.2kJ/m^3$。又如 24Cr-15Co-3Mo-1Ti-Fe 合金经冶炼、定向结晶得到棒状样品，1200℃固溶处理后快冷至 660～620℃，在 160kA/m 磁场进行等温磁场处理后，其磁性能达到：$B_r = 1.31T$，$H_{cb} = 66.4kA/$

m，$(BH)_m=76.0kJ/m^3$。

2.3.5　Mn 基和 Pt 基永磁合金

2.3.5.1　Mn 基永磁合金

纯金属 Mn 具有复杂立方结构（Al2 型），Mn 原子间距小于 0.285nm，是反铁磁性。Mn 与非磁性原子如 Al 或 B 或 Ag 和 Al 可形成金属间化合物，当形成金属化合物后 Mn 原子间可扩展到大于 0.285nm，则 Mn-Mn 原子间就转变为铁磁性耦合成为铁磁性化合物了。例如 $Mn_{1.11}Al_{0.89}$ 化合物在高温区具有六方结构，称为 ε 相。若从高温区以 30℃/s 速度冷却时，它转变为 τ 相，为四方结构。它是亚稳定的铁磁性相，其磁性能为：$T_c=0.357nm$，$\sigma_s=96Am^2/kg$，$J_s=0.62T$，$K_1=-10^{-6}J/m^3$。经适当处理，τ 相的 MnAl 化合物的永磁性能为：$B_r=0.43T$，$H_{ci}=0.368MA/m$，$(BH)_m=28kJ/m^3$。在 MnAl 化合物的基础上添加少量的 C、B、Zr、Cr、Ge 和 Ti 等元素，可改善其磁性和塑性。例如 C 的加入可促进 τ 相的形成和稳定化，从而发展了 Mn-Al-C 永磁合金。30Al-0.5C-Mn（质量分数）合金经挤压变形和回火后得到各向异性磁体，其磁性能达到 $B_r=0.6T$，$H_{ci}=215kA/m$，$(BH)_m=56kJ/m^3$。

2.3.5.2　铂基永磁合金

铂基永磁合金包括 Pt-Co 和 Pt-Fe 合金，这类永磁具有良好的加工性能，且其有很强的抗腐蚀能力，可在酸、碱介质中工作。但含有金属 Pt，价格贵，只限于在精密仪器中应用。

50Pt-50Co（原子分数）合金自 1000℃淬火后为无序立方结构。它的 $\sigma_s=44.7Am^2/kg$，K_1+K_2 较低，〈111〉为易磁化方向，经 700～724℃回火后，无序的立方相部分地转变为有序的正方相，[100] 是易磁化方向，$\sigma_s=37.2Am^2/kg$，但它的磁晶各向异性异常地高，K_1+K_2 高达 $1.72×10^3kJ/m^3$。例如成分为（76～78）Pt-Co（质量分数）合金，从 1000℃淬火后于 550～700℃回火，在无序的立方相的基体上弥散地析出有序的正方相，此时合金的磁性能可达到 $B_r=0.79T$，$H_c=320～400kA/m$，$(BH)_m=40～50kJ/m^3$，$B_s=0.79T$，$T_c=520～530℃$，磁感温度系数 $\alpha_B=0.042\%/℃$。

Pt-Fe 永磁合金的相图和磁硬化原理与 Pt-Co 合金相似，例如 78Pt-Fe（质量分数）合金，经 1200℃淬火和 500℃回火后，其永磁性能可达到 $B_r=1.08T$，$H_c=340kA/m$，$(BH)_m=159kJ/m^3$。

2.3.6　钴基稀土永磁合金

稀土元素（RE）与金属钴形成一系列金属间化合物，其中富 Co 的 1:5 型和 2:17 型化合物具有作为永磁材料的三个基本条件。在此基础上发展了 1:5 型（第一代）和 2:17 型（第二代）RE-Co 系永磁材料。到 20 世纪 80 年代初又发展了 $RE_2Fe_{14}B$ 化合物为基体的 RE-Fe-B 系永磁材料（第三代稀土永磁材料）。1:5 型 RE-Co 系稀土化合物永磁材料包括 $SmCo_5$、$PrCo_5$、$(Sm_{1-x}Pr_x)Co_5$、$MnCo_5$ 和 $Ce(CO,Cu,Fe)_5$ 等，而 2:17 型 RE-Co 系永磁材料主要是 $Sm(Co,Cu,Fe,Zr)_z$（$z=7.0～8.4$）。本节重点介绍 $SmCo_5$ 和 $Sm(Co,Cu,Fe,Zr)_{7.4～8.0}$ 永磁材料。

2.3.6.1　$SmCo_5$ 永磁合金

$RECo_5$ 化合物具有 $CaCu_5$ 型结构，属于六方晶系，空间群为 p6/mmm，其单胞结构如图 2-37。$RECo_5$ 化合物多数以包晶反应方式生成，$SmCo_5$ 的包晶转变温度为 1250℃。在 Sm-Co 二元相图中 800℃以上有一个向 Co 区扩张的 $SmCo_5$ 固溶区。

$RECo_5$ 型化合物的基本磁参数列于表 2-11。可见大部分 $RECo_5$ 化合物可作永磁材料，

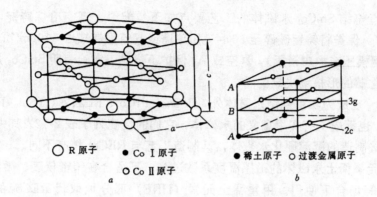

图 2-37 RECo₅ 晶体结构空间图及 RECo₅ 的单胞结构

a—晶体结构空间图；b—单胞结构

其中 SmCo₅ 的 J_s、K_1、H_A 都是比较高的,其磁能积的理论值可达 250kJ/m³。实际烧结SmCo₅ 的永磁体的磁性能已达到：$B_r = 0.8 \sim 0.95$T, $H_{cb} = 557 \sim 756$kA/m, $(BH)_m = 135 \sim 159$kJ/m³。若采用强磁场取向、等静压和低氧工艺,烧结 SmCo₅ 的磁性能可达到：$B_r = 1.07$T, $H_{cb} = 851.7$kA/m, $H_{ci} = 1.27$MA/m, $(BH)_m = 227.6$kJ/m³。

表 2-11 RECo₅ 化合物的基本磁参量

化合物	$\mu_0 M_s$/T	M_s/kA·m⁻¹	K_1/J·m⁻³	H_A/MA·m⁻¹	易磁化轴
LaCO₅	0.909	0.742	6.3×10^6	13.93	c
CeCo₅	0.754	0.600	7.3×10^6, 5.3×10^6	14.3~16.7	c
PrCo₅	1.203 1.250	0.957 0.975	8.0×10^6, 8.9×10^6	11.5~14.3	c
NdCo₅	1.40	1.114	0.6×10^6	2.38	易基面
SmCo₅	1.125 1.130	0.896 0.900	$(9.5 \sim 1.12) \times 10^6$ $(19.5 \pm 1.4) \times 10^6$	16.7~23.0 35.0	c
GdCo₅	0.363	0.298	4.023×10^6	21.5	c
TbCo₅.₁	0.236	0.188		0.47	
DyCo₅.₂	0.437	0.348		1.99	
HoCo₅.₅	0.606	0.482	4.0×10^6	10.7	
ErCo₆.₀	0.327	0.579	4.5×10^6	7.96	
YCo₅	1.095	0.871	5.5×10^6	10.74	c
(Ce-MM) Co₅	0.89	0.685	6.4×10^6	14.30	c
(Y-MM) Co₅	0.95	0.756	6.2×10^6	11.94	c

SmCo₅ 烧结永磁体的磁性能与成分和工艺密切相关。按分子式计算 SmCo₅ 的成分为 16.66Sm-83.33Co（原子分数）或 33.79Sm-66.21Co（质量分数）。实践证明用粉末冶金法制造磁体时,其 Sm 含量按 (16.72~17.04)%（原子分数）配入才能获得最高的磁性能和密度。为保证烧结 SmCo₅ 的磁性能,还经常采用液相烧结技术,将合金基相（67.8Co-32.2Sm）和适当数量的液相（60Sm-40Co）（质量分数）相混合,以确保设计目标成分。

　　粉末法制造烧结 $SmCo_5$ 永磁体的工艺要点如下：配料，真空冶炼铸锭，在惰性气体（如 Ar 或 N_2 气）保护将铸锭破碎至 60 目，用球磨或气流磨制成 $5\sim10\mu m$ 粉末，在磁场中取向、压型（钢模压或橡皮模压），真空或 Ar 保护下烧结。实验表明 $SmCo_5$ 烧结磁体的矫顽力是由反磁化畴的形核场决定的[15]。

　　除了 $SmCo_5$ 已成为实用烧结永磁体外，$CeCo_5$、$PrCo_5$、$MMCo_5$、$(Sm_{0.5}Pr_{0.5})Co_5$、$Ce(Co，Cu，Fe)_5$ 也都成了有实用意义的永磁体，它们的性能列于表 2-12。其中 $CeCo_{3.6}Cu_{0.7}Fe_{0.7}$ 是用烧结法制造的沉淀硬化永磁体，其制造工艺与 $RECo_5$ 稍有不同。

　　$RECo_5$ 二元系稀土永磁体的磁感温度系数过高，不适合在精密仪表、微波器件、陀螺仪和磁性轴承等场合下使用。用重稀土元素（HRE）部分地取代 $RECo_5$ 的轻稀土元素（LRE），制成 $(LRE_{1-x}HRE_x)Co_5$ 合金，其磁感温度系数可大大地降低，甚至可降低至零。例如 $Sm_{0.6}Gd_{0.2}Er_{0.2}Co_5$ 的磁性能和磁感温度系数 α_B 分别为：$B_r=0.6T$，$H_{cb}=445.7kA/m$，$(BH)_m=85.1kJ/m^3$，在 $20\sim100℃$ 范围内 $\alpha_B=\dfrac{B_{100}-B_{20}}{B_{20}\Delta T}=0\%/℃$。又例如 $Sm_{0.6}Dy_{0.4}Co_5$ 的磁性能和 α_B 分别为：$B_r=0.794T$，$H_{cb}=334.3kA/m$，$(BH)_m=72.4kJ/m^3$，在 $20\sim47℃$ 范围内 $\alpha_B=-0.003\%/℃$。

表 2-12　$RECo_5$ 烧结永磁体的磁性能

磁　体	磁　性　能				
	B_r/T	$H_{ci}/kA\cdot m^{-1}$	$H_{cb}/kA\cdot m^{-1}$	$(BH)_m$	工艺
$PrCo_5$	1.09	366.0		208.5	液相烧结
$Sm_{0.5}Pr_{0.5}Co_5$	0.98		620.8	172.0	液相烧结
$MMCo_5$	0.85		557.0	139.3	等静压-液相烧结
$CeCo_{3.6}Cu_{0.7}Fe_{0.7}$	0.73		358.2	94.7	烧结

2.3.6.2　$Sm(Co，Cu，Fe，Zr)_z$ 永磁合金（2：17 型 Sm-Co 永磁）

　　实验发现 $Sm(Co_{1-x}Cu_x)_z$ 三元系永磁合金，z 在 $5\sim8.5$ 的范围内均可制成沉淀硬化稀土永磁材料。当 $z\leqslant5.6$ 时基相为 $Sm(Co，Cu)_5$ 相（简称 1：5 相），析出相为 $Sm_2(Co，Cu)_{17}$ 相（简称 1：17 相）。当 $z=5.6\sim8.2$ 时，基相是 2：17 相，析出相是 1：5 相。单纯的 $Sm(Co，Cu)$ 三元系，永磁性能偏低。后来发现添加适当数量的 Fe 取代 Co，可提高合金的饱和磁化强度 B_s，添加少量的 Zr 或 Hf 可提高合金的矫顽力。从而得到了以 2：17 相为基体。有 1：5 相析出的 $Sm(Co，Cu，Fe，Zr)_z$，$z=7.4\sim7.8$ 的沉淀析出型永磁合金。简称为 2：17 型 Sm-Co 系永磁合金。这一合金的成分可表达为

$$Sm(Co_{1-u-v-w}Cu_uFe_vM_w)_z \qquad (2-72)$$

式中 M=Zr，Ti，Hf 和 Ni 等，z 代表 Sm 原子与（Co+Cu+Fe+M）原子数之比，它介于 $7.0\sim8.3$ 之间，$u=0.05\sim0.08$；$v=0.15\sim0.30$；$w=0.01\sim0.03$。例如成分为 25.5Sm-50Co-8Cu-15Fe-1.5Zr（质量分数）合金的磁性能为：$B_r=1.15T$，$H_{cb}=429.8kA/m$，$(BH)_m=222.8kJ/m^3$。又如 $Sm(Co_{0.654}Cu_{0.078}Fe_{0.24}Zr_{0.27})_{8.22}$ 合金的磁性能为：$B_r=1.06T$，$H_{cb}=732.3kA/m$，$(BH)_m=238.8kJ/m^3$。

　　2：17 型 Sm-Co 系永磁合金的磁性能决定于合金的成分与工艺参数，一般采用粉末冶金法制造。它的制造工艺过程与烧结 $SmCo_5$ 永磁的工艺大体上是相同的。包括冶炼、制粉、

磁场取向、压型、烧结与热处理，最后是机加工与性能检测。压型之前的工艺要求与 $RECo_5$ 是相同的，所不同的是烧结与热处理工艺。Sm（Co，Cu，Fe，Zr）$_z$ 合金（$7.0 \leqslant z \leqslant 8.5$）的烧结与热处理工艺如图 2-38。显微组织观察表明，经烧结和热处理后，处于高矫顽力状态的 Sm（Co，Cu，Fe，Zr）$_z$ 合金具有胞状组织，如图 2-39 所示。胞内是 2：17 相，它是富

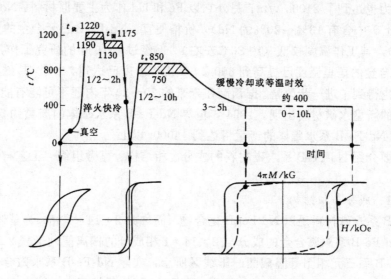

图 2-38　Sm（Co，Cu，Fe，Zr），（$7.0 \leqslant z \leqslant 8.5$）合金的烧结与热处理工艺示意图

FeCo的，胞壁是 1：5 相，富 SmCu 的，它包围 2：17 相。胞径约 $60 \sim 80 nm$，胞壁厚度约几十至 100Å，2：17 相的体积占绝大部分。胞内畴壁能 $\gamma_{2:17}$ 约 $50 \times 10^{-3} J/m^3$，胞壁的畴壁能 $\gamma_{2:17}$ 约 $70 \times 10^{-3} J/m^3$，胞壁的畴壁能比胞内的高。在平衡态畴壁处于胞内，胞壁对畴壁起钉扎作用，其钉扎场就是合金的矫顽力，即

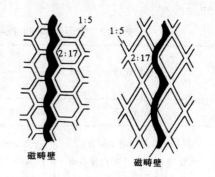

图 2-39　Sm（Co$_{0.8}$，Cu$_{0.15}$，Fe$_{0.05}$）$_{7.0}$ 合金胞状组织与畴壁位置示意图

$$H_{ci} = \frac{\gamma_{1/5} - \gamma_{2/17}}{2M_s \delta} \qquad (2-73)$$

式中 M_s 是合金的饱和磁化强度，δ 是畴壁厚度。可见胞内与胞壁的畴壁能差越大，合金的矫顽力就越高。胞内与胞壁的畴壁能差 $\Delta \gamma = \gamma_{1:5} - \gamma_{2:17}$ 与两相的成分差有关，固溶处理后的等温时效或等级时效的目的是扩大胞内相与胞壁相的成分差，从而扩大其 $\Delta \gamma$，以便提高其矫顽力。这已被实验证实。

当 Sm（Co，Cu，Fe，Zr）$_z$ 中的 Sm 被重稀土元素 HRE 部分取代时，可制造出具有低磁感温度系数 α_B 的 2：17 型 Sm-Co 型永磁合金。如 Sm$_{0.6}$Er$_{0.4}$（Co$_{0.69}$Fe$_{0.22}$Cu$_{0.08}$Zr$_{0.02}$）$_{7.22}$ 合金的磁性能为：$B_r = 0.88 \sim 0.93 T$，$H_{ci} = 1.27 \sim 1.35 MA/m$，$H_{cb} = 605 \sim 636 kA/m$，$(BH)_m = 143.2 \sim 159.2 kJ/m^3$，在 $25 \sim 100 ℃$ 温度范围内 $\alpha_B = +0.0009\%/℃$。

2.3.7　铁基稀土永磁合金（Nd-Fe-B 系永磁合金）

Sm-Co 永磁合金的发现使永磁体的矫顽力和磁能积均有一个跳跃性的发展，使永磁材

料进入一个新的发展阶段。但 1：5 型和 2：17 型 Sm-Co 型永磁合金含有相对多的稀土元素 Sm（在稀土矿中 Sm 含量仅有 0.5%～3%），同时含有昂贵的战略金属 Co，由于其成本高，应用受到限制。1983 年发现 Nd-Fe-B 系永磁材料，它的磁能积是创历史记录的，当时达到 290kJ/m³[16]。经过十年的发展，现在磁能积又达到一新高度即 $(BH)_m = 433.62$ kJ/m³[17]，矫顽力也达到了 2400kA/m，另外它以 Fe 和 Nd 作为主要原材料。Nd 和 Fe 的资源丰富（在稀土矿中含有 13%～20% 的 Nd），价格便宜。Nd-Fe-B 三元合金的居里温度较低（$T_c = 310$℃），其工作温度较低（约 80℃左右）。但经过近 10 年的研究工作，现在 Nd-Fe-B-M 系多元合金的居里温度已提高到 600℃，其工作温度已达到 240℃，其磁感温度系数和抗腐蚀性能也得到了进一步改善。据预测在未来的 20～30 年内还不可能有能取代 Nd-Fe-B 系永磁合金的新型永磁材料出现。1994 年世界 Nd-Fe-B 系永磁体的产量约 5000t，预测到 2000 年全球 Nd-Fe-B 系永磁体的产量将达到 14000t 以上。

本节主要介绍 Nd-Fe-B 系永磁材料的成分、相结构、显微组织、工艺与性能的关系规律。

2.3.7.1　成分与相结构

Nd-Fe-B 系永磁材料是以 $Nd_2Fe_{14}B$ 化合物（简称为 2：14：1 相）为基体的永磁合金，实际烧结 Nd-Fe-B 系永磁合金的成分与 2：14：1 相成分的偏离值列于表 2-13。正如图 2-40 的 Nd-Fe-B 系三元相图等温截面的影线区所示，实际 Nd-Fe-B 系永磁合金的成分处于 $Nd_2Fe_{14}B$（基体相）、$Nd_{1+\epsilon}Fe_4N$（富 B 相）和富 Nd 相的三相区内，其中 2：14：1 相是铁磁性相，在室温富 B 相和富 Nd 相都是非铁磁性相。从图 2-40 三元系相平衡图来看，富 Nd 相是纯 Nd 相，但在实际烧结 Nd-Fe-B 系永磁体中，不可能处于平衡态，因此富 Nd 相的成分可表达为 $Nd_{1-x}Fe_x$，x 可在 0.05～0.40 之间变化，这决定于烧结后的冷却速度和回火时间与温度。

表 2-13　实际烧结 Nd-Fe-B 系永磁合金的成分与 $Nd_2Fe_{14}B$ 相成分的偏离值

化合物或合金	原子分数/%			质量分数/%		
	Nd	Fe	B	Nd	Fe	B
$Nd_2Fe_{14}B$	11.76	82.35	5.88	26.68	72.32	0.999
Nd-Fe-B 系烧结永磁合金成分与 2：14：1 相的偏离值	+0.5～4.0	−0.7～5.5	+0.22～+2.12	+0.35～+6.35	−2.3～−7.68	+0.02～+0.321

$Nd_2Fe_{14}B$ 化合物具有四角晶体结构，图 2-41 是它一个单胞的结构。它由四个分子（$4Nd_2Fe_{14}B$）来组成，理论密度 $d = 7550$ kg/m³，$J_s = 1.61$T。它是易 c 轴的，基面是难磁化面。各向异性场 $H_A = 12$ MA/m，$T_c = 310$℃。Nd-Fe-B 烧结永磁体的永磁性能主要由 2：14：1 相的内禀磁参量来决定。

除了 $Nd_2Fe_{14}B$ 化合物，其他稀土元素（RE）均可形成 2：14：1 型化合物，其晶体结构与 $Nd_2Fe_{14}B$ 化合物的结构相同。它们的点阵常数与内禀磁特性列于表 2-14。可见除了 Nd 元素（La、Sm、Er、Tm 除外）均可做成有实用意义的稀土永磁材料。

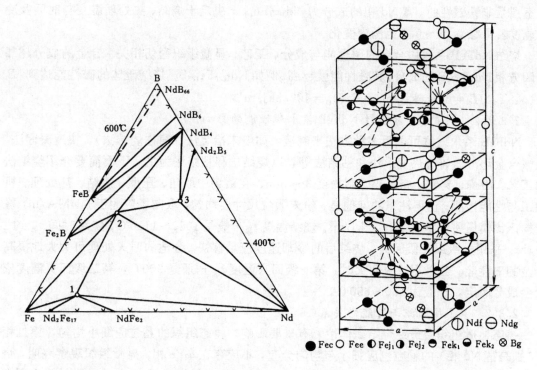

图 2-40　Nd-Fe-B 三元相图，左边为 600℃
等温截面图；右边为 400℃等温截面图
1—$Nd_3Fe_{14}B$；2—$NdFe_4B_4$；3—Nd_2FeB_3

图 2-41　$Nd_2Fe_{14}B$ 化合物的晶体结构

表 2-14　$Nd_2Fe_{14}B$ 化合物的点阵常数、密度与磁性

化合物	点阵常数		$D/mg \cdot m^{-3}$	J_s/T	M/μ_B (Fu)$^{-1}$	$H_a/MA \cdot m^{-1}$	T_c/K
	a/nm	c/nm					
$La_2Fe_{14}B$	0.884	1.237		1.10	30.6	1.57	530
$Ce_2Fe_{14}B$	0.877	1.211	7.81	1.16	22.7	3.7	424
$Pr_2Fe_{14}B$	0.882	1.225	7.47	1.43	29.3	10	561
$Nd_2Fe_{14}B$	0.882	1.224	7.55	1.61	32.1	12	585
$Sm_2Fe_{14}B$	0.880	1.215	7.73	1.33	26.7	basal	612
$Gd_2Fe_{14}B$	0.879	1.209	7.85	0.86	17.3	6.1	661
$Tb_2Fe_{14}B$	0.877	1.205	7.93	0.64	12.7	28	639
$Dy_2Fe_{14}B$	0.875	1.200	8.02	0.65	12.8	25	602
$Ho_2Fe_{14}B$	0.875	1.199	8.05	0.86	17.0	20	576
$Er_2Fe_{14}B$	0.874	1.196	8.24	0.93	18.1	basal	554
$Tm_2Fe_{14}B$	0.874	1.195	8.13	1.09	21.6	basal	541
$Y_2Fe_{14}B$	0.877	1.204	6.98	1.28	25.3	3.1	565

　　X 射线实验证明富 B 相即 $Nd_{1+\varepsilon}Fe_4B_4$ 相中的 Fe 原子组成的亚点阵是四角晶体，由沿 c 轴排列的四角锥连线及 Nd 原子沿着 c 轴排列成"一串"原子组成。它属于正交四角晶系，

在室温是非铁磁性的。富 Nd 相的成分为 $Nd_{1-x}Fe_x$。x 决定于烧结、热处理温度与时间及冷却速度，可在 $0.05\sim0.4$ 范围内变化。

烧结 NdFeB 系永磁合金的磁性能与成分、工艺、显微组织密切相关。合金的成分越靠近四方相 $Nd_2Fe_{14}B$ 的成分，其磁性能就越高。例如 $Nd_{12.8}Fe_{1.6}B_{6.0}$ 烧结磁体的磁性能达到：$B_r=1.48T$，$H_{ci}=684.6kA/m$，$(BH)_m=407.5kJ/m^3$。

2.3.7.2 制造工艺对烧结 NdFeB 系永磁性能的影响

NdFeB 系永磁体可以用多种方法来制造，如粉末冶金法（简称烧结法）、快速凝固法、机械合金化法、铸造热变形法和粘结法等，以烧结法和粘结法为主。下面简要介绍烧结法的工艺：冶炼、铸锭、粗破碎、制粉至 $3\sim5\mu m$、在磁场中取向、压型、烧结、热处理、机加工与性能检测。值得注意的问题是：粉末颗粒尺寸要均匀，取向场应大于 $6.4MA/m$，橡皮模压比模压磁能积高 $16\sim32kJ/m^3$。烧结温度 $t_烧$ 一般是 $1080\sim1130℃$，烧结时间 $\tau_烧$ 约 $1\sim3hr$。采用一级或二级回火，烧结后的冷却速度应足够快。合适的回火处理可大大地提高合金的磁性能。当采用二级回火时，第一级回火温度 $t_回$ 一般是 $900℃$，第二级回火温度依合金成分而定，一般为 $550\sim650℃$。

2.3.7.3 显微组织与性能的关系

铸态显微组织对最终烧结磁体性能有重要影响。铸态组织的晶粒应细小均匀，第二相（特别是富 Nd 相）的颗粒也应细小与均匀分布，不应存在 α-Fe 相。显微组织观察表明，烧结 NdFeB 系永磁体的显微组织可用图 2-42 表示。可见实际烧结 NdFeB 系永磁材料内存在的相比预想的复杂。表 2-15 是实验测定的烧结 NdFeB 系永磁体存在的相和相成分与特征。在这些相中最主要的 $Nd_2Fe_{14}B$ 基体相，它的晶体比较完整，晶体缺陷少。为获得理想永磁性能，基体相的体积百分数应在 96% 以上，并且要求晶粒尺寸均匀，平均晶粒尺寸应在 $4\sim6\mu m$ 范围内。希望富 Nd 相的成分接近 $Nd_{95}Fe_{0.5}$，不以块状形式存在，而是沿晶界均匀分布，形成一个晶界层，有时富 Nd 相也称为晶界相，使晶粒与晶粒之间失去交换耦合作用，这样有利于提高矫顽力。除了一定数量的晶界相外，其他相的体积百分数越少越好。例如成分为 $Nd_{13.0}Dy_{0.3}Fe_{79.93}B_{6.1}Nb_{0.3}Ga_{0.02}Al_{0.2}Cu_{0.05}$ 的烧结磁体，其主相的体积百分数为 97.8%，富 B 相的体积百分数为 0.02%，富 Nd 相为 1.3%，氧化物相（Nd_2O_3）为 1.3%，空洞为 0.28%。该磁体的磁性能达到：$B_r=14.4T$，$H_{ci}=1.048MA/m$，$(BH)_m=408kJ/m^3$。

表 2-15 烧结 Nd-Fe-B 永磁合金中存在相及其特征

相的名称	大体上的成分 Nd：Fe：B	各相的特征（形貌、分布与取向）
$Nd_2Fe_{14}B$ 基体相	2：14：1	多边形，不同尺寸，晶体取向不同
富 B 相	1：4：4	大块或细小颗粒沉淀
富 Nd 相	Nd：Fe=1：1.2～1.4、1：2～2：3、 1：3.5～4.4、>1：7	颗粒或薄层状，沿晶界分布， 或处于晶界交隅处
Nd 的氧化物	Nd_2O_3	大颗粒或小颗粒沉淀
富 Fe 相	Nd-Fe 化合物或 α-Fe	沉淀
外来相	氯化物（NdCl、Nd（OH）Cl 或 Fe-P-S 相）	颗粒状

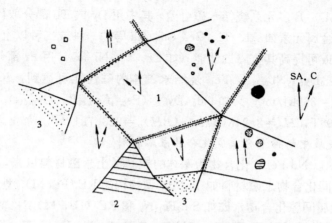

图 2-42 烧结 Nd-Fe-B 三元系永磁合金显微组织示意图

（箭头 SA 代表样品轴向，C 代表 c 轴方向）

1—$Nd_2Fe_{14}B$ 相；2—富 B 相；3—富 Nd 相

2.3.7.4 烧结 NdFeB 系永磁体的矫顽力

NdFeB 系永磁合金矫顽力的理论值为 5.571MA/m，实际烧结 NdFeB 系三元永磁合金的矫顽力小于 1.5MA/m，仅达到其理论值的 27%左右。提高其矫顽力不仅可提高其磁能积，而且能提高其温度稳定性和工作温度。如何提高矫顽力是烧结 NdFeB 系永磁合金的核心技术问题之一。关于烧结 NdFeB 系永磁体的矫顽力有两种看法，一种是钉扎场，由晶界或相界的钉扎场来决定其矫顽力；而多数人的实验结果表明其矫顽力决定于反磁化畴的形核场，尤其是决定于靠近晶界薄层富 Nd 相的 $Nd_2Fe_{14}B$ 晶粒表面外延层的形核场。这一晶粒的表面层是烧结后冷却过程和回火过程中形成的，它含有较多氧，Nd 含量也较高，有较多晶体缺陷，它的磁晶各向异性常数 K_1 比其晶粒内部的低，是首先形成反磁化畴核的中心。它的形核场 H_n 决定了合金（即磁体）的矫顽力，即

$$H_n = H_{ci} = C(KH_{A1} - 4\pi NM_{s1}) \tag{2-74}$$

式中 C 是与 $Nd_2Fe_{14}B$ 基体相体积百分数和晶粒尺寸有关的常数，H_{A1} 是 $Nd_2Fe_{14}B$ 相的各向异性场，$K = \dfrac{K_1' M_{s1}'}{K_1 M_{s1}}$，其中 K_1、M_{s1} 和 K_1'，M_{s1}' 分别是 $Nd_2Fe_{14}B$ 晶粒内部和晶粒表面的外延层的磁晶各向异性常数和饱和磁化强度，N 是退磁因子。可见 K_1' 和 M_{s1}' 越小，磁体的矫顽力就会越低。也就是说晶粒表面与富 Nd 相相接触的外延层的 K_1'、M_{s1}' 和晶粒尺寸是造成 NdFeB 系永磁体的矫顽力的实际值比理论值低的重要原因。可见提高 NdFeB 系烧结磁体矫顽力的主要途径是：要提高 $Nd_2Fe_{14}B$ 晶粒的 K_1，这一点通过用 Dy、Tb 部分取代 Nd 即可达到；通过回火改善 $Nd_2Fe_{14}B$ 晶粒表面外延层的 K_1' 和 M_{s1}'，尽量使其提高达到：$K_1' \to K_1$，$M_{s1}' \to M_{s1}$，这一点通过烧结和回火处理可以达到；另外细化晶粒，使富 Nd 相更加均匀地沿晶界分布，也是提高其矫顽力的重要途径。

2.3.7.5 NdRE-Fe-M-B 多元系烧结永磁合金

三元 NdFeB 系烧结永磁合金还存在诸多不足之处：如矫顽力偏低，T_c 偏低，工作温度 T_w 偏低，磁感温度系数偏高（$\alpha_B = -0.16\%/℃$），抗腐蚀性能较差，价格还较贵等。上述不足之处均可通过添加第三、第四、第五组元而得到一定程度的改进。因而发展了多元

NdRE-（Fe、M_1、M_2）-B 多元系烧结永磁合金，其中用 Dy 或 Tb 部分取代 Nd 可提高磁体的矫顽力；用其他金属元素如 Al、Ti、Cr、Cu、Ga 等的一种或二种以上部分取代 Fe，或可提高其矫顽力，或可提高其抗腐蚀性能（如 Cr、V、Ni 等）；用 Pr 部分代替 Nd 可降低成本等。例如 $Nd_{13.0}Dy_{0.25}Nb_{0.25}B_{6.5}Fe_{余}$ 烧结永磁体的磁性能可达到：$B_r = 1.35T$，$H_{ci} = 904kA/m$，$(BH)_m = 360kJ/m^3$。又如 $Nd_{0.8}Dy_{0.2}(Fe_{0.71}Co_{0.06}B_{0.08}Ga_{0.015})_{5.5}$ 烧结永磁体的磁性能达到：$B_r = 1.08T$，$H_{ci} = 2.24MA/m$，$(BH)_m = 223.7kJ/m^3$。

2.3.7.6　新发展中的稀土金属间化合物永磁材料

自 1993 年发现以 $Nd_2Fe_{14}B$ 化合物为基体的铁基稀土永磁材料以来，又研究发展了一系列新型稀土金属间化合物永磁材料如 $ThMn_{12}$ 型结构的 $RE(Fe,M)_{12}$ 型（M=V，Ti，Mo，etc）永磁，稀土金属间隙化合物永磁如 $Sm_2Fe_{17}N_x$ 和 $RE(Fe,M)_{12}N_x$ 氮化物永磁，纳米晶复合交换耦永磁材料如 $Nd_2Fe_{14}B/\alpha Fe$、$Nd_2Fe_{14}B/Fe_3B$、$Nd_2Fe_{14}B/Fe+Fe_3B$、$Sm_2Fe_{19}N_x/\alpha Fe$ 等。这些新型稀土金属间化合物永磁材料的成分与工艺还不十分完善，有待于进一步研究与开发。

2.4　磁致伸缩材料

2.4.1　概述

具有较大线磁致伸缩系数（或应变，一般 $\lambda_s \geqslant 40 \times 10^{-6}$）的材料称为磁致伸缩材料。这种材料具有电磁能与机械能或声能相互转换功能，是重要的磁功能材料之一。它主要应用于水声或电声换能器（如声纳的水声发射与接收器、超声波换能器）、各种驱动器（如机械功率源、精密机加工、激光聚焦控制、微位器、照相机聚焦系统、线性马达、延迟线、机器人的功能器件等）、各种减震与消震系统器件（应用于各种运载工具如汽车、飞机、航天器等）、液体与燃油的喷射系统等。使用对磁致伸缩材料的主要要求是：饱和磁致伸缩应变 λ_s 要大，磁致伸缩应变对磁场的变化率 $\left(\dfrac{d\lambda}{dH}\right)_{max} = d_{33}$ 要大，即要求在低磁场下有很高的 λ 值，电磁能与机械能的相互转换效率要高。通常用与材料形状无关的能量转换系数——称为机电耦合系数 K_{33} 来表达材料的能量转换效率（对于环形样品 $K_{33} = K$，对于棒状样品 $K_{33} = \dfrac{\pi}{\sqrt{8}}K$）。$K_{33}$ 是动态磁致伸缩特性的重要技术指标，一般要求 K_{33} 越大越好。为满足上述要求，材料的磁晶各向异性常数 K_1 要小，即 λ/K_1 要大，矫顽力要低，电阻率要高，要有足够高的抗压强度或抗拉强度。

磁致伸缩材料可分为传统磁致伸缩材料和稀土超磁致伸缩材料两大类。传统磁致伸缩材料有 Fe 基、Ni 基和 Co 基合金及铁氧体材料，如 $[(NiO)_x(CuO)_{1-x}]_{1-y}(CoO)_y \cdot Fe_2O_3$。传统磁致伸缩材料的饱和磁致伸缩应变 λ_s 很小，机电耦合系数 K_{33} 也低[18]，虽然已广泛地研究用它来制造电声与水声换能器，但始终没有得到广泛的推广应用。发展于 20 世纪 50 年代的压电陶瓷材料（如 $PZT-PbZrCo_3$ 等），其饱和电致伸缩系数（或应变）和能量转换效率都比传统的磁致伸缩材料的高，见表 2-16。很快它就取代了传统磁致伸缩材料，而广泛地用来制造水声、电声（如超声波器）换能器等。70 年代以来又发展了稀土超磁致伸缩材料，它与传统磁致伸缩材料和压电陶瓷材料相比（见表 2-16）有如下特点：饱和磁致伸缩应变量 λ_s 高，能量转换效率高，能量密度高，它应变时产生的推力大，在微秒（10^{-6} 秒）内响应，响应速度快，$\lambda \sim H$ 线性好，弹性模量与声速随磁场而变化，可调节，宽频带，可在低频，如在几十至 1.5kHz 下工作，经改进后，工作频率可达 30kHz，无疲劳，无过热失效问题。本节重点介绍稀土超磁致伸缩材料的成分、组织结构、制造方式、工艺与性能之间的关系。

表 2-16　超磁致伸缩材料与传统磁致伸缩材料、压电陶瓷材料（PZT）性能的比较

特　　性	Terfenol-D $Tb_{0.27}Dy_{0.73}Fe_{1.9}$	纯 Ni＞98％	Hlperco Cr0.4～0.5 Co34.5～35.5	压电陶瓷 I 号钛酸钡	压电陶瓷 II 号 钛酸盐＋ 铝锆酸盐
密度(ρ)/kg·m^{-3}	9.25×10^3	8.90×10^3	8.1×10^3	5.6×10^3	7.5×10^3
弹性模量/N·m^{-2}	2.65×10^{10}	20.6×10^{10}	20.6×10^{10}	11.3×10^{10}	$11(Y^o) \times 10^{10}$
弹性模量(Y^B)/N·m^{-2}	5.50×10^{10}			9	$6(Y^B)$
声速(C^H)/m·s^{-1}	1690	4900	4720	4250	3100
声速(C^S)/m·s^{-1}	2450				
拉伸强度/Pa	28×10^6			55×10^6	76×10^6
压缩强度/Pa	700×10^6				
热膨胀系数$(H=0)$/℃$^{-1}$	12×10^{-6}	12.9×10^{-6}	12.6×10^{-6}		2.9×10^{-6}
热导率/W·(m·K)$^{-1}$		59		2.5	2
电阻率/Ω·m	60×10^{-6}	6.7×10^{-6}	2.3×10^{-8}	1×10^8	1×10^8
居里点/℃	387	354	1115	125	300
磁（电）致伸缩	$(1500 \sim 2000) \times 10^{-6}$	-33×10^{-6}	40×10^{-6}	80×10^{-6}	400×10^{-6}
机电耦合因子	0.72	0.16～0.25	0.17	0.45	0.68
d—常数/m·A^{-1},m·V^{-1}	1.7×10^{-9}			160×10^{12}	300×10^{12}
磁导率 μ_r^T	9.3	60	75	1300	$1300(\delta_{33}^1/\varepsilon_0)$
磁导率 μ_r^S	4.5			1040	$690(\delta_{33}^S/\varepsilon_0)$
比声阻抗 ρ_c^H/Rayl	1.57×10^7				
比声阻抗 ρ_c^H/Rayl	2.27×10^7				
能量密度/J·m^{-3}	$1.4 \sim 1.5 \times 10^4$	36		960	960
偏置磁场/kA·m^{-1}	32～40	0.80～1.6	12000		

注：雷（Rayl）＝声压（dyn/cm）/声粒子速度（cm/s）；H 为磁场，开路状态 $H=0$；B 为磁通量密度，短路时 $B=0$；T 为机械应力，自由试样时 $T=0$；S 为机械应变，夹紧的试样 $S=0$。

2.4.2　稀土超磁致伸缩材料的发展及其晶体结构与内禀特性

20 世纪 60 年代由于稀土分离技术和稀土大尺寸单晶技术的发展，克拉克（Clark）等人[19]测量发现稀土金属（如 Tb，Dy，…等）的单晶在低温下（4.2K）的磁致伸缩应变 λ 达到 8.3×10^{-3}，这是迄今为止观测到的最大磁致伸缩系数，这种现象称为超磁致伸缩现象。70 年代又进一步发现重稀土金属与铁形成的拉夫斯（Laves）相（下面简称为 L 相）二

元化合物 $REFe_2$ 具有室温超磁致伸缩特性。例如 $SmFe_2$、$TbFe_2$、$DyFe_2$ 等 L 相化合物在 2.0MA/m 磁场的室温磁致伸缩分别达到 -1560×10^{-6}、1753×10^{-6}、433×10^{-6}[20]。与此同时，克拉克等人[21]将两种 K_1 符号相反、λ 符号相同的 L 相化合物按一定比例组成 L 相化合物时，它们的 K_1 可以相互补偿（相互抵消）而 λ_s 可以相加，这样可组成一系列低 K_1 高 λ_s 的 L 相伪二元 $RE_xRE_{1-x}Fe_2$ 化合物，如 $Tb_xDy_{1-x}Fe_2$、$Tb_xHo_{1-x}Fe_2$、$Tb_xP_{1-x}Fe_2$、$Sm_xDy_{1-x}Fe_2$、$Sm_xHo_{1-x}Fe_2$ 等。例如 $DyFe_2$ 的 K_1 为 $+2.69\times10^6J/m^3$，$TbFe_2$ 的 K_1 为 $-3.85\times10^6J/m^3$，当按 0.73/0.27 的比例组成 $Tb_{0.27}Dy_{0.73}Fe_2$ 化合物时，其室温 K_1 可降低到 $-6.0\times10^4J/m^3$。多晶 $Tb_{0.27}Dy_{0.73}Fe_2$ 化合物室温 λ_s 达到 1000×10^{-6}。随后通过调整成分和改进制造工艺，从而使 $Tb_xDy_{1-x}Fe_y$（$x=0.27\sim0.65$，$y=1.9\sim1.95$）合金（称为 TerfenolD 或 Tb-Dy-Fe 合金）的磁致伸缩性能逐步提高。实验发现 $Tb_xDy_{1-x}Fe_2$ 化合物，当 x 在 $0.27\sim0.65$ 范围时均保持 $MgCu_2$ 型结构，属于立方 L 相，空间群为 O_h^7-Fd3m。由 8 个 $REFe_2$（$RE=Tb_x$ Dy_{1-x}）分子组成一个单胞，单胞结构如图 2-43。其中 RE 原子组成金刚石型亚点阵，Fe 原子组成五个四面体亚点阵。$MgCu_2$ 型结构可看作是两种类型亚点阵相互穿插组成。成分为 $Tb_xDy_{1-x}Fe_y$（$x=0.27\sim0.65$，$y=2.0$）的化合物在室温下，〈111〉是易磁化方向，〈100〉是难磁化方向，并且存在自旋再取向现象。成分为 $Tb_{0.27}Dy_{0.73}Fe_2$ 的化合物，$T>285K$ 时易磁化方向为 〈111〉，在 $23\sim285K$ 时，〈100〉为易磁化方向。$T<285K$ 时，易磁化方向为 〈110〉。

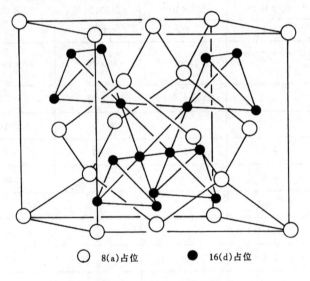

○ 8(a)占位　　● 16(d)占位

图 2-43　$REFe_2$ 单胞结构

　　Tb-Dy-Fe 合金单晶体的磁致伸缩系数具有显著的各向异性。例如 $Tb_{0.27}Dy_{0.73}Fe_2$ 的单晶体的 $\lambda_{111}=1640\times10^{-6}$，$\lambda_{100}\leqslant100\times10^{-6}$，这就意味着做成 〈111〉取向单晶或取向多晶体可制造出 λ_s 很高的 Tb-Dy-Fe 磁致伸缩材料。

　　Tb-Dy-Fe 伪二元 L 相的基本特征列于表 2-17。表中的数据，多数是以 $Tb_{0.27}Dy_{0.73}Fe_2$ 给出的。实际上表中的许多参数如包晶转变温度、质量饱和磁化强度 σ_s、密度等均与 Tb/Dy 比和 Fe 的含量有关。

表 2-17 $Tb_{1-x}Dy_xFe_2$ 和 $DyFe_2$、$TbFe_2$ 的基本特征

参　量		$DyFe_2$	$TbFe_2$	$(Tb_{1-x}Dy_x)Fe_2$
晶体对称性		立方	菱方	立方
空间群		Fd3m	R3m	
结构		MgCu₂ 型	畸变 MgCu₂ 型	MgCu₂ 型（C15）
点阵常数/nm		$a=0.7325$	$a=0.5189,\ c=1.2821$	$a=0.7329\sim0.7331$ （$a=0.7330$）
$T_c/^\circ C$		362	424.56	354
λ	计算值（0K）	4200×10^{-6}	4400×10^{-6}	
	实验值（293K）	1260×10^{-6}	2460×10^{-6}	$(1500\sim2000)\times10^4$
$K_1/J\cdot m^{-3}$		2.1×10^6	-7.6×10^6	-6.4×10^4
$T_{包晶}/^\circ C$		1270	1187	1230 有可能获得伪一致熔化组织
$T_{共晶}/^\circ C$		890	847	892
$\sigma/Am^2\cdot kg^{-1}$			$5.46\mu_B/mol$	86
$\mu Fe/\mu_B$		2.2		
密度 $d/g\cdot cm^{-3}$				9.25

2.4.3 Tb-Dy-Fe 合金的制造方法和晶体生长

Tb-Dy-Fe 合金通常采用丘克拉斯基（Czochralski-CZ）法、垂直悬浮区熔法（FSFZ）、布里奇曼（Bridgman-B）法、区熔定向凝固法（ZDS）、定向凝固（DS）法、粉末冶金法（PM）等来制造。PM 法以外的所有方法的共同特点是在熔化凝固时造成沿棒状品轴向单方向热流的环境与条件，以便使晶体沿轴向单方向生长成柱状晶，从而获得单一取向的单晶或多晶。早期的实验结果认为 Tb-Dy-Fe 合金 L 相晶体择优生长方向是 〈112〉[22]。很难得到 〈111〉 轴向取向的棒状样品，近期用 CZ 法[23]制造出了 〈111〉 轴向取向的单晶体。此外用 ZDS 法[24]，通过调整温度 G_L 和晶体生长速度 v 之比 G_L/v 的办法，制造出了 〈110〉 或 〈112〉 或 〈113〉 或 〈110〉 ＋ 〈112〉 ＋ 〈113〉 混合轴向取向的棒状样品。

在 〈112〉 轴向取向的样品中，L 相晶体以树枝晶方式生长。树枝晶生长成薄片状，树枝薄片晶的宽平面与 {111} 面平行，生长方向是 〈112〉，如图 2-44 所示。在同一薄片状的树枝晶内含有若干 {111} 系孪晶。孪晶界面与 {111} 面平行。孪晶界十分窄，约 2～3nm。孪晶相（T）与母相（P）的生长方向都是 〈112〉，并且 $[\bar{1}\bar{1}1]$ 和 $[11\bar{1}]$ 方向与 $[112]$ 方向垂直，$[111]$ 和 $[\bar{1}\bar{1}\bar{1}]$ 均与 $[112]$ 成 19.5°角，一个薄片状树枝晶可以看作是一个孪生单晶体。〈112〉 轴向取向的单晶一般都是孪生单晶体，〈112〉 轴向取向的多晶体是孪晶多晶体。在薄片状的树枝状晶之间存在富稀土（RE）相，如图 2-45 所示。〈110〉、〈113〉 轴向取向的样品的 L 相晶体也以片树枝晶生长。

用 CZ 法可制造出 〈112〉 或 〈111〉 轴向取向的孪生单晶或多晶体，但所制造的样品外形尺寸不规则，样品尺寸也受限制。用 FSFZ 法可制造 〈112〉 轴向取向孪生单晶或 〈112〉 取向多晶棒材，但仅能制造 φ7mm 以下棒状样品。采用 ZDS 法可制造 φ5～60mm，L 为 200～300mm 的棒材，并且通过调整温度 G_L 和晶体生长速度 v 可得到不同轴向取向棒材。最近

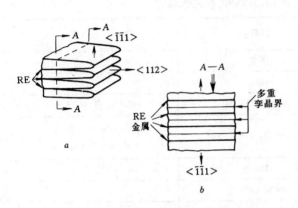

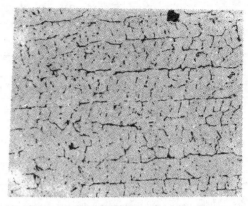

图 2-44　Tb-Dy-Fe 合金以树枝晶生长
的示意图和孪晶结晶示意图
a—以树枝晶生长的示意图；
b—孪晶结晶示意图

图 2-45　薄片状树枝晶组织（横截面）[25]
×100

周寿增等人[34]已制造 〈110〉 轴向取向的 $Tb_{0.3}Dy_{0.7}Fe_{1.95}$ 产品，其低场磁致伸缩性能稍优于 〈112〉 轴向取向样品。

2.4.4　磁畴结构、技术磁化与磁致伸缩曲线

不论是 〈112〉 轴向取向孪生单晶或 〈112〉 轴向取向多晶棒状样品，在热退磁状态都是多畴结构。由于 L 相具有 BCC 结构，并且 〈111〉 是易磁化方向，热退磁状态的多畴体的相邻磁畴的自发磁化强度之间的夹角可能是 180°、109.47°和 70.53°，可近似地看作是 180°、109°和 70°畴三种畴结构[26]，并且以 180°畴为主，因此热退磁态的样品很易磁化到饱和，但磁致伸缩应变值并不高，λ_s 在 1100×10^{-6} 左右。克拉克等人[27]于 1983 年首次发现对于 [111] 与样品轴成 15°角的样品，当沿样品轴向施加压应力时，其磁化曲线和磁滞回线变得倾斜，而磁致伸缩应变曲线十分陡，如图 2-46，在低场下就能获得很高的磁致伸缩应变值。例如 [111] 与样品轴成 15°角 $Tb_{0.27}Dy_{0.73}Fe_{1.95}$ 晶体样品在 5.34kA/m 磁场和 8.3MPa 预压应力的 $\lambda_{/\!/}$ 达到 1200×10^{-6}，这种现象称为磁致伸缩压应力效应。对于非取向多晶样品则不存在压应力效应，甚至在 1.6MA/m 磁场下 λ_s 也不过 1000×10^{-6} 左右。磁致伸缩应变与晶体取向样品起始畴结构、磁畴磁矩的转动密切有关。当磁场与 180°畴壁平行时，180°畴壁位移运动产生的磁致伸缩应变甚微。随磁场的增加，非 180°畴壁位移运动产生的磁致伸缩应变的增加也是十分缓慢的，即 $\lambda \sim H$ 曲线的增加十分缓慢。因为非 180°畴壁的位移受到各向异性、应力、掺杂物的阻碍力是很大的；而 90°畴磁矩转动导致磁致伸缩应变的增加是十分陡的，如图 2-47[28]。图中所示的是 [112] 取向孪生单晶，在压应力作用下，尽管磁场为零，母相（P）和孪晶相（T）磁畴的磁矩已转向沿着与 [112] 垂直的方向，即沿着与压应力垂直的 [111] 和 [$\bar{1}\bar{1}1$] 的方向，如图 2-48 上。在临界场的作用下，母相的磁矩首先偏离 [111] 方向。当磁场继续增加时，孪晶相的磁矩也转向 [112] 方向。由于孪生单晶 90°畴磁矩转动阻力较少，磁矩可一致转动，从而产生一个磁致伸缩应变跳跃性的增加（见图 2-47），这种现象称为磁致伸缩跳跃效应。通过制造完整的 〈112〉 或 〈110〉 或 〈111〉 轴向取向样品，或经过磁场与应力热处理，造成完整的 90°畴结构，就可制造出低场高磁致伸

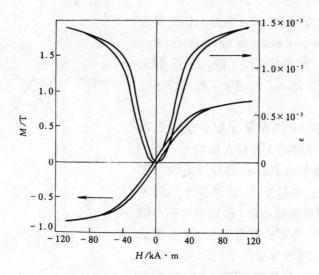

图 2-46 具有 [112] 取向的 $Tb_{0.27}Dy_{0.73}Fe_{1.95}$ 样品在
12.4MPa 预压应力下的磁滞回线、磁致伸缩曲线

缩应变，或磁致伸缩的跳跃效应十分显著的 Tb-Dy-Fe 材料。

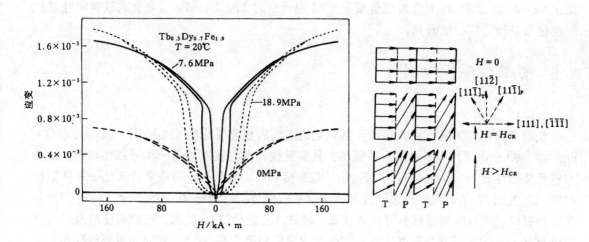

图 2-47 $Tb_{0.30}Dy_{0.70}Fe_{1.90}$ 合金 [112]
轴向取向孪生单晶在 0、7.6 和
18.9MPa 预压应力的 $\lambda \sim H$ 曲线

图 2-48 $Tb_{0.30}Dy_{0.70}Fe_{1.90}$ 合金 〈112〉
轴向取向孪生单晶，在磁场和
压应力作用磁矩转动示意图

2.4.5 Tb-Dy-Fe 合金成分、组织、工艺与性能的关系

$Tb_{1-x}Dy_xFe_y$ 合金磁致伸缩性能与 Tb/Dy 比和 Fe 的含量 y 密切相关，并且 Fe 的含量 y 对合金的显微组织有重要的影响。Tb/Dy 比对 $Tb_{1-x}Dy_xFe_2$ 合金的 $\lambda_\parallel - \lambda_\perp$ 的影响见图 2-49，可见成分在 $Tb_{0.3}Dy_{0.7}Fe_2$ 附近合金的 $(\lambda_\parallel - \lambda_\perp)$ 有最大值。实验表明当 Tb 含量在 $Tb_{0.27 \sim 0.3}Dy_{0.73 \sim 0.70}Fe_2$ 附近时，合金的磁晶各向异性常数最小，λ_s/K_1 比值最大。实用合金

的 Tb/Dy 比一般控制在 $0.27 \sim 0.35/0.73 \sim$
0.65 之间。当 Tb 含量较高时,合金的工作温度范
围变宽,如 $Tb_{0.35}Dy_{0.65}Fe_{1.95}$ 合金可在 $-50 \sim$
$120℃$ 范围内工作,而 $Tb_{0.30}Dy_{0.70}Fe_{1.95}$ 合金的工
作温度为 $0 \sim 120℃$,$Tb_{0.27}Dy_{0.73}Fe_{1.95}$ 的工作温度
为 $20 \sim 100℃$。

$Tb_{1-x}Dy_xFe_y$ 中 Fe 的含量 y 对合金的显微
组织与合金的磁致伸缩特性有重大影响[29]。当 y
$\geqslant 2.0$ 时,合金容易形成 $REFe_3$ 相魏氏组织(RE
$= Tb_{1-x}Dy_x$)。$REFe_3$ 相呈针状,跨越晶界。$REFe_3$
相的 K_1 较低,它阻碍畴壁位移,使磁致伸缩性能
下降。当 $y = 2.0$ 时,若不出现 $REFe_3$ 相,λ_s 有最
大值,但合金的压缩强度显著降低,脆性增加。当
$y < 2.0$ 时,合金处于相图的 $REFe_2$ 富 RE 相区
内,富 RE 相通常以共晶或离异共晶的形式存在。
在 ⟨112⟩ 或 ⟨110⟩ 轴向取向晶体中 RE 相常常沿

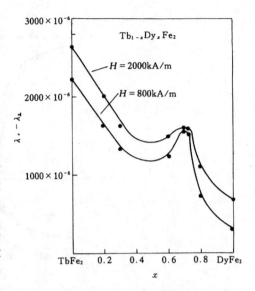

图 2-49　$Tb_{1-x}Dy_xFe_y$ 合金室温 $\lambda_{//} - \lambda_{\perp}$
与 Tb 含量的关系

片状树晶边界分布,形成正交的网络状。随 y 的降低,富稀土相的数量增加,导致合金的
M_s 和 λ_s 降低,但压缩强度却提高。综合考虑合金的磁致伸缩性能和压缩强度,一般 y 值取
在 $1.92 \sim 1.95$ 之间。以少量其他金属元素 M 取代铁对 $Tb_{0.3}Dy_{0.7}Fe_{1.95}$ 合金磁致伸缩性能的
影响也已进行了广泛地研究。

2.5　铁氧体磁性材料[30,31]

2.5.1　引言

铁的氧化物和其他一种或几种金属氧化物组成的复合氧化物(如 $MnO \cdot Fe_2O_3$、$ZnO \cdot$
Fe_2O_3、$BaO \cdot 6Fe_2O_3$ 等)等称为铁氧体。具有亚铁磁性的铁氧体是一种强磁性材料,通称
为铁氧体磁性材料。$FeO \cdot Fe_2O_3$(Fe_3O_4)是最简单的、世界上应用最早的天然铁氧体磁性
材料。20 世纪 20 年代人们开始研究和人工合成铁氧体,20 世纪 40 年代开始工业生产铁氧
体磁性材料。铁氧体磁性材料可分为软磁、硬磁(包括粘结)、旋磁、矩磁和压磁及其他铁氧
体材料,它们的组成、晶体结构、特征与应用领域列于表 2-18。它们的主要特征是:软
磁材料的磁导率 μ 高,矫顽力低,损耗低。硬磁材料的矫顽力 H_c 高,磁能积 $(BH)_m$ 高。
旋磁材料主要用于微波通讯器件。旋磁材料具有旋磁特性,所谓旋磁特性是指电磁波沿着
恒定磁场方向传播时,其振动面不断地沿传播方向旋转的现象。矩磁材料具有矩形的 $B \sim H$
磁滞回线,主要用于计算机存储磁芯,压磁材料具有较大的线性磁致伸缩系数 λ_s。铁氧体磁
性材料在计算机、微波通讯、电视、自动控制、航天航空、仪器仪表、医疗、汽车工业等
领域得到了广泛的应用,其中用量最大的是硬磁与软磁铁氧体材料。据统计 1995 年全球永
磁铁氧体产量 33 万 t,产值 18.9 亿美元;1994 年全球软磁铁氧体产量 22 万 t,产值 51 亿
美元。铁氧体磁性材料市场需求量约以 10% 的年速度增长。本节重点介绍硬磁和软磁铁氧
体材料。

表 2-18　各种铁氧体的主要特性和应用范围比较

类别	代表性铁氧体	晶系	结构	主要特征	频率范围 /Hz	应用举例
软磁	锰锌铁氧体系列 (MnO-ZnO-Fe_2O_3)	立方	尖晶石型	高 μ_1、Q、B_s 低 α_μ、DA	1k～5M	多路通讯及电视用的各种磁芯和录音、录像等各种记录磁头
软磁	镍锌铁氧体系列 (NiO-ZnO-Fe_2O_3)	立方	尖晶石型	高 Q、f_r、ρ 低 $tg\delta$	1k～300M	多路通讯电感受器、滤波器、磁性天线和记录磁头等
软磁	镍锌铁氧体系列 (NiO-ZnO-Fe_2O_3)	六角	磁铅石型	高 Q、f_r 低 $tg\delta$	300～1000M	多路通讯及电视用的各种磁芯
硬磁	钡铁氧体系列 ($BaO\cdot Fe_2O_3$)	六角	磁铅石型	高 $_BH_c$、$(BH)_{max}$	1k～20M	录音器、微音器、拾音器和电话机等各种电声器件以及各种仪表和控制器件的磁芯
硬磁	锶铁氧体系列 ($BaO\cdot Fe_2O_3$)	六角	磁铅石型	高 $_BH_c$、$(BH)_{max}$	1k～20M	录音器、微音器、拾音器和电话机等各种电声器件以及各种仪表和控制器件的磁芯
旋磁	镁锰铝铁氧体系列 (MgO-MnO-Al_2O_3-Fe_2O_3)	立方	尖晶石型	ΔH 较宽	500～1000000M	雷达、通讯、导航、遥测、遥控等电子设备中的各种微波器件
旋磁	钇石榴石铁氧体系列 ($3Me_2O_3\cdot 5Fe_2O_3$)	立方	石榴石型	ΔH 较窄	100～10000M	雷达、通讯、导航、遥测、遥控等电子设备中的各种微波器件
矩磁	镁锰铁氧体系列 (MgO-MnO-Fe_2O_3)	立方	尖晶石型	高 α、R_s 低 τ、S_ω	300k～1M	各种电子计算机的磁性存储器磁芯
矩磁	锂锰铁氧体系列 (LiO-MnO-Fe_2O_3)	立方	尖晶石型	高 α、R_s 低 τ、S_ω	300k～1M	各种电子计算机的磁性存储器磁芯
压磁	镍锌铁氧体系列 (NiO-ZnO-Fe_2O_3)	立方	尖晶石型	高 α、K_r、Q 耐蚀性强	～100M	超声和水声器件以及电讯、自控、磁声和计量器件
压磁	镍铜铁氧体系列 (NiO-CuO-Fe_2O_3)	立方	尖晶石型	高 α、K_r、Q 耐蚀性强	～100M	超声和水声器件以及电讯、自控、磁声和计量器件

2.5.2 铁氧体的晶体结构和内禀磁特性

铁氧体的磁性能与其晶体结构有密切关系。铁氧体的晶体结构主要有尖晶石型、磁铅石型、石榴石型三种。尖晶石型的立方晶系在 2.1 节中已作介绍，下面仅简单介绍磁铅石型晶体结构。它属于六角晶系，其化学分子式为 $MeO\cdot 6Fe_2O_3$，其中 Me 为二价金属离子，如 Ba^{2+}、Sr^{2+}、Pb^{2+} 等。例如钡铁氧体 $BaFe_{12}O_{19}$ 的晶体结构如图 2-50。一个单胞包含 2 个钡铁氧体分子 [2 ($BaO\cdot 6Fe_2O_3$)]，Fe^{3+} 离子分别处于 6 个 O^{2-} 离子组成的八面体和四个 O^{2-} 离子组成的四面体的中心位置，分别称为 B 位与 A 位。此外部分 Fe^{3+} 离子处于 5 个 O^{2-} 离子组成的特殊位置上，它是钡铁氧体具有高磁晶各向异性的原因。当 Ba^{2+} 离子被 Sr^{2+} 离子全部取代时，便组成锶铁氧体；当 Ba^{2+} 离子部分地被 Sr^{2+} 离子取代时，便组成钡-锶复合铁氧体。

不同的晶体结构有不同的磁特性。尖晶石型立方晶系铁氧体如 $NiFe_3O_4$、$MnFe_2O_4$、$ZnFe_2O_4$ 是软磁和旋磁铁氧体，磁铅石型六角晶系铁氧体如 $BaFe_{12}O_{19}$ 是硬磁铁氧体和甚高

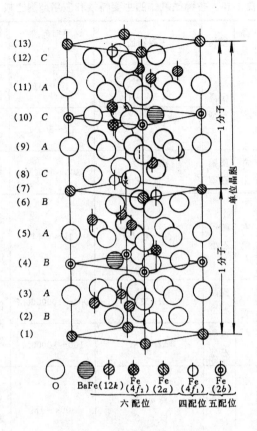

(13)
(12) C
(11) A
(10) C
(9) A
(8) C
(7)
(6) B
(5) A
(4) B
(3) A
(2) B
(1)

○ O　　⦵ BaFe(12k)　⦸ Fe(4f₂)　⊘ Fe(2a)　⦶ Fe(4f₁)　⦵ Fe(2b)

六配位　　　　　四配位 五配位

图 2-50　钡铁氧体晶体结构

频软磁铁氧体，石榴石型立方晶系铁氧体如 $Y_3Fe_5O_{12}$ 是旋磁铁氧体。表 2-19 列出了几种有代表性单组分铁氧体材料的晶格参数和内禀特性。

表 2-19　几种单组分铁氧体的晶格参数和内禀特性

铁氧体	晶体结构	点阵常数/nm	$M_s/$ A·m^{-1}	$K_1/$ J·m^{-3}	T_c/K	$H_A/$ kA·m^{-1}	$\mu/$ G·Oe^{-1}	d/T·m^{-3}
$BaFe_{12}O_{19}$	磁铅石型六角晶系	$a=0.5876,$ $c=2.317$	380×10^3	3.2×10^5	723	1360		5.33
$SrFe_{12}O_{19}$	磁铅石型六角晶系	$a=0.5820,$ $c=2.3006$	380×10^3	3.5×10^5	753	1600		5.15
$PbFe_{12}O_{19}$	磁铅石型六角晶系	$a=0.5877,$ $c=2.300$	320×10^3	2.2×10^5	593	1048		5.70
$NiFe_2O_4$	尖晶石型立方晶系	$a=0.8344$	270×10^3	-6.2×10^3			270	5.38
$MnFe_2O_4$	尖晶石型立方晶系	$a=0.85$	400×10^3	-2.8×10^3	573		16000	5.0
$ZnFe_2O_4$	尖晶石型立方晶系	$a=0.844$		-7×10^2	9			5.33
$CuFe_2O_4$		$a=0.822,$ $c=0.870$	135×10^3	-60×10^2	728			5.35

铁氧体	晶体结构	点阵常数/nm	$M_s/$ $A \cdot m^{-1}$	$K_1/$ $J \cdot m^{-3}$	T_c/K	$H_A/$ $kA \cdot m^{-1}$	$\mu/$ $G \cdot Oe^{-1}$	$d/T \cdot m^{-3}$
$Ni_{0.5}Zn_{0.5}$ Fe_2O_4	尖晶石型立方晶系		680×10^3	-17×10^2			5000	
$Mn_{0.48}Zn_{0.5}$ $Fe_{2.02}O_4$	尖晶石型立方晶系		750×10^3	-3.8×10^2			24000	

注：Oe 相当于 0.08kA/m。

2.5.3 铁氧体磁性材料的制造工艺

铁氧体材料的磁性能与成分（配方）和生产工艺有密切关系，不同用途的铁氧体采用不同的配方与生产工艺。即使是同一配方，生产工艺不同，其性能也不同。铁氧体生产工艺中以原材料、烧结和成型三个环节为最重要。铁氧体磁性材料基本上采用粉末冶金法生产，可分为干法生产和湿法生产两类。干法生产直接采用各种金属氧化物作为原材料，经过球磨、混合、成型与烧结等工序而得产品。湿法生产（又称为化学沉积法）一般都以硫酸盐、硝酸盐和草酸盐等作为原材料，并先制备成含有 Fe^{3+}（或 Fe^{2+}）以及其他金属离子的水溶液，再用碱（NaOH）、草酸（$H_2C_2O_4$）或草酸铵 [$(NH_4)_2C_2O_4 \cdot H_2O$] 混合共同沉淀，然后经冲洗、烘干、成型和烧结等工序而得产品。可见干法和湿法生产的主要区别在原材料处理，而压型和烧结工艺是相同的。干法生产得到普遍的采用。图 2-51 是干法生产铁氧体磁性材料的工艺流程。

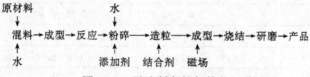

图 2-51 干法制备铁氧体的工艺流程

2.5.4 硬磁铁氧体材料

工业上得到广泛应用的硬磁铁氧体材料主要有钡铁氧体（$BaO \cdot 6Fe_2O_3$）、锶铁氧体（$SrO \cdot 6Fe_2O_3$）两大类。铅铁氧体（$PbO \cdot 6Fe_2O_3$）用得较少。和金属永磁材料一样，硬磁铁氧体材料也要求具有高矫顽力、高剩磁 B_r 和高磁能积（BH）$_m$。硬磁铁氧体的磁性能与配方（成分）、工艺、显微组织结构有关。下面以钡铁氧体（$BaO \cdot Fe_{12}O_{19}$）永磁材料为例作简要的说明。图 2-52 是 BaO-Fe_2O_3 的状态图。在氧分压为 1/5 的大气压时，$BaO \cdot 6Fe_2O_3$、$BaO \cdot Fe_2O_3$ 和 $2BaO \cdot 6Fe_2O_3$ 铁氧体形成的温度分别为 1474℃、1420℃和 1380℃。氧分压不同，形成铁氧体结构的温度也不同。铁氧体的磁性能与成分配比有关，实际生产的各向同性钡铁氧体的成分一般在 $Fe_2O_3/BaO = 5.3$ 附近，而生产各向异性的钡铁氧体的成分一般在 $Fe_2O_3/$

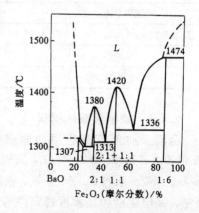

图 2-52 BaO-Fe_2O_3 状态图

BaO＝5.8附近。两者的成分均小于化学计量成分 $Fe_2O_3/BaO＝6.0$。因为过量的 Ba^{2+} 离子有利于 Ba^{2+} 离子的扩散，有助于六角晶系磁铅石型晶体结构的 $BaO \cdot 6Fe_2O_3$ 的形成。

在制造的过程中应添加少量（1～5％（质量分数））的添加剂。钡铁氧体的添加剂可以是 Bi_2O_3、SiO_2、PbO、$CaSiO_3$、$BaSiO_3$、$BaAl_2O_3$ 等其中之一种或二种。添加剂的作用是促进铁氧体结构生成反应和防止晶粒长大。合理的配方和适当添加剂是制造高性能硬磁铁氧体的关键之一。

硬磁铁氧体的剩磁和矫顽力可分别用式 2-53 和式 2-60 来描述，可见其磁性能主要由下列因素来决定：（1）晶粒尺寸，硬磁铁氧体的矫顽力由单畴粒子的磁晶各向异性常数来决定，铁氧体的孤立单畴粒子的临界尺寸为 $d_c＝0.90\mu m$，而许多同类颗粒的集合体中，其单畴临界尺寸是 d_c 的 2～3 倍。为获得高矫顽力最好将其晶粒尺寸控制在几个 μm 范围内，为此须合理地控制烧结温度和烧结时间。虽然提高烧结温度和延长烧结时间可提高其致密度，有利于剩磁的提高，但烧结温度过高，烧结时间过长，要引起晶粒长大，而导致矫顽力显著下降；（2）尽可能提高磁体的密度，应使其相对密度达到98％以上；（3）提高晶体的取向度，尽可能使六角晶体的 c 轴沿取向轴方向平行取向，当取向度达到100％时，其剩磁可达到 $B_r＝\mu_0M_s$；（4）减少非铁磁性相的体积百分数，这也是提高其 B_r 和 $(BH)_m$ 的重要途径。钡铁氧体永磁体的磁性能列于表 2-20。

表 2-20　钡铁氧体的磁特性

特　　性	各向同性	各向异性	
		干法生产	湿法生产
B_s/T	1.1	1.2	1.2
B_r/T	0.2～0.22	0.35～0.4	0.4～0.43
μ_0M_s/T	0.46	0.46	0.46
$_BH_c/kA \cdot m^{-1}$	120～136	144～240	160～264
$_MH_c/kA \cdot m^{-1}$	＜240	＞240	＞240
$(BH)_{max}/J \cdot m^{-3}$	6.4～8.0	24～32	30.4～36
T_c/K	723	723	723
可逆磁导率 $\mu_r/G \cdot Oe^{-1}$	1.2	1.2	1.2
温度系数 $\alpha_{Br}[\Delta B_r/(B_r \cdot \Delta T)]\%/℃^{-1}$	－0.18	－0.18	－0.18
密度/$g \cdot cm^{-3}$	4.8～5.0	4.8～5.2	5.0～5.3
电阻率 $\rho/\Omega \cdot cm$	＞10^8	＞10^6	＞10^6

2.5.5　软磁铁氧体材料

目前工业上广泛应用的软磁铁氧体是两种或两种以上单一铁氧体（如锰铁氧体 $MnFe_2O_4$、锌铁氧体 $ZnFe_2O_4$，见表 2-21）组成的复合铁氧体，如 Mn-Zn 系、Ni-Zn 系，Mg-Zn 系、Li-Zn 系和 Cu-Zn 系等。软磁铁氧体材料一般要求有高磁导率 μ_i、高 M_s、低 H_c、低损耗、高电阻度和高温度稳定性等。在使用时由于用途不同，对性能的要求有所侧重。复合铁氧体的软磁性能与其成分（配方）、制造工艺和显微组织结构有密切关系。例如 Ni-Zn 系软磁铁氧体，为了获得高的 μ_i（＞5000），较合理的配方是15％NiO，35％ZnO 和50％ Fe_2O_3。其相应的分子式为 $Ni_{0.3}Zn_{0.7}Fe_2O_3$。高频用 Ni-Zn 系软磁铁氧体，要求有高的电阻率，应适当提高 NiO 的含量和降低 ZnO 的含量，可选用（25～30）％NiO、（15～20）％ZnO 和 50％Fe_2O_3，也可添加少量的 CaO，以便抑制 Fe^{2+} 的出现。为获得高 M_s 的 Ni-Zn 系软磁铁氧体，较合适的成分是 30％NiO、20％ZnO 和 50％Fe_2O_3。烧结温度的选择应参考相图，根据成分（配方）来确定。为获得高性能的软磁铁氧体，从理论上来说，其显微组织是单相的，晶粒粗大，晶界厚度薄，平直，晶界交角最好 120°，第二相和气孔越少越好。表 2-21 列出了若干有代表性的软磁铁氧体的性能和适用的频率范围。

表 2-21　几种有代表性的软磁铁氧体的性能与适用的频率范围

软磁铁氧体材料	起始磁导率 μ_i	B_s/T	H_c/A·m^{-1}	T_c/K	电阻率/Ω·cm	适用频率/MHz
Mn-Zn 系	＞15000	0.35	2.4	373	2	0.01
Mn-Zn 系	4500	0.46	16	573		0.01～0.1
Mn-Zn 系	800	0.40	40	573	500	0.01～0.5
Ni-Zn 系	200	0.25	120	523	$5×10^4$	0.3～10
Ni-Zn 系	20	0.15	960	＞673	10^7	40～80
Cu-Zn 系	50～500	0.15～0.29	30～40	313～523	$10^{5～7}$	0.1～30

2.6　磁学中常用的单位制及其物理量数值的换算

过去在电磁学方面曾用过多种单位制，如：绝对静电单位制（e.s.u.）、绝对电磁单位制（e.m.u.），二者都属于 CGS 单位制系统；MKS 系统的绝对实用电磁单位制（MKSA 有理制）；等等。现在在磁学领域中以高斯单位制和国际单位制（SI）用得最多。SI 制数值常需与 CGS-e.m.u. 制的数值进行换算，这是由于大量文献和仪器应用了不同的单位制。

2.6.1　SI 制单位与 CGS 制单位的公式

在两个单位制系统中磁学量的定义及各量之间的关系是不同的，所以换算之前必需熟知这些关系式，如表 2-22。其中 μ 为绝对导磁率，q_m 为磁极强度。

表 2-22　SI 制单位与 CGS-e.m.u. 制单位公式的对照

公式简称	SI 制	CGS-e.m.u 制
B、H、M 关系	$B=\mu_0(H+M)$	$B=H+4\pi M$
B、H、J 关系	$B=\mu_0 H+J$	$B=H+4\pi J$
χ 定义	$\chi=M/H=J/\mu_0 H$	$\chi=M/H=J/H$
相对导磁率 μ_r 的定义	$B/\mu_0 H$	$\mu=B/H$
μ_r、μ、χ 关系	$\mu_r=1+\chi=\mu/\mu_0$	$\mu_r=1+4\pi\chi=\mu$
磁偶极矩 j_m 定义	$j_m=q_m l$	$j_m=q_m l$
磁矩 M_m 定义	$M_m=is$	$M_m=0.1iA$
m 在 H 中受力矩	$P=\mu_0 m \times H$	$P=m \times H$

2.6.2　磁学量在国际单位制（SI）和绝对电磁单位制（CGS-e.m.u.）间的换算[32,33]

我们可以把最常见的磁学量换算于如表 2-23。值得注意的是磁极化强度的换算关系是 $1Gs=4\pi\times10^{-4}T$，与磁感应强度的换算关系差一个因子 4π，这是由于两个物理量在两个单位制中的关系式不同引起的。还有一点要留心的是，在磁场强度数值换算时 $1Oe=10^3\times(4\pi)^{-1}A\cdot m^{-1}$，而在磁化强度数值换算时 $1Gs=10^3A\cdot m^{-1}$。另外在一些资料中还常使用饱和磁感应强度的名词。严格说来只要磁场强度值增加，磁感应强度值总归也要跟着增加的。但对于软磁材料来说，磁化强度达到饱和值 M_s 时，H 的数值相对很小，故 μ_0H_s 相对于 μ_0M_s 可以忽略，μ_0M_s 大致等于 B。但对于硬磁材料，μ_0H 项与 μ_0M_s 项相比可能并不是可以忽略的。在 SI 制中可以把 $J=B-\mu_0H$ 直接称为磁极化强度，而在 CGS-e.m.u. 单位制值中不可以这样称呼，因为这时是 $4\pi M$（CGS-e.m.u.）。所以对于 $B-\mu_0H$（或 CGS 制中 $B-H$）可以使用内禀磁感强度（intrinsic induction）或磁芯磁感应强度（ferric，induction）[33]。只是这种用法还不是很普遍。

表 2-23　磁学量单位及其换算

磁学量	符号	SI 单位		CGS-e.m.u. 单位		单位换算关系
		名称	符号	名称	符号	
磁极强度	m	韦伯	Wb	电磁单位		$1Wb=10^8\times(4\pi)^{-1}$e.m.u.
磁通量	Φ	韦伯	Wb	麦克斯韦	MX	$1Wb=10^8Mx$
磁偶极矩	j_m	韦伯·米	Wb·m	电磁单位		$1Wb\cdot m=10^{10}\times(4\pi)^{-1}$e.m.u.
磁矩	μ_m	安培平方米	$A\cdot m^2$	电磁单位		$1A\cdot m^2=10^3$e.m.u.
磁场强度	H	安培每米	$A\cdot m^{-1}$	奥斯特	Oe	$1A\cdot m^{-1}=4\pi\times10^{-3}Oe$
磁感应强度	B	特斯拉	T	高斯	Gs	$1T=10^4Gs$
磁动势	F_m	安培	A	吉伯	Gb	$1A=4\pi\times10^{-1}Gb$
磁势	φ,Ψ	安培	A	吉伯	Gb	$1A=4\pi\times10^{-1}Gb$
磁极化强度	J	特斯拉	T	高斯	Gs	$1T=10^4\times(4\pi)^{-1}Gs$
每单位体积磁化强度	M	安培每米	$A\cdot m^{-1}$	高斯	Gs	$1A\cdot m^{-1}=10^{-3}Gs$
		焦耳每特斯拉立方米	$JT^{-1}m^{-3}$	尔格每奥斯特立方厘米	$erg\cdot Oe^{-1}\cdot cm^{-3}$	$1J\cdot T^{-1}\cdot m^{-3}=10^{-3}erg\cdot Oe^{-1}\cdot cm^{-3}$
每单位质量的磁化强度	$\sigma=M/\rho$	焦耳每特斯拉千克	$J\cdot T^{-1}\cdot kg^{-1}$	尔格每奥斯特立方厘米	$erg\cdot Oe^{-1}\cdot g^{-1}$	$1J\cdot T^{-1}\cdot kg^{-1}=1\,erg\cdot Oe^{-1}\cdot g^{-1}$ 或 $1A\cdot m^2\cdot kg^{-1}=1$e.m.u $\cdot g^{-1}$
每单位体积磁化率（相对）	χ_r					$\chi_r(SI)=4\pi\chi_r(CGS)$
磁导率（相对）	μ_r					$\mu_r(SI)=\mu_r(CGS)$
退磁因子	N					$N(SI)=4\pi N(CGS)$
磁阻	R_m	安培每韦伯	$A\cdot[Wb]^{-1}$	电磁单位		$1A\cdot(Wb)^{-1}=4\pi\cdot10^{-9}$e.m.u.
磁能量密度	F	焦耳每立方米	$J\cdot m^{-3}$	尔格每立方厘米	$erg\cdot cm^{-3}$	$1J\cdot m^{-3}=10^{-3}erg\cdot cm^{-3}$

磁学量	符号	SI 单位		CGS-e.m.u. 单位		单位换算关系
		名称	符号	名称	符号	
磁晶各向异性常数	K	焦耳每立方米	$J \cdot m^{-3}$	尔格每立方厘米	$erg \cdot cm^{-3}$	$1J \cdot m^{-3} = 10erg/cm^3$
磁致伸缩常数	λ					$\lambda(SI) = \lambda(CGS)$
旋磁比	γ	米每安培秒	$m \cdot (A \cdot s)^{-1}$	每奥秒	$1/Oe \cdot s$	$1m \cdot (A \cdot s)^{-1} = 10^3 \times (4\pi)^{-1}(Oe \cdot s)^{-1}$
磁能积	$(BH)_{max}$	焦耳每立方米	$J \cdot m^{-3}$	高斯奥斯特	$Gs \cdot Oe$	$1J \cdot m^{-3} = 4\pi \times 10^{-5}MGOe$

参 考 文 献

1 Coey. JMD. Proc. 3rdIntern. Symp. On Physics of Magnetic Materials (ISPMM95), Seoul, Korea, 1995:63

2 何忠治. 电工钢, 上册. 北京: 冶金工业出版社, 1996:16

3 周寿增. 稀土永磁材料及其应用. 北京: 冶金工业出版社, 1990:1:1

4 王润. 金属材料物理性能. 北京: 冶金工业出版社, 54

5 戴守生. 铁磁学, 上册. 北京: 科学出版社, 1992:7

6 Chikazumi S. Physics of Ferromagnetism. John Willey & Sons., Inc., 1964:60

7 同[3], 107

8 李国栋. 大自然探索, 1985; No. 2:131

9 Kim T K. Takahashi H, Appl. Phys. Lett, 1972; 20:492

10 Takahashi H, et al., J. Appl. Phys., 1989; 73:6060

11 Cullity B D, Introduction to Magnetic Materials. Addison-Wesley Publishing Company, 1972:117

12 周寿增. 金属材料研究, 1976; 4, No. 5:322

13 Chih—Wen Chen. Magnetism and Metallurgy of Soft Magnetic Materials. North—Holland Publishing Company, 1977:61

14 Zener C, Trans. AIME., 1948; 175(1):15

15 Kronmüller H, In Supermagnets, Hard Magnetic Materials. edited by G. J. Long, Fernande Grandjean. Kluwer Academic Publisher, 1991:461

16 Sagawa M et al., J. Appl. Phys., 1994; 55(6):2083

17 Elndoh M, Shindo M. Proc. 13thInt. Workshop on RE Magnets and Their Applications. 1994:397

18 近角聪信等编著. 磁性体手册, 中译本下册. 北京: 冶金工业出版社, 1985:534

19 Clark A, Bozorth R, Desavage B. Phys. Lett., 1963; 5:100

20 Clark A, AIP Conf. Proc., 1974; No. 18(American Institute of Phyics, New York), 105

21 Clark A E. Chapter 7 in Ferromagnetic Materials Ed. E. P. Wolhfarth, Vol. 1, p531, North Halland Publishing

22 Verhoeven J D et al., Metall. Trans. A, 1987; 18A:223

23 Wu G et al., Appl. Phys. Lett., 1995; 67(14)

24 周寿增等. 第九届全国磁学与磁性材料论文集, 1996.10, 洛阳, 47

25 周寿增等. 金属热处理学报, 1997; 18卷3期:73

26 Teter J P, et al., J. Appl. Phys, 1991; 69(8):5768

27 Clark A E, Savage H T J. Magn. Magn. Mater., 1983; 31~34:849

28 Clark A E, et al., J. Appl. Phys., 1988; 63(8):3910

29 周寿增等. 北京科技大学学报, 1993; 15卷2期:159

30 周志刚等. 铁氧体磁性材料. 北京: 科学出版社, 1981:11

31　何开元等．精密合金材料学．北京：冶金工业出版社，1991：85

32　张世远等．磁性材料基础．北京：科学出版社，1988：30

33　Rollin J et al.，Penmanent Magnets and Their Application．New York，John Wiley and Sons，Inc，1962：23～25

34　Zhou shouzeng et al．Progress in Natural Science，1998；Vol．8，No．6：722

3   超导材料[1~24]

3.1   超导体的基本性质

3.1.1   超导电性的发现

1911 年，昂纳斯在研究金属电阻在液氦温区的变化规律时，首次观察到超导电性。图 3-1 描述了水银样品电阻与温度的关系。20 世纪 30 年代，迈斯纳效应的发现使人们认识到超导电性是一种宏观尺度上的量子现象。1957 年，巴丁、库柏和施瑞弗基于电子和声子的相互作用，建立了成功的微观理论，解释了超导电性的起源，并对凝聚态物理以至整个物理学的发展产生了巨大的影响。50 年代末和 60 年代初，第 II 类超导体及其约瑟夫森效应的发现，促使超导电性的应用开始逐步地成为一门新技术，即低温超导电技术。从 60 年代到 80 年代，超导电性的应用已具有一定的规模和相应的工业部门。由于传统超导体必须在极低温度下运行，通常用的工作物质是液氦，限制了低温超导电技术的广泛应用。人们一直在探索能在液氮温区甚至能在室温下工作的高温超导体。

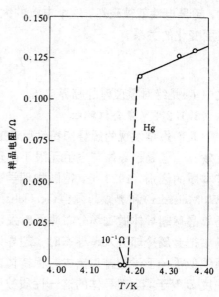

图 3-1   汞在液氦温度附近
电阻的变化行为

长期以来，虽经科学家们的不断努力，但始终无法使超导临界温度有很大的提高。1986 年春，设在瑞士苏黎世的 IBM 实验室的研究员柏诺兹（J. G. Bednorz）和缪勒（K. A. Muller）发现了 La-Ba-Cu-O 化合物在 35K 下的超导现象，这一发现不仅打破了具有 A15 结构的超导体的超导转变温度 23.2K 的最高记录，更重要的是在人们面前展现了一种具有新型结构的氧化物超导材料。正是由于他们开创性的工作，在世界范围内掀起了一场超导热浪，并为这一领域中带来突破性进展。人们很快便得到了液氮温区的超导体。自从高温氧化物超导体被发现以来，在材料、机制以及应用三个方面的研究及开发工作都进展很快。使用高温超导材料而制备的微波器件将是最有希望得到较大规模应用的。一些新的超导材料不断被发现，从而不断给出更多的揭示高温超导电性的新的信息及开辟新的应用领域。

3.1.2   超导体的基本物理性质

3.1.2.1   零电阻效应

A   临界温度 T_c

电阻突然消失的温度被称为超导体的临界温度 T_c。超导临界温度 T_c 与样品纯度无关，但是越均匀纯净的样品超导转变时的电阻陡降越尖锐。

B 临界磁场 $H_c(T)$

实验发现，超导电性可以被外加磁场所破坏，对于温度为 T $(T<T_c)$ 的超导体，当外磁场超过某一数值 $H_c(T)$ 的时候，超导电性就被破坏了，$H_c(T)$ 称为临界磁场。在临界温度 T_c，临界磁场为零。$H_c(T)$ 随温度的变化一般可以近似地表示为抛物线关系

$$H_c(T) = H_{c0}\left[1 - \frac{T^2}{T_c^2}\right] \tag{3-1}$$

式中 H_{c0} 是绝对零度时的临界磁场。

C   临界电流 $I_c(T)$

实验还表明，在不加磁场的情况下，超导体中通过足够强的电流也会破坏超导电性，导致破坏超导电性所需要的电流称作临界电流 $I_c(T)$。在临界温度 T_c，临界电流为零，这个现象可以从磁场破坏超导电性来说明，当通过样品的电流在样品表面产生的磁场达到 H_c 时，超导电性就被破坏，这个电流的大小就是样品的临界电流。与式 3-1 类似，临界电流随温度变化的关系有

$$I_c(T) = I_{c0}\left[1 - \frac{T^2}{T_c^2}\right] \tag{3-2}$$

式中 I_{c0} 是绝对零度时的临界电流。

3.1.2.2 完全抗磁性

人们最早发现的超导态特性就是它的零电阻效应，但是超导体与电阻无限小的理想导体有本质的区别。1933 年，德国物理学家迈斯纳（W. Meissner）和奥森菲尔德（R. Ochsenfeld）对锡单晶球超导体做磁场分布测量时发现在小磁场中把金属冷却进入超导态时，超导体内的磁通线似乎一下子被排斥出去，保持体内磁感应强度 B 等于零，超导体的这一性质被称为迈斯纳效应，如图 3-2 所示。超导体内磁感应强度 B 总是等于零，即金属在超导电状态的磁化率为

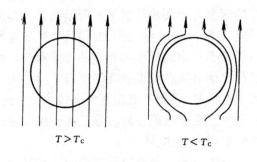

图 3-2 迈斯纳效应：当 $T<T_c$ 时，磁通被完全排斥出超导体

$$\chi = M/H = -1, B = \mu_0(1 + \chi)H = 0 \tag{3-3}$$

超导体内的磁化率为 -1（M 为磁化强度，$B_0 = \mu_0\chi H$）。可见超导体在静磁场中的行为可以近似地用"完全抗磁体"来描述。超导体的迈斯纳效应的意义在于否定了把超导体看作理想导体，还指明超导态是一个热力学平衡的状态，与怎样进入超导态的途径无关，从物理上进一步认识到超导电性是一种宏观的量子现象。仅从超导体的零电阻现象出发得不到迈斯纳效应，同样用迈斯纳效应也不能描述零电阻现象，因此，迈斯纳效应和零电阻性质是超导态的两个独立的基本属性，衡量一种材料是否具有超导电性必须看是否同时具有零电阻和迈斯纳效应。

3.1.3 传统超导体的超导电性理论

3.1.3.1 唯象理论

A 二流体模型

早期为了解释超导体的热力学性质，1934 年戈特（C. J. Gorter）和卡西米尔

（H. B. G. Casimir）提出超导电性的二流体模型，它包含以下三个假设：

（1）金属处于超导态时，共有化的自由电子（总数为 N）分为两部分：一部分叫正常电子 N_n，另一部分叫超流电子 N_s，超流电子在晶格中无阻地流动，它占电子总数的 N_s/N。两部分电子占据同一体积，在空间上相互渗透，彼此独立地运动，两种电子相对的数目是温度的函数。

（2）正常电子的性质与正常金属自由电子气体相同，受到振动晶格的散射而产生电阻，所以对熵有贡献。

（3）超流电子处在一种凝聚状态，即凝聚到某一低能态所以超导态是比正常态更加有序的状态。这个假设的依据是：超导态在 $H=H_C$ 的磁场中将转变为正常态，而超导态的自由能要比正常态低 $\mu_0 H_c^2 V/2\cdot$（V 是超导金属的体积）。超导态的电子不受晶格散射，又因为超导态是低能量状态，所以超流电子对熵没有贡献。

二流体模型对超导体零电阻特性的解释是：当 $T<T_c$ 时，出现超流电子，它们的运动是无阻的，超导体内部的电流完全来自超流电子的贡献，它们对正常电子起到短路作用，正常电子不载荷电流，所以样品内部不能存在电场，也就没有电阻效应。从这个模型出发可以解释许多超导实验现象，如超导转变时电子比热的"λ"型跃变等，伦敦正是在这个模型的基础上建立了超导体的电磁理论。

B 伦敦方程

最具实用价值的超导现象无疑与超导体的电动力学性质有关。1935 年，伦敦兄弟（F. London，H. London）在二流体模型的基础上，提出两个描述超导电流与电磁场关系方程，与麦克斯韦方程一起构成了超导体的电动力学基础。

伦敦第一方程

$$\frac{\partial}{\partial t} J_S = \frac{n_s e^2}{m} E \tag{3-4}$$

式中 m 是电子质量，J_S 为超流电流密度，n_s 是超导电子密度。由上式可见：在稳态下，超导体中的电流为常值时，$\frac{\partial}{\partial t} J_S = 0$，则 $E = 0$，即在稳态下，超导体内的电场强度等于零，它说明了超导体的零电阻性质。

伦敦第二方程

$$\nabla \times (\Lambda J_s) = -B \tag{3-5}$$

式中的 $\Lambda = (m/n_s e^2)$。考虑一维情形，设超导体占据 $x \geqslant 0$ 的空间，$x<0$ 的区域为真空（如图 3-3 所示）。由式 3-5 结合麦克斯韦方程，可以求得在超导体内，表面的磁感应强度 B 以指数形式迅速衰减为零。两个伦敦方程可以概括零电阻效应和迈斯纳效应，并预言了超导体表面上的磁场穿透深度 λ_L。表 3-1 列举了几种金属超导体的磁场穿透深度。

C 金兹堡-朗道理论

1950 年金兹堡（Ginsberg）和朗道（Landau）将朗道的二级相变理论应用于超导体，对于在一个恒定磁场中的超导体行为给予了更为适当的描述，构成金兹堡-朗道理论。该理论也能预言迈斯纳效应，并且还可以反映超导体宏观量子效应的一系列特征。

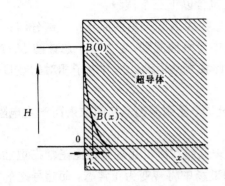

图 3-3　磁场在超导体中的磁感应
强度分布和穿透深度

表 3-1　在 0K 下的磁场穿透深度 λ_L[2]

物质	穿透深度 λ_L/nm
Sn	51
Al	50
Pb	39
Hg	(38~45)
Ni	47
Tl	92

3.1.3.2　传统超导体的微观机制

前面我们所介绍的二流体模型，伦敦方程和金兹堡-朗道理论作为唯象理论在解释超导电性的宏观性质方面取得了很大成功，然而这些理论无法给出超导电性的微观图像。20 世纪 50 年代初同位素效应、超导能隙等关键性的发现提供了揭开超导电性之谜的线索。

A　同位素效应

1950 年麦克斯韦（E. Maxwell）和雷诺（C. Ａ. Raynold）各自独立地测量了水银同位素的临界转变温度，结果发现：随着水银同位素质量的增高，临界温度降低。对实验数据处理后得到原子质量 M 和临界温度 T_c 的简单关系

$$M^\alpha T_c = 常数 \tag{3-6}$$

其中，$\alpha = 0.50 \pm 0.03$。这种转变温度 T_c 依赖于同位素质量 M 的现象就是同位素效应。我们知道构成晶格的离子如果其质量不同，在给定波长的情况下，晶格振动的频率就会依离子质量不同而不同。式 3-6 中，离子质量 M 反映了晶格的性质，临界温度 T_c 反映了电子性质，同位素效应把晶格与电子联系起来了。在固体理论中，描述晶格振动的能量子称之为声子，同位素效应明确告诉我们电子-声子的相互作用与超导电性有密切关系。

人们发现导电性良好的碱金属和贵金属都不是超导体，其电子-晶格相互作用很微弱。而常温下导电性不好的材料，在低温却有可能成为超导体，此外临界温度比较高的金属，常温下导电性较差。这些材料的电子-声子相互作用强。因此弗洛里希（H. Frolich）提出电子-声子相互作用是高温下引起电阻的原因，而在低温下导致超导电性。同位素效应支持了弗洛里希提出的电子-声子相互作用的探讨方向。

B　超导能隙

在 20 世纪 50 年代，许多实验表明，当金属处于超导态时，超导态的电子能谱与正常金属不同，图 3-4 是一张在 $T=0K$ 的电子能谱示意图。它的显著特点是：在费米能 E_F 附近出现了一个半宽度为 Δ 的能量间隔，在这个能量内不能有电子存在，人们把这个 Δ 叫做超导能隙，能隙大约是 $10^{-3} \sim 10^{-4}$ 电子伏特数量级。在绝对零度，能量处于能隙下边缘以下的各态全被占据，而能隙以上的各态则全空着，这就是超导基态。超导能隙的出现反映了电子结构在从正常态向超导态转变过程中发生了深刻变化，这种变化就是 F. 伦敦指出的"电子平均动量分布的固化或凝聚"。

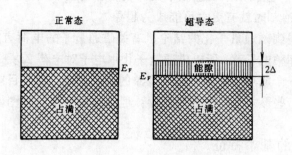

图 3-4 $T=0K$ 下的正常态和超导态电子能谱

C 库柏电子对

库柏（L. N. Cooper）发现如果带电粒子的正则动量（机械动量与场动量之和）等于零，那么很容易从超导电流密度的基本关系 $J_s = -n_s e^* V$ 得到伦敦方程。由此可见，超导态是由正则动量为零的超导电子组成的，它是动量空间的凝聚现象。要发生凝聚现象，必须有吸引的作用存在。库柏证明：当电子间存在这种净的吸引作用时，费米面附近存在一个以动量大小相等而方向相反且自旋相反的两电子束缚态，记为 $(k\uparrow, -k\downarrow)$；它的能量比两个独立的电子的总能量低，这种束缚态电子对称为库柏对。库柏电子对是现代超导理论的基础。

D 相干长度

皮帕德（A. B. Pippard）证明，当一个电子从金属的正常区移动到超导区时，其波函数不能从它的正常态值突然转变为超导态的值，这种转变只能发生在一个距离 ξ 上，ξ 被称为相干长度。可见，实际的库柏对并非局限在非常小的空间里，而是扩展在 $\xi \sim 10^{-6}$m 的空间宽度上，这里 ξ 就称为超导态的相干长度，它描述了配对电子间的距离。相干长度 ξ 和穿透深度 λ 一样，也是超导体的特征参量。表 3-2 列举了一些有代表性的超导体的相干长度。

表 3-2 几种物质在 0K 下的超导相干长度 ξ

物　　质	相干长度 ξ/nm	物　·质	相干长度 ξ/nm
Al	1500	Nb	60
Sn	250	Nb-Ti	30
Tl	270		

E BCS 理论

巴丁（J. Bardeen）、库柏（L. N. Cooper）和施瑞弗（J. R. Schrieffer）在 1957 年发表的经典性的论文中提出了超导电性量子理论，被称为 BCS 超导微观理论。其核心是：

（1）电子间的相互吸引作用形成的库柏电子对会导致能隙的存在。超导体临界场、热学性质及大多数电磁性质都是这种电子配对的结果。

（2）元素或合金的超导转变温度与费米面附近电子能态密度 $N(E_F)$ 和电子-声子相互作用能 U 有关，它们可以从电阻率来估计，当 $UN(E_F) \ll 1$ 时 BCS 理论预测临界温度

$$T_c = 1.14\, \theta_D \exp[-1/UN(E_F)] \tag{3-7}$$

式中的 θ_D 为德拜温度。有关 T_c 的理论结果在定性上满足实验数据。从式 3-7 得到这样

一个有趣的结论，一种金属如果在室温下具有较高的电阻率（因为室温电阻率是电子-声子相互作用的量度），冷却时就有更大可能成为超导体。

BCS 理论可以得到磁通量子化的结论，有关磁通量子的电荷有效单位是 $2e$ 而不是 e，BCS 基态涉及的是库柏电子对，所以磁通量子化用电子对电荷 $2e$ 是 BCS 理论的一个推论。

BCS 理论是第一个成功地解释了超导现象的微观理论，也是目前惟一成功的超导微观理论。后来又有了一些形式上的发展和完善，但基本思想和物理图像则没有更大的改变。

3.2　两类超导体的基本特征

超导体按其磁化特性可分成两类。第 I 类超导体只有一个临界磁场 H_c，其磁化曲线如图 3-5a 所示。很明显在超导态，磁化行为满足 $M/H=-1$，具有迈斯纳效应。除钒、铌、钽外，其他超导元素都是第 I 类超导体。第 II 类超导体有两个临界磁场，即下临界磁场 H_{c1} 和上临界磁场 H_{c2}，如图 3-5b 所示。当外磁场 H_0 小于 H_{c1} 时，同第 I 类超导体一样，磁通被完全排出体外，此时，第 II 类超导体处于迈斯纳状态，体内没有磁通线通过。当外场增加至 H_{c1} 和 H_{c2} 之间时，第 II 类超导体处于混合态，也称涡旋态。这时体内有部分磁通穿过，体内既有超导态部分，又有正常态部分，磁通只是部分地被排出，那么处于混合态的超导体内的磁通究竟是如何分布的呢？

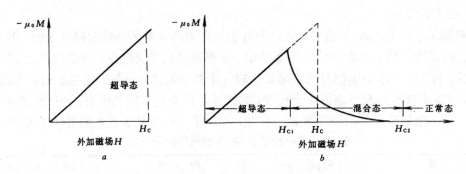

图 3-5　两类超导体的磁化曲线

a—第 I 类超导体；b—第 II 类超导体

1957 年，阿布里科索夫（A. A. AHrikosov）提出了混合态结构的物理模型。当超导体处于混合态时，在正常区中的磁通量是量子化的，其单位为磁通量子 $\Phi_0=(h/2e)=0.20678\times10^{-15}$Wb（这是物理学的一个基本常量）。由此可以看出此正常区（或者磁通线）的能量正比于 $\Phi^2=n^2\Phi_0^2$，因此一个磁通量为 $n\Phi_0$ 的多量子磁通线束分裂成 n 个单量子磁通线后，在能量上是有利的。第 I 类超导体的混合态中，单量子磁通线组成了一个二维的周期性的磁通格子，理论和实验都得到磁通点阵是一个三角形排列。

图 3-6 是伊斯曼（U. Essmann）和梯奥堡（H. Trauble）用磁性装饰法获得的第 II 类超导体处于混合态时磁通线排布的照片，穿过超导圆柱体顶部表面磁通线呈三角形点阵排列，磁通线出口点用细铁磁颗粒缀饰。

孤立的量子磁通线结构如图 3-7 所示，每个磁通线只有一个正常的芯，芯的半径为相干

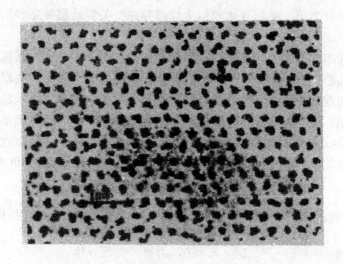

图 3-6 磁通线的三角形点阵排列

长度 ξ，磁通量子由环流的超导电流所维持，这个超导电流在距芯为 λ 的半径上衰减。如果在单位面积中有 N 个量子磁通线，则超导体的磁感应强度为 $H = N\Phi_0$，相邻两个磁通线之间的距离为

$$d = [(2/3)\Phi_0/H]^{1/2} \qquad (3-8)$$

由此可见，磁通线的间距 d 与 $\sqrt{H}$ 成反比，随着外磁场 H 的增加，磁通线间距 d 缩短。第 II 类超导体在混合态时具有部分抗磁性。当外磁场增加时，每个圆柱形的正常区并不扩大，而是增加正常区的数目。达到上临界磁场 H_{C2} 时，相邻的正常区圆柱体彼此接触，超导区消失，整个金属变成正常态。金属钒、铌、镥以及大多数合金或化合物超导体都属于第 II 类超导体。表 3-3 列举了几种第 II 类超导体的上临界磁场 H_{C2}。

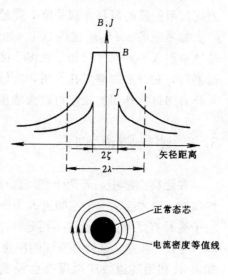

图 3-7 孤立的量子磁通线结构

表 3-3 几种第二类超导体的临界温度 T_C 和上临界磁场 H_{C2}

物　　质	临界温度 T_C/K	上临界磁场 H_{C2}/A·m^{-1} （$T=4.2$K 下）
Nb$_3$Ti	8～10	$7.16 \times 10^6 \sim 10.34 \times 10^6$
V$_3$Ga	14.5	$16.71 \times 10^6 \sim 18.30 \times 10^6$
Nb$_3$Sn	17～18	$17.51 \times 10^6 \sim 19.90 \times 10^6$
V$_3$Si	17	18.30×10^6
Nb$_3$Ga	20	27.06×10^6
Nb$_3$Ge	21～24	$29.44 \times 10^6 \sim 31.83 \times 10^6$

为什么超导体分为第Ⅰ类超导体和第Ⅱ类超导体？关键是超导态和正常态之间存在界面能。

超导态与正常态界面能的起源来自界面上凝聚能与磁能的竞争。当超导体的相干长度 ξ 大于磁场穿透深度 λ 时，界面能为正值，表明超导态-正常态界面的出现使体系的能量上升，因此将不会出现超导态与正常态共存的混合态，因此这类超导体从超导态向正常态过渡时不经过混合态，被称作第Ⅰ类超导体。另一种超导体的 $\xi < \lambda$，界面能为负值，表明超导态-正常态界面的出现对降低体系的能量有利，体系中将出现混合态，这类超导体被称作第Ⅱ类超导体。总结上述讨论我们引进参数 κ，令 $\kappa = \lambda/\xi$。由金兹堡-朗道方程得到

$$\kappa = \lambda/\xi = (2\sqrt{2})\lambda^2 e\mu_0 H_C \hbar \tag{3-9}$$

利用金兹堡-朗道方程计算界面能可以得到，当 $\kappa = \lambda/\xi < \dfrac{1}{\sqrt{2}}$ 时，界面能 $\sigma_{ns} > 0$，属于第Ⅰ类超导体；当 $\kappa = \lambda/\xi > \dfrac{1}{\sqrt{2}}$ 时，$\sigma_{ns} < 0$，为第Ⅱ类超导体。

只有当临界温度、临界磁场和临界电流三者都高时，超导体才有实用价值。第Ⅰ类超导体的临界磁场（$\mu_0 H_C$）较低，一般在 $0.1T$ 量级，因此第Ⅰ类超导体的应用十分有限。目前有实用价值的超导体都是第Ⅱ类超导体，因为第Ⅱ类超导体的上临界磁场很高，如 Nb_3Sn 的上临界磁场 $\mu_0 H_{C2}$ 超过约 20T（如表 3-3 所示），明显地高于第Ⅰ类超导体。在第Ⅱ类超导体中引入各种尺寸与相干长度 ξ 接近的缺陷，如第二相的沉淀、化学杂质、大量空位、位错群等，对磁通线有钉扎作用，能够有效地提高临界电流，这些缺陷被称作钉扎中心。引入具有强钉扎作用的缺陷可以大幅度提高超导体的临界电流密度。

3.3 超导隧道效应

在经典力学中，若两个空间区域被一个势垒分隔开，则只有粒子具有足够的能量越过势垒时，它才会从一个空间进入另一个空间区域中去。而在量子力学中，情况却并非如此，粒子要具有足够的能量这不再是一个必要条件，一个能量不大的粒子也可能会以一定的几率"穿过"势垒，这就是所谓的隧道效应。早在 20 世纪 20 年代利用隧道效应原理就已经成功地解释了如原子核 α 衰变等许多现象。1957 年发明了隧道二极管，而在超导隧道效应被发现后又开辟了新的领域。

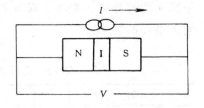

图 3-8 正常金属 N、绝缘层 I 和超导体 S 组成的结

3.3.1 正常电子隧道效应

考虑被绝缘体隔开的两个金属，如图 3-8 所示。绝缘体通常对于从一种金属流向另一种金属的传导电子起阻挡层的作用。如果阻挡层足够薄，则由于隧道效应，电子具有相当大的几率穿越绝缘层。当两个金属都处于正常态，夹层结构（或隧道结）的电流-电压曲线在低电压下是欧姆型的，即电流正比于电压，如图 3-9a 所示。贾埃弗（I. Giaever）发现如果金属中的一个变为超导体时，电流-电压的特性曲线由图 3-9a 的直线变为图 3-9b 的曲线。可以用超导能隙来解释正常金属-绝缘体-超导体（NIS）结和超导体 1-绝缘体-超导体 2（S_1IS_2）结的超导隧道效应。

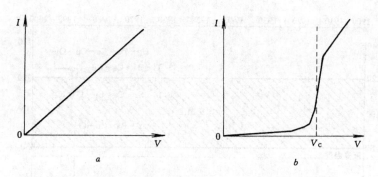

图 3-9　不同情形下的电流-电压曲线
a—被氧化层隔开的正常金属结的电流-电压曲线；
b—被氧化层隔开的正常金属与金属超导体结的电流-电压曲线

3.3.2　约瑟夫森隧道电流效应

上面谈到的 NIS 结和 SIS 结，其隧道电流都是正常电子穿越势垒。正常电子导电，通过绝缘介质层的隧道电流是有电阻的。这种情况的绝缘介质厚约几十纳米到几百纳米，如果 SIS 隧道结的绝缘层厚度只有 1nm 左右，那么理论和实验都证实了将会出现一种新的隧道现象，即库柏电子对的隧道效应，电子对穿过位垒后仍保持着配对状态。

直流约瑟夫森效应：在不存在任何电场时，有直流电流通过结。通过结的超导电子对电流 J 和对位相 δ 的依赖关系是

$$J = J_0 \sin \delta = J_0 \sin(\theta_2 - \theta_1) \tag{3-10}$$

其中 J_0 正比于迁移相互作用。电流 J_0 是能够通过结的最大零电压电流。

交流约瑟夫森效应：当在结的两端施加直流电压时，电流发生振荡，其频率是

$$\omega = 2eV / \hbar \tag{3-11}$$

$1\mu V$ 的直流电压产生振荡的频率为 483.6 MHz。式 3-11 说明当电子对穿过势垒时，会放出能量为 $\hbar\omega = 2eV$ 的光子。这个效应被用于 h/e 的精确测量。另外，如果与直流电压同时施加一个射频电压，则能产生通过结的直流电流。

宏观长程量子干涉：直流磁场加到包含两个结的超导电路，会使最高超导电流呈现随磁场强度变化的干涉效应，超导量子干涉仪（SQUID）就是利用这个效应工作的。

3.4　超导材料的发展

在 1986 年之前，由于当时已知的所有超导体都要在液氦冷却的条件下才能"工作"，这些不利因素给超导技术的实际应用范围带来了很多限制。因此，关于如何提高材料的 T_c 以及寻求高 T_c 材料，一直是科学家们的研究课题。图 3-10 列出了人们探索提高超导转变温度的历程。

1986 年 4 月，柏诺兹与缪勒发现 La-Ba-Cu-O 氧化物中，"可能存在高温超导电性"，他们在电阻测量中发现当 La-Ba-Cu-O 化合物冷却到 35K 即开始陡降，到 13K 电阻完全消失。随后验证了迈斯纳（Meissner）效应的存在，证实这种化合物的超导电性，从而揭开了超导

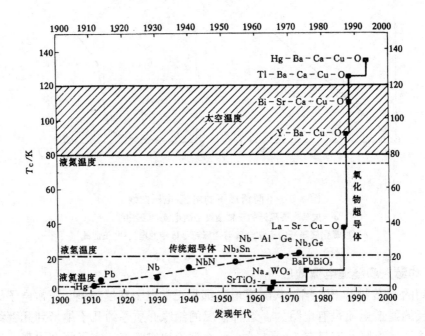

图 3-10 超导体的发展历程

电性研究的新篇章。1987 年 2 月朱经武等在美国宣布发现 T_C 上升到液氮温区的氧化物超导体 ($T_C \sim 90$K)，赵忠贤等敏锐地注意到 La-Sr-Cu-O 体系的掺杂效应，独立地发现 $T_C \sim 90$K 的 Y-Ba-Cu-O 化合物，并首先公布其成分。

哈沃 (Raveau) 小组成功地用 Bi 元素替代了 La-Sr-Cu-O 中的 La，制成了 T_C 为 7～22K 的 Bi-Sr-Cu-O 超导体，1988 年 1 月前田 (Maeda) 小组将 Ca 掺到 Bi-Sr-Cu-O 体系中，看到了 80K 和 110K 两个温度上的超导转变，使得 Bi 系这种无稀土超导体的转变温度高于液氮温度。1988 年 2 月，Tl-Ba-Ca-Cu-O 系列氧化物被盛正直和赫尔曼 (M. Hermann) 等人发现，使最高超导转变温度达到 125K。1993 年 5 月司麒麟 (A. Schilling) 和普特林 (S. N. Putilin) 等人又成功地合成了 Hg-Ba-Ca-Cu-O 氧化物超导体，其超导转变温度达 134K。

柏诺兹 (J. G. Bednorz) 和缪勒 (K. A. Muller) 的发现，这不仅使超导转变温度提高了十度以上，更重要的是为新超导体的探索研究开辟了新的道路，将超导体从金属、合金和化合物扩展到氧化物陶瓷。

3.4.1 常规超导体

相对于氧化物高温超导体而言，元素、合金和化合物超导体的超导转变温度较低 (T_C <30K)，其超导机理基本上能在 BCS 理论的框架内进行解释，因而通常又被称为常规超导体或传统超导体。

3.4.1.1 超导元素

已发现的超导元素近 50 种，如图 3-11 所示。除一些元素在常压及高压下具有超导电性外，另一部分元素在经过特殊工艺处理（如制备成薄膜，电磁波辐照，离子注入等）后显示出超导电性。其中 Nb 的 T_C 最高 (9.2K)，与一些合金超导体相接近，而制备工艺要简单得多。Nb 膜的 T_c 对氧杂质十分敏感，因而在超高真空（氧分压 $<10^{-6}$Pa）条件下，才能制备优良的 Nb 薄膜。

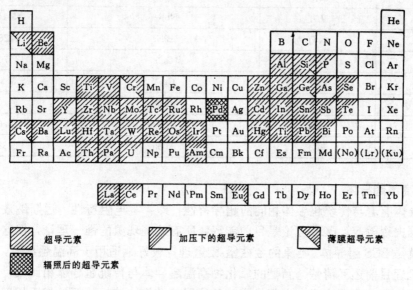

图 3-11 周期表中的超导元素

3.4.1.2 合金及化合物超导体

具有超导电性的合金及化合物多达几千种，真正能够实际应用的并不多。表 3-4 列出了一些典型合金及化合物的 T_c（最大值）。其中 A-15 超导体 Nb_3Sn 是 20 世纪 50 年代马梯阿斯（B.T. Matthias）首次发现的。在 1986 年以前发现的超导体中，这类化合物中的 T_c 居于领先地位，它们之中临界温度最高的是 Nb_3Ge 薄膜，为 23.2K。此外，C-15 超导体的临界温度约 10K，上临界场 H_{c2}（约 1.6×10^7A/m）高于超导合金 NbTi，而在力学性质方面优于 Nb_3Sn，易于加工成型，中子辐照对它的超导电性影响较小，因而是目前受控热核反应用高场超导磁体的理想材料。

表 3-4 一些合金及化合物的临界温度

结构类型	对 称 性	化 合 物	T_c/K
A-2	立方	$Nb_{0.75}Zr_{0.25}$	11.0
A-2	立方	$Nb_{0.75}Ti_{0.25}$	10.0
A-15	立方	Nb_3Ge	23.2
A-15	立方	Nb_3Sn	18.0
C-15	立方	$(Hf_{0.5}Zr_{0.5})V_2$	10.1
A-12	立方	$NbTc_3$	10.5
B-2	立方	VRu	5.0
C-16	四角	$RhZr_2$	11.1
C-14	六角	$ZrRe_2$	6.4

结构类型	对　称　性	化　合　物	T_c/K
D-8b	四角	$Mo_{0.38}Re_{0.62}$	14.6
L-I_2	立方	$NbRe_3$	15-16
B-8_1	六角	$BiNi$	4.25
B-31	斜方	$GeIr$	4.70
C_c	四角	Ge_2Y	3.8
E-9_3	立方	$RhZr_3$	11.0
C-40	六角	$NbGe_2$	15.0
D-1_c	斜方	$AuSn_4$	2.38

3.4.2　高温超导体

高温超导体有着与传统超导体相同的超导特性，即：零电阻特性、迈斯纳效应、磁通量子化和约瑟夫森效应。BCS 理论是目前能解释所有这些现象的惟一理论，但这并不意味高温超导体就是 BCS 超导体。唯象的金兹堡-朗道理论较好地适用于高温超导体，但高温超导体的配对机理目前还不清楚。新型的氧化物高温超导体与传统超导体相比较，有其独特的结构和物理特征，主要表现在它们具有明显的层状结构、较短的超导相干长度、较强的各向异性以及 T_c 对载流子浓度的强依赖关系。

从高温超导体结构的公共特征来看，都具有层状的类钙钛矿型结构组元，整体结构分别由导电层和载流子库层组成，导电层是指分别由 Cu-O_6 八面体、Cu-O_5 四方锥和 Cu-O_4 平面四边形构成的铜氧层，这种结构组元是高温氧化物超导体所共有的，也是对超导电性至关重要的结构特征，它决定了氧化物超导体在结构上和物理特性上的二维特点。超导主要发生在导电层（铜氧层）上。其他层状结构组元构成了高温超导体的载流子库层，它的作用是调节铜氧层的载流子浓度或提供超导电性所必需的耦合机制。导电层（CuO_2 面或 CuO_2 面群）中的载流子数由体系的整个化学性质以及导电层和载流子库层之间的电荷转移来确定，而电荷转移量依赖于体系的晶体结构、金属原子的有效氧化态，以及电荷转移和载流子库层的金属原子的氧化还原之间的竞争来实现。

高温超导体的点阵常数 a 和 b 都接近 0.38nm，这一数值是由结合较强的 Cu-O 键的键强所决定的。而载流子库层的结构则根据来自 Cu-O 键长的限制作相应的调整，这正是载流子库层往往具有更多的结构缺陷的原因。

在费米能级上，铜原子的 $3d_{x^2-y^2}$ 轨道，氧原子的 $2p_x$ 轨道，形成了相关的轨道函数。通过对强相关反铁磁绝缘体掺杂，引入自由载流子，可得到超导体。高温超导体的超导态和正常态都存在强烈的各向异性。虽然传统超导体与高温超导体的超导机理可能不同，但对照 BCS 超导调制合金来研究高温超导体的超导行为是有益的。

高温超导体的性质由载流子浓度决定。例如 La_2CuO_4，从实验得到的相图上显示它是反铁磁绝缘体。掺入很少量的 Sr，它将变为自旋玻璃态。进一步的掺杂将引入更多的载流子，它将变为超导体。存在一个最佳的载流子浓度，使临界温度达到极大值。过量掺杂将使该体系变为正常金属。对高温超导体而言，载流子浓度的变化来自氧缺位，相应氧含量可由制备过程或成分的变化来改变。实际上，晶格参数的变化常伴随着载流子浓度的变化。在很多材料中发现调制结构使结构不同于"平均结构"。

相干长度很短是所有高温超导体的本征特性，所以不均匀性也是高温超导体的本征特性，这将影响其物理性能和应用。不管是研制高质量的单晶还是探索高温超导机理，进一步研究缺陷含量及其分布都是十分重要的。

表3-5列出了人们主要研究的陶瓷超导体的名义成分和超导转变温度。下面就La系、Y系、Bi系、Tl系和Hg系中的主要超导相的结构与性质给以讨论。

表 3-5 高温超导体系列

I	$La_{2-x}Ba_xCuO_4$	$0.1<x<0.2$	$T_c=35K$
II	$Nd_{2-x}Ce_xCuO_4$	x 约 0.15	$T_c=24K$
III	$YBa_2Cu_3O_y$	$y\leqslant7.0$	$T_c=93K$
	$YBa_2Cu_4O_y$	$y\leqslant8.0$	$T_c=80K$
	$Y_2Ba_4Cu_7O_y$	$y\leqslant15.0$	$T_c=40K$
IV	$Bi_2Sr_2Ca_{n-1}Cu_nO_{2n+4}$	$n=1$	$T_c=12K$
		$n=2$	$T_c=80K$
		$n=3$	$T_c=110K$
		$n=4$	$T_c=90K$
V	$Tl_2Ba_2Ca_{n-1}Cu_nO_{2n+4}$	$n=1$	$T_c=90K$
		$n=2$	$T_c=110K$
		$n=3$	$T_c=122K$
		$n=4$	$T_c=119K$
VI	$TlBa_2Ca_{n-1}Cu_nO_{2n+2.5}$	$n=1$	$T_c=50K$
		$n=2$	$T_c=90K$
		$n=3$	$T_c=110K$
		$n=4$	$T_c=122K$
		$n=5$	$T_c=117K$
VII	$HgBa_2Ca_{n-1}Cu_nO_{2n+2.5}$	$n=1$	$T_c=94K$
		$n=2$	$T_c=128K$
		$n=3$	$T_c=134K$
VIII	$K_xBa_{1-x}BiO_3$	x 约 0.4	$T_c=30K$
VIV	$BaPb_{1-x}Bi_xO_3$	x 约 0.25	$T_c=12K$

3.4.2.1 镧锶铜氧化物（La-Sr-Cu-O）超导体

具有K_2NiF_4结构的$La_{2-x}M_xCuO_4$（M=Sr，Ba）是由La_2CuO_4掺杂得到的。其特点是有准二维的结构特征。图3-12给出了$La_{2-x}Sr_xCuO_4$结构示意图。晶体结构属四方晶系，空间群为$D_{4h}^{17}-I_4/mmm$，每个单胞化合式单位为2，即每个单胞包含4（La，M）、2Cu和8O。晶格常数$a=0.38nm$和$c=1.32nm$。由于Jahn-Teller畸变，二价铜离子是四方拉长的，即铜离子周围在a-b平面上有四个短的Cu-O键，另外两个长的Cu-O键沿c轴方向。纯的La_2CuO_4是不超导的，有过量氧的$La_2CuO_{4+\delta}$却是超导体。另外，当部分La^{3+}离子被二价的

Sr^{2+} 和 Ba^{2+} 所替代时才显示出超导性质，超导转变温度在 20～40K 之间，取决于掺杂元素 M 和掺杂浓度 x，$La_{2-x}Sr_xCuO_4$ 的相图如图 3-13 所示。

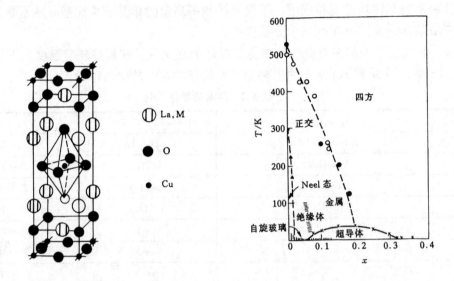

图 3-12 $La_{2-x}M_xCuO_4$ 超导体的晶格结构   图 3-13 $La_{2-x}M_xCuO_4$ 超导体的相图

当温度从室温降低时，$La_{2-x}M_xCuO_4$ 发生位移型相变，由四方相转变为正交相，相变发生后使晶格常数 a 和 b 不再相等，另外还使晶胞扩大，结构转变的温度都高于超导转变温度，并且随掺杂元素的种类和掺杂量而改变。

La_2CuO_4 为反铁磁绝缘体，相邻的 Cu 原子自旋反向。按照 Mott-Hubard 模型，引入在位库仑能 U，将使导带劈裂为二，成为 Mott 绝缘体。将一个两价的碱土原子 Sr 置换 La，将在下能级中引入空穴，这就导致绝缘体变为金属。中子衍射的实验结果表明，反铁磁态对于掺杂极为敏感，当 $x=0.02$ 时，长程序就消失，变成关联长度约 4nm 的高关联的二维自旋液体。当 $x=0.05$ 时，发生绝缘体—金属的转变，但对自旋关联影响不大，自旋关联一直延伸到超导态中。

3.4.2.2 钇钡铜氧化物（$YBa_2Cu_3O_{7-\delta}$）超导体

$YBa_2Cu_3O_{7-\delta}$ 是由三个类钙钛矿单元堆垛而成的，图 3-14 描绘了正交相 $YBa_2Cu_3O_7$ 和四方相 $YBa_2Cu_3O_6$ 的结构示意图。单胞中含量最多的氧原子分别占据四种不等价晶位，O(1)、O(2)、O(3) 和 O(4)。Y 层两侧占结构 2/3 的铜离子与周围四个氧形成 CuO_2 的弯曲面，在 Ba-O 层之间的其余 1/3 的铜与氧的配位情况与氧含量有密切的关系。随着氧含量的降低其结构由正交相转变为四方相。

对于如图 3-14a 所示的 $\delta=0$ 的正交相结构 Ba-O 层之间有沿 b 方向的一维 Cu(1)-O 原子链，沿 a 方向两个 Cu(1) 之间的位置上没有氧离子占据，这个位置被称为 O(5) 晶位（如图 3-14 中的虚线球所示），只有在 Cu(1) 被其他三价阳离子替代时，才被氧所占据。这样在 $YBa_2Cu_3O_7$ 晶体结构中便存在 Cu(2)-O 的五配位和 Cu(1)-O 的四配位；而对于 $\delta=1$ 的 $YBa_2Cu_3O_6$ 四方相结构 Cu-O 链完全消失，如图 3-14b 所示，氧只占据钙钛矿中 2/3 的负离子位置，并且完全有序，从而使得 1/3 的铜形成 Cu(1)-O 二配位，而 2/3 的铜形成 Cu(2)-O

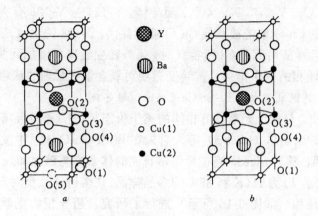

图 3-14　YBa$_2$Cu$_3$O$_{7-\delta}$晶格结构

a—$\delta=0$；b—$\delta=1$

五配位。当氧含量δ在0与1之间时，晶体结构处于从正交相至四方相的渐变过程，如图3-15所示，当氧含量$\delta>0.6$时晶体完全变成了四方结构。从YBa$_2$Cu$_3$O$_{7-\delta}$相图中看到，当$0<\delta<0.6$时，正交相中有两个超导转变台阶，一是在$0<\delta<0.15$范围内，超导转变温度T_c为90K；另一是在$0.25<\delta<0.45$区域内对应于$T_c=50\sim60$K。随着δ值的增加，结构由正交转变为四方，T_c逐渐降低。当$0.6<\delta<1.0$时，YBa$_2$Cu$_3$O$_{7-\delta}$是非超导的四方相，显示出反铁磁性。

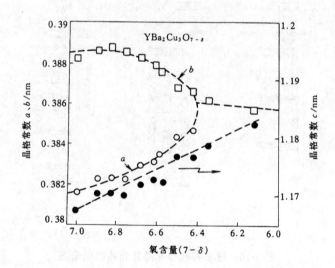

图 3-15　YBa$_2$Cu$_3$O$_{7-\delta}$晶格参数与氧含量$7-\delta$的关系

在YBa$_2$Cu$_3$O$_{7-\delta}$中，Y一般用稀土元素来替换后，仍保持Y-123结构，而且对T_c影响不大。但用Ce和Pr置换后，由于导致了载流子的局域化，使其丧失了超导电性。在Y-123化合物中用过渡族元素Fe、Ni、Co和Zn以及Ga、Al、Mg等置换Cu后，导致T_c不同程度的下降。

在Y系超导体中，除最早发现的YBa$_2$Cu$_3$O$_y$（Y-123）外，还有YBa$_2$Cu$_4$O$_y$（Y-124，T_c

＝80K）和 $Y_2Ba_4Cu_7O_y$（Y-247，T_c＝40K）超导体。Y-124 与 Y-123 有类似的晶体结构，不同之处在于 Y-123 的 Cu-O 单链被双层 Cu-O 链所替代。Y-124 的优点是它的氧成分配比较稳定，当对 Y-124 相的 Y 用部分 Ca 所替代时，超导转变温度可增加到 90K。Y-247 相的结构是 Y-123 和 Y-124 相的有序排列，其转变温度对氧含量有强烈的依赖关系。

3.4.2.3　铋锶钙铜氧化物（Bi-Sr-Ca-Cu-O）超导体

在元素周期表中，与稀土元素具有相同的离子价态（3＋）和相近离子半径的非稀土元素有 Bi^{3+} 和 Tl^{3+} 等。米切尔（Michel）等人首先在 Bi-Sr-Cu-O 体系中发现了超导转变温度为 7～22K 的超导相。随后 Maeda 等在米切尔研究的体系的基础上加入 CaO，在 Bi-Sr-Ca-Cu-O 的体系中发现了 T_c 为 110K 和 85K 的多晶样品。许多研究人员对 Bi-Sr-Ca-Cu-O 的体系的超导相的晶体结构（如图 3-16 所示）进行了研究。超导相的化学通式为 $Bi_2Sr_2Ca_{n-1}Cu_nO_{2n+4}$，$n$＝1，2，3，4，分别称为 2201 相、2212 相、2223 相和 2234 相。

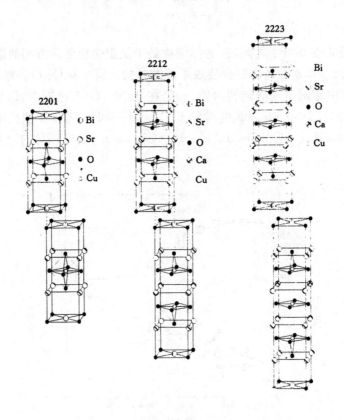

图 3-16　铋系各超导相晶体结构的示意图

Bi 系超导相的晶体中所有阳离子都是沿 z 轴的（00z）和（1/2 1/2 z）交错排列，因此平均晶体粗结构可看成四方晶系，体心点阵。Bi 系四个超导相的晶胞参数 a，b 相近，只是 c 分别为 2.46nm、3.08nm、3.70nm 和 4.40nm。这类超导相的结构特点是结果中的一些 Cu-O 层被 Bi_2O_2 双层隔开，不同相的结构差异在于相互靠近的 Cu-O 层的数目和 Cu-O 层之间 Ca 层的数目。各超导相的超导转变温度如表 3-5 所示。由图 3-16 可见：2201 相中，铜只有一个八面体晶位，铜氧之间为六配位。在 2212 相中，在两个 Bi_2O_2 双层之间，有两个底心相对的 Cu-O 金字塔结构，从对称性考虑此结构只有一个 Cu-O 五配位晶位。2223 相的结构与 2212 相相似，所不同的是 2223 相多一个 Cu-O 平面晶位和一个 Ca 层。正是由于铋系各超导相在结构上的相似性，它们的形成能也较接近，因此在制备 2223 相样品时，不可避免地有多相共生的现象。值得注意的是 Bi 系超导相中存在着较强的一维无公度调制结构，这种调制结构的出现使得晶体的整体对称性降低。用 Pb 部分替代 Bi 可以减弱 Bi-Sr-Ca-Cu-O 体系的调制结构，从而对铋系高温相有加固作用。

3.4.2.4　铊钡钙铜氧化物（Tl-Ba-Ca-Cu-O）超导体

Tl-Ba-Ca-Cu-O 体系中存在着与 Bi-Sr-Ca-Cu-O 体系结构类似的四个超导相。它们的化学式为 $Tl_2Ba_2Ca_{n-1}Cu_nO_{2n+4}$，分别称为 Tl-2201 相、Tl-2212 相，Tl-2223 相和 Tl-2234 相。超导转变温度如表 3-5 所示。晶体结构可参见图 3-16，图中 Bi 用 Tl 替换，Sr 用 Ba 替换，所不同的是 Tl 系中各超导相的一维调制结构比 Bi 系降低了很多，相应的超导转变温度比 Bi 系有不同程度的增加。

在 Tl 系中，除了如上所述的 $Tl_2Ba_2Ca_{n-1}Cu_nO_{2n+4}$ 体系之外，还发现了另一体系的超导相 $TlBa_2Ca_{n-1}Cu_nO_{2n+3}$（$n=1，2，3，4，5$），这几个相的结构特点是 Cu-O 平面被 Tl-O 单层隔开。实际上相当于 2201，2212 和 2223 结构中以 Tl-O 平面之间所截得的中间部分，其晶体结构可参见图 3-17。

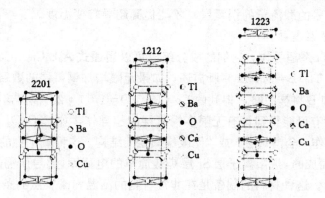

图 3-17　$TlBa_2Ca_{n-1}Cu_nO_{2n+3}$ 的结构图

3.4.2.5　汞钡钙铜氧化物（Hg-Ba-Ca-Cu-O）超导体

（Hg-Ba-Ca-Cu-O）汞钡钙铜氧化物超导体是目前所发现的超导转变温度最高的超导体，它们的晶体结构与上一节讨论的 $TlBa_2Ca_{n-1}Cu_nO_{2n+2.5}$（$n=1，2，3，4，5$）超导体十分相似。Hg 系超导体的晶体结构如图 3-18 所示。它们为四方晶系，简单点阵，空间群为 D_{4k}^1-P_4/mmm。

值得注意的是 La—、Y—、Bi—、Tl— 和 Hg—系这五类含铜氧化物超导体结构中都存在 Cu-O 层，Y 系中除了 Cu-O 平面外，还有 Cu-O 链。许多实验表明，Cu-O 层在高 T_c 超导电性中起了关键性的作用，而其它的原子层只起了储备载流子所需的电荷的作用。人们在认识到铜氧层对于超导电性的重要性的同时，也曾想象通过合成铜氧层数 n 较多的超导体 $A_2B_2Ca_{n-1}Cu_nO_{2n+y}$ 和 $AB_2Ca_{n-1}Cu_nO_{2n+y}$（A＝Bi，Tl，Hg；B＝Sr，Ba），可能达到更高的超导转变温度。但事实并非 n 越大，T_c 就越高，实验证明对于 $A_2B_2Ca_{n-1}Cu_nO_y$ 体系和

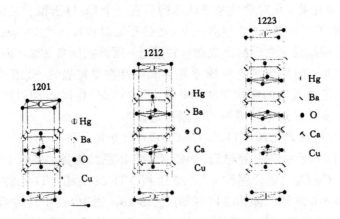

图 3-18 $HgBa_2Ca_{n-1}Cu_nO_{2n+2.5}$ 的结构图

$AB_2Ca_{n-1}Cu_nO_y$ 体系，$n=3$，4 时，T_C 达到最大。其中的原因是，尽管高 n 体系有足够多的导通层，但是这些铜氧层远离载流子库层，实验表明它们的载流子浓度较低，不能满足超导电性的要求，因此片面增加载流子浓度较低的铜氧层对提高 T_C 无益，只有增加具有活性的铜氧层（有足够多的载流子的铜氧层）才能提高超导转变温度。

3.4.2.6 无限层超导体

对于 Bi 系和 Tl 系超导体，它们的成分组成可以用通式 $A_2B_2Ca_{n-1}Cu_nO_{2n+y}$ 和 $AB_2Ca_{n-1}Cu_nO_{2n+y}$（A＝Bi，Tl；B＝Sr，Ba）所描述，如果无限增加铜氧层的数目，即令 $n\rightarrow\infty$，这时在通式中的 A 和 B 将被忽略，得到的 Ca：Cu：O＝1：1：2。根据这样的思路，人们通过探索合成工艺就有可能得到具有无限多铜氧层的超导体，如 $CaCuO_2$、$SrCuO_2$、$BaCuO_2$ 等。$SrCuO_2$ 被称作"全铜氧层"或"无限铜氧层"结构。这种氧化物的特征是由很多 Cu-O 层和 Sr 层堆垛而成的，近阳离子层 Sr 层是最简单的电荷库，超导所需的载流子是通过 Sr 层的调整来实现的。这种材料的制备是在非常苛刻的高温和高氧压的条件下完成的。依靠不同的制样方式能得到 P 型和 N 型超导体，它们的超导转变温度 T_C 分别是 40K 和 90K。

利用近阳离子层中阳离子占位不完全来调整和增加载流子浓度，是一种提高无限层超导体 T_C 的有效方法，利用这种方法得到的 $Ca_{1-x}SrCuO_2$ 的超导转变温度已达 110K。

3.4.2.7 钕铈铜氧化物（Nd-Ce-Cu-O）超导体

$Nd_{2-x}Ce_xCuO_4$ 氧化物超导体是第一个被发现的电子导电型氧化物超导体，尽管它的超导转变温度只有 24K，但因载流子性质和 La-A-Cu-O（A 是碱土金属 Ba 或 Sr）、Y-Ba-Cu-O、Bi-Sr-Ca-Cu-O、Tl-Ba-Ca-Cu-O 超导体不同，因而它对超导机制研究有重要意义。$Nd_{2-x}Ce_xCuO_4$ 与其他各类氧化物超导体一样，都有 Cu-O 组成的二维的准正方格子面，具有四方结构，其晶格参数 $a=0.39469nm$ 和 $c=1.20776nm$。晶体结构如图 3-19 所

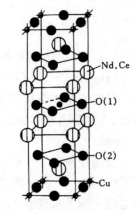

图 3-19 $Nd_{2-x}Ce_xCuO_4$
晶体结构

示。与图 3-12（T 相结构）不同，这里的结构中的铜离子仅与平面内的四个氧离子构成第一近邻，没有上下两个顶点氧。

与传统超导体相比，氧化物超导体中具有较短的相干长度和较强的各向异性。缺陷对超导电性的影响在高温超导体中表现得更为突出。由于传统超导体与高温超导体的一些内禀性质（如相干长度等）有很大差别，超导电性与缺陷的关系十分复杂，特别是由于缺陷的种类和存在形式的多样化，对它们的研究一直受到人们的广泛重视。一方面，如果没有缺陷的引入，欠掺杂的母相氧化物就不可能有超导电性；另一方面，如果对超导体过量掺杂则会导致其超导电性的破坏，因此要系统地阐明各种缺陷对超导电性的影响是很困难的。详细研究各类缺陷的作用和影响将有助于深入探讨高温超导机制。

3.4.3 其他类型的超导材料

3.4.3.1 金属间化合物（R-T-B-C）超导体

早在 20 世纪 70 年代，菲逖革（Feitig）等人就报道了稀土-过渡族元素-硼所组成的金属间化合物的超导电性，如 $ErRh_4B_4$（$T_c = 8.7K$）、$TmRh_4B_4$（$T_c = 9.86K$）和 YRh_4B_4（$T_c = 11.34K$）。这类超导体表现出超导电性与铁磁性共存的复杂现象，故人们又称它们为磁性超导体。这类金属间化合物超导体中以铅钼硫（$PbMo_6S_8$）的超导转变温度最高，T_c 达 14.7K。晶体为夏沃尔相结构。

1993 年 2 月，马扎丹（C. Mazumdan）等制备出 YNi_4B 超导体，它的超导转变温度为 12K，具有 $CeCo_4B$ 型结构，晶格参数为 $a = 1.496nm$ 和 $c = 0.695nm$。同年 9 月，纳戈瑞金（R. Nagarajan）等人又在 Y-Ni-B 体系中加入了 C，制备出了 $YNi_2B_3C_{0.2}$，使超导转变温度提高到 13.5K，晶体属六角密排型结构，晶格参数为 $a = 0.4982nm$ 和 $c = 0.6948nm$。1994 年 1 月贝尔实验室的卡瓦（Cava）等人制备出了 YNi_2B_2C 超导体，其超导转变温度又提高到 16.6K，接着制备出来的新的四元素硼碳金属间化合物，超导转变温度提高到 23K。

3.4.3.2 有机超导体和碱金属掺杂的 C_{60} 超导体

第一个被发现的有机超导体是 $(TMTSF)_2PF_6$，尽管这种有机盐的超导转变温度只有 0.9K，但是有机超导体的低维特性、低电子密度和电导的异常频率关系引起了人们的注意，有机超导体的发现预示了一个新的超导电性研究

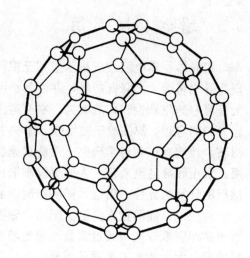

图 3-20 C_{60} 的足球状单壳结构

领域的出现。随后，新的有机超导体 $(BEDT-TTF)_2ReO_4$ 被合成，它的超导转变温度 T_c 为 2.5K。此后又有一些新的有机超导体陆续被发现，如 κ-$(BEDT-TTF)_2Cu(NCS)_2$，其超导转变温度 10.4K；κ-$(BEDT-TTF)_2Cu[N(NC)_2]Br$，超导转变温度 12.4K；$\kappa$-$(BEDT-TTF)_2Cu[N(NC)_2]Cl$ 在 300MPa 压强下的超导转变温度 12.8K。

C_{60} 是由 60 个碳原子形成的足球状的单壳结构，如图 3-20 所示，由碳组合成的 12 个正五边形和 20 个正六边形一起围成足球状的多面体。这些"足球"密排成面心立方点阵。每

个碳原子有两根单键和一根双键。近邻的碳-碳键长为 0.144nm，与石墨中的碳-碳键长（0.142nm）接近。考虑到 C_{60} 的碳原子间为 π 键耦合，C_{60} 的外径为 1.081nm。当掺入碱金属（如 K，Na，Rb，Cs）时，人们发现只在一些特定的成分上才能形成有富勒烯结构，如 K_3C_{60} 和 K_6C_{60}。K_3C_{60} 是 $T_C \sim 20K$ 的超导体，而 K_6C_{60} 是绝缘体。已经发现了多种晶体结构，近于球状的 C_{60} 的基本构造框架很接近面心立方结构，结构上的差别来自碱金属占据 C_{60} 分子间隙位置的方式不同。通过与各种碱金属原子的结合，A_xC_{60} 的超导转变温度已从最初的 18K 提高到 30K 以上。目前在众多的 A_xC_{60} 化合物中，超导转变温度最高的是 $RbCs_2C_{60}$，T_C 为 33K。

3.4.3.3 重费米子超导体

重费米子超导体 $CeCu_2Si_2$ 是斯泰格里希（Steglich）在 70 年代末首先发现的，它的超导转变温度只有 0.7K。这类超导体的比热测量显示其低温电子比热系数 γ 非常大，是普通金属的几百甚至几千倍。由此可以推断这类超导体的电子有效质量 m^* 比自由电子（费米子）的质量重几百甚至几千倍，由此被称为重费米子超导体。目前有关重费米子超导体的超导机制尚不清楚。尽管目前发现的一些重费米子超导体如 UB_{13}、UPt_3、URu_2Si 等的转变温度都比较低，在 1K 以下，但是对重费米子超导体的研究，对于超导电性机制研究有特别重要的意义。人们发现了一族新的重费米子超导体其中包括 UNi_2Al_3 和 UPd_2Al_3（重费米子超导体也有自己的 1-2-3 结构），前者的 T_C 是 1K 而后者的最高 T_C 为 2K。根据电子比热系数 $\gamma \sim 150mJ/(mol \cdot K^2)$ 的结果，计算得到有效质量 $m^*/m_0 \approx 65 \sim 70$。

3.5 超导材料的应用

超导体的零电阻效应显示了其无损耗输送电流的性质，大功率发电机、电动机如能实现超导化将会大大降低能耗，并使其小型化。如将超导体应用于潜艇的动力系统，可以大大提高它的隐蔽性和作战能力。在交通运输方面，负载能力强，速度快的超导悬浮列车和超导船的应用，都依赖于磁场强、体积小、重量轻的超导磁体。此外超导体在电工、交通、国防、地质探矿和科学研究（回旋加速器、受控热核反应装置）中的大工程上都有很多应用。利用超导隧道效应，人们可以制造出世界上最灵敏的电磁信号的探测元件和用于高速运行的计算机元件。用这种探测器制造的超导量子干涉磁强计可以测量地球磁场几十亿分之一的变化，能测量人的脑磁图和心磁图，还可用于探测深水下的潜水艇；放在卫星上可用于矿产资源普查；通过测量地球磁场的细微变化为地震预报提供信息。超导体用于微波器件可以大大改善卫星通讯质量。超导材料的应用显示出巨大的优越性。

然而，超导体的广泛应用还要解决材料和技术方面的很多问题。在材料方面主要是要求超导体应有较高的临界温度和临界电流。为保证超导材料在应用时的安全稳定性，不同的应用领域对超导体的技术指标提出了相应的要求，如表 3-6 所示。广泛应用的另一方面的限制来自低温技术。人们总是把超导应用的期望寄托在没有能量损耗的电力输送上。目前的高压输电线的能量损耗高达 10% 以上，如果用超导导线替代它们，在输电过程中将没有能量损耗。然而用超导材料替代目前输电线并非易事，要在长距离上使超导体保持在临界温度以下，需要设计适当的低温系统，建造和维护它们都需要有非常专门的技术。目前国内和国外的一些研究机构正在实验室里试制小型的模拟超导输电系统。另外，对于用传统超导体制造的设备，需要用液氦冷却。由于氦气十分稀少，所以还需要一个附加的封闭系统，以降低氦气的损耗，这正是物理学家们为什么总是千方百计提高超导临界温度的原因，也难怪近年来高临界温度超导体的发现在世界上产生了如此大的反响，人们为这一发现而振奋，因为可以用便宜方便的液氮来取代昂贵的液氦，人们看到了超导广泛应用的曙光。

表 3-6   超导材料的磁场环境和临界电流

应 用 领 域	B/T	$J_C/\text{A} \cdot \text{cm}^{-2}$
电缆	0.1	5×10^6
交流传输线	0.2	10^5
直流传输线	0.2	2×10^4
SQUID	0.1	2×10^2
发电机和电动机	4	10^4
故障电流限制器	>5	$>10^5$

3.5.1 低温超导材料的应用

3.5.1.1 强电方面的应用

在超导电性被发现后首先得到应用的是用它来作导线，导线只有用第 II 类超导体制造，因为它能承受很强的磁场，目前最常用的用以制造超导导线的传统超导体是 NbTi 与 Nb_3Sn 合金。NbTi 合金具有极好的塑性，可以用一般难熔金属的加工方法加工成合金，再用多芯复合加工法加工成以铜（或铝）为基体的多芯复合超导线，最后用冶金方法使其由 β 单相变为具有强钉扎中心的 $(\alpha+\beta)$ 双相合金，以获得较高的临界电流密度。每年世界上按这一工艺生产的数百吨的 NbTi 合金，产值可达几百亿美元。Nb_3Sn 线材是按照青铜法制备：将 Nb 棒插入含 Sn 的青铜基体中加工，最后经固态扩散处理，在 Nb 芯丝与青铜界面上形成 Nb_3Sn 层。在 1T 的强磁场下，输运电流密度达 10^3A/mm^2 以上，而截面积为 1mm^2 的普通导线，为了避免熔化，电流不能超过 1～2A。超导线圈的主要应用如下：

(1) 用于高能物理受控热核反应和凝聚态物理研究的强场磁体；

(2) 用于 NMR 装置上以提供 1～10T 的均匀磁场 $(B_0 = \mu_0 H)$；

(3) 用于制造发电机和电动机线圈；

(4) 用于高速列车上的磁悬浮线圈；

(5) 用于轮船和潜艇的磁流体和电磁推进系统。

物理研究需要很强的磁场，超导磁体被广泛应用，特别是一些特殊的设备如果没有超导磁体就不能使用。中国科学院合肥等离子体研究所已建造了使用超导磁体用于研究受控热核反应的托科马克装置 HT-7。

此外，超导磁体还用于核磁共振层析扫描，这种医用技术是通过对弱电磁辐射的共振效应来确定一些核（如氢）的性质，共振频率正比于磁场强度，先进的核磁共振扫描装置内的磁场为 15000～20000Oe（即 $B_0 = 1.5 \sim 2\text{T}$），借助于计算机，对人体不同部位进行核磁共振分析，可以得到人体各种组织包括软组织的切片对比图像，这是用其他方法很难得到。核磁共振比 X 光技术不仅更加有效及精确而且是一种对人身体无害的诊断手段。

3.5.1.2 弱电方面的应用

根据交流约瑟夫森效应，利用约瑟夫森结可以得到标准电压。约瑟夫森结对微波场的

反应是在 V-I 曲线上出现一些陡变的台阶，台阶的高度是固定电压的整数倍

$$V_n = n\Phi_0\nu_{ext} \qquad (3\text{-}12)$$

这里直流电压 V_n 和外来微波信号的频率 ν_{ext} 的关系只依赖于基本常数 Φ_0，与约瑟夫森结的材料和结的其他性质无关，频率可以很精确地测定。利用约瑟夫森效应可以得到电压的精确值，而且使用方便，在电压计量工作中具有重要意义。它把电压基准提高了二个数量级以上，并已确定为国际基准。约瑟夫森效应的另一个基本应用是超导量子干涉仪 (SQUID)，在 SQUID 里可以有一个或两个约瑟夫森结，SQUID 要求没有磁滞的约瑟夫森结，因此我们用一个足够小的电阻把薄膜微桥或隧道结并联起来。SQUID 的灵敏度主要受到结电阻产生的热噪声限制，磁通量如有 $10^{-6}\Phi_0/\sqrt{Hz}$ 的微小变化，SQUID 也可以探测到。如此高的磁测量灵敏度，可以用于生物磁学。约瑟夫森结还有在计算应用上的巨大潜力，它的开关速度在 10^{-12}s 量级和能量损耗在皮可瓦范围，利用这一特性可能开发新的电子器件，例如可以为速度更快的计算机建造逻辑电路和存储器。

高温超导体被发现后，由于低温超导薄膜有均匀性、工艺稳定性以及热噪声低等优点，低温超导材料目前仍在超导器件制造中占有十分重要的地位。其中，具有重要实用价值的有 B-1 型化合物薄膜如 NbN 以及 A-15 超导体膜，如 Nb_3Sn，Nb_3Ge 等。

3.5.2　高温超导体的应用及进展

利用溅射、脉冲激光沉积、金属有机化学沉积 (MOCVD) 等技术已能制备高质量的 YBCO 薄膜和高温超导多层膜，薄膜技术的发展为高温超导电子学器件的研制提供了先决条件。单靶旁轴溅射是一种简便、经济而且十分有效的制备方法，这种方法制备的 YBCO 薄膜在 77K 下临界电流密度可达 $5 \times 10^6 A/cm^2$。多层膜可用于制造器件，例如 YBCO/PBCO/YBCO，YBCO/SrTiO$_3$/YBCO 等。除了那些要求特别低噪声的场合外，原则上说，高温超导器件可比传统超导器件在更高的温度下工作。高温超导体的特有性质或许可用于研制未知的新器件，如半导体-超导体及铁电材料-超导膜混合的存储器件，这也要求超导器件的应用与集成电路结合起来。早期，高温超导 SQUID 的应用受到 $1/f$ 噪声等问题的困扰。近期的进展已大大降低了噪声，双晶隧道结已达到很高的分辨率，众所周知，最理想的传统超导 SQUID 是利用三明治型隧道结，但高温超导 SQUID 目前还不行，因为它的相干长度很短，它要利用弱连接性质，即边缘隧道结，台阶隧道结和双晶隧道结等。最近，高温超导体 SQUID 的分辨率在 1Hz 使用时已优于 $170fT/Hz^{1/2}$，可用来探测大脑的磁场变化。这么高的分辨率用来探测心脏磁场的变化就更没问题了，因为后者要求的分辨率要低，在这方面有望进入实用阶段。我国已将高温超导 SQUID 应用于地磁的探测，显示了一定的优越性。

由于高温超导体具有较低的表面电阻和较高的工作温度，高温超导无源微波器件的研制获得了巨大的成功，例如滤波器、谐振器、延迟线等，这些器件可望在今后几年里变为商品面市，为全球通讯服务，实用是很有前途的，但也有一些技术问题有待解决，例如制备大面积高质量的薄膜（直径大于 5cm），改进衬底材料的介电性质，并要求它与高温超导材料有更好的晶格匹配和线膨胀系数匹配。新型超导-半导体集成电路的开发应用，超高速计算机元件的研制也有广阔的前景。在空间上如果使用运行在 $90\sim100$K 的微波器件，将为空间的微波技术应用带来巨大的变化。一些新的应用领域如 NMR 的探测器如用高温超导体来进行可以极大地改善 NMR 的质量和降低成本。

在块材和大规模强电应用方面，由于采用了一系列制备材料的新方法而取得了长足的

进步，这些新方法可制备高度取向织构的大块样品，但制备应用于强电的超导线或超导带还有一些技术问题需要解决。

　　与传统超导体相比，高温超导体也有其固有的弱点，例如强烈的各向异性、短的相干长度、不均匀性、在晶界上存在弱连接等等。熔融织构（MTG）、淬火熔化（QMG）和粉末熔化（PMP）等制备 YBCO 的新方法，能大大改进 YBCO 的弱连性质，使临界电流密度在 77K 和 1T 的磁场下达到 $7 \times 10^4 A/cm^2$。通过包银制备的 BSCCO 带材也取得了很大进展，其临界电流密度在 4.2K 和 20T 的磁场下达 $10^5 A/cm^2$，可用来制造 NMR 测量中所需的高于 20T 的强磁场。现在的关键问题不仅是要改进制备工艺，减少晶粒间的弱连等问题，还要解决磁通钉扎这个与晶粒内部有关的基本问题，晶粒内部的钉扎中心还不十分清楚，它可能是与相干长度尺寸相当的"点缺陷"。近期的实验表明，中子或重离子轰击，杂相（如 YBCO 中的 211 相），螺旋位错等引入的缺陷，可使钉扎力增强，从而增大磁场下的临界电流密度。与传统超导调制合金相进行对比，来研究高温超导磁通动力学方面仍是一种很好的方法。在液氮温区大规模应用高温超导体还需要有一个过程。目前在磁悬浮、磁屏蔽短距离大电流的传输、机械储能等方面的应用已经开展。

　　美国在 20 世纪 90 年代初成立了美国超导体公司（ASC），专门生产铋系超导材料，并致力于大型传输电缆、变压器、电机、限流器和储能器的试制。他们开发了第一代的 Bi-Sr-Ca-Cu-O/2223 带材，已能批量制造 100m 以上的长带（86 芯），其临界电流密度 J_c 已达 $(0.8 \sim 1.2) \times 10^4 A/cm^2$；同时他们也在积极进行第二代实用带材（Y-Ba-Cu-O 涂层超导带材）的开发。美国磁际总公司（IGC）和阿贡实验室（ANL）在美国能源部的支持下，合作开发商用 Bi-Sr-Ca-Cu-O/2223 超导线。1995 年由磁际总公司和阿贡实验室各提供一个绕组，在美国海军实验室（NRL）制成了功率达 123kW 的最大高温超导电机。由磁际总公司提供的 Bi-Sr-Ca-Cu-O/2223 带材在意大利 BICC 电缆公司制造了在 31K 温度下通过 11087A 的最大直流输电电缆。1996 年底，美国还报道了用高温超导材料做成磁悬浮轴承，并应用在飞轮储能装置中。一套 42 磅重的飞轮被混合型超导磁轴承浮起。飞轮转速为 6000r/min。现在正设计更大、更快的飞轮储能系统。

　　作为有希望成为第二代高温超导带材的 Y-Ba-Cu-O 涂层超导带材是在高纯 Ni（99.99％）经冷压和结晶热处理辅助加工获得（001）双轴取向织构的柔性金属基带上，用激光法蒸上过渡层钇稳定的氧化锆（YSE），再在 YSE 上沉淀 Y-Ba-Cu-O，制成有强织构的 Y-Ba-Cu-O 超导层。这种第二代高温超导带材，在美国长 4cm 的短样的临界电流密度 J_c 已达到 $2.4 \times 10^6 A/cm^2$，目前正设法研究长带。

　　日本非常重视高温超导材料在电力方面的应用研究，并在变压器、输电电缆、限流器、交流引线等方面都已取得实质进展。在多芯 Bi-Sr-Ca-Cu-O/2223 带材方面，日本住友公司的 1200m 长带的临界电流密度 J_c 达到 $1.7 \times 10^4 A/cm^2$，500m 的临界电流密度达到 $2.4 \times 10^4 A/cm^2$；并已做成 50m 长的电缆（66kV/1kA/3 相）；还制成了 800kVA 的变压器，效率大于 99％。发电站用高温超导变压器体积小、重量轻。住友公司还与 Chuba 电力公司合作研制了 77kV，200A 的高温超导电缆终端装置，该装置热损耗为 19W，并能承受 150kV 和 440kV 脉冲电压。古河公司与东京电力公司联合设计和制造了 50m 长、1000A 的高温超导电缆，该超导电缆在直流条件下临界电流为 1700A，在 50Hz 交流条件下可通过电流（有效值）为 1200A。日本富士电气公司和九州大学合作研制了 2kV/6.6kV（有效值）的高温超导交流电流引线，引线总长度 1322m。这些研究工作为高温超导在电力传输中应用打下了良好的基础。还值得注意的是 1996 年日立公司研制了 1m 长的 Tl-Ba-Ca-Cu-O/1223 带材，其临界电流密度在 77K、零磁场下达 $9 \times 10^4 A/cm^2$，1T 磁场下达到 $7000A/cm^2$，这种带材可能成为 77K 磁体的选用材料。

美国的 Conductus 公司在直径 75mm 的高温超导芯片上制成了一个 19 极带通滤波器，中心频率在 900MHz，带宽 2.7%，在 77K 温度下插入损耗 1.2dB，回波损耗大于 15dB。另一个具有同一中心频率的 5 极超窄带滤波器的带宽为 0.27%，回波损耗优于 200dB。将这种滤波器应用于通讯，可使噪声因子降低一个数量级，从而改善通讯质量和容量。美国超导技术公司还用 Tl-Ba-Ca-Cu-O 制成高效能滤波器，它可用标准蜂窝站台中 28V 直流电源运行，功耗小于 100W。杜邦公司用 Y-Ba-Cu-O 薄膜制成中心频率为 6.04GHz 的二极 1% 带宽平面高温超导滤波器，在 77K 时可传输大于 115W 的高功率，可用于无线电通讯发射机上。

在高温超导 SQUID 方面，由于最近发现微波氧等离子体处理（OPT）能使高温超导约瑟夫森结的成品率大大提高，从而加快了高温 SQUID 走向市场的步伐。高温 SQUID 可用于大地磁探测（地球物理、探矿）、心磁测量、扫描显微镜和无损探伤等方面。采用 Y-Ba-Cu-O/Ag-Au/Y-Ba-Cu-O 结制成的 4 通道集成 DC-SQUID 仪在 77K 下工作，得到的磁场灵敏度为 70fT/ $(Hz)^{1/2}$，用它可以清楚地观察到心磁信号（峰值为 100PT 量级）。最近在第五届国际超导大会上又有报道，在 1Hz 下，磁场灵敏度优于 30fT/ $(Hz)^{1/2}$ 和在几个赫兹下，优于 10fT/ $(Hz)^{1/2}$ 的器件都已制备成功。

从上面的简要介绍可以看出，人类的生活中已经切实感受到了超导电技术带来的好处，如医用的核磁共振成像的超导磁体；同时在电子器件上的应用近几年将会实现商品化。不远的将来，人们会看到在微波通讯、计算机器件，几乎无损耗输电、储能及平衡电网方面的光明前景。需要特别指出的是：利用超导隧道效应所制备的敏感元件，其能量分辨可以接近量子力学测不准原理所限定的水平，这是其他器件所不能达到的。同时，解决人类未来能源的基本技术是受控热核反应，而实现这一点必须使用无损耗的超导磁体。因此人类的未来离不开超导电技术及其相关技术的发展。超导电技术将会在越来越广泛的范围里造福人类，而且对高温超导电性机理的了解，将对凝聚态物理学的发展产生极为深远的影响。在下一个世纪超导电技术将会变得更为重要。

参 考 文 献

1 Kamerlin Onnes, Akademieder Wetenschappen, Amsterdam, Proceedings, 1912, 14, 820

2 Matthias B T, Stein P R. Phys. of Modern Materials Vol. Ⅱ, Int. Atomic Energy Agency, Vienna, 1980: 212

3 Ginzburg V L, Andryushin E A. Superconductivity (World Scientific, Singapore, 1994), 31

4 章立源, 张金龙, 崔广霁. 超导物理. 北京: 电子工业出版社, 1987

5 张裕恒, 李玉芝. 超导物理. 合肥: 中国科技大学出版社, 1991

6 Michel C, Er-Rakho L, Raveau B. Mat. Res. Bull, 1985; 20: 667

7 Bednorz J G, Muller K A. Z. Phys, 1986; B64: 189

8 Wu M K, et, al., Phys. Rev. Lett, 1987; 58: 908

9 赵忠贤等. 科学通报, 1987; 32: 412

10 Meada H, Tanaka Y, Fukutomi M, Asano T. Jpn. J. Appl. Phys. 1988; 27: L209

11 Sheng, Z Z, Hermann, A M. Nature, 1988; 332; 55, 138

12 Putilin S N *et al.*，Nature，1993；362：226

13 Jorgensen J D，Phys. Today，1991；44：34

14 Hazen R M. in：Physical properties of high temperature superconductors Ⅰ，ed. D. M. Ginsberg，World Scientific，Singapore，1989：147

15 冯端，金国钧，物理学进展，1990；10：375

16 Subramanian M A，*et al.*，Science，1988；239：1015

17 梁敬魁. 物理，1991；18：641

18 Tokura Y. *et al.*，Nature，1989；337：345

19 Izumi F，*et al.*，Physica C，1989；158：433

20 D，de Fontaine，Ceder G，Asta M. Nature，1990；343：544

21 Pickett W E. Rev. Modern Phys.，1989；62：433

22 Hiroi Z.，Kobayashi N. Takano M. Nature，1994；371：2388

23 Eshelby J D. Solid State Physics. edited by Seitz F，Turnbull D. New York，Academic Press Inc.，1956：115

24 冯端主编. 固体物理学大词典. 北京：高等教育出版社，1995. 2：102

4 膨胀材料和弹性材料[1~9]

4.1 膨胀合金

在仪器、仪表和电真空技术中使用着一类具有特殊膨胀系数的合金,称为膨胀合金。按膨胀系数大小又将其分为三种:

(1) 低膨胀合金(亦称因瓦合金),要求$\overline{\alpha}_{20\sim100℃} \leqslant 1.8 \times 10^{-6}/℃$。主要用于仪器仪表中随温度变化尺寸近似恒定的元件,如精密天平的臂,标准钟摆杆、摆轮,长度标尺,大地测量基准尺,谐振腔,微波通讯的波导管,标准频率发生器等。还用作热双金属的被动层。

(2) 定膨胀合金,其$\overline{\alpha}_{20\sim400℃} = (4\sim11) \times 10^{-6}/℃$。由于这种合金与玻璃、陶瓷或云母等的膨胀系数接近,可与之匹配(或非匹配)封接,所以又称为封接合金。被广泛地应用于电子管、晶体管、集成电路等电真空器件中作封接、引线和结构材料。

(3) 高膨胀合金,$\overline{\alpha}_{20\sim400℃} \geqslant 12 \times 10^{-6}/℃$。主要用作热双金属的主动层。

4.1.1 金属与合金的热膨胀特性

4.1.1.1 金属与合金的热膨胀

金属与合金在加热或冷却时尺寸和体积发生变化,这种由于温度变化导致尺寸和体积变化的现象叫做热膨胀。表征金属与合金热膨胀的主要参数是膨胀系数。

设长度为l的金属或合金温度变化dT时,长度的变化为dl。定义线膨胀系数α_T为

$$\alpha_T = \frac{1}{l} \times \frac{dl}{dT} \tag{4-1}$$

同样,体膨胀系数β_T定义为

$$\beta_T = \frac{1}{V} \times \frac{dV}{dT} \tag{4-2}$$

α_T、β_T称为真实膨胀系数,即某一温度时金属或合金尺寸(或体积)的变化率。

由于许多金属或合金的长度随温度升高呈线性增加,通常采用平均线膨胀系数或平均体膨胀系数来表示

$$\overline{\alpha}_{T_1\sim T_2} = \frac{l_2 - l_1}{l_1}\left(\frac{1}{T_2 - T_1}\right) \tag{4-3}$$

$$\overline{\beta}_{T_1\sim T_2} = \frac{V_2 - V_1}{V_1}\left(\frac{1}{T_2 - T_1}\right) \tag{4-4}$$

式中l_1,V_1为温度T_1时试样的长度和体积;l_2,V_2为温度T_2时试样的长度和体积。

金属与合金受热膨胀的现象可用晶格原子的非对称简谐振动定性说明。假定一对相邻原子结合在一起,它们之间同时受两种作用力。一种是引力,即正负电荷的库仑力;另一种是斥力,即正离子与正离子间、自由电子与自由电子间的排斥力。在引力和斥力的共同作用下原子间处于平衡状态r_0,该状态的合力为零,位能最低(图4-1)。原子间的位能U是引力能和斥力能的总和

$$U = -\frac{a}{r^m} + \frac{b}{r^n} \tag{4-5}$$

式中 a、b 为常数（正值）；m、n 是指数。对金属来说，$m=3$，$n>m$。这表明当两原子靠拢时，斥力的增加要比引力的增加快。也就是说，原子间相互作用的位能曲线是不对称的。这样，温度升高时原子热振动加剧，位能增加，振幅增大（见图 4-2）。与此同时，平均原子间距自 r_0、…r_4、…逐渐增大，从而导致热膨胀。平均原子间距（反映点阵常数）的大小反映原子（离子）间结合力的强弱。这就是说，热膨胀的物理本质是材料温度变化时原子间结合力发生变化。

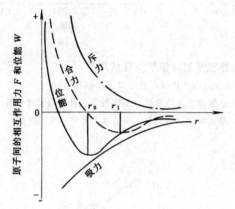

图 4-1 双原子模型中一对原子间的相互作用
力及位能与原子间距的关系

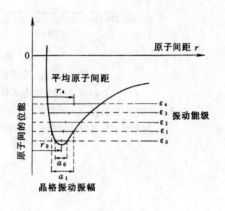

图 4-2 随原子间位能提高
平均原子间距增大

4.1.1.2 反常线膨胀现象

一般金属与合金的膨胀系数随温度变化的规律如图 4-3a，这叫正常热膨胀。但某些金属和合金，如镍和铁镍合金的膨胀系数随温度变化的规律与之不同（图 4-3b），称为反常热膨胀。镍的膨胀系数在居里点附近异常增大，叫正反常。而 Fe-Ni35％（原子分数）合金在居里点附近的膨胀系数明显减小，可接近于零甚至负值，称负反常，也叫因瓦反常。

从图 4-4 看出，因瓦反常的合金在居里温度以上具有与一般合金类似的正常热膨胀，而在居里温度以下则出现反常热膨胀。

这说明因瓦合金的反常热膨胀与其铁磁性密切相关。居里点以下合金为铁磁性，随饱和磁化强度的改变相应发生体积变化，即自发体积磁致伸缩。这样，铁磁体的热膨胀便可看成是晶格热振动和磁致伸缩随温度发生变化这两部分所引起的。因瓦合金具有很大的正磁致伸缩值。随温度提高饱和磁化强度急剧下降，伴随着较大的体积收缩，就抵消了由晶格振动加剧产生的正常热膨胀值。而在居里点以上合金转变为顺磁性，磁性行为引起负膨胀的因素消失，膨胀系数增大到正常值。

因瓦反常是了解和研究热膨胀合金的物理基础。已有的研究和总结表明，因瓦合金多为富铁的面心立方铁磁性合金，在接近面心与体心立方相边界的很窄的成分范围内，而且该成分要对应于高磁矩和较低居里点的成分范围（见图 4-5）。这已成为寻找和研究因瓦合金的指导原则。

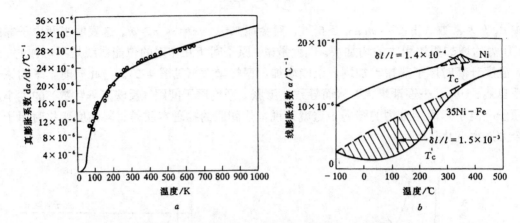

图 4-3　金属与合金的膨胀系数随温度变化的规律

a—铝的真实膨胀系数（曲线为理论计算值，点为实测数据）；

b—镍和 Fe-Ni35%（原子分数）合金的膨胀系数随温度的变化（虚线表示正常热膨胀时 α 值，

阴影区表示反常热膨胀的范围和大小，箭头指居里点，δl/l 表示最大反常热膨胀量）

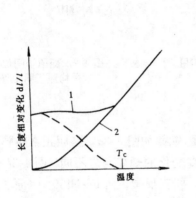

图 4-4　因瓦合金与一般合金的热膨胀曲线

（图中虚线代表因瓦合金在 T_c 温度以下，

随铁磁性减小线长度的相对收缩量）

1—因瓦合金；2—一般合金

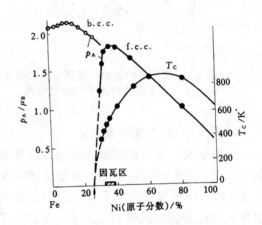

图 4-5　Fe-Ni 合金磁矩，

居里温度与成分的关系

（箭头表示 $T_c = 0$ 的临界成分）

4.1.2　低膨胀合金

低膨胀合金是低膨胀系数的合金。目前得到广泛应用的典型低膨胀合金有 4J36（因瓦）和 4J32（超因瓦）合金。其他则是根据性能需要演变来的合金，如 4J38 易切削因瓦合金、Fe-Co54-Cr9 耐蚀因瓦合金等。表 4-1 列举了低膨胀合金的成分与性能。

表 4-1 主要低膨胀合金的成分与性能

合金牌号	主要化学成分	$\bar{\alpha}_{20\sim100℃}/℃^{-1}$
4J36	Fe-36%Ni	$\leqslant 1.8\times10^{-6}$
4J32	Fe-32%Ni-4%Co-0.6%Cu	$\leqslant 1.0\times10^{-6}$
4J40	Fe-33%Ni-7.5%Co	$(\bar{\alpha}_{20\sim300℃})\geqslant2.0\times10^{-6}$
4J38	Fe-36%Ni-0.2%Se	$\leqslant1.5\times10^{-6}$
	Fe-54%Co-9%Cr	$\leqslant1.0\times10^{-6}$
	Fe-35%Ni-5%Co-2.5%Ti	3.6×10^{-6}

4.1.2.1 4J36 合金

4J36 合金是 36%Ni 的铁镍二元合金,在室温下为面心立方 γ 单相组织。但在接近 −200℃时发生 $\gamma\rightleftharpoons\alpha$ (M) 转变(亦称马氏体转变)。由于 $\gamma\rightleftharpoons\alpha$ (M) 转变会造成合金体积变化,因此要求 $\gamma\rightleftharpoons\alpha$ (M) 转变温度尽可能低,以免在使用温度范围内产生相变。

Fe-Ni 二元合金的因瓦成分区在 36.5%Ni 附近,偏离该成分会使膨胀系数增加。图 4-6 示出杂质元素对 4J36 合金膨胀特性的影响。由图看出,杂质元素使合金具有最低膨胀系数时的镍含量发生变化。当含 Ti、Mn、Cr 时最低膨胀系数对应的镍含量从 36.5%增加;存在 Cu、Co、C 时最低膨胀系数对应的镍含量由 36.5%减少。另外,除 Co 以外,其他杂质元素都使合金的膨胀系数增加。所以准确控制镍含量,尽量减少杂质是获得低膨胀系数的关键。

冷加工使 4J36 合金的膨胀系数下降,随变形率增大膨胀系数甚至会变为负值。冷加工使合金内部缺陷增多,密度降低,破坏合金中短程有序化程度,也影响到自发磁化强度和磁致伸缩系数,最终都影响合金的热膨胀性能。由于组织不稳定,通过冷加工得到的低膨胀系数是不可取的。应在冷加工后经退火处理使组织稳定化。其热处理制度为:(1)850±20℃固溶处理后快冷,使合金成分和组织均匀;(2)300~320℃回火 4h,缓冷到室温,以消除固溶处理的应力;(3)98~100℃时效 48h,稳定合金组织。

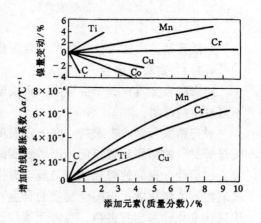

图 4-6 杂质元素对 4J36 合金膨胀系数的影响

4.1.2.2 4J32 合金

Fe-Ni-Co 系低膨胀合金是在 4J36 的基础上,用钴置换一部分镍发展起来的,其典型是 4J32 合金。合金成分为 31.5%~33.0%Ni,3.2%~4.2%Co,0.4%~0.8%Cu。在退火状态下,合金为单相 γ 组织。$\gamma=\alpha$ (M) 转变温度约为 −90℃。

与 4J36 合金一样,合金的膨胀系数大小主要取决于合金成分。从图 4-7 看出,钴的适量加入可获得更低的膨胀系数,所以该合金又被称为超因瓦合金。合金中 Ni、Co 含量对膨胀系数的影响示于图 4-8。当 Co 含量为 5%时,Ni 含量约 31.5%,$\bar{\alpha}_{20\sim100℃}$ 接近于零。Ni 含量偏离该数值$\overline{\alpha}_{20\sim100℃}$都要增大。Fe-Ni-Co 三元合金的 $\gamma \rightleftharpoons \alpha$(M) 转变温度较高,约为$-60℃$;若加入少量 Cu 可降低 $\gamma \rightleftharpoons \alpha$(M) 转变温度,达到$-90℃$。

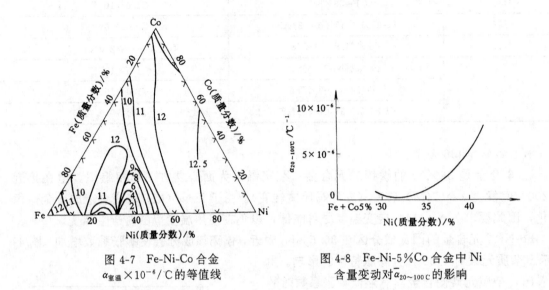

图 4-7　Fe-Ni-Co 合金　　　　　图 4-8　Fe-Ni-5%Co 合金中 Ni
$\alpha_{室温} \times 10^{-6}/℃$ 的等值线　　　　含量变动对$\overline{\alpha}_{20\sim100℃}$的影响

杂质元素、冷加工和热处理对合金膨胀系数的影响与 4J36 合金类似。

4.1.3　定膨胀合金

定膨胀合金具有适于半导体,集成电路的封接所必须的各种特性,是各种电真空器件不可缺少的材料。

对定膨胀合金的要求是:在一定温度范围内合金的膨胀系数与被封接的玻璃、陶瓷或云母等材料的膨胀系数相近,以做到匹配封接;有较高的导电和导热性;有较高的强度和加工成型性;良好的焊接性;与玻璃封接的合金表面应能形成与基体结合牢固,又易于被玻璃浸润的氧化膜;与陶瓷封接的合金有良好的抗焊料渗透性;在使用过程中不允许有组织结构变化;非金属夹杂、有害元素和气体含量要少,以保证封接后的气密性;带材应平整、光洁、表面质量高,无划伤等缺陷,无残余应力。

在这些要求中最主要的问题有两个。一是膨胀系数。用于封接的软玻璃的软化点,即封接温度为 450℃左右,$\overline{\alpha}_{20\sim450℃}$为 (9～11)$\times10^{-6}/℃$。硬玻璃的软化点约 550～600℃,$\overline{\alpha}_{20\sim500℃}$为 $5\times10^{-6}/℃$。95%Al_2O_3 陶瓷的$\overline{\alpha}_{20\sim800℃}$为 $7\times10^{-6}/℃$,合金与陶瓷用钎焊来封接,钎焊温度为 800～900℃。要做到匹配封接要求在封接温度至室温区间合金的膨胀系数与被封接材料的膨胀系数差小于 10%。若两种材料的膨胀系数相差太大,会产生很大的内应力,导致漏气、破坏电真空。这个问题主要从合金成分上解决。二是从合金材质、生产工艺和封接技术等各方面保证封接后的气密性。材质中最重要的是存在的气体。气体存在的原因很多,包括吸附、内部吸收、有机物与无机物附着造成的污染、包含在各种缺陷内的气体、内部以化合物形式存在的气体等。因此对定膨胀合金来说,不仅除气处理极为重要,原材料的质量也很重要。

4.1.3.1　主要定膨胀合金及其膨胀特性

根据被封接材料的种类和封接技术不同,要求具有不同膨胀系数的封接材料,因此有较多种类的定膨胀合金。另外，定膨胀合金的使用温度较高，亦需通过添加合金元素提高居里点。目前，大多数定膨胀合金都具有因瓦反常现象，并通过调整合金成分来满足要求。

定膨胀合金主要有 Fe-Ni、Fe-Ni-Co、Fe-Cr、Fe-Ni-Cr 系合金等。表 4-2 列举了主要定膨胀合金的化学成分及膨胀性能。随着塑料封接技术的应用，无氧铜及铜合金也大量用于非匹配封接。

A　Fe-Ni 系定膨胀合金

含 Ni36%～70%的 Fe-Ni 合金都有因瓦效应，且具有稳定的 γ 相结构。其膨胀系数和居里温度随镍含量的增加而增加，通过调整镍含量可获得在给定温度范围内与不同膨胀系数的材料匹配封接的一系列定膨胀合金。

常用的 Fe-Ni 系合金的镍含量为 42%～54%。其中 4J42、4J45、4J50 合金主要用于和软玻璃或含 75%Al_2O_3 的陶瓷封接。4J42 是用量最大的合金，用于集成电路引线框架、密封插头、与软玻璃封接的元件，表面镀银后可与陶瓷封接以及热双金属的被动层等。由于它不含钴，价格便宜，可用它代替 4J29 合金。

Fe-Ni 系合金的再结晶退火温度为 800～900℃。因合金易产生沿晶界氧化，再结晶退火应在真空或保护气氛下进行。

表 4-2　主要定膨胀合金的化学成分和膨胀性能

合金牌号	主要化学成分/%	20℃～以下温度范围内的 $\bar{\alpha}/℃^{-1}$						用途
		200℃	300℃	400℃	450℃	500℃	600℃	
4J42	Fe-42%Ni		(4.4～5.6)×10⁻⁶	(5.4～6.6)×10⁻⁶				与软玻璃或陶瓷封接
4J45	Fe-45%Ni		(6.5～7.7)×10⁻⁶	(6.5～7.7)×10⁻⁶				
4J50	Fe-50%Ni		(8.8～10.0)×10⁻⁶	(8.8～10.0)×10⁻⁶				
4J29	Fe-29%Ni-17.5%Co			(4.6～5.2)×10⁻⁶	(5.0～5.6)×10⁻⁶			与硬玻璃封接
4J33	Fe-33%Ni-14.5%Co			(5.9～6.9)×10⁻⁶		(6.5～7.5)×10⁻⁶		与陶瓷封接
4J34	Fe-29%Ni-20%Co			(6.2～7.2)×10⁻⁶			(7.8～8.8)×10⁻⁶	
4J44	Fe-34.5%Ni-9%Co	(4.3～5.3)×10⁻⁶	(4.3～5.1)×10⁻⁶	(4.6～5.2)×10⁻⁶		(6.4～6.9)×10⁻⁶		与硬玻璃封接
4J6	Fe-42%Ni-6%Cr		(7.5～8.5)×10⁻⁶	(9.5～10.5)×10⁻⁶				
4J47	Fe-47%Ni-1%Cr			(8.0～8.6)×10⁻⁶				与软玻璃封接
4J49	Fe-47%Ni-5.5%Cr			(9.2～10.2)×10⁻⁶				

合金牌号	主要化学成分/%	20℃~以下温度范围内的 $\bar{\alpha}$/℃$^{-1}$						用　途
		200℃	300℃	400℃	450℃	500℃	600℃	
4J28	Fe-28%Cr					$(10.4\sim11.6)$ $\times10^{-6}$		与软玻璃封接,耐蚀
4J78	Ni-21.5%Mo-1.5%Cu					$(12.1\sim12.7)$ $\times10^{-6}$	$(12.4\sim13.0)$ $\times10^{-6}$	与陶瓷封接,无磁
4J80	Ni-10.5%W-10.5%Mo-2%Cu					$(12.7\sim13.3)$ $\times10^{-6}$	$(13.0\sim13.6)$ $\times10^{-6}$	
4J82	Ni-18.5%Mo					$(12.5\sim13.1)$ $\times10^{-6}$	$(13.0\sim13.6)$ $\times10^{-6}$	

B　Fe-Ni-Co 系定膨胀合金

在 Fe-Ni 二元系中加入钴,使合金的居里点提高,在降低镍含量的情况下,可在较宽的温度区间保持恒定的膨胀系数,能与硬玻璃封接。典型的 Fe-Ni-Co 系定膨胀合金有 4J29、4J33、4J34 合金,其成分和膨胀性能见表 4-2。特别是 4J29 合金,也叫可伐合金,是最能满足封接条件的合金。从成分看,4J29 是具有 γ 组织的铁磁体,居里点为 435℃。

图 4-9 是 Fe-Ni-Co 三元系实用状态图。由图可知,上述合金成分位于奥氏体(γ)与马

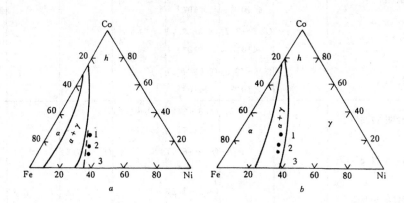

图 4-9　Fe-Ni-Co 三元系状态图

a—室温截面；b—200℃截面

1—4J34；2—4J29；3—4J33

氏体(α(M))组织的分界线附近的 γ 相区。若冷却到 -200℃以下,三种合金都处在 $\gamma+\alpha$(M)两相区内,所以必须充分注意成分控制,使合金的 $\gamma\rightleftharpoons\alpha$(M)转变温度在 -80℃以下。图 4-10 示出了 Co、Ni 含量对 $\gamma\rightleftharpoons\alpha$(M)转变温度的影响。随 Ni 含量增加,$\gamma\rightleftharpoons\alpha$(M)转变温度降低；而 Co 含量增加,转变温度升高。Al、Si 等杂质含量增多也使转变温度升高。转变温度除与化学成分有关应注意外,还应控制热、冷加工变形率,热处理和晶粒度大小。$\gamma\rightleftharpoons\alpha$(M)转变是无扩散型相变,伴随新相马氏体的形成产生体积膨胀。为保证

合金的膨胀系数和封接质量,避免 $\gamma \rightleftharpoons \alpha(M)$ 转变是十分重要的。

此外,为保证高气密性应尽量减少合金中气体和杂质含量。深冲性能与晶粒度和织构有关。若晶粒粗大,深冲时导致不均匀变形和晶粒转动,表面质量恶化。必须用适当的再结晶退火控制晶粒大小,晶粒度不能大于 5 级。合金带材的织构是由冷加工和再结晶退火造成的。如果冷轧变形率 >70%,退火后产生(112)[111]和(100)[112]的再结晶织构;变形率更高时会产生(001)[100]立方织构。带有织构的各向异性带材在深冲时会出现方向性的制耳。解决这个问题的根本措施是控制最终冷轧变形率不大于 70%。

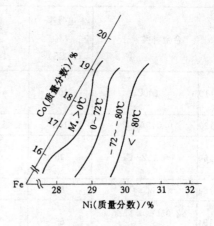

图 4-10 Fe-Ni-Co 合金
成分对 M_s 点的影响

4J29 合金的标准热处理工艺如下:

(1)中间热处理。为消除冷加工引起的内应力和加工硬化,在 H_2 中进行 700~1000℃/h 的热处理;

(2)最终热处理。在 H_2 中进行 900~1000℃ 30min 或 1100℃ 10~15min 的退火,并低于 300℃ 出炉。目的是去除吸附气体和油污,同时消除残余应力,改善封接性;

(3)预氧化处理。为制作氧化膜,在氧化气氛中加热到 650℃ 以上。

C 其他封接合金

Fe-Ni 合金中加入铬可使 $\bar{\alpha}_{20\sim400℃}$ 值增加,但降低居里点。改变镍、铬含量可以调节膨胀系数,能与软玻璃匹配封接。同时,Fe-Ni-Cr 合金具有更好的封接性。这是因为合金中含活性较大的铬,在空气中加热易生成富铬的氧化膜,不仅与合金基体结合牢固,且易被铅玻璃湿润从而提高封接性。

主要 Fe-Ni-Cr 系合金有 4J6、4J47、4J49 等,其膨胀特性见表 4-2。

用 Mo、W、Cu 合金化的镍基合金(4J78、4J80、4J82 等)是顺磁性的,属于无磁定膨胀合金。这是电子束聚焦、强磁场下工作的电真空器件所要求的。

Ni-Mo 合金随 Mo 含量增加磁性减弱,当 Mo 含量为 8% 时居里点降至室温。除无磁外,这类合金的加工性较好,有耐蚀性、耐热性、高强度,还可以用氩弧焊与 95%Al_2O_3 陶瓷非匹配封接。

集成电路的引线框架过去一直广泛采用 4J29、4J42 作为封接材料。随着集成电路的发展,特别是向大功率晶体管和高密度实装发展,要求元件有良好的导电性、导热性。为满足这些要求,采用塑料封装技术,无氧铜和铜合金被用作引线框架材料。铜合金的封装特性示于表 4-3。铜合金的膨胀系数与树脂接近,又有良好的导电性和导热性,已被大量使用。目前使用的铜合金已从 Cu-Ag 系向 Cu-Fe 系发展,如 CA194、CA195 等具有良好的高温特性。

表 4-3   塑封用铜合金的特性

合金种类		电导率 /% (IACS)[①]	热导率 /W·(m·K)⁻¹	线膨胀 系数/℃⁻¹	弹性模量 /GPa	耐热性 (指加热到550℃、5min 的抗拉强度)/MPa
CA110	100Cu	100	391	17.7×10^{-6} (约300℃)	119	231
CA129	0.045Ag-Cu	100	391		119	266
CA150	0.15Zr-Cu	90	343	19.5×10^{-6} (约600℃)	131	336
CA184	0.8Cr-Cu	80	322		112	448
CA194	2.35Fe、0.12Zn、 0.03P、97.5Cu	65	262	16.3×10^{-6} (约300℃)	123	385

① 国际退火铜标准。

4.1.3.2   封接方式与技术

封接用的密封材料有金属、玻璃、陶瓷等。对定膨胀合金来说，主要是金属-玻璃、金属-陶瓷的封接。

金属与玻璃间封接的关键是二者的热膨胀系数、亲和性及热传导的差异。因此选用封接材料时要特别注意选择热膨胀系数接近的材料。图 4-11 示出 4J29、4J52 与玻璃的热膨胀性能的比较。由图可知，在很宽的温度范围内 4J52 与软玻璃、4J29 与硬玻璃的膨胀系数非

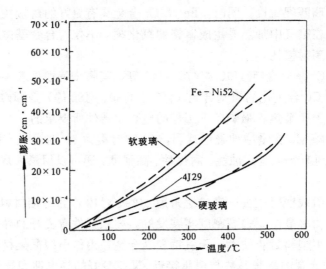

图 4-11   封接合金和玻璃的热膨胀曲线

常接近，也就是说要根据玻璃的种类适当选择定膨胀合金的组成。同时也要注意合金晶粒度的大小，特别是 4J29 合金，因为晶粒过大可能在常温或高于常温下发生 $\gamma \rightleftharpoons \alpha$ (M) 马氏体转变。这是不允许的。

为了提高金属-玻璃间的亲和性,应在封接前进行以氧化为目的的预氧化处理。图 4-12

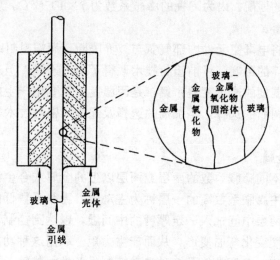

图 4-12 金属-玻璃封接的结构模型

表示金属-玻璃之间封接的结构模型。如图所示,预氧化处理形成的金属氧化物扩散溶解到玻璃层内形成连续的结构,从而达到牢固的封接。图 4-13、图 4-14 分别表示 4J29 合金和 4J6 合金与玻璃封接部位各元素的扩散情况。用 4J29 合金封接时的扩散深度依 Fe、Co、Ni 的顺序增大,而玻璃中的 Si 几乎不向合金中扩散。用 4J6 合金封接时 Cr 向玻璃中的扩散良好。这就是 Fe-Ni-Cr 合金具有更好封接性的原因。为了选择性氧化生成 CrO,一般在湿氢中进行 1050~1250℃短时加热的预氧化处理。

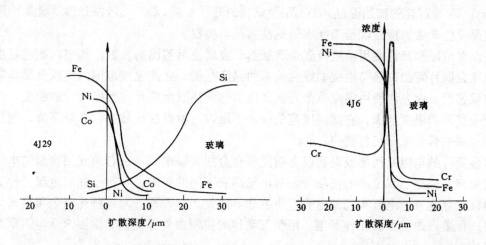

图 4-13 4J29 合金在玻璃中的扩散　　图 4-14 4J6 合金在玻璃中的扩散

预氧化处理时封接合金表面形成以 α-Fe_2O_3、Fe_3O_4 为主的氧化膜,氧化进程大体依照平方规律。最适当的氧化增量为 $0.0003\sim0.0007g/cm^2$。

金属-陶瓷间在平面上封接导线时，可使用结晶玻璃或普通的低熔点玻璃来封接。还可在陶瓷的结合面上敷镀金属，再与金属钎焊。当然，不论哪种方法都必须充分注意陶瓷与金属的热膨胀系数的匹配。因为陶瓷的膨胀系数为 $7 \times 10^{-6}/℃$，所以 4J42、4J45、4J50 是良好的陶瓷封接材料。

上述密封都是将电真空元件内部气氛与外界隔断，而塑料封装则是用树脂置换元件表面的气体以消除外界的影响。目前塑封技术取得了很大进展，但还存在以下问题：第一是透气性，特别是对湿度的透过度差；第二是因温度反复变化产生内应力；第三是产生污染腐蚀。其难度包括树脂的选择，添加剂的选择及配方和密封技术等。在可靠性上尚不如上述封接方法。

4.1.4 热双金属

热双金属是由不同膨胀系数的两层或两层以上的金属或合金沿整个接触面牢固结合而成的复合材料。其中膨胀系数高的一层称为主动层，膨胀系数低的一层称为被动层。电阻型热双金属中还在两层中间加入一定厚度的中间层，以达到控制电阻率的目的。

热双金属随温度变化弯曲变形，从而产生力矩。利用这种功能，热双金属被广泛用作温度测量、温度控制、温度补偿及各种自动控制设备中的热敏元件。

4.1.4.1 热双金属的主要特性

从热双金属的使用要求出发，热双金属的主要特性有比弯曲、电阻率、弹性模量、线性温度范围和允许使用温度范围。此外，热双金属还要求扭转、弯曲、反复弯曲、密度等性能参数。

比弯曲（K）是温度变化 1℃ 时，单位厚度的热双金属的曲率变化。

$$K = \frac{\Delta f h}{T_2 - T_1} \times \frac{1}{\Delta f^2 + L^2} \tag{4-6}$$

式中 K 的单位为 $1/℃$；h 为试样厚度，mm；Δf 是自由端的挠度变化，mm，L 为试样测试长度，mm；T_1 为试样的初始温度，℃；T_2 为试样的终了温度，℃。比弯曲是热双金属片因温度变化而发生弯曲的特性，是表征热敏感性的基本参数。

线性温度范围和允许使用温度范围是表征热双金属使用范围的参数。其中，线性温度范围是热双金属片弯曲位移与温度成线性关系的温度范围。在此温度范围内热双金属具有最大的热敏感性。而允许使用温度范围是温度应力达到热双金属片弹性极限时的温度，尚未产生残余变形的温度范围。在此温度范围的上下限内，材料的热敏感性有所下降，但应力未达到材料的弹性极限仍可使用。

热双金属片的电阻是两层或两层以上组元层合金的并联电阻，由各组元层合金的电阻率和厚度决定。根据热双金属的使用情况对电阻率有不同的要求。一种是在双金属元件直接通过电流，靠本身的电流和元件电阻产生的焦耳热使元件动作。对这种热双金属要求高电阻。另一种要求热双金属元件导电，但使其动作的热源由外界提供。这要求低电阻率的热双金属。

4.1.4.2 热双金属的组成、种类和性能

如前所述，热双金属是由主动层和被动层结合而成的，其动作来源于两层膨胀系数的差异。两组元层膨胀系数差别越大，热双金属的热敏感性越高。

被动层选择膨胀系数低的材料，如 4J36 合金。但用 4J36 作被动层的热双金属的使用温

度不能高于 200℃，过高则膨胀系数急剧增大，热敏感性降低，以至停止动作。因此当使用温度较高时，可采用 4J42、4J50 作被动层。

主动层材料应选择膨胀系数大（>15×10⁻⁶/℃）的高膨胀合金。此外，主动层合金还应具有高熔点、良好的焊接性，及与被动层合金相近的弹性模量等。常用的主动层合金有黄铜、Mn-Ni-Cu 合金、Fe-Ni-Cr 合金，Fe-Ni-Mn 合金和纯 Ni 等。主动层合金的特性示于表 4-4。

表 4-4　常用主动层合金的特性

合　金	膨胀系数 α /℃$^{-1}$	电阻率 ρ /$\Omega \cdot$ m	弹性模量 E /GPa	质量热容 c /J $(kg \cdot K)^{-1}$	热导率 λ /W $(m \cdot K)^{-1}$	密度/ g $\cdot$ cm^{-3}	抗拉强度 /MPa	延伸率 /%
Cu62Zn38	20.6×10⁻⁶	0.07×10⁶	100	385	108.86	8.43	360	49
Cu90Zn10	(18~19)×10⁻⁶	0.04×10⁶	105	377	167.47	8.73	260	44
Mn72Ni10Cu18	27.5×10⁻⁶	(1.7~1.8)×10⁶	110~130	528	8.37	7.21	750	6.5
Mn75Ni15Cu10	(24~26)×10⁻⁶	1.72×10⁶	170	544	8.79	7.26	720~770	6.5
Fe-Ni19-Cr11	(16~18)×10⁻⁶	0.8×10⁶	195	490	15.49	8.04	950~1000	
Fe-Ni20-Cr5	(18.8~19.4)×10⁻⁶		190~200					
Fe-Ni20-Mn6	(18~20)×10⁻⁶	0.78×10⁶	175	486	15.90	8.14	850~900	
纯 Ni	13.4×10⁻⁶	0.092×10⁶	210	440	60.70	8.9	420~530	35~45

表 4-5　主要热双金属的特性

牌　号	组元层合金			比弯曲 K 室温~150℃/℃	电阻率 ρ 20±5℃/ $\mu\Omega \cdot$ cm	弹性模量 E/GPa
	主动层	中间层	被动层			
5J20110	Mn72Ni10Cu18		Ni36	(20.5±5%)×10⁶	110±5%	115~145
5J14140	Mn72Ni10Cu18		Ni36	(14.5±5%)×10⁶	140±5%	115~145
5J15120	Mn72Ni10Cu18		Ni45Cr6	(15.3±5%)×10⁶	125±5%	125~165
5J1378	Ni20Cr5		Ni36	(13.8±5%)×10⁶	78±5%	150~180
5J1480	Ni22Cr3		Ni36	(14.0±5%)×10⁶	80±5%	150~180
5J1478	Ni19Mn7		Ni34	(14.0±5%)×10⁶	78±5%	150~180
5J1578	Ni20Mn6		Ni36	(15.3±5%)×10⁶	78±5%	150~180
5J1017	Ni		Ni36	(10.0±10%)×10⁶	17±10%	155~185
5J1416	Cu62Zn38		Ni36	(14.3±5%)×10⁶	16±10%	100~130

牌　号	组元层合金			比弯曲 K 室温～150℃/℃	电阻率 ρ 20±5℃/ $\mu\Omega \cdot cm$	弹性模量 E/GPa
	主动层	中间层	被动层			
5J1070	Ni19Cr11		Ni42	$(10.6\pm10\%)\times10^6$	70±5%	155～185
5J0756	Ni22Cr3		Ni50	$(7.5\pm10\%)\times10^6$	56±5%	155～185
5J1075	Ni16Cr11		Ni20Co26Cr8	$(10.8\pm10\%)\times10^6$	75±5%	170～210
5J1306A	Ni20Mn6	Cu	Ni36	$(13.8\pm5\%)\times10^6$	6±10%	125～165
5J1306B	Ni22Cr3	Cu	Ni36	$(13.5\pm5\%)\times10^6$	6±10%	125～165
5J1220A	Ni20Mn6	Ni	Ni36	$(12.3\pm5\%)\times10^6$	20±8%	155～185
5J1220B	Ni22Cr3	Ni	Ni36	$(12.0\pm5\%)\times10^6$	20±8%	155～185

牌　号	线性温度范围 /℃	允许使用温度 范围/℃	密度 /g·cm⁻³	特　　　性
5J20110	−20～150	−70～200	7.7	高敏感,高电阻,中温用
5J14140	−20～150	−70～200	7.5	中敏感,高电阻,中温用
5J15120	−20～200	−70～250	7.6	中敏感,高电阻,中温用
5J1378	−20～180	−70～350	8.0	中敏感,中电阻,中温用
5J1480	−20～180	−70～350	8.2	中敏感,中电阻,中温用
5J1478	−50～100	−80～350	8.1	中敏感,中电阻,中温用
5J1578	−20～180	−70～350	8.1	中敏感,中电阻,中温用
5J1017	−20～150	−70～400	8.4	中敏感,低电阻,中温用
5J1416	−20～180	−70～250	8.3	中敏感,低电阻,高导热
5J1070	+20～350	−70～500	8.0	中敏感,较高温用
5J0756	0～400	−70～500	8.2	低敏感,高温用
5J1075	−20～200	−70～550	8.0	耐性,高强度
5J1306A	−20～150	−70～200	8.3	电阻系列
5J1306B	−20～150	−70～200	8.3	电阻系列
5J1220A	−20～150	−70～200	8.2	电阻系列
5J1220B	−20～150	−70～200	8.2	电阻系列

对于电阻系列的热双金属片,用 Cu 或 Ni 作中间层。

主要热双金属的特性列于表 4-5。依使用的组元层材料和性能要求,可将热双金属分为:(1)普通型。用于一般要求,工作温度不高,用量最大,如 5J1378、5J1480、5J1578 等;(2)高敏感型。具有最高的热敏感性,且有很高的电阻率,如 5J20110;(3)高温型。线性温度可达 350～400℃,如 5J1070、5J0756;(4)低电阻率型,如 5J1017、5J1416;(5)耐蚀型,如 5J1075;(6)低温型,如 5J1478。

4.1.4.3　热双金属的复合方法

在组元层材料确定的条件下,热双金属的复合方法和工艺是影响性能的主要因素。热双金属生产主要有热轧复合、固相复合两种方法。

A 热轧复合法

将精整好的组元层合金坯料清理表面，再用焊条沿周边焊接，然后热轧复合，复合后经退火、冷轧等工序制成热双金属。

B 固相复合法

这是用大压下率冷轧再扩散烧结使两组元层合金结合的方法。首先要清除坯料表面氧化膜及污物，增加表面活性。然后用70%以上的压下率冷轧。冷轧后在保护气氛下进行扩散退火，通过原子相互扩散达到牢固结合。

4.2 弹性合金

弹性合金是具有特殊弹性性能的材料。广泛用于仪器仪表、精密机械、自动化装置的各种弹性、频率和敏感元件。这些元件作用重要，大多情况下决定着仪器仪表及测量装置的精度、可靠性和寿命。按照弹性合金的使用性能及特点可将其分为两种：

(1) 高弹性合金。要求具有高弹性模量、高弹性极限和低弹性不完整性，有时还需要耐腐蚀、耐高温、高导电、抗磁性等特性。主要用于航空仪表、精密仪表和精密机械中作弹性元件，如弹簧、膜盒、波纹管、发条、轴尖等。

(2) 恒弹性合金。这类合金的性能特点是具有低的弹性模量温度系数或频率温度系数，一般小于等于$\pm 10 \times 10^{-6}/^{\circ}\text{C}$。其应用范围很广，按承受载荷方式不同分静态和动态两类。静态应用如仪表、钟表的游丝或张丝，弹簧天平及测量控制技术中的弹簧系统。动态应用主要利用与材料固有频率有关的参数，用作振子等。例如频率谐振器、延迟线、延时贮存器、机械滤波器等。

4.2.1 金属与合金的弹性

4.2.1.1 弹性变形及弹性模量

众所周知，去掉外力后物体能自动恢复原来的尺寸和形状的变形称为弹性变形。这个宏观特性是和物体内部原子间的相互作用紧密相关的。原子间的相互作用力和位能的变化已在图4-1中表明。在无外力作用时，两原子间引力和斥力平衡，合力为零，位能最低，原子间距离为r_0，处于相对平衡的稳定状态。

当物体受压力作用时，原子间距离缩短，$r < r_0$，打破了原来的平衡状态，位能增加，这是不稳定状态，所以去掉外力后原子自动回到r_0的平衡位置，这是压力作用下弹性变形的实质。同样，物体受拉力作用时的分析是类似的。这说明物体宏观的弹性变形，微观上就是在外力作用下原子间距的可逆变化。

在弹性变形范围内，应力和应变存在着线性关系，即虎克定律。在拉力或压力作用下，表达式为

$$\varepsilon = \frac{\sigma}{E} \tag{4-7}$$

式中 E 是正弹性模量（杨氏模量）；σ 为正应力；ε 为正应变。换句话说，弹性模量是应力与应变的比值

$$E = \frac{\sigma}{\varepsilon} \tag{4-8}$$

切变弹性模量表示材料抵抗切应变的能力，用 G 表示

$$G = \frac{\tau}{\gamma} \tag{4-9}$$

式中 τ 为切应力；γ 为切应变。

在体积压缩力作用下的弹性模量称为体积弹性模量，用 K 表示

$$K = \frac{\sigma}{\Delta V / V} \tag{4-10}$$

式中 σ 为体积压缩应力，$\Delta V / V$ 为体积的相对变化。

对各向同性物体，E、G、K 之间有如下关系

$$E = 2G(1 + \mu) \tag{4-11}$$

$$E = 3K(1 - 2\mu) \tag{4-12}$$

式中 μ 是泊松比，表示材料纵向变形与横向变形间的关系。μ 值一般为 $1/3 \sim 1/4$。

弹性模量是表征原子间结合力大小的物理量，是组织结构不敏感的。主要取决于原子结构，点阵类型等金属与合金的本质。在元素周期表中原子的外层电子数呈周期变化，因此常温下元素的弹性模量随原子序数周期变化，如图 4-15 所示。但过渡族金属的弹性模量较大，表现出特殊的规律性。这是由于 d 层电子引起较大原子间结合力的结果。

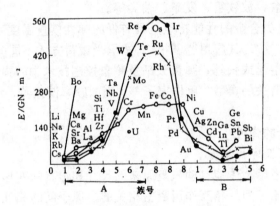

图 4-15 金属弹性模量的周期变化

随温度升高，原子间距增加，使原子间结合力减弱。所以一般金属及合金的弹性模量随温度升高而降低。

应当说明，外磁场对铁磁性材料的弹性模量有特殊的影响。

4.2.1.2 金属及合金的弹性反常

温度变化 1℃时弹性模量的相对变化值称为弹性模量温度系数（β_E、β_G），表示为

$$\beta_E = \frac{\mathrm{d}E}{E\mathrm{d}T} \tag{4-13}$$

$$\beta_G = \frac{\mathrm{d}G}{G\mathrm{d}T} \tag{4-14}$$

弹性元件的共振频率（f_r）随温度的变化用频率温度系数（β_f）表示

$$\beta_f = \frac{\mathrm{d}f_r}{f_r\mathrm{d}T} \tag{4-15}$$

材料的弹性模量和共振频率的关系为

$$E = k \frac{l^3}{d^4} f_r{}^2 \tag{4-16}$$

式中 l 和 d 分别为试样的长度和直径；k 为常数。

材料的弹性模量温度系数和频率温度系数的关系为

$$\beta_E = 2\beta_f - \alpha \tag{4-17}$$

式中 α 是线膨胀系数。

如前所述，一般金属及合金的弹性模量随温度升高而降低，即 $\beta_E < 0$，这是弹性模量-温度关系的正常变化。但是某些铁磁性材料在一定温度范围内弹性模量随温度的变化很小（$\beta_E \approx 0$），甚至增加（$\beta_E > 0$）。这是弹性模量-温度关系的反常变化，称为弹性反常，又叫埃林瓦（Elinvar）效应。

当温度在居里点以下时，铁磁材料的弹性模量为

$$E = E_p - \Delta E \tag{4-18}$$

式中 E_p 为材料在顺磁状态的弹性模量；ΔE 是因磁性造成的弹性模量的损失。这说明弹性反常与材料的磁性变化密切相关，称之为 ΔE 效应。ΔE 效应由下面所组成

$$\Delta E = \Delta E_\lambda + \Delta E_\omega + \Delta E_A \tag{4-19}$$

（1）力致线性伸缩引起的 ΔE_λ 效应：铁磁性材料在应力的作用下，通过畴壁移动和磁矩转动引起自发磁化矢量的重新取向，从而产生附加变形，这称为力致线性伸缩，用 ΔE_λ 表示。由于 ΔE_λ 效应是畴壁移动和磁矩转动造成的，所以合金成分、饱和磁致伸缩系数 λ_s、磁晶各向异性常数 K、内应力大小和点阵缺陷等因素都会影响 ΔE_λ 效应。这说明铁磁性材料的弹性模量是结构敏感的，可通过合金化改变材料的 λ_s 或通过工艺改变内应力等途径调整 ΔE_λ 效应，改变材料的弹性模量。

（2）力致体积伸缩引起的 ΔE_ω 效应：铁磁性材料受到弹性应力时，将改变原子间距，使饱和磁化强度发生变化（ΔM_s）。在拉应力作用下 $\Delta M_s > 0$，导致材料体积增加，称为力致体积伸缩，即 ΔE_ω 效应。ΔE_ω 也随温度升高而减小，造成反常现象。

（3）自发体积磁致伸缩引起的 ΔE_A 效应：铁磁体在居里点以下产生自发磁化也伴随着体积的变化，即自发体积磁致伸缩。由此产生的附加应变使弹性模量降低的现象称为 ΔE_A 效应。

总之，在居里点以下合金由于 ΔE 效应而存在弹性模量-温度的反常变化，从而全部或部分抵消了弹性模量-温度的正常变化，结果导致弹性模量温度系数或频率温度系数接近于零。这是获得恒弹性合金的条件。而高于居里点时，合金由铁磁性变成顺磁性，不存在 ΔE 效应，恒弹性便随之消失。

4.2.1.3 弹性不完整性

弹性不完整性也叫滞弹性，是在弹性变形范围内应力和应变间的非线性关系。弹性不完整性是弹性合金的重要性能指标。

A 弹性后效

如上所述，理想的弹性材料在弹性变形范围内，应力和应变的关系服从虎克定律。但在实际弹性材料发生弹性变形时，会产生应变落后于应力，且与时间有关。这个现象称为弹性后效，示于图 4-16。

由图看出，将恒定且低于弹性极限的应力骤然加到试样上，立即按虎克定律产生弹性变形。若保持该恒定应力，随时间延长（由 0 到 t_2）变形继续进行。这叫正弹性后效。如果加恒定应力的试样骤然去除外力时，只有一部分应变瞬时消失，其余部分随时间延长（由 t_2 到 t_2'）而逐渐消失。这叫反弹性后效。

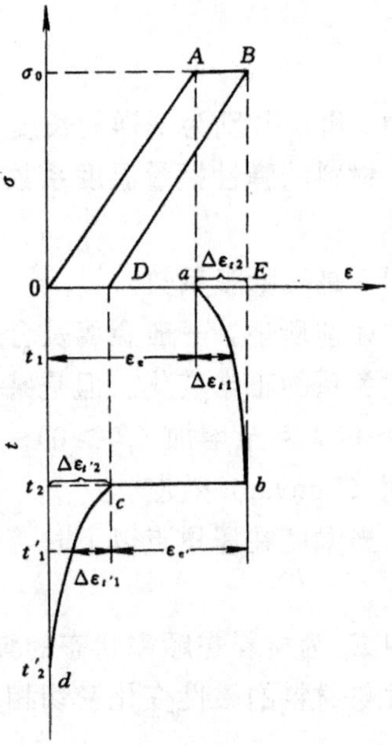

B 弹性滞后

在弹性变形范围内对材料反复加载和卸载，由于弹性后效其应力-应变曲线呈一封闭曲线，称为滞后曲线（示于图4-17）。弹性滞后的大小用相对滞后系数 γ 表示

$$\gamma = \frac{B}{\varepsilon_{\max}} \qquad (4\text{-}20)$$

式中 B 为滞后回线的最大宽度；$\varepsilon_{\max}$ 为最大载荷下的总应变值。

C 应力松弛

材料受外力作用产生弹性变形。在弹性应变恒定时，弹性应力随时间延长而逐渐减小的现象叫应力松弛。

D 内耗

材料在振动过程中，甚至在完全与外界隔离的条件下，其机械能也会由于弹性的不完整性而转变成热能，使振动逐渐停止，而导致能量的损耗。这个现象称为内耗，用 Q^{-1} 表示。内耗的倒数 Q 叫做机械品质因数。

图 4-16 弹性后效示意图
（t_1—加载 10min；t_1'—卸载 10min）

4.2.2 高弹性合金

为获得高的弹性模量、高弹性极限和低弹性不完整性等弹性性能，并根据用途需要的特殊性能的高弹性合金，基本方法就是选择适当的合金进行强化。强化手段包括沉淀强化、形变强化、时效强化等。使用的高弹性合金种类很多，大体上分为：（1）合金弹簧钢；（2）经强化的不锈钢，包括 18-8 型不锈钢、Cr13 型不锈钢、17-7PH（0Cr17Ni7Al）等；（3）特殊高弹性合金，包括 3J1（Ni36Cr-TiAl）、3J21（Co40NiCrMo）等；（4）铜基合金，包括铍青铜、黄铜、磷青铜等。本文仅扼要介绍特殊高弹性合金。

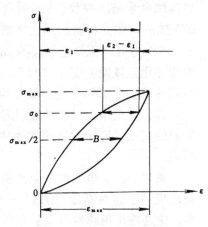

图 4-17 弹性滞后示意图

4.2.2.1 Fe-Ni 基弥散硬化型高弹性合金

这类合金的主要牌号、成分列于表 4-6，性能列于表 4-7，其典型是 3J1（Ni36CrTiAl）合金。这类合金的特征是经固溶处理获得稳定的单相奥氏体组织，具有高塑性可通过冷变形制成元件，而后经时效析出强化相，得到较高的机械性能和弹性。这是使用最广泛的高弹性合金。

表 4-6　Fe-Ni 弥散硬化型高弹性合金化学成分

牌号	C	Si	Mn	Cr	Ni	Mo	Ti	Al
3J1	≤0.05	≤0.5	0.8~1.2	11.5~13.5	34.5~36.5		2.8~3.2	0.9~1.2
3J2	≤0.05	≤0.5	0.8~1.2	11.5~13.5	34.5~36.5	4.5~6.5	2.8~3.2	0.9~1.2
3J3	≤0.05	≤0.5	0.8~1.2	11.5~13.5	34.5~36.5	7.5~8.5	2.8~3.2	0.9~1.2

表 4-7　Fe-Ni 弥散硬化型高弹性合金的性能

合金	热处理制度	σ_b /MPa	$\sigma_{0.2}$ /MPa	δ/%	硬度 HB	E /GPa	G /GPa	β_E /℃$^{-1}$	α /℃$^{-1}$	ρ /$\mu\Omega\cdot m$	最高工作温度 /℃
3J1	950℃固溶淬火，675℃时效 4h	1130~1220	785~980	14~18	330~350	176~196	77.5	(200~250)×10^{-6}	(12~14)×10^{-6}	0.9~1.0	250
3J2	1000~1050℃固溶淬火，750℃时效 4h	1220~1370	880~1080	8~10	400~420	196~206	78.5	(200~250)×10^{-6}	(12~14)×10^{-6}	1.0~1.1	350
3J3	1000~1050℃固溶淬火，750℃时效 4h	1370~1470	1080~1130	6~7	440~450	196~206	78.5	(200~250)×10^{-6}	(12~14)×10^{-6}	1.0~1.25	450

　　为满足上述要求，合金成分选择了 Ni、Cr、Ti、Al 等元素。在 Fe-Ni 合金中 Ni 是稳定奥氏体元素，含量为 36% 时，用一般的冷却速度不会产生 $\gamma \rightleftharpoons \alpha$ (M) 转变。即使加入较多的 Cr，室温下仍能获得稳定的单相奥氏体组织。另外，这类合金的主要强化相是 Ni$_3$ (Ti，Al) 或 (Ni，Fe)$_3$ (Ti，Al)（亦称 γ' 相），Ni、Ti 和 Al 是形成强化相的不可缺少的元素。但也会出现 Ni$_3$Ti 相（也叫 η 相）使强化效果降低。因此要控制 Ti、Al 含量和热处理制度，抑制 η 相析出。一般地 Ti 含量不大于 3%，Al 含量不大于 1.5%，而且 Ti、Al 应同时加入。Cr 的加入保证合金的耐蚀性，溶入固溶体中会起固溶强化作用，此外还降低居里点保证合金无磁性。但 Cr 含量不能大于 13%，以免出现脆性的 σ 相。

　　3J2、3J3 合金是在 3J1 合金的基础上加入 5%~8%Mo。其中近 4%Mo 溶入并强化 γ 固溶体，还产生 (Fe，Ni，Cr)$_2$ (Mo，Ti) 强化相。此外，Mo 的加入使 γ' 相为更加稳定的 (Ni，Fe)$_3$ (Ti，Al，Mo) 相，使 γ' 相的析出和聚集缓慢，且难以转变成 η 相。结果含 Mo 合金的强度、硬度、弹性模量增加，还提高热稳定性和抗松弛性能。

　　这类合金经强化后的室温显微组织是奥氏体基体，(Ni，Fe)$_3$ (Ti，Al) 相及少量的 TiC、TiN 等。为获得该组织，采用固溶和时效处理的热处理方法。

　　固溶处理是将合金加热到固溶温度以上，使 γ'、η 相等金属间化合物固溶于基体中，然后快冷得到过饱和的单相固溶体。其目的是单相固溶体有较高的塑性便于元件成型，另外还为随后时效析出 γ' 强化相做组织准备。图 4-18 示出了 3J1 合金的组织、性能与固溶温度的关系。试验证实，这类合金有最佳固溶处理温度，对 3J1 合金来说该温度为 900~970℃。在该温度下固溶 γ' 相和 η 相已溶解，但过饱和奥氏体晶粒尚未长大，浓度很不均匀，且有大量位错存在，这就促进了继后时效的扩散过程，得到良好的强化效果。

　　时效处理是从过饱和奥氏体固溶体中弥散析出 (Ni，Fe)$_3$ (Ti，Al) 相，达到沉淀强化目的的热处理工艺。3J1 合金的最佳时效工艺是 650~700℃4h。经该时效处理 γ' 相由奥氏

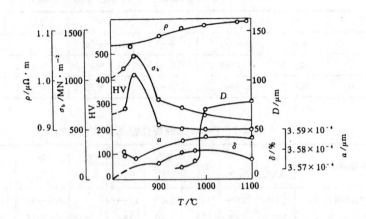

图 4-18　3J1 合金的组织、性能和固溶加热温度的关系（保温 2min，水冷）

D—晶粒尺寸；a—点阵常数；ρ—电阻率

体基体的晶界到晶内连续弥散析出，析出相与基体保持共格关系，γ' 相量最大，强化效果最好。时效温度较低时，γ' 相只在晶界处不连续析出，不仅析出相量少，且有 η 相析出。时效温度过高、时间过长时，γ' 相聚集长大、数量减少，还会向稳定的 η 相转变，与基体失去共格关系，造成合金软化。图 4-19 示出了 3J1 合金经 700℃不同时效时间后性能的变化。

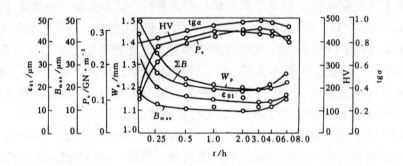

图 4-19　3J1 合金制作的膜片 700℃时效不同时间的性能变化

α—位移-压力载荷曲线倾斜角；$ctg\alpha$—与弹性模量成正比的数值；

W_p—在工作压力下的位移；P_e—膜片的弹性极限；ε_{01}—首次加载后的残余变形量；

B_{max}—最大滞后；ΣB—总滞后；HV—维氏硬度

　　采用分级时效可使 3J1 合金获得更好的强化效果。若经 700℃2～4h 时效后合金的 $\sigma_{0.002}$ 为 710MPa。而采用 700℃2～4h 时效后再经 600℃4h 时效，$\sigma_{0.002}$ 可达 790MPa。这是因为 600℃的二级时效可进一步析出第二相，且呈连续的晶内析出。

4.2.2.2　Co 基形变强化型高弹性合金

　　这类合金的特点是在固溶处理后必须经强烈冷变形再进行回火处理，才能获得最佳性能。合金具有高弹性和机械性能，极低的弹性后效，无磁、耐腐蚀以及热稳定性，是综合性能最好的高弹性合金。广泛用于发条、张丝、轴尖以及各种小截面弹性元件。这类合金主要品种的成分及性能列于表 4-8 和表 4-9，典型是 3J21（Co40NiCrMo）合金。

3J21 合金中 Co、Cr、Ni、Fe 都是有较高弹性模量的过渡族元素。Cr 的加入降低居里点保证合金室温时无磁性，Cr 溶于奥氏体中起一定的固溶强化作用，还提高合金的耐蚀性。Mo 的原子半径比 Co、Cr、Ni、Fe 大，是主要的固溶强化元素，也是回火强化的主要元素。C 是碳化物形成元素，在退火或高温回火后形成（Cr，Fe，Mo）$_{23}C_6$ 型碳化物。

表 4-8　主要 Co 基高弹性合金的化学成分

牌号	C	Si	Mn	Co	Ni	Cr	Mo	W	Ti	Al	其他
3J21	0.07～0.12	≤0.6	1.7～2.2	39～41	14～16	19～21	6.5～7.5				
3J22	0.06～0.13	≤0.3	1.5～2.5	39～41	14～17	19～21	2.8～4.5	4～6.5			Ce 0.01～0.04
3J24	≤0.05	≤0.5	2.0	40	20	13	3.0	6.0	2.0	0.3	

表 4-9　主要 Co 基高弹性合金的力学-物理性能

合金	热处理状态	E/GPa	σ_b/MPa	$\sigma_{0.05}$/MPa	δ/%	硬度 HV	ρ/$\mu\Omega\cdot m$	使用温度范围/℃
3J21	1100～1180℃固溶处理 固溶＋冷变形＋400～450℃4h 回火	204	687～785 2453～2649	1668	40～50 3～5	180～200 600～700	0.9～1.0	400
3J22	1150～1180℃固溶处理 固溶＋冷变形＋500～550℃4h 回火	206	687～736 2943～3139	1619～1668	40～50 4～6	180～200 ≥750	0.9～1.0	400
3J24	1150～1180℃固溶处理 固溶＋冷变形＋500～550℃4h 回火	216	687～785 1962～2158	1472～1570	55～60 4～6	140～160 550～600	1.0～1.1	400

3J21 合金需经固溶、冷变形和回火处理后才能获得好的强化效果，不经强烈变形后热处理不能得到明显强化，因此是以形变强化为主的合金。

固溶处理是使（Cr，Fe，Mo）$_{23}C_6$ 型碳化物溶解，获得单相 γ 固溶体，为冷变形和回火强化作准备。3J21 合金力学性能与固溶温度的关系示于图 4-20，看出固溶温度以 1100～1180℃为宜。冷变形的作用是使内应力增加，亚结构细化，位错密度增加，产生变形孪晶，是随后回火强化的必要条件。冷变形量越大，回火后的强化效果越显著。图 4-21 示出了 3J21合金的性能和冷变形量、回火温度的关系。通过回火产生强化主要是 Mo、C 原子在冷变形产生的缺陷处聚集，导致浓度不均匀形成 K 状态造成的。由于冷变形是形成该组织状态的先决条件，所以必须用冷变形后回火处理的方法才能获得最佳强化效果。

4.2.3　恒弹性合金

恒弹性合金是在一定范围内弹性模量不随温度变化或变化很小，即弹性模量温度系数

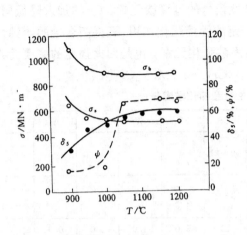

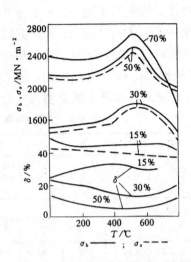

图 4-20　3J21 合金力学
性能与固溶温度的关系

图 4-21　3J21 合金力学性能和
冷变形量、回火温度的关系
（曲线上数字为冷变形量）

或频率温度系数很小的合金。为此，合金必须存在弹性反常以补偿弹性模量随温度的正常变化。如前所述，弹性反常首先是在铁磁性合金中发现的，于是铁磁性恒弹性合金得到广泛应用，主要有 Fe-Ni 系和 Co-Fe 系两类。

随着科学技术的发展，对恒弹性合金提出更高的要求，如无磁、高温、高弹性极限等。而且发现不仅在铁磁性合金中，在顺磁性和反铁磁性合金中也存在弹性反常现象。在此基础上研制出 Nb 基、Pd 基、Fe-Mn 基、Mn 基、Cr 基等无磁恒弹性合金。更令人注目的是非晶态恒弹性合金的研制。已在 Fe-B、Fe-Si-B、Fe-Zr、Fe-Ni-Mo-B、Pd-Si 等非晶态合金中发现恒弹性特性。相信随着研究的深入，恒弹性合金将会有更大发展。

当然最成熟并大量使用的还是铁磁性恒弹性合金。下面就此做简要介绍。

4.2.3.1　Fe-Ni 系恒弹性合金

Fe-Ni 系是品种多，用量最大的一类恒弹性合金。从图 4-22a 所示 Fe-Ni 合金的弹性模量温度系数曲线看，含镍 28% 和 44% 的合金 β_E 为零，在 28%～44%Ni 范围内 β_E 为正值，并在 36%Ni 时达最大值。这说明 Fe-Ni 系有埃林瓦效应，可是弹性模量温度系数对成分（Ni 含量）非常敏感。为了稳定合金的弹性模量温度系数，可添加 Cr，随 Cr 含量增加 β_E 减小，当 12%Cr 时，β_E 为零的 Ni 含量为 36%，而且不象 Fe-Ni 系那样敏感（见图 4-22b）。为满足弹性和力学性能的要求，进一步添加少量 Ti、Al、Mo、W 等形成强化相的元素。Fe-Ni 系恒弹性合金就是以此为基础形成的。

常用的 Fe-Ni 系恒弹性合金是 3J53 和 3J58，其化学成分和性能列于表 4-10 和表 4-11。

3J53（Ni42CrTiAl）合金的主要合金元素是 Fe、Ni、Cr、Ti、Al。时效后的最终组织由 γ 相基体、Ni_3(Ti，Al) 型 γ' 相和少量的 TiC、TiN 组成。Ni、Fe 是合金弹性反常的基础，对合金恒弹性影响很大。Ni 又是 γ' 相的组成元素，所以 Ni 含量的准确性非常重要。Cr 的加入降低 β_E 对成分的敏感性，也可起降低居里点和提高耐蚀性的作用。而 Ti 和 Al 与 Ni 形成 γ' 相弥散分布在 γ 相基体中起强化作用。为保证恒弹性能，严格控制成分和成分的

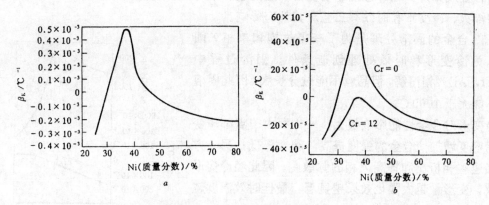

图 4-22 Fe-Ni 系恒弹性合金

a—Fe-Ni 合金的弹性模量温度系数；b—Cr 对 Fe-Ni 合金 β_E 的影响

均匀性十分重要。另外，各元素的作用相互制约，可通过合理调整合金成分，选择合理的工艺，调整所需的物理性能。

表 4-10 常用 Fe-Ni 系恒弹性合金的化学成分

牌号	C	Si	Mn	P	S	Ni	Cr	Ti	Al	Fe
3J53	≤0.05	≤0.08	≤0.08	≤0.02	≤0.02	41.5~43.0	5.2~5.8	2.3~2.7	0.5~0.8	余
3J58	≤0.05	≤0.08	≤0.08	≤0.02	≤0.02	43.0~43.6	5.2~5.6	2.3~2.7	0.5~0.8	余

表 4-11 常用 Fe-Ni 系恒弹性合金的性能

性　　能	3J53	3J58
E/GPa	177~191	177~191
G/GPa	64.0~73.5	64.0~73.5
d/g·cm^{-3}	8.0	8.0
$\bar{\alpha}_{20\sim100℃}$/℃$^{-1}$	8.5×10^{-6}	8.1×10^{-6}
饱和磁感应强度 B_{800}/T	0.7	0.8
饱和磁致伸缩系数 λ_S	+5×10^{-6}	+5×10^{-6}
居里温度 T_c/℃	110	130
ρ/$\mu\Omega$·m	1.1	1.1
σ_b/MPa	1470	1470
δ/%	6	10
硬度 HV	420	400

除合金成分外，恒弹性性能主要由合金的组织结构及析出相的形态、分布等确定，所以固溶淬火、冷变形和时效等工艺对其都有影响。

3J53 合金的固溶处理是为了获得过饱和单相 γ 固溶体，为冷变形和时效处理创造条件。固溶过程中 $Ni_3(Ti，Al)\gamma'$ 相溶解，但晶粒不能过分长大，因此固溶温度不能大于 1000℃。

冷变形对合金性能影响很大。一方面由于点阵畸变和位错密度增加使合金的强度提高，塑性降低；另一方面也加速 γ' 相析出和提高 γ' 相的弥散度。因此经冷变形后时效，变形量越大强化效果越显著，最佳时效温度越低。

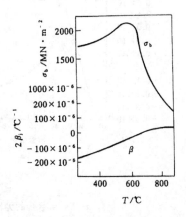

图 4-23 时效温度对 3J53 合金抗张强度和热弹性系数的影响

3J53 合金时效过程是从过饱和 γ 固溶体中析出 $Ni_3(Ti，Al)$ 型 γ' 相。γ' 相的弥散析出产生了很大的强化效果，同时也改变了 γ 相的成分和组织，导致性能的重大变化。特别是最佳热弹性系数 $(2\beta_f)$、最大强化效果、最高品质因数 Q 等性能所对应的最佳时效温度并不一致（图 4-23）。所以，应根据合金的成分和冷变形程度正确选择时效处理工艺，调整 γ 相基体中 Ni 含量和 γ' 析出相的数量、形态及分布，以满足所需的弹性和力学性能。

3J53 合金不同时效温度时的弹性模量温度系数列于表 4-12。

表 4-12 3J53 合金的弹性模量温度系数

时效温度/℃	弹性模量温度系数 β_E （−60~+80℃）/℃$^{-1}$	
	冷 轧 态	软 化 态
500	$(−38~−15)×10^{-6}$	$(−18~+12)×10^{-6}$
550	$(−22~0)×10^{-6}$	$(+10~+35)×10^{-6}$
600	$(−10~+10)×10^{-6}$	$(+35~+55)×10^{-6}$
650	$(0~+20)×10^{-6}$	$(+42~+64)×10^{-6}$
700	$(0~+20)×10^{-6}$	$(+40~+60)×10^{-6}$
750	$(−4~+16)×10^{-6}$	$(+28~+50)×10^{-6}$

4.2.3.2 Co-Fe 系恒弹性合金

Co-Fe 系恒弹性合金是在 Co-Fe 系中加入第三或第四组元发展起来的，包括 Co 埃林瓦、Mo 埃林瓦、W 埃林瓦、V 埃林瓦等。这类合金主要在日本得到广泛应用。

Co-Fe 系合金虽然具有因瓦和埃林瓦效应，但并不存在 β_E 或 β_G 大于零的成分。只有在 Co-Fe 系中加入第三组元（Cr、Mo、V）或第三、四组元（W 和 Ni，Mn 和 Ni）时，才有强烈的埃林瓦效应，β_E 和 β_G 大于零。例如，Co-Fe-Cr 三元合金中就有很多成分可满足 β_E、β_G 接近于零的要求（见图 4-24）。

在 Co-Fe 系合金用 Ni 置换部分 Co、Cr 可扩大弹性反常的成分范围，并向低 Co、Cr 方

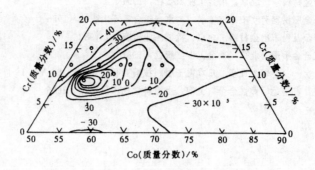

图 4-24 Co-Fe-Cr 系合金的 β_G 与成分的关系

向移动。

表 4-13 列出 Co-Fe 系恒弹性合金的成分及性能。

表 4-13 Co-Fe 系恒弹性合金的成分和退火状态下的性能

合金种类	成 分 /%								线膨胀系数 $\overline{\alpha}_{10\sim50℃}/℃^{-1}$	G (20℃) /GPa	β_E (20~25℃) /℃$^{-1}$
	Co	Fe	Cr	Mo	W	V	Mn	Ni			
Co-埃林瓦	60.0	30.0	10.0						5.1×10^{-6}	69.0	-0.2×10^{-5}
	43.6	34.6	12.7					9.1	7.4×10^{-6}	69.4	0
	27.7	39.2	10.0					23.1	8.1×10^{-6}	64.8	-0.3×10^{-5}
Mo-埃林瓦	50.0	32.5		17.5					9.6×10^{-6}	73.5	-0.2×10^{-5}
	45.0	35.0		10.0				10.0	8.5×10^{-6}	61.5	-0.7×10^{-5}
	10.0	45.0		15.0				30.0	9.8×10^{-6}	78.5	-0.4×10^{-5}
W-埃林瓦	50.0	28.5			21.5				7.4×10^{-6}	64.5	-0.7×10^{-5}
	39.0	32.0			19.0			10.0	7.8×10^{-6}	81.3	-0.4×10^{-5}
V-埃林瓦	60.0	30.0				10.0			8.1×10^{-6}	65.2	0
	37.5	35.5				7.0		20.0	11.1×10^{-6}	64.5	-0.6×10^{-5}
	20.0	40.0				10.0		30.0	11.6×10^{-6}	70.0	-0.7×10^{-5}
Mn-埃林瓦	55.0	37.5					7.5		9.8×10^{-6}	79.4	-11.3×10^{-5}
	35.0	35.0					10.5	20.0	11.5×10^{-6}	54.5	-4.3×10^{-5}
Elcolloy	35.0	36.0	5.0	4.0	4.0			16.0	9.0×10^{-6}		$+0.5\times10^{-5}$
	40.0	35.0	5.0		5.0			15.0	5.0×10^{-6}		-0.2×10^{-5}

参 考 文 献

1　功能材料及其应用手册编写组.《功能材料及其应用手册》. 北京：机械工业出版社，1991

2　王润. 金属材料物理性能. 北京：冶金工业出版社，1985

3　坂田　亮. 材料科学. 東京：培風館，1978

4　何开元. 精密合金材料学. 北京：冶金工业出版社，1991

5　坂本光雄. 電子金属材料デザインガイド. 東京：総合電子出版社，1978

6　马莒生. 精密合金及粉末冶金材料. 北京：机械工业出版社，1982

7　刘振兴等. 膨胀合金手册. 北京：冶金工业出版社，1981

8　坂本光雄. パッケージ材料の進步. 日本電子材料技術協会会報，1986；Vol. 18 特集号：19～25

9　陈复民，李国俊，苏德达. 弹性合金，上海：上海科学技术出版社，1986

第 2 篇

功能无机非金属材料

金属材料，无机非金属材料，有机合成材料和复合材料是最常用的四大类材料。无机非金属材料是历史最悠久的材料。无机非金属材料也简称为无机材料，但通常不包括木材和水泥等建筑材料。本篇仅在功能无机非金属材料的广泛领域中，选择功能陶瓷材料、功能玻璃材料和半导体材料加以论述。功能晶体材料由于其重要性和篇幅较大，单独编成第四篇加以论述。氧化物无机非金属超导材料和氧化物磁性材料则合并在功能金属材料篇中的相应各章中一并讨论。这样利用其共同的理论基础知识可以进行深入浅出地讨论。

5 功能陶瓷

5.1 概 述

利用陶瓷的物理性质和对力、电、磁、热、光、气氛等的敏感特性，可以制成种类繁多的功能材料。功能陶瓷具有性能稳定、可靠性好、资源丰富、成本低，易于多功能化和集成化等优点。功能陶瓷在信息技术中占重要地位，广泛应用于信息的转换、存储、传递和处理。彩电接收机中 75% 元件是陶瓷制造的[1,2]。

功能陶瓷可分为一次功能材料和二次功能材料。输入和输出的能量形式相同，材料只起能量传送作用时，称为一次功能材料。输入和输出的能量形式不同，材料起能量转换作用时，称为二次功能材料。例如，绝缘陶瓷和导电陶瓷，利用陶瓷的电功能，铁氧体利用陶瓷的磁功能，属一次功能材料。压电陶瓷利用材料对机械能和电能的转换作用，气敏陶瓷将气体种类或浓度转换成电讯号，属二次功能材料[3]。

本章介绍绝缘陶瓷，介电、压电、铁电和热释电陶瓷，热敏陶瓷，压敏陶瓷，气敏陶瓷，湿敏陶瓷和导电陶瓷。磁性陶瓷和光学陶瓷已在相应章中介绍。

目前大量使用的绝缘陶瓷是氧化物陶瓷，包括硅酸盐陶瓷和纯氧化物。具有高导热性的氮化铝等是有发展前景的基片和封装材料。基片和封装材料占美国电子陶瓷市场的 55% 左右[4]。

介电陶瓷用作电容器和微波介质等，多为钙钛矿型结构的陶瓷。电容器陶瓷是电子陶瓷中用量最大的一类。每个录像机中都有 100~200 个陶瓷电容器。为适应大容量小型化的需要，发展了多层电容器陶瓷和半导体电容器陶瓷。铁电陶瓷除了用作高介电常数电容器外，还用作敏感元件。压电陶瓷可实现机械能和电能的转换，用于力、声、位置、速度传感器和驱动器等。热释电陶瓷可进行电热的转换，用作传感器和热机[5~7]。

半导体陶瓷的电导率在温度、光照、电场、气氛、湿度等外界条件的影响下，发生明显的变化。利用半导体陶瓷的这种敏感特性，可制成各种传感器。为了适应传感器技术的需要，热敏陶瓷、压敏陶瓷、气敏陶瓷、湿敏陶瓷和多功能敏感陶瓷有了很大的发展[8,9]。

电导率比普通离子化合物高几个数量级的快离子导体用于传感器和能量存储、转换[10]。一些电子导电陶瓷用作电热材料和电极材料[11~12]。超导陶瓷在超导材料章中介绍。

功能材料作为信息技术的基础材料，二十一世纪将会有更大的发展。功能陶瓷发展中的某些动向值得注意。

多功能化和智能化。随着控制系统的复杂化，要求发展能检测两个以上物理或化学参量的多功能材料和传感器。人类还希望材料能根据环境和使用条件的变化，自我调整，作出相应反应或自行恢复和修复，也就是要求材料具有生命形式特有的智能。这就是材料的机敏化或智能化。材料系统的仿生设计是下世纪的重要课题[13,14]。

复合和集成。复合材料的性能，通过加和效应取长补短得到改善。通过乘积效应，两种材料不同物理效应之间的耦合,产生新的物理效应或者性能比单一材料高得多的新材料。例如,铁氧体和铁电体的复合,产生出单一材料不具备的新磁电效应。材料的集成是指由不同功能的材料甚至器件结合成复杂功能的材料系统。材料的复合和集成是实现材料多功能化、智能化的有效途径[13]。

薄膜化。薄膜材料是许多高新技术的基础材料。薄膜技术和集成电路技术的结合,可制出薄、轻、小,能耗低的陶瓷传感器,便于集成化、多功能化和智能化。常用的陶瓷薄膜技术有物理气相沉积,化学气相沉积和溶胶-凝胶法等[15]。

纳米材料。纳米固体材料具有巨大的表面和界面,对外部环境的变化十分敏感,温度、光、湿度和气氛等的变化会引起表面或界面离子价态和电子输运的迅速改变,响应快,灵敏度高。利用纳米固体的界面效应、尺寸效应、量子效应,可制成传感器。气相沉积法,溶胶-凝胶法是常用的纳米陶瓷粉制备方法[16]。

陶瓷制备技术中,引人注目的还有离子束技术,燃烧合成和微波烧结等[17~21]。

5.2　绝缘陶瓷

5.2.1　绝缘性

根据室温电阻率 ρ 的大小,材料可分为超导体、导体、半导体和绝缘体。它们的电阻率分别为: $\rho \rightarrow 0$, $\rho < 10^{-2}$, $\rho = 10^{-2} \sim 10^{9}$, $\rho > 10^{9} \Omega \cdot cm$ 。

固体的导电能力是由它们的能带结构和价电子的填充情况决定的。根据能带理论,固体中的价带完全被电子充满称满带,而上面的能带空着,称为空带。若满带与空带之间,被宽的禁带隔开,满带中无空能级,价电子被束缚着,即使有电场作用也不能改变其电子态形成电流。很宽的禁带把满带和空带隔开,在通常情况下,价电子不能从满带被激发到空带上形成电流。这种固体就称为绝缘体[22]。

绝缘体的禁带宽度 E_g 大于 n 个电子伏特,半导体的禁带宽一般小于 2eV。表 5-1 列出某些绝缘体和半导体的 E_g 值。

表 5-1　陶瓷的禁带宽度 E_g

材　料	键　型	E_g/eV	材　料	键　型	E_g/eV
Si	共价键	1.1	TiO_2	离子键	3.05～3.8
GaAs	共价键	1.53	ZnO	离子键	3.2
金刚石	共价键	6	Al_2O_3	离子键	10
$BaTiO_3$	离子键	2.5～3.2	MgO	离子键	>7.8

大多数陶瓷属绝缘体,少部分属半导体、导体,甚至超导体。陶瓷存在电子式载流子和离子式载流子。但是,绝缘陶瓷的禁带很宽,在室温附近电子不容易因受热激发跃跳到导带而产生电子导电。因此,离子扩散而产生的离子导电是陶瓷的主要导电形式。

离子电导率受离子的荷电量和扩散系数的影响。荷电量和体积越小的离子,越易扩散,激活能也小。碱离子,尤其是钠离子,显著降低陶瓷的绝缘性。

陶瓷的绝缘性还受其显微组织的影响。陶瓷的显微组织由主晶相晶粒、晶界相和气孔组成。将主晶相晶粒粘结起来的晶界相，通常是连续贯通，杂质浓度高的玻璃相。主晶相晶粒和气孔的绝缘性一般较好，因此，陶瓷的绝缘性主要取决于晶界相。为了提高绝缘性，玻璃相应尽量由硅玻璃、硼玻璃或铝硅玻璃，硼硅玻璃组成，避免碱金属氧化物的存在。内部气孔对绝缘性影响不大，但陶瓷表面的气孔会因吸附水或被污染而使表面绝缘性恶化。绝缘陶瓷应选择气孔少，无吸水性的致密材料。陶瓷表面上釉是防止污染和吸潮的有效办法[23]。

5.2.2 绝缘陶瓷的分类和性质

绝缘陶瓷在电力、电子工业中，广泛用于电器件的安装、支撑、保护、绝缘、隔离和连接。例如，电力设备的绝缘子，绝缘衬套，电阻基体，线圈框架，电子管功率管的管座，集成电路基片等[24]。

对绝缘陶瓷性质的要求是：电阻率高，介电常数小，介电损耗小，机械强度高，化学稳定性好。对于高频瓷，还要求热膨胀系数小、热导率高，抗热冲击性好。集成电路基片，要求高热导率材料。

绝缘陶瓷按其化学组成，可分为氧化物和非氧化物两大类。氧化物绝缘陶瓷多属传统硅酸盐陶瓷，应用广泛，用量大。非氧化物绝缘陶瓷是近年发展起来的高热导率陶瓷。

氧化物绝缘陶瓷可大致分三类：

（1）普通电瓷，SiO_2 含量 45% 以上，玻璃相占 45%～60%，主晶相为莫来石（$3Al_2O_3 \cdot 2SiO_2$）；

（2）氧化铝瓷，Al_2O_3 含量 45% 以上，主晶相为刚玉（$\alpha\text{-}Al_2O_3$），莫来石；

（3）镁质瓷，主晶相为含 MgO 的铝硅酸盐，属 $MgO-Al_2O_3-SiO_2$ 系。

此外，还有钡长石瓷、硅灰石瓷和锆英石瓷。BeO 是高导热陶瓷。

钡长石瓷以钡长石（$BaO \cdot Al_2O_3 \cdot 2SiO_2$）为主晶相，用高岭土和碳酸钡作主要原料。其热膨胀系数小，高温介电损耗小，用于一般装置瓷件和电阻瓷。硅灰石瓷以硅酸钙（$CaO \cdot SiO_2$）为主晶相。锆英石瓷的主晶相为锆英石（$ZrO_2 \cdot SiO_2$）

非氧化物绝缘陶瓷有氮化铝、氮化硅、碳化硅、氮化硼和金刚石等，属高导热瓷。

绝缘陶瓷的形态，除多晶陶瓷外，还有单晶体和薄膜，例如人造云母，人造蓝宝石和尖晶石单晶，金刚石、立方氮化硼薄膜。

表 5-2 列出绝缘陶瓷的性质和应用实例。

表 5-2 绝缘陶瓷的性质

材料主要成分	氧化铝瓷		普通电瓷	莫来石瓷	氧化镁瓷	滑石瓷
	$Al_2O_3$96%	$Al_2O_3$99.5%	$SiO_2 \cdot Al_2O_3$	$3Al_2O_3 \cdot 2SiO_2$	MgO	$MgO \cdot SiO_2$
密度/g·cm^{-3}	3.75	3.90	2.35	3.1	3.56	2.5
抗压强度/MPa	2500	3700	600		840	560
抗弯强度/MPa	350	500	100	180	140	126
弹性系数/GPa	310	390	70	100	350	90
线膨胀系数 25～300℃	6.7×10^{-6}	6.8×10^{-6}	9.0×10^{-6}	4.0×10^{-6}	10.0×10^{-6}	6.9×10^{-6}
/℃$^{-1}$125～700℃	7.7×10^{-6}	8.0×10^{-6}		4.0×10^{-6}	13.0×10^{-6}	7.8×10^{-6}

材料主要成分		氧化铝瓷		普通电瓷	莫来石瓷	氧化镁瓷	滑石瓷
		$Al_2O_3 96\%$	$Al_2O_3 99.5\%$	$SiO_2 \cdot Al_2O_3$	$3Al_2O_3 \cdot 2SiO_2$	MgO	$MgO \cdot SiO_2$
导热系数/	25℃	21.77	31.4	1.26	4.19	41.87	2.51
$W \cdot (m \cdot K)^{-1}$	300℃	12.56	15.91			15.91	
击穿电压/$MV \cdot m^{-1}$		14	15	13	13	14	13
体积电阻率 ρ/	20℃	$>10^{12}$	$>10^{12}$	10^{12}	$>10^{12}$	$>10^{12}$	$>10^{12}$
$\Omega \cdot m$	500℃	4×10^7	3×10^{10}			5×10^{10}	1×10^{10}
介电常数,ε,(1MHz)		9.0	9.8	6	6.5	8.9	6.0
介电损耗,$tg\delta$,(1MHz)		0.0003	0.0001	0.006	0.004	0.0001	0.0004
应用实例		厚膜电路基片,管座,火花塞	薄膜电路基片,管座,多层电路基片	绝缘子,绝缘管	绝缘子,绝缘管,电阻基板	保护管,电子管绝缘件	光电池基板,绝缘柱

材料主要成分		镁橄榄石瓷	氧化铍	氮化铝	氮化硅	氮化硼(六方)	蓝宝石
		$2MgO \cdot SiO_2$	BeO	AlN	Si_3N_4	HBN	Al_2O_3
密度/$g \cdot cm^{-3}$		2.8	2.80	3.26	3.20	1.7	3.98
抗压强度/MPa		590	150	2100	3500	57	2100
抗弯强度/MPa		140	175	270	1000	45	700
弹性系数/GPa		300	350	330	100		390
线膨胀系数 25~300℃		10×10^{-6}	6.8×10^{-6}		2.8×10^{-6}		7.8×10^{-6}
/℃$^{-1}$ 25~700℃		12×10^{-6}	8.4×10^{-6}	4.8×10^{-6}	3.0×10^{-6}	2.0×10^{-6}	8.7×10^{-6}
导热系数/	25℃	3.35	159.1		12.56	56.94	45.98
$W \cdot (m \cdot K)^{-1}$	300℃		83.74	27.5	12.56		16.30
击穿电压/$MV \cdot m^{-1}$		13	15	10			48
体积电阻率	20℃	$>10^{12}$	$>10^{12}$	2×10^{11}	$>10^{12}$	$>10^{12}$	$>10^{14}$
$\rho/\Omega \cdot m$	500℃	1×10^8	1×10^8	7×10^7	$>10^{12}$	2.3×10^8	1×10^{11}
介电常数,ε,(1MHz)		6.0	6.5	8.7	9.4	4.0	10.5
介电损耗,$tg\delta$,(1MHz)		0.0005	0.0001	0.0033		0.0008	0.0001
应用实例		电阻基板	大功率激光管散热片	集成电路基片	开关电路基片	电加热器的绝缘子,高温高压绝缘散热片	集成电路基片

5.2.3　普通电瓷

　　瓷质绝缘子习惯称为电瓷。高压电瓷、电阻瓷、日用瓷和化学瓷都属长石硬质瓷。它们以长石为熔剂,天然矿物粘土-长石-石英为原料,通常含有 40%~50%粘土,20%~30%长石和 20%~30%石英。瓷体的相组成为:45%~60%长石玻璃相,20%~40%莫来石晶相,残余石英 5%~20%。普通高压瓷和用于电阻器基体的长石瓷及低碱莫来石瓷,统称为普通电瓷。

粘土是含水铝硅酸盐的混合体,主要成分是 SiO_2、Al_2O_3 和结晶水。粘土矿物有高岭石类($Al_2O_3 \cdot 2SiO_2 \cdot 2H_2O$)和蒙脱石类($Al_2O_3 \cdot 4SiO_2 \cdot nH_2O$)。粘土可改善坯料的可塑成型性。

长石是碱金属或碱土金属的铝硅酸盐。长石矿物由简单长石组成:钠长石($Na_2O \cdot Al_2O_3 \cdot 6SiO_2$)、钾长石($K_2O \cdot Al_2O_3 \cdot 6SiO_2$)、钙长石($CaO \cdot Al_2O_3 \cdot 2SiO_2$)和钡长石($BaO \cdot Al_2O_3 \cdot 2SiO_2$)。长石在烧结时起熔剂作用。

石英是普通结晶状二氧化硅的通称。石英原料的 SiO_2 含量在 95% 以上。石英和长石一起作为瘠化物料,使坯料易干燥。烧结时部分熔入长石玻璃中,残余石英作为骨架强化瓷体。

普通电瓷按硅酸盐陶瓷常规工艺生产,原料磨细,练泥,陈腐,成型和烧结。烧结温度 1250~1320℃。

粘土-长石-石英系在烧结过程中,粘土中的高岭石在 500℃ 开始脱水,分解成偏高岭石($2Al_2O_3 \cdot 4SiO_2$)。在 950℃ 左右,粘土矿分解出无定形 SiO_2 和 Al_2O_3,SiO_2 与长石发生共熔反应生成玻璃。随后,长石玻璃量增加并熔解石英和粘土。在 1160℃ 左右,出现莫来石($3Al_2O_3 \cdot 2SiO_2$)。长石在 1170℃ 开始分解熔融并玻璃化。此时,坯体急速收缩致密化。熔体中碱金属离子的扩散,促进高岭石的分解并形成一次莫来石,也促进长石熔体析出二次莫来石。在 1300℃ 以上,莫来石晶体长大。未熔化石英颗粒变圆,部分转变成方石英。烧结后的陶瓷组织由晶相(莫来石、石英)、玻璃相和少量气孔组成。

普通高压电瓷的化学组成为:68%~72%SiO_2,20%~24%Al_2O_3,3.5%~5%(K_2O+Na_2O),碱金属含量高,也称为高碱瓷。高碱瓷强度较低,为了减小超高压电瓷的体积,发展了高强度的高硅质和高铝质瓷。高硅质瓷是在粘土-长石-石英中,增加石英的含量,高铝质瓷则是另外加入工业氧化铝。

电阻器基体陶瓷对性能的要求是:$\varepsilon < 7.5$,$tg\delta < 5 \times 10^{-3}$,100℃$\rho > 10^{11} \Omega \cdot cm$。通常采用长石瓷和低碱莫来石作电阻基体。长石瓷的化学组成同高压电瓷相近,属 R_2O-Al_2O_3-SiO_2 系(R 代表碱金属)。相组成为莫来石晶体、石英和长石质玻璃。由于其碱金属氧化物含量高,高温时电阻下降,介电损耗增大,不适于高温使用。高温电阻采用钡长石瓷,属 BaO-Al_2O_3-SiO_2 系。其组成为:55%SiO_2,32%Al_2O_3,10.3%BaO,2.3%CaO,0.3%(K_2O+Na_2O)。其 R_2O 量小于 0.5%,故称为低碱瓷。其相组成为莫来石、石英变体、钡长石和钡质玻璃。

5.2.4 氧化铝瓷

电子元器件和电路中基体、外壳、固定件和绝缘件用的陶瓷,称装置瓷。在电子陶瓷中,装置瓷的产量最大。氧化铝瓷和镁质瓷是最重要的装置瓷。

氧化铝瓷按其主晶相可分刚玉瓷(主晶相为刚玉,$Al_2O_3 > 95\%$)、刚玉-莫来石瓷(主晶相为刚玉和莫来石,Al_2O_3 约为 75%)和莫来石瓷(主晶相莫来石和刚玉,Al_2O_3 约为 50%)。也有人将 Al_2O_3 含量在 99% 以上的称刚玉或纯刚玉瓷,85% 以上的称高铝瓷。习惯上按 Al_2O_3 的重量百分数称 99 瓷,95 瓷等。我国大量生产 95 瓷和 75 瓷。少量 99 瓷和 97 瓷用于薄膜基片。

氧化铝有几种晶型;在 1300℃ 以上都转变成稳定的 α-Al_2O_3(刚玉)。氧化铝瓷的电学性能和机械性能都随 α-Al_2O_3 含量的增加而提高。但是,刚玉难烧结,99 瓷的烧结温度达

1750℃。刚玉瓷只用于要求高的场合。

为了降低刚玉的烧结温度，常用两类添加剂：

(1) 与 Al_2O_3 形成固溶体，例如 TiO_2、Fe_2O_3、Cr_2O_3；

(2) 形成液相，例如 SiO_2、MgO、CaO、BaO 和粘土等。

MgO 可抑制 Al_2O_3 晶粒长大，但它的挥发性大。同时加入 La_2O_3 和 MgO 或 Y_2O_3 和 MgO，可减少挥发性，并改善 Al_2O_3 的烧结性。99 瓷和 97 瓷常用的添加剂是 $MgO+Y_2O_3$ 或 $MgO+La_2O_3$。刚玉瓷应尽量减少有害杂质和玻璃相的存在。

95 瓷采用 CaO、MgO、SiO_2 添加剂（以粘土、$CaCO_3$、滑石和 SiO_2 形式加入）。一种 95 瓷的配方（A）为：93.5% 烧 Al_2O_3，1.28% SiO_2，3.25% $CaCO_3$ 和 1.29% 苏州土。另一种配方（B）为：94% Al_2O_3，3% 烧滑石，3% 苏州土。

刚玉瓷的工艺流程是：工业氧化铝预烧-磨细-配料-成型-烧结-表面加工。

预烧的目的是使 γ-Al_2O_3 转变为 α-Al_2O_3，同时排除 Na_2O。α-Al_2O_3 要磨细至微米级。压坯密度对烧结密度有很大影响。烧结制度对产品密度和显微组织起决定性作用。

莫来石是具有一定成分范围的固溶体（见图 5-1）。莫来石的耐热性比氧化铝差，但其热膨胀系数小，抗热冲击性较好。天然的莫来石极少，通过含 Al_2O_3 和 SiO_2 的原料或矿物高温反应合成。

莫来石瓷是最早应用的高频装置瓷。其电性能和机械性能较差，只用于一般高频装置和碳膜电阻基体。

刚玉-莫来石瓷的电性能和强度较好，烧结温度不高，广泛用作装置瓷。其生产原料是工业氧化铝、粘土和 Ba、Ca 的碳酸盐。由于粘土含量大，可采用硅酸盐陶瓷的工艺生产，烧结温度可降至 1400℃ 以下。一种 75 瓷的配方为：65 煅烧 Al_2O_3，24 高岭土，2 膨润

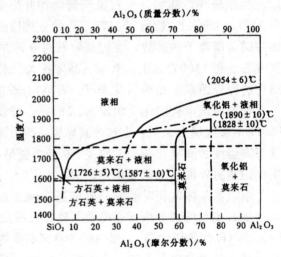

图 5-1 Al_2O_3-SiO_2 相图

土，4$BaCO_3$，3 方解石，2 生滑石。烧结时碳酸盐分解出的碱土金属氧化物和 Al_2O_3、SiO_2 及其它杂质形成低熔共融物，出现大量液相，可在较低温度下烧结致密化。

黑色氧化铝：集成电路的封装管壳要求有遮光性，数码管衬板要求呈黑色以保证显示清晰，黑色氧化铝成本低，可满足这些要求。黑色氧化铝的着色氧化物有 Fe_2O_3、CoO、Cr_2O_3、MnO_2 和 TiO_2。一种黑色氧化铝的配方以上述 95 瓷配方 B 为基础，加入 TiO_2、Cr_2O_3、$MnCO_3$ 以取代部分 Al_2O_3，烧滑石和苏州土量不变，在 1600℃ 氢气中烧结，得到色泽良好的黑氧化铝。国内还研制出在 1450℃ 空气中烧结的黑色 90 瓷。

5.2.5 镁质瓷

根据主晶相，镁质瓷可分为滑石瓷、镁橄榄瓷、董青石瓷和尖晶石瓷。图 5-2 示出镁质瓷在 MgO-Al_2O_3-SiO_2 三元相图中的组成区域。

滑石瓷的主晶相为原顽辉石（$MgO \cdot SiO_2$），以滑石（$3MgO \cdot 4SiO_4 \cdot H_2O$）为主要原料，加入粘土和碳酸钡等。滑石瓷的介电损耗小，加工方便，成本低，适用于高频装置。但

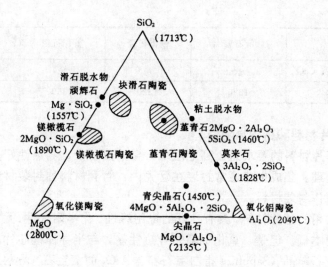

图 5-2 MgO-Al$_2$O$_3$-SiO$_2$ 相图
(熔点（），分解温度〔〕)

存在易老化或粉化和烧结温度范围窄问题。滑石瓷在放置或使用过程中，电性能下降和粉化的现象，同原顽辉石向顽火辉石或斜顽辉石的相转变有关（偏硅酸镁 MgSiO$_3$ 有三种晶型：原顽辉石、顽火辉石和斜顽辉石）。原顽辉石相变时伴随有体积变化和应变，相变应力导致老化和粉化。抑制相变以防止老化、粉化的措施有：保持原顽辉石晶粒细小；形成足够玻璃相将原顽辉石晶粒包裹起来；加入 MnSiO$_3$ 等同 MgSiO$_3$ 形成固溶体，烧结后快速冷却。在原料中加入 ZnO、长石都可扩大滑石瓷的烧结温度范围，加入 5%～10%BaCO$_3$，液相出现温度可降至 1230℃。滑石瓷的一种配方为：60 烧滑石，24 生滑石，6 粘土，10BaCO$_3$。

镁橄榄瓷的主晶相是镁橄榄石（2MgO·SiO$_2$）。在滑石瓷配方中加入菱镁矿或 MgCO$_3$ 等制成。它的介电损耗较低，且随频率变化小，电阻率高，膨胀系数与某些玻璃、合金相近，用于电真空器件，高频绝缘。

堇青石瓷以堇青石（2MgO·2Al$_2$O$_3$·5SiO$_2$）为主晶相。原料为滑石、粘土、氧化铝和长石。其烧结温度范围窄，常加入锆英石或其他矿化剂（Ba，Mg 的碳酸盐）改善其烧结性。堇青石瓷的热膨胀系数小，但电性能较差，用于耐电弧作用的电绝缘件，加热器底板等。

镁铝尖晶石瓷的主晶相为 MgO·Al$_2$O$_3$ 尖晶石。预先合成尖晶石（以 Al$_2$O$_3$ 和菱镁矿为原料）后加入少量粘土、B$_2$O$_3$、CaF$_2$ 等制成。其介电损耗低于滑石瓷，但介电常数稍高，用于感应线圈骨架和电子管管座。

表 5-3 列出镁质瓷的主要化学组成。

表 5-3 镁质瓷的主要组成

名　称	滑石瓷	镁橄榄瓷	堇青石瓷	镁铝尖晶石瓷
MgO	29.0	49.7	10.75	20.36
SiO$_2$	55.9	44.5	53.90	8.51
Al$_2$O$_3$	2.0	5.1	31.58	58.52
	BaO7.7，ZnO5			B$_2$O$_3$，BaO，CaF$_2$ 各 2～3

名　　称	滑石瓷	镁橄榄瓷	堇青石瓷	镁铝尖晶石瓷
R_2O，TiO_2，Fe_2O_3，CaO	余	余	余	余
烧结温度/℃	1320	1320	1350	1360

5.2.6 基片材料和高导热陶瓷

集成电路基片材料的要求是：高电阻率，含钠离子少，导热性好，热膨胀系数小，耐热处理和化学处理。集成电路通常封装在管壳内，管壳材料称封装材料。用作基片材料的绝缘陶瓷都可用作封装材料。

氧化铝是常用的基片材料，具有良好的电绝缘性、化学耐久性、耐热性及耐热震性，表面均匀平整，成本低。但是，氧化铝瓷的导热性差，与半导体硅芯片的热匹配较差。

氧化铝白宝石单晶（Sapphire 指白宝石和含 TiO_2 的蓝宝石）导热率高，与硅的热膨胀系数相近，对硅单晶的污染少，可用作基片外延出硅单晶薄膜，用于大规模集成电路。

电绝缘介质的导热机制不是金属的自由电子热传递，而是声子传导，即靠晶格振动来传输。在不高的温度下，光子导热作用微弱，仅靠声子本身的作用，热导率可达到最高值。但是，在实际晶体中，结构单元（原子、离子）总是处在热起伏中，使声子受到偏转和散射，导热率下降[25]。具有高热导率的陶瓷晶体的结构特点是：

(1) 共价键或共价键强的晶体，因而结构单元的热起伏小；

(2) 晶体结构单元种类少，原子量小，因而对晶格波的干扰和散射小。

只有少数几种由原子量小的元素构成的共价键单质和二元化物，具备上述结构特点，属高热导率晶体。表 5-4 列出它们的热导率[1]。

表 5-4　高纯单晶的热导率 （300K）

材　料	金刚石	立方 BN	SiC	BeO	AlN	六方 BN	Cu	注
热导率 λ/W·$(cm \cdot K)^{-1}$	20	(13)	4.9	3.7	2 (3.2)	2（垂直 c 轴）	4	括号内数值为估计值

陶瓷中的杂质、晶界、气孔和玻璃相都对热波有干扰和散射作用，应尽量避免。

氧化铍具有强的共价性，平均原子量小，其热导率比 Al_2O_3 高近一个数量级。纯度 99%，理论密度 99% 的 BeO 瓷热导率达 3.1W/(cm·K)。但是，纯 BeO 的烧结温度高达 1900℃。添加 MgO、Al_2O_3、TiO_2 或 CaO 可促进其烧结。氧化铍中加入 MgO＋Al_2O_3，三元共熔温度为 1640℃。99BeO 瓷加入 $0.5Al_2O_3$，0.5MgO，95BeO 瓷加入 $2Al_2O_3$，3MgO。氧化铍瓷采用冷成型烧结或热压法制备，烧结或热压温度 1800℃。通常采用氢氧化铍粉在 1200℃ 煅烧，获得粒度细，成分接近 BeO，结构未完全转变的 BeO 粉，其活性大，易烧结。BeO 瓷的缺点是成本高，有剧毒，在含水气介质中易挥发。BeO 坯件需封装烧结，生产过程需有安全防护。BeO 瓷用于大功率气体激光管和晶体管的散热片外壳，集成电路基片。

氮化铝的共价键强，平均原子量小，导热率高，电绝缘性好，热膨胀系数小，热震性能好，用作集成电路基片。AlN 粉的合成方法有：元素直接合成；Al_2O_3 粉在碳存在时氮化；铝的卤化物与氨的反应和铝粉与氮的燃烧合成等。高致密氮化铝用热压法制备。添加剂有 Y_2O_3，MgO，CaO，SiO_2 等。加入 1%Y_2O_3 可改善其导热性、耐热性和强度。添加 1%CaO，以 Ca（NO$_3$）$_2$ 形式加入，常压烧结或热压可得到半透明 AlN 陶瓷基片。含 0.5%Si，0.5%MgO，在 1800℃ 热压的 AlN 瓷，热导率为 0.63W/cm·K。

氮化硼有三种变体：六方氮化硼 BN，密排六方氮化硼 BN 和立方氮化硼 BN。六方氮化硼 BN 的结构类似于石墨，俗称白石墨是良好电绝缘体，良好热导体。在高温高压下，六方氮化硼 BN 转变为超硬高压相立方氮化硼或密排六方氮化硼。六方氮化硼瓷具有良好热震性和高温强度，用作高温（高压、高频）绝缘散热片，半导体封装散热基板。六方氮化硼粉用硼酸、硼酐、硼砂或卤化硼在氮气或氨气中反应合成。高导热六方氮化硼瓷，加入 15%3CaO·B$_2$O$_3$ 或 2CaO·B$_2$O$_3$，在 2000℃ 热压，热导率达 0.69W/cm·K。六方氮化硼的加工性能好，高频介电性也好，热导率随温度的升高下降很慢，在 500～600℃ 以上热导率超过 BeO，因此是大力发展的高温绝缘散热陶瓷[2]。

碳化硅的结构单元是 [SiC$_4$] 或 [CSi$_4$] 四面体，由碳、硅原子相间排列成类金刚石的四面体结构。SiC 是 Si—C 间键力很强的共价键化合物。SiC 属半导体，添加 BeO 后，使晶界具有绝缘性，变成绝缘体，其热导率高，热膨胀系数小，可用作高导热集成电路基片。导热 SiC 瓷的生产工艺为：粒度 2μm 高纯 SiC 粉，加入 2%BeO 粉，成型后在 2100℃ 进行真空热压。高纯细 SiC 粉的制备方法有：气凝 SiO$_2$ 的碳还原；三氯甲基硅烷或聚碳硅烷的热分解；硅烷与碳氢化物的反应合成等。

氮化硅的结构单元为 [SiN$_4$] 四面体，类似金刚石的 [C—C$_4$] 四面体，Si—N 间共价键力强。其高温强度和热震性能好，可用作 700℃ 以上热震大场合的绝缘材料和开关电路基片。Si$_3$N$_4$ 粉的制备方法有：硅粉氮化；SiO$_2$ 粉在碳存在下的氮化；气相硅化物和氨反应等。高密度氮化硅用热压法制备。烧结助剂有 MgO、Al$_2$O$_3$、Y$_2$O$_3$、ZrO$_2$ 等。

具有金刚石结构的金刚石、立方氮化硼，因其晶体结构简单，原子量小，键力强，非谐振性小，都具有高热导率。金刚石、立方氮化硼都是电绝缘体。但因成本高，难用于绝缘。近年，金刚石、立方氮化硼薄膜的研究成功，开辟了用作大规模集成电路基片的前景[2]。

5.3　介电、铁电陶瓷

5.3.1　介电性质

当电压加到两块中间是真空的平行金属板上时，板上的电荷 Q_0 与施加电压成正比，$Q_0 = C_0 V$，比例系数 C_0 就是电容。如果两板间放入绝缘材料，在相同的电压下，电荷增加了 Q_1，则 $Q_0 + Q_1 = CV$，电容量增加了。介电质引起电容量增加的比例，称为相对介电常数 ε，也叫电容率

$$\varepsilon = \frac{C}{C_0} = \frac{Q_0 + Q_1}{Q_0} \tag{5-1}$$

在着眼介电性质时，绝缘体就称为介电质。介电质提高电容量是介电质在电场作用下电极化的结果。当绝缘体放入电场中时，电荷不能像导体那样传递过去，但荷电质点在电场作用下相互位移，正电荷沿电场作用方向稍微位移，负电荷中心向反方向位移，形成许多电偶极子，即发生极化，结果在表面感生了异性电荷。它们束缚住板上一部分电荷，抵消了这部分电荷的作用。在相同条件下，增加了电荷的容量（见图 5-3）。材料越易极化，电容量也越大，介电质的相对介电常数就越大，电容器的尺寸就可减小。

电介质在电场作用下,引起介质发热,单位时间内消耗的能量,称介电损耗。

在电介质上加角频率为 ω 的交变电场 E 时,电位移也以相同的角频率振动。但是,极化强度 P、电位移 D 的相位落后于所加电场的相位。电位移与电场强度 E 的相位差 δ,称为介质损耗角。

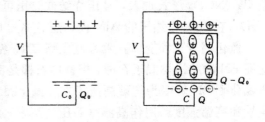

图 5-3 静电场中介质的极化

电介质在恒定电场下,D 和 E 的关系为 $D = \varepsilon E$。如果在正弦交变电场下,E、D、P 均为复数矢量,介电常数也变为复数。当矢量 D 滞后于 E 的相位角为 δ 时

$$E = E_0 e^{j\omega t} \tag{5-2}$$

$$D = D_0 e^{j(\omega t - \delta)} \tag{5-3}$$

因为

$$D = \varepsilon^* E \tag{5-4}$$

所以

$$\varepsilon^* = \frac{D}{E} = \frac{D_0}{E_0} e^{-j\delta} = \varepsilon_s e^{-j\delta} = \varepsilon_s(\cos\delta - j\sin\delta) = \varepsilon' - j\varepsilon'' \tag{5-5}$$

式中 ε^* 为复介电常数,ε_s 为静态介电常数,$\varepsilon_s = \dfrac{D_0}{E_0}$。

复介电常数的实部为 $\varepsilon' = \varepsilon_s\cos\delta$,虚部为 $\varepsilon'' = \varepsilon_s\sin\delta$,它们与 δ 的关系为

$$\tan\delta = \frac{\varepsilon''}{\varepsilon'} \tag{5-6}$$

在无损耗情况下,ε 是实数。在有损耗的情况下,ε 为复数,其实部 ε' 反映电介质储存电荷的能力,虚部 ε'' 表示电介质电导引起的电场能量的损耗,即单位体积电介质中单位场强变化一周期时消耗的能量。$\varepsilon'' = \varepsilon'\tan\delta$,$\tan\delta$ 称为损耗角正切,ε'' 称为电介质损耗因数。$\tan\delta$ 大,则能量损耗大。$\tan\delta$ 的倒数 $1/\tan\delta = Q$,Q 称为品质因素。Q 值大,介电损失小,品质好。

电介质承受的电压超过一临界值时,失去绝缘性的现象称为电介质的击穿。该临界值称击穿电压 $U_穿$。通常用相应的击穿电场强 $E_穿$ 来比较材料的击穿现象,材料能承受的最大电场强度称抗电强度或介电强度,等于相应的击穿场强

$$E_穿 = \frac{U_穿}{d} (\text{V/m}) \tag{5-7}$$

式中 E 的单位为 V/m,d 为击穿试样的厚度。

电介质的击穿有电击穿、热击穿和化学击穿三种。材料的击穿电压同材料的性质有关,还同试样和电极的形状、媒质和温度、压力等有关。

陶瓷的介电常数随温度发生变化。一类陶瓷的介电常数与温度成强烈非线性关系,例如铁电陶瓷,很难用温度系数描述。另一类陶瓷的介电常数与温度呈线性关系,可用介电常数的温度系数 TK_ε 描述

$$TK_\varepsilon = \frac{1}{\varepsilon} \frac{d\varepsilon}{dt} \tag{5-8}$$

一般用实测的方法,取 TK_ε 的平均值表示

$$TK_\varepsilon = \frac{\Delta\varepsilon}{\varepsilon_0 \Delta t} = \frac{\varepsilon_t - \varepsilon_0}{\varepsilon_0(t - t_0)} \tag{5-9}$$

式中 t_0 为室温，t 为工作温度，ε_0 和 ε_t 分别为介质在 t_0、t 时的介电常数。

由于极化形式不同，有些材料 TK_ε 值为正值，有些为负值。根据用途，电容器对 TK_ε 值的要求也不同。通过调整材料的成分可制备出不同 TK_ε 值的陶瓷。

广义的介电陶瓷包括电容器瓷和其他电介质瓷，例如微波介质瓷。电容器陶瓷按主晶相的性质可分为非铁电陶瓷、铁电陶瓷、反铁电陶瓷和半导体陶瓷。非铁电瓷的介电常数随温度变化呈线性关系。根据介电常数温度系数，非铁电陶瓷可分为温度补偿电容器陶瓷和热稳定电容器陶瓷。根据使用的频率范围，又可分高频介质瓷（MHz 级）和微波（GHz 级）介质瓷。电容器陶瓷在美国电子陶瓷中占 24% 左右[4]。

铁电陶瓷的介电常数呈非线性，又称为高介电常数电容器陶瓷。除用作低频或直流电容器外，还用于敏感陶瓷。反铁电陶瓷用于换能器等。

半导体电容器陶瓷和多层电容器陶瓷是适应大容量小型化而迅速发展的材料，将会成为电容器发展的主流。

5.3.2 高频介质瓷

高频介质瓷的介电常数比装置瓷高，一般要求在 8.5～900 内，在高频（1MHz）下的介电损耗小（$tg\delta$ 小于 6×10^{-4}），介电常数温度系数范围宽，可调节。高频介质瓷主要由碱土金属和稀土金属的钛酸盐和它们的固溶体组成。

高频温度补偿电容器陶瓷，介电常数温度系数小，且一般为负值，可补偿振荡回路中电感的正温度系数，使谐振频率稳定。金红石瓷、钛酸钙瓷、钛酸锶瓷、钛锶铋瓷、硅钛钙瓷属高频温度补偿电容器陶瓷。

高频热稳定电容器陶瓷，介电常数温度系数绝对值小，接近于零。高稳定电容器用于精密电子仪器。通常采用正温度系数和负温度系数的瓷料来配制这类陶瓷，如钛酸镁瓷、镁镧钛瓷、锡酸钙瓷。

金红石瓷是最早应用的电容器陶瓷。其主晶相为金红石（TiO_2），介电常数较高，ε 大约 80～90，介电常数温度系数有较大负值（-750×10^{-6}～$850\times10^{-6}/℃$），介质损耗很小。但其可塑性差，烧结温度高。通常加入少量粘土、高岭土、膨润土，提高 TiO_2 的可塑性，降低烧结温度。少量 ZrO_2 可抑制 TiO_2 晶粒长大。金红石瓷长期使用时存在直流老化和电极反应问题，若加入 15% $CaTiSiO_5$，可得到改善。金红石瓷的烧结温度为 1325℃。

钛酸钙瓷是目前用量很大的电容器陶瓷，介电常数和负介电常数温度系数值大，用作小型高容量高频电容器。纯钛酸钙的烧结温度高，烧结温度范围窄。加入 1%～2% ZrO_2 可改善其烧结性和介电性能。生产时，用 $CaCO_3$ 和 TiO_2 为原料，在 1250～1300℃合成钛酸钙烧块。然后配料、成型，在 1380℃氧化气氛中烧结。瓷体的介电常数为 150，介电常数温度系数为 $-1500\times10^{-6}/℃$。此外，采用 $Bi_2O_3\cdot2TiO_2$ 和 $La_2O_3\cdot2TiO_2$ 添加剂，也可以改善其烧结性，并调整介电常数温度系数。

钛酸铋锶瓷是钛酸铋（$Bi_2O_3\cdot nTiO_2$）和钛酸锶 $SrTiO_3$ 的固溶体。其击穿强度较高，介电常数可达数百，用作高频高介材料和电容器。

硅钛钙瓷是在 $CaO-TiO_2-SiO_2$ 系中，以 $CaTiSiO_5$ 和 $CaTiO_3$ 或 $CaSiO_3$ 和 TiO_2 为基料制备的两种晶相共存的陶瓷。加入添加剂可以获得包括零温度系数在内的一系列介电常数高的温度补偿电容器陶瓷。在硅钛钙瓷料中加入 La_2O_3、CeO_2、MgO、Bi_2O_3 或 Nb_2O_5 等，可改善其烧结性和介电性能。

　　钛酸镁瓷的 TK_ε 值小，可调节至零附近，介电损耗低，资源丰富成本低，是大量使用的高频热稳定电容器陶瓷。钛酸镁瓷的主晶相是尖晶石结构的正钛酸镁 Mg_2TiO_4，还有金红石 TiO_2。加入苏州土、萤石等，可形成液相，降低烧结温度。若加入 $CaTiO_3$ 改性。可提高 Mg_2TiO_4 的介电常数，获得不同介电常数温度系数的陶瓷。

　　镁镧钛瓷是在 $MgO\text{-}La_2O_3\text{-}TiO_2$ 系中，由偏钛酸镁 $MgTiO_3$ 和钛酸镧 $La_2O_3 \cdot 2TiO_2$ 晶相组成的陶瓷，可获得一系列不同介电常数和温度系列的瓷料。其介电常数比钛酸镁瓷高，在 150℃下介电性能良好，可用作较高温使用的高频电容器。

　　锡酸盐瓷：钙、锶、钡的锡酸盐属钙钛矿型结构，很易与钛酸盐形成固溶体，常用作 $BaTiO_3$ 电容器瓷的加入物。锡酸钙瓷的高温电性能比含钛陶瓷好得多，使用温度可达 150℃。锡酸钙瓷的烧结性较好。我国资源丰富，使用普遍。ZrO_2 可同 SnO_2 形成固溶体促进烧结。$CaTiO_3$ 可调节 TK_ε。合成 $CaSnO_3$ 烧块的原料是 SnO_2，方解石 $CaCO_3$，$BaCO_3$，TiO_2 和 SiO_2 等。

　　锆酸盐瓷：钙、锶、钡的锆酸盐属钙钛矿型结构。锆酸盐瓷的高温介电性能好，可用作高温高频电容器。其超高频性能好，也用作微波介质。$CaZrO_3$ 中加入 $CaTiO_3$ 可提高介电常数，使 TK_ε 向负值移动，用作热补偿电容器。$CaZrO_3$ 中引入 $CaO \cdot Nb_2O_5$ 和 $CaTiO_3$（$SrTiO_3$），可增高介电常数，高频介电损耗减少。锆酸锶瓷的介电常数大，正的 TK_ε 值很小，高温介电性能好，适用作高频热稳定电容器和高温电容器。加入 $CaTiO_3$ 可形成一系列温度系数锆酸锶瓷。

　　表 5-5 列出 n 种高频介质瓷的组成和电性能。

表 5-5　高频介质瓷的组成和电性能

陶　瓷	组　成/%	ε(0.5～5MHz)	TK_ε/℃$^{-1}$	tgδ(1MHz)
金红石瓷	$87TiO_2$,$5ZrO_2$,5 粘土,$2BaCO_3$	70～80	$(-750\pm50)\times10^{-6}$	$(2\sim4)\times10^{-4}$
钛酸钙瓷	$99CaTiO_3$,$1ZrO_2$	140～150	$(-1300\pm200)\times10^{-6}$	$<6\times10^{-4}$
硅钛钙瓷	$3\sim22CaO$,$10\sim93TiO_2$, $3\sim22SiO_2$,$0.2\sim16La_2O_3$	90～110	$(-500\sim+500)\times10^{-6}$	$(0.8\sim2.0)\times10^{-4}$
镁镧钛瓷	$32.1La_2O_3$,$12.5MgCO_3$,$554TiO_2$	13	-33×10^{-6}	1.3×10^{-4}
	$35.3La_2O_3$,$22.1MgCO_3$,$42.6TiO_2$	33	$+33\times10^{-6}$	1.6×10^{-4}
锡酸钙瓷	$90.5CaSnO_3$,7.5 膨润土, $2ZrO_2$,外加 $3CaTiO_3$	14～16	$(30\pm20)\times10^{-6}$	$(4\sim6)\times10^{-4}$
锆钛钙 （锶）瓷	$70CaZrO_3$,$23CaO \cdot Nb_2O_5$,$4CaTiO_3$	58.4	$+95\times10^{-6}$	2.0×10^{-4}
	$45CaZrO_3$,$5CaO \cdot Nb_2O_5$,$50SrTiO_3$	114	-385×10^{-6}	3.0×10^{-4}

5.3.3　微波介质瓷

　　微波技术的发展要求微波电路集成化、小型化，促进了微波介质瓷的发展。微波介质瓷用于介质谐振器，微波集成电路基片、元件、介质波导，介质天线、衰减器等。介质谐振器又可制造滤波器和振荡器。对于微波介质瓷，除要求 ε 值大外，TK_ε 值应是接近零的负值，在 n 吉赫兹频率范围内的 Q 值高。介质谐振器的尺寸大致是金属空腔谐振器的 $1/\sqrt{\varepsilon}$。TK_ε 值小，可提高谐振器的频率稳定性。介质谐振器的频率温度系数 τ_f 与介质的 TK_ε 和热

膨胀系数 α 的关系为

$$\tau_{\mathrm{f}} = \frac{1}{2}TK_{\varepsilon} - \alpha$$

理想介质谐振器的 τ_{f} 应为零。介质的 α 通常为 $(5\sim6)\times10^{-6}/\mathrm{℃}$。故介质的 TK_{ε} 应为 $-(10\sim20)\times10^{-6}/\mathrm{℃}$。

近年发展了一系列微波介质瓷。

BaO-TiO$_2$ 系陶瓷。Ba$_2$Ti$_9$O$_{20}$ 是此系中最早应用的介质瓷。采用 BaCO$_3$ 和 TiO$_2$ 为原料在 1200℃ 预合成,磨细后干压、烧结或在氧化气氛中热压。瓷体密度越高,Q 和 ε 值越大,TK_{ε} 值越小。添加 ZrO$_2$ 等可促进烧结,提高瓷体密度。

A (B$_{1/3}$B$'_{2/3}$) O$_3$ 钙钛矿型陶瓷。A 为 Ba、Sr,B 为 Mg、Zn、Mn,B' 为 Nb、Ta。Ba (Mg$_{1/3}$Ta$_{2/3}$) O$_3$ 即 BM$_T$,Ba (Zn$_{1/3}$Ta$_{2/3}$) O$_3$ 即 BZT,加入 1%~2%Mn,(摩尔分数),可在较低温度下烧结成致密瓷体,并提高高频段的 Q 值,在 10GHz 段 Q 值超过 10^4。在氮中 1200℃ 退火也可成倍提高 Q 值,这同结构缺陷的减少,晶体的完善有关。无添加剂的 BMT 瓷在 1550℃ 烧结,添加 2%NaF (质量分数) 后,可在 1250℃ 烧结致密化,并有良好的电性能。

此外,(Zn,Sn) TiO$_3$ 瓷,(Mg,Ca) TiO$_3$ 瓷也具有良好的微波介质特性。

表 5-6 列出几种微波介质瓷的微波特性。

表 5-6 微波介质的电性能

陶 瓷	ε	Q	$\tau_t/\mathrm{℃}^{-1}$	测定频率/GHz
Ba$_2$Ti$_9$O$_{20}$	39.8	8000	$+2.0\times10^{-6}$	4
Ba(Zn$_{1/3}$Ta$_{2/3}$)O$_3$	31	5000	0	11
Ba(Zn$_{1/3}$Ta$_{2/3}$)O$_3$+1%Mn(摩尔分数)	30	14500	0.6×10^{-6}	11.4
Ba(Mg$_{1/3}$Ta$_{2/3}$)O$_3$+1%Mn(摩尔分数)	25	16800	4.4×10^{-6}	10.5
(Zr,Sn)TiO$_3$	38	13000	0	3
(Mg,Ca)TiO$_3$-La$_2$O$_3$	21	8000	0	7

微波集成电路基片材料与前面所述的基片材料类似。

5.3.4 多层电容器陶瓷

多层电容器,也称为独石电容器,将涂有金属浆料的陶瓷坯片,多层交替叠堆,烧成整体。陶瓷介质厚度可减薄至 20μm,叠层可达几十层。相同的电容量,多层电容器 (MLC) 的体积只有盘状单片电容器的 1/20~1/30。1μF 容量的多层电容器,比电容达 140μF/cm^3,且可靠性好。广泛用于大规模集成电路。

按烧结温度和相匹配的电极材料,多层电容器陶瓷可分为三类:烧结温度 1300℃ 以上,电极材料为 Pt、Pd 的高温型;烧结温度 1000~1250℃,Ag/Pd 为电极的中温型和烧结温度 900℃ 以下,廉价全银或低钯 Ag/Pd 为电极的低温型。高温型成本高,不常使用[1]。

低温烧结低频多层电容器瓷,国内常用如下三类。

Pb (Mg$_{1/3}$Nb$_{2/3}$) O$_3$-PbTiO$_3$-Bi$_2$O$_3$ 系 (即 PMN-PT-Bi$_2$O$_3$):主晶相镁铌酸铅 PMN 是复

合钙钛矿型铁电体,居里点$-15℃$,ε为8500。$PbTiO_3$作为移峰剂将PMN的居里点移至常用温度,并降低介电常数温度变化率。Bi_2O_3作助熔剂降低烧结温度。该系存在老化问题。

PMN-PT-$PbCd_{1/2}W_{1/2}O_3$系:在上述系中,以$PbCd_{1/2}W_{1/2}O_3$(即PCW)代替Bi_2O_3作熔剂,同时加入1%硼铅玻璃,使实际烧结温度降至$900℃$,改善瓷体的电性能和抗潮老化性能。该系已被广泛应用。实用配方:$67.63Pb_3O_4$,$22.15Nb_2O_5$,$9.20MgCO_3$,$1.99TiO_2$,$1.59WO_3$,$0.88CdO$,$0.15H_3BO_3$,$0.05Cr_2O_3$,ε为$9000\sim10000$,$tg\delta<100\times10^{-4}$,抗电强度为$40kV/mm$,负温容量变化率$\Delta C/C$($+85\pm5℃$)为41%,($-55\pm5℃$)为62%。该系工艺稳定,可靠性好,但负温损耗较大。

改性PMN-PT-PCW系:在上述PMN-$0.1PT$-$0.05PCW$系中(称PN熔块),引入$PbMg_{1/2}W_{1/2}O_3$(缩写PMW)作压降剂,改善负温容量变化率,同时引入钴离子改善负温损耗性能。实用配方为:T组88PN,12.2PMW,$0.167CoCO_3$;C组96.5PN,3.6PMW,$0.144CoCO_3$。另一种改性瓷是引入锆酸钙以降低容量变化率,引入$2MgO\cdot Bi_2O_3\cdot Nb_2O_5$熔块以提高瓷料的可靠性。

铌镁酸铅为主晶相的瓷,在合成PMN时可能出现低介电常数的焦绿石相($3Pb0.2Nb_2O_5$)而降低其可靠性。防止焦绿石相产生的办法有:分两步合成PMN;过量PbO合成法等。此外,$Pb(Zn_{1/3}Nb_{2/3})O_3$(即PZN),$Pb(Fe_{2/3}W_{1/3})O_3$(即PFW)和PMN一样,也属复合钙钛矿结构,以它们为基础的瓷也可做到不出现焦绿石相。例如,PZN-PT中加入$BaTiO_3$(即BT),形成$(1-x-y)PZN-xBT-yPT$系,当$0.05\leqslant x\leqslant0.2$,$0\leqslant y\leqslant0.2$时,不产生焦绿石相。$Pb(Fe_{2/3}W_{1/3})O_3-Pb(Fe_{1/2}Nb_{1/2})O_3-PbTiO_3$三元系,三组分先分别预合成,后配料再预合成,也可防止焦绿石相的产生。

国内研制的PMN-PT-PZN系低温烧结多层电容器陶瓷,在PMN-PT中加入PbZN具有较好偏压特性,ZnO与PbO形成低共熔物,可在$900℃$烧成。瓷料组成:$0.94Pb(Mg_{1/3}Nb_{2/3})O_3-0.04PbTiO_3-0.02Pb(Zn_{1/3}Nb_{2/3})O_3+0.1\%MnO_2$(质量分数),电性能:$\varepsilon=13500\sim15000$,$tg\delta<1.0\%$,$\rho>10^{12}\Omega\cdot cm$,抗电强度$>5kV/mm$。瓷粉采用两步合成法,可抑制焦绿石相的产生。该系已工业应用。

低温烧结高频多层电容器陶瓷,国内采用铌铋锌系ZnO-Bi_2O_5-Nb_2O_5,铌铋镁系MgO-Bi_2O_3-Nb_2O_5和$PbMg_{1/2}W_{1/2}O_3$-$PbMg_{1/3}Nb_{2/3}O_3$系(即PMW-PMN)。铌铋锌和铌铋镁系都不含铅,生产不需特殊防护。铌铋锌系烧结温度低,ε大,$tg\delta$小,ρ高,电容温度系数范围宽,是有前途的系统。PMW-PMN系可制造电容温度系数为$-2200\times10^{-6}/℃$、$-3300\times10^{-6}/℃$、$-5600\times10^{-6}/℃$三系列的瓷料。

中温烧结高频多层电容器陶瓷,常用BaO-TiO_2-Nd_2O_3系和CaO-TiO_2-SiO_2系。在$BaO\cdot Nd_2O_3\cdot5TiO_2$中,引入助熔剂$SiO_2$-$Pb_3O_4$-$BaO$,改性物$Bi_2O_3\cdot2TiO_2$,瓷电性能$\varepsilon=75\sim90$,$tg\delta<3\times10^{-4}$,$\rho>10^{14}\Omega\cdot cm$,该系稳定性好。$CaO$-$TiO_2$-$SiO_2$,引入$La_2O_3$、$CeO_2$、$Nb_2O_5$,烧结温度降至$1100℃$,成本低。

中温烧结低频多层电容器陶瓷,常用两类瓷料:$BaTiO_3$基和铅的复合钙钛矿型化合物基瓷。$BaTiO_3$基瓷需加入助熔剂,例如硼酸铅,降低其烧结温度。铅的复合钙钛矿型化合物基瓷有$Pb(Fe_{2/3}W_{1/3})_x(Fe_{1/2}Nb_{1/2})_{0.9-x}Ti_{0.1}O_3-Bi_2O_3/Li_2O$系即$PFW_xPFN_{0.9-x}PT_{0.1}$-$Bi_2O_3/Li_2O$系和$Pb(Fe_{1/2}Nb_{1/2})O_3-Pb(Fe_{1/2}NT_{1/2})O_3$(即PFN-PFT)。$Bi_2O_3/Li_2O$有降低居里点处介电常数峰值作用,熔点低,可使$PFW_xPFN_{0.9-x}PT_{0.1}$系在$900℃$烧结。PFN-

PFT 系中，加入 $PbTiO_3$、$SrTiO_3$、La_2O_3 和少量烧结助剂 Li_2CO_3，可获在 $900\sim1000℃$ 烧结的低频瓷料。

5.3.5 半导体电容器陶瓷

在 $BaTiO_3$、$SrTiO_3$ 高介电常数半导体陶瓷表面或晶界形成薄的绝缘层（电介质层）就构成半导体电容器。表面层半导体电容器的介质层厚度为 $10\sim15\mu m$，晶界层电容器的介质层厚 $0.1\sim2\mu m$。晶界层电容器的介电常数比常规瓷电容器高几倍到几十倍。

表面层电容器是在半导体瓷表面于空气中烧渗金属电极时，在陶瓷表面形成一层具有整流作用的高阻挡层。$BaTiO_3$ 表面烧渗 Ag 电极时，接触界面上生成属 P 型半导体的 Ag_2O 与属 N 型半导体的 $BaTiO_3$ 构成 p-n 结，故表面层电容器也称为 p-n 结电容器。但表面层电容器的绝缘电阻太低，耐电强度差。为了改善其耐压特性，可采用电价补偿法或还原再氧化法。

电价补偿法是在半导体瓷表面（如 $BaTiO_3$）涂覆一层受主杂质（如置换 Ba 的 Ag、Na 和置换 Ti 的 Cu、Mn、Fe 等金属或化合物），通过热处理使受主金属离子沿半导体表面扩散，表面层则因受主杂质的补偿作用变成绝缘介质层。

还原再氧化法通常是电容器先在空气中烧成，后在还原气氛下强制还原成半导体，最后在氧化气氛中把表面层重新氧化成绝缘介质层。

晶界层电容器是在晶粒发育充分的 $BaTiO_3$ 等半导体陶瓷表面，涂覆金属氧化物（如 CuO、MnO_2、Bi_2O_3、TiO_2），在氧化条件下进行热处理，涂覆氧化物与 $BaTiO_3$ 形成低共熔相，沿开口气孔渗入陶瓷内部，沿晶界扩散，在晶界上形成一薄层固溶体绝缘层。晶界层电容器的制备通常分三步。先成型，在氮气中烧成，形成半导体；后涂覆氧化物，在空气中二次烧结，形成晶界绝缘层；最后涂银、烧银、焊引线。

$BaTiO_3$ 的半导化有三途径：施主掺杂半导化，强制还原半导化和 SiO_2 掺杂（包括 SiO_2 $+Al_2O_3$ 和 $SiO_2+Al_2O_3+TiO_2$ 掺杂）半导化。

高纯 $BaTiO_3$ 中引入少量稀土氧化物（例如 La、Ce、Nd、Dy），经烧结就得到 N 型半导体。一个三价施主稀土离子取代一个 Ba^{2+} 的同时迫使一个四价 Ti^{4+} 转变为三价 Ti^{3+}。三价 Ti^{3+} 可以看成俘获一个电子的 Ti^{4+} 即 $(Ti^{4+}e^-)$。电子 e^- 与 Ti^{4+} 的联系较弱，称弱束缚电子。弱束缚电子，在外电场下参与电导，显出 N 型半导性，称为施主掺杂半导体。此法成本高，稳定性较差。

在真空、惰性气氛或还原气氛中烧结 $BaTiO_3$ 陶瓷时，产生氧空位和 $(Ti^{4+}e^-)$ 离子，获得 $\rho=10^2\sim10^6\Omega\cdot cm$ 的半导体。

采用工业原料以 SiO_2（包括 $SiO_2+Al_2O_3$，$SiO_2+Al_2O_3+TiO_2$）掺杂在空气中烧成 $BaTiO_3$ 半导体，可降低成本，重复性好。SiO_2 掺杂使 $BaTiO_3$ 半导化，可这样解释：工业原料难以用施主掺杂法使 $BaTiO_3$ 半导化的原因在于，原料中存在的 Fe^{3+}、Mg^{2+} 等受主杂质对施主的电价起补偿作用，使施主的加入不能形成 Ti^{3+}。若在瓷料中引入 SiO_2 等，烧结时 SiO_2 与其他氧化物形成玻璃相并把对半导化起毒化作用的受主杂质溶入其中，就起"解毒"作用，可实现半导化。半导化也可同时使用几种方法。

表 5-7 列出晶界层半导体电容器瓷的性能。

表 5-7 晶界层电容器瓷的性能

类型	陶 瓷 组 成	ε (1KHz)	$tg\delta/\%$ (1KHz)	$\rho/$ $\Omega\cdot cm$	击穿强度/ $V\cdot mm^{-1}$
普通材料	$BaTiO_3+0.1\%Dy_2O_3$（摩尔分数）$+0.4\%SiO_2$（质量分数）	20000	$2\sim4$	5×10^{10}	10000
	$BaTiO_3+0.1\%Dy_2O_3$（摩尔分数）$+0.4\%SiO_2$（质量分数）$+1\%$ $BaCO_3$（摩尔分数）	18000	$2\sim5$	5×10^{10}	20000
高介材料	$Ba(Ti_{0.9}Sn_{0.1})O_3+0.1\%Dy_2O_3$（摩尔分数）$+0.4\%SiO_2$（质量分数）$+0.6\%CuO$（摩尔分数）$+0.5\%BaCO_3$（摩尔分数）	50000 ~80000	$5\sim10$	2×10^{10}	3500
	$(Ba_{0.875}Sr_{0.125})(Ti_{0.95}Sn_{0.05})O_3+0.1\%Dy_2O_3$（摩尔分数）$+0.4\%SiO_2$（质量分数）$+0.5\%TiO_2$（摩尔分数）	40000	$2\sim6$	2×10^{10}	5000
高频材料	$(Sr_{0.375}Ba_{0.625})O_{1.0}(TiO_2)_{1.02}+0.2\%Dy_2O_3$（摩尔分数）$+0.4\%SiO_2$（质量分数）$+0.4\%Al_2O_3$（质量分数）	5000	$2\sim6$	$10^{10}\sim10^{11}$	20000
	$SrTiO_3+0.1\%Dy_2O_3$（摩尔分数）$+0.4\%SiO_2$（质量分数）$+0.4\%Al_2O_3$（质量分数）$+0.04\%SrCO_3$（摩尔分数）	7000	$1\sim3$	1×10^{12}	15000
	$(Sr_{0.94}Ba_{0.06})TiO_3+0.1\%Dy_2O_3$（摩尔分数）$+0.4\%SiO_2$（质量分数）$+0.4\%Al_2O_3$（质量分数）$+0.04\%SrCO_3$（摩尔分数）	25000	$1\sim3$	1×10^{11}	5000
低温度系数材料	$SrTiO_3+0.4\%MnO$（摩尔分数）$+1.6\%SiO_2$（摩尔分数）	20000 ~35000	$2\sim5$	1×10^{10}	300
	$Sr_{1-x}R_xTi_{1-x}M_xO_3$，R 为三价稀土元素，M 为铁族元素	15000 ~40000	$1\sim15$	10^{10}	—

目前 $SrTiO_3$ 系晶界层电容器的有效介电常数已超过 10^5，且具有低的温度容量变化率 $\Delta C/C\sim\pm10\%$（$-25\sim+125℃$）。

电容器陶瓷的研究热点之一是将晶界层半导体瓷制成多层电容器，也称独石化晶界层电容器[26,27]。具有高介电常数、宽频率使用范围、低温度变化率、低介电损耗的 $SrTiO_3$ 半导体瓷用于多层电容器，可获得高比电容和优良综合电介性能的新型电容器。国内采用 Li-Bi-Nb-Si-Zn 复合掺杂可使 $SrTiO_3$ 在 1150℃烧成和半导化。烧结后期的晶界偏析绝缘化工艺可采用常规多层电容器生产的路线和设备。同需要专门设备的真空浸渗工艺和晶粒包裹工艺比较，更易实现工业化。

5.3.6 铁电陶瓷

铁电体同铁磁体类似，存在类似于磁畴的电畴。每个电畴由许多永久电偶矩构成，它们之间相互作用，沿一定方向自发排列成行，形成电畴。无电场时，各电畴在晶体中杂乱分布，整个晶体呈中性。当外电场加于晶体时，电畴极化矢量转向电场方向，沿电场方向极化畴长大。极化强度 P 随外电场强度 E 按图 5-4 的 OA 线而增大，直到整个晶体成为单一极化畴（B 点）极化强度达到饱和。以后极化时，P 和 E 呈

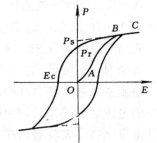

图 5-4 铁电陶瓷的电滞回线

线性关系（BC 段）。外推线性部分交于 P 轴的截矩称饱和极化强度 P_s。实际上，P_s 是自发极化强度。电场降为零时，仍存在剩余极化强度 P_r。加上反向电场强度 E_c 时，P 降至零，E_c 称为矫顽电场。在交流电作用下，P 和 E 的关系形成电滞回线。铁电体存在居里点，居里点以下显铁电性。

铁电陶瓷的主晶相多属钙钛矿型，还有钨青铜型、焦绿石型等。铁电介质瓷具有很大的介电常数，有些达 20000 以上，也称为高介电常数陶瓷。利用其高介电常数可制成大容量电容器。其介电常数与外电场呈非线性关系，可用于介质放大器。铁电陶瓷的介电常数随温度变化也呈非线性关系，不能用介电常数的温度系数 TK_ε 表示，而用一定温度范围内的介电常数变化率 $\Delta\varepsilon/\varepsilon\%$，或容量变化率 $\Delta C/C\%$ 表示。铁电陶瓷的扩散相变引起电致伸缩。其电效应变大，回零好，热稳定，可用于电控微位移，致动器。但是，铁电陶瓷的介电损耗大，不宜用于高频，适用于低频或直流电路。

$BaTiO_3$ 是典型的铁电陶瓷，$\varepsilon=1700$，居里点 $T_c=120℃$。在 T_c 以上为顺电相的立方相，T_c 以下属铁电体的四方相。$BaTiO_3$ 中加入能形成钙钛矿结构的 Sr、Sn、Zn 的化合物，居里点可调整到室温附近。这类添加剂称为移动剂。能压低居里点处介电常数峰值并使介电常数随温度平坦变化的添加剂称为压峰剂。几种常用添加剂如下：

移动剂：$BaSnO_3$，$BaZrO_3$，$CaZrO_3$，$CaSnO_3$，$SrTiO_3$，$PbTiO_3$，La_2O_3；

压峰剂：$CaTiO_3$，$MgTiO_3$，$Bi_2(SnO_3)_3$，$Bi_2(TiO_3)_3$，$NiSnO_3$，$MgSnO_3$；

烧结助剂：Al_2O_3，SiO_2，ZnO，CeO_2，B_2O_3，Nb_2O_5，WO_3

防止还原添加剂：MnO_2，Fe_2O_3，CuO。

铁电介质瓷有如下四类。

高介铁电瓷：要求高的介电常数，用于微小型电容器。加入移动剂把 T_c 移至 $15\sim20℃$，并应提高居里点处介电常数峰值。一种瓷料配方为：$85BaTiO_3$，$16BaZrO_3$，$0.5H_2WO_4$，$0.4ZnO_2$，$0.1CaO$，$\varepsilon>20000$，$T_c=15℃$。

低变化率铁电瓷：$Bi_2(SnO_3)_3$ 对 $BaTiO_3$ 有强烈压峰效果，再加入 Nb_2O_5、ZnO_2、Sb_2O_3 可获得低变化率瓷料。在 $BaTiO_3$ 瓷中，主晶相 $BaTiO_3$ 是高介电常数相，晶界相为低介电常数相。主晶相和晶界相组成等效电路。连续分布的低介电常数晶界相可降低 $BaTiO_3$ 的介电常数并使介电常数温度系数变平坦。一种瓷料为：$94.8BaTiO_3$，$1.83Bi_2O_3$，$2.11SnO_2$，$1.01Nb_2O_5$，$0.31ZnO$，烧成温度 $1370℃$，$\varepsilon=2400$，$\Delta\varepsilon/\varepsilon$ 为 $+4.5\sim-1.25$（$-55\sim+85℃$）。这类瓷料的电容器用于收音机和电视机。

高压铁电瓷：这类铁电瓷有 $BaTiO_3$-$CaZrO_3$-Bi_3NbZrO_9 系，$BaTiO_3$-$BaSnO_3$ 系，$(Sr_{1-x}Mg_x)TiO_3$-$Bi_2O_3\cdot nTiO_2$ 系和 $(Sr_{1-x}Ba_x)TiO_3$-$Bi_2O_3\cdot nTiO_2$ 系。这些瓷料的耐电强度多高于 $8kV/mm$。高压电容器广泛用于彩电中。

低损耗铁电瓷：把 $BaTiO_3$ 瓷的 T_c 移至 $-30℃$ 以下时处于顺电相，显著降低介电损耗。例如，$BaTiO_3$-$BaZrO_3$-$CaZrO_3$-$Bi_2O_3\cdot TiO_2$ 系，$\varepsilon=1700$，$tg\delta=11\times10^{-4}$，$T_c<-55℃$。

铁电陶瓷薄膜具有良好的铁电、压电、热释电、电光和非线性光学特性，用于存储器、传感器、驱动器、红外探测器、超声探测、表面波器件，电光调制器、显示器和光波导等[28~31]。铁电薄膜技术和半导体、大规模集成电路技术的结合，将产生集上述诸功能于一体的多功能集成化器件，形成"集成铁电学"。铁电薄膜材料有 $(Pb_{1-x}La_x)TiO_3$，$Pb(Zr_xTi_{1-x})O_3$、$PbTiO_3$、$Ba_xSr_{1-x}TiO_3$、$Bi_4Ti_3O_{12}$ 和 $Pb_{1-x}La_x(Zr_xTi_{1-x})O_3$ 即 PLZT。

PLZT 也是透明铁电陶瓷。透明铁电陶瓷用于光储存、显示、光闸和热探测等。

5.3.7 反铁电陶瓷

反铁电体的晶体结构类似于铁电体，也有一些共同特性，如高介电常数，介电常数与温度的非线性关系。不同点是，反铁电体电畴内相邻离子沿反平行方向自发极化，每个电畴存在两个方向相反、大小相等的自发极化强度，而不是像铁电体那样存在方向相同的偶极子。反铁电体每个电畴总的自发极化为零。当外电场降为零时，反铁电体没有剩余极化。图 5-5 为反铁电体的双电滞回线。

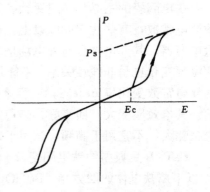

图 5-5 反铁电体的双电滞回线

施加电场于反铁电体时，P 和 E 呈线性关系，类似于线性介质。但当超过 E_c 时，P 和 E 呈非线性关系至饱和，此时反铁电体相变为铁电体。E 下降时 P 也降低，形成类似铁电体的电滞回线。当 E 降至 E_c 时，铁电体又相变为反铁电体。施加反向电场时，在第 3 象限出现一与之对称的电滞回线，形成双电滞回线。

反铁电陶瓷种类很多，最常用的是由 $PbZrO_3$ 基固溶体组成的反铁电体。纯 $PbZrO_3$ 的相变场强 E_c 很高，而且只当温度达居里点附近才能激发出双回线。为了改善其烧结性和降低其相变场强和温度，在室温能激发出双回线，发展了以 $Pb(Zr，Ti，Sn)O_3$ 固溶体为基的反铁电陶瓷，例如，$Pb_{0.94}La_{0.04}(Zr_{0.42}Ti_{0.18}Sn_{0.4})O_3$ 和 $Pb_{0.99}Nb_{0.02}[(Zr_{0.6}Sn_{0.4})_{0.95}—Ti_{0.05}]_{0.98}O_3$。

反铁电陶瓷具有储能密度高，储能释放充分等优点，用作储能电容器。反铁电体发生反铁电⇌铁电相变时，伴随很大应变（0.1%～0.5%），比压电效应大一个数量级。这给反铁电电容器造成困难。但也可利用相变形变作成机电换能器。反铁电陶瓷还可用作电压调节器和介质天线。

5.4 压电、热释电陶瓷

5.4.1 压电性、热释电性

电介质在电场的作用下，可以使它的带电粒子相对位移而发生极化。某些电介质晶体也可以通过纯粹的机械作用而发生极化，并导致介质两端表面出现符号相反的束缚电荷，其电荷密度同外力成比例。机械力激起晶体表面荷电的效应称为压电效应。材料的这种性质称为压电性。晶体在受机械力而变形时，在晶体表面产生电荷的现象称为正压电效应。对晶体施加电压时，晶体发生变形的现象称为逆压电效应。

前面提到的电致伸缩不同于逆压电效应。电介质在外电场 E 的作用下都产生正比于 E 的二次方的应力。应力又使电介质发生相应的应变。这种电致伸缩效应是二次效应，在任何电介质中都存在。逆压电效应是一次效应，只出现于无对称中心的电介质中。高介电常数陶瓷和铁电陶瓷具有大的电致伸缩应变，可用作致动器。

具有对称中心的晶体不具有压电性。靠纯粹的机械力不能使它们的正负电荷重心之间发生不对称的相对位移，也就是不能使之极化。根据几何结晶学，在 32 种点群中，只有 20

种不具有对称中心的晶族，有可能具有压电性。

除了由于机械力的作用而引起电极化（压电效应）之外，在某些晶体中，还可以由于温度的变化而产生电极化。均匀加热电气石晶体时，在晶体惟一的三重旋转对称轴两端，就会产生数量相等符号相反的电荷。如果将晶体冷却，电荷的变化同加热时相反。这种现象称为热释电效应。实际上，在通常的压强和温度下，这种晶体就有自发极化性质。但是，这种效应被附着于晶体表面上的自由表面电荷所掩盖，只有当晶体加热时才表现出来，故取名为"热释电效应"。

热释电效应是由于晶体中存在自发极化而引起的。具有对称中心的晶体，不具有热释电性。这点同压电晶体是一样的。但是，压电晶体不一定具有热释电性。只有当晶体中存在有与其他极轴都不相同的惟一极轴时，才有可能由热膨胀引起晶体总电矩的改变，从而表现出热释电效应。在20种压电晶体中，只有10种点群的晶体有可能具有热释电性。

电介质、压电体，热释电体和铁电体之间的关系，可用图 5-6 表示。

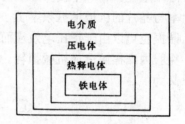

图 5-6　电介质、压电体、热释电体和铁电体的关系

对于一般固体，应力 T 引起成比例的应变 S，用弹性模量 Y 联系起来，即 $T=YS$。对于压电体，应力还引起额外电荷，电荷正比于应力（正压电效应）。单位面积的电荷 Q/A，即介质电位移 D 与应力的关系，通过压电系数 d 联系起来：

$$D = Q/A = d'T$$

式中 d' 的单位为 C/N。对于逆压电效应，施加电场 E，产生成比例的应变 S，则

$$S = d''E$$

d'' 的单位为 m/V。以上二式中的比例常数 d' 和 d'' 称为压电应变常数 d。它表示作为驱动材料运动或振动的能力。声纳、驱动器要求材料具有大的 d 值。d' 和 d'' 数值相等。

另一个常用的压电常数是压电电压常数 g。它表示压电材料在应力作用下产生的电场，或应变引起的电位移的关系。通过介电常数 ε 把 d 和 g 联系起来：$g=d/\varepsilon$。g 表征作为传感材料在应力作用下产生电压信号的能力。例如拾音器要求材料具有高的 g 值。

压电常数同介电常数、弹性常数一样，因晶轴而异。而且，因机械、电学边界条件不同也不同。例如，薄长片压电陶瓷，其极化方向平行于3方向。电极面与方向3垂直（图5-7）。在短路即电场 $E=0$ 的条件下，薄片受沿方向1的应力 T_1 作用时，压电常数 d_{31} 与电位移 D_3、应力 T_1 的关系为

$$d_{31} = (D_3/T_1)_E$$

压电常数下标的个位数为力学量，十位数为电学量。

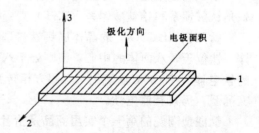

图 5-7　薄长片压电陶瓷振子

以上是压电效应的表达方法。压电体的电行为和弹性行为之间的关系，需用压电方程来表示，有四类压电方程。这里不作介绍。

热释电体的自发极化 P_s 由于热膨胀随温度 T 而发生变化，$\Delta P_s = \pi \Delta T$，$\pi$ 称为热释电系数。

描述晶体的介电、弹性、压电性质的参数，除了前面提到的介电常数、介质损耗角正切 $tg\delta$、弹性系数和压电常数之外，还有描述弹性谐振时的力学性能机械及品质因数 Q_m 和描述谐振时的机械能与电能相互转换的机电耦合系数 K。频率常数是谐振频率和决定谐振的线度尺寸的乘积。由于压电晶体结构的非对称性，耦合系数以张量的形式表示。

压电材料用作滤波器、谐振换能器和标准频率振子等器件时，主要是利用压电晶片的谐振效应。当一个按一定取向和形状制成的有电极的压电晶片输入电讯号时，如果讯号频率与晶片的机械谐振频率 f_r 一致，晶片就会由于逆压电效应而产生机械谐振。晶片的机械谐振也可以由于正压电效应而输出电讯号。这种晶片就称为压电振子。压电振子谐振时，要克服内摩擦而造成机械损耗。机械品质因数 Q_m 反映压电振子在谐振时的能量损耗程度，定义为

$$Q_m = 2\pi \frac{\text{谐振时振子储存的机械能量}}{\text{谐振时每周振子机械损耗的能量}}$$

Q_m 是无量纲的物理量，Q_m 愈大，机械损耗愈小。

机电耦合系数 K 表示压电材料的机械能与电能之间的耦合关系，定义为

$$K^2 = \frac{\text{通过逆压电效应转换的机械能}}{\text{贮入的电能总量}}$$

或者

$$K^2 = \frac{\text{通过正压电效应转换的电能}}{\text{贮入的机械能总量}}$$

压电振子的机械能与振子的形状和振动模式有关。因此，不同的模式有不同的耦合系数。K_p 表示薄圆片径向伸缩模式，K_{31} 代表薄长片长度伸缩模式，K_{33} 表示圆柱体轴向伸缩模式，K_t 代表薄片厚度伸缩模式，K_{15} 代表长方片厚度切变模式等。K 也是无量纲的物理量，恒小于 1，现最高能达 0.7 左右。对于 31、15 模式和平面或径向模式的谐振，频率常数分别表示为 N_1、N_5、N_p。

5.4.2　压电陶瓷材料

压电陶瓷多是 ABO_3 型化合物或几种 ABO_3 型化合物的固溶体。应用最广泛的压电陶瓷是钛酸钡系和锆钛酸铅系（PZT）陶瓷。

钛酸钡（$BaTiO_3$）的晶体属钙钛矿型（$CaTiO_3$）结构。$BaTiO_3$ 晶体中的氧形成氧八面体，钛位于氧八面体的中心，钡则处于八个八面体的间隙。在室温，$BaTiO_3$ 是属四方晶系的铁电体。在 120℃ 温度以上，四方相转为立方相，属顺电相。在 0℃ 附近，四方相转为正交晶系，仍具有铁电性。

钛酸钡陶瓷的第一个实用商品是拾音器。钛酸钡具有较好的压电性，是在锆钛酸铅陶瓷出现之前，广泛应用的压电材料。但是，钛酸钡的居里点不高（120℃），限制了器件的工作温度范围。它还存在第二相变点（0℃），相变时压电、介电性显著改变；常温介电性和压电性不稳定等缺点。为了扩大钛酸钡压电陶瓷的使用温度范围，并使它在工作温度范围内不存在相变点，出现了以 $BaTiO_3$ 为基的 $BaTiO_3$-$CaTiO_3$ 系和 $BaTiO_3$-$PbTiO_3$ 系陶瓷。在 $BaTiO_3$ 中加入 $CaTiO_3$，第二相变点明显向低温移动，但对居里点的影响不大。$PbTiO_3$ 加

入 $BaTiO_3$ 中，可以使陶瓷的居里温度移向高温。钛酸钡压电陶瓷至今在制造声纳装置的振子、声学测量装置和滤波器等方面仍有应用。

锆钛酸铅是 ABO_3 型钙钛矿结构的二元系固溶体，化学式为 $Pb(Zr_x \cdot Ti_{1-x})O_3$。晶胞中的 B 位置可以是 Ti^{4+}，也可以是 Zr^{4+}。$PbTiO_3$ 和 $PbZrO_3$ 可以形成连续固溶体。图 5-8 是 $PbTiO_3$-$PbZrO_3$ 伪二元系相图。居里点 T_c 随锆钛比变化。在居里温度以上，晶体为立方相，无压电效应。在锆钛比为 55/45 处，有一相界线，右边为四方相，左边是菱方（三角）晶相，它们都是铁电相。在锆钛比 100/0 到 94/6 的范围内，固溶体为四方相，属反铁电相，无压电效应。锆钛酸铅是铁电相钛酸铅和反铁电相锆酸铅的固溶体。在锆钛比为 55/45 时，结构发生突变，此时平面耦合系数 K_p 和介电常数 ε 出现最大值。

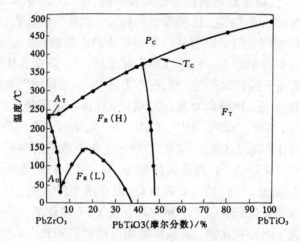

图 5-8　$PbTiO_3$-$PbZrO_3$ 相图

P_C—立方晶系，顺电相；F_R—三角晶系，铁电相；

F_T—四方晶系，铁电相；A_T—反铁电相

根据器件的性能要求，可以选择不同的锆钛比。例如，发射型材料要求高的 K_p 值，可以选择相界线附近的组成，锆钛比 52/48。对于接收型材料，既要求高的 K_p，同时也要求高灵敏度、低机械品质因素 Q_m 和适当的介电常数，通常采用锆钛比 54/46。

在相界线处，四方-菱方两相共存，两种晶体结构的能量相近。在施加电压或应力时，晶体结构能够发生相的转变，这就有利于铁电活性离子的迁移和极化（例如氧离子或钛离子的位移）。因此，在这种结构状态下，介电常数（部分反映在电场作用下离子位移的难易）和机电耦合系数（反映机械能与电能之间转换的难易）能够达到最大值。而铁电活性离子容易迁移，电畴运动比较容易，必然引起能量的机械损耗（内摩擦）增大，Q_m 值减小。

压电陶瓷的应用很广泛，对材料的要求也各不相同。高压发生、引燃引爆材料要求压电常数 g_{33} 和机电耦合系数 K_{33} 大。陶瓷滤波器要求材料参数的经时（时间）稳定性和温度稳定性好（性能随时间的变化称为时间稳定性，随温度的变化称温度稳定性），机械品质因数 Q_m 高。压电陶瓷经极化后，保持一定的剩余极化，处于能量较高的介稳状态，随时间和温度的变化，性能发生一定的变化。电声材料共同的要求是耦合系数大，介电常数高。为了满足这些要求，除了改变锆钛比之外，还可以在配方中添加一些杂质成分，以调节和改

善材料的性能。

对二元系 PZT 陶瓷掺杂改性时，可以通过元素置换改性和添加物改性。

元素置换改性是指在 PZT 固溶体中，加入一些与 Pb^{2+}、Zr^{4+}（Ti^{4+}）同价，且离子半径相近的元素，并占据它们原来正常晶格中的位置，形成置换固溶体。例如，Ba 置换部分 Pb 之后，可以提高 Q_m，改善频率温度稳定性。Sr 置换 Pb 之后，使压电陶瓷的 K_p，Q_m 增大，频率温度稳定性得到改善。Sn 置换部分 Zr、Ti 之后，介电常数增加，居里温度下降。

添加物改性是指在压电陶瓷的基本成分中加入与原来晶格的离子化合价不同的元素离子，或者 $A^{1+}B^{5+}O_3$ 和 $A^{3+}B^{3+}O_3$ 化合物。添加少量 La^{3+}、Bi^{3+}、Sb^{5+} 等金属氧化物，可以使陶瓷的性能变"软"，也就是获得高的弹性柔顺系数、低 Q_m、高 K_p、低矫顽场 E_c，老化稳定性好，体积电阻率 ρ_v 大的陶瓷。这类添加物称为"软性"添加物。加入软性添加物后，晶胞中出现铅缺位，使电畴壁运动较容易。施加较小的电场或应力，就能使畴壁运动，因此矫顽场降低。由于畴壁运动容易，引起内部损耗增加，Q_m 降低。软性添加物，在陶瓷中形成阳离子空位，加速离子的扩散过程，促进 PZT 的烧结。"硬性"添加物使压电陶瓷的性能变"硬"，即介质损耗降低，矫顽场增高，Q_m 增大，比体积电阻降低。硬性添加物有一价、三价和过渡元素，例如，K^{1+}、Na^+、Al^{3+}、Ga^{3+}、Fe^{2+}、Mn^{2+} 等。通常以氧化物的形式加入。硬性添加物在晶格中引起氧缺位，在 PZT 中产生相当数量的空间电荷。空间电荷抑制畴壁的运动。可使介质损耗降低，并相应地提高 Q_m 值。因为介质损耗也包含在交流电场下畴壁振动滞后所消耗的能量，而机械品质因数 Q_m 与介质损耗 $tg\delta$ 成反比。硬性添加物造成氧离子空位，使晶胞收缩，降低离子的扩散速度，使 PZT 难烧结。某些添加物在烧结时产生液相，降低烧结温度，例如氧化镁。有些添加物可抑制晶粒长大，例如 Fe^{3+}、Al^{3+}、Ni^{3+} 等。

锆钛酸铅陶瓷按下述工艺步骤制备：配料、混合、预烧、粉碎、成型、排塑、烧结、上电极、极化和测试。

$PbTiO_3$ 是具有高居里点（490℃）的钙钛矿型铁电体。在居里点以上为顺电立方相，居里点以下为四方相，$PbTiO_3$ 烧结性差，各向异性较大，晶界能高，当冷却通过居里点时晶粒易分离。添加 Li_2CO_3、NiO、Fe_2O_3 或 MnO 可获得致密陶瓷，Li_2CO_3、Cr_2O_3 或 MnO 可抑制 $PbTiO_3$ 的晶粒长大。改性钛酸铅陶瓷用作高频滤波器的高频低耗振子、声表面波器件、红外热释电探测器、无损探伤和医疗诊断探头。

20 世纪 60 年代初期，发展了钨青铜结构的铌酸盐系压电铁电陶瓷，其压电性不如 PZT，但是它们有较高的居里点，低的介电常数，较低的机械 Q_m 和高的声传播速度，因此，用作高频换能器比 PZT 好。采用热压法制备的铌酸盐系压电陶瓷 KNN（铌酸钾钠），用在高频厚度伸缩（或切变）换能器方面，比 PZT 陶瓷好。KNN 的化学式为 $K_{1-x}Na_xNbO_3$，$x \approx 0.5$ 时，各项性能较好。不含铅的铌酸盐陶瓷，在减少环境污染方面有一定意义。

钨青铜结构的偏铌酸铅、偏铌酸铅钡陶瓷，具有高的居里点、高的频率常数、低介电常数，同 PZT 陶瓷比较，在某些方面的应用，例如无损探伤、高频工作、其效果较好。

国内研制的无铅的钨青铜结构铌酸钡钠陶瓷，采用 Sr^{2+} 置换、Li^+ 及 Mn^{2+} 添加改性和通氧烧结工艺制备，简称 S_3LM_2，用于中频窄带滤波器，效果较好。

另一种无铅的铌酸钠锂压电陶瓷（LNN），适用于高频超声换能器。

组成为 $(Ba_{1-x}Pb_x)_4(Na_{0.88}Li_{0.12})_2Nb_{10}O_{30}$ 的铌酸铅钡钠陶瓷，其形变随电压变化线性好、滞后小、响应快、可用于微位移器。

在表 5-8 中列出几种压电陶瓷的性能。

表 5-8 压电陶瓷的性能

材　料	居里温度 T_c/℃	耦合系数/%		相对介电常数 $\varepsilon_{33}^T/\varepsilon_0$	介质损耗 $tg\delta$/%	频率常数/Hz·m	
		K_p	K_{31}			$f_{r31}·l$	$f_{r33}·t$
BaTiO₃	~120	36	21	1700	1.0	2200	2520
PbTiO₃	460~520	7~9.6	4.2~6	~150	0.8~1.1	2200	2000
PbTiO₃-PbZrO₃	180~350	25~65	15~39	460~340	1.4~2.0	1400~1900	1800~2200
Pb(Mg₁/₃Nb₂/₃)O₃ -PbTiO₃-PbZrO₃	170~350	30~76	22~43	550~9000	0.2~2.5	—	—
Pb(Co₁/₃Nb₂/₃)O₃ -PbTiO₃-PbZrO₃	220~320	24~64	14~39	350~3900	—	—	—
Na₀.₅K₀.₅NbO₃	420	46	27	496	1.4	2570	—
Pb₀.₆Ba₀.₄Nb₂O₆	260	38	22	1500	1.0	1915	—

材　料	压电常数/C·N⁻¹		压电常数/V·m·N⁻¹		弹性柔顺系数/m²·N⁻¹		机械品质因数 Q_m
	d_{33}	d_{31}	g_{33}	g_{31}	S_{31}^E	S_{31}^E	
BaTiO₃	$190×10^{-12}$	$-78×10^{-12}$	$12.6×10^{-2}$	$-5.2×10^{-2}$	$9.5×10^{-2}$	$9.1×10^{-2}$	300
PbTiO₃	$(45~56) ×10^{-12}$	$(-4.2~ -6.6)×10^{-12}$	$33×10^{-2}$	$(-3.2~ -4.2)×10^{-2}$	$9.6×10^{-2}$	$7.8×10^{-2}$	500~ 1300
PbTiO₃-PbZrO₃	$(71~590) ×10^{-12}$	$(-27~ -274)×10^{-12}$	$(17~40) ×10^{-2}$	$(-5.2~ -16)×10^{-2}$	$(9~20) ×10^{-2}$	$(9~16.5) ×10^{-2}$	65~ 1300
Pb(Mg₁/₃Nb₂/₃)O₃ -PbTiO₃-PbZrO₃	$(280~460) ×10^{-12}$	$(-79~ -250)×10^{-12}$	$~30×10^{-2}$	$(-6.5~ -126)×10^{-2}$		$(6.3~ 15.9)×10^{-2}$	55~ 2250
Pb(Co₁/₃Nb₂/₃)O₃ -PbTiO₃-PbZrO₃							55~ 2250
Na₀.₅K₀.₅NbO₃	$127×10^{-12}$	$-51×10^{-12}$	$29×10^{-2}$	$-11.6×10^{-2}$	$10.1×10^{-2}$	$8.2×10^{-2}$	240
Pb₀.₆Ba₀.₄Nb₂O₆	$220×10^{-12}$	$-90×10^{-12}$	$16.6×10^{-2}$	$-6.8×10^{-2}$	—	$11.5×10^{-2}$	250

利用压电效应可以把机械能转换成电能，或者把电能变成机械能，制成各种换能器。对压电陶瓷施加应力时，在陶瓷样品的两端就出现一定的电压。这种正压电效应早已用于引燃引爆、气体点火等高压发生器；电唱机拾音器芯座、加速度计、水听器等拾音和测振装置。相反，对压电陶瓷施加一个外加电场时，就会使陶瓷发生形变（逆压电效应）。在外电场频率与压电陶瓷固有谐振频率一致时，形变甚大，而且随外电场的频率作机械振动，向周围媒介发

射功率。这种效应可用于超声换能器、扬声器、声纳等。压电振子就是利用压电陶瓷的谐振效应。振子的机械谐振又可以由于正压电效应而输出电讯号。

近年,压电陶瓷已用于传感器、驱动器、阻尼降噪等智能系统。88 层压电陶瓷片做的驱动器可在 20ms 内产生 $50\mu m$ 的位移[31]。若其形变被束缚,则产生正比于电压的机械力,可使材料的缺口疲劳寿命提高一个数量级[32]。驱动器已用于光跟踪、自适应光学系统、机器人微定位器等。压电陶瓷也用于小马达[33]。压电陶瓷和聚合物组成的传感器已用于人工智能系统。压电陶瓷纤维复合材料,集传感器和驱动器于一身,用于自适应结构的智能系统。智能振动控制,噪音控制,安全和舒适控制在汽车上的应用有很大市场[34]。压电陶瓷的电致伸缩效应也已用于致动器[35]。

5.4.3 热释电陶瓷

热释电晶体的自发极化 P_s 由于热膨胀随温度 T 而发生变化,$\Delta P_s = P\Delta T$。P 称为热释电系数,是一个矢量,是晶体热释电效应大小的量度。

热释电陶瓷用于探测红外辐射,遥测表面温度和热-电能量转换热机。红外辐射探测已应用于辐射计、红外光谱、红外激光探测器和热成像管等。热释电陶瓷传感器已用于火灾报警、大气监测、人体物体感测等。

对于用作红外探测器的热释电陶瓷,要求热释电系数大,热容量小,对红外线吸收大。这样,红外探测器的响应快,探测能力高。最好选择室温下热释电系数大,居里温度比室温高得多的材料。

热释电陶瓷同单晶体比较,制备容易,成本低。常用的热释电陶瓷有如下几种。

钛酸铅陶瓷在压电陶瓷部分已述及,其介电常数和机电耦合系数好,而且,其居里点高,热释电系数随温度变化的很小,可用作稳定的红外探测器。$PbTiO_3$ 陶瓷是利用铁电-顺电相变时 P_s 的变化。

锆钛酸铅(PZT)陶瓷是用量很大的压电陶瓷。$PbZr_{1-x}Ti_xO_3$ 系陶瓷,在 $x=0.1$ 附近存在复杂相变,可制成性能良好的热释电陶瓷。$PbZr_{0.91}Ti_{0.09}O_3$ 在 70℃ 和 255℃ 均有相变。添加 Bi_2O_3 后,使低温相变点接近室温,并改善了热释电性能。$Pb_{0.96}Bi_{0.04}(Zr_{0.92}Ti_{0.08})O_3$ 陶瓷在室温附近具有较大的热释电系数。

$Pb_{0.99}Nb_{0.02}(Zr_{0.68}Sn_{0.25}Ti_{0.07})_{0.98}O_3$ 陶瓷(PZST)用作热-电能量转换热机,其卡诺效率可达 38%。

锆钛酸铅镧(PLZT)陶瓷的居里点高,在常温下使用不退化,热释电性能良好。

表 5-9 列出几种热释电陶瓷的性能。

表 5-9 热释电陶瓷的性能

陶 瓷	热释电系数/C(cm² · K)⁻¹	介电常数	居里温度/℃
$PbTiO_3$	6.0×10^{-8}	200	470
PZT	17.9×10^{-8}	380	220
PLZT	17×10^{-8}	3800	90
PZST			148

5.5 热敏陶瓷

5.5.1 概述

敏感元件是将物理、化学、生物信息转换为电信号的功能元件。利用陶瓷对力、热、光、声、电、磁、气氛的敏感特性,可以制成各种敏感元件。敏感陶瓷材料具有性能稳定、可靠性好,成本低,易于多功能化和集成化等优点,已用作热敏、压敏、气敏、湿敏、光敏元件。

敏感陶瓷多属半导体陶瓷,半导体陶瓷一般是氧化物。在正常条件下,氧化物具有较宽的禁带($E_g > 3eV$),属绝缘体,要使绝缘体变成半导体,必须在禁带中形成附加能级,施主能级或受主能级,施主能级多靠近导带底,而受主能级多靠近价带顶。它们的电离能较小,在室温可受热激发产生导电载流子,形成半导体。通过化学计量比偏离或掺杂的办法,可以使氧化物陶瓷半导化。

在氧含量高的气氛中烧结时,陶瓷内的氧过剩。例如,氧化物 MO 变成 MO_{1+x}。而在缺氧气氛中烧结时,则 MO 变成 MO_{1-x},氧不足。当氧化物存在化学计量比偏离时,晶体内将出现空格点或填隙原子,产生能带畸变。图 5-9 是晶体 MO 中金属离子空格点即金属离子空位 V_M'' 产生的能带畸变模型。

在氧化物 MO 中,当出现金属离子空位时,其周围氧离子的负电荷得不到抵消。为保持电中性,近邻两个 O^{2-} 离子变成 O^- 离子而产生两个电子空穴 $h^{\cdot}$。在电子空穴附近的价带电子只要获得很小能量就可以填充到空穴中去,使 O^- 离子重新变成 O^{2-} 离子。禁带中附加的电子空穴能级位于价带顶上,可接受电子,称为受主能级。在较高温度下,价带的电子受热激发可跃迁到受主能级上,使价带产生空穴。在电场作用下,价带中的空穴在晶体中漂移运动,产生电流。因氧不足造成的能带畸变也使陶瓷半导化。

在实际生产中,通常通过掺杂使陶瓷半导化。氧化物晶体中,高价金属离子或低价金属离子的替位,都引起能带畸变,分别形成施主能级或受主能级,得到 N 型或 P 型半导体。多晶陶瓷的晶界是气体或离子迁移的通道和掺杂聚集的地方。晶界处易产生晶格缺陷和偏析。晶粒表层易产生化学计量比偏离和缺陷。这些都导致晶体能带畸变,禁带变窄,载流子浓度增加。晶粒边界上离子的扩散激活能比晶体内低得多,易引起氧、金属及其他离子的迁移。通过控制杂质的种类和含量,可获所需的半导体陶瓷。

根据所利用的显微结构的敏感性,半导体陶瓷可分三类。

利用晶粒本身的性质:负电阻温度系数(NTC)热敏电阻、高温热敏电阻、氧气传感器;

利用晶界性质:正电阻温度系数(PTC)热敏电阻、ZnO 压敏电阻;

利用表面性质:气体传感器,湿度传感器。

陶瓷温度传感器是利用材料的电阻、磁性、介电性等随温度变化的现象制成的器件。热敏电阻是利用材料的电阻随温度发生变化的现象,用于温度测定、线路温度补偿和稳频等的元件。电阻随温度升高而增大的热敏电阻称为正温度系数热敏电阻。电阻随温度的升高而减小的称负温度系数热敏电阻。电阻在某特定温度范围内急剧变化的称为临界温度电阻(CTR)。电阻随温度呈直线关系的称为线性热敏电阻。图 5-10 是几种热敏陶瓷的电阻温度特性。

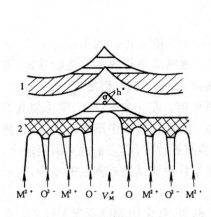

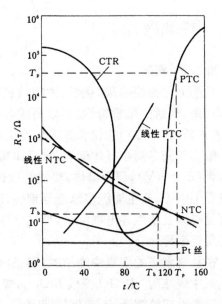

图 5-9　MO 中金属离子空位产生的能带畸变　　　　图 5-10　几类热敏陶瓷的电阻温度特性

5.5.2　PTC 热敏电阻陶瓷

掺杂 $BaTiO_3$ 陶瓷是主要的热敏陶瓷。$BaTiO_3$ 的 PTC 效应与其铁电性相关,其电阻率突变同居里温度 T_c 相对应。但是,没有晶界的 $BaTiO_3$ 单晶不具有 PTC 效应。只有晶粒充分半导化,晶界具有适当绝缘性的 $BaTiO_3$ 陶瓷才具有 PTC 效应。在制备 $BaTiO_3$ 热敏陶瓷时,采用施主掺杂使晶粒充分半导化,采用氧气氛烧结使晶界及其附近氧化,具有适当的绝缘性,缓慢冷却也使晶界氧化充分,PTC 效应增强。施主掺杂半导化已在"半导体电容器"中讨论过。

关于 $BaTiO_3$ 的 PTC 效应,Heywang 基于该效应同居里点相关的事实,认为施主掺杂 $BaTiO_3$ 晶粒边界存在的二维受主型表面态与晶粒的载流子相互作用,产生晶粒表面的势垒层。势垒高度 ϕ_0 与有效介电常数 ε_{eff} 成反比。当温度低于居里点时,ε_{eff} 约为 10^4,因此 ϕ_0 很小,电阻率 ρ 小。当温度超过居里点时,介电常数按居里-外斯定律下降($\varepsilon = C/T - T_c$),ϕ_0 提高,ρ 值增加 n 个数量级。

$$\rho \approx \rho_0 \exp(\phi_0/KT)$$

式中 ρ_0 是 ϕ_0 趋于零时的电阻率。

在 Heywang 的表面态模型的基础上,Daniels 提出的钡缺位模型,解释了烧结冷却条件对 PTC 效应的影响。他认为 $BaTiO_3$ 的晶界层存在大量 Ba 空位,施主给出的导电电子为 Ba 空位俘获,变成具有一定绝缘性边界层,其厚度取决于陶瓷冷却过程中的氧化还原条件[8]。

近来,S.B.Desu 提出晶界偏析模型[36]认为晶界存在施主和受主偏析,施主偏析导致施主与空穴的缔合,形成陷阱,而偏析的受主作为电子陷阱,使晶界陷阱浓度增加,因此,晶界偏析导致绝缘层的形成。在铁电相向顺电相转变时,电子陷阱被激活,因此载流子浓度降低。在居里点以下的铁电相区,陷阱激活能是极化的函数,陷阱激活能非常高,势垒高度很小,绝缘层的宽度相对较薄,电阻较小。但是,转变到顺电相时,陷阱激活能急剧降低,势垒高度激增,电阻突然变大。DeSu 的模型不必采用铁电相区高介电常数的概念,考虑到了掺杂浓度,热过程参数等对 PTC 效应的影响。

$BaTiO_3$ 热敏电阻中，加入 Nb_2O_5 在烧结时铌进入钛晶格位置，造成施主中心，形成电导率高的 N 型半导体。若加入 $SrCO_3$ 可使 T_c 向低温移动，而加入铅则使 T_c 向高温移动。添加 SiO_2、Al_2O_3、TiO_2 形成玻璃相，容纳有害杂质，促进半导化，抑制晶粒长大。MnO_2 可提高电阻率和电阻温度系数。Sb_2O_3 或 Bi_2O_3 可细化晶粒。Li_2CO_3 可加大 PTC 温区内的电阻率变化范围。加入钙可控制晶粒生长，提高电阻率。一个典型配方和工艺是按 $(Ba_{0.93}Pb_{0.03}Ca_{0.04})$ $TiO_3 + 0.0011Nb_2O_5 + 0.01TiO_2$ 配料，预烧成 $BaTiO_3$ 烧块，经粉碎后加入 0.06% Sb_2O_3（摩尔分数）+ 0.04% MnO_2（摩尔分数）+ 0.5% SiO_2（摩尔分数）+ 0.167% Al_2O_3（摩尔分数）+ 0.1% Li_2CO_3（摩尔分数），成型烧结。

$BaTiO_3$、$(Ba,Pb)TiO_3$ 和 $(Sr,Ba)TiO_3$ 热敏陶瓷的烧结温度都在 1300℃ 以上。最近，发现化学沉淀工艺制备的 $(Sr,Pb)TiO_3$ 陶瓷，具有典型 PTC 特性，可在 1100℃ 烧结[37]。

PTC 热敏电阻具有许多实用价值特性：电阻率-温度特性，电流-电压特性，电流-时间特性，等温发热特性，变阻特性，特殊起动性能等，已广泛用于温度控制，液面控制，彩色电视消磁，马达起动器，等温发热体等。

5.5.3 NTC 热敏电阻陶瓷

负温度系数热敏电阻的温度-电阻特性可表示为

$$R = R_0 \exp B[(1/T) - (1/T_0)]$$

式中 R、R_0 分别为在 T 和 T_0(K)时的电阻，B 为热敏电阻常数。为方便，取 $T_0 = 298$ 为基准温度。由上式可得电阻温度系数 α_T 为

$$\alpha_T = \frac{1}{R}\frac{dR}{dT} = -\frac{B}{T^2}$$

通常热敏电阻 $B = \Delta E/2k$，ΔE 为电导激活能，k 为波尔兹曼常数。B 值越大，电阻相对于温度的变化率越大，灵敏度高。通过掺杂和改变氧化物组成，可调整 B 值。

NTC 热敏电阻的导电机制同其组成和半导化方法有关。引入高价金属离子或低价金属离子，分别产生 N 型或 P 型半导体，形成电子导电或空穴导电。在还原气氛或氧化气氛中烧结，分别产生 N 型或 P 型半导体，形成电子或空穴导电。

常温 NTC 热敏电阻陶瓷绝大多数是尖晶石型氧化物，主要是含锰二元系和含锰三元系氧化物。二元系有 $MnO-CuO-O_2$、$MnO-CoO-O_2$、$MnO-NiO-O_2$ 系，三元系有 Mn-Co-Ni、Mn-Cu-Ni、Mn-Cu-Co 系氧化物等。

$MnO-CoO-O_2$ 系陶瓷含锰量 23%～60%，主晶相是立方尖晶石 $MnCo_2O_4$ 和四方尖晶石 $CoMn_2O_4$。主要导电相是 $MnCo_2O_4$，其导电机制是全反尖晶石氧八面体中 Mn^{4+} 和 Co^{2+} 的电子交换。该系的 B 值和电阻温度系数比 $MnO-CuO-O_2$ 和 $MnO-NiO-O_2$ 系高。

$MnO-CuO-O_2$ 系含锰量 60%～90%，主晶相和导电相是 $CuMn_2O_4$。该系的电阻值范围较宽，温度系数较稳定，但电导率对成分偏离敏感，重复性差。

$MnO-NiO-O_2$ 系陶瓷的主晶相是 $NiMn_2O_4$，电导率和 B 值较窄，但电导率稳定。

含锰三元系热敏陶瓷的电性能对成分偏离不敏感，重复性、稳定性较好，避免了二元系陶瓷生产稳定性差的缺点。这是由于含锰三元系陶瓷在相当宽的范围内能形成一系列结构稳定的立方尖晶石（$CuMn_2O_4$，$CoMn_2O_4$，$NiMn_2O_4$，$MnCo_2O_4$ 等）或其连续固溶体。它们的晶格参数接近，互溶度高。含锰三元系陶瓷的主要导电机制是八面体中 Mn^{4+} 和 Mn^{3+} 间的电

子交换。载流子浓度同异价 Mn 离子浓度有关,电导率随 Mn 原子含量的增加而提高。

高温 NTC 热敏陶瓷是指工作温度 300℃ 以上的材料。它要求材料的高温物理化学性能稳定,电性能稳定,即抗高温老化性好,还要求 B 值大,灵敏度高。高温热敏陶瓷多是高熔点的立方晶系陶瓷。一类是 ZrO-CaO,ZrO-Y_2O_3 系萤石型陶瓷,属氧离子导体。固溶入 15% CaO 的 ZrO_2,在室温是绝缘体,电阻率为 $10^{10}\Omega\cdot cm$,在 600℃ 和 1000℃ 时,电阻率分别降至 $10^3\Omega\cdot cm$ 和 $10\Omega\cdot cm$。另一类是尖晶石型陶瓷,以 Al_2O_3,MgO 为主要成分,属电子导体。$Mg(Al_{0.3}Cr_{0.5}Fe_{0.2})_2O_4$ 陶瓷在 600~1000℃ 范围内的 B 值达 14000K。

β-SiC 也可用作高温热敏电阻。SiC 中掺氮可得到 P 型半导体。当掺杂浓度 $n=10^{17}cm^{-3}$ 时,半导性较好。在 300~1000K 时,电阻率为 $10^{-1}\sim10^{-2}\Omega\cdot cm$,$B$ 值为 5300K。

低温 NTC 热敏电阻用于液氢、液氮等液化气体的温度测量和液面控制。低温热敏陶瓷具有灵敏度高,热惯性小,磁场影响小,低温阻值大等优点。低温热敏电阻陶瓷以锰、铜、镍、铁、钴等两种以上氧化物为主要成分形成尖晶石型陶瓷。掺入 La、Nd 等稀土氧化物,调整 B 值。

20 世纪 70 年代以前研制的 NTC 陶瓷的阻温特性都是非线性的。以后出现的线性热敏电阻简化了线路,便于仪表数字化。线性 NTC 电阻目前有 CdO-Sb_2O_3-WO_3 和 CdO-SnO-WO_3 系列。前者是由两种主晶相组成的机械混合物,$CdWO_4$ 为绝缘相,$Cd_2Sb_2O_7$ 为半导体相。在相当宽的温度范围内(-100~+300℃),这两系列陶瓷的电阻率与温度呈线性关系。电阻温度系数 α 一般在(-0.4~0.7)%/℃。

5.5.4 临界温度电阻陶瓷

氧化钒陶瓷是主要的临界负温电阻陶瓷。VO_2 基陶瓷在 67℃ 左右电阻率突变,降低 3~4 个数量级,可用于控温、报警和过热保护等。VO_2 的 CTR 特性同相变有关。在 67℃ 以上,VO_2 为四方晶系的金红石结构,在 67℃ 以下,晶格发生畸变,转变为单斜结构,使原处于金红石结构中氧八面体中心的 V^{4+} 离子的晶体场发生变化,导致 V^{4+} 的 3d 层产生分裂,导电性突变。通过掺杂,可使 VO_2 的转变温度提高至 90℃。制备 VO_2 临界温度热敏陶瓷的工艺是,将 V_2O_5 和碱性氧化物(CaO、SrO、Co_2O_3、BaO、PbO)及酸性氧化物(P_2O_5,SiO_2,B_2O_3,TiO_2)中的 1~2 种混合,在还原气氛中热处理,后粉碎,再在 1000℃ 还原气氛或氮气氛烧结,在急冷热处理过程中,V_2O_5 被部分还原成 VO_2,现原时间越长,VO_2 含量越高,阻值越低。

表 5-10 列出几种 NTC 热敏陶瓷的主要成分。

表 5-10 NTC 热敏陶瓷的成分

种　类	主　要　成　分	晶体结构	使用温度及电阻/ $\Omega\cdot cm$	B 值/K
低温热敏电阻 (<300K)	MnO、CuO、NiO、Fe_2O_3、CoO 中两种以上氧化物	尖晶石		
常温热敏电阻 (300~570K)	MnO-CuO-O_2 系,MnO-CoO-O_2 系,MnO-NiO-O_2 系,MnO-CoO-NiO-O_2 系,MnO-CuO-NiO-O_2 系,MnO-CoO-CuO-O_2 系,MnO-CoO-NiO-Fe_2O_3 系	尖晶石		

续表 5-10

种　类	主　要　成　分	晶体结构	使用温度及电阻/ $\Omega \cdot cm$	B 值/K
高温热敏电阻 (570～1270K)	$ZrO_2,CaO,Y_2O_3,CeO_2,Nd_2O_3,ThO_2,$ $MgO,NiO,Al_2O_3,Cr_2O_3,Fe_2O_3,$ $CoO,MnO,NiO,Al_2O_3,Cr_2O_3,CaSiO_4,$ NiO,CoO,Al_2O_3	萤石型 尖晶石型 尖晶石型 尖晶石型	750℃ $(0.8～8)\times10^8$ 600℃ $10～10^7$ 700℃ $(0.9～500)\times10^8$ 1050℃ $10～10^6$	5000～18000 2000～17000 2900～11000 15000 ± 500
线性热敏电阻	$CdO\text{-}Sb_2O_3\text{-}WO_3$ 系			
临界温度热敏电阻	VO_2	金红石型		

5.6 压敏陶瓷

5.6.1 概述

压敏电阻器是一种电阻值对外加电压敏感的电子元件，又称变阻器。一般固定电阻器在工作电压范围内，其电阻值是恒定的，电压、电流和电阻三者间的关系服从欧姆定律，$I\text{-}V$ 特性是一条直线。压敏电阻器的电阻值在一定电流范围内是可变的。随着电压的提高，电阻值下降，小的电压增量可引起很大的电流增量，$I\text{-}V$ 特性不是一条直线。因此，压敏电阻也称为非线性电阻。图 5-11 示出压敏电阻器的伏安特性曲线。

电流 I 和电压 V 的关系可表达为下面的经验公式

$$I = (V/C)^\alpha$$

式中，α 是非线性指数，α 值越大，非线性就越强。由图 5-11 可见，ZnO 的非线性比 SiC 的强。当 α 为 1 时，是欧姆器件。$\alpha\rightarrow\infty$ 时，是非线性最强的变阻器。氧化锌变阻器的非线性指数为 25～50 或更高。C 值在一定电流范围内为一常数。当 $\alpha=1$ 时，C 值同欧姆电阻值 R 对应。C 值大的压敏电阻器，一定电流下所对应的电压值也高，有时称 C 值为非线性电阻值。通常把流过 $1mA/cm^2$ 电流时，电流通路上每毫米长度上的电压降定义为该压敏电阻器材料的 C 值，也称 C 值为材料常数。氧化锌压敏电阻器的 C 值在 $20V/mm$ 到 $300V/mm$ 之间，可通过改

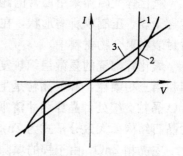

图 5-11 压敏电阻器的 $I\text{-}V$ 特性
1—ZnO 压敏电阻；2—SiC 压敏电阻；
3—线性电阻

变 成分和制造工艺来调整，以适应不同工作电压的需要。α 和 C 值是确定击穿区 $I-V$ 特性的参数。电压超过某临界值时，电阻急剧减小。这临界值称压敏电压。

压敏电阻器的电参数还有通流容量，漏电流和电压温度系数。习惯上把压敏电阻器正常工作时流过的电流叫做漏电流，不是指表面漏导。为使压敏电阻器可靠，漏电流要尽量小，一般控制在 $50～100\mu A$。电压温度系数是温度每变化 1℃ 时，零功率条件下测得的压敏电压的相对变化率，一般控制在 $-10^{-3}～-10^{-4}$/℃。通流容量指满足 V_{1mA} 下降要求的压敏电阻所能承受的最大冲击电流。

压敏电阻器用作过压保护、高能浪涌吸收和高压稳压等，广泛应用于电力系统、电子线路和家用电器中。陶瓷压敏电阻器在大规模集成电路和超大规模集成电路的电子仪器中

作为保护元件，需求量逐年增加。

压敏陶瓷有 SiC、ZnO、$BaTiO_3$、Fe_2O_3、SnO_2 和 $SrTiO_3$ 等。$BaTiO_3$、Fe_2O_3 利用电极与烧结体界面的非欧姆性。SiC、ZnO 和 $SrTiO_3$ 则是利用晶界的非欧姆性。性能最好，应用最广的是氧化锌半导体陶瓷。氧化锌系半导体陶瓷压敏电阻器具有高非线性 $I-V$ 特性，大电流和高能量承受能力。氧化锌系压敏材料的研究和应用已成为电子陶瓷中一个很活跃的领域[38,39]。(Sr，Ca) TiO_3 压敏电阻也得到发展[40]。

掺杂的氧化锌基陶瓷，除了用作压敏电阻外，还可用作气敏、湿敏、压电、线性电阻和导电等多种功能元件。

5.6.2　氧化锌压敏陶瓷

氧化锌变阻器是利用晶界阻挡层的非线性压敏电阻器。在 ZnO 中加入 Bi_2O_3、Sb_2O_3、CoO、MnO 和 Cr_2O_3 等，这些氧化物不是固溶于 ZnO 中而是偏析在晶界上形成阻挡层，起了提高晶界区阻挡层电势的作用。在电场较低时，由于它的阻挡，电阻率高。但当外加电压达到击穿电压时，高的场强（10^6V/cm）使界面中的电子穿透势垒层，引起电流急剧上升，表现出明显的非线性效应。

在 ZnO 中同时加入 Bi_2O_3、Sb_2O_3、Co_2O_3、MnO_2，可使 α 值提高到 50。再加入 Cr_2O_3、SnO_2、SiO_2，可使其特性易于控制，易实用。生产中常用配方为：$(100-x)$ ZnO$+x/6$ ($Bi_2O_3$$+2Sb_2O_3+Co_2O_3+MnO_2+Cr_2O_3$)。在 $x=3$ 时，非线性系数最大。压敏电压随 x 增加而提高。

氧化锌变阻器采用通常的陶瓷工艺制备。ZnO 和其他添加剂氧化物粉末，经球磨混合，喷雾干燥，压制成所需形状，在 1150～1350℃进行烧结。然后，上银电极，钎焊引线，最后封装在聚合物材料中。

氧化锌陶瓷的显微组织较复杂。在 ZnO-Bi_2O_3 系中，实际存在三个相：ZnO 晶粒、晶界相和第三相颗粒。ZnO 晶粒是主相。由于氧化锌晶粒间的晶界相太薄，只有在三个或四个 ZnO 晶粒交接处，晶界相才清晰可见。晶界相是富铋的区域，厚度 2nm。第三相颗粒具有尖晶石结构，大致分子式为 $Zn_7Sb_2O_{12}$，具有高电阻。

主晶相 ZnO，由于锌的填隙或施主元素的加入，成为 N 型半导体。虽然非线性主要取决于晶界，但 ZnO 晶粒对于 $I-V$ 特性仍有影响，特别是在大电流时，ZnO 晶粒的电压降有很大作用。富 Bi_2O_3 相对液相烧结有贡献。溶入大量 ZnO，少量 Sb_2O_3、Co_2O_3、MnO_2 等，存在于晶界，提高了 α 值，并抑制 ZnO 的晶粒长大。溶解有少量 Co、Mn、Cr 的立方尖晶石颗粒，不连续地分布于晶界，对于非线性不起直接作用，但该相在高温时与 ZnO 和富铋液相共存，影响各相中成分的分配，影响富铋相的组成，并能控制 ZnO 晶粒长大。

最近，发展了以稀土氧化物氧化镨为主要添加剂的氧化锌变阻器。氧化锌-氧化镨系变阻器，不但适用于低电压器件，而且更适用于高电压电力站。作为高压电站的电涌放电器，氧化锌-氧化镨变阻器有如下优点：能量吸收容量高；在大电流时的非线性好；响应时间快；寿命长[41]。

氧化锌-氧化镨变阻器的制备方法同 ZnO-Bi_2O_3 系相似。ZnO 粉末和少量 Pr_6O_{11}、Co_3O_4、Cr_2O_3 和 K_2CO_3 等混合，喷雾干燥，模压成型，在温度高于 1100℃烧结。电极在烧结圆片相对的两面。

氧化锌-氧化镨变阻器的单位厚度击穿电压为 200V/mm，非线性指数大于 50。

与 $ZnO-Bi_2O_3$ 系不同，氧化锌-氧化镨系变阻器的显微组织只有两相，不存在第三相颗粒。主晶相为 ZnO 晶粒。晶界相主要由镨的氧化物组成。晶界相为六方晶系的 Pr_2O_3。Pr_2O_3 是在烧结时通过反应形成的：$Pr_6O_{11} \rightarrow Pr_2O_3 + O_2$。晶界相形成了三维空间的网络结构。

在 $ZnO-Bi_2O_3$ 系中，第三相 $Zn_7Sb_2O_{12}$ 是绝缘的颗粒，不起导电作用。在 $ZnO-Pr_2O_3$ 系变阻器中，只存在两相，不存在绝缘的第三相。因此，电流通过的活动性晶界面积增大了，元件的有效截面积增加了。这种大的有效截面积使电涌保护器件具有高的使用性能。用于高压领域时，$ZnO-Pr_2O_3$ 系变阻器比 $ZnO-Bi_2O_3$ 系更具有优越性。$ZnO-Pr_2O_3$ 变阻器已用作几百千伏的电站的电涌放电器。

为适应各种用途对于变阻器的小型化和复杂形状的要求，发展了厚膜氧化锌变阻器。厚膜变阻器的结构可分为平面型和夹层型两种。平面型氧化锌变阻器的电压在 100V 以上，非线性指数为 3~40，适于高电压应用。夹层型变阻器电压为 5~100V，非线性指数 3~20，适于低电压应用。

纳米 ZnO 粉末制备的压敏陶瓷，具有均匀的晶粒尺寸，电学性能较高[42]。

5.6.3 压敏 ZnO 半导体陶瓷的导电机制

ZnO 具有纤锌矿型晶体结构。氧离子以六方密堆排列，锌离子占据一半四面体间隙。ZnO 能带的禁带宽度为 3.34eV，属绝缘体。但 ZnO 本身产生的本征缺陷的反应使它成为半导体。ZnO 结构间隙较大，锌易进入间隙，形成锌间隙原子和空位。

$$Zn_{Zn} \rightleftharpoons Zn_i^x + V_{Zn}^x$$

在低氧分压高温下，ZnO 也可能分解，形成填隙 Zn_i^x 原子，同时产生氧空位 V_O^x

$$ZnO \rightleftharpoons Zn_i^x + V_O^x + 1/2O_2$$

Zn_i^x 和 V_O^x 经一次和二次电离，就形成 e' 为载流子的 N 型半导体

$$Zn_i^x \rightleftharpoons Zn_i^x + e'$$
$$Zn_i^{\cdot} \rightleftharpoons Zn_i^{\cdot\cdot} + e'$$
$$V_O^x \rightleftharpoons V_O^{\cdot} + e'$$
$$V_O^{\cdot} \rightleftharpoons V_O^{\cdot\cdot} + e'$$

本征 ZnO 半导体陶瓷的电性能受环境气氛影响较大，重复性差。掺杂后其电导率主要由杂质含量决定，受环境气氛影响较小，易于生产。引入高价阳离子时（如 Al^{3+}、Cr^{3+}），在 ZnO 中形成施主中心，电导率提高。当引入低价阳离子时（如 Li^+、Ag^+），在 ZnO 中形成受主中心，电导率下降。气氛对杂质的作用也有影响。例如，当引入铋时，在还原气氛下铋进入间隙位置，形成受主，而在氧化气氛下铋则进入格点位置，形成受主。

压敏氧化锌陶瓷的高度非线性电压-电流关系，主要由绝缘晶界层决定。两个 ZnO 晶粒的交界处，形成半导体-绝缘体-半导体结构。在晶界区，化学计量比的偏离，掺杂的富集，导致许多陷阱的出现，晶界面区存在深的陷阱能级，使晶粒表面能带弯曲，造成肖特基型势垒（图 5-12a）。Φ_0 为势垒高度，E_C 为导带底能级，E_F 为费米能级，E_V 为价带顶能级，b 为耗尽层厚度，约 10~100nm，即晶粒表面层的自由电子被晶界受主态俘获而消耗尽的厚度。

在压敏电阻器上施加电压时，能带发生倾斜（图 5-12b）。设右边的势垒施以反向偏压，左边势垒则受正向偏压的影响。在反向偏压的作用下的右边，耗尽层 b_R 加厚了，势垒高度

Φ_R 比 Φ_0 高得多，而正向偏压作用的左边，耗尽层 b_L 减薄，势垒高度 Φ_L 比 Φ_0 小。

在中等场强、温度时，$I\text{-}V$ 特性处于预击穿区，$\lg I$ 与 $V^{1/2}$ 是直线关系，与温度的关系很大。在反向偏压下，向势垒右边流动的电子的来源是：左边 ZnO 晶粒导带中的电子被热激活逸出流入右边；晶界处陷落的电子被热激发逸出向右流动。

在击穿区，当外电场强度足够高时，晶界界面能级中堆积的电子，不需要越过势垒，而是直接穿越势垒进行导电，称隧道效应。隧道效应引起的电流很大，达到击穿的程度。

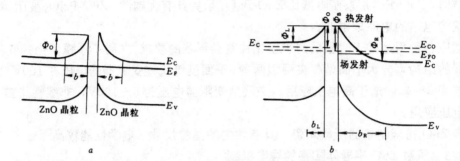

图 5-12 ZnO 晶粒表面能带及加偏压后势垒变化

a—ZnO 晶粒表面能带；*b*—加偏压后势垒变化

5.7 气敏陶瓷

5.7.1 概述

液化石油气、各种可燃气体、有毒气体及它们的混合物在工业上的大量应用，一些气体在日常生活的普遍使用，废气对大气污染日益严重，爆炸、火灾也不断增加，因此，对有毒、易爆、可燃气体的检测、监控、报警，成为迫切的任务。气体传感器就是适应这些需要而发展起来的。

对气体传感器材料的要求是：对测定对象气体具有高的灵敏度；对被测定气体以外的其他气体不敏感；长期使用性能稳定。

半导体陶瓷传感器的灵敏度高、性能稳定、结构简单、体积小、价格低廉，在 70 年代就进入实用阶段，近年来得到迅速的发展。在一些国家，半导体气体传感器占各种气体检测器的半数以上。

最近，为了提高气敏元件的选择性和敏感性，将计算机技术应用于气敏元件，构成所谓电子鼻以探测气味。选用若干敏感性部分重叠的气敏元件构成气敏元件组列并和合适的图像识别技术结合形成电子鼻[43]。

半导体气体传感器是利用半导体陶瓷与气体接触时电阻的变化来检测低浓度气体。半导体陶瓷的表面吸附气体分子时，根据半导体的类型和气体分子的种类不同，材料的电阻率也随之发生不同的变化。

半导体材料表面吸附气体时，如果外来原子的电子亲合能大于半导体表面的逸出功，原子将从半导体表面得到电子，形成负离子吸附。相反，则形成正离子吸附。电子的迁移，引起能带弯曲，使功函数和电导率变化。图 5-13 是 N 型半导体发生负离子吸附时，能带的变化。外来 C 原子的电子亲合能 A 比半导体的功函数 φ 大，C 原子接受电子的能级比半导体的费米能级低，吸附后，电子由半导体向吸附层移动，形成负离子吸附，静电势增大，能带向上弯曲，形成表面空间电荷层，阻碍电子继续向表面移动，最后达到平衡（图 5-13b）。N 型半导体的负离子吸附，使功函数增大，导电电子减少，表面电导率降低。N 型半导体发生正离子吸附时，导致多数载流子增加，表面电导率提高。常用的气敏半导体材料，不管是 N 型还是 P 型，吸附有氧气等吸收电子的气体时，多发生负离子吸附，载流子密度减少，电导率下降，而吸附氢、碳氢等可提供电子的分子时，发生正离子吸附，电子移向半导体内，载流子增大，电导率提高。

半导体陶瓷的气敏特性同气体的吸附作用和催化剂的催化作用有关。

气敏陶瓷对气体的吸附分为物理吸附和化学吸附两种。在一般情况下，物理吸附和化学吸附是同时存在的。在常温下物理吸附是吸附的主要形式。随着温度的升高，化学吸附增加，到某一温度达到最大值。超过最大值后，气体解吸的几率增加，物理吸附和化学吸附同时减少。

图 5-14 是 SnO_2 和 ZnO 半导体气敏电阻的电导率随温度变化的曲线，被检测气体为浓度 0.1% 的丙烷。在室温下，SnO_2 能吸附大量气体，但其电导率在吸附前后变化不大，因此吸附气体绝大部分以分子状态存在，对电导率贡献不大。在 100℃ 以后，气敏电阻的电导率随温度的升高而迅速增加，至 300℃ 达到最大值然后下降。在 300℃ 以下，物理吸附和化学吸附同时存在，化学吸附随温度提高而增加。对于化学吸附，陶瓷表面所吸附的气体以离子状态存在，气体与陶瓷表面之间有电子交换，对电导率的提高有贡献。超过 300℃ 之后，由于解吸作用，吸附气体减少，电导率下降。ZnO 的情况同 SnO_2 类似，但其灵敏度峰值温度出现在 450℃ 左右。

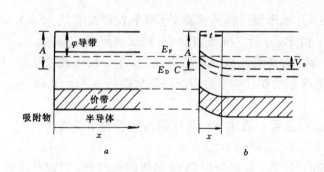

图 5-13　半导体吸附前、后的能带图

a—半导体吸附前；b—半导体吸附后

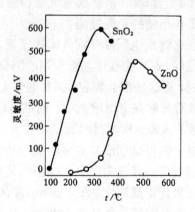

图 5-14　气敏陶瓷的检测灵
敏度与温度的关系

利用气敏元件检测气体时，气体的吸附和脱离速度要快。但是，在常温附近，这个过程进行得很慢。为了提高响应速度和灵敏度，需要加热到 100℃ 以上，接近灵敏度峰值温度工作。因此，在制备气敏元件时，要在半导体陶瓷烧结体内埋入金属丝，作为加热丝和电极。SnO_2 的峰值温度较低，故应用最广泛。

气敏元件在高的温度下工作不仅消耗额外的加热功率，而且增加安装成本，带来不安全因素，为了使气敏元件能在常温工作，必须采用催化剂，提高气敏元件在常温下的灵敏度。例如，在 SnO_2 中添加 2%（重量）的 $PdCl_2$ 就可以大大提高它对还原性气体的灵敏度。研究表明。在添加 $PdCl_2$ 的 SnO_2 气敏元件中。钯大部分以 PdO 的形态存在，也含有少量的 $PdCl_2$ 或金属 Pd，而起催化作用的主要是 PdO。PdO 与气体接触时可以在较低温度下促使气体解离并使还原性气体氧化，而 PdO 本身被还原为金属 Pd 并放出 O^{2-} 离子，从而增加了还原性气体的化学吸附，由此提高气敏元件的灵敏度。可以用作半导体陶瓷气敏元件的催化剂有：Au、Ag、Pt、Pd、Ir、Rh、Fe 以及一些金属盐类。

5.7.2 氧化锡系陶瓷

氧化锡系是最广泛应用的气敏半导体陶瓷。氧化锡系气敏元件的灵敏度高，而且出现最高灵敏度的温度较低，约在 300℃（ZnO 则在 450℃温度较高），因此，可在较低温度下工作。通过掺加催化剂可以进一步降低氧化锡气敏元件的工作温度。为了改善 SnO_2 气敏材料的特性，还可以加入一些添加剂。例如，添加 0.5%～3%（摩尔质量）Sb_2O_3 可以降低起始阻值；涂覆 MgO、PbO、CaO 等二价金属氧化物可以加速解吸速度；加入 CdO、PbO、CaO 等可以改善老化性能。

SnO_2 气敏半导体陶瓷对许多可燃性气体，例如氢、一氧化碳、甲烷、丙烷、乙醇、丙酮或芳香族气体都有相当高的灵敏度[44]。

烧结型氧化锡气敏传感器，由氧化锡烧结体、内电极和兼做电极的加热线圈组成。利用氧化锡烧结体吸附还原气体时电阻减少的特性，检测还原气体，已广泛用于家用石油液化气的漏气报警器、生产用探测警报器和自动排风扇等。氧化锡系半导体陶瓷属 N 型半导体。加入微量 $PdCl_2$ 或少量 Pt 等贵金属触媒（催化剂），可促进气体的吸附和解吸，提高灵敏度和响应速度。氧化锡系气敏传感器对酒精和一氧化碳特别敏感，广泛用于一氧化碳报警和工作环境的空气监测。

氧化锡系也制成厚膜气体传感器。SnO_2 系厚膜气体传感器对 CO 的检测很有效。SnO_2 厚膜是以 SnO_2 为基体，加入 $Mg(NO_3)_2$ 和 ThO_2 后，再添加 $PdCl_2$ 触媒而形成的厚膜。在制备时，将这些混合物在 800℃煅烧 1 小时，球磨粉碎成原料粉末。在粉末中加入硅胶粘结剂，然后分散在有机溶剂中，制成可印刷厚膜的糊状物。后印刷在氧化铝底座上，同 Pt 电极一起在 400～800℃烧成。

氧化锡可以制成具有多功能性的气体传感器。通过改变氧化锡传感器的制备方法，气体传感器可以具有对混合气体中的某些气体的选择敏感性。

在氧化铝基底上，溅射 50nm 厚的 SnO_2 薄膜，并以溅射 Pt 为电极的传感器，可以检测出氧、水分等混合气体中存在的一氧化碳，检测范围为 $(1～100)\times10^{-6}$。

真空沉积的 SnO_2 薄膜传感器，可以检测出气体蒸汽中的一氧化碳和乙醇。这种 SnO_2 传感器是这样制备的：在铁氧体的基底上，真空沉积上一层 SiO，后在 SiO 层上再真空沉积上 SnO_2 薄膜，并在 SnO_2 中掺杂 Pd，使之具有敏感性。

以 Pt 黑和 Pd 黑作触媒的氧化锡厚膜传感器，用于检测碳氢化物。这种传感器可有选择地检测出氢气和乙醇。而一氧化碳不产生可识别的信号。SnO_2 传感器对 H_2 的高度敏感性，Oyabu 等人认为是由于贵金属的触媒作用，使 H_2 分解，从而改变了 SnO_2 的半导性，提高它对氧化-还原条件的敏感性。

　　但是，Mokua 等人研究检测砷化氢的氧化锡薄膜传感器时表明，没有贵金属的存在，SnO_2 对 H_2 也有极高的敏感性。SnO_2 传感器监测 AsH_3 时，可检测出 $0.6×10^{-6}AsH_3$ 的存在。AsH_3 同 SnO_2 表面接触时，分解出的 H^+ 和 AsH 同 SnO_2 的表面发生氧反应。化学反应的结果形成氢氧基或者氧空位。当形成氢氧基时，由于质子传导机制而提高 SnO_2 的电导性。空位也起提高 SnO_2 的电导性的作用[45]。

　　溅射法和电子束蒸发法制备薄膜 SnO_2 气敏传感器的效果较好[46]。

5.7.3　氧化锌系陶瓷

　　ZnO 是最早应用的气敏半导体陶瓷。从应用的广泛性来看，ZnO 系陶瓷的重要性仅次于 SnO_2 陶瓷。ZnO 气敏元件的特点是其灵敏度同催化剂的种类有关。这就提供了用掺杂来获得对不同气体选择性的可能性。

　　ZnO 的组成，Zn/O 原子比大于 1，Zn 呈过剩状态，显示出 N 型半导性。当晶体的 Zn/O 比增大或者表面吸附对电子的亲和性较强的化学物时，传导电子数就减少，电阻加大。反之，当同 H_2 或碳氢化合物等还原性气体接触时，则吸附的氧气数量就会减少，电阻降低。据此，ZnO 可用作气体传感器。

　　ZnO 单独使用时，灵敏度和选择性不够高，以 Ga_2O_3、Sb_2O_3 和 Cr_2O_3 等掺杂并加入 Pt 或 Pd 作触媒，可大大提高其选择性。采用 Pt 化合物触媒时，对丁烷等碳氢化物很敏感，在浓度为零至数千 10^{-6} 时，电阻就发生直线性变化。采用 Pd 触媒时，则对 H_2、CO 很敏感，而且，即使同碳氢化物接触，电阻也不发生变化。图 5-15 和图 5-16 分别示出了 ZnO/Pt 系和 ZnO/Pd 系气体传感器的气体浓度特性。ZnO 系气体传感器的工作温度为 723～773K，比 SnO_2 高。

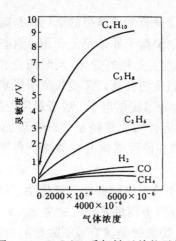

图 5-15　ZnO/Pt 系气敏元件的灵敏度

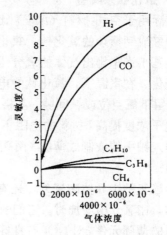

图 5-16　ZnO/Pd 系气敏元件的灵敏度

5.7.4　氧化铁系陶瓷

　　20 世纪 70 年代末到 80 年代初开发的氧化铁系气敏陶瓷，不需要添加贵金属催化剂就可制成灵敏度高、稳定性好、具有一定选择性的气体传感器。现在，氧化铁系气敏材料已发展为第三大气敏材料系列。由于天然气、煤气和液化石油气的普遍应用，煤气爆炸和一氧化碳中毒事故严重。现有城市煤气报警器，多采用氧化锡加贵金属催化剂的气敏元件，其灵敏度高,但选择性较差,并且因催化剂中毒而影响报警的准确性。1978年和1982年相继出现 γ-Fe_2O_3 基的液化石油气报警器和 α-Fe_2O_3 基的煤气报警器。

α-Fe_2O_3、γ-Fe_2O_3 和 Fe_3O_4 都是 N 型半导体。α-Fe_2O_3 具有刚玉型晶体结构,γ-Fe_2O_3 和 Fe_3O_4 都属尖晶石结构。在 300~400℃,当 γ-Fe_2O_3 与还原性气体接触时,部分八面体中的 Fe^{3+} 被还原成 Fe^{2+},并形成固溶体,当还原程度高时,变成 Fe_3O_4。在 300℃ 以上,超微粒子 α-Fe_2O_3 与还原性气体接触时,也被还原为 Fe_3O_4。由于 Fe_3O_4 的比电阻较 α-Fe_2O_3 和 γ-Fe_2O_3 低得多,因此,可以通过测定氧化铁气敏材料的电阻变化来检测还原性气体。相反,Fe_3O_4 在一定温度下同氧化性气体接触时,可相继氧化为 γ-Fe_2O_3 和 α-Fe_2O_3,也可通过氧化铁电阻的变化来检测氧化性气体。

在制备氧化铁系气敏元件时,浆料可直接在金属丝和电极上成型并烧结成体形元件,也可以把浆料布在刚玉或玻璃基底材料上形成厚膜或薄膜元件。

氧化铁系气敏陶瓷,可以通过掺杂和细化晶粒等途径来改善其气敏特性,也有可能变成多功能的敏感材料(气敏、湿敏和热敏)。例如,γ-Fe_2O_3 添加 1%(摩尔质量)La_2O_3 可提高其稳定性;α-Fe_2O_3 添加 20%(摩尔质量)SnO_2 可提高灵敏度。晶粒 0.01~0.2μm 的 α-Fe_2O_3 烧结体对碳氢化物有极高的灵敏度,已用于可燃性气体报警器、防火装置等。γ-Fe_2O_3 气敏元件用作液化石油气检漏时不受乙醇的干扰。γ-Fe_2O_3 的电阻较大,作驱动蜂鸣器需加放大器。

氧化铁系气敏材料的灵敏度不及 SnO_2 和 ZnO 系高,工作温度也偏高。

采用常压化学气相沉积法在陶瓷衬底上制备的 α-Fe_2O_3 薄膜,对烟雾具有较高的灵敏度和选择性[47]。

5.7.5 氧化钛系陶瓷

目前实际用于空气-燃料(A/F)比控制的氧传感器只有半导体型的氧化钛系陶瓷和离子导电型的钇或钙掺杂的氧化锆。氧化锆氧传感器将在快离子导体部分介绍。这些氧传感器的原理是基于汽车排出气体的氧分压随空气-燃料比发生急剧的变化,同时陶瓷的电阻又随氧分压变化。在室温下,氧化钛的电阻很大。随着温度的升高,某些氧离子脱离固体进入环境中,留下氧空位或钛间隙。晶格缺陷作为施主为导带提供电子。随着氧空位的增加,导带中的电子浓度提高,材料的电阻下降。氧化钛传感元件制成直径 4~5mm 厚 1mm 的多孔圆片并埋入铂引线或制成薄膜(网孔印刷或化学沉积在惰性基体上)。整个元件置入排出气体中使用[48]。

除了上述气敏半导体陶瓷外,还有很多半导体陶瓷具有气敏特性。氧化钴、氧化镍是 N 型半导体,在氧分压增加时,它们的电导率下降,可用于测量氧分压的变化。V_2O_5 中加微量银制成的薄膜元件,对 NO_2 有良好的选择灵敏度。钼酸铋是具有高氧缺位的电子导体,可探测人体呼出气体中的酒精量。

5.8 湿敏陶瓷

5.8.1 概述

湿敏电阻或湿度传感器,可以将湿度的变化转换为电讯号,易于实现湿度指示、记录和控制的自动化。例如,这种湿度传感器可用在主控中心显示出各处的粮仓、坑道、弹药库、气象站等不同部位的湿度,并定时记录,通过自动装置进行控制调节。

利用多孔半导体陶瓷的电阻随湿度的变化关系制成的湿度传感器,其对材料的要求是:可靠性高,响应速度快,灵敏度高;抗老化,寿命长;抗其他气体的侵袭和污染,在尘埃烟雾环境中能保持性能稳定和检测精度。半导体陶瓷的物理化学性质稳定,很适合于做湿度传感器。

湿敏电阻的灵敏度,通常用相对湿度变化1%的阻值变化百分率来表示,单位为%/%RH。响应速度用时间表示,单位为秒。湿敏电阻的温度特性,用湿度温度系数表示,即温度变化1℃时,阻值的变化相当于多少%RH的变化,单位为%RH/℃,也称为湿敏电阻的温度系数。

电阻率随湿度的增加而下降,称为负湿敏特性。电阻率随湿度的增加而上升,称为正湿敏特性。绝大多数多孔陶瓷都具有负湿敏特性。Fe_3O_4 涂覆膜湿敏电阻也有负湿敏特性。然而,Fe_3O_4 烧结多孔陶瓷则具有正湿敏特性。

湿敏陶瓷主要利用多孔陶瓷表面对水的吸附作用,引起电阻或电导的变化。最近,发现纳米固体具有明显的湿敏特性[49]。纳米固体具有巨大的表面和界面,对外界环境湿气十分敏感。环境湿度迅速引起表面或界面离子价态和电子运输的变化。例如,$BaTiO_3$ 纳米晶的电导随水分变化显著,响应时间短,2分钟达到平衡。

5.8.2 湿敏陶瓷材料

按制造工艺,湿敏陶瓷可分烧结型、厚膜型和涂覆型。

烧结型湿敏陶瓷的孔隙度一般为25%～40%。低温烧结湿敏陶瓷的烧结温度低于900℃,烧结时固相反应不完全,收缩率很小。高温烧结湿敏陶瓷的烧结温度在900～1400℃。

低温烧结湿敏陶瓷有 $Si-Na_2O-V_2O_5$ 系和 $ZnO-Li_2O-V_2O_5$ 系。$Si-Na_2O-V_2O_5$。系的主晶相为半导性硅,Na_2O 和 V_2O_5 为助熔剂。$ZnO-Li_2O-V_2O_5$ 系的主晶相为 ZnO,助熔剂为 Li_2O 和 V_2O_5。低温烧结湿敏陶瓷的缺点是响应速度慢。

高温烧结湿敏陶瓷有 $MgCr_2O_4-TiO_2$,$ZnCr_2O_4$ 系等。

$MgCr_2O_4-TiO_2$ 陶瓷是广泛应用的湿度传感材料。在制备 $MgCr_2O_4-TiO_2$ 半导体陶瓷时,以 MgO、Cr_2O_3、TiO_2 粉末为原料,纯度都为99.9%,碱金属杂质低于0.001%。经湿磨(以纯水为研磨介质)混合,干燥后,压制成型,在空气中于1200～1450℃烧结6小时,就可以得到孔隙度25%～35%的多孔陶瓷。

在 $MgCr_2O_4-TiO_2$ 系中,TiO_2 含量低于30%(摩尔质量)时,陶瓷为单相固溶体,具有 $MgCr_2O_4$ 型的尖晶石结构。烧结体显微组织由 $MgCr_2O_4-TiO_2$ 晶粒和晶粒间的孔隙组成。平均晶粒大小为 $1\mu m$。平均孔隙大小随 TiO_2 含量的增加而增大,在100～300nm 之间。孔隙为开口孔隙,形成连通毛细管结构,因此,容易吸附和凝结水蒸气。在1400℃,TiO_2 在 $MgCr_2O_4$ 中的溶解度为31%(摩尔质量)。TiO_2 含量在35%～70%(摩尔质量)时,相组成为 $MgCr_2O_4$ 型尖晶石和 $MgTi_2O_5$ 相。

TiO_2 含量低于30%(摩尔质量)时,$MgCr_2O_4-TiO_2$ 系陶瓷表现出 P 型半导性。添加的 Ti^{4+} 离子能和 Mg^{2+} 离子一起溶于尖晶石结构的八面体间隙中,结果 Cr^{2+} 离子取代了四面体间隙位置。当 TiO_2 含量大于40%(摩尔质量)时,由于 TiO_2 的氧空位,陶瓷呈 N 型半导性。

MgCr$_2$O$_4$-TiO$_2$ 多孔陶瓷的湿度-电阻特性表示于图 5-17。当相对湿度 *RH* 由 *0%* 到 100％时，电阻急剧下降。MgCr$_2$O$_4$-TiO$_2$ 湿度传感器的响应特性如图 5-18 所示。电阻随相对湿度的提高而降低（吸湿过程），或者电阻随相对湿度的降低而提高（脱湿）时，响应时间为 12 秒左右。

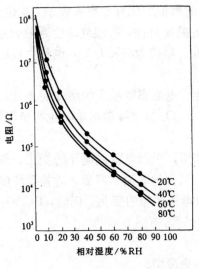
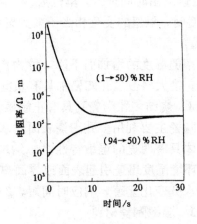

图 5-17 MgCr$_2$O$_4$-TiO$_2$ 的湿度-电阻特性   图 5-18 MgCr$_2$O$_4$-TiO$_2$ 的湿度响应特性

MgCr$_2$O$_4$-TiO$_2$ 多孔陶瓷的导电性由于吸附水而增高，其导电机制是离子导电[50]。质子是主要的电荷载体。多孔陶瓷晶粒接触颈部表面的 Cr^{3+} 离子和吸附水反应，使化学吸附在颈部的水蒸气形成氢氧基(OH)$^-$，Cr^{3+}-OH 变成 Cr^{4+}-OH 时就提供了可活动的质子 H$^+$。当相对湿度大时，物理吸附水不但存在于颈部区域，而且存在于陶瓷晶粒的平表面和凸面部位，形成多层的氢氧基。氢氧基可能和水分子形成水合离子 (H$_3$O)$^+$。当存在大量吸附水时，(H$_3$O)$^+$ 会水解，使质子传输过程处于支配地位。金属氧化物陶瓷表面不饱和键的存在，很容易吸附水。但是，MgCr$_2$O$_4$-TiO$_2$ 陶瓷不同于其他金属氧化物，其表面形成的水分子很容易在压力降低或温度稍高于室温时而脱附，湿度响应快。

MgCr$_2$O$_4$-TiO$_2$ 多孔陶瓷具有很高的湿度活性，湿度响应快，对温度、时间、湿度和电负荷的稳定性高，已用于微波炉的自动控制。程序控制的微波炉，根据处于微波炉蒸汽排气口处的湿敏传感器的相对湿度反馈信息，调节烹调参数。

MgCr$_2$O$_4$-TiO$_2$ 陶瓷还可以制成对气体、湿度、温度具有敏感特性的多功能传感器。

ZnO-Cr$_2$O$_3$ 陶瓷湿敏元件以 ZnCr$_2$O$_4$ 尖晶石为主晶相，含有少量 Li$_2$O 等碱金属化合物。元件的两面有多孔质电极和引线。湿敏传感器的电阻随相对湿度的增加，按指数函数下降。湿敏传感器经表面活性化后，可稳定地连续测定湿度，不需用加热器加热清洗。元件可在低于 5×10^{-4}W 的小功率下工作，直径 8mm，厚度 0.2mm。

在 ZnO-Cr$_2$O$_3$ 系中，添加 Li$_2$O 和 V$_2$O$_5$ 烧结成的陶瓷湿度传感器已用于空调和干燥装置的自动控制系统。陶瓷的主要组分是 ZnCr$_2$O$_4$ 尖晶石，还有少量 LiZnVO$_4$ 尖晶石和 ZnO，它们大部分以玻璃相偏析在 ZnCr$_2$O$_4$ 晶粒的晶界面上。水汽通过气孔进入晶界区域，使陶瓷的电阻发生明显的变化。相对湿度为 30% 时，电阻为 280kΩ；相对湿度 90% 时，电阻下降到 4.2kΩ。这种陶瓷湿敏元件具有高的灵敏度。

$ZnO-Cr_2O_3-Fe_2O_3$ 系半导体陶瓷湿敏材料由 ZnO 和 $ZnCr_2O_4$ 两主晶相组成。晶粒直径 1~3μm，孔隙度 30% 左右。$ZnO-Cr_2O_3-Fe_2O_3$ 湿敏电阻器具有阻值低、响应快、重复性好、线性度好、抗污染能力强等优点，用于湿度控制及湿度检测元件。

钨锰矿结构氧化物 $MeWO_4$：Me 为 Mn、Ni、Zn、Mg、Co 或 Fe。具有钨锰矿结构的 $MnWO_4$、$NiWO_4$，可以在 900℃ 以下不用无机粘结剂烧结成多孔陶瓷，不会损害与它粘附的金属电极，是制备厚膜湿敏元件的理想材料。在制备厚膜湿敏元件时，先在高铝瓷基片的一面印刷并烧附高温净化用的加热电极，在基片的另一面印刷并烧附底层电极，再在这层电极上印刷感湿浆料，干燥后再印上表层电极，然后将感湿浆料和表层电极烧附在基片和底层电极上。基片面积为 5mm²，感湿膜厚约 50μm。烧结后陶瓷晶粒在 1~2μm，孔径在 0.5μm 左右，可获得较好的感湿特性。

前面介绍了烧结体型和厚膜湿敏元件。还有一类涂覆膜型湿敏元件。这种元件是将感湿浆料涂覆在已印刷并烧附有电极的陶瓷基片上，经低温干燥而成，不经烧结。以 Fe_3O_4 为粉料的涂覆型湿敏元件，性能较好。Fe_3O_4 涂覆膜湿敏电阻的电阻值为 $10^4 \sim 10^8 \Omega$，再现性好，可在全域湿度内进行测量。其电阻值随相对湿度的增加而下降。

涂覆膜湿敏电阻也称为瓷粉膜湿敏电阻。湿敏瓷粉还有 Fe_2O_3、Cr_2O_3、Al_2O_3、Sb_2O_3、TiO_2、SnO_2、ZnO、CoO、CuO 等。

5.8.3 湿敏机制

多孔陶瓷的湿敏机制有电子导电，质子导电等。

5.8.3.1 电子导电机制

离子晶体的表面离子处于未受异性离子屏蔽的不稳定状态；其电子亲合力发生变化，表现为表面附近能带上弯（N 型）或下弯（P 型）。因此，在半导体陶瓷晶粒接触界处出现双势垒曲线。由于粒界势垒的存在，粒界电阻比晶粒内部的电阻高得多。

半导体陶瓷表面对外界杂质有很强的吸引力。水分子是强极性分子。当湿敏半导体表面吸附水分子时，对于 P 型湿敏半导体，表现为表面氧离子与水分子中氢原子的吸引。氢原子具有强的正电场，从半导体表面俘获电子，形成表面束缚态的负空间电荷，而在表面内层形成自由态的正电荷。正电荷被氧的施主能级俘获，使氧施主能级密度下降，使原来下弯的能带变平，耗尽层变薄，表面载流子密度增加。随着湿度的增大，表面吸附水分子的增加，表面束缚的负空间电荷增加，为了平衡这种表面负空间电荷，在近表层处积累更多的空穴，形成空穴积累层，使已变平的能带上弯，空穴极易通过，载流子密度大大增加，电阻值进一步下降。对于 N 型半导体，电阻也随湿度的增大而降低。这就是负特性湿敏陶瓷的能带分析。

5.8.3.2 质子导电机制

在低湿情况下，少量水分子凝结在表面晶粒间的颈部。颈部发生化学吸附过程，水分子与表面活泼的金属离子作用，形成氢氧基化合物 M-OH，并提供游离的质子 H^+。质子以跳跃方式从一个位置迁移到另一位置。化学吸附过程只在表面形成一单分子吸附层，解离和复合保持平衡。湿度升高时，氢氧化物形成的单分子吸附层外表面继续吸附更多水分子，形成多层氢氧基，这是物理吸附过程。最后，不仅颈部，在平表面及凹部也吸附大量水分子，在两电极间形成连续电解质层，导致电导随水含量增加而增大。过程的主要载流子是质子。

但是，质子导电理论不能解释为什么不是所有的吸湿多孔陶瓷都具有湿敏特性和为什么会有正特性湿敏陶瓷。电子导电理论不能解释绝缘陶瓷的湿敏特性等现象。离子-电子综合导电或者质子-电子综合导电理论，假定吸湿后的多孔陶瓷由固态晶粒和吸附水两相组成，吸湿后的多孔陶瓷的电阻包括固态晶粒电阻和吸附水电阻两部分。吸附水也称为准液态水。吸湿多孔陶瓷的导电是准液态水的质子导电和陶瓷晶粒的电子导电的综合导电。综合导电理论可解释较多的现象。

ZnO-$Ni_{0.97}Li_{0.03}O$ 陶瓷是另一类湿敏传感材料。这种湿度传感器的吸附水是发生在 ZnO 和 NiO 之间的 P-N 界面上。最佳湿敏传导性发现在 $Ni_{0.97}Li_{0.03}O$ 和高密度的烧结 ZnO 界面上。这种湿敏元件依靠 P-N 异质结促进氢氧基的化学吸附，而不是依靠陶瓷的毛细管。

5.9 导电陶瓷

5.9.1 陶瓷的导电性

固体材料的电导率可用下式表示

$$\sigma = C(Ze)^2 B$$

式中 σ 为电导率（$\Omega^{-1} \cdot cm^{-1}$），$C$ 为载流子浓度（载流子数/cm^3），Z 为载流子价态，e 为电子电荷，B 为绝对迁移率，即单位作用力下载流子的漂移速度。

固体的载流子有电子、空穴、阳离子和阴离子等。材料的总电导率是各种载流子电导率之和。

$$\sigma = \sigma_e + \sigma_h + \sigma_k + \sigma_a$$

式中，σ_e 为电子电导率，σ_h 为空穴电导率，σ_k 为阳离子电导率，σ_a 为阴离子电导率。导通电流的载流子主要是电子或空穴时，称为电子电导，主要是离子时称为离子电导。

载流子对总电导率的贡献分数 t 称为转移数。各种载流子转移数的总和为 1，即

$$t_e + t_h + t_k + t_a = 1$$

表 5-11 列出了一些材料的载流子对电导的贡献分数[9]。

表 5-11 材料的载流子的转移数

材　　料	温度/℃	t_k	t_a	t_e, t_h
NaCl	400	1.00	0.00	0.00
$ZrO_2 + 7\%CaO$（氧离子导体）	>700	0.00	1.00	约 10^{-4}
$Na_2O \cdot 11Al_2O_3$（钠离子导体）	800	1.00	0.00	$<10^{-6}$
FeO（电子导电）	800	10^{-4}	0.00	约 1.00
$Na_2O \cdot CaO \cdot SiO_2$ 玻璃（Na^+ 导体）		1.00		

传统硅酸盐陶瓷、氧化物，都是离子晶体。在离子晶体中，离子导电和电子导电都存在。但一般情况下，以离子导电为主，电子导电很微弱。然而，材料含变价离子，生成非化学计量化合物或引入不等价杂质时，将产生大量自由电子或空穴，电子导电增强，成为

半导体。前面介绍的敏感陶瓷就属这类半导体。离子晶体热缺陷造成的离子电导称为本征离子电导，杂质造成离子电导称为杂质电导。杂质载流子的电导活化能比正常晶格上离子的要低得多。在低温时，即使杂质数量不多也会造成很大的电导率。在低温时，杂质电导起主导作用，高温时本征电导起主导作用。玻璃基本上是离子电导，电子电导可忽略。玻璃结构较松散，电导活化能比晶体低，其电导率比相同组成的晶体大。陶瓷通常由晶相和玻璃相组成，其导电性在很大程度上决定于玻璃相。

一类离子晶体具有很高的电导率，在固态时的导电率，相当于液体电解质的导电率水平。这类材料称为快离子导体或固体电解质，例如表 5-11 中的氧离子导体和钠离子导体。

现代陶瓷还包括碳化物、氮化物、硼化物和硅化物等。通常硅化物、硼化物的化学键是金属键和共价键共存。过渡金属的碳化物、氮化物以金属键为主，共价键为辅。非金属元素的碳化物、氮化物以共价键为主，金属键为辅。这几类化合物构成的陶瓷都是电子导电。下面介绍的 SiC、$MoSi_2$ 电热材料属这一类。

5.9.2 快离子导体

快离子导体的电导率比普通离子化合物高 n 个数量级。其电导率大于 $10^{-2} \cdot \Omega^{-1} \cdot cm^{-1}$，活化能小于 0.5eV。

关于快离子导体的导电机制，一种模型认为，其晶体由两种亚晶格组成。一种是不运动离子亚晶格，另一种是运动离子亚晶格。当晶体处于快离子相时，不运动离子构成骨架，为运动离子的运动提供通道。运动离子象液体那样在晶格中做布朗运动，可以穿越两个平衡位置的势垒进行扩散，快速迁移。

快离子导体可分为阳离子导体（例如 Ag^+、Cu^+、Li^+、Na^+）和阴离子导体（F^-、O^{2-}）两大类。

钠离子导体包括 β-Al_2O_3，NaSiCon 和 $NaMSi_4O_{12}$ 系。β-Al_2O_3 的通式为 $nA_2O_3 \cdot M_2O$，A 代表三价金属 Al^{3+}、Ga^{3+}、Fe^{3+} 等，M 代表一价离子 Na^+、K^+、H_3O^+ 等。β-Al_2O_3 的理论式是 $Na_2O \cdot 11Al_2O_3$，β''-Al_2O_3 为 $Na_2O \cdot 5.33Al_2O_3$。在较低温下生成 β''-Al_2O_3，较高温度下生成 β-Al_2O_3，β 相和 β'' 相可共存。β-Al_2O_3 管用作高能固体电解质蓄电池钠硫电池的隔膜，可用作汽车动力[51]。

氧离子导体有萤石结构氧化物（ZrO_2、HfO_2、CeO_2 等）和钙钛矿结构氧化物（$LaAlO_3$、$CaTiO_3$）。二价碱土氧化物或三价稀土氧化物稳定的氧化锆是广泛应用的氧离子导体。稳定氧化锆制的氧传感器是一种氧浓差电池，已用于金属液和气体的定氧，汽车废气控制和锅炉燃烧气燃比控制[48]。ZrO_2 具有多型转变：单斜相-四方相-立方相-液相。纯氧化锆冷却时发生四方相向单斜相转变，有 3%～5% 体积膨胀，导致烧结件开裂。为此，需加入稳定剂。稳定剂和氧化锆形成的立方固溶体，快冷时不发生相变，保持稳定，称为完全稳定氧化锆。稳定剂添加量不足时，形成由立方相和四方相组成的部分稳定氧化锆。晶粒小于临界尺寸的高温四方相可保持到室温。当亚稳的四方相发生向单斜相的转变时，韧性和强度增加，即所谓相变增韧。四方相氧化锆和部分稳定氧化锆具有较高强度和韧性，用做结构材料。完全稳定氧化锆的力学性能不高，用作固体电解质和电极、电热材料。ZrO_2 也可望用作高温燃料电池的固体电解质[52]。

锂离子导体作为隔膜材料的室温固态锂电池，能量密度高，寿命长。以碘化锂为固体电解质的锂碘电池已用于心脏起搏器。

5.9.3 电热、电极陶瓷

陶瓷电热材料的使用温度高,抗氧化,可在空气中使用,有 SiC、$MoSi_2$ 和 ZrO_2 等。磁流体发电机的电极材料要求在 1500℃ 以上长期使用,$LaCrO_3$、ZrO_2 是候选材料。

碳化硅是最早使用的陶瓷电热材料,最高使用温度为 1560℃。

二硅化钼抗氧化性好,最高使用温度 1800℃,在 1700℃空气中可连续使用几千小时。其表面形成一薄层 SiO_2 或耐热硅酸盐起保护作用。$MoSi_2$ 粉末通过 Mo 粉和 Si 粉直接反应合成,或采用 Mo 的氧化物还原反应合成。$MoSi_2$ 电热元件在挤压成型时,加入少量糊精等粘结剂。工业二硅化钼电热元件含有一定量铝硅酸盐玻璃相。Mo 和 Si 的反应是放热反应。利用放热反应来制备材料的技术称为燃烧合成或自蔓延高温合成。燃烧合成的 $MoSi_2$ 和 $MoSi_2$-Al_2O_3 热元件已工业应用。$MoSi_2$-Al_2O_3 加热元件的使用温度比 $MoSi_2$ 高[20]。

稳定的氧化锆电热元件不受氧化的影响,最高使用温度可达 2000℃。在 1800℃空气中工作时间超过 1 万小时。氧化锆的低温电阻大,需要预热到 1000℃以上,才具有足够的导电性进行工作。一般采用 SiC 或 $MoSi_2$ 热元件对其预热。氧化锆发热体的加热方式有:电阻加热和感应加热。

添加 CeO_2 和 Ta_2O_5 的氧化锆可用作磁流体发电机的电极材料。由于氧化锆的低温导电性差,CaO 稳定的氧化锆可以和低温导电性好的铬酸钙镧制成混合式或复合式电极。

$LaCrO_3$ 是钙钛矿型结构的复合氧化物,熔点 2400℃,电导率较高,200~300℃时电导率为 $1\Omega^{-1}\cdot cm^{-1}$。$LaCrO_3$ 的缺点是 CrO_3 易挥发。加入 Ca^{2+}、Sr^{2+} 置换部分 La^{3+},形成半导性 $La_{1-x}(Ca,Sr)_xCrO_3$($x=0.0～0.12$),其性能和电导性比纯 $LaCrO_3$ 好。例如,$La_{0.98}Ca_{0.02}CrO_3$ 在 900℃的电导率达 $3.25\Omega^{-1}\cdot cm^{-1}$。铬酸钙镧陶瓷以 La_2O_3、Cr_2O_3 和 $CaCO_3$ 为原料,成型后在 2000℃烧成。铬酸镧陶瓷是电子导电,用作电极材料和发热体。

5.10 多功能化和智能化

在实际使用中,往往要求一个敏感元件能检测两个或更多环境参数而不相互干扰,发展了多功能敏感陶瓷和传感器。多功能敏感元件的结构简单,体积小,测量可靠、迅速、成本低。目前研究较多的有温湿敏和气湿敏两类材料。

陶瓷传感器与硅芯片集成电路的结合,发展了集成化传感器。

功能陶瓷发展的重要趋势是机敏化和智能化。同时具有传感功能和执行功能的材料称为机敏材料(Smart Material)。这种材料能够对环境的变化作出自适应反应。现有功能陶瓷中,有些已具有机敏性。例如,氧化锌变阻器,在正常状态下是绝缘的。当它感受到电压时,氧化锌的晶界状态发生变化,电阻下降,把电路中的功率浪涌吸收掉。另一个例子是 $BaTiO_3$ 正温度系数热敏电阻。它能够根据温度的变化,改变晶界状态,改变自身电阻,从而自动保持加热温度恒定。若机敏材料还具有反馈控制功能,就称为智能材料(Intelligent Material)。机敏材料或智能材料都是把人类的智能因素植入材料中,只是智能化程度不同,无本质差别。当材料本身不同时具有传感功能和执行功能,或者这些功能需要强化或控制时,材料需外加入辅助装置或反馈控制装置,以达到智能化的目的。由多种材料和器件集成的系统称为机敏材料系统或智能材料系统。智能材料系统通常由传感材料、执行材料、提供通讯功能的网络、起反馈控制作用的器件集成起来。[13,53]

前面介绍的几类敏感陶瓷都具有传感功能，能够感受环境状态的变化，给出响应信息，例如以电学量输出。执行功能要求材料对于所施加的激励作出反应，通常是机械运动。因此，执行器也称为致动器或驱动器。材料的致动功能大多由材料的应变引起。铁性体材料（包括铁电体、铁磁体和铁弹体）的畴和畴壁在外场作用下会发生变化，并通过材料内部的电、磁、弹之间的耦合作用而产生应变。利用铁电陶瓷的压电效应或电致伸缩效应，可以制成压电致动器或电致伸缩致动器。机敏材料系统的传感功能和执行功能必须耦合起来才能实现智能性。无需外辅助装置、外能源，依靠材料本身的内部机制实现的耦合，称为无源机敏性。需要外部装置，附加能源实现的耦合，称有源机敏性。在传感功能与执行功能之间外设的反馈与控制装置，从传感功能获得电讯号，经处理，用于控制执行功能。硅集成电路技术的发展，使这种反馈与控制电路较易植入材料系统中，在硅芯片集成电路上沉积电子陶瓷薄膜，形成材料和作用不同的多层结构，是实现这种集成的较好方案。

下面列举几种多功能陶瓷和智能化器件的例子[1,2]。

5.10.1 MgCr$_2$O$_4$-TiO$_2$ 气湿敏陶瓷

MgCr$_2$O$_4$-TiO$_2$ 陶瓷，前面已介绍过，可以制成湿度传感器。MgCr$_2$O$_4$-TiO$_2$ 还可以制成湿度-气体双功能传感器。在 150℃ 以下，多孔陶瓷的晶粒表面吸附水汽后，表现出离子型导电性，电阻随湿度增大而降低，可以通过电阻的测定来检测湿度的变化。同时，在较高温度下，例如，300～550℃ 之间，可逆的化学吸附成为主要参量，P 型半导性 MgCr$_2$O$_4$-TiO$_2$ 陶瓷的电导随气体的化学吸附量而改变。硫化氢、氮气和乙醇可使其电阻发生明显的变化，因此，适用于这类气体的检测。利用这种陶瓷本身的热敏电阻特性，配置加热电极，就可以自动控制在 300～550℃ 之间，成为高灵敏度的气体传感器。

MgCr$_2$O$_4$-TiO$_2$ 的湿敏特性是利用其物理吸附现象，而气敏特性则是利用其化学吸附现象。在较高温下，化学吸附的物理吸附明显。化学吸附过程的反应速度与温度有关。随吸附气体的种类、浓度和温度的变化，陶瓷晶界附近的势垒也发生变化，导致电导率变化。图 5-19 为 MgCr$_2$O$_4$-TiO$_2$ 陶瓷在不同温度下对气体的灵敏度。由图可见，在含氧气的氧化性气氛中，其导电率增加，而在含硫化氢、乙醇、一氧化碳和碳氢化物气体的还原性气氛中，其电导率降低。

在 300℃ 以下，MgCr$_2$O$_4$-TiO$_2$ 的电导率只受吸附水的影响，而不受其他吸附气体的影响。因此，敏感元件可以进行选择性的湿度检测和气体检测。元件在 500℃ 进行热清洗后可恢复原有的性能。

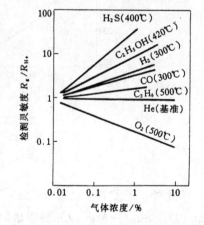

图 5-19　MgCr$_2$O$_4$-TiO$_2$ 的气敏特性

5.10.2 MgCr$_2$O$_4$-MgO 温湿敏陶瓷

MgCr$_2$O$_4$ 在煅烧过程中，Cr$_2$O$_3$ 挥发，形成多孔陶瓷，同时，造成 MgO 的过量，相当于在 MgCr$_2$O$_4$ 中加入过量的 MgO，形成 P 型半导体。MgCr$_2$O$_4$-MgO 多孔半导体瓷具有良好的湿敏特性，同时具有很好的温敏特性。

在 $MgCr_2O_4$-MgO 陶瓷中，当 MgO 量为 0.1%～2%（摩尔质量）时，陶瓷的电阻随湿度（0～100%RH）的增加而降低。在 100～500℃，陶瓷的电阻随温度的上升而下降。因此，在检测湿度的温度范围内（100℃以下），电阻与温度无关，湿度的测量不受温度的影响。在100℃以上，陶瓷显示出良好的温敏特性，可用于温度的检测。$MgCr_2O_4$-MgO 温湿敏陶瓷的测湿范围为 0～100%RH，测温范围为 100～500℃。该陶瓷的制备工艺类似于 $MgCr_2O_4$-TiO_2。

5.10.3　$BaTiO_3$-$SrTiO_3$ 温湿敏陶瓷

$BaTiO_3$-$SrTiO_3$ 固溶体，在居里温度以上的一定温度范围内遵守居里-外斯定律，其介电常数随温度的上升而成比例下降，具有电容型热敏特性。

多孔半导性 $BaTiO_3$-$SrTiO_3$ 陶瓷具有湿敏特性。挥发成分的高温挥发，陶瓷则呈多孔性。采用非化学计量或通过价控掺杂，$BaTiO_3$-$SrTiO_3$ 陶瓷就可半导化。

$Ba_{0.5}Sr_{0.5}TiO_3$ 多孔陶瓷的温敏特性和湿敏特性分别示于图 5-20a 和 b。在居里温度的 −50℃ 至 −20℃ 范围内，不满足居里-外斯定律。为了减少温度测量误差，测温下限应取 −20℃。一般测温下限高于居里点约 30℃。$Ba_{0.5}Sr_{0.5}TiO_3$ 陶瓷的温度测量范围为 −20～+150℃，湿度测量范围为 0～100%RH。$Ba_{0.5}Sr_{0.5}TiO_3$ 陶瓷的湿度响应时间和温度响应时间均小于 10 秒。

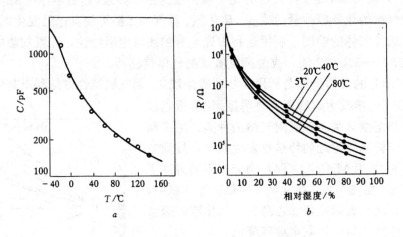

图 5-20　（Ba，Sr）TiO_3 陶瓷的温湿特性

a—温敏特性曲线；b—湿敏特性曲线

此外，还发展了以（Ba，Sr）TiO_3 为基的多功能敏感陶瓷。可用做温、湿、气敏元件。$Ba(Ti_{1-x}Sn_x)$＋$MgCr_2O_4$ 温湿敏陶瓷和 $BaTiO_3$-$SrTiO_3$-$MgCr_2O_4$ 温湿敏陶瓷都有良好敏感特性。

$BaTiO_3$-$SrTiO_3$-$MgCr_2O_4$ 陶瓷可制成温度-湿度双功能传感器。这种陶瓷是在 $BaTiO_3$-$SrTiO_3$ 中加入少量 $MgCr_2O_4$，在空气中烧结成的多孔结构的陶瓷。$MgCr_2O_4$ 相分布在主晶相 $BaTiO_3$-$SrTiO_3$ 的晶粒界上。$MgCr_2O_4$ 感湿陶瓷的感湿机理是离子导电。而 $BaTiO_3$-$SrTiO_3$ 陶瓷是介电系数随温度变化很大的介质材料，利用晶粒本身这种温度特性，可以通过测量电容来检测温度。这样，$BaTiO_3$-$SrTiO_3$-$MgCr_2O_4$ 陶瓷传感器，就可以通过测定电阻和电容两种电参量的变化，独立地检测湿度和温度的变化。

5.10.4 集成化多功能敏感陶瓷

集成化敏感器件多采用薄膜技术制备。例如，真空蒸发、高频溅射和喷雾等技术。一种超微粒薄膜集成气敏元件是这样制造的：首先在硅单晶片上制扩散电阻和测温二极管，后在其上覆盖二氧化硅膜，再做好电极，最后在电极上覆盖 SnO_2 超微粒薄膜，形成集成气体敏感元件。SnO_2 薄膜晶粒的平均粒度为几十纳米到几百纳米，比表面达 $100\sim200m^2/g$。超微离子发达的表面，比块状材料具有更高的灵敏度。日本松下电气公司研制的集成化超微粒传感器能够探测温度、湿度、红外线以及氢气、丙烷等气体。这种多功能传感器都集中在 2mm 见方的硅片上，可用于防火防盗装置。

集成铁电薄膜传感器是在 $PbTiO_3$ 铁电薄膜的基础上发展起来的。集成 $PbTiO_3$ 薄膜硅独石超声多功能传感器，使增幅和信号处理一体化，可望用于振动和加速度传感器。

5.10.5 智能化气体传感器

20 世纪 80 年代末出现将气敏元件和智能技术结合的智能化气体传感器，采用多个具有不同敏感特性的气敏元件组成阵列，利用神经网络模式识别技术对混合气体进行气体识别和浓度检测。智能气体传感器由气敏阵列和处理电路两部分组成。气敏阵列包括四个对氢气、一氧化碳、乙炔、乙烯有较高灵敏度的敏感单元。每个单元集成了一个气敏电阻、一个加热器和一个测温电阻。信号处理电路是一个单片机系列，包括气敏信号采集、神经网络、温度检测、加热控制和显示输出等五个功能模块。为了工艺兼容，采用厚膜混合集成工艺制作气敏阵列基片。根据检测对象，分别选择 SnO_2 或 $\alpha\text{-}Fe_2O_3$ 作为气敏电阻的主体材料。根据灵敏度和选择性的要求，进行适当掺杂。加热电阻可将基片加热到工作温度（50～300℃）。测温电阻与处理电路中的温度信号采集和加热控制模块构成恒温控制系统[54,55]。

5.10.6 有源可调柔顺性装置

这种装置由压力传感器和压电致动器组成，二者之间通过反馈放大电路连接起来（图 5-21）。传感器和致动器均由多层压电陶瓷组成。传感器受到压力时，反馈放大电路则输出讯号，控制致动器的动作，使致动器沿压力方向收缩，小的外力就能产生很大变形，整个装置变得非常柔软。通过调整反馈放大电路的输出，就可调整装置的柔顺性，甚至可调整到比橡胶还高。装置可用于振动控制和阻尼降噪，例如用于喷气发动机、飞机、汽车驾驶室、变压器和各种噪音大的机器。有源振动控制系统可以将变压器的噪音降低 68%～

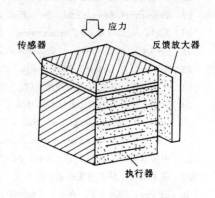

图 5-21　有源可调柔顺性装置

90%，减小 10～20 分贝。根据装置的原理，已发展出用于飞行器和舰船的智能蒙皮，自动改变蒙皮的弹性柔顺性，延缓湍流的出现，提高了航行速度，降低了噪音[13,34]。

参 考 文 献

1　徐廷献等·电子陶瓷材料·天津：天津大学出版社，1993

2　殷声·现代陶瓷及其应用·北京：北京科学技术出版社，1990

3　田莳．功能材料．北京：北京航空航天大学出版社，1995

4　Abraham．T. Amer. Ceram. Soc. Bull．，1996；75（2）：49

5　Monlson A J，Herbert J M. Electroceramics，Chapman and Hall，1990

6　Hench L L，West J K. Principles of Electronic，John Wiley & sons，1990

7　许煜寰等．铁电与压电材料．北京：科学出版社，1978

8　莫以豪等．半导体陶瓷及其敏感元件．上海：上海科学技术出版社，1983

9　崔国文．缺陷扩散与烧结．北京：清华大学出版社，1990

10　林祖缃等．快离子导体．上海：上海科学技术出版社，1983

11　王零森．特种陶瓷．长沙：中南工业大学出版社，1994

12　李世普等．特种陶瓷工艺学．湖北：武汉工业大学出版社，1990

13　姚熹．西安交通大学学报，1996；30（4）：18

14　田莳等．功能材料，1996；27（2）：103

15　Yi G H. Amer Ceram. Soc. Bull．，1991；70（7）：1173

16　郭景坤等．材料研究学报，1995；9（5）：412

17　Avakyan P B et al．，Amer. Ceram. Soc. Bull．，1996；75（2）：50

18　柳襄怀等．功能材料与器件学报，1997；3（1）：1

19　Sulton W H. Amer. Ceram. Soc. Bull．，1989；68（2）：376

20　殷声．自蔓延高温合成技术和材料．北京：冶金工业出版社，1995

21　Sutton W H．Amer. Ceram. Soc. Bull．，1989；68（2）：376

22　浙江大学等．硅酸盐物理化学．北京：中国建筑工业出版社，1980

23　小西良弘等．电子陶瓷基础和应用．王兴斌译．北京：机械工业出版社，1983

24　华南工学院等．陶瓷工艺学．北京：中国建筑工业出版社，1980

25　华南工学院等．陶瓷材料物理性质．北京：中国建筑工业出版社，1980

26　Guha J P et al J．Amer. Geram. Soc．，1986；69（8）：c193

27　Laurent M J et al J. M ater. Sci．，1990；25，599

28　Sheppard L M. Amer. Ceram. Soc. Bull．，1992；7（1）

29　Takeuchi H. Amer. Ceram．Soc．Bull．，1992；71（6）：974

30　Xiao Dingguan et al．Ferroelectrics．，1990：108，53

31　Robert E et al．J. Amer. Ceram Soc．，1991；74（3）：463

32　Rogers C A. J．Intell．Mater．Syst．Struct．，1993；4（1）：4

33　沈德新等．功能材料与器件学报，1996；2（3）．137

34　Strook H B. Amer. Ceram. Soc. Bull．，1996；75（4）：71

35　uchino K. Amer. Ceram. Soc．Bull．，1986；65（4）：647

36　Desu S B et al．J. Amer．Ceram．Soc．，1990；73（11）：3416

37　王德君等．硅酸盐学报，1996；24（5）：585

38　须木弘茂．精密陶瓷的最新技术．工业技术研究院（台），1984

39　Levinson L M et al．Amer．Ceram．Soc. Bull．，1986；65（4）：639

40　Levinson L M. Amer Ceram．Soc．Bull．，1989；68（4）：866

41　Mukae K. Amer. Ceram. Soc. Bull．，1987；66（9）：1329

42　康雪雅等．材料研究学报，1996；10（5）：529

43　Gardner J W et al．sensors and Actuators，1992；B9：9

44　Oyabu T. J. Appl. Phys．，1982；53（4）：2785

45　Fisher G. Amer. Ceram. Soc. Bull．，1986；65（4）：622

46　Chandorber A N et al．Sensors and Actuators. 1992；B9：1

47　柴常春等．无机材料学报，1996；11（3）：493

48　Ketron L. Amer．Ceram．Soc．Bull．，1989；68（4）：860

49 王子忱等·功能材料，1996；27（3）：258

50 Nitta T *et al*. J. Amer. Ceram. Soc. ，1980；63（5-6）：295

51 Stevens R *et al*. J. Mater. Sci. ，1984；19：695

52 Minh N Q. J. Amer. Ceram. Soc. ，1993；76（4）：563

53 Aaron A B. J. Intell. Mater. Sys. Struct. ，1995；6（5）：338

54 Muller R *et al*. Sensors and Actaators，1986；9，34

55 虞承端等·功能材料与器件学报，1996；2（3）：187

6 功能玻璃材料

人类发现、使用和制作玻璃的历史古老而悠久。天然的玻璃存在于火山酸性熔岩中，古代人类用它作为装饰。人造玻璃的历史可追溯到公元前 2500 年，埃及人和美索不达米亚人用砂、海生植物灰和石垩熔烧制成晶莹的钾钙硅酸盐玻璃。中国西周时期就有人工制作的、酷似玉石的玻璃。之后，玻璃成型的工艺技术得以开发，例如，最早有用陶瓷模芯制作中空玻璃器皿，继而又发展了简单的浇铸和模压工艺；特别是吹制成型工艺的发展，使人们能制作形状复杂的器皿，玻璃从装饰用逐渐发展成日常生活用品。

玻璃被用作功能材料应归功于公元前 1 世纪埃及人用氧化锰作为补色剂制得无色透明玻璃。从 17 世纪伽里略用玻璃制作第一台望远镜，直到 20 世纪初，由于玻璃性能与组分经验关系的长期积累以及玻璃工业化生产工艺的成熟，光学玻璃和玻璃光学仪器才得以迅速发展。20 世纪又逐渐发现了玻璃的声光、磁光和激光效应，发现了特殊的半导体玻璃、离子导体玻璃和金属玻璃等新型技术玻璃品种，70 年代玻璃光纤被应用于光通讯，玻璃材料成为重要的光电子技术功能材料，在当代高技术中得到广泛的应用。

各种现代功能材料的发现和迅速发展，都是在认识并掌握了材料性能与物质结构关系的规律之后。20 世纪 X 射线衍射技术的发展，推动了固体物理学、量子力学和材料科学的发展，人们逐渐从晶态固体开始完善了材料的物理性能与结构关系的认识；但是人们发现玻璃是一种与晶体有完全不同结构的固体[1]。玻璃的原子排列是无序的、非周期性的，它与液体的结构十分相近，是一种"凝结的液体"；为区别于晶态固体，曾把这类固体称为玻璃态固体，但它在固体物理中并不作为典型的结构而加以研究。20 世纪中叶，人类在科研中又发现了一些与传统无机氧化物（或硫化物、氟化物）玻璃组分明显不同、但结构完全雷同的玻璃态固体材料，例如玻璃半导体和金属玻璃（Metglas）等。结合早先发现的橡胶、树脂、高分子聚合物等一些既非传统的玻璃、又非晶态的有机固体材料，人们就按其 X 射线衍射呈现弥散环、结构上无长程序的特征，统称为非晶态材料。20 世纪 50 年代后，对各种非晶态玻璃的结构与性能关系的认识逐渐深入，促进了非晶态物理、凝聚态物理学科以及高新技术材料学科的发展，目前这种认识仍处于逐渐完善之中。

按非晶态的字面理解，它的构成原子（或分子）应该是完全无序、混乱排列的。但在实际中，"完全"的非晶态固体并不存在。非晶态或玻璃态的构成原子（或分子）在空间排列时只是不呈现周期性或平移对称性，即其长程序受到破坏；然而由于原子间的近程相互关联作用，在小于几个原子间距的范围内，原子间仍然保持着形貌、键型和组分的规则有序特征，即仍有短程序。

玻璃是非晶态材料家族中的一个大类，它的非晶态结构特征决定了其具有与晶体和陶瓷等固体材料不同的物理、化学性能。

玻璃的通性主要有以下五点：

（1）没有固定的熔点。玻璃的确像是凝固的液体，它从高温熔融状态降温凝固过程与晶体在固定的融点时才产生结晶的特性完全不同，它有一个从软化温度 T_f 到转变温度 T_g 的温度范围。在该温度范围内，随温度降低，玻璃粘度逐渐变大：由 T_f 以上粘度小于 $10^8 Pa$

·s 的流动熔融态进入粘度在 $10^8 \sim 10^{12}$ Pa·s 之间的粘滞软化状态。当温度继续下降并通过 T_g 时，才由软化状态逐渐过渡到脆性固态。这段熔体与固体之间的转变过程是可逆的，许多物理性能，例如折射率、热容、密度、电导率和热膨胀系数等均在转变温度附近发生突变，而且这种突变、甚至 T_f 和 T_g 的具体数值都与温度改变的速率有关。

通常，玻璃的成形温度比同组分的晶体的结晶温度高；在一定温度条件下，玻璃有自发析晶的现象。因此晶体是结构上稳定的固体，而玻璃则是亚稳相固体。

（2）没有晶界或粒界。玻璃中原子的均匀排列结构，保证其内部没有晶粒和其他密度不均匀的异相颗粒存在。这种结构特性使玻璃有良好的气密性，并可以加工获得原子级的平滑表面。作为均匀透明的光学材料，它对光的散射可降得很低；作为光信息存贮材料（光盘）应用时，它比晶态和多晶态材料有更高的信噪比，因而玻璃是优秀的光学材料。

（3）无固定形态。玻璃在固化时经历粘滞软化状态的特性，使其容易制成粉体、薄膜、纤维、块体、空心腔体、多孔体、微珠和混杂系复合材料等，可以满足多种应用设计的需要。

（4）各向同性。由于玻璃无长程序，构成玻璃的原子不必像晶体那样在不同方向按不同的间距周期地排列，它们可以以几乎相同的平均间距沿不同方向均匀堆积，因而玻璃在不同方向上原子的排列几乎是完全相同的。这种结构保证玻璃的许多性质是各向同性的。玻璃的光学、电学、热学性能的各向同性，使其作为功能材料应用时，可以方便地设计和制作成实用的器件，有利于批量大规模生产。

（5）性能可设计性。由于玻璃的结构酷似液体，因而其一系列的物理化学性能，例如膨胀系数、粘度、电导、介电损耗、离子扩散速度、折射率、色散系数及化学稳定性等都如液体那样遵守加和法则。人们可以方便地通过选择或调节其组分以及采用提纯、掺杂、混杂、表面处理和微晶化等技术，获得所预期的高强度、耐高温、耐辐照、半导体、激光、光电、磁光和声光等性能，以满足多种技术工程的要求。

玻璃是一种自然界赐与人类的"性格随和"的固体材料。结构上不很严格、组成比较常见而且容限度宽、制作成型工艺较为简单。它的许多功能性质，虽然不如相应晶体那么"突出"和"优秀"，但是它的取材方便、成本低廉、形态多样、性能可调性大的特色，保证其可制成"综合指标"优秀的功能器件，在许多高新技术中起重要的作用。

6.1 光学玻璃材料

均匀而又透明的玻璃，早就被人们用作光学材料。我国东汉初王充所著《论衡》中，就有方士熔炼五种石块，并铸成"阳燧"，可在日光下集光取火的记载。这是人造玻璃制作会聚透镜的最早报道。17 世纪，伽利略用玻璃制成望远镜，稍后又有人制成显微镜，这是玻璃制成的最早的光学仪器。目前，光学玻璃已广泛地被用于制作成各种光学元件，这些光学元件是现代光学仪器的核心。它们有各种曲率的球面透镜和非球面透镜、各种消象差的透镜组、各种球面或抛物面、双曲面、椭球面反射镜，以及各种形状的折光棱镜。应用这些玻璃元件制作的各种光学仪器，已广泛应用于工业、军事和科学研究中。例如，在机械工业中，有测量工件尺寸、角度、表面粗糙度的专用光学仪器；在工程技术中，有经纬仪、水平仪以及高空或水下摄影机；科研和医学领域中有生物显微镜、金相显微镜、偏光显微

镜和各种光谱仪；国防上有各种望远镜、潜望镜、炮队镜、瞄准镜、测远仪和夜视仪等；民
用方面有各种照相机、电影机、放映机、摄像机等。

光学玻璃品牌很多，性能及应用也各不相同。经常被用作各种光学仪器的光学玻璃主
要有无色光学玻璃、滤色玻璃、耐辐照玻璃和光色玻璃等几种。

6.1.1　无色光学玻璃[2]

无色光学玻璃是应用最广的光学玻璃。它除具有一般光学玻璃的特性外，最主要的特
点是在 $400\sim700nm$ 波长整个可见光范围光吸收系数很低，因而看上去是无色透明的。

从玻璃的组分考虑，无色透明特性要求不含有着色离子基团。一般的玻璃着色基团有
过渡金属和部分稀土离子的氧化物，其中特别是铁、钴、镍、铜等过渡金属氧化物。它们
的极低含量，就会在可见光波段产生强烈的吸收，因此无色光学玻璃在制作中应对它们作
特殊的提纯处理。

最早的无色光学玻璃是钠钙硅酸盐玻璃。这种玻璃原料低廉，但其化学组成不稳定，目
前已不作光学玻璃使用。19 世纪初在光学玻璃成分中引入了钡、锌、硼、磷等氧化物，制
成了轻冕玻璃、硼冕玻璃和锌冕玻璃，这是一批目前仍在广泛使用的，有各种折射率的无
色光学玻璃，但其折射率较低，大都在 1.5 左右。30 年代，开发了折射率较高（1.57～
1.62）的重冕玻璃和火石玻璃，制成高质量的照相机和显微镜的物镜，这是无色光学玻璃
发展的一个重要阶段。20 世纪 40 年代将稀土镧氧化物引入组分中，发展了高折射低色散的
镧冕玻璃、镧火石玻璃和重镧火石玻璃。此后氟化物、氟磷玻璃研究也取得进展，成为透
光波段特宽的光学玻璃品种。目前常用的一些无色光学玻璃列于表 6-1 中。

光学玻璃材料的质量要求很严格。首先要求它对所使用的光波有高的透过率和低的吸
收损耗。玻璃的结构特征表明它是一种均匀而透明的光学材料，但是在制作玻璃过程中，原
料的不纯，特别是混有可能产生着色的杂质，以及熔炼用坩埚和气氛的污染、气泡排除得
不彻底、不适当的工艺造成第二相或晶相的析出，都会造成其对光波的吸收和散射，致使
透过率的下降。实践中常用光度计检测材料的透过率，用显微镜和投影仪检测光学玻璃中
的气泡和条纹，并以这些检测结果将光学玻璃质量分级。

表 6-1　几种常用无色光学玻璃

玻璃品种	代号	基　本　组　分①	折射率	中部色散
氟冕玻璃	FK	$RF-RF_2-RPO_3-R(PO_3)_2$	约 1.486	约 0.006
轻冕玻璃	QK	$R_2O-B_2O_3(-Al_2O_3)-SiO_2(-RF)$	1.47～1.487	约 0.007
磷冕玻璃	PK	$R_2O-RO-B_2O_3-Al_2O_3-P_2O_5$	1.51～1.54	0.007～0.008
冕玻璃	K	$R_2O-RO-B_2O_3-SiO_2$	1.49～1.53	0.008～0.0096
钡冕玻璃	BaK	$R_2O-BeO(ZnO,CaO)-B_2O_3-SiO_2$	1.53～1.57	0.008～0.010
重冕玻璃	ZK	$BaO(ZnO,CaO)-B_2O_3-SiO_2$	1.57～1.63	0.009～0.0108
镧冕玻璃	LaK	$RO-La_2O_3-B_2O_3-SiO_2$	1.66～1.746	0.011～0.014
特冕玻璃	TK	$RF-RF_3-As_2O_3$	约 1.586	约 0.0096
冕火石玻璃	KF	$R_2O-PbO-B_2O_3-SiO_2(-RF)$	1.50～1.526	0.008～0.010
轻火石玻璃	QF	$R_2O-PbO(-B_2O_3)-SiO_2(-TiO_2-RF)$	1.53～1.59	0.01～0.015
火石玻璃	F	$R_2O-PbO-SiO_2$	1.60～1.63	0.015～0.018

玻璃品种	代号	基　本　组　分①	折射率	中部色散
重钡火石玻璃	ZBaF	$BaO(ZnO)-PbO(TiO_2)-B_2O_3-SiO_2$	1.62～1.72	0.011～0.019
钡火石玻璃	BaF	$R_2O-BeO-PbO-B_2O_3-SiO_2$	1.55～1.63	0.01～0.016
重火石玻璃	ZF	$PbO(TiO_2)-SiO_2$	1.64～1.917	0.019～0.04
钛火石玻璃	TiF	$R_2O-PbO-B_2O_3-TiO_2-SiO_2-RF$	1.53～1.616	0.011～0.019
特种火石玻璃	TF	$R_2O-Sb_2O_3-B_2O_3-SiO_2；PbO-Al_2O_3-B_2O_3$	1.53～1.68	0.01～0.018

① 表中 R 表示组分中碱或碱土金属原子。

　　玻璃的光吸收系数 α 用白光通过玻璃中每厘米路程内的透过率 T 的自然对数负值表示

$$\alpha = -(\ln T)/D$$

式中 D 为通光长度。最好的特级光学玻璃要求 $\alpha < 0.001/cm$；优级要求 $\alpha < 0.002/cm$；一级要求小于 $0.004/cm$ 等等。最差的为六级，要求 $\alpha < 0.03/cm$，亦即每厘米的吸收要小于 7%。

　　玻璃中的气泡、结石、析晶等颗粒状的包裹物在实践中均统称为气泡；可以用显微镜检测其大小及统计其数目。光学玻璃所允许的最大气泡的直径按待测样品的最大边长分为三级，详见图 6-1。所允许的气泡数目按样品每 $100cm^2$ 中的直径大于 $0.05mm$ 的气泡总面积来分级：A00 级最好，气泡总面积应在 $0.003～0.03mm^2/100cm^2$ 之间；A0 级次之，为 $0.03～0.10mm^2/100cm^2$；以下又分 A、B、C、D、E 五级，分别为 $0.10～0.25$、$0.25～0.5$、$0.5～1.00$、$1.00～2.00$、$2.00～4.00mm^2/100cm^2$。再次的就为不合格的光学玻璃。

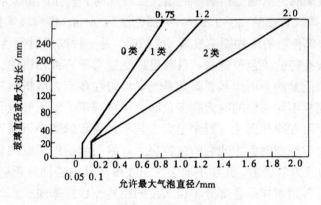

图 6-1　光学玻璃中允许的气泡尺寸

　　玻璃中的条（线）状包裹物则用条纹度来衡量，它可以用投影条纹仪从试样的三个互相垂直方向来测量：最好的样品只有一个方向能观察到条纹，另两个方向观测不到；差的则三个方向都能观察到。每个方向观察到的条纹按其密度来分级。至少要求在 $300cm^3$ 样品中小于 $12mm$ 长度的条纹只有 10 根以内，而且彼此间距不得小于 $10mm$，否则为不合格。

　　折射率是应用光学玻璃设计元件的重要光学参数，它被定义为玻璃等介质中的光速与真空中光速的比值，这个比值称为绝对折射率；工程中常用的是相对折射率，它定义为介质与空气中光速的比值，因而便于测量。绝对折射率与相对折射率差别甚小，故工程上光学玻璃常用相对折射率来表示，它表征了玻璃的折光能力。光学玻璃的折射率与玻璃的组成及结构密切相关，人们可以改变组成以及制备工艺条件以获得不同折射率的光学玻璃。各种常用的光学玻璃的组成及 其折射率范围列于表 6-1 中，它们随组分配比的变化，仍有一定变化范围。可以看出，含重金属（钡、镧、铅、钛）氧化物的光学玻璃折射率高、相应的玻璃密度也大。折射率与密度有很好的线性比例关系，它与组分的比折射率（即每摩尔的折射率）之间遵守普通的加和规则，即折射率 n 可表示为

$$n = \sum_i n_i \gamma_i$$

式中 n_i 为组分 i 的比折射率，γ_i 为组分的摩尔数。

折射率值随波长改变的关系被称为色散。色散也是设计光学元件的一个重要参数。由于色散，不同波长的光波在光学元件中有不同的折射，因而造成像的色差。色差与球差、慧差、像散和像畸变等共同组成像差。光学设计的主要目的在于消除各种像差，使之达到规定的很小的值，以保证光学元件的质量。各种折射率和色散的光学玻璃相互组合，利用计算机辅助设计，可以使像差满足应用要求，因此色散是现代光学玻璃的重要参数。

光学玻璃的色散通常用中部色散和色散系数（或称阿贝系数）来表示。

中部色散：　　　　　　　$n_F - n_C$

色散系数：　　　　　$\nu_D = (n_D - 1) / (n_F - n_C)$

式中 n_F、n_D 和 n_C 分别为光学玻璃在标志为 F、D 和 C 三条弗朗和夫线波长的折射率。F 线波长为 486.13nm；D 线波长为 589.29nm；C 线波长为 656.27nm。除非特别需要，通常光学玻璃的折射率就用 n_D 值近似表示。

通常，光学玻璃的色散是随折射率的增大而增加的。例如氟冕玻璃 n_D 为 1.486，其中部色散为 0.006。重火石玻璃 $n_D = 1.916$，中部色散为 0.04。掺镧玻璃折射率明显增加（$n_D = 1.910$），但其中部色散的增加则不显著（0.026），是一种高折射低色散的光学玻璃材料，用它可设计制作大孔径的消色差透镜，目前已广泛应用于高级相机中。

表征光学玻璃质量的另两个重要参数是光学均匀性和应力双折射。造成材料各部分间折射率差别，即光学不均匀性的因素很多，除上述可观察的宏观气泡和条纹外，一些观察不到的微小缺陷以及在冷却固化过程中退火工艺不良导致的微小析晶和组分不均匀都会使折射率不均匀。光学玻璃制备中残剩的结构应力，除引起折射率变化外，还形成局部的光学双折射，这称为应力双折射。光学不均匀性主要由样品内各部分折射率的最大差值 Δn_{max} 来表征。应力双折射则用样品各部分单位长度间距的光程差来表征。例如在样品不同位置测沿样品最长边长方向的光程，在样品截面的中间部分找出光程差最大的两个点的间距，换算成单位间距的光程差 δ（nm/cm）就可表示应力双折射。

目前，随着光电子技术等高新技术的发展，无色光学玻璃除作为光学仪器用外，应用领域正在逐渐拓宽。例如，光学玻璃作为衬底，制作多种无源的波导器件。再如光学玻璃作为基板玻璃，制作小到计算器，大到壁挂式大屏幕液晶显示器。此外，光学玻璃还被广泛地用作太阳能电池、磁盘和光盘的基板。无色光学玻璃已成为光电子技术应用中重要的材料。

6.1.2 滤色玻璃

滤色玻璃又称为有色玻璃和颜色玻璃。某些光学仪器，特别是用激光作为光源的仪器或分光仪等，所用光源都是单色光。滤色玻璃在这些仪器中作为滤色元件，滤去其他光波避免受它们的干扰。这种应用目的，要求对不同波长的光波有不同的透过率，特别要保证所用波长高的透光特性。这类玻璃当其吸收了某些特定波长后，透过的光就呈现所吸收波长的补色，因而玻璃就带有特定的颜色，故也称为有色玻璃或颜色玻璃。

在无色光学玻璃中掺以能对特定波长吸收的着色离子基团，是制作滤色玻璃的主要方法，这种方法被称为离子着色。过渡金属的氧化物是最常用的着色剂，例如钛、钒、铬、锰、铁、钴、镍、铜等元素的氧化物，它们在玻璃中以特定价态的离子状态存在，它们的 3d 轨道没有完全填满，故而对可见光会产生选择吸收而使玻璃着色，所吸收的光波波长与玻璃网络的结构和形状有一定关系，因而基态玻璃材料的不同也会稍稍改变其吸收的峰值波长。除过渡金属氧化物外，铈、镨、钕等稀土金属元素的 4f 轨道也能对可见光产生选择吸收，这些离子由于有外层 5s 和 5p 电子层的屏蔽，其着色波长更稳定，受基质玻璃的不同，网络结构的影响很小，也是重要的着色剂。

使无色光学玻璃基质着色的另一种方法是利用硫化镉、硒化镉、三硫化二锑或三硒化二锑等一些对可见光有吸收特性的硫硒化合物着色剂。硒红玻璃就是这种滤色玻璃的代表。在这种滤色玻璃中，上述硫硒化合物中硫和硒可能以 -2、0、$+4$、$+6$ 四种价态与过渡金属元素化合，因而可以形成对多种波长有不同吸收率的滤色玻璃；上述的硒红玻璃中硫化镉和硒粉经高温熔融后，形成 CdSe 和 CdS 固熔体。硒红玻璃的选择吸收会随固熔体组成的改变而变化：当 CdSe/CdS 的比值增大时，短波吸收截止波长红移，形成黄、橙、红、深红等颜色的一系列滤色玻璃。

滤光玻璃根据其吸收光谱的物理特性可分为三类。

(1) 截止型滤光玻璃。这种玻璃的透过光谱如图 6-2a 所示，它在短波长处有强烈的吸收，几乎不透明，而在可见光的长波长部分是透明的。硒红玻璃就属这种滤光玻璃。其选择吸收特性常用短波的吸收截止波长 λ' 来标记。这是一类最常用的滤色玻璃。

(2) 选择吸收型滤色玻璃。这种滤色玻璃的透过光谱如图 6-2b 所示。它在可见光谱区的一个或几个波长附近有较高的透过率，而在其他波长则有较高的吸收，从而使玻璃呈现特定的颜色。这种选择吸收常用透过波段的峰值波长及其透过波长宽度 $\Delta\lambda$ 来表征。

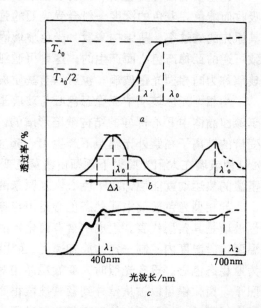

图 6-2 几种滤色玻璃的透过曲线
a—截止型；b—选择吸收型；c—中性灰滤光片

(3) 中性灰色滤光玻璃。这种滤色玻璃在整个可见光波段有几乎均匀的无选择性吸收，吸收的百分数可由滤色玻璃的厚度来控制，它是可见光波段理想的光强衰减器；但由于其衰减机制是吸收，常会在强光时造成热破坏，因此强激光场合应避免直接使用。

除上述三种滤色玻璃外，还有一种用于红外波段的滤色玻璃，它对短波的可见光部分有强的吸收，而在很宽的红外光波段有很高的透过率，这是红外技术中常用的滤色玻璃，根据其透红外特性，被称为透红外玻璃。从光谱特征看，它可认为是一种透过长波长的截止型滤光玻璃。

6.1.3　耐辐照玻璃

这是一种特殊的无色光学玻璃，它可以耐受较高剂量的 γ-射线和 X-射线的辐照，不会因这些高能辐射的激发而在可见波段产生色心等着色现象，保持可见光波段高的透明特性。一般光学玻璃很容易在高能射线辐照下产生电子和空穴，进而形成色心使玻璃着色。耐辐照玻璃是人为地在其组分中引入变价的阳离子，它们可以吸收由辐照产生的大部分电子和空穴，使因辐照而形成的在可见光波段的色心数目明显地减少，从而保证光学玻璃可以在强辐照条件下使用。

常用的耐辐照变价离子为铈。一般在光学玻璃中掺入含量约为 0.5～1.0 百分重量比的铈离子氧化物，在强辐射时，三价铈离子起强的空穴俘获中心作用，而四价的铈离子则是电子的俘获中心，从而使玻璃的着色大为减轻。

耐辐照玻璃主要用于制作在高能辐射环境中使用的光学仪器，或者作为高能辐射装置的窥视窗，目前还常用于制作卫星和宇航器中的光学元件。

6.1.4　光色玻璃

光色玻璃俗称变色玻璃，它在蓝紫或紫外等短波长光照下，能够在可见光波段产生光吸收而着色，着色的深度一般会受光照的强弱而改变；一旦去除光照，它又会较快地恢复其原先的透过率。从结构来看，光色玻璃因短波长光照而变色的特性是由其含有光辐照所致可逆的亚稳态色心而产生的；这种可逆亚稳态色心可以与基质玻璃是同相的，这种光色玻璃称为同相型光色玻璃；也可以与基质玻璃不同相，则称为异相型光色玻璃。

均相型光色玻璃中亚稳态色心与玻璃基质具有相同的相，它是由玻璃组分中一些类似于碱卤晶体中 F 心那样的结构缺陷形成的。例如掺有氧化铈和氧化镁的硅酸盐玻璃中，能变价的铈离子在紫外光辐照下产生 4f～5d 的电子跃迁，形成能吸收蓝紫色光波的亚稳态色心，使玻璃在太阳光照射下逐渐由浅黄色变深黄褐色；这种变暗了的光色玻璃在弱光照时，室温的热运动就能使铈离子色心恢复原来的电子态，使玻璃恢复高透明状态。

异相型光色玻璃中亚稳态色心是由与玻璃基质不同的光敏晶相物质形成的。卤化银光色玻璃是其典型代表。组成中含有卤化银的玻璃在从熔融态冷却时，在其转变温度和软化温度这段温度内控制一定的冷却速度，卤化银成分就会在玻璃中析出亚微观尺度的晶相，成为亚稳态色心。没有光照时，亚微观晶相对光的散射极小，玻璃呈现高度透明状态；在光照下，卤化银可以被从紫外到蓝紫波段很宽范围的光照所激发，产生光化学反应而析出游离态银离子。光照析出的银离子数与光照的强度有关，因而在长期强光照射下，玻璃由于众多游离态银的散射而着色。去除光照后，室温热激发使其发生可逆化合作用，又形成透明的亚微观晶相卤化银，玻璃又恢复透明。

光色玻璃在民用中常制作变色太阳镜，是一种规模不小的民用商品。此外，光色玻璃还可用作汽车、飞机、船舶的前向玻璃或观察窗玻璃，作防眩应用。光色玻璃的可逆着色效应还可作为光信息存贮介质，例如卤化银光色玻璃由于亚稳态晶相尺寸小，在玻璃基质内均匀分布，因而有较高的分辨率，它可用作三维全息照相的记录介质，实现可重复存贮、无损读出的存贮材料，有广泛的应用。

6.2 电介质玻璃材料

普通硅酸盐和硼酸盐玻璃都是电学绝缘介质，它们的室温电导率低达 $10^{-13} \sim 10^{-15}$S/cm，即在一块 1cm³ 这类玻璃上施加 10000V 直流电压，允许通过的电流只有千分之一到十万分之一微安！这么低的电流，一般的灵敏电流计是无法测出来的。因此人们很早就把玻璃用作电绝缘材料。例如日常照明用电灯，早在刚发明时始，直至今日都用玻璃作为透明外壳和灯丝的绝缘柱。19 世纪 40 年代，由于二次大战中大量需要无线电通讯器材，玻璃被开发为电容器中的电介质以代替短缺的天然云母材料。之后，玻璃被广泛地用作电介质材料。20 世纪 50 年代，前苏联的科学家发现硫系玻璃的室温电导率可达到 $10^{-9} \sim 10^{2}$S/cm，而且具有半导体的许多特性，从而开发了能用于太阳能转换、光电记录的半导体玻璃材料。几乎同时，人们还发现了电导率高达 $10^{-2} \sim 10^{-3}$S/cm 的、可与融盐电导率相比拟的超（快）离子导体玻璃材料。80 年代又发现了半导体超晶格非晶玻璃材料。这些发现，使玻璃从传统的电绝缘材料发展到半导体和导体，开发了一系列具有电介质功能的新型玻璃材料，推动了高新技术的发展。

6.2.1 电容器玻璃[3]

电容器是由电绝缘介质的一对面上制作成电极而形成。当在电极上施加直流或交流电场时，由于绝缘电介质的电极化，电极板上就有符号相反的电荷积累，电容器能贮存电能，在电路中起电容作用。电容器的性能几乎完全取决于电介质材料。电容介质的介电常数越大，厚度越薄，电容量就越大，低频传导阻抗就越小。除电容量这个参数外，还要求介质损耗小、工作温度高、温度稳定性好、高频高压特性好等等。

玻璃有良好的加工成型特性。制作电容器介质时，将玻璃粉料直接轧制成膜状，或者把玻璃粉料与由有机粘合剂、溶剂调制成的胶液均匀混和后涂敷成膜，再经烧结后就能制成微米量级的电容器介质薄膜。这种工艺简便、成熟，可制成致密、均匀的各种玻璃薄膜。

玻璃的组成多样，其性能可调性很大，可按应用要求制成不同性能的电容器。常用的电容器玻璃组分是低碱和无碱金属氧化物玻璃。这类玻璃介电常数不十分高，介电损耗较大，但薄膜成型性能特别好，常用于制作容量不太大的低功率电容器。在这类玻璃组分中添加铅、锌、镉、钛、铋、铝、硼等氧化物，可以改善其电学性能和加工性能，制成各种低功率电容器。常用的玻璃体系有碱金属氧化物（R_2O）较低的低碱玻璃，如 $R_2O\text{-}PbO\text{-}TiO_2\text{-}SiO_2$，$R_2O\text{-}B_2O_3\text{-}TiO_2\text{-}SiO_2$ 以及无碱玻璃，如 $Bi_2O_3\text{-}B_2O_3$，$CdO\text{-}Bi_2O_3\text{-}B_2O_3$，$PbO\text{-}Al_2O_3\text{-}SiO_2$。

具有高介电常数、低介质损耗的电容器玻璃主要有硼硅酸盐玻璃和铝硅酸盐玻璃（$Li_2O\text{-}MgO\text{-}Al_2O_3\text{-}SiO_2$），它们的介电损耗正切值（$\tan\delta$）可小于 10^{-3}，因而可用作高功率电容器。

近年来发现 $Li_2O\text{-}ZnO\text{-}Al_2O_3\text{-}SiO_2$ 系列和 $MgO\text{-}Al_2O_3\text{-}SiO_2$ 系列玻璃薄膜作适当的析晶处理后制成的微晶玻璃膜具有极低的温度系数，所制成的电容器温度稳定性极高，可达 $(0\pm25)\times10^{-6}/℃$，而且介电常数高达 400，可在 700℃ 高温时使用，是性能优秀的高功率电容器玻璃材料。

用作电容介质的微晶玻璃膜近年来有很大发展。研究发现,晶化热处理所析出的微晶通常有高的介电常数,而且其温度系数符号往往与玻璃的相反,具有负温度系数。因此,适当控制配比以及析晶条件常可获得介电常数的温度系数为零的电容器薄膜。此外,有些组分的微晶玻璃膜,例如含有 $BaTiO_3$、$PbTiO_3$、$LiNbO_3$、$LiTaO_3$ 和 $Pb_5Ge_3O_{11}$ 等强介电晶体微晶的膜,介电常数很容易达到大于 600,而且介电损耗很低。这类膜被称为强介电玻璃膜,用它可以制成大容量、小型化叠层电容器和耐高压电容器,还可用于厚膜、多层和混合集成电路印刷或电容器封装等。

6.2.2   半导体玻璃[1]

很早人们就发现 PbS、CdS 和 Cu_2O 这些金属氧化物和硫化物的多晶及其单晶具有半导体性能,它们是最早被发现的半导体材料。无独有偶,20 世纪 50 年代发现这类化合物的玻璃态也具有半导体特性,成为最早被发现的非晶半导体材料。这种发现的类似性可以在结构上找出其原因:玻璃中的原子在近程是有序的,它们仍保持与晶态极为类似的组成和键型,因而性能上也会具有半导体特征;然而结构上长程无序的特征,使其半导体性能与晶态有了较大的差异。

已被发现的半导体玻璃主要有以共价键结构为特征的非晶态单质或化合物半导体、硫系玻璃和以离子键结构为特征的某些氧化物玻璃。例如,近程结构为四面体的非晶态 Si、Ge、SiC、InSb、GaAs、GaSb 等;近程结构为"链状"的非晶态 S、Se、Te 以及硫系玻璃 As_2Se_3、As_2S_3 等;近程结构为交链网络的 Ge-Sb-Se、Ge-As-Se、As-Se-Te、As-Te-Ge-Si、As_2Se_3-As_2Te_3、Tl_2Se-As_2Te_3 等;离子键结构的氧化物玻璃 V_2O_5-P_2O_5、V_2O_5-P_2O_5-BaO、V_2O_5-GeO_2-BaO、V_2O_5-PbO-Fe_2O_3、MnO-Al_2O_3-SiO_2、CaO-Al_2O_3-SiO_2、TiO-B_2O_3-BaO 等。

这些玻璃中,氧化物玻璃以及硫系玻璃都可以用传统的玻璃融炼方法制作,但融体的冷却速度则要随组成的不同而不同。近程结构为四面体的那一些非晶半导体比较难以用液相冷却法来避免结晶而形成非晶玻璃态,它们通常用气相沉积法制作成非晶薄膜。气相沉积法先用各种不同的工艺将晶态材料的原子或分子离解出来,然后使它们无规则地沉积到低温冷却的底板上,利用高的冷却速率形成非晶态薄膜。由于受导热的限制,一般只能制得厚度在几百埃到微米量级的非晶薄膜。近年来新发展的高速溅射,才可制备出几毫米厚的块状非晶样品。气相沉积法据离解和沉积的方式不同,又细分为溅射、真空蒸发、辉光放电、电解和化学沉积等方法,各适用于制备不同组分、不同类型的非晶态材料。

非晶态的玻璃半导体由于近程仍保持着晶态相同的近邻数和键型,因此具有相似的能带结构和电学特性。但是,其电子能带与晶态材料相比,仍然有很大差异。这种差异,或者说非晶态电子能带的特征主要有电子能带的定域态带尾和处于禁带中的电子隙态两点。

电子能带的定域态带尾是由于非晶结构的缺乏长程序造成的。目前的研究表明,键长和键角的涨落,造成结构的长程无序,当无序大到一定程度时,电子态就会由通常的共有化运动状态产生定域化转变。在非晶半导体的能带中,电子的定域化常常只发生在能带边缘态密度较低的部分;而在能带的中间部分仍然是电子共有化的状态,这种共有化状态在非晶态中被称为扩展态。电子的定域态是一种束缚态,这类电子只能通过诸如与晶格振动相互作用获得能量(热能),从一个定域态跳到另一个定域态。因而定域态降低了电子的迁移率,亦即使电导降低。由于在定域态中电子迁移率远小于扩展态,因此定域态带尾与扩展态之间可用电子迁移率来界定,这种界限被称为迁移率界或迁移率边。

非晶态半导体的电子能级的另一个特征是存在处于能带之间的隙态。本征半导体晶体的导带和价带之间为禁带，只有通过掺杂或由结构缺陷才会在禁带中产生杂质的施主或受主能级以及缺陷能级，从而改变半导体的导电类型和提高迁移率。非晶态半导体的结构特性决定其有密度很高的结构缺陷，这些结构缺陷便在禁带中产生特殊的电子隙态；电子隙态与晶态半导体的深能级杂质态很相似，它具有补偿作用，往往将费米能级"钉扎"在其附近，使费米能级很难随温度而改变。这种定域的隙态显著地降低了材料的电子迁移率和电导率，以及对人为少量掺杂和外加电场的响应灵敏性降低，并使载流子输运特性呈现明显的陷阱效应和弥散性，不利于开发成晶体管之类的器件。但在光学性质方面，无序结构放宽了光学跃迁的准动量守恒的限制，使硅等晶态为间接带隙的非晶材料具有比晶态更大的光吸收系数，增加了光敏性，有利于开发成光电器件。

非晶半导体材料的结构缺陷主要是一些欠配位或过配位的原子。由于整体结构的无规特性，这类结构缺陷很容易形成，而且密度很大。对不同组成和结构的非晶态，结构缺陷有不同的形式。例如非晶硅材料，正常的硅原子是四配位的，但非晶硅中的硅原子很容易形成欠配位（三配位）的硅悬键，其密度可高达 $10^{19} \sim 10^{20}/cm^3$。硅悬键具有被束缚的未成键单电子，它们与深能级杂质很类似，造成材料的高电阻率。氢化可以使隙态密度减小到三至四个数量级，因此氢化后的 a-Si：H 的室温电阻率可比非晶硅低十个数量级，达到 1Ω·cm 左右，使器件性能大为提高；氢化后，还容易掺入少量杂质，实现非晶硅材料的导电类型改变，制作成 p-i-n 等结型器件，改善器件性能。

近年来，在氢化补偿硅悬键的基础上，又发展了通过组分或掺杂交替变化制作多层结构的非晶态超晶格材料。由于非晶态材料对衬底以及两子层之间的晶格匹配要求较宽，因而对材料选择灵活性大，制备简单，发展了多种性能优秀的非晶态超晶格材料。在这些材料中已观察到与晶态超晶格类似的光吸收边和光致发光峰蓝移等量子尺寸效应；也观察到持续光电导、电荷转移掺杂等有趣的现象；并开展了用非晶超晶格研制薄膜晶体管等多数载流子器件的研究，使材料的迁移率提高了好几倍。

目前，已应用非晶半导体玻璃材料制作成下列四种实用器件。

6.2.2.1 太阳能电池[4]

太阳能电池能将太阳光直接转变为电能，它结构简单，无环境污染，是解决能源危机的优选方案。目前研究得最多的是硅太阳能电池。单晶硅太阳能电池开发得最早，它光电转换较高，制备技术比较成熟，是优秀的太阳能电池材料。但是大面积单晶硅很难制作，而且工艺复杂、价格较高，目前主要用于空间太阳能电池及一些要求较高场合，制作大功率电站因成本太高，尚无法与传统能源技术竞争。

为降低成本，人们陆续发展了多晶硅、非晶硅和其他半导体材料，目前以非晶硅最受人们重视。研究表明，只有定域隙态较低的非晶硅才能制作实用的太阳能电池，因此常在纯非晶硅中掺以氢或氟，经大量补偿悬键后，再经特定掺杂（例如 P 或 B）以获得太阳能电池所要求的导电类型的 a-Si：H 或 a-Si：F：H 材料。

与单晶硅和多晶硅相比，非晶硅太阳能电池材料有如下优点：（1）较高的光吸收系数。在太阳光谱范围内，其值为单晶硅的 40 倍；只要有一微米厚的非晶硅就可吸收几乎全部入射的太阳光。（2）非晶硅的吸收光谱比单晶硅偏短，与太阳光谱有更好的匹配；而且开路电压大于单晶硅，这使其在弱光场合比单晶硅性能优越。（3）可以通过控制氢和其他掺杂剂量来改变能隙，制成超晶格材料，以提高其效率。

目前，非晶硅制作的太阳能电池，小面积（1cm²）已可获得12％转换效率，大面积（100cm²）已达到10％。广泛应用在手表、计算器、收音机等低功率应用场合，家庭用小功率太阳能电站也以非晶硅为优选材料。

硫系半导体玻璃是另一种较受重视的非晶太阳能电池材料。例如，镍掺杂的 $(Ge_{0.32}Te_{0.32}Se_{0.32}A_{0.04})_{1-x}$ ：Ni_x 硫系玻璃有很高的电导率，材料结构稳定，通过改变镍含量，可设计出不同能带间隙的半导体，亦可制作成高效率的太阳能电池。目前这种材料的研究尚不成熟。

6.2.2.2 光电导器件

光电导效应是半导体玻璃的一种基本性质。光照可以在半导体玻璃中产生非平衡载流子，引起电导率改变。应用这种效应，可以制成光导复印膜、图像（彩色）传感膜、摄像靶面等。玻璃态非晶硒所制成的复印鼓是目前应用最广泛光电导器件。早在1958年，美国的 Xerox 公司就开发非晶硒鼓用于静电复印技术，目前已成为最大的非晶材料产业。纯非晶硒的转变温度只有40℃，因此多次辐照和充放电将使其结构发生改变，降低性能。掺入V族元素如砷和磷，可以提高其转变温度到100℃以上，制成结构稳定的实用静电复印鼓。非晶 a-Si：H 以及一些硫系玻璃也可制作复印鼓，但目前仍以硒鼓应用最为普遍。

利用 a-Si：H 的光电导可制作光传感器，应用于传真发送机和信息处理机。目前已制成长为210mm含有1728元件的线型光传感器，它对 A4 文件的扫描只需23秒。类似传感器可根据分色技术制成色敏传感器，可用于自动色分辨或色鉴别装置，其成本低、色分辨精度高；也可用于人工智能机器人的眼睛。目前已有将这种色敏传感器集成在 n-MOS 器件上，研制成集成化彩色摄像管，成本低廉，图像清晰。

6.2.2.3 光存贮器

早在20世纪50年代，就发现非晶硫系半导体玻璃具有非破坏性的记忆开关效应：当材料加电后，有高阻和低阻两种稳定态，使用适当的置位电流，可使材料由高阻态向低阻态转换，转换后，电源完全去除，原先的稳定态也不会消失。材料的这两种稳定态，可用脉冲电流读出，根据这个原理，可做成记忆开关元件——电改写只读存贮器 EEPROM（Electrical-Erasing-P-Read-Only-Memory），用作电子计算机部件。

深入研究发现，硫系半导体玻璃的开关效应伴随着材料结构的改变，这种变化主要是非晶态⇌晶态之间的可逆变化。它不仅可以用电信号来驱动，也可以用光信号驱动；结构的变化，不仅对应着电学状态的变化，也伴随着光学状态的变化，因而也可以用光来读出。由此，发展了用激光写入、读取和擦除的光信息存贮器——光盘。与电（磁）信息存、读相比，光盘具有更高的存贮密度（高一个数量级）。最近，又研究光化学烧孔法来实现二维信息再加一维频率的"三维"存贮，可望再提高存贮密度，成为兼有高数据速率（每秒兆比特量级）、长存贮寿命（十年以上）以及低的信息位价格的优秀光盘。

6.2.2.4 薄膜晶体管（TFT）

晶态半导体材料的最主要应用是制作各种晶体管和集成电路。非晶半导体玻璃由于定域隙态密度大，长期以来很难制成性能优秀的晶体管器件。氢化或掺氟的非晶硅材料的成功开发，补偿了高密度的隙态，实现了不同导电类型非晶 a－Si：H 材料的制备。之后，非晶硅超晶格材料制作成功，又显著提高了材料的电导率。在这些技术进展的基础上，1979

年制成了第一个非晶硅晶体管器件——薄膜晶体管。之后又成功地应用于液晶显示和光阀的寻址开关，刺激了非晶硅在电子器件领域的发展。

6.2.3 超离子导体玻璃[5]

众所周知，某些液体电介质具有高的离子电导率（＞0.01S/cm），低的离子电导激活能（＜0.4eV），是好的离子导体。玻璃具有与液体类似的结构，理应具有离子导电特性。20世纪30年代，发现一些固体（包括晶体、玻璃和陶瓷）具有与熔盐同量级的离子电导率，可以用作固体电池的电介质、离子选择电极和其他电化学器件。人们称这些固体离子导体为超离子导体或快离子导体。

超离子导体玻璃的离子电导性能是由其结构特征和组分决定的。常见的氧化物玻璃结构中，具有由硅、硼、磷、钒等氧化物形成的结构网络，此外还有一些碱或碱土金属离子分布在这些网络的空洞中。由于网络空洞无确定尺寸，原则上说，很多阳离子（或阴离子）可以在其中找到传导途径而形成超离子导体。

在已经发现的性能较好的超离子导体玻璃中，其传导离子主要是 Li^+、Ag^+ 或 F^- 离子，因此超离子导体玻璃也常按传导离子类型进行分类。在碱金属离子导体中，研究得最多的是 Li^+ 离子导体玻璃，其中电导率较高的有含氧化锂或卤化锂的硼硅酸盐玻璃和磷酸盐系列锂玻璃等，其最高室温电导率达 10^{-7}S/cm。当组成中含有两种碱离子时，电导率会下降，并在一定配比时出现极小值，这种现象被称为混合碱效应。Ag^+ 离子导体玻璃主要有碘化银与银的含氧酸二元系和 $AgI-Ag_2O-M_xO_y$ 三元系玻璃，这里 M_xO_y 主要是 B_2O_3、SiO_2 和 P_2O_5 等。银离子导体玻璃的室温电导率较高，最佳可达 10^{-2}S/cm，这个值已达到液体电介质的水平了。上述锂离子和银离子导体玻璃又统称为阳离子导体玻璃。氟离子是已知离子导体玻璃系列中惟一的电导率较高的阴离子载流子，由于其离子半径较大，因而其离子电导率远比阳离子导体玻璃低。以硫化物替代氧化物玻璃中的氧也可以形成多种阳离子导体玻璃，这些硫化物离子导体玻璃的电导率较氧化物玻璃高。

目前已知的超离子导体玻璃的电导率都比晶态超离子导体差。但是，它们的电导率是各向同性的、成分和组元可在较大范围内变动、容易加工成型、容易制成薄膜，从而使电阻率大为降低是其优点，使其有广泛的应用。

6.3 光电子功能玻璃材料

光电子功能玻璃材料指光电子技术中所需的功能玻璃材料。光电子学是继电子学、微电子学之后发展起来的一门新兴学科。60年代激光器的出现促进了光电子技术的形成和发展，目前，激光技术与微电子技术结合，成为最有发展潜力的高新技术。光电子技术主要研究光子和电子的产生、相互作用和转换的规律及其应用。目前，已有多种功能玻璃材料被应用于光电子技术。例如，能产生高能量激光的激光玻璃，能对激光的强度、相位和偏振态进行控制的声光玻璃和磁光玻璃，以及能传输激光、并能实现光信息检测的玻璃光纤等。

6.3.1 激光玻璃[2,6]

早在激光器产生的第二年，掺钕离子的玻璃材料就被发现是一种优秀的激光材料，用于制成固体激光器。激光材料能将多种泵浦能量（主要是光能）通过其所含的激活离子的受激辐射作用，转变成单色性好、相干性好、功率密度高的激光。固体激光材料是目前应用得最广的激光材料，主要有激光晶体（包括半导体激光晶体）和激光玻璃两类固体激光材料。

激光器件对固体激光材料提出很高的要求。从受激辐射性能来考虑，要求激光材料能容易地掺入性能好的激活离子；要求材料有大的受激辐射截面（即高的受激辐射增益）、长的荧光寿命。从光学性能上说，要求激光材料对泵浦光有较高的吸收、对所产生的激光有低的线性吸收和非线性损耗；激光材料要有高的光学均匀性。从强激光产生的条件出发，要求激光材料有高的光损伤阈值，低的折射率温度系数、低的热膨胀系数、高的热导率和高的物理化学稳定性。

激活离子是激光材料中产生激光的最主要成分，已发现的优秀激活离子有过渡金属离子和稀土元素离子两大类。过渡金属离子的 3d 电子没有外层电子屏蔽，它在玻璃材料中受周围无规网络的影响较大，很难保持优秀的受激辐射特性。玻璃激光材料中常用的激活离子是结构中有外层屏蔽电子的三价稀土元素离子。这类激活离子的激光跃迁是由 4f 电子的受激辐射跃迁产生的，它们在玻璃的无规网络中，由于配位场不同而导致不同的能级分裂和位移，总的谱线是由一些不同网络造成中心频率略有不同的谱线的组合，因而辐射谱线及吸收谱线都较宽。辐射谱线的非均匀加宽，使玻璃激光材料的受激辐射截面较小，略逊于晶体激光材料；但吸收谱线的加宽，有利于泵浦光能的吸收，使泵浦光的利用率较高。玻璃中常用的激活离子如表 6-2 所列。激光性能最好的是钕离子 $1.05\sim1.08\mu m$ 激光辐射，钕离子的 $0.93\mu m$ 和钆离子的 $0.3125\mu m$ 两个激光辐射只能在低温 77K 实现，其他稀土离子的激光跃迁主要用于玻璃光纤。

表 6-2　玻璃中的激活离子

激活离子	激光波长/μm	跃迁	玻 璃 基 质
Nd^{3+}	0.93	$^4F_{3/2}$—$^4I_{9/2}$	钠钙硅酸盐玻璃，工作温度 77K
	$1.05\sim1.08$	$^4F_{3/2}$—$^4I_{11/2}$	各种玻璃和光纤
	1.35	$^4F_{3/2}$—$^4I_{13/2}$	硼酸盐玻璃和各种光纤
Sm^{3+}	0.651	$^4F_{5/2}$—$^6H_{9/2}$	石英光纤
Gd^{3+}	0.3125	$^6P_{7/2}$—$^8S_{7/2}$	锂镁铝硅酸盐玻璃，工作温度 77K
Tb^{3+}	0.54	$^5D_4$—$^7F_5$	硼酸盐玻璃
Ho^{3+}	0.55	$^5S_2$—$^5I_8$	氟化物玻璃光纤
	0.75	$^5S_2$—$^5I_7$	氟化物玻璃光纤
	1.38	$^5S_2$—$^5I_5$	氟化物玻璃光纤
	2.08	$^5I_7$—$^5I_8$	氟化物玻璃光纤，石英光纤
	2.90	$^5I_6$—$^5I_7$	氟化物玻璃光纤
Er^{3+}	0.85	$^4S_2$—$^4I_{13/2}$	氟化物玻璃光纤
	0.98	$^4I_{11/2}$—$^4I_{15/2}$	氟化物玻璃光纤
	1.55	$^4I_{13/2}$—$^4I_{15/2}$	多种玻璃和光纤
	2.71	$^4I_{11/2}$—$^4I_{13/2}$	氟化物玻璃光纤

激活离子	激光波长/μm	跃迁	玻 璃 基 质
	0.455	$^1D_2$—$^3H_4$	氟化物玻璃光纤
	0.480	$^3G_4$—$^3H_6$	氟化物玻璃光纤
	0.82	$^3F_4$—$^3H_6$	氟化物玻璃光纤
Tm^{3+}	1.48	$^3F_4$—$^3H_4$	氟化物玻璃光纤
	1.88	$^3H_4$—$^3H_6$	氟化物玻璃光纤
	2.35	$^3F_4$—$^3H_5$	氟化物玻璃光纤
Yb^{3+}	1.01~1.06	$^2F_{5/2}$—$^2F_{7/2}$	多种玻璃和光纤

注：除注明工作温度为 77K 外，其余都是室温。

最早实现激光输出的是掺钕钡冕玻璃，因为它是当时光学质量最好的无色光学玻璃，可以获得较低的激光损耗。之后，几乎对所有的无色光学玻璃都进行了掺钕激光试验，由于钕离子的优秀激光辐射特性，所有的光学玻璃都实现了激光输出。对光学玻璃激光特性的深入研究，并根据激光技术的某些特殊应用，逐渐开发了专门用于激光的玻璃品种，推动了调 Q、锁模等超短脉冲技术、激光核聚变技术以及光通讯技术的发展。

目前专门开发用作激光玻璃的几种型号列于表 6-3 中，它们的激活离子都是三价钕离子，表中列出了一些主要性能。这些激光玻璃大体可分以下四种类型。

表 6-3 几种钕激光玻璃的性能

钕玻璃种类　　　性　能	硅酸盐玻璃		磷酸盐玻璃		氟磷酸盐玻璃	氟铵酸盐玻璃
钕玻璃型号	N 03	N 11	N 21	N 24	LEP	B101
钕浓度（摩尔质量）/%	1.2	1.2	1.2	1.2	2.0	6.2
受激辐射截面/cm^2	1.4×10^{-20}	2.5×10^{-20}	3.5×10^{-20}	4.0×10^{-20}	2.8×10^{-20}	3.2×10^{-20}
荧光寿命/μs	580	310	350	310	405	271
激光波长/μm	1.062	1.062	1.054	1.054	1.053	1.048
荧光半宽度/nm	29	33	26.5	25.5	26.2	19.4
线性吸收系数/cm^{-1}	$<1.5\times10^{-3}$		1.2×10^{-3}	1.2×10^{-3}	$<3\times10^{-3}$	
折射率 n_d	1.5221	1.560	1.574	1.543	1.480	1.346
色散系数 ν	59.8	58.0	64.5	66.6	83.9	96
折射率温度系数/$^\circ C^{-1}$	16.4×10^{-7}	24×10^{-7}	-53×10^{-7}		-79×10^{-7}	
非线性折射率/esu	1.8×10^{-13}	2.1×10^{-13}	1.3×10^{-13}	1.2×10^{-13}	0.69×10^{-13}	0.32×10^{-13}
热膨胀系数/$^\circ C^{-1}$	88×10^{-7}	95×10^{-7}	117×10^{-7}	156×10^{-7}	157×10^{-7}	
转变温度/$^\circ C$	590	465	510	370	420	
软化温度/$^\circ C$	660	500	535	410	465	
密度/g·cm^{-3}	2.51	2.61	3.38	2.95	3.52	2.62

6.3.1.1　硅酸盐激光玻璃

以冕牌无色光学玻璃为代表的光学玻璃化学稳定性好、力学和热力学性能优越、制造工艺成熟，是最早被开发的激光玻璃系列。这类玻璃掺钕后、受激发射截面较高、荧光寿命较长是优秀的激光材料。与激光晶体相比，它的连续激光阈值较高，热导率较差，因此并不宜用作连续激光器材料；然而它的荧光寿命长、荧光半宽度大，因而储能明显优于激光晶体，用它开发了许多调 Q 巨脉冲激光器件以及锁模超短脉冲器件。组分为 $Na_2O-K_2O-CaO-SiO_2$ 的 N03 牌号硅酸盐激光玻璃是目前最常用的激光玻璃材料，它制作工艺成熟，玻璃尺寸最大，因而成本低廉，适宜于一般工业应用。组分为 $Li_2O-Al_2O_3-SiO_2$ 的 N11 牌号锂硅酸盐激光玻璃的受激发射截面较高，并可以通过离子交换技术进行化学增强，它被用于早期高功率激光系统，获得调 Q 的巨脉冲激光。

掺稀土激活离子的石英玻璃光纤是一种特殊的硅酸盐激光玻璃，除钕离子掺杂外，铒、镱、钬、铥等三阶稀土激光离子在石英玻璃光纤中都获得了激光输出。其中用掺铒的单模石英玻璃光纤制成的 $1.55\mu m$ 激光放大器，其波长与光通讯兼容，尺寸上又有集成前景，已在光纤通讯中获得广泛应用。

6.3.1.2　磷酸盐激光玻璃

20 世纪 70 年代，随着激光核聚变技术的高功率激光器发展的需要，开发了磷酸盐激光玻璃。当时研究发现，要实现核靶材料的聚变增益，激光器的功率必须大于 $10^{12}W$；为此，该激光器系统应该是超短光脉冲的多路多级系统，即要有多路激光器，每一路由一级超短脉冲的前级种子激光器和若干级后续放大器组成。根据各种激光材料的特点，玻璃激光材料不宜于做为前级种子激光，但它是后续放大级的优选材料。前级种子激光材料以掺钕氟化钇锂等激光晶体较为适宜，它们能高效率地产生 $1.053\mu m$ 的超短脉冲。为与前级波长适配，就开发了能对 $1.054\mu m$ 激光进行放大的牌号为 N21 和 N24 的磷酸盐激光玻璃。

掺钕磷酸盐激光玻璃具有受激发射截面大、发光量子效率高、非线性光学损耗低等优点，通过调整玻璃组成可获得折射率温度系数为负值、热光性质稳定的玻璃，特别适宜于制作聚变用的激光放大器。

除作上述激光放大用的磷酸盐激光玻璃外，还发展了一种高钕浓度、高效率的激光玻璃。磷酸盐玻璃中，随 P_2O_5 含量的增加，钕离子浓度猝灭效应减弱。根据这种特点已研制出组成近似为 $LiNd_xLa_{1-x}P_4O_{12}$ 的高钕浓度激光玻璃。其钕浓度高达 $2.7\times10^{21}cm^{-3}$ 时，量子效率仍未明显下降。用这种激光玻璃制成的 $\phi6.3mm\times70mm$ 的激光棒，在输入 200J 时，绝对效率达 6.3%，是优秀的高效激光玻璃材料。

6.3.1.3　氟磷酸盐激光玻璃

氟磷酸盐激光玻璃也是应激光核聚变的需要而开发的。为与前级种子激光的氟化物晶体适配，研制了氟磷酸盐激光玻璃。掺钕的氟磷酸盐激光玻璃的激光波长与前级种子激光更接近，而且它有更低的非线性折射率，因而在高功率密度时，光损耗极低，并且能保持较高的受激发射截面和高的量子效率，是一种极为优秀的激光玻璃材料。该玻璃的主要组成为 $AlF_3-RF_2-Al(PO_3)_3-NdPO_3$，式中 R 为碱土金属。含氟的组成对坩埚材料腐蚀较重，而且在高温时氟容易与水气反应形成难熔的氟氧化物，因此这类玻璃中往往存在许多微小的固体夹杂物，使激光损伤阈值下降，难以在高功率激光器中应用。

6.3.1.4　氟化物激光玻璃

氟化物激光玻璃也是应激光核聚变需要开发的,其激光波长也与前级种子激光接近,而且发光量子效率高,是一种优秀的激光介质。然而,它也和氟磷酸盐玻璃相似,存在微小的固体包裹物,难以在高功率激光器中实用。

此外,氟化物玻璃从紫外到中红外有极宽的透光范围,这为激光波长在近紫外或中红外的一些激活离子掺杂,制作新激光波长激光器提供了好的条件,这种研究目前仍在进行中。

氟化物玻璃的组成可分为两类,一类是氟铍酸盐玻璃,另一类是氟锆酸盐玻璃。掺钕氟铍酸盐的组分为 BeF_2-KF-CaF-AlF_3-NdF_3,它的非线性折射率非常低,受激发射截面比氟磷酸盐玻璃还要高,也能掺入很高的钕离子浓度而没有明显的浓度猝灭效应。但是含铍玻璃的剧毒给玻璃的制备和加工带来很大困难,使其应用难以推广。

氟锆酸盐玻璃是一种超低损耗的红外光纤材料,在中红外区具有很高的透过率。近年来它作为光纤激光器工作物质得到了很大发展,除钕以外,许多其他稀土离子,如铒、铥、钬等在氟锆酸盐玻璃光纤中都获得了激光输出。特别是在半导体激光管商品化后,它可以用大功率半导体激光器作为高效的泵浦源,在掺稀土离子的玻璃光纤中获得被称为双光子吸收上转换激光输出,制作成激光波长分别为 455nm 蓝紫光、488nm 蓝光、550nm 绿光等可见光全固化光纤激光器,对发展高效可见激光器具有特别重要的意义。

6.3.2　声光玻璃[6.3]

声光效应又称为弹光效应,它描述在介质中有声波（或称为弹性波）场时,所通过的光波受到声波场的衍射而使其强度、相位及传播方向都被声波场所带有的信号调制的现象。原则上说,任何一种对光波和声波都"透明"（即低损耗）的介质,无论是液体或固体,都能产生声光效应,其区别仅在于声光效应的大小。因此声光介质种类很多,良莠各异。

玻璃材料对光波和声波的损耗都很低,而且品种丰富,组分调整范围大,制备、加工、成型容易,物化性能稳定,价格便宜,因而很早被用作声光技术的研究,制成各种声光器件。20 世纪 60 年代激光产生后,声光玻璃最早被应用制作成激光强度调制器、声光开关、声光偏转器等,在光电子技术中得到广泛应用。70 年代光通讯技术和光信息技术发展后,声光玻璃又被制作成波导和声表面波器件,对光信号实行调制、分束或互联,推动了光电子技术发展。

声光器件按应用不同而分为低频（0～80MHz）和高频（>80MHz）两大类。声光玻璃由于各向同性特点,通常能制成低频各向同性衍射的各种优秀声光器件。声光介质按应用要求应该具有高的声光衍射效率、低的光波和声波损耗以及热的稳定性。为提高声光衍射效率,要求声光玻璃有较高的折射率、大的弹光系数和小的密度;此外低的声速有利于提高衍射效率,但不利于高频的应用。与晶态、陶瓷等固体声光介质相比,玻璃由于长程无序的结构,一般具有较低的声速,有利于获得高的声光衍射效率。但是长程无序结构易产生声子粘滞效应,因而声损耗比晶态材料高,限制其工作频率无法做得很高。大多数声光玻璃折射率低,为改进这个性能,常在组分中引入较高成分的钡、铅、碲、镧等氧化物,以提高声光衍射品质因子。此外,硫系玻璃的折射率很高,而且有很宽的红外光透过率,它常用来制作红外光波段的声光器件。

6.3.2.1　融石英玻璃

这是用纯 SiO_2 制成的玻璃。它具有低的声速、较高的声光衍射效率、很低的声损耗和光波损耗，容易制成高光学质量、宽透光波段的大块声光器件，应用于高功率、多种激光波长的声光调制，是目前最常用的声光玻璃材料。

6.3.2.2　各种重火石玻璃

这种玻璃组分中含有多种重金属元素氧化物，它们具有特别高的折射率，因而具有高的声光衍射效率。其缺点是重金属元素的引入，常使其透明波段的短波限红移，使用波段相应较窄。此外，光学均匀性及光透过率都比石英玻璃差。

6.3.2.3　硫系玻璃

它们的组分是一些不含氧的硫化物、硒化物或砷化物玻璃，以硫化物玻璃最为常用。硫、硒和砷的化合物在近程范围仍保持共价键特性并形成交联网络结构，因而这些玻璃具有高的折射率和较低的声损耗，从而具有优秀的声光特性。这种玻璃对紫或紫外短波的光透过率低，但对红外或中红外光透过率高，常用作红外声光材料。这类玻璃中，含砷玻璃的失透温度较高，在室温工作时不易失透，性能较其他玻璃稳定。

6.3.2.4　单质半导体玻璃

主要是非晶态硒玻璃和碲玻璃，它们具有半导体特性，具有极高的折射率，而声速则比硫系玻璃低，在红外波段也有宽的透过率，是优秀的红外声光材料。

一些常用的声光玻璃性能列于表 6-4 中。

表 6-4　几种声光玻璃性能

玻璃材料	光波长/μm	密度/ g·cm^{-3}	声速/ cm·s^{-1}	声吸收/ dB·cm^{-1}	品质因子/ S^3·g^{-1}	透过波段/μm
火石玻璃	0.633	3.59	3.63×10^5	3 (40MC)	4.51×10^{-18}	0.45~2.5
重火石玻璃	0.633	6.17	3.26×10^5	3 (40MC)	19×10^{-18}	0.45~2.5
特重火石玻璃	0.633	6.3	3.1×10^5	3 (40MC)	19×10^{-18}	0.45~2.5
熔石英	0.633	2.2	5.96×10^5	13 (GMC)	1.56×10^{-18}	0.2~4.5
碲玻璃	0.633	5.87	3.4×10^5	300 (GMC)	23.9×10^{-18}	0.47~2.7
As$_2$S$_3$ 玻璃	0.633 1.153	3.2	2.6×10^5	450	433×10^{-18} 347×10^{-18}	0.6~11
As$_2$Se$_3$ 玻璃	1.153	4.64	2.25×10^5	280	1090×10^{-18}	0.9~11
As$_{12}$Se$_{55}$Ge$_{33}$玻璃	1.06	4.40	2.52×10^5	29	248×10^{-18}	1~14

6.3.3　磁光玻璃[3,4,7]

磁光玻璃是指具有强的磁光效应的玻璃材料。磁光效应描述介质在磁场的作用下产生光学各向异性变化的物理效应；所用磁场可以是介质本身的固有磁矩的磁场，也可以是外磁场作用的感生磁场。磁光效应是一种十分奇特的物理效应：任何介质，无论是气体、液体或固体，无论是晶态、多晶或非晶态，无论是抗磁、顺磁或铁磁物质，它们都具有磁光效应；磁光效应源于磁感生的光学各向异性，它使光波呈现反射率、透过率、偏振态各种复杂的变化，从而派生出多种子效应。磁光玻璃是最早被发现的磁光材料，也是目前可供实用的极少数几种磁光材料之一。

最早被发现的磁光效应称为法拉第效应：一束偏振光通过透明的玻璃材料，当沿通光方向施加磁场 H 时，透过光波的偏振面就产生磁致偏转。旋转的角度 φ_F 与光在玻璃中传播

距离 l 和通光方向磁场强度 H 成正比，比例系数 v 被称为费尔德常数。

$$\varphi_{\text{F}} = vlH$$

法拉第效应是磁致旋光效应，其偏振面旋转方向与磁场的方向有关，因而磁致旋光是非互易的：如图 6-3 所示，透过光的偏振面由原先的 x 方向转 $90°$ 到 y 方向。如果反向传播，对于普通旋光材料，透过光偏振还是转 $90°$ 又回到 x 方向；但磁致旋光则使出射光偏振反向转至负 x 方向，它是非互易的。这种非互易性有重要的应用。如果图 6-3 中磁光介质长度减半，或外加磁场减半，则磁致旋转角就为 $45°$；如果在输出端有一个反射面，则反射光再通过磁光介质后，偏振方向与原入射光就垂直了。因而，若在上述装置的入射面前有一块线偏振器，就可以使反射回来的光波被偏振器阻挡，无法返回光源；同时却仍保证前向传输光束的低损耗通行。这是一种光的单向传输器件，通常称为光隔离器。在现代光电子技术中，这种单向传光的光隔离器可以保证多级光学器件免受后级反馈光的干扰。

另一种重要的磁光效应被称为磁光克尔效应。它描述线偏振光在铁磁材料表面反射后，产生反射的椭圆偏振光，且偏振面旋转一个角度。磁克尔效应依其磁化强度矢量与材料表面及入射面的相对关系又分为极向克尔效应、纵向克尔效应和横向克尔效应等，如图 6-4 所示。在上述三种特殊情况下，反射光的偏振态以及反射率都有不同的改变，但它们总是非互易的，即反射光的偏振旋转角和反射系数的变化均具有不可逆性。

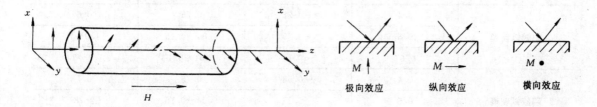

图 6-3　磁光法拉第旋转效应　　　　　图 6-4　三种磁光克尔效应

介质的磁致光学各向异性变化还可以表现为其他几种子磁光效应。例如，光波垂直于磁化强度矢量方向透过磁光材料时，将产生类似于普通晶体中的双折射现象，这种效应被称为磁致双折射效应或科顿—莫顿效应。再如在磁光介质中传播的左旋和右旋圆偏振光将会有不同的吸收系数，因而透过光波的偏振态就会有复杂的变化，这种磁光效应被称为磁致圆偏振二向色性。

目前光电子技术中应用得最多的磁光效应是磁光法拉第效应和磁光克尔效应。前者用作光隔离器以克服前后两级光学系统之间的反馈串扰，应用于这种目的的玻璃材料，要求对所用波长光波有高的透过率、有大的费尔德常数以及有稳定的工作特性。后者主要用于光盘，作磁光信息存贮和读出，因而它不要求对光波透明，但要求有高的克尔旋转角以及用激光读写信息的能力。

6.3.3.1　磁致旋光玻璃材料

磁光玻璃的法拉第效应品质因子可用费尔德常数与光吸收系数的比值来表征

$$\nu = v/\alpha$$

它综合地反映了磁致旋光玻璃的性能。玻璃是一种原子排列无长程序的非晶固体，其费尔德常数主要取决于原子的自旋—轨道互作用强弱。有大的原子序数，又有未成对成键电子的一些原子可以形成大的磁致旋光效应。但按玻璃形成的结晶化学规则，并不是所有磁性原子及其氧化物和硫化物都能形成稳定的玻璃。常用的优秀磁致旋光玻璃，主要是一些由重原子铅的氧化物玻璃，砷的三硫化物玻璃和重原子铽的硼酸盐和磷酸盐玻璃。

氧化物玻璃在可见光和近红外有低的吸收系数，其法拉第效应品质因子 γ 较高，是这些波段重要的磁致旋光材料。硫化物玻璃有半导体特性，可见光波段吸收系数大，但在红外波段则有高的品质因子，是红外波段重要的磁致旋光材料。

重要的磁致旋光玻璃材料的一些性能列于表 6-5 中。

表 6-5　几种磁光玻璃的法拉第效应

材　料	波长/μm	费尔德常数[①]/ $min \cdot (cm \cdot Oe)^{-1}$	吸收系数/cm^{-1}	品质因子[①]/ $min \cdot Oe^{-1}$
Schott SFS−6 重火石玻璃	0.5	0.17	0.02	8.5
	1.0	0.032	0.006	5.3
	1.5	0.014	0.011	1.0
Corning 8363 重火石玻璃	0.5	0.17	0.063	2.5
	1.0	0.032	0.014	2.3
	1.5	0.014	0.024	0.7
硼酸铽玻璃	0.4	−0.51	0.75	0.6
	0.5	−0.29	0.04~0.15	1.9~7
	0.67	−0.14	0.01~0.1	1.4~14
磷酸铽玻璃	0.4	−0.56	0.75	0.7
	0.5	−0.32	0.04~0.15	2~8
	0.7	−0.15	0.01~0.1	1.5~15
Hoya Fr−5 硼硅酸铽玻璃	0.4	−0.76		
	0.6	−0.27		
三硫化砷玻璃	0.6	0.3		
	1.0	0.081	0.04	2.2
	1.5	0.033	0.027	1.4

①1Oe 与 SI 单位中 $B_0 = 10^{-4}T$ 相当。

这些磁光玻璃除制作光隔离器外，还常制作磁光调制器，对激光的强度实行磁场或电流的调制。

6.3.3.2　可擦写光盘用磁光玻璃

光盘是 20 世纪 80 年代开发的新型存贮器，它用光作为记录和读出信息，与先前使用的靠磁记录和读出的硬盘和软盘相比，信息容量提高了一个多数量级；信噪比高达 55dB；可用高"飞行高度"的光学头非接触式读写信息，避免了光学头和盘面的磨损、划伤，并能采用多光学头形式和自由地更换光盘，更便于与计算机联机使用。此外，光盘存储的信息保存时间可达 10 年以上，而磁盘一般只有两、三年；光盘易于大量复制、容量又大，因而存储每位信息价格低廉。目前光盘正方兴未艾，呈现大的应用前景。

第一个实用光盘是用非晶态金属玻璃钆钴（Gd—Co）膜制成，在此基础上发展了铽铁钴（Tb-Fe-Co）和钆铽铁（Gd-Tb-Fe）金属玻璃薄膜制作的第一代光盘。一些优秀的金属玻璃光盘材料列于表 6-6 中。

表 6-6 几种 RE-TM 金属玻璃薄膜的磁光特性

薄膜成分	磁光记录方式	磁光法拉第角/(°)	磁光克尔转角/(°)
Gd-Co	T_{comp}	1.8	0.25
Gd-Tb-Fe-Co	T_{comp}	1.9	0.3
Tb-Fe	T_c, 140℃	1.3	0.3
Dy-Fe	T_c, 70℃		0.25
Gd-Tb-Fe	T_c, 168℃	1.0	0.4
Tb-Dy-Fe	T_c, 70℃		0.25
Gd-Fe-Bi	T_c, 180℃		0.41

注：T_{comp} 表示补偿点记录方式；T_c 表示居里点记录方式，同时给出居里温度的值。

表 6-6 中所列的金属玻璃薄膜都是一些稀土（RE）和过渡金属（TM）的非晶态合金。通常称这类材料为 RE-TM 非晶薄膜材料。在 RE-TM 材料中，稀土离子和过渡金属离子各自都有未成对的成键电子，其离子磁矩 M_{RE} 和 M_{TM} 都不等于零；玻璃态的近程序，使这两种离子相互成最近邻键合，这样就诱发了强烈的反铁磁耦合：M_{RE} 和 M_{TM} 方向都平行于薄膜的法向，但它们的方向相反。薄膜具有与表面垂直的易磁化轴，其磁性是亚铁磁性的。这种金属玻璃薄膜与早先作为"磁泡"的铁氧体晶体薄膜具有十分类似的磁性能，可以用作优秀的磁光存贮介质。

这种磁光光盘的信息写、读和擦的原理如图 6-5 所示，它用热磁法实现信息的写和擦，用磁光克尔效应实现信息的读。按金属玻璃的组分不同，有两种写和擦的方式：居里点记录和补偿点记录。亚铁磁材料的磁化强度和矫顽场随温度的升高而降低，在居里温度时，两者都

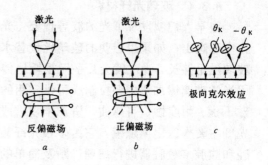

图 6-5 光盘的热磁法写、读、擦原理

a—写入；b—擦除；c—读出

为零，材料转变为顺磁相。可以改变组分以降低材料的居里温度。这种材料用激光辐照时，光照点温度迅速接近或超过居里温度，因而在常温下不会使介质磁化反转的外加弱磁场，就可以在激光辐照时使光照区磁化反转，实现热磁法信息的写、擦。这种居里点记录方式由于激光束斑点小于一个微米，因而有很高的信息密度。另外，在一些含过渡金属钴的金属玻璃薄膜中，钴的磁矩和铽的磁矩随温度有不同的变化规律，这些亚铁磁薄膜有一个补偿温度 T_{comp}，在这个温度下，薄膜的总磁化 M 由于钴和铽磁化方向相反、大小相等而完全相消；同时薄膜的矫顽场 H_c 却能达到很高的值。可以调节组分，使材料的补偿温度接近于室温，这样的材料在室温时有磁化，而且矫顽场较高，可以长期保存信息；在光照点升温时，矫顽场可以降得很低，容易实现热磁写和擦。这种记录方式就是补偿点记录，其原理示于

图 6-6 中。

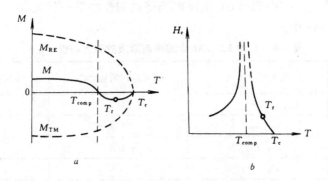

图 6-6 RE-TM 非晶薄膜的补偿点记录

a—磁矩的零补偿；*b*—矫顽场温度变化

T_{comp}—补偿温度；T_c—居里温度；T_r—室温

目前，非晶薄膜已开发成民用 VCD 光盘和计算机用光盘，显示极好的应用前景。用它制作的 5.25 英寸的光盘，存贮容量已达六百兆比特，为同样尺寸软（磁）盘容量的一千倍，为一般硬（磁）盘容量的十倍以上；而且用光学头读写，系统可靠性高；使用寿命长，已经大量开发使用。但是与计算机的快速、高容量发展前景相比，还希望开发更高容量、更快速度，特别是希望有更大磁光克尔角，以进一步提高其信噪比的新型磁光光盘材料。

6.3.4 玻璃光纤材料

很早人们就发现了光的波导现象：光可以在弯曲的水柱内从这头传播到那头，而不会在中途逸出；如果用透明的玻璃丝代替水柱，光波也会被限制在可弯曲的玻璃丝内，只要玻璃丝足够长，光波就会几乎无损耗地传输到玻璃丝所能达到的任何位置。30 年代，人们用光学玻璃棒加热熔融拉制成可供实用的光纤。玻璃光纤传光效率高、集光能力强、抗电磁干扰、耐腐蚀、可弯曲、资源丰富、成本低廉，是一种优秀的光传输元件。早期的玻璃光纤主要作医用内窥镜，它由多根光纤甚至还有微型手术刀等部件组成，可对呼吸道、胸腔和腹腔多数脏器进行病理诊断及简单的手术治疗，是近代医用重要光学器械。60 年代激光技术发展后，利用光纤发展了光通讯技术，形成了对光纤研究和开发的热潮。各种组分的玻璃光纤，特别是高二氧化硅的石英玻璃光纤得以开发，光纤的光传输损耗迅速被降低到每公里 0.20dB，即每公里损耗仅 3%。包括低损耗光纤开发成功的光通讯技术的发展，推进了 20 世纪的信息时代的到来，使光通讯产业成为光电子技术中最大的产业。20 世纪 90 年代，主要为适应光通讯需要，光纤激光器获得了大的发展，逐渐开发了激光波长在石英玻璃低损耗区 $0.85\mu m$、$1.35\mu m$ 和 $1.55\mu m$ 的掺钕或掺铒的氟锆酸盐光纤激光放大器，之后又开发了波长更长、可用于比石英光纤损耗更低的氟化物光纤通讯的 $2\sim3\mu m$ 波段的光纤激光器。玻璃光纤除大量应用于光通讯外，还可作为热、力、电、磁等多种物理量的灵敏传感器，制作成抗干扰性能好、可作远距离测量的多种仪器，这些仪器可以在高压大电流、强电磁干扰、易燃易爆等恶劣的环境中使用，推动了现代测试仪器的革新换代。

6.3.4.1 通讯用玻璃光纤[2,6]

用作低损耗的光通讯传输元件是玻璃光纤的最重要应用领域。通讯用玻璃光纤是由折射率较高（n_1）的玻璃光纤芯和折射率较低（$n_2 < n_1$）的玻璃包层所构成（见图6-7）。为保护光纤，常在包层外部再制作一层或多层由塑料、橡胶和金属护套等构成的保护外套。

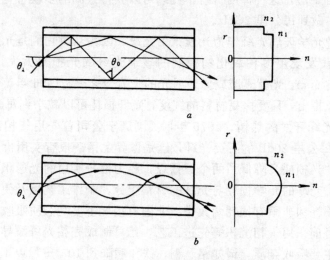

图 6-7　两种光纤的折射率分布和光传输

a—阶跃折射率光纤；b—梯度折射率光纤

θ_λ—输入耦合角；θ_0—全反射临界角

普通光纤的芯或包层玻璃的折射率是均匀的，其交界面为圆柱形、折射率突变的良好光学界面，这样的光纤被称为阶跃折射率光纤。在阶跃折射率光纤中，除那些传播方向与界面夹角小于全反射临界角 θ_0 的光线外，其余光线都能在界面全反射，并以折线形式在光纤中低损耗地传输。芯和包层的相对折射率差

$$\Delta = (n_1 - n_2)/n_1$$

是这种光纤的一个重要光学参数，它决定了光纤的全反射临界角的大小，也决定了可从端面耦合入光纤的光耦合角 θ_λ 的大小，即集光能力的大小。集光能力常用光纤的数值孔径 NA 来表示

$$\mathrm{NA} = \sin\theta_\lambda = n_1 \sqrt{2\Delta}$$

$$\sin\theta_0 = \sqrt{2\Delta} = \mathrm{NA}/n_1$$

用麦克斯韦方程可以求解这种光纤中允许传输的光波电磁场，所得的解是 N 个分立的波导模，其波导模数 N 与光纤的芯径 a 和相对折射率差 Δ 有关，可近似表示为

$$N = 2(\pi a)^2 (\mathrm{NA})^2/\lambda_0 = \Delta(2\pi a n_1)^2/\lambda_0$$

当芯径 $a < \lambda_0/(2\pi n \sqrt{\Delta})$ 时，光纤中只允许一个传导模，这种光纤被称为单模光纤。可算得，对波长 $\lambda_0 = 1.5\mu m$ 光波，单模光纤的直径必须小于 $3\mu m$。对于较粗的光纤，就允许有多个传导模在其中传播，这种光纤被称为多模光纤。

由于玻璃材料具有色散，因而波导中的传导模也有色散，即带有信息的光脉冲在波导中传播时，脉宽将会随传输距离的增长变得越来越宽；在多模波导时，还会发生脉冲的变形，造成信噪比下降，这就限制了光通讯的信息容量。光纤的信息容量用带宽，即每公里可调制的频率来表记。单模光纤色散较小，目前带宽可达每公里 100GHz；多模光纤则只能

达每公里 100MHz。为改善多模光纤的色散，研究开发了梯度折射率光纤。这种光纤的芯区折射率是随径向逐渐改变的，由芯轴处向外折射率逐渐降低。如果折射率与芯径成近于抛物线关系变化（见图 6-7），这种梯度折射率光纤可以获得最高的多模带宽。目前，已经在石英玻璃多模光纤中做到每公里 2GHz。

最初设想用各种光学玻璃光纤作为光通讯用光纤，因为当时它们是光学质量最好的光学材料。但是，实践发现用多种氧化物控制的玻璃光纤的光损耗太大，每公里竟高达 1000dB，即传输距离 50m，光就衰减成原入射光的十万分之一！1966 年英国标准电信实验室英籍华人高琨研究指出，只要提高材料的纯度，光纤损耗可以减小到每公里 20dB，这个结果刺激了低损耗光纤开发的热情。1970 年，美国康宁公司首先用气相沉积法拉制出长 200m，光学损耗达每公里 20dB 的石英光纤，这是世界上第一根有实用价值的单模石英光纤。目前石英光纤的光损耗又降低了两个数量级，成为惟一实用的光通讯用光纤。

理论研究表明，光纤的光学损耗与光纤的材料组分、制作工艺以及使用波长有关，它可分为材料的固有损耗和非固有损耗两大类。非固有损耗主要是杂质吸收和波导结构不完整所引起的散射。目前采用气相沉积等先进工艺，已可制成完整光纤波导；先进的原料提纯工艺也可使一些主要吸收杂质，诸如铬、铜、铁和锰降到 10^{-9} 重量以下，克服了绝大部分非固有损耗。目前影响石英光纤损耗的最棘手问题是材料中的 OH 基杂质吸收，其谐振峰值在 $2.72\mu m$ 波长附近，而它的谐波几乎均匀地出现在 $1.38\mu m$、$0.95\mu m$ 和 $0.72\mu m$ 处（见图 6-8）；这些谐波与 SiO_2 四面体基振的组合吸收波长则又出现在 $1.24\mu m$、$1.13\mu m$ 和 $0.88\mu m$ 处。例如，只要存在 10^{-9} 的 OH 基，就会在 $0.95\mu m$ 波长处造成高达每公里 1dB 的损耗。目前光通讯实用波长主要是 $0.85\mu m$、$1.35\mu m$ 和 $1.55\mu m$ 三个，其原因是避开 OH 基吸收峰。

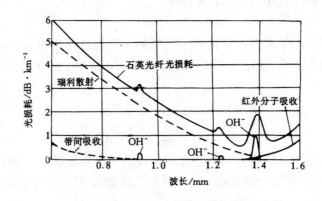

图 6-8　石英光纤损耗谱

石英光纤固有光学损耗主要是带间本征吸收、分子振动吸收、瑞利散射、喇曼散射和布里渊散射几项。带间本征吸收造成小于 140nm 光波的本征紫外吸收，而其红外尾部对红外区的吸收几乎没影响；分子振动吸收峰在中红外 $8\mu m$ 附近，然而其谐波则会在 $1.5\mu m$、$3.2\mu m$、$3.8\mu m$ 和 $4.4\mu m$ 波长处产生，在 $1.5\mu m$ 波长会造成每公里 0.5dB 的损耗。石英光纤在可见光到近红外波段的主要损耗是由固有的瑞利散射引起的，瑞利散射的强度与光波长四次方成反比，因而在整个可见到近红外区造成主要损耗；喇曼散射和布里渊散射只有在光功率密度很高时才显著，一般可以忽略。从图 6-8 石英光纤的损耗谱图可发现，在 $1.3\mu m$ 和 $1.5\mu m$ 波长有最低的光损耗。如果不计 OH 基的吸收损耗，那么光纤在该波段的损耗主要是由红外分子振动的短波尾和瑞利散射的长波尾的损耗叠加而成的。可以设想，如果有一种材料其红外分子振动吸收峰比石英在更长波长，而且没有 OH 基存在，那么，该材料所制成的光纤将比石英有更低的光损耗。

根据上述设想，人们开展了通讯用非氧化物玻璃光纤的研究，企图找出比石英玻璃光纤损耗更低的光通讯光纤材料。已研究的非氧化物玻璃光纤主要有氟化物玻璃光纤、硫系化合物玻璃光纤和硫卤化物玻璃光纤几种。

氟化物玻璃光纤是近年来被研究得最详细的非氧化物玻璃光纤。氟比氧的原子量大，氟化物玻璃网络的键力常数较小，其分子振动造成的多声子吸收峰会向长波移动，因而可以在近红外波段获得比石英光纤更低的光学损耗。组成为 ZrF_4-BaF_2-LaF_3-AlF_3-NaF 的氟锆酸盐玻璃是氟化物玻璃中抗析晶失透性能仅次于氟铍酸盐玻璃（铍毒性大，不宜应用），是成玻璃性能最好的重金属氟化物玻璃。它可用现有工艺拉制成缺陷和杂质含量较少的结构完整的光纤。理论研究表明，其光学损耗在 $2.55\mu m$ 波长处只有每公里 0.01dB，其中瑞利散射损耗约每公里 0.007dB，多声子吸收损耗约每公里 0.003dB，比石英光纤提高十多倍！此外，氟锆酸盐玻璃的色散较小，可以在 $2.55\mu m$ 形成零色散传输，信息容量大，被认为是实现超长距离无中继光通信最有希望的光纤材料。目前已研制成长度大于百米，在 $2.59\mu m$ 波长损耗为每公里 0.65dB 的光纤和长度为 50m，在 $2.55\mu m$ 波长损耗仅为每公里 0.025dB 的光纤。在不远的将来获得每公里小于 0.1dB 的氟锆酸盐玻璃光纤，建立超长距离、大容量、无中继通信系统是完全可能的。

硫系玻璃（例如 As—S，Ge—As—Se，Ge—Se—Te，Ge—As—Se—Te 等系列）和硫卤化物玻璃（例如 Te—Se—Br、Te—Se—I 系列）的红外分子振动吸收处于 $11\mu m$ 以上甚至高达 $18\mu m$ 的中红外波段，它们在红外波段固有吸收都较低，因此也曾被研究制作光通讯用低损耗光纤。但是，目前试验发现有两个不利的因素妨碍它们制成超低损耗的光通讯光纤。其一是这些玻璃的折射率都较高，一般都在 2 以上。对于一般结构缺陷而言，其瑞利散射强度是与折射率的八次方成正比的，因而这些材料在红外波长无法做到超低损耗。第二个原因是杂质吸收，它造成在红外波段仍有每公里 10dB 以上的损耗。选择稳定的玻璃组成和严格的制备工艺，也许可以降低这些非固有的损耗。但是目前这两类非氧化玻璃则尚未做成实用的低损耗光通讯用光纤。尽管如此，这两种光纤对目前常用的二氧化碳激光器（波长为 $10.6\mu m$）和一氧化碳激光器（波长为 $5.3\mu m$）却有比其他光纤更低的损耗，可以用作短距离低损耗的传输光纤，以制成多种仪器。例如，目前已制得 Ge_{22}-$Se_{20}$$Te_{58}$ 玻璃光纤，在 $10.6\mu m$ 波长每米的损耗仅 1dB；$As_{40}Se_{60}$ 玻璃光纤在 $5.3\mu m$ 波长每米损耗仅 0.2dB；$Te_3Se_4I_3$ 玻璃光纤在 $10.6\mu m$ 波长每米损耗为 4.8dB，并可承受 $40kW/cm^2$ 功率密度而不损坏。

6.3.4.2　激光器用玻璃光纤[4,6]

玻璃光纤有极低的光损耗，又可以方便地掺入各种稀土激活离子，其几何尺寸容易与通讯光纤耦合和熔接，因而很早就有玻璃光纤激光器作为光通讯光源和中继放大器的研究。早期研究发现，光纤的集光本领强，很容易达到高的泵浦功率密度和激光受激辐射密度；光

纤中的泵浦光和受激辐射光可以在其内以极低损耗传播很长距离，因此光纤激光器可以获得比体块激光激更高的泵浦效率、更大的受激辐射增益，很容易形成激光振荡和高效的激光放大，因此各种光纤激光器被迅速开发，并形成研究的热点。

目前常用的激光玻璃光纤有石英玻璃光纤和氟锆酸盐玻璃光纤两种，前者多数用于制作与光纤通信配合的波长为 $0.85\mu m$、$1.35\mu m$ 和 $1.55\mu m$ 的光纤放大器。后者则主要用作 $2\sim3\mu m$ 更长波长的光纤激光器以及近年来发展的用半导体激光器作为泵浦源的上转换可见光激光器。

激光用石英玻璃光纤的芯料常用含锗的石英玻璃，其折射率较高，典型的组分（摩尔比）为 $94.5SiO_2$，$5GeO_2$，$0.5P_2O_5$。其包层常用含氟的石英玻璃，其折射率较低。常用的激活离子为三价稀土离子钕、铒、镱等，其激光跃迁波长见表 6-2 所列。石英玻璃在 $2\mu m$ 以上波长损耗急剧增加，因此不能用作波长大于 $2\mu m$ 的激光光纤。

氟锆酸盐玻璃具有较强的离子性，基质对激活离子的作用较小，玻璃中的激活离子发光特性与离子晶体内较接近，发光量子效率较高。此外，氟锆酸盐玻璃从紫外到中红外的较宽透光范围又为各种激活离子，特别是其泵浦波长和激光波长在近紫外和红外的激活离子和多掺杂敏化发光创造了极好条件。氟锆酸盐激光光纤常用的激活离子也列在表 6-2 中。

目前用作光纤激光基质的氟锆酸盐玻璃典型组成为 $53ZrF_4$，$20BaF_2$，$4LaF_3$，$3AlF_3$，$20NaF$（这种玻璃常被称为 ZBLANF 玻璃）。在芯料中常加入少量 PbF_2，以提高其折射率，或在包层玻璃中用 HfF_4 取代部分 ZrF_4，并适当增加 NaF 和 AlF_3 含量，以使其折射率减低。玻璃中的激活离子以无水的氟化物形式加入配料中，在玻璃光纤中以取代 LaF_3 来引入。氟锆酸盐玻璃光纤的主要缺点是玻璃易失透，化学稳定性和热机械性能也不如石英玻璃光纤，但是其独特的激光特性使之成为制作光纤激光器的热门材料。

6.3.4.3　传感器用玻璃光纤[2]

传感器是目前各种测试仪器的关键部件，也是自动化控制、近代机器人的重要部件。光电子技术的发展，将传统的以电子作为信息载体的各种器件代之以有更高速度、更大信息量、更高信噪比的光子作为信息载体的器件，实现了近代电子仪器的换代革新。在这个过程中，各种光纤传感器起了先驱者的作用。

传感器所用的光纤从功能上大体分为三类。一类是有传感功能的光纤，它能对环境的热、力、电、磁等物理变化作出灵敏快速的反应，称为敏感光纤。第二类是作为光信号传输用的光纤。它能将仪器的光源以及光接收器与敏感探头之间实现可靠的光学连接，实现远距离可挠曲的探测，这类光纤称为传输光纤。第三类是对待测对象的光信号进行高效搜集用的光纤。这些待测对象在光激发下产生带有敏感信息的光波，它被搜集光纤采集、远距离传输到测试仪器中的光接收器。原则上，第三类光纤只是传输光纤前面附加拾光用光学元件，或是将光纤端面加工成适当的聚光曲面而已。只是随所搜集光的频率改变，应选择相应的玻璃材料，对于近紫外到近红外波长的光源，普通光通讯用石英玻璃光纤是最理想的传光光纤，对红外波段则可用一些氟化物或卤化物材料的光纤；硫化物光纤透光范围可达 $11\mu m$ 中红外，是理想的传感器用红外光纤。

能对温度、压力、电场和磁场产生敏感反应的光纤是传感器应用中最重要的光纤，近年来研究发展了多种敏感光纤。例如掺三价稀土钕离子的玻璃光纤是良好的温度传感器。光纤中的钕离子受到可见光中许多波长的光激发，会在 $1.06\mu m$ 波长产生强的荧光，通常利用这种荧光的受激发射可以制作光纤放大器或激光器。多数掺钕氧化物光纤的荧光强度以及荧光寿命都与环境温度有关,利用这种现象可制成荧光强度或荧光寿命的光纤温度传感器,实现对环境温度的高速灵敏测量。目前这种测温仪器在 0～500℃测温范围内,可做到精度约 0.3～0.8℃,该仪器的探头用光纤连接,可安装在一般电学测温探头很难工作的高电磁场和强腐蚀气氛的场合,有广泛的应用前景。

对机械压力敏感的光纤是另一种重要的敏感光纤,它除可直接测量机械压力、振动、位移、应变和加速度外,还可用于水下作为声纳和水听器,用于人体作血压计等。一般光纤受机械应力的作用时,光纤的应变以及微弯就会使光纤中的传导光波模式耦合、泄漏,造成传输光波的强度、偏振和相位的改变,具有压敏效应。但是这种压敏效应灵敏度较低。研究发现,在除去外保护层的裸光纤外涂敷一层一毫米厚的赫特尔(Hytrel)塑料后,就可增强光纤的压敏性,使光纤可获得每米相对于一个微巴压力有 60dB 增益的高灵敏压敏光纤。此外,若用射频溅射法在裸光纤外溅射一层厚度为 0.4μm 的铬,再接着溅射一层 0.4μm 的铜,最后电镀上一层厚度为 15μm 的镍,这样制成的光纤对压力就极不灵敏,成为脱压敏光纤。用这两种光纤分别作为信号臂和参考臂,就可制成高灵敏度的光纤水听器和压力传感器。

对电场和磁场敏感的光纤也可仿照压敏光纤那样在裸光纤外涂敷敏感材料而制成。例如,在裸光纤外涂以压电聚合物,可制成高灵敏度电场电压敏感光纤;涂上一层 3～5μm 厚的镍,或涂上一层其他能产生磁致伸缩的金属材料,就能制成灵敏的磁传感器。

此外,目前研究还制成对高能 γ 射线敏感的光纤,用它制成光纤 γ 射线灵敏探测器;用光纤制成陀螺仪可以精确地测量飞机、导弹、船舰的空间姿态;用光纤制成对各种气体、气氛的传感器,用于探测多种气体的含量或作大气污染的监测等等。

光纤传感器以光子作为信息载体,它除可用以取代原有传感器外,特别具有集成化小体积、远距离遥测、与光纤网络配合实现多参数测量、信息处理、集中监控等技术优势,在高技术领域的应用前景是十分美好的。

参 考 文 献

1　郭贻诚,王震西. 非晶态物理学. 北京:科学出版社,1984;1～20;204～275;359～427

2　功能材料及其应用手册编写组. 功能材料及其应用手册. 北京:机械工业出版社,1991;514～540;574～578;627～647

3　材料科学技术百科全书. 北京:中国大百科全书出版社,1995;169;238;841;930

4　高技术新材料要览. 北京:中国科学技术出版社,1993;332～341;731～737;630～632

5　R. E. 纽纳姆. 结构与性能关系. 卢绍芳等译. 北京:科学出版社,1983;77～82;165～193

6　Bahaa E. A. Salch, Malvin Carl Teich. in Fundamentals of Photonics. New York. John Wiley & Sons. Inc,1991;272～296;460～480;876～882

7　F. T. 阿克雷. 非线性光学材料. 北京:科学出版社,1978;141～146;149～166

7 半导体材料

半导体材料是制造半导体器件的物质基础,从普通的家用电器到探索宇宙的人造卫星,从小巧精美的计算器到大型计算机,无处不显示半导体材料的功能。如今半导体材料科学和工业已是与国家经济建设、人民日常生活息息相关的,取得最迅速发展的科学与技术之一。

7.1 引 言[1]

7.1.1 物质的导电性和半导体材料

物质按其导电的难易程度可以分为三大类:导体、半导体和绝缘体。半导体材料的电阻率介于导体和绝缘体之间,数值一般在 $10^{-4} \sim 10^{10} \Omega \cdot cm$ 范围内,但是单从电阻率的数值上来区分是不充分的,比如在仪器仪表中使用的一些电阻材料的电阻率数值也在这个范围之内,可是它们并不是半导体材料。半导体的电阻率还具有以下一些特性:加入微量的杂质、光照、外加电场、磁场、压力以及外界环境(温度、湿度、气氛)改变或轻微改变晶格缺陷的密度都可能使电阻率改变若干数量级。正因为半导体材料有这些特点,它才可以用来制作晶体管、集成电路、微波器件、发光器件以及光敏、磁敏、热敏、压敏、气敏、湿敏等各种功能器件,成为时代的宠儿。因此人们通常把电阻率在 $10^{-4} \sim 10^{10} \Omega \cdot cm$ 范围内,并对外界因素,如电场、磁场、光温度、压力及周围环境气氛非常敏感的材料称为半导体材料。

7.1.2 半导体材料的分类

半导体材料的种类繁多,按其成分上看,有的是由同一种元素组成的元素半导体,有的是由两种或两种以上元素组成的化合物半导体;从结构上看,有的是处于单晶状态的物质,有的是多晶态或非晶态;从物质类别上看,有的是无机材料,有的是有机材料;从性能上看,多数材料在通常状态下就呈半导体性质,但有的材料需要在特定条件下才表现出半导体性能。半导体的分类如下所示:

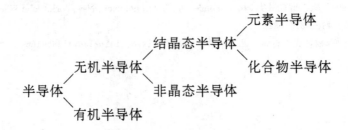

其典型的半导体材料见表 7-1 所示。

表 7-1 半导体材料的分类

分　类			主 要 半 导 体 材 料
无机半导体晶体材料		元素半导体	Ge，Si，Se，Te，灰-Sn
	化合物半导体及固溶体半导体	Ⅲ-Ⅴ族	GaAs，InSb，GaP，InP，InAs，AlP 等及其固溶体
		Ⅱ-Ⅵ族	CdS，CdSe，CdTe，ZnS，ZnSe，ZnTe，BeS，BeTe 及其固溶体
		Ⅳ-Ⅳ族	SiC，GeSi
		Ⅳ-Ⅵ族	PbS，PbSe，PbTe，SnTe，$Pb_{1-x}Sn_xTe(x=0\sim0.3)$ $Pb_{1-y}Sn_ySe(y=0\sim0.4)$
		Ⅴ-Ⅵ族	Bi_2Te_3
		金属氧化物	Cu_2O，ZnO，Al_2O_3
		过渡金属氧化物	ScO，TiO_3，V_2O_5，Cr_2O_3，Mn_2O_3，Fe_2O_3，FeO，CoO，NiO
		尖晶石型化合物（磁性半导体）	$CdCr_2S_4$，$CdCr_2Se_4$，$HgCr_2S_4$，$HgCr_2Se_4$，$CuCr_2S_3Cl$
		稀土氧、硫、硒、碲化合物	EuO，EuS，$EuSe$，$EuTe$
非晶态半导体		元素	Ge，Si，Te，Se
		化合物	$GeTe$，As_2Te_3，Se_4Te，Se_2As_3，As_2SeTe，As_2Se_2Te
有机半导体		芳香族化合物	多环芳香族化合物
		电荷移动络合物	二萘嵌苯-Br_2(1∶2)

7.1.2.1 元素半导体

在元素周期表中介于金属和非金属之间具有半导体性质的元素有十二种，如表 7-2 所示，但是其中具备实用价值的元素半导体材料只有硅、锗和硒。硒是最早使用的，而硅和锗是当前最重要的半导体材料，尤其是硅材料由于具有许多优良特性，绝大多数半导体器件都是用硅材料制作的。

7.1.2.2 二元化合物半导体

它们由两种元素组成，而且种类很多，主

表 7-2 元素半导体在周期表中的位置

周期 ＼ 族	Ⅰ	Ⅱ	Ⅲ	Ⅳ	Ⅴ	Ⅵ	Ⅶ
1	H						
2	Li	Be	B	C	N	O	F
3	Na	Mg	Al	Si	P	S	Cl
4	Cu	Zn	Ga	Ge	As	Se	Br
5	Ag	Cd	In	Sn	Sb	Te	I
6	Au	Hg	Tl	Pb	Bi		

要有Ⅲ-Ⅴ族化合物半导体、Ⅱ-Ⅵ族化合物半导体、Ⅳ-Ⅵ族化合物半导体、Ⅱ-Ⅳ族化合物半导体、铅化物及氧化物半导体等。二元化合物半导体有许多为元素半导体所不具有的性质，开辟了应用的新领域。

Ⅲ-Ⅴ族半导体主要由Ⅲ族元素 Al，Ga，In 与Ⅴ族元素 P，As，Sb 所组成（见表 7-3），应用最广的是 GaAs，还有 GaP，InP 等已成为微波、光电器件的基础材料，人们可以根据要求来选择不同的Ⅲ-Ⅴ族材料。

Ⅱ-Ⅵ族半导体主要指由Ⅱ族元素 Zn，Cd，Hg 和Ⅵ族元素 S，Se，Te 所组成（见表 7-4），主要用来制作微光电器件，红外器件和光电池，在国防上有重要用途。

表 7-3　Ⅲ-Ⅴ族半导体			
Ⅲ族 Ⅴ族	Al	Ga	In
P	AlP	GaP	InP
As	AlAs	GaAs	InAs
Sb	AlSb	GaSb	InSb

表 7-4　Ⅱ-Ⅵ族半导体			
Ⅱ族 Ⅵ族	Zn	Cd	Hg
S	ZnS	CdS	HgS
Se	ZnSe	CdSe	HgSe
Te	ZnTe	CdTe	HgTe

7.1.2.3　三元化合物半导体

以 AlGaAs 和 GaAsP 为代表的三元化合物半导体材料，已为人们广泛研究，可制作发光器件；此外 AgSbTe$_2$ 是良好的温差电材料；CdCr$_2$Se$_4$，MgCr$_2$S$_4$ 是磁性半导体材料；SrTiO$_3$ 是超导电性半导体材料，在氧欠缺的条件下，它表现出超导电性。

7.1.2.4　固溶体半导体

元素半导体或化合物半导体相互溶解而成的半导体材料称为固溶体半导体。它的一个重要特性是禁带宽度（E_g）随固溶度的成分变化，因此可以利用固溶体得到有多种性质的半导体材料。例如 Ge-Si 固溶体 E_g 的变化范围约在 $0.7 \sim 1.2 \mathrm{eV}$；GaAs-GaP 固溶体 E_g 变化范围约在 $1.35 \sim 2.25 \mathrm{eV}$。所以可以利用 GaAs$_{1-x}P_x$ 随 x 变化而作出能发不同波长的发光二极管。Sb$_2$Te$_3$-Bi$_2$Te$_3$ 和 Bi$_2$Se$_3$-Bi$_2$Te$_3$ 是较好的温差电材料。

7.1.2.5　非晶态半导体

非晶态物质的特征是原子排列没有规律，从长程看杂乱无章，有时也叫无定形物质。在非晶态材料中有一些在常态下是绝缘体或高阻体，但是在达到一定值的外界条件（如电场、光、温度等）时，就呈现出半导体电性能，称之为非晶态半导体材料，也叫玻璃态半导体。非晶态半导体材料在开关元件、记忆元件、固体显示、热敏电阻和太阳能电池等的应用方面都有令人鼓舞的前景。例如，a-Si：H 太阳能电池产量已占总太阳能电池产量的 30%，它不仅占领了计算器等家用电器电源的市场，而且装备了太阳能电池汽车和模型飞机；500kW 的电站已投入试运行。

7.1.2.6　有机半导体

以上介绍的半导体材料均为无机物，而有一些有机物也具有半导体性质，研究表明在固态电子器件中将会发挥其作用。因篇幅所限，本章就不作详细介绍。

7.2　半导体材料的结构与键合[2~5]

半导体材料结构与其性能密切相关，决定着材料的功能和应用，因此认识其结构有重要的意义。从结构上，半导体材料可以分为晶体和非晶体。本节主要介绍晶体半导体的内部结构和键合。

7.2.1　金刚石结构

金刚石结构是一种由相同原子构成的复式晶格。元素半导体材料 Si，Ge，α-Sn（灰锡）都具有金刚石结构。图 7-1 表示其一个立方晶胞，相关连的原子共有 18 个，其中 8 个在立方体的 8 个顶角，6 个在立方体 6 个面心，还有 4 个分别在 4 条体对角线距顶角原子相距 1/4 体对角线长度处。它也可以看成两个面心晶格沿对角线移开 1/4 长度套构而成。此

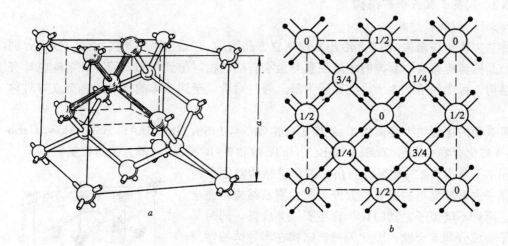

图 7-1 金刚石型结构

a—金刚石型结构的晶胞；b—｛100｝面上的投影（"0" 和 "1/2" 表示面心立方晶格上的原子；

"1/4" 和 "3/4" 表示沿晶体对角线位移 1/4 的另一个面心立方晶格上的原子；

"·"表示共价键上的电子）

结构的一个重要特点是每个原子有 4 个最近邻，它们处在一个正四面体的顶角位置。原子间的结合为共价键，即每个原子有 4 对共价键，键合 4 个最近邻原子，键角为 109°28′。每一晶胞中实际占有原子 8 个，致密度为 0.34，原子排列比较松，因此锗熔化时体积要缩小5.5%，硅熔化时要缩小 9%。表 7-5 列出金刚石结构不同晶面的原子性质，a 为晶格常数，碳、硅、锗和灰锡的晶格常数分别为 $3.65×10^{-10}m$、$5.43×10^{-10}m$、$5.65×10^{-10}m$ 和 $6.46×10^{-10}m$。由表可知 (111) 晶面面密度和面间距最大，(100) 晶面最小，因此晶体的物理化学性质呈各向异性，例如锗、硅和金刚石容易解理，而解理面大多是 ｛111｝ 面，其次是 ｛110｝ 面，因为面间距越大，受力时此晶面越容易解理。氧化速率也与晶向有关，例如硅的 (111) 晶面氧化速率最大，(100) 晶面最小。因为硅表面存在悬挂键，而且数目越多，同氧结合速度越快，原子面密度大的晶面，提供的悬挂键多，因而硅 (111) 晶面氧化速度最大。对择优化学腐蚀剂，各晶面腐蚀速度也不相同，例如硅 (111) 晶面的腐蚀速度总是最慢的，(100) 晶面腐蚀速度最快。晶体沿着不同晶向生长时，生长速度也不相同，因为面密度越大的晶面，其单位表面能小，生长速率越慢，在晶体自由生长过程中，就最容易显露，例如硅的 (111) 面生长速率最小已被实践证明。

表 7-5 金刚石结构不同晶面性质

晶 面	(100)	(110)	(111)	
单位晶胞内平面面积	a^2	$\sqrt{2}a^2$	$\dfrac{\sqrt{3}}{2}a^2$	
单位晶胞内平面面积中原子数	2	4	（单层）2	（双层）4
面密度	$\dfrac{2}{a^2}$	$\dfrac{2\sqrt{2}}{a^2}$	（单层）$\dfrac{4\sqrt{3}}{3a^2}$	（双层）$\dfrac{8\sqrt{3}}{3a^2}$
面间距	$\dfrac{a}{4}$	$\dfrac{\sqrt{2}}{4}a$	（双层）$\dfrac{\sqrt{3}}{3}a$	

7.2.2   闪锌矿和纤锌矿结构

7.2.2.1   闪锌矿结构

亦称立方硫化锌结构,图7-2给出其惯用立方晶胞图,它是由两种不同元素的原子分别组成面心晶格套构而成,套构的相对位置与金刚石结构相对位置相同。闪锌矿结构也具有四面体结构,每个原子有4个异类原子为最近邻,后者位于四面体的顶点,具有立方对称性。

许多重要的化合物半导体如Ⅲ-Ⅴ族化合物 GaAs,InSb,GaP,InAs,BSb,AlSb,GaSb 等,Ⅱ-Ⅵ族化合物 CdTe,ZnSe,HgSe,HgTe 等和Ⅳ-Ⅳ族 SiC,都为闪锌矿结构。

由图7-1和图7-2对比可以看出,闪锌矿结构除去由两类不同原子占据着晶格的交替位置外,与金刚石结构是完全相同的。两种不同原子之间的化学键主要是共价键,同时又具有离子键成分即混合键。因此闪锌矿结构在半导体特性及电学、光学性质上除与金刚石结构有许多相同处外又有许多不同之处。

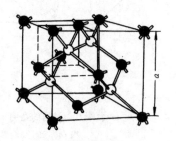

图 7-2   闪锌矿型结构

闪锌矿结构中的离子键成分,使电子不完全公有,电子有转移,即"极化现象"。这与两种原子的电负性之差 $\Delta X = X_A - X_B$ 有关,两者之差愈大,离子键成分愈大,导致极化愈大。表7-6为负电性与离子键比例关系。

表 7-6   负电性与离子键比例

负电性差 $\Delta X = X_A - X_B$	0.2	0.4	0.6	0.8	1.0	1.2	1.4	1.6	1.8	2.0	2.2	2.4
混合键中离子键所占比例/%	1	4	8	15	22	30	39	47	55	63	70	76

为了显示闪锌矿结构的极性,我们假设从[110]方向观察一个Ⅲ-Ⅴ族化合物晶体,其内部原子排列如图7-3所示。因为图中每一个原子后面都有一竖列同种原子,因此可看出 GaAs 晶体是由一系列双原子层组成,每一个双原子层中,一层都是Ⅲ族原子,另一层都是Ⅴ族原子,这两层之间距离较近,而不同的双原子层间距都较远,当从(111)方向剖开时,则一面是 $(111)_\text{Ⅲ}$ 面即[111]方向,另一面是 $(111)_\text{Ⅴ}$ 即 $[\bar{1}\,\bar{1}\,\bar{1}]$ 方向,Ⅲ族原子和Ⅴ族原子周围电子云分布不同,因此两个方向上晶体的表面性质不同,即在结构上有非中心对称性,常把这种不对称性称为晶体结构的极性。

极性对晶体的物理和化学性质都有明显的影响,主要表现在:

(1) 解理性。如前所述金刚石结构解理面是 {111} 面,因为其面间距最大,而闪锌矿结构中解理面是 {110},因为其 {111} 面的双原子层间原子带电不同,静电吸引作用,使它们难以分开,而 {110} 面间距虽然略小些,但每一个原子面是由等数目的两种不同元素原子组成,两相邻的 {110} 面之间没有净的静电力,使这些面易于分开。

同时从晶体的解理方式还可以判断晶体离子性程度。如 GaP 只能沿 {110} 面解理,则表示它具有高度的离子性;AlAs 和 GaAs 除沿 {110} 解理之外,还能沿着 {111} 面有微弱的解理,则表明它们具有较弱的离子性;GaSb,InAs 和 InSb 除了沿 {110} 面解理外,沿 {111} 面也可以作一定程度的解理,则表明它们具有的离子性更弱。

根据材料的解理性，可以合理选择器件的晶体平面，有益于提高器件质量。

(2) 表面腐蚀性。如以图 7-3 表示 GaAs 晶体的极性，Ga 为Ⅲ族原子，As 为Ⅴ族原子。由实验发现在氧化性腐蚀液中 (111)$_{Ga}$面（即 (111) 面）比 (111)$_{As}$面（即 ($\bar{1}\bar{1}\bar{1}$) 面）的腐蚀速度慢，而且 (111)$_{Ga}$面有位错腐蚀坑，(111)$_{As}$面上无位错腐蚀坑。在Ⅲ-Ⅴ族化合物中 AlSb、InSb、InAs、InP 等都得到了类似的结果。通常规定Ⅲ族原子为 A 原子，表面为 A 原子，且法向为 [111] 方向的面称为 A 面或 (111) 面，Ⅴ族原子为 B 原子，表面为 B 原子，且法向为 [$\bar{1}\bar{1}\bar{1}$] 方向的面称为 B 面或 ($\bar{1}\bar{1}\bar{1}$) 面。

有人用"摆垂键"模型解释腐蚀特性，如图 7-4 所示。A 面上 Ga 原子指向外界的化学键是一个空键，没有电子；B 面上 As 原子指向外界的化学键中的一对电子不是公有化的，

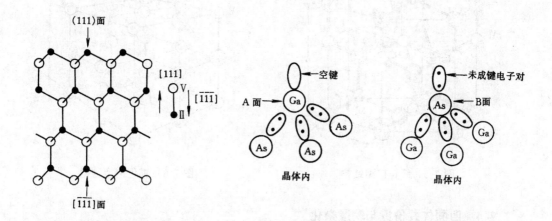

图 7-3 GaAs 晶体的极性　　　　　　　图 7-4　GaAs A、B 面上的化学键情况

它外面没有别的电子。因此在含氧化剂的腐蚀液中，B 面腐蚀速度较快，并且接近于 B 面上位错的腐蚀速度，所以 B 面不易显露位错腐蚀坑；而 A 面上腐蚀速度较慢，位错处腐蚀速度较快，所以 A 面易于显露位错蚀坑。人们还常用化学腐蚀方法来区分一些化合物的 A 面和 B 面。

另外人们在单晶体生长、外延生长等过程中发现 A 面、B 面的生长速率也是不一样的，一般表现为 A 面比 B 面快。

7.2.2.2　纤锌矿结构

纤锌矿结构也称六方硫化锌结构。图 7-5 给出其晶胞图形。它是由两种不同元素的原子分别组成 hcp 晶格适当错位套构而成的，并且也有四面体结构，具有六方对称性。其中 S^{2-}位于整个六方柱大晶胞的各个角顶和底心以及由六方柱划分出的六个三方柱中的相间的三个三方柱的轴线上，Zn^{2+}则位于各个三方柱的棱上及相间的三个三方柱之轴线上。相当于S^{2-}构成简单六方紧密堆积，而 Zn^{2+}则填塞于半数的四面体间隙中，即每个原子均处于异种原子构成的正四面体中心，配位数均为 4。纤锌矿是闪锌矿的同素异构体，晶体结构差别只是第三最近邻的相对位置，闪锌矿结构在 〈111〉 方向上下两层不同原子错开 60°，纤锌矿结构在 〈111〉 方向上下两层不同原子是重叠的。因此纤锌矿晶体结构更适合于电负性差别大的两类原子组成的晶体。例如Ⅲ-Ⅴ族化合物中的 BN，GaN，InN；Ⅲ-Ⅵ族化合物中的

ZnO、ZnS、CdS、HgS 有纤锌矿结构。但是有些化合物在不同的生长条件下，可以按不同方式结晶。

7.2.3　氯化钠结构

氯化钠结构也是半导体材料中的晶体结构。可以看成是由两种不同元素原子分别组成的两套面心立方格子沿 1/2 [100] 方向套构而成的，如图 7-6 所示。这两种元素的电负性有显著的差别，其中金属原子失去电子成为正离子，非金属原子得到电子成为负离子，它们之间形成离子键。

具有氯化钠结构的半导体材料，主要有 CdO、PbS、PbSe、PbTe、SnTe 等。

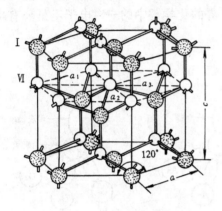

图 7-5　纤锌矿型结构

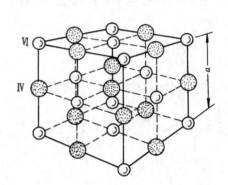

图 7-6　氯化钠型结构

7.2.4　四面体共价键与轨道杂化

元素半导体硅、锗和灰锡都具有金刚石结构，每个原子都和 4 个最近邻原子形成四面体共价键。

根据轨道杂化理论，当四价元素形成晶体时，原子相互靠近，改变了孤立原子状态，主要表现在使价电子的状态发生变化，即有一个 s 轨道和三个 p 轨道，混合起来，组成 sp^3 杂化轨道，使原子有强的成键能力，晶体结构趋于稳定。形成的四个 sp^3 杂化轨道为：

$$\left.\begin{aligned}
\psi_a &= \psi_{(111)} = \frac{1}{2}(\psi_s + \psi_{px} + \psi_{py} + \psi_{pz}) \\[2mm]
\psi_b &= \psi_{(1,-1,-1)} = \frac{1}{2}(\psi_s + \psi_{px} - \psi_{py} - \psi_{pz}) \\[2mm]
\psi_c &= \psi_{(-1,1,-1)} = \frac{1}{2}(\psi_s - \psi_{px} + \psi_{py} - \psi_{pz}) \\[2mm]
\psi_d &= \psi_{(-1,-1,1)} = \frac{1}{2}(\psi_s - \psi_{px} - \psi_{py} + \psi_{pz})
\end{aligned}\right\} \qquad (7-1)$$

原有 sp^3 电子处于现在四个杂化轨道状态，自旋均为配对，电子云几率分布沿四面体顶角方向最大，在这四个方向上，一个原子和周围最近邻原子之间形成共价键，键和键之间的夹角为 109°28′。碳、硅、锗和灰锡都具有四面体共价键，成键数都等于价电子数 4，只是原子半径从硅至灰锡逐渐增大，它们的共价键的强度逐渐减小。

对于 Ⅲ-Ⅴ 族和 Ⅱ-Ⅵ 族化合物半导体是与 Ⅳ 族元素半导体等电子的，它们每个原子所具有的平均价电子数也是 4，仍以 sp^3 杂化轨道成键形成四面体配位的晶体，只是由于它们是两种原子组成的化合物，形成了闪锌矿结构或纤锌矿结构。

在Ⅳ族元素半导体中，N 个原子的原子簇含有 $4N$ 个价电子和 $4N$ 个 sp^3 杂化轨道，组成分子轨道为 $2N$ 个成键轨道和 $2N$ 个反成键轨道，$4N$ 个价电子正好填满 $2N$ 个成键轨道，展宽为价带，而 $2N$ 个反键轨道全都空着，展宽为导带，导带底和价带顶之间的能量间隙为固体能带理论中的禁带宽度 E_g。图 7-7a 显示硅中能带的形成过程。显然 E_g 是与键能或化学键的强度密切相关的，而且 E_g 小于键能。图 7-7b 和 c 在 7.6.6 节中再讨论。

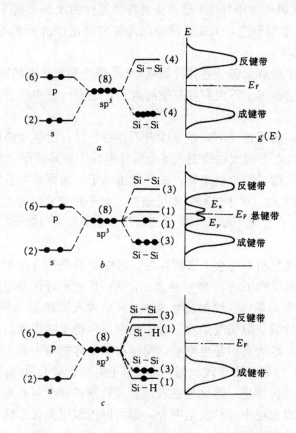

图 7-7　用紧束缚近似描述 a-Si 能带的形成

a—理想情况；b—悬键带；c—a-Si：H

对元素半导体，在周期表中，同一周期的元素从左到右随原子序数增加，而原子半径减小，原子核对电子吸引力增大，共价键强度增大，E_g 亦逐渐增大，例如 Si、P、S 的禁带宽度分别为 1.12eV，1.45eV，2.65eV。而同族元素从上到下，共价键强度减弱，E_g 亦逐渐减小，例如 C、Si、Ge 的禁带宽度分别为 5.47eV、1.12eV、0.66eV。

对化合物半导体，E_g 随共价键强度而变化的结论也是适用的。例如，同一周期中Ⅱ-Ⅵ族化合物半导体的 E_g 大于Ⅲ-Ⅴ族化合物半导体的 E_g，更大于Ⅳ族元素半导体的 E_g，第四周期禁带宽度 ZnSe＞GaAs＞Ge。不同周期相比，禁带宽度 GaAs＞InSb，ZnSe＞CdTe。

关于能带结构见 7.2.2 节。

7.3　半导体材料的物理基础[2,6~11]

研究半导体中载流子运动的基本规律、基本物理过程、物理现象及物理性质是认识、发展和开发半导体功能材料的基础。纵观半导体功能材料发展史，不难看出晶体管的发明正是基于非平衡少数载流子注入和运动规律的研究；p-n 结器件的出现和发展是基于 p-n 结物理理论；MOS（金属氧化物半导体）器件和肖特基器件的发展又是基于硅 MOS 结构界面和硅的金属-半导体界面的研究，人工设计的超晶格材料正是由于超晶格概念的提出。

7.3.1　导电特性

目前常用的半导体材料大部分是共价键晶体，晶体中参与导电的粒子被称为载流子。半导体中对电导有贡献的载流子不仅有导带中的电子，还有价带中的空穴，电子和空穴具有不同符号的电荷。

对纯净半导体，在理想情况下，半导体内不存在可以自由移动的电子，电子均被束缚在原子核周围，其中价电子构成共价键，当外界对半导体有某种作用时，如光照、加热等，价电子获得足够能量，摆脱共价键束缚，成为自由电子，而原来共价键上留下一个空位叫空穴，即产生电子-空穴对，这个过程叫本征激发，电子和空穴都可以参与导电，它们数目接近叫做本征半导体。在室温下锗的本征载流子浓度 $n_i = 2.3 \times 10^{19} \text{m}^{-3}$，硅的 $n_i = 1.5 \times 10^{19} \text{m}^{-3}$。

实际应用的半导体材料中总会有杂质存在，其中有的杂质会使半导体中自由电子数增加，成为以电子为主要载流子的 N 型半导体；有的杂质使半导体中空穴数增多，成为以空穴为主要载流子的 P 型半导体。例如在半导体材料中掺入比其多一个价电子的元素，多余的价电子不能进入共价键，但仍受杂质中心的约束，只是比共价键约束弱得多，只要很小的能量就会摆脱约束，成为自由导电电子。同样在半导体材料中掺入比其少一个价电子的元素，组成共价键时，形成一个空穴状态，只要很小的能量就会从附近原子接受一个电子，把空状态转移到附近共价键里，这就是空穴，空穴数增多并参与导电。以上两种情况发生时，杂质原子分别形成正电中心和负电中心，都可以近似用类氢系统和载流子的有效质量来处理。这样杂质的浅电离能为：

$$E_{\mathrm{I}} = \frac{m^* E_{\mathrm{H}}}{m_0 \varepsilon^2} \tag{7-2}$$

其中 m^* 为载流子的有效质量，m_0 为电子的惯性质量，ε 为母体晶体的相对介电系数，E_{H} 为氢原子的基态电离能。

总之半导体材料的导电特点是具有两种载流子，而且可以人为地改变其种类和数目，这也是半导体材料可以得到广泛应用的重要原因。

7.3.2　能带结构

固体物理学中常用能带来表示电子的各种行为。通常把能带、禁带宽度以及电子填充能带的情况统称为能带结构，其中能带和禁带宽度取决于晶体的原子结构和晶体结构，而电子填充要遵从能量最小原理和泡利不相容原理。

画能带时只需画能量最高的价带和能量最低的导带，如图 7-7 所示。价带顶和导带底都称为带边，分别用 E_{V} 和 E_{C} 表示它们的能量，带隙宽度 $E_{\mathrm{g}} = E_{\mathrm{C}} - E_{\mathrm{V}}$。

用晶体中电子的能量 E 与波矢 k 的函数关系来描述电子在能带中的填充,对半导体起作用的常常是接近于导带底或价带顶的电子,因此只需列出带边附近 E 和 k 的关系。根据固体理论,当半导体材料导带底和价带顶都位于 k 空间原点(Γ 点),而且等能面为球面时,可推出:

$$\text{导带底附近} \quad E_\text{C}(\boldsymbol{k}) = E_\text{C} + \frac{\hbar^2 k^2}{2m_\text{e}^*}$$

$$\text{价带顶附近} \quad E_\text{v}(\boldsymbol{k}) = E_\text{v} - \frac{\hbar^2 k^2}{2m_\text{h}^*} \tag{7-3}$$

其中 m_e^* 和 m_h^* 分别为导带底附近电子和价带顶附近空穴的有效质量。

以上为常用的简单能带模型,而实际半导体能带结构要复杂得多,各种半导体功能器件的发展,正是利用这些复杂结构得以实现。下面以 Ge、Si、GaAs 的能带为例说明(如图 7-8 所示)。可以讨论三个方面:(1)带隙结构。若导带底和价带顶位于 k 空间同一点,则称为直接带隙,若导带底和价带顶位于 k 空间不同点,则称为间接带隙。具有这两种能带结

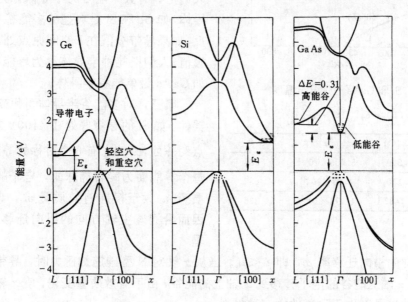

图 7-8 Ge、Si 和 GaAs 的能带结构

(图中,E_g 为带隙。正号(+)表示价带内的空穴,负号(—)表示导带内的电子)

构的材料分别称为直接跃迁型半导体材料(如 GaAs)和间接跃迁型半导体材料(如 Ge、Si)。它们在光吸收、发光、输运现象和过剩载流子复合等行为上有明显的区别。如发生光吸收或复合发光时,过程必须满足准动量守恒。

$$\boldsymbol{k}_\text{f} = \boldsymbol{k}_\text{i} + \boldsymbol{k}_\text{q} \tag{7-4}$$

其中 $\boldsymbol{k}_\text{i}$ 为初始状态电子波矢,$\boldsymbol{k}_\text{f}$ 为末尾状态电子波矢,$\boldsymbol{k}_\text{q}$ 为光子波矢。对于间接跃迁型半导体、导带和价带之间光学跃迁时,需要声子参与才能满足式 7-4,而对于直接跃迁型半导体,不需要声子参与就能满足式 7-4,因此用直接跃迁型半导体制作发光器件和激光器件可大有作为。

禁带宽度 E_g 还随温度升高而降低,$\alpha E_\text{g}/\text{d}T$ 的数量级为 $(3\sim5)\times10^{-4}\text{eV/K}$,图 7-9 给

出 Ge、Si 和 GaAs 的 E_g-T 关系。

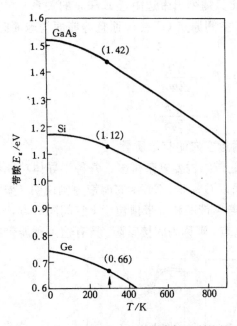

图 7-9 Ge、Si 和 GaAs 的带隙与温度的关系

$$E_g(T) = E_g(O) - \frac{\alpha T^2}{(T+\beta)}$$

材料	$E_g(O)$	α	β
GaAs	1.519	5.405×10^{-4}	204
Si	1.170	4.73×10^{-4}	636
Ge	0.7437	4.774×10^{-4}	235

（2）导带结构。半导体材料的导带结构是比较复杂的，对材料的性能和应用有明显的影响，下面以 Si、Ge、GaAs 为例作简单介绍。

第一，实验发现 GaAs 的导带底附近等能面形状为球面；Ge、Si 的等能面为旋转椭球面。因此 GaAs 的许多性质（如电阻率、磁阻效应等）呈各向同性，可用标量表示；Ge、Si 的许多性质呈各向异性。

第二，如果导带极值不在 k 空间原点，按对称性的要求，必然存在若干个等价的能谷，人们把具有数个能谷的半导体称为多能谷半导体，如 Ge 和 Si 是典型的多能谷半导体。相反，如果导带极值在 k 空间原点处，只有单个极值，人们把此种半导体称为单能谷半导体，如 GaAs 为单能谷半导体。

第三，对多能谷半导体可用来制作压阻器件。如 Si 的导带底处在 $\langle 100 \rangle$ 方向，距原点约 $\frac{5}{6}$ 处，因此它有 6 个对称的等价能谷，且每个等能面为旋转椭球面，电子的纵向有效质量 m_l 大于横向有效质量 m_t，即 $m_l > m_t$；因而沿椭球主轴方向的纵向迁移率 μ_l 小于垂

直于主轴方向的横向迁移率 μ_t，即 $\mu_l < \mu_t$。当从 x 轴对 N 型硅施加压力时，导带结构发生变化，y 轴和 z 轴上能谷的电子转移到 x 轴上的能谷，由于有效质量变化，使 x 轴方向电导率减少，因此硅是制作压阻器件的一种材料。

第四，存在多种能量极值的半导体材料，由于不同极值处导带的曲率（$\partial E/\partial K$）不同，而且其曲率与该处电子的有效质量成反比，则发生转移电子效应。如 GaAs 的导带在位于 $\langle 100 \rangle$ 方向的极值（可称为子能谷）比位于 k 空间原点的极值（可称为主能谷）高约 0.36eV，而且前者电子的有效质量较大，迁移率较低，因此在强电场作用下，电子从原点极值转移到 $\langle 100 \rangle$ 方向极值处时，产生负阻现象。利用此特性 GaAs 可以制作转移电子器件。根据实验表明 InP 是制作转移器件的更好的材料。

（3）价带结构。半导体材料的价带结构也较复杂。以 Ge，Si 和 GaAs 为例，价带分为三支，价带顶位于 k 原点处，两个较高的带在 k 原点处简并，分别对应重空穴带和轻空穴带，虽然它们的等能面呈"扭曲"的球面形状，仍可以用各向同性的有效质量 m_1^* 和 m_2^* 分别描述在重、轻两个空穴带中的空穴运动。还有一个较低的带，它是由自旋-轨道耦合而形成的（因其距价带顶较远，在图 7-8 中未画出）。

7.3.3 载流子的散射与迁移率

7.3.3.1 载流子浓度

对于掺杂的非简并半导体，在一定温度下，杂质离化，可得导带底的电子浓度为

$$n = N_- \exp[-(E_C - E_F)/k_B T] \tag{7-5}$$

$$N_- = 2S_- (2\pi m_-^* k_B T)^{3/2}/h^3 \tag{7-6}$$

式中 N_- 为导带有效能级密度，E_C 为导带底的能级，E_F 为费米能级，k_B 为波耳兹曼常数，S_- 为导带底对应对称点的数目，m_-^* 为统一的电子有效质量。

价带顶的空穴浓度为

$$p = N_+ \exp[-(E_F - E_v)/k_B T] \tag{7-7}$$

$$N_+ = 2S_+ (2\pi m_+^* k_B T)^{3/2}/h^3 \tag{7-8}$$

式中 N_+ 为价带有效能级密度，E_v 为价带顶的能级，S_+ 为价带顶对应对称点的数目，m_+^* 为统一的空穴有效质量。

N_- 和 N_+ 是温度的函数。把式 7-5 和式 7-7 相乘，得

$$np = N_- N_+ \exp[-(E_v - E_v)/k_B T] = N_- N_+ \exp[-E_g/k_B T] \tag{7-9}$$

式中 E_g 为禁带宽度。因为 E_g 与半导体材料有关，所以对给定材料电子浓度和空穴浓度的乘积，只是温度的函数，而与 E_g 位置无关，与掺杂无关。例如硅中掺砷掺得越多，导带中电子便越多，而价带中空穴将减少。

对于本征半导体，很容易得出本征载流子浓度

$$n_i = n = p = (N_- : N_+)^{\frac{1}{2}} \exp[-E_g/2k_B T] \tag{7-10}$$

本征费米能级 $E_i \approx \frac{1}{2}(E_C + E_v)$ 即近似位于带隙中央。n_i 主要取决于材料的 E_g 和温度。式 7-9 仍然成立。

7.3.3.2 电导和散射

导带中的电子和价带中的空穴，在相同的电场作用下，产生漂移运动，但两者所获平均漂移速度不同，即电子迁移率 μ_e 大于空穴迁移率 μ_p，而总导电作用为两者之和，即总电流密度

$$\boldsymbol{J} = \boldsymbol{J}_n + \boldsymbol{J}_p = (nq\mu_e + pq\mu_p)\boldsymbol{E} \tag{7-11}$$

其中 $\boldsymbol{J}_n$，$\boldsymbol{J}_p$ 分别为电子和空穴的电流密度；q 为电子电荷量；$\boldsymbol{E}$ 为电场强度。

半导体的电导率为

$$\sigma = nq\mu_e + pq\mu_p \tag{7-12}$$

宏观量 σ 取决于两个因素：载流子浓度和迁移率。在掺杂情况下，如果一种载流子浓度远大于另一种载流子浓度，则分别称为多数载流子（简称多子）和少数载流子（简称少子）。主要是多子参与导电，上式可以简化为

$$\sigma = \begin{cases} nq\mu_e \\ pq\mu_p \end{cases} \tag{7-13}$$

迁移率是与电子、空穴所受的散射作用有关的一个量，散射越强，载流子平均自由运动时间 τ 就越短，迁移率就越小；相反，迁移率就越大。只有在晶体的原子排列的周期场受到破坏时，运动的电子才会受到散射，散射主要有两种：

（1）晶格散射。由于原子晶格振动引起的载流子散射叫晶格散射。原子间振动按照波

叠加原理可以分解为若干不同的基本波动，其中纵波才会引起原子的位移，引起体积的压缩和膨胀，从而引起能带的起伏，使载流子受到它的势场作用引起散射。对于横波在单一极值能带中不起散射作用，但对多极值的复杂能带结构，横波也会产生散射。当温度升高时，晶格热振动加强，散射也随之加强。

（2）电离杂质散射。被电离的杂质作为正电中心或负电中心，可以改变载流子原有运动速度的方向和大小，被称为电离杂质散射。载流子在散射过程中的轨迹是以电离杂质为一个焦点的双曲线。

晶体中掺入杂质越多，载流子与电离杂质相遇而被散射的机会也越多，即随掺杂浓度增加，散射也增加。而且当温度升高时，载流子运动加快，电离杂质散射作用越弱。浅能级的施主或受主杂质在室温几乎可以全部电离。

此外，还有晶格缺陷和中性杂质散射，此处就不作介绍了。

7.3.3.3 载流子的迁移率

单位电场下载流子漂移的速度称为载流子的迁移率。它是反映半导体中载流子的导电能力的重要参数，而且直接决定着载流子运动（包括漂移和扩散）的快慢，它对半导体器件的工作速度有直接的影响。由上面分析可知，迁移率是与散射几率有关的。当同时有几种散射作用时，总的迁移率 μ 与各种迁移率 μ_i 的关系为

$$\frac{1}{\mu} = \frac{1}{\mu_1} + \frac{1}{\mu_2} + \cdots\cdots = \sum_i \frac{1}{\mu_i} \qquad (i = 1, 2, \cdots\cdots) \qquad (7\text{-}14)$$

一般只考虑晶格振动散射和电离杂质散射，相应的迁移率用 μ_L 和 μ_I 表示。

由理论计算可知，对于简单能带，可将 μ_L 与温度 T 的关系表示为

$$\mu_L = a_L T^{-\frac{3}{2}} \qquad (7\text{-}15)$$

其中 a_L 为与载流子有效质量有关的系数。对于电离杂质对载流子散射，有关系式

$$\mu_I = a_I L^{\frac{3}{2}} \qquad (7\text{-}16)$$

其中 a_I 为与载流子的有效质量有关的系数，所以载流子迁移率随温度变化。当温度升高时，电离杂质散射减弱，迁移率 μ_I 升高，但是晶格散射增强，使迁移率 μ_L 下降。对掺杂浓度低的硅材料，其迁移率随温度的升高，大幅度下降，因此影响迁移率的主要因素是晶格散射。对掺杂浓度高的硅材料，其迁移率随温度变化较平缓，这是电离杂质散射和晶格散射共同作用的结果。

而且，在同一种材料中，载流子迁移率与掺杂浓度有关。在一定温度下，晶体中杂质较少时，电离杂质散射影响小，载流子迁移率数值平稳，而随着掺杂浓度增加，电离杂质散射作用增强，载流子迁移率显著下降。

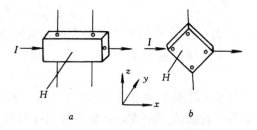

图 7-10 霍尔系数测量示意图
a—测量霍尔系数的矩形样品；
b—测量霍尔系数范德华法样品

7.3.3.4 霍尔效应

载流子浓度和迁移率都是半导体材料的重要参数，测量方法有多种，最常用的方法是霍尔系数测量。图 7-10 是霍尔系数测量示意图。半导体样品沿 x 方向通过较小的电流 I，在 y 方向加一个磁场 B，样品厚度为 d，实验发现在 z 方向样品两端产生一个电压 V_H，这个现

象称为霍尔效应，该电压称为霍尔电压，可表示为

$$V_{\mathrm{H}} = R\frac{IB}{d} \tag{7-17}$$

其中 R 为霍尔系数。

对于 P 型样品，可得样品霍尔系数与空穴浓度的关系

$$R = \frac{1}{pq} > 0 \tag{7-18}$$

对于 N 型半导体可得霍尔系数表达式

$$R = -\frac{1}{nq} < 0 \tag{7-19}$$

由电导率 σ 和霍尔系数 R 的表达式可以得出

$$|R\sigma| = \mu_{\mathrm{H}} \tag{7-20}$$

式中 μ_{H} 为霍尔迁移率，它与电导迁移略有差别，此差别对晶格散射和杂质散射是不同的。晶格散射 $(\mu_{\mathrm{H}}/\mu) = 3\pi/9$；杂质散射 $(\mu_{\mathrm{H}}/\mu) = 1.93$；金属或高载流子浓度的半导体 $(\mu_{\mathrm{H}}/\mu)_{\mathrm{e}} = 1$，在实际测量中要消除一些副效应。

式 7-19 和式 7-20 是掺杂半导体在低于本征温区的温度范围中，霍尔系数与多子浓度的关系。如果温度接近或达到本征情况，就必须考虑少子的作用，即两种载流子偏转积累和产生霍尔电压的效果，可应用以下公式

$$R = -\frac{nb^2 - p}{q(nb + p)^2} \tag{7-21}$$

其中 $b = \dfrac{\mu_{\mathrm{e}}}{\mu_{\mathrm{p}}}$ 即电子与空穴迁移率的比值。

利用霍尔效应可以判断半导体材料的导电类型，测量半导体载流子浓度，结合电阻率测量可测载流子的迁移率，而且利用霍尔效应制做的霍尔器件得到广泛的应用。

7.3.4 非平衡载流子

非平衡载流子在半导体中具有非常重要的意义，半导体中许多物理现象和某些器件原理是与非平衡载流子有关的。

7.3.4.1 非平衡载流子的产生

对于非简并半导体，由式 7-9 可知，在一定温度下载流子浓度是一定的，这种处于热平衡状态下的载流子浓度称为平衡载流子浓度。但在外界作用下，材料中的电子浓度 n 和空穴浓度 p 都是偏离平衡值的，多出来的这部分载流子叫做非平衡载流子（过剩载流子）。通常用光注入或电注入方法产生非平衡载流子。

非平衡载流子在数量上对多子和少子的影响是显著不同的，通常说的非平衡载流子都是指非平衡少子。

7.3.4.2 非平衡载流子的复合和寿命

非平衡载流子的重要特点之一是它们会因复合而消失。人们把非平衡载流子平均存在时间称为寿命。非平衡载流子寿命也用少数载流子寿命来描述。

以光注入为例，设一半导体样品受稳定、均匀的光照，非平衡载流子浓度保持恒定值 $(\Delta n)_0$ 和 $(\Delta p)_0$，在光照撤去后，Δn 将按下述规律衰减

$$\frac{\mathrm{d}(\Delta n)}{\mathrm{d}t} = -\frac{\Delta n}{\tau_{\mathrm{n}}} \tag{7-22}$$

其特解为

$$\Delta n(t) = (\Delta n)_0 \exp(- t/\tau_n) \tag{7-23}$$

同理可得

$$\Delta p(t) = (\Delta p)_0 \exp(- t/\tau_p) \tag{7-24}$$

τ_n，τ_p 为衰减的时间常数。

　　寿命是半导体材料最重要的参数之一，反映了半导体材料的质量，不同的材料寿命不相同，如锗的寿命约在 $100\sim1000\mu s$；硅的寿命约为 $50\sim500\mu s$；砷化镓的寿命仅为 $10^{-2}\sim10^{-3}\mu s$ 或更低。材料中重金属杂质、晶体缺陷的存在、表面的性质都直接影响寿命的长短。寿命又影响着器件的性能，因此不同的器件对非平衡载流子寿命值也有不同的要求，如对高频器件，要求寿命要小，而对探测器要求寿命要大。

7.3.4.3　复合机制

复合按电子和空穴所经历的状态过程可分为直接复合和间接复合。

A　直接复合

导带电子直接跃迁到价带的某一空状态，实现复合，称为直接复合（带间复合）。如砷化镓、锑化铟中主要为直接复合。

B　间接复合

导带电子在跃迁到价带某一空状态之前还要经历某一（或某些）中间状态，称为间接复合。能促使这种间接复合的局域中心称为复合中心，杂质和缺陷就成为复合中心。

C　表面复合

以上两种复合只涉及材料体内的复合过程和寿命。实际在材料表面也存在复合过程，在材料表面常常存在各种复合中心，所以表面复合的本质也是间接复合。实验测得表面寿命值低于体内寿命值，由于存在表面复合，能使晶体管小注入电流放大系数下降，反向漏电增大，对晶体管的稳定性、可靠性、噪声都有严重影响。

7.3.4.4　非平衡载流子的扩散运动

由于非平衡载流子一般是靠外部条件的作用而产生的，因而在半导体中各处的浓度不像平衡载流子那样是均匀的。以光注入为例，设以稳定的光均匀照射半导体表面，光只在表面极薄的一层产生非平衡载流子，由于浓度梯度的作用，对于 N 型样品，非平衡的空穴将向材料内部扩散，并形成稳定的分布，以下为一维的连续性方程

$$- \frac{d}{dx}\Big[- D_h \frac{d(\Delta p)}{dx}\Big] - \frac{\Delta p}{\tau_p} = 0 \tag{7-25}$$

其中 D_h 为空穴扩散系数，τ_p 为空穴的寿命。得到方程的解，即为非平衡空穴浓度的分布

$$\Delta p = (\Delta p)_0 \exp(- x/L_h) \tag{7-26}$$

而 $L_h = \sqrt{D_h \tau_p}$ 为非平衡空穴扩散长度，标志空穴浓度降至 $1/e$ 所需的距离。

　　同理对非平衡电子的扩散有

$$\Delta n = (\Delta n)_0 \exp(- x/L_n) \tag{7-27}$$

其中 $L_n = \sqrt{D_n \tau_n}$ 为非平衡电子扩散长度，D_n 为电子扩散系数，τ_n 为电子寿命。

　　载流子扩散系数 D 与迁移率 μ 遵从爱因斯坦关系

$$D = \frac{k_B T}{q} \mu \tag{7-28}$$

而 L_h，L_n 也是半导体的一个重要参数，是有关器件设计、提高性能必须考虑的因素。

7.3.5 p-n 结

如果在同一块半导体材料中，一边是 p 型区，另一边是 n 型区，在相互接触的界面附近将形成一个结叫 p-n 结。它是许多半导体电子器件的基本结构单元。p-n 结按其杂质分布状况可以分为两类：突变结和缓变结。突变结结面两边的掺杂浓度是常数，但在界面处导电类型发生突变。缓变结的杂质分布是通过结面缓慢地变化。合金结和高表面浓度的浅结扩散结一般可认为是突变结；而低表面浓度的深扩散结，一般可认为是缓变结。正因为 p-n 结的结构特点使其具有单向导电性，使得各种功能半导体器件得以迅速发展。

7.3.5.1 平衡 p—n 结势垒

当 p-n 结形成时，如图 7-11 所示，在交界处有一结区，在结区内形成空间电荷，而自由载流子数目很少，所以也常称为耗尽层。而且在结区内，对于电子而言，结区是从 n 区向 p 区逾越的势垒；对于空穴而言，结区也是从 p 区向 n 区逾越的势垒，因此结区也称为势垒区。

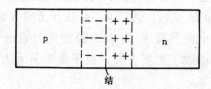

图 7-11　p-n 结的空间电荷区

N 型半导体的费米能级在本征费米能级之上，P 型半导体的费米能级在本征费米能级之下，当 N 型和 P 型半导体形成 p-n 结时，由于自建场的作用，平衡 p-n 结达到统一的费米能级 E_F，即 p 型区能带相对 n 型区上移，而上移的高度为 qV_D，称为平衡 p-n 结的势垒高度，如图 7-12 所示。势垒高度的物理意义即为电子从 n 区到 p 区（或空穴从 p 区到 n 区）必须克服的能量势垒，其大小为

$$qV_D = k_B T \ln \frac{(N_D - N_A)_n (N_A - N_D)_p}{n_i^2} \tag{7-29}$$

其中 V_D 为自建电位；$(N_D - N_A)_n$ 和 $(N_A - N_D)_p$ 分别为 n 区和 p 区的净杂质浓度；n_i 为半导体的本征载流子浓度。由上式可看出势垒高度与温度、半导体材料种类、n 区和 p 区净杂质浓度有关。

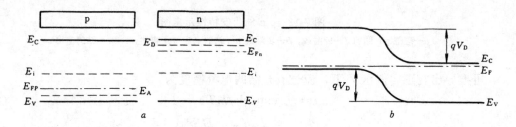

图 7-12　平衡 p—n 结的能带图

a—N、P 型半导体的能带；b—平衡 p-n 结能带图

对于饱和温区，由于 n 区深处电子的平衡浓度 $n_n^\circ \approx (N_D - N_A)_n$；p 区深处的平衡空穴浓度 $P_p^\circ \approx (N_A - N_D)_p$，此时式 7-29 化为：

$$qV_D = k_B T \ln \frac{n_n^\circ P_p^\circ}{n_i^2} \tag{7-30}$$

7.3.5.2　p-n 结的特性

p-n 结中存在的载流子势垒产生了 p-n 结的一系列特性。

A　伏安特性

p-n 结伏安特性指通过 p-n 结的电流与外加电压（偏压）的关系，如图 7-13 所示，正向偏压下，电流随偏压指数上升，可达几十安/厘米²～几千安/厘米²；反向偏压下，电流很小，且很快趋向饱和，即反向饱和电流仅几微安/厘米²；当反向偏压升到某电压值时，反向电流急剧增大，称为击穿，其电压为击穿电压 $V_{击穿}$。此伏安特性具有单向导电的整流性质。

p-n 结有此特性的原因在于，由于结区中载流子浓度很低，是高阻区，如果加上正向偏压 V，我们可以认为其全降落在结区，V 使 p 区电势升高，则势垒降低，电子不断从 n 区向 p 区扩散，空穴也不断从 p 区向 n 区扩散，由于是多子运动，所以随外加电压的增加，扩散电流显著增加；反之施加反向偏压 $-V$ 时，外加电场与自建电场一致，使势垒升高，漂移运动成了主要方面，由于是少子运动，所以反向电流很小，且不随反向电场的增大有很大增加。

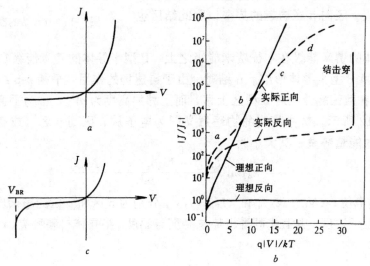

图 7-13　p-n 结伏安特性示意图

a—理想 p-n 结的 $J{\sim}V$ 曲线；*b*—实际硅 p-n 结的电流电压特性；*c*—p-n 结的击穿

可推导出在正向偏压 V 下，流过 p-n 结的电流密度为

$$j = j_s[\exp(qV/k_BT) - 1] \tag{7-31}$$

$$j_s = q\left(\frac{D_n n^\circ_p}{L_n} + \frac{D_p p^\circ_n}{L_p}\right) \tag{7-32}$$

此式即为肖克莱（W. Shockley）方程，其中 D_n、D_p 分别为电子、空穴的扩散系数；n°_p、p°_n 分别为 p 区、n 区的平衡少子浓度；L_n、L_p 分别为电子、空穴的扩散长度。公式表明 p-n 结正向电流随外加正向偏压 V 的增加按指数规律迅速增大。

对于反向偏压 $-V$，上式依然适用，只是 $j \approx -j_s$，表明反向电流将不再随偏压变化，j_s 即为饱和电流，而且只与平衡少子浓度有关，反向饱和电流数值很小。由上式还可证明反向饱和电流随温度升高而迅速增加。

实际 p-n 结的反向电流与材料受到的污染、含有缺陷或外界作用有关，常常导致 j_s 的实际值大于理论值。如光照射 p-n 结，在空间电荷区外一个扩散长度范围内光激发的电子-空穴对，使到达反向 p-n 结空间电荷区边界少子浓度增高，可形成较大的光致反向电流，这正是 p-n 结光生伏特效应的基本原理。同样 PNP 晶体管也应用了增大反向少子电流的原理。

B   击穿特性

击穿特性是 p-n 结的一个重要特性，以击穿电压 V_B 作为检测器件是否合格的重要参数，同时也利用击穿规律制作稳压二极管、微波振荡二极管等。

一般有两种击穿机理，一种是雪崩击穿，当 p-n 结反向偏压很大时，势垒区内电场增强，越过势垒区的电子和空穴受到强电场作用，动能增大，当达到 V_B 时，使载流子在势垒区内获得的动能大到足以引起碰撞电离的程度，把晶格原子的价电子激发至导带，产生电子空穴对，进而使势垒区内载流子浓度倍增，迅速增大了反向电流，发生雪崩击穿。另一种是隧道击穿，是由隧道效应引起的一种击穿现象。当 p-n 结两边的掺杂浓度都很高，以致两边材料都高度简并化，而且势垒区非常薄，测得其伏安特性如图 7-14 所示。小正向偏压下，电流有一负微分电导区（$dJ/dV < 0$），在较高的正向偏压下，逐渐趋于普通伏安特性，具有这种特性的二极管称为隧道二极管或江崎二极管。

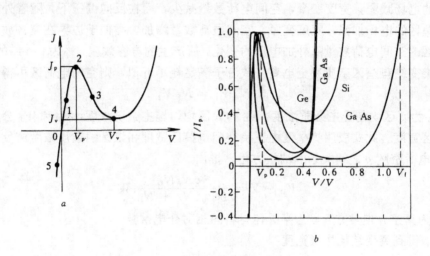

图 7-14   隧道二极管的伏安特性

a—隧道结的电流电压特性；b—锗、硅、砷化镓隧道结室温下电流电压特性[22]

重掺杂下 p-n 结两边高度简并化，费米能级 E_F 分别进入 p 区的价带和 n 区的导带，载流子填充情况如图 7-15a 所示，势垒宽度等于空间电荷区宽度 W，此时电子不能贯穿。而图 7-15b 所示为加一较小正向偏压时，n 型区导带的电子可能贯穿到 p 型区价带中的空态，形成正向隧道电流，而且随着正向偏压从零逐渐增大时，正向隧道电流增加，达到一极大值后，以后正向隧道电流随正向偏压 V 增大而减小，直到零止，因此时正向偏压还较小，所以出现负微分电导区，利用此特性可实现微波放大或微波振荡。

当加反向偏压时，p 区能带相对于 n 区能带升高，当升到 p 区价带电子能量高于 n 区导带电子能量时，如图 7-15c 所示，p 区价带电子可以隧穿到 n 区导带，在反向偏压达到 V_B 时，

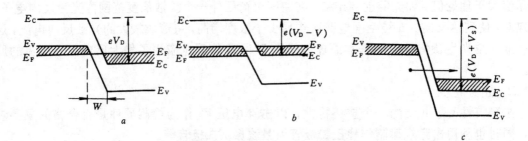

图 7-15 　重掺杂 p-n 结的能带图

a—零偏压；b—正向偏压；c—反向偏压

隧道穿透电子明显增多，反向电流相当大，发生击穿。

总之，隧道击穿与势垒区中电场有关，雪崩击穿除与电场有关，还与势垒区宽度有关；隧道击穿电压随温度升高而减小，而雪崩击穿电压随温度上升而增加。

C　电容效应

p-n 结的电容效应也是 p-n 结的一个基本特性，在正向偏压下，随着外加电压的增加，势垒区的电场减弱，宽度变窄，空间电荷数量减少，而在反向偏压下，随着外加电压的增加，势垒区的电场加强，宽度变厚，空间电荷数量增加，类似于边界在充、放电，这种由于势垒区的空间电荷数量随外加电压的变化，所产生的电容效应，称为 p-n 结的势垒电容。

设突变结势垒区杂质完全电离，载流子满足耗尽近似，则空间电荷区可得到

$$N_A W_1 = N_D W_2 \tag{7-33}$$

式中 N_A 为 p 区均匀受主杂质浓度，N_D 为 n 区均匀施主杂质浓度，W_1 和 W_2 分别为正负空间电荷区宽度。此式表明势垒区内正负空间电荷区宽度和该区的杂质浓度成反比。再由偏压 V 与电荷密度 ρ 之间关系的泊松方程，推出

$$V_D - V = \frac{q N_A N_D}{2\varepsilon_r \varepsilon_0 (N_A + N_D)} W^2 \tag{7-34}$$

其中 ε_0 为真空介电常数，ε_r 为半导体材料的相对介电常数。

可以得到突变结耗尽层宽度

$$W = W_1 + W_2 = \left[\frac{2\varepsilon_0 \varepsilon_r}{q} \times \frac{N_D + N_A}{N_D N_A}(V_D - V) \right]^{\frac{1}{2}} \tag{7-35}$$

还可以得到单位面积 p-n 结电容为

$$C(V) = \frac{\varepsilon_r \varepsilon_0}{W} = \left(\frac{q \varepsilon_0 \varepsilon_r}{2} \times \frac{N_D \cdot N_A}{N_D + N_A} \right)^{\frac{1}{2}} (V_D - V)^{-\frac{1}{2}} \tag{7-36}$$

可以看出，通过减小结面积、减小高阻区的杂质浓度、加大反向电压的方法能够减小突变结势垒电容。

7.3.5.3　金属-半导体接触

在半导体片上淀积一层金属，形成紧密的接触，称为金属-半导体接触。下面只考虑最重要的两种类型接触的导电机理。一类是半导体掺杂浓度较低的情况，其伏安特性与 p-n 结类似，具有单向导电性，这种金属-半导体接触称为肖特基势垒二极管（简称 SBD）；另一类

是半导体掺杂浓度很高的情况,伏安特性遵从欧姆定律,这种金属-半导体接触称为欧姆接触。

A 肖特基势垒二极管

仅以金属和N型半导体的SBD为例。设金属费米能级位置比N型半导体费米能级低,两者接触达到平衡时的情况如图7-16所示。统一的费米能级金属表面带负电,负电荷集中在表面很薄的一层,半导体表面带正电,正电荷区较宽,在半导体一侧,类似于单边突变结,自建场由半导体指向金属,半导体中电子势垒的高度为qV_D,而金属的势垒高度

$$q\phi_{ms} = qV_D + (E_C - E_F) \tag{7-37}$$

与外加偏压无关。

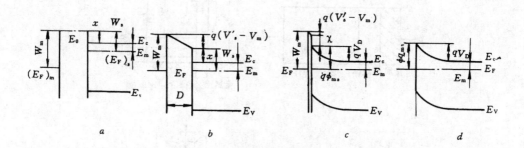

图 7-16 金属和 N 型半导体接触能带图 $(W_m > W_s)$

a—接触前;b—间隙很大;c—紧密接触;d—忽略间隙

当加正向偏压时,半导体方面势垒下降为$q(V_D-V)$,而金属势垒不变,所以半导体发射到金属的电子数目增加,可导出正向电流密度

$$J = J_0 \exp(qV/k_B T - 1) \tag{7-38}$$

$$J_0 = AT^2 \exp(-q\phi_{ms}/k_B T) \tag{7-39}$$

其中A为常数,公式表明正向电流密度随正向偏压V按指数迅速增长,而$q\phi_{ms}$越大,电流越小。

当加反向偏压时,自建场增强,而金属势垒$q\phi_{ms}$不变,形成反向电流,当反向电压增大到一定值,反向电流趋于饱和值。

肖特基二极管是利用多数载流子工作的器件,没有少数载流子的影响,可以做为快速开关二极管、微波混频管和微波变容二极管;还可制作其他种类组合器件;肖特基势垒的形成还可应用于化合物半导体材料的物理特性的测试等。

B 欧姆接触

欧姆接触的正反向伏安特性遵从欧姆定律。例如金属和重掺杂的N型半导体接触时,势垒区随掺杂增加而变窄,根据量子力学隧道效应理论,电子的穿透几率随隧道宽度d的减少而按指数规律增加,势垒区变窄,电子穿透几率增加,成为正反偏压产生电流的主要部分,并遵从欧姆定律。此种接触在半导体器件生产中被广泛应用。

7.3.6 半导体表面和界面

在设计和制造半导体器件时,常常在半导体表面生长一层绝缘层,可以起钝化作用,但是绝缘层中总是存在一些电荷,在绝缘体-半导体界面处存在局域的电子能量状态,即界面

态，既会影响器件的性能，又会影响器件的稳定性和可靠性，因此研究表面层的状态是十分重要的，以理想 MIS 结构为例做一说明。

    MIS 结构即金属-绝缘体-半导体结构，不仅是大多数半导体器件中的实际结构，而且是 MOS（金属-氧化物-半导体）晶体管、CCD（电荷耦合器件）的基本组成部分。以下以理想 MIS 结构为例分析其特性，理想 MIS 结构指既忽略绝缘层中电荷和界面态的影响，也不考虑 MIS 系统的功函数差。如图 7-17 所示，设 P 型半导体衬底接地，金属板（栅极）施加电压 V_G，将产生垂直半导体表面的电场，图中示出 4 种栅压 V_G 下的 MIS 能带图，其中 E_0 为

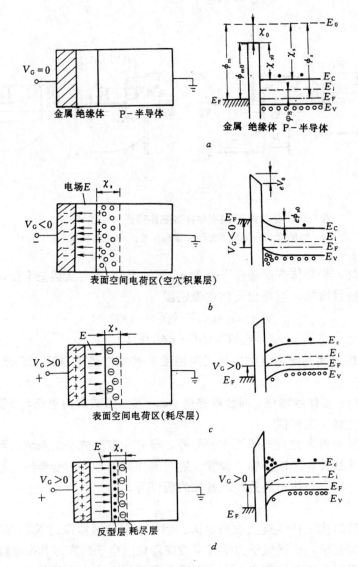

图 7-17   在几种典型栅偏压 V_G 下，理想 MIS 结构的能带图

a—$V_G=0$，平带情形；b—$V_G<0$，积累情形；c—$V_G>0$，耗尽情形；d—$V_G>0$，反型情形

真空能级，χ_0 和 χ_s 分别为绝缘体导带底和半导体导带底对真空能级的差，称为绝缘体和半导体的电子亲和能。χ_{s0} 为半导体对绝缘体的电子亲和能；ϕ_m 和 ϕ_s 分别为金属和半导体的真

空功函数；ϕ_{m0} 和 ϕ_{s0} 分别为金属和半导体对绝缘体的势垒能量。

当 $V_G=0$ 时能带平直，此时无空间电荷层，如图 a 所示。对于 P 型和 N 型半导体的 MIS 结构都有 $E_{F半导体}-E_{V金属}=eV_G$，而且 $V_G=V_0+V_s$，其中 V_0 为绝缘层上电压降，V_s 为半导体表面层电压降，称为表面势。对 P 型半导体，只有 $V_s<0$（能带向上弯曲）亦即 $V_G<0$，出现空穴积累层，如图 b 所示；对 N 型半导体，则要求 $V_s>0$（能带向下弯曲）。对于 P 型半导体，若加正偏压，出现耗尽层（能带向下弯曲），如图 c 所示；对于 N 型半导体，则要求 $V_s<0$（能带向上弯曲）。对于 P 型半导体，正偏压 V_s 继续加大，表面附近能带弯曲加大，以致本征费米能级 E_i 与 P 型费米能级 E_F 相交，如图 d 所示，在交点至表面区域，形成反型层。

下面再讨论其 C-V 特性，上述分析表明，当栅压 V_G 变化时，半导体表面层的电荷随之变化，表现出电容效应，但与一般平板电容器不同处在于，它有两种介质，一种是厚度固定为 d_i 的绝缘层，另一种是厚度随 V_G（或表面势 V_s）变化的半导体表面层。所以 MIS 结构总电容可看成由绝缘体由容 C_i 和半导体电容 C_s 串联而成，即

$$C = \frac{C_i C_s}{C_i + C_s} \tag{7-40}$$

其中 $C_i=\varepsilon_0\varepsilon_i/d_i$ 为单位面积绝缘体电容，ε_i 为绝缘体的相对介电常数；$C_s=-dq_s/dV_s$ 为单位面积半导体表面层电容，q_s 为单位面积半导体表面层电荷。

测量 C-V 特性时，一般在 MIS 二极管两端加一可调节的偏压 V_G，同时加一小讯号 ac 电压。图 7-18 为 P 型衬底的 C-V 曲线。

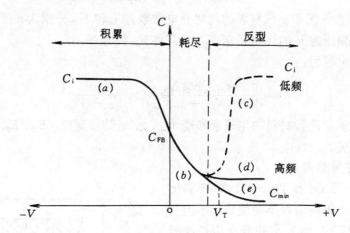

图 7-18 理想 MIS 结构 C-V 示意图（P 型衬底）

以上讨论为理想 MIS 结构的表面特性和 C-V 特性。而实际 MIS 结构与理想情况结果不同，而我们正可利用这一差别进行比较，确定绝缘层电荷量、界面态等性质，还可根据瞬态 C-V 特性来确定半导体表面层中少数载流子寿命。利用以上半导体表面效应制作 MOS 场效应晶体管，在集成电路中得到广泛应用。

7.3.7 异质结和超晶格

7.3.7.1 异质结

若两种晶格结构相同，晶格常数相近，但带隙宽度不同的半导体材料长在一起形成结，

则称为异质结。若结两侧材料导带类型相同称为同型异质结；若不相同称为异型异质结。由于异质结的实现，为制作集成电路提供了能起良好绝缘作用的衬底，对集成电路的发展有重大意义；还可以通过改变异质结的组分，在一定范围内，人为地连续可调异质结的晶格常数、带隙宽度等参数，则扩大了材料的应用范围，而且异质结处能带结构的突变，使其具有不同于单独材料的特性，从而发展了许多重要的半导体光电器件，如激光器、探测器、高电子迁移率晶体管、双极晶体管等，推动了半导体物理的发展，如 1980 年 8 月量子霍尔效应的发现，开拓了半导体物理研究的新领域，展开对异质结中二维电子气在电场作用下的电荷输运和在电场、磁场以及温度场作用下的能量输运过程的研究，并使低维系统的机理研究深入到了新的层次。

　　构成异质结的两种材料一般应选择：（1）具有相同的晶格结构，晶格常数尽可能相近，以便获得无缺陷、无应变的界面，改善结的性能。但是近年来随着超薄层生长技术的发展，成功地生长出原子级厚度的外延层，即使材料本身的失配度很大，也可以被薄层材料的均匀弹性形变所调制，大大改善异质结材料的质量，而且形变应力引起的材料能带结构的变化，导致它具有新的物理特性，发展了新型改性人工材料；（2）具有相近的热膨胀系数；（3）满足一定要求的能隙宽度和电子亲和能。

　　对于均匀掺杂的异型异质突变结，当界面态可忽略不计，在耗尽近似下，可推导出平衡耗尽区宽度为

$$W = \left[\frac{2\varepsilon_n\varepsilon_p(N_{Dn} + N_{Ap})^2 V_D}{q(\varepsilon_n N_{Dn} + \varepsilon_p N_{Ap})N_{Dn}N_{Ap}} \right]^{\frac{1}{2}} \tag{7-41}$$

式中 ε_n 和 ε_p 分别为 n 区和 p 区材料的相对介电常数，N_{Dn} 和 N_{Ap} 分别为 n 区施主浓度和 p 区受主浓度。若求偏压为 V 的耗尽区宽度，只需将 V_D 换为 $V_D\text{-}V$。

　　单位面积结电容为

$$C = \left[\frac{q\varepsilon_0\varepsilon_n\varepsilon_p N_{Dn}N_{Ap}}{2(\varepsilon_n N_{Dn} + \varepsilon_p N_{Ap})} \times \frac{1}{V_D - V} \right]^{\frac{1}{2}} \tag{7-42}$$

　　异质结的性能与两种材料的电子亲和能（χ_p、χ_n）、禁带宽度（E_{gp}、E_{gn}）、导电类型、掺杂浓度等条件有关。

7.3.7.2　半导体超晶格

　　依萨基和隋（Esaki 和 Tsu）在 1969 年提出了超晶格概念，设想将两种不同组分或不同掺杂的半导体超薄层 A 和 B 交替叠合生长在衬底上，使在外延生长方向形成附加的晶格周期性，叫超晶格，如图 7-19 所示。这一结构可看成多层的异质结，一般通过异质外延来实现，并且可以人为控制组分和掺杂生成不同类型的超晶格，每层厚度 d_A 和 d_B，仅为晶格常数的 2～20 倍，附加周期 $D = d_A + d_B$。

　　以成分超晶格为例，根据异质界面不连续性的特征，可以分为四种类型，如图 7-20 所示。

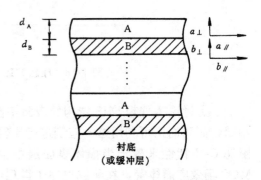

图 7-19　A/B 超晶格示意图及符号表示法

图 a 为 I 型超晶格，能隙差，$\Delta E_g = \Delta E_c + \Delta E_v$，由 GaAs-AlAs，GaSb-AlSb 系统组成。图 b 和图 c 均为 II 型超晶格，能隙差 $\Delta E_g = \Delta E_c - \Delta E_v$，电子和空穴被约束在超晶格的不同半导体中，其中又分为 b 错开型，c 倒转型，由 InAs-GaSb，GaInAs-GaSbAs 系统组成。图 d 为 III 型超晶格，由 HgTe-CdTe 系统组成。

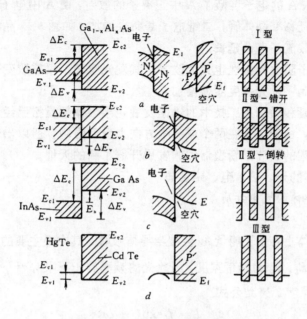

图 7-20 成分超晶格四种类型

a—I 型超晶格；b、c—II 型超晶格；d—III 型超晶格

由于两种材料功函数和禁带宽度的影响，使带边产生不连续性。如图 a 中 A 的导带底低于 B 的导带底，而 A 的价带顶又高于 B 价带顶，因而电子和空穴能量的极小值都在 A，因此窄带隙材料构成电子和空穴的势阱，而宽带材料构成势垒，当窄带隙薄层厚度远小于电子平均自由程时，则在生长方向和实空间中电子可以由一个阱隧穿到另一个阱，即阱间电子态存在相互作用，称为量子阱。

当取垂直衬底表面方向（垂直方向）为 z 轴，按以上分析，可知超晶格中的电子沿 z 方向运动将受到超晶格附加的周期势场的影响，而其 xy 平面内的运动不受影响，导带中电子的能量可表示为

$$E = E(k_z) + \frac{\hbar^2}{2m}(k_x^2 + k_y^2) \tag{7-43}$$

在 xy 平面内电子的动能是连续的，z 方向附加周期势场使电子的能量分裂为一系列子能带，不连续点的 k_z 值满足

$$k_z = \pm n\pi/D \qquad (n \text{ 为整数}) \tag{7-44}$$

结果类似于量子力学中的一维方势阱的隧道效应，只是把晶格常数换成超晶格周期 D。

如上所述可知，超晶格和量子阱有着许多优良的物理特性和广泛应用前景。例如，超晶格沿生长方向周期远大于体材料 A 和 B 本身的周期，这就会沿生长方向布里渊区分成小区，将原有能带分成许多子带，子带禁带变窄，使电子的传输性质和光学性质不同于原有

材料,如在 z 方向加一电场,则电子很容易到达接近小布里渊区边界即子带上部的负的加速区域,宏观出现负阻微分,利用负阻微分效应已制成高频振荡器件,量子阱激光器阈值电流也大大降低。又如图 a 中材料 A 不掺杂,B 掺杂,当杂质电离时电子跑入 A,而离化的杂质却留在 B,载流子和离化杂质在空间上是分开的,电子运动时,离化杂质对电子的散射作用减少,而且流入 A 的电子屏蔽了 A 中正离子的散射,使 A 中电子迁移率大大提高,因此可以制成高电子迁移率晶体管,二维电子寿命也增加。如图 b、c 晶格中电子和空穴在空间分开,则非平衡载流子寿命延长。

另外超晶格量子阱发光特性也大大改善,其发光波长不仅靠改变杂质和组分调制,也可以通过阱宽来调制,发光强度明显增加。

随着分子束外延和微细加工技术的迅速发展,半导体超晶格已经由上述二维系统发展到一维和零维系统,由于运动在两个或三个方向上受到限制,所以出现了更明显的量子尺寸效应,为功能原理的研究,新型器件的发展开辟了新的天地。

7.3.8 半导体的光、热、电、磁性质

7.3.8.1 半导体的光学性质

A 光的吸收

光照射在半导体上,光子能量 $h\nu$ 会被半导体吸收,其中最主要的过程是本征吸收,其发生的条件是 $h\nu \geqslant E_g$,E_g 为禁带宽度,因此光的频率有一下限 $\nu_m = \dfrac{E_g}{h}$。可以得到照射光强 I 随光进入半导体深度 x 衰减公式

$$I = I_0 \exp(-\alpha x) \tag{7-45}$$

其中 I_0 为半导体表面($x=0$)处的光强,α 为吸收系数。

此外,还有杂质吸收、自由载流子的光吸收、晶格振动吸收和激子吸收,它们在分析半导体材料和光的相互作用时有不同程度的影响。

B 光电导效应

在光的照射下,使半导体材料的电导率发生变化的现象,称为光电导效应。按其发生机制可以分为本征光电导和杂质光电导。本征光电导效应指光照射半导体时,当光的能量达到禁带宽度的能量值,价带的电子跃迁到导带,材料内产生电子-空穴对,这两种光生载流子都参与导电,使电导率增加。杂质光电导效应指光照射半导体时,当光的能量达到一定值后,禁带中杂质能级上的电子接收光子能量后,跃迁到导带而参与导电(或是价带电子跃迁到受主能级上产生空穴参与导电),使电导率增加。由以上分析可知,光照射在半导体中产生非平衡载流子,使半导体中载流子数目增加 Δn(Δp),引起附加的光电导,亦称光电导。对本征光电导附加光电导率为

$$\Delta\sigma = q(\Delta n\mu_n + \Delta p\mu_p) \tag{7-46}$$

其中 Δn、Δp 分别为光生电子、空穴数;μ_n、μ_p 分别为电子、空穴迁移率。杂质光电导率为

$$\Delta\sigma = \Delta nq\mu_n(\text{或 } \Delta pq\mu_p) \tag{7-47}$$

正是利用半导体的光电导特性,制成光敏电阻,光的探测、度量和其它光电元件。

C 半导体激光原理

图 7-21 表示能级 E_2 与 E_1 间的基本跃迁过程,图 a 为光吸收,即当一个光子入射到半导体中被吸收(如前所述);图 b 为自发辐射;图 c 为受激辐射,即入射一个光子,引起感

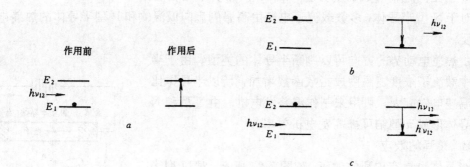

图 7-21 能级 E_2 与 E_1 间的基本跃迁过程

a—光吸收；b—自发辐射；c—受激辐射

应跃迁，则出射二个光子，而且它们的频率、相位、出射方向都一样，相当于一个光子的倍增过程。可以设想，如果我们想办法，使半导体材料中以受激辐射过程为主，而且使其倍增过程继续下去，一个变二个，二个变四个……则可得到频率、相位、方向都相同的一束激光。

为了使半导体材料实现激光，需满足三个基本条件：

(1) 形成粒子数反转状态，使受激发射占优势，常用 p-n 结注入法来实现。

(2) 存在光学谐振腔，产生激光振荡，因为受激辐射的初始光子来源于材料中的自发辐射，而自发辐射产生的一些光子之间频率、相位、出射方向都互不相同，将它们都放大，则得不到激光。因此只需一定特征（频率、相位、出射方向等）的光，优先得到放大，并持续下去，其他的光都要被抑制住，利用光学共振腔，可以达到这个目的。

(3) 满足阈值电流密度，使倍增持续，因为激光发生过程中除了有光子数倍增因素外，还有谐振腔的透射和吸收、材料不均匀性引起的散射等因素使光子数减少，只有倍增大于损耗，才能使倍增持续下去，当满足阈值电流密度时，增益会大于损耗，倍增则持续。

当前半导体激光器已得到广泛的应用。

7.3.8.2 半导体的热电效应

A 塞贝克效应

半导体也具有塞贝克效应，如图 7-22a 所示，当金属和半导体两个接触点之间有温差 ΔT 时，就会产生电动势 $\mathcal{E}_s$。因为对于 P 型半导体，高温处空穴浓度高于低温处，形成空穴浓度梯度，同时高温处空穴运动速度也较高，则空穴向低温处扩散，并在低温处积累

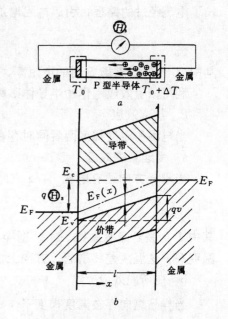

图 7-22 N 型半导体中的
塞贝克效应

a—热电回路；b—能带图

而带正电荷，高温处带负电荷，这样产生的电场又引起空穴流，最后和扩散流之间达到动态平衡。因此 P 型半导体中出现图中所示极性的热差电动势 $\mathcal{E}_s$。图 7-22b 为此时的能带图，

其中 V 为空间电荷形成的电势差，$E_F(x)$ 为费米能级值。

对于 N 型半导体，多数载流子电子由高温侧流向低温侧和 P 型半导体的热差电动势符号相反。

由热差电动势的方向可以判断半导体的类型。由于半导体中载流子浓度随温度成指数函数增加，所以半导体比金属温差电效应大，可用来制作温差发电机。由 P 型和 N 型半导体形成 π 型结可提高发电机效率。

B 珀耳帖效应

半导体也具有珀耳帖效应。如图 7-23 所示，对 N 型半导体，流过电流为 J，在左端电子由金属和半导体接触处流入半导体时要从金属吸热 $(\varepsilon_C - \varepsilon_F) + \frac{3}{2}k_B T$，而在右端电子由半导体和金属接触处流入金属时要将能量 $(\varepsilon_C - \varepsilon_F) + \frac{1}{2}k_B T$ 释放热传给金属。

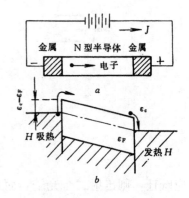

图 7-23 N 型半导体中的
珀耳帖效应
a—回路图；b—能带图

利用这种效应可以制作半导体致冷器。

7.3.8.3 半导体磁电效应

A 磁阻效应

在通电的半导体上加磁场时，半导体的电阻将发生变化，这种现象称为磁阻效应。因为加磁场后，半导体内运动的载流子会受到洛伦兹力的作用，而改变路程的方向，因而延长了电流经过的路程，引起电阻增加。磁阻比值为

$$\frac{\rho_H}{\rho_0} = 1 + \left(\frac{\mu B}{c}\right)^2 \tag{7-48}$$

其中 ρ_H 为外加磁场 B 时的电阻率、ρ_0 为无外加磁场时的电阻率，μ 为迁移率，c 为光速。

利用磁阻效应制作的半导体磁敏电阻，已得到广泛应用。

B 热磁效应

当电场和温度梯度两者同时存在时，加上磁场所引起的现象，称为热磁效应。

a 爱廷豪森效应

当沿 x 方向通有电流 j_x，z 方向加磁场 B_z，则在样品横向 y 方向两端产生温度梯度。

$$\left(-\frac{dT}{dy}\right) = PB_z j_x \tag{7-49}$$

其中 P 为爱廷豪森系数。对 N 型样品，带负电的一端温度高，对 P 型样品，带正电的一端温度高。这温度差将引起 y 方向上电位差。

b 能斯脱效应

当样品纵向存在温度梯度 $\frac{dT}{dx}$，z 方向加磁场 B_z，并且 $j_x = j_y = 0$ 时，则在样品 y 方向产生电场

$$E_y = -Q_N \frac{dT}{dx} B_z \tag{7-50}$$

其中 Q_N 为能斯脱系数。

c 里纪-勒杜克效应

里纪-勒杜克效应是在能斯脱效应相同条件下，在样品 y 方向产生温差效应

$$\frac{\partial T}{\partial y} = S \frac{\partial T}{\partial x} B_z \tag{7-51}$$

其中 S 称为里纪-勒杜克系数，而且此温差又可引起温差电势。

C 光磁电效应

如图 7-24 所示，在垂直光照方向加上磁场 B_z，则由于洛伦兹力作用，电荷发生偏转，引起与霍耳效应类似的效应，在横向 y 方向引起电场，产生电势差。该现象称为光磁电效应。

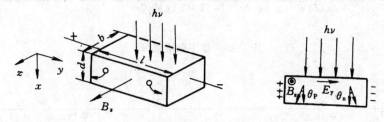

图 7-24 光磁电效应

在光磁电效应中，两种载流子扩散方向相同，电流方向相反，在垂直电场作用下，两种载流子向相反方向偏转，效果是相互加强的。

光磁电效应可以用来测定寿命 τ，还可用于制作半导体红外光探测器件。常用材料为 InSb、InAs 等。

7.4 半导体材料中的杂质[3,5,12~14]

实际应用的半导体材料中总会有一定的杂质存在，一些是人们要设法去掉的，又有一些是为了特定目的人为掺入的。杂质的存在使晶体严格的周期势场受到破坏，对材料性质都有重要影响。

7.4.1 杂质的种类

按杂质原子在半导体材料中存在的方式，可以分为两类，一类是单个原子，另一类是它们与其它杂质缺陷的复合体。而以单个原子存在的位置又可以分为两类，一类是替代式，另一类是间隙式。按杂质原子对半导体材料电学性质的影响，又可以分为五类：受主杂质、施主杂质、两性杂质、中性杂质和深能级杂质，所以杂质的影响是复杂的，既与杂质原子的电子结构有关，又与它们在晶体中的状态有关。不同材料中杂质种类和作用也不相同，常用实验测定的杂质在禁带中的能级来分析它们的影响。图 7-25，图 7-26，图 7-27 分别给出锗、硅、砷化镓禁带中的杂质能级。

在硅、锗中杂质通常可按杂质原子在周期表中位置分别讨论。(1) Ⅲ族和 Ⅴ族原子处于代位式状态，只有一个能级，且电离能小，室温下就可全部电离，称为浅受主和浅施主杂质。(2) Ⅳ族碳和锡，锗中硅，硅中锗，氢、氮等属电中性杂质不起施主和受主作用，对电学性质无明显的直接影响。(3) ⅠB族和过渡族金属杂质，具有多重的杂质能级，电离能大，在室温下不会全部电离称为深能级杂质。(4) 有些杂质在同一半导体中既可起施主作

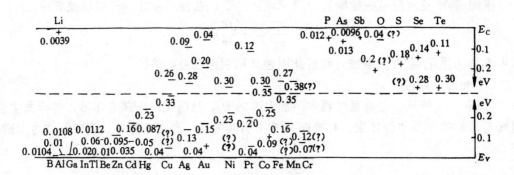

图 7-25　锗中杂质能级

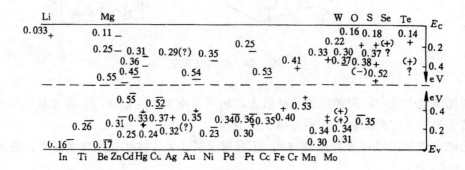

图 7-26　硅中杂质能级

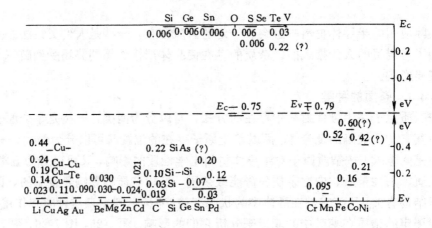

图 7-27　砷化镓中杂质能级

用，又可起受主作用，称为两性杂质，如 Si 中 Au 有深施主和深受主能级。此外锂在锗中处于间隙位置呈施主作用，氧在锗中处在间隙位置，但不影响电性质，氧在硅中的行为在第 7.6 节将作专门讨论。

砷化镓中杂质也可分别讨论。(1) Ⅵ族元素（S、Se、Te）通常替代 Ⅴ 族元素 As 原子的晶格位置，电离能小，为浅施主杂质。(2) Ⅱ族元素（Zn、Be、Mg、Cd、Hg）通常替代 Ⅲ族元素 Ga 原子的晶格位置，为浅受主杂质 (3) Ⅳ族元素（Si、Ge、Sn、Pb）可以起施主、受主或中性杂质作用。(4) Ⅲ族元素（B、Al、In）和 Ⅴ 族元素（P、Sb）分别取代 Ga 和 As 呈电中性。(5) Ⅰ$_B$ 和过渡族元素为深能级杂质，有的还有多重能级。这些杂质掺入后会使 GaAs 电阻率大大增加，甚至变成半绝缘体。

此外，GaAs 中 Si 的作用还与掺杂浓度有关，有些杂质会与晶体缺陷生成复合体呈深能级作用。人们对 GaAs 中有些深能级杂质的作用，认识还不一样，有待进一步研究。

7.4.2 杂质对半导体材料电学性能的影响

以上我们讨论的是半导体材料中只有一种杂质时的作用，而实际半导体中往往有多种杂质，此处将讨论它们的综合作用。

7.4.2.1 杂质对半导体材料导电类型的影响

当材料中施主杂质和受主杂质共存时，有补偿作用，材料的导电类型，取决于哪一种占优势，设杂质在室温下全部电离，N_D 表示施主杂质浓度，N_A 表示受主杂质浓度，当 $N_D \gg N_A$ 时半导体呈 N 型，当 $N_A \gg N_D$ 呈 P 型，当 $N_A \simeq N_D$ 或 $N_A = N_D$ 时，杂质高度补偿，呈弱 N 或弱 P 型，甚至是本征的。人们常常利用扩散或注入法，改变材料中某一区域的导电类型，制作各种器件；同时人们在选择半导体材料时，也提出对补偿度的要求，保证器件的质量和稳定性。

7.4.2.2 杂质对半导体材料电阻率的影响

材料中有多种杂质，并且饱和电离时，电阻率 ρ 可以表示为

$$\left. \begin{array}{ll} \rho = \dfrac{1}{(N_D - N_A)q\mu_e} & \text{(N 型)} \\ \\ \rho = \dfrac{1}{(N_A - N_D)q\mu_p} & \text{(P 型)} \end{array} \right\} \tag{7-52}$$

其中 μ_e、μ_p 分别为电子、空穴的迁移率。此式表明在有补偿的情况下，电阻率主要由有效杂质浓度（$N_D - N_A$）或（$N_A - N_D$）决定，但总的杂质浓度 $N_I = N_A + N_D$，也对电阻率有影响，因为杂质浓度很大时，对载流子散射将加强，则迁移率下降，电阻率增加。有补偿时，电阻率数值偏高，数据不可靠，因此制备半导体材料，应提纯达到规格要求。

以上讨论中假设杂质已全部电离，也叫饱和区，实际上这对应于中温区（室温范围），随着温度上升，电阻率增加，即 ρ 有正的温度系数；而在低温区，随着温度上升，电离起主导作用，电阻率下降，即 ρ 有负的温度系数，也叫杂质区；在高温区，本征激发载流子起主导作用，也称为本征区，随温度上升，电阻率下降，即 ρ 有负的温度系数。因此杂质对电阻率的影响与温度有关。

7.4.2.3 杂质对非平衡载流子寿命的影响

半导体中深能级杂质，对材料的平衡态电学性能影响较小，对非平衡态的电学性能影响较大，在禁带中有多重能级，对电子和空穴的复合起中间站作用，称为复合中心或陷阱中心。大大缩短了非平衡载流子的寿命，因此一般在制备材料时要严防重金属玷污，它们对光电器件特别有害。而对一些特殊器件还可以人为注入微量重金属来降低非平衡载流子寿命。

7.5 半导体中的缺陷[3,5,12,15,16]

半导体晶体中原子的周期性排列经常受到局部破坏，这些被破坏的区域称为晶体的缺陷。按它们区域的大小可以分为点、线、面、体四类。各种缺陷的相互作用，与杂质原子的相互影响，形成复合体，对材料和器件的性能会产生重大影响，因此材料中的缺陷是材料应用研究中的一个中心问题。

7.5.1 点缺陷

半导体晶体中的点缺陷有肖特基缺陷、填隙原子缺陷和弗仑克尔缺陷等。因为它们产生的根源是热运动，也称为热缺陷。热缺陷不断产生、复合，在一定温度下有确定的平衡浓度，应用统计物理方法可以得到空位的数目

$$n_v = N\exp(-E_{vf}/k_BT) \tag{7-53}$$

填隙原子的数目：

$$n_i = N^*\exp(-E_{if}/k_BT) \tag{7-54}$$

式中 N、N^* 分别为单位体积中的原子数和间隙位置数，E_{vf}、E_{if} 分别是一个空位、一个填隙原子形成能。

弗仑克尔缺陷的数目为

$$n_F = \sqrt{NN^*}\exp(-E_{Ff}/k_BT) \tag{7-55}$$

其中 E_{Ff} 是一个弗仑克尔缺陷的形成能。

一个填隙原子有施主中心作用，一个空位有受主中心作用，这些性能通常不易显现，与杂质的作用相比，它们对半导体电学性能的影响是次要的。但是在晶体中引入高浓度点缺陷时，点缺陷会显现以上性质。在器件制作过程中还可利用热缺陷促进杂质的高温扩散，而且点缺陷也会以间接形式影响晶体的电学性能。如形成点缺陷集团或杂质元素沉淀，使少数载流子寿命和迁移率下降。

7.5.2 位错

7.5.2.1 产生的原因

籽晶内原有的位错，在拉制单晶时不断延伸到生长的单晶内。

表面损伤，在高温热应力作用下，产生位错。

晶体生长过程中，熔液中存在过冷、热起伏、微粒、外界振动、应力等产生的位错。

由于快速冷却，平衡点缺陷聚集、崩塌，形成位错环，在一定条件下，成为新的位错源。

杂质沉淀产生位错环。

7.5.2.2 可能的位错组态

根据位错理论可知，位错线应在晶体的滑移面上，而滑移面常常是原子面密度大的低指数晶面，金刚石结构晶体面密度最大的是 {111} 面，其次是 {110} 面和 {100} 面，位错线的滑移方向多是原子的密排方向 ⟨110⟩，因此最短的柏氏矢量在 ⟨110⟩ 方向。表 7-7 列出金刚石结构可能发生的位错组态。其中 60°位错有多余的半原子面，有一系列具有单悬挂键的原子，而螺位错没有。

表 7-7　金刚石结构中可能的位错组态

位错取向	⟨110⟩	⟨110⟩	⟨211⟩	⟨211⟩	⟨211⟩	⟨100⟩	⟨110⟩	⟨100⟩	⟨211⟩
位错与 **b** 的夹角	0°	60°	30°	90°	54°44′	90°	90°	45°	73°13′
滑移面	{111}	{111}	{111}	{111}	{110}	{110}	{100}	{100}	{311}
单位晶格长度上的悬挂键数目	0	2.83 或 0	0.82	1.63	1.63 或 0	2 或 0	2.83 或 0	2 或 0	2.45 或 0.82

7.5.2.3　位错对材料和器件性能的影响。

位错对材料性能的影响表现在对刃型位错存在一串原子带有未饱和的悬挂键，可起施主或受主作用（与单晶类型有关），使材料电阻率改变。位错还会影响迁移率和电导率，并具有明显的方向性。位错的存在还会改变少数载流子的寿命。

实验表明"清洁的"位错对器件特性没什么影响，但是当杂质原子沿位错线沉积，特别是重金属杂质的沉积，会引起 p-n 结漏电、V-I 特性"软化"。位错线还会使杂质的扩散增强，特别在浅结 n-p-n 晶体管中引起器件失效。

提高材料纯度，减少工艺过程中的杂质玷污，消除诱生位错，是提高器件性能和成品率的重要措施。另一方面"吸除工艺"，又是利用非有源区的位错，吸除有源区的有害杂质、点缺陷，则能改善性能，提高器件的成品率。

7.5.3　堆垛层错

7.5.3.1　层错的来源和产生方式

层错的来源有：(1) 外延生长时，由于衬底表面存在机械损伤、表面沾污、微氧化斑、小合金点等都 可成为层错成核中心，外延生长时可生成本征型或非本征形层错。(2) 单晶生长时，在固液界面上有掉渣、热应力、籽晶和熔体浸润不好等情况，也可引入层错。(3) 硅片热氧化或热处理时引入的层错（OSF）可分为两类，一类是由于表面机械损伤和各种玷污等原因在硅片表面层中产生的层错称为表面氧化层错（OSFs）。另一类是分布在体内的氧化层错（OSFB）。关于 OSF 的成核与长大模型有多种，由于需考虑的因素很多情况复杂，至今仍没有一个全面统一的模型。

层错产生方式有两种：一种是使 (111) 面的上下两半晶体作相对滑移，形成本征型层错；另一种是在一定条件下，当晶体中含有的空位或自间隙原子，在 {111} 面聚集成片状，分别形成本征或非本征层错，如表 7-8 所示。

表 7-8　层错产生方式

层错产生方式	滑移	聚集	
		空位	自间隙
层错类型	本征（抽出）	本征（抽出）	非本征（插入）
周围不全位错类型	肖克莱	负弗兰克	正弗兰克
柏氏矢量	$b=\frac{1}{2}$⟨112⟩ 在 {111} 面内	$b=\frac{1}{3}$⟨111⟩ 垂直于 {111} 面	

7.5.3.2　层错对材料和器件性能的影响

层错可以引起杂质不规则扩散和不均匀分布，使器件结构不规则，引起漏电流增大，二次击穿，局部击穿，甚至短路。层错也成为重金属等有害杂质聚集、沉淀核心，引起击穿。层错还成为载流子的复合中心和散射中心，使少数载流子寿命和迁移率下降，使器件放大系数下降，增大反向电流和正向压降，降低截止频率。层错还增加晶体管噪声。

7.5.4 化合物半导体中的缺陷

以上主要讨论的是元素半导体晶体中的缺陷，而这些缺陷在化合物半导体中也存在，但由于化合物半导体中存在两种或两种以上原子，而且不同种原子的组成比例还可能偏离化学计量比，缺陷又有所不同，本节仅讨论与此有关的点缺陷（热缺陷）。

化合物半导体中点缺陷除有空位、填隙原子外，还有代位原子（反结构缺陷）。以 GaAs 为例：

(1) Ga 原子和 As 原子本身产生空位和间隙原子，分别记为 Ga_v、As_v、Ga_i 和 As_i；

(2) 肖特基缺陷，即按严格化学计量比，产生 As 空位同时形成相等数目的 Ga 空位，记为 ($As_v + Ga_v$)。

(3) 弗仑克尔缺陷，即产生 As 空位的同时形成相等数目的 As 间隙原子，记为 ($As_v + As_i$) 或 ($Ga_v + Ga_i$)；

(4) 代位原子，即产生 As 占 Ga 的代位原子或 Ga 占 As 的代位原子，分别记为 Ga_{As} 或 As_{Ga}；

(5) 反结构缺陷，即在产生 As 占 Ga 的代位原子的同时，产生相同数目的 Ga 占 As 的代位原子，记为 ($As_{Ga} + Ga_{As}$)。

此外在实际 GaAs 晶体中若存在偏离严格化学计量比时，也将形成缺陷。若掺入外来杂质 F 时，它们也可能位于间隙或晶格位置，也形成缺陷，分别记为 F_i，F_{Ga} 和 F_{As}。

化合物半导体中点缺陷可以电离，释放电子或空穴，从而影响材料的电学性质，也可相互作用形成结构复杂的缺陷-杂质复合体。

化合物半导体中的缺陷性质及其组态均较复杂，许多规律还需深入研究。如人们曾认为 GaAs 中 As_v 和 Ga_v 是比较重要的，最近根据实验发现 As_v 和 As_i 是起主要作用的；又如人们对 As_v，Ga_v，As_i 起施主还是受主作用，还有分歧，较多人认为 As_v 和 As_i 起施主，Ga_v 起受主作用。

7.6 典型半导体材料及应用[1,3,5,12~22]

半导体材料品种繁多，由于篇幅所限，此节只讨论几种典型品种。

7.6.1 硅材料

硅是当前最重要，产量最大，发展最快，用途最广的半导体材料，95% 以上的半导体器件是用硅材料制作的。

7.6.1.1 硅材料概况

硅晶体具有灰色金属光泽，硬而脆，熔点 1420℃，室温下本征电阻率为 $2.3 \times 10^5 \Omega cm$。常温下硅的化学性质稳定，升温时，很容易同氧、氯等多种物质发生反应，高温下极活泼。硅不溶于盐酸，硫酸，硝酸及王水，但容易溶于 HF-HNO$_3$ 混合液，后者常用来作为硅的腐蚀液；硅容易与碱反应，可用来显示晶体缺陷；硅与金属作用能生成多种硅化物，可用来制作大规模和超大规模集成电路内部引线、电阻等。

硅的能带结构已在 7.3.2 节叙述，它是典型的多能谷半导体，电子横向有效质量 $m_t=(0.19\pm0.01)m_0$，电子纵向有效质量 $m_l=(0.98\pm0.04)m_0$，谷间具有电子转移效应。由于硅是间接跃迁型半导体材料，很少用作发光器件和激光器件，但可用来制作压阻元件、磁阻元件。

硅的室温禁带宽度为 1.12eV，电子迁移率为 $1800cm^2/V\cdot s$，本征载流子浓度为 $1.5\times10^{10}cm^{-3}$，因此制备本征硅材料，提纯需达到 12 个"9"以上，杂质少于 0.001×10^{-9}/原子，一般要求硅纯度达 6~7 个"9"，高纯硅要求 9~10 个"9"即可。制作半导体器件时需要掺杂，可分为三档：轻掺杂——适用于大功率整流级单晶；中掺杂——适用于晶体管级单晶；重掺杂——适用于外延衬底级单晶。本征载流子浓度 n_i，随温度上升而增加，在 250℃时达到 $10^{14}cm^{-3}$ 数量级，接近杂质浓度，器件性能开始变坏，所以硅器件工作温度上限为 250℃ 左右。

多晶硅是制造单晶硅的原材料，人们以基硼浓度和基磷含量来标志多晶硅的纯度，一般还对氧、碳、重金属杂质浓度等都提出要求。

硅单晶的生长方法有直拉法（CZ）、磁控拉制法（MCZ）、悬浮区熔法（FZ）和气相外延（CVD）。直拉法是目前最主要的方法，工艺成熟，适于生产中、低阻，大直径单晶；悬浮区熔法不用坩埚，能生产高阻单晶，可用于制作高压整流器、可控硅、探测器；磁控直拉法是在常规 CZ 工艺中附加一个稳定的强磁场，抑制热对流，可拉出氧含量达 $5\times10^{17}cm^{-3}$ 无对流条纹的均匀单晶；气相外延是用来生产硅外延片的，硅外延片占整个硅片生产的 35%，可以在硅抛光片上直接外延，也可以先作埋层再外延，还可以在蓝宝石、尖晶石等绝缘材料上进行异质外延（SOS），近年来发展了在非晶态绝缘衬底上生长硅单晶的技术（SOI），目前 SOI 材料中发展较快的两大类是离子注氧型分隔（SIMOX）和键合硅片（Bonded wafer）。SOI 材料在提高电路集成度和抗辐射能力，减小漏电流方面明显优于传统的硅材料，还相应地制成了三维集成电路。

7.6.1.2 硅单晶中的微缺陷

在硅材料的发展过程中，人们曾把拉制无位错单晶作为提高材料性能和器件成品率的最佳要求，但在实践应用中发现无位错单晶硅中存在微缺陷。其中有一类称为漩涡缺陷，人们对它研究的比较深入广泛，下面要讨论此类微缺陷。

区熔单晶中微缺陷研究开展得较早，文献较多，对其分类及特征大致如表 7-9 所示，但对其形成原因和本质的研究又提出多种模型，如早期迪考克的"空位团模型"，后来较为流行的有"非平衡间隙原子模型"和"平衡间隙原子模型"，还有人提出"液滴模型"、"Si_4C_4 复合体"、"纯空位模型"等，目前还没有统一的理论解释微缺陷的形成。直拉单晶中微缺陷和区熔单晶中微缺陷在成因和性质上又很不相同。

微缺陷的存在引起人们的极大重视。在微缺陷上会产生金属微沉淀、绝缘微沉淀及层错，使器件性能变坏，如导致 p-n 结漏电流增大，载流子迁移率降低，对大规模集成电路会带来更大的危害，所以微缺陷已成为影响器件成品率的重要因素。

表 7-9　硅单晶中的微缺陷

缺陷类型	单晶生长速率 /mm·min^{-1}	缺陷分布位置	缺陷浓度/cm^{-3}		蚀坑直径/μm
			腐蚀法	缀饰法	
A	2.40～4.5	沿生长条纹	10^8～10^9	10^6～10^7	30～120
B	5.0	沿生长条纹	10^9～10^{10}	-10^9	3～18
C	6.0	B 区和无位错区之间	10^{10}～10^{11}	-10^7	0.3～3.0
D	>6.0	中央随机分布	10^{10}～10^{11}	-10^{10}不易缀饰	0.9～1.0

7.6.1.3　硅单晶中的氧和碳

由于原材料和生长时气氛和环境玷污的影响,硅单晶中一般都含有一定数量的氧和碳。如 CZ-Si 中氧含量可达 10^{18}cm^{-3},碳 10^{16}cm^{-3},FZ-Si 中氧可达 10^{15}～10^{16}cm^{-3},碳 10^{15}cm^{-3},因此硅中氧、碳一直是人们研究的重要课题。

A　硅中氧杂质

氧在硅中大部分处于间隙位置,形成 Si-O-Si 键,在 1106cm^{-1}处产生红外吸收带,它与空位复合还产生 836cm^{-1}红外吸收带,氧在硅中一般认为有二个施主能级,三个受主能级,扩散系数为 $D=0.23\exp(-2.561\pm0.005/k_BT)$。氧在硅中的作用有害也有利,因此应综合考虑其含量与作用。

对氧含量较高的 CZ 硅,热处理时会产生热施主（450℃左右）或新施主（550～800℃长时间处理）,在 1000℃以上氧以 β-SiO$_2$ 微沉积形式析出,高于 1300℃热处理氧重新处于分散的间隙位置。关于新施主的结构和产生机理至今还不很清楚。

施主的出现和消失,使材料电阻率变化,器件电参数不稳定,SiO$_2$ 沉淀会影响器件特性,氧还有助于形成微沉淀、氧化层错和外延层错。另一方面氧达到 4.5×10^{17}cm^{-3} 以上,有钉扎作用增强硅单晶的机械强度,而氧沉淀可以吸除其它杂质和缺陷,成为制备硅片完整层的有益缺陷。

B　硅中碳杂质

碳在硅中为替位式,是非电活性杂质,高碳样品在 830cm^{-1}处有 Si-C 吸收峰,热处理时在 450℃析出沉淀物 SiC,700℃时溶质碳开始消失。其在硅中扩散系数为 $D=0.33\exp\left(-\dfrac{2.9\pm0.25}{k_BT}\right)$。

碳对硅器件有害,应尽量减少其含量。

7.6.1.4　硅单晶中缺陷的控制和利用

为了消除缺陷给材料和器件带来的危害,人们一直是在如下两个方面去努力的。

A　消除缺陷。

通过提高原材料的纯度、改善多晶、籽晶、衬底的质量,改进材料加工技术、单晶制备、热处理和器件制造工艺,控制氧、碳、氮和其他杂质含量和均匀分布,改善超净条件,减少玷污等措施来消除缺陷,制备高度完整的晶体。

B　利用缺陷

实践证明,完全消除缺陷是难于实现的,人们就通过控制并利用晶体在拉制和加工过程中产生的缺陷,来保证和提高集成电路的性能,有人称之为"缺陷工程"具体方法很多,可分为两类。

内吸除，又称"本征吸除"(IG)，主要用于间隙氧含量较高的硅片，具体做法是用 CZ 硅片在一定热处理制度下，使硅片内部生成氧沉淀、位错、层错等缺陷复合体，而在距表面的一定深度内形成无氧层，硅片内部缺陷通过和表面层内杂质、缺陷交互作用，对表面吸除，获得表面完整层（DZ）的优质硅片。

外吸除，利用外部因素来处理硅片，减少硅片表面活性层（有源区）的污染和防止缺陷的产生。常用的外吸除方法有在背面制造划伤或研磨伤痕、离子注入，扩磷、硼，引入错配位错，附一层 Si_3N_4 膜，激光照射，声波冲击等产生畸变场，也能施以对表面的吸附作用，也获得 DZ。

实验表明，内吸除和外吸除工艺配合还可以产生更好的作用，而且适用于低氧含量硅片。

7.6.1.5 主要应用

根据硅材料的不同性能制作的半导体器件主要有晶体二极管、三极管，集成电路（利用整流效应、少子注入），热敏电阻（利用热电效应），霍尔器件（利用霍尔效应），变容二极管（利用 p-n 结电容效应），混频二极管（利用肖特基势垒效应），光敏电阻（利用光电效应），光电二极管（利用光电导和光伏效应），雪崩光电二极管（同上），雪崩渡越二极管（利用 p-n 结雪崩倍增效应），半导体探测器（利用内光电效应），核辐射探测器（利用本征激发或杂质电离），晶闸管（利用整流效应），太阳能电池（利用光生伏特效应）。近来稀土掺杂硅材料也取得重要进展，如掺铒硅有发光现象，并成功研制出发光二极管，标志光电子研究与应用中的重大突破。1990 年首次在室温下观测到多孔硅的可见光光致发光，又开始了对硅光电子集成电路的探索。

7.6.2 锗材料

锗也是具有灰色金属光泽的固体，硬而脆，室温本征电阻率为 $50\Omega cm$。常温下化学性质稳定，升高温度时也易与氧、氯等物质发生化学反应，锗不溶于盐酸或稀硫酸，但能溶于热浓硫酸、浓硝酸、王水及 $HF+HNO_3$ 混合酸。锗与浓碱几乎不起作用，但很容易溶于 H_2O_2+NaOH 混合液。

锗的能带结构在 7.3.2 节已经叙述，也是间接跃迁型半导体，导带底位于 〈111〉方向，$k_x=k_y=k_z=\dfrac{a}{2}$ 处，共有 8 个等价点，电子纵向有效质量 $m_1=(1.64\pm0.03)m_0$，横向有效质量 $m_t=(0.0819\pm0.0003)m_0$。室温下锗的电子迁移率为 $3800cm^2/V\cdot s$，禁带宽度为 $0.66eV$，相应的器件工作温度上限约在 $100℃$，室温下本征载流子浓度为 $2.4\times10^{13}cm^{-3}$，为了得到纯净的本征半导体材料应达到九个"9"以上的纯度，杂质原子少于 10^{-9}。锗经化学提纯只达到 $4\sim5$ 个"9"，还需再进行区熔提纯，锗是最早应用区熔法提纯的半导体材料，而且行之有效。区熔法对半导体材料不但可以提纯，还可用来生长单晶和实现杂质均匀分布，对提高半导体材料质量有重要意义。

锗单晶生长的方法有直拉法、区熔匀平法等，主要用直拉法，可生长高质量的单晶，区熔匀平法即水平区熔法，可拉制高纯单晶。

根据锗的性能也可以制作上面提到的用硅制作的大部分半导体器件，但是由于硅具有许多优良的特性和丰富的资源，目前绝大多数半导体器件都是用硅制造的。尽管如此，锗器件在一些领域还占有优势，例如高频小功率晶体管，特别对低压条件锗材料更有利，还有锗材料制作的红外探测器在红外检测、原子能分析、探矿分析等方面的应用都有重要地位。

7.6.3　砷化镓材料

GaAs 是 III - V 族化合物半导体材料中研究和应用最有成效的材料，受到广泛的重视。

GaAs 为闪锌矿结构，密度为 5.307g/cm³，主要键合形式为共价键，还有离子键，键长 2.44×10^{-10}m，熔点较高为 1238℃，如 7.2.2 节所述它具有非中心对称性，对晶体的解理性，表面腐蚀和晶体生长都有影响。GaAs 的能带结构在 7.3.2 节已经叙述，为直接跃迁型半导体，有较高效率的光转换，是制作半导体激光器和发光二极管优先选用的材料，而且具有双能谷，能发生负阻现象，用来制作耿氏二极管和耿氏功能器件。

GaAs 在室温下禁带宽度为 1.43eV，比 Si、Ge 宽得多，器件工作温度达到 450℃，可用作高温、大功率器件。室温下电子迁移率为 8000cm²/V·s，也比 Si、Ge 高，所以 GaAs 器件具有高频、高速特性。

GaAs 的电子有效质量为 0.07m。比 Ge，Si 小得多，因此其禁带中杂质电离能小，器件有良好的低温特性；也易于制成兼并半导体，宜于制作隧道二极管。

通常在 GaAs 中掺 Te、Sn 或 Si 制备 N 型半导体，掺 Zn 制备 P 型半导体，掺 Cr、Fe 制备半绝缘的高阻 GaAs，而半绝缘 GaAs 是场效应晶体管集成电路的衬底材料。

GaAs 单晶的制备有两个需要解决的重要问题，一是 GaAs 的合成，二是砷蒸气压的控制，当前主要方法有：水平舟生长法（HB）和液封直拉法（LEC）。HB 法又称横拉法，它与锗的水平区熔法相似，可拉制污染少，纯度高的单晶。LEC 法用 B₂O₃ 覆盖，可在高压下大批生产大直径定向单晶，用于集成电路。80 年代初，国际上还发展不掺杂的 Si-GaAs 单晶，其热稳定性好，直径大，而且可控，基本上可满足现有微电子器件和电路的需要，但在位错密度，均匀性方面还有待提高。GaAs 的外延生长主要用气相外延和液相外延，质量大大提高，而且可以制成异质外延、多层、超薄层超晶格等多种结构。

根据 GaAs 的不同性能，用其制成的光电器件和微波器件得到广泛的应用。

7.6.4　镓砷磷材料

GaAs₁₋ₓP 是由 GaAs 和 GaP 组成的混晶，主要用作发光材料。随着组成 x 的变化，它的发光效率和亮度也在变化，例如，当 $x < 0.3$ 时，发光效率高，但发射波长是红光或红外部分，对人眼响应灵敏度较低。当 x 从 0.3 增加到 0.6 时，效率逐渐降低，但发光波长移向视感度较大的部分，亮度在这一范围内有最大值。当 $x > 0.6$ 时，发射波长的位置在人眼比较灵敏的部分，但发光效率很低。推算出最佳组成 $x = 0.40$，相应发红光，波长为 6.5×10^{-7}m，已被实验证实。还可通过掺杂，得到更高的发光效率。

7.6.5　薄膜半导体材料

半导体薄膜材料可以分为薄层和超薄层微结构两大类：薄层半导体材料指厚度为几个微米到亚微米之间的材料，可用常规液相外延（LPE）和化学汽相沉积（CVD）法制备；超薄层微结构（超晶格、量子阱异质结构）是指在这种微结构中的势阱宽度等一些特征尺度已缩短到小于电子平均自由程或可和电子德布罗意波长相比拟的程度，这时整个电子体系维数减少，近于理想异质界面的量子区域，它只能用分子束外延（MBE），金属有机化合物化学汽相沉积（MOCVD），和化学束外延（CBE）等先进技术来生长。如表 7-10 为薄膜半导体的主要类别。

表 7-10 薄膜半导体材料的主要类别

类 别	材 料 举 例①
同质外延	Si/Si，GaAs/GaAs，Ga/GaP
异质外延	Si/Al₂O₃，GaAs/Si，GaAlAs/GaAs
超晶格薄膜	GaAs-GaAlAs（周期重复）/GaAs Si-Si$_{1-x}$Ga$_x$（周期重复）/Si
非晶薄膜	aSi/玻璃或金属 aSiC-aSi-aSi$_{1-x}$Gax/玻璃或金属

① 薄膜材料/衬底材料。

关于薄层材料前面几节已做介绍，现在简单介绍几种超薄层微结构材料。(1) 晶格匹配（或失配很小）材料中当前主要研究 GaAlAs/GaAs 超晶格量子阱材料、GaAlAs/GaAs，GaInAs/InP 调制掺杂异质结构材料，以及 GaInAsP/InP 等材料体系。主要用来研制高电子迁移率晶体管、异质结构双极晶体管、多量子阱激光器、光双稳态器件以及长波长光源和探测器等新一代微电子、光电子器件。(2) 晶格失配异质结构材料中材料选择范围更大了，而且可以通过形变应力和组分控制材料性质。如 GaAs/Si，InP/Si，GaAlAs/GaAs，InGaAs/InAlAs，InGaAsP/InP 等体系研究得比较深入，并逐步进入实用阶段，在其他一些体系还处在基本研究阶段。

总之薄膜半导体材料，开发了具有全新物理效应的新型人工材料，对器件的设计与制造从所谓"杂质工程"发展到"能带工程"，所谓"电学和光学特性可以人工剪裁"，这标志着功能化的半导体材料和器件的发展开始进入了一个崭新的阶段。

7.6.6 非晶半导体和非晶超晶格材料[23~25]

在前面已论及非晶半导体的能带结构特点，并对非晶半导体在太阳能电池、光电导器件、光存储器、薄膜晶体管等方面的应用作了介绍。

非晶半导体硅的能带形成可以用图 7-7b 示意性描述。在 a-Si 网络中有些硅原子的近邻只有三个可与之共价结合的硅原子。这样 sp³ 轨道杂化只能形成三个成键轨道和三个反键轨道。另外两个未成键轨道位于成键轨道和反键轨道之间的能隙中。在非晶态硅中存在大量悬键时，在成键与反键的能带之间会出现两个定域态能带，如图 7-7b 所示的 E_x 和 E_y 的小能带，叫做隙态。E_x 对应于中性悬键接受一个电子后荷负电的状态，下能带 E_y 对应悬键放出一个电子后荷正电的状态。它们的行为分别与深受主和深施主相同。a-Si 的隙态主要来源于悬键。为了降低隙态密度常用的有效办法是氢化，即引入氢去补偿悬键（引入其他种原子也可补偿）。硅原子的未成键轨道将与氢原子的电子轨道杂化，生成价带深处的成键态和导带边缘的反键态，这时隙态密度大大降低，如图 7-7c 所示。这样的非晶态硅称为氢化非晶硅，表如 a-Si：H。a-Si 在费米能级附近的隙态密度可达 10^{20} (cm³·eV)$^{-1}$，而在 a-Si：H 中则只有 10^{16} (cm³·eV)$^{-1}$或更少。非晶半导体中的施主和受主杂质的行为与晶态半导体中的行为很不相同，其主要原因就是隙态的存在。例如杂质磷原子在晶态硅中是向导带底释放一个自由电子，而在 a-Si 中是把多余电子释放给 E_x 带上能量较低的空状态，而不是导带边以上能量较高的扩展态。对于受主杂质，例如掺硼，首先是把空穴释放入 E_y 带，当掺硼量逐步增多时，才转为以空穴导电为主。

非晶半导体是半导体的一个重要组成部分，从理论和应用两方面看都是重要的研究领域。它有很大的实用价值。非晶半导体中的各种现象都在被研究开发和应用。表 7-11 是这方面的一些资料。国内国外都已开发出一些非晶半导体器件，并已商品化。在我国 a-Se 复印鼓已开始用于国产复印机。国外已有很多商用产品，在表 7-12 中列出了一些 a-Si 的器件产品和生产厂家，在国际市场上可以购买。随着非晶半导体技术的提高和新的 a-Si：H 合金薄膜的合成，更新的应用前景是非常光明的。例如可能会出现新器件：方位传感器，可擦电子书写板，·光记录器、液晶电子显示器，应力计，钝化膜，光刻掩膜，光波导，荷电离子探测器，a-Si 二极管和三极管，a-Si 摄像管等。

表 7-11　非晶态半导体的各种现象和应用

物理现象	所加外能	性质的变化	应　用
低电场电导率	温度	电导率	温度计
双注入碰撞电离线状击穿	电场	电导率	阈值开关管　三端模拟元件
不稳定热负性	电能	电导率	开关管
可逆相转变	脉冲电流	电导率	存储开关管
光晶体效应	脉冲光	透射率　反射率	大容量光存储器　全息照相
光晶体核生成	脉冲光	反射率	照　相
光电子发射	光	二次电子发射率	电子束存储器
光变暗现象	光	透射率　反射率	光存储器
光化学腐蚀现象	光	选择腐蚀速度	信息处理机
光抑制效应	光	吸收系数	光开关管，调制器
电光效应	声波	折射率	光开关管，光束偏光光调制器
异质结界面及 p-n 结界面（四面体键非晶态半导体）	电压光	界面电势和结电流光电导率（表面电荷）	分极开关管　非晶态晶体管
		光电导率变化和二极管特性	静电印刷，电子照相光敏元件，太阳电池高解像度摄像管

表 7-12　已有市售的 a-Si 器件产品及其厂商

器　件	产　品	厂　商
光伏电池	计算器、手表、电池充电器、喷水泵、路灯、旅行电池	Sanyo, Fuji, Kyocera, SharpECD, Arco, Chronar, Komatsu, Taiyo, Yuden, Karegafuchi
光接收器	静电复印机、液晶电子显示打印机	Canon, Sanyo
光导器	彩色传感器、光传感器	Sanyo

器 件	产 品	厂 商
图像敏感元件	接触型图像传感器	Fuji-Xerox
阳光可控膜	抗热反射浮法玻璃	Pilkington
抗反射/抗静电膜	电视屏	Mitsubishi
薄膜场效应晶体管（TFT）	显示器、电视机（1986～1987 有市售）	Sanyo，Hosiden，Toshiba，Canon，citizen，GE，Thomson-CSF，CNET

　　非晶半导体超晶格是两种或两种以上不同的非晶薄层交替叠合而成的材料，与晶态半导体超晶格的差别在于晶体超晶格中的各薄层都是晶态的。块体晶态物质和非晶态物质的近邻结构是相似的，它们具有相似的性质。与此类似，非晶半导体超晶格与晶态半导体超晶格之间也有某些类似。当然有许多不同之处。电子在非晶中的平均自由程很短，超晶格中一些与平均自由程有关的效应就不大可能在非晶超晶格中观察到。另一方面，例如势阱层能隙随层厚减小而增大的量子尺寸效应，光生载流子的空间分离效应等在非晶半导体超晶格中都观察到了。下边对非晶半导体超晶格的几个主要效应作一简单介绍。

7.6.6.1　电荷转移效应

　　当 a-Si：H 与一种电负性不同的绝缘体接触时，其界面附近会出现一个很强的空间电荷区，对 a-Si：H 的电学性质有很大影响。由于电荷转移只是在 a-Si：H 中注入了电子或空穴，不像掺杂时常伴有缺陷增加。因此在一块高品位（即隙态密度低）的 a-Si：H 中嵌入许多绝缘夹层，而形成超晶格，就有可能获得一种低隙态密度的低阻光电导材料。

7.6.6.2　量子尺寸效应

　　若势垒层厚度适当，势阱层的能隙会随层厚减小而增大。这种现象被认为是一种量子尺寸效应。一般势阱层厚小于 5.0×10^{-9}m 左右就会出现量子尺寸效应。

7.6.6.3　持久光电导

　　由同一材料的不同掺杂薄层交替迭合而成的非晶半导体超晶格，可称为掺杂调制半导体。例如 P 型 a-Si：H 和 N 型 a-Si：H 薄层交替叠合就成为这样的超晶格。适当能量的入射光分别在各子层的价带和导带中产生成对的空穴和电子对时，p-n 结电场会很快将这些载流子对在空间上分开，并将它们分别限制在 p 层和 n 层中。这些电子和空穴再复合成对进行十分缓慢，因之电导率恢复到热平衡状态需要的弛豫时间特别长，这种现象称为持久光电导。

7.6.6.4　光致发光

　　随着超晶格中各子层厚度的减薄，光致发光出现新的特征，这主要表现在宽带隙子层发光强度迅速下降和窄带隙子层发光强度的迅速增大，并伴随着发光峰峰值能量的增大。

　　非晶半导体超晶格主要分为异质超晶格（如 a-Ge：H/a-Si：H 交替叠合）和掺杂调制超晶格。对非晶半导体超晶格的研究主要在超晶格理论，能带结构，光学性质，输运性质，杂质缺陷行为和超晶格材料生长技术等方面开展。

7.7 结束语[26,27]

半导体材料与半导体物理、半导体器件相互交叉、相互渗透，相互促进，形成半导体科学与技术。它对国民经济乃至国家安全都具有重要的战略意义。

半导体材料可分为块体材料和薄层、超薄层材料。块体材料半导体中以硅材料为最重要，产量最大，发展最快，用途最广泛。其次砷化镓和磷化铟作为发展超高速集成电路、微波单片电路、光电子器件及光电集成的基础材料受到了广泛的重视。薄层、超薄层材料的生长技术获得了巨大发展，从而成功的生长出了一系列非晶态和晶态薄层、超薄层半导体微结构材料。这不仅推动了半导体物理学和材料科学的发展，而且以全新的概念改变着光、电器件的设计思想，从过去的"杂质工程"发展到"能带工程"，出现了以"电学特性和光学特性的剪裁"为特征的新范畴，为量子效应和低维结构特性的新一代半导体器件的制造打下了基础。

与半导体材料密切相关的半导体科学与技术的其它分支有半导体物理、硅集成电路、化合物半导体微电子器件及集成电路、半导体光电子器件、新型电力电子器件与灵巧功率集成电路、半导体传感器和微电子机械系统、非晶态半导体与器件等。所谓其它"分支"是指它们强调了半导体科学技术的某一方面，互相间常是很难完全区分开的。但这样提出各个方面有利于综合理解半导体科学技术的整个内容。

半导体科学技术所形成的巨大产业对国民经济有重要的意义。它以每年超过十个百分点的速度增长。据估计在整个机电产业中，它占的份额仅小于汽车产业，汽车是第一大产业。到 2000 年后半导体科学技术形成的产业将会超过汽车产业而居首位。

各国对各种新材料都投入巨额资金研究开发，竞争十分激烈。表 7-13 是 1991～1993 年美国各类材料研究开发经费及变化一览表。我国在新材料研究开发方面，特别是在半导体材料研究开发方面也投入了较大的人力财力，但由于过去基础相对比较薄弱，因此一般说来，在理论和技术水平方面与先进国家相比，尚有一定差距，若以时间代表发展水平，则我国在半导体科学技术各分支中约落后数年的时间。

表 7-13   1991～1993 年美国各类材料研究开发经费一览表（百万美元）

材料类别	1991 年	1992 年	1993 年	1993 年比 1992 年增长
生物和生物分子材料	143.6	166.0	187.4	21.4
陶 瓷	137.1	132.4	150.4	18.1
复合材料	185.0	182.5	206.8	24.3
电子材料	172.2	162.2	176.7	14.5
磁性材料	21.5	22.6	27.7	5.1
金 属	217.2	211.2	228.9	17.7
光学和光电材料	143.4	133.0	138.8	5.8
高分子材料	83.2	83.0	93.2	10.2

续表 7-13

材料类别	1991 年	1992 年	1993 年	1993 年比 1992 年增长
超导材料	136.8	151.7	142.9	−8.8
其　　他	423.4	414.0	468.5	54.5
总　　计	1663.4	1658.6	1821.4	162.8

参 考 文 献

1 叶式中，杨树人，康昌鹤. 半导体材料及其应用. 北京：机械工业出版社，1986

2 方可，胡述楠，张文彬. 固体物理学. 四川：重庆大学出版社，1993

3 王季陶，刘明登. 半导体材料. 北京：高等教育出版社，1990

4 Pawling L. The Nature of Chemical Bond. Cornell Univ. Press. 1960

5 周永溶. 半导体材料. 北京：北京理工大学出版社，1992

6 黄昆，谢希德. 半导体物理学. 北京：科学出版社，1958

7 犬石嘉雄，滨川圭弘，白藤纯嗣. 半导体物理. 北京：科学出版社，1986

8 方俊鑫，陆栋. 固体物理学. 上海：上海科学技术出版社，1981

9 Long D L. Bands in Semiconductors. New York：John Wiley，1968

10 Seeger K. Semiconductor Physics. Springer-Veslag，Wien New York，1973

11 叶良修. 半导体物理学. 北京：高等教育出版社，1987

12 功能材料及其应用手册编写组. 功能材料及其应用手册. 北京：机械工业出版社，1991

13 Milnes. A G. Deep Impuritits in Semiconductors. Wiley，1973

14 Abe T，Kikuuchi K，Shirai S et al. Semiconductor Silicon. 1981：54～65

15 Bullis W M. Solid-Stale Electronics，1966；9；43

16 Stoneham. A M. Theory of Defects in Solids. Clarendon Press，1975

17 Crawford. J H，Jr，Slifkin. L M. Point Defect in Solids. ，1975：333

18 Hu. S M. J Appl Phys. ，1974；45；1567

19 Rok，Jnoer. P J. J. ，Crystal Growth，1984；68；596

20 Ping Wang，Chang L. ，Demer. L J. ，Electrochem. Soc. ，Vol 131，1984；8；1948

21 Canham. L T. Appl. Phys. Lett. ，1990；57；1046

22 齐学参. 半导体情报. 3，1991；1；1～12

23 陈治明. 非晶半导体燃料与器件，. 北京：科学出版社，1991

24 杜经宁，迈耶 JW，费尔德曼 LC. 电子薄膜科学，黄信凡等译，北京：科学出版社，1997

25 刘恩科，朱秉升，罗晋生等. 半导体物理学. 第 4 版，北京：国防工业出版社，1994

26 国家自然科学基金委员会. 半导体科学与技术. 北京：科学出版社，1995

27 张杏奎. 新材料技术. 江苏：江苏科学技术出版社，1992

第 3 篇

功能高分子材料

功能高分子材料是功能材料领域中研究、开发和生产较活跃的领域之一。其品种繁多、功能各异。一般认为功能高分子材料是指那些除了具有一定的力学性能之外，还具有特定功能（如导电性、光敏性、化学性等）的高分子材料。

功能高分子材料涉及的范围广泛，迄今未有统一的分类方法。从功能及其应用特点考虑，大致可将功能高分子材料分为以下几类：

（1）化学功能和分离功能高分子材料。这类材料主要包括高分子催化剂、高分子试剂、高吸水性树脂、高分子絮凝剂、螯合树脂、离子交换树脂、分离膜材料等。

（2）光功能高分子材料。这类材料主要包括感光高分子、光导材料、光致变色材料、光电材料、高分子液晶等等。

（3）电磁功能高分子材料。这类材料主要包括导电高分子材料、压电和热电高分子材料、高分子驻极体、磁功能高分子材料等等。

（4）生物医用功能高分子材料。这类材料主要包括人工脏器用材料如人工肾、人工心肺等；高分子药物及药用高分子；生物降解材料如生物降解塑料等等。

（5）声功能高分子材料。这类材料主要包括吸音功能高分子材料、声电功能高分子材料等。

功能高分子材料的功能与其组成物质的分子结构密切相关。使高分子材料具有功能性的主要途径有：

（1）化学方法。通过高分子结构设计和官能团设计，合成新型功能高分子材料。合成方法主要有两种：一是用含有功能基的单体经加聚或缩聚等反应制取；二是利用现有的合成或天然高分子，通过某些化学反应引入预期的功能基。例如可利用丙烯酸类单体聚合及亲水性聚合物如淀粉的接枝聚合等方法合成有高吸水性的高分子材料。

（2）物理方法。即通过特殊加工赋予材料以功能性。例如高分子材料通过薄膜化可制作各种分离膜、滤光片等。高分子材料纤维化可开发光导纤维等。

（3）复合方法。即通过两种或两种以上具有不同功能或性能的材料进行复合获得复合型功能材料。例如在绝缘高分子材料中加入导电填料（炭黑、金属粉）可制得导电高分子材料。

（4）表面处理法。即通过对材料进行各种表面处理以获得功能性。

只有掌握有关高分子化学和高分子物理方面的基础知识，了解高分子的结构与性能之间的关系，才能深入理解功能高分子材料。

8　光功能高分子材料

光功能高分子材料是指能够对光能进行传输、吸收、储存、转换的一类高分子材料。目前研究开发较多的光功能高分子材料主要有以下几类：（1）感光性高分子材料（可发生光化学反应）；（2）光致变色材料和光导电材料（能量转换）；（3）塑料光导纤维（光曲线传播）；（4）光盘（信息贮存）；（5）高分子光敏剂、紫外线吸收剂等。本章介绍前三类材料。

8.1　感光性高分子材料[1~4]

感光性高分子材料是指在光的作用下能迅速发生光化学反应，引起物理和化学变化的高分子体系。吸收光的过程可由具有感光基团的高分子本身来完成，也可由加入感光材料中的感光性化合物（光敏剂/光引发剂）吸收光能后引发反应。

感光性高分子材料的研究和应用已有很长的历史。主要产品有光刻胶、光固化粘合剂、感光油墨、感光涂料等。

光刻胶又叫做光致抗蚀剂。当其受到光照后即发生交联或分解反应，溶解性发生改变。

光致抗蚀剂最早应用于印刷制版。在印刷工业中，用感光树脂版代替金属版，不仅节省了金属，而且工艺简单，易实现自动化操作。此后，光致抗蚀剂又被广泛应用于电子工业。在半导体电子器件或集成电路的制造中，需要在硅晶体或金属等表面进行选择性的腐蚀，为此，必须将不需腐蚀的部分保护起来。将光刻胶均匀涂布在被加工物体表面，通过所需加工的图形进行曝光，由于受光与未受光部分发生溶解度的差别，曝光后用适当的溶剂显影，就可得到由光刻胶组成的图形，再用适当的腐蚀液除去被加工表面的暴露部分，就形成了所需要的图形。如果光刻胶受光部分发生交联反应，溶解度变小，用溶剂把未曝光的部分显影后去除，则在被加工表面上形成与曝光掩膜（一般是照相负片或其复制品）相反的负图像，这类光刻胶被称为负性光致抗蚀剂。相反，如果光刻胶的受光部分分解，溶解度增大，用适当的溶剂除去的是曝光部分，这时形成的图像与掩膜是一致的，这类光刻胶被称为正性光致抗蚀剂，其作用原理见图 8-1。

感光性粘合剂、油墨、涂料是近年来发展较快的产品。这些产品具有固化速度快、涂膜强度高、不易剥落、印迹清晰、省能、污染小等特点，便于大规模工业生产。从目前光固化材料的市场份额来看，光固化油墨和涂料占首位，其次是光致抗蚀剂。

感光性高分子材料应具有一些基本性质，如对光的敏感性、成像性、显影性、成膜性等，不同的用途对这些性能的要求是不同的。如作为电子材料及印刷制版材料，要求有良好的成像性及显影性，而作为涂料和油墨，固化速度和成膜性则更为重要。

8.1.1　光化学反应过程

光化学的首要原则是"要使某些物质发生光化学反应，必须吸收光能"。因此，在进行光化学反应时，一定要注意光源波长与光反应物质吸收的匹配，若用的光不被物质所吸收，是不会引起光反应的。

光化学反应历程如图 8-2 所示。电子由于吸收光能，跃迁到电子激发的状态，由选择定

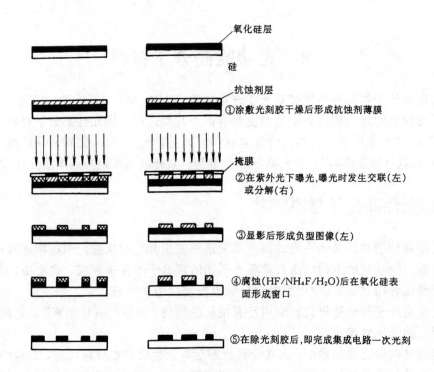

图 8-1　光刻工艺示意图

则决定,优先产生高能量的激发单重态分子。在这种
状态下,既有直接进行化学反应的可能,也有改变
电子的自旋方向,窜跃到激发三重态之后,再发生
反应的情况.被激发的分子并不是都发生反应变化,
有的在激发状态就以荧光、磷光或热的形式放出吸
收的能量。光化学反应生成产物的量子效率常可用
量子产率 ϕ 来表示:即每吸收一个光子生成产物的
分子数。

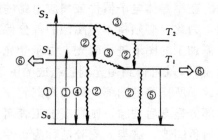

图 8-2　光化学的初期反应过程

S_0—基态;S_1,S_2—激发单重态;
T_1,T_2—激发三重态;
①—吸光;②—内部转换;
③—状态间交叉;④—荧光;
⑤—磷光;⑥—反应

$$\phi = \frac{生成产物的分子数}{吸收的光子数}$$

$\phi < 1$,没有连锁反应发生;$\phi \geq 1$,连锁反应可能
发生;$\phi = 1$,每吸收一个光量子产生一个光化学反
应。

　　以上只就一个分子的光化学反应历程作了说明,也有向周围相同或不同分子转移能量
的历程(能量转移)。由于激发三重态比激发单重态的寿命长,所以处于激发三重态分子的
能量,可以有效地转移给其它分子,产生出新的激发三重态。这种三重态到三重态的能量
转移是非常有意义的。因为有些化合物自身不能直接吸收光子或必须吸收高能量光子才能
进行反应。如果在这类体系中加入另一种化合物,它可直接吸收光能,然后再将能量转移
给较难吸收光子的感光性物质,使后者发生反应,这种现象叫做增感。起增感作用的分子
常被叫做增感剂或光敏剂。增感剂通常分为两类:一类是化学增感,此时感光性物质的固

有感光波长范围无变化。另一类是光学增感（光谱增感），此时感光性物质的固有感光波长范围向长波辐射范围扩展。

增感剂是一类非常重要的物质。它使得许多本来不具备光化学反应能力的化合物能进行光化学反应，从而大大扩大了光化学反应的应用领域。

作为增感剂应具备以下基本条件：

（1）增感剂三线态的能级必须高于被增感物质的三线态能级；

（2）增感剂三线态必须有足够长的寿命，以完成能量转移过程；

（3）增感剂的量子效率应较大。

在感光性高分子所涉及的光化学反应中，大多数是通过能量转移来实现的。其光增感过程可用图8-3来说明：增感剂先吸收紫外光生成激发单重态 S^*（S_1），而后通过系间窜跃（ISC）转变至激发三重态 S^*（T_1）。激发三重态的能量较 S

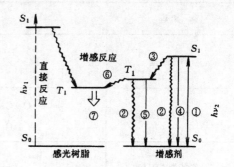

图 8-3 感光树脂的光增感反应
（①→③→⑥→⑦）
①—吸光；②—内部转换；
③—状态间交叉；④—荧光；⑤—磷光；
⑥—三重态-三重态间能量转移；⑦—反应

（S_1）低，寿命较长，有足够的时间和其他分子碰撞进行能量转移。如果其与感光性高分子 p 碰撞，p 受激由 p（S_0）激发到三重态 p^*（T_1）。

$$S^*(T_1) + p(S_0) \rightarrow S(S_0) + p^*(T_1)$$

处于 p^*（T_1）的感光性高分子相互碰撞发生化学反应（如交联等）。

8.1.2 感光性高分子分类

感光性高分子品种繁多，应用很广。目前常用的分类方法有以下几种：

（1）根据光反应的类型分为：光交联型、光聚合型、光氧化还原型、光分解型、光二聚型等；

（2）根据感光基团的种类分为：重氮型、叠氮型、肉桂酰型、丙烯酸酯型等；

（3）根据物性变化分为：光致不溶型、光致溶解型、光降解型等；

（4）根据骨架聚合物种类分为：聚乙烯醇型（PVA）、聚酯型、尼龙型、丙烯酸酯型、环氧型、氨基甲酸酯型等；

（5）根据聚合物组分可分为：感光性化合物和聚合物混合型、具有感光基团的聚合物型、光聚合组成型等。本节将按分类法（5）介绍一些重要的感光性高分子。

8.1.3 重要的感光性高分子[5~10]

8.1.3.1 具有感光基团的高分子

这类感光高分子本身具备光学活性，感光基团直接连在高分子链上，在光作用下被激发，并进一步发生反应生成交联（或分解）的产物。表8-1给出了一些有代表性的感光基团：

A 光二聚型感光高分子

这类聚合物中最有名的是由柯达公司发明的聚乙烯醇肉桂酸酯。其在光照下侧基可发生光二聚反应：

表 8-1 重要的感光基团

基团名称	结　构　式	吸收波长/nm
烯基	$C = C$	<200
肉桂酰基	$-O-\overset{}{\underset{O}{C}}-CH=CH-\bigcirc$	300
肉桂叉乙酰基	$-O-\overset{}{\underset{O}{C}}-CH=CH-CH=CH-\bigcirc$	300~400
苄叉苯乙酮基	$\bigcirc-CH=CH-\overset{O}{C}-\bigcirc$ 或 $\bigcirc-\overset{O}{C}-CH=CH-\bigcirc$	250~400
苯乙烯基吡啶基	$+N\bigcirc-CH=CH-\bigcirc R$	视 R 而定
α-苯基马来酰亚胺基	$-N\overset{CO-C-\bigcirc}{\underset{CO-CH}{\big\langle}}$	200~400
叠氮基	$\bigcirc-N_3$	260~470
重氮基	$\bigcirc-N_2^+$	300~400

　　此反应吸收光的波长范围在 240~350nm 的紫外光区。在实用中,希望这一反应能在波长更长的近紫外光及可见光范围内进行。为此需加入少量光敏剂(增感剂)。例如 5-硝基苊、蒽醌等。表 8-2 给出了一些增感剂的增感效果。

表 8-2 聚乙烯醇肉桂酸酯的增感剂

增 感 剂	相对感度	吸收峰值/nm	感光波长边值/nm
无	2.2	320	350
5-硝基苊	184	400	450
蒽醌	99	320	420
4、4′-四甲基-二胺基苯甲酮	640	380	420
1、2-苯并蒽酮	510	420	470
对硝基苯胺	110	370	400

聚乙烯醇肉桂酸酯一般是在吡啶中由聚乙烯醇和肉桂酰氯发生反应而生成的。反应温度一般为 50～60℃，其反应式为：

$$\text{--}[CH_2\text{--}CH]_n\text{--} + \bigcirc\text{--}CH=CH\text{--}\overset{\underset{\|}{O}}{C}\text{--}Cl \xrightarrow{\text{吡啶}} \text{--}[CH_2\text{--}CH]_n\text{--}$$

分离出聚合物后将其溶于环己酮（或乙二醇单乙醚醋酸酯）配制成 10%左右的溶液并加入 5-硝基苊（聚合物的 5%左右）作增感剂，经过滤后即为光刻胶成品。其商品牌号为 KPR。

聚乙烯醇肉桂酸酯虽是一种性能优良的光刻胶，但它的显影剂是有机溶剂，柔韧性及附着力还需进一步改进。目前，已经合成了一些改性产品：如聚乙烯醇的肉桂酸-二元酸混合酯（可用碱水显影）、乙烯-乙烯醇共聚物的肉桂酸酯（柔韧性较好），环氧树脂的肉桂酸酯（附着力好）等。

如将感光化合物结构中感光基团的共轭体系增长，可改变其最大吸收波长。如将聚乙烯醇用肉桂叉乙酰氯酯化就得到聚乙烯醇肉桂叉乙酸酯

$$\text{--}[CH_2\text{--}CH]_n\text{--} \quad\quad\quad\quad O=C\text{--}CH=CH\text{--}CH=CH\text{--}\bigcirc$$

它的光吸收可伸展到紫外区的 420nm。如果再向这类光刻胶中加入适当的光敏剂，其感光波长还会向长波长范围延伸，而成为高感度的光致抗蚀剂。

除上述聚合物外、聚乙烯苄叉苯乙酮（ $\text{--}[CH_2\text{--}CH]_n\text{--}$ ）、聚乙烯基苯乙烯基吡啶盐（ $\text{--}[CH_2\text{--}CH]_n\text{--}$ ）、具有 α-苯基马来酰亚胺的高分子等也都可发生光二聚反应，且相对感度都比较高。

　　B　具有重氮基的感光高分子

　　a　以重氮盐基为感光基团的感光高分子

　　由于重氮盐是离子型的，因此这类感光高分子往往具有水溶性。当受光后，重氮盐基分解，生成以极性较小的共价键相连的基团，从而使这类高分子变成水不溶的。例如，聚丙烯酰胺重氮树脂的光化反应过程为：

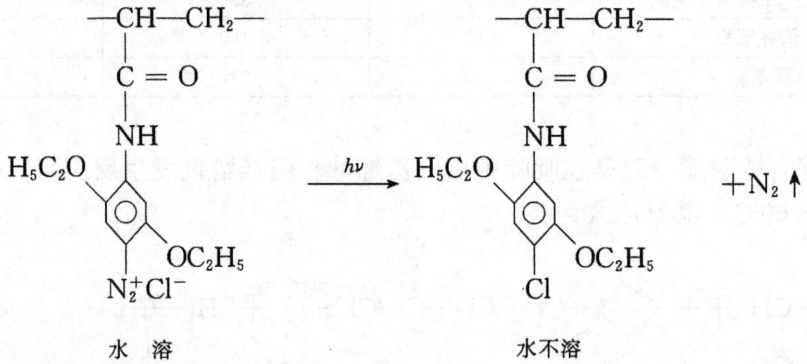

水　溶　　　　　　　　　　　　　水不溶

这是一种阴图型感光材料。

　　b　以邻重氮醌基为感光基团的感光高分子

　　这类材料受光后感光基团发生分解、重排，并与空气中的水分子反应生成茚羧酸，使树脂由碱不溶性受光后变成可溶于碱液。这是一类阳图型感光材料。

　　C　具有叠氮基的感光高分子

　　叠氮化合物在紫外光照射下，可放出 N_2 形成氮卡宾。氮卡宾可以发生重结合、插入 C—H 键等反应。如果将叠氮基引到高分子链上，通过叠氮基的光解反应，可使聚合物分子间交联。如：

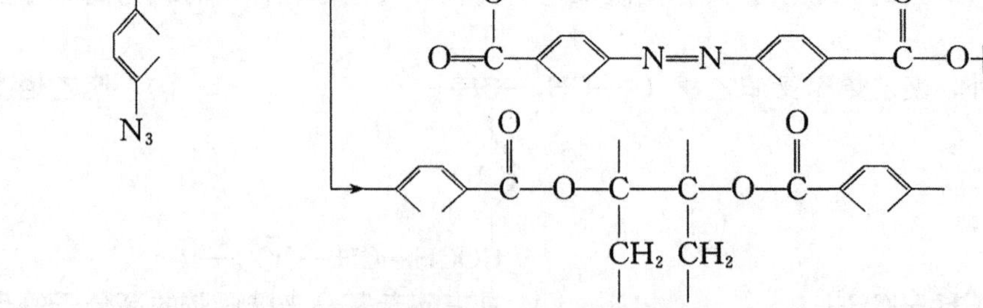

　　日本的浅野等制得了聚乙烯醇-对叠氮苯甲酸酯（PVAB），酯化度 80% 以上。这个聚合物的感度高达聚乙烯醇肉桂酸酯的 2000 倍。类似结构的聚合物品种是较多的。

　　8.1.3.2　感光性化合物＋高分子化合物

　　这类感光性高分子是由感光性化合物与高分子混合而成的。由于高分子及感光性化合物种类繁多，因此由两类材料组成的感光性高分子材料也名目众多。如芳族重氮化物＋高

分子型、芳族叠氮化物＋高分子型、重铬酸盐＋亲水性高分子型、带无取代芳香胺侧链的
高分子＋有机卤化物、芳族亚硝基化合物＋高分子型、蒽醌磺酸盐类＋高分子型等等。这
些感光高分子在电子、印刷、涂料等领域发挥了很大作用。

例如邻重氮醌类化合物与碱溶性高分子的混合物，与线性酚醛树脂、聚乙烯醇缩羟基
苯甲醛的混合物等是一类重要的光分解型感光性高分子，其光化学反应较复杂。一般认为，
曝光时感光层上部的光分解产物烯酮与感光层下部未反应的邻重氮醌反应生成内酯。当用
碱水溶液显影时，内酯环打开生成羧酸钠，与碱溶性线性酚醛一起溶出。而未曝光部分的
邻重氮醌在碱水溶液显影时会和线性酚醛发生耦合反应，生成碱难溶物而形成图像留下：

曝光部分反应为

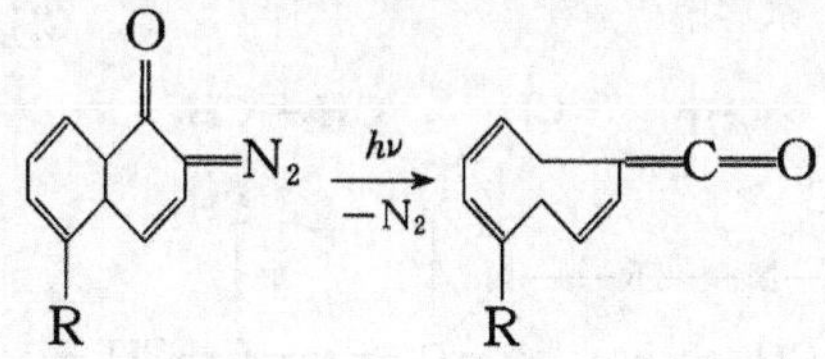

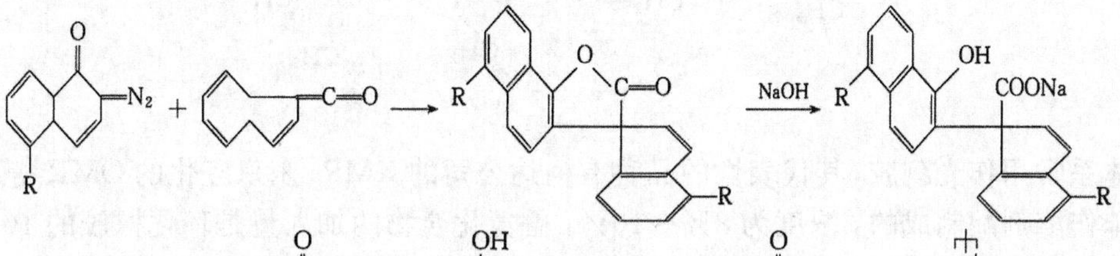

未曝光部分反应为

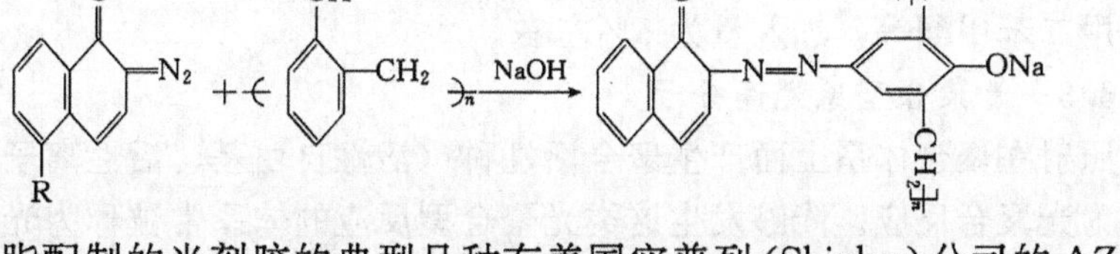

由这类感光树脂配制的光刻胶的典型品种有美国实普列(Shipley)公司的 AZ-111、AZ-
1350，柯达公司的 KMPR，日本东京应化公司的 OFPR 以及我国生产的 701 正性光刻胶。

再如双叠氮化合物与高分子组成的感光高分子材料，由于叠氮化合物受光后生成的氮
卡宾可以发生多种反应，并且加成、插入和耦合等反应都能产生交联结构，因此这是一类
常见的光交联型感光高分子材料。

用于这一感光高分子体系的叠氮化合物均为稳定的芳香族化合物。其中 2，6-双-（4′-
叠氮苯亚甲基）环己酮

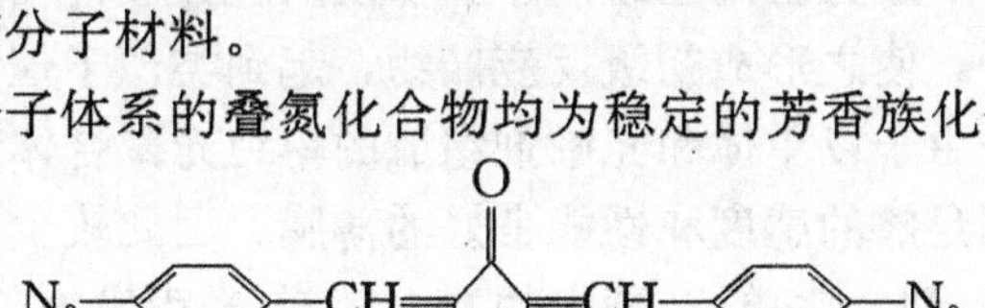

和 2，6-双-（4′-叠氮苯亚

甲基)-4-甲基环己酮。

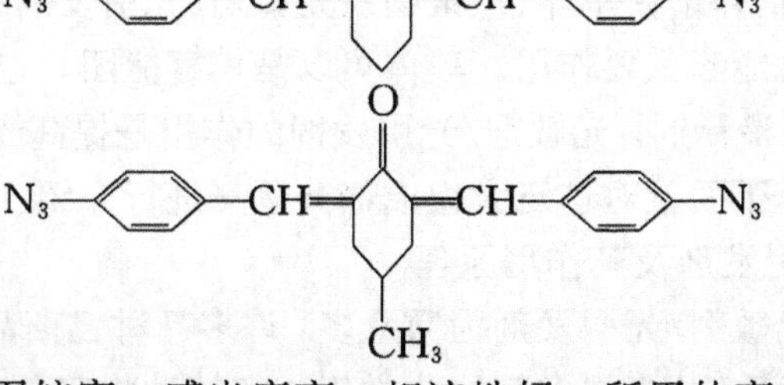

已在生产中应用。这些双

叠氮化合物感光波长范围较宽，感光度高，相溶性好。所用的高分子一般是经适度环化的
天然橡胶、聚异戊二烯橡胶、聚顺1，4-丁二烯环化橡胶等（如果用未环化的天然橡胶或聚
异戊二烯作为感光高分子组分，则产品如光刻胶的膜性能差，而且溶解度低，对配制或显
影过程都不利）。环化橡胶的反应一般是在浓硫酸、对甲苯磺酸作催化剂条件下进行的。

环化橡胶-双叠氮化合物的感光交联机理如下：双叠氮化合物光解生成双亚氮化合物并

放出 N_2。

$$N_3-R-N_3 \xrightarrow{h\nu} (N_3-R-N_3)^* \longrightarrow \cdot \overset{\cdot}{N}-R-\overset{\cdot}{N} \cdot +2N_2$$

双亚氮化合物能与环化橡胶的双键高速进行反应,生成立体网状交联结构。

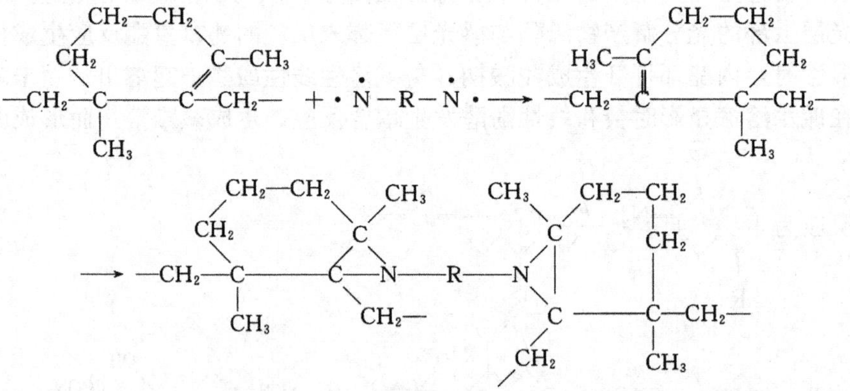

这类体系常用作光刻胶,其代表性的品种有柯达公司的 KMR、东京应化的 OMR 等。一般是用甲苯作溶剂配制成的,浓度为 8%~10%,叠氮化合物的加入量是环化橡胶的 10%,增感剂可用二苯甲酮等,加入量为 5%左右。

8.1.3.3 光聚合型感光高分子

因光照射在聚合体系上而产生聚合活性种(活性自由基、活性离子)并由此引发的聚合反应称为光聚合反应。能够发生这类光聚合型反应的体系常被称为光聚合型感光性高分子。事实上这类体系又可分为单纯光聚合体系和光聚合单体+含有可反应官能团的预聚物体系两类。为了增加光聚合反应的速度,两类体系中一般都需加入光敏剂/光引发剂(二者均能促进光化学反应的进行,不同点在于光引发剂吸收光能后跃迁至激发态,发生化学键的断裂生成初级反应物,一般为游离基或离子,引发反应并被消耗掉。而光敏剂在吸收能量后转移给另外一个分子,使之形成初级反应产物,起到类似于催化剂的作用,在反应中并不消耗)。在实际应用中由于以单体和光敏剂组成的单纯光聚合体系在聚合时易发生体积收缩情况,且一般得不到足够的感度和性能良好的薄膜,因此较少使用。实用较多的光聚合感光高分子体系是后者,即常由单体、预聚物及光敏剂/光引发剂组成的感光高分子体系。其中预聚物是主体且对性能起重要作用。单体可以是单官能团,也可以是多官能团,主要起稀释作用,是一种活性稀释剂。光敏剂/光引发剂的作用是提高光聚合反应效率,有利于自由基等活性种的产生。下面就对这三大组成部分逐一进行介绍。

A 常用光敏剂/光引发剂及其作用原理

现在用于光反应的光敏剂/光引发剂为数众多,许多品种已商品化,其作用模式也多种多样。目前常常是根据光敏剂/光引发剂的化学组成和特性将其分成以下二大类。

a 游离基光聚合光敏剂/光引发剂

这类光敏剂/光引发剂又可分为两大类,分别以安息香(BN)和二苯酮(BP)为代表。它们的共同特点是都含有芳香族羰基,不同之处是安息香可以在受光激发后发生分子内断链,生成游离基引发反应,是一种光引发剂,常用 PI_1 表示。而二苯酮类受光激发后需要和其他分子发生夺氢反应才能生成游离基，是一种光敏剂，常用 PI$_2$ 表示。

安息香类衍生物的光引发机理如下：首先安息香吸收能量后激发至 T_1 态，然后分解成两种自由基，可以引发聚合反应。若将安息香中

$$\text{（苯基）}_2\underset{\underset{O}{\|}}{C}-\underset{\underset{OH}{|}}{\overset{\overset{H}{|}}{C}}\text{（苯基）} \xrightarrow{h\nu} \text{（苯基）}\underset{\underset{O}{\|}}{C}\cdot + \cdot\underset{\underset{H}{|}}{\overset{\overset{OH}{|}}{C}}\text{（苯基）}$$

的 —OH 醚化，可以提高引发效率。

二苯酮类引发剂主要包括二苯酮、米氏酮、硫杂蒽酮等。其引发游离基的产生是一个双分子夺氢反应。醇、醚和胺等含有 α-氢原子的化合物都可作为二苯酮的氢给予体，其中以叔胺为好。可以用二苯酮为例来说明这类光敏剂引发反应的过程。

$$\text{（苯基）}_2\underset{\underset{O}{\|}}{C} \xrightarrow{h\nu} {}^1(Ph_2C{=}O)^* \longrightarrow {}^3(Ph_3C{=}O)^*$$

$$\xrightarrow{R_2NCH_2R} \underset{\text{激基复合物}}{[Ph_2C{=}O\cdots R_2NCH_2R]^*} \xrightarrow{\text{H 原子转移}}$$

$$Ph_2\underset{\cdot}{C}-OH + R_2N-\underset{\cdot}{C}HR$$

$$R_2N-\underset{\cdot}{C}HR + 单体 \text{（或预聚体）} \longrightarrow 聚合物$$

b 用于光阳离子聚合的光敏剂/光引发剂

常用的这类光敏剂/光引发剂有芳香族重氮化合物

$$\left\{\underset{}{\overset{R}{\underset{}{\bigcirc}}}-N{\equiv}N\right\}^{+} X^-、二芳基碘$$

化合物 Ph$_2$I {X$^-$、三芳基锍化合物 Ph$_3$S}$^+$X$^-$、三芳基硒化合物 Ph$_3$Se}$^+$X$^-\cdot$ 等。其中 X$^-$ 常为 BF$_4^-$、AsF$_6^-$ 等离子。阳离子光聚合的机理类似于自由基光聚合，以 Ph$_3$S$^+$X$^-$ 为例说明如下：

$$Ph_3S^+X^- \xrightarrow{h\nu} Ph_2\overset{\cdot}{\overset{+}{S}}X^- + \overset{\cdot}{A}r$$

$$\downarrow DH$$

$$Ph_2S^+HX^- + \overset{\cdot}{D}$$

$$\downarrow$$

$$Ph_2S + HX$$

X$^-$ = PF$_6^-$、SbF$_6^-$、AsF$_6^-$、BF$_4^-$，DH 二氢给体。

Ph$_2$S$^+$ 可以直接引发单体如环氧化物反应，也可由产生的质子酸中的质子引发单体进行阳离子聚合。

如 $CH_2{=}CH-O-R \xrightarrow{HX} CH_3-\overset{+}{C}H-O-RX^-$

$$\downarrow CH_2{=}CHOR$$

$$CH_3-\underset{\underset{R}{|}}{\overset{\overset{|}{O}}{C}H}{-}\!\!\left(\!CH_2-\underset{\underset{R}{|}}{\overset{\overset{|}{O}}{C}H}\!\right)_{\!n}\!\!CH_2-\underset{\underset{R}{|}}{\overset{\overset{|}{O}}{\overset{+}{C}}} HX^- \leftarrow CH_3-\underset{\underset{R}{|}}{\overset{\overset{|}{O}}{C}H}{-}CH_2-\underset{\underset{R}{|}}{\overset{\overset{|}{O}}{\overset{+}{C}}} HX^-$$

　　阳离子聚合中生成的链增长阳离子不像链长自由基那样彼此发生终止反应,因此光照后即使在暗处还会持续进行聚合反应。

　　B　单体（活性稀释剂）

　　由于光聚合型感光高分子是经光照固化,所以用于该体系的活性单体必须是不易挥发的。此外,选用活性稀释剂时还要考虑以下问题：毒性、与预聚物的相容性、稀释能力、固化速度、固化收缩性及对固化膜性能的影响等。常用的活性稀释剂有丙烯酸酯类（见表 8-3）、丙烯酰胺类（见表 8-4）、乙烯基醚活性稀释剂等。

表 8-3　常用的丙烯酸酯类活性稀释剂

名　称	结　构　式	官能团数
丙烯酸异辛酯	$CH_2{=}CH{-}\underset{O}{C}{-}O{-}CH_2\underset{C_2H_5}{CH}{-}(CH_2)_3{-}CH_3$	单官能团
丙烯酸环己酯	$CH_2{=}CH{-}\underset{O}{C}{-}O{-}\bigcirc$	单官能团
丙烯酸羟乙酯	$CH_2{=}CH{-}\underset{O}{C}{-}O{-}CH_2{-}CH_2{-}OH$	单官能团
丙烯酸苯氧基乙酯	$CH_2{=}CH{-}\underset{O}{C}{-}O{-}CH_2{-}CH_2{-}O{-}\bigcirc$	单官能团
1,6-己二醇二丙烯酸酯	$CH_2{=}CH{-}\underset{O}{C}{-}(CH_2)_6{-}O{-}\underset{O}{C}{-}CH{=}CH_2$	双官能团
乙二醇二丙烯酸酯	$CH_2{=}CH{-}\underset{O}{C}{-}O(CH_2CH_2)O{-}\underset{O}{C}{-}CH{=}CH_2$	双官能团
新戊二醇二丙烯酸酯	$CH_2{=}CH{-}\underset{O}{C}O{-}O{-}CH_2{-}\underset{CH_3}{\overset{CH_3}{C}}{-}CH_2{-}O{-}\underset{O}{C}{-}CH{=}CH_2$	双官能团
季戊四醇三丙烯酸酯	$(CH_2{=}CHCOOCH_2)_3CCH_2OH$	三官能团
甘油三丙烯酸酯	$\begin{array}{l}CH_2{-}O{-}\underset{O}{C}{-}CH{=}CH_2\\CH{-}O{-}\underset{O}{C}{-}CH{=}CH_2\\CH_2{-}O{-}\underset{O}{C}{-}CH{=}CH_2\end{array}$	三官能团
季戊四醇四丙烯酸酯	$C(CH_2O{-}\underset{O}{\overset{O}{C}}{-}CH{=}CH_2)_4$	四官能团

表 8-4 常用的丙烯酰胺类单体

名　　称	结　构　式
N-丙烯酰羟乙基马来酰亚胺	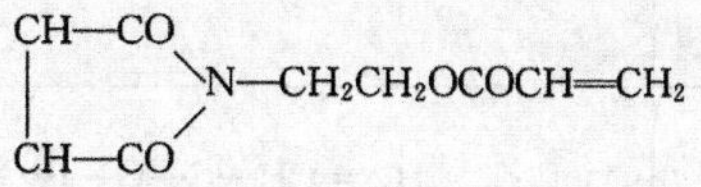 $CH-CO$ 　　$>N-CH_2CH_2OCOCH=CH_2$ $CH-CO$
N、N'-双（β-丙烯酰氧乙基）苯胺	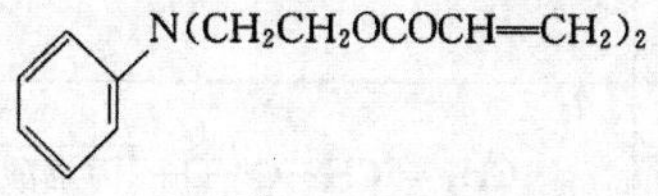 $\bigcirc-N(CH_2CH_2OCOCH=CH_2)_2$
六氢-1,3,5-三丙烯基-5-三吖嗪	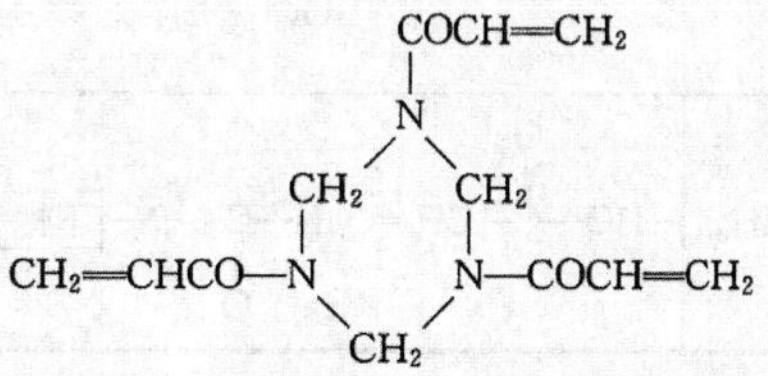 $COCH=CH_2$ （环状结构，$CH_2=CHCO-N$、$N-COCH=CH_2$，含 CH_2、N）

乙烯基醚类稀释剂的特点是稀释能力强、无毒、无气味并可用于阳离子光固化体系。如三乙二醇二乙烯基醚（DVE-3）$CH_2=CH-O-(CH_2CH_2O)_3-CH=CH_2$、十二烷基乙烯基醚 $CH_3(CH_2)_{11}O-CH=CH_2$。

C 预聚物

这类预聚物是含有不饱和官能团的低分子聚合物，主要有以下几类：环氧丙烯酸酯、聚氨酯丙烯酸酯、聚醚丙烯酸酯、聚酯丙烯酸酯、丙烯酸树脂、不饱和聚酯、多烯/硫醇体系、水溶性丙烯酸酯、阳离子固化体系。其中应用广泛并已商品化的是前六种，这里将其典型结构及性能列于表 8-5，并举两个例子进行说明。

表 8-5 光固化用预聚物结构与性能

类型	结构	固化速度	抗张强度	柔性	硬度	耐化学性	不变黄
环氧丙烯酸酯	$CH_2=CH-\underset{O}{C}-O-\boxed{环氧树脂}-O-\underset{O}{C}-CH=CH_2$	高	高	不好	高	极好	中
聚氨酯丙烯酸酯	$CH_2=CH-\underset{O}{C}-O-\boxed{聚氨酯}-O-\underset{O}{C}-CH=CH_2$	可调	可调	好	可调	好	可调
聚酯丙烯酸酯	$CH_2=CH-\underset{O}{C}-O-\boxed{聚酯}-O-\underset{O}{C}-CH=CH_2$	可调	中	可调	中	好	不好

类　型	结　　　构	性　能					
		固化速度	抗张强度	柔性	硬度	耐化学性	不变黄
聚醚丙烯酸酯	CH₂=CH—C—O—[聚醚]—O—C—CH=CH₂（O,O）	可调	低	好	低	不好	
丙烯酸树脂	CH₂=CH—C—O—[丙烯酸共聚物]—O—C—CH=CH₂（O,O）	慢	低	好	低	好	极好
不饱和聚酯	HO—C—CH=CH—C—O—[不饱和聚酯]—C—O—CH—CH₂OH（O,O,O,CH₃）	慢	高	不好	高	不好	不好

a　双酚 A 环氧丙烯酸酯

典型结构式如下：

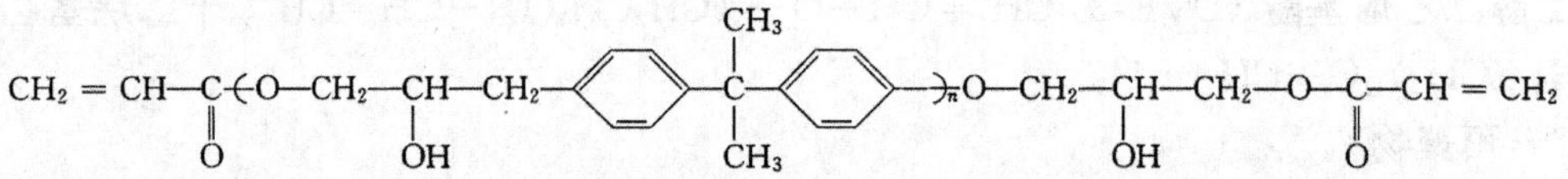

CH₂=CH—C（O）—O—CH₂—CH（OH）—CH₂—〈苯环〉—C(CH₃)(CH₃)—〈苯环〉—O—CH₂—CH(OH)—CH₂—O—C（O）—CH=CH₂　（ ）ₙ

环氧丙烯酸酯类预聚物的优点是所形成的固化膜硬度高、抗张强度大、耐化学品性优异。缺点是所成膜柔韧性不好。双酚 A 型环氧齐聚物粘度较高，必须添加相当量的稀释剂或低粘度齐聚物才能获得满意的施工粘度。分子结构中有环氧基与羧基形成的羟基使附着力和颜料润湿性提高。双酚 A 型环氧树脂用途很广，能用于各种辐射固化涂料与油墨。

b　不饱和聚酯

有代表性的不饱和聚酯是以二元醇或三元醇、二元酸（包括不饱和二元酸）为原料，经酯化反应制得。如以 1、2-丙二醇、邻苯二甲酸酐、顺丁烯二酸酐为例，反应方程式如下：

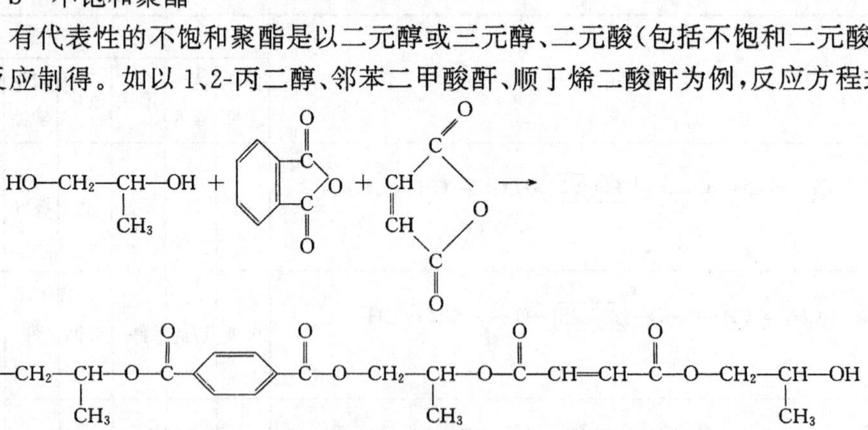

HO—CH₂—CH(CH₃)—OH ＋ 〈邻苯二甲酸酐〉 ＋ 〈顺丁烯二酸酐〉 →

HO—CH₂—CH(CH₃)—O—C（O）—〈苯环〉—C（O）—O—CH₂—CH(CH₃)—O—C（O）—CH=CH—C（O）—O—CH₂—CH(CH₃)—OH

反应完毕时，使聚合物冷却后加入苯乙烯稀释剂，得不饱和聚酯产品。一般来讲，可以从以下几方面调整不饱和聚酯的硬度和柔顺性：二元酸的品种；二元醇与三元醇的比例。

不饱和聚酯类光固化树脂的缺点是固化速度慢并且膜的很多性质比表 8-5 中的其它品种要差。但其价格便宜，对某些用途仍很重要。不饱和聚酯目前仍广泛用于填充料、腻子和面漆等，在木器装饰方面有很大市场。

光聚合型感光高分子无论是用作光固化涂料、油墨还是胶粘剂，其配方均包括预聚体、活性稀释剂、光敏剂/光引发剂。另外，根据产品其他性能的要求，加入一些填料、增塑剂等。下面给出一个光固化油墨的典型配方：

二氧化钛 50%

丙烯酸酯化环氧树脂 30%

三羟甲基丙烷三丙烯酸 10%

二甲氧基苯乙酮引发剂 1.5%

二苯甲酮引发剂 5.0%

对-甲氧基苯酚阻聚剂 0.2%

米氏酮引发剂 0.3%

增塑剂 1.0%

硅 2%

8.2 光致变色高分子材料[1,2,11]

8.2.1 光致变色高分子材料的定义和分类

这类高分子材料在光的作用下，化学结构会发生某种可逆性变化，因而对可见光的吸收波长也发生变化，从外观上看是相应地产生颜色变化。由于这类材料可用来制造各种护目镜、能自动调节室内光线的窗玻璃、密写信息记录材料等，故引起了人们的广泛关注。

制备光致变色高分子材料一般有两种途径：一种是把小分子光致变色物质与聚合物共混，使共混后的聚合物具有光致变色功能；另一种是通过共聚或者接枝反应以共价键将光致变色结构单元连接在聚合物的主链或者侧链上，这种材料是真正意义上的光致变色高分子。

光致变色高分子的光致变色过程可分成两步：即成色和消色。成色系指材料经一定波长的光照射后显色和变色的过程；消色则指已变色的材料经加热或用另一波长光照射，恢复原来的颜色。

光致变色高分子的种类很多，如偶氮苯类、三苯基甲烷类、水扬叉替苯胺类、双硫腙类等。表 8-6 给出了主要光致变色高分子的种类及代表物。

表 8-6 光致变色性聚合物

类　　型	代　表　物　结　构　式
聚甲亚胺类（光色基团 在主链上）	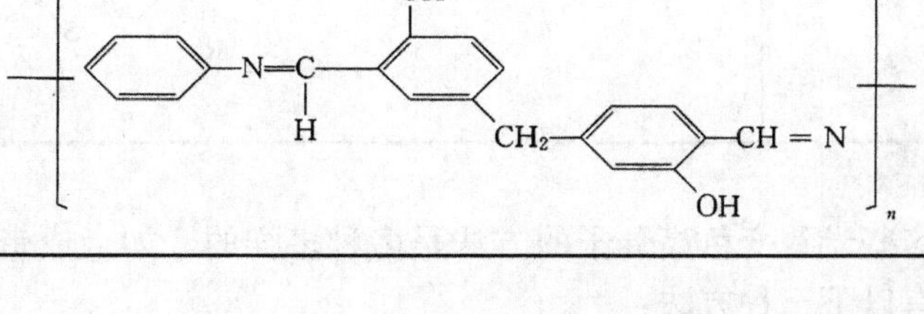

类　型	代 表 物 结 构 式
三苯基甲烷类	
偶氮苯类	 侧链上带偶氮基团 $-NH(CH_2)_6NH-C-(CH_2)_4-C-NH-\bigcirc-N=N-\bigcirc-NH-$ 主链上带偶氮基团
螺吡喃类	
双硫腙类	
聚噻嗪体系	

　　合成这些光致变色高分子的方法是多种多样的。如合成带有偶氮苯结构的光致变色聚合物主要有以下三种方法：

　　(1) 首先合成具有乙烯基的偶氮化合物，然后通过均聚反应或与其他烯烃单体共聚制备高分子化的偶氮化合物；

（2）通过接枝反应将含有偶氮结构的分子与聚合物骨架键合，实现高分子化；

（3）通过与其他单体的共缩聚反应，把偶氮结构引入聚酰胺、尼龙 66 等聚合物主链中。

在合成各类光致变色高分子时要注意选择适当的方法。在合成时应注意防止光致变色功能的消失，另外要使这些基团在聚合物链上结合均匀。

8.2.2 光致变色高分子的变色机理

不同类型的光致变色高分子其变色机理是不同的。一般可将变色机理归纳为七种类型：即键的异裂、键的均裂、顺反互变异构、氢转移互变异构、价键互变异构、氧化还原反应、三线态-三线态吸收。下面以一些例子来说明变色原理。

8.2.2.1 含硫卡巴腙络合物的光致变色聚合物

这种聚合物在光照下，会发生如下变化：

$$(P)-Hg \cdots \overset{R_2}{\underset{S-C=N}{\overset{N=N}{|}}} NHR_1 \rightleftharpoons \overset{h\nu}{} (P)-Hg \cdots \overset{R_2}{\underset{S-C-N}{\overset{N-N-H}{|}}} NR_2$$

即在光照时发生了氢原子转移的互变异构，使得结构发生了变化。这种变化使得光化学反应前后物质对可见光不同光波的选择性吸收有所改变，从而使材料发生变色现象。

当 $R_1 = R_2 = -C_6H_5OCH_3$ 时，光照前的最大吸收波长为 500nm，显紫红色；光照后吸收峰移至 630nm，显蓝色；当光线消失后，又会慢慢回复到原来的结构和颜色。当 R_1、R_2 为不同基团时，上述聚合物的变色行为有所不同。

8.2.2.2 含偶氮苯的光致变色高分子

偶氮苯类高聚物的光致变色是由于双键 $-N=N-$ 的顺反异构化而引起的。

$$\text{（结构式）} \quad \overset{h\nu}{\underset{h\nu}{\rightleftharpoons}} \quad \text{（结构式）}$$

大分子的构像对这类聚合物的光致变色性能有很大影响。对于在侧链上含有偶氮基团的聚合物来讲，在高 pH 值时，由于大分子卷曲，使分子的顺反异构减慢，光致变色速度比小分子的偶氮模型化合物慢。在低 pH 值时，大分子伸直，顺反异构的转变就容易了，发色和消色反应速度也就提高了。主链中含有偶氮基的聚合物由于顺反异构的空间阻碍较大，故其光致变色速率要比小分子化合物低。

8.2.2.3 含有螺吡喃结构的光致变色高分子

这类聚合物的光致变色机理是螺苯并吡喃结构在紫外光的作用下碳氧键断裂，发生可逆开环异构化，其结构变化如下：

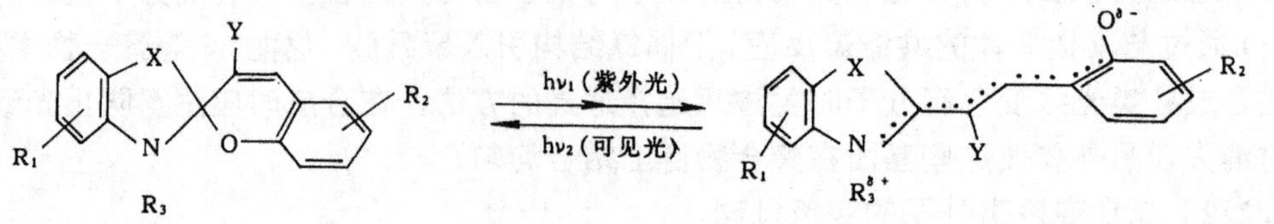

结构式中的 X 可以为$-C(CH_3)_2$ 或 S；R_1、R_2、R_3 为取代基或 H。在紫外光的作用下，吡喃环的 C—O 键断裂开环，吸收波长发生红移。开环后的螺吡喃结构可在可见光照射下或者在热作用下重新环合，回复原来的吸收光谱。这类聚合物的光致变色性不仅取决于螺吡喃本身，也取决于螺吡喃与主链间的距离。

8.2.2.4　聚噻嗪体系

这类聚合物的变色特性是由于噻嗪分子的氧化还原反应所致。这类聚合物在与氧化剂共存时，可在光的作用下实现光致变色。通常这类聚合物处于氧化态时是有色的，而在还原态是无色的。如：

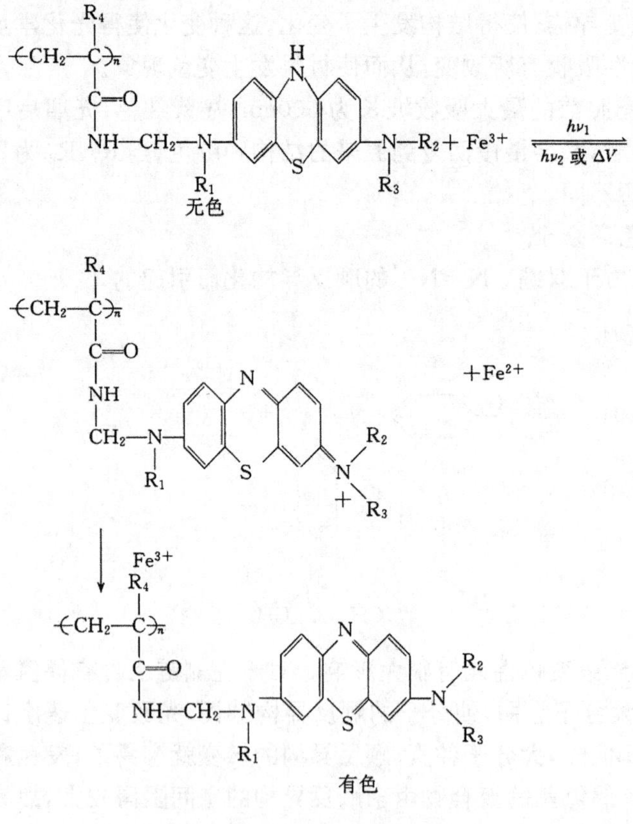

8.2.3　光致变色高分子材料的应用

光致变色高分子材料同光致变色无机物和小分子有机物相比具有低退色速率常数，易成型等优点，故得到了广泛的应用。可以将光致变色材料的应用范围归纳为以下几个主要方面：

（1）光的控制和调变。用这种材料制成的光色玻璃可以自动控制建筑物及汽车内的光线。做成的防护眼镜可以防止原子弹爆炸产生的射线和强激光对人眼的损害，还可以做滤光片、军用机械的伪装等；

（2）信号显示系统。这类材料可以用作宇航指挥控制的动态显示屏、计算机末端输出的大屏幕显示等；

（3）信息贮存元件。光致变色材料的显色和消色的循环变换可用来建立信息贮存元件。预计未来的高信息容量，高对比度和可控信息贮存时间的光记录介质就是一种光致变色膜材料；

（4）感光材料。这类材料可应用于印刷工业方面，如制版等；

（5）其他。除上述用途外，光致变色材料还可用作强光的辐射计量计及模拟生物过程。

8.3　塑料光导纤维[2,12,13]

8.3.1　概述

光导纤维是一种能够传导光波和各种光信号的纤维。光导纤维基本上由高度透明的折射率较大的芯材和其周围被覆着的折射率较低的皮层材料两部分组成。根据光线从光学密介质（高折射率）射入光学疏介质（低折射率）时，光线在界面向光学密介质内反射的原理，光在光纤芯内通过反复反射而向前传输。利用光纤构成的光缆通讯可以大幅度提高信息传输容量，且保密性好、体积小、重量轻、能节省大量有色金属和能源，故目前发展非常快。

光导纤维按其芯材不同可分为石英系光纤、多组分玻璃光纤、塑料光纤三类。三类光纤的性能比较见表 8-7。石英光纤由于传输损耗小，在长距离通信方面已实用化。玻璃光纤在医疗方面例如胃镜方面已得到应用。但是这两种光纤不仅价格高，而且易断线，加工性能不好，故在一些通用领域内进展不大。而塑料光纤由于具有便宜、轻便等特点，故在短距离通信、传感器以及显示方面已实用化，且发展较快。

表 8-7　各种光纤的特性比较

性能\种类	传输损耗	光波范围	机械特性	加工性	价　格
石英系光纤	0.2dB/km	可见～红外	弯曲及冲击时易折	需特殊设备	高　价
多组分玻璃光纤	20dB/km	可见～红外	弯曲及冲击时易折	需特殊设备	较便宜
塑料光纤	100dB/km	可见～部分近红外	柔软、耐弯曲及冲击	切断及断面研磨容易	便　宜

8.3.2　塑料光纤材料的组成及其制备

由于光在光纤中是在芯-皮界面通过反复全反射而传播的，因此塑料光纤的芯层聚合物和包层聚合物都必须是高度透明的，且芯层聚合物的折射率 $n_{芯}$ 必须适当高于包层聚合物的折射率 $n_{包}$。此外芯材应具有较好的成纤性，拉伸时不产生双折射和偏光，与皮层间有良好的粘接性能。

8.3.2.1 纤芯材料

目前常用的塑料光纤芯材有三类：（1）聚甲基丙烯酸甲酯及其共聚物系列；（2）聚苯乙烯系列；（3）氘化聚甲基丙烯酸甲酯系列。其中第一类光纤特征好，且价格便宜，目前被广泛应用。第二类纤芯材料性脆，传输损耗大，而且随放置时间延长黄色指数上升，透光率下降，故目前较少使用。第三类光纤由于以氘代替了氢，传输损耗可降低至 20dB/km，是一种理想芯材，目前已有商品化产品，但价格较贵。

近年来，塑料光纤芯层材料已由热塑性聚合物扩展到热固性聚合物，如聚硅氧烷等，这些材料已正式使用。

8.3.2.2 包层材料

对包层材料不仅要求透明，折射率要比芯材低，而且要具有良好的成型性、耐摩擦性、耐弯曲性、耐热性以及与芯材的良好粘接性。对于聚甲基丙烯酸甲酯及其共聚物芯材（折射率约 1.5），多选用含氟聚合物或共聚物为包层材料，如聚甲基丙烯酸氟代烷基酯、聚偏氟乙烯（$n=1.42$）、偏氟乙烯/四氟乙烯共聚物（$n=1.39\sim1.42$）等。

8.3.2.3 塑料光纤的制备

为了减小塑料光纤的吸收和散射损耗，合成纤芯聚合物所用的单体必须是高纯度的。一般采用碱性氧化铝过滤法和蒸馏法去除单体中的杂质，如尘埃、过渡金属等，有时也通过渗透膜进行纯化。

光纤的制备方法按其构造类型而异。光纤按构造可分为阶跃型和自聚焦型两种。前者的皮-芯之间有明显界面，折光率沿径向分布呈阶跃型，光线在光纤中按"之"形折线传输。后者制造时皮层材料由表及里向芯材内部逐渐扩散，皮-芯之间无明显界面，折光率分布呈梯度指数型，光线在光纤中曲线传播。阶跃型塑料光纤常采用管棒法、涂复法和复合拉丝法三种成型方法，这三种方法均需先将纯化的单体进行本体聚合后再加工，聚合一般在特殊的设备中进行。管棒法是先将芯材聚合物制成棒状，外面套上包层材料管，然后将此管棒进行热拉伸成纤，涂复法是先将包层材料溶于溶剂或使之熔融，然后将纤芯丝通过溶液或熔体进行涂复，从而形成纤芯-包层结构的纤维，这种方法简易，但易粘染尘埃，且工艺参数较难控制，稳定性较差；复合拉丝法是将芯层聚合物与包层聚合物分别在两台挤出机中同时熔融挤出到一个同心圆口模中，芯层聚合物从中心挤出，包层聚合物从外环挤出，在模口处两种材料粘合成包复式纤维，该法工艺简单，生产效率高，但要求机头设计合理。

聚焦型光纤是利用数种具有不同折射率和聚合反应速度的单体注入一垂直的聚合管中，在旋转情况下，通过光激发或加热使之发生共聚，聚合物从管壁向轴中心逐渐析出，随着单体转化为聚合物的转化率上升，共聚物的折射率也逐渐发生变化，最后进行热拉伸得到自聚焦的光纤。聚焦型光纤没有传输分散，但透光性较差，其吸收损失和散射损失均比一般光纤大得多。

8.3.3 塑料光纤的性能

8.3.3.1 透光性

塑料光导纤维和石英光导纤维传送光的特性见图 8-4，塑料光导纤维对可见光的透过性能较好，在红外区则有强烈的选择性吸收，这是由高分子材料的分子结构决定的。而石英光纤则传送红外光较好。另外，光纤的透光性还与其长度有关，随光纤长度增大而下降，在短距离内，塑料光纤的透光率优于玻璃光纤，但随光纤长度增加，塑料光纤透光率下降很快。

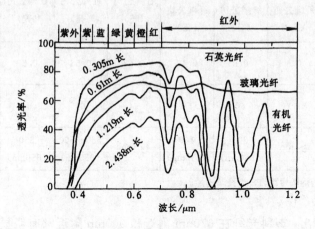

图 8-4 光学纤维光谱响应

8.3.3.2 传光损耗

传光损耗是表示光纤传光能力的一个重要性能。光损越大，传光能力越小。表 8-8 列出几种商品化光纤的性能。从表 8-8 中看出，塑料光纤的光损较大。影响塑料光导纤维光损因素很多，一般可归纳如下：

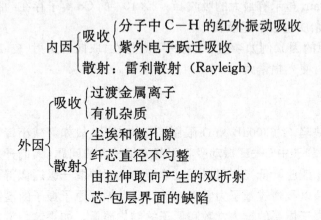

表 8-8 几种塑料光纤的性能

厂家		三菱人造纤维公司（日）	三菱人造纤维公司（日）	三菱人造纤维公司（日）	杜邦公司（美）	杜邦公司（美）	杜邦公司（美）	杜邦公司（美）	旭化成（日）
组成	纤芯	PMMA	PMMA	PMMA	PMMA	PMMA	PMMA	重氢化PMMA	PS
	包层	氟聚物	氟聚物	氟聚物	氟聚物	氟聚物	氟聚物	氟聚物	PMMA

厂 家		三菱人造纤维公司（日）	三菱人造纤维公司（日）	三菱人造纤维公司（日）	杜邦公司（美）	杜邦公司（美）	杜邦公司（美）	杜邦公司（美）	旭化成（日）
光学性能	数值孔径	0.5	0.5	0.47	0.53	0.53	0.53	0.53	0.56
	受光角(QC)/(°)	60	60	56	64	64	64		68
	传输损耗/dB·km^{-1}	>400	300 (650nm)	160 (650nm)	约1000	550~600 (650nm)	350 (650nm)	270 (>90nm)	>1000

注:PMMA 为聚甲基丙烯酸甲酯,PS 为聚苯乙烯。

从图 8-4 可以看出,塑料光纤在 670nm 附近和 900nm 附近都有明显的吸收峰值,此系分子吸收所引起的。因塑料光导纤维系碳氢化合物,C—H 键在红外波长下易发生振动,其损耗机制类似于石英光纤中二氧化硅氧键的损耗,但塑料光纤损耗大于石英光纤。

一般电子转移吸收峰出现在紫外光谱区,而它们的吸收尾端部分影响光纤的光传递损失。常见纤芯材料存在的电子转移有聚苯乙烯分子中苯基的 π-π* 转移、链转移剂 SH 键的 n→σ* 转移,在 PMMA 中酯基的 n-π* 转移等等。

在芯材杂质引起的吸收损耗中,过渡金属离子在可见光波区引起的吸收最为明显,例如 Co 离子在 530nm、590nm 及 650nm 显示有最大的吸收峰。$2×10^{-9}$ 的 Co 离子存在约提高光损 10dB/km,另外水分和其他杂质也会引起吸收。

在光纤生产过程中,一些非理想的因素例如杂质、纤维的不圆整性、取向双折射、皮-芯间的粘合缺陷等,均会增加散射损失,使光损增大。

8.3.4　塑料光纤的进展

8.3.4.1　低损耗塑料光纤

由于塑料光纤传输损耗较大的缺陷（约 300dB/km）限制了它的应用,故如何减小传输损耗成为发展塑料光纤的关键。针对分子中 C—H 振动吸收引起光损较大的问题,人们开发了氘代甲基丙烯酸甲酯系光纤。氘化效应降低光损可以通过解振动方程并取一级近似得到的有机分子共价键原子对的振动基频以及通过量子力学理论计算非谐振双原子振子的谐振频率得到解释。分子振动的基频取决于体系的键力常数和原子的约化质量,如果键力常数不变则原子质量越大,频率就越低,波长越长。C—H 变为 C—D 后,其吸收波长增加 1.3 倍,向长波长移动,从而扩大了光纤的透光区域。见表 8-9。

此外,研究发现氟原子取代氢原子后能降低雷利散射及分子振动吸收,因而含氟聚合物的损耗限度较低,故近年来低损耗光纤的研究重点已由单纯氘化转向氘化与氟化相结合。

目前有关低损耗光纤研究进展较快,已由 20dB/km 光损耗下降至比较完美的境界,预期在公元 2000 年能得到与石英光纤媲美的产品。

表 8-9　几种芯线的损耗限度

芯材　　　　　波长/nm　　损耗和损耗原因	PMMA			PMMA-d$_8$			PS		
	520	570	650	680	780	850	580	625	670
ECL 制 POF/dB·(km)$^{-1}$	57	55	128	20	25	50	138	129	114
损耗原因　吸收损耗/dB·(km)$^{-1}$	1	7	88	0	9	36	15	26	26
雷利散射/dB·(km)$^{-1}$	28	20	12	10	6	4	78	58	43
结构不完整损耗/dB·(km)$^{-1}$	28				10			45	
损耗限度/dB·(km)$^{-1}$	29	27	100	10	15	40	93	84	69

8.3.4.2　耐热塑料光纤

一般塑料光导纤维耐热性能较差,这往往影响了它们的应用范围。近年来各国相继开发耐热塑料光纤,主要有以下几类:(1)甲基丙烯酸酯共聚物芯光纤:通过共聚或其它方法在大分子主链中引入环状结构或引入大侧基可提高塑料耐热性,如甲基丙烯酸甲酯、N-甲基二甲基丙烯酰胺共聚物芯光纤于 130℃ 加热 1000h 损耗不变;(2)热固性聚合物芯光纤:用具有交联结构的热固性树脂作芯材受热后变形小,不会导致损耗增加,如聚硅氧烷系;(3)氟聚合物光纤:氟代聚合物由于使分子刚性增大,材料玻璃化温度相应提高,耐热性较好。

8.3.4.3　耐湿塑料光纤

塑料光纤与无机光纤相比容易吸潮,而水能增强芯材聚合物 C-H 键的振动吸收,使光纤的损耗增大。为提高塑料光纤的耐湿性,可在芯材聚合物中引入脂肪环、苯环和长链烷基。

目前,商品化的塑料光纤中仍以聚甲基丙烯酸甲酯芯光纤为主。由于传输损耗较大,一般传输距离仅数十米,因而广泛用于医用内窥镜、灯具、玩具、装饰及其他检测系统中;在通讯系统中主要用于长距离通讯的端线和配线,也大量用于汽车、飞机、舰船内部的短距离光通讯系统等。

参 考 文 献

1　王国建,王公善编. 功能高分子. 上海:同济大学出版社,1996

2　蓝立文,姜胜年,张秋禹编. 功能高分子材料;西安:西北工业大学出版社,1995

3　曹维孝等编. 非银盐感光材料. 北京:化学工业出版社,1994

4　[英] C. G. 罗菲著. 光聚合高分子材料及应用. 北京:科学技术文献出版社,1990

5　洪啸吟. 中国胶粘剂,1994;3(2)

6　姜永才. 高分子学报,1992;2

7　Yasuyuki Takimoto. Rad Tech Asia '95 Conference Proceedings. Guilin, China, 1995;Nov. 20～24;17～24

8　Christian Decker. Rad Tech Europe '93 Mediterranean Conference Proceedings. 1993;May, 2～6;81

9　加藤顺主编. 功能性高分子材料. 北京:中国石化出版社,1990

10　金光泰主编. 高分子化学的理论和应用进展. 北京:中国石化出版社,1995

11　赵文元,王亦军编著. 功能高分子材料化学. 北京:化学工业出版社,1996

12　黄维垣,闻建勋主编. 高技术有机高分子材料进展. 北京:化学工业出版社,1994

13　中国科学技术协会主编. 新材料. 上海:上海科学技术出版社,1994

9 电功能高分子材料

电功能高分子材料主要包括导电高分子材料、超导高分子材料、光电导高分子、压电高分子、声电高分子、热电高分子等等。本章主要介绍导电高分子材料和光电高分子材料，并简介一些结构型高分子磁性材料。

9.1 导电高分子材料

9.1.1 概述[1~3]

通常所说的导电高分子材料是指电导率在半导体和导体范围内的高分子材料。按导电原理导电高分子材料可分为复合型和结构型两大类。所谓结构型导电高分子是指那些分子结构本身能提供载流子从而显示"固有"导电性的高分子材料。复合型导电高分子是以绝缘聚合物作基体，与导电性物质（如炭黑、金属粉等）通过各种复合方法而制得的材料，它的导电性是靠混合在其中的导电性物质提供的。

导电高分子材料与金属相比，具有重量轻、易成型、电阻率可调节等诸多优点，早已引起人们的普遍关注。目前，复合型导电高分子材料已在许多领域发挥着重要作用。有关结构型导电高分子的导电机理、结构与导电性的关系的研究也十分活跃，应用性研究也取得了很大进展。

9.1.2 复合型导电高分子材料[4~8]

原则上，任何高分子都可用作复合型导电高分子材料的基质，导电填料也有很多种，如各种金属粉、炭黑、碳化钨、碳化镍等。正是由于基质及填料的多样性，使得复合型导电高分子材料的种类繁多，分类法也有多种。一般常见的有以下几种分类方法：按高分子基体材料的性质可分为导电塑料、导电橡胶、导电胶粘剂等；按其电性能可分为半导性材料（$\rho > 10^7 \Omega \cdot cm$）、防静电材料（$\rho \approx 10^4 \sim 10^7 \Omega \cdot cm$）、导电材料（$\rho < 10^4 \Omega \cdot cm$）、高导电材料（$\rho \approx 10^{-3} \Omega \cdot cm$）等；根据导电填料的不同，可划分为碳系（炭黑、石墨等）、金属系（各种金属粉、纤维、片等）等。

9.1.2.1 复合型导电高分子材料的导电机理

实验表明，当复合体系中导电填料浓度较低时，材料的电导率随导电填料浓度的增加变化很小，但当导电填料浓度达到某一数值时，电导率急剧上升，变化幅度达10个数量级左右。超过这一值后，体系电导率增加又趋平缓，见图9-1。目前解释这种导电现象最常见的有两种机理：一种是连锁式导电通道。布赫（F. Bueche）认为，当导电炭黑浓度较低时，填料颗粒分散在聚合物中，互相接触少，故导电性很低。当炭黑浓度增加时，填料颗粒间接触机会增多，电导率逐步上升。当炭黑浓度达到某一临界值时，体系内的导电炭黑微粒便足以能"列队"排成一个无限网链，电子通过链移动产生导电现象、也即所谓的"导电通道学说"。有许多实验事实都证实了这一理论。只要导电粒子能相互接触或粒子间隙很小足可以形成电气上等价的键链，就可以形成电子通道。另一种机理为隧道效应学说，在复合型导电高分子中，除了粒子之间的接触，电子也可在分散于基体中的导电粒子间隙中迁移而产生导电现象。一般将微观粒子穿过势垒的现象称为贯穿效应,也称隧道效应。电子这种微观粒子穿过导电颗粒之间隔离层阻碍可能性的大小与隔离层的厚度 a 及隔离层势垒的能量 U_0 与电子能量 E 的差值 (U_0-E) 有关。a 值和 (U_0-E) 值愈小,电子穿过隔离层的可能性就愈大。当隔离层厚度小到一定值时,电子就能容易地穿过,使导电颗粒间的绝缘隔离层变为导电层。除这两种机理外,还有电场发射导电机理。在研究炭黑填充的高分子材料的电压、电流特性时,发现其结果不符合欧姆定律。研究认为其所以如此,是由于炭黑粒子间产生高的电场强度而发生电流导致电场发射。

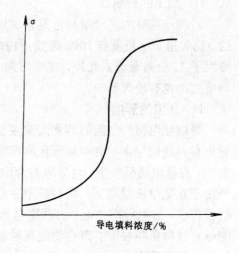

图 9-1 电导率与导电
填料量的关系

9.1.2.2 影响复合型导电高分子材料导电性的主要因素

A 导电填料

(1)填料的种类。不同填料制得的复合导电材料性质不同。其中炭黑以其良好的导电性及低廉的价格早已受到人们的青睐。这类材料具有耐热、耐化学药品、质轻、导热、导电性良好的特性,应用较广,但其着色性较差。目前,针对炭黑着色性差的问题,开发了一些易于着色的白色粉末填料,如镀锑的氧化物(Sb/SnO_2)、沉积有一层 Sb/SnO_2 的 TiO_2 等。此外,为制得综合性能良好的导电制品,还研制了银包覆玻璃丝和玻璃箔、铜包覆石墨纤维等,并已投入使用。近年来又出现了金属包覆玻璃微球、金属包覆瓷微球等填料,导电效果较好。

(2)填料的改性处理。由于填料中所含氧和氢等不纯物均会明显影响材料的电导率,因此一般要对炭黑等填料进行高温处理,以消除收集 π 电子的不纯物。

(3)填料形态的影响。一般来说,当聚合物中所加入的填料体积一定时,电导率随粒径减小而升高。当填料添加量一定时,孔隙度越高,σ 越大,此外,非等轴粒子如片状粉末和棒状粉末比等轴性粒子如球形和正方形等有更高的 σ。

(4)填料的用量及分散状态。从图 9-1 可以看出,当导电填料加入量较少时,导电颗粒形不成无限网链,材料导电性比较差,只有在高于临界值后,材料的导电性才显著提高。但有时,导电填料加入量过多,由于起粘接作用的聚合物量太少,则金属颗粒不能紧密接触,则导电性也不稳定。显然,填料分散度越高,电导率也随之升高。

B 聚合物对电导率的影响

用炭黑做导电填料时,复合材料 σ 突变处炭黑的体积分数很大程度上取决于所选用的聚合物类型。当选用金属粉末填料时,聚合物与金属表面的相容性对材料的电导率影响很大。在相容性较差的聚合物中,导电颗粒有自发凝聚的倾向、有利于导电性提高。在相容性较好的聚合物中由于导电颗粒会部分地或全部被聚合物所粘附包裹,导电颗粒相互接触的几率减小,导电性变差。

C　加工的影响

对同一基材的复合型导电复合材料，用不同加工方法所制得产品的电导率往往是不同的。比如用 20g 炭黑与 100g 橡胶用传统方法在炼胶机上混炼，制得复合材料电导率比橡胶增大了 12 个数量级。此外，混炼时间、速度、压力、加工温度等加工参数的改变，对制品导电性能也有较大影响。

D　环境的影响

影响导电材料性能的环境因素主要有相对湿度、温度、电场、磁场等。例如添加炭黑导电材料的电导率对外电场强度和温度有强烈的依赖性，见图 9-2、图 9-3。从图 9-2 可以看出，在低电场强度下，电导率符合欧姆定律，而在高电场强度下，电导率符合幂定律。这是由于在低电场强度下，材料导电主要是由界面极化引起的离子导电，极化导电的载流子数目较少，故电导率较低。而在高电场强度下，炭黑中的载流子自由电子获得足够的能量，能够穿过炭黑颗粒间的聚合物隔离层而使材料导电，隧道效应起了主要作用，电子电导为主，电导率较高。

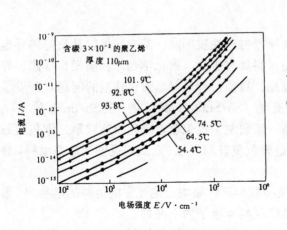

图 9-2　聚乙烯-炭黑体系的等温
　　　　电流对电场的特性曲线

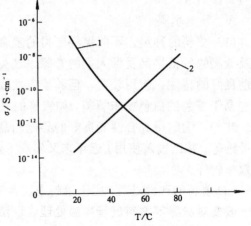

图 9-3　高低场强时电导率与温度的关系
　　　　$1—E=10^6V/cm$；$2—E=10^3V/cm$

从图 9-3 可见，在低电场强度时，电导率随温度降低而降低，而这正是离子电导的特征。而在高电场时，电导率随温度降低而增大，反映了电子电导的特征。

如果在聚合物中掺入铁磁性金属粉末，并在加工过程中加上外磁场，则材料的电阻率将降低。

9.1.2.3　应用

近年来复合型导电高分子材料的增长速度很快，可广泛用作防静电材料、导电涂料、制作电路板、压敏元件、感温元件、电磁波屏蔽材料、半导体薄膜等。

以聚烯烃或其共聚物如聚乙烯、聚苯乙烯、ABS 等为基料，加入导电填料、抗氧剂、润滑剂等经混炼加工而制得的聚烯烃类导电塑料可用作电线、高压电缆和低压电缆的半导体层、干电池的电极、集成电路和印刷电路板及电子元件的包装材料、仪表外壳、瓦楞板等。

以 ABS、聚丙烯酸、环氧树脂等加入金属粉末及炭黑等配制成的导电涂料主要用作电磁屏蔽材料、电子加热元件和印刷电路板用的涂料、真空管涂层、微波电视室内壁涂层、发热漆等。

在橡胶中加入导电填料制成的各类导电橡胶主要用作防静电材料如医用橡胶制品、导电轮胎、复印机用辊筒等。另外加压性导电橡胶可用作防爆开关、音量可变元件、各种感压敏感元件等。

9.1.3　结构型导电高分子[4,9,15]

分子结构是决定高聚物导电性的内在因素。饱和的非极性高聚物结构本身既不能产生导电离子、也不具备电子电导的结构条件，是最好的电绝缘体。极性高聚物如聚酰胺、聚丙烯腈等的极性基团虽可发生微量的本征解离，但其电阻率仍在 $10^{12}\sim10^{15}\Omega\cdot m$ 之间。一般认为有四类聚合物具有导电性：共轭体系聚合物、电荷转移络合物、金属有机鳌合物及高分子电解质。其中除高分子电解质是以离子传导为主外，其余三类均以电子传导为主。

9.1.3.1　共轭高聚物

共轭聚合物主要是指分子主链中碳—碳单键和双键交替排列的聚合物，如聚乙炔等。另外也有碳—氮、碳硫、氮硫等共轭体系，如：

$$\begin{array}{ccc} \text{聚乙炔} & \text{聚（2，5-噻吩）} & \text{聚吡咯} \end{array}$$

聚苯撑硫　　　　　聚-（对-苯撑）　　　　　聚苯胺　　　由于分子中双键 π 电子的非定域性，这类高聚物大都表现出一定的导电性。

A　导电机理

聚乙炔具有最简单的共轭双键结构，我们以聚乙炔为例来说明一下这个问题。

聚乙炔主链上的每个碳原子都有四个价电子，其中三个为 σ 电子，分别与一个氢原子和两个相邻的碳原子形成 σ 键。余下的一个价电子 π 电子与聚合物链所构成的平面相垂直。假设这些 π 电子各自占有一个 p 轨道，则聚乙炔可以被看成是由众多享有一个未成对电子的 CH 自由基组成的长链。当所有碳原子处在一个平面内时，其未成对电子云在空间取向为相互平行，并互相重叠构成共轭 π 键，根据固态物理理论，这种结构应是一个理想的一维金属结构，π 电子应能在一维方向上自由移动，因而能够导电。但是根据分子轨道理论，一个分子轨道中只有填充两个自旋方向相反的电子才能处于稳定态，因此上述的假设结构是不稳定的，它趋向于组成双原子对使电子成对占据其中一个分子轨道。由此两个 p 电子轨道分裂成一个成键轨道和一个反键轨道。随分子链增长，形成能带，其中 π 成键状态形成价带（全充满能带），而 π^* 反键状态则形成导带（空带），如图 9-4 所示。两个能带在能量上存在着一个差值（禁带宽度），要使材料导电，π 电子必须具有跃过这个能级差的能量。因此减少能带分裂造成的能级差是提高共轭型导电聚合物电导率的主要途径。从图 9-4 可见，随着共轭体系逐渐增长，禁带宽度是减小的，价带中的电子容易在外电场或受热等因素作用下被激发至导带，从而产生能带型电导。另外，电子还可以通过定域能级之间的隧道效应发生迁移，产生跳跃型电导，因此高聚物的导电性是提高的。

从共轭结构上看，共轭链又可分为"受阻共轭"和"无阻共轭"两类。受阻共轭是指共轭链分子轨道上存在"缺陷"。当共轭链中存在庞大的侧基或强极性基团时，往往会引起

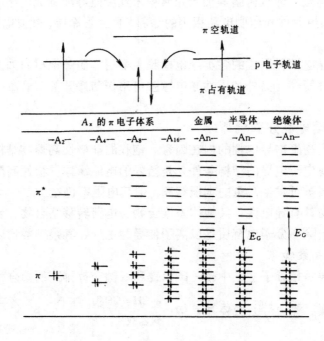

图 9-4   分子共轭体系中能级分裂示意图

共轭链的扭曲、折叠等，从而使 π 电子离域受到限制。π 电子离域受阻程度越大，则分子链

的电子导电性就越差，例如聚烷基乙炔 $\begin{array}{ccc} R & R & R & R \\ | & | & | & | \\ C & C & C & C \\ \| & \| & \| & \| \\ C & C & C & \end{array}$ ，$\sigma = 10^{-15} \sim 10^{-10} \mathrm{S/cm}$，就

属于受阻共轭聚合物。无阻共轭是指共轭链分子轨道上不存在"缺陷"，整个共轭链的 π 电
子离域不受阻碍，因此这类聚合物是较好的导电材料或半导体材料，如反式聚乙炔、聚苯
撑等。石墨是典型的无阻共轭体系，它是稠合苯环组成的平面网。苯环中 π 电子离域很强
烈，而且数量较多，其在平面网上的电导率可达 $10^6 \sim 10^7 \mathrm{S/m}$。石墨中平面网之间的距离为
0.335nm，平面网的 π 电子轨道可以重叠，于是在垂直于平面网的方向也构成了一个导电通
路，但这个方向的电导率要小得多，只有 $10^2 \sim 10^3 \mathrm{S/m}$。

B   共轭高聚物的掺杂

实际上要合成共轭体系十分完整的长共轭链高聚物是有困难的，一方面高聚物的长度
有限，并不能从试样的一端贯穿到另一端。另一方面高分子的晶态结构和取向也往往有很
多缺陷，这样的一些问题均使共轭聚合物的导电率并不很高。但是与饱和高聚物相比，共
轭聚合物的能隙很小，电子亲和力较大，这表明它们容易与适当的电子受体或电子给体发
生电荷转移，从而形成电荷转移络合物。实验表明，在聚乙炔、聚苯撑硫等共轭高聚物中
掺入 I_2、AsF_5 和碱金属等电子受体或给体后，其导电性提高了很多，有些甚至具有导体的
性质。这种因添加电子受体或电子给体提高电导率的方法称为掺杂。

对于线性共轭聚合物进行掺杂的方法有化学掺杂和物理掺杂两大类：前者包括气相掺
杂、液相掺杂、电化学掺杂、光引发掺杂等；后者则有离子注入法等。无论采用哪一种方

法其目的都是为了在聚合物的空轨道中加入电子或从占有轨道上拉出电子，以改变现有 π 电子能带的能级，出现能量居中的半充满能带，减小能带间的能量差，使自由电子或空穴迁移时的阻碍减小。

掺杂剂可分两大类，即电子受体和给体：电子受体有卤素（Cl_2、Br_2 等）、路易斯酸（PF_5、SbF_5 等）、质子酸（HF、HCl 等）、过渡金属卤化物（TaF_5、$ZrCl_4$ 等）、过渡金属化合物（$AgClO_3$、$AgBF_4$ 等）、有机化合物（四氰基乙烯（TCNE）、四氰代二次甲基苯醌（TCNQ）、二氯二氰代苯醌（DDQ）等）；电子给体主要为碱金属等。

如果用 P_x 表示共轭聚合物，P 表示共轭聚合物的基本结构单元、A 和 D 分别表示电子受体和电子给体，则掺杂可用下述电荷转移反应式来表示

$$P_x + xyA \longrightarrow (P^{+y}A_y^-)_x \qquad P_x + xyD \longrightarrow (P^{-y}D_y^+)_x$$

电子受体或电子给体分别接受或给出一个电子变成负离子 A^- 或正离子 D^+，但共轭聚合物中每个链节 P 却仅有 y 个电子发生了迁移。这种部分电荷转移是共轭聚合物掺杂后出现高导电性的极重要因素。图 9-5 给出了聚乙炔掺杂了 AsF_5、I_2、Br_2 时电导率的变化。

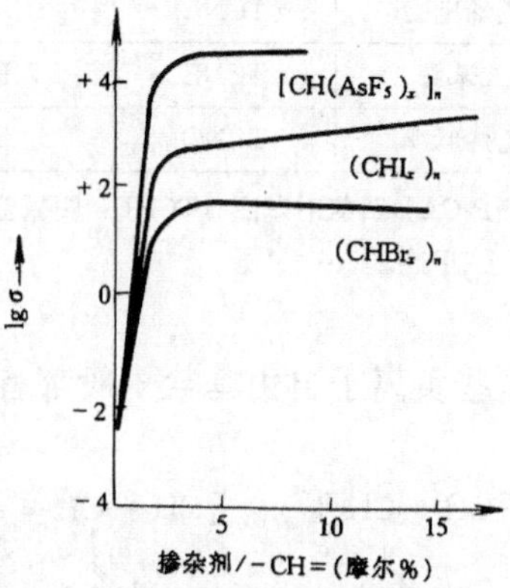

目前对于聚乙炔、聚苯、聚苯硫醚、聚苯胺等共轭型导电高分子的研究进展较快，有些已应用于生产实际。

9.1.3.2 高分子电荷转移络合物

电荷转移络合物是由容易给出电子的电子给体 D 和容易接受电子的电子受体 A 之间形成的复合体（CTC）

$$\underset{(Ⅰ)}{D+A} \leftrightarrow \underset{(Ⅱ)}{D^{\delta+} \cdots A^{\delta-}} \leftrightarrow \underset{(Ⅲ)}{D^+ \cdots A^-}$$

图 9-5 聚乙炔经掺杂后
电导率的变化

当电子不完全转移时，形成络合物 Ⅱ，而完全转移时，则形成 Ⅲ。电子的非定域化，使电子更容易沿着 D—A 分子叠层移动，$A^{\delta-}$ 的孤对电子在 A 分子间跃迁传导，加之在 CTC 中由于 D—A 键长的动态变化（扬-特尔效应）促进电子跃迁、因而 CTC 具有较高的电导率。

高分子电荷转移络合物可分为两大类：一类是主链或侧链含有 π 电子体系的聚合物与小分子电子给体或受体所组成的非离子型或离子型电荷转移络合物；第二类由侧链或主链含有正离子自由基或正离子的聚合物与小分子电子受体所组成的高分子离子自由基盐型络合物。表 9-1 给出一些高分子电荷转移络合物的例子。其中受体 A 类与聚合物组成的电荷转移络合物属第一类，受体 B 类与聚合物组成的电荷转移络合物属第二类，可称之为正离子自由基盐型络合物。第二类中还包括负离子自由基盐型络合物，即由主链型聚季铵盐或侧基型聚季铵盐与 TCNQ 负离子自由基组成的负离子自由基盐络合物，这是迄今最重要的电荷转移型导电络合物。它们通常是由芳香或脂肪族季铵盐聚合物与 Li^+TCNQ^- 进行交换反应制备的，所得负离子自由基盐不含中性 TCNQ（以 TCNQ° 表示）时称之为简单盐，而由高分子正离子、$TCNQ^-$、TCNQ° 三组分所构成的盐型络合物称之为复合盐。

表 9-1　高分子电荷转移络合物及其电导率

聚　合　物	电子受体		受体分子/聚合物结构单元		电导率/S·m⁻¹	
	受体 A	受体 B	受体 A	受体 B	受体 A	受体 B
聚苯乙烯	AgCQO₄		0.89		2.3×10^{-7}	
聚二甲氨基苯乙烯	P-CA		0.28		10^{-8}	
聚萘乙烯	TCNE		1.0		3.2×10^{-13}	
聚三甲苯乙烯	TCNE		1.0		5.6×10^{-12}	
聚蒽乙烯	TCNB	Br₂		0.71	8.3×10^{-2}	1.4×10^{-11}
		I₂		0.58		4.8×10^{-5}
聚芘乙烯	TCNQ	I₂	0.13	0.19	9.1×10^{-13}	7.7×10^{-9}
聚乙烯咔唑	TCNQ	I₂	0.03	1.3	8.3×10^{-11}	10^{-5}
聚乙烯吡啶	TCNE	I₂	0.5	0.6	10^{-3}	10^{-4}
聚二苯胺	TCNE	I₂	0.33	1.5	10^{-4}	10^{-4}
聚乙烯咪唑	TCNQ		0.26		10^{-4}	

注：P-CA：四氯对苯醌；TCNE：四氰基乙烯；TCNB：1，3，5—三氰基苯；TCNQ：7，7，8，8—四氰基对苯醌
　　二甲烷。

　　这些负离子自由基盐一般都有颜色，可溶于二甲基甲酰胺、乙腈等溶剂，溶液可成膜。例如

$$-\left[CH_2-CH\right]_n \quad -\left[CH_2-CH\right]_n \qquad CH_3\ TCNQ^- \cdot TCNQ \quad CH_3\ TCNQ^- \cdot TCNQ$$

聚乙烯吡啶结构式

$$+ (TCNQ^-)_3 \qquad + TCNQ^- \cdot TCNQ$$
$$\sigma = 10^{-2} S/m \qquad \sigma = 10^0 S/m \qquad\qquad \sigma = 10^{-1} S/m$$

　　它们的电导率与 TCNQ⁻ 的含量有关，TCNQ⁻ 含量越高，聚合物的电导率越大，如

$$CH_3(TCNQ^-)_m \quad CH_3(TCNQ^-)_m$$
$$-\left[N^+-(CH_2)_6-N^+-(CH_2)_8\right]_n$$
$$CH_3 \qquad\qquad CH_3$$

$$m = 2, \ \sigma = 3 \times 10^{-5} S/m$$
$$m = 3, \ \sigma = 5 \times 10^{-1} S/m$$

　　另外，复合盐的电导率比相应的简单盐要大得多，通常可达 $10^4 \sim 10^7$ 数量级，且随加入的中性 TCNQ 量及 TCNQ°/TCNQ⁻ 比例的改变而明显变化。见图 9-6。
　　在高分子聚阳离子的主链上引入适当分子量的聚环氧乙烷或聚四氢呋喃等软链段可得到有高弹性的正离子聚合物，其与 TCNQ 的络合物具有较好的力学性能和导电性。

9.1.3.3　金属有机聚合物

　　将金属引入聚合物主链即得到金属有机聚合物。由于有机金属基团的存在，使聚合物的电子电导增加。其原因是金属原子的 d 电子轨道可以和有机结构的 π 电子轨道交叠，从而延伸分子内的电子通道，同时由于 d 电子轨道比较弥散，它甚至可以增加分子间的轨道

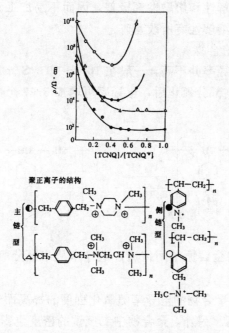

图 9-6 聚正离子-TCNQ 复合物 TCNQ°/TCNQ⁻ 中比值与电导率的关系

交叠，在结晶的近邻层片间架桥。

A 主链型高分子金属络合物

由含共轭体系的高分子配位体与金属构成的主链型络合物是导电性较好的一类金属有机聚合物，它们是通过金属自由电子的传导性导电的。其导电性往往与金属种类有较大关系。如

$Me=Cu,\ \sigma=4\times10^{-3}S/m$
$Me=Ni,\ \sigma=4\times10^{-3}S/m$
$Me=Pd,\ \sigma=4\times10^{-4}S/m$

这类主链型高分子金属络合物都是梯形结构，其分子链十分僵硬，因此成型较困难。

B 金属酞菁聚合物

1958 年，伍弗特（Woft）等首次发现了聚酞菁酮具有半导体性能，其结构简示于下：其结构中庞大的酞菁基团具有平面状的 π 电子体系结构。中心金属的 d 轨道与酞菁基团中 π 轨道相互重叠，使整个体系形成一个硕大的大共轭体系，这种大共轭体系的相互交叠导致了电子流通。常见的中心金属除 Cu 外还有 Ni、Mg、Al 等。在分子量较大的情况下，σ 为 $10^{0}\sim10^{1}$ S/m。

这类聚合物柔性小、溶解性和熔融性都极差，因而不易加工。若将芳基和烷基引入金属酞菁聚合物后，其柔性和溶解性有所改善。

C 二茂铁型金属有机聚合物

纯的含二茂铁聚合物电导率并不高，一般在 $10^{-8}\sim10^{-12}$ S/m。但是当将这类聚合物用 Ag^+、P-CA 等温和的氧化剂部分氧化后，电导率可增加 $5\sim7$ 个数量级。这时铁原子处于混合氧化态，如

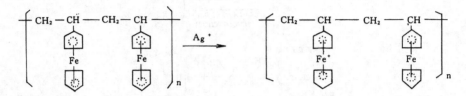

电子可直接在不同氧化态的金属原子间传递，电导率从未部分氧化的 10^{-12} S/m 增至 4×10^{-3} S/m。

一般情况下，二茂铁型聚合物的电导率随氧化程度的提高而迅速上升，但通常以氧化度为 70% 左右时电导率最高。另外，聚合物中二茂铁的密度也影响电导率。

二茂铁型金属有机聚合物的价格低廉、来源丰富，有较好的加工性和良好的导电性，是一类有发展前途的导电高分子。

9.1.3.4 高分子电解质

高分子电解质主要有两大类，即阳离子聚合物（如各种聚季铵盐、聚硫盐等）和阴离子聚合物（如聚丙烯酸及其盐等），其导电性是通过与高分子离子对应的反离子迁移实现的。

纯高分子电解质固体的电导率较小，一般在 $10^{-10}\sim10^{-7}$ S/m。环境湿度对高分子电解质的导电性影响较大，相对湿度越大，高分子电解质越易解离，电导率就越高。高分子电解质的这种电学特性常被用作电子照相、纸张、纤维、塑料、橡胶等的抗静电剂。具有重要的实用价值。

除上述电解质外，聚环氧乙烷（PEO）与某些碱金属盐如 CsS、NaI 等形成的络合物也具有离子导电性，且电导率比一般的高分子电解质要高（$\sigma=10^{-2}\sim10^{-3}$ S/m）。这类络合物常被称为快离子导体，可作为固体电池的电解质隔膜，可反复充电。

9.1.3.5 应用

A 导电材料

导电高分子材料最大的潜在市场是被用来制造长距离输电导线。这是因为它具有体积小，重量轻的特点。目前，许多导电聚合物仍存在电导率相对较低，化学稳定性较差、难于加工等方面的问题，距实际应用还有一定距离。

B 电极材料

1979 年首次研制成功了聚乙炔的二次电池，此后不到 10 年时间，3V 钮扣式聚苯胺电池已在日本市场销售。这些电池体积小、容量大、能量密度高、加工简便，因此发展很快。

在有机电子器件制备方面的应用　根据导电聚合物在掺杂和非掺杂态时其电导率有 7 个数量级以上的差别，而掺杂态又可以由电极很容易地加以控制的特性可将其制备成有机分子开关器件。这方面的研究已经取得了一定进展。

C　电磁波屏蔽和防静电材料

用于电磁波屏蔽和防静电材料的电导率一般在 $10^{-2} \sim 10^{-6} S/cm$，导电聚合物适于这一要求。例如德国的巴斯夫公司已在德国的电子产品中推广应用导电聚乙炔薄膜作屏蔽材料。

D　电显示材料

导电聚合物电显示的依据是在电极电压作用下聚合物本身发生电化学反应，使它的氧化态发生变化，在氧化还原反应的同时，聚合物的颜色在可见光区发生明显改变。与液晶显示器相比，这种装置的优点是没有视角的限制。

除以上各应用领域外，导电聚合物还可以用于半导体领域、生物领域等，有望在光电转换元件、太阳能电池及人工神经的制造中发挥重要的作用。

9.2　光电导高分子材料[1,4,15,16]

9.2.1　概述

光电导是指光激发时电子载流子数目比热平衡状态时多的现象。一般把这种由于光激发而产生的电流称为光电流。把在光照射下导电性增加的高分子绝缘体或半导体称为光电导高分子。

几乎所有的绝缘体和半导体都或多或少地具有光电导性。一般是将光电流对暗电流比值很大（$i_光/i_暗$）的材料称为光电导材料，其光生载流子量子效率高、寿命长、载流子迁移率大。

9.2.2　光电导机理

光电导包括三个基本过程，即光激发、载流子生成和载流子迁移。有关光激发的概念在第 8 章已叙及，下面仅讨论载流子的生成及载流子的迁移过程。

9.2.2.1　载流子的产生

对于光电导材料载流子产生的机理曾提出过不少理论，其中最著名的是奥萨格（On-sager）离子对理论。该理论把载流子生成机制假定为两阶段：首先形成距离为 r_0 的电子-空穴对（离子对），接着这个离子对在电场作用下热解离成载流子。在单光子过程中，离子对的形成可以有两种机制：一是与从高能激发态向最低激发态的失活过程相竞争的自动离子化，在这种机制下，电子与空穴的贡献将是一样的。另一种机制与最低激发态有关，即与最低激发态有关的离子对的生成是以其与杂质的相互作用为基础的。也就是说，光激发所产生的最低激发单线态（或激发三线态）在固体中迁移到杂质附近，与杂质之间发生电子转移。这种有杂质参与的载流子生成过程称为外因过程，与此对应，与杂质无关的载流子生成过程称为内因过程。通常在外因过程中，杂质为电子给体时，载流子是空穴；杂质为电子接受体时，载流子是电子。酞菁类染料和聚乙烯咔唑（PVK）类聚合物的光电导现象都属于外因机制。对酞菁来说，在载流子生成中起重要作用的微量杂质是吸附的氧，而 PVK 则是它的光氧化产物，这些杂质起到电子受体的作用。基于这种考虑，人们有意识地在体系中加进相当于杂质的电子受体化合物，实际上这就是一种增感的方法。

以内因过程为基础的载流子产生机制是激子-激子相互作用或激子-光子相互作用的多光子过程。

9.2.2.2　载流子的迁移

载流子迁移的模型有能带模型和跳跃模型。能带模型是电子、空穴载流子分别在导带和价带中一面与晶格振动碰撞一面自由运动，载流子迁移率值（U 值）较大，而且随着温度的上升而变小；跳跃模型认为非晶态固体中载流子是定域的，它是由伴随着热活化的跳跃机制而迁移。

一般非晶态固体（包括聚合物）中载流子的迁移率值很小，这是由于陷阱能级的存在使载流子的迁移速度为俘获-释放过程所左右。陷阱因能级不同而有深浅，在浅陷阱能级时，被俘获的载流子可被再激发而不影响迁移，但在深陷阱能级时，则对迁移无贡献。PVK 等光导电性高分子中的深陷阱浓度低，故光电导性好。

9.2.2.3　分类

光电导高分子主要有以下几类：线型 π 共轭高分子；平面型 π 共轭高分子；侧链或主链含多环芳烃的高分子；侧链或主链含杂环化合物的高分子；高分子电荷转移络合物及其它等。图 9-7 给出了一些光电导高分子的结构式：

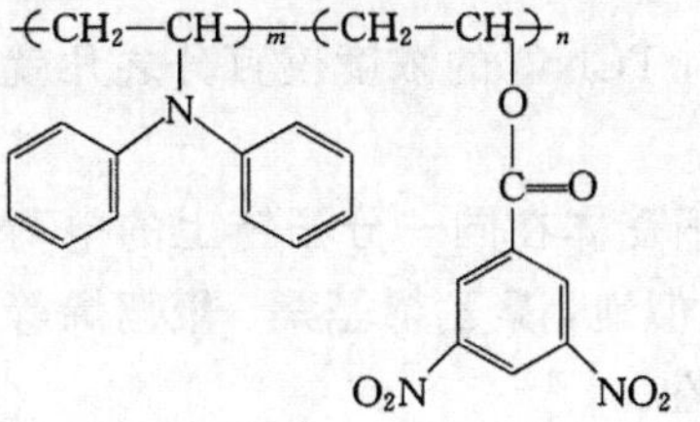

[11]

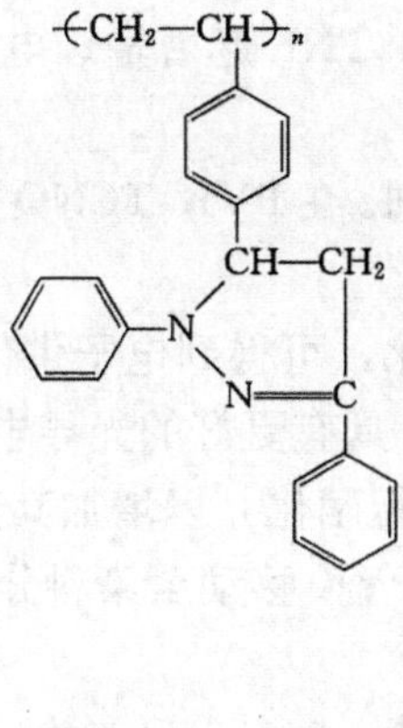

[12]

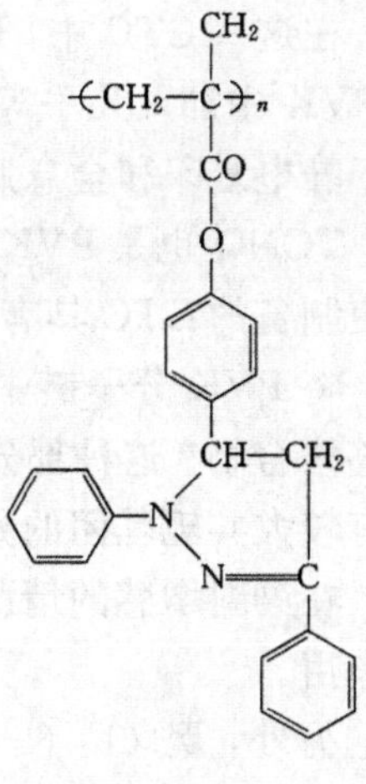

[13]

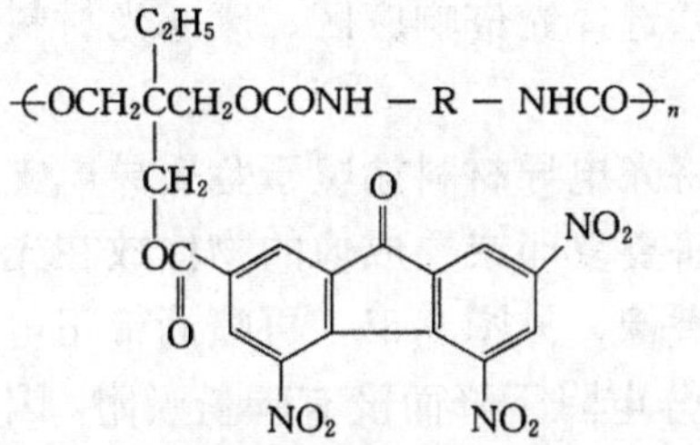

[14]

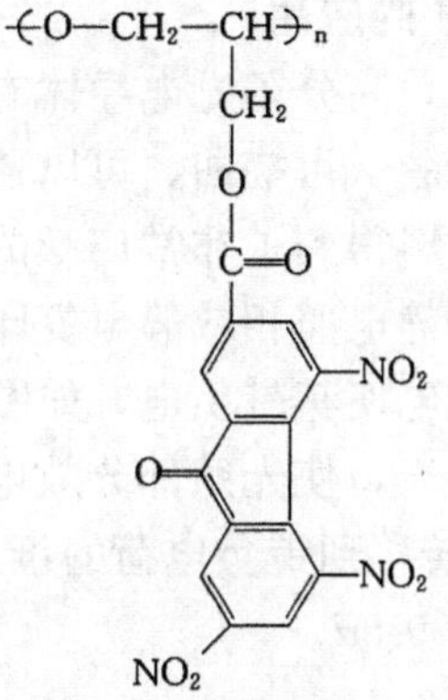

[15]

图 9-7 一些光电导高分子的结构式

高分子的分子量、分子量分布、立体规整性、结晶性、分子结构等对高分子光电导特性均有影响。

9.2.3 典型的高分子光电导体

已经研究出的光电导高分子中最引人注目的是聚乙烯咔唑： 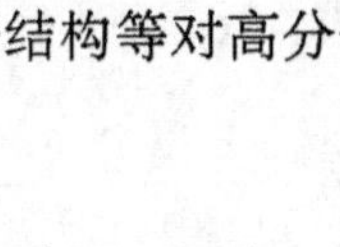 当这种高分子成薄膜时，相邻的苯环互相靠近生成电荷转移络合物，通过光激发，电子能够自由地迁移。

PVK 主要在紫外光区显示光电性，为了使其光电性扩展到可见光区，则需要在 PVK 中掺杂有机染料和电子受体，以形成电荷转移络合物（CTC）。掺杂的电子受体称为增感剂，常用的有 I_2、$SbCl_5$、三硝基芴酮（TNF）、TCNQ、TCNE、孔雀绿、结晶紫等染料。

一般光电导性 CTC 在结构上需满足下列两个条件：其一是相邻的电子给体或电子受体分子的 π 轨道必须相互重叠，以便离子对有效地分离，载流子能自由地迁移；其二是电子给体与电子受体分子相对取向时轨道的叠盖应是微弱的，这可减弱从电荷转移激发态向基态的衰减。

在这些 CTC 中，PVK 与 TNF 电荷转移络合物显得尤为突出。这种光电导性高分子是在 PVK 中加入几乎等当量的 TNF，TNF 起着输送电子载流子的作用，光电导性好，可应用于静电复印和全息照相技术。

TCNQ 也是 PVK 的良好增感剂。在 PVK-TCNQ 体系中，TCNQ 的浓度仅百分之几就能使制备的 CTC 具有全色光电性。

将 PVK 分子链中部分链节硝化，可得到电子供体和电子受体在同一分子链上的电荷转移络合物。这种部分硝化的 PVK 具有更好的光导电性。类似地，聚乙烯基萘、聚苊烯等含有较大共轭基团的聚合物都可进行硝化，以增加其光导电性。

在染料增感的情况下，电子由 PVK 移动至染料分子，因此染料也相当于起了电子受体的作用。

另外，聚（1，6—双甲基磺酸酯—2，4—己二炔）、聚（1，6—双—9—咔唑基—2，4—己二炔）等都具有较好的光电导特性，这里不再赘述。

9.2.4　光电导高分子的应用

与无机光电导体相比，高分子光电导体有如下特点：分子结构容易改变，性质容易改变，可以大量生产，可成膜、可挠曲、可以通过增感来随意选择光谱响应区、废感光材料容易处理等。因此这类材料得到了非常广泛的应用。

光电导材料可以用于静电照相或静电复印。其原理是将光电导材料涂覆于金属导电支持层上，由电晕在暗处放电使其带负电，如图 9-8a。然后将要复印或要成像的物体放在光电导材料的上面，经过曝光，使光照部分放电而得到静电潜像，见图 9-8b，再喷洒带正电荷的粉，见图 9-8c，最后转移到带负电荷的纸上，光通过部分电阻下降而没有碳粉吸附，因而得以成像或复制，见图 9-8d。

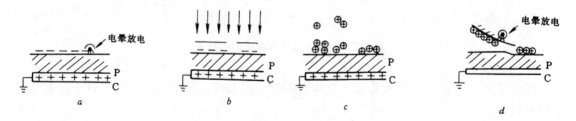

图 9-8　电子照像（静电复制）示意图
（P—光电导高聚物；C—金属电支持层）

将 PVK 与热塑性薄膜复合还可制得全息记录材料，即在充电曝光后再经一次充电，然后加热显影。由于热塑性树脂加热时软化，受带电放电的压力产生凹陷而成型。如用激光曝光则得光导热塑全息记录材料。

用 PVK-TNF 光导体与手征向列-向列相转变液晶构成直流反射式光阀，用白炽光（非相干光）作写入光，用 He-Ne 激光（相干光）作读出光，便可进行实时非相干光-相干光转换。图像对比度为 17:1。

用高分子光电导材料制作有机太阳能电池的工作也正在进行。与无机光电导体相比，高分子光电导体虽然有稳定性差、阻值高等缺点，但它价廉、易大量生产，器件制造简单而可大面积化，能选择性地吸收太阳光等，因此有希望成为太阳能电池材料。

此外，高分子光导体在实时显示系统及电光调制器方面也都有应用。

9.3 高分子压电材料[1,3,17,18]

9.3.1 概述

9.3.1.1 材料的压电效应及表征

所谓压电效应是指对某种电介质施加应力，则出现与此应力量相应的极化，在电介质的两边就会产生电压，反之施加电场则产生应变的现象。具有压电效应的材料可用于制造能量变换元件，从而获得重要的实用价值。

压电性是电介质力学性质与电学性质的耦合，最常用下面几种常数来表征：

(1) $d = (\partial D/\partial T)_E = (\partial S/\partial E)_T$

(2) $g = - (\partial E/\partial T)_D = (\partial S/\partial D)_T$

(3) $K = d/\sqrt{\varepsilon/\zeta}$

式中 T、S、E、D 分别表示应力、应变、电场及电位移，ε 和 ζ 分别为介电常数和弹性柔顺系数，d、g、K 分别叫做压电应变常数、压电电压常数和机电耦合常数，通常用 d 判定压电材料压电性大小（单位 C/N），用 g 推断机械能转变为电能时的效果（单位 m²/C），g 也常被称为传感器常数，用 K 表示压电材料的能量转换效率。此外常见的常数还有压电应力常数 e（C/m²）、压电劲度常数（N/C）等。

压电常数为三阶张量，由于坐标系反转可以改变符号，所以有对称中心的物质无压电性。32 个点群中有 20 种有压电性。非极性分子基本不呈现压电性，空间电荷不均一分布的有可能出现压电性。

9.3.1.2 压电高分子材料发展概况及分类

物质压电性的研究可以追溯到上个世纪末居里兄弟的工作，但是高分子压电性的发现却比较晚。1940 年，前苏联发现木材有压电性，之后相继发现了苎麻、丝竹、动物的骨、腱、皮肤、筋肉、头发和血管等都具有压电性。1950 年日本开始研究纤维素和高取向、高结晶度生物体的压电性，1960 年发现了人工合成高聚物的压电性。自从 1969 年发现极化的聚偏二氟乙烯（PVDF）具有强的压电性后，压电高分子材料就逐步被推向实用化阶段。目前压电性较强的高分子材料除了 PVDF 及其共聚物外，还有聚氟乙烯（PVF）、聚氯乙烯（PVC）、聚-γ-甲基-L-谷氨酸酯（PMLG）、聚碳酸酯（PC）和尼龙-11 等。

高分子压电材料柔而韧，可制成大面积的薄膜，便于大规模集成化，具有力学阻抗低、易于与水及人体等声阻抗配合等优越性，比常规无机压电材料及热电材料（例如酒石酸钾钠、水晶、钛酸钡等）有更为广泛的应用前景。

通常可把具有实用价值的压电高分子材料分为 3 类：天然高分子压电材料；合成高分子压电材料；复合压电材料$\left\{\begin{array}{l}结晶高分子＋压电陶瓷\\非晶高分子＋压电陶瓷\end{array}\right.$。

9.3.2 高分子压电材料

9.3.2.1 天然高分子和合成多肽压电材料

晶格对称的天然高分子和合成多肽具有压电性，例如一些长骨头在弯曲时会产生电位，利用这种性质可以治疗骨折并进行外科整形手术。此外象腱、纤维素、羊毛、木材、青麻、绢等许多天然高分子都有某种程度的压电性，表 9-2 给出了一些天然高分子的压电常数。

表 9-2 天然高分子的压电常数

材 料 种 类	压电常数 $d/\text{C} \cdot \text{N}^{-1}$			
	d_{14}	d_{15}	d_{33}	d_{31}
马 腱	-1.9×10^{-12}	0.53×10^{-12}	0.07×10^{-12}	0.01×10^{-12}
马大腿骨	-0.23×10^{-12}	0.04×10^{-12}	0.003×10^{-12}	0.003×10^{-12}
牛 腱	-0.26×10^{-12}	1.4×10^{-12}	0.07×10^{-12}	0.09×10^{-12}
纤维素	-1.1×10^{-12}	0.23×10^{-12}	0.02×10^{-12}	0.02×10^{-12}
羊 毛	-0.07×10^{-12}	0.07×10^{-12}	0.003×10^{-12}	0.01×10^{-12}
木 材	-0.1×10^{-12}			
青麻纤维	-0.17×10^{-12}			

合成多肽、聚羟基丁酸酯等也有压电性，压电性符号为具有光活性基团的手性决定。压电极化性与聚合物分子中手性的极性原子团内旋转有关系，表 9-3 给出了一些合成多肽的压电常数。

表 9-3 室温下合成多肽的压电常数

聚合物种类	分子结构	取向方法	拉伸比	$d_{25}/\text{C} \cdot \text{N}^{-1}$
聚-L-丙氨酸	α	滚压	1.5	1×10^{-12}
聚-γ-甲基-L-谷氨酸盐	α	拉伸	2	2×10^{-12}
	β	滚压	2	0.5×10^{-12}
聚-γ-甲基-D-谷氨酸盐	α	拉伸	2	-1.3×10^{-12}
聚-γ-苄基-L-谷氨酸盐	α	磁场	—	4×10^{-12}
	α	滚压	2	0.3×10^{-12}
聚-β-苄基-L-天冬氨酸盐	ω	滚压	2	0.3×10^{-12}
聚-γ-2 基-D-谷氨酸盐	α	滚压	2	-0.6×10^{-12}
脱氧核糖核酸				0.03×10^{-12}

9.3.2.2 合成高分子压电材料

聚乙烯、聚丙烯等高分子材料，在分子中没有极性基团，因此在电场中不发生因偶极取向而极化，这类材料压电性不明显。

聚偏二氟乙烯、聚氯乙烯、尼龙-11 和聚碳酸酯等极性高分子在高温下处于软化或熔融状态时，若加以高直流电压使之极化，并在冷却后才撤去电场，使极化状态冻结下来对外显示电场，这种半永久极化的高分子材料称为驻极体。驻极体内保持的电荷包括真实电荷（表面电荷及体电荷）与介质极化电荷。真实电荷是指被俘获在体内或表面上的正负电荷。极化电荷是指定向排列且被"冻住"的偶极子。高分子驻极体的电荷不仅分布在表面，而且还具有体积分布的特性。因此若在极化前将薄膜拉伸，可获得强压电性。高分子驻极体是最有实用价值的压电材料，表 9-4 给出了部分延伸并极化后的高分子驻极体的压电常数。

表 9-4　室温下高分子驻极体的压电常数

聚 合 物	$d_{31}/C \cdot N^{-1}$	聚 合 物	$d_{31}/C \cdot N^{-1}$
聚偏二氟乙烯	30×10^{-12}	聚丙烯腈	1×10^{-12}
聚氟乙烯	6.7×10^{-12}	聚碳酸酯	0.5×10^{-12}
聚氯乙烯	10×10^{-12}	尼龙-11	0.5×10^{-12}

在所有压电高分子材料中，PVDF 具有特殊的地位，它不仅具有优良的压电性，而且还具有优良的力学性能。表 9-5 给出了其压电性能。

表 9-5　PVDF 在室温下的压电性能

压电应变常数 $d/C \cdot N^{-1}$		机电耦合系数 $K/\%$	
d_{33}	-30×10^{-12}	K_{33}	19
d_{32}	4×10^{-12}	K_{32}	3
d_{31}	24×10^{-12}	K_{31}	15

PVDF 的密度仅为压电陶瓷的 1/4，弹性柔顺常数则要比陶瓷大 30 倍，柔软而有韧性，耐冲击，既可以加工成几微米厚的薄膜，也可弯曲成任何形状，适用于弯曲的表面，易于加工成大面积或复杂的形状，也利于器件小型化。由于它的声阻低，可与液体很好地匹配。

已发现 PVDF 有 3 种晶相，即 α、β、γ。其中 β 晶相的分子呈反式构型，是平面锯齿结构，晶胞中偶极同向排列。在高压电场下，偶极子 CF_2 绕分子链旋转，沿电场方向取向排列，使微晶中的自发极化排列一致，而显示宏观压电性。

PVDF 的结晶度为 35%～40%，当其挤压出来时，主要成分是 α 晶相，在高温延伸或轧制薄膜时，才会使其中一部分转换成压电性 β 相。

PVDF 的压电起因是一个争论的话题。PVDF 的通常制法是在高温下施以高直流电场，然后保持在电场下冷却之。极化过程引起电荷的注入（同号电荷）以及空间电荷离子的分离及偶极子取向（异号电荷）。由于 PVDF 是半结晶高分子，片晶是镶嵌在非晶相中的，如果每个片晶由于偶极子产生自发极化，则离子可在非晶相运动并被陷阱俘获在片晶表面上。因而陷阱的离子及残余偶极极化对压电及热电活性都会做出贡献。

PVDF 压电薄膜的制备工艺过程如下：

除 PVDF 外，还有许多较重要的压电高分子，如亚乙烯二氰/醋酸乙烯酯共聚物，$d_{31} = 5 \times 10^{-12}C/N$；尼龙-7、尼龙-9 及尼龙-11 的研究也有很大进展。尼龙-11 的剩余极化与 PVDF 相当，尼龙-7 的剩余极化达到 $93mc/m^2$。在 T_g 以上 d_{31} 为 $17 \times 10^{-12}C/N$。此外日本真空筑波超材料研究所新近开发了一种压电材料，是将两种单体芳香二胺及二异氰酸酯在真空中蒸发到基板上，预聚之后在电场下偶极取向，然后聚合为高聚物。用这种聚合方法可以做成各种形状，任意厚度的产品。这种材料的热稳定性较 PVDF 好。

9.3.2.3 复合压电材料

高分子压电材料有可挠性，但其压电常数小，使用上有局限性。如将具有高极化强度的铁电粉末（如 $BaTiO_3$、PZT）混入高分子压电材料中，极化后得到具有较强压电性的可挠性高分子复合压电材料。这种材料兼具有压电陶瓷和合成高分子压电材料的优点，因此实用价值较高。

常用的复合高分子压电材料的制备方法有轧辊法和流涎法。轧辊法是在高分子软化点附近混炼高分子和陶瓷粉末，然后造粒或挤压成片状或其他形状。流涎法是先将高分子材料溶解于适当的溶剂中，然后加入陶瓷粉末，用球磨等方法使其形成泥浆状的复合物。这种复合物流涎到玻璃板上干燥成膜。成膜后再进行极化处理可使其具有压电性。

9.3.3 应用

9.3.3.1 电声换能器

利用聚合物压电薄膜的横向、纵向效应，可制成扬声器、耳机、扩音器、话筒等音响设备，也可用于弦振动的测量。

9.3.3.2 双压电晶片

将两片压电薄膜反向粘合起来，当一方拉伸时，另一方压缩。PVDF 双压电晶片比无机双压电晶片产生大得多的位移量。用 PVDF 双压电晶片可制成无接点开关、振动传感器、压力检测器等。在同样应力情况下的输出电压是用锆钛酸铅 Pb（Zr，Ti）O_3（PZT）制造的传感器的 7 倍左右。

9.3.3.3 超声、水声换能器

由于 PVDF 压电薄膜与水的声阻抗接近，柔韧性好，能做成大面积薄膜和为数众多的阵列传感点，且成本低，是制造水声器的理想材料。可用于监测潜艇、鱼群或水下地球物理探测，也可用于液体或固体中超声波的接收和发射。

9.3.3.4 医用仪器

PVDF 的声阻抗与人体匹配得很好，可用来测量人体的心声、心动、心律、脉搏、体温、pH 值、血压、电流、呼吸等一系列数据。目前还可用来模拟人体皮肤。

9.3.3.5 其他应用

压电高分子材料还可用于地震监测，大气污染监测，引爆装置监测，各种机械振动、撞击的监测，干扰装置，信息传感器，电能能源，助听器，计算机和通讯系统中的延迟线等方面。

9.4 高分子超导体[2,13]

超导态有下列特征：电阻为零；超导体内部的磁场为零；超导电只有在临界温度 T_C 以下才出现；超导电存在有临界磁场，磁场强度超越临界值，则超导现象消失。

超导现象和超导体的发现，引起了科学界极大兴趣。显然，超导输电的经济意义是巨大的。此外，超导体的应用必将使高能物理、核科学、计算机通讯等许多领域发生巨大变化。

目前研制出的无机、有机及高分子超导体只在非常低的温度下才具有超导电性。例如 $(SN)_x$（$T_C = 0.26K$），$Nb_3Al_{0.8}Ge_{0.2}$（$T_C = 23.2K$），（TMTSF）$_2ClO_4$（$T_C = 1.4K$），

(TMTSF)$_2$PF$_6$（在 1200MPa，$T_C=0.9$K），$\beta-$（BEDT$-$TTF）$_2$I$_3$（$T_C=1.2$K、1.3×10^8Pa
下，$T_C=7.6$K），（BEDT$-$TTF）$_2$Cu（SCN）$_2$（$T_C=10$K）等等。显然，在这样低的温度下
超导体的利用是得不偿失的。因此研制 T_C 为 20K（液氢温度）、77K（液氮温度）乃至室温
或高温超导体是人们关切的研究课题。

1957 年，巴顿（Barden）、库柏（Cooper）和施里费尔（Schrieffer）提出了 BCS 超导理
论。根据麦克斯威（Maxwell）等的同位素效应工作，知 T_C 与金属的平均原子量 M 的平方
根（$\sqrt{M}$）成反比，即原子质量影响超导态，也就是说超导电与晶格振动（声子 Phonon）有
关。因此 BSC 理论认为，超导态的本质是被声子所诱发的电子间的相互作用，也就是以声
子为媒介而产生的引力克服库仑排斥力而形成电子对。由此得出下式

$$T_C = (\omega D/k)\exp(-1/NV)$$

其中 ωD 为晶格平均能，其值为 $10^{-1}\sim10^{-2}$eV 之间；k 为玻尔兹曼常数；N 为费密面的状
态密度；V 表示电子间的相互作用。由上式计算金属的 T_C 上限只有 30K 左右。

1964 年，利特尔（Little）提出了新的激发子理论，并提出了设想的超导聚合物模型，见
图 9-9。他认为，超导聚合物的主链应为高导电性的共轭双键结构，在主链上有规则地连接
一些极易极化的短侧基，如图 9-9b 中的花青系色素分子。共轭主链上的 π 电子可在整个链
上离域，类似于金属中的自由电子。当 π 电子流经侧基时，形成的电场使侧基极化，则侧
基靠近主链的一端呈正电性。由于电子运动速度很快，而侧基极化的速度远远落后于电子
运动，于是在主链两侧形成稳定的正电场继续吸引第二个电子，结果在两个传导电子间引
力发生作用，当引力战胜传导电子间的库仑斥力，就会形成电子对（库柏对），有利于超传
导。另外，共轭主链与易极化的侧基之间要用绝缘部分隔开，以避免主链中 π 电子与侧基
中的电子重叠，使库仑力减少而影响库柏对形成。

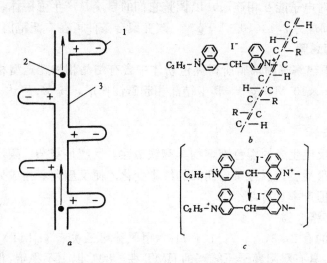

图 9-9　超导聚合物的 Little 模型
1—易极化侧基；2—库柏对电子；3—共轭主链

利特尔利用 BSC 理论的临界温度表达式推算出该模型聚合物的 T_C 为 2200K。依据这
一理论，高温超导体是可以制得的，但目前对这一模型还有不少异议。

　　近年来，不少科学家提出了许多其他超导聚合物的模型，各有所长，但也有不少缺陷。因此在超导聚合物的研究中，还有许多艰巨的工作要做。

9.5　结构型高分子磁性材料[1,19]

　　高分子磁性材料可分为复合型与结构型两大类。所谓复合型是指在聚合物中添加铁氧体或稀土类磁粉制得的一类复合材料。目前这类材料已得到广泛应用。结构型是指聚合物本身就具有磁性。本节只介绍结构型高分子磁性材料。

　　高分子磁性体的设计和构筑有两条途径：（1）根据单畴磁体结构，构筑具有大磁矩的高自旋聚合物；（2）参考 α-Fe、金红石结构的铁氧体，使低自旋高分子的自旋取齐。根据分子设计理论，制得了一些显示磁性的大分子。

9.5.1　二炔烃类衍生物的聚合物

　　这是一类可能形成强磁性的聚合物。例如聚 1，4-双（2，2，6，6-四甲基-4-羟基-1-氧自由基哌啶）丁二炔（简称 BIPO）。其单体分子结构中具有两个叁键和两个具有哌啶环的氮氧自由基。

$$HO-C≡C-C≡C-OH$$

　　BIPO 在适当反应条件下通过打开单体中的一个叁键进行聚合，另一个叁键则存在于侧链，这样在聚合物分子中双键和叁键 π 电子布满整个碳链，产生延伸的 π 键系统。因此沿链引入的任何未成对电子能互相连通，以调整它们的自旋，产生强磁体。经精制后这类材料的饱和磁化强度 M_s 为 $2.1\times10^{-4}T\cdot g^{-1}$。改变聚合条件可在广泛范围内改变其磁性。

9.5.2　热解聚丙烯腈

　　在 900～1100℃下热解聚丙烯腈所得黑色粉体中含有结晶相和无定型相，具有中等饱和磁化强度，M_s 为 $15\times10^{-4}T\cdot g^{-1}$。其中结晶相起磁性作用，其 M_s 可达 $(150～200)\times10^{-4}T\cdot g^{-1}$。

9.5.3　三氨基苯

　　均三氨基苯与碘反应生成的黑色难熔物具有铁磁性，反应很复杂。碘反应产生的不成对电子使这种化合物很活泼，反应条件偶然的细微变化才使反应向着生成分子自旋方向一致的材料方向移动，但产率只有 2%。

9.5.4　电荷转移络合物

　　属于这类化合物的有 2，3，6，7，10，11-六甲氧基均三联苯（HMT）和 $TCNQF_4$ 生成的电荷转移络合物。具有双阳离子三线态的 HMT 在 $-80℃$ 以上不稳定，但在和 $TCNQF_4$ 形成的络合物中室温下也是稳定的。掺杂剂可为 AsF_5、AsF_6 等，所制得的 $(HMT)_2$-$TCNQF_4$-$(AsF_{5.5})_y$，（$y=2.0～8.4$）具有高自旋密度，每分子单元为 1.6 个 1/2 自旋。

9.5.5　金属有机高分子磁性体

　　典型代表有聚双-2，6-吡啶基辛二腈-硫酸亚铁（PPH-FeSO₄）与 10 甲基二茂铁阳离子、四氰乙烯阴离子对 $[Fe(C_5Me_5)_2]^+[TCNE]^-$ 所组成的有机金属盐。PPH-FeSO₄ 是一种黑色固态磁性聚合物，质轻，耐热性好，不易溶于有机溶剂，是很好的磁性记录材料。$[Fe-(C_5Me_5)_2]^+$ $[TCNE]^-$ 中阳离子和阴离子上都有一个不成对的电子，这是导致其具有顺磁性和铁磁性的原因。

结构型高分子磁性体目前尚处在探索阶段，但各国的研究工作都开展得十分活跃。如果研制成功，则是一种易加工、易于工业化生产、应用潜力很大的密度低、质量轻的磁性材料。

参 考 文 献

1 蓝立文，姜胜年，张秋禹编. 功能高分子材料. 西安：西北工业大学出版社，1995

2 孙酣经主编. 功能高分子材料及应用. 北京：化学工业出版社，1990

3 功能材料及其应用手册编写组. 功能材料及其应用手册. 北京：机械工业出版社，1991

4 [日]雀部博之编. 导电高分子材料. 曹镛等译. 北京：科学出版社，1989

5 严晓华等. 添加炭黑聚合物的导电性. 特种橡胶制品，1984；5：34～36

6 王宏军. 影响填充型导电聚合物复合材料导电性的因素. 中国塑料，1989；4：71～79

7 高南等编著. 特种涂料. 上海：上海科学技术出版社，1984

8 章明秋等. 导电性高分子复合材料. 工程塑料应用，1991；2：50～57

9 钱人元. 导电高聚物的分子设计问题. 高分子通报，1991；2：65～70

10 洪海平. 导电高聚物聚苯乙炔及其衍生物. 高分子通报，1992；2：93～97

11 雷清泉编. 高聚物的结构与电性能. 武汉：华中理工大学出版社，1990

12 陈义庸编著. 功能高分子. 上海：上海科学技术出版社，1988

13 王国建，王公善编. 功能高分子. 上海：同济大学出版社，1996

14 [日]土田英俊，卢嶋直树，西出宏 へ 编. 高分子络合物的电子功能. 北京：北京大学出版社，1992

15 [日]加藤顺主编. 功能性高分子材料. 北京：中国石化出版社，1990

16 赵文元，王亦军编著. 功能高分子材料化学. 北京：化学工业出版社，1996

17 黄维垣，闻建勋主编. 高技术有机高分子材料进展. 北京：化学工业出版社，1994

18 中国科学技术协会主编. 新材料. 上海：上海科学技术出版社，1994

19 李树尘，陈成澍编. 现代功能材料应用与发展. 成都：西南交通大学出版社，1994

10 化学功能高分子材料及其他功能高分子

10.1 化学功能高分子材料[1~6]

化学功能高分子材料是一类具有化学反应功能的高分子材料，它是以高分子链为骨架并连接具有化学活性的基团构成的。其种类很多，如离子交换树脂、高分子催化剂、高吸水性树脂、高分子絮凝剂等等。本章只介绍离子交换树脂和高吸水性树脂。

10.1.1 离子交换树脂

10.1.1.1 概述

离子交换树脂是一类能显示离子交换功能的高分子材料。在其大分子骨架的主链上带有许多基团，这些基团由两种带有相反电荷的离子组成：一种是以化学键结合在主链上的固定离子；另一种是以离子键与固定离子相结合的反离子。反离子可以被离解成为能自由移动的离子，并在一定条件下可与周围的其他同类型离子进行交换。离子交换反应一般是可逆的，在一定条件下被交换上的离子可以解吸，使离子交换树脂再生，因而可反复利用。

离子交换树脂的种类很多，分类方法也多种多样。常用的分类方法如下：

（1）按功能基特性来分

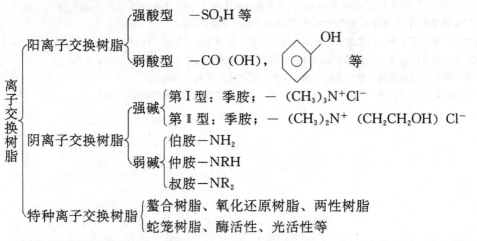

（2）根据高分子基体的制备原料（或聚合反应类型），离子交换树脂可大致分为四类（或两种体系）：

加聚体系 ｛苯乙烯体系树脂
丙烯酸-甲基丙烯酸体系树脂

缩聚体系 ｛苯酚-间苯二胺体系树脂
环氧氯丙烷体系树脂

（3）根据物理结构的不同，将离子交换树脂分为凝胶型、大孔型及载体型三类。

10.1.1.2 离子交换树脂的合成方法

离子交换树脂的合成方法主要有两种，一是先合成网状结构的大分子，然后使之溶胀，通过化学反应将交换基团连接到大分子上；例如：

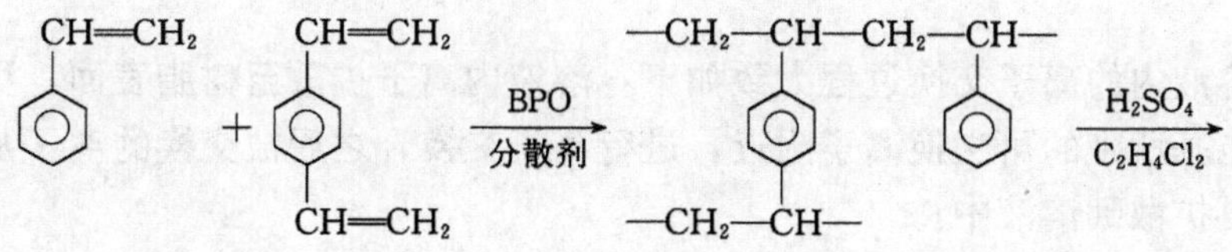

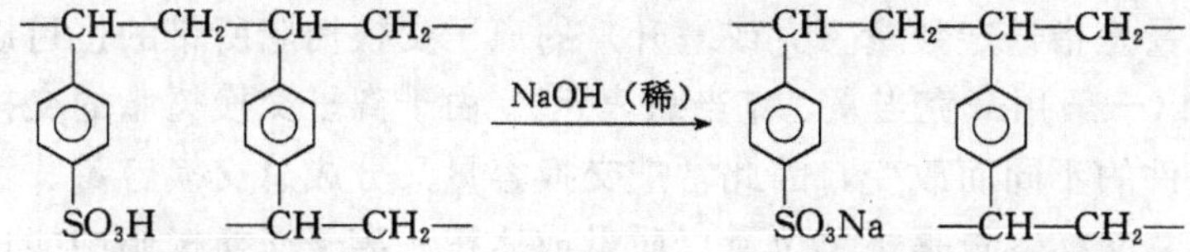

强酸性树脂　　　　　　　　　Na 型离子交换树脂

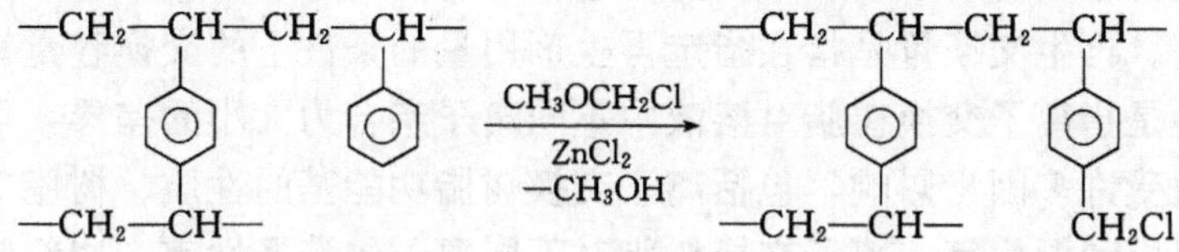

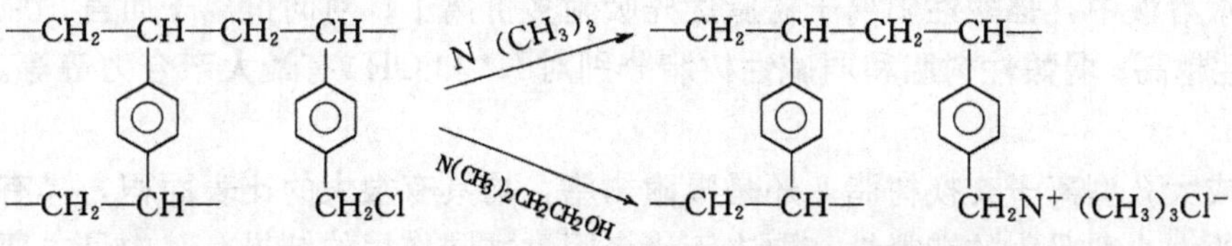

I 型强碱型阴离子交换树脂

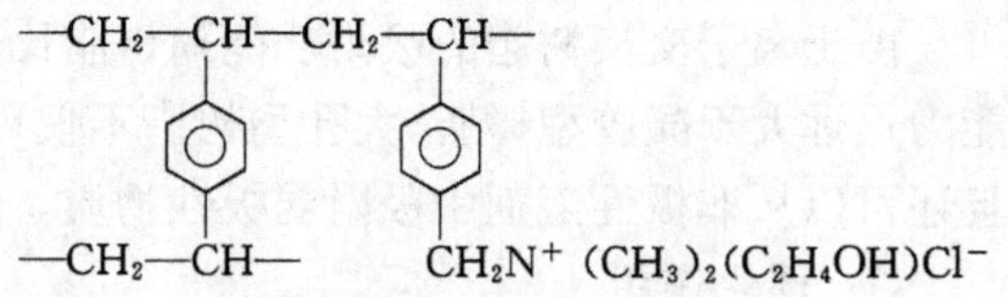

Ⅱ型强碱型阴离子交换树脂

二是先将官能团引入到原料单体上，再聚合或缩聚成聚合物，例如：

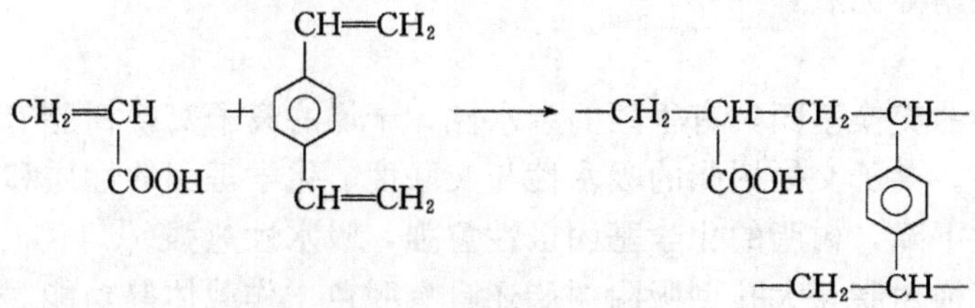

其中—COOH 为交换基团。

10.1.1.3　离子交换树脂的功能

A　离子交换

离子交换树脂在溶液内的离子交换过程大致如下：溶液内离子扩散至树脂表面，再由表面扩散到树脂内功能基所带的可交换离子附近，进行离子交换，之后被交换的离子从树脂内部扩散到表面，再扩散到溶液中。

常用的评价离子交换树脂的性能指标有：交换容量、选择性、交联度、孔度、机械强度和化学稳定性等。交换容量是指一定数量（克或毫升）的离子交换树脂所带的也可以说是贮存的可交换离子的数量（一般用毫克当量、克当量表示）。由于离子交换树脂的交换容量常随进行离子交换反应条件的不同而改变，因此常把交换容量又分成总交换容量、工作交换容量和再生交换容量。总交换容量是指单位量（质量或体积）离子交换树脂中能进行离子交换反应的化学基团总数。工作交换量则表示离子交换树脂在一定工作条件下对离子的交换吸附能力，它不仅受树脂结构的影响，还受溶液组成、流速、溶液温度、流出液组成以及再生条件等因素影响。再生交换量是指在指定再生剂用量的条件下的交换容量。

离子交换树脂的选择性是指离子交换树脂对溶液中不同离子亲合力大小的差异，可用选择性系数表征。选择系数受许多因素影响，包括离子交换树脂功能基的性质、树脂交联度的大小、溶液浓度及其组成和温度等。离子交换树脂对不同离子的选择性有一些经验规律：如在室温下稀水溶液中，强酸性阳离子树脂优先吸附多价离子；对同价离子而言，原子序数越大，选择性越高；弱酸性树脂和弱碱性树脂分别对 H^+ 和 OH^- 有最大亲合力等等。

B　吸附功能

无论是凝胶型或大孔型离子交换树脂，还是吸附树脂，均具有很大的比表面积，具有吸附能力。吸附量的大小和吸附的选择性，取决于诸多因素共同作用的结果，其中最主要决定于表面的极性和被吸附物质的极性。吸附是分子间作用力，因此是可逆的，可用适当的溶剂或适当的温度使之解吸。

由于离子交换树脂的吸附功能随树脂比表面积的增大而增大，因此大孔型树脂的吸附能力远远大于凝胶型树脂。大孔型树脂不仅可以从极性溶剂中吸附弱极性或非极性物质，而且还可以从非极性溶剂中吸附弱极性物质，也可对气体进行选择吸附。

C　催化作用

离子交换树脂相当于多元酸和多元碱，也可对许多化学反应起催化作用，如酯的水解、醇解、酸解等。与低分子酸碱相比，离子交换树脂催化剂具有易于分离、不腐蚀设备、不污染环境、产品纯度高，后处理简单等优点。

D　脱水功能

离子交换树脂具有很多强极性的交换基团，有很强的亲水性，干燥的离子交换树脂有很强的吸水作用，可做为脱水剂用。离子交换树脂的吸水性与交联度、化学基团的性质和数量等有关。交联度增加，吸水性下降，树脂的化学基团极性愈强，吸水性愈强。

除了上述几个功能外，离子交换树脂和大孔型吸附树脂还具有脱色、作载体等功能。

10.1.1.4　离子交换树脂的应用

离子交换树脂在工业上，可用于物质的净化、浓缩、分离、物质离子组成转变、物质脱色以及催化剂等方面，成为许多工业部门和科技领域不可缺少的重要材料之一。表 10-1 给出了离子交换树脂的主要用途。仅以水处理为例，采用离子交换树脂净化水的效率很高，如用一种新的丙烯酸系阴离子水处理用树脂,工作交换量可达 $800\sim1100kg/mol\cdot m^3$.离子净化水的质量也很高,例如一次离子交换净化水的电阻率可达 $2\times10^7\Omega\cdot cm$,这相当于自来水经 28 次重复蒸馏的结果。目前用离子交换树脂处理水的技术已广泛应用于原子能工业、锅炉、医疗甚至宇航等各个领域。

表 10-1 离子交换树脂的主要用途

行　业	用　　　　　　　　　　　　　　　　途
水处理	水的软化;脱碱、脱盐;高纯水制备等
冶金工业	超铀元素、稀土金属、重金属、轻金属、贵金属和过渡金属的分离,提纯和回收
原子能工业	核燃料的分离、精制、回收;反应堆用水净化;放射性废水处理等
海洋资源利用	从海洋生物中提取碘、溴、镁等重要化工原料;海水制淡水
化学工业	多种无机、有机化合物的分离、提纯、浓缩和回收;各类反应的催化剂;高分子试剂、吸附剂、干燥剂等
食品工业	糖类生产的脱色;酒的脱色、去浑、去杂质;乳品组成的调节等
医药卫生	药剂的脱盐、吸附分离、提纯、脱色、中和及中草药有效成分的提取等
环境保护	电镀废水、造纸废水、矿冶废水、生活污水、影片洗印废水、工业废气等的治理

10.1.2 高吸水性树脂

10.1.2.1 概述

高吸水性树脂又被称为超强吸水聚合物或超级吸水剂,是指那些含有强亲水性基团、具有一定交联度、可吸收自重几百至几千倍水的高分子材料。

传统的吸水材料如纸、棉、麻等吸水能力只有自重的 15～40 倍,且保水性差,加压即失水。而高吸水性树脂能吸收数百倍至数千倍于自身重量的水,而且保水性强,即使加压水也不会被挤出。近年来,高吸水性树脂的科研和生产方面已经取得了很大的成就,在医疗卫生、建筑材料、环境保护、农业、林业及食品工业等领域得到广泛应用。

10.1.2.2 高吸水性树脂的分类及制备

根据原料来源、亲水基团引入方法、交联方法、产品形状等的不同,高吸水性树脂可有多种分类方法。其中以原料来源这一分类方法最为常用。按这种方法分类,高吸水性树脂主要可分为淀粉类、纤维素类和合成聚合物类三大类,下面将逐一进行介绍。

A 淀粉类

a 淀粉接枝共聚物

这类高吸水性树脂主要有淀粉接枝丙烯腈的水解产物(由美国农业部北方研究中心,开发成功)、淀粉接枝丙烯酸、淀粉接枝丙烯酰胺等。这里以淀粉接枝丙烯腈类为例说明其合成原理及制造工艺。

这种树脂的合成多采用自由基型接枝共聚。由于产生自由基的方式不同,接枝原理也有差别。美国科学家们对使用硝酸铈铵和 H_2O_2/Fe^{2+} 等氧化还原引发剂的接枝共聚做了大量的研究工作。对于 Fe^{2+}/H_2O_2 引发体系而言,能进行以下反应:

$$Fe^{2+}+HO\!-\!OH \longrightarrow Fe^{3+}+\cdot OH+OH^-$$

$$Fe^{3+}+HO\!-\!OH \longrightarrow Fe^{2+}+H^++\cdot OOH$$

$$Fe^{3+}+\cdot O\!-\!OH \longrightarrow Fe^{2+}+O_2+H^+$$

产生的 $\cdot OH$ 和 $\cdot O\!-\!OH$ 自由基能夺取淀粉上的 H，使淀粉引发成初级自由基，然后再引发单体丙烯腈成为淀粉-丙烯腈自由基，继续与丙烯腈进行链增长聚合，最后发生链终止。

　　Ce^{4+} 作引发剂的原理是 Ce^{4+} 与淀粉配位，使淀粉链上葡萄糖环 2、3 位置上两个碳原子之一被氧化，碳键断裂，未被氧化的羟基碳原子上产生了初级自由基，再引发丙烯腈单体进行聚合。其反应式如下：

　　其中 M 为碱金属离子或 H^+，Z 为 $-CNH_2$ 或 COH、COM。

　　上述接枝聚合反应，视原料引发方式、分散介质、反应条件等不同，工艺过程有所不同，其工艺过程一般如下：

b　淀粉羧甲基化产物

将淀粉在环氧氯丙烷中预先交联，将交联物羧甲基化，便得到高吸水性树脂。

淀粉改性的高吸水性树脂的优点是原料来源丰富，产品吸水倍率较高（通常在千倍以上）。缺点是吸水后凝胶强度低，长期保水性差，在使用中易受细菌等微生物分解而失去吸水、保水作用。

B 纤维素类

纤维素改性高吸水性树脂也有两种形式。一种是纤维素与一氯醋酸反应引入羧甲基后用交联剂交联或再经加热进行不溶化处理而成的产物;另一种为纤维素与亲水性单体接枝共聚产物。

纤维素类高吸水性树脂的吸水能力比淀粉类树脂低,同时亦存在易受细菌分解失去吸水、保水能力的缺点。但在一些特殊用途方面如制作高吸水性织物等是淀粉类树脂所不能取代的。

C 合成树脂类

合成的高吸水性树脂原则上可由任何水溶性高分子经适度交联而得。主要有以下几种类型。

a 聚丙烯酸盐类

由丙烯酸或其盐类与具有二官能度的单体共聚而成。制备方法有溶液聚合和悬浮聚合两种。这类产品吸水倍率较高,与淀粉-丙烯腈接枝共聚型高吸水性树脂相比,耐热性、耐腐蚀性和保水性较好。

b 聚丙烯腈水解物

将聚丙烯腈用碱性化合物水解,再经交联剂交联,即得高吸水性树脂。由于氰基的水解不易彻底,产品中亲水基团含量较低,故这类产品的吸水倍率一般不太高,在 $500\sim1000$ 倍左右。

c 醋酸乙烯酯共聚物

将醋酸乙烯酯与丙烯酸甲酯进行共聚,产物用碱水解后得到乙烯醇与丙烯酸盐的共聚物,不加交联剂即可成为不溶于水的高吸水性树脂。这类树脂在吸水后有较高的机械强度,适用范围广。

d 改性聚乙烯醇

日本可乐丽公司开发了用聚乙烯醇与酸酐反应制备改性聚乙烯醇高吸水性树脂的方法。如将顺酐溶解在有机溶剂中,然后加入聚乙烯醇粉末进行非均相反应,使聚乙烯醇上的部分羟基酯化并引入羧基,然后用碱处理得到产品。这类产品吸水倍率为 $150\sim400$ 倍,初期吸水速度较快,耐热性和保水性都较好,适用面较广。

e 非离子型合成树脂

近年来开发出了以羟基、醚基、酰胺基为亲水基的非离子型高吸水性树脂,如聚环氧乙烷系、聚乙烯醇水溶液辐射交联产物等。这类树脂吸水能力较小(为自身重量的几十倍),但耐盐性强,可用于人造晶体和酶的固定化方面。

10.1.2.3 高吸水性树脂的吸水机制

美国科学家弗洛利(P. J. Flory)对高吸水性树脂的吸水机制进行了理论研究,认为可用高分子电解质的离子网络理论来解释,网络结构如图 10-1。他认为在高分子电解质的立体网络

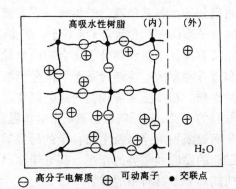

图 10-1 高吸水性树脂的离子网络

构造的分子间，高分子电解质吸引着与它成对的可动离子和水分子。由于内外侧吸引可动离子的浓度不同，内侧产生的渗透压比外侧高。由于这种渗透压及水和高分子电解质间的亲和力，产生了异常的吸水现象。而抑制吸水因素的是高分子电解质网络的交联度。这两种因素的相互作用决定了高吸水性树脂的吸水能力。水分子进入网络后，由于网络的弹性束缚，水分子的热运动受到限制，不易重新从网络中逸出，故具有良好的保水性。例如含有羧酸钠盐的高吸水性树脂与水接触后，水与亲水基作用进入树脂内部，羧酸钠解离，Na^+由于静电引力不能自由扩散，产生渗透压，水进一步进入树脂网状结构内部。水多时，出现局部溶剂区，Na^+向溶剂区扩散，导致高分子链上带净电荷，由于静电斥力使高分子网束扩展，大量水分子封存于网内。

据测定，当网格的有效链长为 $(10\sim100)\times10^{-10}$m 时，树脂具有最大吸水性。网格太小，水分子不易渗入，网格太大，则不具备保水性。

10.1.2.4 高吸水性树脂的应用开发

高吸水性树脂问世以来，它的奇特性能引起了人们极大关注，应用领域迅速扩大到日常生活、工业、农业、医疗卫生等各个行业。

在农业方面，高吸水性树脂可充当保水剂，若在土壤中混入1%高吸水性树脂，可使土壤的干湿度得到很好地调节。在移植树苗时，只须将其根在1%树脂的凝胶中浸泡一下或将树脂掺在泥团中，则移植的成活率可大幅度地提高。另外，若将高吸水树脂凝胶涂布于蔬菜、高粱、大豆、灌木等种子上，在干旱地区播种时成活率也有显著提高。

在工业方面，高吸水性树脂可用作涂料防露添加剂、工业脱水剂等。在建筑工程上，将高吸水性树脂混在堵塞用的橡胶或混凝土中可作堵水剂，还可作水泥养护剂等。

在日常生活中，高吸水性树脂也有十分广泛的应用。例如，已开发出一种可调节水分的树脂薄膜，可用于蔬菜、水果的保鲜。用高吸水性树脂制成的卫生巾和尿布也是倍受妇女、儿童欢迎的生活用品。

10.2 高分子液晶[1,2,7,15]

高分子液晶是在一定条件下能以液晶相态存在的高分子。与其他高分子相比，它有液晶相所特有的分子取向序和位置序；与小分子液晶化合物相比，它又有高分子量和高分子化合物的特性。高分子量和液晶相序的有机结合赋予了高分子液晶材料独特的性质，在高强度高模量纤维的制备、液晶自增强材料的开发、光纤被覆材料、光电和温度显示材料、疾病诊断和治疗以及生命科学的研究等方面取得了迅速的发展和重要的作用。高分子液晶目前已成为功能高分子材料中的重要一员。

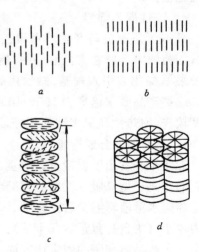

图 10-2 液晶态物理结构
a—向列型；b—近晶型；
c—胆甾型；d—碟型

10.2.1 高分子液晶的分类及特点

高分子液晶的分类法较多,常用的有以下几种：

（1）按高分子液晶在液晶态时组成分子在空间排列有序性的不同，可分为向列型、胆甾型、近晶型和碟型液晶。见图 10-2。

近晶型液晶分子排列成层，如图 10-2b。层内分子长轴互相平行，但分子重心在层内无序，分子呈二维有序排列。

在向列型结构中，分子相互间沿长轴方向保持平行。分子只有取向有序，分子质心没有远程有序，分子呈一维有序排列，见图 10-2a。

胆甾型液晶是向列型液晶的一种特殊形式，见图 10-2c。其分子本身平行排列，但它们的长轴是在平行面上，在每一个平面层内分子长轴平行排列和向列型液晶相像，层与层之间分子长轴逐渐偏转，形成螺旋状结构。其螺距大小取决于分子结构及温度、压力、磁场或电场等外部条件。

碟型液晶相中，碟状分子一个个地重叠起来形成圆柱状的分子聚集体，故又称为柱状相，如图 10-2d。在与圆柱平行的方向上容易发生剪切流动。

（2）按照液晶形成的条件可分为热致液晶和溶致液晶两大类。前者是靠升高温度，在某一温度范围内形成的液晶态物质。后者则是依靠溶剂的溶解分散作用，在一定浓度范围内形成的液晶态物质。

（3）按液晶基元在大分子链中的位置不同，高分子液晶又可分为主链型高分子液晶和侧链型高分子液晶。前者的液晶基元位于大分子主链，而后者的液晶基元则以侧基形式悬挂在大分子链上，形似梳状，故亦称梳形高分子液晶，见图 10-3 所示。如果侧链型高分子液晶的主链和支链上均含有液晶基元，则称为组合式高分子液晶。

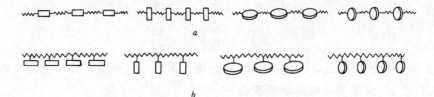

图 10-3　高分子液晶
a—主链型高分子液晶；b—侧链型高分子液晶

（4）按形成高分子液晶的单体结构，又可分为两亲型和非两亲型两类。前者是指兼具亲水和亲油作用的分子。后者则是一些几何形状不对称的刚性或半刚性的棒状分子或碟型分子。

高分子液晶与小分子液晶相比，具有以下特点：
（1）热稳定性大幅度提高；
（2）热致性高分子液晶具有较宽的液晶相温度区间；
（3）粘度大，流动行为与一般溶液显著不同。

影响高分子液晶相行为的因素很多，除了介晶基团、取代基、末端基的影响外，高分子链的性质、连接基团的性质均对高分子液晶产生影响。以下按第三种分类方法对高分子液晶进行讨论。

10.2.2　主链型高分子液晶[3,4,6~9]

主链液晶高分子是由苯环、杂环和非环状共轭双键等液晶基元彼此连接成的大分子。按其大分子链结构的不同可分为两类，一类是全刚性主链液晶高分子，其分子链中不含柔性间隔，分子链具有很小或没有柔性。另一类是半刚性主链液晶高分子，其分子链中既有刚性液晶基元又有柔性间隔。如：

$$\left(\!\!\left\{ \text{〈苯环〉—〈苯环〉—COO} \right\}\!\!\right)_n$$

$$\left(\!\!\left\{ \text{〈苯环〉—〈苯环〉—OCO—(CH}_2)_8\text{—COO} \right\}\!\!\right)_n$$

常用的柔性间隔基有 $\left(\text{CH}_2\right)_n$、$\left(\text{CH}_2\text{CH}_2\text{O}\right)_n$、$\left(\overset{R}{\underset{R}{\text{Si}}}\text{—O}\right)_n$ 等。液晶基元与柔性链

段之间的连接基团有：$-\overset{O}{\overset{\|}{C}}-O-$ 、$-O-$ 、$-HN\overset{O}{\overset{\|}{C}}-$ 、$-HN\overset{O}{\overset{\|}{C}}-O-$ 和

$-O\overset{O}{\overset{\|}{C}}-O-$ 等。这些高分子的溶液或熔体在适当条件下可显示液晶相。

液晶化合物分子结构有两个重要特征：一是分子形状的不对称性，二是分子间的各向异性相互作用。富劳瑞（Flory）认为前者对高分子来说是主要因素。他采用刚棒分子格子模型成功地说明了刚性或半刚性高分子的液晶形为。他指出，在只考虑分子几何因素的前提下热致液晶棒状分子出现液晶态的最小长径比为 6.4 左右，溶致液晶出现液晶相的临界浓度是

$$\overline{V}_c = \frac{8}{x}\left(1 - \frac{2}{x}\right)$$

式中，x 是分子的长径比，$\overline{V}_c$ 是临界体积分数。该理论在一定条件下已为实验所证实。

10.2.2.1　溶致型主链高分子液晶

形成溶致性高分子液晶的物质分子结构除要满足液晶化合物的两个特征外，还必须有相当的溶解性。目前这类高分子液晶主要有芳香族聚酰胺、聚酰胺酰肼、聚苯并噻唑、纤维素等品种。对于这些刚性高分子溶液，出现液晶相通常必须满足以下条件：

（1）聚合物浓度高于临界值；

（2）聚合物的分子量高于临界值；

（3）溶液的温度低于临界值。

聚对苯酰胺（PBA）和聚对苯二甲酰对苯二胺（PPTA）是这类液晶高分子的典型代表。聚芳酰胺通常由芳二胺和芳二酰氯在酰胺类溶剂中进行低温溶液缩聚而成。这类高分子链刚性较强，在一般溶剂中很难溶解，其溶剂只能是强质子酸或是各种对质子为惰性的酰胺类溶剂，而且常添加 2%～5% 的 LiCl 或 CaCl₂ 以增加聚合物的溶解性。形成液晶相的临界浓度与液晶高分子的分子量和分子量分布、温度及溶剂的种类等因素有关。一般来说，分子量愈高，形成液晶相的溶液浓度愈低，温度越高，临界浓度也越大。

液晶纺丝必须在液晶形成的浓度和温度下进行。用 PBA 溶液纺成的纤维称为 B 纤维，具有很高的强度，用作轮胎帘子线。用 PPTA 纺成的纤维称为开费拉（kevlar）纤维，芳香

族聚酰胺纤维是一种高强度、高模量纤维,已广泛应用于国防、军工、宇航和民用各部门。

除 PBA、PPTA 外,聚苯并噻唑(PBT)也是一类重要的溶致液晶高分子,其分子结构为环状连接的刚性链,具有特别高的模量,用 PBT 制成的纤维,弹性模量高达 760～2650MPa。

10.2.2.2　热致型主链高分子液晶

这类液晶的代表物为聚酯。20 世纪 70 年代中,美国柯达公司的杰克逊(Jackson)等将对羟基苯甲酸与聚对苯二甲酸乙二醇酯(PET)共聚,成功获得了热致性高分子液晶。

热致主链型液晶高分子可通过缩聚反应制备。单体可为醇、酚、酸、酰氯和酯。早期常用界面缩聚和溶液聚合的方法。目前大多数熔致型主链液晶高分子是通过酯交换反应制备的。若要得到高分子量的熔致液晶高分子可采用固相缩聚的方法。

通过对共聚酯的结构与液晶相行为关系的大量研究,发现分子链中柔性链段的含量与分布、结构单元连接方式、分子量及取代基的性质等因素均影响液晶相行为。

A　共聚酯中柔性链段含量与分布的影响

研究表明,完全由刚性基团连接的分子链由于熔融温度太高而无实用价值,必须引入柔性链段才能很好呈现液晶性。一般来说,柔性链段越长,液晶转化温度越低,相区间温度范围也越窄。柔性链段太长则失去液晶性。另外,柔性链段的分布也显著影响共聚酯的液晶性。交替共聚酯无液晶性,而嵌段和无规分布的共聚酯均呈现液晶性。

B　取代基的影响

取代基从两方面影响液晶相转变温度,一是空间效应,二是极性效应。取代基体积越大,则空间效应的结果使分子长径比减小,相转变温度降低。极性效应影响分子间的相互作用,极性越大,相转变温度越高。另外,取代基应有适当的尺寸,若太大会降低液晶相的稳定性。

C　分子量的影响

美国布洛姆斯坦(Blumstein)研究了聚酯分子量($\overline{M} = 900 \sim 19000$)对液晶相转变温度的影响,结果表明,熔点和清亮点均随分子量增加而提高,液晶相温度范围也变宽,分子量达一定值后,熔点、清亮点变化不大。

D　结构单元连接方式的影响

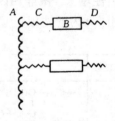

分子链中结构单元可有头-头连接、头-尾连接、顺式连接、反式连接等连接方式。研究表明,头-头连接和顺式连接使分子链刚性增加,清亮点较高。头-尾连接和反式连接使分子链柔性增加,则清亮点较低。

10.2.3　侧链型高分子液晶

侧链液晶高分子通常由柔性主链、柔性间隔、液晶基元和末端基四部分组成,见图 10-4。其中主链可以是碳链,也可以是杂链(如—Si—O—);液晶基元由芳环、杂环和桥键结合而成。侧链液晶基元与主链间存在着相互作用,侧链力图采取液晶的有序结构,而主链倾向于统计分布的无规线团构型。若侧链与主链直接相连,则主链的热运动将阻止液晶基元的有序排列,这种作用称为耦合作用。为了消除这种作用,在主链与侧链之间常常插入由

图 10-4　侧链液晶
高分子的链
结构模型
A—柔性主链;
B—液晶基元;
C—柔性间隔;
D—末端基

烷基组成的柔性间隔基团,以便使侧链能获得相对的独立运动,有利于液晶态的形成。柔

性间隔基除 $-\!(\!CH_2\!)_{\overline{n}}$ 外还有 $-\!(\!CH_2CH_2O\!)\!-$ 或 $-\!\left(\!\underset{\overset{|}{CH_3}}{\overset{CH_3}{\underset{|}{Si}}}-O\!\right)\!-$ 。液晶基元一端的末端基也常被

称为自由取代基,对液晶性能也有重要的影响。通常为 $-\!C_nH_{2n+1}$ 、 $-\!OC_nH_{2n+1}$ 、 $-\!CN$ 、 $-\!NO_2$ 等。

10.2.3.1 侧链高分子液晶的合成方法

侧链高分子液晶主要有以下几种合成方法:

(1)加聚反应。包括均聚、两种液晶单体共聚、液晶单体与非液晶单体共聚三种情况。如

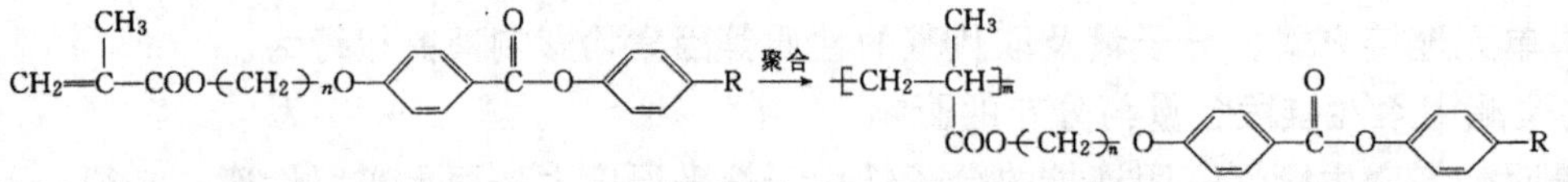

(2)缩聚反应。可合成在大分子主链中含有杂原子如 Si、O、N 等的杂链液晶高分子。如:

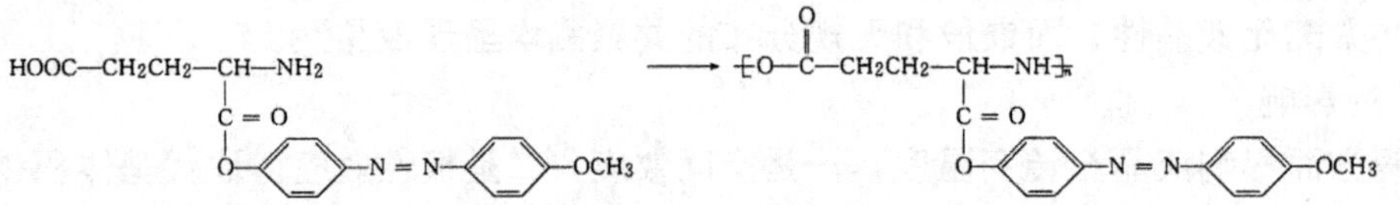

(3)官能团反应。这种方法起始的聚合物可不具有液晶性,液晶基元是以后引入的。如:

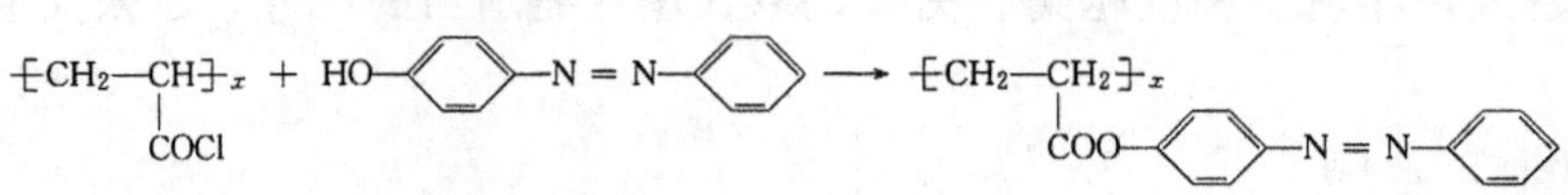

10.2.3.2 链结构对液晶相行为的影响

由于侧链液晶分子链结构的复杂性,使它们比主链型液晶有更为多样的液晶相态。

主链柔性对液晶相行为影响很大,侧基基本相同而主链不同的侧链液晶高分子随主链柔性增大,液晶相区间较宽,见表 10-2。在此表及后续诸表中,g 代表玻璃态,n 代表向列相,s 为近晶相,i 为各向同性液体。

表 10-2 主链柔性对液晶相转变温度的影响

表号	聚 合 物	相转变温度/℃	ΔT/℃
a	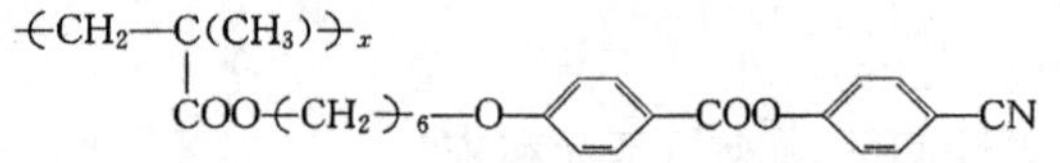 $-\!(\!CH_2\!-\!C(CH_3)\!)_{\overline{x}}$ $COO\!-\!(\!CH_2\!)_6\!-\!O$ —— COO —— CN	g55—60n107—110i	52～50
	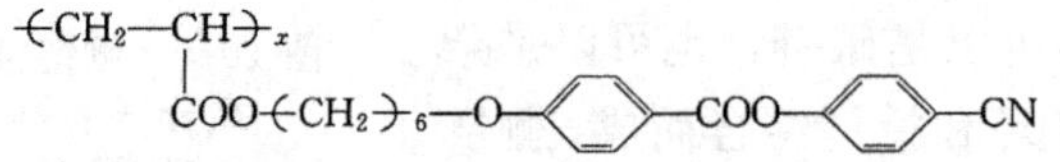 $-\!(\!CH_2\!-\!CH\!)_{\overline{x}}$ $COO\!-\!(\!CH_2\!)_6\!-\!O$ —— COO —— CN	g33n133i	100
	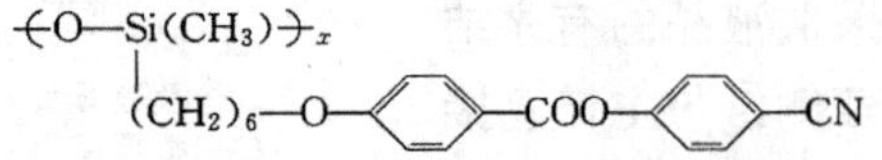 $-\!(\!O\!-\!Si(CH_3)\!)_{\overline{x}}$ $(CH_2)_6\!-\!O$ —— COO —— CN	g55s185i	130

表号	聚 合 物	相转变温度 /℃	ΔT /℃
b	$\begin{array}{c}CH_3\\ \left(CH_2\text{-}C\right)_x\\ COO\text{-}(CH_2)_2\text{-}O\text{-}◯\text{-}COO\text{-}◯\text{-}OCH_3\end{array}$	g6n121i	25
	$\begin{array}{c}\left(CH_2\text{-}CH\right)_x\\ COO\text{-}(CH_2)_2\text{-}O\text{-}◯\text{-}COO\text{-}◯\text{-}OCH_3\end{array}$	g47n77i	30
	$\begin{array}{c}CH_3\\ \left(Si\text{-}O\right)_x\\ (CH_2)_3\text{-}O\text{-}◯\text{-}COO\text{-}◯\text{-}OCH_3\end{array}$	g15n61i	46

聚合物的分子量也与液晶相有关。由于液晶基元与聚合物主链相连,大大提高了液晶的稳定性,液晶相区间变宽。一些显示向列相液晶态的小分子单体聚合后,可获得有序性更高的近晶型液晶高分子,甚至原来无液晶现象产生的小分子单体聚合后也有液晶行为产生。但应注意,这种影响只在聚合度比较低时(小于10)才存在。当聚合度大于10后,再增加分子量,相转变温度几乎不变。

在侧链液晶高分子的主链和刚性侧链间引入的柔性间隔基,不仅使液晶相类型发生变化。而且使相转变温度及其范围也发生变化,见表10-3。

表10-4给出了液晶基元的变化对聚合物液晶行为的影响。从表中可见,随着液晶基元长度增加,液晶态的有序性和稳定性均增加。

另外,液晶基元上的末端基对液晶相行为也有明显的影响,见表10-5。一般随末端基长度的增加,液晶态有序性增加,T_g、T_i 也都增加,且液晶态范围变宽。

表 10-3 柔性间隔对液晶性能的影响

No	聚 合 物	相转变温度 /℃	ΔT /℃
1	$\begin{array}{c}CH_3\\ \left(CH_2\text{-}C\right)_x\\ COO\text{-}(CH_2)_2\text{-}O\text{-}◯\text{-}COO\text{-}◯\text{-}CH=N\text{-}◯\text{-}CN\end{array}$	g88n307i	219
2	$\left(CH_2\right)_6$	g51s334i	283
3	$\begin{array}{c}CH_3\\ \left(Si\text{-}O\right)_x\\ (CH_2)_3\text{-}O\text{-}◯\text{-}COO\text{-}◯\text{-}OCH_3\end{array}$	g15n61i	46
4	$\left(CH_2\right)_6$	g5s46n108i	103

表 10-4　液晶基元对液晶性能的影响

聚　　合　　物	相转变温度 /℃	ΔT /℃
CH₃ －（CH₂－C）ₓ 　　　　COO—（CH₂）₆—O—⬡—COO—⬡—OCH₃	g36n101i	65
CH₃ －（CH₂－C）ₓ 　　　　COO—（CH₂）₆—O—⬡—COO—⬡—⬡—OCH₃	g60s125n262i	202
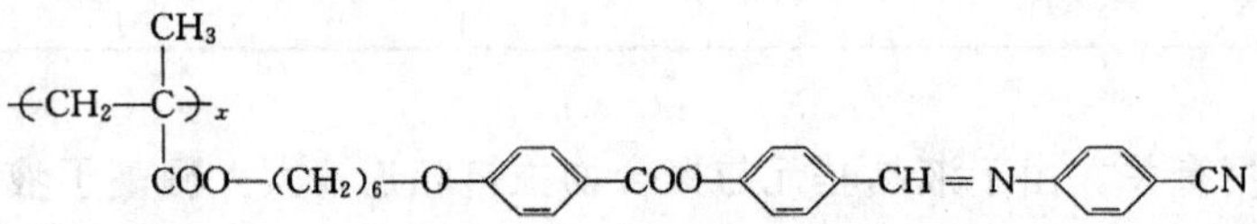 　　　　CH₃ －（CH₂－C）ₓ 　　　　COO—（CH₂）₆—O—⬡—COO—⬡—CH＝N—⬡—CN	g51s334i	283

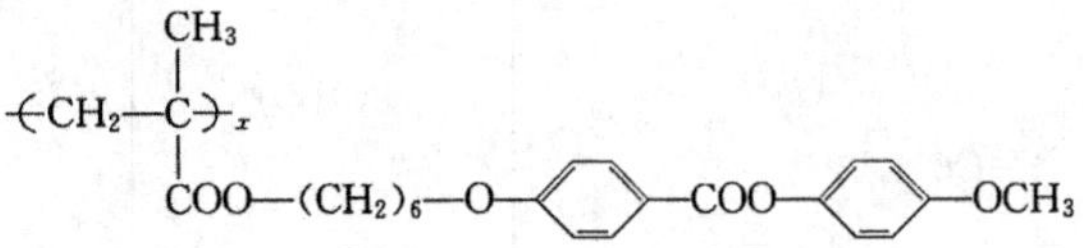

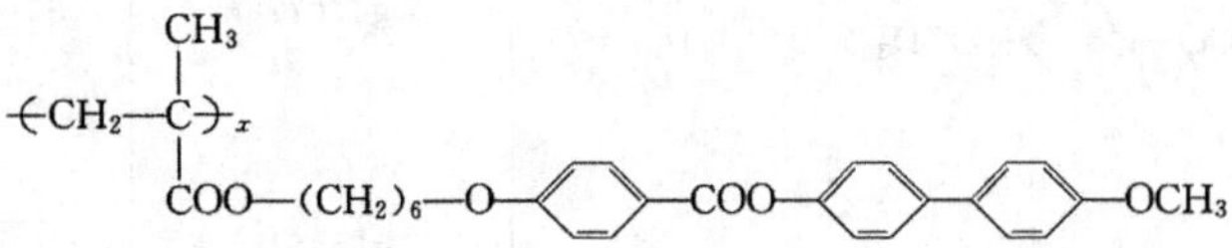

表 10-5　末端基长度对高分子液晶性能的影响

No	聚　　合　　物	相转变温度 /℃	ΔT /℃
1	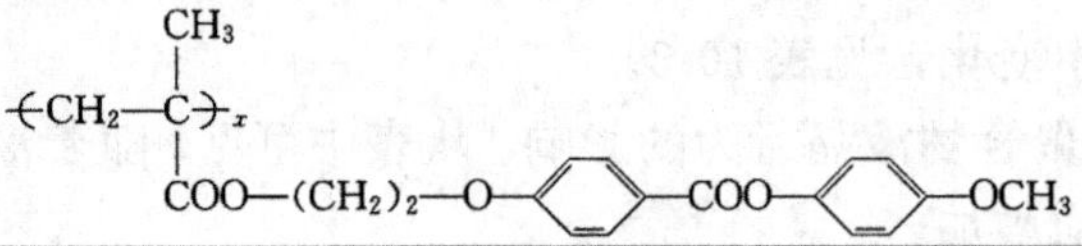 　　　　CH₃ －（CH₂－C）ₓ 　　　　COO—（CH₂）₂—O—⬡—COO—⬡—OCH₃	g96n121i	25
2	—OC₆H₁₃	g137s178i	41
3	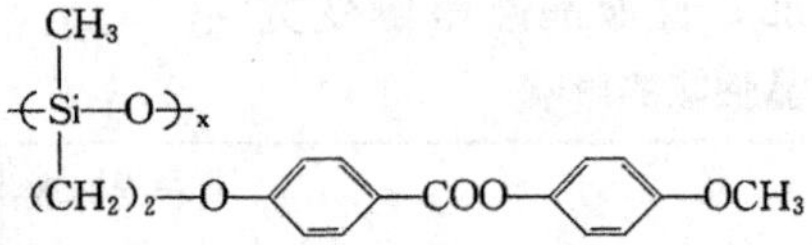 　　　　CH₃ －（Si—O）ₓ 　　　　（CH₂）₂—O—⬡—COO—⬡—OCH₃	g15n61i	46
4	—OC₆H₁₃	g15s112i	97

10.2.4　高分子液晶材料的应用

10.2.4.1　结构材料

前面已提到,高分子液晶的重要应用方向就是制作高强度高模量纤维、液晶自增强塑料及原位复合材料,在航空、航天、体育用品及其他部门得到广泛应用。例如 Kevlar49 纤维具有低密度、高强度、高模量和低蠕变性的特点,且在静电荷及高温条件下仍有优良的尺寸稳定性,特别适合于用作复合材料的增强纤维。Kevlar29 的伸长度高,耐冲击性优于 kevlar49,已用于制造防弹衣和各种规格的高强缆绳等。

除用作上述结构材料外,由于高分子液晶如同小分子液晶一样也具有特殊的光学性质、电光效应、热光效应等,因而可以用作信息显示材料、光学记录材料、贮存材料、非线性光学材料等。

10.2.4.2　光学材料

许多胆甾型高分子液晶保持了小分子胆甾型液晶的光学性质,同时又具有高分子易于加工等优良性能,是很多光学器件的新型材料,如选择滤色片,立显照像底片、反射板、温度指示器等。例如利用某些胆甾型高分子液晶的外观颜色随温度而变化的特征,可将其用于温度测量技术等。

10.2.4.3　光学非线性材料

迄今,已有很多工作报道了在侧链液晶高分子中采用二阶分子非线性极化率高的小分子(NLO)组成共聚物,或者直接采用含有 NLO 活性部分的液晶性基团作为侧基的侧链液晶高分子。例如格力芬(Griffin)等合成了如下结构的侧链液晶高分子:

$$\{CO-(CH_2)-COO-Z-O\}_n \quad\quad Z=\{CH_2\}_4 \text{、}\; \{CH-(CH_2)_4\}$$
$$(CH_2)_6-O-\langle\!\rangle-Y=CH-\langle\!\rangle-NO_2 \quad Y=CH\text{、}N \quad\quad CH_3$$

但是这些材料的玻璃化温度 T_g 不够高,在电场极化后,仍然因取向不好会散射入射光,使得其透明度降低。最近已经合成了高 T_g 的侧链液晶高分子,其性能有很大改善。

10.2.4.4　显示材料

把透明的各向同性液晶前体放在透明电极之间,当施加电压时,受电场作用的液晶前体迅速发生相变,分子发生有序排列成为液晶态(常排列成向列型晶相)。有序排列部分失去透明性而产生与电极形状相同的图像。根据这一原理可制成数码显示器、电光学快门、电视屏幕和广告牌等显示器件。例如将具有铁电性的液晶高分子与镀有透明导电层的柔性衬底结合起来,已经实现了面积为 $15\times40cm^2$,像素数为 100×300 的液晶显示。为了改进高分子液晶对外场刺激响应慢的问题,人们采用调整温度、电压、频率等外界条件,合成 T_g 较低的液晶高分子及将小分子液晶分散在高分子液晶中诱导其响应等方法,都有一定成效。

10.2.4.5　记录材料

高分子液晶在熔融温度和外场作用下分子会高度取向,冷却或除去外场后取向态即被冻结。利用这种特性可将其作为记录、贮存材料。图 10-5 给出了在取向高分子液晶层上记录信息的原理。

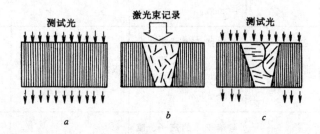

图 10-5　聚合物液晶数据储存示意图

$a—T<T_d$ 光透过; b—光照部分 $T>T_d$ 呈非晶态; $c—T<T_d$ 光部分透过

透明垂面取向的液晶薄膜在激光束作用下局部温度升高,聚合物熔融成各向同性熔体,聚合物失去有序度;当激光消失后,聚合物凝结成不透光的固体,信号被记录。记录的信息在室温下将被永久保存。若施加电场或升温，分子将重新排列有序，消除记录信息。同目前常用的光盘相比，由于其存储信息依靠记忆材料内部特性的变化，因此可靠性更高，且不怕灰尘和表面划伤，更适合于重要数据的长期保存。

此外，某些液晶聚合物还具有光导性、选择渗透性等特性而被用于制备空间光调制器、功能性液晶高分子膜等。

10.3 高分子分离膜材料[1~4]

高分子分离膜的基本功能是从物质群中有选择地透过或输送特定的物质，如分子、离子和电子等。高分子分离膜在对难分离物质的精细分离过程中，由于节能、无公害、投资设备小，在工业及生命工程中具有重要的应用价值。

功能膜有多种分类方法：按膜材料划分，可分为纤维素酯类和非纤维素酯类（包括无机膜及合成高分子膜）等；按膜的分离原理及适用范围分类，又可分为微孔膜、超滤膜、反渗透膜、渗析膜、电渗析膜、渗透蒸发膜等；按膜断面的物理形态，又可将其分为对称膜、不对称膜、复合膜、平板膜、管式膜、中空纤维膜等。表 10-6 对一些高效分离膜的分离驱动力及应用进行了概括。

反渗透、超滤、微滤过程都是在压力差推动下的膜分离过程。所谓反渗透是指在高分子膜两侧分别放置浓溶液及稀溶液，当在浓溶液侧施加一个足够高的压力（超过渗透压），则溶剂就会从浓溶液侧透过膜进入稀溶液侧，由于与溶剂的自然渗透方向相反，故称为反渗透。超滤、微滤与反渗透的差别主要在于分离物质尺寸稍大。压力差及气体分离膜的分离机制相同，都是首先在高压侧被分离物质吸附在膜面上，在膜内扩散到低压侧，并在低压侧解吸形成游离态物质。例如美国通用电气公司采用碳酸酯和有机硅氧烷的嵌段共聚物膜 P-11，制成了富氧分离膜装置，空气经一级膜分离可获得 40% 的富氧空气。

表 10-6 高效分离膜种类与应用

种　类	分离过程	分离物质与能力	驱动力	应用举例
微孔膜（开放式网格结构，孔径 0.1~10μm）	微孔过滤	溶液与微粒及细菌之间分离，分离物粒径 50~5000nm	压力差<0.1MPa	污水处理 食品和饮料除菌 物质浓缩回收
超滤膜（不对称膜，孔径 1~100nm）	超过滤	可截留各种可溶性大分子，如多糖、蛋白质分子等，分离物质粒径 1.5~50nm	压力差 0.1~1MPa	分离病毒及高分子有机物胶体
反渗透膜（不对称膜，孔径小于 0.5nm）	反渗透	与溶于水的离子、胶体、分子、细菌分离，分离物质粒径 0.5~1.5nm	压力差 2~10MPa	应用于超纯水制取及海水淡化
气体分离膜	气体分离	空气（富氧）分离及其他气体分离	高压透气或减压吸引	医疗、发酵或富氧燃烧、分离氢气

种　类	分离过程	分离物质与能力	驱动力	应用举例
离子交换膜	电渗析电解离子置换	电解质脱盐，阳离子或阴离子选择性透过分离	电场力（电位差）对不同电荷离子的选择性	海水浓缩、NaCl 电解制 NaOH
液体分离膜	液体透析、有机液体分离	无机盐、碱（孔径$<0.1\sim10\mu m$）分离	化学位（浓度）梯度扩渗	湿法冶金、石化、工业废水处理
		小分子及大分子有机物液体分离	浓度梯度	石油分离、有机混合液及生物体液分离

离子交换膜的分离作用是在电场力（电位差）驱动下，离子在膜内扩散并分离的过程。膜的制作方法较多，其中最实用的是相转化法（流涎、纺丝）和复合膜化法。有关膜的具体制作工艺请参见有关专著。

目前，高分子分离膜的发展主要有两个方向，一是开发新型膜材料，如开发耐污染、耐清洗膜，耐压密性、耐热性膜材料等；二是进一步提高膜分离技术的效果及扩大膜分离技术的应用领域，如将膜技术扩展到能量传递方面，如传感膜、热电膜等。

10.4　医用高分子

医用高分子材料大致可分为机体外使用与机体内使用两大类。

机体外用的材料主要是制备医疗用品，如输液袋、输液管、注射器等。输液袋、管可用卫生级聚氯乙烯制造。由于这些高分子材料成本低，使用方便，现已大量使用。

机体内用材料又可分为外科用和内科用两类。外科方面有人工器官、医用粘合剂、整形材料等。内科用的主要是高分子药物，所谓高分子药物，就是具有药效的低分子与高分子载体相结合的药物，它具有长效、稳定的特点。

人工器官是医用高分子材料的主要发展方向。目前用高分子材料制成的人工器官已植入人体的有人工肾、人工血管、人工心脏瓣膜、人工关节、人工骨骼、整形材料等。应用的高分子材料主要有 PVC、ABS、PP、硅橡胶、含氟聚合物等。正在研究的有人工心脏、人工肺、人工胰脏、人造血、人工眼球等。

参 考 文 献

1　蓝立文，姜胜年，张秋禹．功能高分子材料．西安：西北工业大学出版社，1995

2　王国建，王公善编．功能高分子．上海：同济大学出版社，1996

3　李树尘，陈成澍编．现代功能材料应用与发展．成都：西南交通大学出版社，1994

4　孙酣经主编．功能高分子材料及应用．北京：化学工业出版社，1990

5　邹新禧编著．超强吸水剂．北京：化学工业出版社，1991

6　陈开勋，宋纪蓉，马政生编著．精细化工产品化学及应用．西安：西北大学出版社，1995

7　Gray G W．Molecular structure and the properties of Liquid Crystals．Academic，New York，1962

8　Brown G H，Doane J W，Neff V D．Structure and Physical Properties of Liquid Crystals．Butter. Worth，London，

　　　1971

9　吴大诚，谢新光，徐建军著·高分子液晶·成都：四川教育出版社，1988

10　金光泰主编·高分子化学的理论和应用进展·北京：中国石化出版社，1995

11　Flory P T *et al*. Advances in polymer Science. Liquid Crystal. Polymers，I. Springer-Verlag，Berlin，1984

12　赵文元，王亦军编著·功能高分子材料化学·北京：化学工业出版社，1996

13　周其凤·液晶高分子的分子工程·功能高分子学报，1992；5（2）：93～101

14　Blumstein A. Polymeric Liquid Crystals；New York；Plenum Press，1985

15　周其凤，王新久著·液晶高分子·北京：科学出版社，1994

第 4 篇

功能晶体材料

　　早在史前时期自然界的晶体就以其美丽的外形和色彩引起人们的注意和兴趣，把它作为珍贵的饰物。直到现在，以晶体为主的许多宝石仍然是琳琅满目的珠宝市场上的珍品。随着科学技术的发展，人们不仅由表及里地认识到晶体的本质是其构造基元（即组成晶体的原子、分子或离子团）在空间作近似无限的、周期性的重复排列（长程有序）构成的，而且还发现晶体有着许多宝贵的物理性质，如金刚石的超硬度、方解石的双折射。许多晶体还能实现光、电、声、热、磁、力等不同能量形式的交互作用和转换，在现代科学技术中应用十分广泛。晶体材料也逐渐发展成一类重要的功能材料。由于天然单晶矿物无论在品种、数量和质量上都不能满足日益增长的需要，因而促进了人工合成晶体工作的迅速发展。目前在许多科学技术领域中应用的晶体，几乎都是人工晶体，所以晶体材料经历了由饰物到功能材料，由天然晶体到人工晶体的发展过程。

　　晶体材料可按不同方法进行分类。按化学分类可分为无机晶体和有机晶体，按状态分类可分为单晶、多晶、晶体薄膜和晶体纤维。一块晶体由长程有序的单一晶体组成称为体块单晶，而多晶材料则由许多小单晶组成，晶体薄膜和晶体纤维是晶体材料的低维形式，应用方便，一般均为单晶。作为功能材料，晶体材料最常用的是物理性质分类，如光学晶体、激光晶体、非线性晶体、压电晶体、电光晶体、磁光晶体、闪烁晶体等。

　　晶体的物理性能是功能晶体材料应用的基础，它是由晶体结构和组成决定的。由于长程有序的周期性重复的构造，晶体有其共性，如均匀性、各向异性、对称性和固定的熔点等。但由于晶体结构的多样性和晶体组成的千变万化，又决定了晶体的各种各样的具体特性，例如碳（C）原子以共价键结合成四面体的结构，决定了它具有极高的硬度；在石英晶体构造中硅氧四面体沿 z 轴呈三方螺旋对称的排列方式造成了晶体的压电和旋光特性，掺钕钇铝石榴石（Nd：YAG）晶体中激活的钕离子和石榴石优良的基质晶体的良好匹配使得 Nd：YAG 成为激光晶体中的佼佼者等等。因此，结构、组分和性能关系的研究在功能晶体材料中占有极重要的地位，它也是不断改进和提高功能晶体材料性能和探索新功能晶体材料的基础。

　　晶体材料与其他功能材料相比，应用发展的历史较短。在晶体材料应用的初期，主要是利用天然矿物晶体某些单一物理特性，如金刚石的硬度、方解石的偏光特性等，而目前许多晶体材料的多种奇异功能不断被发现并在高技术中崭露头角，人工晶体也成了功能材料的重要组成部分。

我国功能晶体材料的研究起步较晚，1958年以后有了较大的发展，在短短的四十年中，由一个原来基本上是空白的领域，进入国际先进行列。

本篇将以光功能为主，介绍几类主要的功能晶体材料。

11 光学晶体[1~6]

光学晶体一般是指作为光学介质用的晶体，主要用于光学仪器中的透过窗口、棱镜、透镜、滤光和偏光元件及相位补偿镜等，其应用均属于线性光学的范畴。

用天然晶体作透镜，已有悠久的历史，如用自然界中存在较多的水晶（SiO_2）作透镜，我国在元代已磨制成水晶眼镜。19世纪到20世纪，岩盐（NaCl）和萤石（CaF_2）等天然晶体被用作分光棱镜和复消色差镜头；用方解石（$CaCO_3$）做偏振光学元件至今仍在沿用。由于在天然晶体中大而完整的光学单晶十分稀少，20世纪初出现了多种人工晶体生长方法来制备光学单晶。迄今已有几十种人工制造的光学晶体用作各种光学仪器的元件材料，特别是在光学玻璃较难透过的紫外和红外光谱区，光学晶体大有用武之地。

人造装饰宝石作为一类特殊的光学晶体，在本章中也做了简要叙述。

11.1 光学晶体分类

按照化学成分，光学晶体可分为金属卤化物单晶，氧化物和含氧酸盐单晶，Ⅳ族与Ⅱ-Ⅵ族化合物半导体单晶和多晶等若干类。

11.1.1 金属卤化物晶体（表 11-1）

在这类晶体中，最重要的是氟化物单晶。它包括 LiF、NaF、RbF、MgF_2、CaF_2、SrF_2、MnF_2、LaF_3、$LiYF_4$ 等。这类单晶不论在紫外、可见还是在红外光谱区均有较高的透过率、低折射率及低红外反射系数。有的晶体不但是透紫外波段而且也是透红外波段的材料，例如 LiF 和 CaF_2 晶体是主要的紫外光学晶体，其紫外透过极限为 150nm，但它们也是透过 8~9μm 的红外窗口材料。这两种晶体生长工艺已很成熟，可生长出大尺寸光学质量好的单晶以满足光学仪器的需要。氟化物晶体的缺点是线膨胀系数大、热导率小，因而抗热冲击性能差。其中 MgF_2 晶体的力学强度较大，抗热冲击性能好，但不容易生长出优质单晶。

表 11-1　金属卤化物的光学性质

晶体 \ 性质	n_d	n_F-n_C	γ	n ($\lambda=1.014\mu m$)	n ($\lambda=4.3\mu m$)	$\lambda_{uv}/\mu m$	$\lambda_{IR}/\mu m$	dn/dT /℃$^{-1}$
LiF	1.3912	396×10^{-5}	99	1.3868	1.3432	0.12	9.0	-14×10^{-6}
NaF	1.3255	382×10^{-5}	85.2	1.3215	1.3073	0.19	15	-16×10^{-6}
NaCl	1.54416	1275×10^{-5}	42.7	1.53191	1.5214	0.21	26	-36×10^{-6}
KCl	1.4903	1114×10^{-5}	44.0	1.4795	1.4714	0.25	25	-32×10^{-6}
TlCl	2.247				2.2		27	
KBr	1.5599	1672×10^{-5}	33.5	1.5441	1.5352	0.25	35	-40×10^{-6}
CsBr	1.6987			1.6777	1.6679	0.3	55	
TlBr	2.418				2.35	0.6	40	

性质 晶体	n_d	n_F-n_C	γ	n $(\lambda=1.014\mu m)$	n $(\lambda=4.3\mu m)$	$\lambda_{UV}/\mu m$	$\lambda_{IR}/\mu m$	dn/dT $/℃^{-1}$
KI	1.6665	2855×10^{-5}	23.3	1.6396	1.6266	0.25	45	
CsI	1.7868			1.7568	1.7425	0.25	80	-99×10^{-6}
KRS-5	2.6241			2.4441	2.3814		45	-254×10^{-6}
KRS-6	2.3367			2.2401	2.195	0.21	35	
MgF$_2$	1.3895 1.3777	397×10^{-5} 350×10^{-5}	98 108	1.3855 1.3742	1.35	0.13	9.7	1.9×10^{-6}
CaF$_2$	1.4335	457×10^{-5}	94.8	1.4288	1.4062	0.13	12	-10.4×10^{-6}
SrF$_2$	1.438	476×10^{-5}	92				10.5	-11.9×10^{-6}
BaF$_2$	1.4744	581×10^{-5}	81.6	1.4685	1.4546	0.25	15	-17×10^{-6}

　　碱金属卤化物光学晶体也很常见，这类单晶有 KCl、NaCl、KI、KBr、RbI、RbCl、CsBr、CsI 等，其特点是能透过很宽的红外波段。例如，CsI 晶体红外透过波段可达 60μm。这些晶体熔点较低（620～800℃），容易生长出光学均匀性良好的大尺寸单晶，可用于制造红外仪器的窗口和棱镜。其缺点是易潮解，硬度低，力学性能较差。因此应用时必须镀保护层。为了提高晶体的力学性能，发展了单晶热压、热锻工艺，使单晶形成微晶聚集体提高了断裂及抗热冲击性。如热锻多晶 KCl 具有与单晶相仿的透过率，但其强度比单晶提高了 6 倍，化学稳定性也明显提高。其努力方向是减少散射颗粒和晶界损耗等。

　　铊的卤化物单晶包括 TlBr、TlI、KRS-5（TlBr-TlI 混晶）和 KRS-6（TlBr-TlCl 混晶）等。这类晶体具有很宽的红外光谱透过波段，透过极限为 27～45μm，可塑性好，微溶于水，是一种在较低温度下使用的探测器窗口和透镜材料，也是 CO_2 激光传能光纤的候选材料。该类单晶的缺点是具有冷流变性、易受热腐蚀、有毒性等。

11.1.2 氧化物和含氧酸盐晶体（表 11-2）

　　主要的氧化物光学晶体有无色蓝宝石（Al_2O_3）、光学水晶（SiO_2）、金红石（TiO_2）和氧化镁（MgO）等，其中最重要的是 Al_2O_3 单晶，它具有优良的光学、物理、力学等特性。Al_2O_3 晶体的光谱透过波段为 0.15～6.5μm，透过率高于 80%，熔点高（2050℃），硬度仅次于金刚石。高的热导率和低线膨胀系数，使其很适宜作为在一些特定环境中使用（如卫星、导体、航天飞机等）的窗口材料，以承受高、低温度的激烈变化和具有很强的抗冲击能力。

表 11-2 氧化物及含氧酸盐晶体的光学性质

性质 晶体	n_d	n_F-n_C	γ	n $(\lambda=1.014\mu m)$	n $(\lambda=4.3\mu m)$	$\lambda_{UV}/\mu m$	$\lambda_{IR}/\mu m$	$\dfrac{dn}{dT}/℃^{-1}$
MgO	1.736			1.7226	1.66	0.25	8.5	8.9×10^{-6}
Al$_2$O$_3$	1.760(e) 1.7684(o)	1020×10^{-5}	75.3	1.7555(0)	1.6637(0)	0.15	6.5	13×10^{-6}

性质 晶体	n_d	$n_F - n_C$	γ	n $(\lambda = 1.014\mu m)$	n $(\lambda = 4.3\mu m)$	$\lambda_{UV}/\mu m$	$\lambda_{IR}/\mu m$	$\dfrac{dn}{dT}/\text{℃}^{-1}$
SiO₂	1.54424 1.55335	763×10^{-5} 797×10^{-5}	71.3 69.4	1.5348 1.5433	1.4569	 0.12	 4.5	 -5.3×10^{-6}
TiO₂	2.616(o) 2.903(e)	1700×10^{-5} 2088×10^{-5}	9.5 9.1	2.483(o) 2.747(e)	2.335(o)	0.43	6.2	-43×10^{-6} -86×10^{-6}
MgAl₂O₄	1.7182	1180×10^{-5}	60.8					
LiNbO₃	2.33(o) 2.23(e)			2.23(o) 2.16(e)	2.116(o) 2.055(e)	0.33	5.2	
LiTaO₃	1.90(o) 1.75(e)					0.30	6.0	
CaCO₃	1.65835 1.48640	1384×10^{-5} 634×10^{-5}	47.6 76.7	1.6432 1.4801		 0.2	 5.5	3.2×10^{-6} 13×10^{-6}
ADP	1.5241 1.4786			1.5084 1.4689		 0.13	 1.7	
KDP	1.5092 1.4681	893×10^{-5} 609×10^{-5}	57 70	1.4953 1.4604		0.2 0.25	1.5 1.7	
SrTiO₃	2.46 2.373(α)	1107×10^{-5}	12.8	2.312 2.263(α)	2.172	0.39	6.8	
Ba₂NaNb₅O₁₅	2.370(β) 2.256(γ)			2.261(β) 2.175(γ)		0.38	 6.0	

光学水晶在 0.12～4.5μm 波段范围内透过性能良好，广泛应用于棱镜、透镜和补偿镜。MgO 晶体的禁带宽度大，是一种良好的耐高温近红外光学晶体。TiO₂ 晶体的特点是在波长 1～5μm 范围内的折射率较高，所制成的光学元件比其他材料体积小，性能优越，常用精密光学仪器元件窗口或探测器的前置透镜来减少反射损耗。与 TiO₂ 相似的高折射和色散晶体还有 SrTiO₃ 等。

最重要的含氧酸盐光学晶体是冰洲石即无色透明的方解石（CaCO₃），其透过波段为 0.20～5.5μm，具有较高的双折射率（$\Delta n = 0.17195$）。它主要用来制作偏光器件，在激光器件中也用作光学隔离器。由于人工合成难以生长出大块的冰洲石，所以自然界比较稀少的光学级方解石至今仍是制作偏振光学元件的主要来源。

11.1.3 Ⅳ族与Ⅱ-Ⅵ族化合物半导体晶体（表 11-3）

许多半导体材料也是重要的红外光学材料，用作红外窗口、红外透镜、红外探测器、红外滤光片及滤光片衬底材料。为了得到大尺寸的光学元件，除生长大单晶外，还发展了用化学气相沉积法（CVD）生长半导体多晶材料。多晶的光学性质通常与单晶材料基本相同，但其强度明显提高，其缺点是散射较单晶严重。

表 11-3　各种半导体晶体的光学性质

性质 晶体	n_d	n_F-n_C	γ	n ($\lambda=1.014\mu m$)	n ($\lambda=4.3\mu m$)	$\lambda_{UV}/\mu m$	$\lambda_{IR}/\mu m$	$\dfrac{dn}{dT}/^\circ C^{-1}$ ($\lambda=0.588\mu m$)
C	2.4175	2500×10^{-5}	56.7		24		>50	8×10^{-6}
Si					3.4242		15	134×10^{-6}
Ge					4.021	1.8	23	277×10^{-6}
InSb	4.22				4.01		16	
GaAs				3.50	3.4	1	15	149×10^{-6}
ZnS	2.378 2.358	8900×10^{-5}	15.4	2.303 2.301	2.26	0.6	15.6	
CdS	2.498 2.538			2.335 2.340	2.26		16	
CdSe				2.542	2.4		25	
CdTe				2.60	2.56	0.9	30	
ZnSe	2.66				2.43	0.5	22	48×10^{-6}

在 IV 族光学晶体中，Ge、Si 是最常用的晶体。Ge 单晶化学稳定性好，红外透过范围很宽（2～50μm）。由于晶体折射率很高（$n>4$），因而光的折射率损耗大于 50%，使用时必须镀增透膜。在近红外区一般镀 SiO_2 膜层，在中红外波段镀 ZnS 膜层，在镀增透膜后晶体的透过率可达 90% 以上。N 型 Ge 的杂质吸收率低于 P 型 Ge，因而 N 型 Ge 的红外透过率更高。Ge 的自由载流子吸收大，容易出现热失控引起的热破坏。而 Si 的自由载流子吸收比 Ge 小，所以其热失控现象较 Ge 好。Si 在红外波段折射率为 3.5 左右，其表面折射损耗略小于 Ge（大于 45%），在近红外波段一般镀 SiO_2 或 Al_2O_3 增透膜，在中红外区镀 ZnS 或碱卤化合物膜层。

金刚石不仅是自然界中硬度最高的材料，也是重要的高温半导体和光学材料，金刚石的光谱透过波段可从紫外（225nm）一直延伸到远红外。近年来用 CVD 技术制备金刚石薄膜取得很大进展，这就意味着用相对低的成本，可以生长出性能与天然金刚石单晶接近的金刚石多晶薄膜，这是人造金刚石发展过程中的一个里程碑。金刚石薄膜作为一种光学材料，其透光性能与天然金刚石相近，可用于各种光学元件的镀层和 X 射线探测器的超薄窗口。该窗口厚仅 0.5μm，气密性极好，其强度高于铍窗口。制备这种窗口的工艺技术正在延伸到同步加速器窗口和高功率激光器窗口的制作。金刚石薄膜窗口熔点高、硬度高，化学稳定性极好，即使在高温下也不容易氧化。

II-VI 族半导体单晶及多晶主要有 ZnS、ZnSe、CdTe 及 CdSe 等。ZnS 是一种多晶材料，其光谱透过区很宽，从可见光区到 30μm 的红外波段透过率高达 90% 以上。在同族红外材料中有较高的硬度和抗破坏能力，较低的折射率以及较小的折射率系数。ZnSe 的光谱透过区可从 0.5μm 的可见光区一直延伸到 17μm 的红外区。ZnSe 单晶较难生长，它是制造蓝光激光管的重要材料。用 CVD 方法可生长出大尺寸的 ZnSe 多晶材料，它是高功率 CO_2 激光器窗口的主要材料，其缺点是折射率的温度系数 dn/dT 较大，因而作为棱镜和透镜材料使用时，受到热透镜效应的限制。

11.2　光学晶体性质和应用

11.2.1　透过光谱

作为光学介质材料，光学晶体主要用作光学仪器的透镜、棱镜和窗口材料，其光学性质和材料的各种物理化学性质应满足相关应用的要求。

作为棱镜透镜材料，光学设计首先要考虑的是使用的光谱透过区，因此要求光学晶体在该光谱区域有较高的透过率。光学晶体也由此可分为紫外、可见和红外晶体，图 11-1 表示一些光学晶体（均为离子晶体）在紫外区和红外区的吸收系数随波长的变化，紫外和红外吸收极限波长与阴、阳离子的原子序数成正比。轻元素化合物在紫外有较高的透过率，重金属化合物在红外有较高的透过率，由图 11-1 可选择适用于不同光谱透过范围的光学晶体。

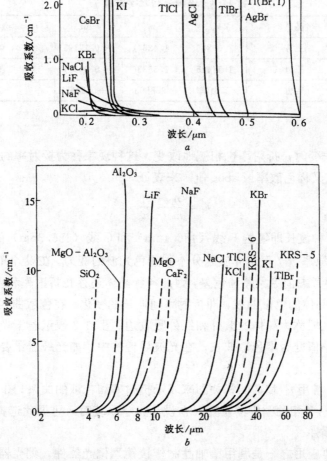

图 11-1　几种离子晶体的吸收系数随波长的变化

a—短波吸收极限；b—长波吸收极限

11.2.2　折射率和双折射

介质折射率是指光在真空中速度与在介质中速度之比，相对折射率即介质中的折射率与空气折射率之比，用不同波长所测折射率值不同，用 589.3nm 波长的钠光所测的折射率值称为 n_D 值。$\dfrac{dn_D}{dT}$ 表示折射率的温度系数，即材料升高 1℃时的折射率增值，它可从不同温度下所测折射率值中算出。材料的温度系数愈大，则其热畸变性质愈严重。材料的温度系数大对光学仪器的应用是很不利的。由于各向异性，晶体的折射率在不同方向上一般说来是不一样的。对立方晶系晶体，在所有方向上折射率相同，即像玻璃等均质体一样只有一个折射率 n。对其他晶体，折射率均和方向有关。其中对单轴晶，即属于六方、四方、三方晶系的晶体，有二个主折射率：常光折射率 n_o 和非常光折射率 n_e，对于双轴晶，即属于正交、单斜、三斜晶系的晶体，有三个主折射率 n_a、n_β 和 n_γ（$n_\gamma < n_\beta < n_a$）光线沿单轴晶或双轴晶晶体的非主光轴方向入射外，都会发生双折射，双折射大小可用 Δn（$n_e - n_o$ 或 $n_\gamma - n_a$）来表征。表 11-4 是几种重要单轴晶的折射率和双折射率，其中方解石晶体双折射较大，透光波段也较宽，故常用来制作偏光元件，如尼科耳棱镜等。

表 11-4　单轴晶的光学性质

晶　体	晶系	n_o	n_e	Δn	透光波段/μm
方解石（$CaCO_3$）	三方	1.65836	1.48641	−0.17195	0.20～5.5
水晶（SiO_2）	三方	1.54425	1.55336	+0.00911	0.16～40
金红石（TiO_2）	四方	2.6124	2.8893	+0.2869	0.43～6.2

11.2.3　色散

当光波的波长改变时，折射率也相应地改变，这种现象称为折射率的色散。介质的色散可用色散系数 γ（又称色散率或 abbe 值）来表征

$$\gamma = \frac{n_D - 1}{n_F - n_C} \tag{11-1}$$

n_F 和 n_C 为特定的两种波长即氢的 F 线（486.1nm）和 C 线（656.3nm）的折射率。（$n_F - n_C$）为平均色散。色散系数 γ 表示介质区分不同颜色光波的能力。在设计光学系统时，除了光谱透过区外，还要考虑消除象差和色差，因此各种晶体还存在折射率和色散的匹配问题。图 11-2 是一些光学晶体的色散曲线，即折射率随波长的变化。在色散曲线的两端，折射率突然上升和下降的区域称为晶体的紫外和红外吸收边。图 11-3 表示若干光学晶体的色散与波长的关系，其极小值处为零色散波长。在光波导传输中，如光纤通讯要求在零色散波长上传输。

在可见光区域，常用 n_D 和 γ 的相关图来表示折射率和色散的关系。图 11-4 为若干光学晶体的光学常数在 n_D-γ 相关图中的位置，在设计光学系统时，可据此选择光学晶体。

11.2.4　偏光器件

双折射现象主要应用之一是利用单轴晶制作棱镜型偏光器件。偏光器件对晶体材料的选择比较严格，如要求在使用光谱区内透明度高，有大的双折射率而且双折射率均匀性好，物化性能稳定，抗光损伤阈值高，以及容易获得大尺寸的晶体等。因此，在众多的具有双折射率效应的晶体中，能直接用来做器件的不到 10 种。目前应用最广的仍然是天然方解石

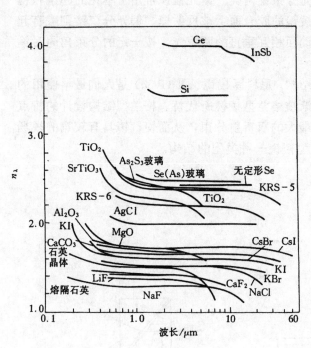

图 11-2　几种光学晶体的色散曲线

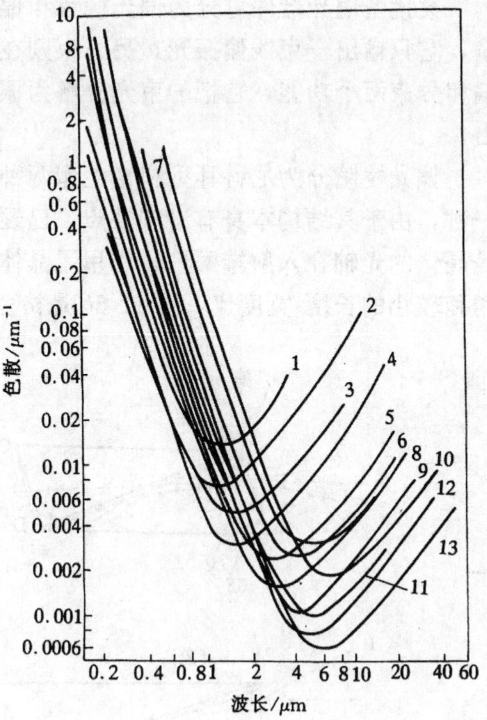

图 11-3　几种离子晶体的色散与波长的关系

1—SiO$_2$；2—LiF；3—CaF$_2$；4—NaF；5—NaCl；

6—AgCl；7—KRS-6；8—KCl；9—KBr；

10—KRS-5；11—KI；12—CsBr；13—CsI

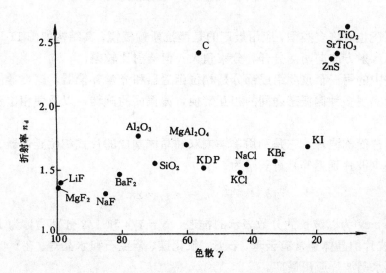

图 11-4　若干光学晶体的光学常数分布

晶体，其次还有水晶、金红石等晶体（见表 11-1）。

　　棱镜型偏光器件可分为偏光棱镜和偏光分束镜两类。偏光棱镜常用于单纯的起偏和检偏，它只输出一束线偏振光，另一束则在棱镜的胶合面上被反射掉。偏光分束镜则兼有起偏和分束两个功能，它把一束光分解为振动面相互垂直的两束光，按一定的分束角同时输出。

　　偏光棱镜分为尼科耳型和格兰型两种结构。尼科耳棱镜（图 11-5a）是人们最早使用的一种，由于其结构本身有诸多缺点，已逐渐被格兰型棱镜所代替。格兰型结构设计的特点是晶体的光轴在入射端面内，利用了晶体最大的双折射分束，从而使棱镜具有较宽的视场角和较小的长度-宽度比，图 11-5b 是格兰型棱镜一种类型的结构。

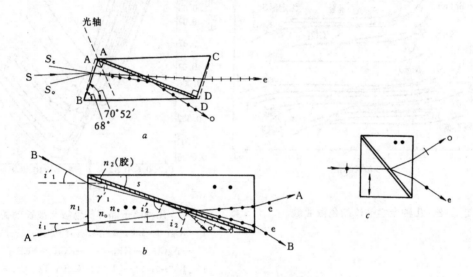

图 11-5　棱镜型偏光器件

a—尼科耳型；b—格兰型；c—渥拉斯顿型截面图

　　偏光分束镜也有许多类型，应用最广的是渥拉斯顿棱镜。其结构如图 11-5c 所示，两输出光束相对于入射方向向两侧分开，分束角大，但透射比较差。

　　偏光器件中的另一个重要组成部分是相位延迟器和光学补偿器，这类器件与偏振器件相配合，可以实现多种偏振态之间的相互转换，偏振面的旋转，以及使相位延迟可在一定范围内调节。

　　相位延迟片简称波片，它是利用单轴或双轴晶体制成的片式相位延迟器。单轴晶波片出射的相位差（波片延迟等）可表示为

$$\delta = \frac{2\pi d}{\lambda}|n_e - n_o| = 2\pi N \tag{11-2}$$

式中 d 为片厚，N 为以波长的分数表示的推迟，$N=1/4$ 和 $1/2$ 分别另称为 1/4 波片和 1/2 波片，制作波片的晶体通常有云母、石膏、氟化镁、蓝宝石和水晶等。在 $0.17\sim2.5\mu m$ 波段以白云母和水晶波片应用最广。

　　光学补偿器是延迟量可以在一定范围内调节的延迟器，在可见光区最常用的是平移式水晶补偿器，这是由二片晶体组成的复合波片，通过机械平移方位改变单元片的相对厚度

可以实现延迟量的连续调节，两种常用的平移补偿器结构图如图 11-6 所示。

图 11-6　平移补偿器结构图

a—巴比型；*b*—索累型

11.3　人造宝石晶体

宝石以其绚丽的色彩和晶莹的光泽赢得人们的喜爱，天然宝石在自然界十分稀少，由于其价值昂贵，自古以来只能为少数人所拥有，并成为权力和财富的象征。随着科学技术的发展，人造宝石大量问世，宝石开始进入更多的家庭，美化人们的生活，也部分应用于高科技。宝石除了有观赏价值外，还有收藏价值和应用价值。宝石作为特殊商品的保值作用是其他商品所不能比拟的。

人造宝石是一类具有观赏功能的特殊光学晶体。了解宝石的基本知识，不但可以提高我们的宝石观赏水平和鉴别能力，而且能帮助我们研制可与天然宝石比美的人造宝石晶体。

11.3.1　宝石的评价和表征

宝石的价值可用以下三方面来表征。

11.3.1.1　美丽

宝石的美丽源于其特殊的光学性质。

（1）高折射率：将高折射率的宝石适当切割加工后，可以使进入宝石的光线全反射，折射率越高，返回到观察者眼睛的光线也愈多，宝石看起来就光辉夺目。例如金刚石的折射率为 2.417，经过对其光学特性的详尽研究，使人们设计出了理想的标准圆多面形刻面（图 11-7*a*）。这种刻面可使入光全部反射，从而反映出金刚石特有的光辉（图 11-7*b*），金刚石正确切割时，冠部角度为 34°30′，亭部角度是 40°45′，否则高折射率的金刚石就不能充分发挥其光辉。一般新型切割，冠刻面尺寸较大，对于一定重量的金刚石，它会使人产生宝石变大的错觉。

宝石的折射率越高，垂直宝石表面入射光的反射率 R 越大，宝石的光泽也越强

$$R = \left[\frac{n_i - n_o}{n_i + n_o} \right] \tag{11-3}$$

式中 n_i 为宝石折射率，n_o 为空气折射率。

（2）高色散：当白光从高折射率、高色散的宝石刻面上散出时，不同的单色光由于其折射率不同而发生分离，呈现出五颜六色的"火彩"，俗称"出火"。宝石色散常用红光和紫光，即夫琅和费（Fraunhofer）阳光谱线 B 和 G 的折射率差值来表示。金刚石色散为 0.044，在各类宝石中也是很高的，高色散使得钻石显得光辉灿烂，显示出最佳的光学效果。色散

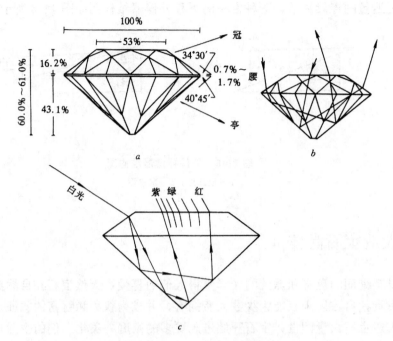

图 11-7　金刚石刻面切割和光学效果

a—标准圆多面形刻面（美式切割，M. TOLKOWSKY）；*b*—正确切割刻面光线反射情况；

c—刻面色散示意图

使宝石增加了内在美，对无色的宝石尤是如此。

（3）颜色：宝石艳丽多彩给人以美的享受。宝石颜色的种类和色调深浅及均一程度，是决定宝石档次和价值的重要依据。

当白光入射时，如其组成的红、橙、黄、绿、青、蓝、紫七色光均通过，对宝石为无色；全部反射，呈白色；全部吸收为黑色；部分吸收则呈现其互补色，如吸收红光则呈青色，吸收黄光呈蓝色，吸收绿光呈紫色等（图 11-8）。

图 11-8　互补色示意图

宝石一般以红、鲜红、淡红、蓝、翠绿、金黄色等绚丽夺目的颜色为上，色调则要浓淡适宜，而且不同宝石要求不同。如红宝石以鸽血红为最佳。蓝宝石色调不能过深、过淡。一般说来，宝石颜色应以"柔和悦目"和"引人喜爱"为好。

宝石的颜色是千变万化的，同一种宝石可能有不同的颜色，如水晶就有无色、乳白、红、黄、烟、黑等颜色。同一块宝石在不同照明条件下可能呈现不同颜色，如变石（紫翠宝石），白天日照下为翠绿色，夜间白炽灯照射时则呈紫红色。

宝石呈色机制大体可分两类：一类是宝石中原子或离子的外层电子发生跃迁，选择性地吸收可见光中一定波长范围的光波，使宝石呈现其互补色。另一类是由于散射、反射、衍射、干涉等物理光学作用造成的呈色现象，不同机理涉及到不同理论，改性宝石和矿物中各种呈色类型，列于表 11-5 中。

根据颜色的传统划分方法，宝石的颜色还可划分为三类：

（1）自色：由宝石自身的主要化学成分引起的颜色。例如橄榄石的绿色，孔雀石的翠绿色等。

（2）他色：由外来常色杂质引起的颜色，如红宝石中的 Cr^{3+} 等。

（3）假色：所有由物理光学效应引起的颜色，如变彩长石，欧泊等。

表 11-5 宝石中颜色的类型

颜色成因	典型宝石或矿物	理　论
过渡金属化合物	贵榴石、孔雀石、绿松石	晶场
过渡金属杂质	茶晶、祖母绿、红宝石	晶场
色心	紫晶、烟晶	晶场
电荷转移	蓝宝石、青金石	分子轨道
有机化合物	琥珀、珊瑚、石墨	分子轨道
导体	铜、银、金、铁	能带
半导体	方铅矿、淡红银矿、黄铁矿、金刚石	能带
掺杂半导体	蓝金刚石、黄金刚石	能带
色散	宝石刻面上"出火"	物理光学
散射	月光石、'星光'、'猫眼'	物理光学
干涉	虹彩黄铜矿、虹彩水晶	物理光学
衍射	欧泊、闪光拉长石、虹彩玛瑙	物理光学

11.3.1.2 耐久

名贵的宝石既美丽，也很耐用，随着岁月流逝，"风采依旧"，而不"人老珠黄"。宝石耐用性是指在较长时间内，保持其颜色、光泽和透明度不被磨损和腐蚀。影响耐用性的主要因素是其硬度、韧度和化学稳定性。

硬度是宝石的重要特征，也是区分宝石档次、等级的主要标准之一。一般宝石学家都采用莫氏（Mosh）硬度来表示宝石的硬度。莫氏提出一种实用的硬度分类表，他从最软的滑石到最硬的金刚石中，选出 10 种能获得高纯度的矿物并按彼此间抵抗刻划能力的大小依次排列而成。莫氏硬度只表示物体的相对硬度，而非绝对硬度。因此莫氏硬度表中各级硬度之间没有比例关系（图 11-9）。宝石多为硬度大的矿物，一般莫氏硬度大于 7，因而使宝石饰物在长期使用过程中能抗灰尘中砂粒（硬度为 7）的磨蚀，具有很大的耐磨性。

韧度表示物体抗分裂的能力，韧度高的在突然的冲击下不容易破裂。金刚石虽然硬度最高，但有解理性，在长期使用过程也会出现裂纹，其韧性并不是最好的。玉和玛瑙的硬度（6.5～7）并不太高，但往往被说成是很硬的宝石，这是由于玉和玛瑙具有隐晶质结构，韧度高，难以破碎之故。

11.3.1.3 影响宝石价格的其他因素

宝石的价值主要取决于其本身具有的特性，但其价格很大程度上也受款式、时尚以及

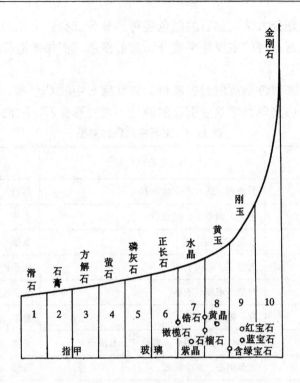

图 11-9 莫氏硬度图示

宣传、声誉等社会因素和买主需求等主观因素的影响。"黄金有价，宝石无价"，说明了宝石的珍贵及其价格有一定的任意性，但总的来说还是由市场供需情况决定的。

11.3.2 宝石的分类

宝石分类方案较多，比较常用的分类方案简单表示如下：

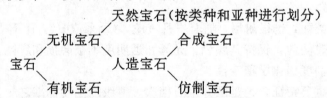

无机宝石是指自然界产出的矿物晶体和人造矿物晶片，有机宝石则是指与生物有关的，经加工可做成饰物和其他工艺品的物体，如珍珠、珊瑚、琥珀、煤精、象牙和龟甲等。

自然界的矿物约有 3000 种，可用作宝石的矿物不过 100 种（绝大部分为矿物晶体），其中主要宝石矿物仅有 15 种：金刚石、绿柱石、刚玉、欧泊、硬玉、金绿宝石、黄玉、电气石、水晶、绿松石、石榴石、钻石、橄榄石、尖晶石和长石。

天然宝石的分类方法基本上与矿物学的分类方法一样，其分类次序由大到小为：类、种、亚种。

类是指宝石矿物的化学组成类似，晶体结构类型相同的一组矿物。同一类宝石矿物由若干种宝石矿物组成。如石榴石类包括镁铝榴石、铁铝榴石、锰铝榴石、钙铝榴石和钙铁榴石及钙铬榴石等宝石矿物种。

种就是矿物的名称，是分类的基本单位。每一种宝石各自都有其相对固定的化学组成和确定的晶体结构。金刚石、红宝石、蓝宝石等都是宝石的种名。

亚种（变种）是种的进一步细分，它们之间主要化学成分和晶体结构都一样，只是颜色、透明度不同或具有不同的光学效应，如蓝宝石中的蓝色蓝宝石、黄色蓝宝石、星光蓝宝石等变种。

人造宝石主要有两种类型：合成宝石和仿制宝石。用天然矿物原料或合成材料经过化学合成形成的与天然宝石的物理性质、化学成分相同的宝石称为合成宝石。仿制宝石也叫模拟宝石或假宝石，是宝石中的赝品，如用玻璃和塑料仿制红宝石、蓝宝石、祖母绿等。仿制宝石的历史悠久，有的作工精细，外表酷似天然宝石。另外，还有一种拼合宝石（粘合宝石），它是由天然宝石和人造宝石拼合而成，通常也将它划入仿制宝石类中。

人造宝石主要针对一些名贵的天然宝石制成其人工合成品或仿制品。表 11-6 列出了若干类可进行人工合成的重要宝石。由于人造金刚石尚难得到宝石级尺寸，所以人造钻石主要是合成金刚石的模拟品。

表 11-6　若干可合成的宝石及其模拟品

种类	名称	分子式	硬度（莫氏）	折射率	色散	密度/$g \cdot cm^{-3}$
金刚石及其模拟品	钻石	C	10	2.42	0.044	3.53
	立方氧化锆	ZrO_2	约 0.8	2.16	约 0.060	约 6
	钆镓石榴石	$Gd_3Ga_5O_{12}$	7.5	2.02	0.083	7.02
	钇铝石榴石	$Y_3Al_3O_{12}$	8.25	1.83	0.028	4.55
	锆石	$ZrSiO_4$	7.5	1.95	0.031	4.7
	钛酸锶	$SrTiO_3$	5	2.41	0.109	5.13
	金红石	TiO_2	6	2.6~2.9	0.330	4.26
绿柱石类	祖母绿	$Be_3Al_2Si_6O_{18} \cdot Cr$	7.5	1.58	0.014	2.66~2.72
	海蓝宝石	$Be_3Al_2Si_6O_{18} \cdot Fe$				
金绿宝石类	金绿宝石	$BeAl_2O_4$			0.015	3.72
	紫翠宝石	$BeAl_2O_4 \cdot Cr$	8.5	1.75		
	猫眼宝石	$BeAl_2O_4 \cdot Ti$				
尖晶石类	镁铝晶石	$MgAl_2O_4$	8	1.73	0.020	3.64
水晶类	紫水晶	$SiO_2 \cdot Fe$				
	黄水晶	$SiO_2 \cdot Fe$	7	1.55	0.013	2.66
	烟水晶	$SiO_2 \cdot Al$				
蛋白石类	蛋白石	$SiO_2 \cdot nH_2O$	5.5~6.5	1.435~1.455	光栅效应	2.0~2.2
玉类	翡翠	$NaAl(SiO_3)_2$	7	1.66	0.012~0.020	3.3

11.3.3　重要的人造宝石晶体

在人造宝石中，刚玉、彩色水晶和立方氧化锆可以说是三大支柱，已形成产业。其他如祖母绿、金绿宝石类、尖晶石类等人造宝石，产量低、成本高，尚未形成规模生产。

11.3.3.1　刚玉类宝石

刚玉（α-Al_2O_3）类宝石具有高强度、高熔点、化学惰性和多种光学特性等宝贵物理性能，因此应用十分广泛。作为装饰宝石，掺上不同元素可制成名贵的天然红宝石、蓝宝石以及其他颜色的宝石和星芒宝石的仿制品。作为超硬材料广泛用作钟表工业耐磨轴承（红宝石）和永不磨损的高档表蒙（白宝石）。作为稳定的惰性材料可作耐腐蚀的化学器皿、外延基片和医用植入材料。作为光学介质，宝石是性能优良的红外窗口材料。作为激光材料，红宝石是率先实现光受激发射的晶体，而钛宝石则是激光晶体中的一颗新星，它是目前最好的可调谐激光晶体之一。从红宝石到钛宝石把古老的刚玉宝石推上了重要功能材料的宝座。刚玉宝石的合成始于 20 世纪初，首先采用维纽尔（Verneuil）法成批地生长数以吨计的红宝石，可以说是最早的人工晶体产业。近百年来，根据应用要求不断发展新的生长技术（如导模法、热交换法、提拉法等），刚玉类宝石一直是经久不衰地发展着。

刚玉类（Al_2O_3）宝石有很多颜色，它是由其中所含杂质决定的（表 11-7）。其中最重要的是红宝石（含 Cr）和蓝宝石（含 Fe 和 Ti）。从宝石学的观点看，只有透明、半透明的刚玉才能叫宝石。红宝石是具有中等深浅色调暗红-紫红色透明刚玉，而其他所有颜色的刚玉类宝石（包括无色的白宝石）都统归为蓝宝石类，按其颜色进一步划分变种，其变种的命名是，除蓝色者外，在"蓝宝石"一词前加颜色的形容词，如黄色蓝宝石、绿色蓝宝石等。

表 11-7 刚玉类宝石中的杂质和颜色

杂　质	颜色和宝石名称	杂　质	颜色和宝石名称
纯	无色；白色蓝宝石	Co（+V）（+Ni）	绿色蓝宝石
Cr	红宝石；粉红色蓝宝石	Ti+Fe	蓝宝石
Ni+Cr（+Fe）	橙色蓝宝石	Cr+Ti+Fe	紫色蓝宝石
Ni	黄色蓝宝石	V	紫翠蓝宝石（亚历山大石模拟品）
Ni+Fe+Ti	黄绿蓝宝石		

虽然红宝石产量少，一般颗粒小，一粒超过 5 克拉即属罕见。红宝石以缅甸的"鸽血红"最为出名，最大的重达 496 克拉。我国云南、新疆等省也有红宝石出产，与红宝石相比，蓝宝石不仅产量多，而且大颗粒的也多，颜色和质量最好的蓝宝石出自克什米尔地区和缅甸，其颜色为蓝色略带紫，即矢车萄蓝，是国际市场的佳品。我国山东、海南岛等地也有大量蓝宝石产出，山东昌乐蓝宝石矿床是我国最大的蓝宝石矿床，但其颜色深（含 Fe 量大），需要人工处理脱色，以提高其透明度。

由于红、蓝宝石的贵重，某些宝石矿物常与它们相混，如红色的锆石、尖晶石、黄玉、电气石及镁铝榴石和铁铝榴石等，常与红宝石相混。而一些蓝色的黝帘石、蓝色电气石、蓝色尖晶石、海蓝宝石及堇青石等宝石易与蓝宝石相混。然而，根据它们的物理性质及化学成分等，易将它们区分开来。

维纽尔（Verneuil）法是生产人造宝石（合成宝石）的主要方法，也叫焰熔法，是一种最简单的无坩埚生产技术。图 11-10 是其生长装置示意图，把 Al_2O_3 粉末原料装在料斗里，通过料锤的不断敲打，使粉料一点点地落

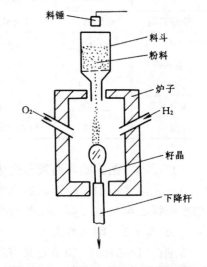

图 11-10 焰熔法生长装置示意图

在籽晶上，籽晶周围由氢氧焰喷射加热，使掉在籽晶上的粉料熔化，然后籽晶杆慢慢下降，使熔体凝固结晶。这个方法的设计和操作相当合理，经过近一个世纪发展仍然变化不大。在粉料中加入不同杂质（见表11-8）可以生长出数十种不同颜色的人造红宝石和蓝宝石。可作为天然宝石的替代用品。两者的主要区别是：天然红宝石和蓝宝石的生长条纹和色带是笔直或交叉状的，而合成的红宝石和蓝宝石的生长条纹和色带则是弯曲的。

表 11-8　刚玉中所含杂质与颜色

所含杂质/%	颜　色	所含杂质/%	颜　色
Cr_2O_3 0.1～0.05	浅红	NiO 0.5＋Cr_2O_3 0.01～0.05	金黄
0.1～0.2	桃红	NiO 0.5～1.0	黄
1～3	深红	1.0＋V_2O_5 0.12＋NiO 0.3	绿
Cr_2O_3 0.2～0.5＋NiO 0.5	橙红	V_2O_5　日光下	蓝紫
TiO_2 0.5＋Fe_2O_3 1.5＋Cr_2O_3 0.1	紫	V_2O_5　钨丝白炽灯下	红紫
TiO_2 0.5＋Fe_2O_3	蓝		

在天然刚玉宝石中，常含有金红石针状包体，会产生一种丝绢状光泽，将包体十分发育的刚玉原石加工成高弧面形，并在点光源的照射下，戒面顶部可以出现六条亮线，具有这种光原效应的光学宝石称为星光红宝石或星光蓝宝石，十分名贵。人造星光红、蓝宝石也可用焰熔法合成：在粉料中加入 0.1%～0.3% TiO_2，将按常规长成的梨晶在1300℃下加热24h，则 TiO_2 以针状金红石在宝石中折出，经加工设计呈现六线星状亮线。

11.3.3.2　石英类宝石（彩色水晶）

自然界的石英（α-SiO_2）类宝石品种较多，按透明程度可分为透明、半透明和不透明石英宝石三类。结晶程度又可分显晶质和隐晶质石英宝石二类。宝石界一般把透明度高的单晶石英称为水晶。可作宝石用的各种彩色水晶见表11-9。

水晶作为理想的压电材料，是电子工业的支柱，此外它还是重要的光学材料和装饰宝石。人工水晶始于1905年，二战前后，由于电子通讯技术的迅速发展，人工合成水晶有突飞猛进的发展。20世纪70年代，随着电子表的问世，人工水晶又出现了第三次高潮。每隔3～5年，随着新电子产品的问世，人工水晶还会掀起一个个新高潮，人工水晶确实是典型的经久不衰的人工晶体。

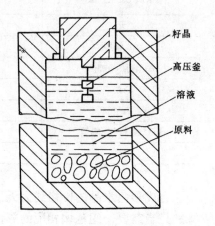

图 11-11　水热法晶体生长
装置示意图

人工水晶模仿地质条件，采用水热法在特制的高压釜内生长。图 11-11 是水热法晶体生长 装置的示意图，晶体原料放在高压釜底部，釜内填加溶剂，釜内上下部溶液间有一定的温差，使之产生对流，将底部的高温饱和溶液带至低温的籽晶区形成过饱和而结晶。

表 11-9 石英类宝石的种类

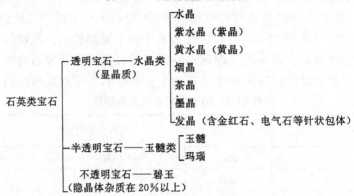

经过多年研究，天然彩色水晶中颜色成因也已基本搞清。水晶中存在少量 Fe^{3+} 通常产生黄水晶。如果 Fe 位于水晶结构中一定的位置，经辐照则可得到紫晶，这是因为产生了与 Fe 相关联的色心。若代之以 Al 则辐射便会得到烟晶，这是由与 Al 相关联的不同色心引起。天然黄晶经适当辐照后却难以变成紫晶，这可能是因为 Fe 没有位于水晶结构中的正确位置。许多天然紫晶可以加热或"烧"成黄到橙——棕色的黄晶，有些紫晶加热会变成绿色。紫晶加热产生的颜色（不论是黄是绿）辐照后一般均能复原。

上述有关天然彩色水晶实验研究结果，完全可用来合成人造彩色水晶，如烟晶，黄-绿水晶，黄晶和紫晶等（表 11-10）。

表 11-10 合成人造彩色水晶

杂质\处理方法	颜 色	变 种 名 称
无	无色	水晶
Al\辐照	灰、棕、黑	烟晶、黑晶
Al\辐照和加热	黄	黄-绿水晶、黄晶
Fe^{3+}	黄	黄晶、加热或烧过的紫晶
Fe^{2+}	绿	"变绿的紫晶"
Fe^{2+} 或 Fe^{3+}\辐照	紫	紫晶
Co^{2+}	蓝	自然界不存在

合成彩色水晶的价格约为天然彩色水晶的 1/4 到 1/2，并且具有颜色均匀可控的优点。特别是当需要一组色调相配的彩色水晶作饰物（如做紫晶项链）时，从同一块合成的彩色水晶上切割加工，比较容易满足这一要求。

11.3.3.3 金刚石的仿制品——立方氧化锆（CZ）

宝石级金刚石在商业中被称作钻石。钻石是宝石之王，它约占全世界所购宝石价格的90%。由于天然钻石的珍贵，而合成宝石级金刚石相当困难，代价又十分昂贵（其费用远超过天然钻石），所以钻石仿制品便大量问世并充斥了世界各国宝石市场。

作为钻石仿制品的原料，天然的矿物较少，主要是人造物质（表 11-11）。人造立方氧化锆与钻石的物理性质很相似，是目前最好的钻石仿制品。

表 11-11　钻石及其仿制品（合成）

名　称	莫氏硬度	密度	折射率	双折射	色散
钻石	10	3.52	2.42	均质	0.044
立方氧化锆（CZ）	8.5	5.8～6.0	2.15～2.18	均质	0.060
钇铝石榴石（YAG）	8.5	4.55	1.833	均质	0.028
铅玻璃	5	3.74	1.62～1.68	均质	0.031
金红石	6	4.25	2.616～2.903	0.287	0.330
钇镓石榴石（GGG）	6.5	7.0	2.030	均质	0.038
钛酸锶	5～6	5.13	2.409	均质	0.200
尖晶石	7.5～8	3.58～3.61	1.719	均质	0.020

　　立方氧化锆熔点很高（2750℃），晶体生长采用特殊的壳熔（skull-melting）技术，其中一种装置如图 11-12 所示，坩埚周边由通水冷却的指状铜管构成，置于感应线圈之中，装入混以稳定剂（Y_2O_3）的氧化锆（ZrO_2）粉末。利用 ZrO_2 在高温下导电的性能，用超高频电场直接使原料中心部位受感应加热熔化（开始时可插入数片金属锆），接着全部原料除了靠近坩埚壁冷却管形成一层薄壳外很快全部熔化，包含在由自身固体料组成的壳层容器中，防止与金属壁接触污染。然后继续加料至所要求的高度，保持熔化状态数小时，然后逐渐冷却，立方氧化锆晶体从底部开始结晶并逐渐长大。

　　纯立方氧化锆晶体无色，根据需要加入不同杂质，可获得彩色的晶体（表 11-12）。

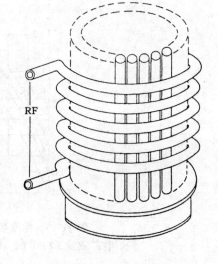

图 11-12　壳熔法生长装置示意图

　　立方氧化锆的高折射率（2.15～2.18）和高色散（0.060）与钻石接近，加工成刻面后，可以达到以假乱真的程度。立方氧化锆的密度大，热导率比钻石小得多，据此又容易将它与钻石区别开来。

表 11-12　立方氧化锆中所含杂质与颜色

所含杂质	颜色	所含杂质	颜色
Nd_2O_3	紫	Cr_2O_3	篁绿
Ho_2O_3	黄	V_2O_3	篁绿
Er_2O_3	粉红	CuO	蓝绿
CeO_2	黄至橙红	$Er_2O_3+Fe_2O_3+NiO$	粉红
Co_2O_3	蓝	$Cr_2O_3+Tm_2O_3+V_2O_3$	橄榄绿
TiO_2	茶		

图 11-13 是按金刚石标准切割（见图 11-7a）的钻石及其仿制品的刻面直径（mm）和质量（ct）的关系曲线。由该图可进行钻石及其仿制品的重量和尺寸的比较。如对 1 克拉（ct）的宝石，从其横线上可看到钻石的尺寸最大，为 $6\frac{1}{2}$mm；由该尺寸直线向上可找到具有同样尺寸的仿制品的重量：YAG 为（密度 4.6）为 $1\frac{1}{2}$ct，立方氧化锆（密度 5.8～6.0）为 $1\frac{3}{4}$ct，而 GGG（密度 7.0）则重达 $2\frac{1}{4}$ct。

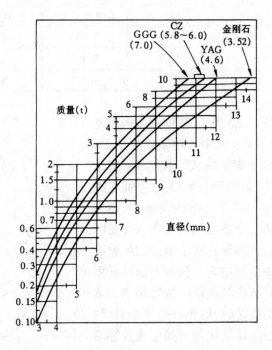

图 11-13　标准切割钻石及仿制品刻面直径和重量关系图

金刚石（密度 3.52），CZ（密度 5.8～6.0），GGG（密度 7.0），YAG（密度 4.6）

参 考 文 献

1　功能材料及其应用手册．北京：机械工业出版社，1991

2　尚杰铉等．近代物理实验技术．北京：高等教育出版社，1993

3　Kart Nassau. Gems Made by man. Chilton Book Company，1978

4　董振信．天然宝石．北京：地质出版社，1994

5　近山晶．宝石手册．北京：地质出版社，1992

6　侯印春等．光功能晶体．北京：中国计量出版社，1991

12 非线性光学晶体[1~6]

12.1 引 言

当光波通过固体介质时，在介质中感生出电偶极子。单位体积内电偶极子的偶极矩总和被称作介质的极化强度，通常用 P 来表示，它表征了介质对入射辐射场作用的物理响应。在通常情况下，P 仅和辐射场强度 E 的一次幂项有关，由此产生的各类现象均被称为线性光学现象，可由普通（传统）光学定律予以描述和处理。

自从 20 世纪 60 年代激光出现后，其相干电磁场功率密度可达 $10^{12}W/cm^2$，相应的电场强度可与原子的库仑场强（约 $3\times10^8V/m$）相比较。因此，其极化率 P 与电场的二次、三次甚至更高次幂相关，从而开辟了非线性光学及其材料发展这一新领域。

1960 年，美国的梅曼（Maiman）创建了第一台在红光谱区发射激光（$\lambda=694.3nm$）的红宝石激光器，几年后，即发展为包括固体激光器、气体激光器和染料激光器在内的激光器大家族。近年来，可调谐激光器和半导体激光器的飞速发展使光电子产业成为一个广阔的、有远大发展前景的新兴高技术产业。

正是由于光波通过介质时极化率非线性响应产生了对于光波的反作用，产生了在和频、差频等处的谐波。这种与强光有关的、不同于线性光学现象的效应被称作非线性光学效应，具有非线性光学效应的晶体则称为非线性光学晶体。

早在 1961 年，弗兰肯（P. A. Franken）等人将红宝石激光直接作用于石英晶体上，观察到了位于紫外区（$\lambda=347.15nm$）的倍频辐射。

1962 年，布洛勃（Bloemberg）等对上述现象作了解释，指出在描述光场与介质相互作用的 Maxwell 方程中，如果考虑由二次非线性项所感生的极化强度，则很容易理解弗兰肯等人观察到的现象，从理论上奠定了非线性光学的基础。几乎与此同时，乔达诺（Giordmaine）和马克（Maker）等相继独立地提出了使在非线性介质中传播的基频和倍频波相速度匹配的创造性方法。利用这一技术，激光辐射频率转换的效率逐渐提高到百分之几十，从而使非线性光学及其材料得以实用化。

从此，非线性光学研究及非线性光学材料获得飞速发展。除倍频外，相继发现了和频、差频、参量振荡和参量放大等二次非线性光学现象。1965 年，马克等用红宝石激光照射苯溶液，发现一种三次非线性光学现象，随后格里斯（J. J. Gerristen）又实现了光学位相共轭，他引入两束入射光使其在介质中相干而形成光强的周期性调制，证实了三次非线性光学现象的存在。

与非线性光学理论发展的同时，非线性光学晶体也得到长足的发展。除了石英（α-SiO_2）、磷酸二氢钾（KH_2PO_4，KDP）等传统的非线性光学晶体外，1964 年，铌酸锂（$LiNbO_3$）晶体的生长，1967 年铌酸钡钠（$Ba_2NaNb_5O_{15}$）和淡红银矿（Ag_3AsS_3），1969 年 α-碘酸锂（α-$LiIO_3$）晶体的先后发现，促进了非线性光学的发展，1976 年磷酸钛氧钾（$KTiOPO_4$、KTP）晶体的问世，标志着非线性光学晶体逐步走向成熟。特别是到了 80 年代，磷酸精氨酸（LAP）、偏硼酸钡（β-BBO）、三硼酸锂（LBO）等具有国际影响的"中国牌"非线性光学晶体的发现，是我国非线性晶体走向世界的里程碑。

12.2　非线性晶体光学基础

12.2.1　激光频率转换的参量过程

光波在介质中传播，介质极化强度 P 是光波电场强度质量 E 的函数。在一般情况下，能将 P 近似展开为 E 的幂级数，即

$$P = \varepsilon_0[\chi^{(1)}E + \chi^{(2)}E^2 + \chi^{(3)}E^3 + \cdots\cdots] \tag{12-1}$$

式中的 ε_0 为真空中介电常数，$\chi^{(1)}$ 为线性光学极化率，$\chi^{(2)}$、$\chi^{(3)}$ 分别为二阶和三阶非线性极化率（或称非线性极化系数）。极化率每增加一阶，其大小要减少几个数量级。因此，我们很容易理解，在传统光学中，由于光强较弱，只需考虑上式中的第一项，则极化率 P 与 E 成线性关系，所描述的是反射、折射等线性光学性质。采用激光作光源时，其强度较普通光的强度大几个量级，因此，上式中关于 E 的非线性项的作用就突出显示出来。在非线性光学中，二次项 $\chi^{(2)}$ 所引起的非线性光学效应最为显著，应用也最为广泛，考虑介质的各向异性，式 12-1 应改写为张量形式

$$P_i = \sum_j \chi_{ij}^{(1)}E_j(\omega_1) + \sum_{j,k}\chi_{ijk}^{(2)}E_j(\omega_1)E_k(\omega_2) + \sum_{j,k,l}\chi_{ijkl}^{(3)}E_j(\omega_1)E_k(\omega_2)E_l(\omega_3) + \cdots\cdots$$

$$\tag{12-2}$$

在强激光的作用下，晶体的极化率不再是个常数，而是光频电场强度 E 的函数。将式12-2 对 E 取一阶导数，可得出

$$\frac{\mathrm{d}P_i}{\mathrm{d}E} = \sum_j \chi_{ij}^{(1)}E_j + \sum_{j,k}\chi_{ijk}^{(2)}E + \sum_{j,k,l}\chi_{ijkl}^{(3)}EE + \cdots \tag{12-3}$$

为了深入讨论二阶非线性光学现象，我们注意二阶极化率

$$P_i^{(2)}(\omega_3) = \sum_{ijk}\chi_{ijk}^{(2)}(\omega_1,\omega_2,\omega_3)E_j(\omega_1)E_k(\omega_2) \tag{12-4}$$

式中 $P_i^{(2)}$ 为二次极化项所产生的非线性电极化强度分量，$\chi_{ijk}^{(2)}$ 为二阶非线性极化系数，ω_1、ω_2 分别为基频光的角频率，ω_3 为与 ω_1 和 ω_2 相关的谐波的角频率，E_j、E_k 分别为入射光的光频电场强度分量。

入射激光激发非线性晶体的非线性极化，发生光波间的非线性参量相互作用。基于二次非线性极化的材料光频率转换由三束相互作用的光波的混频来决定。

从光量子系统的能量守恒关系 $\omega_1 + \omega_2 = \omega_3$，我们可以得到由非线性光学晶体实现激光频率转换的几种类型。

当 $\omega_1 + \omega_2 = \omega_3$ 时，光波参量作用由 ω_1 和 ω_2 产生 ω_3 的和频激光，和频产生的二次谐波频率大于基频光波频率（波长变短），我们称之为激光上转换。

激光上转换有其特例，即：如果 $\omega_1 = \omega_2 = \omega$，则 $\omega_3 = \omega_1 + \omega_2 = 2\omega$，光波非线性参量互作用即产生倍频（波长为入射光一半的）激光；如果 $\omega_2 = 2\omega_1$，则 $\omega_3 = \omega_1 + 2\omega_1 = 3\omega_1$，是基频光和倍频光产生基频光三倍数（波长为基频光三分之一）激光的过程。同样我们还可以利用倍频光和三倍频光或倍频光之间的相互作用实现基频光的四倍、五倍频乃至六倍频等。

而当 $\omega_3 = \omega_1 - \omega_2$ 时，所产生谐波的频率减小（波长变长），从可见或近红外激光可获得

红外、远红外乃至亚毫米波段的激光，这一过程称作差频或称激光下转换。作为一个特例，当 $\omega_1 = \omega_2$，$\omega_3 = \omega_1 - \omega_2 = 0$ 时，激光通过非线性光学晶体产生直流电极化，称为光整流。

与二次非线性极化项相对应的非线性光学效应还有一次电光效应和光参量振荡等。关于一次电光效应，我们将在涉及电光晶体的章节中予以介绍。而光学参量过程（optical parametric oscillation；OPO）在一定程度上可视为二次谐波过程的逆过程。

用于频率转换的非线性光学晶体已取得重大进展。通过频率转换器件可以得到各种频率的高功率激光，波长范围可从红外至紫外。除以脉冲方式工作外，已可获得高功率全固态连续可调谐激光器。由于器件结构简单，使用安全可靠，寿命也大大延长，已经广泛应用于各种类型的激光系统中，如大口径的非线性频率转换器件用于强激光核聚变，高平均功率器件用于激光通信、光学雷达、医用器件、材料加工、X射线光刻技术等；低平均功率器件用于光信息处理、激光打印、全息术光存储、光盘等方面。随着高技术的发展和信息产业领域的扩展，又对非线性光学晶体的应用提出更多更高的要求，也为非线性光学晶体的研究和应用提供了更广阔的研究天地和应用前景。

12.2.2 非线性光学过程的位相匹配

基频光射入非线性光学晶体后，在光路的每一点上均将产生二次极化波。并因此发射与此频率相同的二次谐波，即倍频光波。由于晶体折射率色散，倍频光波的传播速度与基频光波及二次极化波的传播速度不再相同。因此，在晶体中传播的倍频光波与二次极化波即时产生的倍频光波之间存在位相差。不同时间、不同位置之间产生的倍频光波之间将产生相干现象，最终可以观察到的倍频光的强度决定于相干的结果。故只有注意到倍频波的位相，即位相匹配条件，才能使倍频效应效率大大提高，为非线性光学晶体的实用化奠定基础。

当不考虑非线性光学晶体对光波的吸收和散射等条件，从入射的基频光到出射的倍频光这一光量子系统应同时满足能量守恒定律和动量守恒定律。

我们知道基频光和倍频光的角频率分别为 ω_1 和 ω_2，其相应的波矢量为 K_1 和 K_2

$$\omega_1 + \omega_1 = 2\omega_1 = \omega_2$$

位相匹配就意味着在该体系中没有动量损失，则

$$K_1 + K_1 = 2K_1 = K_2$$

或

$$\Delta K = K_2 - K_1 - K_1 = K_2 - 2K_1 = 0 \tag{12-5}$$

$$n_2(\omega_2) = n_1(\omega_1)$$

或位相匹配条件为

$$n(2\omega) = n(\omega) \tag{12-6}$$

式中 $n = n(\omega)$ 是频率为 ω 的光波在晶体中的折射率，满足这条件时，倍频光波的传播速度与二次极化波及基频光波的传播速度相等，基频光在各个不同时间、不同位置上诱发的倍频光均因其有相同的位相而得到相互加强。此时，受到基频光激发的非线性光学晶体，犹如一个同步振荡的偶极矩列阵，能够有效地形成倍频光辐射。

在位相匹配时，波矢的相对方位或是共线的（标量相匹配）或是非共线的（矢量相匹配），见图12-1。

值得注意的是，只有在各向异性晶体内，由于自然双折射的存在，同一波光线方向上允许有两个不同折射率的光波传播，在两个不同偏振状态之间的基频波和倍频波之间，有

图 12-1　三波相互作用的标量和矢量相匹配示意图

a—标量示意图；*b*—矢量示意图

可能在晶体的正常色散范围内，利用双折射的色散关系来实现位相匹配。

在非线性晶体中，特别是在中级及低级晶族中，折射率与光波方向之间的关系，即光在晶体中的传播规律的解析表达式及其解是十分复杂的。我们以单轴晶的位相匹配入手，借助于折射率面来了解非线性光学晶体位相匹配的基本概况（图 12-2）。单轴晶的折射率面是一个具有半径为 n_o（对寻常光）的圆球和一个具有半轴为 n_o 和 n_e 的旋转椭球（对异常光），椭球的旋转轴为其惟一的高次轴（z 轴或 x_3 轴），在 z 轴上，球和椭球相接触。在这里，寻常光和异常光的折射率之差称为双折射 Δn，Δn 的值沿光轴等于零，在垂直光轴方向上达到最大值。

在单晶中，如果 $n_o > n_e$，称为负光性单轴晶，或负单轴晶；如 $n_o < n_e$ 称为正光性单轴晶，或正单轴晶。

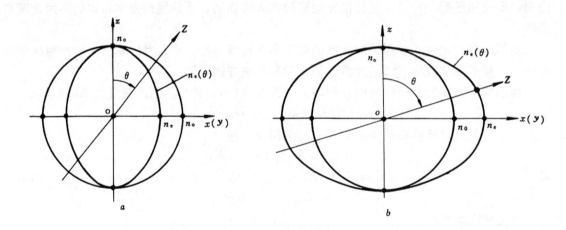

图 12-2　负单轴晶和正单轴晶的折射率面

a—$n_o > n_e$ 负单轴晶；*b*—$n_o < n_e$ 正单轴晶

为了满足位相匹配条件，基频光和二次谐波光线必须是不同类型偏振的光线，在和频情况下，如果相混频的光波具有相同的偏振，则和频波具有垂直该方向的偏振，这种情况下实现的位相匹配称为Ⅰ类位相匹配。

在实际应用中，一种非线性光学晶体最重要的是要找到其位相匹配方向。图 12-3 表明，考虑非线性光学晶体的色散关系，对于负单轴晶，基频光的 o 光折射率曲面有可能与倍频光的 e 光折射率曲面相交；而正单轴晶基频光中 e 光的折射率曲面有可能与倍频光的 o 光折

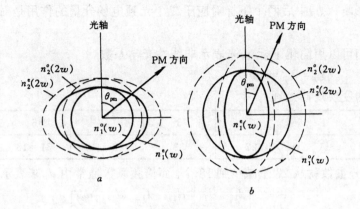

图 12-3　单轴晶的位相匹配

a—正单轴晶；b—负单轴晶

射率曲面相交。显然，在相交处基频光与倍频光的折射率相等，满足了位相匹配条件。因此，由曲面中心对相交处的矢径方向就是位相匹配方向，位相匹配方向组成以光轴为中心轴的对顶圆锥面，称为位相匹配面。位相匹配方向与光轴之间的夹角称为位相匹配角，用 θ_{PM} 表示，则对于这二类晶体来说，Ⅰ类相位匹配条件为

$$n_1^{\mathrm{e}}(\theta_{\mathrm{PM}}) = n_2^{\mathrm{o}} \text{（正单轴晶）} \tag{12-6a}$$

$$n_1^{\mathrm{o}} = n_2^{\mathrm{e}}(\theta_{\mathrm{PM}}) \text{（负单轴晶）} \tag{12-6b}$$

而对于Ⅱ类位相匹配，其位相匹配条件为

$$1/2[n_1^{\mathrm{o}} + n_1^{\mathrm{e}}(\theta_{\mathrm{PM}})] = n_2^{\mathrm{o}} \text{（正单轴晶）} \tag{12-7a}$$

$$1/2[n_1^{\mathrm{o}} + n_1^{\mathrm{e}}(\theta_{\mathrm{PM}})] = n_2^{\mathrm{e}}(\theta_{\mathrm{PM}}) \text{（负单轴晶）} \tag{12-7b}$$

　　一般来说，只有双折射率较大而色散较小的晶体才可能实现位相匹配，特别是Ⅱ类位相匹配。实际上，大多数负单轴晶体都能满足位相匹配条件，而正单轴晶一般因为折射率差不足以抵消其色散差，故使基频光的折射率曲面均落在倍频光折射率曲面之内而无交点，从而不能满足位相匹配角。例如，石英和钽酸锂都不存在位相匹配方向。

　　双轴晶也同样存在着平行式（Ⅰ类）和正交式（Ⅱ类）位相匹配，但双轴晶有三个互不相等的主折射率，折射率面是复杂的双层曲面，位相匹配面及位相匹配角的计算远比单轴晶复杂，但其基本原理仍与单轴晶相同。而且许多性能优良的非线性光学晶体都是双轴晶。

12.2.3　非线性光学系数

　　用于频率转换的非线性光学晶体的应用，首先要看其非线性效应的大小，非线性效应的大小是由非线性光学系数来表征的。

　　非线性光学系数是晶体二阶电极化强度 $P_i^{(2)}$ 的度量，在倍频情况下，当 $\omega_1 = \omega_2 = \omega$，$\omega_3 = \omega_1 + \omega_2 = 2\omega$ 时，则有

$$P_i(2\omega) = \sum_{ik} \chi_{ijk}^{(2)} E_j(\omega) E_k(\omega) \tag{12-8}$$

式中 $\chi_{ijk}^{(2)} = \chi_{ijk}(2\omega)$ 即为二阶非线性光学系数，通常又称为倍频系数。

　　二阶非线性光学系数 $\chi_{ijk}(2\omega)$ 是描述二次谐波过程的三阶张量，通常有 27 个分量。如

果忽略色散的影响。χ_{ijk}中后两个下标对应于二个光频电场分量的作用是对称的，即 $\chi_{ijk}=\chi_{ikj}$。

由此，我们可以用简化下标 χ_{in} 来表示非线性光学系数

即　　　　　　　　　　　$\chi_{ijk}=\chi_{ikj}=\chi_{in}$

按照下表的变换规律处理

n	1	2	3	4	5	6
$jk=kj$	11	22	33	$23=32$	$31=13$	$12=21$

这样 χ_{ijk} 的独立分量数就从 27 个减少到 18 个。而倍频系数通常由 d_{in} 来表示，其矩阵表示为

$$d_{in}=\begin{bmatrix} d_{11} & d_{12} & d_{13} & d_{14} & d_{15} & d_{16} \\ d_{21} & d_{22} & d_{23} & d_{24} & d_{25} & d_{26} \\ d_{31} & d_{32} & d_{33} & d_{34} & d_{35} & d_{36} \end{bmatrix} \tag{12-9}$$

1962 年，克莱曼（Kleinman）认为在非线性光学效应产生的范围内，离子的位移对晶体的电极化贡献几乎为零，非线性光学系数 χ_{ijk} 主要取决于电子运动，因此，非线性光学系数 χ_{ijk} 的三个下标是全部可交换的，

$$\chi_{ijk}=\chi_{jki}=\chi_{kij}=\chi_{ikj}=\chi_{jik}=\chi_{kji} \tag{12-10}$$

这一关系，即被后人称作 Kleinman 全交换对称性，由于全交换对称性的存在使其独立分量数目减少到 10 个。

由于非线性光学系数是个三阶张量，只有 20 种没有对称中心的压电晶类中，才有可能使其二阶非线性光学系数的所有的二阶非线性光学系数不全部为零。考虑克莱曼对称后，其中 D_4-422 和 D_6-622 二种晶类的二阶非线性光学系数全部为零。这样，在所有 32 种晶类中只有 18 种晶类才有可能具有非线性光学效应。

在实际应用中，倍频光的强度是由 χ_{in}、θ 和 ϕ 三者所决定的，反映倍频光电极化强度和基频光电场强度关系的是 $F(\theta,\phi,\chi_{in})$ 函数，这种函数值称为有效非线性函数或有效倍频系数，记作 χ_{eff}，即

$$P_i(2\omega)=\varepsilon_0 F(\theta,\phi,\chi_{in})E_j(\omega)E_k(\omega) \tag{12-11}$$
$$=\varepsilon_0\chi_{eff}E_j(\omega)E_k(\omega)$$

同样，对于光混频参量振荡和激光上转换等二阶非线性极化过程，也有类似上式的表达式，不过其左边的 $P_i(2\omega)$ 应以 $P_i(\omega_3)$ 代替，右边的 $E_j(\omega)E_k(\omega)$ 应改作 $E_j(\omega_1)E_k(\omega_2)$。

无对称中心的单轴晶共有 13 种晶类，其有效非线性系数的 F 函数形式在表 12-1 中给出。

表 12-1　考虑 Kleinman 对称后不同点群单轴晶的 χ_{eff}

点　群	$\chi_{eff}=F(\theta,\phi,\chi_{in})$	$\chi_{eff}=F_2(\theta,\phi,\chi_{in})$
	Ⅰ$^{(+)}$，Ⅱ$^{(-)}$	Ⅰ$^{(-)}$，Ⅱ$^{(+)}$
$\overline{4}2m$（D_{2d}）	$d_{36}\sin2\theta\cos2\phi$	$d_{36}\sin\theta\cos2\phi$
3m（C_{3v}）	$d_{22}\cos^2\theta\cos3\phi$	$d_{31}\sin\theta-d_{22}\cos\theta\sin3\phi$

点 群	$\chi_{eff}=F_1\,(\theta,\ \phi,\ \chi_{in})$	$\chi_{eff}=F_2\,(\theta,\ \phi,\ \chi_{in})$
4m（C₄）		
4mm（C₄ᵥ）	0	$d_{31}\sin\theta$
6（C₆）		
6mm（C₆ᵥ）	0	$d_{31}\sin\theta$
$\overline{4}$（S₄）	$(d_{36}\cos2\phi-d_{31}\sin2\phi)\ \sin2\theta$	$(d_{36}\sin2\phi+d_{31}\cos2\phi)\ \sin\theta$
3（C₃）	$(d_{11}\sin3\phi+d_{22}\cos3\phi)\ \cos^2\theta$	$(d_{11}\cos3\phi-d_{22}\sin3\phi)\ \cos\theta+d_{31}\sin\phi$
32（D₃）	$d_{11}\cos^2\theta\sin3\phi$	$d_{11}\cos\theta\cos3\phi$
$\overline{6}$（C₃ₕ）	$(d_{11}\sin3\phi+d_{22}\cos3\phi)\ \cos^2\theta$	$(d_{11}\cos3\phi-d_{22}\sin3\phi)\ \cos\theta$
$\overline{6}$2m（D₃ₕ）	$d_{22}\cos^2\theta\cos^3\phi$	$d_{22}\cos\theta\sin3\phi$
422（D₄）	0	0
622（D₆）	0	0

从上表我们可以知道，D₄（422）和 D₆（622）二个晶类的 F 函数全部为零，因而这二个晶类不可能产生二阶非线性光学效应。C₆ᵥ（6mm）、C₆（6）、C₄ᵥ（4mm）和 C₄（4）等晶类的 $F_2\neq0$。所以，这些晶类的负光性晶体只能实现Ⅰ类位相匹配，而其正光性晶体只能实现Ⅱ类位相匹配，有些晶类的 F 函数中仅含有 $\sin\theta$ 项，这样当 $\theta=\theta_{PM}=90°$ 时，F 函数数值最大。$\theta_{PM}=90°$ 的位相匹配称为非临界位相匹配（NCPM），又称最优位相匹配，在这个方向上，基频光和倍频光传播方向一致，不会产生"光孔效应"，使入射的基频光可以得到充分的利用。因而根据该表，我们可以对各种单轴晶的位相匹配特征进行分析。

此外，从上表我们还可以看到，大多数晶类的有效非线性系数还与方位角 ϕ 有关，这就意味着即使在位相匹配面上的任意方向上均能满足位相匹配条件，但只有选择最适当的 ϕ 角，使其 F 函数达到最大值时，才可能达到最佳倍频光输出。

尽管双轴晶的位相匹配情况非常复杂，但已经证明，在正常的色散条件下，双轴晶仅有 13 种不同的位相匹配图形。双轴晶的位相匹配一般都是临界的。在理论上已经证明，222 晶类不可能实现最优位相匹配。单轴晶的最优位相匹配方向在垂直于光轴的方向上，而双轴晶的最优位相匹配方向只能在光折射率体的主轴方向上，双轴晶有许多晶类存在着主轴色散（频率不同，主轴不同），使其位相匹配问题更加复杂，必须由各个具体晶体的情况来进行不同的处理。

12.3 探索新的非线性光学晶体的理论模型及途径

20 世纪 60 年代初，是激光刚刚起步发展的时代，也是非线性光学起步和发展的时代。自弗兰肯发现非线性效应后，人们就认为非线性效应起源于晶体中的电子运动，开始从理论上探索非线性光学效应的物理过程，将晶体的倍频系数和其电子波函数联系起来，给出了由量子力学求解的晶体非线性光学系数。在介绍不同理论前，我们有必要了解当前光电技术对非线性光学晶体的基本要求及有价值的非线性光学晶体的基本条件。

12.3.1　非线性光学晶体应具备的性质

严格说来，非线性光学晶体应该包括激光频率转换晶体、电光晶体和光折变晶体等，由于后二类晶体我们会在专门章节中介绍，我们在此将集中介绍用于频率转换的非线性光学晶体。

理想的非线性光学晶体是不存在的，一种晶体的适用性，取决于所采用的非线性过程、所要制备的器件特点以及所采用的激光波段。从大量实践中，人们总结出一种有价值的非线性光学晶体应具备以下基本条件。

首先，非线性光学晶体必须具有大的非线性光学系数，晶体的非线性光学系数和晶体的带隙是密切相关的，判别一个晶体非线性效应大小时，常以 KDP 晶体的 d_{36} 作为标准，在可见光区域，一个优良的非线性光学晶体应为其 10 倍，而在红外区（$1\sim10\mu m$），则应为其 $30\sim50$ 倍；相应地到紫外区，（$200\sim350nm$），具有 $3\sim5$ 倍 KDPd_{36} 的晶体已经很好了。如果有的晶体能将波段扩展到深紫外区（$<200nm$）的波段范围内，只要具有与 KDP 可比的非线性效应，则已经是一种性能良好的晶体。

判别非线性光学晶体的另一个标准是其应具备适当的双折射率，能够在应用的波段区域内实现位相匹配。对于能实现位相匹配的晶体，我们还希望它位相匹配的角度宽容度和温度宽容度要大，如果能够实现非临界位相匹配或者通过温度调谐等方法实现非临界位相匹配则更好。

随着激光技术的发展及半导体技术的发展，激光光源的功率越来越高，因此，非线性光学晶体的抗光伤阈值也成为其优劣的重要标志之一。好的非线性光学晶体必须具有很高的抗光伤阈值，这样才能保护长期有效地用于适当功率的激光器或其他器件中。

此外，还要求晶体具有良好的化学稳定性，不易风化，不易潮解，在较宽的温度范围内无相变、不分解，以保证在没有特殊保护的条件下长期使用。良好的力学性能使晶体易于切割抛磨，镀覆各种光学膜层，制作各种实用器件，这也是重要的。

最后，还要求晶体具有良好的生长特性，可以选用适宜的生长方法生长出大块优质单晶，原料价格适当，生长工艺稳定。

12.3.2　非线性光学晶体计算的几个经典理论模型

在晶体材料探索中，传统的是用"炒菜"（Trial and error method）为主。

"材料设计"的设想始于 20 世纪 50 年代，其目的是企图"按特定性能"来"设计"新材料。固体能带论、分子轨道理论和晶体场理论是非线性晶体设计的基础，在非线性晶体理论方面，由于求解复杂晶体能带波函数的困难，人们发展了多种近似计算方法提出多种模型，在历史上对于一些晶体进行过成功的计算。

固体能带理论是 20 世纪 20 年代末量子力学初创时代在以量子力学处理电子运动基础上发展起来的。知道了固体的能带状况结合电子系统的费米统计分布律，就可获知固体中电子在各能带的能态中的排布，并进而了解电子在能态之间的跃迁和变化，从而可以了解和预言固体的许多性质，如光照引起不同能带间的跃迁、动量和能量守恒、非线性极化等现象。

能带计算方法有元胞法、平面波法、赝势法、紧束缚法、格林函数法等。

分子轨道理论是关于分子的电子结构和化学键的，以单电子近似为基础的一种量子力学理论。在分子轨道理论计算中，主要是半经验近似计算法，如价电子近似，忽略双原子微分重叠（NDDO）、全略微分（CNDO）、间略微分重叠（INDO）法等。分子轨道计算是非线性光学晶体材料设计计算的重要基础之一。

晶体场理论是关于离子型配位化合物中键的本质和性质的理论。对于弱晶体场，认为未受微扰的体系是自由离子，将配位势能场作为微扰项、零级近似波函数为自由离子的谱项波函数的线性组合。对于强晶体场，认为未受微扰的体系为不考虑电子相互排斥作用的处于配位场中的原子或离子，将电子相互排斥作用作为微扰项、零级近似的谱项波函数的线性组合。

直接处理晶体非线性系数的理论模型有非谐振振子模型、双能级模型、键电荷模型、键参数模型、电荷转移理论等。

非谐振振子模型是最早用经典物理观点来处理光与物质相互作用的理论模型。该理论模型采用此法可以得到定性和半定量结果。现在已少有人采用此法。

双能级模型是将晶体中所有的能带简化为两个能级即导带和价带，采用导带和价带之间的平均带隙来近似计算晶体的非线性光学系数。这种方法在计算金刚石构型、闪锌矿和纤锌矿构型等具有四面体配位晶体的二阶电极化率时，在获得结果的符号和能级上都较成功。但是该法忽略了所有三能级间的电荷转移对晶体非线性光学效应的贡献。因此，对其他类型的晶体不适用，使其应用范围受到较大限制。

键电荷模型是以介电性的量子理论为出发点，由晶体线性光学性质的处理推广到非线性光学性质。利用这一模型对双原子 III-V，II-VI，IV-IV 类化合物及类似 $LiNbO_3$、Ba_2-$NaNb_5O_{15}$、$LiTaO_3$ 等晶体以及 $A^IB^{II}C^{VII}$、$A^IB^{II}C_2^V$……$A^{II}B^{IV}C_4^{VI}$ 型等不同结构类型化合物的非线性极化率，获得较满意的结果。但这种模型不适用于高度离子性的晶体。

键参数模型是将晶体宏观的倍频系数看做是各个化学键对微观倍频系数贡献的几何叠加，而单个化学键则是产生非线性光学效应的基元。但是，由于同一化学键在不同晶体中的环境和贡献不同，有时这种计算也可能与实际的晶体情况不符。

有机化合物数目众多，在有机非线性光学材料探索中，70 年代初在用粉末倍频法考察了几十种有机化合物后，人们提出了电荷转移理论，该理论认为每个有机分子都是产生非线性光学效应的基元。利用电荷转移理论，可以成功地解释和已经发现了一大批倍频系数很大的有机化合物晶体，但是这种理论主要用于具有共轭 π 电子体系的有机化合物。

12.3.3 阴离子基团理论

从现有的许多优良的非线性光学晶体来看，可以发现都有一个共同的特点，即其结构中一般都包含有不同取向的阴离子基团作其基本的结构单位。从 20 世纪 60 年代中期起，陈创天等就开始研究无机晶体非线性光学性质与其结构单元，特别是与阴离子基团之间的关系。1968 年提出了阴离子基团理论的假设，70 年代对于各种不同类型氧化物晶体及其微观结构之间的关系进行了系统的计算和研究，80 年代开始逐步形成了比较完整的理论体系，以此指导了在硼酸盐体系中寻找新的优秀的非线性光学晶体的实践工作，取得举世瞩目的成就，发现了 LBO、BBO 等一系列具有广泛应用的非线性光学晶体。

所谓阴离子基团是指晶体中存在的各种不同取向的结构基本单元，例如钙钛矿和钨青铜结构中的 MO_6 基团（M 为 Nb、Ti 等金属离子）、碘酸盐中的 IO_3 基团、磷酸盐中的 PO_4 基团等。

阴离子基团的基本思想是：一个具有大的非线性光学效应的晶体，必须具有某种共价键的成分，其结构由 A 位阳离子和阴离子基团所组成。晶体的宏观倍频效应主要由阴离子基团的微观二阶极化率通过几何叠加所产生，在一级近似下，非线性效应与 A 位的阳离子无关。晶体的非线性光学效应是一种局域化效应，是入射光波与各个阴离子基团中电子局域化轨道相互作用的结果，基团的微观二阶极化率能够通过基团的局域化分子轨道采用量子力学的二级微扰理论加以计算。

阴离子基团理论提出后，利用这一理论及其计算方法计算 $LiNbO_3$、$KNbO_3$、$Ba_2NaNb_5O_{15}$、$BaTiO_3$、α-HIO_3、KDP、DKDP、ADP、$NaNO_2$ 以及钼酸盐等不同结构类型的无机氧化物类晶体的倍频系数，其计算结果与实验值无论在符号和数值上都符合得很好，明显地优于该理论提出的若干理论和方法，如键电荷理论、键参数模型等。

根据阴离子基团理论，提出了具有优良非线性性质晶体应该具备的 4 个结构条件：

（1）组成晶体的基本单元，必须是基团或分子，而不是简单的离子；

（2）阴离子基团的结构类型有利于产生大的非线性效应，实践证明，有三类结构的阴离子基团有利于产生大的非线性光学效应。

第一类是具有畸变多面体的阴离子基团，如 MO_6 氧八面体及其类似基团，其畸变越大，一般具有较大的非线性二阶极化率。第二类是具有孤对电子的阴离子基团，一般来说，具有孤对电子的阴离子基团具有很大的非线性极化率，如具有孤对电子的 $(SbF_5)^{2-}$ 基团的二阶极化率要比没有孤对电子的 $(PO_4)^{3-}$ 基团要高一个数量级。第三类是具有共轭 π 轨道体系的平面结构基团也有利于产生大的倍频效应。如具有离域电荷转移电子体系的苯一类的芳香族分子比同样大小的 σ 类型分子在微观倍频效应上要大二至三个量级；

（3）阴离子基团在空间的排列方式，要有利于该基团的微观非线性光学效应的几何叠加，而不是彼此相互抵消；

（4）晶体单位体积内，对非线性光学效应有贡献的基团应尽量多，换言之，晶体空间应尽量紧密地排布这些基团。

阴离子基团理论完全没有考虑阳离子对非线性光学效应的贡献，因此，难以解释具有同样阴离子基团构型而不同阳离子的同系非线性光学晶体倍频效应的差异。目前该理论仍在进一步发展和完善中。

12.3.4 双重基元结构模型

近年来，有机非线性光学晶体的探索和研究日益受到人们的重视，许东等人将无机非线性光学晶体中畸变八面体同有机非线性光学晶体的共轭体系电荷转移这两种理论结合起来，提出了探索新型非线性光学晶体的双重基元结构模型。

双重基元结构模型的基本设计是利用类似于无机非线性光学晶体中具有很高非线性效应的畸变八面体为骨架，在这个几何八面体的顶点上，分别有选择地配置各种有机和无机基团，通过八面体中心离子与配置的各个基团中的相互作用以期造成电荷转移形成共轭体系，从而构成更有利于产生大的非线性光学效应的结构。在这一结构中，两种结构基元相互影响，又结合于一体，同时在设计中还注意到保证畸变八面体与有机共轭体系的微观二次极化率相互叠加，而不是相互抵消，从而可以获得具有无机和有机二类大非线性效应相结合的具有较大非线性效应的新型晶体。

12.3.5 探索非线性光学新晶体的途径

自激光和非线性效应实现后，近 40 年来经过晶体生长工作者持续不断的努力，使新的激光、非线性晶体不断涌现，发现和制备了一些性能优良的激光和非线性晶体。然而，由于激光技术的发展和实际应用的需要，又对非线性光学晶体提出了各种新的要求。因此，在非线性光学晶体的研究工作中，除了改进生长方法完善生长工艺能稳定提高晶体质量，降低成本，批量生产、实现产业化或通过掺杂改性外，更多的努力应落在探索和研究性能更好的非线性光学晶体。探索新的非线性光学晶体，一方面要发展新的材料设计理论，另一方面仍然要寻找新的非线性光学晶体。从我国晶体生长工作近 40 年的发展历程来看，已经总结出来一系列行之有效的实践经验，值得我们学习和借鉴。

12.3.5.1 非线性光学晶体的点群范围

只有 18 种点群可能具有非线性光学效应，若再进一步考虑晶体位相匹配的要求，实际上只有 16 种点群才具有可能被利用的非线性光学晶体。在这 16 种无对称心的点群中，有 11 种点群晶体属于光学单轴晶，为 C_4-4，S-4，C_{4v}-4mm，D_{2d}-$\overline{4}$2m；C_3-3，C_{3v}-3m，D_3-32；C_6-6，C_{3h}-$\overline{6}$，D_{3h}-$\overline{6}$2m，C_{6v}-6mm 其中 4，$\overline{4}$，4mm，$\overline{4}$2m，6 和 6mm，6 种点群有可能实现非临界位相匹配；有 5 种点群晶体属于光学双轴晶，它们是：C_1-1，C_3-m，C_2-2，C_{2v}-mm2。

12.3.5.2 从压电、热释电和铁电晶体中探索

同样，由于晶体的非线性光学效应是一个三阶张量描述的性质，根据电介质的分类及其相互关系（图 12-4）来看，具有压电、热释电和铁电性质的晶体，一般都可能具有二阶非线性光学效应，因此，从这些晶体中可以发现新的非线性光学晶体。

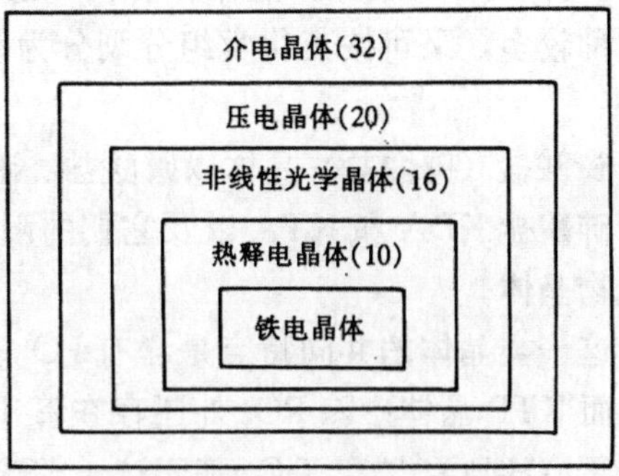

12.3.5.3 非线性光学晶体的经验规律

1964 年，米勒（Miller）提出一种晶体的线性光频极化率和其倍频系数有一定关系

$$\chi^{2\omega}_{ijk} = \chi_{ii}\chi_{jj}\chi_{kk}\Delta_{ijk} \qquad (12\text{-}12)$$

式中 $\chi^{2\omega}_{ijk}$ 为二阶非线性极化率，χ_{ii}，χ_{jj} 和 χ_{kk} 为主轴线性光频极化率，为晶体对称性所允许而不为零的 Miller 分量。多数晶体具有相同量级的 Miller 平均分量，其平均典型数值为

$$|\Delta_{ijk}| = (4\pi/3)(3\pm2)\times10^{-10}$$

图 12-4　电介质的种类及其相互关系
（括号内数字代表该类晶体的点群数）

Δ_{ijk} 称为平均 Miller 倍频系数。因此，线性光频极化率较高的晶体，一般来说二阶非线性极化率（倍频系数）也较高，为了求得非线性光学晶体的倍频系数引入下式。

$$\chi_{ii} = (n^2_{ii} - 1)/4\pi \qquad (12\text{-}13)$$

式中 n_{ii} 为晶体主轴折射率，则可以利用 Miller 规律估算出一些无对称心而折射率较大的晶体中非线性光学晶体的倍频系数。

12.3.5.4 粉末倍频效应筛选法

粉末倍频法的原理是，用激光照射一薄层晶体粉末，将所产生的二次谐波强度与在同样测试条件下的标准晶体粉末（如 KDP 或 α-SiO_2）所产生的倍频强度相比，确定其相对强度从而得到其非线性效应的大小和能否实现位相匹配。经验证明，当晶体粉末样品的平均半径为 75～150μm 时，可以满足实验的要求。

利用不同入射波长来观察粉末倍频效应信号强度的变化还可能肯定可以位相匹配的截止波长。从而利用细小晶体，就可以判断一个倍频晶体所能使用的波段范围，倍频系数等重要数据。同样，也可以采用粉末倍频效应法在压电-铁电材料中进行筛选而寻找新的非线性光学晶体。

12.3.5.5 借助于理论模型计算指导新晶体材料的探索

新晶体的探索工作，已逐步走上"分子工程学"研究的道路，即按照经典理论、阴离子基团理论或双重基元结构模型等理论计算所指示的方向，可以预测或估算要制备的新晶体材料的主要性质。根据实践应用中要求材料的功能性质来指示可能发现所需新晶体的结构类型及可能的材料类型等重要的研究方向。

12.4 激光频率转换晶体

非线性光学晶体的一个主要应用是激光频率转换。激光频率转换晶体通常按其转换频率种类分为倍频晶体，频率上转换晶体，频率下转换晶体，参量放大或参量振荡晶体材料。按其应用激光的特性又分为强激光频率转换晶体、中功率激光频率转换晶体、低功率激光频率转换晶体、参量振荡晶体和超短脉冲激光频率转换晶体材料。按材料性质又分为无机（氧化物）晶体、半导体晶体和有机（包括半有机）晶体，由于常用的无机激光频率转换晶体品种较多，又可按其化学组分划分为磷（砷）酸盐、硼酸盐、铌酸盐以及半导体晶体材料等。

磷酸盐（砷酸盐）晶体以磷酸盐、磷酸二氢钾（KDP）和磷酸钛氧钾（KTP）为典型，包括砷酸盐 KDA 和 KTA 以及它们的阳离子被铵、钾、铷、铯、铊等取代后的一系列同族化合物晶体。

这一类晶体的共同特点是含有 PO_4 基团，P 原子和 O 原子间以共价键组合成 PO_4 四面体，而 KTP 晶体中除 PO_4 外还存在着 TiO_6 八面体基团。二类晶体的非线性光学性质主要起源于 $(H_2PO_4)^{1-}$ 和 TiO_6 基团这一类畸变的多面体。

硼酸盐晶体一般具有较好的紫外透光特性。适用于激光频率转换的材料主要有偏硼酸钡（BBO）、三硼酸锂（LBO）、五硼酸钾（KB_5）等。硼酸盐的阴离子基团由 BO_3 平面三角形或 BO_4 四面体及其组合构成，往往由硼酸根离子形成共轭体系从而使这一类材料具有很强的非线性效应。

铌酸盐晶体是一类中功率和低功率激光频率转换用的材料。具有与 KTP 晶体相同量级的二次非线性光学系数，化学性能稳定，力学性能更好。由于光折变效应，其光损伤阈值较低。这类晶体典型的有铌酸锂（LN）、掺镁铌酸锂（Mg：LN）、铌酸钾（KN）和铌酸钡钠（BNN）。这类晶体的非线性效应主要来自畸变的 NbO_6 八面体。

碘酸盐材料主要是一些水溶性的碘酸盐晶体，如碘酸锂（LI）、碘酸钾（KI）和碘酸铵（AI）等。它们有与 LN 相近的二次非线性光学系数和抗光损伤阈值，透过波段约 300～5000nm。主要用于中功率激光的频率转换。其非线性是由 IO_3 基团上的孤对电子引起的。

半导体材料属窄带隙的半导体材料。大部分材料对可见光有明显吸收，但有很好的红外透过率，有较高的二次非线性光学系数，因而常用作红外激光的频率（如二氧化碳激光）转换材料。这类材料中典型的是碲（Te）晶体、淡红银矿（Ag_3AsS_3）和 TAS 等。

一般对于非线性光学晶体的要求是考虑中功率激光频率转换的实际工作而定的，常用的 KTP、LBO、BBO、KDP 等都可用于中功率的激光频率转换，特别是 KTP 晶体，是目前中小功率激光频率转换首选的倍频材料，但是对高、低功率激光频率转换及其他频率转换应用来说，还有其特殊要求，在本节中，我们将按应用分别介绍其特定要求及可能采用的非线性光学晶体。

12.4.1 强激光频率转换晶体

自 20 世纪 60 年代初实现激光运转以来，激光的功率日益提高。近年来，出自和平利用原子能源的考虑，为发展激光惯性约束核聚变（ICF），即受控激光核聚变，开展了强激光频率转换晶体的研究。

目前实用的强激光光源主要是有一定重复率的钕离子脉冲激光器，其重复频率从单次到每秒 10 次，脉宽在几十飞秒到几皮秒量级，功率密度在 $10GW/cm^2$ 以上。这类激光源进行高转换效率的频率转换，其材料性能要求有以下 3 点：

（1）高的光损伤阈值。这是最主要的性能要求。受介质雪崩击穿限制，一般光损伤阈值为 $2\sim4GW/cm^2$。采用超纯原料以及良好生长工艺，可使其提高到 $10GW/cm^2$ 以上。

（2）高光学质量大单晶。即要求有大面积的高光学质量。

（3）适当的二次非线性光学系数。强激光容易获得高转换效率，过大的二次非线性光学系数，使得器件尺寸太薄，产生制作困难、机械强度低等工艺问题。

适用于强激光频率转换的候选晶体材料不多，目前全面符合以上条件的只有磷酸二氢钾晶体，其他的候选材料有 LAP、LBO 和 CLBO 晶体。

为了进一步提高 KDP 的倍频效率和减少吸收，目前也考虑采用在重水（D_2O）中培育大尺寸磷酸二氘钾（DKDP）晶体用于 ICF 实验。氘化 KDP 晶体的结构类型虽然与 KDP 晶体相同，但其性能有很大改善，晶体的居里点（T_C）提高，电光系数增大。

精氨酸磷酸盐（LAP）/氘化精氨酸磷酸盐（D-LAP）晶体：LAP 晶体是单斜晶系 C_2-2 点群有机晶体；D-LAP 是其氘化同族物，氘化后 1060nm 波长吸收系数由 $0.09cm^{-1}$ 降为 $0.02cm^{-1}$。其光损伤阈值（单次测时值）可达 $40GW/cm^2$，耐热冲击性能亦比 KDP 好，二次非线性光学系数约是 KDP 的 2 倍，转换效率比 KDP 高。因而，LAP/D-LAP 晶体是一种高功率激光转换的优秀候选材料。用氟取代磷酸根后的同族化合物 LAF，其 1060nm 吸收可降到 $0.001cm^{-1}$，而二次非线性系数更大，是一种有应用前景的材料。

LBO 晶体的透过波段为 $160\sim2600nm$，光损伤阈值高达 $25GW/cm^2$，二次非线性系数为 KDP 的 3 倍，位相匹配稳定性好，对钕离子激光倍频、三倍频转换效率极高，因而是一种很有希望的强激光频率转换材料。

CLBO 晶体是近年发展的新的非线性光学晶体，性质与 LBO 相近，更适于生长大尺寸单晶，因此被认为是可用于 ICF 实验的另一重要晶体，但该晶体的长期稳定性尚未有详细报道。

12.4.2 低功率激光频率转换晶体

低功率激光频率转换晶体在这里主要是指对低功率半导体激光器进行直接频率转换，或对半导体泵浦的钕激光器进行频率转换的晶体材料。这类激光源多为连续激光。其功率在几十毫瓦到瓦级的水平，发散角约 $20°\sim30°$，上述激光器频率转换材料可制作小型、长寿命的可见光激光源，用于高密度光盘存储、彩色显示等领域。

低功率激光频率转换的技术关键是提高转换效率。通常转换效率达 10％才有实用意义。为此，对材料性能要求有高二次非线性系数、位相匹配条件和透过波段。

12.4.2.1　高二次非线性系数

在低转换效率情况下，转换效率与二次非线性系数成正比。已发现的 MMONS（4-甲氧基 3-甲基 4′-硝基二苯乙烯）、mNA（亚硝基苯胺）和 MNA（二甲基－4-硝基苯胺）等有机材料具有很高二次非线性系数，但它们短波吸收边已接近 500nm。无机材料铌酸钾（KN）、铌酸钡钠（BNN）、磷酸钛氧钾（KTP）、钽酸锂（LT）晶体和铌酸锂（LN）晶体二次非线性系数较高，而其短波吸收边大都在 400nm，是目前有希望应用的低功率激光频率转换的材料。

12.4.2.2　位相匹配条件

是获得低功率激光有效频率转换的必要条件。比较而言，非临界位相匹配可获得更好效果，是体块材料低功率激光频率转换的一种有效技术，但对材料要求较苛刻。体块材料位相匹配的另一可行方法是准位相匹配技术。此外，利用波导结构位相匹配进行低功率激光频率转换，是一种较好的技术方案。由于波导压缩，可获得更高的功率密度以及长的相互作用长度，可以用切伦可夫辐射实现位相匹配。这种技术还有集成和微型化前景，是十分吸引人的。

对半导体激光泵浦的钕激光倍频，已发展了一种利用可控反馈的谐振腔式位相匹配方法。当激光源线宽窄、发散度小、模式物性好时，其转换效率能达 20％左右。但是，这种激光器和谐振腔的设计和控制却十分复杂。

12.4.2.3　透过波段

要求晶体对基频激光波长和谐波长有高透过。常用激光频率转换材料对基频波长 1060nm 和 800～860nm 能有高透过率。谐波波长 400～530nm，是一些高二次非线性系数材料要特别考虑的问题。

低功率激光频率转换晶体的研究，目前集中在有良好的位相匹配特性而又有大的二次非线性系数的无机非金属材料中。主要有 KN 晶体、KTP 晶体和 LN/LT 晶体。

12.4.3　参量振荡晶体

参量振荡晶体就是指在强激光泵浦下，由材料本身的非线性作用产生参量光放大，并通过谐振腔装置获得可调谐的光学参量振荡的激光频率转换晶体材料。它产生可调谐的激光输出。

由于波长可调，且要满足谐振腔内增益大于损耗的振荡条件，因而对参量振荡材料的性能有以下要求：

(1) 高的二次非线性光学系数。这是获得谐振腔内高增益的首要条件；

(2) 宽的位相匹配范围，可实现大的可调谐范围；

(3) 宽的透过波段。这是对材料能调谐波长范围的主要限制；

(4) 高的光损伤阈值。

各种可用的材料，一般只能适用于有限的波段及有限的应用范围。常用的参量振荡材料主要有 KDP、KTP、BBO 和铌酸盐晶体，包括铌酸锂、掺镁铌酸锂（Mg：LN）和铌酸钡钠（BNN）晶体。

铌酸盐晶体　有铌酸锂（LN）、掺镁铌酸锂（Mg：LN）和铌酸钠钡（BNN）晶体。LN

和 Mg：LN 晶体可以对 1060nm 泵浦光实现非临界位相匹配，同时又具有较大温度系数，因而是倍频钕激光泵浦的优秀参量振荡材料。当其温度从 180℃变到 400℃时，参量振荡输出波长可在 640～750nm 和 1800～3080nm 范围内调谐。BNN 晶体也能用 530nm 倍频钕激光进行泵浦，实现与 LN 类似的调谐范围。

磷酸钛氧钾（KTP）晶体。具有高的光损伤阈值及较大的温度系数，是目前参量振荡性能最好的材料。

偏硼酸钡（BBO）晶体的二次非线性系数高，位相匹配的角灵敏度高，是一种很好的角度调谐参量振荡材料。它可用 213nm、266nm、355nm 和 532nm 等激光泵浦，实现从紫外 300nm 到红外 200nm 极宽波段的参量振荡。

12.4.4 超短脉冲激光频率转换晶体

本小节所涉及的是用于脉冲宽度从皮（10^{-12}）秒直到几十飞（10^{-15}）秒激光的频率转换晶体材料。

对超短脉冲激光频率转换材料的性能主要有以下要求：高的光损伤阈值。一般要大于 GW/cm^2。除一般的位相匹配外，还应满足群速度匹配才能获得较高的参量转换效率。对光学均匀材料，要求基频和倍频波的折射率色散小，才能获得较好的群速度匹配。由于群速度失配存在，一般器件只取亚毫米的厚度。在透过波段方面，首先要求对参与频率转换的激光波长有高的透过率。对超短脉冲应用场合，材料应有更短的紫外吸收边。

钕激光超短脉冲频率转换的常用材料是磷酸二氢钾（KDP）类晶体。此外，三硼酸锂（LBO）晶体，由于其高的抗光损伤阈值，好的紫外透过率以及小的色散，也是好的超短脉冲频率转换用材料。有机晶体精氨酸磷酸盐（LAP）和氘化精氨酸磷酸盐（D-LAP）也可用作超短脉冲频率转换用材料。

12.5 几种重要的无机非线性光学晶体

12.5.1 三硼酸锂（LiB₃O₅，LBO）晶体

三硼酸锂是一种新型紫外倍频晶体，是阴离子基团理论计算应用的一个实例。

三硼酸锂晶体点群为 C_{2v}-mm2，空间群 Pna2₁，晶胞参数 $a=0.84473nm$，$b=0.73788nm$，$c=0.51395nm$，$Z=4$，密度 $2.47g/cm^3$，在结构中存在（B_3O_7）硼氧阴离子基团，其基本单位为 BO_3 平面结构，有利于产生大的非线性效应，又有一个 BO_4 四面体增加了倍频系数的 z 向分量，导致了结构中电子数的不对称，进一步加强了晶体的非线性光学效应。

LBO 晶体一般采用熔盐（高温溶液）法生长，可以稳定生长出较大尺寸具有优异光学质量的块状晶体。

LBO 晶体的透光波段为 160nm～2.6μm，具有目前实用非线性光学晶体最短的紫外吸收边，是负光性双轴晶，双折射率 $\Delta n=10^{-6}$，对于 Nd：YAG 激光倍频、三倍频可实现 Ⅰ 类和 Ⅱ 类位相匹配，其有效倍频系数为 $KDP d_{36}$ 的三倍，该晶体利用温度调谐（$T_{PM}=112℃$）可实现非临界位相匹配。LBO 晶体有很高的抗光伤阈值，有良好的化学稳定性和抗潮性，硬度适中（莫氏硬度 6～7），便于加工抛磨、镀膜。

由于 LBO 具有短的紫外吸收边，宽透光波段、高光学均匀性，大的有效倍频系数和角

度带宽，小的离散角，高抗光损伤阈值和优良的物化性质，被广泛应用于高功率倍频、三倍频、四倍频及和频、差频等领域。在参量振荡，参量放大，光波导及电光效应方面也有良好的应用前景。

12.5.2 三硼酸锂铯 （CsLiB$_6$O$_{40}$，CLBO）晶体

三硼酸锂铯晶体是近年日本科学家在 LiB$_3$O$_5$-CsB$_3$O$_5$ 混晶体系中发现的一种具有固定化学配比的新的非线性光学晶体。

CLBO 晶体具有四方点群结构 D$_{2d}$-$\overline{4}$2m 空间群为 I$\overline{4}$2d，晶胞参数 $a=1.0494$nm，$c=0.8939$nm，$Z=4$。其基本结构与三硼酸锂和三硼酸铯（CsB$_2$O$_5$，CBO）相同，其阴离子基团中平面（BO$_3$）基团和四面体（BO$_4$）基团的结合是其大的非线性效应来源。

CLBO 的透光范围为 175nm～2.75μm，具有对紫外很宽范围良好的透过率，非线性系数 d_{36} 为 KDPd_{36} 的 2.2 倍，并具有更大的有效非线性系数，具有适中的双折射率，能够实现 Nd：YAG 激光的倍频、三倍频、四倍频乃至五倍频的位相匹配。具有良好的温度稳定性，大的角度带宽和小的离散角，并和 LBO 晶体一样具有很高的抗光伤阈值，有良好的化学稳定性，基本不潮解。

CLBO 晶体也可采用熔盐法（高温熔液）法生长，其显著的特点是在较短的时间内生长大尺寸的优质单晶，有报道生长 14cm×14cm×11cm 的 CLBO 晶体只需两周时间，而生长 LBO 和 KTP、BBO 等晶体则需比这长得多的时间。

由于 CLBO 晶体能够生长大尺寸单晶及其大非线性系数、高光伤阈值等特点，使其成为激光制约核聚变应用的一个极有前景的材料，但是从目前情况来看，该晶体的长期使用的稳定性尚需受到时间的进一步考验。

12.5.3 磷酸二氢钾 （KH$_2$PO$_4$，KDP） 和磷酸二氘钾 （KD$_2$PO$_4$，DKDP） 晶体

磷酸二氢钾晶体是一种最早受到人们重视的功能晶体，人工生长 KDP 晶体已有半个多世纪的历史，是经久不衰的水溶性晶体之一。

KDP 晶体属四方晶系 D$_{2d}$-$\overline{4}$2m，空间群 I$\overline{4}$2d，晶胞参数 $a=0.74529$nm，$c=0.69751$nm，$Z=4$，密度 2.3383g/cm^3，KDP 晶体是以离子键为主的多键型晶体，可以看作是 K$^+$ 和 (H$_2$PO$_4$)$^-$ 组成的离子型晶体。但是，在阴离子基团中存在着共价键和氢键，其非线性光学性质，主要起源于这一基团。

KDP 晶体在水中有较大的溶解度，通常用溶液流动法和温差流动法来生长。用于 ICF 的大尺寸 KDP 晶体采用特殊方法工艺可达到快速生长的目的。

KDP 晶体的透光波段为 178nm～1.45μm，是负光性单轴晶，其非线性光学系数 d_{36} (1.064μm)$=0.39$pm/V，常常作为标准来比较其他晶体非线性效应的大小，可以实现 I 类和 II 类位相匹配，并且可以通过温度调谐来实现非临界位相匹配（包括四倍频和和频）。

除了作为频率转换晶体外，KDP 晶体还有多种良好的性能，包括优良的电光性能，其电光系数大、半波电压低，良好的压电性能等。

KDP 的同系晶体包括磷酸二氢铵（NH$_4$H$_2$PO$_4$）、砷酸二氘铯（CsD$_2$AsSO$_4$，DCDA）和 DKDP 晶体等 10 余种，有些晶体的某些性质超过 KDP 晶体，但生长的难度及其成本可能高于 KDP 晶体。

60 年代初激光技术出现后，KDP 晶体作为优良的频率转换晶体对 1.064μm 激光实现二、三、四倍频，对染料激光实现倍频而被广泛应用。又用以制造激光 Q 开关、电光调制

器和固态光阀显示器等。近年来，随着特大功率激光在受控热核反应，核爆模拟的应用发展，大尺寸 KDP 是惟一已经采用的倍频材料，其转换效率已超过 80%。尽管不断有新材料涌现，但特大尺寸晶体的综合性能，仍以 KDP 为最优。

由于 KDP 晶体采用水溶液生长，硬度较低（莫氏硬度 2.5），易于潮解，因此需采取保护措施。

磷酸二氘钾是 KDP 的同系晶体，用氘取代 KDP 的氢，与 KDP 相比，晶体的透过波段向红外延伸（至 $2.1\mu m$），吸收降低，电光系数增大，半波电压低，因此具有更为优良的性质。

DKDP 有两种晶形，一种为四方相，即我们常用晶型，是最常用的电光晶体和当代高功率激光核聚变装置所用高能量负载的倍频材料；另一种单斜相晶体无实用价值。一般所称 DKDP 晶体为专指四方相晶体而言。DKDP 晶体在重水溶液中采用降温法生长。

12.5.4 偏硼酸钡（β-BaB$_2$O$_4$，BBO）晶体

偏硼酸钡是中科院福建物质结构研究所首次发现和研制的新型紫外倍频晶体。

我们平常所指的 BBO 晶体为低温相偏硼酸钡（β-BaB$_2$O$_4$），三方点群 C_{3v}-3m，空间群 R3C，不具有对称中心，取六方坐标系时，晶胞参数为 $a=b=1.2532nm$，$c=1.2717nm$，$\alpha=\beta=90°$，$\gamma=120°$，$Z=6$，密度为 $3.85g/cm^3$，莫氏硬度 4.0。该晶体是由 Ba^{2+} 和 $(B_3O_6)^{3-}$ 环交错组成层状阶梯式结构的离子晶体。构成 BBO 晶体的基本结构单位为 BO_3 平面结构单位，晶体中有四种结晶方位的硼氧环，由于硼氧环键长的不同，以及钡原子与其周围氧原子不对称分布改变了硼氧环电子密度等，是 BBO 晶体具有相当大倍频效应的起源。

BBO 晶体的透过波段为 $189nm\sim3.5\mu m$，负光性单轴晶，具有大的双折射率和相当小的色散。可发生位相匹配的波段为 $0.205\sim1.50\mu m$，可实现 Nd：YAG 的倍频、三倍频、四倍频及和频等，并可实现红宝石激光器、氩离子激光器、染料激光器的倍频，产生最短为 213nm 的紫外光。其非线性光学系数 d_{11} 为 KDPd_{36} 的 4.1 倍，具有良好的机械性质和很高的抗光伤阈值和宽的温度接收角，并有较大的电光系数。

BBO 晶体采用高温溶液法生长或高温溶液提拉法。溶剂的选择对晶体生长有极其重要的影响。一般加入 Na_2O 作生长晶体溶剂，容易获得大尺寸、高光学质量的透明单晶。

BBO 晶体主要用于各种激光器的频率转换，包括制作各种倍频器和光学参量振荡器，是目前使用最为广泛的紫外倍频晶体，已开辟了许多实际应用，成为最早具有广阔市场的非线性光学晶体高技术产品。

12.5.5 α-碘酸锂（α-LiIO$_3$）晶体

α-碘酸锂是一种具有旋光、热释电、压电、电光等效应的极性晶体，它也是一种重要的非线性光学晶体，但不是铁电体。

碘酸锂有两种同质异构体，即 α-LiIO$_3$ 和 β-LiIO$_3$。通常所指的碘酸锂专指 α-LiIO$_3$。

碘酸锂为负光性单轴晶，熔点为 420℃，密度 $4.49g/cm^3$，透光波段为 $280nm\sim6\mu m$，非线性光学系数比 KDP 的 d_{36} 大一个量级，可以实现位相匹配。在碘酸盐的结构中，阴离子基团 $(IO_3)^-$ 具有一孤对电子，这是其具有较大非线性光学系数的原因。

碘酸锂的溶解度较大，但溶解度温度系数较小，且为负值，故采用水溶液恒温蒸发法生长。易于生长大尺寸优质晶体，没有多畴的问题。而且，它虽然是水溶性晶体，但具有较高的硬度（莫氏硬度 3.5~4），不易潮解，能够承受较高的激光功率密度。

碘酸锂可用于 Nd：YAG 和红宝石激光器腔内倍频及其他频率转换。

该晶体的缺点是位相匹配角小，不可能实现 90°位相匹配，因此转换频率较低，影响了它在非线性光学方面的应用。

12.5.6 磷酸钛氧钾（KTiOPO$_4$，KTP）晶体

磷酸钛氧钾是在 70 年代发现其优良的非线性光学性质，80 年代起得到了广泛重视和应用的一种重要的非线性光学晶体。

KTP 晶体是正光性双轴晶，属正交晶系，点群 C$_{2v}$-mm2，空间群 Pna2$_1$，晶胞参数为 a = 1.2809，b = 0.6420nm，c = 1.0604nm，Z = 8，在 KTP 晶体结构中存在着以 TiO$_6$ 八面体和 PO$_4$ 四面体在三维交替联接的骨架，其中在 [001] 方向上存在着一个隧道结构，在 TiO$_6$ 八面体中 Ti-O 键偏离正常键长，长短键相差甚大引起八面体的严重畸变是 KTP 晶体具有大的非线性光学系数的内在原因。

KTP 晶体可以采用熔盐（高温熔液）法或水热法生长，采用熔盐法时一般采用磷酸钾盐自熔剂体系，而生长 KTP 同系物时也可采用钨酸盐体系作熔剂，采用水热法生长 KTP 时以 TiO$_2$ 为营养料，以一水磷酸钾熔融物来输运，两种方法均能获得光学质量十分均匀的大尺寸的 KTP 单晶。

KTP 晶体的透光波段为 350nm～4.5μm，可以实现 1.064μm 钕离子激光及其他波段激光倍频、和频、光参量振荡的位相匹配（一般采用 II 类位相匹配）。其非线性系数 d_{31}、d_{32}、d_{33} 分别为 1.4、2.65 和 10.7pm/V，d_{33} 是 KDP 晶体 d_{36} 的 20 余倍。通过掺杂等方法可以实现 KTP 晶体的非临界位相匹配，KTP 晶体有较高的抗激光损伤阈值，可以用于中功率激光倍频等。KTP 晶体有良好的机械性质和理化性质，其密度为 3.0145g/cm^3，莫氏硬度 5.7，不溶于水及溶剂，不潮解，熔点约 1150℃，在熔化时有部分分解，该晶体还有很大的温度和角度宽容度。

和 KTP 同类的晶体包括其 K 离子为同系碱金属类离子 Rb、Cs、NH$_4$、Tl 取代及 PO$_4$ 为 AsO$_4$ 取代后的晶体，如 KTiOAsO$_4$（KTA），RbTiOAsO$_4$（RTA），CsTiOAsO$_4$（CTA）等。其中有一些晶体具有其自身特点，如向红外波段的扩展等，但其生长工艺至今不如 KTP 成熟。

KTP 晶体作为频率转换材料已经广泛应用于科研、技术等各个领域，特别是作为中小功率倍频的最佳晶体。该晶体制成的倍频器及光参量放大器等已应用于全固态可调谐激光光源。

12.5.7 铌酸锂（LiNbO$_3$，LN）晶体

铌酸锂晶体是一种多功能和广泛应用的光学功能晶体材料。

铌酸锂晶体属三方晶系，畸变钙钛矿型结构，C$_{3v}$-3m，空间群为 R3C，晶格常数 a = 0.5147nm，c = 1.3856nm，密度为 4.648g/cm^3，熔点为 1253℃，莫氏硬度 5。负光性单轴晶，其透光波段为 400nm～5.5μm，其非线性光学系数 d_{22}、d_{31}、d_{33} 分别为 2.10、−4.35 和 −27.2pm/V。可以实现 1.064μm 及其他相近波段激光的倍频、和频的 I 类位相匹配，并可能通过温度调谐实现 90℃非临界位相匹配。

应用 LiNbO$_3$ 晶体作掺钕铝石榴石（Nd：YAG）激光倍频时，由于光折变效应的存在，大大降低了它的抗光伤阈值，而掺铁后的光折变性能比纯铌酸锂提高 500 倍，并能储存多个全息图，已成为一种重要的激光全息照相用记录材料。掺氧化镁（MgO）也可提高晶体

的抗光损伤能力。高掺杂 MgO（MgO 掺杂浓度大于 5%（摩尔分数））铌酸锂晶体与纯铌酸锂晶体相比，其抗光损伤能力提高两个数量级。

LN 通常采用熔体提拉法生长。它是一种典型的非化学计量比氧化物晶体。

LN 晶体是一种多功能的晶体材料，除制作倍频器、光参量振荡器放大器外，还可制作红外探测器、激光调制器、光学开关、高频宽带的滤波器、高频高温换能器、光折变器件、光存储器件、集成光学元器件等，是一种有很大实用价值的晶体材料。

LN 掺入 MgO 和 Nd^{3+} 后又可能成为自倍频激光晶体，已经实现了自倍频激光输出。另外，通过材料设计制备聚片多畴 LN，从而更好地利用其非线性光学性能及声光效应已经开辟了一个非线性光学的研究新领域。我国在这一方面也有突出的贡献和成就，为国际学术界所广泛重视。

12.5.8 铌酸钾（$KNbO_3$，KN）晶体

铌酸钾晶体属钙钛矿型结构铁电晶体，是一种多功能晶体。

在室温下，铌酸钾晶体为正交结构，点群 C_{2v}-mm2，为负光性双轴晶，透光波段为 400nm~$4\mu m$。它具有很高的非线性光学系数，其 d_{31}、d_{32}、d_{33} 均比 KDP 的 d_{36} 大 30~50 倍，可能实现位相匹配，并在室温下可达到非临界位相匹配；也可以通过调节温度在指定轴对于特定波长实现非临界位相匹配。铌酸钾晶体还具有优良的光折变性质，在现有的光折变晶体中有最高的光折变品质因子。

铌酸钾高度的非线性来自于 NbO_6 八面体基团的畸变，这种畸变与晶体的压电、热释电性质等也有极大关系，使钙钛矿（ABO_3）型晶体成为一类极其重要的功能晶体材料。

铌酸钾晶体采用熔盐提拉或泡生法生长，由于 $KNbO_3$ 从生长温度到室温经历多次相变，使得 KN 晶体生长难度很大。

铌酸钾晶体可用于 Nd：YAG 和红宝石激光器的倍频，特别是由于其有很大的非线性系数而成为无机晶体中惟一可能实现半导体激光器直接倍频的材料，对于波长为 $0.86\mu m$ 的 GaAlAs 半导体激光在室温下可实现 90°非临界位相匹配。此外，KN 晶体还可用于制作压电换能器、电光调制器、电光偏转器等。作为优秀的光折变晶体，Fe：KN 晶体在室温下，具有很高的自泵浦相位共轭反射率和较快的响应时间，可望在实时信号处理图像畸变复原等重要方面获得应用。

KN 晶体的主要问题仍在解决晶体生长及其后处理单畴化及加工等方面。

12.6 红外非线性光学晶体

目前，现有优良的非线性光学晶体多集中于紫外、可见-近红外波段。在长波段端适用于 $5\mu m$ 以上远红外波段的优良非线性晶体为数甚少，所以红外非线性光学晶体的研究是当前新型非线性光学晶体材料探索的一个重要方面。

半导体型非线性光学晶体有很多能深入远红外波段，其最突出的特点是透过波段宽，在光电子技术方面有重要的应用前景。但现有的这类晶体，还存在着各种缺陷，如光吸收、抗光阈值低等，有的晶体生长困难，所以还要进行更深入的研究，期待有新的突破。

12.6.1 单质晶体

硒（Se）和碲（Te）单晶是最早用于红外倍频的半导体型非线性光学晶体。在常温常

压下，Se 单晶属正光性单轴晶，透光波段为 $0.7 \sim 21 \mu m$，其非线性光学系数在 $10.6 \mu m$ 时，d_{11} 为 $9.7 \times 10^{-11} m/V$，比 KDP 的 d_{36} 大两个量级，能够实现 CO_2 激光 $10.6 \mu m$ 倍频的位相匹配，并具有光学活性（旋光性）。Te 单晶在常温常压下与 Se 对称性相同，也是正光性单轴晶，透光波段为 $3.8 \sim 32 \mu m$，其非线性光学系数比 Se 单晶更大，在 $10.6 \mu m$ 时 d_{11} 为 $16.5 \times 10^{-10} m/V$ 的 CO_2 激光的转换效率仅为 5% 左右，加之生长高质量的晶体存在着一定困难，因此限制了该晶体的应用。

12.6.2　二元化合物晶体

二元化合物晶体硫化锌（ZnS）型的离子晶体，主要是有两种同素异构体，一种是闪锌矿（立方 α-ZnS）结构，另一种是纤锌矿（六方 β-ZnS）结构。

α-ZnS 结构为面心立方点阵，属于这一类结构构型的晶体有 GaAs，GaP，ZnTe，ZnSe，CuCl，CuBr，CuI，AlSb，InP，CdTe，GaSb，BN 等晶体，在过去相当长的时期内多作为电光晶体使用。

β-ZnS 结构为六方晶系，属于这一类结构构型的晶体有 CdS，CdSe，BeO，ZnO，AlN，GaN，InN 等晶体，具有很大的非线性系数和电光系数。

砷化镓（GaAs）是继硅（Si）单晶以后的第二代最重要的半导体材料，有广泛的应用。当 GaAs 晶体作为非线性光学材料时，对 GaAs 单晶的完整性要求更高。目前，高质量、大尺寸 GaAs 晶体的生长技术有了很大进展。GaAs 的生长方法包括水平法（Bridgman 法和温度梯度凝固法），另一类是液体覆盖（液封）提拉法。在微重力状态下生长的 GaAs 晶体具有良好的均匀性和掺杂分布。

GaAs 晶体的透光波段为 $0.9 \sim 17 \mu m$，其非线性系数 d_{14} 在 $1.06 \mu m$ 约为 560 倍左右 $KDPd_{36}$，在 $10.6 \mu m$ 时约为 295 倍 $KDPd_{36}$。GaAs 晶体可用于制作低噪音微波器件、高效叠层太阳能电池，光相位与光放大调制器，多量子阱和光导器件等。

硒化镉（CdSe）晶体是当前国际上重要的激子非线性多量子阱材料，具有很强的非线性，可在可见到的红外波段应用。CdSe 晶体主要采用汽相化学反应法生长。

CdSe 为正光性单轴晶，透光波段为 $0.75 \sim 20 \mu m$，可以对于许多不同波段激光的倍频和频实现位相匹配，其非线性光学系数 d_{15} 在 $10.6 \mu m$ 时约为 $KDPd_{36}$ 的 60 倍。

12.6.3　三元化合物晶体

最早作为红外非线性光学晶体应用的三元半导体型化合物为淡红银矿（硫砷银 Ag_3AsS_3），其后已研究过的能用于非线性红外频率转换的这类晶体还有硫镓银（$AgGaS_2$）、硫锗锌（$ZnGeS_2$）、硫镓汞（$HgGa_2S_4$）、硒砷铊（Tl_3AsSe_3）、碲镉汞（$HgCdTe_2$）等晶体。这类晶体组成复杂，生长时，蒸气压较大，组成难以控制，加之部分原料有较大毒性，故生长难度很大，长成晶体质量较差，从而限制了它们的应用。

12.7　有机非线性光学晶体

有机化合物是指由碳、氢原子（有时也包括硫、氮等复杂原子）所构成的化合物。由于有机物种类繁多，有机分子具有可剪裁、嫁接性质，因此便于进行分子设计，有机功能晶体已引起人们极大的关注，有机非线性光学晶体是其中极其重要的一个研究领域。

有机非线性光学晶体具有非线性光学系数高（比无机晶体大 1~2 个量级），光学均匀性好，一般易于生长，设备简便等优点，同时存在熔点低，力学性能差等缺点，具有共轭体系的有机晶体吸收波段红移，双折射率有时过大等特点也妨碍其应用。但是半导体激光器的发展及蓝、紫光源的需求，是有机非线性光学晶体的研究发展的巨大驱动力。因此人们有针对性地改变晶体组分和结构，如加入金属离子或无机基团，构成有机-无机结合或半有机化合物，发现和制备了一系列新型的非线性光学晶体。

12.7.1　有机晶体分类、结构特点和生长方法

有机非线性光学晶体并无明确的分类方法，习惯上人们常常从组成上按照晶体的主要成分将其分为苯基衍生物晶体、酰胺类晶体、吡啶衍生物晶体、酮衍生物晶体、有机盐类晶体、有机金属络（配）合物晶体及聚合物晶体等。从结构划分，有机晶体也可分为平面状分子晶体、链状分子晶体、类球状分子晶体及有机金属络合物等类型。也有按有机晶体的功能予以分类的，如二阶非线性光学晶体、三阶非线性光学晶体和有机光折变晶体等。

有机非线性光学晶体多为分子晶体，对称性较低，内部结合力较弱。而且，根据有机晶体结构出现的空间群分布几率来看，多出现在 $P2_1/C$，$P2_12_12_1$、$P2_1$、$P_{\overline{1}}$ 和 Pbca 五种空间群，占总数的一半左右。从以上空间群来看，多数存在 2_1 螺旋轴。

生长有机晶体最常用的是溶液法，采用其他方法如熔体提拉、汽相生长等方法近年来也有所发展。以溶液法生长有机晶体与无机晶体相比，方法、设备、原理均无很大差异。但由于相似相溶规律，许多有机晶体需要选择除水以外的溶剂。优选不同晶体最佳溶剂十分重要。在晶体生长研究中应予以充分重视。

12.7.2　有机物晶体

本节将分类介绍一些典型的有机非线性光学晶体。

12.7.2.1　酰胺类晶体

酰胺是羧酸的衍生物，当羧酸中的羧基为氨基所取代后，即为酰胺基。脲类化合物是酰胺的一种，包括尿素 $[CO(NH_2)_2]$、马尿酸（$C_6H_5CONHCH_2COOH$）和二甲基尿 $[(CH_3)_2CO(NH)_2]$ 等晶体，其中尿素晶体为这一类晶体的典型代表，属四方晶体，点群 D_{2d}-$\overline{4}2m$，空间群 $P\overline{4}2m$，尿素晶体是一种已经得到应用的有机紫外倍频晶体，它的熔点为 132.7℃，正光性单轴晶，密度 1.318g/cm³，硬度约为莫氏硬度 2.5，透明波段为 200nm～1.43μm，可以对各种波长的激光实现倍频、和频的位相匹配，可以通过和频获得 210nm 附近的紫外光，其非线性系数 d_{36}（0.6μm）约为 $KDPd_{36}$ 的 3 倍，并有较高的抗光伤阈值，尿素晶体具有较大的双折射率和小的折射率温度系数，能在室温下稳定实现紫外倍频输出，主要用于激光的高次谐波发生，和频和光参量振荡等方面，在 LBO、BBO 晶体发现前，尿素已被采用。但由于容易潮解而影响了其使用。

尿素是一种难生长晶体，可采用溶液法生长，一般采用醇（甲醇、乙醇或混合溶系）作溶剂可获优质晶体。晶体质量与控温等均有密切关系。

12.7.2.2　苯基衍生物晶体

这类晶体的特点是在苯环上引入不同取代基。取代基可分为施主基团和受主基团，前者有 NMe_2，$NHNH_2$，NH_2，OH，OCH_3，OMe 等基团，后者有 NO_2，CHO，COOH，$COCH_3$，CF_3 等。

m-硝基苯胺（m-NA）晶体是间二取代苯衍生物，这种类型化合物与相应邻、对位衍生物相比，易于形成无对称性空间群晶体，如间氨基苯酚、间二硝基苯、间二羟基苯等。在

这些化合物中，m-NA 的非线性光学性质为最优。其分子结构式为 ，负光性单

轴晶，点群 C_{2v}—mm2，空间群 $Pbc2_1$，透光波段为 330nm～1.5μm，非线性光学系数 d_{31}，d_{33} 约为 $2×10^{-11}$m/V，d_{32} 为 $1.6×10^{-12}$m/V，有较大的电光系数，可采用汽相或熔体法生长。m-NA 是人们最早发现的一种非线性光学晶体，也是人们最早研究的一个 π 电子共轭体系的电光分子。

3-甲氧基-4-羟基甲醛（MHBA）晶体是已经实现半导体激光器直接倍频紫光

（404.5nm）输出的优良有机非线性光学晶体，其结构式为 是一种具有吸电子-

斥电子取代基的苯衍生物。在施主羟基（—OH）和受主醛基间存在着电荷转移，分子中共轭 π 电子易产生跃迁，从而产生强的非线性效应。甲氧基（—OCH$_3$）也是施主基团，对共轭体系的贡献较小，但它的存在使分子的非对称性得到加强，从而使其形成晶体的无对称心起了重要作用。MHBA 为负光性双轴晶，单斜晶系，点群 C_2-C，空间群 $P2_1$，熔点约 82℃，密度 1.34g/cm³，莫氏硬度 1.67，透过波段为 370nm～2.2μm，可实现半导体激光（830nm）和 Nd：YAG 激光 I 类及 II 类位相匹配，其非线性光学系数比 KDP 的 d_{36} 大一个量级以上。MHBA 晶体可以溶液法生长，溶剂可为乙酸和水或其他有机溶剂的混合。

2-甲基-4-硝基苯胺（MNA）晶体与 MHBA 晶体相似，其分子结构式为 ，一

端为施主（NH$_2$），另一端为受主（NO$_2$），CH$_3$ 增加了分子的不对称性。NMA 为正光性双轴晶，单斜晶系，可以用汽相法或以甲醇作溶剂生长，由于在液态分解，该晶体不能采用熔体法生长，MNA 还有良好的电光性质，电光优值为 LN 晶体的 2.7 倍。

属于这一类晶体的还有 2.4-二硝基苯胺基丙酸甲酯（MAP），3-乙酰氨基-4-(N,N'-二甲氨基)-硝基苯（DAN），3-甲基-4 甲基-4'4 硝基二苯乙烯（MMONS），4-氨基-4'硝基-二苯硫醚（ANDS）等晶体。这些晶体的分子结构比前述晶体更为复杂，共轭体系更大，有很大的非线性光学系数。

12.7.2.3　酮衍生物晶体

酮的通式为 。R 和 R'可为各种有机基团，二者可以相同，或者不同。

查尔酮衍生物为受到较多研究的一个有机非线性光学晶体体系，其分子的通式为

，R 和 R'可以设计为施主或受主基团，m，n 通

常为 1 或 2，查尔酮体系本身已经形成 π 体系，两个苯环上的取代基 R，R'的参与更便于对

所需晶体的性质进行设计和优化。

4,4′-二甲氧基查尔酮（4,4′-DMOC）晶体，其组成即是母体二端的 R 和 R′分别为一个相同的甲氧基，均为较弱的施主基团，这是一个具有推拉电基团的体系，分子与分子间无强键联系，晶体内部电子传输形成具方向性的整体效应。这一晶体为正交晶系，点群 D_2-222，空间群 $P2_12_12_1$，透光波段 410～900nm，可以实现 1.064～0.532μm 的倍频，非线性效应约为 KDP 的 5～10 倍，可以有机溶剂作降温法或恒温蒸发生长。

4-氨基二苯甲酮（ABP）是另一种酮类晶体，只有一端接有施主基团—NH_2，其分子结构式为 $\text{〈○〉—C(=O)—〈○〉—NH}_2$ 。这一晶体为单斜晶系，点群 C_2-2，空间群 $P2_1$，透光波段 420nm～1.4μm，粉末倍频效应达到 KDP 晶体的 360 倍，熔点 152℃，不潮解，化学性质稳定，这一晶体有较好的可见-近紫外透过区，ABP 分子有极强的极性，不溶于水，可以采用醇或酮作溶剂采用降温法生长单晶。

12.7.2.4 其他有机物晶体

有机非线性光学晶体的探索，多以粉末倍频效应作为初步，有几类有机物的初步研究证明其具有足够大的粉末倍频效应，从而可能作进一步研究。如硝基苯和吡啶、硝基杂环、极化烯类、碳水化合物和氨基酸类化合物。此外，还有苯胺衍生物、二胺衍生物、均二苯代乙烯衍生物、西佛碱衍生物等，有机非线性光学晶体的研究范围越来越广和品种不断增加，使本领域的研究工作十分丰富多彩。

12.7.3 有机盐类晶体

有机盐类是由桥联共价键有机分子和金属离子或无机基团组成的化合物，从有机分子结构来看，不能算是正常的有机分子化合物。

人们对有机盐类非线性光学晶体研究得最早最多的是甲酸晶体，包括一水甲酸锂（$HCOOLi \cdot H_2O$，LFM），甲酸钠（$HCOONa$），甲酸钇 [（$HCOO$）$_3Y$]等一系列晶体。

一水甲酸锂晶体为负光性双轴晶，属正交晶系点群，C_{2v}-mm2，空间群 $Pbn2_1$，密度 1.46g/cm³，透过波段为 230nm～1.56μm，能实现不同波长激光的倍频、和频的Ⅰ类和Ⅱ类位相匹配，可产生短至 240nm 附近的紫外光，非线性系数与 KDP 一个量级。LFM 晶体一般采用水溶液缓慢降温法生长。由于 LFM 晶体在湿空气中易潮解，在较高温度（80℃）或干燥条件即脱水，因而限制了它的进一步广泛应用。

L-磷酸精氨酸（LAP）晶体是我国首先发现的有国际影响的有机盐非线性光学晶体，是天然碱氨基酸和无机酸根组成的，L-精氨酸是一个线度较大的链状分子，分处两端的羧基和胍基形成极性甚大的偶极矩，这一大的极化和磷酸根畸变四面体的极化相叠加，形成了 LAP 晶体较强的非线性光学效应。旋光性的存在有利于形成宏观晶体的无心结构。

LAP 晶体为负光性双轴晶，单斜晶系，点群 C_2-2，空间群 $P2_1$，晶体密度 1.53g/cm³，莫氏硬度 2.7。透过波段为 250nm～1.3μm，可实现 1.064μm 激光倍频的Ⅰ、Ⅱ类位相匹配，并能实现四倍频，其非线性系数 d_{21} 为 KDP 晶体 d_{36} 的 2.14 倍，并有非常高的抗光伤阈值。LAP 晶体采用水溶液缓慢降温或蒸发法生长，可获得优质大单晶。这是一种优良的有机紫外频率转换材料，有人认为它是用于激光核聚变的最佳材料之一。

属于这一类的晶体还有苹果酸钾（KM）、磺酸水杨酸二钠（DSS）等晶体。

12.7.4　有机金属络合物晶体

和有机盐晶体一样，有机金属络合物不能算作正常的有机化合物，因此有时人们统称这些为半有机晶体。由于配位体的中心金属离子的变换及其配合物的改变，可以产生结构的多样性。而且当配合物基团中的电子通过中间金属原子作为桥梁形成共轭体系时，往往会造成络合物晶体很强的非线性光学效应。

硫脲、硫氰酸都是常用的配体。由这些配体形成的络合物具有良好的非线性光学性质。

二氯二硫脲合镉（BTCC）晶体属正交晶系，点群 C_{2v}-mm2，空间群 $Pmn2_1$，分解温度 185℃，莫氏硬度 4~4.7，透光波段为 290nm~1.5μm，可实现 I 类位相匹配，非线性光学系数为 KDP 晶体 d_{36} 的 2.75 倍。BTCC 分子形成配位四面体，Cd^{2+} 占中央位置，两个硫脲 $[CS(NH_2)_2]$ 分子与两个氯原子各据四面体一隅，四面体的畸变和通过中心原子电荷转移是非线性的根源。BTCC 可以采用水溶液缓慢降温法生长。

一水二氯氨基硫脲合镉（TSCCC）晶体为负光性双轴晶，单斜晶系，点群 Cs-m，空间群 Cc，密度 2.41g/cm^3，莫氏硬度 3，其非线性光学系数 d_{31}、d_{32}、d_{33} 分别为 KDP 晶体 d_{36} 的 3.0、3.2 和 4.5 倍，在对 1.064μm 激光倍频时，II 类位相匹配，采用 2mm 厚度晶体，效率为同样厚度 KDP 晶体的 14 倍，在这一晶体中氨基硫脲以双齿配位体的形式与中心离子配位，形成一个共轭杂环，同时，中心离子与 6 个配位原子形成畸变的配位八面体，因而有较好的非线性光学性质。该晶体可以使用溶液缓慢降温法生长。

二卤素三丙烯基硫脲合镉，由所采用卤素不同及镉被汞取代，可形成一系列晶体，包括二氯三丙烯基硫脲合镉（ATCC），二溴配合物（ATCM）及二氯三丙烯硫脲合汞（ATMC）等，这类晶体点群为 C_{3v}-3m，空间群 R3C，紫外吸收边为 300nm 左右，红外可延伸至 1.5μm 以上，这些化合物的非线性光学系数与 KDP 晶体相当，具有较好的机械性质。

12.8　结束语

非线性光学晶体的发展得益于激光技术的产生和发展而又推动了激光和光电事业的发展。自 20 世纪 60 年代以来，非线性光学技术获得了长足的发展，一系列非线性光学器件相继出现并得到广泛应用，而光电技术的发展又对非线性光学晶体提出了更多、更高的要求。人们在探索新晶体时，主动采取分子工程学的思想指导工作，取得显著成果。我国在探索和研制新型紫外频率转换晶体方面，处于国际领先地位，为非线性光学晶体材料科学的发展作出了杰出的贡献。而尚有许多新的工作，新的材料领域等待深入研究，我国的非线性光学晶体工作者正进一步努力开拓，争取让更多新的优秀的非线性光学晶体材料问世。

参 考 文 献

1　蒋民华. 晶体物理. 山东：山东科学技术出版社，1980
2　肖定全，全民. 晶体物理学. 成都：四川大学出版社，1989
3　张克从，王希敏. 非线性光学晶体材料科学. 1990
4　曾汉民主编. 高技术新材料要览. 北京：中国科学技术出版社，1993
5　张克从，张乐潓主编. 晶体生长科学与技术. 北京：科学出版社，1997
6　Dmitriev V G，Gurzadyan G G，Nikogosyan D N. Handbook of Nonlinear Optical Crystals. Second，Revised and Updated Edition，Springer-Verlag，Berlin，1997

13 激光晶体[1~4]

13.1 激光物理基础❶

爱因斯坦不但提出了划时代的相对论,而且奠定了激光的理论基础,他在本世纪初提出了辐射场与物质相互作用的量子论观点和"受激辐射"概念。经过巴索夫、汤尼斯以及巴洛霍洛夫等人的努力,微波范围内的放大器和振荡器首先研制成功。1960年,第一台红宝石激光器的诞生标志着人们将受激辐射推广至光频领域。从此,人们开始了有关激光物理以及激光工作材料方面的研究和探索。在不到四十年的时间里,激光器以及激光工作物质方面的研究都取得了长足的进展。激光器的种类、光束质量、波长范围、转换效率等方面有很大提高。有关激光器的应用也取得了巨大进展,并正给人类生活带来越来越大的变化。

13.1.1 光的受激发射

爱因斯坦认为辐射场与物质作用时包括自发辐射跃迁、受激吸收和受激发射三种过程。自发辐射是指物质中处于高能级 E_j 的粒子向低能级 E_i 跃迁,同时释放能量为 E_j-E_i 的光子的过程。自发辐射与外场无关,只与物质本身有关。自发辐射的光子在相位、偏振态等方面是随机的,不属于同一个光子态,不相干,则为普通光源。当处于低能级的粒子吸收光子跃迁至高能级时,这一过程称为受激吸收;处于高能级的粒子以碰撞的形式将能量传递给晶格,而到达低能级的过程为无辐射跃迁;而在外场的诱导光子作用下,高能级粒子跃迁至低能级并发射出能量为 $h\nu$ 光子的过程则为受激发射过程,受激发射与外场有关,并可能使介质中传播的光得以放大。受激发射的光子与外场的诱导光子的相位以及偏振态相同,这些光子属于同一光子态,相干性很好,这便是激光形成的基础。图13-1为这三种过程的示意图。

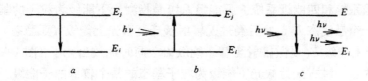

图 13-1　跃迁示意图

a—自发辐射；b—受激吸收；c—受激发射

在光频范围内 ($\nu\sim10^{14}$Hz),自发辐射系数大于受激辐射系数,由于自发辐射的光子不属于同一个光子态,而受激辐射的光子属于同一光子态,为相干光子,所以要实现激光运转,必须使受激发射占主要地位,换言之,使受激发射几率远远大于自发辐射几率。当增大外场光密度时,可使受激发射几率远远大于自发辐射几率。需要指出的一点是:在激光

---

❶　田丽莉参与本章第1节撰写及整章整理工作。

器中，受激发射的最初诱发信号为自发辐射，而自发辐射的方向是随机的。一般在激光器中使用光学谐振腔。光学谐振腔是由两块反射镜或多块反射镜组成的开放式振荡腔。它具有两个作用：一是正反馈作用，使沿腔轴方向的受激发射占主导地位，从而抑制其他方向的受激发射，最终只存在腔轴方向的受激发射，如图 13-2 所示。二是选模作用，通过损耗来限制激光只在几个模式或一个模式上振荡。

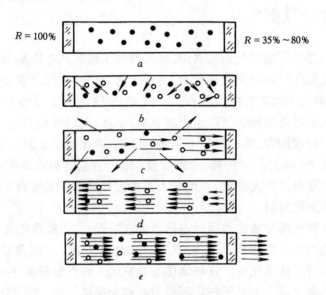

图 13-2　激光光学谐振腔

a—激发态；*b*—自发辐射；*c*—垂直反射镜的光放大，其他方向光逸出消失；

d—振荡形成；*e*—激光输出

　　在常温下，物质中的粒子是按能量最低原理来填充各个能级的，即按玻耳兹曼分布的。要得到粒子数的反转，必须有外界的泵浦源。泵浦抽运是指对物质施加一个外场，将处于基态的粒子受激吸收后激发至激发态的过程。在激光器中，一般由聚光腔或汇聚透镜将泵浦光汇聚从而得到很强的泵浦光密度，有效地将基态的粒子大量泵浦至激发态。激光系统一般分为三能级系统和四能级系统。三能级系统是指激光下能级为粒子的基态能级。基态粒子被激励至一个激发态 E_2，然后经过无辐射跃迁至激光上能级（亚稳态）E_1，此能级寿命较长，由激光上能级 E_1 受激辐射至基态能级 E_0，同时释放出光子（图 13-3*a*）。四能级系统则有多种方式：一种方式为激光下能级为粒子基态的某个较低的子能级，按此种能级图工作的激光器通常需低温冷却（图 13-3*b*）。第二种方式为激光下能级为粒子的某个激发态或基态的某个较高的子能级（图 13-3*c*）。第三种方式是受激发射终止于基质振动模形成的"声子"能级上（图 13-3*d*）。在三能级系统中，当增大泵浦速率时，E_0 和 E_1 间可形成粒子数反转。在四能级系统中，粒子由能级 E_0 被激励到 E_3 能级，然后通过无辐射跃迁衰变至亚稳能级 E_2，E_2 能级寿命长。激光下能级 E_1 一般离基态 E_0 较高，可认为 E_1 能级上粒子数为 0。这样 E_1 和 E_2 间很容易形成粒子数反转。可以认为，在四能级系统中凡是被激励至能级 E_2 的粒子对粒子数反转几乎都有贡献。所以四能级系统易实现粒子反转，这表现在泵浦光密度及泵浦能量较低，即泵浦阈值低。

　　激光器要实现自激振荡，除了具备粒子数反转和受激辐射几率远远大于自发辐射几率，

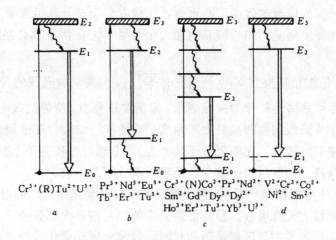

图 13-3　激光物质能级示意图

（双线箭头：辐射跃迁；波浪箭头：感应跃迁；虚线：声子能级）

a—三能级系统；b、c、d—四能级系统

即受激辐射占主导地位以外，还须增益大于损耗。

为了形象地描述吸收和发射过程，一般需引入吸收截面（σ_{12}）和发射截面（σ_{21}）的概念。吸收截面具有面积的量纲（cm^2），其物理意义为将每一个吸收中心对光的吸收等价为一档光截面。类似地，发射截面的量纲也是面积，其物理意义为增益系数正比于反转粒子数的比例系数。

以上是激光器工作的基本原理，由此可以看出一种优良的激光工作物质应该具有以下几个特点。

13.1.1.1　良好的荧光和激光性能

为了获得较小的阈值和尽可能大的激光输出能量，一般要求材料在光源辐射区交界有较强的有效吸收，而在激光发射波段上应无光吸收。要有强的荧光辐射，高的量子效率，适当的荧光寿命和受激发射截面等。具体要求为：

（1）若材料的荧光线宽（$\Delta \nu$）窄，则光泵浦阈值（E_0）小，这对连续器件有利。但对大功率、大能量输出的器件反而希望 $\Delta \nu$ 要宽，以便减少自振，增加储能。因为谱线加宽会使阈值提高，但对同样粒子数反转，谱线加宽减少了放大的自发辐射损耗，在使用锁模技术时就得到较短的巨脉冲。晶体中离子的光谱宽度，除晶体畸变引起加宽外，是由激活离子和声子的相互作用（即基质晶格振动与激活离子中"发光"电子间的相互作用）所决定。

（2）对荧光寿命 τ 的要求较复杂，较小的 τ 可以使光泵浦阈值降低，但同时却限制了振荡能量的提高，所以不同工作状态的激光器，对 τ 的要求也就不同。如对一个光泵水平较低（接近阈值）的激光器，我们希望 τ 值小一些，以便获得较低的光泵阈值能量和较大的振荡输出能量。但对于一个光泵水平很高（比阈值高许多）的激光器，则要求 τ 大一些，以利于获得较多的粒子数反转，从而取得较大的振荡能量。对于巨脉冲激光器，为了增加储能，也要求 τ 比较大（约 2 毫秒以上）。但亚稳态的 τ 值必须比其他能级的寿命大许多才行，否则不成为亚稳态，粒子数反转就不能建立。

（3）要求尽量大的荧光量子效率（η），多而宽的激发吸收带 $\Delta \nu_p$ 和高吸收系数 K_p。要使吸收光谱带与光源的辐射谱带尽可能重叠，这样有利于充分利用泵浦光的能量。一般说来激活离子的荧光亮度随基质结合键能的加大而增强，电子-声子耦合系数愈小，则荧光转换效率愈大。

（4）要求有大的能量转换效率 $\left(\eta_1 = \dfrac{\text{辐射光子数}}{\text{吸收光子数}}\right)$，也要求激光线的荧光分支比要大，使吸收的激发能量尽可能多地转化为激光能量。振荡波长愈短，所需的振荡阈值能量就愈大，即振荡愈难发生。从降低阈值和提高效率角度来衡量能级结构，四能级优于三能级。

（5）要求非辐射弛豫快（无辐射跃迁几率大），非辐射过程实质上是发射声子的过程，基质声子截止能量高，则发射声子数少，无辐射跃迁的几率就大。

（6）要求基质的内部损耗 σ 要小，首先要求基质在光泵光谱区内的透明度要高，其次要求在激光发射的波段上无光吸收。目前使用光泵的辐射谱带大部分位于可见区、透紫外及红外区域，因此必须选择在该区域透明的材料。过渡金属元素化合物，在近紫外到红外都有强的吸收而使基质的透明度下降。基质对激光波段的吸收的主要影响因素也是杂质。Sm^{2+}，Dy^{3+}，Fe^{2+}，Cr^{3+} 在 $1.06\mu m$ 附近也有吸收，在 Nd^{3+}：YAG 中 Dy^{3+} 特别有害。

13.1.1.2 优良的光学均匀性

晶体内的光学不均匀性不仅使光通过介质时波面变形，产生光程差，而且还会使其振荡阈值升高、激光效率下降，光束发射度增加。晶体的静态光学均匀性好，即要求内部很少有杂质颗粒、包裹物、气泡、生长条纹和应力等缺陷，折射率不均匀性尽量小。晶体的动态的光学均匀性要好就要求该材料在激光作用下，不因热和电磁场强度的影响而破坏晶体的静态光学均匀性。

激光晶体还必须具有良好的热学稳定性。激光器在工作时，由于激活离子的无辐射跃迁和基质吸收光泵的一部分光能而转化为热能，同时由于吸热和冷却条件不同，在激光棒的径向就会出现温度梯度，从而导致晶体光学均匀性降低。

13.1.1.3 良好的物理化学性能

要求热膨胀系数小，弹性模量大，热导率高，化学价态和结构组分要稳定，还要有良好的光照稳定性等。还要求能容易制得大尺寸，光学均匀性良好的单晶，易于加工。

当然，要获得符合以上所有要求的激光晶体是困难的，只能按照激光器件的实际运转要求，选择与主要条件相符的晶体材料。此外在探索新激光晶体时，应多与晶体结构联系起来考虑。

13.1.2 固体激光器

激光器的种类很多。根据激光工作物质，激光器可分为气体激光器、固体激光器、半导体激光器、化学激光器和染料激光器。根据输出波段，激光器可分为红外激光器、可见光激光器、紫外激光器和 X 射线激光器。根据工作方式，激光器可分为连续激光器、准连续激光器、脉冲激光器和锁模激光器等。

在激光器中，固体激光器是指以固体物质（晶体固体或玻璃）为工作物质的激光器，是一种研究最早的激光器。第一台激光器便是红宝石激光器。目前固体激光器技术发展十分迅速，能实现激光振荡的固体工作物质已达数百种，激光光谱线已达数千条。固体激光器具有多样工作方式，输出能量大，峰值功率高，光束质量好，结构紧凑，牢固耐用等特点，所以固体激光器是人们研究的重点。目前由于半导体激光器的发展，利用半导体激光器作为泵浦源形成的全固态激光器是目前激光器发展的主流。

固体激光器通常采用光激励。传统上使用氪灯或氙灯泵浦,由于其发射谱线与工作物质的吸收不匹配,所以泵浦效率一般较低。近年来,半导体激光器的发展使得泵浦源能与工作物质吸收有效耦合,所以泵浦效率较高。一般采用的泵浦方式有纵向泵浦和侧向泵浦两种方式(图13-4a,b)。固体激光器一般由工作物质,泵浦源,聚光腔或汇聚透镜,光学谐振腔和冷却、滤光系统组成,若为调Q输出,腔内还有调Q器件。

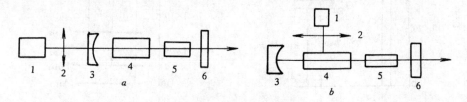

图 13-4 激光器泵浦示意图

a—纵向泵浦;b—横向泵浦

1—泵浦源;2—透镜;3、6—谐振腔镜片;4—工作物质;5—其他器件

固体激光器工作物质中产生激光的粒子,一般为离子,称为激活离子。构成晶体晶格结构的物质称为基质。根据激活离子的工作原理可以将固体激光器分为基于电子能级的激光器、基于电子-振动跃迁的激光器。本节将简单介绍这些激光器。

13.1.2.1 基于电子能级的激光器

基于电子能级的激光器很多,我们只简单介绍几种常用的激光器。

A Cr^{3+}:Al$_2$O$_3$(红宝石)激光器

Cr^{3+}:Al$_2$O$_3$激光器是典型的三能级激光器。Cr^{3+}:Al$_2$O$_3$(红宝石)是由Cr^{3+}取代Al$_2$O$_3$晶体中的部分Al^{3+}从而形成的单晶。Cr^{3+}的能级如图13-5所示。$^4A_2$为Cr^{3+}的基态。$^4F_1$和$^4F_2$是两个分布很宽的能带,所以Cr^{3+}的吸收波长范围较大。当Cr^{3+}:Al$_2$O$_3$吸收泵浦光时,紫光将基态的Cr^{3+}激发至$^4F_1$能级,绿光将其激发至$^4F_1$和$^4F_2$能级。处于$^4F_1$和$^4F_2$两个能级上的Cr^{3+}不稳定,一般以无辐射跃迁的形式跃迁至^2E能级。^2E能级是个亚稳态(寿命约为3×10^{-3}s),它由两个子能级2A和E组成,能级间隔为29cm^{-1}。由这两个子能级可以向基态$^4A_2$辐射跃迁,发出R$_1$(694.3nm)和R$_2$(692.9nm)两个波长的激光。

Cr^{3+}:Al$_2$O$_3$晶体中,Cr^{3+}具有很宽的吸收带,只有两条辐射跃迁通道(2A→$^4A_2$和E→$^4A_2$),所以荧光谱线较少,荧光效率较高,激光上能级的寿命较长(^2E寿命约为3×10^{-3}s),Cr^{3+}:Al$_2$O$_3$晶体是一种优良的激光晶体。

B Nd 激光器

Nd^{3+}是一种非常好的四能级系统的激活离子。人们不断寻找合适的基质晶体,希望得到一种性能优良的激光晶体。目前常用的Nd激光器中工作物质主要有Nd:YVO$_4$、Nd:YAG、Nd:YIG及钕玻璃等。尽管这些工作物质的基质不同,但Nd激光器的工作原理基本相同。

图13-6为Nd激光器中Nd^{3+}的能级示意图。基态Nd^{3+}吸收不同波长的泵浦光被激发至$^4F_{3/2}$、$^4F_{5/2}$、$^4F_{7/2}$等激发态能级。这些能级上的Nd^{3+}以非辐射跃迁的形式跃迁至亚稳态$^4F_{3/2}$能级(寿命约为0.2ms)。从$^4F_{3/2}$可辐射跃迁至$^4I_{9/2}$、$^4I_{11/2}$、$^4I_{13/2}$能级,分别发出0.914μm、

1.06μm 和 1.34μm 的激光。其中由于$^4I_{9/2}$能级距基态很近，激光器一般需在低温工作。

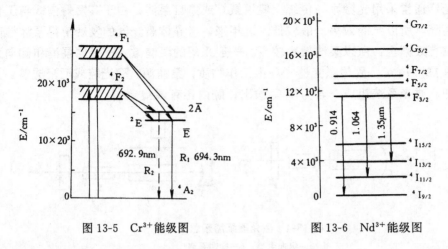

图 13-5 Cr^{3+}能级图   图 13-6 Nd^{3+}能级图

Nd^{3+}的辐射跃迁通道有三条，所以在激光产生过程中，将发生竞争，由于$^4F_{3/2} \rightarrow {}^4I_{11/2}$通道的荧光分支比最大，即产生荧光的几率最大，所以一般 Nd 激光器以发出 1.06μm 波长的激光为主，次之为 1.34μm 的激光。

Nd^{3+}激光工作物质有晶态晶体和非晶态玻璃，它们的工作原理一致。但在吸收谱方面，由于非晶态导致的 Nd^{3+}吸收中心不同，吸收谱叠加加宽，所以一般 Nd 玻璃的吸收谱比以晶体为基质的 Nd 激光工作物质吸收谱强，另外 Nd 玻璃的抗光伤阈值非常高，但 Nd 玻璃的导热性差，所以 Nd 玻璃一般用于脉冲激光器中。

13.1.2.2 基于电子-振动跃迁的激光器（终端声子激光器）

固体激光器中，工作物质中的辐射跃迁下能级为晶体晶格振动形成的声子能级，这便是终端声子激光器。一般说来，声子激光器在辐射跃迁时，不仅激活离子电子能量改变，而且晶体基本振动模也改变。以 Ni^{2+}：MgF$_2$ 晶体为例。在图 13-7Ni^{2+}的能级图中，基态为$^3A_2$

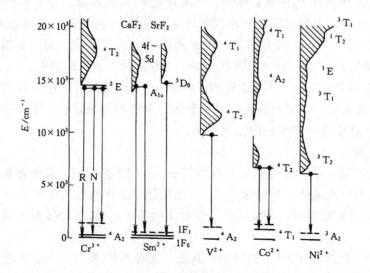

图 13-7 声子激光器激光离子能级图

能级，在 MgF_2 晶体场作用下分裂。$^3T_2$ 能级为激光上能级，在晶体场作用下分裂。在 Ni^{2+} 吸收泵浦光后将被激发至 $^3T_2$ 及 $^3T_2$ 以上的激发态能级，这些激发态上的 Ni^{2+} 无辐射跃迁至 $^3T_2$ 能级。由于基态 $^3A_2$ 能级分裂很小（$\Delta E = 6cm^{-1}$），所以实现电子能级间跃迁很困难。而由于晶体的振动能级（虚线表示）距基态能级较远（约 $340cm^{-1}$），所以实现辐射跃迁较为容易，所以一般 Ni^{2+}：MgF_2 晶体实现辐射跃迁的下能级为"声子"能级。值得说明的是：作为这类激光器增益线型的电子-振动谱带的形状及强度取决于电子-声子耦合特性，亦取决于振荡离子的各电子能态的感应性质。

13.1.2.3 上转换激光器

这是近年来备受注意的一类激光器。早在 1971 年第一台红外激励的可见光激光器（上转换激光器）Er^{3+} 和 Ho^{3+}：$Ba(Y,Yb)_2F_8$ 晶体激光器被研制成功。上转换激光器主要有两大类：一类是利用合作敏化作用，利用 Yb^{3+} 吸收红外光由基态 $^2F_{5/2}$ 跃迁至激发态 $^2F_{7/2}$ 能级，然后两个 Yb^{3+} 作用，将能量累积至一个 Yb^{3+} 上，再将能量传递给 Ho^{3+} 或 Er^{3+}，Ho^{3+} 或 Er^{3+} 离子发出可见光；另一类是由一种激活离子完成。如 Er^{3+} 吸收一个红外光子跃迁至一个激发态，然后再吸收一个红外光子，继续向上跃迁，即形成一种串级的能量转移，最后由高能级无辐射跃迁至激光上能级，辐射跃迁至激光下能级，发出可见光（图 13-8）。

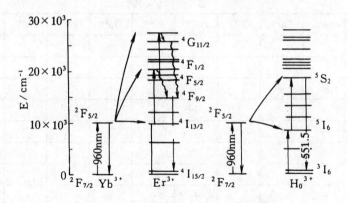

图 13-8　上转换激光器工作示意图

13.2　激光晶体分类

激光晶体是晶体激光器的工作介质，它一般是指以晶体为基质，通过分立的发光中心吸收光泵能量并将其转化成激光输出的发光材料。晶体激光器是固体激光器的重要成员，与玻璃激光器相比，它具有较低的振荡阈值，较易实现连续运转。晶体激光器从科学研究到工业生产，从军用到民用，应用范围广泛，主要应用方面有：材料加工、激光医疗、研究与发展、激光测距和目标指示器等。激光晶体全是人工晶体，而且都是无机晶体。它可分为掺杂型激光晶体，自激活激光晶体，色心激光晶体和激光二极管四类。

13.2.1　掺杂型激光晶体

绝大部分激光晶体都是掺杂型激光晶体，它是由激活离子和基质晶体两部分组成。激光晶体的研究说到底都是基于为各种激活离子提供一个合适的晶格场，使之产生所需的受激辐射。常用的激活离子绝大部分是过渡金属离子和稀土金属离子。过渡金属离子的 3d 电子没有外层电子屏蔽，在晶体中受周围晶格场的直接作用，因此在不同类型的晶体中，其光谱特性有很大差异。例如 Cr^{3+} 离子在 Al_2O_3 晶体中，其辐射波长是 694.3nm 的 R 锐线，但在一系列弱晶场的基质晶体中，特征的 R 锐线为宽带的发射带所代替，从而发展出一类新型的激光晶体。与过渡金属离子不同，三价稀土离子的 4f 电子为 5s 和 5p 外壳层电子所屏蔽，这种屏蔽作用减少了周围晶场对 4f 电子的作用，但晶场的微扰作用使本来禁戒的 4f-4f 跃迁成为可能，产生吸收较弱和宽度较窄的吸收线，而从 4f 到 6s，6p 和 5d 能级跃迁的宽吸收带处于远紫外区，因此这类激活离子对一般光泵吸收效率较低，为了提高效率必须采用一定的技术，如敏化技术、提高掺杂浓度等。

　　激光晶体对基质晶体的要求是其阳离子与激活离子半径、电负性接近，价态尽可能相同，物理化学性能稳定和能较易生长出光学均匀性好的大尺寸晶体。基本符合上述要求的基质晶体主要有氧化物和氟化物二大类。氧化物晶体通常熔点高、硬度大、物理化学性能稳定，掺入三价激活离子对不需要电荷补偿，因此是研制最多、应用最广的一类基质晶体。表 13-1 为部分常用氧化物晶体。表 13-2 为常见氟化物晶体。

表 13-1　氧化物晶体

晶　体	激　活　离　子										
	Pr^{3+}	Nd^{3+}	Eu^{3+}	Gd^{3+}	Ho^{3+}	Er^{3+}	Tm^{3+}	Yb^{3+}	Ni^{2+}	Cr^{3+}	Ti^{2+}
$LiNbO_3$					+		+				
Al_2O_3										+	+
YVO_4		+	+		+		+				
$Y_3Al_3O_{12}$		+		+	+	+	+	+		+	
$Ca(NbO_3)_2$	+	+									
$YAl_3(BO_3)_4$		+									
$Bi_4Ge_3O_{12}$		+									
$CaWO_4$	+	+			+	+	+				
$YCa_4O(BO_3)_3$		+		+				+			

表 13-2　简单有序结构氟化物激光晶体

晶　体	激　活　离　子														
	Pr^{3+}	Nd^{3+}	Tb^{3+}	Dy^{3+}	Ho^{3+}	Er^{3+}	Tu^{3+}	Yb^{3+}	Sm^{2+}	Dy^{2+}	Tu^{2+}	U^{3+}	V^{2+}	Co^{2+}	Ni^{2+}
$LiYF_4$		+	+		+	+									
MgF_2													+	+	+
$KMgF_3$														+	
$KMnF_3$															+
CaF_2		+			+	+		+	+	+	+	+			
CaF_2^*		+				+			+						
MnF_2															+
ZnF_2														+	

晶 体	激 活 离 子													
	Pr^{3+}	Nd^{3+}	Tb^{3+}	Dy^{3+}	Ho^{3+}	Er^{3+}	Tu^{3+}	Yb^{3+}	Sm^{2+}	Dy^{2+}	Tu^{2+}	U^{3+}	V^{2+}	Co^{2+}	Ni^{2+}
SrF_2		+					+		+	+		+			
BaF_2		+										+			
BaY_2F_8				+	+	+									
LaF_3	+	+				+									
CeF_3		+													
HoF_3					+										

总之，掺杂型激光晶体主要有掺稀土激活离子晶体和掺过渡族激活离子两大类，前者以掺钕钇铝石榴石晶体($Nd：Y_3Al_5O_{12}$)为代表，而红宝石则可作为后一类激光晶体的范例。

13.2.2 自激活激光晶体

当激活离子成为基质的一种组分时，形成所谓自激活晶体。在通常的掺杂型晶体中，激活离子浓度增加到一定程度时，就会产生浓度猝灭效应，使荧光寿命下降，但在以 NdP_5O_{14} 为代表的一类自激活晶体中，含钕量比通常的 $Nd：YAG$ 晶体高 30 倍，但荧光寿命并未产生明显的下降。由于激活离子浓度高，很薄的晶体就能得到足够大的增益，这使得它们成为高效、小型化激光器的有用晶体材料。表 13-3 为常见的自激活激光晶体。

表 13-3　主要的自激活激光晶体

晶 体	空间群	最邻近的阳离子数	波长/μm	寿 命		寿命比	最大浓度/cm^{-3}
				$x=0.01$	$x=1.0$		
$Nd_xLa_{1-x}P_5O_{14}$	$P2_1/C$	8	1.051	320	115	2.78	3.9×10^{21}
$LiNd_xLa_{1-x}P_4O_{12}$	$C2/C$	8	1.048	325	135	2.41	4.4×10^{21}
$KNd_xGd_{1-x}P_4O_{12}$	$P2_1$	8	1.052	275	100	2.75	4.1×10^{21}
$Nd_xGd_{1-x}Al_3(BO_3)_4$	$R32$	6	1.064	50	19	2.63	5.4×10^{21}
$Nd_xLa_{1-x}Na_5(WO_4)_4$	$I4_1/a$	8		220	85	2.59	2.6×10^{21}
$Nd_xLa_{1-x}P_3O_9$	$C222_1$	8		375	5	75	5.8×10^{21}
$C_3Nd_xY_{1-x}NaC_{16}$	$Fm3m$	6		4100	1230	3.33	3.2×10^{21}

13.2.3 色心激光晶体

与一般激光晶体不同，色心晶体是由束缚在基质晶体格点缺位周围的电子或其他元素离子与晶格相互作用形成发光中心，由于束缚在缺位中的电子与周围晶格间存在强的耦合，电子能级显著加宽，使吸收和荧光光谱呈连续的特征，因此，色心激光可实现可调谐激光输出。目前色心晶体主要由碱金属卤化物的离子缺位捕获电子，形成色心。表 13-4 为碱金属卤化物色心晶体及其特性。

表 13-4 主要碱金属卤化物色心晶体

晶　体	色心类型	泵浦波长/nm	输出功率/mW	效率/%	调谐范围/μm
LiF	F^{2+}	647	1800	60	800～1010
KF	F^{2+}	1064	2700	60	1260～1480
NaCl	F^{2+}	1064	150		1360～1580
KCl：Na	(F^{2+}) A	1340	12	18	1620～1910
KCl：Li	(F^{2+}) A	1340	25	7	2000～2500
KCl：Li	FA（Ⅱ）	530，647，514	240	9.1	2500～2900
KI：Li	(F^{2+}) A	1730		3	2590～3165

13.2.4 半导体激光器

1962 年 GaAs 半导体激光器首先被研制成功，由于其体积小、效率高、结构简单而坚固，引起人们极大重视。但又由于其阈值电流高，光束单色性差，发散度大，输出功率小，在一段时间内发展十分缓慢。到了 1968 年，人们开始研究（GaAl）As-GaAs 异质结构，半导体激光器的阈值电流密度下降了两个数量级，实现室温运转，输出功率有了很大的提高。半导体激光器取得了突破性的进展。至 20 世纪 70 年代末，光盘技术和光纤通讯的发展推动了半导体激光器与半导体材料的发展和技术改进。激光波长与输出功率及激光器的寿命方面都取得了大幅度的提高。

半导体激光器是指以半导体晶体为工作物质的一类激光器。主要有Ⅲ～Ⅴ族半导体，如 GaAs，GaN，GaAlAs 等。Ⅱ～Ⅵ族，如 CdS、ZnSe 等。

13.2.4.1 原理

在半导体晶体中，由于电子可以在整个晶格中运动，相邻原子的电子轨道相互重叠，所以在纯净不含杂质的半导体，即本征半导体中的能级一般是由两个宽的能带构成，即价带 E_v 和导带 E_c。价带 E_v 和导带 E_c 间的间距称为禁带，禁带宽度用 E_g 表示，如图 13-9a 所示。不同的半导体材料具有不同宽度的禁带。根据能量最小原理，半导体中电子大多分布在价带，只有少量价带电子由于热运动被激发至导带形成自由电子，同时在价带中形成空位，即可视为带正电的粒子，称为"空穴"。在电场作用下，自由电子和空穴的运动可形成电流。因此称自由电子和空穴为载流子。在本征半导体中，一般载流子数目很有限，导电能力很差。为了增加半导体中载流子数目，一般在 GaAs 半导体中掺入如 Te，Zn 等杂质，形成掺杂型半导体。掺杂型半导体分为两类：一类为 N 型半导体。掺入杂质可在导带下形成杂质能级 E_D，如图 13-9b，E_D 上的电子易跑到导带形成自由电子，这种杂质称为施主。另一类是 P 型半导体，掺杂的杂质在价带上形成杂质能级 E_A，如图 13-9c 所示。价带中电子易跑到 E_A 上形成空穴，这种杂质称为受主。

当 P 型半导体和 N 型半导体联结在一起便形成 p-n 结，在边界处，P 型半导体侧的空穴向 N 型区扩散，N 型区的自由电子向 P 型区扩散。扩散的结果是，P 型区的空穴减小，形成一个带负电的区域，在 N 型区自由电子减少，形成一个带正电的区域。于是在 p-n 结界之处，形成空间电荷区。这个区域形成的电场为自建场，电场的方向由 N 型区指向 P 型区，

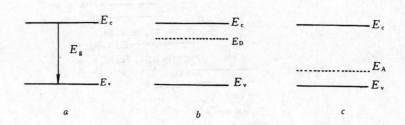

图 13-9　半导体能级示意图

a—禁带；*b*—N 型半导体中的杂质能级；*c*—P 型半导体中的杂质能级

如图 13-10 所示。在自建场的作用下，载流子产生迁移运动，电子和空穴的迁移运动方向正好与扩散运动方向相反，形成一定能量势垒。

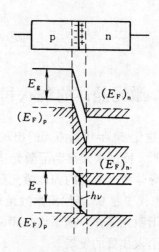

对于 N 型半导体，掺杂浓度越高，导带中填充电子就越多；对于 P 型半导体，掺杂浓度越高，价带中填充空穴越多。但当 P 型与 N 型半导体组成 p-n 结并达到平衡时，整个 p-n 结有一个相同的费米能级。

如果在 p-n 结上加电压后，P 型区接正极，N 型区接负极。N 型区的电子将流入 P 型区，P 型区中空穴将流入 N 型区。这时在 P 型区和 N 型区都形成了非平衡载流子。

图 13-10　半导体 p-n 结

一般说来连续运转时须低温冷却。近来，一般采用双异质二极管替代 p-n 二极管。在这种二极管中，在不同的材料之间有两个结。对同样的电流密度，激活区中的电子密度增大，因而增益增加。另外现在二极管的散热能力大大提高，可以在室温下连续工作，除了双异质结半导体外，还有多异质结半导体。

13.2.4.2　半导体激光器结构

半导体激光器示意图见图 13-11。

由于半导体的折射率较大，所以在两个工作表面一般不需镀反射膜层。激活区约 $1\mu m$ 左右，光束横向尺寸（约 $40\mu m$）远大于激活区域宽度，输出光束的发散角较大。

13.2.4.3　常用半导体激光器

近年来，半导体激光器发展迅速，波长几乎可以覆盖可见光区域和近紫外区域，图 13-12 是几种常用的半导体激光器波段范围。半导体激光器一般采用电激励方式激励。

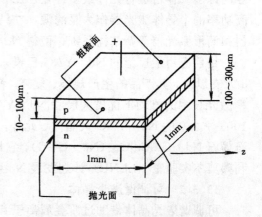

图 13-11　半导体激光器示意图

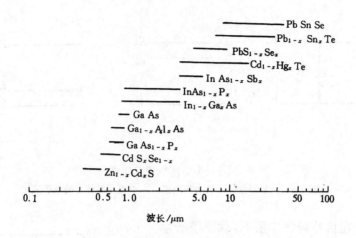

图 13-12　半导体激光器波段分布图

13.3　激光晶体的现状和发展趋势

20 世纪 60 年代初激光的出现和发展,使得大量激光晶体像雨后春笋般涌现出来;新材料的出现,反过来又推动了激光技术的发展。80 年代是固体激光器发展中的一个重要转折点,半导体激光泵浦的固体激光器,固体可调谐激光器及高功率固体激光器取得了重大进展,它也代表着 90 年代固体激光技术发展的主要方向。这首先要归功于作为固体激光光源的可调谐激光晶体,高平均功率密度激光晶体以及作为固体激光光泵源的半导体激光晶体取得了引人注目的发展。

13.3.1　高平均功率密度激光晶体

高平均功率密度固体激光器在材料加工、军事、医学和科研上有迫切的需求,但长期以来其效率和输出平均功率停留在较低的水平上(分别比 CO_2 激光器低一至两个数量级)。目前用于工业加工的激光器主要是 CO_2 激光器和 Nd：YAG 激光器,后者由于能通过光纤导向许多工作台进行元件或多样化加工,因而非常适合工业精密加工的需要。由于采用了高功率的半导体激光器作为泵浦源,在结构上采用多棒串接组合系统以及发展了板条激光器和筒形激光器等新结构系统,使得 Nd：YAG 激光器输出达到千瓦级高平均功率密度。

目前应用最广泛的 Nd：YAG 已投入批量生产,美国年生产 Nd：YAG 棒的能力约在 3 万支以上,其产品的生产规模、规格、性能指标均达商品化,几乎独占世界市场。在大功率激光技术的推动下优质大尺寸 Nd：YAG 生长技术也不断进步,目前已能生产 ϕ（75～100）×250 的 Nd：YAG 大晶体。此外,在石榴石基质基础上已发展了优质大尺寸的钇镓石榴石 Nd：$Gd_3Ga_5O_{12}$（Nd：GGG）,它比 YAG 易于生长并较适于激光二极管泵浦。美国利弗莫尔实验室（LLNL）计划发展 Nd：GGG 板条激光器达到 2～3kW。

13.3.2　可调谐激光晶体

可调谐激光晶体借助过渡金属离子 d-d 跃迁易受晶格场影响的特点而使其激光波长在一定范围内可以调谐。对这种晶体的研究虽已有 20 多年的历史,但早期工作主要在掺二价过渡金属离子的金红石型和钙钛矿型氧化物上进行,难以获得室温振荡,因此进展迟缓。

20 世纪 80 年代发现了掺三价铬或钛的金绿宝石（Cr^{3+}：$BeAl_2O_4$）和钛宝石（Ti^{3+}：Al_2O_3）的受激发射在室温下可以调谐,这方面的研究迅速成为激光晶体研究的一个热点。其中 Ti^{3+}：Al_2O_3 可调谐范围最宽（660～1100nm）,可覆盖九种染料激光器的光谱范围,通过倍频还可扩展至可见及紫外波段,不存在染料退化问题,而且光伤阈值高。近几年由于提高了纯度并采取高温退火办法消除 Ti^{4+} 吸收中心,晶体质量取得了突破,并迅速转化为激光器产品,预期在空间遥感、医疗、光存储及光谱学等方面有广阔的应用前景。

Cr^{3+}：$LiCaAlF_6$ 和 Cr^{3+}：$LiSrAlF_6$ 是目前最好的掺 Cr^{3+} 的可调谐激光晶体,调谐范围为 0.78～1.01μm。这两种晶体前者力学性能好,后者激光性能较好。其固溶体 $LiSr_{0.8}Ca_{0.2}AlF_6$ 则可兼顾两者优点。它也可能用作激光二极管（670nm）泵浦的大功率激光器工作物质。

Cr^{3+}：$MgSiO_4$ 是荧光宽度最宽（680～1400nm）的可调谐晶体,这可能是晶体中同时存在 Cr^{3+} 和 Cr^{4+} 离子的结果。

表 13-5 为常见可调谐激光晶体。

表 13-5　掺过渡金属离子的可调谐激光器

离子和基质晶体	波长/nm	温度/K	工作方式	激励源
Ti^{3+}				
Al_2O_3	680～1178	300	P, CW	激光、灯
$BeAl_2O_4$	780～820	300	P	激光
Cr^{3+}				
$BeAl_2O_4$	700～830	300	P, CW	灯
$Be_3Al_2Si_6O_{18}$	751～759		P	灯
$KZnF_3$	758～875	80		
$ZnWO_4$	785～865	300		
$Y_3Ga_5O_{12}$	980～1090	77	P	Kr 激光
$Gd_3Ga_5O_{12}$	740	300	CW	激光
$Gd_3Sc_2Al_2O_{12}$	760	300	CW	激光
$Y_3Sc_2Ga_2O_{12}$	765～801	300	CW	激光
$Gd_3Sc_2Ga_3O_{12}$	730	300	CW	激光
$La_3Lu_2Ga_3O_{12}$	745～801	300	P	激光、灯
	820	300	CW	激光
Co^{2+}				
MgF_2	1630～2450	80～225	CW	Nd：YAG 激光
$KMgF_3$	1620～1900	80		
$KZnF_3$	1650～2070	80～200	CW	Ar 激光
ZnF_2	2165	77		
Ni^{2+}				
MgO	1310～1410	77	P, CW	Nd：YAG 激光
$CaY_2Mg_2GeO_{12}$	1460	80		激光
$KMgF_3$	1591	77～300		
MgF_2	1610～1740	80～200	CW	
MnF_2	1920～1940	77～85	P, CW	Nd：YAG 激光

13.3.3　新波长激光晶体

随着激光应用日趋广泛、深入，对激光波长的要求也越来越广，尽管人们已从多种稀土掺杂的晶体中获得了不同波长的激光，但进入实用的波长还只有 Nd^{3+} 离子的 1060nm 左右的几条谱线。近年来人们开始注意新波段的工作，比较重要的是波长在 $2\sim3\mu m$ 的中红外晶体，如 $Er_{1.5}Y_{1.5}Al_2O_{12}$（$2.94\mu m$），由于此波长对水的吸收系数为 1（对比 $1.06\mu m$ 只有 10^{-4}），因此 $3\mu m$ 激光器在医学上有广泛应用。ErYAG 已在外科、神经外科、牙科和眼科医学临床中实际应用。另外，Ho：Tm：Cr：YAG（$2.08\mu m$），Tm：YAG（$2.13\mu m$）等 $2\mu m$ 医用激光器（对水的吸收系数为 10^{-2}）已商品化。

13.3.4　半导体激光器和小型固体激光器用激光晶体

半导体超晶格、量子阱材料在光电子技术中的一个重要应用就是制作半导体量子阱激光器（QWLD）。QWLD 因具有效率高（60%）、体积小、可靠和价廉等优点而获得广泛应用。20 世纪 80 年代以来发展很快，商用 QWLD 已覆盖 $630\sim2000$nm 波段（表 13-6）。

表 13-6　半导体激光器技术一览

材　料	波长/nm	结　　构	工作方式	功率范围	主　要　用　途
AlGaAs	$780\sim880$	激光二极管	CW	$1\sim2$W	固体激光器的泵浦源、医学系统、眼科医疗、自由空间通信
	$780\sim880$	激光二极管	CW	$0.5\sim3$W	固体激光器的泵浦源、医学系统、眼科医疗、自由空间通信、测距
	$785\sim830$	线阵列	CW	$5\sim20$W	Nd：YAG 和 Nd：YLF 的泵浦源
	$780\sim880$	同光纤耦合的激光二极管	CW	$5\sim10$W	医用、材料加工、焊接、端面泵浦固体激光器
	$780\sim850$	单模激光二极管	CW	$50\sim150$mW	光存储、光谱分析、激光印刷
	780	双光束或多光束、8 或 "N" 分别寻址的激光器	CW	20mW/激光器	高速激光印刷、光记录
	$780\sim860$	GaAlAs 准连续工作的激光二极管	Q-CW	$1\sim3$W	高性能光源的科研、开发应用
	$780\sim815$	GaAlAs 准连接工作的线阵列	Q-CW	$60\sim100$W	照明、固体激光器的泵浦源
	$780\sim815$	阵列迭层	Q-CW	$120\sim1500$W	各种需要大功率激光输出的特种应用
InGaAlP	$670\sim690$	InGaAlP 量子阱结构激光器	CW	250mW	激光印刷、影像系统、光存储、光泵浦、医疗、显示、照明、指示
InGaAs	$940\sim960$	线性阵列或阵列迭层	Q-CW	$60\sim300$W	高效率耦合固体激光器材料
	$940\sim980$	InGaAs 激光二极管	CW	150mW	掺 Er 光纤放大器的泵浦源
InGaAsP	$1.47\sim1.49\mu m$	InGaAsP 激光二极管	CW	200mW	掺 Er 光纤放大器的泵浦源

目前，GaAlAs/GaAs 材料体系的 QWLD 研制已达到很高水平，阈值电流密度低至 $65mA/cm^2$，最低阈值电流为亚毫安（0.35mA）量级，阵列连续输出可达百瓦量级。QWLD 的发散度大，光谱较宽，它的一个重要应用是泵浦激光晶体，用于转换成相干性较好的辐射，这是当今晶体激光器发展的必然趋势。与灯泵晶体激光器相比，这种泵浦形式不仅光谱匹配好，转换效率高，而且泵浦波长接近激光上能级，把泵浦过程中工作物质的热效应减到最低程度，从而大幅度地改善了激光器的质量。其中最成熟的应用是用波长为 808nmQWLD 泵浦钕（Nd^{3+}）激光晶体，此外还有用波长为 670nm 的 QWLD 泵浦铬（Cr^{3+}）可调谐激光晶体等。

超小型蓝绿光激光器在信息处理、激光打印、光盘等方面有重要应用，是目前光电子技术的热点。Ⅲ-Ⅴ族（GaN）和Ⅱ-Ⅵ族（ZnMgSeS/ZnSeS/ZnCdSe）半导体量子阱激光器（400~600nm）虽取得了重大进展，实现了室温连续输出，寿命在不断提高，但距实用化、商品化还有一段距离。获得蓝绿光的另一种方式是采用非线性频率转换方法，它包括以下几种技术：用体块非线性晶体或非线性波导对 QWLD 直接倍频；上转换技术；用 QWLD 泵浦的倍频激光器。后一种技术已比较成熟。目前普遍采用波长为 808nm 的激光来泵浦与之有较好匹配的钕激光晶体，如 Nd：YAG，掺钕钒酸钇（Nd：YVO_4），掺钕氟磷酸锶（Nd：$Sr_5(PO_4)F$），掺钕氟钒酸锶（Nd：$Sr_5(VO_4)_3F$），硼酸铝钇钕（$Nd_xY_{1-x}Al_3(BO_3)_4$，NYAB）。除自倍频晶体 NYAB 外，其他掺钕激光晶体都需配以非线性光学晶体进行倍频，组成小型蓝绿光激光器。

13.4 新型激光晶体的探索

激光晶体全部是人工晶体。自 1960 年激光问世以来，探索新激光晶体工作都是基于为各种激活离子提供一个合适的晶格场，使它有可能产生所需要的受激辐射，同时还需要符合对基质晶体的许多基本要求。为此，需要进行大量的材料筛选和光谱试验工作。自世界上第一台红宝石固体激光器问世以来，合成出的激光晶体已达二百多种。

13.4.1 激活离子和基质晶体

探索新的激光晶体，首先必须考虑激活离子和基质晶体。

13.4.1.1 激活离子

已有的激活离子大致可归纳为以下几类：

（1）三价稀土激活离子（表 13-7），由于 5s 和 5p 外层电子对 4f 层电子的良好屏蔽作用，使之在不同介质中的稀土离子光谱与自由电子光谱较为近似。由于它们的发光谱线数目较多，使能量分散，有用荧光分支比较小。一般观察到的锐线对应于这一壳层中的 4f-4f 禁戒跃迁（由于配位场微扰而允许），它对外界光泵的吸收很弱。在使用这类激活离子时，掺入的浓度要高，以增加对光泵的吸收，但由于荧光的浓度猝灭效应，致使掺杂浓度不能过高。同时由于吸收光谱很窄，故要求用光谱匹配良好的光源。在三价稀土激活离子中，Nd^{3+} 使用最普遍，已在 100 多种不同的晶体和玻璃中产生激光，是固体激光器中最重要的激活离子。近年来为扩展新波段，也开始使用其他稀土离子如 Er^{3+}，Ho^{3+}，Tm^{3+} 等。

表 13-7　三价稀土激活离子

离　子	半径/nm	4f 壳层电子数	跃迁通道	振荡波长/μm
Pr^{3+}	0.114	2	$^3P_0 \rightarrow {}^3H_6$	0.6
			$^3P_0 \rightarrow {}^3F_2$	0.64
			$^1D_2 \rightarrow {}^3F_4$	1.046
			$^1G_4 \rightarrow {}^3H_4$	1.04
Nd^{3+}	0.112	3	$^4F_{3/2} \rightarrow {}^4I_{9/2}$	0.899
			$^4F_{3/2} \rightarrow {}^4I_{11/2}$	1.03
			$^4F_{3/2} \rightarrow {}^4I_{13/2}$	1.34
Eu^{3+}	0.107	6	$^5D_0 \rightarrow {}^7F_2$	0.61
Dy^{3+}	0.103	9	$^6H_{6/2} \rightarrow {}^6H_{13/2}$	3.0
Ho^{3+}	0.102	10	$^5I_7 \rightarrow {}^5I_9$	2.0
			$^5S_7 \rightarrow {}^5I_8$	0.5
Er^{3+}	0.1	11	$^4S_{3/2} \rightarrow {}^4I_{9/2}$	1.7
			$^4S_{3/2} \rightarrow {}^4I_{1/2}$	1.26
			$^4S_{13/2} \rightarrow {}^4I_{13/2}$	0.85
			$^4S_{15/2} \rightarrow {}^4I_{15/2}$	0.554
			$^4I_{11/2} \rightarrow {}^4I_{13/2}$	2.7
			$^4I_{13/2} \rightarrow {}^4I_{15/2}$	1.5
Tm^{3+}	0.099	12	$^3H_4 \rightarrow {}^3H_6$	1.9
			$^3F_4 \rightarrow {}^3H_5$	2.34
Yb^{3+}	0.098	13	$^2F_{3/2} \rightarrow {}^2F_{7/2}$	1.03

现有三价离子的激光器都是四能级系统，大部分掺三价稀土离子的晶体激光器是脉冲式，也有不少是连续的。

（2）二价稀土激活离子，有 Sm^{2+}，Dy^{2+}，Er^{2+}，Tm^{2+} 等。这类离子的 4f 壳层比三价离子多一个电子，使 5d 态的能量降低。因此，相应于 $4f^n \rightarrow 4f^{n-1}5d$ 跃迁的吸收处在可见光区域内，对泵浦特别有利。对于大多数二价稀土离子来说，光辐射跃迁一般是 4f-4f 禁戒跃迁，大部分处于红外波段。但二价稀土离子不大稳定，易变价或产生色心，致使激光输出特性变差。

（3）过渡族金属激活离子，已实现激光振荡的离子列于表 13-8 中。

表 13-8　过渡族金属激活离子

离　子	半径/nm	3d 壳层电子数	跃迁通道	振荡波长/μm
Ti^{3+}	0.067	1		0.750～0.850
V^{2+}	0.073	3	$^4T_2 \rightarrow {}^4A_2$	1.12
Cr^{3+}	0.062	3	$^2E \rightarrow {}^4A_2$	0.69
Co^{2+}	0.065	7	$^4T_2 \rightarrow {}^4T_1$	1.8，1.99，2.1
Ni^{2+}	0.069	8	$^3T_2 \rightarrow {}^3A_2$	1.6

在这类金属离子中，3d 壳层的电子由于没有外层电子的屏蔽。受基质晶格场和外界场（温度等）影响很大，所以它们在不同介质中的特性有显著的差别。如 Cr^{3+} 在 Al_2O_3 基质中，其荧光寿命为约 10^{-3}s，而在 $LaAlO_3$ 基质中却为 $10^{-1}\sim10^{-2}$s。

（4）锕系激活离子，大部分是人工放射性元素，不易制备，放射性处理复杂，目前仅 U^{3+} （$^4I_{11/2}\rightarrow{}^4I_{9/2}$）在 CaF_2 中得到应用。锕系元素与镧系元素相似，它们最外层和次外层电子分布都一样，只是从外数第三层电子数有所不同。不过锕系离子的 5f 轨道的半径比镧系离子 4f 轨道半径大，所以外电子层的屏蔽作用不如稀土离子好。因此晶体中锕系离子的光谱能级与自由电子有较显著的差别，且比稀土离子有更强的吸收能力。

13.4.1.2 基质晶体

基质晶体大致可分为以下三类：

（1）氟化物晶体。简单氟化物基质晶体有 $LiYF_4$：Nd^{3+} 等（见表 13-2）。作为激光晶体需掺入二价、三价稀土离子或锕系离子，U^{3+}：CaF_2 是较早获得激光的晶体。二价氟化物掺入三价激活离子，在完成了电荷补偿外，往往在晶体中形成色心，影响晶体质量，尤其是影响激光性能。但掺入二价激活离子则无需电荷补偿，仍保持原有对称性，如 Tm^{2+}：CaF_2 等。复合氟化物基质晶体已发展了 $KMgF_3$，$KMnF_3$ 和 $LiYF_4$（YLF）等，其中以 Nd：$LiYF_4$ 激光晶体较为重要，该晶体荧光谱线宽，荧光寿命长，热效应小，适于在单模、高稳定态工作，是超短脉冲激光器的优选品种，也可能成为激光二级管泵浦的大功率激光器候选品种之一。

还有一类混合氟化物晶体，这是一类多组分氟化物固溶体，见表 13-9。

表 13-9 混合无序结构氟化物激光晶体

晶 体	激活离子				晶 体	激活离子			
	Nd^{3+}	Ho^{3+}	Er^{3+}	Tu^{3+}		Nd^{3+}	Ho^{3+}	Er^{3+}	Tu^{3+}
$5NaF\cdot9YF_3$	+				CdF_2-YF_3	+			
CaF_2-SrF_2	+				CdF_2-LaF_3	+			
CaF_2-YF_3	+	+	+		BaF_2-YF_3	+			
$Ca_2Y_3F_{13}$	+				BaF_2-LaF_3	+			
CaF_2-LaF_3	+				BaF_2-CeF_3	+			
CaF_2-CeO_2	+				BaF_2-GdF_3	+			
CaF_2-CeF_3	+				LaF_3-SrF_2	+			
CaF_2-GdF_3	+				$\alpha-NaCaYF_6$	+			
CaF_2-ErF_3		+	+	+	$\alpha-NaCeF_6$	+			
SrF_2-YF_3	+				$\alpha-NaCaErF_6$		+		+
$Sr_2Y_5F_{15}$	+				$SrF_2-CeF_3-GdF_3$	+			
SrF_2-LaF_3	+				$CdF_2-YF_3-LaF_3$			+	
SrF_2-GdF_3	+				$CaF_2-(Er,Tu,Yb)F_3$				
SrF_2-LuF_3	+				$CaF_2-SrF_2-BaF_2-YF_3-LaF_3$	+			

在这类基质晶体中，激活离子形成结构上不同的激活中心，使激活离子的光谱展宽，其光谱特性与掺稀土离子的激光玻璃和无机液体非常相似，这样提高了工作物质对光泵的利用率和储能能力。但这类材料的热学、力学性能欠佳，因而限制了其应用范围。

氟化物类晶体熔点较低，一般都易于生长单晶，但这类晶体的大多数要在低温下才有激光输出，故实用较少。

（2）氧化物晶体。这类基质晶体通常熔点高、硬度大、物理化学性能稳定，掺入三价激活离子时不需要电荷补偿，能在室温下实现激光振荡，因此是使用最早、数量最多、应用最广的一类基质晶体。但生长优质单晶比较困难。简单氧化物有 Al_2O_3，Y_2O_3，Gd_2O_3，Er_2O_3 等晶体；复合氧化物有 $Y_3Al_5O_{12}$（YAG），$Gd_3Al_5O_{12}$（GAG），$Ho_3Al_5O_{12}$（HAG），$Er_3Al_5O_{12}$（EAG），$Lu_3Al_5O_{12}$（LAG），$Y_3Ga_5O_{12}$（YGG），$Gd_3Ga_5O_{12}$（GGG），$Lu_3Gd_5O_{12}$（LGG），$Gd_3Sc_2Ga_3O_{12}$（GSGG），$Y_3Sc_2Gd_3O_{12}$（YSGG），$YAlO_3$（YAP），$LaAlO_3$，$GdAlO_3$，$GdScO_3$，$YScO_3$ 等。上述氧化物激光晶体中最有实用价值的是红宝石（Cr_{3+}：Al_2O_3）和掺钕钇铝石榴石（Nd：YAG），常用作连续激光器和高重点频率激光器的工作物质，需要量也最大，已实现产业化。

（3）含氧酸化合物晶体。在这类晶体中，最早实现室温的受激发射的是 Nd^{3+}：$CaWO_4$，随后又相继找到了同属于白钨矿型结构的 $SrWO_4$，$CaMoO_4$，$SrMoO_4$，$PbMoO_4$，$Nd_{0.5}Gd_{0.5}WO_4$ 晶体，这些晶体均以三价稀土离子为激活离子，掺杂时需要考虑电荷补偿问题。此外在这类晶体中还有 $LiNbO_3$，$Ca(NbO_2)_2$，$LaNbO_4$，YVO_4，$Ca_3(VO_4)_2$，$Ca_5(PO_4)_3$，F（FAP），$Ca_5(VO_4)_3F$（VAP），$Sr_5(VO_4)_3F$（SVAP）等晶体。其中 Nd^{3+}：$LiNbO_3$ 是一种自倍频激光晶体，Nd^{3+}：YVO_4 具有较宽的吸收线宽，发射截面大，泵浦阈值低，特别适合用半导体激光器泵浦，是小型激光器的优选品种。Nd^{3+}：FAP 是 20 世纪 60 年代就已出现的激光晶体，但由于热性能和光学质量差，难以适应闪光灯泵浦而曾被放弃。随着半导体激光器的发展，Nd^{3+}：FAP 晶体以其发射截面大，泵浦波长吸收强再次受到重视。Nd^{3+}：SVAP 有比 Nd^{3+}：FAP 晶体增益截面大，泵浦阈值低等优点外，力学性能也有较大改进。

研究激活离子和基质晶体的相互影响是获得优良激光晶体的关键。激活离子的掺入使基质晶体成为激光晶体，晶体的发光光谱是晶体激光性质的基础。激活离子受基质晶格场作用，其能级可发生如下变化：（1）分裂和加宽；（2）位置移动；（3）解除某些能级间的禁戒跃迁。具体例子可见一些典型的激光晶体的能级图。

13.4.2　探索新型激光晶体的若干方面

13.4.2.1　离子置换

在探索激光晶体的初期，人们把注意力集中在离子置换上，通常是以某一物化性能较好的基质晶体的结构类型为基础，对晶体本身或激活离子进行离子置换，从而产生一系列的激光晶体，如石榴石型中的 Nd^{3+}：$Y_3Al_5O_{12}$，Nd^{3+}：$Gd_3Ga_5O_{12}$，Ho^{3+}：$Y_3Al_5O_{12}$，等；刚玉型中的 Cr^{3+}：Al_2O_3 和 Ti^{3+}：Al_2O_3 等；萤石型中的 Sm^{2+}：CaF_2，Sm^{2+}：BaF_2，Tm^{2+}：CaF_2 等；磷灰石型中的 Nd^{3+}：$Ca_5(PO_4)_3F$ 和 Nd^{3+}：$Sr_5(PO_4)_3F$ 等。置换的原则是：置换阳离子之间，阳离子与激活离子的半径（见表 13-7，表 13-8），电负性要接近，价态也尽可能相同，早期一大批激光晶体都是在这些原则指导下找到的。

13.4.2.2　敏化和双掺

根据激光器对激光晶体的要求，不断改造激光晶体的性能也是探索新型激光晶体的重要内容之一。敏化就是通过敏化剂更多地吸收泵浦光的能量并将其转移给激活离子，从而提高光泵效率。

以 Nd^{3+} 为代表的稀土离子具有四能级结构，是很好的激活中心，但由于外层电子屏蔽，大多数基质的晶场对它的作用甚弱，因而尽管有尖锐的荧光谱，能获得较长寿命和大的发射截面，但无法产生宽的吸收带。过渡金属 3d 电子很容易受基质晶场作用形成宽而有效的吸收带，但其价态能级受热激发影响大，室温时效率较低。基于上述原因，将合适的 3d 过渡金属离子与 Nd^{3+} 同时掺入基质晶体，作为泵浦的敏化离子，能起到取长补短的作用。Nd^{3+} 和 Cr^{3+} 双掺的激光晶体明显提高激光效率，成为一种重要的激光器，但双掺的基质要仔细选择，以便能掺入多种离子而不致引起晶体光学质量的变坏。从离子半径和电价考虑，基质中的 Al 和 Ga 成分比较适宜于 Cr^{3+} 的掺入，因此石榴石是首选的双掺基质，如 Cr：Nd：YAG, Cr：Tm：Ho：YAG, Cr：Nd：GGG, Cr：Nd：YSGG, Cr：Nd：GSGG 等。

敏化离子可将吸收的泵浦光能量通过不同方式转移给激活离子。能量转移可通过辐射的方式，即敏化离子发出荧光并为激活离子所吸收。也可通过无辐射的方式，即敏化离子与激活离子具有一对大致相等的能级，实现共振能量转移。常用敏化离子除 Cr^{3+} 外，还有其他离子，表 13-10 列出了光泵稀土激光器的一些敏化离子。

表 13-10　光泵稀土激光器敏化离子

激活离子	激 光 跃 迁	敏 化 离 子
Nd^{3+}	$^4F_{3/2} \rightarrow {}^4I_{11/2}$	Ce^{3+}, Cr^{3+}, Mn^{2+}, V^{2+}
Tb^{3+}	$^5D_4 \rightarrow {}^7F_5$	Gd^{3+}
Dy^{3+}	$^6H_{13/2} \rightarrow {}^6H_{15/2}$	Er^{3+}
Ho^{3+}	$^5I_7 \rightarrow {}^5I_8$	Er^{3+}, Tm^{3+}, Yb^{3+}, Cr^{3+}, Fe^{3+}, Ni^{3+}
	$^5S_2 \rightarrow {}^5I_8$	Yb^{3+}
Er^{3+}	$^4I_{13/2} \rightarrow {}^4I_{15/2}$	Yb^{3+}, Cr^{3+}, Nd^{3+}
	$^4F_{9/2} \rightarrow {}^4I_{15/2}$	Yb^{3+}
Tm^{3+}	$^3H_4 \rightarrow {}^3H_6$	Er^{3+}, Yb^{3+}, Cr^{3+}
	$^3F_4 \rightarrow {}^3H_5$	Cr^{3+}
Yb^{3+}	$^2F_{5/2} \rightarrow {}^2F_{7/2}$	Nd^{3+}

13.4.2.3　自激活和自倍频激光晶体

增加激光晶体中激活离子浓度，可有效地增加对泵浦光的吸收，从而提高晶体的贮能能力和效率。但在通常的掺稀土激活离子的激光晶体中，过高的浓度会引起上能级的浓度猝灭，一般 3％ 原子的掺入，浓度猝灭就很严重。从晶体结构考虑激活离子周围最好有屏蔽离子，激活离子是作为晶体组成之一形成化学计量比化合物，而不是作为掺入离子。1973 年发现了 NdP_5O_{14}（NPP）自激活晶体，在这种晶体中钕离子是基质的一种组分，含钕量比 1％（原子质量）Nd^{3+} 的 YAG 晶体高 30 倍，钕离子的荧光寿命仍达 $120\mu s$。由于浓度高，很薄的晶体就能得到足够大的增益，为了改善光泵条件，加入适当离子形成混晶来适当降低激活离子浓度是有益的。此后在 NPP 基础上发展了 $LiNd_xLa_{0.1-x}P_4O_{12}$（LNP），$NdAl_3(BO_3)_4$（NAB），$Nd_xY_{1-x}Al_3(BO_3)_4$（NYAB），$Nd_xGd_{1-x}Al_3(BO_3)_4$（NGAB）等。在这类晶体中钕离子浓度高达 $10^{27}cm^{-3}$,但荧光寿命并未因此明显下降,因此是高效小型激光器的合适材料,这类晶体的缺点是光学均匀性达不到要求,影响了其实用化。

在自激活晶体中,寻找没有对称中心的晶体是探索具有复合功能的自倍频晶体的重要途径。自激活晶体特别是混晶,由于组分多,往往降低晶体的对称性,可能使基质晶体具有非中心对称,从而获得倍频、电光等性能,由此产生了激光——倍频复合的自倍频激光晶体,如 NYAB、NGAB 等。探索自倍频晶体的另一条途径是在适当非线性光学晶体中掺入激活离子,如 Nd^{3+}:$LiNbO_3$,Nd^{3+}:YCOB 等。

目前正在研制的 YCOB($YCa_4O(BO_3)_3$)晶体可能是一种新的有发展前途的自倍频晶体,YCOB 晶体的光学均匀性很好,且是同成分熔融化合物,提拉法生长,周期短,生长较容易,可望实现批量生产。

13.4.2.4　可调谐激光晶体

终端声子激光器是最重要的可调谐晶体激光器。作为有实用价值的可调谐激光晶体,必须具有适于产生宽带激光的光谱特性。过渡族金属激活离子的 3d 电子处在最外层,周围晶格场和温度等外界场对其影响很大,在中场和弱场晶体中,d-d 发光跃迁终止在电子的一个振动能级(电子—声子能级)上,这样发光光谱的宽度与晶格振动能量分布的宽度有关,因此利用终端声子的温度效应,可增加荧光线宽,从而实现可调谐激光运转,称为终端声子可调谐激光晶体。处于晶体中过渡族金属离子大都存在宽带辐射机制,但已实现宽带激光的离子只有 Cr^{3+},Ti^{3+},V^{2+},Co^{2+},Ni^{2+} 和 Cr^{4+} 等少数几种。稀土离子产生的宽带激光与过渡金属离子不同,主要靠斯塔克谱线交迭,它的激光波段主要取决于晶体中该元素离子的斯塔克能级跃迁,其中心波长接近自由离子跃迁波长。目前 Tm^{3+} 已实现了宽带激光。不同价态的过渡金属离子和稀土离子有数十种,可以作为基质的晶体也有数十种,二者组合,存在上百种可调谐激光晶体的可能性,探索新晶体虽有难度,但成功的机会还是很多的。

寻找新的可调谐激光晶体的工作可归于为上述激活离子提供一个合适的晶格场。晶体内过渡金属离子的光谱特性主要由离子的价态、基质格位多面体类型(八面体、四面体等)和晶场强度决定。晶场强度受到基质成分和结构的强烈影响,如氟化物和氧化物差别就相当大。目前氧化物和氟化物可调谐激光晶体在平行发展。过渡金属激活离子的晶体格位已不限于八面体位,也实现了四面体位离子的宽带激光。

迄今研究最多的是掺 Cr^{3+} 晶体,1978 年发现了室温工作的、性能优良的金绿宝石(Cr^{3+}:$BeAl_2O_4$,710~820nm),带来了探索终端声子激光晶体的高潮,为探索这类激光晶体指明了方向。根据八面体配位场中 Cr^{3+} 离子的能级图研究的晶场参数和荧光光谱的关系,将掺 Cr^{3+} 晶体分为强场、中场和弱场三类,根据这种分类,已找到十多种掺 Cr^{3+} 离子的可调谐激光晶体。Cr^{3+} 的发射光谱受晶场影响变化很大。在强晶场中,只产生锐线单色激光,如红宝石(Cr^{3+}:Al_2O_3,694.3nm)。而在弱晶场中则可能产生宽带可调谐激光,如:Cr^{3+}:KZn_2F_5(758~875nm)。近几年来,又找到了适合于 Cr^{3+} 的优质氟化物 Cr^{3+}:$LiCaAlF_6$(720~840nm)和 Cr^{3+}:$LiSrAlF_6$(760~1070nm),堪称目前最好的 Cr^{3+} 可调谐激光晶体。四价铬离子(Cr^{4+})以往研究很少,目前已有两种晶体实现了近红外可调谐激光,即 Cr^{4+}:$MgSiO_4$(1167~1345nm)和 Cr^{4+}:YAG(1350~1450nm)。

研究掺 Ti^{3+} 晶体的突出成果是发现钛宝石(Ti^{3+}:Al_2O_3,660~1200nm)。钛宝石具有调谐范围宽及其他优点,已实现多种光源泵浦,多种方式运转,做成了多种形式的实用激光器并迅速实现了商品化。Ti^{3+}的突出优点是只有一个 3d 电子，没有激发态吸收，但钛宝石易变价，晶体中存在 Ti^{4+} 或 Ti^{3+}-Ti^{4+} 离子时，会造成激光波段吸收，成为提高晶体质量的障碍。此外，Ti^{3+} 在 Al_2O_3 基质中，由于离子半径失配达 26％，并不很匹配。希望能从八面体格位的 Ga^{3+}，V^{3+}，Mo^{3+}，Ta^{3+} 等基质中寻找更适于 Ti^{3+} 的新晶体。在掺 Co^{2+}，Ni^{2+}，V^{2+} 等离子的晶体中，有若干种可以产生可调谐激光。其中 Co^{2+}：MgF_2（$1.5\sim2.5\mu m$）已成为实用的重要晶体。掺稀土离子的可调谐激光晶体还比较少，已实现 Tm^{3+}：YAG（$1.87\sim2.16\mu m$）和 Tm^{3+}：YSGG（$1.85\sim2.14\mu m$）相当宽的可调谐激光。掺 Ce^{3+} 的晶体也引人注意，希望从中实现难得的红光以下至紫外短波长可调谐激光。

总结长期实践的结果，探索新型激光晶体的工作，大体可按以下程序进行（图 13-13）：

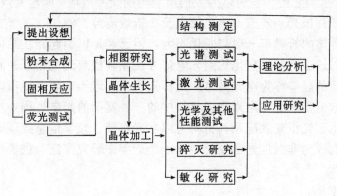

图 13-13　探索新型激光晶体程序图

（1）根据所需激光波段和激光应用的要求，确定掺杂离子并提出基质材料化合物的候选者。通过粉末合成、烧结反应和对样品荧光测试实验进行筛选，从中淘汰掉荧光性能差的样品。将荧光性能好的样品进行差热分析和相图研究。

（2）根据相图，确定晶体生长方案，进行晶体生长，力求生长出光学质量高又有一定尺寸的晶体。

（3）对长出的晶体进行加工、光学测试、结构测定、各种性能的测试以及猝灭和敏化研究等。

（4）对实验结果进行必要的理论分析，根据激光振荡情况和该晶体的物化性能，对新激光晶体进行评估，为应用和进一步探索性能更好的激光晶体材料提供依据。

参 考 文 献

1　王青圃，张行愚，赵圣之. 激光物理学. 山东：山东大学出版社，1993

2　Kaminskii A A. Laser Crystals. Springer-Verlag，Berlin，1980

3　曾汉民主编. 高技术新材料要览. 北京：中国科学技术出版社，1993

4　朱丽兰主编. 世纪之交：与高科技专家对话. 辽宁：辽宁教育出版社，1995

14 电光和光折变晶体[1~5]

14.1 引 言

各种外场，如低频电场或静电场、磁场、应力或应变场、温度场等，都会对晶体的光学性质产生影响，从而发生一些可以为人们所利用的交互效应，如电光效应、磁光效应、压电效应、弹光（或称压光）效应、热光效应及光折效应等。例如，尽管在电场作用下，一些具有电光效应晶体的折射率一般都变化不大，但已经足以引起光在晶体中传播的特性发生改变，从而可以通过外场的变化达到光电信号互相转换或光电相互控制、相互调制的目的。具有电光性质的晶体称为电光晶体。光折变现象是近年来研究得很多的一种非线性光学现象，光折变效应是发生在电光晶体材料中的一种复杂的光电过程，所有的光折变晶体都是电光晶体。由于光折变效应及其材料可以在光存储、光学信息处理等许多方面可能有重要的前景，因此成为非线性光学及材料的一个近年来研究广泛，进展很大的一个分支。

14.2 电光效应

14.2.1 电光效应的基本原理

晶体的折射率 n 是直接和晶体的介电常数有关系的。晶体的介电系数 $[\epsilon_{ij}]$ 是一个二阶张量，其逆张量 $[\beta_{ij}]$ 为介电不渗透张量。二者都是对称张量，当选主轴化的坐标系来描述时，它们的张量形式为：

$$\begin{bmatrix} \epsilon_1 & 0 & 0 \\ 0 & \epsilon_2 & 0 \\ 0 & 0 & \epsilon_3 \end{bmatrix}, \quad \begin{bmatrix} \beta_1 & 0 & 0 \\ 0 & \beta_2 & 0 \\ 0 & 0 & \beta_3 \end{bmatrix}$$

在介质内部电场 E 不大时，电介质的极化强度 P 与电场 E 成正比，即

$$P = \chi E \tag{14-1}$$

同样，我们也可定义电介质的电位移 D

$$D = \epsilon_0 E + P \tag{14-2}$$

在各向异性晶体中，如在光的传播中选介电常数张量 $[\epsilon_{ij}]$（或 $[\beta_{ij}]$）的主轴为坐标轴，则上二式可写作

$$D_i = [\epsilon_i] E_i \tag{14-3}$$

$$E_i = [\beta_i] D_i \tag{14-4}$$

并且有 $\epsilon_1 = n_1^2 = \beta_1^{-1}$，$\epsilon_2 = n_2^2 = \beta_2^{-1}$，$\epsilon_3 = n_3^2 = \beta_3^{-1}$，

式中 n_1、n_2、n_3 为各向异性晶体的三个主折射率。

非线性的介电常数 ϵ 可以定义为

$$\epsilon = \frac{\mathrm{d}D}{\mathrm{d}E} = \epsilon^0 + 2\alpha E + 3\beta E^2 + \cdots \tag{14-5}$$

在通常电场强度所能达到的数值内，第二项和其他高次项对介电常数的贡献很小，这就意味着，在一般情况，与介电常数非线性项相关的一些效应微弱得难以察觉。然而，由于折射率微小变化可以用光学方法高度精确地测量出来，如利用双折射效应和光学干涉等方法都可以测量出折射率在 1×10^{-6} 数量级上的差别，这就相当介电常数在 2×10^{-6} 数量级上的差别。因此，由较强电场引起的对于线性介电常数的修正量，而且这一效应又在实际中得到了许多重要的应用，因此得到了人们广泛的重视和深入的研究。

外加（直流或光频）电场的作用引起材料折射率变化的效应，称为电光效应。

对于非磁性材料来说，相对光频介电常数等于折射率的平方，即 $\varepsilon(\omega)/\varepsilon_0 = n^2(\omega)$。因此，低频电场对于光频介电常数的贡献，相当于低频电场导致折射率的微小变化，即

$$n - n^0 = a\boldsymbol{E}_0 + b\boldsymbol{E}_0^2 + \cdots \tag{14-6}$$

同样，等式右边的第一项为线性电光效应或 Pockels 效应，第二项为二次电光效应，也称平方电光效应或 Kerr 效应。

除了这种描述方法外，还有另一种由波克斯（Pockels）建立的电光效应的表示方法。晶体施加电场后，介电不渗透张量的改变量 $\Delta\beta_{ij} = \beta_{ij} - \beta_{ij}^0$，这里 β_{ij}^0 和 β_{ij} 分别为施加电场前后的介电不渗透张量，这样晶体的电光效应可以表示为

$$\Delta\beta_{ij} = \beta_{ij} - \beta_{ij}^0 = \gamma_{ijk}E_k + h_{ijkl}E_kE_l + \cdots \tag{14-7}$$

14.2.2 线性电光效应（Pockels 效应）

线性电光效应只存在于没有对称中心的晶体中，可以表达为

$$\Delta\beta_{ij} = \beta_{ij} - \beta_{ij}^0 = \gamma_{ijk}E_k \tag{14-8}$$

γ_{ijk} 为三阶张量，β_{ij} 是一个对称的二阶张量，$\beta_{ij} = \beta_{ji}$，因此，线性电光系数

$$\gamma_{ijk} = \gamma_{jik}$$

因此 γ 的独立分量数减至 18 个。采用简化下标后电光效应的表达式为

$$\Delta\beta_m = \gamma_{mk}E_k \tag{14-9}$$

取 β_{ij}^0 的主轴为坐标轴，上式写作

$$\begin{bmatrix} \Delta\beta_1 \\ \Delta\beta_2 \\ \Delta\beta_3 \\ \Delta\beta_4 \\ \Delta\beta_5 \\ \Delta\beta_6 \end{bmatrix} = \begin{bmatrix} \beta_1 - \beta_1^0 \\ \beta_2 - \beta_2^0 \\ \beta_3 - \beta_3^0 \\ \beta_4 \\ \beta_5 \\ \beta_6 \end{bmatrix} = \begin{bmatrix} \gamma_{11} & \gamma_{12} & \gamma_{13} \\ \gamma_{21} & \gamma_{22} & \gamma_{23} \\ \gamma_{31} & \gamma_{32} & \gamma_{33} \\ \gamma_{41} & \gamma_{42} & \gamma_{43} \\ \gamma_{51} & \gamma_{52} & \gamma_{53} \\ \gamma_{61} & \gamma_{62} & \gamma_{63} \end{bmatrix} \begin{bmatrix} E_1 \\ E_2 \\ E_3 \end{bmatrix} \tag{14-10}$$

线性电光效应只可能在非中心对称的晶类中存在，不同的晶类的线性电光系数数目不同，γ_{mk} 不具有 Kleinman 对称，而且所有具有压电效应的晶体都具有线性电光效应，四方晶系 4，$\bar{4}$，422，4mm 和 $\bar{4}$2m，三方晶系 3，32 和 3m，六方晶系 6，$\bar{6}$，622，6mm 和 $\bar{6}$m2，立方晶系 23 和 $\bar{4}$3m 具有线性电光效应。

由于 KDP 类晶体为最常用的电光晶体，一般都以 $\bar{4}$2m 晶类的电光效应予以讨论。

14.2.3 $\bar{4}$2m 晶类的线性电光效应

磷酸二氢钾（KDP）是一种优良的非线性光学晶体，同时又是一种重要的电光晶体，它属于四方晶系 $\bar{4}$2m 点群，它是单轴晶，其光轴和其 $\bar{4}$ 轴重合。在未加电场时，光折射率体

为一个旋转椭球体，其示性面方程为

$$\beta_1^0(x_1^2 + x_2^2) + \beta_3^0 x_3^2 = 1 \tag{14-11}$$

式中

$$\beta_1^0 = \frac{1}{n_1^2} = \frac{1}{n_0^2}, \beta_3^0 = \frac{1}{n_3^2} = \frac{1}{n_e^2}$$

n_0 和 n_e 分别为单轴晶的寻常光和异常光的折射率。这样式（14-11）也可写作

$$\frac{x_1^2 + x_2^2}{n_0^2} + \frac{x_3^2}{n_e^2} = 1 \tag{14-12}$$

加电场后，由于电光效应光率体发生畸变。对于 $\bar{4}2m$ 晶类，电光系数张量 γ_{mk} 有两个独立分量 γ_{41} 和 γ_{63}，表征电光效应的矩阵形式为

$$\begin{bmatrix} \Delta\beta_1 \\ \Delta\beta_2 \\ \Delta\beta_3 \\ \Delta\beta_4 \\ \Delta\beta_5 \\ \Delta\beta_6 \end{bmatrix} = \begin{bmatrix} \beta_1 - \beta_1^0 \\ \beta_2 - \beta_2^0 \\ \beta_3 - \beta_3^0 \\ \beta_4 \\ \beta_5 \\ \beta_6 \end{bmatrix} = \begin{bmatrix} 0 & 0 & 0 \\ 0 & 0 & 0 \\ 0 & 0 & 0 \\ \gamma_{41} & 0 & 0 \\ 0 & \gamma_{41} & 0 \\ 0 & 0 & \gamma_{63} \end{bmatrix} \begin{bmatrix} E_1 \\ E_2 \\ E_3 \end{bmatrix} \tag{14-13}$$

由此得到

$$\beta_1 - \beta_1^0 = 0, \beta_1 = \beta_1^0 = \frac{1}{n_0^2}$$

$$\beta_2 - \beta_2^0 = 0, \beta_2 = \beta_2^0 = \frac{1}{n_0^2}$$

$$\beta_3 - \beta_3^0 = 0, \beta_3 = \beta_3^0 = \frac{1}{n_e^2}$$

$$\beta_4 = \gamma_{41} E_1$$

$$\beta_5 = \gamma_{41} E_2$$

$$\beta_6 = \gamma_{63} E_3$$

在这里，我们可以看到 γ_{41} 描述了电场方向垂直于光轴的电光效应，而 γ_{63} 则描述了电场方向平行于光轴的电光效应，将上述结果代入其光折射率体方程，则有

$$\beta_1^0(x_1^2 + x_2^2) + \beta_3^0 x_3^2 + 2\gamma_{41}(E_1 x_2 x_3 + E_2 x_3 x_1) + 2\gamma_{63} E_3 x_1 x_2 = 1 \tag{14-14}$$

这样，由于电场的作用，光折射率体由旋转椭球改变为一般的三轴椭球体，晶体由单轴晶变成了双轴晶，即晶体由于电场的作用出现了感应各向异性，感应各向异性是可逆的。

14.2.3.1　纵向电光效应

从式 14-14 我们可以知道，只要 $E_1 = E_2 = 0$，而 $E_3 \neq 0$，即平行于 x_3（光轴）施加电场，则可以利用 γ_{63} 电光效应，并免除 γ_{41} 的影响，此时经过主轴化处理后，方程 14-14 可写作

$$(\beta_1^0 + \gamma_{63} E_3) x_1'^2 + (\beta_1^0 - \gamma_{63} E_3) x_2'^2 + \beta_3^0 x_3'^2 = 1 \tag{14-15}$$

经分析可以知道，对于 $\bar{4}2m$ 晶类的晶体沿其光轴 x_3 施加电场后，光折射率体的主轴 x_3 保持不变，另两个主轴在 $x_1 x_2$ 平面内绕 x_3 轴旋转 $45°$，旋转的角度与电场的正负和强度无关，但转动的方向随电场符号改变而反向。

通过以上分析，我们可以了解到，当激光沿着像 KDP 一类对称性为 $\bar{4}2m$ 晶类的晶体光轴传播时，当 $E_3 = 0$，即没有外加电场时，晶体不发生双折射；但当 $E_3 \neq 0$，即平行 x_3 轴

（光轴）施加电场时，x_3 就不再是光轴，此时沿原光轴通过的激光便由于晶体所产生的电致双折射而分解为振动方向彼此互相垂直，传播方向相同而相速度不等的二束折射率分别为 n'_1 和 n'_2 的偏振光，由于晶体的这种双折射是由外加电场引起的，也称电致双折射，此时产生的电光效应为 γ_{63} 的纵向效应，当这二束偏振光通过厚度为 d 的晶片后，由于二束光的折射率差异，产生了位相延迟。二束光的位相差

$$\Gamma = \varphi_2 - \varphi_1 = \frac{2\pi}{\lambda}(n'_2 - n'_1)d = \frac{2\pi}{\lambda}n_0^3\gamma_{63}E_3d = \frac{2\pi}{\lambda}n_0^3\gamma_{63}V_3 \tag{14-16}$$

式中 λ 为晶体中光波波长，$V_3 = E_3d$ 为加在厚度为 d 晶片上的电压。从这一式子，我们可以清楚地看到，γ_{63} 纵向电光效应中由电压引起的位相差和加在晶片上的电压成正比，而与晶片的厚度无关。

当位相差 $\Gamma = \pi$，即二束光的光程差 $\Delta = (n'_2 - n'_1)d = \frac{1}{2}\lambda$ 时所需要施加的电压称为半波电压，可以用 V_π 或 $V_{\lambda/2}$ 表示，由上式可知

$$V_\pi = \frac{\lambda}{2n_0^3\gamma_{63}} \tag{14-17}$$

即电光晶体的半波电压是与 γ_{63} 成反比的，实际上，半波电压即直接反映了晶体电光效应的大小，因此可以将其看作是反映晶体电光性能好坏的一个重要参数，也可以利用上式来测定晶体的电光系数 γ_{63}。

14.2.3.2 γ_{63} 的横向效应

当外加电场方向仍然是沿 x_3 轴方向（$E_3 \neq 0$），而通光方向垂直于 x_3 轴时，所产生的即为 γ_{63} 的横向效应。我们知道，当施加电场后，其新的主轴将绕 x_3 轴旋转 45°，是 [110] 或 [1$\bar{1}$0] 方向，沿此方向通光最佳。其时，沿该方向传播的二束光的折射率分别为 n'_1 和 n'_2，其位相差为

$$\begin{aligned}\Gamma_{[110]} &= \frac{2\pi l}{\lambda}(n'_1 - n'_2) = \frac{2\pi l}{\lambda}\left(n_0 - n_e + \frac{1}{2}n_0^3\gamma_{63}E_3\right)\\ &= \frac{2\pi l}{\lambda}(n_0 - n_e) + \frac{\pi l}{\lambda d}n_0^3\gamma_{63}V_3\end{aligned} \tag{14-18}$$

和 γ_{63} 的纵向效应相比，这里由于通光方向与晶片施加电场方向相互垂直，多了一个通光长度 l 参数。

14.2.3.3 γ_{41} 电光效应

通过与 γ_{63} 的电光效应相类似的方法，我们可以分析 γ_{41} 的电光效应。对于 γ_{41} 的纵向效应，即在 x_2 方向施加电场，通光方向平行于 x_2 轴时，沿 x_2 方向传播的二束光的位相差为

$$\Gamma = \frac{2\pi}{\lambda}(n'_1 - n'_3)d = \frac{2\pi}{\lambda}(n_0 - n_e)d + \frac{\pi}{\lambda}\gamma_{41}^2\frac{n_0^2n_e^2(n_0^3 + n_e^3)}{n_0^2 - n_e^2} \times \frac{V_2^2}{d} \tag{14-19}$$

从上式可知，位相差中包含自然双折射项，而感应双折射率项与 γ_{41} 的平方成正比。由于 γ_{41} 甚小（平方更小），因此，利用这一效应必然复杂而低效，鉴于此，这种组态几乎没有实用价值。

14.2.4 二次电光效应（Kerr 效应）

除了线性电光效应外，由二次项引起的电光效应称作二次电光效应，亦称作克尔（Kerr）效应），可以表示为

$$\Delta\beta_{ij} = \beta_{ij} - \beta_{ij}^0 = h_{ijkl}E_kE_l \qquad (14\text{-}20)$$

式中 h_{ijkl} 称作二次电光系数，是个四阶张量，因此可以存在于所有 32 种晶类晶体中。实际上，二次电光效应可以泛指各向同性的固体、液体和气体在强电场下变为光学各向异性体，由电场引起的双折射与电场的平方成正比的现象。原则上所有物质都可以存在二次电光效应，但在压电类晶体中，由于同时存在线性电光效应，其强度比二次电光效应强得多，因此除个别情况外不再注意其二次电光效应。在实用中，常利用立方晶系或均质体的二次电光效应。有些液体，例如硝基苯，具有相当大的二次电光系数，因而常用以制作二次电光器件，称克尔盒。

14.3　电光器件

电光晶体可以在激光技术中获得广泛应用，常用的器件包括电光调制器、电光开关、电光偏转器等。其中电光开关是最常用的，而最常用的电光晶体材料是磷酸二氘钾（DKDP）晶体，我们以此为例予以简要介绍。

14.3.1　电光开关

电光开关的基本思想是利用脉冲电信号来控制光信号，因此在通信和激光技术中十分重要。

电光开关是一对正交偏光器及置于其中纵向通光的 DKDP 晶体组成，在 DKDP 晶体的通光面镀电极并施加电场，可以施加脉冲电压来调制光强。如图 14-1 所示，入射光强 I_0 与

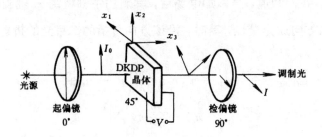

图 14-1　电光开关工作原理图

出射光强 I 之比，即相对透过率 T 为

$$T = \frac{I}{I_0} = \sin^2\frac{\pi V_3}{2V_\pi} \qquad (14\text{-}21)$$

式中 V_3 为施加于晶体光轴方向的电压，V_π 为半波电压。当不加电场时，$T=0$，视场黑暗；电压 V_3 增加，则相对透过率随电压增加而呈电压正弦平方关系增加（图 14-2）；当所施加电压等于半波电压 V_π 时，透过率最大，视场明亮；透过率 T 为零或最大，相当于电光开关的关闭和打开。在理想情况下，其开关频率可达每秒 10^{10} 次，这种速度是任何机械快门所不可能达到的。将这一电光电光开关的置于激光器腔内，即组成调 Q 激光器，这一电

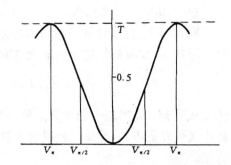

图 14-2　相对透过率（T）和电压的关系

光开关即称为 Q 开关。通过对 Q 开关的调节可以控制脉冲的长短及能量，是激光器中一个极其重要的元件。

14.3.2 电光调制器

当在电光晶体上施加交变调制信号电压时，由于电光效应，晶体的折射率随调制电压即信号而交替变化。此时，若有光波通过晶体，则原来不带信号的光波则含有了调制信号的信息。若是强度受到调制，称为电光强度调制器，若是位相受到调制，则称为电光位相调制器。

14.3.3 电光偏转器

利用晶体的电光效应使激光束实现偏转的器件称为电光偏转器。电光偏转器根据施加电压形式不同而造成的偏转方式的不同，分为数字偏转器和连续偏转器，前者使激光束在特定的间隔位置上离散，后者使光束传播方向产生连续偏转而形成光束光点在空间按预定要求连续移动。

14.4 电光晶体

在本节，我们将介绍电光器件对电光晶体材料的主要要求及几种主要电光晶体。

14.4.1 实用电光晶体应具备的性质

通常对电光晶体材料的性能要求有以下五个方面。

(1) 品质因子。早期曾用约化半波电压 V_π 作品质因子，它表征是电光材料的有效电光效应的大小。对高重复率的开关及宽带的调制器，技术应用中还要考虑器件的驱动功率，由此定义一个品质因子 F。F 与单位宽带的驱动功率成反比。无论是 V_π 或 F 都反映出大的有效电光系数和高的折射率是选择电光材料的首要考虑因素。

(2) 高的光学均匀性。各种电光器件都基于晶体中特征模间的偏光干涉，因而要求材料的光学均匀性优于 10^{-5}cm^{-1}。材料的消光比（即器件关断时剩余透过率与打开时最高透过率之比值）是衡量器件光学均匀性的一个重要指标。好的开关器件要求消光比达 80dB 以上。

(3) 透明波段。电光晶体要求对所用光波透明。宽的透明波段能展伸材料所应用的波长。为避免双光子吸收，要求晶体具有低的短波吸收限。吸收常与过渡金属元素杂质以及晶体中的散射颗粒有关。杂质和散射颗粒的光吸收是造成器件温升退化的主要原因。

(4) 温度稳定性。由于电光效应产生的折射率改变一般很小，因而折射率的温度变化，特别是双折射率的温度变化会造成器件性能的极大变化。

(5) 易于获得光学质量大尺寸单晶。电光器件尺寸往往达厘米量级，因而获得高光学质量的大尺寸单晶是对材料的重要要求。

14.4.2 几种实用的电光晶体

大部分非线性光学晶体都具有良好的电光性质。但由于上述对电光晶体的要求，尽管具有线性电光性能的晶体品种众多，但能够满足实际应用的晶体为数甚少。

目前实用的电光材料主要是一些高电光品质因子的晶体材料和晶体薄膜。在可见波段，实用的电光材料有磷酸二氢钾 (KDP)、磷酸二氘钾 (DKDP)、磷酸二氢铵 (ADP)、铌酸锂 (LN) 和钽酸锂 (LT) 晶体。DKDP 和 ADP 晶体有高的光学质量和高的光损伤阈值，但是其半波电压较高,而且要采用防潮解措施。LN 和 LT 晶体有低的半波电压,物化性能稳定,但是光损伤阈值较低,常用于低、中功率激光器。在红外波段,实用的电光材料有砷化镓(GaAs)和碲化镉(CdTe)等半导体晶体。

我们可以将这些晶体归纳为 KDP 型晶体、ABO_3 型晶体、AB 型化合物晶体及杂类晶体。KDP 类晶体包括 KDP、ADP 和 DKDP 等,其中 DKDP 最为常用,其光学均匀性好,在 $0.19\sim2.58\mu m$ 波段透过度高达 95% 以上,通常采用缓慢降温法从重水中生长。由于在生长温度之间,有用的四方相 DKDP 晶体为亚稳相,而无用的单斜相晶体则为稳定相。我国在国际上首创了亚稳相生长 DKDP 的工艺,容易稳定获得大尺寸单晶,并相应发展了亚稳相生长理论。ABO_3 型晶体是指如钽酸钾($KTaO_3$,KT)、钽铌酸钾(KTN)、钛酸钡($BaTiO_3$,BT)、铌酸锂($LiNbO_3$,LN)、钽酸锂($LiTaO_3$,LT)以及铌酸锶钡(SBN)、铌酸钡钠(BNN)这一类具有钙钛矿或钨青铜结构的晶体。这些晶体通常采用熔体提拉或熔盐提拉法生长,都具有良好的机械性质和电光效应。除 LT 和 LN 较易获得大尺寸单晶外,一般都因为成分复杂,单畴化困难,以及生长高质量晶体相当困难等原因,很难制作成实用的电光器件。AB 型化合物的典型代表为 ZnS,CdS,GaAs 和 CuCl 等,可用于中远红外波段。CuCl 晶体的透过波段在 $4.0\sim20.5\mu m$,但也很难生长大尺寸高质量单晶。不属于以上三类的晶体如 $KTiOPO_4$(KTP),$Cd_2(MoO_4)_3$,$Bi_4(GeO_4)_3$,$LiNaSO_4$,$K_3LiNb_5O_{15}$(KLN)等都统称为杂类晶体。目前电光晶体的研究与制备尚有许多工作可做,因为满足要求的理想晶体不多。KDP 晶体居里点低,半波电压高,易潮解,LN,LT 半波电压高,光损伤阈值低,KTP 晶体的一个方向电导率高易击穿,一些有理想性质的电光晶体却难以生长大尺寸高均匀性单晶。因此,还需要做更多的研究工作来寻找新的电光晶体或改进生长方法,探寻出具有良好的性质的大单晶。

鉴于大部分电光晶体已在非线性光学晶体一章予以介绍,本节列表给出主要电光晶体及其性质(表 14-1)。

表 14-1 主要电光晶体及其性质

晶体种类		电光系数 $\gamma/m\cdot V^{-1}$	折射率 n	介电常数 ε	半波电压/V	居里点/K
KDP 型	KDP(KH_2PO_4)	10×10^{-12}	1.51	21	7650	123
	DKDP(KD_2PO_4)	26×10^{-12}	1.51		3400	222
	ADP($NH_4H_2PO_4$)	24×10^{-12}	1.53	15	9600	148
	KDA(KH_2AsO_4)	13×10^{-12}	1.57	21	6200	97
	ADA($NH_4H_2AsO_4$)			14	13000	216
	RDA(RbH_2PO_4)		1.56		7300	110
ABO_3 型	KTN($KTa_xNb_{1-x}O_3$)	16000×10^{-12}	2.29	约 10^4	380	2283
	$BaTiO_3$	1640×10^{-12}	2.40	3600	480	393
	$SrTiO_3$		2.38			33
	LN($LiNbO_3$)	32×10^{-12}	2.27	43	2800	1483
	LT($LiTaO_3$)	33×10^{-12}	2.18		840	933

续表 14-1

晶 体 种 类		电光系数 $\gamma/\mathrm{m \cdot V^{-1}}$	折射率 n	介电常数 ε	半波电压/V	居里点/K
AB 型	GaAs	1.2×10^{-12}	3.30	13.2	5600	
	InP	1.45×10^{-12}	3.29	12.6		
	ZnS	1.5×10^{-12}	2.36	8.3	10400	
	ZnSe		2.43	9.1	7800	
	CdTe	6×10^{-12}	2.69	9.4		
	CuCl		2.00	7.5	6200	
其他	SBN ($Sr_{0.75}Ba_{0.25}Nb_2O_6$)	1304×10^{-12}	2.30	3400	37	333
	BNN ($Ba_2NaNb_5O_{15}$)	92×10^{-12}	2.32	51	1570	833
	BSO ($Bi_{12}SiO_{20}$)	5×10^{-12}	2.54	47	3900	
	BGO ($Bi_{12}GeO_{20}$)	9.7×10^{-12}	2.55	40	5660	
	KLN ($K_3Li_2Nb_5O_{15}$)	79×10^{-12}	2.28	100	330	693
	KTP ($KTiOPO_4$)	36×10^{-12}	1.80	17	1460	

14.5 光折变效应的基本概念

光折变效应的研究自 20 世纪 60 年代中期以来，不断深入、发展和扩大，形成了非线性光学的一个重要分支——光折变非线性光学。

14.5.1 光折变效应的定义和特点

光折变效应的发现在 20 世纪 60 年代中期。美国贝尔实验室的科学家在用铌酸锂晶体进行高功率激光的倍频转换实验时，观察到晶体在强激光照射下出现可逆的"光损伤"现象。由于这种效应伴随着折射率的改变，并且"光损伤"是可擦除的，为避免与晶体受强激光照射所形成的永久性损伤相混淆，人们将这一效应称作光折变效应 (Photorefractive effect)。

光折变效应是光致折射变化效应 (photo-induced refractive index change effect) 的缩称，然而，它并不泛指所有由光感生折射率变化的效应。这一名称的确切含义是指材料在光辐射下，通过光电导效应形成空间电荷场，由于电光效应引起折射率随光强空间分布而发生变化的效应。目前，光折变效应已被广泛用来说明电光、光电导材料中光辐照导致的折射率变化的现象。

在光折变效应中折射率的变化和通常在强光场作用下所引起的非线性折射率的变化机制是完全不同的。光折变效应是发生在电光材料中的一种复杂的光电过程，是由于光致分离的空间电荷产生相应空间电荷场，由于晶体的电光效应而造成折射率在空间的调制变化，形成一种动态光栅（实时全息光栅）。由电光效应形成的动态光栅对于写入光束的自衍射，将引起光波的振幅、位相、偏振甚至频率的变化，从而为相干光的处理提供了全方位的可能性。

与高功率激光作用下的非线性光学效应相比，光折变效应有两个显著的特点。首先，在一定意义上说光折变效应和光强无关。入射光的强度，只影响光折变过程进行的速度。因为光折变效应是起因于光强的空间调制，而不是绝对光强作用于价键电子云发生形变造成的。这种低功率光致折射率变化为非线性光学研究开阔了一个更为广阔、更为便利的研究领域，为人们提供了在低功率激光条件下观察非线性光学现象的可能性，并为采用低功率激光制作各种实用非线性光学器件奠定了坚实的基础。

光折变材料的第二个特点是其非局域响应，通过光折变效应建立折射率位相光栅是需要时间的，它的建立不仅在时间响应上显示出惯性，而且在空间分布上也是非局域响应的，即折射率改变的最大处并不对应于光辐射的最强处。在光折变晶体中形成的动态光栅相对于作用光的干涉条纹有一定的空间相移，当这一相移达到 $\frac{\pi}{2}$ 时，将发生最大的光能不可逆转移。此时的光栅又称相移型光栅。利用这一光栅，允许将泵浦光能向信号光或相位共轭波转移。这样就开辟了利用非线性作用放大信号光的一条新途径。理论分析和实验都已经证明，利用光折变效应进行光耦合，其增益系数可以达到 $10\sim100\text{cm}^{-1}$ 量级，远远高于激光物质如红宝石、钕玻璃等的增益系数。此外，如果在这种光放大器上加上适当正反馈，还可在光折变晶体中形成光学振荡，这是一种基于经典光学的干涉、衍射和电光效应实现的一种新型的相干光放大形式，不同于通过活性介质粒子数反转和受激辐射过程而产生的相干光量子放大器（激光）。

自 60 年代中期以来，人们发现了大量具有光折变效应的材料，包括无机非金属材料、半导体、有机化合物等，在光折变非线性光学基础研究基础上发展起来的光放大、光学记忆、图像复原、空间光调制器、光动态滤波器、光学时间微分器、光偏转器等各种原型器件层出不穷。由于光折变材料具有灵敏、耐用等特点，使人最终企图将其用于光计算机。有人预言，理想的光折变器件应能与半导体激光器以及探测器集成，形成结构紧凑、性能优越的数据处理器，有关的理论研究和实验工作正在逐步扩展和深入。

14.5.2　光折变效应的机理

光折变效应是由三个基本过程形成的：光折变材料吸收光子而产生自由载流子（空间电荷），这种电荷由于相干光束干涉强度的分布是不均匀的；它们在介质中的漂移、扩散和重新俘获形成了空间电荷的重新分布并产生空间电荷场；调制的空间电荷场再通过线性电光效应引起折射率的调制变化，即形成折射率的光栅。作为一种光折变材料，必须具备的条件是能够吸收入射光子并因此产生可以迁移的光生载流子，即具有光电导性能，材料本身具有非零的电光系数。

关于光折变机理的描述，有各种不同的模型。最早提出的有电荷转移模型，将材料的自发极化和光场调制结合来解释光折变效应和晶体的全息存贮。带输运模型，同时考虑了光激发载流子在晶体中的三种可能迁移过程，即扩散、漂移和光生伏打效应形成的光电流，比较全面分析了光折变效应的微观过程，对于稳态光折变现象作出了合理的结论。并可以描述光折变效应的瞬态和随时间演化过程以及非静态记录的各种情况，以此说明了许多动态现象，成为人们普遍接受的描述光折变效应机制的一个重要理论。此外，还有人提出了称为"跳跃模型"的光折变机制，将电荷的迁移过程看作是从一个陷阱位置"跳跃"到另一个近邻位置上的过程，其跳跃几率正比于辐照的光强及电场强度，对稳态光折变也作出了很好的解释。这一模型物理图像清晰直观，但结论与带输运模型不尽相同，解决问题有一定局限，也是为人们可以接受的模型。

除了空间电荷场外，晶体光折变效应的响应速度也是十分关键的。利用带输运模型，可以分析光折变折射率光栅的四个过程的响应速度极限，可以知道光激发电荷的产生速率构成了响应速度的基本限制，电荷转移、俘获及电光效应调制在其限制上加长响应时间，而当入射光具有足够高光强时，则光电荷转移成为响应时间的基本限制。对于一般的晶体如钛酸钡（$BaTiO_3$），至少要 1 毫秒时间来积累电荷以实现有效的光折变效应，而实际上光栅建立的时间还要长得多。从目前情况来看，光折变效应的许多应用都受限于光折变效应的响应时间过长。

14.5.3 光折变晶体中的光束耦合

由于光折变效应的特点，光束在光折变晶体中很容易实现多种原来仅在强光作用下才能实现的效应，如通过二波耦合实现的光放大，以四波简并混频获得相位共轭光等，为折变晶体在相关领域中的应用提供了依据。

光折变晶体中的光束耦合，实际上是光波在光致位相光栅的耦合作用下传播的问题，这是光折变效应研究的第二个重要内容。光折变晶体中光束的耦合作用可以用光学全息模型来处理。但是光折变晶体中记录的位相光栅和一般的全息光栅不同，在其中存在着写入和读出同时进行的自洽过程，是一种自写入自衍射过程。写入的光栅是动态的体位相栅。在自衍射过程中，辐射场的光强和位相分布随传播距离发生变化，并发生能量在光束间的相互转移，使得对光波在光折变晶体中的耦合作用的分析和处理变得非常复杂。非线性光耦合理论（波耦合理论）给出了波在周期变化介质中传播的波方程解，被广泛用以分析光折变晶体中光束的非线性耦合。

光折变晶体的二波耦合作用，是一种最基本也是最重要的耦合作用。非线性介质中的四波混频是三束相干入射光波产生第四束相干光波的四波相互作用过程，是产生相位共轭波的主要方法。

在四波混频中不仅可放大弱信号光，同时还可产生与信号光传播方向相反的相位共轭波，故被广泛用于产生相位共轭应用中。二波耦合能量转移方向取决于耦合常数符号。而发生在局域响应介质中的四波参数作用信号光的放大与耦合常数符号无关。最后，在二波耦合中，弱信号光放大是指数形式的，在四波参数作用中，信号光增长与晶体相互作用距离的幂次有关。

在光折变晶体中，光束之间的耦合作用还有光折变感应光散射和光振荡等现象，为光折变效应的研究和应用提供了丰富的内容。

14.5.4 光折变材料的基本性能和参数

本节将分别介绍光折变材料的基本性能，并简单分析它们与材料基本参数的关系。

14.5.4.1 光折变灵敏度

光折变材料中标定其灵敏度通常有两种方法，第一种是描述针对一定的折射率改变所需要的入射光的能量，第二种是在光存贮中对于厚度为 1mm 的材料达到 1% 的衍射效率时所吸收的能量，见表 14-2。影响材料光折变灵敏度的因素大体有以下几项：

（1）材料的电光系数 γ 越大，其光折变的灵敏度也越高；

（2）材料的极化系数 f_{33} 或者介电系数，对大多数铁电体材料 $f_{33} \approx 0.25 cm^2 \cdot C^{-1}$；

（3）光生电荷激发的量子效率 q 越大，其光折变的灵敏度越高；

（4）电荷分离造成的电偶极矩的改变，与电荷迁移的形式、外电场、光栅周期等多种因素有关。实验中通过测量光折变灵敏度对光栅周期的依赖关系可以粗略估算材料中电荷的扩散长度。

表 14-2　部分材料与光折变灵敏度有关的参数

材料	n_i	ε_{ij}	$\gamma_{ij}/$ pm·V^{-1}	$f_{ij}/$ m^2·C^{-1}	$B_1/$ cm^2·J^{-1}	备 注
LiNbO$_3$	2.259	29	31[①]	0.12[①]	2.74×10^{-3}	①$\lambda=633$nm
LiTaO$_3$	2.227	43	31[①]	0.09[①]	1.77×10^{-3}	
KNbO$_3$	2.227	55	64	0.13[①]	2.85×10^{-3}	
		1000	380[①]	0.043[①]	0.93×10^{-3}	γ_{42}
KNb$_{0.65}$Ta$_{0.35}$O$_3$	2.362	10000	1100[②]	0.013[②]	3.22×10^{-3}	②$E_0=5$kV/cm
K(NbTa)O$_3$	2.350	270	400	0.16	4.27×10^{-3}	$T_c=88°$
BaTiO$_3$	2.365[③]	168	80	0.054	1.40×10^{-3}	③$\lambda=546$nm
		4300	1640	0.043	1.12×10^{-3}	$\gamma_{51}=\gamma_{42}$
Ba$_{0.75}$Sr$_{0.25}$Nb$_2$O$_6$	2.260[①]	180	45	0.028[①]	0.64×10^{-3}	
Ba$_{0.39}$Sr$_{0.61}$Nb$_2$O$_6$	2,3	750	216	0.033	0.70×10^{-3}	④$\lambda=620$nm
Bi$_{12}$SiO$_{20}$	2.540[④]	56	5[①]	0.01[①]	0.32×10^{-3}	⑤$\lambda=510$nm
Bi$_{12}$GeO$_{20}$	2.55[⑤]	47	3.4[①]	0.03	0.27×10^{-3}	
KH$_2$PO$_4$	1.474	21	10	0.06	0.34×10^{-3}	
GaAs	3.5	13.2	1.2	0.01	2.20×10^{-3}	
CdTe	2.82	9.4	6.8[①]	0.09	13.9×10^{-3}	

注：$B_1=n^3\gamma em/(2\varepsilon_0\varepsilon h\nu)$，为与漂移机制相关的光折变参数和；无具体说明者是在 $\lambda=488$nm 波段下测得的结果。

表 14-3 和 14-4 中列出了几种重要的材料在不同定义下的光折变灵敏度。

表 14-3　光伏效应下几种晶体的光折变灵敏度

材 料	$\alpha/$cm^{-1}	$s_{n_1}^{-1}/$ J·cm^{-3}	$s_{n_2}^{-1}/$ J·cm^{-2}	$s_{\eta_1}^{-1}/$ mJ·cm^{-2}	$s_{\eta_2}^{-1}/$ mJ·cm^{-1}	Δn_{max}	存贮时间
LiNbO$_3$	$10^{-1}\sim10^2$	$(20\sim30)\times10^{-3}$		(1000)	300	$10^{-5}\sim10^{-3}$	100 小时～1 年
LiTaO$_3$	$1\sim10$			(50)	10	10^{-4}	10 年
KNbO$_3$	$1\sim5$	$(6\sim60)\times10^{-3}$	0.1×10^{-3}			5×10^{-5}	1 秒～1 天
K(NbTa)O$_3$			0.1×10^{-3}				
BaTiO$_3$					0.24		7 个月
				$50\sim1000$		2.2×10^{-5}	15 小时
Ba$_{0.4}$Sr$_{0.6}$Nb$_2$O$_6$:Ce	10						
Ba$_{0.6}$Sr$_{0.4}$Nb$_2$O$_6$:Ce	$0.29\sim11.5$	$(12\sim75)\times10^{-3}$	$(7.2\sim3.0)\times10^{-3}$	15	1.5		1 小时～1 月
				$2.5\sim15$	$1.6\sim6$		1 小时～17 月
K(D$_{0.7}$H$_{0.3}$)$_2$PO$_4$	0.58	5×10^{-3}	9×10^{-3}				7 天

表 14-4 光电导光存贮的光折变灵敏度

材　料	α/cm^{-1}	$s_{n_1}^{-1}/$ J·cm^{-3}	$s_{n_2}^{-1}/$ J·cm^{-2}	$s_{n_1}^{-1}/$ mJ·cm^{-2}	$s_{n_2}^{-1}/$ mJ·cm^{-1}	Δn_{max}	$E_0/$ kV·cm^{-1}	$\Lambda/\mu m$
LiNbO$_3$	0.1~100		6×10^{-3}			10^{-4}	50	
LiTaO$_3$	3~4			66	22	10^{-4}	15	
KNbO$_3$	3.8	0.08×10^{-3}	0.02×10^{-3}			10^{-5}	7	10
KTa$_{0.65}$Nb$_{0.35}$O$_3$		0.03×10^{-3}		0.13	0.05		10	
BaTiO$_3$				0.1~10		5×10^{-5}	10	
Ba$_2$NaNb$_5$O$_{15}$					3	10^{-5}	3	
Bi$_{12}$SiO$_{20}$	2.3	0.014×10^{-3}	0.006×10^{-3}	0.7	0.3		6	5
Bi$_{12}$GeO$_{20}$	2.1	0.05×10^{-3}	0.024×10^{-3}	2.6	1.7		6	5
PLZT 陶瓷(9/65/35)				100~600		10^{-3}	10	

14.5.4.2　动态范围（Δn_{max}）

光折变材料的动态范围是指光场可导致的折射率的最大变化，它决定着给定厚度的晶体中可实现的最大衍射效率以及给定的体积内所能记录的全息光栅的数目。几种材料的动态范围的实验测量值见表 14-3 和表 14-4。

从理论上说电光晶体的动态范围通常由两个因素决定。其一是晶体内陷阱中心的密度，它决定了晶体内所能建立起的最大空间电荷场 E_q，但在掺杂的晶体中，由于存在着大量的陷阱中心，所以这一因素通常不是关键。对掺杂的光折变晶体，只有那些经还原处理的样品才可能受这一因素的限制。其二是空间电荷场。除了材料本身的参数之外，诸如外加电场、光栅周期等实验条件都会影响空间电荷场的大小。在受体内陷阱中心密度限制的条件下，光折变晶体的动态范围还与电荷的输运机制有关。

14.5.4.3　折射率光栅与光场间的相位差（Φ）

光折变材料与普通的全息存贮材料的最大不同点在于光束耦合的动态特性，这里将分别介绍折射率光栅与光场分布的稳态与瞬态相位差。

A　稳态时折射率光栅与光场间的相位差

（1）电荷输运以扩散机制为主，即无外加电场和光伏效应时，$\Phi=\pi/2$，这时对应于光束耦合中最佳的能量转移。

（2）电荷输运以外加电场或光伏场下的漂移为主时，$\Phi\approx 0$。

（3）三种机制并存时，这时的相移由晶体内的三个特征场：扩散场、漂移场、光伏场共同决定。

B　折射率光栅与光场的瞬态相移

当光折变晶体对应的稳态相移为零时，如果晶体内的光栅写入速度与衰减速度相当或者前者比后者更小时，会出现折射率与光场间的瞬态相移，它虽然不影响光束在材料中耦合的最终结果，但却会造成光记录过程中暂时的能量转移。

14.5.4.4　光折变效应的响应时间

不同的光折变材料在光场作用下折射率光栅的建立时间也是不同的。一般说来材料的光折变响应与多种材料参数有关。

（1）材料的介电弛豫时间常数 T_d 直接决定着材料的光折变响应速度，而介电弛豫时间又与材料的介电常数成正比，与电荷迁移率成反比。另外，电荷的复合时间常数和光激发电荷的量子效率越大，介电弛豫时间就越小。

（2）材料中电荷的光激发速率与复合速率之和的倒数 γ_1，与入射光强、电荷的激发截面、电荷的复合速率有关，它随着光强增加而减小。也就是说增加光场的强度可以提高材料的光折变响应速率。

（3）材料的三个特征时间常数：T_r（复合时间常数）、T_τ（漂移时间常数）以及 T_d（扩散时间常数）。

14.5.4.5　光折变材料的分辨率

作为全息存贮材料，人们希望在一定体积的光折变晶体中存贮尽可能多的信息量，这时材料的动态范围和分辨率就起到了决定性的作用。

材料的分辨率近乎是由入射光的波长、材料的厚度以及折射率决定的，也与晶体质量有关。

14.6　光折变效应的应用

光折变晶体的大部分应用均与光束在其中的耦合和形成位相光栅有关，其应用还通过四波混频而得到非线性光学位相共轭和其他动态记录介质而得到迅速发展。虽然这些效应的全部技术问题尚未解决，实际应用尚待发展，但许多光折变的原型器件已经显示出许多独特的优点和神奇的能力。

14.6.1　光学位相共轭器件

获得一束波的位相共轭波实际上是将原波束倒转，倒转波束二点之间的位相差均与波束相同二点的位相差的绝对值相同，但符号相反。在位相共轭镜中会将发散的球面波变成会聚球面波严格地沿原路反回，反射的光波具有与入射光波相反的方向，但有完全相同的波阵面。这样，由于位相共轭光能够严格再现原入射光波的波阵面，那么即使在其光路中引入任何畸变介质，光束来回二次通过后即能完全消除其影响。这就使光学位相共轭有许多具体应用，如补偿光学系统受到的动态和静态畸变。这些畸变表现在高功率激光器，光学测距和限踪系统，光通信系统、光刻应用中的噪声，位相共轭光有助于克服或抑制它们。

自从光折变效应发现后，人们采用毫瓦的激光便可在一块光折变晶体中实现位相共轭。位相共轭器利用光折变效应的四波混频原理制备。图 14-3 总结了各类型的自泵浦位相共轭

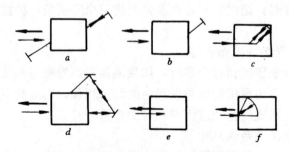

图 14-3　各种自泵浦位相共轭器示意图

器。其中 a 是最早提出的线性位相共轭器；b 为准线性被动式位相共轭器。也称作自泵浦位相共轭器。c 是利用晶体的边角面反射形成位相共轭的，是光折变领域公认最实用的器件，e 为环形自泵浦位相共轭器，阈值低，容易实现。e 和 f 为不需外部反馈，也不靠晶体内表面全反射的自泵浦器件。

14.6.2　光折变自泵浦位相共轭器的应用

自泵浦位相共轭器件结构紧凑，不需外加泵浦光，并几乎不受外界影响，因此在位相共轭激光谐振腔、光通信方面显示了巨大应用潜力，本节将举例说明。

14.6.2.1　远距离传感和光通讯

自泵浦位相共轭器的信号也可以通过电压信号来调制，因此，在远距离传感和光通信中，可将瞬态的带有信息的嵌入信号从一地传到另一地。在通过大气或介质（如光纤）都会引入扰动噪声，位相共轭器光二次通过介质即可消除畸变。

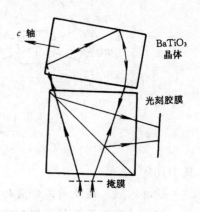

图 14-4　自泵浦位相共轭器用于光刻

14.6.2.2　光刻

在普通的光刻照相制版中，要选用很高光学质量、价格十分昂贵的光学系统保证制版质量。位相共轭光能严格重现入射光波阵面，故借图 14-4 的排布利用 $BaTiO_3$ 晶体自泵浦位相共轭器制备高分辨率的光刻技术方案，可以完全消除光学元件表面的散斑，而满足光刻的要求。

14.6.3　光折变二波耦合的应用

光折变晶体的二波耦合可以用于图像放大、动态干涉计量、激光光束导向、激光光束净化、自激光学谐振、光学逻辑运算等。

14.6.3.1　图像放大

光束在光折变晶体中的耦合作用可以产生强的增益从而导致大的能量转移，可用于弱信号放大或者光学图像放大。这种应用的光路十分简单，只是将携带有空间信息透明片置于光路中，使信号光在耦合作用后得以放大。

14.6.3.2　激光束的导向

这种应用依赖于二维的空间光调制器和光折变晶体中二波耦合的结合。这样就利用空间调制器实现激光光束的导向，实现了激光光束偏转。

14.6.3.3　光逻辑运算

光折变晶体的二波耦合效应可以通过不同途径来控制，从而实现光学逻辑运算。图 14-5a 给出了"或"门的例子。入射光信号光 A'_2 和 A''_2 单独入射或同时入射都可以通过二波耦合放大到相同能量，实现逻辑运算中的"或"。与此相似，图中 b 和 c 分别给出了"或非"和"与"门的原理。

14.6.4　光折变四波混频的应用

光折变晶体中的四波混频可以等效为实时全息存储，利用这种技术能方便地实现入射光波的位相共轭波。除自泵浦位相共轭外还有其他方法如外泵浦、互泵浦也是十分有效的方法。外泵浦位相共轭也可用于通过畸变介质的信息传输、实时干涉计量、无散斑成像、二维图像的加减、图像的卷积与相关、关联存储器、光互联等许多方面，本节也将简单介绍

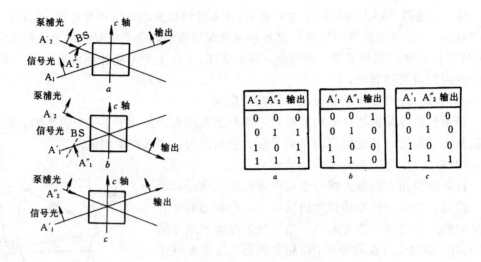

图 14-5   利用二波耦合实现光计算的原理
a—"或"门；*b*—"或非"门；*c*—"与"门

其中几种。

14.6.4.1   通过畸变介质的信息传输

位相畸变的矫正是位相共轭波的最基本的特性。与普通全息法相比，光折变晶体中通过四波混频实现位相共轭波可在低功率激光下进行。和自泵浦位相共轭器相同，利用 BaTiO₃ 晶体通过入射波的位相共轭并二次通过多模光纤完成图像复原的实验取得较理想的结果。这种波前畸变的矫正是自适应光学、无透镜成像以及位相共轭激光腔的基础。

14.6.4.2   无散斑成像

光学全息再现过程中，由于记录介质或光学元件的缺陷会引入散斑而降低再现图像的空间分辨率及信噪比，利用光折变晶体中的四波混频作用可降低散斑。

14.6.5   光存储

光存储是光折变晶体材料最可能获得实际应用的一个领域。采用光折变材料实现全息存储具有许多特点。由于它的信息写入是以折射率变化的方式，因此读出的效率很高，甚至可以接近 100%，信息的记录和擦除方便，而且能反复使用无损读出。由于在光折变晶体中的信息可以"分层"存储，其存储密度很大，在几毫米厚的晶体中可以存储成千上万幅全息图像，加之其分辨率是由晶体中陷阱间距决定的，一般高于银盐制成的乳胶底片。除此以外，还可以利用体全息图的 Bragg 选择性而进行信息的选择检索，还能够实现关联信息的检索。

光折变全息存储过程可分为以下三个步骤：

（1）存储。空间电荷图像的形成；

（2）擦除。将晶体在均匀光束下再次曝光，使所有处于陷阱中的电子激发出来，然后它们在晶体的整个体积内重新均匀分布，电场图像消失，全息图即被擦除；

（3）定影。定影过程中或记录完成后置于黑暗中，加热到一定温度，晶体中出现一种热致活化的离子导电性，离子在晶体中的重新分布使原来的空间电荷图像转变成能很好反映出被记录全息图像的离子电荷图像。

在光折变晶体中，符合存贮各种要求并具有优良光折变性质的晶体不多。铌酸锂、铌酸钾和钛酸钡是最实用的光折变型全息存储材料。对于存贮应用来说，铁电氧化物型晶体响应速度较慢的缺点可以忽略不计。

在同一种光折变晶体中，通过改变参考光束的入射角可实现多个全息图的叠置存贮。在一块立方形的 $LiNbO_3$ 晶体块中目前可以叠置和固定约 500 个全息图，存贮能力达 0.5 $Gbits/cm^3$。对信息块有选择擦洗方法是基于相干像相减技术。

除了多像存贮外，由部分输入信息重现图像的能力对于图样识别、自动观测和图像处理运算具有重要意义。非线性全息关联记忆向神经网络光学的实现迈出了第一步。

14.7 光折变晶体及其性能

目前人们已经在多种电光晶体及其他电光材料中发现了光折变效应，根据材料的构成可将它们主要分为以下几类：

铁电体：$BaTiO_3$，SBN，KNSBN，$LiTaO_3$，$LiNbO_3$，$KNbO_3$，KTN 等；

非铁电氧化物：$Bi_{12}SiO_{20}$，$Bi_{12}GeO_{20}$ 等；

半导体：GaAs，InP，CdTe 等；

量子阱材料；

有机光折变材料和聚合物；

电光陶瓷材料。

本节中我们将分类介绍这几种晶体及相关其他光折变材料。

14.7.1 铁电体氧化物光折变晶体

14.7.1.1 钙钛矿铁电氧化物晶体

这一类光折变晶体是人们发现最早、研究最为深入普遍的材料，其通式为 ABO_3，A 为一价或二价金属，而 B 为四价或者五价金属。图 14-6 示出了其立方晶胞。

A 钛酸钡（$BaTiO_3$）晶体

$BaTiO_3$ 晶体是一种优良的光折变晶体，特别是由于其在自泵浦位相共轭以及光折变振荡等方面的应用，使得 $BaTiO_3$ 晶体自 80 年代至今一直是人们研究的重点。

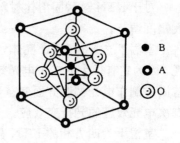

图 14-6 立方 ABO_3 钙钛矿结构

目前 $BaTiO_3$ 晶体的较为成熟的生长技术是顶部籽晶法（TSSG），用这种技术获得的晶体毛坯的直径大约 2～3cm，经切割、抛光去孪和极化可用于各种光学实验的样品的典型尺寸，一般为 0.5cm×0.5cm×0.5cm。

$BaTiO_3$ 晶体在 120℃ 以上具有原型钙钛矿结构（点群 m3m），晶体从生长温度到室温经历了从立方（m3m）到四方（4mm）的相变。室温下四方相 $BaTiO_3$ 晶体是稳定的，一般在 9℃ 左右 $BaTiO_3$ 晶体会经历从四方到正交（mm2）的相变而造成晶体在使用和运输中的不便，必须重新处理才能正常使用。$BaTiO_3$ 晶体在 −90℃ 时将发生从正交到三方（3m）的相变。在以上三种铁电相（四方、正交、三方）中，晶体的极轴分别沿 [001]、[011] 和 [111] 方向。其中钡空位属深能级受主中心，对纯的空穴导电 $BaTiO_3$ 晶体的光折变效应有很大的贡献。研究结果表明在 $BaTiO_3$ 晶体中主要存在三种类型的杂质中心：钙和锶、铝和硅、过渡金属。在掺杂和不掺杂的光折变晶体中会被多种过渡金属元素"污染"。在 $BaTiO_3$ 晶体中存在的主要过渡金属元素有 Cr、Co、Ni、Fe、Cu 等，这些元素在晶体内取代了 Ti^{4+} 进入晶格，它们与 Ti^{4+} 有相近的离子半径。由于这些元素的 3d 电子轨道的束缚能很低，使得它们容易形成多种价态的离子，并参与晶体的光折变效应的过程。

$BaTiO_3$ 晶体的主要缺点是光折变响应速度较慢。在功率密度为 $1W/cm^2$ 的条件下，其响应时间一般为 $0.1\sim1s$，但在许多实际应用中要求光折变响应时间至少小于 1ms。目前研究者们认为，对晶体的还原有助于提高其光折变的灵敏度。

B　铌酸钾（$KNbO_3$）晶体

从高温到低温存在着如下的相变：立方（m3m）→四方（4mm）→正交（mm2）→三方（3m），其相变温度依次为：435℃、225℃、−10℃。可见 $KNbO_3$ 晶体在室温下为正交相，对称点群为 mm2。

纯的 $KNbO_3$ 晶体的光折变效应比较弱，但在紫外倍频方面有重要应用。掺铁可以提高 $KNbO_3$ 晶体的光折变效应。$KNbO_3$ 晶体经过电化学还原处理可以将大量的 Fe^{3+} 中心转变为 Fe^{2+}，并作为施主中心，在这种晶体中折射率光栅的建立速度却非常快（$110\mu s$）。$KNbO_3$ 晶体的主要载流子可以是电子，也可以是空穴，主要依赖于晶体的还原处理过程。

C　钽铌酸钾（KTN）晶体

目前 KTN 晶体研究的重点在于对光折变性能、软模相变和铁电性质等的研究。最近几年关于 KTN 晶体在激光倍频以及 KTN 铁电薄膜的制备和性质的研究也颇为引人注目。

KTN 是 $KNbO_3$ 和 $KTaO_3$ 的固溶体。KTN 晶体也具有钙钛矿型结构，从高温到低温依次经历立方（m3m）、四方（4mm）、正交（mm2）和三方（3m）各相，其相变温度随组成中 Ta/Nb 含量之比而变化，在室温下可处于立方相、四方相或正交相。

对于 KTN 这种固溶体材料，改变其组成可以使其居里点在 $-27\sim425$℃ 的温度范围内大幅度调节。

室温下立方相 KTN 晶体，以居里点接近室温（10℃左右）的 $KTa_{0.63}Nb_{0.37}O_3$ 最受重视，因为它有很大的二次电光效应，很小的半波电压（$V_\pi=224V$，而 ADP 的 $V_\pi=9.2kV$），曾因在制作电光调制方面有重要的应用前景而倍受重视。立方相 KTN 晶体还实现了基于二次电光效应的光折变效应。

室温下为四方相的 KTN 晶体，从生长温度经历了立方-四方相变，一般是包含 90°和 180°畴的多畴晶体，可通过施加电场或用同时施加电场和压力的方法极化为单畴晶体，四方相 KTN 晶体的非零电光系数为 γ_{13}、γ_{33} 和 γ_{42}，它们随组成不同会有很大变化。某些组成的 KTN 晶体的 γ_{42} 会比 $BaTiO_3$ 晶体的 γ_{42} 还要大得多，四方相 KTN 晶体中的能量耦合及自泵浦位相共轭的实验，证明了 KTN 晶体确是一种性能优异并且具有很大应用潜力的光折变晶体。

KTN 晶体的固溶体特性使得生长均匀的晶体非常困难，这些原因使得获得光学质量高的 KTN 晶体相当困难。

14.7.1.2　钨青铜型光折变晶体

在结构中，氧八面体之间形成三种不同的空隙（图 14-7），按所处的位置对称性不同，在一个单胞中，应包括 2 个 A_1 位置、4 个 A_2 位置、4 个 C 位置、2 个 B_1 位置、8 个 B_2 位置以及 30 个氧原子。A_1、A_2、C 间隙可以填充不同的价态的阳离子，从而形成各种钨青铜结构的化合物。

具有钨青铜结构的铌酸盐单晶自发极化强、双折射明显、电光系数大，其居里点和电光系数均受组分影响，可形成变晶相界化合物。由于钨青铜型结构内部有许多空位，可以引进其他的离子作为光折变材料的激发与复合中心。与其他的铁电体光折变材料相比，钨青铜型结构材料的特点是：平方电光系数不为零的元素较钙钛矿结构的晶体的要多；具有两个与对称无关的极化模式，可由化学取代来控制，所以钨青铜型变晶相界化合物具有简单的畴结构；具有大的电光效应，且能够通过晶体的组分来控制电光效应的强度；因为晶体相变比较简单（相变时晶格畸变小），去孪、极化容易。可以制备

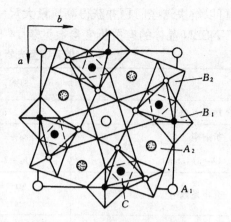

图 14-7 钨青铜结构在 (001)
面上的投影示意图

变晶相界化合物，具有非常大的极化率和电光系数；晶体内部的空位允许引入其他的光折变杂质中心来增强材料的光折变效应。属于这一类的光折变晶体包括 BNN、KNSBN、SBN 等。

A 铌酸钡钠 (Ba$_2$NaNb$_5$O$_{15}$，BNN) 晶体

BNN 的结构骨架中，由 NbO$_6$ 八面体堆积形成的三种空隙中，五角形空隙由 Ba 占据。在 580℃以上，BNN 以高温铁电相存在，晶体呈四方对称性 (4/mmm)。在 580～300℃之间，BNN 呈铁电相，属四方晶系 (4mm)。在 300℃以下，BNN 亦为铁电相，属正交晶系 (mm2)。

BNN 晶体有较为优异的光学和电光性能。由于存在着铁电相变，所以晶体在使用时必须进行去孪去畴处理。但是实验获得的光折变灵敏度却非常低，所以近年来对这种晶体的光折变效应的研究与报道很少。

B 铌酸锶钡 (Sr$_{1-x}$Ba$_x$Nb$_2$O$_6$) 晶体

当 $0.75 \geqslant x \geqslant 0.25$ 时属钨青铜型结构，人们对 SBN 晶体研究最多的组分是 Sr$_{0.6}$Ba$_{0.4}$Nb$_2$O$_6$ (SBN：60)，SBN 晶体易于生长，目前可制备直径为 3cm，长度为 7cm 的光学质量优异的晶体。通过适当的掺杂，可在 SBN 晶体中获得高灵敏的全息存贮。SBN 晶体的非零的电光系数 γ_{33} 最大，光束耦合时光栅矢量沿光轴方向即可获得强的作用。

C 钾钠铌酸锶钡 (KNSBN)

(K$_y$Na$_{1-y}$)$_a$ (Sr$_x$Ba$_{1-x}$)$_b$ Nb$_2$O$_6$ 晶体是我国科学家首先提出和生长的晶体。

与 SBN 相比，KNSBN 晶体的居里温度有明显的提高，$a+b=1.2$，$y=0.5$ 和 $x=0.75$ 时，KNSBN 晶体的居里点可达 175℃，而 SBN 晶体对应于 $x=0.75$ 时的居里点只有 39℃。因此 KNSBN 晶体在室温下的性能稳定，不易退极化。另外 KNSBN 晶体的介电常数明显降低，电光系数 γ_{42} 增加到接近 BaTiO$_3$ 晶体的相应值，这种变化有利于材料的光折变灵敏度的提高。目前的实验结果已经表明，多种过渡金属元素的掺杂可以有效地提高 KNSBN 晶体的光折变效应，尤其是非充满型结构的晶体。

与其他的钨青铜结构的材料一样，KNSBN 晶体的生长中也易产生生长条纹，掺杂过渡族元素离子的单晶生长存在着杂质分凝现象，目前高温提拉生长技术中通过适当的途径已

可以解决这些问题并获得高质量大尺寸的单晶，满足光折变效应的基础研究和应用。SBN、KNSBN 晶体的有关折变参数见表 14-5。

表 14-5　钨青铜型光折变晶体 SBN、KNSBN 的有关光折变参数

材　料	SBN：60	SBN：56	KNSBN
居里点/℃	78	56	175
折射率 ($\lambda=514.5nm$)	$n_0=2.36$ $n_e=2.33$		$n_0=2.35$ $n_e=2.27$
介电系数	$\varepsilon_{11}=470$ $\varepsilon_{33}=880$	$\varepsilon_{11}=500$ $\varepsilon_{33}=3000$	$\varepsilon_{11}=700$ $\varepsilon_{33}=170$
电光系数/pm・V^{-1}	$\gamma_{13}=47$ $\gamma_{33}=235$ $\gamma_{42}=30$	$\gamma_{13}=50$ $\gamma_{33}=1400$ $\gamma_{42}=42$	$\gamma_{13}=170$ $\gamma_{33}=350$
电荷类型	电子	电子	电子
N_A/cm^{-3}	$10^{16}\sim10^{17}$	约 10^{16}	$10^{15}\sim10^{17}$
$\mu\tau_R/cm^2・V^{-1}$	$(1.7\sim5.6)\times10^{-10}$	1.7×10^{-10}	
$\sigma_d/\Omega^{-1}・cm^{-1}$	$(0.14\sim2.65)\times10^{-10}$	1.4×10^{-11}	

D　铌酸钡铅晶体（$Pb_xBa_{1-x}Nb_2O_6$，PBN）

属变晶相界钨青铜结构铁电材料，具有较强的光折变效应，但是因为晶体的生长十分困难，目前还无法对其各种性能进行系统的研究。

E　$LiNbO_3$ 和 $LiTaO_3$ 晶体

具有大的光学非线性，在电光调制器、参量振荡器、谐波发生器等方面有着重要的应用。它们虽然不属于钙钛矿结构，但有氧八面体骨架的 ABO_3 晶格。

$LiNbO_3$ 和 $LiTaO_3$ 晶体的居里温度分别为 120℃和 655℃，在此温度以下晶体处于三方相，对称点群为 3m。与其他的铁电光折变晶体相比，这两种晶体更易于获得高质量大尺寸的单晶，可用于高分辨率的全息存贮。$LiNbO_3$、$LiTaO_3$ 晶体中多采用铁离子掺杂以提高其光折变效应，其中 Fe^{2+} 作为填充的陷阱中心，而 Fe^{3+} 则是电离的陷阱中心。可以通过晶体的后处理来改变晶体内 Fe^{2+} 和 Fe^{3+} 的相对浓度，从而改变其暗电导和光电导，进而控制晶体的光折变效应的响应。用这种方法可获得的暗电导的范围为 $10^{-8}\sim10^{-19}$（$\Omega・cm$）$^{-1}$。

$LiNbO_3$ 晶体用于光学全息存贮的光折变灵敏度主要由光生伏打效应决定，在一定的范围内通过晶体的还原处理可以有效地提高其光电导，从而提高材料的光折变灵敏度。但是用这种方法还有它的局限性，与其他的材料相比，其光电导带是要小得多，从而使得这种材料的光折变灵敏度远小于其他的光折变晶体。

经还原处理的晶体，有非常小的暗电导（$\leqslant10^{-20}/\Omega cm$），在这种材料中获得的记忆时间可长达 20 年之久。这两种晶体的光折变参数见表 14-6。

表 14-6 LiNbO₃ 和 LiTaO₃ 晶体的有关光折变参数

材　料	LiNbO₃	LiTaO₃
折射率	$n_0 = 2.323$, $n_e = 2.234$ ($\lambda = 532\text{nm}$)	$n_0 = 2.1834$, $n_e = 2.1878$ ($\lambda = 600\text{nm}$)
介电常数	$\varepsilon_{11} = \varepsilon_{22} = 78$	$\varepsilon_{11} = \varepsilon_{22} = 51$
	$\varepsilon_{33} = 32$	$\varepsilon_{33} = 45$
电光系数/pm·V⁻¹	$\gamma_{13} = 10$, $\gamma_{33} = 33$	$\gamma_{13} = 7$, $\gamma_{33} = 30$
	$\gamma_{22} = 6.8$, $\gamma_{51} = 32$	$\gamma_{22} = 1$, $\gamma_{51} = 20$
N_A/cm^{-3}	6×10^{16}	
$\mu/\text{cm}^2 \cdot \text{V}^{-1} \cdot \text{s}^{-1}$	0.8	
$\gamma_R/\text{cm}^3 \cdot \text{s}^{-1}$	10^{-13}	
τ_R/s	0.013	

14.7.2　非铁电氧化物光折变晶体

非铁电氧化物光折变晶体主要包括硅酸铋（$Bi_{12}SiO_{20}$，BSO）、锗酸铋（$Bi_{12}GeO_{20}$，BGO）及钛酸铋（$Bi_{12}TiO_{20}$，BTO）等，这些晶体具有顺电电光和光导特性。采用熔体法生长可以获得大尺寸、高质量的单晶。晶体属立方结构，无外加电场时晶体为各向同性，但在电场作用下表现出双折射，不为零的电光系数 $\gamma_{41} = 3.4\text{pm/V}$（BSO）。与铁电体光折变晶体相比，非铁电氧化物光折变材料均具有较强的旋光系数（$\lambda = 514.5\text{nm}$ 时，BSO 晶体的旋光系数为 $45°\text{mm}^{-1}$），所以光束在这类晶体中的耦合作用必须考虑光束在其中的偏振态的变化，同时也可以利用这种晶体对光束偏振性的影响，实现全息存储中的高信噪比，这是其他光折变晶体所无法实现的。

BSO（BGO）晶体的能带分布如图 14-8 所示，BSO 晶体的带隙宽度为 $E_g = 3.25\text{eV}$，这种晶体具有较宽的吸收肩，这是由晶体中的 Si 或者 Ge 空位造成的。当这些空位被电子占据时，便在导带以下 2.60eV 处形成了新的能级。此外在晶体内还发现了在导带以下 1.30eV 处的激活中心以及导带以下 2.25eV 处的填充的激活中心，它们均会参与电荷的迁移过程。晶体的光电导为 n-型，而暗电导为 p-型，从表 14-7 可知，这类晶体的光电导很大，而其暗电导却较小，从而可使这类晶体中建立起一定强度的空间电荷场以满足应用的要求。

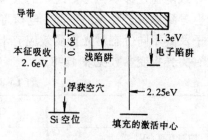

图 14-8　BSO（BGO）晶体的
能带分布示意图

表 14-7 BSO、BGO、BTO、Bi₄Ge₃O₁₂晶体的有关光折变参数

材　料	BSO	BGO	BTO	Bi₄Ge₃O₁₂
折射率（633nm）	2.530	2.6	2.56	2.097
介电系数	56	48	47	16
γ_{41}（633nm）/pm·V⁻¹	4.25	3.67	5.75	0.96
旋光系数(633nm)/(°)·mm⁻¹	22	20.5	6.49	

材　料	BSO	BGO	BTO	$Bi_4Ge_3O_{12}$
N_A/cm^{-3}	10^{16}		3×10^{16}	
$\mu/cm^2\cdot V^{-1}\cdot s^{-1}$	0.24（室温）			
$\mu\tau_R/cm^2\cdot V^{-1}$	10^{-7}	0.84×10^{-7}	6.8×10^{-8}	
$\sigma/(\Omega\cdot cm)^{-1}$	10^{-15}	10^{-14}		

　　BTO 晶体与 BSO、BGO 晶体具有相同的结构，但它有比上面两种晶体更优越的光折变性能。例如 BTO 晶体具有大的电光系数（5.7pm/V）和小的旋光系数（波长 $\lambda=633nm$ 时，旋光系数为 6°/mm）。

　　上述三种晶体的电光系数虽然较铁电体光折变晶体的小，光折变效应也弱得多，但由于它们属光导型材料，具有很快的响应速度等特点，人们采用外加直流或交流电场增强它们的光折变效应的强度，在各类应用中获得了极大的成功。

14.7.3　半导体光折变晶体

　　半导体光折变晶体，如 Cr 掺杂的 GaAs、Fe 掺杂的 InP 及 CdTe 等，具有大的电荷迁移率、高的光电导、光折变响应速度很快、响应的波段在 $0.95\sim1.35\mu m$，但是电光系数很小，要获得较强的光折变效应必须利用外加电场来增强其空间电荷场。半导体材料的迁移率、光电子寿命以及迁移特征长度均依赖于外电场。例如在 GaAs 中外加交变电场时可能会导致电荷迁移率与寿命之积的大幅度减小。而在 CdTe 中外加电场强度超过 13kV/cm 时也会导致电荷迁移率的下降，电荷寿命会增加（电子的热效应）。同时，半导体材料中杂质离子及其不同价态对光折变效应有十分重要的作用，半导体材料的是在不同的条件下测得的，有关光折变参数见表 14-8。

表 14-8　半导体材料的有关光折变参数

材　料	GaAs：Cr		InP：Fe		CdTe：V	
能隙宽度/eV	1.42		1.35		1.56	
折射率	3.5		3.29		2.82	
（λ，μm）	1.02		1.06		1.3	
介电常数	13		12.6		9.4	
电光系数/pm·V^{-1}	1.2		1.45		6.8	
（λ，μm）	1.08		1.06		3.39	
N_A/cm^{-1}	10^{16}		4×10^{16}	10^{16}	0.5×10^{16}	
（类型）	(Cr)		Fe^{3+}	Fe^{2+}		
$\mu/cm^2\cdot(Vs)^{-1}$（300K）	5800	400	4600	150	1050	100
导电类型	电子	空穴	电子	空穴	电子	空穴
$\mu\tau_R/cm^2\cdot V^{-1}$			$10^{-10}\sim10^{-6}$		$5\times10^{-7}\sim10^{-5}$	
S/cm^2	10^{-18}	90×10^{-18}	4×10^{-18}	300×10^{-18}		
	电子	空穴	电子	空穴		

在半导体材料中，杂质离子及其不同的价态对光折变效应有着十分重要的作用。

14.7.4 量子阱光折变材料

量子阱材料中的电场共振增强作用可以形成非常大的平方电光效应，从而有效地导致材料折射率的改变。图 14-9 为利用分子束外延获得的 GaAs-AlGaAs 多量子阱材料的结构示意图。要在量子阱材料中产生光折变效应，同样需要有一定密度的陷阱中心（深能级陷阱中心）。以质子注入方式可导致注入损伤，从而引入大约 10^{17} 的陷阱中心。

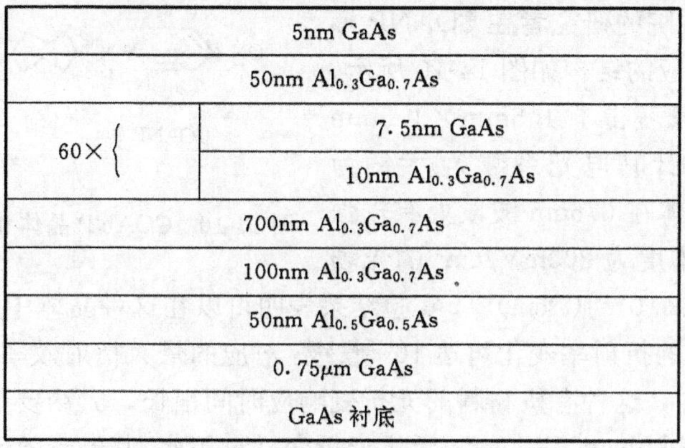

5nm GaAs	
50nm Al$_{0.3}$Ga$_{0.7}$As	
$60\times$ { 7.5nm GaAs	
10nm Al$_{0.3}$Ga$_{0.7}$As	
700nm Al$_{0.3}$Ga$_{0.7}$As	
100nm Al$_{0.3}$Ga$_{0.7}$As	
50nm Al$_{0.5}$Ga$_{0.5}$As	
0.75μm GaAs	
GaAs 衬底	

图 14-9 多量子阱光折变材料结构

量子阱光折变材料具有大的电荷迁移率和非常快的光折变响应速度，其光电导、迁移率等与电场强度有关，同时也是入射光强的函数。这类材料的平方电光效应大，从而克服了半导体材料线性电光系数小的缺点。然而，由于其厚度非常小，所以用于全息存贮的衍射效率很低，一般为 10^{-4} 左右。但这类材料在电场作用下可以获得非常大的光束耦合系数，较一般的体块材料的光束耦合系数要大一到两个数量级，其折射率光栅与光场的相位差随外加电场变化，当外电场很大时这一相位差为 $90°$。量子阱材料可以在极弱的光强下工作，材料本身大的电阻以及对入射光束的极强的吸收（产生激子），加之大的电光效应，使得材料具有很小的饱和光强和极高的光折变灵敏度。

GaAs-AlGaAs 多量子阱材料的有关光折变参数见表 14-9。这类材料目前尚属探索阶段，仅从此表获得数量级的概念。

表 14-9 GaAs-AlGaAs 多量子阱材料的有关光折变参数

指 标	数 值	指 标	数 值
n_1	3.5	μ_h/cm$^2\cdot$(V$\cdot$s)$^{-1}$	400
n_0（玻璃衬底）	1.5	μ_e/cm$^2\cdot$(V$\cdot$s)$^{-1}$	6000
N_D/cm^{-3}	10^{17}	γ/cm$^3\cdot$s^{-1}	1×10^{-10}
$\gamma=N_A/N_D$	0.9	τ_{di}/s	10^{-6}
$\mu\tau$/cm$^2\cdot$V^{-1}	3×10^{-7}		

14.7.5 有机光折变晶体聚合物

与其他无机光折变材料相比，有机晶体具有较小的介电系数从而可使材料的品质因子

$n^3\gamma/\varepsilon$ 增加。这类材料可以通过极化和晶体生长过程中适当的掺杂（使之有可能实现自由电荷的产生、迁移和重新俘获）成为光导体。与无机光折变晶体相比，聚合物材料更容易制备和掺杂并且可以制成薄膜用于光波导实验。可通过极化的方式使之变为没有对称中心。

理想的有机光折变晶体应在相应波段有高的光电导和适当强度的光吸收（$\leqslant 10 \text{cm}^{-1}$）。根据这两个条件，体系中必须有光敏中心、电荷输运体和光学二阶活性分子。有机晶体中可能掺杂适量的电子给体和受体来改变其光电导。瑞士联邦理工学院的研究者在 COANP 掺入 10^{-4}TCNQ，其相应的结构如图 14-10 所示。采用低温提拉法生长获得了 $1.5\text{mm} \times 1.5\text{mm} \times 5\text{mm}$ 的单晶，估计其电光系数 γ_{23} 大约为 10pm/V，掺杂的晶体在 676nm 波段处有较强的吸收峰，在功率密度为 200mV/cm^2 的光场

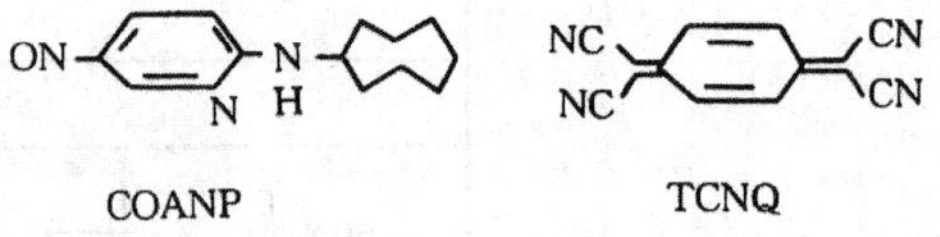

图 14-10 COANP 晶体和 TCNQ 结构示意图

辐照下，光电导为 $2 \times 10^{-14} (\Omega\text{cm})^{-1}$。实验结果表明可以在这种晶体中建立 $320 \sim 730\text{V/cm}$ 的空间电荷场，导致的折射率变化可达 10^{-5} 量级，对应的最大衍射效率在 $10^{-4} \sim 10^{-3}$ 左右。但与预想的结果不同，这种有机材料的光折变响应时间很长，大约要数十分钟。

聚合物光折变材料 bisANPDA，与无机光折变材料相比，其电光效应强烈依赖于外加电场，此外其电荷的产生速率在强电场作用下也会显著增加。一般光折变材料中无外加电场时折射率光栅与光场的位相差为 90°，施加电场后会使之偏离 90°。而在极化的聚合物光折变材料中外加电场很大，其位相差又会恢复到原来的值，从而既增加空间电荷场，又可保证最适合于光束作用能量转移的位相差。折射率光栅的调制度 Δn 一般在 10^{-6} 的量级，人们预计可以通过选择具有大的非线性系数有机物聚合物光折变材料，以及通过光敏中心的掺杂，提高电荷的产生和俘获，从而达到增强光折变效应的目的。在大量线性聚合物中有许多材料的电光系数非常大，如果能使这些材料具有光折变效应的话，那么聚合物光折变材料将会变成最有吸引力的光折变材料之一。

14.8 应用中光折变晶体的选择

光折变晶体大体上分为两类（其基本特性与应用领域见表 14-10 和表 14-11）。

表 14-10 几种非铁电晶体的光折变性能及应用领域

材 料	Bi_{12} (Si、Ge、Ti) O_{20}	GaAs：Cr，InP：Fe
响应时间	10ms	10ms
光强（波长）	$10 \sim 100\text{mW/cm}^2$ (514nm)	$10 \sim 100\text{mW/cm}^2$ ($1.06\mu\text{m}$)
增益系数	$8 \sim 12\text{cm}^{-1}$	$1 \sim 6\text{cm}^{-1}$
四波混频反射率	$1 \sim 30$	$0.1 \sim 1$
应用领域	光放大、位相共轭、无散斑成像、光学卷积与相关、图像边缘增强、实时干涉计量、空间光调制等	近红外、红外波段的相位共轭、光放大与高速信息处理等

表 14-11　几种铁电晶体的光折变性能及应用领域

材　　料	$LiNbO_3$、$BaTiO_3$、SBN、KNSBN、$KNbO_3$、KTN
响应时间	$1\sim 10s$
光强（波长）	$10\sim 100mW/cm^2$（514nm）
增益系数	$10\sim 30cm^{-1}$
四波混频反射率	$1\sim 50$
应用领域	全息存贮，光学位相共轭（自泵浦），光放大干涉仪，光刻，激光器模式锁定，位相共轭激光器，动态滤波器，图像加减，反转，边缘增强，关联存贮，激光光束导向，净化，光互联，光学逻辑运算，光通讯等

（1）BSO、BGO、GaAs、$KNbO_3$（还原）等光折变材料具有快的响应速度，但其中能够形成的折射率光栅调制度比较小。

（2）$BaTiO_3$、KNSBN、SBN、$LiNbO_3$ 等可以形成大的折射率光栅调制度，但其光折变的灵敏度较小。

对给定的材料人们还能够利用多种技术来改变它的某些性能，如在晶体生长时可以通过适当的掺杂来改善其光折变的响应；对于加工好的样品也可以利用增强晶体内空间电荷场的技术来提高折射率光栅的调制度。

常见的几种材料的光折变灵敏波段如下：

紫外波段：KH_2PO_4，$LiNbO_3$（纯）。

可见光波段：$LiNbO_3$（Fe，Cu，Mn…）；$BaTiO_3$，$KNbO_3$，（Fe）；$LiTaO_3$，SBN（Ce），KNSBN（Ce，Cu，Co…），BSO，BGO，BTO，KTN（Cu，Fe）。

近外红波段：GaAs（Cr），InP（Fe）；CdTe（In）；BaTiO（Co）；SBN（Ce）。

另外一个影响光折变材料应用的因素是晶体本身的光学质量，因为材料本身的任何缺陷都会导致入射光束的光散射。人们正在努力提高有关材料的光学质量，目前已经可以获得大尺寸、高质量的 $LiNbO_3$、BSO、BGO、SBN 等晶体材料。

光折变效应的应用目前正处在探索阶段，还有许多新的方面等着人们去探索和开辟，是一个亟待开拓和取得突破的研究领域。

参 考 文 献

1　蒋民华. 晶体物理. 山东：山东科学技术出版社，1980

2　肖定全，王民. 晶体物理学. 成都：四川大学出版社，1989

3　张克从，王希敏. 非线性光学晶体材料科学. 北京：科学出版社，1990

4　材料科学技术百科全书. 北京：中国大百科全书出版社，1995

5　岳学锋，邵宗书. 光折变材料及其应用. 山东：山东科学技术出版社，1994

15 其他交互效应功能晶体[1~4]

15.1 晶体在外场作用下的交互效应

在 11、12、13、14 章内，介绍了光学晶体、非线性光学晶体、激光晶体、电光晶体及光折变晶体等。从物理上说，这些晶体功能可分为两类。第 12、13、14 章的功能只涉及晶体的同一种物理性质——光学性质。它们通常不考虑其他物理作用，例如温度、电压、磁场等对光学性质的影响，也不考虑在光通过晶体时会引起晶体别的物理性质的改变，这是一种单一的晶体物理功能。实际上，晶体的功能往往表现得更为复杂，不同物理量描述的性质在同一晶体中可以并存，而且不同性质之间还会相互影响和相互转化，应用这些可以开发出多种多样独特的晶体功能器件。这后一类晶体功能常被称之为交互功能，相应的性质被称为交互功能性质。第 14 章所介绍的电光效应就是晶体的光学性质受外加电场影响的一种功能效应，实际上，晶体的电学性质也会受光辐照的影响，这种功能效应被称为光致极化，它是电光效应的逆效应。一对正、逆效应则统称为交互效应。

交互效应性质是不同物理功能间的互逆效应，因此，它们有共同的对称特性，受到相同的晶体对称制约，能用几乎相同的一对互逆参数来描述。对于同一晶体，既可以利用其不同的效应制作不同器件，又可综合利用其效应来制作多功能器件。

在晶体中，声（弹）—光—热—电—磁等物理性质之间均可耦合并产生多种交互效应。例如，在研究晶体的弹性性质、热学性质及电学性质之间的关系时，会得到诸如压电效应、热释电效应、热压效应等。在研究磁—力—电—光场量在晶体中的作用时，会引出磁光效应、磁致伸缩效应、磁介电效应等。这些效应，有的相当显著并已获得应用，有些并不显著或者目前尚未获得应用。在本章内，将介绍研究较多并有重要应用的压电效应、声光效应、磁光效应和热释电效应，介绍相应的晶体材料并简述其主要应用。

15.2 压电晶体

15.2.1 压电效应

当某些电介质晶体在外应力作用下发生形变时，其某些表面上会产生电荷积累，这种现象被称作正压电效应。反之，由电场作用而产生晶体应力（或应变）的现象则称作逆压电效应，二者统称为交互压电效应。具有压电效应的晶体，通常称为压电晶体。压电效应是 19 世纪 80 年代首先在石英（水晶）晶体上发现的。

压电效应是由于晶体在外力作用下发生形变，电荷重心产生相对位移，从而使晶体总电矩发生改变而造成的。实验证明，压力不太大时，由压力产生的电偶极矩大小与所加应力成正比。因此，压电晶体单位面积极化电荷 p_i 与应力 σ_{jk} 间的关系可写作

$$p_i = d_{ijk}\sigma_{jk} \qquad (i,j,k = 1,2,3) \tag{15-1}$$

式中 d_{ijk} 是压电模量，是一个三阶张量，共有 27 个分量。实际上，独立的压电模量数目会

因晶体的对称性而大大减少，对称性最低的三斜晶系点群1的晶体，有18个分量，对称性更高的独立分量数更少。压电效应只可能存在于20种非中心对称的晶体中。

晶体的压电效应是一种机电交互效应。到目前为止，发现并进行过测量的压电晶体已不下五百余种。但多数晶体的压电效应很弱，已被仔细研究的只有几十种，其中只有几种得到广泛应用。这是因为看一种压电晶体是否有实用价值，除了看其压电系数和机电耦合系数（衡量压电晶体机械能与电能之间耦合的重要参数）外，还必须考虑其压电参数对温度和时间的稳定性、机械强度和成型加工性能、化学稳定性以及是否易于获得大块均匀单晶等因素。一些水溶性压电晶体，如酒石酸钾钠（KNT）、磷酸二氢铵（ADP）等，压电模量大，也易于获得大单晶，在20世纪40、50年代曾广为应用并一度大量生产，但是由于其稳定性和机械强度较差，易潮解，限制了它们的应用。水晶（石英）晶体的压电模量虽然不很大，但机械强度、稳定性都很好，用水热法又可以容易地培育出大尺寸优质单晶，加之其特殊切型的零温度系数等特性，使这一古老的压电晶体长盛不衰，不断有新的应用，成为最为广泛应用的一种功能晶体。除此之外，铌酸锂、钽酸锂也是重要的压电晶体。

15.2.2 水晶

水晶往往又称 α-石英，化学成分是二氧化硅。在自然界有天然的单晶。除了无色的以外，还有各种带色的天然水晶，很早就被人们用作装饰宝石。

理想发育完善的水晶单晶体外形如图15-1所示。由图可见，该晶体有30个晶面，可分为柱面（m）、大菱面（R）、小菱面（r）等5组。水晶有左旋和右旋之分。左右旋晶体互为镜像而不能重合，为左右对映体。实用的水晶绝大部分为人工培育的。根据应用需要人工水晶受籽晶和培育条件不同而有不同的外形，绝大多数人工水晶是右旋晶体。

水晶在573～870℃间为 β 相，点群622，空间群P6$_2$2；在573℃以下为 α 相，左旋空间群为p3$_1$2，右旋为p3$_2$2；晶胞参数（六方晶胞）为 $a=b=0.4904nm$，$c=0.5394nm$，熔点1750℃，密度 2.65g/cm³，莫氏硬度7。α 和 β 相水晶都有压电效应，有二个独立的压电系数 d_{11} 和 d_{14}。目前被广泛应用于通讯、导航、广播、时间和频率标准、彩色电视、移动电话、电子手表等电子设备的是 α-石英。

早期用作压电晶体的是天然水晶，然而天然水晶产量有限，能用来制作压电器件的天然水晶则更少。自20世纪60年代以来，已广泛应用水热法生长人造水晶。在常温常压下，水晶不溶于水。但在高温高压条件下，并加入适量助溶剂（又称矿化剂，如 NaOH），即可使其达到晶体生长所需溶解度。图15-2为水热法生长水晶的高压釜简图，借助于生长区和原料区之间的温差，原料不断输运至籽晶，历时几十天，可生长大尺寸的水晶单晶，有的大单晶可重达数十千克。晶体生长时下部温度约为400℃，上部约350℃，釜内压强可高达100～200MPa。

人造水晶的质量往往由谐振器 Q 值来表示，这里的 Q 值为机械品质因素。在限定制作条件下制造的谐振器的 Q 值作为鉴定人造水晶的质量标准，并据其分级，各级的代号及最小 Q 值见表15-1。

A、B级用于制造高质量谐振器，C级用于制造高频谐振器，D、E级只能用于制作低频谐振器。值得注意的是 Q 值低的晶体往往其温度稳定性很差。迅速发展的信息产业对于高质量水晶的需求量日益增长。

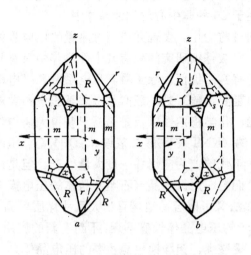

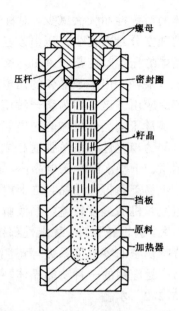

图 15-1 发育完善的水晶外形左旋和右旋
a—左旋；b—右旋

图 15-2 生长水晶的高压釜简图

表 15-1 水晶按 Q 值分级

级　别	最小 Q 值	级　别	最小 Q 值
A	3×10^6	D	1.0×10^6
B	2.4×10^6	E	0.5×10^6
C	1.8×10^6		

15.2.3 其他压电晶体

除了水晶是人们最广泛应用的非铁电体压电晶体外,自 20 世纪 60 年代以来铌酸锂、钽酸锂这一类铁电体的压电晶体也被人们广泛应用,常用来制作高频宽带滤波器和高频超声换能器。

铌酸锂 (LiNbO$_3$) 是一种典型的多功能晶体,我们在非线性光学晶体及光折变晶体两章中已予以介绍。钽酸锂 (LiTaO$_3$) 晶体结构与铌酸锂相同,顺电相和铁电相空间群分别为 R$\bar{3}$C 和 R3C,居里点 T_C 为 630℃。室温时晶胞参数 (六方晶胞) 为 $a = 0.51543$nm,$c = 1.37835$nm。作为压电晶体,它们的共同特点是机电耦合系数大,高频性能好。LiNbO$_3$ 晶体的居里点为 1210℃,是已知压电晶体中最高的,故可以在高温使用。LiNbO$_3$ 和 LiTaO$_3$ 晶体的 x 切型机电耦合系数分别为 0.68 和 0.44,而水晶仅为 0.098。值得一提的是 LiTaO$_3$ 晶体常用振子的有些切型在室温附近可具有零温度系数,因而可制作性能稳定的振荡器。

近年来,另一种重要的温度补偿型压电基片晶体材料四硼酸锂 (Li$_2$B$_4$O$_7$) 也被人们广泛用于制造高频、中等带宽、低插入损耗、高频率稳定度和小型化声表面波和体波器件,如谐波振荡器、压控振荡器等。

Li$_2$B$_4$O$_7$ 晶体属四方晶系,点群 4mm,空间群 I 4cd,晶胞参数为 $a = 0.9479$nm,$c =$

1.0290nm；密度 2.45g/cm³，莫氏硬度 6～7，易溶于酸，略溶于碱，不溶于有机溶剂；有 3 个独立的压电常数，具有很大的体波机电耦合系数，并具有体波和声表面波时间延迟的零温度系数。

在国际上，四硼酸锂晶体一直采用提拉法生长，在我国创造性地采用坩埚下降法生长了各种取向的优质大尺寸单晶体。

15.2.4 压电晶体及压电材料的应用

除单晶体外，压电陶瓷、压电薄膜、复合物、聚合物的制备及应用发展十分迅速，压电材料的应用已遍及日常生活。利用压电材料制成的压电器件已广泛用于各个工程技术领域。

压电材料还可以制成各种高灵敏度高可靠性的传感器，如压电、力敏、声敏、热敏、光敏和气敏等传感器。

压电陶瓷是多晶材料，制备方便、价格低廉，在许多应用中不需要定向切型时可采用，最常用的压电陶瓷有钛酸钡（$BaTiO_3$）和锆钛酸铅（PZT）陶瓷等。

压电产品在电子学中的若干应用及一些类型压电传感器，分别总结于表 15-2 和表 15-3。

表 15-2 若干压电产品在电子学中的应用

电子学领域	压 电 产 品		作 用
信号处理	滤波器、鉴频器、放大器、衰减器、光偏转器、光混频器、弹光调制器、脉冲压缩器		电⇌声 处理光信号
接收发射	声纳、鱼探器、超声测声仪、电视遥控器		电⇌声
信号发生	电信号发生器——压电振荡器		标准信号源
	声信号发生器	电声换能器　送受话器、拾音器、传声器、扬声器、蜂鸣器	长距离通话、报警
		超声换能器　水声换能器 工业超声换能器	舰船声纳、海上浮标、清洗探伤、切割

表 15-3 若干压电传感器

类　型	功　能	转　换	压电传感器名称
力　敏	接触传感	力→电	位移器、应变仪、声纳、血压计、压电加速度表
		电→形变	位移器、继电器、压电笔、机械手、压电加速度表
声　敏	听觉传感	声→电	振动器、微音器、助听器、盲人导行仪、超声探测器
		声→光	声光偏转器、声光调制器
热　敏	接触传感	热→电	高温计、计数器、报警器
气（湿）敏	嗅觉传感	气（湿）→电	湿度指示器、CO_2、CO、H_2 或酒精气体浓度报警器

15.3 声光晶体

15.3.1 声光效应

声光效应，就是超声波（弹性波）使介质的光学性质，如折射率引起周期性变化，形成折射率光栅，并使通过折射率光栅的光的传播方向发生变化的一种物理效应。由应力造成折射率变化是弹光效应。超声波是机械波，在晶体中传播时形成周期性的折射率超声光栅，光栅常数即为超声波的波长，光通过形成超声光栅的介质时将会产生折射和衍射，产生声光交互作用。通常声光效应是利用光衍射现象。

在 1920 年前后就发现了光波被声波散射现象，但直到高频声学和激光发展后，声光效应才为人们所重视。

光波被超声波光栅衍射时，有两种情况。当超声波长较短（高频超声）、声束宽，光线以与超声波面成角度入射时，与 X 射线在晶体中的衍射相同，产生 Bragg 反射（图 15-3a）；当低频超声，声束窄，光线平行声波面入射时（图 15-3b）可产生多级衍射，称为 Raman-Nath 衍射。

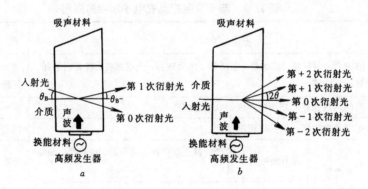

图 15-3 Bragg 和 Raman-Nath 衍射

a—Bragg 衍射；b—Raman-Nath 衍射

声光交互作用可以控制光束的方向、强度和位相，利用声光效应能制成各种类型的器件，如偏转器、调制器和滤波器等。

声光器件对声光晶体的要求是多方面的，如要求晶体在使用波段内光学透明、物理化学性质稳定，机械强度高，易于加工，可以用适当方法获得大尺寸单晶体等。最重要的是要求其具有高的声性能指数（品质因素）和低的声损耗。前者可表达为 M_2（式 15-2），后者可表达为 α（式 15-3）。

$$M_2 = n^6 p^2 / \rho V^3 \tag{15-2}$$

$$\alpha = \delta \Omega^2 kT / \rho V^5 \tag{15-3}$$

这里 n 为折射率，p 为光弹系数，ρ 为密度，V 为声速，δ 为一常数，Ω 为角频率，k 为玻耳兹曼常数，T 为温度，从这两个式子看，声损耗与声性能指数对声速的要求是矛盾的。因此材料的选择需作一定折衷，根据不同器件要求选择相对好的材料。

15.3.2 几种典型声光晶体

大多数声光器件为可见光波段的器件，所用晶体主要是氧化物晶体，其中最重要的是二氧化碲（TeO_2）和钼酸铅（$PbMoO_4$）等晶体。

二氧化碲，又称对位黄碲矿，为 $\alpha\text{-}TeO_2$，属于四方晶系，点群 $D_{4h}-4/mmm$，晶胞参数为 $a=0.479nm$，$b=0.763nm$；密度 $6.0g/cm^3$，熔点为 733℃。为金红石结构。二氧化碲是一种优良的声光晶体，声性能指数为 $793\times10^{-18}s^3/g$，在 [110] 方向声速 $6.17\times10^4cm/s$，主要用于制作声光偏转器。TeO_2 晶体可以用提拉法或坩埚下降法生长，可以得到大尺寸优质单晶体。

钼酸铅（$PbMoO_4$，PM）晶体，属四方晶系，$C_{4h}-4/m$ 点群，空间群 $I4_2/a$，晶胞参数为 $a=0.543nm$，$c=1.210nm$；密度 $6.95g/cm^3$，熔点 1065℃，莫氏硬度 3。PM 是一种高品质优值的声光晶体，通光波段宽，为 $0.42\sim5.5\mu m$，声光性能指数为 $36.3\times10^{-18}s^3/g$，声速 V_S [100] 为 $1.96\times10^5cm/s$，V_L [001] 为 $3.67\times10^5cm/s$。用以制作声光调制器和声光偏转器。可以采用提拉法、水热法或凝胶法生长。多采用提拉法生长，得到无色透明或浅黄色晶体，主要缺陷为包裹体存在引起光的散射，有时因 Fe 等杂质离子的存在而在光照下变黑，可以通过控制原料纯度及生长条件来改善晶体质量。

硅酸铋（$Bi_{12}SiO_{20}$，BSO）晶体，属立方晶系，点群 T-23，空间群 I 23，晶胞参数 $a=1.010nm$；密度 $9.21g/cm^3$，熔点 900℃，莫氏硬度 4.5，透过波段 $0.45\sim7.5\mu m$，具有压电、电光和声光性质和光电导效应。其声性能指数为 $9.06\times10^{-18}s^3/g$，声速 V_L [001] 为 $3.7\times10^5cm/s$，可用以制作普克尔调制器，平面滤波器，相干光——非相干光转换器等。一般采用提拉法以 Bi_2O_3 和 SiO_2 为原料生长 BSO 晶体，可获得大尺寸黄色透明的优质单晶体，BSO 还是一种光折变晶体。

锗酸铋（$Bi_{12}GeO_{20}$，BGO）晶体可看作 BSO 晶体中的 Si 为 Ge 取代而成，其晶胞参数为 $a=1.0146nm$，熔点 930℃，密度 $9.23g/cm^3$，莫氏硬度 4.5，也是优良的声光和电光材料，已被充分研究。而当 $GeO_2\text{-}Bi_2O_3$ 体系中，二者比例不同的同素异构体为 $Bi_4Ge_3O_{12}$，是优良的闪烁晶体。

氧化物晶体一般具有长波吸收带，很难用于红外区，特别是 $10.6\mu m$ 波段，随着红外技术的发展，人们认识到红外声光器件的重要性。对于红外声光扫描和调制应用来说，锗（Ge）是一种较好的材料，是一种半导体，易生长成优质大单晶。另一类是硒砷铊（Tl_3AsSe_3）及其同类型 Ⅲ - Ⅴ - Ⅵ 族化合物。

一些主要声光晶体及其性质列于表 15-4。

表 15-4 主要声光晶体及其性质

材料	透光范围/μm	密度/$g \cdot cm^{-3}$	声波 偏振和传播方向	声波 声速/$cm \cdot s^{-1}$	声波 声吸收/$dB \cdot (cm \cdot GHz^2)^{-1}$	光波 偏振方向	光波 折射率	M_1/$cm^2 \cdot s^3 \cdot g^{-1}$	M_2/$cm^3 \cdot s \cdot g^{-1}$	M_3/$cm \cdot s^2 \cdot g^{-1}$
ADP	$0.12\sim1.7$	1.803	L[100]	61.5×10^{-3}		平行	1.58	1.60×10^{-7}	2.78×10^{18}	2.62×10^{12}
SiO_2	$0.12\sim4.5$	2.65	L[001]	6.32×10^{-3}	2.1	垂直	1.544	9.11×10^{-7}	1.48×10^{18}	1.44×10^{12}

材料	透光范围/μm	密度/g·cm⁻³	声波			光波		品质因数		
			偏振和传播方向	声速/cm·s⁻¹	声吸收/dB·(cm·GHz²)⁻¹	偏振方向	折射率	$M_1/\text{cm}^2\cdot\text{s}^3\cdot\text{g}^{-1}$	$M_2/\text{cm}^3\cdot\text{s}\cdot\text{g}^{-1}$	$M_3/\text{cm}\cdot\text{s}^2\cdot\text{g}^{-1}$
KDP	0.25~1.7	2.34	L[100]	5.72×10^{-3}	3.0	[001]	1.553	12.1×10^{-7}	2.58×10^{18}	2.11×10^{12}
TeO₂	0.35~5	6.00	L[100]	5.50×10^{-3}		平行	1.51	8.72×10^{-7}	1.91×10^{18}	1.45×10^{12}
PbMoO₄	0.42~5.5	6.95	L[001]	4.20×10^{-3}	15	垂直 平行	2.260 2.412	138×10^{-7} 109×10^{-7}	34.5×10^{18} 25.0×10^{18}	32.8×10^{12} 25.9×10^{12}
LiNbO₃	0.4~5	4.64	L[001]	3.63×10^{-3}	15	平行 垂直	2.262 2.386	108×10^{-7} 113×10^{-7}	36.3×10^{18} 36.1×10^{18}	29.8×10^{12} 31.3×10^{12}
LiTaO₃	0.4~5	7.45	L[001]	6.57×10^{-3}	0.15	c	2.20	66.5×10^{-7}	7.0×10^{18}	10.1×10^{12}
Pb₂MoO₄	0.45~7.5	7.10	LX	6.19×10^{-3}	0.1	平行	2.18	11.4×10^{-7}	1.31×10^{18}	1.84×10^{12}
			LX	2.96×10^{-3}	25	y	2.183	242.0×10^{-7}	127.0×10^{18}	82.0×10^{12}
			LZ	3.28×10^{-3}	50	平行	2.302	162.0×10^{-7}	65.3×10^{18}	49.3×10^{12}
Bi₁₂GeO₂₀	0.45~7.5	9.22	L[100]	3.42×10^{-3}		任意	2.55	29.5×10^{-7}	9.91×10^{18}	8.64×10^{12}
			S[110]	1.77×10^{-3}	25	任意	2.55	4.13×10^{-7}	5.17×10^{18}	2.33×10^{12}
Bi₁₂SiO₂₀	0.45~7.5	9.20		3.83×10^{-3}		任意	2.559	33.8×10^{-7}	9.02×10^{18}	8.83×10^{12}
Tl₃AsS₃	0.6~12	6.20	L[011]	2.15×10^{-3}	29	平行	2.825	1040.0×10^{-7}	800.0×10^{18}	480.0×10^{12}
Ag₃AsS₃	0.6~13.5	5.57	L[001]	2.65×10^{-3}	800	垂直	2.98	816.0×10^{-7}	390.0×10^{18}	308.0×10^{12}
Ge	2~20	5.33	L[111]	5.50×10^{-3}	30.0	平行	4.00	10200.0×10^{-7}	840.0×10^{18}	1850.0×10^{12}
			S[100]	3.51×10^{-3}	9.0	任意	4.00	1430.0×10^{-7}	290.0×10^{18}	400.0×10^{12}

15.3.3 声光晶体的应用

在 20 世纪 60 年代前，尽管声光效应早已发现，但由于技术上的原因，仅用于物理性质的测量及基础研究。随着激光和超声技术的发展，声光效应在电子学的各个领域被广泛采用。声光晶体的应用，主要借助于声光衍射，其基本功能包括强度调制、偏转方向控制、光频（波长）移动、光频滤波四类，据此，可制作相应声光器件。声光器件一般均由三部分组成，把高频电信号转变成超声波的换能器，引入声波并与光产生干涉的声光介质及吸收声波的吸声材料，其基本构成如图 15-4。

15.3.3.1 声光调制器

衍射效率与超声功率有关，采用强度调制的超声波可对衍射光强度调制，如曾采用碲化物玻璃成功地传送中心频率为 4MHz，带宽 17MHz 的彩色电视信号。声光调制器消光比大，体积小，驱动功率小，并在激光领域用作光开关、锁模等技术。图 15-5 为声光调 Q 装置，其结构简单，输出光脉冲窄，无机械振动，稳定可靠。

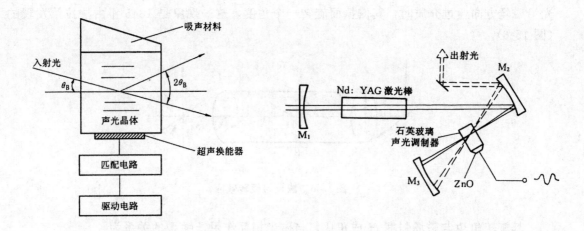

图 15-4 声光器件的结构   图 15-5 声光调制 Q 开关激光器

15.3.3.2 声光偏转器

声光衍射时，声波频率改变会使衍射光束方向改变。因此采用调频声波就可做成随机偏转器，和连续扫描偏转器，用于光信号的显示和记录。将声光调制器和声光偏转器结合，在激光印刷系统、记录、传真方面已有广泛实际的应用。

15.3.3.3 声光滤波器

声光衍射的分光作用类似于透射光栅，可用作滤波器来进行光谱分析，声光栅的光栅常数可以用电控改变，可用以制作电子调谐分光计。声光滤波器包括共线滤波器和非共线滤波器等，可用相应方法获得所需窄带光输出。

声光滤波器分辨率高，在宽的光谱范围内具有电子调谐能力，因此，在多光谱成像、染料激光器调谐及电子调谐等方面可以采用。

15.3.3.4 声光信息处理器

利用声光栅作实时位相光栅或利用声光调制功能实现乘法和"与"操作，则可制成乘法器用于高速并行计算，还可用于脉冲压缩、光学相关器和射频频谱分析等方面。

声光器件自 20 世纪 70 年代起步，目前已大有发展，已有多种高技术系统如与声光频谱分析相关的声光雷达预警系统和宇宙射电分光仪，微波扫描接收仪、射线探测仪；声光空间与时间积分相关器/卷积器；用于军用雷达提高分辨率、灵敏度及保密性；此外，在光纤陀螺、光纤水听器等方面也有广阔的应用前景。

15.4 磁光晶体

15.4.1 磁光效应

材料在外加磁场作用下呈现光学各向异性，使通过材料光波的偏振态发生改变，称为磁光效应。磁光效应的本质是在外加磁场和光波电场共同作用下产生的非线性极化过程。磁光材料具有旋光性，磁致旋光现象具有不可逆性质，这是其与自然旋光现象的根本区别。

磁场作用下晶体材料呈现的光学各向异性的种类很多，如法拉第效应、克尔效应、磁双折射效应和塞曼效应等。由透射引起的偏振面旋转叫法拉第（Faraday）效应，即线偏振光沿磁场方向通过介质时，其偏振面旋转一个角度，这一现象是 1845 年由法拉第发现的（图 15-6）。

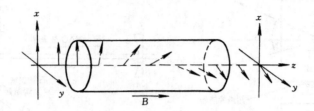

图 15-6　法拉第旋转效应

其旋转角 Φ 与磁场强度 H 成正比，与磁光相互作用长度 L 的关系为

$$\Phi = VHL \tag{15-4}$$

式中 V 为费尔德常数，一般随波长增大而迅速减小。

由反射引起偏振面旋转的效应叫克尔（Kerr）效应。当线偏振光在铁磁材料表面反射时，反射光将变为椭圆偏振光，偏振面旋转一个角度，根据磁化强度矢量 M 与入射面的相对关系，可分为极化效应、横向效应和纵向效应三种（图 15-7）。

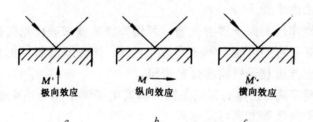

图 15-7　磁光克尔效应（极向、纵向和横向）

a—极向；b—纵向；c—横向

当光波垂直于磁化强度方向通过磁光晶体时，将产生类似于普通晶体的双折射、入折射的线偏振光变为椭圆偏振光，这一现象称为磁致双折射（MLB）。这一现象可用垂直与平行于磁化强度矢量 M 二个方向偏振光折射率差 $\Delta n = n_{\parallel} - n_{\perp}$ 来表示。

所有的晶体材料都具有磁光效应，而且多种磁光效应应同时存在，但有些晶体效应太复杂，而有一些效应又太小，没有实用价值。

15.4.2　几种磁光晶体

在常温下有大而纯的法拉第效应，对使用波长的低吸收系数，大的磁化强度和高的磁导率是磁光晶体的主要性能要求。这些要求与晶体的组成、结构和磁性能密切相关。

低对称晶体有复杂的磁性，其磁光性能受自然双折射的干扰，不易获得纯的法拉第效应。目前研究的磁光晶体都属高于正交晶系对称性的晶体，而实用磁光晶体主要为立方晶体和光学单轴晶体。

具有高的磁化强度的铁磁和亚铁磁晶体有强的法拉第效应，即使在无外场时也有大的法拉第旋转。它们适于制作光隔离器，光非互易元件以及磁光存储器。具有逆磁和顺磁特性的晶体，其磁化强度较低，必须用外磁场来感生法拉第旋转。这些材料只适于制作磁光调制器。

晶体中未配对的电子自旋、自旋与轨道的互作用以及磁性原子的有序排列等结构因素，决定了晶体的磁化强度和法拉第效应。铁、钴、镍和钆是强磁性元素，这些磁性元素金属及金属间化合物单晶一般具有比大多数铁氧体大 100 倍的法拉第效应。但是这些晶体有自由电子吸收，对可见和红外波段不透明，从而限制了其磁光应用，磁性金属的氧化物、氟化物和卤化物晶体有强的法拉第旋转以及较好的透光波段，但是居里温度太低，常温时成为顺磁甚至是抗磁体。

磁光晶体的品质因子为法拉第旋转与吸收系数之比值。它随波长和温度而变化，是评价磁光晶体性能的最主要参数。

某些含有磁性元素的铁氧体具有较高的法拉第效应，而且有较好的透明波段，是目前最实用的磁光晶体材料。其中尤以稀土石榴石型、钙钛矿型和磁铅矿型铁氧体晶体性能较好。如钇铁石榴石（YIG）晶体，在近红外波段，其法拉第旋转可达 $200°/cm$ 左右，是该波段最好的磁光晶体。

稀土铁石榴石，又称为磁性石榴石，其分子式一般可写作 $RE_3Fe_5O_{12}$，当稀土 RE 为 Sm、Eu、Gd、Tb、Dy、Ho、Er、Tm、Yb、Lu 时可以单稀土组分的 RIG 存在；当 RE 为 La，Pr、Nd 时，则以 $RE_xY_{3-x}Fe_5O_{12}$ 型混晶存在（RYIG）。稀土铁石榴石具有立方结构点群 O_h—m3m，空间群 Ia3d，每个单位晶胞内有 8 个分子计 160 个原子。在这类晶体中最重要的是 YIG 以及由此发展起来的一系列材料，磁化状态的 YIG 在超高频场中的磁损耗比其他品种铁氧体要低几个数量级。

除了 RIG 外，钇镓石榴石（$Gd_3Ga_5O_{12}$，GGG）也是一种重要的磁光晶体，同时还具有激光、超低温磁致冷性质，并可作人造宝石。

YIG 和其他铁族化合物在可见光波段有强烈吸收，无法用于可见光波段。

二价铕有大的自旋-轨道互作用。其氟化物，如氟化铕（EuF_2）晶体在可见波段透明，是较好的可见波段磁光晶体。稀释的磁性半导体 $Cd_{1-x}Mn_xTe$ 具有很大费尔德常数。此外在 CO_2 激光波段（$10.6\mu m$），InSb，$CdCr_2S_4$，KRS-5 也是磁光法拉第旋转的候选材料。

磁光单晶膜是随着光通信和光信息处理需要而发展起来的新材料，它被用作小型坚固的非互易元件、光隔离器、磁光存储器和磁光显示器。在钇镓石榴石（GGG）衬底上外延生长的钇铁石榴石（YIG）是最实用的磁光单晶膜。它在 633nm 波长法拉第旋转角为 $835°/cm$，制成的光隔离器光路长约半毫米。但作为光集成回路的元件，还必须缩短二个数量级。因而近年来又在研究开发具有更大法拉第旋转的单晶膜，如在 GGG 衬底上外延生长 $Bi_3Fe_5O_{12}$、$Gd_{0.2}Y_{2.8}Fe_5O_{12}$、$(BiGd)_3Fe_5O_{12}$、$(YLa)_3Fe_5O_{12}$ 等石榴石型铁氧单晶膜。

15.4.3 磁光晶体的应用

在实际应用中，目前应用最多的是利用磁光晶体的法拉第旋转，将其用于激光系统作快速光开关、调制器、循环器及隔离器；在激光陀螺中用作非对易元件；同时，可以利用磁光材料作为磁光存储介质制作高密度存储器，目前，应用最实际、最广泛的是制作光隔离器。

光隔离器的示意图见图 15-8，当激光束通过起偏镜成为线偏振光，经磁光晶体后偏振面旋转一角度（如 45°），则可通过与其偏振方向相同的检偏镜 P_2。若此光被反射回来，则再次通过 P_2 和磁光晶体，再旋转 45°，二次共旋转 90°，则不可能通过 P_1，达到反射光与激光器隔离目的，同样也可用于其他场合，如光通信等。

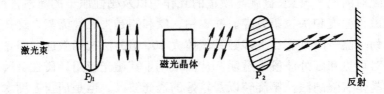

图 15-8　光隔离器原理图

15.5　热释电晶体

15.5.1　热释电效应

极性晶体因温度变化而发生电极化改变的现象称为热释电效应，具有热释电效应的晶体称为热释电晶体。产生热释电效应的原因是由于晶体中存在着自发极化，温度变化时自发极化也发生变化，当温度发生变化时所引起的电偶极矩不能及时被补偿时，自发极化就能表现出来。

如果晶体中温度发生了微小变化 ΔT，则极化矢量的改变 ΔP_i 可表达为

$$\Delta P_i = P_i \Delta T \tag{15-5}$$

式中的 P_i 为热释电系数，也可用 $\mathrm{d}P_i/\mathrm{d}T$ 表示，是热释电晶体的主要参数，由于温度为一个标量，所以晶体的热释电效应是用矢量 $\boldsymbol{P}$ 描述的物理性质，一般有三个分量。

具有对称中心的晶体不可能具有热释电效应，而在 20 类压电晶体中，也只有某些具有特殊极轴方向的晶体才可能具有热释电性质，故只有 10 种极性晶类才是热释电晶类，即 1，2，m，2mm，3，3m，4，4mm，6，6mm。所谓极性晶体是指极轴和晶向相一致的晶体。

15.5.2　几种典型热释电晶体

利用热释电效应可以制作各种探测器件，得到性能良好的红外敏感器件，其对热释电材料的要求除了热释电系数大以外，还要求晶体对红外线的吸收大，热容量小，介电常数和介电损耗少，密度小，易加工成薄片，相应的居里点 T_C 要高，在工作条件下不退极化等。到目前为止，人们发现具有热释电效应的材料超过千种，但真正符合应用的只有几种，其中硫酸三甘肽（TGS）、钽酸锂（LiTaO₃）、铌酸锶钡（SBN）、钛酸铅（PbTiO₃）和聚偏氟乙烯（PVF₂）是最重要的几种。

硫酸三甘肽，或称三甘氨酸硫酸盐，是一类最重要最常用的热释电晶体，分子式为 (NHCHCOOH)₃·H₂SO₄，简称 TGS。是由甘氨酸和硫酸以 3：1 的克分子比例配制成饱和水溶液，然后用降温生长获得，较容易得到大的优质单晶体。其结构属单斜晶系，C₂-2 点群，空间群 P2₁。居里点温度 T_C 约为 49℃。高于 T_C 不存在热释电效应。此时 b 轴为极性轴。TGS 是典型的二级相变铁电体。通常铁电体需极化才具有热释电性质。

TGS 晶体的电极化强度 P 大，相对介电常数 ε_r 小，故材料优质因子也大，是一种重要的热释电探测器材料。垂直 b 轴存在解理面，方便器件的制作。这类晶体主要缺点是易吸潮，

机械强度差,以及存在退极化现象。但采用密封封装可以避免材料受潮。为进一步提高 TGS 的热释电性质,特别是提高其居里点,防止退极化,采用在重水中培养或掺入有益杂质的方法生长 TGS 晶体,如:

(1) 氘化 TGS (DTGS) 将 TGS 用重水 D_2O 进行重结晶可实现氘化,从而使 T_c 可提高到 60℃ 以上;

(2) 掺 L-α 丙氨酸 TGS (LATGS)。其晶体的内偏场 ε_r 大于 3kV/cm,从而使晶体具有锁定极化性质,即晶体不需极化就具有热释电性质。此外将晶体加热超过 T_c 后,再冷却到 T_c 以下,仍能恢复其热释电性质,具有较高的稳定性。掺 L-α 丙氨酸后晶体的介电常数和介电损耗都减小,故品质因子有所提高。

(3) 氘化 LATGS (DLATGS)。兼有 DTGS 和 LATGS 两种晶体的优点,T_c 高,具有锁定极化性质。此外,还有将 TGS 中的硫酸用磷酸或砷酸部分取代也能提高 TGS 的实用性能。改性的 TGS 晶体是制作热释电摄像管、红外探测器及傅里叶光谱仪中的中红外和远红外器件的良好材料,特别适于制作工作温度较高、性能稳定的器件。

TGS 还有几种相同结构的晶体,如三甘氨酸硒酸盐(TGSe)和三甘氨酸氟铍酸盐(TGFB)等。

除 TGS 外,还有氧化物热释电晶体,可在高温下用提拉法生长,获得高质量的单晶。生长速度比水溶液法生长快。晶体物化性质稳定,机械强度高,但生长设备较复杂。已得到实际应用的晶体有两种。

(4) 钽酸锂晶体(LiTaO₃)属三方晶系,c 轴是极轴,具有钙钛矿的 ABO₃ 晶格结构。T_c 为 620℃,不易退极化。因为 T_c 高,故在很宽温度范围里优值因子都较高,且变化不大,适合制作工作温度范围大的高稳定性器件。其介电损耗可低于 2×10^{-4},又是高归一化探测度 D^* 的热释电探测器材料。

(5) 铌酸锶钡晶体($Sr_{1-x}Ba_xNb_2O_6$)属钨青铜结构。与 LiTaO₃ 相比,虽然电极化大,但介电常数也大,品值因子不高,适合做小面积或多元器件。掺入少量 La_2O_3 或 Nd_2O_3 可克服其退极化的问题。

此外,还有钛酸钡(BaTiO₃)、钛酸铅(PbTiO₃)和锗酸铅($Pb_5Ge_3O_{11}$)等单晶。

部分热释电材料的性质总结于表 15-5。

表 15-5 部分热释电材料的性质

材　　料	热释电系数/C·cm⁻²·K⁻¹	相对介电常数	居里温度/℃
TGS	2.8×10^{-8}	35	49
LiTaO₃	2.3×10^{-8}	34	618
PbTiO₃	6.0×10^{-8}	200	470
SBN	6.5×10^{-8}	380	115
LiNbO₃	0.4×10^{-8}	30	1200
PVF₂	0.24×10^{-8}	380	115
PZT	2.0×10^{-8}	380	270

参 考 文 献

1 蒋民华. 晶体物理. 山东：山东科技出版社，1980

2 师昌绪主编. 材料科学大百科全书. 北京：大百科全书出版社，1995

3 曾汉民主编. 高技术新材料要览. 北京：中国科学技术出版社，1995

4 侯印春等编. 光功能晶体. 北京：中国计量出版社，1991

第 5 篇

功能复合材料

按照应用的需要，把两种或两种以上材料组合在一起，使之互补性能优势，从而产生一类新型材料称为复合材料。功能复合材料是其中的一个重要部分，内容非常丰富，发展非常迅速。

16 功能复合材料 (Functional composite materials)

16.1 功能复合材料基础

应该说每种工程材料都有各自的优点和弱点，当它们组成复合体时，就可能产生如图16-1所示的 C_1、C_2、C_3（对两种材料复合而言）三种组合[1]。也就是说组成的新材料有可能仅保留原组分好的性质或仅保留坏的性质；也有可能既有良好性质的混合，也有 A 和 B 缺点的混合，当然后者是较普遍的情况。从严格意义上说，只有那些组元间性能能够互补，比单独原组分性能好得多的材料才能称为复合材料。我们可以把复合材料形象地比喻为

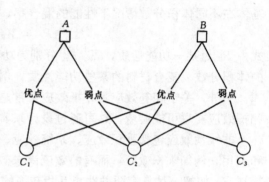

$$A+B=C$$
$$2+2=4$$

图 16-1 二元复合材料组合示意图

实际上，一些著作中把复合材料的定义下得很宽，认为任何非纯粹的，或多于一种组分的物体都可以归入复合材料之列。由于复合材料还太年轻，许多概念仍在研究和完善之中，因此本书只能暂搁置这些定义上的分歧，而讨论一些更为实际的内容。

16.1.1 复合材料的分类

复合材料有两种分类方法：

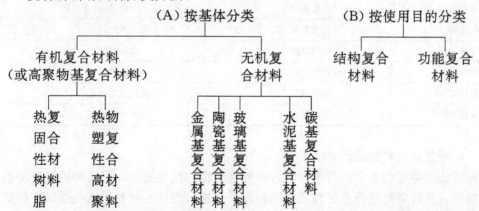

复合材料还可以按其性能高低的层次分为常用复合材料和先进复合材料，前者多作为要求不高而量大面广的材料使用，后者用于各高技术领域量少而对性能要求高的场合。这种分类方法难以将材料给予明确地划分，且材料本身的先进与否也随时间和科学技术的发展而变化，因此这种分类方法不是普遍的。目前大多数功能复合材料属于后者范畴。

功能复合材料是指除机械性能以外而提供其他物理性能的复合材料，如导电、超导、半导、磁性、压电、阻尼、吸声、摩擦、吸波、屏蔽、阻燃、防热、隔热等功能复合材料。功能复合材料主要由功能体和基体组成，或由两种（或两种以上）功能体组成。在单一功能体的复合材料中其功能性质虽然由功能体提供，但基体不仅起到粘结和赋形作用，同时也会对复合材料整体的物理性能有影响。多元功能体的复合材料可以具有多种功能，同时还有可能由于产生复合效应而出现新的功能。这种多功能复合材料成为功能复合材料的发展方向。

16.1.2 功能复合材料的复合效应

功能复合材料的复合效应包括线性效应和非线性效应两类[2]。

线性效应包括平均效应、平行效应、相补效应和相抵效应。例如常用于估算功能体与基体在不同体积分数情况下性能的混合率，即

$$P_C = V_R P_R + V_m P_m \qquad (16\text{-}1)$$

式中 P_C 为某一功能性质，P_R、P_m 分别为功能体和基体的这种性质，V_R、V_m 则分别是两者的体积分数。复合材料的某些功能性质，例如电导、热导、密度和弹性模量等服从这一规律。另外，关于相补效应和相抵效应常常是共同存在的，显然相补效应是希望得到的，而相抵效应要尽可能避免，这可通过设计来实现。

非线性效应包括乘积效应、系统效应、诱导效应和共振效应。其中有的效应已被认识和利用，例如乘积效应，而有的效应尚未被充分认识和利用。所谓乘积效应可用如下方法描述它：如把一种具有两种性能互相转换的功能材料 X/Y（如压力/磁场换能材料）和另一种 Y/Z 的转换材料（如磁场/电阻转换材料）复合起来，其效果是（X/Y）（Y/Z）＝X/Z，即变成压力/电阻换能的新材料。表 16-1 给出一些具有乘积效应复合材料的实例。

表 16-1 复合材料的乘积效应

甲相性质 X/Y	乙相性质 Y/Z	复合后的乘积性质 （X/Y）（Y/Z）＝X/Z
压磁效应	磁阻效应	压敏电阻效应
压磁效应	磁电效应	压电效应
压电效应	场致发光效应	压力发光效应
磁致伸缩效应	压阻效应	磁阻效应
光导效应	电致伸缩效应	光致伸缩
闪烁效应	光导效应	辐射诱导导电
热致变形效应	压敏电阻效应	热敏电阻效应

16.1.3 功能复合材料的设计

复合材料的最大特点在于它的可设计性，因此在给定的性能要求、使用环境及经济条件限制的前提下，从材料的选择途径和工件结构途径上进行设计。例如利用线性效应的混合法则，通过合理铺设可以设计出某一温度区间膨胀系数为零或接近于零的构件。又如 XY 平面是压电性，XZ 平面呈电致发光性，通过铺层设计可以得到 YZ 平面压致发光的复合材料。模仿生物体中的纤维和基体的合理分布，通过数据库和计算机辅助设计可望设计出性能优良的仿生功能材料。

16.2　磁性复合材料（Magnetic composite materials）

磁性复合材料是以高聚物或软金属为基体与磁性材料复合而成的一类材料。由于磁性材料有软磁和硬磁之分，因此也有相应的两类复合材料。此外强磁性（铁磁性和亚铁磁性）细微颗粒涂覆在高聚物材料带上或金属盘上形成磁带或磁盘用于磁记录，也是一类非常重要的磁性复合材料，又如与液体混合形成磁流体等。

16.2.1　永磁复合材料

在前面所介绍的典型永磁材料包括永磁铁氧体、铝镍钴以及稀土永磁，一般密度较高，脆而硬，不易加工成复杂的形状。但制成高聚物基或软金属基复合材料，上述难加工的缺点可得到克服。这类复合材料的功能组元是磁性粉末，高聚物和软金属起到粘结剂的作用。其中高聚物使用较为普遍，常用的有环氧树脂、尼龙和橡胶等材料，制造方法常采用模压、注塑、挤压等工艺技术，软金属粘结工艺较复杂，因此除磁体要求在较高温度下（＞200℃）使用时，很少采用这种金属基复合磁体。

很显然，与高密度的金属磁体或陶瓷磁体（铁氧体）相比，复合磁体的优良加工性能是以牺牲一部分磁性能为代价的。非磁性基体及非磁性相的比例直接影响到材料的饱和磁化强度及剩余磁化强度，可用下述关系式表达

$$M_{\mathrm{r}} \propto (M_{\mathrm{s}}\beta)\left[\frac{\rho}{\rho_0}(1-\alpha)\right]^{2/3} \times f \tag{16-2}$$

其中 M_{r} 为复合磁体的剩余磁化强度，M_{s} 为磁性组元的饱和磁化强度，ρ 为复合磁体密度，ρ_0 为磁性组元的理论密度，α 为复合物中的非磁性相的体积分数，f 为铁磁性相在外磁场方向的取向度。

由于复合永磁材料的易成形和良好加工性能，因此常用来制作薄壁的微特电机使用的环状定子，例如计算机主轴电机，钟表步进电机等。此类环状定子往往需要非常均匀的多极分布，如8、16、24、36极等，图16-2显示一个12极充磁后，磁极的分布图形。良好的成型性，使其适用于制作体积小，形状复杂的永磁体，如汽车仪表用磁体，磁推轴承及各类蜂鸣器等。

复合永磁材料的功能体可为前面所介绍的各类磁体，如铁氧体、铝镍钴、Sm-Co、Nd-Fe-B 等的粉末，由它们制成粘结磁体。各类单功能组元粘结体的典型退磁曲线示于图16-3[3]。人们也可以选用两种或两种以上的不同磁粉与高分子材料复合，以便得到更宽范围的实用性能。

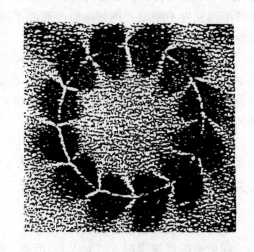

图 16-2　多极充磁磁极分布图

16.2.2　软磁复合材料

电器原件的小型化导致磁路中追求更高的驱动频率，为此应用的软磁材料，除在静态磁场下经常要求的高饱和磁化强度和高磁导率外，还要求具有低的交流损耗 P_{L}。

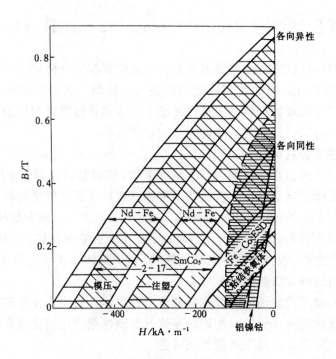

图 16-3   各类粘结永磁体的退磁曲线

通常较大尺寸的金属软磁材料，其相对磁导率 μ_r 随驱动频率的增大而急速下降（图 16-4）[4]。但将软磁材料，例如 Fe-Si-Al 合金，制成粉末，表面被极薄的 Al_2O_3 层或高聚物分隔绝缘，然后热压或模压固化成块状软磁体，由图 A、B、D 曲线看出它的 μ_r 值在相当宽的驱动频率范围内不随交变场频率的升高而下降，保持在一个较平稳的恒定值。这种复合软磁材料的 μ_r 值可由式 16-3 描述：

$$\mu_r = (\mu_c d)/(d + 2\mu_c \delta) \tag{16-3}$$

式中 d、μ_c 和 δ 分别表示金属粒子尺寸，块状金属相对磁导率和包覆层厚度。显然选择合适的金属粒子尺寸和包覆层厚度即可获得所需的 μ_r 值，这对电感器和轭源圈的设计是十分重要的。

由于绝缘物质的包覆，这类材料的电阻率比其母合金高得多（高 10^{11} 倍），因此在交变磁场下具有低的磁损耗 P_L。图 16-5 是在 1MHz 高频下复合材料磁损耗与粉末颗粒尺寸 D 的关系，粉末尺寸越小，损耗越低。因此可以通过调整磁性粉末颗粒的尺寸来调节损耗 P_L 值。

16.2.3   磁记录复合材料

利用强磁性原理输入（写入）、记录、存储和输出（读出）声音、图像、数字等信息的一类磁性材料称为磁记录材料。分为磁记录介质和磁头材料两类。前者主要完成信息的记录和存储功能，后者主要完成写入和读出功能。由于磁记录介质材料多以粉末颗粒状或薄膜形式存在，它们必须依附在其他定型物质上才能实现其功能。因此，就形成一系列磁带、磁盘等复合材料。

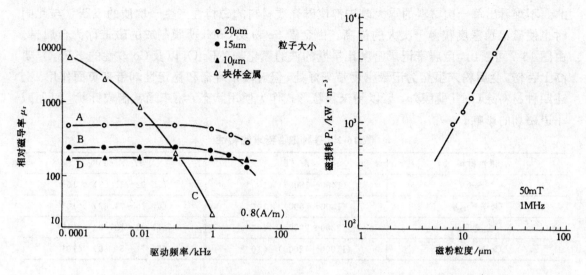

图 16-4 Fe-Si-Al 粉末颗粒复合体相对
磁导率随驱动频率的变化

图 16-5 磁损耗与软磁粉粒度的关系

16.2.3.1 磁性记录与读出

记录声音和图像，然后将其读出（再生）的过程，如图 16-6 所示那样。由麦克风及摄像机将声音及光变成电信号，再由磁头变成磁信号固定在磁记录介质上。读出时与记录过程相反，使声音和图像再生。理想的录像磁带（磁记录介质）要尽可能地高密度，能长期保存记录，再生时尽可能高输出。在考虑能够实现高密度、长期保存、高输出时，大致有两方面的考虑，一是磁性材料的种类，二是以磁性层为中心的叠层结构的构成[5,6]。

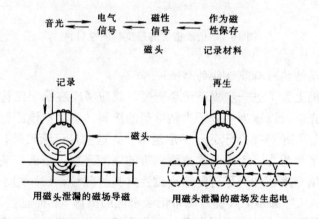

图 16-6 磁记录再生的原理

16.2.3.2 磁性材料

作为记录介质的强磁性材料，主要性能指标是矫顽力 H_c 和剩余磁化强度 M_r 的大小。这两个性能指标不仅受磁性材料种类的影响，也受颗粒的大小和形状的影响。

表 16-2 列出现在使用的磁记录介质材料的磁特性，表中的排列是按发展的顺序排列

的。不难看出每一次材料的重大改进都使磁介质材料的磁特性产生一次质的飞跃，与此同时也使磁记录密度获得一次大的提高。由金属 Fe 粉及 CoNi 薄膜制成的磁带称为金属带。由图 16-7 可看出，金属带记录密度比早期的铁的氧化物 γ-Fe_2O_3 以及 Co 改性的 γ-Fe_2O_3 要高上百倍。金属粉末虽然为记录密度带来好处，但对磁带寿命和稳定性却带来负面作用。上述四种材料除 CoNi 薄膜外，皆以粉末颗粒形式作为使用状态，粉末通常制成针状，以便减小退磁场的影响。

表 16-2　各种磁性粉末的特性

磁性材料	M_r/T	$H_c/A \cdot m^{-1}$
γ-Fe_2O_3	$(1400 \sim 1800) \times 10^{-4}$	$(15.92 \sim 31.83) \times 10^3$
Co-γ-Fe_2O_3	$(1400 \sim 1800) \times 10^{-4}$	$(47.75 \sim 71.62) \times 10^3$
金属 Fe	$(2300 \sim 2900) \times 10^{-4}$	$(111.41 \sim 127.33) \times 10^3$
Co-Ni 合金	$(11000 \sim 12000) \times 10^{-4}$	$(55.71 \sim 59.69) \times 10^3$

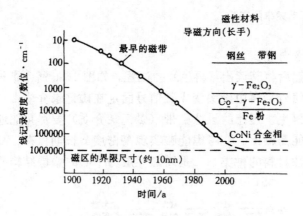

图 16-7　记录密度的进步与磁性材料

16.2.3.3　叠层结构对磁带性能的影响

在现有材料基础上为了进一步提高记录密度，就应考虑在叠层结构上的优化。一般对于粉状磁性材料，先制造以适当高分子为粘结剂的涂料，然后把该涂料用适当的方法进行涂敷、干燥，制造出了图 16-8 所示的一种层压箔片，这就是记录磁带。显然它属于叠层型的功能复合材料。至今为止，为提高涂敷型磁带的性能采取了下面一些措施：（1）提高磁性层中磁性材料的填充率；（2）尽可能缩小磁性材料的颗粒；（3）缩小磁头与磁带间的空隙来防止磁损失等。这些都是能够提高磁带记录密度的措施，然而这些改进都是有限度的，超过一定极限值会导致一些负面作用出现。因此为了进一步改善记录密度，就需要有新的叠层构思和技术，换句话说要创造出以复合技术为中心的新功能。目前各国研究者多进行两种尝试。其一，尝试把现在单一的磁性层变成双磁性层。另一项，不是用涂敷磁性粉末和粘结剂混合成的涂料的方法来制造磁性层，而是依靠真空镀敷 CoNi 合金薄膜的方法，来制造磁带。

把单一磁性层变成双磁性层的尝试是采用上层使用高矫顽力的微颗粒金属磁性材料，

厚度为 $0.4\mu m$，下层使用低矫顽力的钴改性的氧化铁磁性材料，厚度为 $2.5\mu m$。这样，上层能够高效率地记录，再生用高频和较强磁场记录的亮度信号。另一方面，因为色调信号和声音信号是低频，在磁性层深部才变弱。所以适当地搭配上层与下层的厚度及矫顽力可得到比只使用一种磁性材料的磁性层更高的输出功率。这样，不同波长都提高了输出功率，可获得更清晰的图像和声音。然而这种双层结构给涂敷技术提出更高的要求，不是常规涂敷方法能实现的。

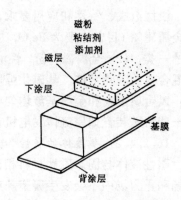

图 16-8 记录磁带的结构

Co-Ni 合金薄膜磁带是基于将来需记录信号的波长可能向短波长方向发展的角度出发而设计和构思的。短波长的磁场由于波及的深度浅，考虑到厚度损失的问题，那么 $0.2\mu m$ 程度的超薄膜是最理想的。要制造这样的超薄膜，真空蒸镀法是适合的。此外，磁性材料具有较好的性能，本身就可以提高记录密度。由表 16-2 可见，剩磁最大的是 Co-Ni 合金，如果镀成薄膜，磁性材料的填充率几乎接近 100%。无论是剩磁大，还是填充率大都对提高输出功率有好处。

16.2.4 磁流体

磁流体是强磁性（铁磁性和亚铁磁性）细微颗粒与一种液体均匀混合而成的胶状液体。它既具有强磁性材料的多种磁特性，又具有液体的特性[7,8]。

磁性液体由强磁性单畴颗粒（磁粉）、基质液体（基液）和分散剂（表面活性剂）组成。为了防止磁粉沉淀和凝聚，使磁性液体稳定，必须选择适当的磁粉粒径、分散剂物性参量和用量以及基液物性参量，使磁粉磁偶极矩间作用力和热作用力的综合效应产生势垒，以利于磁性液体稳定。

组成中的磁粉采用金属或非金属强磁材料，通过化学沉淀法、热分解法、机械研磨法、电解等方法制成，粒径约 $1\sim100nm$ 的单畴颗粒。

基质液体的种类很多，常根据用途选用。目前多采用非金属基液，主要有以下 6 种。(1) 水：一种常用和经济的基液，可在较宽范围调节 pH 值，但容易蒸发，适于制备在选矿和磁印刷等方面应用的磁性液体。(2) 酯类和二酯类：蒸气压低，粘滞性适当，润滑性好，适于制备在真空密封和阻尼系统中应用的磁性液体。(3) 烃类：粘度较低，电阻率和介电常数较高，适于制备在要求电绝缘好、粘滞性低的情况下应用的磁性液体。(4) 氟碳类：适用温度范围宽，对氯气等稳定性高，不溶于其他液体，适于制备在温度变化大和有氯气的恶劣条件下应用的磁性液体。(5) 聚苯醚类：蒸气压低，抗辐射性好，适于制备在高真空或辐照环境中应用的磁性液体。(6) 水银和低熔点金属合金：导热性和导电性高，适于制备在需要高传热或导电的情况下应用的磁性液体。

分散剂使磁粉表面吸附一层长链分子，构成缓冲层，并使磁粉在磁场和电场作用下不会凝聚。要求分散剂的分子链一端吸附在磁粉表面，另一端与基液胶溶吸附，还要求分子链有一定链长，以获得有效的防凝聚作用。分散剂主要有阴离子分散剂、阳离子分散剂、两性分散剂和中性（非离子）分散剂。分散剂用量一般约为磁粉重量的 5%～10%。

16.2.4.1 磁流体的种类

根据组成、特性和应用要求，磁性液体可分为 3 类。（1）非金属磁（粉）性液体：以非金属磁粉（目前主要为 Fe_3O_4 磁粉）与非金属基液均匀混合成的胶状液体。是目前应用最多的一类。（2）金属磁（粉）性液体：以铁（Fe）、钴（Co）或其合金磁粉与非金属基液均匀混合成的胶状液体。其磁化强度高，磁性强。目前尚处于研究阶段。（3）纯金属磁性液体：以金属磁粉和金属基液均匀混合成的胶状液体。其磁性、导热性和导电性好，适于制造一些特殊装置如磁流体发电机。目前多处于研究阶段，应用较少。

16.2.4.2 磁流体的特性和应用

磁性液体与固态磁性材料相比具有以下特点：高度的稳定性，能长期保持均匀状态，在磁场和重力场中不会发生凝聚和成团现象。可控的粘滞性，可由外加磁场控制其粘度，并使粘度对磁场表现各向异性。典型的超顺磁性，无磁滞回线现象，即剩磁和矫顽力都为零；可调节的磁浮力，即可用外加磁场改变磁性液体的表观密度和浮力。

由于磁性液体兼有强磁性和液态性质，因而在电子、电机、仪表、石油化工和科学研究中得到应用，如用于运动部件的阻尼、润滑和密封，不同密度物体的分选和分离，失重状态下用的磁性燃料和磁性笔，磁控印刷，磁控染色，由磁性液体作为工作物质的陀螺、声换能器、磁流体电机和磁芯等。

16.3 电性复合材料（Electric composite materials）

前面介绍了导体、半导体和绝缘体各自在导电率 σ 上的差别和数值范围，作为复合材料的电导率没有明确的数值给予划分，两种或两种以上的金属形成的复合材料显然是导体，相反两种或两种以上的绝缘体形成的复合材料不会产生好的电导率。但是复合材料中如果含有导电和绝缘两种材料，那么它的电导率或是极端或是一些中间值，这取决于导体和绝缘体的相对含量、几何分布和组元本身特性。

16.3.1 金属填充材料的导电特性

将金属颗粒混入高分子聚合物，高分子聚合物的电阻率就会发生变化，然而这个变化并非依据加和法则，而是当金属填料浓度达到一临界体积 ϕ_c 时，金属填充聚合物发生一个如图 16-9 所示的突然转换，由绝缘体变成导电体。这一临界填料量称之为复合材料的"导电门槛"值[9]。临界浓度值与金属填充颗粒的尺寸、分布、形状以及制造工艺有很大关系，例如宽粒分布的铝粉末的临界体积分数为 0.4，而窄颗粒分布的粉末临界体积分数为 0.2。

临界浓度值的另一个有趣现象是开关现象。很多研究证明，一些绝缘性复合材料当承受电压达到临界值时，会变成高导电性材料。如果没有大的电流通过，则消除电压后样品

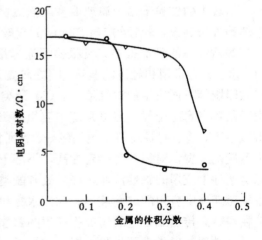

图 16-9 苯乙烯-丙烯腈共聚物中 Al 粉（△）和 Fe 粉（○）的体积分数和电阻率的关系

仍保持较低的电阻率，尔后再恢复到样品的绝缘状态。

　　复合材料电导率不仅与金属填加物体积分数有关，与温度也有密切关系。在一定温度范围内复合材料的电阻随着温度的升高而升高（正温度效应）。当超过某一温度时，其电阻值又随温度的升高而下降（负温度效应）[10]。这种温度效应使其成为一种开关材料，可用于制备各种电子开关。

16.3.2　电磁屏蔽复合材料

　　解决电磁干扰、射频干扰和信息防窃的复合材料称为电磁屏蔽复合材料。由于电磁波吸收率依赖于材料的电导率，因此利用具有一定导电性的复合材料可满足电磁屏蔽的需要[1,10]。以高分子材料为基体，填充导电材料可构成适合用于电磁屏蔽的复合材料。由于它具有性能好、成本低、成型工艺简单的优点，因此成为国际上电子材料研究的热点。电磁屏蔽复合材料有两种类型。

　　（1）填充导电体的形式，填料形成的导电网络是提供屏蔽功能的基本要素。这种电磁屏蔽复合材料通常由绝缘性良好的热塑性高分子（如 ABS、PC、PP、PE、PVC、PBT、PA 及它们的改性和共混的树脂）和导电性填料（如炭黑、铝片粉、金属纤维及表面金属化的有机和无机纤维）及其他填加物复合而成，其屏蔽效果为 40~60dB。屏蔽效果与导电体填充量，导电纤维长径比有关，由图 16-10 看出合适的填料体积分数可获得好的屏蔽效率，很多研究发现在临界浓度值附近有最好的屏蔽效果。图 16-11 表明填充料的长径比与屏蔽效果也有密切关系，填料长径比越大，屏蔽性也越大，从另一角度看长径比也影响着最佳体积填充量。通常长径比越大，最佳体积填充分数越低。

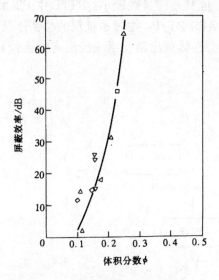

图 16-10　铝片在聚合物中体积分数
与屏蔽效率关系

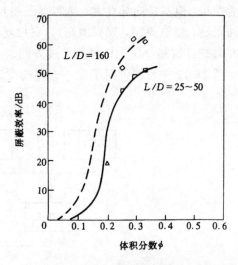

图 16-11　铝纤维带的体积分数、
长径比与屏蔽效率的关系

　　电磁屏蔽材料多用于电子设备的屏蔽，由于近代电子设备的数据传输多采用电视显示方式，如计算机终端显示器、监视器、仪表的图显和数显，都要求既透明，又能阻隔电磁波的材料。从这个角度上看，复合材料中最佳体积填充分数为较低数值是理想的。

（2）用金属丝与无机或有机纤维的混纺纱制成织物可作电磁波反射体。这种反射型复合材料主要用于无线通信天线的电磁波反射装置，但也可作计算机、复印机、传真机等电子设备的电磁波屏蔽板。

16.3.3　复合材料压电性能

压电材料是指具有压电效应的材料，它广泛应用于换能器，实现机械能与电能之间的相互转换。利用压电材料研制开发的器件在现代工程技术中具有重要的地位。正是由于它在工程技术中的重要性，自1880年居里兄弟发现压电效应以来，已研制出多种压电材料，可以分为下面五类：（1）单晶材料，如石英、磷酸等；（2）陶瓷材料，如锆钛酸铅（PZT）、钛酸铅等；（3）高分子聚合物，如聚氯乙烯等；（4）复合材料，如PZT/聚合物等；（5）玻璃陶瓷，如 $TiSrO_3$ 等。由上述顺序看出，压电材料经历了从自然界存在的简单单晶材料发展到结构复杂的复合材料的过程。压电复合材料是将压电陶瓷相和聚合物相按一定连通方式，一定的体积/重量，及一定的空间分布制作而成，它可以成倍地提高材料的压电性能。以 PZT/聚合物为例，其 $d_h g_h$ 值提高 1～3 倍（d_h 为压电体的电荷系数；g_h 为压电体的电压系数）。此外复合材料使加工性能，以及与水的匹配性也大为改善[11]。

随着科学技术的发展，人们对材料的压电性能提出更高的要求，要想从本质上极大地提高材料的压电性能，将设计思想集中在两相材料复合范围已难于取得重大突破。人们从压电复合材料发展的历史得到启示，将二元复合材料进一步复合向三元或更多元方向发展，可望获得更为优异的压电复合材料。典型例子是锆钛酸铅（PZT）和聚合物（P），即 PZT/P；钛酸铅（PT）和聚合物（P），即 PT/P，两大二元系复合材料的再复合。这两大复合材料各有优缺点，其中 PZT/P 中的 PZT 压电活性大，但其各向异性较小；PT/P 中 PT 的压电活性小，但其各向异性大。当实现三相复合，即 PZT＋PT/P，按照系统观的"混合原则，相加原则，复合原则，乘积原则"，三相复合系统势必会体现出两相系统所没有的性能，这一方向是目前复合压电材料的发展方向。

图 16-12 关系图说明了这一方向的发展。

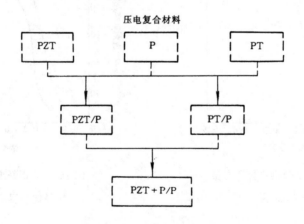

图 16-12　压电复合材料的发展

16.3.4 超导复合材料[12]

超导材料被誉为第三代电子技术的核心，它在导弹与航天器跟踪、制导、通信与防御以及激光武器电源上都具有广泛的应用潜力，可用于高性能高速计算机，远红外探测器，光通信，（远）红外成像以及磁悬浮列车等。然而，高临界转变温度的氧化物超导材料脆性大，虽有一定抵抗压缩变形的能力，但其拉伸性能极差，成型性不好，使得超导体大规模实用受到了限制。用碳纤维增强锡基复合材料通过扩散粘结法（成型压力为 4MPa，150～170℃，保温 15min）将 $YBa_2Cu_3O_7$ 超导体包覆于其中，从而获得良好的力学性能、电性能和热性能的复合材料。试验发现，随着碳纤维体积含量增加，碳纤维/锡钇氧钡铜复合材料的拉伸强度随着不断提高。由于碳纤维基本承担了全部的拉伸载荷，所以在断裂点之前，碳纤维/锡材料包覆的超导体一直都保持超导性能。铜基复合材料也常用于超导复合材料的包覆材料。

16.4 梯度功能复合材料 (Functionally gradient materials)

16.4.1 梯度功能材料的概念[13]

当代高新技术的飞跃发展，引起材料科学领域内的变革，使得各种适应高新技术发展的新材料应运而生。所谓"梯度功能材料"就是适应高新技术发展的产物。

一般复合材料中分散相是均匀分布的，整体材料的性能是同一的，但是在有些情况下，人们常常希望同一件材料的两侧具有不同的性质或功能，又希望不同性能的两侧结合得完美，从而不至于在苛刻的使用条件下因性能不匹配而发生破坏。以航天飞机的推进系统中最有代表性的超音速燃烧冲压式发动机为例，燃烧气体的温度通常要超过 2000℃，对燃烧室壁产生强烈的热冲击；另一方面，燃烧室壁的另一侧又要经受作为燃料的液氢的冷却作用。这样，燃烧室壁接触燃烧气体的一侧要承受极高的温度，接触液氢的一侧又要承受极低的温度，一般材料显然满足不了这一要求。于是，人们想到将金属和陶瓷联合起来使用，用陶瓷去对付高温，用金属来对付低温。然而，用传统的技术将金属和陶瓷结合起来时，由于二者的界面热力学特性匹配不好，在极大的热应力下还是会被破坏。针对这种情况，五年前，日本研究人员提出了梯度功能材料的新设想和新概念，其基本思想是：根据具体要求，选择使用两种具有不同性能的材料，通过连续地改变两种材料的组成和结构，使其内部界面消失，从而得到功能相应于组成和结构的变化而缓变的非均质材料，以减小和克服结合部位的性能不匹配因素。例如，对上述的燃烧室壁，可在其高温侧使用耐热性的陶瓷，赋予材料耐热性能；在其低温侧使用金属，赋予材料导热性和机械强度。在两者的中间，通过连续地控制内部组成和微细结构的变化，使两种材料之间不出现界面，从而使整体材料具有耐热应力强度和机械强度也较好的新功能。

适应此种应用目前研究较多的材料是 PSZ/W (Mo)，PSZ 为部分稳定化的氧化锆；Si_3N_4/合金；SiC/合金；TiC/Ti、TiB_2/Cu 等系列材料。目前日本科技人员已制备出 1～10mm 厚、直径为 30cm 的管材。美国和德国的一些机构对梯度功能材料也表现出极大兴趣。鉴于梯度材料的特点，它很快也将被利用在其他功能材料的构思和研究中。

16.4.2 梯度功能材料的应用

16.4.2.1 PSZ/Mo 梯度功能材料[14]

这一对材料是为上述极超音速飞机设计的陶瓷和金属材料对。采用粉末冶金的方法制造，首先把两个母体材料 ZrO_2 和金属 Mo 及过渡成分的粉末分层放置，然后模压成型。由于不同成分材料所需烧结温度不同，因此也需要烧结温度呈梯度变化。其热源有高能聚光灯，以及激光束辐射等。

16.4.2.2 梯度压电材料[15]

传统的压电驱动器通常采用两片陶瓷夹一片金属的结构，组元间粘结在一起，但这种结构用于超音速飞机马达就难以胜任，主要问题出在粘结剂。首先，在高速情况下从粘结部分脱落，其次在高温下粘结剂变软，低温下脆裂。为解决这个问题日本科学家设计了由两种材料组成的梯度材料，一端是 Pb（Ni，Nb）$_{0.5}$（Ti，Zr）$_{0.5}O_3$ 组成的压电陶瓷材料，另一端是 Pb（Ni，Nb）$_{0.7}$（Ti，Zr）$_{0.3}O_3$ 组成的具有高介电常数的介电材料，中间是成分逐渐过渡的区域。显然这种结构在各区域间没明显的相界面，克服了传统压电驱动器的缺点。

16.4.2.3 其他应用领域[16]

尽管目前的渐变梯度功能材料计划以缓和热应力为中心，但是渐变功能这一概念并不局限于此，譬如在以下几个领域可望收到显著效果：

（1）用于核的功能。核聚变反应容器用耐辐射性的材料（陶瓷）作为容器壁的内侧，用导热性好且强度高的材料（金属）作为外侧，两层之间根据与中子发生核反应的截面积设置原子成分不同的多层陶瓷，并且两种材料的接合面处金属-陶瓷连续变化。这样的结构有助于减少界面热传导或热膨胀所产生的应力。

（2）用于医学生物的功能。譬如，为了增强生物适用性采用生物渐变功能材料制作人造牙齿，即以多孔的磷灰石作为牙根，内部采用高强度的致密结构。而且牙齿的外露部分使用高硬度的陶瓷，中心部分是高韧性的陶瓷。这种结构的人造牙齿，生物组织可嵌入多孔的齿根中，使二者牢固地结合起来，而中心部分的陶瓷又提高了整体的机械强度。

（3）电磁功能。借助于渐变成分控制技术有可能制造出与衬底一体化的电子产品和三元复合电子产品，实现小型化，并使单个的电子产品高性能化。譬如，半导体器件，传统的硅半导体和近年来开发的化合物半导体因晶格常数的差异较大难以组合。通过渐变功能材料可以解决这一难题。

（4）光学功能。渐变成分控制技术可使多态纤维及 GRIN 透镜的折射率变化范围增大，还有可能开发出新的光学元件或光存贮器。譬如将具有电光学、磁光学效应的材料与传统的光学材料巧妙地结合起来，可设计、制造出具有缓和热应力功能的大功率激光棒。

（5）化学功能。化学研究用的薄膜、催化剂或反应容器还有各种化学设备上使用的兼有耐蚀性和强度的管线材料，均可采用渐变功能材料。

16.4.3 梯度功能材料的制造方法

梯度复合材料由于两组元构成可有很大差别，因此在复合技术上就相应比较复杂，除传统的粉末冶金法外，金属压渗法，自蔓延合成法，多相复合膜等新的复合技术和工艺得到了越来越多的应用。表 16-3 列出了一些梯度功能材料的基本制备方法。

表 16-3 梯度功能材料的基本制备方法

类 型	工艺	方 法	实 际 例 子
气 相	化学	化学气相沉积	SiC/C，SiC/TiC，TiC/C C/C-C 复合材料，C/陶瓷
	物理	离子镀	TiN/Ti，TiC/Ti，C/Cr
		等离子喷涂	YSZ/NiCrAlY，YSZ/Ni-Cr
		离子混合	YSZ/Cu
液相（熔融）	化学	电沉积	Ni/Cu
	物理	等离子喷涂	YSZ/NiCrAlY，YSZ/Ni—Cr
		共熔反应	Si/ZrSi$_2$
固 相	化学	自加热系统	TiB2/Cu，TiB2/Ni，TiC/Ni
		涂刷	ZrO$_2$/Ni，PZT/Ni，PZT/Nb
	物理	烧结	YSZ/SUS304，YSZ/Mo Si$_3$N$_4$/Ni，SiC/Si$_3$N$_4$
		扩散	Ni/Al

下面着重对自蔓延法和薄膜叠层法做一简单介绍

16.4.3.1 自蔓延高温合成（SHS）制备梯度功能材料

SHS 方法是由前苏联科学家首先提出的一种制备材料的新方法。其主要是利用高放热反应的能量使化学反应自动地持续下去[13]。这种合成材料的新方法的优点是：过程简单、反应迅速、耗能少、纯度高。另外，SHS 过程还有一个特点是：通过基本元素之间的化合直接形成反应产物，比如下式表示的是元素 A 和元素 B 之间直接形成化合物 AB，放出热量 Q。

$$A+B \rightarrow AB+Q$$

按照物理化学知识，我们知道在反应物中添加杂质，添加反应产物（即所谓的稀释）或者预热反应物都可以改变反应过程的放热量 Q。这一特点在梯度功能材料的制备和使用过程中非常有用。梯度功能材料从制备到使用过程中经过了燃烧温度-常温-使用温度的变化，其内部热应力的弛豫和分布是决定材料性能的关键。采用 SHS 法制备梯度功能材料，在烧结时，陶瓷一侧发热量大，金属一侧发热量小，形成有温度梯度的温度差烧结，制备的样品冷却到室温时，在陶瓷一侧有一定的拉应力作用，而金属一侧有一定的压应力，形成我们所需要的应力弛豫，见图 16-13。通过精确地计算，调整各梯度充填层的反应放热量即可达到上述目的。这种方法避免了一般块料整体均匀加热烧结时，形成较大热膨胀差异的缺点，从而可较好地克服热应力开裂现象。

16.4.3.2 薄膜叠层法制备梯度功能材料

在化学气相沉积法合成薄膜的过程中，选择合成温度和原料气体的压力，可以调节和控制薄膜的组织和结构。因此，在用化学气相沉积法制备薄膜材料时，在基体面和析出面之间能很容易地做到改变分散相的浓度，从而使得能在这一区域形成基体和分散相的组成连续变化的组织，即具有梯度功能的薄膜材料。也有的研究者采用等离子镀膜法，通过调

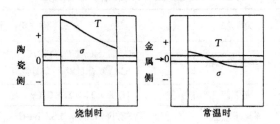

图 16-13　SHS 制备梯度功能材料时温度与应力的变化关系

节等离子流的温度和流速以及原料粉末的成分和供给条件，来调节薄膜层的组成，获得梯度组成层。

16.5　隐身复合材料

16.5.1　隐身复合材料

名称来自于用于降低军事目标可探测性的材料。由于探测技术的飞速发展和综合多种探测器的使用，使得隐身材料也必须朝着多功能化、宽频带方向发展，以往单质，如金属、陶瓷、半导体、高分子隐身材料很难适应这一要求，因此复合隐身材料的发展就显得格外重要。

隐身材料的基本原理是降低目标自身发出的或反射外来的信号强度；或减小目标与环境的信号反差，使其低于探测器的门槛值；或者使目标与环境反差规律混乱，造成目标几何形状识别上的困难。

电磁波在理想介质中传播时，一般以电场矢量 E 和磁场矢量 H 来描述波阻抗 Z，即

$$Z = \frac{E}{H} = \sqrt{\frac{\mu}{\varepsilon}} \tag{16-4}$$

式中 μ 和 ε 分别是隐身材料的磁导率和介电常数。如果电磁波由介质 1 入射到介质 2 时，其反射系数为

$$\nu = \frac{E_v}{E_i} \tag{16-5}$$

式中 E_i 和 E_v 分别为入射电磁波及反射电磁波的电场强度，若以波阻抗 v 表示，则为

$$v = \frac{Z_2 - Z_1}{Z_2 + Z_1} \tag{16-6}$$

式中 Z_1 和 Z_2 分别为介质 1 和介质 2 的波阻抗。假设介质 1 为空气，无反射的条件必须使公式 16-6 的 $v=0$，即

$$\mu_r = \varepsilon_r \tag{16-7}$$

式中 $\mu_r = \dfrac{\mu_2}{\mu_0}$，$\varepsilon_r = \dfrac{\varepsilon_2}{\varepsilon_1}$。$\mu_r$ 和 ε_r 分别称为隐身材料的相对磁导率和相对介电常数。满足式 16-7 也称为阻抗匹配。但经过半个世纪的研究，人们始终未能在宽频带范围内找到保持 $\mu_r = \varepsilon_r$ 的材料[1]。

隐身材料按照电磁波吸收剂的使用可分为涂料型和结构型两类，它们都是以树脂为基体的复合材料。

涂料型复合材料：能使被涂目标与它所处背景有尽可能接近的反射、透过、吸收电磁波和声波特性的一类无机涂层。又称为伪装层。隐身涂层种类很多有防紫外侦察隐身涂层、防红外侦察隐身涂层，以及防可见光、防激光、防雷达等侦察隐身涂层，还有吸声涂层等。

隐身涂层多采用涂料涂覆工艺。涂料由粘结剂、填料、改性剂和稀释剂等组成。粘结剂可以是有机树脂，也可以是无机胶粘剂。填料是调节涂层与电磁波、声波相互作用特性的关键性粉末状原料。可选择金属、半导体、陶瓷等不同类型的粉末作为填料，由于它们在能带结构上的差别，可针对不同的探测装置进行隐身。由于探测技术不断提高，隐身涂层也向具有多功能的多层涂层及多层复合膜方向发展。

结构型隐身复合材料：由于涂料型隐身材料存在重量、厚度、粘接力等问题，在使用范围上受到了一定限制，因此兼具隐身和承载双功能的结构型隐身材料应运而生。电磁波在材料中传播的衰减特性是复合材料吸波的关键。实际上振幅不同的波来往传播。包括折射和散射，最后使射入复合材料的电磁波能得到衰减，达到吸收的目的。此外在设计中使复合材料表面介质的特性尽量接近空气的特性，就会使表面反射小，从而达到隐身作用。

作为兼具隐身和承载双功能的材料的设计主要有混杂型和蜂窝形复合材料两大类。所谓混杂型是基体为高聚物，加强体是不同类型纤维材料。例如选择酚醛树脂为基体，选择碳纤维、玻璃纤维、芳纶等为增强体，选择合适的混杂结构参数，界面尽量增多，这种复合材料不仅有较好的承载功能，同时也具有良好的吸收雷达波的性能。蜂窝结构型隐身复合材料是一种外形上类似于泡沫塑料的纤维增强型材料，对电磁波有极好的吸收效果。如采用多层结构，频率为 8～12GHz 时，吸收性能达到 15dB。

16.5.2 抗声的复合材料

声波在材料内传递时，在声能的作用下材料的分子也随之运动。但材料分子运动的位相滞后，使材料内的部分声能变为热能而被吸收。为获得良好的吸声性能，水声吸声材料必须满足两个重要的条件：

（1）材料的特征阻抗（材料中声速同材料密度的乘积）同水的特征阻抗（水中的声速同水的密度乘积）匹配。这样在水内吸声材料界面上，声波才能几乎无反射地进入吸声材料内。

（2）材料应有大的损耗因子（表示波传播单位距离衰减的分贝数，单位为分贝/厘米），使进入材料内的声波能迅速衰减。

为满足上述要求，在动态力学粘弹曲线上选择内耗峰较宽且较高的粘弹材料如合成橡胶、聚胺脂作为吸声复合材料的基体。将基体同金属粉末、多孔或片状材料共混构成复合材料。加入多孔或片状材料有利于将在声能作用下产生的压缩形变转变成剪切形变，使声能损耗增大。从结构设计上复合材料可以制成类似梯度材料原理的阻抗连续过渡吸声材料，以及共振吸收结构吸声复合材料等。显然抗声纳吸声材料的吸声是基本填料和声学结构共同的效果。一般把上述结构的吸声复合材料称作消声瓦。

16.6 其他功能复合材料[1,12,17]

如前面所说复合功能材料是较年轻的材料，但发展速度很快，应用领域也越来越广泛，虽然目前从数量上尚低于结构复合材料，但不久会超过结构复合材料，成为复合材料的主导，本节介绍几个逐步发展起来，且有广阔前景的领域。

16.6.1 抗 X 射线辐射复合材料

用于抵抗 X 射线辐射造成对材料结构的破坏效应的一类复合材料。材料的吸收系数是衡量光子和材料作用的能力。它取决于光子能量及材料所含元素的性质。一般讲元素的原子序数越大，吸收系数越大。X 射线照射到材料上，则光子与材料的原子发生作用，X 射线在物质中通过时，被物质吸收变成物质的内能，即 X 射线能量在物质中沉积。同时，X 射线能流密度大，释放的时间极短，使材料的比内能急聚增加而升高温度，并且在材料表面处形成很高的压力。

结果在材料表面形成一个峰值极高，持续时间极短的压力脉冲-热击波，使材料产生"层裂"效应，同时产生瞬时过载，结构产生变形，乃至破坏。

为了防止 X 射线的破坏作用，曾提出一种物理模型，它由迎光层、屏蔽层、衰减层、过渡层四层结构组成。衰减层采用泡沫塑料，其他层分别采用碳-酚醛、高硅氧-酚醛等复合材料。利用密度小、质量轻的硅酸盐类多孔复合材料，既可防止大能量的 X 射线辐照，同时也是解决能量沉积行为的极好材料。

16.6.2 仿生复合材料

关于天然生物材料近代仿生分析始于 20 世纪 70 年代初期。80 年代后期出现复合材料"仿生设计"的提法。直至 90 年代初期才逐步出现参照生物材料的规律设计并制造的人工复合材料。

天然生物材料经过亿万年的演变进化，形成效能奇妙多彩的功能原理和作用机制。天然生物材料也大都是复合材料。仿生复合材料就是向天然生物材料寻找启迪和模拟制造的。仿生复合生物材料设计思想来自于对生物材料从材料科学的观点进行观察、测试、分析、计算、归纳和抽象，再经研制找出合适的复合材料。

复合材料的仿生可以用以下三种途径：

（1）增强组元的形态仿生，主要用于生物纤维仿生。所有的纤维细胞几乎都是空心的、多层的，而且往往是分叉的。空心体的韧性和抗弯强度均较高。据此用化学气相沉积法制备的空心石墨纤维，其强度与柔韧性均较实心碳纤维为佳。

（2）复合工艺的结构仿生，作为结构仿生的第一步，进行仿竹的优化设计。在竹茎的横截面上，增强体-维管束的分布是不均匀的，竹青部分致密，竹内部分逐渐散开，竹黄部分为另一种细密的结构。分析表明，这种分布形成十分合理的优化结构。按照这种结构提出了一种碳纤维增强树脂的优化模型。实验表明，结构仿竹复合材料与具有同样数量基体和增强纤维但分布均匀的复合材料相比，平均弯曲强度提高 81%，最优者高出 103%。

（3）复合材料内部损伤的仿生愈合。机体受损伤而愈合的过程启发人们去探讨复合材料内部损伤的愈合方法。按照物理学中耗散结构的观点，愈合的本质就是一开放系和周围环境进行物质和能量交换并进行自组织的过程，这在材料中也是可以仿效的。

16.6.3 摩擦功能复合材料

具有低摩擦系数或高摩擦系数的复合材料称为摩擦功能复合材料。前者称为减摩复合材料，而后者称为摩阻复合材料。减摩复合材料的低摩擦特性是由具有低摩擦系数的固体润滑剂提供的。常用的固体润滑剂有石墨、二硫化钼等层状结构物质，聚四氟乙烯，聚乙烯等聚合物，银铝等软金属以及耐高温的氟化物。减摩复合材料的基体可分聚合物和金属。最广泛采用的聚合物基体是聚四氟乙烯。它的摩擦系数低、耐低温性、耐化学性优异。通过加入石墨、玻璃纤维、青铜粉等填料，可改善其耐磨性、承载性及耐热性。金属基减摩复合材料以 20 世纪 60 年代发明投产的 Du 材料为优。它由不锈钢背衬、烧结的青铜粒子中间层及聚四氟乙烯-铅混合物面层构成，以低摩擦、高承载、导热良好等特性著称。

摩阻复合材料高而稳定的摩擦特性是其各组分宏观表面特性的综合表现。以改性酚醛树脂等聚合物为基体，以石棉纤维或经表面处理过的玻璃纤维、碳纤维、有机纤维等为增强纤维、以合成氧化物粉、石墨粉、橡胶粉、金属粉为摩擦性能调节剂的摩阻复合材料，广泛用于 250℃ 以下的各种工况中。当金属粉和石墨粉的含量超过一半时，使用温度可高达 500℃。以铁、铜等金属为基体的金属陶瓷摩阻复合材料采用粉末冶金工艺成型。价格虽高，但可应用于温度更高的特殊机械结构中。所开发的碳/碳摩阻复合材料价格昂贵，但摩擦系数稳定、耐磨损、传热和耐热性优良，现已用到飞机、汽车的盘式制动器中。

16.6.4 透光复合材料

早期美国科学家成功地研制了无碱玻璃纤维增强不饱和聚酯型透光复合材料，根据温室、建筑采光、化工防腐等各种应用的需要，制成的透光复合材料有耐化学腐蚀的、自熄的、耐热的（120℃）、透紫外光的、透红橙光的、以及特别耐老化的等。但总的来说，不饱和聚酯型透光复合材料透紫外光能力差（例如用该材料制作的农用温室，某些蔬菜不易着色，如茄子不易变紫，西红柿不易变红），耐老化性不好，为此美国、日本等又先后开发研制了有碱玻璃纤维增强丙烯酸型透光复合材料，其光学特性、力学性能都比不饱和聚酯型的有明显改进。

以玻璃纤维增强聚合物基体的透光复合材料，其性能取决于基体（树脂）、增强剂（玻璃纤维）以及填料、纤维与树脂间界面的粘结性能以及光学参数的匹配。一般来说，强度和刚度等力学性能主要由纤维所承担，纤维的光学性能一般较固定，而树脂在相当程度上与材料的各种化学、物理性能有关。研究工作的重点之一是如何使树脂的光学性能与玻璃相匹配又兼顾其他性能（力学性能、阻燃性、经济性、耐老化、色泽等），目前这方面的工作已取得较大进展。

16.6.5 热性能复合材料

16.6.5.1 导热性

环氧树脂中加入金属粉末组成的复合材料，其热导率随着金属粉末的增加而增加，当金属粉末含量低于 10% 时，材料的热导率缓慢增加，这主要是粉末之间接触程度小，在基体中呈孤立状态。当粉末体积分数增大，基体中的粒子逐步聚集，粒子间相互接触程度大，显示了材料较大的热导率。材料的热导率与其组分材料热导率有关。环氧树脂中加入不同金属粉末的复合材料，当粉末含量较低时，粉末处于孤立状态，这时基体对材料热导率的贡献是主要的。结果含不同金属粉末的复合材料热导率相差无几。如果粉末含量增加，金属粉末对热导率的贡献占主要地位时，则含不同金属粉末的复合材料热导率产生显著差别。

例如，当体积分数大于 30％时，铜粉的材料热导率高于含锡材料。

　　上述复合材料热导率还受填料粒径影响。环氧树脂与粒径不同的铜粉复合而成的材料，其热导率如图 16-14 所示。较细的粉末表面积大，粉末间相互接触几率增大，容易形成导热链，较粗的粉末其表面均一性不好，在粉末相互接触形成导热链时，接触的粉末之间空隙大，易被残留空气吸附或被低热导的基体填入，材料的热导率不高。但粉末也不能过细，过于细小使接触点增多，增加了对热的散射，从而降低了材料的热导率。

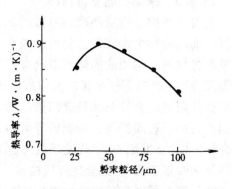

图 16-14　材料热导率与金属
粉末粒径关系图

16.6.5.2　热膨胀性能

　　电子用半导体元件中，硅片上下要装钨或钼电极，再在上下电极上配装铜板块，然后置于陶瓷中封闭制成标准产品。若将硅片和铜直接接触，因铜和硅的热膨胀系数相差较大，在元件组装和使用时会产生热应力使硅片破坏。因此中容量和大容量的元件，为防止热应力的产生，要在硅片之间夹入一层线膨胀系数和硅相近的钨或钼片，然而，使用钨或钼还存在很多问题，如材料要求高温制造，以及导电、导热性相差太大等。

　　对用碳纤维增强铜复合材料做功率半导体装置支撑电极已作了广泛的研究。通过选择碳纤维含量、种类和取向来调节碳/铜复合材料的线膨胀系数使之和硅的线膨胀系数相近，并且在加热和冷却条件下它们具有相同的热膨胀率，从而保证两者可直接进行钎焊结合。

　　碳/铜复合材料除了在半导体支撑电极中应用外，也扩展到混合式集成电路装置的散热板上。以往的混合式集成电路装置的绝热板（氧化铝）里面固定着散热板，要用高热传导性材料（如银、铜）制备，但它们与绝缘板氧化铝的线膨胀系数差别大，易弯曲造成绝缘板断裂。为此碳/铜复合材料的线膨胀系数必须与氧化铝的接近，通过改变碳纤维的含量，碳纤维排列方向，以及相应的制造成型工艺即可达到要求。

　　对镁基复合材料的研究也发现，其线膨胀系数可以从负到零、到正进行设计，因而在汽车和航空领域应用的小型零件中具有巨大的应用潜力。

参 考 文 献

1　材料科学技术百科全书. 北京：中国大百科全书出版社，1995.8

2　G. 皮亚蒂编. 复合材料进展. 赵渠森、伍临尔译. 北京：科学出版社，1984

3　Strnat K J. Proc. of the IEEE Tran. Magn., 1990；Vol. 78, No. 6：923～946

4　Sugaya Y, Inoue O. IEEE Transaction on Magnetics, 1995；Vol. 31, No. 3：147～149

5　大谷杉郎著. 复合材料入门. 纪梓荣译. 北京：冶金工业出版社，1995 年 12 月第 1 版：154～168

6　Ishikawa Y, Miura N. Physics and Engineering Application of Magnetism. 92 Springer Series in Solid-state sciences, 1992, 260～280

7　王会宗编著. 磁性材料及其应用. 北京：国防出版社，1989

8　张世远，路权，薛荣华，都有为著. 磁性材料基础. 北京：科学出版社，1988

9　S. K. 巴塔查理亚著. 金属填充聚合物性能和应用. 杨大川，刘美珠译. 北京：中国石化出版社，1992.2

10　陈宝祥. 复合材料学报，1996. 10；第 13 卷，第 4 期：1～7

11　朱嘉林. 论压电复合材料设计中创造性思维. 将发表

12 陶杰. 功能材料，1992；23（6）：321～327

13 傅正义，袁润章，赵修建. 复合材料学报，1992；Vol.9，No.1：24～29

14 Takashi Kawai Proc. of first international symposium in Functionally gradient materials，Oct8-9，1990，Sendai，Japan，191～196

15 Watanabe R. Proc. of first international symposium in Functionally gradient materials，Oct8-9，1990 Sendai，Japan，203～208

16 富莉. 国外金属材料，1990；13 期：13～17

17 丁峰，谢维章. 复合材料学报，1993；第 10 卷，第 3 期：19～24

第 6 篇

具有特殊结构的功能材料

本篇的篇名尚未在类似的书籍或论文中见到过，仅出现过低维材料、纳米材料、纳米结构材料、梯度材料（成分渐变材料）、多孔材料、超细微粒材料、相变诱生塑性（TRIP）钢、超塑性合金、形状记忆材料等等。这些材料的结构可以说都具有一定的特殊性。另外，单晶或极小晶粒材料的结构也可认为具有一定的特殊性。本篇篇名中的"具有特殊结构"就是想涵盖上述材料中结构特殊的诸多方面，而且不仅仅包括这些多样性，还可延伸"特殊结构"的涵义。

具有特殊结构的功能材料非常多，本篇只选择其中一部分，即非晶材料、储氢材料、纳米材料、薄膜材料、形状记忆材料、减振材料、智能材料与结构、生物及医学材料。

17 非晶态合金

17.1 绪 论[1~4]

非晶态材料学是一门古老而又新颖的学科。火山玻璃是自然界中的少数几种非晶态材料之一。传统的氧化物玻璃是人们熟悉的典型非晶态材料。随着人类认识的发展和技术的进步(气相沉积制膜、液相快淬和机械合金化等),从 20 世纪 50 年代涌现了若干新型非晶态材料,包括金属玻璃、非晶半导体、非晶超导体、非晶离子导体、有机高分子玻璃等等。由于非晶材料具有独特的结构和许多优异性能,近年来非晶材料已成为科技界和产业界重点研究和开发的对象之一。凝聚态物理学是非晶态材料发展的理论基础。凝聚态物理学的研究对象已逐渐由晶态材料扩展到非晶材料。英国物理学家莫特、美国物理学家安德森和范佛列克三位物理学家由于在非晶态物理方面取得的开拓性重大理论成果,荣获了 1977 年度的诺贝尔物理学奖。很明显,非晶态物理方面的成果,必将进一步促进非晶态材料的发展。

在物质状态的分类中,液态和非晶态可归类为气态和固态之间的状态。与周期性有序的固态不同,它们缺少长程有序,但在几个原子间距的范围内有明显的短程有序。在原子的可移动性方面,液体更象气体,而非晶体更接近于晶体。液体处于热力学平衡状态,而非晶体处于热力学亚稳状态。通常非晶态可看作固化的过冷液态,有时也叫做无定形态或玻璃态。

非晶体缺少长程有序和存在短程有序的结构特点。目前主要用衍射技术对此测定和研究。可以采用径向分布函数,或双体分布函数描述非晶体的结构,即一维径向上原子的统计分布状况。对于二元或多元非晶体需采用几个偏径向分布函数,或偏双体分布函数描述非晶体的结构。径向分布函数并不能完备地描述非晶态结构,它表征了半径为 r 的单位球壳内的原子数。它只是近程有序的一维描述,而且是对许多原子和相当长时间的统计平均值。不能由径向分布函数惟一地确定非晶体中各原子的相互位置,需要借助于结构模型等手段才能对非晶结构有更深入的认识。近十几年来,扩展 X 射线吸收精细结构 (EXAFS) 和 X 射线吸收近边结构 (XANES) 已成为研究非晶结构的新方法,其中 XANES 可以提供更高级的结构相关信息。其他测试技术,如穆斯堡尔谱学、核磁共振、正电子湮没、电子显微镜、场离子显微镜、扫描隧道显微镜等可以提供有关局域结构的辅助信息。

由径向分布函数,或双体分布函数可以得到以下四个十分重要的结构参数:最近邻或次近邻原子间距,最近邻或次近邻配位数,最近邻原子分布的宽度,拓扑有序的相关长度。要注意区分两种短程有序:拓扑短程有序和化学短程有序。后者只存在于二元和多元非晶材料中。

理想非晶材料由于其结构的长程无序,认为是均匀的,各向同性的,但实际非晶材料中存在各种不均匀性。对于偏聚倾向的非晶材料,有明显的小角散射效应,这种不均匀对性能可产生极大的影响,例如淬态内应力不利于金属玻璃带的软磁性,需要适当的热处理加以消除。光存储用非晶磁光薄膜的垂直磁各向异性可能部分来源于垂直于膜面的柱状成分不均匀性。

在熔点以下晶态材料处于自由能最低的热力学平衡态。非晶体处于热力学亚稳状态,有向平稳态转变的趋势。但是,从亚稳态转变到自由能更低的平衡态必须克服一定的势垒。因此,非晶态及其结构具有相对稳定性。这种稳定性直接关系着非晶态材料的使用寿命和应用。因此,深入探讨非晶材料的亚稳态,在理论和实际应用上都具有十分重要的意义。

本章主要阐述非晶态材料中金属玻璃的特性和应用。第6章中已涉及了部分其他类型玻璃态材料,第7章中介绍了非晶态硅的特点和应用。由于非晶态合金部分或完全晶化已成为制备纳米晶或微晶材料的重要途径,故本章也介绍一些有关的纳米晶或纳米复合材料的特点和应用。

17.2 金属玻璃的分类

金属玻璃的发展与新型制备技术的发展密切相关。除氧化物玻璃外,大多数非晶态材料的制备较困难,不能用通常方法获得。制备非晶材料的关键在于获得足够高的冷却速度,将液态或气态的无序状态保留到室温附近,并阻止原子的进一步扩散迁移转变为晶态相。因此,一方面,要提高材料的非晶形成能力,另一方面要采用新技术获得高的冷却速度。合金比纯金属易形成非晶态,一般的合金形成金属玻璃需要约 $10^6 \, ℃/s$ 的冷却速度。纯金属形成非晶态极为困难,需要高达 $10^{10} \, ℃/s$ 的冷却速度。从热力学和结晶学角度,为提高合金的非晶形成能力,一般要求:(1)组元原子半径差超过 10%(尺寸效应),可以构成更紧密的无序堆积,更小的流动性;(2)组元元素的电负性有一定的差异(合金化效应),差异过大易形成稳定的化合物,过小不易形成非晶体;(3)一般处于相图上的共晶或包晶点成分附近,因而熔点较低,结构复杂;(4)提高非晶态的玻璃化温度 T_g,使合金更容易直接过冷到 T_g 以下而不结晶;(5)增大熔体的粘度和结构的复杂性,提高原子迁移的激活能,使其难于结晶;(6)降低非均匀形核率。

按照成分,有实用价值的主要金属玻璃可划分为以下几种:

(1)过渡族-类金属(TM-M)型。例如,以 $Fe_{80}B_{20}$ 为代表的(Fe,Co,Ni)-(B,Si,P,C,Al)非晶合金;

(2)稀土-过渡族(RE-TM)型。(Gd,Tb,Dy)-(Fe,Co)非晶合金;

(3)后过渡族-前过渡族(LT-ET)型。例如,以 $Fe_{90}Zr_{10}$ 为代表的(Fe,Co,Ni)-(Zr,Ti)非晶合金;

(4)其他铝基和镁基轻金属非晶材料,例如铝基非晶材料有二元的 Al-Ln(Ln=Y,La,Ce)、三元的 Al-TM-(Si,Ge)、Al-EM-LM、Al-RE-TM 非晶合金。

17.3 制备方法

17.3.1 熔体急冷法

熔体急冷法是实现工业化大规模生产的方法。采用单辊旋轮法,将熔融合金以 $10^5 \sim 10^8 \, ℃/s$ 的冷速固化为非晶态合金。熔体急冷法可直接获得在某一方向尺寸很小的非晶薄带或丝,是生产 TM-M 和 LT-ET 型金属玻璃的主要方法。

气体雾化法是大规模生产非晶粉末的方法。通过高速气体流冲击金属液流使其分散为微细液滴，从而实现快速凝固。通常的气体雾化法冷却速度可达 $10^2 \sim 10^4 ℃/s$，采用超声速气流可明显改善粉末的尺寸分布，进一步提高冷却速度。

17.3.2 气相沉积法

气相沉积法是制备非晶态薄膜的又一重要方法，主要有真空蒸镀法和溅射法。其特点在于可获得更高的冷却速度，形成非晶态的成分范围更宽。难熔合金甚至那些相图上互不溶的组元，也可用此方法制成非晶态合金。

17.3.3 化学法

将金属盐水溶液和硼氢化钾溶液混合，发生化学还原反应，可以制备 Fe-B、FeNi-B 等超细非晶合金微粒。

17.3.4 固态反应法

固态反应法在近年来得到较大的发展。它包括离子注入法、扩散退火法、吸氢法和机械合金化法。固态反应法进一步扩大了非晶合金的形成和应用范围。

17.3.5 大块非晶合金的制备

通常非晶合金以粉、丝、膜和带的形式存在，即至少在一个方向上尺寸小于 $100\mu m$，这就限制了非晶合金许多优异特性的实际应用。因此，三维块体非晶合金的制备具有重要的实用价值。

最近，对于直接制备大块非晶材料的研究取得了进展。20 世纪 90 年代初发现了具有极低临界冷却速度的合金系列，再配合控制非均匀形核的凝固工艺，可以直接从液相获得块状非晶固体[5]。锆基和镁基合金具有极低的临界冷速 R_c（$<100℃/s$）。目前已能用水淬法制备直径达 30mm 的 Zr-Al-Ni-Cu 非晶棒。$Pd_{40}Cu_{30}Ni_{10}P_{20}$ 合金的临界冷却速度 $R_c=0.1℃/s$，是当前具有最大玻璃形成能力的合金。现已能制得直径约 15mm 的 Nd-Fe-Al 系非晶合金，显示出相当优异的硬磁特性，具有 0.1T 的 B_r，$300 \sim 400kA/m$ 的 H_c 和 $13 \sim 2kJ/m^3$ 的 $(JH)_{max}$[6]。

用熔体直接凝固来形成块体非晶固体，虽然工艺简单，但仅限于玻璃形成能力很强的合金体系（临界冷却速度低于 $10^2℃/s$）。通常，可采用非晶粉末或条带压实法（如爆炸压实、热模压实、热挤压和动态压实等）复合成块状样品。其关键在于选择适当的压实方法和工艺，得以获得密实的块体而同时避免晶化。其基本原理是利用非晶固体在粘滞流变温区 ΔT_{xg}（即玻璃转变温度 T_g 与晶化开始温度 T_x 的间隔）内有效粘度大幅下降的特点，施加一个较低的压力使材料发生均匀流变，从而复合为块状。其难度在于大多数铁基、钴基、镍基及铝基非晶合金的 ΔT_{xg} 很小。由于高压可以抑制非晶合金的晶化，使 T_x 升高，增宽了 ΔT_{xg}。从而有利于实现全密度复合且保持非晶结构不变[7]。

17.4 结构弛豫和晶化

非晶态材料处于热力学亚稳态，在较低温度下会发生结构弛豫，过渡到更稳定的亚稳非晶态结构，在更高温度下发生部分或完全晶化变为更稳定的晶态相。由于结构弛豫，非晶合金中的原子组态进行调整，降低自由能。结构弛豫和晶化引起材料物理性质明显变化，例如急冷态金属玻璃带退火后韧性消失而变脆，内应力松弛和磁性的变化，因而非晶材料的性能稳定性较晶态相低。为此，一方面要选用晶化温度高的材料，另一方面可在适当温度（低于晶化温度）下预先进行退火处理。采用直流或交流电脉冲快速退火可以使非晶合金的内应力得到松弛，同时又能保持良好韧性。近年来，非晶晶化已成为制备纳米晶或纳米非晶＋纳米晶复相材料，从而获得更佳性能的重要方法。

纳米软磁合金 $Fe_{73.5}Cu_1Nb(Mo)_3Si_{13.5}B_9$ 是以非晶晶化法作为制备纳米非晶＋纳米晶复相材料的最成功的范例。Cu 的加入促进了初始晶化相 α-Fe（Si）的形核和降低了其析出温度 T_{x1}，而 Nb（Mo）的加入阻碍了初始晶化相 α-Fe（Si）的长大并推迟了二次晶化相 Fe_2B 的析出，使二次晶化温度 T_{x2} 升高[8]。这样，Cu 和 Nb 的组合作用使 $\Delta T = T_{x2} - T_{x1}$ 增大，使初始晶化相 α-Fe（Si）细化，扩大了选择合适退火温度的范围。图 17-1 是 $Fe_{73.5}Cu_1Nb$（Mo）$_3Si_{13.5}B_9$ 非晶合金的晶化过程示意图[9]。在 550℃（高于常用金属玻璃退火温度）进行热处理后，析出约含 20％Si 的 α-Fe（Si）纳米晶，体积分数约为 70％，晶粒尺寸为 10nm 左右，并被 4～5 个原子厚的非晶晶界相包围。这种纳米双相组织为优良的复合交换耦合软磁性能创造了必要的组织条件。更高温度退火，将使 α-Fe（Si）纳米晶长大，软磁性能变坏，最后发生二次晶化，析出 Fe_2B 相。

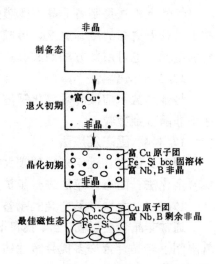

图 17-1　$Fe_{73.5}Cu_1Nb$（Mo）$_3Si_{13.5}B_9$
非晶合金的晶化过程示意图

采用旋轮快淬法制备非晶带并随后退火晶化已是获得低 Nd 的双相纳米复合交换耦合硬磁合金的重要手段。1988 年，发现成分为 $Nd_4Fe_{77.5}B_{18.5}$ 的快淬非晶带经 670℃×0.5h 热处理后，形成 Fe_3B 和 $Nd_2Fe_{14}B$ 组成的双相纳米晶合金，其中软磁相 Fe_3B 占 64％，硬磁相 $Nd_2Fe_{14}B$ 占 36％。由于两相间的复合交换磁耦合作用，获得了良好的永磁性能：$\mu_0M_s = 1.6T$，$B_r = 1.2T$，$H_c = 240kA/m$，$M_r/M_s = 0.75$[10]。将纳米软磁合金中 Cu 和 Nb（Mo）细化晶粒的思想移植到快淬硬磁材料中，也获得了很大成功。$Nd_4Fe_{85.5}B_{10.5}$ 和 $Nd_4Fe_{82}B_{10}Cu_1Mo_3$ 都可形成由硬磁相 $Nd_2Fe_{14}B$ 和软磁相 α-Fe 组成的双相结构。但后者加入 Cu 和 Mo 促使晶粒细化，其矫顽力达 207kA/m，远大于前者的 95.5kA/m[11]。

采用非晶晶化法制备纳米晶或纳米非晶＋纳米晶复相材料，在其他方面也得到应用。例如 $Tb_{0.27}Dy_{0.73}Fe_2$（Terfenol-D）是典型的超磁致伸缩晶态合金。可是，由于其磁各向异性很大，为获得大的磁致伸缩效应，必须施加大的激励场，从而不利于其广泛应用。通过形成非晶或纳米晶＋非晶双相结构来降低磁各向异性，是一个值得注意的研究方向。日本的 Fujimori 等采用溅射法制备了非晶态 $(RFe_2)_{1-x}B_x$（R＝Sm，Tb）薄膜，少量 B 的加入是为了增加 RFe_2 的非晶形成能力。图 17-2 对比了非晶合金与晶态合金在低场下的磁致伸缩系数 λ。晶态材料的饱和磁致伸缩系数 λ 虽然远大于非晶相，但低激励场下非晶相有较大的磁致伸缩系数 λ[12]。任晓北等[13]的研究表明，少量 Si、Al（$x \geq 2.5$％）可有效地提高熔体急冷 $(TbFe_2)_{100-x}M_x$（M＝Si，Al）的非晶形成能力。在 798K 退火保温 3.6ks 后，急冷非晶态 $(TbFe_2)_{100-x}M_x$ 变为双相合金，在非晶基体上析出纳米级孤立的 $TbFe_2$ 晶粒，其中非晶 $(TbFe_2)_{100-x}Si_x$ 析出晶粒尺寸约 5nm，非晶 $(TbFe_2)_{100-x}Al_x$ 析出晶粒尺寸约 17nm。图 17-

3 为各种状态的磁致伸缩系数 λ。(TbFe₂)₁₀₀₋ₓMₓ 纳米双相结构表现出在低场下磁致伸缩系数 λ 增长最快，并在较高场下仍然保持较大 λ 的最佳综合性能，既优于 975K×1h 处理的完全晶化样品，又好于纯非晶材料。

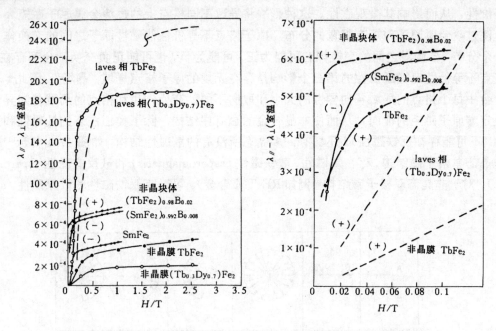

图 17-2　非晶态 $(RFe_2)_{1-x}B_x$ （R＝Sm，Tb）薄膜的磁致伸缩系数

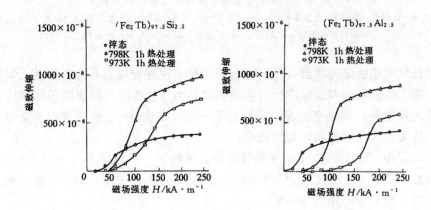

图 17-3　$(TbFe_2)_{97.5}Si_{2.5}$ 和 $(TbFe_2)_{97.5}Al_{2.5}$ 合金的磁致伸缩系数

17.5 性 能

17.5.1 磁性

17.5.1.1 基本磁性

非晶合金的原子磁矩 σ_s、饱和磁感强度 B_s 和居里温度 T_c 较其纯金属低，例如 $Fe_{80}B_{20}$ 的

$B_s = 1.61T$，$T_c = 374℃$。金属玻璃的磁致伸缩系数 λ 随成分而变，一般为 $-4 \times 10^{-6} \sim 30 \times 10^{-6}$，其中 Co 基金属玻璃的磁致伸缩系数 λ 接近于零。

　　非晶体缺少长程有序和存在短程有序的结构特点，造成非晶态合金结构上的原子格点不等价性，从而影响其微观磁性。这种影响将导致不同格点上的过渡金属原子磁矩大小不同。使过渡金属原子磁矩有很宽的分布。原子格点不等价性使磁性原子之间的交换作用也有一个分布。自旋对之间的交换耦合可能为正，可能为负，也可能正负交换耦合都存在。原子格点不等价性对微观磁性的第三个影响是存在无规的原子格点局域"晶场"，因此，非晶态合金中每个格点的局域各向异性的大小和取向不同。交换作用和格点的局域各向异性共同决定着原子磁矩的取向，从而使非晶合金的磁有序结构，除了类似晶态的铁磁性和亚铁磁性（不可能存在反铁磁性），还具有许多晶态所没有的散磁性结构，如图 17-4 所示[14]。对于非晶态单格子磁结构，存在铁磁性、散铁磁性（asperomagnetic）和散反铁磁性（speromagnetic）。对于非晶态双格子磁结构（例如 RE-TM 合金），可以有亚铁磁性和散亚磁性（sperimagnetic）。

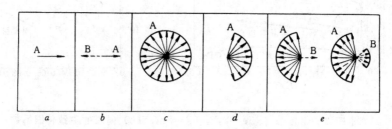

图 17-4　非晶合金里可能存在的磁结构示意图

a—铁磁性，如 TM-M 金属玻璃；b—亚铁磁性，如 α-GdCo$_3$；c—散反铁磁性，如 α-TbAg；
d—散铁磁性，如 α-DyNi；e—散亚磁性，α-DyCo$_3$（左）和 α-DyFe$_3$（右）

　　由于长程无序的结构特点，TM-M 金属玻璃中没有宏观磁晶各向异性，但实际非晶合金中可以存在制备和处理过程产生的各种各向异性（包括应力的磁弹各向异性，磁场退火感生的各向异性等），总的各向异性仍远低于一般晶态合金。退火可进一步松弛制备态淬火内应力，从而大大改善非晶合金的磁性。

　　Fe$_{73.5}$Cu$_1$Nb（Mo）$_3$Si$_{13.5}$B$_9$ 纳米晶软磁合金虽然每个初始晶化相 α-Fe（Si）有较大的磁晶各向异性，但 10nm 大小的随机取向的晶相 α-Fe（Si）由于交换耦合，使其磁晶各向异性被平均，有效磁晶各向异性趋于零。

17.5.1.2　软磁性

　　软磁性是金属玻璃最有实用价值的性能。在传统软磁合金中，在工频段硅钢占主导地位，而在高频段铁氧体为主。但近年来随着非晶和纳米晶软磁材料的迅速发展，使上述两个主导地位受到冲击。

　　金属玻璃软磁合金由于磁各向异性小，电阻率高，又没有晶界和第二相等阻碍畴壁移动的不利条件，具有高磁导率、低矫顽力、低损耗的优良软磁性能。表 17-1 列出了几种典型软磁非晶合金、纳米晶软磁合金和三种晶态软磁材料的性能对比。

表 17-1　新型软磁合金与传统材料磁性的比较

类　型	组　成	B_s/T	μ_c ($f=$1kHz)	H_c/ A·m^{-1}	ρ/ $\mu\Omega$·cm	λ_s	损耗/W·kg^{-1} 1T/50Hz	0.2T/100kHz
非晶合金	$Co_{70.5}Fe_{4.5}Si_{10}B_{15}$	0.85	56000	1.4	147	0	0	124
	$Fe_{78}Si_9B_{13}$	1.58	14000	4.5	132	30.0×10^{-6}	0.130	140
纳米晶 合金	$Fe_{73.5}Si_{13.5}B_9Nb_3Cu_1$	1.24	100000	0.53	80	2.3×10^{-6}		40
	$Fe_{81}Si_2B_{13}Nb_3Cu_1$	1.55	9000	12.8		6.0×10^{-6}		
	$Fe_{91}Zr_7B_2$	1.70	40000	4.4		0	0.085	79
	$Fe_{89}Hf_7B_4$	1.60	45000	4.3		0	0.066	61
	$Fe_{84}Nb_7B_9$	1.50	30000	6.5		0	0.085	79
	$Fe_{86}Zr_7B_6Cu_1$	1.52	41000	3.2	56	6.0×10^{-6}	0.066	120
铁氧体	Mn-Zn	0.50	2500	16.0		1.0×10^{-6}	0.210	120
硅钢	3.5%Si-Fe	1.97	770	41.0	48	23.0×10^{-6}	1.300	
坡莫合金	Ni80Mo5	0.70	20000	0.8	56			

新型软磁合金主要分为以下几大类:

(1) 以铁基非晶合金为主的高饱和磁感和低铁损合金。其软磁性优于硅钢片,电阻率是硅钢的 3 倍,铁损仅为硅钢的四分之一。在高频下工作的优越性更大。适于做电力变压器,电感器铁心;

(2) 以钴基非晶合金为主的零磁致伸缩高磁导率合金。其性能优于坡莫合金,适于做电子领域的高频小型磁性器件,如磁放大器、变压器、磁记录磁头;

(3) 以铁-镍非晶合金为主的中等饱和磁感高磁导率合金。其成本和性能介于上面二者之间,非晶成形能力极高,易于制备;

(4) LT-ET 类 (Fe,Co,Ni)$_{90}$Zr$_{10}$ 非晶合金,其磁致伸缩系数很低;

(5) 以 Fe-Cu-Nb (Mo)-Si-B 和 Fe-Zr-B 类为代表的纳米晶双相软磁合金,具有高饱和磁感、高磁导率、低铁损等优异综合软磁性能以及成本又低的优点。

纳米双相软磁材料又可细分为以下几种[15,16]:1) 添加 Cu、Nb (Mo) 的 Fe-Cu-Nb (Mo)-Si-B 纳米晶合金,首次实现了在高饱和磁感(1.35T)同时磁导率高达 10 万以上的优异性能,被看作是当前最理想的软磁合金。其最佳磁性为[17]:在 0.08A/m 磁场下,相对磁导率高达 10 万以上,矫顽力降为 0.16A/m,饱和磁感高达 1.35T,在 100kHz 和磁感0.2T 下的铁损仅为 250W/m^3。由于成分设计合理,合适的退火处理形成的纳米双相组织为优良的复合交换耦合软磁性能创造了必要的组织条件,再加上充分消除应力,析出约占70%的含 20%Si 的 α-Fe (Si) 纳米晶等等有利条件,使磁致伸缩系数 λ 和有效磁晶各向异性同时趋于零,从而保证合金获得高饱和磁感和高磁导率的综合软磁性能,并且成本较低。2) 高饱和磁感的 Fe-M-B (M=Zr,Nb,Hf) 纳米晶合金,由于含铁量高,其饱和磁感高达 1.6~1.72T。典型成分如 $Fe_{91}Zr_7B_2$,经 600℃×1h 退火,其饱和磁感达 1.66T,并保持了高的磁导率 μ (1kHz)=24000[18],与典型的 Fe 基金属玻璃 $Fe_{78}Si_9B_{13}$ 相比,$Fe_{91}Zr_7B_2$ 纳米晶合金更适于作磁头、电感器、轭流圈和噪声吸收器等既要高饱和磁感又要高磁导率的电气元件。$Fe_{84}Nb_{3.5}Zr_{3.5}B_8Cu_1$ 具有高达 1.53T 的 B_s 和 10 万的有效磁导率[19],因而,与纳

米双相软磁合金 $Fe_{73.5}Cu_1Nb_3Si_{13.5}B_9$ 相比，前者更适于制造在高频下工作的主变压器铁芯。$Fe-M-B$ 纳米合金的磁致伸缩系数 λ 接近于零，其中加钴的 $Fe_{88.7}Co_{1.3}Zr_7B_3$ 合金，其磁致伸缩系数 $\lambda=0$，因而非常适于制造需要浸渍固化和切割的软磁元件以及粘结磁体或压粉磁芯。研究表明，$Fe-Zr-B-Cu$ 纳米晶合金具有优良的热稳定性和抗老化性，这对于应用来说十分重要。$Fe-Nb-B$ 纳米晶合金具有非常出色的噪声衰减特性，优于 Fe 基非晶合金和 Mn-Zn 铁氧体。但是，$Fe-M-B$ 类纳米晶材料由于类金属元素含量少，熔点高，Zr、Nb 等元素的加入增加了易氧化程度和液态金属的粘度，使非晶形成能力差，存在制带困难的缺点。

3)通过纵向磁场热处理获得的高矩形比纳米晶材料或横向磁场热处理获得的低饱和磁感纳米晶材料，其磁滞回线分别为矩形或扁平形。一般高矩形比材料的 $B_r/B_s \geqslant 0.85$，适于用作磁放大器，双向脉冲变压器，尖峰抑制器。低饱和磁感材料的 $B_r/B_s \leqslant 0.2$，主要用于电感器、单极脉冲变压器、单端变压器。

17.5.1.3 巨磁阻抗（GMI）效应[20~23]

随着信息技术的发展，人们对磁传感器件的大小、灵敏度、热稳定性及功耗提出了越来越高的要求。一般的霍尔元件和磁阻元件的灵敏度只有 $0.00125\%/A \cdot m^{-1}$ 左右，难于满足要求。1988 年巨磁电阻效应（GMR）的发现使得灵敏度提高到 $0.0125\%/A \cdot m^{-1}$ 左右。但必须在较高的磁场（$1MA \cdot m^{-1}$）下才有明显的 GMR 效应，而且存在磁滞、温度不稳定性等问题，这都限制了 GMR 器件的应用。

最近发现了 Co 基非晶合金丝的交流磁阻抗随外加场的增大而极其灵敏变化的现象——巨磁阻抗（GMI）效应，其灵敏度达 $12\% \sim 120\%/Oe\left(1Oe \triangleq \dfrac{1000}{4\pi}A/m\right)$，比 GMR 大一个数量级，并且温度稳定性好。GMI 效应能在几微米到 1mm 长度的非晶丝中观察到。这意味着可制成微米尺寸的高灵敏度磁头和传感器，用于高密度信息存储和磁场检验等领域。

GMI 是一种经典电磁效应，它来源于磁性材料的交流磁导率随外加磁场的变化。根据经典电动力学可知，当一较小的交变驱动电流 $I=I_0\exp(-i\omega t)$ 流过一半径为 a 的磁性导电丝时，产生交流阻抗 $Z=R+iX$。如果沿驱动电流方向（纵向）加一外磁场 H_{ex}，它使得横向（切向）磁导率 μ 减小，从而导致阻抗 Z 的实部 R 和虚部 X 发生变化。若材料是非常好的软磁材料并且导电性也好（即电导率 σ 较大），那么一很小的外加场就能导致阻抗发生较大的变化。这就是巨磁阻抗效应。GMI 与材料的磁各向异性有关。具有垂直于外磁场 H_{ex} 的磁各向异性场 H_k 是产生高灵敏 GMI 的必要条件（例如，对非晶丝进行应力退火或电流退火，可产生沿丝的圆周方向的各向异性）。GMI 与驱动电流频率也有关，存在一个对应 GMI 极大值的最佳频率。一般材料的电导率越高 GMI 越显著。Knobel 等发现 $Fe_{73.5}Cu_1Nb_3Si_{13.5}B_9$ 非晶丝经 600℃ 退火的样品具有最大的 GMI，因为它的电阻率比软磁性最好的 550℃ 退火样品低得多[24]。

17.5.2   化学性质

17.5.2.1   耐蚀性

非晶态合金是单相无定形结构，不存在晶界、位错、层错等结构缺陷，也没有成分偏析和第二相析出，这种组织和成分的均匀性使其具备了良好的抗局域腐蚀能力的先决条件。通常非晶合金的抗蚀性不超过其中抗蚀性最好的组元在纯金属状态下的抗蚀性。然而，非晶态 Fe 基合金中加入一定量的 Cr 和 P 可大大提高耐蚀性，甚至大大超过了不锈钢。P 的加入使合金同溶液的化学反应活性大大增加，提高了合金的钝化能力。因而，即使加入少量的 Cr（<13%），也能迅速形成均匀而又更富 Cr 的致密钝化膜，有效提高合金的抗蚀性。ET-LT 类非晶合金，也有好的抗蚀性。图17-5 对比了非晶态和晶态 Cu50Ti50 合金的抗蚀性[25]。由图可知除了在 1N 的 H_2SO_4 溶液中外，非晶态合金比相同组成的晶态合金的腐蚀速度低得多。特别是非晶态合金有更高的抗氯离子的腐蚀。在非晶态 Cu50Ti50 合金中加入少量的 P，将进一步改善其抗蚀性。

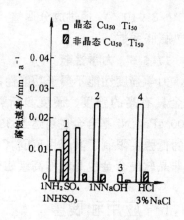

图 17-5　非晶态和晶态 Cu50Ti50
合金在各种溶液（30℃，1N）
中的腐蚀速度

17.5.2.2　催化触媒性能

触媒对于化学工业生产效率的提高、能源的节约以及产品的质量都起着重要作用。一般认为，金属催化剂的活性与其结构缺陷密度有关。非晶合金表面仍保持着液态时原子的混乱排布状态，有利于反应物的吸附和提高催化活性。由于表面无偏析和第二相析出，故不存在表面活性不均匀的问题。非晶催化剂的缺点在于，高于一定温度后将变成晶态相，使催化活性变坏。

在水煤气合成甲烷、乙烯、丙烯等化学反应中，曾成功地应用急冷 Fe-Ni 金属玻璃作为金属催化剂。在比非晶态合金晶化温度低得多的温度下进行合成反应时，非晶态合金的触媒活性比晶态合金高得多[26]。

酸-电解液型甲醇-空气燃料电池是极有前途的电能能源。甲醇和其衍生物是很好的液体燃料，因为除了高能量外，它比氢更便宜，易控制和储存。然而，由于其电化学氧化活性低，即使使用铂催化剂，其性能仍不佳。A. Kawashima 等[27]将掺杂少量 Pt 或其他元素的急冷非晶 Ni-40Nb 合金，在室温下浸入 46% 或 4.6%HF 溶液里进行表面活化处理。液体燃料为 1M CH_3OH、1M HCHO 和 1M HCOOH，载体电解质是 30℃去氧的 0.5M H_2SO_4。这些合金在硫酸溶液中表现出高的抗腐蚀性。对于 HF 处理的含少量铂的非晶合金，甲醇氧化电流很高。随铂含量增加到 5%，其催化活性增加，相当于或超过电镀铂（platinizedPt，记为 pt-Pt）的活性。同样，在 0.5M H_2SO_4-1M HCHO 或 1MHCOOH 中的电化学测量表明，HF 处理的非晶 Ni-40Nb -Pt 合金也有高的催化活性。以少量 Ru 取代非晶 Ni-40Nb-Pt 合金中的部分 Pt 能有效提高 CH_3OH 和 HCOOH 的氧化活性，而以少量 Sn 代换部分 Pt 能提高 HCHO 的氧化活性。

17.5.3　电学性质

非晶态合金一般具有较高电阻率，这与非晶态合金的长程无序有关。金属玻璃的室温电阻率一般为 50~350$\mu\Omega$·cm，比晶态材料大几倍甚至几十倍。

晶态合金中只有少数几种（Ni-Cr 和 Mn-Cu 系）具有低电阻温度系数，而在非晶合金中却很多，并且电阻温度系数随成分可由负变为正，因而能通过成分调整或热处理控制晶化程度，很容易获得零电阻温度系数。

17.5.4　热学性质

INVAR（热膨胀系数 α 趋于零）效应在非晶合金中也很普遍。(Fe, Ni, Co)90Zr10 表现出低的热膨胀系数。非晶态合金 Fe-B 在 -185~300℃ 也有很低的热膨胀系数 α（-8×

$10^{-6} \sim 8 \times 10^{-6}$），通过成分调整，可以获得接近于零的热膨胀系数 α。Al 非晶合金也具有低的热膨胀系数。

17.5.5　力学性能

力学强度性能不属于功能性能。但功能材料的应用离不开力学强度性能。许多非晶态合金具有高的强度、硬度和断裂韧性，例如 Fe 基和 Co 基非晶合金的抗拉强度均可达 4000MPa，Ni 基合金也可达到 3500MPa，都比晶态高强度琴钢丝材料的值高。晶态坡莫合金的低强度限制了其应用范围。Co 基非晶合金的显微硬度 HV 高达 1400，使零磁致伸缩 Co 基非晶软磁合金也是制作高级磁记录磁头的好材料。

17.6　应用和展望

在早期非晶态合金的应用研究中，人们首先关注这种新型材料的机械性能，打算将其高的强度特性应用于轮胎帘布、剃须刀片等。自从发现了具有优异软磁性能的非晶合金后，非晶合金在磁性方面的应用得到极大的发展，成为非晶合金的最主要应用领域。非晶合金在磁性器件方面的应用已取得惊人的进展，并获得极大的经济效益。但非晶合金在机械和化学等方面的应用远未达到原来预期的成绩。

17.6.1　磁性器件[4,15,28]

从生产、应用开发和产业化发展看，美国、日本和中国已初步形成规模，并且各具特色。非晶态合金软磁性的应用范围如图 17-6 所示。在制作电子器件方面，软磁非晶和纳米晶合金更适于晶态玻莫合金和软磁铁氧体之间的工作频率范围。几十年来的应用实践表明，经合理设计成分、制备和处理，绝大多数非晶合金的性能稳定性已能满足对磁稳定性的要求。决定非晶合金命运的另一个关键是其价格。例如，在工频变压器铁芯方面 Fe 基非晶合金取代硅钢的努力一直未果，价格是一个突出问题。然而，在高频电子器件方面，相对于其他材料，其低价格是一大优势。

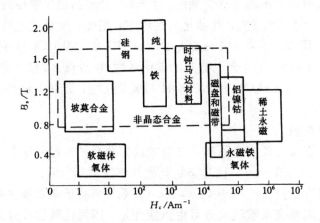

图 17-6　非晶态软磁合金和晶态软磁合金的磁性覆盖范围

日本在电子元件和磁头方面的研究和应用居领先地位。美国开发研究的主流方向一直是电力变压器铁芯，最近才开始转向电子器件领域。我国在漏电保护开关互感器和高频逆变弧焊机电源变压器用铁芯方面的应用具有特色。

17.6.1.1 电力变压器

Fe 基非晶软磁合金的重要工业应用领域一直是在小型电力变压器铁芯方面欲取代部分硅钢片的地位。对电力需求的大幅增长和世界性能源短缺的日趋严重，给节电非晶变压器的开发提供了一个良好的契机，曾促进了其商品化进程。20 世纪 80 年代以来，美国大力开展非晶配电电力变压器的工业化生产，并得到实际应用。表 17-2 是美国 GE 公司的非晶变压器与硅钢片变压器的对比。非晶变压器的铁损仅为硅钢片变压器的三分之一左右，空载损耗降低 60%，激励功率降低一半。长期使用性能稳定，可满足使用要求。但由于能源危机的缓解和非晶合金的价格，再加上硅钢片性能的不断改进，使非晶配电变压器市场的发展同 1986 年的乐观估计相差甚远，同硅钢片变压器竞争仍有困难。

表 17-2 非晶和硅钢片变压器性能的对比（美国 GE 公司）

| 型式 | 容量/kV·A | 非晶变压器 | | | | | 硅钢变压器 | | | | |
		铁损、铜损/W		激磁电流/A	阻抗电压/V	质量/kg	铁损、铜损/W		激磁电流/A	阻抗电压/V	质量/kg
单相	10	12	102	0.31	1.6	143	29	111	0.60	1.8	135
	15	16	141	0.27	1.9	190	41	143	0.70	1.9	145
	25	18	330	0.15	2.5	198	57	314	0.36	2.5	183
	50	29	455	0.13	2.7	326	87	462	0.23	3.2	319
	75	37	715	0.09	3.3	447	112	715	0.38	3.0	369
	100	49	944	0.09	3.0	1018	162	933	0.21	2.6	432
三相	75	45	925	0.14	4.0	914	142	956	0.31	4.1	900
	150	80	1397	0.10	3.9	1292	216	1429	0.72	3.5	1305
	300	165	1847	0.10	3.9	1962	412	2428	0.14	5.1	1620
	500	230	3282	0.09	4.8	2740	610	3589	0.18	4.6	2205

17.6.1.2 大功率高频逆变电源[28]

我国近年来发展起来的新型高频逆变弧焊机中，电源单端脉冲变压器采用纳米晶软磁合金制作。这种变压器再配以非晶高频电感制成的焊机，不仅体积小、重量轻、可靠性高、便于携带，而且电弧稳定、飞溅小、效率高及动态特性好。例如用纳米晶软磁合金制成的 20kHz 下 315A 逆变式焊机的整机重量只有 25kg，与传统的硅钢铁芯焊机相比一年可节省电费达人民币 7000 元，达到焊机本身的成本价[29]。

17.6.1.3 开关电源变压器用铁芯[28]

开关电源中使用的磁性器件很多，有功率变压器、饱和扼流圈、饱和电抗器、滤波器和电流互感器。随着开关电源向小型化、低噪声、高速反应、高可靠性发展，开关电源的频率不断增高。对于频率为 30kHz、功率 2kW 的开关电源，纳米晶软磁合金变压器铁芯仅重 300g，体积仅为铁氧体的五分之一，电源效率可达 96%。

17.6.1.4 漏电开关零序电流互感器

多年来，已采用纳米晶或 Fe-Ni 基非晶软磁合金代替晶态坡莫合金制作漏电保护开关互感器的铁芯，具有价格低反应快的优点。

17.6.1.5　软磁元件的小型化[29]

小型化在军工、航空航天、交通运输等领域具有重要意义，既可节省能源又可节约大量原材料和放置空间，所以元件和电源的小型化一直是人们所追求的目标。小型化的最重要和最有效的途径是采用高频技术。非晶软磁合金以及纳米晶软磁合金的问世，由于其优异的高频软磁性能，给高频小型化增添了不少光彩。例如利用溅射法研制成功的 Co-Zr-Nb 非晶薄膜已经商品化，主要用于制作 VTR 磁头。

用导电纤维与磁致伸缩系数为零的非晶磁性合金丝可以制造编织感应体和编织变压器。图 17-7 所示的是这种电感器的示意图[29]。在相邻的非晶磁性纤维内流过反向磁通，漏磁极小，仅在其端部周围有少量漏磁。因此与普通磁元件比较，它有更高的电磁性能，更便于在基板上固定，也有利于集成化的要求。增加绕组后可以得到编织变压器。

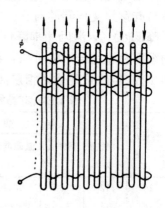

图 17-7　编织电感结构示意图

利用薄膜技术和光刻法制作各种平面线圈、磁性膜及绝缘膜来构成薄膜电感，要求磁性膜的磁性能，特别是导磁率要高。由于线圈与磁性材料紧密相接，可得到优良的频率特性。非晶薄膜元件可以用到兆赫兹。超薄非晶带（5～15μm）可用作 500kHz～1MHz 的软磁元件，已制成内径小于 1mm 的小磁芯线圈。

17.6.1.6　传感器[30]

高精度、高稳定性、高可信度的非接触式磁性传感器件已得到日益广泛的应用。表 17-3 总结了非晶软磁合金在传感器方面的应用。20 世纪 90 年代，日本开发了以非晶软磁合金丝为主的传感器。非晶扁丝用于超级市场及图书馆的防盗系统，有很大的市场。Fe 基和 Co 基非晶金属丝除优良的软磁性能外，其电磁特性主要还表现在它的巨磁阻抗效应（GMI）、高磁弹性、大巴克豪森效应（Barkhousen effect）和高的迈惕欧斯效应（Matteucci effect），因而对于小的磁场变化，具有快速响应和稳定性高的特点。

具有零磁致伸缩系数的 Co-Fe 基非晶丝，已被应用于变压器型心脏磁起搏器和人工心脏、睡眠脑磁图计、眼睑疲劳和瞌睡程度检测计、心动计或微位移计传感器、通讯用脉冲相位调制器、低转速的速度传感器等等。例如，非晶丝制作的双铁芯桥路微位移传感器，其测量灵敏度可达 0.1μm。Co 基或 Fe 基非晶丝由于大迈惕欧斯效应，在缓波动的交变磁场中可感生无颤动的尖锐脉冲电动势，例如，在 8A/m 的微小磁场和 0.01～4.0kHz 频率范围内，可获感应脉冲电压约 750V/A·m^{-1}转和 7.5×10^{4}V/A·m^{-1}的尖锐脉冲电压值，可以做高谐波脉冲元件。Fe-Si-B 非晶丝是优秀的磁弹性波传播媒体，它传播的 500kHz 磁弹性波的衰减系数大约为 0.167/m。利用磁伸非晶丝内纵向弹性波的传播可以制作位移传感器，现已获得 8m 的位移测量范围，可望达到 15m 的位移测量范围。

非晶丝的高 GMI 效应使其在磁记录头和传感器技术中具有巨大的应用潜力。例如，将一根折叠的 Fe-Co-Si-B 非晶丝制成的磁阻抗元，可以应用到非接触型旋转编码器中，提高了编码的准确性和控制精度[31]。用 $Fe_{4.35}Co_{68.15}Si_{12.5}B_{15}$ 非晶丝磁阻抗元作为自振荡调制型场传感器，对交流场的测量精度为 7.9×10^{-5}A/m，对直流场为 7.9×10^{-3}A/m[32]。

表 17-3　非晶合金磁性传感器

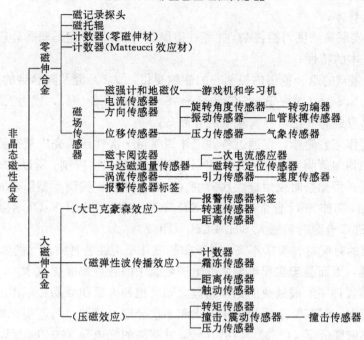

17.6.2　非晶态光存储薄膜

光存储是实现高密度数据存储的一门新技术。对可擦写光存储介质而言,两个主要的竞争者是非晶态磁光(M-O)和相变(P-C)记录薄膜。对磁光记录而言信息是以热致磁畴反转形式存储的,而读出是通过探测光束的偏振方向的变化(磁克尔效应)来实现的。对相变记录而言,激光感应的相变使得在激光焦点处薄膜的反射率产生变化。相变过程为非晶态—晶态。读出过程是通过两相间的反射率对比度实现的。

(Fe,Co)-(Gd,Tb,Dy)系非晶薄膜作为可重写的磁光记录材料受到重视,并已实用化。它能连续调整成分,可满足形成垂直磁化的条件($K_u > 2\pi M_s^2$)。磁转变温度或补偿温度接近室温。总之 RE-TM 非晶膜已成为磁光记录材料的主流。

非晶相变型薄膜材料有 Sb-Se、Ga-Se、Sn-Te-Se、TeO_x、In-Se-Pb、Ge-Sb-Te 几类。

17.6.3　非晶态硅（a-Si）[33]

非晶态硅是当前非晶态半导体材料和器件的研究重点和核心之一。非晶态硅由于具有十分独特的物理性能和在制作工艺方面的加工优点,以薄膜状用作大面积的高效率太阳能电池材料,大屏幕液晶显示和平面显像电视机,以及用作传感器、电致发光器件。

实际非晶态硅中存在大量的氢,减少了非晶硅中的悬键,使非晶态硅的光电性能得到很大的改善,故一般所说的非晶态硅均指含氢的非晶态硅,或氢化非晶态硅(a-Si：H)。随着对非晶硅薄膜的深入研究,已获得一系列新的薄膜材料,包括非晶硅基薄膜材料(如 a-SiC：H、a-SiN：H、a-SiGe：H、a-SiO：H、a-SiSn：H),超晶格材料(如 a-Si：H/a-Ge：H。a-Si：H/a-SiC：H、a-Si：H/a-SiN：H、a-Si：H/a-C：H)。

非晶硅薄膜材料应用于光电器件方面所具有的独特性能:

(1)非晶硅对太阳光有很高的吸收系数,并产生最佳的光电导值。例如 a-Si：H 的光吸

收系数比单晶硅高 $50\sim100$ 倍，它的光电导率与暗光电导率之比可达 10^6 以上，所以非晶硅是一种良好的光导体；

（2）很容易实现高浓度可控掺杂，并能获得优良的 p-n 结，这是非晶硅应用于器件方面的最重要和最基本的特性；

（3）可以在很宽的组分范围内控制它的能隙变化，如非晶硅及其合金的能隙 E_g 可以从 $1.0eV$ 连续变化 $3.6eV$ （对应于 a-SiGe：H→a-Si：H→a-SiC：H），成为人工能隙工程；

（4）很容易形成异质结，并有很低的界面态；

（5）薄膜制作工艺简单，仅通过各种气体源就可一次性连续完成复杂器件的制作，而且可获得大面积均匀薄膜（如 $50\times100cm^2$），不受衬底形状的限制，所以，成本低易实现大生产。例如实现 n 型掺杂时仅用硅烷和磷烷（SiH_4+PH_3），实现 p 型掺杂时仅用硅烷和硼烷（$SiH_4+B_2H_6$），制作 Si-N 合金时可通入 SiH_4+N_2（NH_3），制作 Si-Ge 合金时可通入 SiH_4+GeH_4，制作 Si-C 合金时可通入 SiH_4+CH_4（甲烷）；

（6）对薄膜的衬底材料要求不高，对于非晶硅几乎可在各种衬底（例如玻璃、金属片、陶瓷等）上成膜，因而易于实现半导体微电子金属中的各种集成化技术。

非晶硅薄膜器件中发展最快的是非晶硅太阳电池和大面积液晶显示用的非晶硅薄膜场效应晶体管（简称 a-SiTFT）。采用化学退火和多次分层制膜技术可获得光电性能稳定的高质量膜，缺陷态密度低至 $(1\sim3)\times10^{15}/cm^3$，并有高的光电导（$10^{-6}cm^2/V$）[34]。采用高水平的制膜技术和设备，以及高精度测量手段和高纯度气体源，是获得大面积高质量 a-Si 膜的关键。在提高非晶硅太阳电池的光电转换效率 η 方面已取得很大的进展，例如据 1993 年的国际会议[34,35]报道，单结（仅包含一组 p-i-n a-Si 层）小面积的光电转换效率 $\eta=13.2\%$（日本三井公司），双结叠层大面积的 $\eta=10\%$（日本富士电机），高效多结叠层的 $\eta=11.35\%\sim12.4\%$。在许多国家已建立了 a-Si 太阳电池电站，并已并网发电，作为清洁能源值得推广。用 a-SiTFT 制作平面液晶显示的电视机已走向商业化，在日本和香港已有小型高清晰度的电视机出售。

综上所述，非晶态合金在现代电力工业和电子元器件方面业已取得一定的应用，并且由于其独特的结构性能，必将随科学技术的进一步发展，获得更广泛的应用。

参 考 文 献

1　郭贻诚，王震西主编 . 非晶态物理学 . 北京：科学出版社，1984

2　功能材料及应用手册编写组 . 功能材料及应用手册 . 北京：机械工业出版社，1991

3　F.E. 卢博色基主编 . 非晶态金属合金 . 北京：冶金工业出版社，1989

4　王一禾，杨膺昌主编 . 非晶态合金 . 北京：冶金工业出版社，1989

5　Inoue A et al., Mater. Trans. JIM, 1995；36；866

6　井上明久 . 金属，1996；66（11）；29

7　周飞，卢柯 . 材料研究学报 1997；11（2）；127

8　Nroyuki K et al., Jap. J. Appl. Phys. 1989；28（10）,；L1820

9　Hono K et al., Acta Metall. Mater. 1992；40（9）；2137

10　Coehoom R et al., J. M. M. M. 1989；80；10

11　Cho Y S et al., IEEE Trans. Magn. 1996；32；1964

12　Fujimori H et al., J. M. M. M. 1993；124；115

13　任晓北博士论文 . 冶金部钢铁研究总院，1997 年 7 月

14 Coey J M D. J. Appl. Phys. 1978；49；1646

15 王新林. 金属功能材料，1996；3（5）；161. 金属功能材料，1996；3（6）；205

16 王立军，王六一，阎仲亭. 金属功能材料，1997；4（4）；162

17 沢孝雄，冈材正已. 日本公开特许公报　平 2-190452，1990-07-26；日本公开特许公报　平 2-190454，1990-07-26

18 铃本清策，牧野彰宏ほか. 日本公开特许公报　平 4-333546，1992-11-20

19 Makino A *et al*.，Mater. Trans. JIM，1995；36（7）；924

20 Mohri K *et al*.，IEEE Trans. Mag. 1992；28（5）；3150

21 Rao K V *et al*.，J. Appl. Phys. 1994；76（10）；6204

22 葛副鼎，库万军，朱静. 金属功能材料，1997；4（2）；49

23 钟智勇，陈伟元，王豪才. 功能材料，1993；23（8）；224

24 Ciureanu P *et al*.，J. Appl. Phys.，1996；79（8）；5136

25 何圣静，高莉如. 非晶态材料及其应用. 北京；机械工业出版社，1987

26 Hashimoto K *et al*.，in Proc. 8th Int. Congr. on Rapidly Quenched Metals, Sensda, 1981；1423-26

27 Kawashima A, Kanda T, Hashimoto K, Mater. Sci. &. Eng. 1988；99；；521

28 李春，王立军. 金属功能材料，1995；2（1）；13

29 王立军. 金属功能材料，1997；4（1）；30

30 梁乃茹，吴晋彬. 金属功能材料，1997；4（2）；55

31 Mohri K *et al*.，IEEE Trans. Magn.，1993；29（2）；1245

32 Bushida K, Mohri K, Uchiyama T. IEEE Trans. Magn.，1995；31（6）；3134

33 陈光华. 材料导报，1994；No. 4；1

34 7th International PVSEC Technical Digest. Nov. 22～26（1993），Nagoya, Japan

35 15th International Conf. on Amorphous Semiconductors（Abstract）Sep 6～10（1993），Cambridge, UK

18 纳米结构材料

18.1 引　言

　　多晶体的晶粒尺度通常在微米量级，试想如果我们进一步减小晶粒尺度，制造出更细小的多晶体，材料的性质会有什么变化？正是基于这样的设想，德国学者格莱特（Gleiter）在 1981 年首次提出了纳米材料的概念[1~3]。通过引入高密度缺陷，如晶界、位错或缺陷，使 50%或更多的原子或分子位于这些缺陷中。通常，位于缺陷中的原子局域密度和配位数与相应的完整晶体结构相差很大，在纳米晶合金中，缺陷处的化学成分也与相邻的晶粒内不同。

　　纳米材料的微粒尺寸一般在 10~100nm 之间，微粒可以是晶体，亦可以是非晶体，故有纳米晶和纳米非晶之分。制备状态多数为粉，需压制烧结成块体，也可以直接是块体或薄膜，或纳米颗粒附着在载体之上。图 18-1 是纳米晶体和纳米非晶体的二维结构示意图。假定晶粒为球形或正方形，三维纳米晶材料中界面的体积分数可估计为 $3\delta/(d+\delta)$，δ 为界面厚度（约 1nm），d 是平均晶粒直径，这样，5nm 晶粒的界面体积分数为 50%，10nm 晶粒是 30%，100nm 为 3%。纳米材料独特的结构特征，为深入研究固体界面结构与性能提供了良好的条件，同时由于纳米材料表现出一系列优异的物理、化学和力学性能，为提高材料的综合性能，发展新一代高性能材料创造了条件。

图 18-1　纳米晶和纳米非晶材料的二维结构模型比较
（晶粒内的原子由实心圆圈代表，间界原子由空心圆圈代表）
a—纳米晶体；b—纳米非晶体

　　自从格莱特等首次采用金属蒸发凝聚-原位冷压成型法制备出纳米 Cu、Pd 等纯金属，以后又陆续开发了大量的纳米合金、纳米晶玻璃、纳米陶瓷等。

　　1987 年美国 Argonne 国家实验室的西格尔（Siegel）等又成功地用气相冷凝法制备了纳

米陶瓷材料-TiO$_2$[4]，并观察到纳米陶瓷在室温和低温下具有很好的韧性，从而使纳米材料从研究到实用又迈出了一大步。近年来，纳米薄膜的制备与性能研究又出现新的热潮[5,6]。纳米材料已从导体（金属、合金）、绝缘体（无机化合物），发展到纳米半导体，从晶态扩展到非晶态，从无机到有机高分子。按纳米结构被约束的空间维数纳米材料可分为 4 种：（1）零维的纳米原子团簇；（2）一维纤维状纳米结构，长度显著大于宽度，如碳纳米管；（3）二维层状纳米结构，长度和宽度尺寸至少要比厚度大得多，晶粒尺寸在一个方向上在纳米级；（4）三维的纳米固体。目前人们对纳米材料进行了大量研究，重点是三维结构的纳米固体，其次是层状纳米结构，而对线状纳米纤维则研究得较少。

纳米材料的晶体尺寸小到纳米量级时，性质上的改变不是一种渐变，而是一种质变，在宏观性质和微观量子效应上预示着一系列新的变化，原先适用于微米材料的制备科学基础、材料科学基础及至凝聚态物理学基础，都可能对纳米材料有不适应之处，因此纳米材料的提出有可能对基础科学带来新的研究内涵，纳米材料已成为近年来材料科学研究的热点。由于纳米材料结构和性能上的独特性以及实际中广泛的应用前景，有人将纳米材料、纳米生物学、纳电子学、纳机械学等一起，称为纳米科技（Nano ST）。

18.2 合成与制备

纳米材料的合成与制备一直是纳米科学领域内的一个重要研究课题，新材料制备工艺过程的研究与控制对纳米材料的微观结构和性能具有重要的影响。纳米材料的合成与制备一般包括粉体、块体及薄膜的制备。自从格莱特首次采用金属蒸发凝聚-原位冷压成型法制备纳米晶以来，又相继发展了各种物理、化学制备方法，如机械球磨法[7]、非晶晶化法[8]、水热法[9]、溶胶-凝胶法[10]等等。理论上任何能制造出精细晶粒多晶体的方法都可用来制造纳米材料，如果有相变发生，则在相形成过程中要增大形核率，抑制晶粒的很快长大。表18-1 列出按照制备环境对一些常用的合成和制备纳米材料的方法进行的分类。

表 18-1 一些常用合成和制备纳米材料方法的分类

方 法	方 法 举 例
气相法	气相冷凝法、活泼氢-熔融金属反应法、溅射法、通电加热蒸发法、混合等离子法、激光诱导化学气相沉积法
液相法	共沉淀法、喷雾法、水热法、微乳液法、溶胶-凝胶法、电沉积法、溶剂挥发分解法、高压淬火法
固相法	高能球磨法、非晶晶化法、燃烧合成法

18.2.1 气相冷凝法

这是制备纳米材料最早采用的方法[1]，主要由纳米粒子簇的制备、压制和烧结三个环节组成，其中纳米粒子簇的制备是其技术的关键。装置如图 18-2 所示。在一个充满氦气的超高真空室内蒸发一金属或金属混合物，超高真空室上方有一竖直放置的放有液氮的指状冷阱。将蒸发源加热蒸发，产生原子雾，与惰性气体原子碰撞失去动能，并在液氮冷却棒上沉积下来，将这些粉末颗粒刮落到一密封装置中，环和密封装置均处于高真空条件下，以保持粒子表面的洁净及获得最少的气相缺陷。然后对颗粒加压成型，成型压力可达数百兆帕至几吉帕。这种方法生产出的致密样品密度可达到金属样品体积密度的 75%～90%。纳米氧化物的制备可在蒸发过程中或在制得团簇后，真空室内通以纯氧使之氧化得到。金属蒸发冷凝法制得的纳米固体界面分数依颗粒大小而异，一般约占整个体积的 50%左右，其原子排列与相应的晶态和非晶态均有所不同，从接近于非晶态到晶态之间过渡。

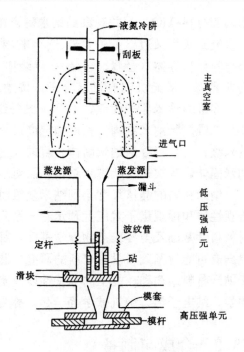

图 18-2   惰性气体凝聚法
制备纳米材料示意图

18.2.2   非晶晶化法

非晶晶化法制备纳米材料的前提是将原料用急冷技术制成非晶薄带或薄膜，然后控制退火条件，如退火时间和退火温度，使非晶全部或部分晶化，生成晶粒尺寸保持在纳米级。合金能否形成稳定的纳米晶粒的内在因素在于合金成分的选择，目前这种方法大量用于制备纳米 Fe 基、Co 基、Ni 基的多组元合金材料[11~14]，也可以制备一些单组元成分，如 Se、Si 等[15,16]。一般来说，与其他方法相比，它具有以下优点：

（1）界面无孔隙，不存在孔洞、气隙等缺陷，是一种致密而洁净的界面结构；

（2）工艺较简单，易于控制，便于大量生产。

由于这类材料的制备与晶化过程密切相关，近年来对非晶的晶化工艺、晶化动力学过程进行了大量研究。晶化退火工艺上，采用高密度脉冲电流[17,18]，一些非晶成分可以在极短的时间内获得一些常规退火处理不易获得的纳米晶组织，这种方法对改善合金固有的脆性、抗氧化性都有一定好处。值得注意的是脉冲电流处理产物可能与常规退火的不同。如表 18-2 所示[17]。

表 18-2   脉冲电流处理后的晶化产物

合 金 成 分	常规退火	电脉冲退火
$Fe_{77.5}Si_{13.5}B_9$	α-Fe（Si）+Fe_3B	α-Fe（Si）
$Fe_{77.5}Cu_1Si_{13.5}B_9$	α-Fe（Si）	α-Fe（Si）
$Fe_{74.5}Nb_3Si_{13.5}B_9$	Fe_3B+α-Fe（Si）	Fe_3B
$Fe_{77.5}Cu_1Si_{13.5}B_9$	α-Fe（Si）	α-Fe（Si）
$Fe_{77.5}Cu_1Nb_3Si_{13.5}B_9$	α-Fe（Si）	Fe_3B

18.2.3   高能球磨法[7,19~21]

高能球磨法或机械合金化是 20 世纪 70 年代初发展起来的一种合成材料新工艺，已成功制备出纳米晶纯金属、不互溶体系固溶体纳米晶、纳米非晶、纳米金属间化合物及纳米金属-陶瓷复合材料等。用机械合金化,可以使相图上几乎不互熔的几种元素制成固溶体,这是用常规熔炼方法无法作到的,如对 Fe-Cu、Co-Cu 体系的球磨过程。

高能球磨法工艺简单,操作成分可连续调节,并能制备出常规方法难以获得的高熔点金属或合金纳米材料,但也存在一些问题,如晶粒尺寸不均匀,球磨及氧化等带来污染等。

18.2.4 溶胶-凝胶法[10,22~24]

溶胶-凝胶法是制备材料的湿化学方法中的一种。将易于水解的金属化合物(无机盐或金属醇盐)在某种溶剂中与水发生反应,经过水解与缩聚过程而逐渐凝胶化,再经干燥、烧结等后处理,制得所需的纳米材料。其基本的反应有水解反应和聚和反应。

溶胶-凝胶法通常是在室温合成无机材料,能从分子水平上设计和控制材料的均匀性及粒度,得到高纯、超细、均匀的纳米材料。例如以乙醇铝为原料[25],用溶胶-凝胶法制备出较高比表面积的超细氢氧化铝晶体粉末,在 500℃和 1200℃下煅烧这种粉末,可制得分散的球形 γ 和 α-Al_2O_3 粉末,平均粉径为 40nm 和 100nm;这种高纯超细粉末具有良好的压制和烧结特性。

对凝胶干燥后的产物进行还原处理,还可以制备一些纯金属、纯金属-氧化物纳米颗粒体。纳米颗粒体是一种新型的人工复合纳米材料[26~28],它由金属或合金纳米颗粒镶嵌在非金属或金属母体内所组成,如 $Fe-SiO_2$,$Ni-SiO_2$,Fe-Cu,Co-Cu 等,由于具有独特的物理性质而引起了人们的注意。此外,溶胶-凝胶法还用来制备纳米薄膜[29]。用金属化合物制成溶胶后,将衬底浸入溶胶,以一定的速度进行提拉,在衬底上附着一层溶胶,经一定温度加热即得到纳米微粒的薄膜。膜的厚度可通过提拉次数来控制。

应该指出许多合成方法制备出的是结构松散、易团聚的纳米超细微粒,要获得纳米固体,必须将纳米颗粒压实成致密的块材。压制工艺十分重要。许多研究者在探索一些不同的压制成型技术,如采用不同的热(温)压技术对金属粉末压制成型,可以获得几乎完全密实的纳米晶材料,如金属间化合物 Ti-Al[30],金属复合材料 Fe-Co[31],以及单质金属 Pd 和 Cu[32]等等。同时在大尺寸纳米晶材料的直接制备方面已有新的进展,如利用电解沉积法[33]可制备出厚度为 $100\mu m \sim 2mm$ 的块状纳米晶材料,其组织结构均匀密实。通过液态合金的高压淬火,抑制原子的扩散和晶核的长大,也制备出了晶粒尺寸为 $30\sim40nm$ 的块状纳米晶 Pd-Si 合金[34]。纳米晶的制备及合成技术仍然是目前的一个主要研究方向。

18.3 纳米材料的微结构

纳米材料属于原子簇和宏观物体范畴的过渡区域,既非典型的微观系统,亦非典型的宏观系统,有独特的结构特征。目前纳米材料的结构研究主要集中在界面结构、晶粒结构及结构稳定性等方面。

18.3.1 界面结构

如前所述,纳米材料的重要特点之一是界面占有可与颗粒相比的体积百分数。界面结构中包含大量缺陷,这些缺陷是纳米材料的重要结构元素,它们影响甚至决定了纳米材料的性能。因此,研究纳米材料的界面结构就显得十分重要。早期格莱特等人利用多种结构分析手段(如 X 射线衍射、中子散射、穆斯堡尔谱、EXAFS、正电子湮没等)对纳米材料的界面结构进行了深入研究后,认为纳米晶界面具有较为开放的结构,原子排列具有随机性，原子间距较大，原子密度较低。晶界结构既非晶态的长程有序，也不是非晶态的短程有序，是一种类似于气态的更无序的结构。

但近年来托马斯（Thomas）和西格尔等人[35,36]又认为纳米材料的界面结构与普通多晶材料在本质上没有太大差别。他们利用高分辨电镜（HREM）对纳米晶样品进行细致观察，发现纳米晶体的晶界与普通大角晶界非常相似。

总之，无论是界面结构的无序说，还是有序说，都表明了纳米材料的界面结构是极其复杂的，界面结构是多种多样的，与材料的制备方法和制备历史有关。

在纳米材料中关心的是纳米尺寸的颗粒，由于颗粒的尺寸效应和界面效应，使得纳米材料表现出奇异的性质。同样，对于多孔固体，在总的孔体积（或孔隙率）达到一定值后，若孔尺寸足够小，也会表现出孔的尺寸效应和表面效应，从而产生一系列异于体相的性质[37]，这种固体称为纳米介孔固体（meso-porous solid）。纳米介孔固体由于其巨大的内表面积和均匀的孔尺寸，使其在催化和分离科学中有重要的应用。

用溶胶-凝胶法等化学方法制备的纳米氧化物材料，如纳米 SnO_2、TiO_2、Al_2O_3、ZrO_2 及 Fe_2O_3 等都具有一种以纳米晶粒、纳米尺寸的骨架结构和纳米空洞均匀无规分布而成的结构，它是一种低密度的无规网络结构。由于它有巨大的比表面积，有大的表面活性和催化作用，所以它与高压压制成的纳米金属材料在结构上有着根本的差异，它更接近于纳米介孔固体材料。

18.3.2 晶粒结构

由于界面组分在纳米材料中占有很大的比例，因而在结构和性能分析时，往往忽略晶粒而只考虑界面的作用，但一些研究表明：纳米尺寸的晶粒结构与完整晶格也有很大差异。纳米晶粒由于尺寸超细，在一定程度上表现出晶格畸变效应。由非晶晶化形成的纳米晶 Ni_3P 和 Fe_2B 化合物（bct 结构）的点阵常数研究表明[38~40]，纳米尺寸晶粒的点阵常数偏离了平衡值，如图 18-3 所示。这表明纳米尺寸晶粒发生了严重的晶格畸变，而总的单胞体积有所膨胀。在纯单质纳米晶体 Se 样品中也发现，当晶粒尺寸小于 10nm 时，晶格膨胀高达 0.4%。

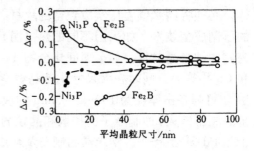

图 18-3 纳米晶 Ni_3P（纳米晶 Ni-P 合金）和 Fe_2B（Fe-Cu-Si-B 合金）的点阵常数变化量与晶粒尺寸的关系

晶格畸变与纳米晶粒中的固溶度有关。对 Ni-P 合金中 Ni 固溶体纳米相的研究表明[41]，P 在 Ni 中的固溶浓度远高于在粗晶粒中的平衡固溶度。对单质或化合物的纳米晶不存在其他元素固溶的问题，可能的机制是空位的固溶。固溶度超过饱和固溶度在机械合金化制备纳米晶中更是时有报道。欣格（Shingu）等人[42]报道了 Ag-Fe、Cu-Fe 系研磨时形成了过饱和固溶体。这两个体系混合热均为正值，在平衡条件下几乎不固溶，球磨后 Ag-50%Fe（原子分数），Cu-30%Fe（原子分数）均形成了单一面心立方结构。由于纳米晶是非平衡相，常规多晶的平衡相图显然已不适用于纳米材料。

18.3.3 结构弛豫和晶界偏聚

在描述纳米纯金属的状态时，通常关心的是纳米材料的平均晶粒尺寸或晶粒尺寸分布函数,但一些研究表明,除晶粒尺寸之外,样品的制备历史对性能也有重要影响。Tschöpe 等[43]测量了纳米晶 Pd 的 DSC 曲线,如图 18-4 所示。在 400K 处作者观察到第一个放热峰,在经过第一个放热峰后样品的平均晶粒尺寸几乎不变,而在 500K 处第二个放热峰后则伴随着晶粒的明显长大。作者认为制备态样品的比晶界能 σ 大约为多晶 Pd 的两倍,第一放热峰被归结于内应力和非平衡晶界结构的弛豫,而第二个放热峰则与晶粒长大相连。

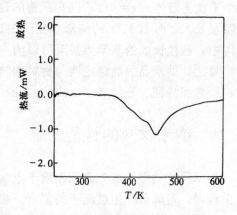

图 18-4 纳米晶 Pd 的 DSC 曲线

在纳米晶合金中,化学成分的空间分布也是表征纳米材料的重要因素。溶质原子或杂质原子的晶界偏聚可使晶界能降低,偏聚的驱动力来源于原子或离子的尺寸因素和静电力。在纳米材料中由于存在大量晶界偏聚位置,合金的总浓度可与晶内的浓度相差很大。利用元素在晶界的偏聚,可使晶界迁移受到钉扎,从而控制晶粒的尺度。如由气相冷凝法制备的 Y-Fe 纳米合金,由于 Y、Fe 原子体积相差很大,大多数 Fe 位于 Y 晶粒间界位置[44]。合金的平均晶粒尺寸可由 Fe 原子的总体浓度控制,当 Fe 浓度增加时,Y-Fe 合金晶粒尺寸不断减小,并可由纳米晶变到非晶态。

18.3.4 热稳定性

从理论上和应用上来说,纳米材料的热稳定性都十分重要。从应用上来说,许多纳米材料由于界面的高过剩能量,使其熔点大大下降,如 2nm 的 Au 颗粒的熔点由块体 Au 的 1100℃降为 320℃,这为难熔金属的冶金提供了新工艺。高熔点材料的烧结温度,例如,纳米 SiC 的烧结温度可从 2000℃降到 1300℃。另一个重要的问题是烧结纳米粉而不使组织粗化。

在许多有较低熔点的纯金属中,如 Sn、Pb、Al 和 Mg[45],观察到明显的晶粒长大现象。由于在纳米晶晶界存贮大量自由能,形成了晶粒长大的驱动力。冈瑟(Gunther)等[46]研究了纯纳米晶 Cu、Ag 和 Pd,发现纳米晶粒在比严重冷变形元素的重结晶温度低得多的温度下开始长大,Cu 和 Pd 的纳米晶甚至在室温下就开始长大,对 Pd 更为明显,虽然其熔化温度高达 1552℃。盖茨曼特(Getsmant)和伯尔尼(Birringer)[47]研究了由气体冷凝法制备的纳米晶 Cu,体密度分别为 93%、96% 和 97%。当把材料在室温下放置一个月,在许多样品中都观察到了晶粒的异常生长,长出的粗晶粒尺寸分布很广,大多数小于 1μm,但有些大于 2μm。包围着粗晶粒的纳米晶粒尺寸在 10~50nm。但粗晶粒区域仅占总体积的百分之几,其中高密度材料的晶粒生长率最大,说明材料中的孔隙阻碍晶界的迁移。此外,还有许多因素可以影响纳米材料的晶界迁移,如固溶拖曳、二相拖曳、化学有序、不纯杂质或不均匀分布的晶界等。

在一些体系中观察到当加热一亚稳的纳米固溶体合金时,晶粒生长往往伴随着固溶原子向晶界偏聚。如非晶 $Fe_{73.5}Cu_1Nb_3Si_{13.5}B_9$ 在纳米晶化时 Nb 向晶界偏聚,阻止晶粒进一步长大,形成高形核密度的纳米晶粒,而 Fe-Ni-B 中则晶粒长大很快[48]。晶界偏聚可能会降低比晶界能,从而减小晶粒生长的驱动力。如在 $Pd_{1-x}Zr_x$ 合金中[49],当 $x=0.1$ 时 Pd-Zr 是一个平衡固溶体；$x=0.2$，则是亚稳的过饱和固溶体。10%Zr 的纳米合金在 325℃晶粒开始明显长大，而 20%Zr 的纳米合金则在 500℃以前没有明显的生长。在具有大偏聚熔的固溶体中，晶粒长大的驱动力甚至可以消失。

　　总之，纳米晶的热稳定性与材料的结构特性密切相关，如晶粒尺寸和分布、晶粒组织结构、界面特征、三结点（triple junction）、样品中的孔隙等。

18.4　纳米材料的性能

　　纳米尺寸的颗粒首先表现出量子限域效应，如半导体纳米硅的粒子尺寸小于载流子的自由程时，可降低光生载流子的复合，提高光能利用率。表面效应则表现在纳米催化剂有大的比表面积和表面活性，因而有高的催化活性和产物选择性。在纳米晶 ZnO 中荧光光谱中的蓝移现象与晶粒尺寸有强烈的依赖关系，如图 18-5 所示。蓝移是一种量子尺寸效应。当吸收光子而产生的电荷载流子的德布罗意波长与晶粒尺寸相近时，晶粒细化使得吸收谱或光谱向更短波长方向移动[50]。此外，固体的许多宏观性能，如热性能、力学性能、磁性、扩散、催化活性等在很大程度上取决于原子近邻间的状况。下面就热性、力性、磁性和磁电输运性质等几方面说明。

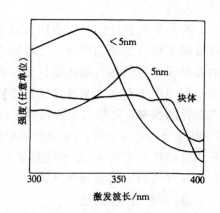

图 18-5　纳米晶 ZnO 在荧光光谱中的
蓝移现象与晶粒尺寸的关系

18.4.1　热学性能

　　材料的热学性质，如热容、热膨胀等与组织结构直接相关。以往研究表明，纳米材料的热容和热膨胀与普通多晶或非晶差别很大，鲁普（Rupp）等[51]测量了晶粒尺寸分别为 8nm 和 6nm，密度分别为 90%ρ_0 和 80%ρ_0 的纳米晶 Cu 和 Pd 的质量定压热容 C_p。图 18-6 对比了纳米晶 Pd、多晶 Pd 及具有类似摩尔质量的金属玻璃 $Pd_{72}Si_{18}Fe_{10}$ 的热容-温度曲线，在 150～300K 的温度范围内，纳米晶 Pd 的 C_p 比多晶 Pd 增大 29%～54%，相应地纳米晶 Cu 比多晶 C_p 增大 9%～11%。玻璃态 $Pd_{72}Si_{18}Fe_{10}$ 的 C_p 比多晶 Pd 高约 8%，研究表明，该增大中有一半是源于两者不同的化学成分，另一半则来自不同的组织结构。

　　Cu 为抗磁金属而 Pd 为顺磁金属，因而在 150～300K 的温度范围，电子或磁性对于热容的贡献可忽略。纳米晶 Pd 或 Cu 的热容取决于物质的振动熵与组态熵的热变化，亦即取决于晶格振动，平衡缺陷浓度等等。对于长程有序的多晶体、短程有序的非晶体及纳米晶体，这种热变化不同，因此导致了三者热容的不同。

　　近年来的一些研究表明[52,53]纳米晶体材料的微孔隙及杂质对材料的性能有显著的影响，不同的样品密度表现出不同的性质。在无微孔隙纳米晶 Ni-P 合金样品中发现，其热容较同成分普通多晶体仅高 2%左右。在无微孔隙纳米单质 Se 及 Ni 中也发现相同的结果，纳米单质 Se（10nm）的热容与非晶态固体 Se 完全相同，比粗晶 Se 高约 1%～2%。厄尔布（Erb）等人[52]发现无孔隙纳米 Ni 的线膨胀系数与粗晶 Ni 完全相同，而其热容的差别小于 5%。这些结果说明纳米晶体中的微孔隙对材料的性能有显著的影响。

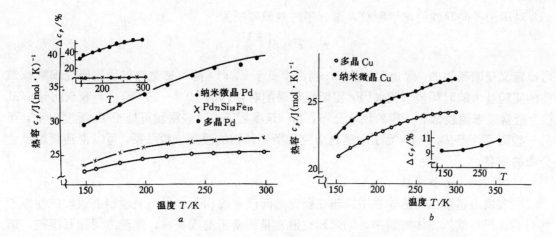

图 18-6   纳米晶 Pd、多晶 Pd 及非晶 $Pd_{72}Si_{18}Fe_{10}$ 的热容-温度曲线

a—纳米晶 Pd，多晶 Pd，非晶 $Pd_{72}Si_{18}Fe_{10}$ 的热容（左上角的小图绘出了纳米晶 Pd
及非晶 $Pd_{72}Si_{18}Fe_{10}$ 相对多晶 Pd 的热容增加 ΔC_p）；b—多晶 Cu 与纳米晶 Cu 的
热容的比较（右下角小图绘出了纳米晶 Cu 相对于多晶 Cu 的热容增量 ΔC_p）

　　固体的热膨胀性能也是固体重要的热物理性能之一。伊斯门（Eastman）等[54]在 16～300K 范围内用 X 射线衍射方法研究了纳米 Pd 的膨胀和热振动行为，没有发现它们与多晶的热膨胀有显著的差别。

18.4.2   磁学性能

　　纳米颗粒由于尺寸超细，一般为单畴颗粒，其技术磁化过程由晶粒的磁各向异性和晶粒间的磁相互作用所决定。纳米晶粒的磁各向异性与颗粒的形状、晶体结构、内应力以及晶粒表面的原子状态有关，与粗晶粒材料有着显著的区别，表现出明显的小尺寸效应。另外在纳米材料中存在大量的界面成分。对纳米晶 Fe 的穆斯堡尔谱测量表明[55]界面组元的居里温度比大块多晶 Fe 样品的低。在有些纳米铁磁体中发现饱和磁化强度比相应的多晶体低，如纳米晶 Fe 在 4K 时的饱和磁化强度仅为 $130\times10^3Am^2/g$，比起多晶 Fe 的 $222\times10^3Am^2/kg$ 小了近 40%，非晶 Fe 为 $215Am^2/kg$。这表明饱和磁化强度也与纳米材料的界面状态有关，特别是界面中的杂质、孔隙等对磁性有重要的影响。

　　当晶粒尺寸减小到纳米级时，晶粒之间的铁磁相互作用开始对材料的宏观磁性有重要影响。与铁磁原子类似，根据相互间作用的大小，纳米颗粒体可表现出超顺磁性、超铁磁性、超自旋玻璃态等。

18.4.2.1   超顺磁性

　　单畴颗粒的磁化矢量通常沿着易磁化方向，易磁化方向相应于磁能最低的方向，由总的磁晶各向异性能所决定。具有单轴各向异性的颗粒，其磁能可简单地表示为

$$E(\theta) = KV\sin^2\theta \tag{18-1}$$

式中 K 为磁各向异性能常数；V 为颗粒体积；θ 为磁化矢量与易磁化方向间的夹角。当颗粒尺寸减小，以致于热能大于磁能时，颗粒的磁化矢量在热激发下将随时间而改变，此时整个颗粒与顺磁性原子相似，所不同的是颗粒内通常可含有 10^5 量级的原子，因此颗粒磁矩较单个原子约大 10^5 倍，这种现象称之为超顺磁性[56]。

对单轴各向异性的球形颗粒，磁有序的弛豫时间为

$$\tau = \tau_0 \exp\left(\frac{KV}{k_B T}\right) \tag{18-2}$$

可以定义超顺磁性的"截止"温度 T_B。当温度低于 T_B 时，超顺磁弛豫过程比研究细颗粒磁性的实验技术的时标慢（例如 ^{57}Fe 穆斯堡尔谱的时标约为 $10^{-8} \sim 10^{-9}$s），不表现出超顺磁性。通常超细颗粒都有一定的尺寸分布，在一定温度下，一些颗粒可处于 T_B 温度以上，而另一些则可处于 T_B 之下，因此，通过研究穆斯堡尔谱的温度依赖关系，可以得到颗粒尺寸分布的信息。

18.4.2.2 超铁磁性

在表现出超顺磁性的体系中，超细颗粒之间没有磁相互作用，表现出类似顺磁性原子的行为。但在纳米固体材料中，纳米颗粒通常是紧密压制成块材，颗粒之间相互接触，通过界面原子可产生磁偶极作用，甚至交换耦合。作为一个例子，考虑颗粒尺寸为 8nm 的 γ-Fe$_2$O$_3$，颗粒的磁各向异性常数 $K \approx 1.5 \times 10^4$J/m^3，磁能 $KV \approx 4.0 \times 10^{-21}$J，接近于室温下的热能。设这样的两个铁磁颗粒相隔 10nm（中心对中心），磁偶极相互作用能为 1.9×10^{-21}J 的量级，相当于 140K 时的热能。如果颗粒间无相互作用，并设 $\tau_0 \approx 10^{-11}$s，可得 80K 时 $\tau \approx 3.8 \times 10^{-11}$s。当考虑颗粒之间存在相互作用时，偶极作用将导致磁矩在 80K 时以某种程度的排列，因为磁相互作用大于热能，这会影响弛豫行为。它将导致磁有序。这种现象称之为超铁磁性[57~59]。

图 18-7 表示用穆斯堡尔谱研究 7nm 的 γ-Fe$_2$O$_3$ 颗粒之间在不同分离情况下的磁相互作用[60]。颗粒是由沉淀法制备的。其中一部分样品颗粒用表面活性剂，如油酸包敷，包敷层厚度约为 1.0~1.5nm。13K 下三个样品的穆斯堡尔谱基本相同，当温度增加时谱线宽

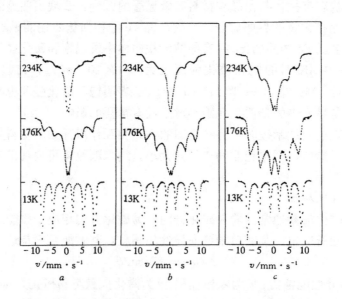

图 18-7 颗粒尺寸为 7nm 的 γ-Fe$_2$O$_3$ 在 13K、176K、234K 下的穆斯堡尔谱

a—油酸包敷；*b*—未包敷油酸；*c*—未包敷油酸（在 1.3GPa 下压制）

化,同时中间出现对应于超顺磁性的双线谱。从 176K 和 234K 的谱线可以明显看出,在包敷油酸的样品中超顺磁成分比未包敷的要多,而且压制以后超顺磁成分进一步减小了。穆斯堡尔谱的不同可由三个样品中不同的磁有序状态来解释。在颗粒表面包敷油酸使得颗粒彼此分离,颗粒之间的磁相互作用减弱;相反,在高压下压制后则减小了颗粒之间的间距,颗粒紧密接触,通过表面原子产生磁相互作用,从而在一定程度上抑制了超顺磁性。

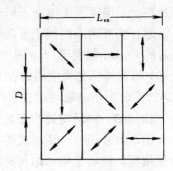

图 18-8 随机磁各向异性模型,箭头指示随机波动的磁晶各向异性 $(N = (L_{ex}/D)^3;$ $\langle K \rangle = \dfrac{K_1}{\sqrt{N}})$

颗粒间的磁相互作用可以对纳米材料的性能产生重要的影响,如新一代软磁合金—纳米晶软磁合金[61,62]。这类材料通常由非晶态合金晶化制备,典型成分为 $Fe_{73.5}$-$Cu_1Nb_3Si_{13.5}B_9$。晶化后在非晶基体上析出了 $10\sim20nm$ 的 α-Fe(Si)固溶体晶粒,形成一种致密的无孔隙的复合纳米材料。与传统非晶态磁学理论不同之处是这类合金在晶化后软磁性能反而提高了。赫兹(Herzer)运用非晶合金的无规各向异性模型给了解释[63]。对于随机取向、相互间存在铁磁耦合的铁磁性颗粒体系(如图 18-8),存在一个交换作用长度 L_{ex},当颗粒尺寸 D 很小时,交换作用将抑制磁晶各向异性 K_1,局部的各向异性被有效地抵消掉,这样使影响软磁性的有效磁各向异性取决于 N 个晶粒磁各向异性的平均涨落振幅,即合成的平均各向异性能密度 $\langle K \rangle$ 可表示如下

$$\langle K \rangle = \frac{K_1}{\sqrt{N}} \tag{18-3}$$

对纳米晶软磁合金,这种交换耦合是通过 α-Fe(Si)晶粒界面间的铁磁性非晶层实现的,因此,界面非晶相的铁磁性能对合金的软磁性能有重要的影响[64]。

对于纳米晶永磁材料,交换耦合作用主要表现在硬磁相和软磁相纳米晶粒之间。交换耦合作用的结果,使软磁相的磁矩平行于硬磁相饱和磁化方向,即近邻硬磁晶粒的易轴方向,使得材料的剩磁和饱和磁化强度与无交换作用时相比有很大的提高。施雷夫(Schrefl)计算了 $60\%Nd_2Fe_{14}B+40\%\alpha$-Fe 的复合永磁材料的磁性能和平均晶粒度的关系[65],如图 18-9 表示,虚线表示无交换耦合作用时的磁性。可以看出,晶粒细化使材料的永磁性能提高,在这里,晶粒间的交换作用起了决定性作用。

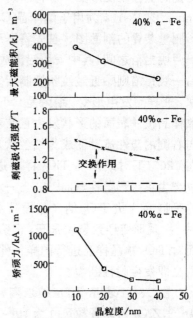

图 18-9 $60\%Nd_2Fe_{14}B+40\%\alpha$-Fe 的复合永磁材料的磁性能和平均晶粒度的关系

18.4.2.3 超自旋玻璃态

颗粒之间的交换耦合模型中,正的交换作用常数 K_m^{ij} 导致在 T_B 以下颗粒磁矩的平行排列,在某些情况下,也可能出现负的 K_m^{ij},或同时出现正负 K_m^{ij} 的情况,与原子磁性相似,在低温下的颗粒体系除了超铁磁性外,还可

以表现为超反铁磁性[66]和超自旋玻璃态[67]。超自旋玻璃态一般表现在弱相互作用体系，因为相互作用较弱时，相邻颗粒的磁矩不能平行或反平行，即不能表现为超铁磁或超反铁磁，而是在一定温度下冻结在易磁化方向上。

超自旋玻璃态的例子可以在一些纳米铁磁颗粒合金或颗粒膜中观察到[68]，如熔体淬火制备的 Co-Cu 颗粒膜，Co 纳米颗粒均匀分布在非磁性的 Cu 基体上，Co 纳米颗粒由于间距较远，相互间存在着较弱的相互作用。希基（Hickey）等的研究表明[69]，对 Co-Cu 合金，在 $T>29K$ 时为超顺磁性，在 $T<29K$ 时为超自旋玻璃体系。

18.4.3　纳米陶瓷的超塑性

纳米尺寸晶粒、高浓度界面以及晶界原子的特殊结构，决定了纳米结构材料不同于一般的多晶、非晶的独特力学性能。一般陶瓷材料中，由离子键或共价键组成的化合物并不具备金属那样的晶格滑移系统，因此很难具备超塑性。但对纳米陶瓷来说，利用晶界表面众多的不饱和键，造成沿晶界方向的平移，就可能实现超塑性，当西格尔首次报道了 TiO_2 纳米陶瓷的超塑性以后[4]，立即引起了人们极大的兴趣。

卡奇（Karch）等研究了 CaF_2 和 TiO_2 纳米晶陶瓷的低温塑性形变[70]。样品的平均晶粒尺寸为8nm。图 18-10a 为用于纳米晶 CaF_2 样品进行变形测量装置的剖面图。首先将平展的方形样品置于两块铝箔之间，其中一块铝箔放于铅制活塞上，另一块铝箔则贴近皱纹状铁制活塞。通过压缩活塞，使样品发生形变。纳米晶 CaF_2 的塑性形变导致样品按铁表面的形状发生正弦弯曲，并通过向右侧的塑性流动而成为细丝状，见图 18-10b。在 180℃ 下对纳米晶 TiO_2 样品进行类似实验也产生正弦形塑性弯曲[71]。当一块表面有裂纹的平展的片状 TiO_2 纳米晶样品发生塑性弯曲时，发现形变导致裂纹张开，但裂纹没有扩大，而对 TiO_2 单晶样品进行同样条件的实验，样品则当即发生脆性断裂。

图 18-11 表示 ZrO_2 纳米陶瓷的超塑性行为[72]，ZrO_2 粉体颗粒尺寸为 10~15nm，烧结后晶粒尺寸为 120~150nm。从图可见，在 1250℃ 的温度和 73MPa 时，起始应变速率达 3×10^{-21}/s，压缩应变量达 380%。这个温度只是 ZrO_2 熔点温度（T_m）的一半以下，约 $0.47T_m$，这在一般的陶瓷中是难以想象的。这表明虽然退火使得晶粒尺寸增加到上百纳米，但仍保

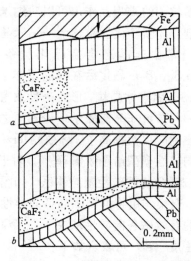

图 18-10　纳米晶陶瓷塑性形变测试装置示意图（CaF_2 样品右边最初是空的，测试时沿箭头方向加压力使上下闭合）
a—测试装置剖面图；b—CaF_2 样品的塑性形变
（形变发生于 800℃，形变时间为约 1s）

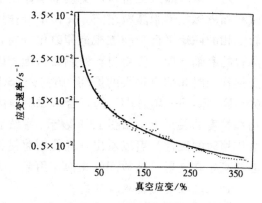

图 18-11　ZrO_2 纳米陶瓷的塑性变形行为

持了良好的超塑性。纳米陶瓷具有超塑性行为，使陶瓷在本质上具备了吸收外来能量的机制，陶瓷脆性的问题有可能解决，这对陶瓷材料的研究上是一个很大的突破。

18.4.4 纳米颗粒膜和颗粒合金的磁电输运性质

电子在纳米材料中的输运过程将受到空间维度的约束从而呈现出量子限域效应。当电子平均自由程与纳米磁性材料的尺度例如磁性薄膜的厚度，孤立磁性颗粒的尺寸相当或更大时，不能将电子单纯地看作电荷的载体，还必须同时考虑它的自旋相对于局域磁化矢量的取向，这是一种量子力学效应。1988 年法国的 Fert 等首先在 Fe/Cr 多层膜中发现了巨磁电阻效应（GMR），即材料的电阻率将受材料磁化状态的变化而呈现显著改变的现象。1992 年贝科威茨（Berkowitz）与钦（Chien）分别独立地在 Co/Cu 颗粒膜中观察到 GMR 效应，此后又相继在用液相快淬工艺以及机械合金化等方法制备成的纳米颗粒固体中发现了这种效应[73~75]。

颗粒膜是纳米尺寸微颗粒镶嵌于薄膜中所构成的复合纳米材料体系，原则上，颗粒的组成与薄膜的组成在制备条件下应互不固溶，如 Co-Ag，Fe-Ag，Co-Cu 等。颗粒膜的性质密切关联于微结构，如颗粒尺寸、形态、所含颗粒的体积百分数以及界面等因素。电子在颗粒膜中输运将受到磁性颗粒与自旋相关的散射，这种散射主要来自磁性颗粒界面，与界面的粗糙度、颗粒的比表面积有关。图 18-12 表示 $Co_{20}Ag_{80}$ 颗粒膜体系中 GMR 效应与 Co 颗粒尺寸的关系。图中表明在颗粒膜系统中 GMR 效应主要来源于磁性颗粒的界面散射[76]。

将纳米微颗粒镶嵌于不互溶的非磁性基体中，形成纳米颗粒固体，其 GMR 机制与颗粒膜相同，均源于自旋相关的散射，并以界面散射为主。采用非平衡技术，如熔体急冷、机械合金化等，可制备亚稳的固熔体合金，如 Co-Cu。在高温退火后，在非磁性的 Cu 中可生成单畴的 Co 颗粒，形成颗粒合金。

研究表明[77,78]，对 Co-Cu 合金，在低温下 Co 颗粒的磁矩冻结在磁晶各向异性决定的易磁化方向上，形成自旋玻璃态，在截止温度以上，Co 颗粒的磁矩方向像顺磁系统一样，磁性粒子之间的相互作用通常很弱，颗粒体系表现出超顺磁性行为。图 18-13 表示了 $Cu_{86}Co_{14}$

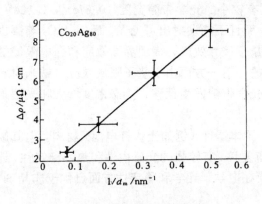

图 18-12　$Co_{20}Ag_{80}$ 颗粒膜体系中 GMR
效应与 Co 颗粒尺寸的关系

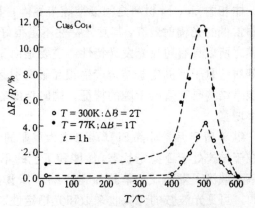

图 18-13　$Cu_{86}Co_{14}$ 合金在制备态和
不同退火温度下的 GMR

合金在制备态和不同退火温度下的 GMR，可以看出 440～500℃ 附近温度下退火，合金表现出较高的 GMR 性质。这与在该温度范围内 Co 纳米颗粒大量析出，形成高比表面积的颗粒体系有关。对颗粒膜或颗粒合金来说，存在的问题是饱和磁场较高，因此近年来对其磁结构和磁化过程的研究受到广泛重视[79,80]。

18.5　应用和展望

纳米晶纯金属，纳米晶单相与多相合金，纳米半导体，纳米陶瓷等由于结构的独特性，都具有各自的优异性能，使其在实际中预示着广阔的应用前景。目前纳米结构材料的应用研究大多尚处于探索阶段，世界各国对纳米材料的应用抱有极大的兴趣，如作为化工催化材料，敏感（气、光）材料、吸波材料、阻热涂层材料、陶瓷的扩散连接材料等，纳米尺寸微粉（金属胶陶瓷）已在工业上开始得到应用。纳米固体 WC-Co[81,82]已被应用于涂层和切削工具，这是利用了纳米材料的硬度、耐磨性增强的力学性质。此外，纳米陶瓷的超塑性在陶瓷工业预示了广阔的应用前景。

纳米材料的磁学性质十分特殊，如单轴临界尺寸的强磁颗粒 Fe-Co 合金和氮化铁有甚高的饱和磁化强度和较高的矫顽力，因此用它制成的磁记录介质材料不仅音质、图像和信噪比好，而且记录密度比目前的 γ-Fe_2O_3 高 10 倍以上。纳米晶软磁材料作为新一代软磁材料，综合性能好于传统的坡莫合金和非晶态合金，目前已在工业上大量投入生产，在电源开关、继电器等上得到应用。

纳米相复合材料近年来发展很快。它通常可以通过下列方式制取：（1）致密纳米相物质内相邻粒子间的固态反应；（2）掺杂剂或反应物在晶界网络的渗透；（3）具有不同或互补性质的超微粒的混合。颗粒膜就是一种新型复合纳米材料，磁电输运性质上的独特性使其在大容量磁盘和磁记录材料上可望得到应用。此外，在光学非线性等方面也表现出奇异性和广泛的应用前景，引起了人们的重视，如将半导体 Ge、Si 或 C 颗粒（一般只有 1～10nm）均匀弥散地镶嵌在绝缘介质薄膜如 SiO_2 中，可在室温下观察到较强的可见光区域的光致发光现象[83,84]。

体相的 Ge、Si 材料是间接带隙半导体，具有较小的光学带隙宽度（0.67eV，1.12eV）和非常低的光辐射效率，其发光特性不是很好，而且不能发射出可见光。而 Ge-SiO_2 等镶嵌薄膜之所以具有可见光发光特性，主要是由于量子尺寸效应，表面界面效应和介电限域效应等对锗量子点的电子结构产生相互影响引起的，另一方面由于量子限域效应，纳米材料的能带结构具有直接带隙的特征，同时伴随着光学带隙发生蓝移，能态密度增大和光辐射效率增强。

继单晶 Si 后，非晶 Si 薄膜已成为重要的半导体器件（例如光伏打电池）材料，但其缺点在于结构处于亚稳定状态，性能和工艺的不重复性，有较强的光感生性和热不稳定性，迁移率和载流子寿命低于单晶 Si 等。纳米 Si 薄膜在电学、光学和稳定性方面已优于非晶 Si，例如，可见光波数的光吸收系数和光稳定性。

近年来碳纳米管的研究也得到重视。这类材料最初是由艾希曼（Iijima）[85]用电弧放电方法制备，其径向尺寸为纳米量级，轴向尺寸为微米量级，表现为典型的一维量子材料，其物理性质也很奇特，如平行于碳纳米管的轴向加一磁场时，具有金属导电性的碳纳米管表现出 Aharonov-Bohm 效应，也就是说，在这种情形下通过碳纳米管的磁通量是量子化的。另外，碳纳米管具有高机械强度，惊人的电学性质，有趣的毛细管特性等，更有趣的是，在碳纳米管内部可以填充各种物质，如金属、氧化物等，这不仅可以制备出最细的导线或全新的一维材料，在未来的分子电子学器件或纳米电子学器件上得到应用，它还给化学家提供了纳米化学反应最细的试管，当然还是供研究毛细现象机理的最细的试管。

纳米组装体系，人工组装合成的纳米结构的材料体系也越来越受到关注，国际上把这类材料称为纳米组装材料体系（nanostructured assembling system），或纳米尺寸的图案材料（patterning mater on the nanometre scale）。通常是指以纳米丝、管为基本单元在一维、二维和三维空间组装排列成具有纳米结构的体系，其中包括纳米阵列体系，介孔组装体系，薄膜镶嵌体系。纳米组装、合成技术的发展，为纳米材料的广泛应用开拓了新的领域。

目前纳米材料及其相应的产品已陆续进入市场，所创造的经济效益以 20% 的速度增长。纳米材料和性能的研究，将随着制备方法的改进和新型纳米材料的开发而不断拓宽和深入，这方面的研究需要材料科学、物理学和化学等基础学科及化学工程等多方面的密切配合和协作。纳米材料具有广泛的应用前途，但其实用化还依赖于制备技术的发展和完善以及人们对其结构性能进一步深入的认识和理解。

参 考 文 献

1 Birringer R et al., Phys. Rev. Lett., 1984; 102A: 365

2 张立德，牟季美. 纳米材料学. 辽宁：辽宁科学技术出版社，1994

3 王广厚，韩民. 物理学进展，1990；10（3）：248

4 Siege R W et al., J. Physique, 1998; 49: C5-681

5 都有为. 物理学进展，1997；17（2）：181

6 Chien C L et al., Phys. Rev. 1986; B33: 3247

7 Shigu P H et al., Suppl. Trans. Japan Inst. Matals, 1988; 29: 3

8 Lu K et al., Scripta Metall. Mater., 1990; 24: 2319

9 Haggerty J S, Cannon W R, Laser Chemical Processes. edit by J. I. Steinfeld. Plenum Press, 1981

10 Erb U et al., Nanost. Mater., 1993; 2: 383

11 Tong H Y et al., J. Appl. Phys., 1991; 69: 522

12 Liu X D et al., Scripta Metall. Mater., 1993; 28: 59

13 Nicolaus M M et al., Mater. Sci. Eng., 1992; A150: 101

14 Guo H Q et al., Phys. Status Solidi A, 1991; 127: 519

15 He Y L, Liu X N. Acta Electron Sinica, 1982; 4: 70 (in Chinese)

16 Zhang H Y et al., Nanostruct. Mater., 1995; 5: 41

17 Allia P et al., IEEE Trans. Magn. 1994; 30 (2): 533

18 Noh T H et al., J. Magn. Magn. Mater., 1993; 128: 129

19 Koch C C, Annu. Rev. Mater. Sci., 1989; 19: 121

20 杨均友等. 功能材料，1995；26：477

21 齐民，杨大智，朱敏. 功能材料，1995；26：472

22 Briuker C J. Sol-Gel Science, Academic Press, INC, 1990

23 Chatterzee A, Chakravorty D, J. Mater. Sci. 1992; 27: 4115

24 赵文轸. 材料导报，1996；12（6）：12

25 余忠清等. 无机材料学报，1994；9（4）：475

26 Abeles B, in Applied Solid State Science: Advances in Materials and Device Research, ed. R. Wolfe, Academic, New York, 1976: 1

27　Abeles B *et al.*, Adv. Phys. 1975；24；407

28　Chien C L, in Science and Technology of Nanostructured Magnetic Materials, ed. G. C. Hadjipanayis and G. A. Prinz, New York；Plenum Pless, 1991；477

29　Tanaka K *et al.*, J. Mater. Sci. Lett. 1989；8；83

30　Oehring M *et al.*, Appl. Phys. Lett., 1995；66；941

31　He L, Ma E. J. Mater. Res., 1996；11；72

32　Rittner M N *et al.*, Nanostruct. Mater., 1997, to be published

33　Erb U. Nanostruct. Mater., 1995；6；533

34　秦志成等. 物理学报，1995；44（1）；105

35　Thomas G J *et al.*, Scripta Metall. Mater., 1990；24；201

36　Eastman J A *et al.*, Nanostruct. Mater. 1992；1；47

37　Hudson M, Seueira C A C. Multifunctional Mesoporous Inorganic Solids, Kluwer, Dordrecgt, 1993

38　Sui M L, Lu K. Mater. Sci. Eng. 1994；A179-180；541

39　Liu X D *et al.*, Nanostruct. Mater., 1993；2；58

40　Sui M L, Lu K. Acta Metall. Sinica, 1994；30；413

41　Lu K *et al.*, Nanostruct. Mater., 1994；2；3365

42　Shigu P H *et al.*, in Solid State Powder Processing TMS, A. H. Clauer and J. J. De Barbadillo eds. Warrendale, PA, 1990

43　Tschöpe A *et al.*, J. Appl. Phys., 1992；71；5391

44　Weissmuller J *et al.*, Nanostruct. Mater., 1992；1；439

45　Birringer R, Mater. Sci. Eng. 1989；A117；33

46　Gunther B *et al.*, Scipta. Metall. Mater., 1992；27；833

47　Gertsman V Y, Birringer R. Scripta Metall. Mater., 1994；30；577

48　Baricco M *et al.*, Mater. Sci. Forum, 1995；195；73

49　Krill C E *et al.*, Mater. Sci. Forum, 1995；179~181；443

50　Gleiter H. 金属学报，1997；33；165

51　Rupp J, Birringer R Phys. Rev. 1987；B36；7888

52　卢坷，周飞. 金属学报，1997；99；33

53　Lu K. Mater. Sci. Eng. Reports, 1996；16；161

54　Eastman J A *et al.*, Phil. Mag., 1992；B66；667

55　Herr U *et al.*, Appl. Phys. Lett., 1987；150；472

56　Bean C P, Livingston J D. J. Appl. Phys., Suppl., 1959；30；120s

57　Sakurai J *et al.*, J. Phys. Soc. Jpn., 1992；60；2522

58　Morup S Hyper. Interact., 1994；90；171

59　Sato H *et al.*, J. Phys. Soc. Jpn., 1993；62；431

60　Goto A *et al.*, J. Phys. Soc. Jpn., 1993；62；2129

61　Yoshizawa Y, *et al.*, J. Appl. Phys., 1988；64；6044

62　Suzuki K, *et al.*, Mater. Trans. JIM, 1990；31；743

63　Herzer G, IEEE Trans. Magn., 1989；25；3327

64　刘涛等. 中国科学，1996；A 辑，26；1015

65　Yoldas B E, Ultrastructure Processing of Advanced Ceramics, Wiely. N. Y., 1988；333

66　Morup S *et al.*, J. Magn. Magn. Mater., 1983；40；163

67　Xiao J Q *et al.*, Phys. Rev. Lett. 1992；68；3749

68　Wecker J *et al.*, Appl. Phys. Lett., 1993；62；1985

69　Hickey B J *et al.*, J. Magn. Magn. Mater., 1995；147；253

70　Karch J *et al.*, Nature, 1987；330；536

71 Siegel R W, Hahn H. in M. Yussouff (eds.), Current Trends in the Physics of Materials, World Scientific, Singapore 1987

72 郭景坤，徐跃萍. 硅酸盐学报，1992；20（3）；286

73 Baibich M N *et al.*, Phy. Rev. Lett. 1988；61；2473

74 Berkowitz A E *et al.*, Phy. Rev. Lett. 1990；68；3745

75 Xiao J Q *et al.*, Phy. Rev. Lett. 1992；68；3749

76 Jian-Qiang, Gang Xiao. Phys. Rev. 1994；B49；3982

77 Hickey B J *et al.*, J. Magn. Magn. Mater., 1995；147；253

78 Madurga V *et al.*, Nanosctruct. Mater. 1996；7；185

79 Allia P *et al.*, Phys. Rev. 1995；B52；15398

80 Yu R H *et al.*, Z. Phys. 1995；B98；447

81 Candish L Mc *et al.*, Mater. Sci. Tech. 1990；6；953

82 Schlump W, Willbrand J. VDI Berichte, 1992；917；23

83 Maeda Y. Phys. Rev. 1995；B51；1658

84 Kanemitsu Y *et al.*, Phys. Rev. 1993；B48；4883

85 Iijima S. Nature, 1991；354；56

19 储氢材料

19.1 绪 论

由于世界性能源危机和环境保护等问题，迫使人们展开新能源的探索和开发。未来能源中的一次能源是以原子能和太阳能为主的能源系统，获得的能量主要是热能及其转换成的电能。为使这些能源得到有效利用，应有最佳形式的二次能源，氢能就是最佳选择之一。氢是一种洁净、无污染、发热值高、取之不尽又用之不竭的二次能源。氢能的利用涉及氢的储存、输运和使用。自 20 世纪 60 年代中期发现 LaNi$_5$ 和 FeTi 等金属间化合物的可逆储氢作用以来，储氢合金及其应用研究得到迅速发展。储氢合金能以金属氢化物的形式吸收氢，加热后又能释放氢，是一种安全、经济而有效的储氢方法。金属氢化物不仅具有储氢特性，而且具有将化学能与热能或机械能相互转化的机能，从而能利用反应过程中的焓变开发热能的化学储存与输送，有效利用各种废热形式的低质热源。因此，储氢合金的众多应用已受到人们的特别关注。文献[1]比较全面的综述了金属氢化物的一般性质和 1986 年以前的研究发展。

19.2 金属氢化物

金属（M）与氢生成金属氢化物（MH$_x$）的反应式为

$$M + xH_2 \longrightarrow MH_x + \Delta H \text{（生成热）}$$

储氢合金吸放氢量的变化关系可用压力-组分-温度等温线（即 P-C-T 曲线）来描述，如图 19-1 所示的 P-C-T 曲线。P-C-T 曲线是储氢材料的重要特征曲线，它可反映出储氢合金在工程应用中的许多重要特性，例如通过该图可以了解金属氢化物中能含多少氢（%）和任一温度下的分解压力值。众所周知，在吸收和释放氢过程中有金属-氢系的平衡压力不相等的滞后现象（如图 19-2 所示）。产生滞后效应的原因，目前还不太清楚，但一般认为，它与合金氢化过程中金属晶格膨胀引起的晶格间应力有关。滞后程度的大小因金属和合金而异，如 MmNi$_5$（Mm 是混合稀土）和 TiFe 系氢化物的滞后程度较大。在热泵等金属氢化物的利用系统中，滞后效应严重影响其使用性能。

氢溶于 I$_A$～V$_A$ 族金属时为放热反应（$\Delta H < 0$），能形成溶解许多氢的金属氢化物，ΔH 的绝对值越大则氢化物越稳定。氢溶于 VI$_A$～VIII（Pd 除外）族金属时为吸热反应（$\Delta H > 0$），ΔH 越大则氢化物越不稳定，氢在这些元素中的溶解度很小，通常条件下不形成氢化物。绝大多数能形成单质氢化物的金属由于生成热太大（绝对值）不适于作为储氢材料。通常要求储氢合金的生成热为（-29.26～-45.98）kJ/mol H$_2$。为了获得合适的氢化物分解压与生成热，必是由一种或多种放热型金属和一种或多种吸热型金属组成的金属间化合物，如 LaNi$_5$ 和 TiFe。适当调整金属间化合物成分，使这两类组分相互配合，可使合金的氢化物具有适当的生成热和氢分解压。

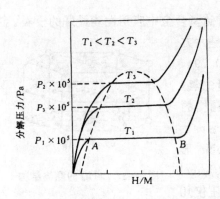

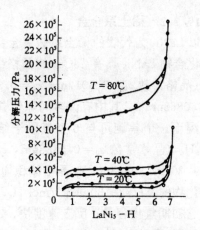

图 19-1 储氢合金的压力-组分-温度等温线   图 19-2 LaNi$_5$-H 系合金的吸收、

分解 P-C-T 曲线

具有实用价值的吸氢合金，一般应具备下列条件：

（1）易活化，吸氢量大；

（2）用于储氢时生成热尽量小，而用于蓄热时生成热尽量大；

（3）在一个很宽的组成范围内，应具有稳定的合适平衡分解压（室温储氢的分解压约 2～3 个大气压为宜）；

（4）氢吸收和分解过程中的平衡压差（即滞后）小；

（5）氢的俘获和释放速度快；

（6）金属氢化物的有效热导率大；

（7）在反复吸放氢的循环过程中，合金的粉化小，性能稳定性好；

（8）便宜。

19.3 储氢合金的分类

目前正在开发的储氢合金主要有以下系列。

19.3.1 镁系合金

镁在地壳中藏量丰富，纯镁氢化物 MgH$_2$ 是惟一一种可供工业利用的二元氢化物，它价格便宜，密度小，有最大的储氢量。不足之处是氢吸放动力学性能差（释放温度高，250℃以上，反应速度慢，氢化困难）；其二是抗腐蚀能力差，特别是作为阴极储氢合金材料。Mg$_2$Ni、Mg$_2$Cu、La$_2$Mg$_{17}$、La$_2$Mg$_{16}$Ni 更易于活化、吸氢速度快和氢释放温度较低，但其性能尚需进一步改进。最近开发的 Mg$_2$Ni$_{1-x}$M$_x$（M＝V、Cr、Mn、Fe、Co）和 Mg$_{2-x}$M$_x$Ni（M＝Al、Ca）比 Mg$_2$Ni 的性能更好，例如 Mg$_2$Ni$_{0.95}$Cr$_{0.05}$ 的氢化速度和分解速度均得到改善，氢压为 4 个大气压和 296℃条件下可形成氢化物 Mg$_2$Ni$_{0.95}$Cr$_{0.05}$H$_{3.9}$。

镁系吸氢合金的潜在应用在于可有效利用 250～400℃ 的工业废热，工业废热提供氢化物分解所需的热量。最近，Mg$_2$Ni 系合金在二次电池负极方面的应用已成为一个重要的研究方向。

19.3.2 稀土系合金

以 LaNi$_5$ 为代表的稀土系储氢合金,被认为是所有储氢合金中应用性能最好的一类。金属间化合物 LaNi$_5$ 具有 CaCu$_5$ 的晶格结构 (图 19-3),是六方晶格 (晶格常数 $a_0 = 0.5017$nm,$c_0 = 0.3982$nm,$c_0/a_0 = 0.794$,$V = 0.0868$nm^3),其中有许多间隙位置,可以固溶大量的氢。在室温下一个单胞可与 6 个氢原子结合,形成六方晶格的 LaNi$_5$H$_6$ (晶格常数 $a_0 = 0.5388$nm,$c_0 = 0.4250$nm,$c_0/a_0 = 0.789$,$V = 0.10683$nm^3),晶格体积增加了 23.5%。LaNi$_5$ 形成氢化物的 $\Delta H = -30.93$kJ/mol H$_2$,$\Delta S = -108.68$kJ/mol H$_2$。它初期氢化容易,反应速度快,20℃时的氢分解压仅几

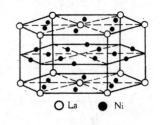

○ La   ● Ni

图 19-3   LaNi$_5$ 的晶体结构

个大气压,吸-放氢性能优良。第三组元的添加可改变 LaNi$_5$ 氢化物的分解压力和生成热,例如,LaNi$_4$M 系合金氢化物的分解压力按照 M 为 Cr、Fe、Co、Cu、Ag、Ni 和 Pd 的顺序增加。LaNi$_5$ 的主要缺点是镧的价格高,循环退化严重,易于粉化,密度大,在强碱条件下的耐腐蚀性差。采用混合稀土 (La、Ce、Sm) Mm 替代 La 是降低成本的有效途径,但 MmNi$_5$ 的氢分解压升高,滞后压差大,给使用带来困难。

我国学者王启东等[2]研制的含铈量较少的富镧混合稀土储氢合金 MlNi$_5$ (Ml 是富镧混合稀土),在室温下一次加氢 $(10 \sim 40) \times 10^5$Pa 即能活化,吸氢量可达 $(1.5 \sim 1.6)$% (质量分数),室温放氢量约 95% $\sim$ 97%,并且平台压力低,吸放氢滞后压差小于 2×10^5Pa,$\Delta H = -26.75$kJ/molH$_2$。其动力学性能良好,20℃时的吸氢平衡时间小于 6min,放氢平衡时间小于 20min。MlNi$_5$ 的成本比 LaNi$_5$ 低 2.5 倍,容易熔炼,抗中毒性好,再生容易。

采用第三组元元素 M (Al、Cu、Fe、Mn、Ga、In、Sn、B、Pt、Pd、Co、Cr、Ag、Ir 等) 替代部分 Ni 是改善 LaNi$_5$、MmNi$_5$ 和 MlNi$_5$ 储氢性能的重要方法,已有广泛的研究报道[1,3~6]。例如,Al 或 Mn 的部分替代可使平台压力大幅降低,并可改善 MmNi$_5$ 的活化特性。Cu 可提高合金的有效氢含量,并保持有良好的压力平台平稳和动力学特性。在合金的抗中毒性能和再循环使用方面,稀土类储氢合金均有较好的效果。第三组元元素的引入对合金的抗中毒性有较大影响,如 LaNi$_5$ 加入少量 Al,循环寿命提高很多。用其他元素 M (例如 Al、Mn、Cr、Co) 代替部分 Ni 的 MmNi$_{5-x}$M$_x$ 型合金,通过恰当选择第三、第四种替代元素的用量,可根据使用目的任意调节分解压力,使其应用范围更广。

此外,LaNi$_5$ 中加入 Cu,Fe,Mn 对合金的催化作用有较大影响,在 H$_2$-O$_2$ 反应的催化活性次序为 LaNi$_5$H$_n$>LaNi$_4$MnH$_n$>LaNi$_4$FeH$_n$>LaNi$_4$CuH$_n$[7]。

19.3.3 钛系和锆系合金

钛、锆系合金有 AB 和 AB$_2$ 型两类金属间化合物。

AB 型 Ti-Fe 系是开发最早的钛系合金。体心立方结构的 TiFe 在室温下与氢反应,生成氢化物 TiFeH$_{1.04}$ (β相) 和 TiFeH$_{1.95}$ (γ相)。TiFeH$_{1.0}$ (β相) 为正方晶格,其晶格常数:$a_0 = 0.318$nm,$c_0 = 0.873$nm,$c_0/a_0 = 2.74$;TiFeH$_{1.95}$ (γ相) 具有立方晶格,其晶格常数:$a_0 = 0.661$nm。体心立方结构的 TiFe 单位晶胞里有 12 个正四面体位置和 6 个正八面体位置。氢仅能位于被两个铁原子和 4 个钛原子包围的正八面体位置。氢不能进入由 4 个铁原子与 2 个钛原子包围的正八面体位置。如果所有正八面体位置都被氢原子占据,则 $H/M = 1$。进入金属的氢原子使晶格膨胀 17%。Ti-Fe 系的最大特点是价格便宜,储氢量大,氢分

解压在室温附近只有几个大气压,很合乎实用要求,但活化困难和易于中毒限制了它的实际应用。用其他元素替代合金中部分 Fe 的 $TiFe_xM_{1-x}$(M=V,Cr,Mn,Co,Ni,Cu),以及用 Zr、Nb 置换部分 Ti 可改善其性能。

Ti-Mn 系属于 AB_{2-x} 型 Laves 相合金,属于六方晶系。Ti-Mn 二元合金中当 Ti 量低于 30%(原子分数)时,合金几乎不吸氢。但 $TiMn_{1.5}$ 具有吸氢量大、初期氢化容易、解吸等温曲线有良好的平坦区、反应速度快、反复吸放氢性能稳定、价格便宜(与 Ti-Fe 系的成本相近)等特点,是一种实用性好的储氢材料而受到重视。Ti-Mn 系合金在反复吸放氢过程中粉化严重,中毒后再生性较差是其缺点,目前对中毒机理的研究很少。添加少量其他元素(例如 Zr、Co、Cr、V)可进一步改善性能,例如 Fe、Co、Ni 三元素对 P-C-T 曲线影响相似,均有提高平台压力的作用;Cr、Cu、Zn、Mo 等元素几乎不改变平台特性而使平台压力在一定范围内变化;Si、Cu 是两个活性共析型元素,特别是 Si 能促进 β-Ti 共析转变,使合金单相性明显变好,增大吸附氢量,改善平台特性。$TiMn_{1.4}Si_{0.1}$ 的储氢特性较好,室温吸氢 220mL/g,一大气压下放氢 150mL/g,滞后很小,非常有希望取代 $TiMn_{1.5}$ 在工业上的应用[8]。$Ti_{0.9}Zr_{0.2}Mn_{1.4}V_{0.2}Cr_{0.4}$ 具有很好的储氢性能:20℃的分解压力为 9.0×10^5 Pa,最大吸氢量达 H/M 约 1.07,即 240mL/g,最大放氢量 233mL/g,$\Delta H = -29.39$ kJ/mol H_2。Ti-Mn 系二、三元合金在热处理前后性能相差很大。图 19-4 是 $TiMn_{1.5}$ 合金退火前后的 P-C-T 曲线。1050℃退火 10 小时能有效使放氢平台近乎水平,吸放氢量有所增加。一般认为四、五元合金中,只要选择合适的合金元素就可以获得较好平台特性而不需任何退火处理。

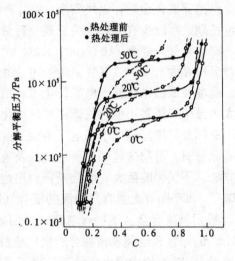

图 19-4 $TiMn_{1.5}$ 合金退火
前后的 P-C-T 曲线

Ti-Ni 系有:(1) TiNi 合金;(2) Ti_2Ni 合金;(3) $TiNi-Ti_2Ni$ 烧结合金;(4) $Ti_{1-y}Zr_yNi_x$(x=0.5~1.45,y=0~1.0);(5) $TiNi-Zr_7Ni_{10}$;(6) TiNiMm 系合金。用 V、Zr、Mn、Co、Cu、Fe 等元素代换部分 Ni 可进一步提高其性能。

Zr 系 AB_2 型合金(例如 $ZrMn_2$),具有立方晶系结构,其晶胞体积比六方晶系的 AB_5 型稀土合金大将近一倍。因此,储氢量一般比 AB_5 型合金大,平衡分解压较低。但其 P-C-T 等温线的平衡压力随吸氢量的增加而升高(这个特点对于镍氢电池方面的应用无太大影响)。Zr(Mn,Ti,Fe)$_2$ 和 Zr(Mn,Co,Al)$_2$ 合金适于作热泵材料。Laves 相确有较好的吸氢能力,但因易形成稳定的氢化物,使其放氢性差。因而,如何提高 Laves 相的放氢性成为该类合金能否取代 $LaNi_5$ 系列的关键。目前多数研究者采用添加微量元素形成第二相沉积在晶界或晶内,促进氢化物的分解。

Ti-Zr-Ni-V-Cr(例如 $Ti_{17}Zr_{16}Ni_{39}V_{22}Cr_7$)是美国 Ovonic 公司开发的具有代表性的新型 Ti 系合金,已成功应用于镍氢电池。其中添加 V、Zr 可提高单位体积的储氢能力,达到或超过 $MmNi_5$ 合金的水平,而添加 Cr 是为了增强合金的抗氧化性,提高充放电周期寿命。这种合金中的储氢成分含有 Ti、Zr、V，这些元素单独应用时均不适于电池中使用，因为其吸氢 ΔH 和氧化膜特性均不适于电化学应用。例如 TiO_2 和 ZrO_2 两者均为钝化氧化物，而 V 的氧化物则易于在 KOH 中溶解。通过添加 Ni 和 Cr，使这些特性得以平衡，获得极好的综合性能。多组元合金的另一特点在于其成分具有一定的变动范围，例如 $Ti_{17}Zr_{16}Ni_{39}V_{22}Cr_7$ 具有宽广的元素替代容限，可按不同用途设计不同的合金成分，来满足高容量、高放电率、长寿命、低成本等不同要求。这类合金的电化学容量很高，可达 $320\sim400mAh/g$，氧化性能和腐蚀性能也能适应电池应用。用这类合金制作的电池，充放电循环寿命长，并具有快速充电能力和耐过充电能力。该类合金的制造成本不高，易于大量生产，并具有进一步开发的前景。

19.4　应　用

19.4.1　氢的贮存、净化和回收

使用储氢合金贮存氢气安全，贮气密度高（高于液氢），并且无需高压（$<4MPa$）及液化可长期贮存而少有能量损失，是一种最安全的储氢方法。

市售氢气一般含 $(10\sim100)\times10^{-6}$ 的 N_2、O_2、CO_2 以及 H_2O 等不纯物，但经储氢合金吸收后再释放出来，该氢气的纯度可达 6 个 9 以上。这就是储氢合金的低能耗超纯净化作用。此项技术已在仪器、电子、化工、冶金等工业中广泛应用。目前深圳特摩罗公司和浙江大学已生产销售小型贮气罐和超纯净化装置。

高纯及超纯氢是电子工业、冶金工业、建材工业以及医药、食品等工业中必不可少的重要原材料。目前这些部门所用高纯及超纯氢均采用电解水生产并附加低温吸附净化处理的方法，不仅耗能巨大，而且投资费用也大。另一方面，全国星罗棋布的大小合成氨厂及氯碱厂，每年则有大量含氢很高的混合气体放空浪费，仅合成氨厂每年放空的氢气达 10 亿 m^3。采用储氢合金从这些含氢废气中回收氢，简单易行。目前国内已采用储氢量达 $50\sim70Nm^3$ 的储氢合金集装箱在合成氨厂或氯碱厂进行氢的回收和净化，具有能耗低和投资少的优点[9]。1989 年中国电力和三菱重工成功地利用 $MmNi_5$ 储氢合金在氢冷却的火力发动机内维持机内氢的纯度；1991 年又在杭州应用 $MmNi_{4.5}Mn_{0.5}$ 从一合成氨厂的含氢气 $45\%\sim50\%$ 的吹洗气中回收并高纯净化氢[10]。

19.4.2　氢燃料发动机

设计制作氢燃料发动机用于汽车和飞机，可提高热效率，减少环境污染，使氢气真正成为便宜而又使用方便的二次能源。在重量上，金属氢化物不如汽油，但与汽油以外的替代能源的电池相比，重量又显得轻。

19.4.3　热-压传感器和热液激励器

利用储氢合金有恒定的 $P\text{-}C\text{-}T$ 曲线的特点，可以制作热-压传感器。它利用氢化物分解压和温度的一一对应关系通过压力来测量温度。它的优点在于，有较高的温度敏感性（氢化物的分解压与温度成对数关系），探头体积小，可使用较长的导管而不影响测量精度，因氢气分子量小而无重力效应等等。它要求储氢材料有尽可能小的滞后以及尽可能大的 $|\Delta H^\circ|$ 和反应速度。

19.4.4　氢同位素分离和核反应堆中的应用

氘在原子能工业中较为重要，可用来制造重水 D_2O，用作核反应堆中的慢化剂及冷却

剂。一旦受控核聚变成功，氚又是聚变的原料。

在核动力装置中使用储氢合金吸收去除泄漏的氢、氘、氚，以确保运行安全，并可防止焊缝中的氢损伤。

某些储氢合金的氢化物与氘、氚化物相比，在同一温度下的分解压有足够大的差异，吸放氢与氚时的热力学特性有较大的差别，从而可用于氢同位素的分离。例如，TiNi 合金吸收 D_2 的速度为 H_2 的 1/10。将含 $7\%D_2$ 的 H_2 气导入到充填 TiNi 合金的密闭容器里，并加热到 150℃，每操作一次可使 D_2 浓缩 50%。这样，通过多次压缩和吸收，或通过料柱，氘的浓度可迅速提高。本方法有两个优点：（1）能耗低，工艺简单；（2）同时可回收大量高纯氢——为制取的氘体积的 7000 倍，因而大大降低制氘的费用[9]。但迄今尚未找到分离效果好、价格适中的合金。采用储氢合金膜制作两腔室的模组件来分离氢同位素或制取高纯氢亦是当前研究的方向。

19.4.5 空调、热泵及热贮存

储氢合金吸-放氢时伴随着巨大的热效应，发生热能-化学能的相互转换，这种反应的可逆性好，反应速度快，因而是一种特别有效的蓄热和热泵介质。储氢合金贮热能是一种化学贮能方式，长期贮存毫无损失。将金属氢化物的分解反应用于蓄热目的时，热源温度下的平衡压力应为 1～几十个大气压。利用储氢合金的热装置可以充分回收利用太阳能和各种中低温（300℃以下）余热、废热、环境热，使能源利用率提高达 20%～30%。

从热力学角度分析，燃烧化石燃料（煤、天然气和石油）及使用电能采暖，热效率低，很不合理，应当使用低品位热能，若能采用热泵则更为合理。

储氢合金氢化物热泵是以氢气作为工作介质，以储氢合金作为能量转换材料，由同温度下分解压不同的两种氢化物组成热力学循环系统，使两种氢化物分别处于吸氢（放热）和放氢（吸热）状态，利用它们的平衡压差来驱动氢气流动，从而利用低级热源来进行储热、采暖、空调和制冷。它具有升温或降温热效率高的优点，分为温度提高型、热量增幅型和制冷型三种操作方式。氢化物热装置的特点是：（1）可利用废热和太阳能等低品位的热源驱动工作；（2）是气固相作用，无腐蚀、无运动部件（因而无磨损、无噪音）；（3）系统工作温度范围大，工作温度可调，不存在氟利昂对大气臭氧层的破坏作用；（4）可达到制冷-采暖双效的目的。因而自 1977 年以来氢化物热泵发展迅速，被认为极有发展前景，已成为金属氢化物工程的热点之一。储氢合金的性能对氢化物热泵工作状况起着决定性的作用，特别是选择合适的蓄热型和储氢型两种金属氢化物配对使用是提高热泵效率的关键。对合金的主要要求是：有效氢容量大，平台平坦，滞后小，动力学性能好，抗衰退能力和抗中毒能力强，并有合理的 ΔH 值。日本千代田化工建设公司已开发了大型热泵，其功率达到 $1.25 \times 10^9 J/h$。浙江大学已制作并运行了一台 $1.25 \times 10^7 J/h$ 的空调样机，采用 La$(NiCu)_5$Zr$_{0.05}$ 和 Mm$_{0.6}$Ml$_{0.4}$$(NiFe)_5$ 配对合金[11]。目前氢化物热泵的研制虽已取得一定进展，但其性能和价格尚难与传统装置竞争。其性能差的主要原因是每次循环的氢量较小和反应导热性差，导致单位时间内可转化的热能小。今后需要进一步解决一些技术问题：

（1）新材料的开发及配对——获得最大的有效工作氢量；

（2）改善传质问题——克服粉体及容器阻力对氢气流动的延缓作用；

（3）改善传热问题——提高氢化物床的导热性，从而增大氢的吸收速度及系统的制冷能力；

（4）克服材料床体及容器的吸热损失，降低成本。

只要上述诸问题逐一解决，就可首先在汽车或轮船的空调上，或在缺乏电能而又需制冷或空调的地区，开发氢化物热泵，并逐步使之商业化。

19.4.6　加氢及脱氢反应催化剂

1971 年 Philips[12]实验室率先报道了用 LaNi$_5$ 合金对硝基苯加氢，使环乙烯加氢成环己烷，并取得专利权。施瓦布（E. Schwab）[13]等发现在 TiFe 合金中加入少量 Ru 可使 TiFe 在合成氨反应中的催化活性提高 5 倍，活化能从 62kJ/mol 降至 38kJ/mol。此后储氢合金在催化加氢、脱氢反应中的应用引起人们越来越大的兴趣，并得到广泛的研究。

金属氢化物的单位面积比活性远高于常用催化剂，并具有反应条件温和等优点，可望成为加氢脱氢反应的新催化剂。日本、美国、前苏联和我国在这方面的研究和开发中处于领先地位。在合成氨、甲烷化反应，烯烃加氢反应，乙炔氢化反应，醇类分解，甲基油酸加氢反应，硝基苯加氢反应等方面的研究均显示出良好的应用前景[14]。利用充氢高温处理过的 LaNi$_5$ 对丁二烯加氢反应的催化活性与骨架镍相似，但前者的选择性强。

虽然储氢合金作为加氢脱氢反应催化剂，具有较高的比活性，但由于比表面积较小，特别是在处理前只有 $10^{-7} \sim 10 m^2/g$，从而限制了它们的应用。采用各种新的制备方法（例如共沉积-还原扩散法，机械合金化法，急冷非晶晶化法）和预处理方法（例如预氧化处理，氢化处理，酸浸），以便在不降低比活性的同时，能大幅度提高其比表面积，可发挥储氢合金催化剂的优势。

除此之外，最近几年 LaNi$_5$ 系列储氢合金在碱性溶液中作为析氢反应的电极材料也受到极大的关注。研究表明[15~17]LaNi$_5$ 系列储氢合金具有很高的析氢电催化活性，可望在电解水工业中作为活性负极。与晶态合金相比，用溅射法制备的 MmNi$_5$ 非晶薄膜电极不仅具有优良的电化学稳定性，而且在高电流密度下具有强的抗氢脆和抗粉化能力[18]。

19.4.7　氢化物-镍电池

氢化物-镍电池是储氢合金领域第一个已商品化、产业化的应用项目。氢化物-镍电池也是我国高新技术领域的重点课题。

金属氢化物-镍电池是利用金属氢化物电极替代镉-镍电池的镉电极而发展起来的一种高功率新型碱性二次电池。它利用储氢材料的电化学吸附氢特性及电催化活性原理制作的。正极采用镍化合物 [Ni(OH)$_2$/NiOOH]，负极采用储氢合金 M，正负极板和隔板都浸在氢氧化钾电解质溶液中构成电池。氢化物-镍电池的充放电反应如下：

$$（正极）Ni(OH)_2 + OH^- \Longleftrightarrow NiOOH + H_2O + e^-$$

$$（负极）M + H_2O + e^- \Longleftrightarrow MH + OH^-$$

正向反应是充电过程，负极上不断析出氢气并被储氢合金吸收生成金属氢化物，即氢化物电极阴极储氢。逆向反应是放电过程，氢化物释出的氢又在同一电极（氢化物电极）上进行阴极氧化，电子沿导线移向正极。当过充电时正极上生成氧（$2OH^- \longrightarrow H_2O + 1/2O_2 + 2e^-$）；负极上消耗氧（$2MH + 1/2O_2 \longrightarrow 2M + 2e^-$）。过放电时正极上生成氢（$2H_2O + 2e^- \longrightarrow H_2 + 2OH^-$），负极上消耗氢（$H_2 + 2OH^- \longrightarrow 2H_2O + 2e^-$）。氢化物-镍电池有两个工作特点：（1）从正负极上的反应来看均属于固态相变，正负两极都有较高的结构稳定性；（2）充放电过程，可以看作只是氢原子（或质子）从一个电极移到另一个电极的反复过程；（3）兼有优良的耐过充、过放电的能力。

近年来，由于计算机、通讯设备、家电、音像设备等对小型化高容量二次电池的需求迅速增长，传统的镉-镍电池在比能量等方面已不能适应新的要求，并且因镉的严重公害和国际市场的镉价不断上涨，促进了氢化物-镍电池的发展。以金属氢化物作为电池负极活性物质的设想与探索已有二十年的历史（自 1968 年开始）。初期因金属氢化物受电解质的侵蚀循环衰退过快，未被工业界采用。自 1984 年荷兰飞利浦实验室研制的 $LaNi_5$ 系多元储氢电极材料在循环寿命等方面获得重大突破才重新引起电池工业界的重视。与镉-镍电池相比，氢化物-镍电池有很显著的优点：（1）有较高的比能量，可达同型号镉-镍电池的 1.5～2.0 倍；（2）无镉的公害；（3）无记忆效应；（4）耐过充及过放性较好；（5）与镉-镍电池的工作电压相同（1.2V），应用中便于直接替换等。如日本松下公司研制的氢化物-镍电池，正极采用高容量发泡式镍电极，负极采用 $MmNi_5$ 系多元合金储氢电极，电池容量达 1070mAh（0.2c 放电），比同型号的镉-镍电池高 50%，可在 1.5～4.5h 内完成快速充电，最大放电电流达 3A，在 0～45℃ 环境下电池的工作寿命达 500 次完全充放电循环。日本一些公司已相继实现了稀土-氢化物电池的工业化生产。

除各种电器用小型化二次电池外，电动汽车用大型电池也是应用的热点之一。氢化物-镍电池能量密度是铅酸电池的 2 倍，已成为电动汽车用大型电池的首选电源之一。

日本和我国主要发展稀土-镍系多元合金，而美国主要发展 Ti-Zr 系多元合金。作为氢化物-镍电池最关键的负极储氢合金，应具有以下六个必要条件：（1）可逆性吸放氢的放氢量大，即电容量大；（2）在电池工作温度（-20～60℃）下平衡氢分解压力范围为 10^{-4}～10^{-1}MPa；（3）对碱水溶液和氧稳定，有良好的耐蚀性，并且不生成绝缘膜，从而保障极板的寿命长；（4）反应阻力小，即氢过压小；（5）氢扩散速度快，电极反应的可逆性好；（6）合金廉价。其中电容量大和寿命长是最主要的两个条件。目前能够符合这些条件的电池用储氢合金有 AB_5 型（$LaNi_5$ 系和 $MmNi_5$ 系）、AB/A_2B 型（TiNi 系）以及 AB_2 型（$ZrNi_2$ 系和 ZrV_2 系）。表 19-1 列出一些已实用的合金材料[19]。美国 Ovonics 公司比较系统地开发出负极用 V-Ti-Zr-Ni-Cr 系多元合金，并于 1988 年首先生产出 C 型和 Cs 型两种规格的高容量 Ovonic 电池。日本麦克塞尔公司也独自开发出 Ti-Ni 系多元合金，并于 1990 年生产出单 3 型电池。

表 19-1 已实用的合金材料

合金类型	MH 电极合金实例	开发研究单位
AB_5 型 $LaNi_5$ 系	$La_{0.8}Nd_{0.2}Ni_{2.5}Co_{2.4}Al_{0.1}$	荷兰 Philips 公司
	$La_{0.8}Nd_{0.15}Zr_{0.05}Ni_{3.8}Co_{0.7}Al_{0.5}$	日本大阪工业技术研究所
$MlNi_5$ 系	$MlNi_{3.55}(CoMnTi)_{1.55}$	中国浙江大学东方氢化物技术
$MmNi_5$ 系	$MmNi_{3.55}Co_{0.75}Mn_{0.4}Al_{0.3}$	日本松下电池公司
	$Mm_{0.85}Zr_{0.15}Ni_{4.0}Al_{0.8}V_{0.2}$	日本大阪工业技术研究所
	$MmNi_{4.2-x}Co_xMn_{0.6}Al_{0.2}$	日本东芝电池公司
MmB_x 系	$MmB_x(x=4.55～4.76, B=Ni, Co, Mn, Al)$	日本三洋电池公司
AB/A_2B TiNi 系	Ti_2Ni-TiNi（V, Cr, Zr, Mn, Co, Cu 置换部分 Ni）	日本 Tokai 大学
AB_2 C14 系	$Ti_{17}Zr_{16}V_{22}Ni_{39}Cr_7$	美国 Ovonic 公司
Laves C15 系	$ZrMn_{0.3}Cr_{0.2}V_{0.3}Ni_{1.2}$	日本松下电池公司

为提高合金的综合性能，采用多元素合金化是最有效途径之一。例如对于 AB_5 型储氢合金[20]：Co 是提高循环寿命的有效元素，但过量的 Co 则会显著降低其容量；Mn 是调整合金吸氢平台压力的有效元素，但过量的 Mn 将引起容量衰退和降低循环寿命；Zr、Al、Si、V 等是形成保护氧化膜的元素，一般用量较少；混合稀土中的 Ce、Nd、La 对性能影响也很大，但对它的作用研究甚少。提高氢化物-镍电池中 AB_5 型储氢合金电极循环寿命的主要途径如下：控制合金浇铸条件，获得细晶粒的柱状晶；合金的微包覆化—采用化学方法在合金表面镀上一层多孔的镍或铜薄膜，以增加合金的活性；选用合适的粘结剂，使合金粉末紧密结合起来，降低了合金粉化的趋势，又有利于提高高速放电能力；对于含钴合金可用酸碱处理来代替微包覆。

为改善储氢合金的综合性能，由单一储氢合金向两种或多种合金混合使用也是发展方向之一。例如用 $MmNi_5$ 系合金粉末与 Mg_2Ni 系合金粉末这两种具有不同平衡电位的材料（前者占总量的 75%～99%），再加上作为助烧结剂的镍或钴粉制成的烧结式负电极，可获得放电特性和寿命皆佳的电池[21]。为了解决充放电循环时粉化问题还开发了一种网状结构的双相储氢合金：$LaNi_5$ 中添加适量的 Zr，在基体相 $LaNi_5$ 的周围形成硬度较小的不易粉化的网状析出相 Ni-Zr[22]。还有一种方法是在储氢颗粒内部形成低平衡压（富 Mm 区）与高平衡压（富 Ni 区）连续变化的结构[23]。首先在低平衡压区吸收氢气，利用固相扩散使氢气移到高平衡压区。高平衡压区充电时会产生氢气，故单独使用不适于作电极材料。但同时存在低平衡压区时，高平衡压区可以成为吸氢的活化点，抑制氢气的产生。用这种成分及平衡压连续变化的储氢合金粉末制作的负极，具有良好的吸氢能力和耐蚀性，可增大初期的放电容量，改善过放电特性并延长寿命。

在显微组织上，从单一储氢相向双相（主相＋辅助相）发展，可大大改善合金吸放氢的平台特性，提高了合金的使用寿命，抑制了合金电极的自放电。非化学计量成分的 AB_5 型合金日益引起人们极大的兴趣。非化学计量成分的 AB_5 型合金，一般由双相或多相组成。例如 $LaNi_{5.5}$ 系 $La_{0.8}Nd_{0.2}Ni_{2.9}Mo_{0.1}Co_{2.4}Si_{0.1}$ 的本体相（标准合金）为 $La_{0.77}Nd_{0.23}Ni_{2.75}Co_{2.06}Si_{0.11}$（$LaNi_5$ 型），第二相为具有 β-W 型结构的 $MoCo_3$，该合金具有相当高的电催化活性[24]。如在 0℃、840mA/g 下测定，该合金的放电效率仍达 90%，远大于标准合金（34%）。MmB_x（$x=4.5～4.8$）系的 Mm（$Ni_{0.64}Co_{0.2}Mn_{0.12}Al_{0.04}$）合金中，可偏析生成具有高催化活性的 Ce_2Ni_{17} 相，采用该合金制备的 AA 型电池容量大 1250mAh，1C、100%DOD 循环寿命可达 600 周期[25]。

锆系 Laves 相合金电极的缺点之一是初期活化周期长，这是因为金属锆表面致密氧化物的存在阻止了氢在表面的吸附和向合金内部的渗透，造成电极表面的电化学催化性能较差。采用添加微量稀土元素、进行阳极氧化处理、热碱浸泡和氟化处理等方法可以改变其表面状态，从而改善电极的活化性能和电催化活性。Laves 相合金的另一个问题是 P-C-T 曲线的斜率大，并且电极表面反应电阻比稀土系大一个数量级[26]。这也造成电极的高倍率放电性能相对较差和电池放电电压平台倾斜较大。虽然 Laves 相合金存在以上问题，并且原材料价格相对较高，但由于其储氢量高和循环寿命长等优点，仍被日本列为下一代高容量电池的首选合金。

氢化物-镍电池目前存在的问题主要是：（1）自放电较大；（2）电池的内阻较大，因而低温性能较差。

氢化物-镍电池虽然容量大，但价格比镉-镍电池高 0.5～1 倍，而且还存在性能不稳定的缺点，不可能在近期取代镉-镍电池。在开发大容量电动车用电池方面，氢化物-镍电池虽然具有高比能量，免维护，耐过充过放等优点，但铅酸电池的材料费用仅及氢化物-镍电池的十分之一。所以今后的最大课题是改善放电特性、提高能量密度、缩短充电时间、延长使用寿命以及降低原材料成本等一系列问题，以适应大批量生产和质量均一的要求。如果能达到 2 元/W·h 的价格，则电动车可能是氢化物-镍电池的最大市场。

当前氢化物-镍电池的进一步研究重点：

（1）储氢电极材料的进一步改进和优化——采用多元素合金化是提高综合性能的有效途径。当前世界上综合性能较好的储氢电极材料有三类，即稀土—镍系，如 $LaNi_5$ 系多元合金，日本松下公司的富铈混合稀土（Mm）-镍系多元合金 $MmNi_{3.55}Mn_{0.4}Al_{0.2}Co_{0.75}$，浙江大学的富镧混合稀土（Ml）-镍系多元合金 $MlNi_{3.45}(Co MnTi)_{1.56}$；美国 Ovonics 公司的 V-Ti-Zr-Ni-Cr 系多元合金 $V_{22}Ti_{17}Zr_{16}Ni_{39}Cr_7$；Zr 系拉弗氏相合金，如日本松下公司的 $ZrMn_{0.6}Cr_{0.2}Ni_{1.2}$ 及 $ZrMn_{0.5}Cr_{0.2}V_{0.1}Ni_{1.2}$。$Ti_{17}Zr_{16}Ni_{39}V_{22}Cr_7$ 合金作为负极极板的氢化物-镍电池，额定容量达 3500mAh/g，可充电 450～500 次以上。除此之外，进一步降低合金成本是值得注意的课题，例如，Ti-Fe 系合金的低价格使其仍将具有竞争力。

（2）电极材料的后处理——包括均匀化热处理及微型包覆等表面处理，后者目的在于抑制储氢合金粉末表面氧化，增大负极强度和加速电池内的耗氧反应。

（3）氢化物电极的成型技术及工艺，包括新型泡沫基板的研究开发。

（4）正极的改进——包括正极材料，正极基板与制作工艺的改进。

（5）电池设计的改进。

（6）一些基础理论的研究，包括电极材料循环衰退的机制，电池自放电的机理等。

总之，储氢材料的发展前景十分广阔，随着人们对储氢合金的进一步认识和开发，必将获得更多的实际应用[27]。

参 考 文 献

1 大角泰章. 金属氢化物的性质与应用. 吴永宽，苗艳秋译. 化学工业出版社，1990

2 王启东等. 稀土，1981；No.1，8；稀土，1984；No.3，8

3 陈长聘等. 稀土，1981；No.3，1；稀土，1986；No.1，1

4 仇宁等. 稀土，1988；No.4，1

5 Percheron-Guegan A et al., J. Less-common Met. 1980；74；1；1985；109；287

6 李永绣，魏坤，胡平贵. 功能材料，1992；23（4）；193

7 申泮文等. 高等学校化学学报，1980；1（2）；109

8 卢敏，吴京，王启东. 材料科学与工程，1991；9（4）；25

9 王启东. 材料科学和工程，1991；9（3）；3

10 王启东，吴京，陈长聘. 材料科学和工程，1993；11（1）；15

11 王新华，陈长聘，潘洪革，王启东. 材料导报，1994；No.5；16

12 Philips Laboratories, Dutch Patent 6912908, 1971

13 Schwab E et al., Z. Phys. Chem., 1984；NF13；13

14 佟世华. 材料导报，1994；1994；No.5；20

15 Kitamura T, Iwakura C, Tamura H. Chem Letters, 1981；965

16 Tamura H, Iwakura C, Kitamura T. J. Less-common Met. 1983；89；567

17　Hall D E *et al.*，Int. J. Hydrogen Energy 1988；13；547

18　胡伟康等. 功能材料，1994；25（5）；515

19　岩仓千秋，松冈政夫等. 化学工业，1991；65（7）；305～314

20　江建军等. 稀有金属材料与工程，1993；22（3）；69

21　藤原昌三はか. 日本公开特许公报，特开平 5—62676，1993—03—12

22　小仓孝夫はか. 日本公开特许公报，特开平 4—328256，1992—11—17

23　伊势忠司はか. 日本公开特许公报，特开平 5—62675，1993—03—12

24　Nortten P H L *et al.*，Adv. Matter.，1991；3；343

25　Furukawa N，Nogami M. 46th ISE Annual Meeting，Xiamen，1995. Xiamen University Press. k-8-2

26　Furukawa N，J. Power Sources，1995；51；45～59

27　陈长聘，王启东. 金属氢化物基础、特性与应用. 在颜鸣皋等编著的《材料科学前沿研究》. 航空工业出版社，1994；160～218

20 薄膜功能材料

材料科学是现代科学技术发展的先导和基础,作为材料一种特殊形式的薄膜材料,尤其是薄膜功能材料,由于可以实现很多块体材料所没有的独特性质,所以在高科技领域的发展中具有重要的作用,例如计算机、自动化等领域对各种元器件提出越来越高的微型化、集成化等要求,都要靠薄膜材料的发展来实现。与此同时薄膜材料本身也得到了令人瞩目的发展,而且薄膜功能材料还将在能源、信息科学等高科技领域中发挥越来越重要的作用。

薄膜功能材料种类非常多,涉及的领域很广,大多数功能材料为了特殊用途需要,原则上都可以制备成薄膜,其中很多已经有人进行了研究,更重要的是已经开发出许多具有特殊性能的薄膜材料。由于篇幅所限,这里仅能对薄膜功能材料中的一些主要典型材料作一简要介绍,其中涉及的理论问题由于大部分在其他章节已有论述,本章就不再赘述。

20.1 薄膜材料制备方法简介

薄膜制备技术的发展是薄膜材料发展的基础,薄膜材料的性能与其制备方法及制备过程的各种参数密切相关,要研究薄膜材料首先必须对各种薄膜制备方法有所了解。近年来,为了制备具有各种不同性能的薄膜材料,薄膜制备技术发展很快,各种新技术不断涌现。薄膜制备技术涉及很多物理、化学等领域的知识,由于内容所限,本文仅介绍一些必备的最基本知识。

总的说来,薄膜的制备方法主要有两大类,即物理气相沉积(Physical Vapor Deposition)和化学气相沉积(Chemical Vapor Deposition)。

20.1.1 物理气相沉积

即采用物理方法使物质的原子或分子逸出,然后沉积在基片上形成薄膜的工艺。为避免发生氧化,沉积过程一般在真空中进行。根据使物质的原子或分子逸出的方法不同,又可分为蒸镀、溅射和离子镀等。

20.1.1.1 真空蒸镀

真空蒸镀是在真空室中将材料加热,利用热激活使其原子或分子从表面逸出,然后沉积在较冷的基片上形成薄膜的工艺。蒸镀的方法很多,按加热方法分主要有电阻加热、电子束轰击加热、激光加热等。

A 电阻加热法

有些材料可以做成丝状或片状作为电阻元件直接通电进行加热,使其原子或分子在高温下挥发出来,如铁、铬、钛等。但是对于大多数材料,特别是化合物等不导电或不易制成电阻元件的材料,一般采用间接加热方法,即将材料放在电热元件上进行加热,电热元件通常用钨、钼、铂、碳等制成。电阻加热法的优点是设备比较简单,缺点是对于多组元材料,由于各组元的蒸汽压不同,引起的薄膜成分与原材料不同。而且在加热过程中电热元件的原子也会挥发出来,造成污染,被加热材料还可能与电热元件发生反应,在加热温度较高时这些缺点尤为显著。

B 电子束轰击法

将电子枪经过高压加速产生的高能电子聚焦在被蒸发材料上，电子的动能转变为热能可以得到很高温度。电子束加热可以得到很高的能量密度，而且易于控制，因而可蒸镀高熔点材料，以大功率密度进行快速蒸镀，可以避免薄膜成分与原材料不同。如被蒸发材料放在水冷台上，使其仅局部熔融，就可避免污染。应该注意的是高能电子轰击时会发射二次电子，还有散射的一次电子，这些电子轰击到沉积的薄膜上会对薄膜结构产生影响，特别是制备要求结构较完整的薄膜时更应注意。

C 激光束加热

将大功率激光束经过窗口引入真空室内，通过透镜或凹面镜等聚焦在靶材上，将其加热蒸发。这种方法可得到很高的能量密度（可达 10^6W/cm^2 以上），因而可蒸镀能吸收激光的高熔点物质。由于激光器不在镀膜室内，镀膜室的环境气氛易于控制，特别是适于在超高真空下制备纯净薄膜。

激光源可为连续振荡激光（如用 CO_2 激光器）或脉冲振荡激光（如用红宝石激光器等）。脉冲激光可得到很大的蒸发速度，制得的薄膜与基片附着力高，且可防止合金分馏。但由于沉积速率很快（可达 $10^4 \sim 10^5 \text{nm/s}$），沉积过程较难控制。连续振荡激光沉积速率慢一些，控制容易些。

激光蒸镀的缺点是费用较高，且要求被蒸发材料对激光透射、反射和散射都较小。另外，实验表明并非所有材料用激光蒸镀都能得到好的结果。

D 反应蒸镀

在一定反应气氛中蒸镀金属或低价化合物，使在进行蒸镀过程中发生反应而得到所需的高价化合物薄膜的方法称为反应蒸镀。例如

$$4Al + 3O_2 = 2Al_2O_3$$
$$2Ti + N_2 = 2TiN$$

化合物在蒸发过程中也常常会发生分解使膜成分变化，如 Al_2O_3、TiO_2 等蒸镀时会发生失氧，因而也需在含氧气氛中进行。为了增加反应度，在沉积过程中可采用紫外线照射或电子离子轰击等活化手段。

E 分子束外延（Molecular Beam Epitaxy，MBE）

在单晶基片上按一定晶体学方向生长单晶膜称为外延。如基片与薄膜为同种物质称为同质外延，若为不同物质则为异质外延。分子束外延是在超高真空中，通过质谱仪等设备精确控制不同强度不同成分的分子束流，并使之沉积在加热到一定温度的基片上而实现的。

MBE 是近年来在真空蒸镀基础上发展起来的一种新技术，由于其沉积速度慢，可以非常精确控制外延层厚度，精确控制各组元成分，因而可以制备原子量级厚度的极薄单晶膜，特别是可用来制备具有超晶格结构（即具有原子尺度周期性）的薄膜，为高速光电子器件和集成光学器件提供了条件，包括具有量子阱结构的各类异质结光电器件等，例如用 GaAs-$Al_xGa_{1-x}As$，PbTe-$Pb_xSn_{1-x}Te$ 和 PbS-PbS_xSe_{1-x} 等制成了量子阱激光器，量子阱双稳激光器等。除了常见的 Ⅲ—Ⅴ 族材料（GaAs）外，还可制备 Ⅱ—Ⅵ 族（如 ZnTe），Ⅳ—Ⅴ 族（如 PbTe）及 Ⅳ 组硅、锗等多种材料。但是由于设备昂贵，沉积速率慢，MBE 难以用于大量生产。

20.1.1.2　溅射（Sputtering）

当具有一定能量的粒子轰击固体表面时，固体表面的原子就会得到粒子的一部分能量，当获得的能量足以克服周围原子的束缚时，就会从表面逸出，这种现象称为"溅射"。溅射广泛用于各种薄膜制备及样品表面刻蚀等。

溅射过程是建立在气体辉光放电基础上的。在一定的真空中在两极板间加一电压，随着电压升高，由于宇宙射线产生的游离离子和电子获得足够能量，与中性分子碰撞就会使之电离，当产生足够多的离子和电子后，气体就开始起辉。离子在电场作用下轰击作为阴极的靶时，就会将靶的原子轰击出来。根据这一原理设计出了多种不同结构的溅射装置。

如果所加电压为直流即为直流溅射，广泛用于溅射各种金属、合金及半导体材料。对于氧化物等介电材料，由于正离子打到靶上后正电荷不能被导走，因而在靶上将产生电荷积累使得表面电位升高，于是正离子不能继续轰击靶材而使溅射停止。如果在绝缘的靶背后装一金属电极，在电极上加一高频电场，使正离子与电子交替轰击靶，这样就不会造成电荷积累，溅射就可以持续进行，国际上规定使用的频率为 13.6MHz，故称为射频溅射。

上述溅射过程（特别是直流溅射）由于放电过程中只有少量气体原子被电离（<1%），溅射速率较低。离子轰击靶时会产生二次电子，二次电子在电场作用下作加速直线运动，在运动中与气体分子碰撞就可能导致电离。如果在垂直于电场的方向加一磁场，可使电子的运动轨迹由直线变为摆线，就可大大增加与气体分子碰撞机会，从而显著增加离化率及溅射速率，这种技术称为磁控溅射（Magnitron Sputtering）。最简单方法是在靶后面安装永久磁铁。这时由于所加电压可降低，也减少了粒子轰击薄膜而造成的损伤。

溅射过程中真空室内需要少量工作气体，一般用氩气。如果向真空室通入反应气体，在溅射过程中与靶原子发生反应，可得到化合物薄膜。例如通入氧气可得到氧化物薄膜，通入氮气可得到氮化物薄膜等。这种溅射通常称为反应溅射。

溅射可用于多种材料镀膜，由于沉积速率一般较低，比较容易控制，但应注意由于各种元素的溅射率的差别，薄膜成分常与靶材成分有所不同。

20.1.1.3　离子镀

离子镀是在真空蒸镀的基础上，在热蒸发源与基片之间加一电场（基片为负极），在真空中基片与蒸发源之间将产生辉光放电，使气体和蒸发物质部分电离，并在电场中加速，从而将蒸发的物质或与气体反应后生成的物质沉积在基片上。

离子镀兼具蒸镀和溅射的优点，适用范围广，沉积速率快，制成的薄膜密度高，附着力强，但由于离子的轰击对膜造成的损伤较大。

20.1.2　化学气相沉积

化学气相沉积是使含有构成薄膜元素的一种或几种化合物（或单质）气体在一定温度下通过化学反应生成固态物质并沉积在基片上而生成所需薄膜的方法。这种方法的设备可以比较简单，沉积速率高，沉积薄膜范围广，覆盖性好，适于形状比较复杂的基片，膜较致密，附着力强，无粒子轰击等优点，因而很多领域特别是半导体集成电路上得到广泛应用。

常用的气态物质有各种卤化物、氢化物及金属有机化合物等，化学反应种类很多，如热解、还原、氧化、与水反应、与氨反应等等。例如

　　　　热解反应：$SiH_4 \longrightarrow Si + 2H_2$

还原反应：$SiCl_4 + 2H_2 \longrightarrow Si + 4HCl$
与水反应：$2AlCl_3 + 3H_2O \longrightarrow Al_2O_3 + 6HCl$
与氨反应：$3SiH_4 + 4NH_3 \longrightarrow Si_3N_4 + 12H_2$

化学气相沉积可在常压下进行，但在低压下（如100Pa）可使薄膜质量及沉积速率显著提高。

化学气相沉积通常需要在较高的温度下进行，对于一些薄膜的制备就要受到限制。因而人们常在反应室内采用一些物理手段来激活化学反应，例如采用微波、等离子体、紫外线、激光等，使反应能在较低温度快速进行。

近年来利用金属有机化合物热分解制备薄膜的方法受到很大重视，而且专门称为金属有机物化学气相沉积（MOCVD）。其原料主要是金属（非金属）烷基化合物，用这种方法可以精确控制很薄的薄膜生长，适于制备多层膜，并可进行外延生长。例如通过

$$Ga(CH_3)_3 + AsH_3 \longrightarrow GaAs + 3CH_4$$

可以在 GaAs 基片上进行气相外延生长，因而 MOCVD 是近年来很活跃的一个领域。MOCVD 法适用范围广，几乎可以制备所有的化合物及合金半导体，其最大优势在于可制备精确的异质多层膜。其缺点是薄膜质量往往受到原材料纯度的限制。另外，一些原料可自燃，有些还有毒，应该注意。

以上是两类最典型的功能薄膜制备方法，实际中薄膜制备方法还有很多，除常见的电镀、化学镀、氧化法等等以外，较重要的还有溶胶凝胶法（sol-gel）和 LB（Langmuir-Blodgett）法等，这里就不详细介绍了。

20.2　薄膜材料的特点

薄膜材料是二维材料，即在两个尺度上较大，而在第三个尺度上很小的材料，与一般常用的三维块体材料相比，在性能和结构等方面都具有很多特点，包括二维材料本身所具有的特点。由于制备方法所决定的特点和通过一定的薄膜制备方法能够实现的特点，这些特点虽在一些方面限制了薄膜材料的应用，但更重要的是利用这些特点能够实现一些三维材料所没有的性能，这也是薄膜功能材料近年来成为研究的热点材料的原因。

20.2.1　二维材料的特点

作为二维材料，薄膜材料的最主要的特点是在一个尺度上很小的所谓尺寸特点，这个特点对于各种元器件的微型化、集成化具有重要意义，薄膜材料的很多用途都基于这一特点，最典型的是用于集成电路和提高计算机存贮元件的存贮密度等。

由于尺寸小，薄膜材料中表面和界面所占的相对比重较大，与表面有关的性质变得突出，因而常常要注意一些三维材料中影响较小的效应，这些效应也为理论研究和应用提供了可能。与表面界面有关的物理效应主要有：由于光的干涉效应会引起选择性透射和反射；由于电子与表面碰撞发生非弹性散射会使电导率、霍耳系数、电流磁场效应等发生变化；当薄膜厚度比电子的平均自由程小得多，且与电子的德布罗意波长相近时，在膜的两个表面之间往返运动的电子就会发生干涉，与表面垂直运动相关的能量将取分立值，由此会对电子输运产生影响；由于在表面，原子周期性中断，因而将产生表面能级，表面态数目与表面原子数有同一量级，对于半导体等载流子少的物质将产生较大影响；由于表面磁性原子

的近邻原子数减少,引起表面原子磁矩增大;薄膜材料通常具有各向异性等等。

20.2.2 薄膜制备过程决定的特点

如上节所述,薄膜的制备方法多数为非平衡状态的制取过程,在薄膜沉积过程中,基片温度一般不很高,扩散较慢,因而制成的薄膜常常是非平衡相的结构。由于蒸镀过程中各种元素的蒸汽压不同,溅射过程中各元素溅射速率不同,所以一般较难精确控制薄膜的成分,制成的膜往往是非化学计量比的成分。一些对成分要求较严格的应用中,例如化合物半导体用于制备薄膜晶体管就会因此受到限制。

由沉积生长过程所决定,薄膜内一般存在大量的缺陷,如位错、空位等,其密度常与大变形冷加工的金属中的缺陷密度相当,基片的温度越低,沉积的薄膜中缺陷密度越大,其中用离子镀和溅射方法制备的薄膜缺陷密度最大。另外,在薄膜沉积过程中的工作气体也常常混入薄膜。很多薄膜材料都不宜进行高温热处理,所以缺陷不易消除。这些缺陷对材料的电学、磁学等很多性能都有影响。例如点缺陷、位错等会使电阻增大,制备的巨莫合金薄膜的磁性远低于块体材料。

薄膜材料一般都沉积在不同材料的基片上,由于热膨胀系数不同,沉积后冷却过程中常会产生较大的内应力,应力的存在对很多性能都有影响。

当采用 CVD 等方法沉积时,基片温度较高,基片的原子会扩散到薄膜中而对性能造成影响,例如在蓝宝石基片上外延生长单晶硅薄膜时,蓝宝石中的铝原子就会向薄膜迁移,造成所谓自掺杂,这是大规模集成电路用外延膜制备中的重要问题。

薄膜的性能和结构与制备方法和制备过程中的各种参数密切相关,因此,在薄膜制备的过程中也必须注意对工艺参数的控制,才能得到需要的结构与性能。

20.2.3 薄膜制备方法能够实现的特点

由于薄膜材料多数处于非平衡状态,因而可以在很大范围内改变薄膜材料的成分、结构,不受平衡状态时的许多限制,从而制备出很多块体难以实现的材料,得到新的性能。这是薄膜材料的重要特点,也是薄膜材料引人注目的重要原因。例如:

(1) 薄膜材料在制备过程中可以在很大范围内将几种材料掺杂在一起得到均匀膜,而无需考虑是否会形成均匀相,这样就能较自由地改变薄膜的性能。例如按不同比例沉积 CeO_2 和 CeF_3 制成的薄膜,可得到 $1.6\sim2.2$ 之间的任意折射率。

(2) 可以根据需要得到单晶、多晶乃至非晶的各种结构薄膜。沉积的薄膜常为垂直于表面的柱状晶,基片温度越低晶粒越细小,如果基片温度足够低,很多材料都可得到非晶态结构,另一方面通过选择适当基片并控制沉积速率、基片温度等因素可以制备出单晶薄膜,即所谓外延生长。例如非晶硅薄膜是重要的半导体材料,外延硅单晶薄膜则用于大规模集成电路。

(3) 可以容易地将不同材料结合在一起制成多层结构的薄膜。薄膜材料一般都是用几层不同功能的膜组合在一起构成器件,如薄膜太阳能电池、多层防反射膜等,或利用层间的界面效应,如制作光导材料、薄膜激光器等。但通常所谓多层膜是特指人为制作的具有周期性结构的薄膜材料,这是一类人工材料,能出现很多特有的性能,在理论上和实用上都引起了人们关注,例如,磁性多层膜材料出现层间耦合及巨磁阻效应。多层膜材料还可用来做软 X 射线单色器等。

采用分子束外延(MBE)方法制备的具有原子尺度周期性的所谓超晶格结构的多层膜,

由于理论意义和潜在的实用价值，近年来引起关注，例如制成 GaAs-AlGaAs 超晶格高电子迁移率晶体管（HEMT）和多量子阱（MQW）型激光二极管等。

（4）通过沉积速率的控制可以容易得到成分不均匀分布的薄膜，例如梯度膜等。

总之，薄膜材料具有许多与三维材料不同的特点，薄膜材料研究的任务就是要充分发挥其优点，避免其弱点，制备出具有各种特殊功能的材料。

20.3　主要薄膜功能材料

薄膜功能材料所涉及的范围很广，包括了大多数的功能材料种类，而且近年来发展很快，各种新型薄膜不断出现，各项性能指标不断改进，因此很难全面反映薄膜功能材料领域的所有最新进展。这里仅能对一些已经得到应用或具有较大应用前景的具有代表性的薄膜功能材料作一简要介绍。下面分几部分介绍，仅是为了叙述方便，并非薄膜材料的分类。

20.3.1　半导体薄膜

薄膜功能材料中很大一部分是半导体薄膜，半导体薄膜具有很广泛的应用，如集成电路，光导摄像管的光导电膜，场效应晶体管，高效太阳能电池，薄膜传感器乃至通过掺杂得到半导体导电薄膜等等。

20.3.1.1　半导体单晶薄膜

在蓝宝石（α-Al_2O_3、六方晶系）等单晶绝缘基片上外延生长硅单晶薄膜构成的半导体材料一般称为 SOS（silicon on sapphire），用这种结构的半导体材料制作 MOS 集成电路与块状材料相比，其 p-n 结面积小，因而减小了寄生电容及基片和布线间的电容，利于高速化；器件之间间隔区域减少，利于高密度化；器件之间没有相互作用，便于设计和布置。这些特点正符合大规模集成电路的高速度、高密度要求，因而被认为是 MOS 集成电路理想的材料。多年来对 SOS 的制备、结构和性能等进行了很多的研究，随着薄膜外延生长技术的发展，现在已经达到了实用阶段。

SOS 通常是采用热分解 SiH_4 气体的气相沉积法，在蓝宝石（$\bar{1}012$）面上沉积得到（001）面硅单晶薄膜。虽然对于其他绝缘基片进行了不少研究，如尖晶石（MAl_2O_4，立方晶系）等，但能最好满足要求的还是蓝宝石。人造金刚石薄膜材料由于其良好的绝缘性能和导热性能等，被认为是制作超大规模集成电路的理想基片，但目前人造金刚石薄膜的质量还有待提高。

20.3.1.2　薄膜晶体管（thin film transistor，TFT）

在绝缘基片上沉积半导体薄膜再沉积上电极就构成了薄膜晶体管。在 TFT 中由于半导体薄膜中的晶体不完整性形成的陷阱及半导体与绝缘体界面缺陷引起的表面能级会将栅极电压诱导产生的电子俘获，因而与单晶块材制作的晶体管相比，通常载流子的寿命较短，迁移率较小，作成 p-n 结漏电电流较大，使得 TFT 的电流值比单晶硅 MOS 晶体管差一个数量级左右，因此 TFT 主要是用来作薄膜场效应晶体管，特别是制作 MIS（金属绝缘体半导体）型场效应晶体管比较容易而且性能也较好。

在 TFT 材料中，采用 CdS 和 CdSe 晶体管已试制成功平板显示器，这两种材料禁带宽度和载流子迁移率都较大，可用真空蒸镀进行大面积沉积，但由于难以准确控制材料中原子比为 1∶1，且长期稳定性较差。所以后来 TFT 转向 Ⅵ 族元素，特别是硅。用等离子体 CVD

方法将硅烷（SiH₄）气体分解制成的非晶硅薄膜（简称 a-Si）为代表的非晶半导体具有比单晶硅更宽的禁带，很高的暗电阻，可得到很高的导通/截止电流比，且由于其键合构造中掺有氢，因而大大降低了禁带中电子、空穴的捕集能级密度，使其具有置换型杂质掺杂敏感性，通过添加铁、氮、碳、锗、锡等元素能够容易地改变带隙、电导率，又可进行均匀大面积沉积及利用光刻技术进行微加工等，因而是一种理想的半导体材料。已成功用于平板显示器等多种器件。

TFT 的基片多采用玻璃、石英乃至蓝宝石等；电极材料可采用铝、钼、金、铬、NiCr、钛等金属或 ITO（氧化铟锡）等透明导电膜；绝缘材料可采用 SiO₂、Si₃N₄、Al₂O₃、TiO₂、TaN 等。

20.3.1.3 太阳能电池

太阳能电池是利用半导体 p-n 结将光能直接转换成电能的器件。其功能是在光的作用下，半导体能带之间或能带次能级之间载流子迁移产生光载流子，内电场使光载流子极化，然后将极化载流子有效收集起来。带隙为 1.4～1.7eV 的材料可得到较高的转换效率；硅及铟、镉、镓的化合物半导体材料都可用来作太阳能电池材料。例如在厚度约为 400μm 的单晶硅基片上沉积一层不同于基片材料的扩散层形成 p-n 结，然后在表面沉积透明导电膜电极，为了增加光吸收，上面再镀一层防反射膜，在背面沉积金属电极就构成了单晶硅太阳能电池。

太阳能电池实用化最重要的问题是要开发出性能价格比高的电池。实际上太阳能电池中参与光电转换的仅是半导体表面几微米厚的一薄层，因而薄膜太阳能电池的研究具有很大吸引力。已经研究很多种薄膜太阳能电池，如在沉积成多晶硅薄膜以后，用外延生长法来制备 p-n 结，然后沉积电极。用化学气相沉积得到的非晶硅薄膜对光的吸收系数高，1μm 左右厚的薄膜就可制成太阳能电池，a-Si 又适于制备大面积薄膜，因而是一种很有前途的材料。此外，Ⅲ—Ⅴ族化合物半导体如 GaAs 带隙为 1.43V 时，正好能够高效吸收太阳光谱，且为直接跃迁型吸收，吸收系数大，如用 GaAs 与（GaAl）As 异质结构成太阳能电池转换率可达 20% 以上，但目前仅达百分之十几。对 Ⅱ—Ⅵ族半导体如 CdS/CdTe 等太阳能电池也进行了研究，得到了 10% 左右转换效率。理论上太阳能电池的转换效率可达 30% 左右，目前实验室达到的最好水平为 20% 左右，一般仅为 10% 左右。

能源是世界性的大问题，因此太阳能电池的研究一直是一个活跃领域，此外，将太阳能转换为热能的集热器，为了增加光的吸收，减少热发散也需要在表面镀膜，对这类膜也进行了不少研究。

20.3.1.4 薄膜场致发光材料（TFEL）

薄膜场致发光是利用外加电场加速载流子与晶格发生非弹性碰撞激发而引起发光。这种发光过程效率不高，为提高发光效率，并使发光波长能有所选择，一般在半导体薄膜中加入活性中心（activators），当被电场加速的电子与这些发光中心碰撞时就会将其激发，发出光来。对场致发光薄膜材料进行过不少研究，其中以 ZnS 中加入锰的薄膜发光效率最高，并且已经广为应用。TFEL 根据激励方式可分为两种：交流激励型和直流激励型。

A 交流激励型（AC-TFEL）

交流激励型是在交流电下工作的。为了提高器件的辉度和发光效率，必须在发光层中维持稳定的高场强（约 10⁶V/cm），并使外电场引起的高能电子流限制在发光层中，使与发光有关的有效电流不通过外电路。为此在发光层的两面都镀上绝缘膜，采用双绝缘层同时也可使器件寿命大为提高（可达几万小时）。例如，在玻璃基片上依次蒸镀 200nmSnO$_2$ 或 ITO（氧化铟锡）薄膜作为透明电极，200nm 高介电薄膜（Si$_3$N$_4$-Al$_2$O$_3$ 或 HfO$_2$、Y$_2$O$_3$ 等），几百纳米厚的 ZnS（加少量锰）发光层薄膜，再镀一层高介电薄膜，最后沉积一层金属膜（如铝）作背面电极就构成了场致发光器件，在透明电极与背面电极间加上一定电压就可发光。采用 TFEL 的显示装置具有很多优越性，如重量轻、结构紧凑、寿命长、工作电压低、辉度高等等。绝缘膜的性质对发光效率、寿命等都有很大影响，改变绝缘层的材料还可改变激励电压，例如采用 PbTiO$_3$ 可使激励电压降低。如果在发光层中加入不同的稀土元素化合物作发光中心就可发出不同颜色的光，例如加入 DyF$_3$ 发黄光，加入 YbF$_3$ 发红光，加入 TbF$_3$ 或 PrF$_3$ 发绿光，加入 TmF$_3$ 发蓝光等等。

B　直流激励型（DC-TFEL）

直流激励型 TFEL 元件也有不少研究，例如在玻璃基片上顺次蒸镀 ITO 透明电极，几百纳米厚 ZnS（加少量锰），几百纳米厚 ZnSe，最后镀上 Al 电极。DC−TFEL 可用低压激励，且具有驱动电路简单、价廉、可集成化等优点。

20.3.2　电学薄膜

利用材料的导电性、介电性、铁电性、压电性等各种电学性质的薄膜有着广泛的用途。例如在微电子器件中，集成电路中的电极布线、电阻、电容元件、各种不同用途的电极、位置敏感探测器等等都要用导电薄膜。绝缘膜则用于半导体集成电路多层引线的层间绝缘和门绝缘等以使器件表面稳定，保护器件不受外部环境影响。

20.3.2.1　集成电路（IC）中的布线

集成电路中的电极布线都是用导电膜作成，作为 IC 电极布线膜必须具备与 n 型和 p 型硅基片能形成低电阻欧姆电极，电阻率低，与绝缘膜结合力强，以及好的加工性、耐蚀性等。很难找到同时在这些方面都具有很好性能的材料，通常集成电路中都采用铝作布线材料，但铝也存在不少缺点，如迁移率高、耐蚀性差等，常需加入一些合金元素如铜、硅等来改善性能。掺杂多晶硅或金属硅化物如 MoSi$_2$ 等也可用作布线材料，在高密度组装和高集成化时要考虑使用高熔点金属如钨、钼等作布线材料。

20.3.2.2　透明导电膜

透明导电膜是既有高的导电性又对可见光有很好的透光性，而对红外光有较高反射性的薄膜。透明导电膜主要有金属膜和氧化物半导体膜两大类。

A　金属透明导电薄膜

当金属膜的厚度在约 20nm 以下时对光的反射和吸收都较小，由于金属薄膜中存在自由电子，因此在膜很薄时也具有很好的导电性，且在基片温度较低时就可制备出低电阻膜。常见的金属透明导电膜有金、银、铜、铝、铬等。金属薄膜可以很容易地用各种 PVD 方法来制备。但金属膜在较厚时透光性不好，膜太薄时电阻又会增大，而且常会形成岛状结构的不连续膜。为了制备平滑连续的膜，常需要先镀一层氧化物作衬底，再镀金属膜，金属膜的强度较低，其上面常要再镀一层保护层如 SiO$_2$ 或 Al$_2$O$_3$ 等。

B　氧化物半导体透明导电膜

这类导电膜主要有 SnO$_2$、In$_2$O$_3$、ZnO、CdO、Cd$_2$SnO$_4$ 等，它们都是 n 型半导体。对这种导电膜要求禁带宽度在约 3eV 以上，且通过掺杂可使其具有高的载流子浓度以得到高的导电率。目前应用得最广泛的是 SnO_2 和 In_2O_3 薄膜。作为半导体材料，化学计量比的 SnO_2 膜电导率很低，为增加电导率需要加入一些高价离子如 Sb^{5+}、P^{5+} 等。这样得到的膜导电性好，对可见光有优异的透光性，强度和化学稳定性都很好，加之成本低因而得到广泛应用。根据不同要求可采用 CVD、PVD 乃至喷涂法来制备。

经过掺杂的 In_2O_3 的透光性和导电性均优于 SnO_2，因而近年来得到比 SnO_2 更为广泛的应用。化学计量比的 In_2O_3 膜电导率也很低，为增加电导率需要添加一些锡，通常将这种膜称为 ITO（铟锡氧化物）薄膜，主要是用真空蒸镀或溅射等 PVD 法来制备，以在较低温度得到高性能膜。

透明导电膜（主要是 SnO_2 和 ITO）具有很广泛的用途，例如用于液晶显示器件及太阳能电池的透明电极，由于对红外线具有反射能力而被用作防红外线膜、太阳能集热器的选择性透射膜、玻璃上的防霜透明发热膜等。

20.3.2.3 绝缘膜

在薄膜电子器件中的绝缘均需要使用各种绝缘膜，例如在半导体集成电路中多层引线的层间绝缘和门绝缘以及为使器件表面稳定保护器件不受外部环境影响等等。集成电路中绝缘主要采用热氧化 SiO_2 膜和等离子体 CVD 制备的 SiO_2 膜、Si_3N_4 膜等，Si_3N_4 膜由于耐水性和耐污染性能好，硬度高而用来做集成电路的保护膜。随着超大规模集成电路的发展，对绝缘膜不断提出更高的要求，例如要求制备的 SiO_2 栅绝缘膜仅几纳米厚，为满足更高的要求也在研究应用 Ta_2O_5 等更高介电常数绝缘膜。

半导体器件根据不同用途所使用的绝缘膜除 SiO_2 膜、Si_3N_4 膜外，还有 PSG（硅酸磷玻璃）膜、BSG（硅酸硼玻璃）膜、AsSG（硅酸砷玻璃）膜、Al_2O_3 膜等。应该注意的是绝缘膜的电阻率和耐压等性能会随制备工艺参数而改变。

20.3.2.4 压电薄膜材料

在离子晶体中施加应力时产生的极化现象称为压电效应，而在施加电场时产生应变的现象称为逆压电效应。利用这一效应的压电振子和换能器通常采用石英、$LiNbO_3$、$LiTaO_3$ 等单晶或压电陶瓷，其共振频率决定于材料中的声速及形状尺寸，用于高频的元件就要通过研磨制成薄板，对于 10MHz 以上的元件因无法研磨得太薄而必须采用压电薄膜。压电薄膜材料主要是用各种 PVD 方法制备的 ZnO、CdS 等薄膜，其中 ZnO 通过控制工艺条件得到 C 轴（压电轴）取向的薄膜，压电性能不低于单晶 ZnO。

压电薄膜材料已经在滤波器、超声波发送、接收器件等很多方面得到了应用。固体中声波在表面的传播称为表面声波（SAW），利于压电薄膜材料制作的 SAW 器件使得传统电感电容滤波器电路能够代之以固体器件，并已大量应用于电视接收机的视频中频（VIF）滤波器。电视 VIF 滤波器要求的频率特性较复杂，以前是采用多个 LC 谐振电路和陶瓷滤波器组合而成，而采用 SAW 滤波器容易实现高频、宽带、线性相位特性，只需一个器件就可实现所要求的频率特性。SAW 滤波器是在压电基片上制出相互交叉的叉指薄膜电极而成。电视中用的压电基片主要是沉积在玻璃上的 ZnO、$LiNbO_3$、$LiTaO_3$ 等薄膜。对于吉赫兹以上的频率范围，有人考虑采用声速高的 AlN 压电薄膜，另外，有人通过在蓝宝石上外延生长 ZnO 膜，可以使表面波传播衰减降低，可用来制吉赫兹频带的换能器。

20.3.3 信息记录用薄膜

近年来信息科学的飞速发展也带动了薄膜材料的发展，例如计算机对高密度、大容量、高速度、小体积、低成本的信息存贮设备不断提出更高要求，而各种记录用薄膜如磁性薄膜的发展则是关键问题之一，这是薄膜材料的一个重要的应用领域和发展动力，也是竞争最激烈、发展最快的领域。信息记录方式主要有磁记录和光记录两种。

20.3.3.1　磁记录材料

磁记录材料包括记录信息的磁记录介质和写入读出信息的磁头。

磁记录介质，包括磁带和磁盘（软盘、硬盘），是利用带基或盘基上的一层磁性膜来记录信息的。输入磁头的电信号有两类：录音和录像是电流强弱连续变化的模拟信号，计算机是表示 0 和 1 的脉冲信号。现在计算机是磁记录材料的最重要用途，因而磁记录的最主要的指标是记录密度，即单位面积记录的信息量，磁记录的发展史可以说就是记录密度不断提高的历史。

磁带和软盘主要是用磁性微颗粒（如 γ-Fe_2O_3 等）涂布在高分子基片（聚乙烯对苯二酸）上制成。理论和实际均已证明要增加记录密度必须提高磁膜的矫顽力、增加矫顽力矩形比、并减小磁膜厚度，这就需要采用薄膜介质作记录材料，计算机硬盘均采用磁性薄膜记录介质。计算机硬盘一般是在铝合金基体上先镀一层过渡层（通常为化学镀的非晶态 Ni-P 膜），在上面再镀几十纳米厚的磁性膜，磁性膜外面镀一层几十微米厚的保护膜（一般采用溅射的类金刚石膜）。

薄膜磁性材料一般具有显著的磁各向异性，根据薄膜的磁化择优方向，磁性记录方式可分为纵向（面内）记录和垂直记录。纵向记录是薄膜沿膜面方向表现出较高的剩余磁化。目前采用的主要是钴合金一类的金属高磁化材料，如 Co-P、Co-Ni-P 等，矫顽力为 50～100kA/m，这样很薄的膜就可得到较高的输出，典型厚度为 50～100nm，使磁头与记录层更接近，以提高记录密度和读出效率。纵向记录在进一步提高记录密度时遇到了很大的困难，例如，当膜薄到一定程度时就会出现锯齿形畴壁，使得相邻位之间的过渡区加宽；当膜很薄时均匀性的破坏及每位信息所对应的剩余磁通量减少，使得重放信噪比下降。因此，人们开始采用垂直记录方式。

垂直记录即记录介质的易磁化方向与介质膜表面垂直。垂直记录由于退磁场小，因而是一种适于高密度的记录方式，其极限记录密度比纵向记录高几倍。经过很多材料的研究，目前广泛采用的垂直记录材料是 Co-Cr 膜（厚度约 50nm），其结构为很细的柱状晶。密排六方结构的金属钴在生长时会产生垂直膜面的很强单轴磁各向异性，但由于薄膜饱和磁化强度大，在退磁场的影响下磁化方向会转向纵向，添加 10%～20% 铬后会降低内部退磁场，有利于磁化方向与膜面垂直。为了使退磁作用减少，提高记录再生灵敏度和读写效率，在垂直记录的 Co-Cr 膜的下面要加一薄层高导磁率纵向（面内）排向的软磁膜，这样可形成马蹄形磁铁一样的磁化模式。这层软磁膜可采用 Ni-Fe 坡莫合金膜，但也有人认为多晶 Ni-Fe 膜的晶体取向要影响性能，因而主张采用高导磁率的非晶膜。采用多层膜可以得到更好的磁性能，如 Pd/Co 及 CoCrPt 多层膜等，可望再进一步提高记录密度。

要提高记录密度，读写信息用的磁头也具有同等重要性。最初磁头采用叠层坡莫合金制作，后来出现了铁氧体磁头。存贮密度提高以后，磁头必须非常小（微米尺度），进一步提高记录密度必须同时采用薄膜磁头和薄膜磁盘。目前计算机已大量采用薄膜磁头。曾经研究过 Ni-Fe 等多种材料作磁头薄膜材料，Ni-Fe 合金等软磁材料虽然块体材料具有很高的磁导率，但由于薄膜制备工艺所限，且难以采用块体的处理工艺，制成薄膜后磁导率低得多。目前采用的主要是 FeSiAl 薄膜，磁极间隙材料选用 Al_2O_3、SiO_2 或 SiO 薄膜。磁头上的线圈也是用导电薄膜作成。以上所述都是利用电磁感应读写信息的感应式磁头，目前认为磁电阻材料将是下一代磁头材料。

20.3.3.2 巨磁电阻（Giant Magnitroresistivity）材料

材料在外磁场作用下电阻发生变化的现象称为磁电阻效应，磁电阻效应一般很小，尽管如此，也有人利用 Ni-Fe、Ni-Co、Co-Fe 等的磁电阻效应试制磁头。这种磁头的工作原理与感应磁头不同，感应磁头是对磁通变化率产生响应，在记录密度很高时要快速读出就会遇到困难，磁电阻磁头是对磁通产生响应的元件，因而就可避免这一困难，而且磁电阻磁头一般读出电压高，不需要线圈，结构更紧凑。

近几年发现一些材料的磁电阻效应非常大，称为巨磁电阻材料，由于其物理意义和潜在的实用价值使之成为近年来的研究热点领域。发现具有巨磁电阻效应的材料主要有两类：磁性多层膜（或颗粒膜）和具有钙钛矿结构的氧化物。后者虽然可得到极大的磁电阻效应，也用激光蒸镀法制成了较好的膜，但可认为不属于薄膜材料，且需要的磁场很大，故这里仅简单介绍多层膜巨磁电阻材料。

多层膜巨磁电阻现象是 1988 年在分子束外延生长的 Fe/Cr 周期性多层膜中首先发现的，当样品处于反铁磁耦合状态，即相邻铁层磁矩反平行排列时电阻最大，随外磁场加大电阻减小，当相邻铁层磁矩平行排列后就达到饱和，电阻最小并基本不再随磁场变化，其电阻变化高达 50% 因而称为巨磁电阻效应。其原因认为是由于自旋相关散射，即自旋取向不同对传导电子散射不同而引起的。后来在许多其他反铁磁耦合多层膜中也发现了这种现象。此外，在称为自旋阀结构的多层膜中（如 NiFe/Cu/NiFe/FeMn），在称为磁隧道结的磁性层/绝缘层/磁性层的结构中（如 Fe/Al_2O_3/Fe），及在非晶材料经过析出形成的颗粒膜（如 Co-Cu）和磁性不连续多层膜中（如 NiFe/Ag）均发现了低饱和场大磁电阻效应。

磁电阻磁头虽然可快速读取高密度信息，但难以解决写入问题，需另配一个写入磁头。采用高饱和磁化强度薄膜材料（如 Fe-N-Al）作成的写入磁头，高矫顽力磁记录薄膜和巨磁电阻读出磁头的组合是目前磁记录的发展方向，据报道记录密度已达到 $1.6Gb/cm^2$，这样磁记录的密度就将超过光记录。

磁电阻材料还可用于多种传感器中。

20.3.3.3 光记录元件材料

光记录元件的作用是通过记录材料将光的强弱等信息保存下来，并能通过光将所保存的信息读出。最具代表性的应用是光盘，即在基盘上沉积光效应记录介质的盘片，由于其具有很高的存贮密度和数据速率，存贮寿命长及信息位价格低，近年来发展得非常快。

光记录材料可以分为仅能写入一次信息的只读记录材料和可反复写入的记录材料两种，目前比较成熟并且广为应用的是前者。

A 只读记录材料

只读记录材料中包括光聚合材料、热相变材料、银盐材料、光致抗腐蚀材料等。光聚合材料经过光辐照后可产生光聚合反应，引起这部分材料的折射率发生变化，从而将信息记录下来。光聚合材料包括光聚合反应引发剂（光敏剂）和光聚合母体。作为母体材料人们研究了聚乙二醇等乙烯基聚合物及丙烯酸钡和丙烯酸胺等。热相变薄膜材料很多，如金属薄膜、金属低价氧化物薄膜、非晶态金属薄膜、有机染料薄膜、金属加塑料材料等。通过激光辐照的热效应可使被加热部分的材料部分熔化或升华，形成凹坑，从而将信息记录下来。对于金属低价氧化物薄膜，是通过激光加热可使被辐照部分结构发生畸变引起透射率变化将信息记录下来。研究过的金属薄膜有铑、碲、铝、铬、金、铋、硒、钛等及其合金，金属低价氧化物薄膜有 TeO_x、TeO_x+VO_y、TeO_x+PbO_y 等，非晶态金属薄膜 As-Te-Se 等，染料薄膜有亮绿琼脂、花青染料、4铁偶氮基萘胺、碳黑染料等。现在与小型半导体激光器相配的近红外染料有菁类染料、醌类染料等。

B　可反复写入的记忆材料

典型的可反复写入的光记忆材料有磁光材料、光致变色材料、非晶态材料、电光晶体和热塑材料等。

磁光材料是利用光照射时局部温度升高，与此同时外加磁场，从而使局部磁化沿着外场方向。读取信号时，利用磁光相互作用的克尔效应（反射光）或法拉第效应（透射光），读出被记录的磁化方向。研究的磁光材料有很多种，包括磁性柘榴石单晶膜，MnBi、PtCo、等多晶膜及稀土—过渡金属非晶薄膜等。其中柘榴石单晶膜克尔角较小，制备困难而且写入功率较大；MnBi 等虽然克尔角较大，但难以制作且介质噪音较严重；稀土—过渡金属非晶薄膜虽然克尔角比 MnBi 等小，但无介质噪音且容易制成大面积薄膜，记录温度也较低，因而比较合适。稀土—过渡金属非晶薄膜可分为两类，一类是铁基，如三元合金 GdTbFe、TbDyFe 及 GdFe 和 TbFe 两层膜，另一类为钴基如 GdCo 及 TbFeCo 等。

光致变色材料是通过光辐照使材料处于两个具有不同吸收光谱的可逆状态之一从而将信息记录下来。如将卤化银微晶散布在硼硅酸玻璃中的变色玻璃和 CaF_3 单晶中掺杂镧、铈、等稀土元素作成的材料等。这些材料记忆时间短，且在读出时的光照射常常会扰乱记忆。

非晶态材料如 Se-S 系列的记忆材料经过光照后其光学性质会发生可逆变化，当用波长比吸收端波长短的光辐照时，其吸收端向长波方向移动，且吸收系数和折射率也增大，由此可将信息记录下来。如将材料加热至非晶转变温度附近，则变化可得到恢复。

电光晶体：由光激发的电子陷落在晶体内被光辐照区域附近会引起局部折射率变化，从而将信息记录下来。这种材料的代表是具有光电效应的单晶，如 $LiNbO_3$ 等，掺杂铁、钼等可提高灵敏度。通过加热可消除记忆。可以想象这种材料记忆时间很难持久。

虽然可反复写入的记忆材料的研究很多，但至今还没有得到合适的材料供大规模生产。

20.3.4　敏感薄膜

敏感材料是各种传感器的关键部分，是利用材料在一定环境中性能（主要是电学性能）变化的特性来进行测量的元件。以前敏感元件大多为块体材料，近年来由于薄膜材料的选择比较容易，制作工艺较简单，且易于实现微型化和集成化，因而薄膜敏感元件引起了人们越来越多的研究。薄膜敏感材料种类很多，这里仅举几个典型的例子。

热敏薄膜元件是利用材料性能随温度的改变，最常用的是电阻的变化，例如在 Al_2O_3 基片上制备叉指电极后溅射上 SiC 膜就构成了 SiC 薄膜热敏电阻，SiC 热敏电阻环境稳定性很好，可用于各种恶劣环境。在 Al_2O_3 或玻璃基片上镀上 $0.1\sim1\mu m$ 厚的铂薄膜，再经精细加工成所需形状就构成了铂薄膜热敏电阻，用这种方法得到的铂薄膜电阻值范围可达 $10\Omega\sim10k\Omega$，其电阻值精确，温度系数是常数，稳定性也很好，因此是一种很好的热敏元件。

采用阳极氧化方法制成的多孔氧化铝膜当细孔吸附水分子时阻抗就会发生变化，根据这个性能可以制成湿度传感器。这种传感器响应速度快，在相对湿度 10%～90% 范围有线性输出，因而得到广泛应用。此外阳极氧化 Ta_2O_5 膜和蒸镀 Se 膜、Ge 膜也用来作湿度传感器。

利用材料吸附气体后性能的变化可制成各种气敏元件。例如应用半导体材料吸附气体后电导率的变化等。由于环境监测、气体泄漏监测、汽车发动机等方面的需要，气敏材料近年来研究的比较多。研究较多的气敏薄膜有：对一氧化碳敏感的 SnO_2 薄膜；对乙醇蒸汽敏感的 SnO_2 和 ZnO 等薄膜；对氢敏感的 TiO_2、ZnO 和 WO_3 等薄膜；对大气污染的 NO_2 测定用的固溶微量 Ag 的 V_2O_5 薄膜等。为了使汽车燃料充分燃烧，减少污染，促进了氧敏材料的研究，半导体氧敏材料主要有 $SrTiO_3$、CeO_2、Nb_2O_5 等，固体电解质材料构成的电极吸附气体后电极电位会发生变化，已经利用 ZrO_2、LaF_3 等材料的这种性质作成氧敏元件，并已得到很多应用。

20.3.5 光学薄膜

利用光学性质（包括光物性）的薄膜也是应用很多的一种薄膜材料，例如常见的幕墙玻璃上的各种反射膜等等，这里仅介绍几种特殊的光学薄膜。

20.3.5.1 防反射膜

光在表面总会有一部分被反射掉，对于光学镜头、太阳能电池等希望尽可能少的光被反射掉，很早就发现如果在表面镀一层防反射膜可达此目的。

简单的光学计算表明，为了使折射率为 $n_1 = 1.5$ 的玻璃对从空气中入射的光反射率为零，只需在表面镀一层折射率为 $n_2 = n_1^{1/2} = 1.22$ 的膜。但实际上没有折射率这样低而且透明度好、吸收小、强度高又很稳定的材料。折射率为 $n = 1.38$ 的 MgF_2 膜比较起来是最好的，可以使玻璃的反射损耗降到 1.4%，因而广泛应用于各种镜头。对于折射率较大的半导体材料如 Ge（$n \approx 4$）只要在上面镀一层 ZnS 膜（$n \approx 2$）就可使反射率几乎为零。

上述单层膜实际仅能在一个波长下得到零反射率，在此波长两侧反射率急剧上升，而且对于玻璃 MgF_2 膜也并非最理想的，采用由经过计算选择的不同折射率材料制备的多层防反射膜可解决此问题。

20.3.5.2 薄膜激光器

在具有高折射率的薄膜外沉积低折射率的薄膜后，由于在界面上发生全反射，将光波封闭在有限截面的透明介质内，使之在波导轴方向传播的光学结构称为光波导。如果用具有增益的活性材料作波导层，在其上再制出谐振器就可构成薄膜激光器，也称为波导激光器。其活性层厚度限制在 $0.1 \sim 0.5 \mu m$，宽度为 $1 \sim 3 \mu m$，光被封闭在此区域中或附近，相应的电流阈值为 $20 \sim 100 mA$。光通信中所使用的激光器大部分是半导体薄膜激光器。

从原则上讲，凡是可以用来制作异质结的材料都有可能成为半导体激光器的材料，其中研究最多的有：用于可见光波段及光通信的 $0.8 \mu m$ 波段的 GaAlAs/GaAs 系列材料和用于光通信的 $1 \mu m$ 波段的四元化合物 InGaAsP/InP，此外还有 $2 \sim 10 \mu m$ 波段的 InGaAsSb/AlGaAsSb 和 InAsPSb/InAsPSb 及 IV—VI 族的化合物 PbSnTe/PbSeTe，用于可见光波段的 II—VI 族半导体 CdSSe/CdS 等。激发方式不仅有电流注入型，还可采用光激发和电子束激发。半导体薄膜激光器常用 MOCVD 方法来制备。

20.3.5.3 光电导膜

电视摄像机、X 射线摄像机（CT）、热摄像机等各种摄像机中，核心部件是将光学图像转化为电信号的摄像管。在摄像管中主要使用两种薄膜，透明导电膜和光电导膜。透明导

电膜一般均采用 SnO_2 膜或 ITO 膜。光电导是指材料在光的作用下导电性能发生改变的现象，光电导膜从而就将光的强弱信号转换为电信号，它的性能决定着摄像管的性能，因而进行了很多研究开发，并为不同应用领域研制了不同的材料。

例如，用于可见光摄像机的光电导膜有 Sb_2S_3、PbO、ZnTe-CdTe 等等，在远红外（热辐射）范围，采用硫酸三甘肽（TGS）或钛酸铅（$PbTiO_3$）作为荧光屏的热电材料，用于中红外范围的有 InAs 或 PbTe 光导摄像管，在近红外范围使用的有 PbO-PbS、锗或硅光导摄像管，不同的材料具有不同的最灵敏波长范围。在近紫外范围使用非晶硒或 Sb_2S_3，X 射线光导摄像管可采用非晶硒或 PbO，但非晶硒容易结晶化而影响画面。

近年来，随着半导体集成电路技术的进步，发展出了固体摄像器。用固体摄像器代替摄像管可使摄像机体积大大减小、成本降低，但一般用于家庭，在这种摄像器中也要用到很多薄膜技术。

上面简要介绍了一些典型的薄膜功能材料，其中多数是较为成熟的甚至已有产品的薄膜材料，目的是使读者对薄膜材料有一初步了解，从中认识到薄膜材料的重要性、特点及如何利用薄膜特点组成器件。应该指出，薄膜材料种类还很多，而且具有各种新特点的材料不断开发出来，已有的材料也在不断改进，要深入了解需要查阅专门著作及有关文献。

参 考 文 献

1 田民波，刘德令. 薄膜科学与技术手册. 北京：机械工业出版社，1991
2 Thin Film Processes Ⅱ. eds. J. L. Vossen. W. Kern, Academic Press Inc., Boston, 1991
3 顾培夫. 薄膜技术. 杭州：浙江大学出版社，1990
4 杨烈宇，吴文铎，顾卓明. 材料表面薄膜技术. 北京：人民交通出版社，1991

21　形状记忆材料[❶]

形状记忆材料，特别是形状记忆合金（Shape Memory Alloy）作为新型功能材料家族中的一员，尽管其问世以来仅有三十多年历史，但由于其功能特异，可以制作小巧玲珑、高度自动化、性能可靠的元器件而引起人们高度重视并获得广泛的应用。

自 20 世纪 50 年代在 Au-Cd 合金[1]和 In-Tl[2]合金中发现热弹性马氏体之后，1963 年布赫列（W. J. Buehev）等人[3]在一次偶然的情况下发现 TiNi 合金元件的声阻尼性能与温度有关，进一步的研究发现近等原子比的 NiTi 合金具有良好的形状记忆效应（Shape Memory Effect）。以后 TiNi 合金作为商品进入市场。记忆合金最早的典型应用之一是 1970 年美国将 TiNi 记忆合金丝制作成宇宙飞船的天线[4]。宇宙飞船发射之前，在室温条件下（$<M_s$），将经过形状记忆处理的定形的 TiNi 抛物凸状天线折成直径小于 5cm 的球状放入飞船。飞船进入太空后，通过加热或利用太阳能使合金丝升温，当温度高达 77℃（$>A_f$）后，被折叠成球状的合金丝团就自动完全打开，成为原先定形的抛物凸状天线。这类应用的开发使形状记忆合金材料的研究进入了新阶段。70 年代先后在 CuAlNi 及 CuZnAl 等合金中发现了形状记忆效应。直到 80 年代才开发出 FeMnSi 系、不锈钢等铁基形状记忆合金，由于其成本低廉，加工简便而引起材料工作者的兴趣。随着科技发展的需要，在 90 年代，高温形状记忆合金（金属间化合物型）、宽滞后记忆合金以及记忆合金薄膜等成了研究的热点。

随着对形状记忆效应机制研究的逐步深入，对相变过程的晶体学可逆性、对马氏体变体组合及其协调动作所形成的自协作方式、对相变伪弹性（Pseudoelasticity）机制等的认识取得了基本的统一，尤其是用近代实验技术如中子衍射、声发射技术、正电子湮没、穆斯堡尔谱学等配以常规的物理分析方法、X 光衍射及电子显微分析技术，极大地推动了基础理论的研究，而后者又在提高现有记忆材料性能、开发新型材料方面起着重要的指导作用。目前形状记忆材料研究论文数已居马氏体相变研究领域之首，而且该类材料的应用所涉及的领域极其广泛，包括电子、机械、能源、宇航、医疗及日常生活用品等方面。我国自 70 年代后期开始进行形状记忆合金的研究和制作，目前 TiNi 等合金材料的生产已得到国际公认，并出口美国、加拿大等国。

由于至今为止，研究较为深入并已得到广泛应用的记忆材料尚集中在记忆合金方面，因此本章重点介绍记忆合金功能原理、主要性能及其应用，其他非金属型记忆材料只是略作介绍。

21.1　形状记忆效应及原理

21.1.1　形状记忆效应

形状记忆效应是指材料能够"记忆"住原始形状的功能。比如 TiNi 合金丝较高温度时有一定的形状（如密排弹簧），在低温时，使其变形（弹簧拉长），外力去除后，其变形保

---

❶　本章第 21.4 节由马如璋撰写。

留，但若将其加热到一定的温度，则合金丝能自动地恢复到原先的形状（密排弹簧），这就是最简单的形状记忆效应。而普通金属材料受到外力作用时，当应力超过屈服强度后，则产生塑性变形，在应力消除后，材料的塑性变形将永久地保留下来，不可能通过加热方式来消除。形状记忆效应的简单过程可以由图 21-1 表示。材料加载过程中，应变随应力而增加，其中 OA 为表示弹性变形的线形段，AB 为非线性段，当由 B 点卸载时，材料的残余应变由 OC 表示，将此材料在一定温度加热，则其残余应变可以降为零，即图上用虚线表示的过程，材料全部恢复原始形状。这种只能记忆住高温时形状的现象称为单向记忆效应（又称单程记忆）。

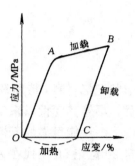

图 21-1 形状记忆
效应示意图

某些记忆材料例如 TiNi 合金及 Cu 基记忆合金经过一定的特殊处理后，材料可以"记忆"住高温时的形态，又可"记忆"低温时的形状。当温度在高温和低温之间往返变化时，材料自行在两种形状之间变换，这种现象称为双向记忆效应（Two Way Memory Effect，简写为 TWME）。此外，另有一种特异的现象，它不仅具有双向形状记忆效应，而且在反复变温过程中，总是遵循相同的形状变化规律，即记忆了中间过程，如图 21-2 所示。这是由四条互成 45°夹角的薄条带在其中心位置捆扎在一起的试件，经约束时效处理后，在 100℃开水中呈现结扎点在上的圆球形 a，将试件从开水中缓慢提起来时，自行变成图 b 的形状。在室温时变成近似直线 c。接着将其浸泡在冰水中，则直线向相反方向弯曲 d。将试样在干冰-酒精液中冷却到 $-40℃$ 时，形状变成与 a 相似的圆球形，但此时结扎点在圆球内部下方 e，即 a 与 e 是完全倒置的形态。若将此试料立即放入 100℃水中，则又恢复成 a 形状。只要在 $a—e$ 之间进行加热-冷却循环，就可重复前述的可逆形状变化。这种在温度循环过程中出现的自发形状变化，其形状变化大于所有可逆形状记忆效应，而且高温形状和低温形状是完全可以倒置的，这种记忆效应称为全方位形状记忆效应（All-Round Shape Memory Effect，缩写为 ARSME）[5]。至目前为止，只有在 Ti-51%Ni（原子分数）合金中发现这一现象。

根据现有资料，将具有各种记忆效应的合金汇总列于表 21-1，其中包括成分、相变温度、晶体结构及所具有的记忆效应等等。

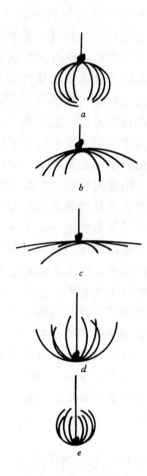

图 21-2 全方位记忆效应
（Ti-51%Ni（原子分数）
合金 400℃时效 100h）

表 21-1　形状记忆合金的成分、相变温度、晶体结构、体积变化及

记忆效应功能一览表[6.7]

合　金	组成(原子分数)/%	晶体结构变化	是否有序	相变性质	M_S/℃	温度滞后/℃	体积变化	记忆功能
AgCd	44-49Cd	B2→M2H	有序	热弹性		～15	-0.16	S
AuCd	46.5-50Cd	B2→M2H	有序	热弹性		～15	-0.41	S
CuZn	38.5-41.5Zn	B2→9R,M9R	有序	热弹性	-180～10	～10	-0.5	S
CuZnX(X=Si,Sn,Al,Ga)		B2→9R,M9R,DO₃→18R,M18R	有序	热弹性	-180～100	～10		S,T
CuAlNi	14-14.5Al3-4.5Ni	DO₃→2H,L2₁	有序	热弹性	-140～100	～35	-0.3	S,T
CuSn	～15Sn	DO₃→2H,18R	有序	热弹性	-120～30			S
CuAuZn	23-28Au45-47Zn	BCC→3R	有序		-190～40	～6		S
FeMnSi	30Mn1Si(质量分数)28-33Mn4-6Si(质量分数)	FCC→HCP	无序	非热弹	30～150	大(>100)		S
FeNiC	31Ni4C(质量分数)	FCC→BCT	无序	非热弹		大(>100)		S
FeNiCoTi	23Ni10Co10Ti33Ni10Co4Ti(质量分数)	FCC→BCT	无序	热弹性		小		S
FePd	30Pd	FCC→BCT	无序	热弹性		小		S
Fe-Pt	25Pt	L1₂→BCT	有序	热弹性	-130	小	0.8～0.5	S
InCd	4-5Cd	FCC→FCT	无序	热弹性	20～150	-3		S
InTl	18-23Tl	FCC→FCT	无序	热弹性	60～100	～4	-0.2	S,T
MnCu	5-35Cu	FCC→FCT	无序	热弹性	-150～180			S
NiAl	36-38Al	B2→M3R	有序	热弹性	-180～100	～10	-0.42	S
TiNi	49-51Ni	B2→B19B2→HCP	有序	热弹性	-50～100	～30	-0.34	S,T,A

注:S 为单向记忆效应;T 为双向记忆效应;A 为全方位记忆效应。

21.1.2　形状记忆效应机理

21.1.2.1　热弹性马氏体相变

形状记忆效应与马氏体相变存在着不可分割的关系，它是热弹性马氏体相变的一种特殊表现。具有形状记忆效应的合金绝大部分都发生热弹性马氏体相变，只有近来才开发的铁基形状记忆合金例外。

马氏体相变是无扩散的共格切变型相变。在由母相（P）转变成马氏体（M）的过程中，没有原子的扩散，因而无成分的改变，仅仅是晶体结构发生了改变。这已由大量实验证实，例如在 Fe-Ni-V-C 合金中可以在 $-78\,℃$ 以 $0.5\mu s$ 速度完成由面心立方的母相向体心正方的马氏体相转变，在如此低的温度以高速进行相变，这是由扩散理论无法解释的。用穆斯堡尔谱仪已证实钢中发生马氏体相变时，碳在奥氏体中的位置直接遗留给马氏体。一些具有有序结构的母相在相变后得到有序的马氏体。可以说明马氏体型相变只有原子的位移（小于一个原子间距），而不存在原子位置的调换。此外，马氏体与母相之间存在一定的取向关系，例如低碳钢（C<0.2%）中测得如下关系：

$$(111)_\gamma // \ (011)_M,\ [01\bar{1}]_\gamma // \ [\bar{1}11]_M$$

马氏体相变时，在抛光的金相试样表面总产生明显的浮凸或倾动。如图 21-3 所示，在未相变之前，其抛光表面由 $ABCD$ 所表示，马氏体相变后，由 $A'B'B''A''$ 表示的马氏体相表面发生倾动并带动邻近的母相鼓凸或下凹，使相变前的 SS_0 直线变成由 ST、TT' 及 $T'S$ 构成的折线，原直线在界面处发生了转折，但仍保持连续，说明界面在相变中未经宏观上可测的应变和转动。我们称这一不应变的平面为马氏体相变的惯态面，它是开始形成马氏体的母相中的特定的晶体学平面，就是马氏体相变时的切变面。上述实验证实相变过程中原子的切变位移，同时表明在马氏体相变时，除体积变化外，还有形状的改变。因此马氏体相变是由母相的原子以协同的、队列式的有次序的方法进行位移，位移量不超过一个原子间距。由此可见，马氏体与母相的相界面上的原子既属于母相，也属于马氏体相，这使得两相间具有共格性。实际上在完成马氏体相变过程中，如果只存在前述的宏观均匀切变，可以得到实测的形状变化，但不能获得实际的马氏体点阵，或者可以得到马氏体点阵，但不可能使界面成为不变应变平面，或者说不能得到实际的形状。因此在由母相点阵产生切变的同时（图 21-4b）还伴有滑移（图 21-4c）或孪生（图 21-4d）等过程，故在马氏体相内往往出现亚结构，其中包括位错、层错或者孪晶等。可见马氏体内的亚结构是相变时局部（不均匀）切变的产物。

马氏体相变与其他相变一样，具有可逆性。当冷却时，由高温母相变为马氏体相，称为冷却相变，用 M_s、M_f 分别表示马氏体相变开始与终了的温度。加热时发生马氏体逆变为母相的过程。该逆相变的起始和终止温度分别用 A_s 与 A_f 表示。一般材料的相变温度滞后（A_s-M_s）非常大，例如 Fe-Ni 合金约 $400\,℃$。各个马氏体片几乎在瞬间就达到最终尺寸，一般不会随温度降低而再长大。而在记忆合金中，相变滞后比前者小一个数量级，例如 Au-47.5%Cd（原子分数）合金的相变滞后仅为 $15\,℃$。冷却过程中形成的马氏体会随着温度变化而继续长大或收缩，母相与马氏体相的界面随之进行弹性式的推移。这两种马氏体的差别可以从马氏体形核的总能量的变化 ΔG 进行解释

$$\Delta G = \pi r^2 t \Delta g_c + 2\pi r^2 \sigma + \pi r^2 t (A + B) \tag{21-1}$$

马氏体形核引起的总能量变化由三项组成，它们分别是化学自由能、表面能及应变能

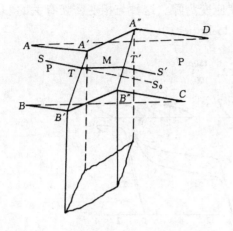

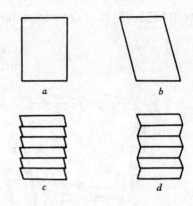

图 21-3 马氏体形成时引起的浮凸

图 21-4 马氏体相变的切变
a—母相；*b*—获得马氏体点阵的均匀切变；
c—均匀切变加滑移；*d*—均匀切变加孪生

（包括弹性及塑性应变）。式中 Δg_c 为单位体积化学自由能的变化；r、t 为透镜状马氏体核半径及平均厚度之半；σ 为单位面积界面能；$A\,(t/r)$、$B\,(t/r)$ 分别为单位体积弹、塑性应变能。

在第二种马氏体相变中，由于界面能和塑性变形所需的能量可以小到忽略不计，因此式 21-1 可表示为

$$G = \pi r^2 t \Delta g_c + \pi r^2 t A \qquad (21\text{-}2)$$

这样只有由热效应引起的化学自由能及弹性应变能两项。因此，在低于 M_s 温度时，随着冷却，马氏体长大，但当长大到一定程度时，自由能的减少与弹性的非化学自由能的增加相当时，便停止长大。这种由热效应与弹性效应之间的平衡控制的马氏体相变的产物称为热弹性马氏体。热弹性马氏体相变驱动力小，相变滞后小，而且马氏体量是温度的函数。应该强调，热弹性相变的特征由弹性协调是形状应变，马氏体内的弹性储存能可作为马氏体逆相变的驱动力。具有热弹性马氏体相变特征的部分合金已在表 21-1 中列出。

21.1.2.2 应力诱发马氏体相变及伪弹性

在 M_s 以上温度，如果对某些合金施加一定外应力，则在已抛光的表面呈现明显的浮凸，也就是诱发了马氏体，这种由外部应力诱发产生的马氏体相变称为应力诱发马氏体相变（Stress-Induced Martensite Transformation）。这些合金的马氏体数量为外加应力的函数，即当施加的外应力增加时，母相转变成马氏体相的数量增加，当应力减少时则进行逆相变使母相增多。外应力对诱发相变的作用不仅与合金种类有关，而且受试验温度的影响。在 M_s 以上，某一定温度以下，应力或形变会导致马氏体的形成，将此温度称为 M_d 温度。

图 21-5 为 Cu-34.72Zn-3.0Sn（质量分数）形状记忆单晶试样，在不同温度下的应力应变曲线[8]。由图可见，在不同温度下，应力-应变曲线的形状明显不同。当 $T > A_f$ 时，母相弹性变形后产生塑性变形，卸载后变形几乎全部消失。以图 21-5*e* 为例，在应力-应变曲线上 0-1 段表示母相的弹性变形，1-2 之间为应力诱发马氏体导致的变形，2-3 线段为马氏体弹性变形阶段。卸载时，首先马氏体相弹性恢复使其形变回复到 4 点，然后通过马氏体向

母相的逆相变，从 5 点开始为母相的弹性回复使应变为零。这种与相变密切有关的非线性弹性行为称为相变伪弹性（Transformation Pseudoelasticity）。

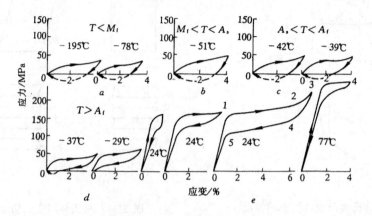

图 21-5 Cu-34.7Zn-3.0Sn 单晶试样在不同温度下的应力-应变曲线
$M_s = -52\text{℃}$，$M_f = -65\text{℃}$，$A_s = -50\text{℃}$，$A_f = -38\text{℃}$

当 $T < A_f$ 时，试样承受的应变在卸载后没有能完全得到回复，见图 21-5a，b，c 所示。三者之差别仅在于不同试验温度下其残余应变不同。如果 $T < M_f$，由于材料中马氏体随应力增加而发生应变 a，卸载时，应力、应变曲线几乎成直线，说明仅仅回复了弹性应变部分，保留了由虚线所示的永久变形。若将试样加热到 A_f 以上，则残余应变几乎可以完全消失。这时就呈现形状记忆效应。

上述两种使应变回复为零的现象均起因于马氏体的逆相变，只不过是诱发逆相变的方法不同而已。在相变伪弹性中，卸载使产生塑性应变的马氏体相完全逆转变成母相，而形状记忆效应中，通过加热使马氏体产生逆相变导致应变完全复原。他们都是由于晶体学上相变的可逆性引起的，因此，事实上，具有热弹性马氏体相变的合金不仅有形状记忆效应，也都呈现伪弹性特征。

21.1.2.3 形状记忆原理

绝大部分材料具有记忆原始形状的特性应归因于材料中发生热弹性相变[9]。当具有高对称性的母相降温转变为低对称性结构新相（马氏体）时，可以生成不同取向的新相。例如在母相的一个晶粒内会生成许多惯态面位向不同，但在晶体学上等价的马氏体（通常称为马氏体变体 Variant），马氏体变体一般是 24 个。如母相为立方晶体时，若惯态面为 {123} 时，则 (123)，(132)，(213) ……等等共 24 个面均为在晶体学上等价。在每个马氏体变体形成时都伴有形状变化，产生应变，为了使总应变减为最小，马氏体各个变态呈自协作，即二种或几种马氏体变体组成一定形态马氏体片群，它们互相抵消了生成时产生的形状变化。也就是说，在无应力条件下，马氏体变体分布是自协调的，变体之间尽可能抵消各自的应力场，使弹性应变能最小。如果在低温相变时，施加应力，这时，相对于外应力有利的变体将择优长大，而不利的变体缩小，这样，通过变体重新取向造成了试样形状的改变。当外应力去除后，试样除了回复微小的弹性变形外，其形状基本不变。只有将其加热到 A_f 以上，由于热弹性马氏体在晶体学上可逆性，也就是在相变中形成的各个马氏体变体和母相的特定位向的点阵存在严格的对应关系，因此逆相变时，只能回到原有的母相状态，这样也就回复到原状。这就是形状记忆的基本原理。图 21-6 是以单晶母相为例说明形状记忆效应的简单过程。冷却相变时的 24 种马氏体变态由于自协作，因此宏观形变不明显，但在外应力作用下，其有利变态得以长大，如果外应力足够大，有利变态可以长满整个晶体而成为单晶马氏体，由于在晶体学上的可逆性，加热时，转变为原始位向的单晶相，因此形状完全回复。

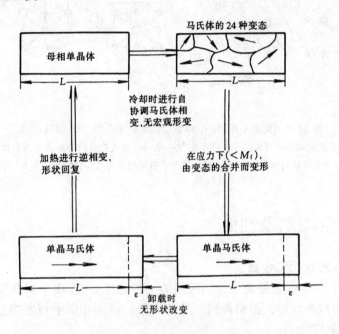

图 21-6 形状记忆原理示意图

由上述讨论可知，相变在晶体学上的可逆性是产生形状记忆效应的必要条件。而有序合金的点阵由于异类原子排列受有序性严格控制，因此马氏体相变在晶体学的可逆性完全得以保证。以具有 CsCl 结构的 B2 母相 γ 转变为 B19 型马氏体（γ2）为例（图 21-7）。γ2 马氏体是以 2H 方式周期性堆垛的结构。图 a 是 γ2 马氏体晶体沿 [001] 的投影图，其中黑、白点分别代表两种原子，大、小点代表原子处于相邻不同层。由投影图可见，如果不考虑原子品种差异，则晶体属于密排六方结构。根据其对称性，等价点阵的取法可以有 A、B、C 三种，用箭头代表马氏体逆相变时，阵点（或原子）的切变方向。由 A 方式而产生母相结构如图 b 所示，与 B2 结构的 [101] 方向的投影图相吻合。若以 B 或 C 的方式进行逆相变，则母相的晶体结构如图 c 所示，明显区别于母相。可见有序合金逆相变的途径是惟一的受严格限制的。有序点阵结构使母相的晶体位向自动得以保存，这也是热弹性相变多半在有序合金出现的原因。因此大部分形状记忆效应出现在母相有序的合金中。

近来开发的铁系等少量合金通过非热弹性马氏体相变也可显示形状记忆效应，因此热弹性马氏体并不是具有形状记忆效应的必要条件。马氏体的自协作是马氏体减少应变的普通现象，只是不同金属中协同程度不同，自协调好的合金在形变时容易再取向，形成单变体或近似单变体的马氏体，并且在形状改变和相变中不产生不利于形状回复的位错。在加热时，由于晶体学上的可逆性，转变为原始位向的母相，使形状回复。

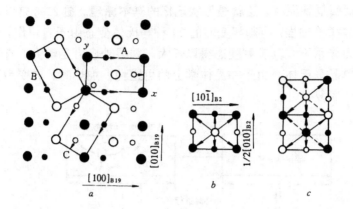

图 21-7 具有 CsCl 结构的 B2 母相 γ 转变为 B19 型马氏体

a—B2→B19 相变的逆相变中可能的三种点阵对应关系；b—由点阵对应关系 A 形成的母相晶体结构与
相变前的 B2 型有序点阵结构相同；c—由点阵对应关系 B 形成的母相晶体结构，与 B2 型结构完全不相同

21.2 形状记忆材料及性能

21.2.1 TiNi 形状记忆合金

近等原子比的 TiNi 合金是最早得到应用的一种记忆合金。由于其性能优越、稳定性好，尤其是特殊的生物相容性等，因而得到广泛的应用，特别在医学与生物上的应用是其他形状记忆合金所不能替代的。

21.2.1.1 TiNi 基合金的记忆效应及有关相变

实用的具有形状记忆效应的 TiNi 合金的成分是在近等原子比的范围内，即 Ni 元素的含量约为 55%～56%（质量分数）。根据使用目的不同可适当选取准确的合金成分。

TiNi 合金的母相具有 $a=0.301\sim0.302$nm 的 CsCl 型的 B2 结构（称 β 相）。它是由两个简单立方晶格交叠而成的准体心立方格子，在体心及顶角分别被不同品种的原子所占有。在温室附近，发生马氏体相变。马氏体相为单斜结构，其点阵参数 $a=0.2889$nm，$b=0.4120$nm，$c=0.4622$nm，$\beta=96.8°$[10]，在母相向马氏体相变过程中，往往还有一种被称为 R 相的相变。早期确定的 R 相为菱面体结构 $a=0.6020$nm，$\alpha=90.7°$[11]。近来用会聚束衍射证实 R 相为简单六方结构，$a=0.738$nm，$c=0.532$nm[12]。最能反映 TiNi 合金相变过程的是电阻-温度曲线（图 21-8）。当母相冷却到 T_R 时，电阻突然升高，结合电子衍射分析，在母相 ⟨110⟩* 倒易矢量上出现并非严格处于 1/3 的多余衍射斑点，这是无公度相（IC），此过程中晶格不发生变化，只有原子极小的位移。继续冷却时出现 R 相，此时上述的多余斑点严格处于 1/3 处。R 相是切变相变产物，也有浮凸出现，但该类相变变形量只及马氏体相变的十分之一。温度降到 M_s，电阻开始下降，出现马氏体相，并在 M_f 温度马氏体相变结束。加热时，当温度达到 A_s，马氏体逆相变开始，到 A_f 时，马氏体全部转变成 R 相或部分母相，继续升温电阻下降，表示 R 相逆转变开始，并经过无公度相变，在 T_R 温度全部回复成母相。上述过程是一个比较完全的相变过程，实际上由于合金成分不同，相变可以有不同路径

$$\beta \Longleftrightarrow IC \Longleftrightarrow R \Longleftrightarrow M$$

或 $\beta \Longleftrightarrow M, \ \beta \Longleftrightarrow R$

含有 3％铁的 TiNi 合金中 R 相相变更为突出。R 相变是可逆的弹性相变,温度滞后仅为 1～2℃,相变重复性好,该类相变也可应力诱发。因此 R 相变与马氏体相变均为形状记忆的来源。

在富 Ni 合金中,过饱和的母相(β)在低于 700℃时效过程中合金发生相分解[13]:$\beta_0 \longrightarrow \beta_1 + Ti_{11}Ni_{14} \longrightarrow \beta_2 + Ti_2Ni_3 \longrightarrow \beta_3 + TiNi_3$。有些文献中 $Ti_{11}Ni_{14}$ 表示为 Ti_3Ni_4。在一般实际应用的 TiNi 合金中,$Ti_{11}Ni_{14}$ 的作用是明显的。该相是点阵常数为 $a = 0.670nm$,$\alpha = 113.85°$ 的菱面体结构。由于其与基体成共格或半格关系,造成基体中一定的应力场以及界面处的成分偏析,促使 R 相的择优形核[14],同时界面共格应力场也能造成母相声子模软化促进马氏体相变[15]。因此,$Ti_{11}Ni_{14}$ 的析出过程是控制 TiNi 合金形状记忆效应的关键之一。

值得指出的是,实用成分的 TiNi 合金在固溶处理后,如果随后的冷却不够快(如炉冷),就会产生具有单斜或三斜结构的 X 相或 R′相[16,17],由于这两种相不具有可逆性,因而破坏了形状记忆效果。需要尽量避免该类相的产生。

21.2.1.2 合金性能与影响相变温度的因素

在材料使用中,表征材料记忆性能的主要参数包括记忆合金随温度变化所表现出的形状回复程度,回复应力,使用中的疲劳寿命,也就是经历一定热循环或应力循环后记忆特性的衰减情况。此外,相变温度及正、逆相变的温度滞后更是关键参数。而上述这些特性又与合金的成分、成材工艺、热处理(包括冷、热加工)条件及其使用情况等密切有关。由于篇幅有限,此处仅就影响相变温度的因素作一讨论。

TiNi 记忆合金的相变温度对成分最敏感。Ni 含量每增加 0.1％,就会引起相变温度降低 10℃。第三元素对 TiNi 合金相变温度的影响也极为引人注目。Fe、Co 等过渡族金属的加入均可使 M_s 下降(图 21-9)。其中 Ni 被 Fe 置换后,扩大了使 R 相稳定的温度范围,使 R 相变更为明显。

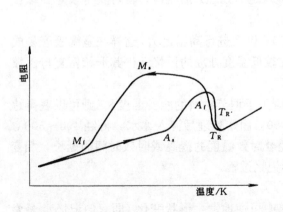

图 21-8 TiNi 合金的电阻-温度曲线示意图

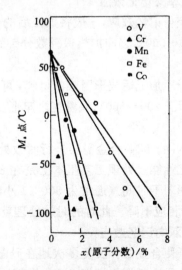

图 21-9 3d 过渡族元素对 TiNi 合金 M_s 的影响

用 Cu 置换 Ni 后，M_s 变化不太大，但形状记忆效应却十分显著，因而可以节约合金成本。并且由于减少相变滞后，使该类合金具有一定的使用价值。

铌的加入将使相变滞后明显增加。加入 2%（原子分数）Nb 可使相变滞后由 30℃增大到 150℃，这就是近十多年来为了便于运输、安装等所开发的宽滞后记忆合金。

杂质元素碳、氢、氧等均降低 M_s。

此外时效温度、时效时间都明显影响相变温度。例如对于富 Ni 合金，通过比较在不同条件下时效 1 小时试样的 M_s 后，发现 500℃时效条件下 M_s 最高。在用 TiNi 合金制造记忆元件过程中，往往通过选取合适的时效条件以调整到理想的相变温度。

除了记忆特性外，在元件设计及使用中有必要对 TiNi 记忆合金常规的物理及力学等性能有所了解，现归纳于表 21-2[19]。有关记忆特性见表 21-3。

表 21-2　TiNi 合金的常规性能[19]

密度/ g·cm^{-3}	熔点/ ℃	热容/kJ (kg·℃)$^{-1}$	线膨胀系数/℃$^{-1}$	热导率/W (m·℃)$^{-1}$	电阻率/ Ω·cm	硬度 HV			拉伸强度/ kg·mm^{-2}		屈服强度/ kg·mm^{-2}		延伸率 /%
						马氏体	母相	热处理后	未处理	马氏体	母相	
6~6.5	1240~ 1310	4.5~6	10×10^{-6}	20.9	(50~110)① ×10^{-6}	180~ 200	200~ 250	70~ 110	130~ 200	5~ 20	10~ 60	20~ 60

① 电阻随温度变化。

21.2.1.3　记忆效应的获得

由高纯电介镍与海绵钛作原料，采用高频感应炉与自耗炉（电弧熔炼法）或等离子体与电弧熔炼法获得 TiNi 合金铸锭。随后在 700~800℃进行热加工，包括模锻、挤压及轧制。丝状产品可通过冷拔，每次加工率小于 20%，为消除加工硬化，冷加工期间可在 700~800℃进行多次退火。根据元件需要可进行如下记忆处理。

A　单向记忆效应

为获得记忆效应，一般将加工后的合金材料在室温加工成所需要的形状并加以固定，随后在 400~500℃之间加热保温数分钟到数小时（定形处理）后空冷，就可获得较好的综合性能。

对于冷加工后成形困难的材料，可以在 800℃以上进行高温退火，这样在室温极容易成形，随后于 200~300℃保温使之定形。此种在较低温度处理的记忆元件其形状恢复特性较差。

富 Ni 的 TiNi 合金需要进行时效处理，一则为了调节材料的相变温度，二则可以获得综合的记忆性能。处理工艺基本上是在 800~1000℃固熔处理后淬入冰水，再经 400~500℃时效处理若干时间（通常为 500℃1 小时）。随着时效温度的提高或时效时间的延长，相变温度 M_s 相应下降。此时的时效处理就是定形记忆过程。

B　双向记忆效应

为了使合金试样反复多次地在升温和降温中可逆地发生形状变化（即双向记忆），最常用的方法是进行记忆训练（又称锻炼）。首先如同单向记忆处理那样获得记忆效应，但此时仅可记忆高温相的形状。随后在低于 M_s 温度，根据所需的形状将试件进行一定限度的可以回复的变形。加热到 A_f 以上温度，试件回复到高温态形状后，降温到 M_s 以下，再变形试件使之成为前述的低温所需形状，如此反复多次后，就可获得双向记忆效应，在温度升、降过程中，试件均可自动地反复记忆高、低温时的二种形状。这种记忆训练实际上就是强制变形。

C 全方位记忆效应

对于 Ti-51%（原子分数）Ni 合金不仅具有双向记忆性能，而且在高温与低温时，记忆的形状恰好是完全逆转的。这是由于与基体共格的 $Ti_{11}Ni_{14}$ 析出相产生的某种固定的内应力所致。应力场控制了 R 相变和马氏体相变的"路径"，使马氏体相变与逆转变按固定"路径"进行。因此全程记忆处理的关键是通过限制性时效，必须根据需要选择合适的约束时效工艺。图 21-10 为 500℃时效不同时间的全程记忆处理元件在变温过程中自发变形情况。纵坐标为形状变化率，它是约束记忆薄片的曲率半径（r_i）和任意温度下的曲率半径（r_T）的比值。由图可见，时效时间越长，自发形变就越难以发生。因此全程记忆处理的最佳工艺为：将 Ti-51%Ni（原子分数）合金在 500（<1 小时）或 400℃（<100 小时）进行约束时效，要求约束预应变量小于 1.3%。

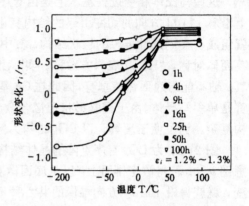

图 21-10 Ti-51%Ni（原子分数）合金 500℃时效时间对全程记忆的影响

无论上述何种记忆处理，为了保持良好的形状记忆特性，其变形的应变量不得超过一定值，该值与元件的形状、尺寸、热处理条件、循环使用次数等有关，一般为 6%（不包括全方位记忆处理）。同时在使用中，在形状记忆合金受约束状态下，要避免过热，也即记忆高温态的温度只需稍高于 A_f 温度即可。

21.2.2 铜基形状记忆合金

尽管 TiNi 形状记忆合金具有强度高、塑性大、耐腐蚀性好等优良性能，但由于成本约为铜基记忆合金的十倍而使之应用受到一定限制。因而近二十年来铜基形状记忆合金的应用较为活跃，但需要解决的主要问题是提高材料塑性、改善对热循环和反复变形的稳定性及疲劳强度等。

21.2.2.1 铜基形状记忆合金种类及其相变

目前已发现的铜基形状记忆合金见表 21-1 所示，它是目前发现的记忆合金中种类最多的一族。由于母相都是有序相，故热弹性马氏体相变的特性很明显。其中研究最多并已得到实际应用的是 CuZnAl 及 CuAlNi，尤其是 CuZnAl 合金应用较广。

CuAlNi 形状记忆合金的成分范围是确保其在高温时仅以 β 单相存在，故仅限于 Cu-14Al-4Ni%（质量分数）附近的很狭窄的区域。在热平衡状态下，β 相于 550℃发生共析转变，产生面心立方结构的 α 相和 γ_2 相（γ 黄铜结构）。但是从 β 单相区淬火，共析分析受阻，并在 M_s 以上温度自发完成无序 β 向有序 DO_3 结构（β1 相）的无序-有序相变，当温度低于 M_s，发生马氏体相变。

$$DO_3（\beta_1）\longrightarrow 2H（\beta_1）$$

CuZnAl 合金在快速冷却中经无序-有序转变产生 CsCl 型的 B2 结构的 β2 相,根据成分不同,在较高温区又会自发产生 B2 向 DO_3 的有序转变,所以在常温下往往具有 DO_3 结构。由此而产生马氏体的相变过程分别为

$$无序 \beta \longrightarrow 有序 B2（\beta_2）\longrightarrow 9R（\beta_2）$$

或　　　　　　　　$$无序 \beta \longrightarrow 有序 B2（\beta_2）\longrightarrow 有序 DO_3（\beta_1）$$

这些马氏体相变过程基本上是由有序母相点阵的（110）本身的畸变以及在（110）面上沿着 $[\bar{1}10]$ 方向的切变引起的结构变化。这种切变后的密排面以各种顺序有规则的重叠就组成各类周期性堆垛的层状结构。其中"R"表示在垂直于堆垛面（即密排面）方向上呈菱面体对称,"H"代表六方对称。实际上,由于形成有序点阵的两种原子半径的差别造成其 c 轴不能与底面保持垂直,因此在 Cu 基合金中的长周期堆垛层状结构的马氏体绝大部分都是单斜马氏体。由于铜基形状记忆合金出现的相变马氏体或应力诱发马氏体种类较多、结构复杂,为了便于理解,以 DO_3 结构为例,对其马氏体相变过程略作简介。

图 21-11 为 DO_3 有序点阵的晶体结构 a 以及 $[110]$ 堆垛上、下两个（110）晶面的示意图 b、c。若将该密排面上（以上底面做基准）原子沿着图 21-12 中箭头所示的方向进行切变,就获得沿 $[110]$ 方向堆垛的共六种不同的堆垛面。如果将此六种面以各种可能的顺序堆垛起来,就会形成如图 21-13 所示的各种结构的马氏体。

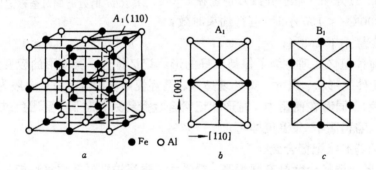

图 21-11　DO_3 晶体结构及 $[110]$ 方向上的两个（110）面

a—DO_3 晶体结构；b— $[110]$ 堆垛的上面；c— $[110]$ 堆垛的下面

在 Cu 基形状记忆合金中,无论哪种马氏体,在相变过程中为了使整体的应变降为最小,马氏体变体的相对分布均呈现菱形状片群结构。在 M_f 以下温度加载,将使相对于外应力有利的变体择优长大而成为单一变体的马氏体。由于 Cu 基合金中马氏体结构的多样化,使应力诱发相变更复杂,在合适的条件下,被诱发的马氏体可以在应力下诱发出另一种马氏体,由于这些马氏体的可逆相变,因此 Cu 基记忆合金中往往出现多阶相变伪弹性。根据应力与温度条件的不同,其诱发相变过程有

$$DO_3 \Longrightarrow 2H \Longrightarrow 18（R2）\Longrightarrow 6R$$

$$DO_3 \Longrightarrow 2H \Longrightarrow 18（R1）\Longrightarrow 6R$$

$$DO_3 \Longrightarrow 18R \Longrightarrow 6R$$

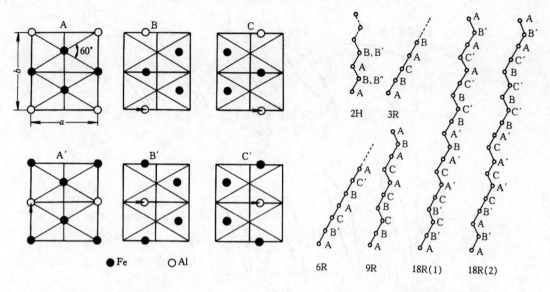

图 21-12　由 DO₃ 的（110）面上　　　　　图 21-13　各种周期性堆垛
切变产生的可能堆垛面　　　　　　　的层状结构

21.2.2.2　性能及影响因素

铜基形状记忆合金的相变温度对合金成分和处理条件极敏感。例如 Cu-14.1Al-4.0Ni 合金在 1000℃ 固溶后分别淬入温度为 15℃ 与 100℃ 介质中，其合金的 M_s 对应为 −11℃ 与 60℃。因此实际应用中，可以利用淬火速度来控制相变温度。

无论是 CuZnAl 还是 CuAlNi 合金，相变温度对 Al 含量都很敏感。下列经验公式可供合金设计时参考

CuZnAl　$M_s = 2221 - 52x$（%Zn（质量分数））$- 137x$（%Al（质量分数））[20]

CuAlNi　$M_s = 2293 - 45x$（%Ni（质量分数））$- 134x$（%Al（质量分数））[21]

铜基形状记忆合金的热弹性马氏体相变是完全可逆的，但在热循环中，随着马氏体正、逆相变的反复进行，必定不断地引入位错，使母相硬化而提高滑移变形的屈服应力，导致相变温度和温度滞后等发生变化。对于不同合金，位错形成的地点以及位错对母相及马氏体相的影响的差异，使热循环对材料相变温度等的影响趋势不尽相同。如 Cu-21.3Zn-6.0Al 合金的 M_s 和 A_f 随着循环次数的增加而下降，经过一定周期，才可稳定。

图 21-14 是 CuZnSn（a）与 CuAlNi（b）合金在反复变形不同周期后的应力-应变曲线。CuZnSn 合金在首次变形时，母相的弹性范围较大，一旦应力诱发马氏体后，变形就可在几乎恒定的应力下进行。卸载后应变未能全部消除，说明材料内部已发生滑移变形。由于这种位错应力场的存在促使随后变形过程中马氏体的诱发，故在以后的周期中较低的外应力就可诱发马氏体，使母相弹性变形区变窄。由图可见，该类合金在五个周期后，性能基本稳定。与此不同的是 CuAlNi 合金在 M_s 以上温度反复循环变形中应力-应变曲线无明显变化，具有稳定性，但在第九次变形时材料断裂。这是由于在反复的应力诱发相变过程中在晶界处所产生的应力集中导致试样沿晶断裂。

合金在使用过程中的时效也是导致材料性能波动的重要原因之一。根据材料在记忆元器件动作温度时的状态，存在着两种不同的时效过程。(1) 母相状态下的时效，这是由于

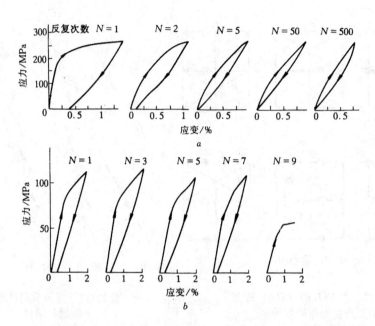

图 21-14 铜基形状记忆合金反复变形的应力-应变曲线

a—CuZnSn；b—CuAlNi

快冷中有些有序化相变进行得不够充分，在使用中，这一过程可不断地充分，从而影响马氏体相变温度。此外，时效中母相的共析分解使合金硬度提高，形状记忆效应明显下降；(2) 马氏体状态时效，由于淬火引入的空位，在时效过程中，钉扎了母相与马氏体相的界面以及马氏体之间的界面，引起马氏体相稳定，导致逆相变温度提高。

CuAlNi 等铜基合金在反复使用中，较易出现试样断裂现象，其疲劳寿命比 TiNi 合金低 2～3 个数量级。其原因是铜基合金具有明显的各向异性。在晶体取向发生变化的晶界面上，为了保持应变的连续性，必会产生应力集中，而且晶粒越粗大，晶面上的位移更大，极易造成沿晶开裂。目前在生产中，已通过添加 Ti、Zr、V、B 等微量元素，或者采用急冷凝固法或粉末烧结等方法使合金晶粒细化，达到改善合金性能的目的。

21.2.2.3 形状记忆效应的获得

单向记忆处理是将成形后的合金元件加热到 β 相区保温一段时间（CuZnAl 合金在 800～850℃保温 10 分钟），使合金组织全部变成 β 相，直接淬入室温水或冰水中（淬火介质温度在 A_f 以上）。为了防止淬火空位在使用中的扩散，将淬火后的元件立即放入 100℃水中保温适当时间，使组织稳定化。也可以采用分级淬火的方法，将全部为 β 相的元件先淬入 150℃油中，停留一定时间（大于 2 分钟），再淬入室温水中，这种处理可以使 CuZnAl 合金在 327℃附近的 B2→DO₃ 转变充分。这样既可以避免由于时效引起的性能不稳定性，又由于 DO₃ 向 18R 的马氏体相变而获得良好的热弹性。

双向记忆效应可以通过与 TiNi 合金相同的训练法获得。

21.2.3 铁基形状记忆合金

早期发现的铁基形状记忆合金 FePt 和 FePd 等由于价格昂贵而未能得到应用。直到1982 年有关 FeMnSi 记忆合金研究论文[22]的发表，才引起材料研究工作者极大的兴趣。尤其由于铁基形状记忆合金成本低廉、加工容易，如果能在回复应变量小、相变滞后大等问题上得到解决或突破，可望在未来的开发应用上有很大的进展。

与 TiNi 和铜基等形状记忆合金不同，FeMnSi 等铁基形状记忆合金的结构是无序的，并不呈现热弹性马氏体相变的特征。因此其记忆效应机理具有特殊性。它们是利用 ε-马氏体相变具有体积变化小，能抑制滑移变形等特点，使其逆相变时呈现形状记忆效应。FeMnSi 合金的母相是具有面心立方结构的 γ 相，在冷却时，可在其 $\{111\}_\gamma$ 晶面上切变 $1/6\langle 112\rangle$ 就可以得到具有密排六角结构的 ε-马氏体。相变前后，原子面上的相邻关系保持不变，只是使得原来面心立方晶体（111）面的堆垛次序由 ABCABC…变为 ABAB…。有关 ε-马氏体的形核过程可以用层错来理解，在 ABCABC 的正常堆垛中，若引入一个位移矢量 R 为 $1/6$ $[11\bar{2}]$ 的层错，如堆垛到 C 层处原子面有一位移，则该层原子就成了 A 层位置，这样就形成了 ABAB…堆垛的小片 ε-马氏体。目前关于 ε-马氏体层错形核的机制有极轴机制[23]和自发形核机制[24]，尽管这两种机制的位错模型不同，各能解释一些现象，也存在某些不足，但有一点是共同的，也就是这二种机制中均包含有肖克莱（Shockley）不全位错的运动。作为形状记忆材料的 FeMnSi 合金，必需使应力诱发的 ε-马氏体具有可逆性，而正是肖克莱不全位错的可逆运动限制了形状改变过程中奥氏体中的永久变形，使 ε-马氏体界面具有可动性，在加热时肖克莱不全位错逆向运动使马氏体发生逆相变。现有研究表明 FeMnSi 记忆合金的形状记忆效应是由应力诱发 ε-马氏体的逆转变引起的，而冷却引起的相变并无贡献[25]。

铁基形状记忆合金的最大回复应变量为 2%，超过此形变量将产生滑移变形，导致 ε-马氏体与奥氏体界面的移动发生困难，在大应变时，不同位向的 ε-马氏体变体交叉处会形成少量具有体心立方结构的马氏体[26]，后者将会使逆相变温度提高 400℃左右，明显影响形状记忆效应。

为了增加回复应变量，一般在试样经过百分之几的变形后，在高于 A_f 的温度下进行加热，再冷却到室温附近（$<M_s$），如此反复多次（称为热处理训练）就可以使回复应变量提高一倍左右。图 21-15 为 Fe-32Mn-6Si%（质量分数）合金在 600℃进行热处理训练后的形状记忆效应[27]。训练处理前的变形量为 2.5%。随着训练次数的增加，回复应变量大幅度提高。五次训练后，已达到完全记忆的效果。实验证明热训练可以提高奥氏体母相的屈服强度，因此抑制了滑移变形的发生。图 21-16 为 Fe-24Mn-6Si 合金经热训练后，屈服强度与训练次数的关系图[28]。随着循环次数增加，母相屈服强度增加，不同温度热处理的效果不同，873K 热处理的效果不及 573K。由此可见，要获得好的记忆性能，必须选择合适的训练温度及训练周期。

由于铁基合金的形状记忆效应依赖于 ε-马氏体的可逆性，而 ε-马氏体与层错有关，因此凡是降低层错能的合金元素（Cr、Si、Ni 等）均有利于 ε-马氏体的形成，也即对记忆效应有正面贡献。Cr 的加入还可改善铁基记忆合金的抗腐性。如果适当调节 Mn 含量，可使相变温度在室温附近，而且具有更佳的形状记忆性能。但是 Cr 的存在会产生 σ 相而造成合金脆性。加入适当的 Ni 可避免 σ 相的形成。故目前研究最多的是 Fe-Mn-Si-Cr-Ni 合金。Co 是明显降低层错能的元素，它既可保证合金能够含较高的 Cr，又用以调节 M_s 使其在室温附近，便以加工、使用。Fe-13Cr-6Ni-8Mn-6Si-12Co 合金经热训练后，在室温下变形，形状记忆效应可达 80%。

有关 FeMnSi 记忆合金早期研究认为，在奈耳点 T_N 以下，由于反铁磁性转变会引起奥

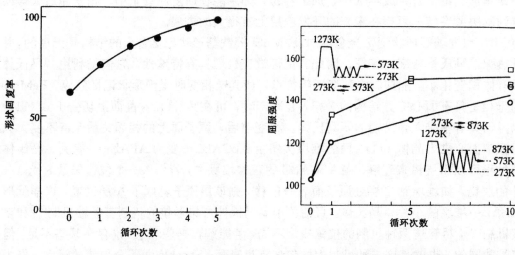

图 21-15　Fe-32Mn-6Si 合金热训练　　　图 21-16　奥氏体屈服强度与热训练
　　　　　　后的记忆效应　　　　　　　　　　　　　次数的关系（Fe-24Mn-6Si）

氏体稳定化，从而阻碍了 $\gamma \rightarrow \varepsilon$ 转变[19]。但近期工作表明[30]，该类合金中的反铁磁相变对马
氏体相变有一定的抑制作用，可能只是使马氏体量减少，若增加过冷度，仍有可能使 $\gamma \rightarrow \varepsilon$
转变继续进行。

21.3　形状记忆合金的应用

　　具有形状记忆效应的合金系已达二十多种，但其中得到实际应用的仅集中在 TiNi 合金
与 CuZnAl 合金，CuAlNi 及 FeMnSi 系记忆合金也在开发应用中。这些合金由于成分不同，
生产和处理工艺的差异，其性能有较大的差别。即使同一合金系，成分的微小差别也会导
致使用温度的较大起伏。在记忆元件的设计、制造及使用中，不仅关心材料的相变温度，还
必须考虑其回复力、最大回复应变、使用中的疲劳寿命及耐腐性能等。为便于对记忆合金
材料的选择，现将各常用合金的主要特征参数列于表 21-3。一般来说，TiNi 合金记忆特性
好，但价格昂贵。铜基记忆合金成本低，有较好的记忆性能，但稳定性较差，而 FeMnSi 系
合金虽然价格便宜、加工容易，但记忆特性稍差，特别是可回复应变量小。因此实际应用
要综合考虑材料的用途、使用环境、使用方法及成本等各因素，以便选取合适的形状记忆
合金。例如要求性能稳定，需要反复使用的较精密的元件，一般采用 TiNi 合金，而对于象
火警警报器等只需一次动作的元件就往往选用 CuZnAl 合金。

表 21-3　常用记忆合金的组织结构及有关特性

项　　目	TiNi 合金	CuZnAl	CuAlNi	FeMnSi
母相晶体结构	B2	B2 DO$_3$	DO$_3$	FCC
弹性各向异性因子	2	15	13	
相变应变对取向依赖性	大	大	大	大
滑移变形开始应力/MPa	约 100	约 200，高	约 600	约 500

续表 21-3

项　目	TiNi 合金	CuZnAl	CuAlNi	FeMnSi
断裂方式	穿晶韧断	穿晶，沿晶	沿晶	穿晶
加工性	不良	不太好	不太好	较好
记忆处理	较易	相当难	相当难	
回复应变	≤8%	≤4%		≤2%
回复应力/MPa	≤400	≤200		较小
疲劳寿命　$\varepsilon=0.02$ 　　　　　$\varepsilon=0.005$	10^5 10^7	10^2 10^5		
相变温度 M_s/℃	$-50\sim100$	$-180\sim100$	$-140\sim100$	$-200\sim50$
相变滞后 A_f-M_s/℃	30（M），2（R）	10	35	较大
耐蚀性	良好	不良，有应力 腐蚀破坏	不良，有应力 腐蚀破坏	不良，有待改进

21.3.1　工业应用

从 20 世纪 70 年代开始形状记忆合金得到真正的应用，至今已有二十多年，应用领域极广，从精密复杂的机器到较为简单的连接件、紧固件，从节约能源的形状记忆合金发动机到过电流保护器等处处都可反映出形状记忆合金的奇异功能及简便、小巧、灵活等特点。

用作连接件，是记忆合金用量最大的一项用途。选用记忆合金作管接头可以防止用传统焊接所引起的组织变化，更适合于严禁明火的管道连接，而且具有操作简便，性能可靠等优点。管接头的使用如图 21-17 所示，待接管外径为 ϕ（图 a），将内径为 ϕ（1−4%）TiNi

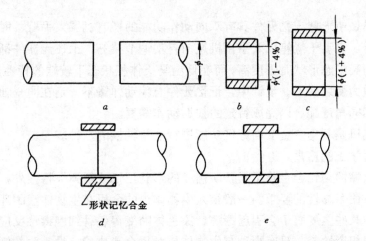

图 21-17　形状记忆管接头使用示意图

a—待接管；b—记忆处理管接头；c—扩径后；d—套管；e—加热后完成接管

合金管经过单向记忆处理后（图 b），在低温下（<M_f）用锥形模具扩孔，使其直径为 ϕ（1+4%）（图 c），扩径用润滑剂可采用聚乙烯薄膜。在保持低温下将被接管从管接头两头插

入（图 d），去掉保温材料，管接头温度上升到室温时，由于形状记忆效应，其内径恢复到扩管前尺寸，起到连接紧固作用。

　　用作控温器件的记忆合金丝被制成圆柱形螺旋弹簧作为热敏驱动元件。其特点是利用形状记忆特性，在一定温度范围内，产生显著的位移或力的变化。再配以用普通弹簧丝制成的偏压弹簧就可使阀门往返运动。也就是具有双向动作的功能。当温度升到一定温度时，形状记忆弹簧克服偏压弹簧的压力，产生位移打开阀门，当温度降低时，偏压弹簧压缩形状记忆弹簧，使阀门关闭，从而产生周而复始的循

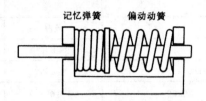

记忆弹簧　　偏动动簧

图 21-18　形状记忆温控阀

环（图 21-18）。目前，我国已在热水器等设备上装有 CuZnAl 记忆元件。表 21-4 列出了各种温控阀门的性能，可见形状记忆控温阀具有结构简单，可靠性较好，更换方便等优点。

表 21-4　各种温控阀门性能

性　　能	温控器				
	电接点温控器	温控液压仪控温器	液气转变温控	石蜡温控	记忆合金
温度调节范围	<100℃	<100℃	40～75℃	无	<100℃
耐气候性	仅装于室内	室内	冬季不可用	全年	全年
可靠性	易出故障	易出故障	更换困难	更换困难	较好
重复性	好	好	一般	一般	较好
维修	困难	困难	较难	一般	简易
价格	昂贵	昂贵	较贵	较贵	低廉

　　利用偏压弹簧使形状记忆元件具有双向动作功能的还有机器人手臂、肘、腕、指等动作、电流断路器、自动干燥箱以及空调机风向自动调节器等。上述元器件都是利用形状记忆合金在恢复到高温态形状时强度高，而在低温马氏体相状态下较软的特性，在低温时，借助偏动弹簧的弹力使之变形。设计中，记忆元件与偏动弹簧不一定在同一轴上，根据需要以不同方式、不同角度配合以完成特定的往返动作需要。

　　形状记忆热机是利用合金双向记忆功能进行能量转换的一种装置。

21.3.2　医学上的应用

　　用于医学领域的记忆合金除了具备所需要的形状记忆或超弹性特性外，还必须满足化学和生物学等方面可靠性的要求。一般植入生物体内的金属在生物体液的环境中会溶解成金属离子，其中某些金属离子会引起癌病、染色体畸变等各种细胞毒性反应，或导致血栓等，总称为生物相容性差。只有那种与生物体接触后会形成稳定性很强的钝化膜的合金才可以植入生物体内。在现有的实用记忆合金中，经过大量实验证实，仅 TiNi 合金满足上述条件。因此 TiNi 合金是目前医学上使用的惟一的记忆合金。

　　TiNi 合金在医学上应用较广的有口腔牙齿矫形丝以及外科中各种矫形棒、骨连接器、血管夹、凝血滤器等。近年来血管扩张元件等应用也见报道。

　　牙齿矫形丝是利用 TiNi 合金相变伪弹性特点，使合金丝处理成超弹性丝。由于应力诱

发马氏体相变使弹性模量成非线形变化，
当应变增大时，矫正力却增加不多。因此佩
带矫正丝时，即使产生很大的变形也能保
持适宜的矫正力，不仅操作方便，疗效好，
而且可减轻患者的不适感。TiNi 合金的超
弹性功能使应变高达 10% 仍不会发生塑
性变形。

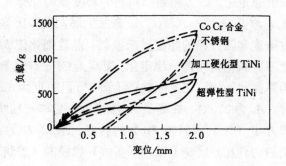

图 21-19　各种矫形丝材的载荷、变形曲线

图 21-19 是用于矫形丝的各种材料的
负载与变形曲线。由对比可见，传统用的
不锈钢和 CoCr 合金的弹性系数大，相对
于很小的变形就需要较大的负载，而且产生明显的永久变形。TiNi 合金丝明显优于前者。

脊柱侧弯矫形用哈氏棒通常是用不锈钢制成，但由于植入人体后以及在随后使用中，矫
正力明显下降，甚至在半个月后下降 55%，故通常必需进行再次手术以调整矫正力，使患
者在精神上、肉体上承受较大痛苦。改用形状记忆合金棒，只需一次安放固定手术。一般
是将 TiNi 合金棒记忆处理成直棒，然后在 M_s 以下温度（通常在冰水）弯成与人体畸形脊
柱相似的形状（弯曲应变小于 8%），立即安放于人体内并加以固定。手术后通过体外加热
使温度高于体温 5~10℃，这时 TiNi 合金棒逐渐回复到高温相状态，产生足够的矫正力。

其它如骨折、骨裂等所需要的固定钉或固定板都是将 TiNi 合金的 A_f 温度定在体温以
下。先将合金板（或合金钉等）按所需形状记忆处理定形，在手术时，将定形板在冰水中
（<M_s）变形成便于手术安装的形状，植入所需部位固定，靠体温回复固定板形状。用记忆
合金固定骨折等患处，患者痛苦少，功能恢复快，是非常行之有效的方法。

21.4　陶瓷和树脂中的形状记忆效应

热弹性马氏体的发现和形状记忆效应的发现利用已经快半个世纪了。这些首先是在金
属及合金中观察到的。随着人们对材料的研究范围及深度的发展，形状记忆效应便在陶瓷
和高分子材料中也被观察到了。从而使人们研究形状记忆效应的领域扩大了，形状记忆材
料现在应理解为包括合金、陶瓷、高分子和复合材料。

21.4.1　形状记忆效应机理的多样性

人们对形状记忆合金中的马氏体相变和有序转变已进行了相当广泛深入的研究（表
21-1）。对于形状记忆效应在具有马氏体相变的合金中出现的机理也已取得了比较一致的看
法（图 21-6 及正文中的说明）。现在已经确切知道在陶瓷中的一些马氏体相变也伴随有形状
记忆效应[31]。但是人们现在已经知道形状记忆效应不只是在有马氏体相变的情况才存在，
而是有多种的出现机理，例如存在着粘弹性导致的形状记忆[32]，电偶极矩有序转变导致的
形状记忆[33]，由固定相和可逆相组成的树脂形状记忆[34]等。

21.4.2　陶瓷中的形状记忆效应

21.4.2.1　通过马氏体相变的形状记忆

对 ZrO_2 中的马氏体相变已有约 20 年的研究历史。ZrO_2 从高温到低温有立方、四方和
单斜结构的变化。四方相可以通过加入一定量的溶质氧化物（如 MgO，CeO_2，Y_2O_3 等）部

分被稳定化。四方相到单斜相的转变是马氏体相变，伴有约 5％ 的体积膨胀，它是可逆的。M_s，M_b，A_s，A_b（M_b，A_b 是发生爆发型马氏体相变和其逆转变的温度）可以通过改变溶质浓度和四方相的晶粒度来控制，晶粒细化使 M_b 和 A_b 降低。加入 12％（摩尔分数）CeO 使四方氧化锆相部分稳定化（简写为 Ce-TZP）。Reyes-Morel 等[35]对此材料在应力作用下的伪弹性和形状记忆效应进行了研究。晶粒度为 $3\mu m$ 试样的 A_b 为 $235℃$，而晶粒细化到 $1\mu m$ 时，A_b 为 $210℃$。在高于 A_b 温度时，受单一轴向压应力作用的 Ce-TZP 试样中，应力诱发四方相（t）到单斜相（m）的转变。图 21-20 绘出含 12％（摩尔分数）CeO_2 的 Ce-TZP 陶瓷的伪弹性，反映了轴向（实线）和径向（虚线）的应力-应变曲线。此试样的晶粒直径大体为 $0.7\mu m$。试样可重复应力-应变循环，但是永久形变以每周 0.1％ 的速度积累，在晶粒边界会出现一些微裂纹。陶瓷表现出与形状记忆合金相似的伪弹性，区别是陶瓷的正逆马氏体相变温度较高。在图 21-21 中示出这类陶瓷材料以马氏体相变为内部机理的形状记忆性能。这里绘出的是样品承受单轴向压应力时的应力应变曲线，及已变形试样在加热时的形状恢复。此试样的 M_b 为 $-31℃$，A_b 为 $186℃$，在室温形变实验。

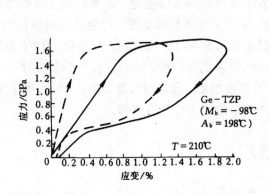

图 21-20 ZrO_2-12％（摩尔分数）CeO 试样
在单一轴压力下于 210℃ 试验的压力-应变
曲线（应变速率为 $3\times10^{-5}s^{-1}$）

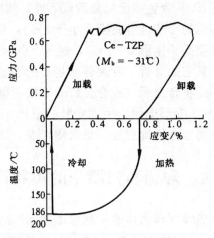

图 21-21 ZrO_2-12％（摩尔分数）CeO
陶瓷应力-应变曲线，室温轴向压力
及加热时的应变恢复

21.4.2.2 电偶极矩有序状态改变引致的形状记忆

如前所述，电偶极矩有序状态的改变是另一类陶瓷形状记忆的内部机理[33]。用 Pb、Zr 氧化物改性的钛酸盐基陶瓷在高温是顺电态的。冷却后转变为反铁电态，在电场（H）的作用下从反铁电态变为铁电态。加热时由铁电态转回顺电态。这种机理的形状记忆与以马氏体相变为机理的形状记忆效应在图 21-22 中作了示意性的类比。对于（Pb，Nb）（Zr，Sn，Ti）O_3 基陶瓷，电极化作用可引起 0.4％ 应变，大大超过普通压电晶体能够达到的。它的反应时间短，连接在电路里时可望作为能量储存的执行元件。

21.4.2.3 粘弹性形状记忆效应

粘弹性形状记忆效应已在多种陶瓷中被观察到了。二十多年前人们在云母玻璃-陶瓷中就发现了近乎理想的形状恢复。其化学成分是在连续的玻璃体中弥散分布着 0.4％～0.6％

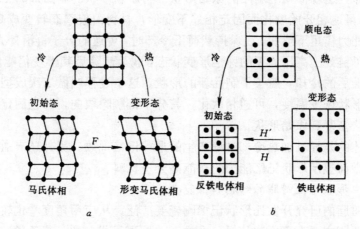

图 21-22 形状记忆合金与铁电态陶瓷形状记忆效应的示意性比较

a—形状记忆合金；b—形状记忆陶瓷

（摩尔分数）云母晶体。所谓玻璃-陶瓷是指在玻璃基体中弥散分布着少量微粒晶体。开始整体是玻璃的，通过加入的少量形核剂或特殊成分的自形核作用，在工艺某阶段析出晶体。前述类型的材料当升温到 300℃时，被刚性玻璃包围的云母晶体通过基面滑移而塑性变形。一般情况，云母在低温是能塑性变形的。但是云母玻璃陶瓷试样，在负荷作用下可以随温度的升高和冷却而塑性变形，并在卸去荷载后仍能保持稳定的形状。当试样再次加热到云母可变形的温度，玻璃中所储蓄的弹性应变能就成为恢复到原始形状的驱动力。例如已晶化成玻璃-陶瓷态的螺旋形试样，经 500℃热加压使之塑性变形，冷却到室温仍能保持其永久变形状态。随后在 800℃长时间退火，变形有 99%得到恢复。伊东明俊等[36]还发现烧结陶瓷也有相似的粘弹性形状记忆。这些材料有云母（$KMg_3AlSi_3O_{10}F_2$）、氮化硅（Si_3N_4）、碳化硅（SiC）、二氧化锆（ZrO_2）、氧化铝（Al_2O_3）。另外，β锂辉石（$(Li, Na)_2Al_2Si_4O_{12}$）玻璃-陶瓷和 $2ZnO\text{-}B_2O_3$ 玻璃-陶瓷的试验表明，它们也具有粘弹性形状记忆能力。

21.4.3 树脂中的形状记忆效应

形状记忆树脂相对于形状记忆合金有容易加工和价格低廉的优点，所以它的开发利用引起了国内外的极大兴趣。从 80 年代起成为新兴热门材料，具有广阔的开发前景和巨大的应用潜力。

21.4.3.1 形状记忆原理

树脂的形状记忆原理与金属及合金的不同，后者主要靠马氏体各变体之间的协调形变和可逆转变，而树脂的形状记忆原理却是由其特殊的内部结构决定的。形状记忆树脂通常由固定相和可逆相组成；固定相起防止树脂流动和记忆原始形状的作用，可逆相能随温度变化发生软化和硬化之间的可逆变化；或者说固定相的作用在于原始形状的记忆与恢复，可逆相则保证成型品可以改变形状。形状记忆树脂根据固定相的结构特征可分为热塑性与热固性两大类。

现以热塑性形状记忆树脂为例具体说明形状记忆树脂制品的加工过程，并从而更清楚地理解其记忆原理。将粉末树脂加热熔化，固定相和可逆相均处于软化状态。将其注入模具中成型、冷却，这就得到了制品的原始形状。将原始形状的制品加热至可逆相的玻璃化温度 T_g 以上，可逆相开始软化而固定相并不变形，材料由玻璃态转变成高弹性的橡胶态，它的整体可在外力作用下形变。在保持载荷下冷却时，可逆的分子链沿外力方向取向冻结，而固定相的分子链处于高压力下的弹性形变状态，载荷卸除后其形变仍能保持。在 T_g 以上的加载变形和继后的冷却，赋予了制品新的形状，这个过程叫做二次成型。将二次成形后的制品加热至形状恢复温度，可逆相软化，其分子链解除取向，并在固定相的回复应力作用下制品的形状恢复到原始形状。

以上所讲述的是经过加热冷却过程产生的形状记忆现象，另外还有通过光、电或化学物质等方法刺激而显示形状记忆能力的功能高分子材料。

21.4.3.2　形状记忆树脂的结构和性能

形状记忆树脂的研究开发比形状记忆陶瓷要广泛，从应用角度看也较为成熟。已经开发的形状记忆树脂主要有聚降冰片烯，反式 1，4-聚异戊二烯，苯乙烯-丁二烯共聚物和聚氨脂等品种。与形状记忆合金相比，它们有加工容易，性能便于调整，形变量大，赋形容易，质轻价廉等优点。在表 21-5 中对二者的性能范围作了粗略的比较。

表 21-5　形状记忆树脂与形状记忆合金的物理性能比较

物 理 性 能	形状记忆树脂	形状记忆合金
密度/kg·m^{-3}	960～1100	6000～8000
断裂强度/MPa	9.8～34.3	687～1079
断裂伸长率/%	250～1000	20～60
最大形变量/%	250～800	6～7
形变应力/MPa	0.98～2.94	46～196
临界形变温度/℃	-30～90	-10～100
形状恢复应力/MPa	0.98～2.94	147～290
形状恢复速度	慢	快
形状恢复精度	低	高
电热传导性	低	高
着色性	好	差

以苯乙烯-丁二烯共聚物为例，说明结构和性能的一些情况。它是由日本旭化成公司于 1988 年开发成功的。其固定相是高熔点（120℃）的聚苯乙烯的结晶部分，而可逆相为低熔点（60℃）的聚丁二烯的结晶部分。将此共聚物加热到 120℃ 以上，就可用挤出、注射等成型工艺制成成品所需的原始形状，然后在 60℃ 变形，冷却到室温，去载荷再加热到 60℃ 作形状恢复，即可得到原始形状。此树脂形变量可高达 400%；形状恢复速度快，常温下使用时形状的自然恢复极小。可以使用 200 次以上。这类树脂的一般物理性能见表 21-6。表中 MFR 为平均失效率，JIS 为日本工业规格。

表 21-6 苯乙烯-丁二烯共聚树脂的特性

性　　　　能	数　　值
MFR（200℃/5kg）	2.0
常态物性	
硬度（JIS A）	97
300%拉伸应力/MPa	7.85
拉伸强度/MPa	9.81
伸长率/%	400
撕裂强度/MPa	5.89
回弹率/%	40
耐热性变化率（70℃，96h）/%	
硬度（JIS A）	−1
拉伸强度/MPa	0
伸长率/%	0
室外暴露变化率（夏季 30d）/%	
硬度（JIS A）	−1
拉伸强度/MPa	0.98
伸长率/%	−70

聚氨酯自从 1988 年由日本三菱重工业公司开发出来以后，受到各国重视。我国对它也有研究。聚氨酯系列形状记忆树脂是由异氰酸酯、多元醇和链增长剂三种单体原料聚合而成的含有部分结晶的线性聚合物。此树脂以其部分结晶相为固定相、聚氨酯软段为可逆相。玻璃化温度 T_g 为 −30～70℃，形变量可达 400%，质轻价廉，可任意着色。因为它的分子链呈直链结构，所以热塑性好，可用注射、挤出、吹塑等方法加工成型。一般说来，聚氨酯的性能决定于其软段的结晶程度和硬段区的稳定度。

21.4.3.3　形状记忆树脂的应用

形状记忆陶瓷的应用还处于较初期的开发阶段；与之相比，形状记忆树脂的应用已取得了较大的进展。这是由于后者具有一系列优点，如质轻价廉，不锈蚀，可印刷，易着色，形变量大，通过成分和结构调整性能可在相当宽的范围内变化，成型加工容易等。目前形状记忆树脂已在医疗、包装、建筑、玩具、汽车、日用杂品、文化体育用品、报警器材等领域得到应用。并正在其他领域开发应用[37]。

具体的应用可以从下边的实际例子来了解。它可以用做异径管子的接合材料。先将形状记忆树脂加热软化成管状，并趁热向内插入直径比该管子内径大的芯棒，孔径就被扩大，冷却后抽出芯棒，即成热收缩管制品。使用时将不同直径的金属管插入热收缩管中，并用热水或热风加热，套管即收缩紧固在直径不同的金属管上。形状记忆树脂可作为容器衬里或外包层。为此，先把它成型为管状，加热加压使其成为扁平状，而在冷却后于其上印刷字迹图案，然后扩大管径套在容器上。加热恢复原始形状而紧固在容器上。也可用于容器的衬里。在医疗方面，形状记忆树脂也已得到了开发应用。例如代替传统的石膏绷扎，可用作创伤部位的固定器材。还可采用具有生物降解特性的形状记忆树脂制作医用组织缝合器材、防止血管阻塞器材、止血钳等。总之，形状记忆树脂的应用领域正在迅速扩大。

最后，还需指出，形状记忆效应的研究开发虽然已有约五十年的历史了，但人们对它的关心和研究势头并未衰减。形状记忆材料，从最初的合金已扩展到陶瓷和高分子材料；并且各种先进的生产工艺技术已被用到形状记忆材料的研究、开发和应用方面来；例如复合技术、快速冷凝技术、薄膜制作技术的应用，已导致了复合形状记忆材料、薄带形状记忆材料[38]、薄膜形状记忆材料[39]的出现和开发应用。形状记忆材料在智能材料系统中受到高度重视。

参 考 文 献

1　Chang L C，Read T A. Trans，AIME，1951；191，47

2　Burkart M W and Read T A，Trans AIME. 1957；1516，197

3　Buehler W J，et al.，J. Appl. Phys.，1963；1467，34

4　R G de Langer，et al.，U. S. Patent，3，450，372

5　西田捻，木間敏夫. 东北大学選研業報，1982；38（2），75

6　舟久保熙康. 形状记憶合金.（产业图书，1985）8，14

7　三瓶哲也，森谷豊. 金属8. 1989；26

8　Eisennasser J D，Brown L C. Metall. Trans.，1972；3；1359

9　Wayman C M，Shimizu K. Metal Science J.，1972；6；175

10　Otsuka K et al.，Phys. Stat. Sol.，1971；5；457

11　Dautovich D P et al.，J. Appl. Phys.，1966；37；2513

12　Goo E，Sinclair R. Acta Metall.，1985；33（9）；1717

13　Nishida M et al.，Met. Trans.，1986；17A；1505

14　Chen Q et al.，Script Metall. 1993；29（1），49

15　Li D Y et al.，Phil. Mag.，1991；63；585，603

16　Zhou C Z. et al.，Acta Metall.，1989；37；7

17　赵兴中，吴杏芳，柯俊. 金属学报，1994；30（7A）；302

18　Honma T et al.，Proc 4th Inter. Conf. on Ti，Kyoto，Japan，1980；1455

19　杨杰，吴月华. 形状记忆合金及其应用. 合肥：中国科技大学出版社，1993；111

20　亀井清等. 伸铜技术研究会志. 1982；21；153

21　Sugimoto K et al.，J. De. Phys，1982；43；C4-761

22　Sato A et al.，Acta Met.，1982；30；1177

23　Seeger A.，Z. Metallk.，1956；47；635

24　Olsen G B.，Cohen M. Met. Trans.，1976；7A；997，1896

25　Sato A et al.，Acta Met.，1984；34；287

26　Hoshino Y et al.，Materials Trans. JIM，1992；33；253

27　大冢広明. 金属，1990；3；29

28　Tsuzaki K et al.，Materials Trans.，JIM，1992；33；263

29　村上雅人等. 铁と钢. 1986；72（13）；289

30　马如璋，赵钟涛. 功能材料，1995；26（4）；354

31　Reyes-Morel P E. Jyh-Shiarn Cherng. I-Wei Chen，J. Am. Ceram. Soc. 1988；71（2），648

32　伊東明俊，三輪敬之，井口信洋. 日本金属学会志，1990；54（1）；117

33 Uchino K. Mater. Res. Soc. Bulletin，1993；18（4）：42

34 杜仕国，李文钊. 现代化工，1995；15（7）：15

35 Irie M. Pure and Appl. Chem. 1990；62（8）：1495

36 Li F K *et al.*，Chin. Chem. Lett. 1996；7（8）：756

37 张万喜. 材料导报，1993；（2）：45

38 Furuya Y *et al.*，Materials Transactions，JIM，1990；31（6）：504

39 吴建生，吴晓东，王征. 材料研究学报，1997；11（5）：449

22 智能材料与结构

22.1 引 言

在材料科学领域里，人们已经听惯了结构材料和功能材料或传统材料与新材料一类的名词。但是这几年来，像灵巧材料，机敏材料，非常机敏材料，智能材料一类的名词也逐渐为人们所知。"这个不能想像的材料，并且突飞猛进的发展，都是学科融合化的结果，这也使学化学的人头痛。一方面是机会，另一方面觉得头痛，因为传统科目分得很清醒，而现在要融合，这就需要一些人才专门从各科的不同领域看出些苗头……这是潮流，而且这些潮流在今后十年、二十年还要继续发展下去"[1]。这一段话是对材料科学总体说的，最后一句话还是对科技、经济发展总体说的。智能材料的发展就具有这种特点，并且与其他学科分支相比这种特点表现得更突出更明显。

过不了多久，"智能"飞机的机翼可以像鱼尾一样自己弯曲，自动改变形状，从而改进升力或阻力。具有自调节功能的汽车悬臂架可以识别路面变化，并相应改进自身的刚度，使乘客感到舒适[2]。变色眼镜已经不是什么稀罕的物品了，但它能使佩戴者在强阳光下感到不太刺眼，而进入较暗的屋内又能分辨清东西。这种智能是玻璃的光学非线性行为的表现。这种玻璃是在 1964 年发明的。这是通过在玻璃中掺入氯化银微晶形成的复合材料。紫外线的辐照使 Ag^+ 变成 Ag^0，并且形成被捕获的电子和空穴。Ag^0 原子聚到一起成为团簇，锁定射入的光子而发生变暗效应。当紫外线消失后 Ag^0 转回到 Ag^+，这是在无辐照时从能量上说有利的反应，于是团簇散开、玻璃褪色，变得更透明了[3]。

现在正开发应用具有自适应性并能响应环境条件的薄膜，它可以通过释放乙烯气来适当控制蔬菜水果的熟化，并且在包装的窗口显出什么时候是最佳的食用时间[4]。使用后它在较短的时间内自己溶解消亡，融入环境不造成污染。

世界上许多发达国家（如美、日、德、法）已投入大量人力物力进行研究开发应用工作。机敏材料和结构、智能材料和结构将对工业、国防、国际市场以很大的冲击。能适应此潮流并利用相关技术及早进入此领域的国家，将会有丰硕的收获。

22.1.1 材料的分类和术语

机敏材料（smart materials）也叫灵巧材料。比机敏材料在表达聪明程度上高一个数量级的材料叫智能材料（intelligent materials）。但二者的定义却有很多说法。有人认为机敏材料再加上控制功能便成为智能材料了[5]。另外，功能材料和多功能材料（poly-functional materials，multifunctional materials）与机敏材料异同是怎么样的，也没有明确的界定。把国内外学者在著作中所表达的看法整理后，如图 22-1 所示。

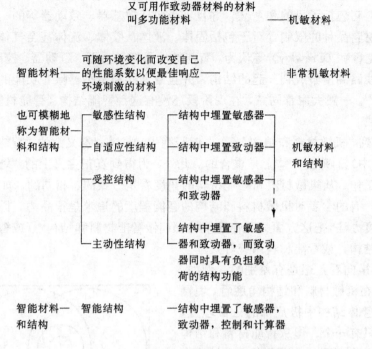

图 22-1 机敏材料和智能材料名称的含义及相互间的
近似对应和区别的示意关系图

最右边竖列从上往下机敏程度逐步增高；在此列的左近邻竖列中是稍为详细一点的说明或简略定义；如"既可用作敏感器材料又可用作致动器材料的材料叫多功能材料"，这也就是有些学者给机敏材料下的定义。又如"结构中埋置敏感器"就是有些学者给敏感性结构下的定义；不过在用智能材料概念时常表示结构中埋置了好多个敏感器，甚至是到处埋置着敏感器。在左侧的竖列是使用智能材料名词的学者或文章常用的名词，如敏感性结构、自适应性结构等。在这竖列的最下一个是智能结构。

机敏材料具有敏感（sensing）和致动（actuating, effecting）的双重功能。它又可分为无源（passive，被动）机敏材料和有源（active，主动）机敏材料；前者不需帮助便能响应外界环境的变化，而后者有一个反馈回路，使得它能识别外界的变化并通过致动器线路而作出响应[3]。非常机敏材料除了敏感和致动功能外，还可通过改变材料系数（这叫做学习能力，ability to learn）去响应环境变化（也叫刺激）。

智能材料可以定义为它能以最恰当的方式响应环境变化，并根据此变化显示自己的功能。关于智能材料、智能材料和结构，智能材料结构和系统、智能系统、智能结构等名词的定义并不明确。在不少情况下，它们的意义是基本相同的。特别值得指出的是"材料和结构"有时应理解为一个单一的名词。可以说它表明了"智能材料"的领域，"材料"和"结构"很不容易分开；很难说在传统材料的定义要求下能找到均匀的材料并具有智能。特别是在现阶段，"机敏（智能）材料和结构"的均匀程度还是比较差的。米克里希（Mucklich）等叙述的一个智能材料系统定义是：把致动器、敏感器和控制器组合集成到一起的系统就叫做智能材料系统[6]。另一定义是具有智能和生命特点的诸材料系统集成到一个总材料系统中以减少质量和能量，并产生自调节功能的系统就叫做智能材料系统。第二个定义更具有普遍性，它包括了目的和意义，并且不受包括敏感器、致动器等的一些定义的局限，这里也没有材料品种的限制，对于包括固体、液体、胶体、流体甚至气体的复合体都可纳入此定义。克鲁勒（Crawley）等认为，智能结构是把敏感器、致动器、控制逻辑、信号处理和功率放大线路高度集成到一起的结构，并且致动器和敏感器除有功能的作用外还起结构材料的作用[7]。一般大家都同意，在现阶段还没有这种智能结构（智能材料系统，智能材料和结构）制成。

从图 22-1 我们看到"机敏材料和结构"（在右侧竖列中）与模糊意义上的"智能材料和结构"（在左侧的竖列中）的范围大体上是重合的。此外，为得到真正意义上的"智能材料和结构"正在进行的工作，从机敏材料和智能材料的角度看是一致的、相同的。如图 22-1 的右侧向下延长的线，有的学者对机敏材料和结构的智能程度的追求是很高的，因之我国学者多采用兼容的大度办法，把这方面的工作笼统的都叫做智能材料和结构[5]（或智能材料系统和结构，或智能结构，或智能材料系统等）。

但是从图 22-1 的横向看，还是有差别的。例如，"结构中埋置敏感器"在机敏材料和结构角度看，埋置的敏感器可以只是在整体结构中极局部的区域埋置，可以数量较少，甚至只有一个。但从智能材料和结构的角度看，"结构中埋置敏感器"应理解为"在结构中到处分布着敏感器（structures have sensors distributed throughout）"，并叫做敏感性结构。与此类似，在结构中到处分布着致动器的叫做自适应性结构（adaptive or actuated structuce）；结构中到处分布着致动器和敏感器的叫做受控结构（controlled structure）；如图 22-2 所示，若以圆分别表示自适应性结构（A）和敏感性结构（S），则两圆的相交区域便是受控结构（C），通常虽不

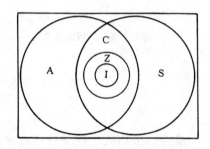

图 22-2 智能材料（I）是主动性结构（Z）的一部分，主动性结构是受控结构（C）的一部分[7]

说明但多指闭路控制把致动器和敏感器相连。在受控结构区中画出一个中等的圆，它代表在这区域中的结构有受控结构的特征，但高度分布着的致动器除具有致动功能外，还具有承担载荷的结构材料功能，这个区域的结构叫做主动性结构（Z）。在主动结构区内再划出一个小圆，代表智能结构（I），它比主动结构还多一个有关控制的计算系统。

致动器（actuator, effector）也叫执行器、激励器、驱动器、效应器。敏感器（sensor）也叫传感器、感知器。控制器（controller），有时也包括处理信号装置（processor）、运算装置，有时把它们分别罗列。

在以后的叙述中，涉及理论、基础、设想和未来时，我们将使用智能材料系统这一类名词，当涉及现在运用的工艺、制成的器件时我们将使用机敏材料系统这一类名词[4,8]。

22.1.2 智能材料是多学科融合化的结果

人类有史以来应用的主要是结构材料。近两百年来人类在材料的应用和研究上有了很大的进步。这种进步表现在两方面，一方面是开拓新的结构材料，另一方面是研究、开发应用功能材料。现在人们已有发展结构材料、功能材料和多功能材料的能力，十几年来又在更高层次上提出了机敏材料和智能材料的研究和生产任务。对智能材料要求具有敏感、致

动和控制能力，这些方面的组分要尽量均匀地分布在结构中，并且提出智能材料和结构应具有自修复，自调整和自控制、自诊断、自预报、备用（待命）性、自复制、耐恶劣环境（超过人）和自消解（死亡后融入环境不造成污染）等。所以合成这种材料系统是相当困难的，是一种严重的挑战，它包含了多种学科和技术的集成和融合化。

　　与智能材料的相关领域有纳米技术、生物技术、纤维材料、微敏感器、神经网络、信号处理压电材料、信息技术、聚合物材料、仿生学、微处理器、微致动器、光子学、电流变体等等。上边列举的有的是材料，有的是工艺，有的是理论或应用学科。这里没有直接列入化学、物理学，但不言自明它们是已列出的一些项目的基础。

　　对于"机敏"和"智能"的差别，很难说得清楚[8]。例如在工程索引（EI，1996March）中"智能结构"条目下共有七条，它们的题目中都有"机敏结构"的研究字样。在"智能材料"条目下也有半数论文题目涉及机敏材料和结构的研究。在"智能控制"条目下的论文题目中都有智能字样。有人把人类智慧高低按增加顺序写出如下序列：愚蠢的（stupid）、糊涂的（dumb）、笨的（foolish）、普通的（triviel）、敏感的（sensible）、机敏的（灵活的、灵巧的、精巧的 [smart，clever]）、智能的（intelligent）、英明的（聪明的 [wise]）。可以看到智能所代表的智慧程度比机敏的要高一些。通常认为现在已设计制造出了一些机敏材料或机敏材料和结构，并已用在工业、国防甚至玩具等方面，而真正意义上的智能材料、智能材料和结构则仍在追求之中。

22.2　关于智能材料的概念

　　有关智能材料的智能可以分三个范畴来看。最初级的功能是从原子尺度和分子尺度来理解的材料的功能。第二个范畴是从仿生学角度来理解的材料固有的智能性功能。第三个范畴是从人类社会角度看的材料智能[9]。可以把这三个范畴如图 22-3[3,8,9]所示。以下对这三个范畴（层次）进行简单的描述讨论。

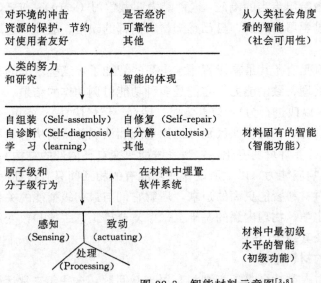

图 22-3　智能材料示意图[3,8]

22.2.1　智能材料的初级功能

在材料中的最初级智能可以为三大类，即敏感、致动、处理。作为这种功能的基础有两个，一个是能量形式的转换机制，例如应变能变为电能；另一个是信息的传输机制，这涉及原子、分子的结构变化（广义的相变：原子组态的和电子组态的变化，价态的变化）。这里需要从化学、物理的基本概念来理解。

敏感器的功能是用于感知（探测监视）外界环境加在材料上的刺激，有时也用于测量自身内部的行为。处理器的功能是把从敏感器探测到的信息进行评估，并把它与材料系统预先储存的相关数据资料比较；处理器的功能还包括记录存储（也可叫记忆）信息、评估用的计算法等。三件套（敏感器、处理器、致动器之和）中的最后一件是致动器，它的功能是在由处理器加工过的敏感器信息基础上对外界刺激给出恰当的反应（也叫响应）。

从更深的层次看最初级智能，应理解三点：系统性信息网络功能，它是把三件套协调地联系起来；能量储备功能，三件套要动作就需要能量，这能量可取之于环境，有时也需自身系统储备；相当透澈理解这种材料中物质的化学、物理结构，以便建立设计和控制这种材料的技术。这种技术包括对一些结构性的考虑，如离子传输、晶体结构变化、分子结构、电子结构和晶界等。

22.2.2　材料固有的智能

所谓材料固有的智能，是指这种智能独立于人们对它们的评价之外，独立于是否有用的判断之外。这种智能可以是人们已经发现的，也可以是人类尚未发现的，不管它们对人类社会及自然环境的冲击如何。

材料固有的智能可以从不同的角度来划分。但是就一般的理解来说，只有生物才有智能，而且人们对材料在智能方面的要求常是受到生物智能的启发，所以最常用的是从仿生学的概念来定义这些智能。首先，一些生物界的现象也就是智能的表现，列举几种如下。

自溶性或自分解；剩余度（redudancy）以维持生存；与生物的有丝分裂相关的自复制现象；把损坏了的材料恢复到正常状态的自修复能力；通过对过去行为和感知的数据的记忆以增进对改变了的环境刺激给出恰当的响应，这种能力叫做学习（learn）；与学习相连的能力是预言，预言能力是通过学习得到的；自己感知材料内部的缺陷、故障（也即健康状态）的自诊断。

智能材料有了这些能力就是有了比最初级智能水平高的智能了，这些现象的背后是更为基础的智能，包括感知、处理、致动能力。它们是多种功能协调动作的结果。

这些功能有：信息反馈（以改进行为）；信息集成（储存、记忆信息）；备用（standly）（随时准备好响应随机到来的刺激）；认识和区别（例如系统能认识并区别从各组敏感器来的信息）；自动调节平衡（随外界环境的变化，材料系统能改变自己内部的结构）；自适应性（随环境的变化调整自己的响应能力）。以上所说这些功能有的相互间只有很细微的差别。

材料"固有"的智能是对材料智能更高的追求，理解它们与最初级智能的关系是很重要的。在理解最初级智能的化学、物理内涵的基础上采取复合等工艺手段和改变成分、结构以得到更高级多样的智能及其组合。

22.2.3　从人类观点看的材料智能

从人类观点看问题是从对人类社会是否有利和有用来看问题。这些年来常运用"可持续发展战略"一类的词藻。在这里包含"有利和有用"不能是短视的，而是要从长远看问题。从人类观点看智能概念是一个相对的概念，要考虑材料价值，资源的节约、保护和再生，可靠性，对环境的污染，与使用者的协调、友好，恰当的可运用期限等。从这么多方面来判断问题，就需要逻辑分析判断，深入地区别、认识应用后果的方方面面，综合全面协调来决断，模糊逻辑的运用等。

从人类社会角度看智能材料需要看材料固有智能的表现，从人类的要求去开发、创造、利用这些固有的智能。提到开发、创造就离不开对材料最初级智能的深入理解，只有这样才有能力创造出人类所需的多样性、复杂性、高智能的材料。也就是说对三个智能范畴之间的关系应有很好的了解，才能有效的开发、创造和应用好智能材料和结构。

22.2.4 结构材料和功能材料

智能材料包括结构性智能材料和功能性智能材料；生物智能材料是功能性智能材料的一部分。智能"材料与结构"一词的出现反映了区分"结构"和"材料"的困难。构件（结构）中既有结构性又有功能性，因之有时很难说清一个"结构"是功能性的还是结构性的。或者说这种区分只有相对意义。

属于结构性的智能材料可以举出：有自适应性的高温下工作的材料，它们可在温度变化时调节自己的成分或结构；能根据损坏程度改变颜色等发出警告以避免悲剧性事故发生的材料；能自我修复的材料、为在裂纹尖端产生压应力（通过相变等）阻止裂纹继续扩展，然后对裂纹修复。

属于功能性的智能材料可以举出随温度变化而调节电阻的聚合物变阻器，这样就可以维持电流基本恒定。在此基础上发展为智能的热量分布器[10]。有的材料的性能最好随时间可以分为几个阶段，例如粘结剂材料的粘结性随时间变化，在预定的脱落期前粘结性大，超过此期限粘结性下降而自行脱落。有一种可以调节自身温度的"奇妙布"织物，可用作潜水服、冬秋运动衣等。

22.3 智能（机敏）结构和系统中的材料

在智能系统中所用的材料有：结构材料如钢、铝、铜、合金、木材、水泥、聚合物和复合材料（如石墨-环氧树脂层状复合物）等；功能材料如石英（热释电）铽-镝-铁（磁致伸缩）、硫化镉（压电）、电流变体（粘塑性）、铝肥皂溶液（粘弹性）、钛酸钡（铁电体）、氧化铜（光电体）、磷酸二氢钾（电光）、硒（光电体）、锗（光导电）镍-钛合金（形状记忆）等。从另一种观点看以上所列的材料，有的是传统意义上的整体均匀性（monolithic）材料，有的是复合材料，有的是单功能材料，有的是多功能材料。前边提到的铽-镝-铁就是多功能材料，未提到的尚可举出钛锆酸铅（PZT）、铌酸铅镁（PMN）；骨头也是生物多功能材料。还可根据在智能结构中的作用分为致动器材料、敏感器材料等。

22.3.1 敏感器材料、致动器材料和机敏材料

像在引言中已提到的，到现在为止真正意义上的智能材料系统还没有制造出来；正在研制的和应用的"智能"材料系统，通常仍是机敏材料系统，在这里敏感器和致动器仍是分立的，而不是微观连续分布的。所以谈到材料常仍须分开谈致动器材料和敏感器材料。

有敏感能力的材料和结构有：声学器件、电容器件、光导纤维、磁致伸缩材料、压电材料、形状记忆材料、电阻应变片等。现在仍应用于应变探测的一些敏感材料的性能，如

表 22-1 所示。在表 22-2 中列出一些致动器材料的特性。

表 22-1 应变测量用的敏感器

特 性	敏 感 器			
	光纤干涉计	钛镍形状记忆合金	压电陶瓷	应变片
价格	中等	低	中	低
技术成熟程度	好	好	好	好
可网络性	是	是	是	是
可埋置性	优	优	优	好
性能线性度	好	好	好	好
响应频率/Hz	1～10000	0～10000	1～20000	0～50万
灵敏度（微应变）	每根纤维 0.11	0.1～1.0	0.001～0.01	2
最大微应变	3000	5000	550	10000
最高温度/℃	300	300	300	300

表 22-2 致动器用的材料的特性

特 性	致 动 器				
	电致伸缩材料	电流变体	磁致伸缩材料	钛镍形状记忆合金	压电陶瓷
价格	中等	中等	中等	低	中等
技术成熟程度	尚可	尚可	尚可	好	好
可网络性	是	是	是	是	是
可埋置性	好	尚可	好	优	优
线性度	尚可	尚可	好	好	好
响应频率/Hz	1～20000	0～1200	1～20000	0～5	1～20000
最大微应变	200		200	5000	200
最高使用温度/℃	300	300	400	300	300

有些材料（如电容器和应变片）只能用于敏感器，有的材料（如电流变体、电致伸缩材料）只能用于致动器。有一些材料则既可以用于敏感器又可用于致动器，如磁致伸缩材料、压电材料、形状记忆材料。这种可两用的材料常被叫做机敏材料。如果材料不需其他帮助便能响应外界的变化，则叫做无源机敏材料（passively smart materials），例如氧化锌变阻器当被高电压雷击时便失去大部电阻，使电流短路入地，从而保护了自己，大电压去除后便又恢复原状，所以它可以叫做无源机敏材料。与此相反，振动阻尼系统是通过反馈线路和起动线路再对外界变化作出响应的，所以它叫做有源机敏材料（actively smart materials）。

光纤敏感器现在最受重视，它的优点是尺寸小、重量轻、可挠曲、耐腐蚀、不受电磁干扰等。前边已经多次提到过敏感器在智能系统中的埋置，并且埋置逐渐向集成、"均匀"分布发展。在这方面光纤的优点可以得到发挥。集成、埋置光纤敏感器的方法有：热喷射法，这是把光纤铺在材料结构的表面，然后把熔融的液态金属（也可是合金、碳化物、金

属陶瓷）喷射上去使光纤集成在机敏结构表面；光纤埋入法是把光纤加入制造材料系统的
材料中使之成为结构材料的一部分，或者把光纤放在叠层复合材料的层间；粘合法是用粘
结剂把光纤粘在材料结构的外部；机械装配法是用机械法把光纤敏感器固定在材料结构的
表面。

电子陶瓷在智能材料结构中应用非常广泛。它们中重要的有压电陶瓷、电致伸缩陶瓷
和形状记忆陶瓷。在图 22-4 中引入了它们的应变随电场变化的示意图。压电陶瓷有锆钛酸
铅（PZT）等；电致伸缩陶瓷有 PMN-PT（铌镁酸铅-钛酸铅，$0.9Pb (Mg1/3 Nb2/3) O_3$-
$0.1PbTiO_3$）等。

对于电致伸缩陶瓷通常设计在其居里点温度附近工作，这样它的滞后很小，如图 22-4b
所示，并且状态基本与路径无关。这使得它特别适于用在微定位（micro-positioning）方面，
也即控制点的精确度要求高的地方。电致伸缩陶瓷的恢复时间是微秒级，而压电陶瓷为毫
秒级。所以电致伸缩材料在光学方面有许多应用。电致伸缩效应是由于电场使立方点阵拉
长而产生净应变。它与压电陶瓷不同，它的结构是心对称的，所以在零场时没有宏观电极
化，是各向同性的。并且在任一方面施加电场都引起材料的伸长，也即应变引起极化是外
场的偶次效应。

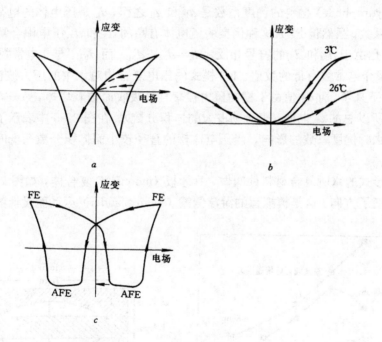

图 22-4 应变随电场变化的示意图
a—压电陶瓷；b—电致伸缩陶瓷；c—形状记忆陶瓷

为了探索具有大的电机械耦合的电子陶瓷，开展了对自发极化大小可以控制的材料的
研究。在几族有反铁电⇌铁电相变（AFE ⇌ FE）的电子陶瓷中观察到大到 0.8% 的应变
（如 PLZST，PNZST）。这时在相变时有晶格畸变和体积净变化。这种材料在两相中都可处
于亚稳态，具有形状记忆效应。如图 22-4c 第四象限箭头所示，这些材料甚至在去掉电场后
仍能保持应变。这个特性在结构控制的应用方面很有益处，因为很多个相互独立的致动器

可以串联起来，而不必使用电路控制。但在 AFE ⇌ FE 相变时伴有大的非线性，而且两相的边界与温度有关。对于形状记忆陶瓷的成分设计是把要找的材料成分定在室温下两相边界附近[12]。有形状记忆效应的电子陶瓷，要想去掉它的剩余应变需在相反方向加电场。

22.3.2　制作工艺和材料复合

可以提出这样一种看法，即在材料研究领域中常常太强调合成具有新成分、新相的材料，而又太忽视对已知材料的新工艺设计研究。其实新的工艺设计常可以大大提高材料的性能。有时只要恰当地控制相和缺陷的尺寸、数量、形状、分布和取向，就可以得到性质相当不同的"新"材料。

对于智能材料系统显微组织的变化更为复杂，有时从单一材料变到复合材料。这时复合材料中的连通模式选择常能对材料的性能起到极大的作用。连通模式常用两个数字来表示两相各自连通的空间维数。两个数字之间用一横杠连接。压电复合材料是把压电陶瓷和聚合物按一定的连通模式、一定的体积或重量比例、一定的空间几何分布复合而成。恰当形式的复合可以使材料的性质（有时叫做优度系数（figure of merit））提高一个数量级。例如，1-3 表示压电相的连通维数是 1（前边的数字），而聚合物的连通维数是 3（后边的数字）。这表示压电体是棒状平行（例如 c 轴）分布在聚合物（例如 $a \times b \times c$ 的立方体）中。

水听（hydrophone）材料的优度系数是 d_h 和 g_h 之积，d_h 是压电体的电荷系数，g_h 是压电体的电压系数。虽然像 PZT 这种优良的压电体有高的 d_{33} 和 d_{31} 压电耦合常数，但 d_h 仅为 45pC/N。这是由于 d_{33} 和 d_{31} 的符号相反，$d_h = d_{33} + d_{31}$。而 $d_h g_h$ 与介电常数 ε_{33} 也成反比关系，所以希望介电常数有低的数值。1-3 模式的压电复合物对水中的压力波极为敏感。这是由于 d_{33} 保留下来了，而 d_{31} 值由于横向压力被聚合物吸收而被破坏掉，另一方面也由于聚合物的 ε_{33} 低，所以总的 ε_{33} 也低（聚合物占大的体积分数）。在图 22-5 中表示了复合体中压电体棒直径对水听优度系数的影响。当压电体棒的直径较小而体积分数又低时可以得到很高的优度系数。

另一种形式的水听复合材料件叫做"月牙板（moonie）"复合体，如图 22-6 所示。它把外加应力改变了方向。这是模拟鱼的游泳侧鳍（swim bladder）运动而设计的弯曲伸张换能

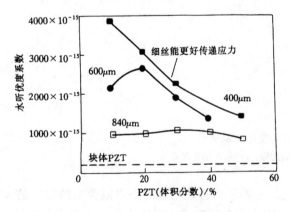

图 22-5　1—3PZT 陶瓷与聚合物形成的
复合材料的水听优度系数

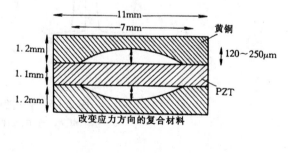

图 22-6　可以使应力重取向的"月牙板"
复合体，在可弯曲伸张力下工作

器。在金属电板下有一点空气间隙，而 PZT 起到鱼鳍肌肉的作用。这种复合体的名字叫"月牙板"就是由于空气间隙的形状像月牙而得名的。当水波施加水静压时，厚金属电极把 z 方向的一部分应力变为径向的和反号的切向应力。这样，d_{31} 就从负号变为正的，于是它的贡献就会加到 d_{33} 上而不是从中减去。这种复合体的优度系数 $d_h g_h$ 是单纯块体 PZT 的 250倍[3]。

对于 PZT 与聚合物多种连通模式在水听优度系数方面的作用可以从图 22-7 很直观地看出。这里比较了块体 PZT，0−3，1−3，3−1，3−3，3−2 和"月牙板"几种情况，优度系数数值变化很大。

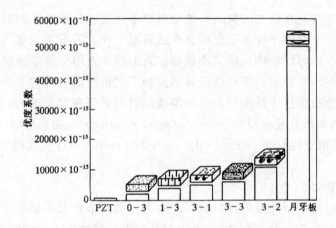

图 22-7　块体 PZT 与 PZT 复合材料的水听优度系数的比较

电流变体也是一种复合材料。电流变体和磁流（变）体在机敏材料和结构中有巨大的应用潜力。电流变体是一种微粒在液体中的悬浮液。它的粘度等机械性能在加电场后可以发生很大的变化，例如粘度增加很多。电场引起微粒沿电场方向排列起来，电场去掉后，排列也就消失。这样就可根据需要重复循环地变化其粘度性质。电流变体有自调整能力，在控制振动方面有远大应用前景，特别是它与固态电子学有相容性，使得它成为可集成在多功能的机敏材料包组（pakage）中。有一种铁磁体微粒上包覆一层电流变体活性层，使得它对磁场和电场都敏感（叫做磁电流变体）。现在在电流变体中应用的微粒是由聚合物、矿物质或陶瓷制成的；而液体必须是良好的绝缘体并与微粒很好搭配，现在应用最多的是硅油、矿物油或氯化石蜡油（chlorinated paraffin）。对电流变体将在 22.3.4 一节中再稍详细地介绍。

最近发展了一种 PZT 油漆。先把压电陶瓷 PZT 研磨成微米级的微粒，然后与典型的油漆或瓷釉（laquer or enamel）混合。这种材料的开发是为了简化敏感器与构件的结合工艺。这种 PZT 油漆可喷涂或刷涂，在室温下一小时即可凝固熟化。它可被跨越此层的电极上的直流电活化。加压时此油漆呈正压电效应。它给出的信号变化与常规应变片给出的符合很好。

形状记忆合金杂化复合材料（SMA hybrid composites）是由 SMA 纤维（或薄膜）与其他结构材料组成的复合材料[8]。有很广阔的应用领域，例如静态控制、运动和形状控制等。

复合材料在智能材料和结构中占有重要的地位。材料复合后的性能变化是有一些规律可循的，请参看复合材料一章的相关部分。

22.3.3 杂化材料（hybrid materials）

现在的机敏材料和结构是由下列三种材料组成：石墨-环氧树脂作为基体的结构材料；在其中埋置的敏感器材料，如压电体；在其中埋置的致动器材料，如形状记忆合金丝。作为敏感器和致动器的材料分布都是很局部的。随着器件的小型化这种埋置的敏感器和致动器的数目逐渐多起来，在整体结构中也逐渐变得不太局域性。例如现在有一些尝试是在碳纤维上涂压电材料涂层以制成机敏材料；还有在硅芯片上涂镀敏感和致动材料层以便把控制功能也包括到结构中。

人们一直在期望并且在这方面努力，就是用原子尺度、分子尺度的敏感器、致动器和结构材料集成到一起，就像半导体工业中集成线路板一样。但事实上这些尝试，它们从原子尺度上看是太大了，可比块体尺度又小很多。人们现在正用交替多层膜制成"超晶格"，用极细的微粒制成纳米相材料。把这些设计思路和工艺用到机敏结构上来就会使敏感器和致动器比较均匀地分布在整体结构中。这种层次的材料是正在发展中的，是比较新的，所以就有多种叫法，例如微观复合材料（mirco-composite materils），细观材料（mesoscopic materials），杂化材料，结构受控材料（structurally controlled materials），受工程监督的材料（engineered materials）。

22.3.4 电流变体

在智能材料与结构中所涉及的功能材料在本书其他章节中大多都给予了稍详细的叙述讨论。而电流变体则没有提及。在 22.3.2 中只是对电流变体作了名词解释性的介绍[4,11]。

（1）电流变体属于胶态悬浮液系统（colloidal dispersion system），溶质粒子能稳定地悬浮在溶剂中是至关重要的。溶质粒子对溶剂亲和的叫亲液性，相排斥的叫厌液性。亲液性悬浮液是热力学稳定的，因为相对于块体溶质，这种悬浮液的自由能降低了。而厌液性悬浮液在热力学上是不稳定的，溶质粒子聚团后自由能会降低；所以这种粒子必须预先经过处理，使它们相互之间排斥，以保持悬浮液在长时间内不发生溶质粒子的结块。胶体粒子表面带有电荷是电流变体不沉降而保持动态稳定的主要原因。这种表面电荷吸引反号电荷丛聚在它们周围从而形成离子氛围。这样的区域（domain）由电荷符号相反的两亚层区域组成[4]。

（2）电流变体可以看作一种复合材料，是一种混合物。它的组成是相当多样的，表 22-3 是主要电流变体的组成。溶剂和溶质都是多样的，而添加剂在过去总是要加少量水的，并认为是发生电流变现象的主要成分。但近来的研究表明电流变体可以是无水的。电流变体的主要特性指标有：电机械参数，电学性质，温度范围，悬浮稳定性，粘性，溶剂性质，溶质性质。通常希望电流变体不加电场时粘度低，而加电场后则有大的粘度。另外，电流变体应是无毒的，低腐蚀性的，低挥发的和不起火焰的。电流变体的价格和使用时的能源消耗也是选择时应考虑的问题。溶质粒子的尺寸约为 $1\sim100\mu m$。溶质体积浓度低则粘度小，但加电场后的效果也会较小，故耗能量会较大。添加水的电流变体的应用温度范围为 -20℃ $\sim+70$℃，因温度高了水分子挥发，引起性能变坏，温度太低电流变效果不明显。无水电流变体的使用温度可达 200℃。溶剂液体必须是很好的绝缘体，如石蜡、硅油等，粘度约在 $0.01\sim10$Pa·s 之间，介电常数约在 $2\sim15$ 之间，电阻率约在 $10^{16}\sim10^{10}\Omega$·m 之间。

表 22-3　电流变体的典型组成

溶　剂	溶　质	添　加　剂
煤油	石英	水或清洁剂
硅油	羧甲基纤维素	水
橄榄油	明胶	无
矿物油	带二氢的铝	水
变压器油	碳	水
癸二酸二丁脂	氧化铁	水或表面活化剂
矿物油	石灰	无
P-二甲苯	压电陶瓷	水和甘油脂
硅油	酞菁铜	无
变压器油	淀粉	无
聚氯二苯	硫丙基葡萄糖	水和山梨糖（sorbitan）
碳氢油	沸石	无

　　（3）电流变体中溶质粒子的电荷，在电场作用下发生迁移和再分布。粒子表面和内部的电荷分布是多种多样的。图 22-8 示意地描述了加电场后电荷传输的多样性。大体上可分为表面型、体内分布型和表面及体内混合型。这种多样性使得理论模型分析和预测电流变体的性质较为困难。对于发展有关理论模型的前提假设尽管在争论之中，但对于最初的条件，即在电流变体上加电场后，分散的粒子被诱发成为偶极子这一事实都有一致的看法。这样在各离子之间就要产生相互作用，从而形成一种沿电场方向的柱状结构。可以想象在未加电场时，电流变体中的粒子混乱分布，电流变体的整体的粘度低流动性好。在加放电场后沿电场方向上形成柱状群，具有一定的固体特征，使电流变体的流动性变差，粘度增大，并具有一定的各向异性[3]。电流变体在不加外电场时通常有牛顿流体特性，即切变应力正比于切应变速率，并且在切应变速率为零时，切应力也为零；在应力与应变速率的直角坐标图上表现为过原点的一条直线。当加外电场后，电流变体具有非牛顿流体特性，表现出具有一个静应力；在产生流体流动前必须加一个切应力克服它；在直角坐标图中表现为在切应力纵坐标上有一截距的直线（这是一种最简单的模型表示法，这样的流体叫做并赫姆（Bingham）体。观察到的实验结果也基本上证实了这种表述）。

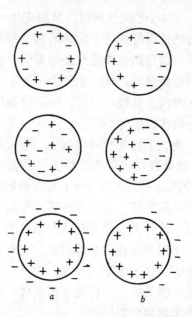

图 22-8　溶质粒子电荷迁移示意图
a—加电压前；b—加电压后

（4）电流变体的应用研究非常活跃，应用范围有离合器，液压阀，振动隔离系统和智能材料系统中的致动器。智能结构系统中的电流变体致动器包括可形变的固体和在其中埋置的电流变体。研究工作大方向可以认为有两个，一种是模拟当这种含电流变体的致动器在被加上电压后的电压-弹性动力学行为；另一种就是设计并制做一些埋置电流变体的器件，测量研究它们的响应能力。由于电流变体多种多样，与之共同匹配的结构材料更是千差万别，所以这种尝试是非常繁重和困难的工作。作为一种起步，对含电流变体的悬臂梁研究颇多。电流变体与结构材料的较粗糙界面的组合，与较平滑表面界面的组合相比，加电压后悬臂梁的响应频率和阻尼率增加较多（即较好），埋置电流体的孔洞呈方形的较呈圆形的好，系统中的电极面积较大的响应较好。

22.4　机敏材料和结构[4,7]

新一代的机敏材料和结构由结构材料、敏感器网络、信息处理、控制系统和致动网络五部分组成。与此相应，工业上的产品设计和制造都将受到这方面的需求和应用的影响。有人认为下一世纪就是智能材料和结构（机敏材料和结构）的世纪，甚至认为这是一场革命；更有甚者，有人认为对于这种冲击将是适者生存，落后了就要挨打吃亏。

对于这种新一代机敏材料的需要的原因之一是许多机器是在非结构性环境（unsturctured environment）中工作的。特别是对航空航天、交通运输等工具。所谓非结构性环境，是指材料和结构在其中工作的环境是变化的，而且这种变化在很大程度上是不可预测的。例如在冬天气候可以急剧变化，风雪、结冰，都可以使机器运转条件发生很大变化。又如飞机机翼等部件上的结冰多少和分布的不均匀以及从其上脱落，对飞机的运行，特别是起落，都可能造成很致命的影响。我国每年在春运期间，客运、货运任务都大量增加，对机器维修保养、班次规律都可能有大的影响。若机器在运行中能由敏感网络感知各种变化，并通过信息处理、控制，采取恰当的致动网络使交通工具正常运作，就可避免损坏和可能的悲剧事故发生。

现在工程师和科学家们已经在采取埋置（embeded，builting in）在整体结构中的敏感网络、微处理器和可调致动器方面取得进展[7]。在这种新型结构系统里，由结构材料构成结构（即机器、部件）的骨架；致动器网络起到人体中肌肉的作用；敏感器网络和数据传输系统构成神经系统，它监测外界环境给予的刺激并把这种刺激的性质和量值、分布等传给微处理器；这种微处理器起到大脑的作用。这些组成都还是各自独立的，不连续的。像敏感器现在使用的是微敏感器以减少它对被测对象的重量（mass）和运动参数引起的干扰。但总归离分子、原子水平还较远。为了扩大被测范围，例如频率范围，有时应用多组敏感器，一组适于测低频，一组适于测高频，而对于中频二者都可给出信息；对致动器也可从这样的考虑采用组合型。

在图 22-9 中把包括结构材料、致动技术、敏感技术和机敏材料的合成思路用流程图表示出来。这里有许多参数，它们与多个敏感器、致动器的性能相连，还需估计运算能力。为了这种设计运算有许多先行工作要做，包括材料性能随环境条件变化的线性和非线性的数学表达，热量的排散，各种器件结合部的特性，机器分部及总体的模拟实验等等[4,7]。

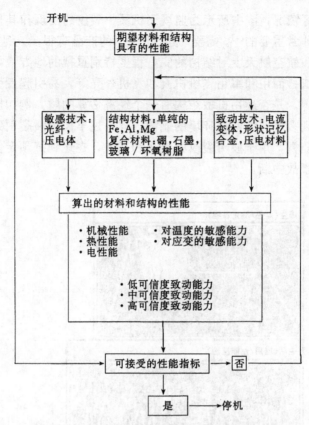

图 22-9 合成具有结构材料、敏感技术、致动
技术的材料和结构的流程图

与以上所说的机敏程度较高的材料和结构并存的，尚有大量较为一般的机敏材料和结构在各种领域中应用着。它们可以简单的分为三种，即仅用敏感系统的，仅用制动系统的和联合使用敏感系统和致动系统的。

22.4.1 被动敏感机敏结构

这也就是在 22.1.1 中所述的"敏感性结构"。在这一类结构中，敏感器网络分布在结构整体中。所谓整体中是说在较多地方埋置了敏感器，在将来工作中起重要作用的部位可以埋置得密些，估计不会有麻烦的地方就埋置少些。最简单的情况是埋置的敏感器只用于当部件在炉子中加热固化（环氧树脂复合材料）过程中提供构件各部分固化情况的信息（为人为操作工艺提供依据）。烧结或固化完成了，就把这种敏感器引线割去，没有用了。

与此相反，有一些产品中的埋置敏感网络不但在烧结、固化工艺中起作用而且在机敏结构以后的服务过程中继续起作用。例如图 22-10 所示，上、中、下三个图分别表示：在制造过程中起作用，在运转过程中起作用，和在破断失效时起监视作用。图 22-10（上）的白折线描述的是大力神 3601-6 环氧树脂的固化工艺流程，左侧斜线表示在 711mm（28 英寸）汞柱压力下加热，水平阶段为保温，右边下降斜线为降温出炉，这一种环氧树脂常用于航空航天的复合材料中。图 22-10（中）是一个机器人手臂在载荷下的动态应力特性（白线波动）。如果这种应力超出预先给定的范围，则与之相应的信号就输送到机器人控制器，并根据它修改机器人操作模式，使应力恢复到预定的范围。图 22-10（下）是表示埋置的敏感系统用于监视部件的完好情况，图中所示为监视飞机翼中裂纹的出现和其传播。这种能力对于保障人员的安全是非常重要的[4]。需要"健康监视"的产品有很多，例如：压力窗口和管道；工业上、军事上和航空航天上对结构的完好程度特别重视的地方，如壳状容器等，盛装有害化学制品的器皿；商用和军用飞机机翼和飞机外壳等；易引起疲劳的部件等等；另外还有残疾人的假肢等。是否运用机敏结构有一个经济估算问题。例如机器上有一个关键性联结部件，经常受到多种非结构性环境的刺激，容易过早疲劳断裂引致停产。这样就可把机敏结构中"健康监视"用于疲劳裂纹的产生和发展，在达到某预定值时，把此部件卸下更换，避免生产因事故中断。

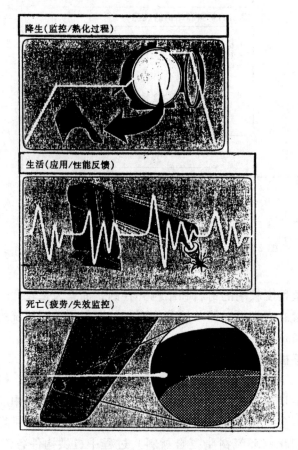

图 22-10　埋置的敏感器用于部件的"健康监视"[4]

22.4.2　仅有致动器的机敏结构

这种机敏结构只有致动器，并且是以起-停式动作，可以说这是最为简单的一种机敏结构。这方面的应用在形状记忆合金一章已有叙述。例如航天器的天线、仪表舱封皮运作就像花瓣受太阳照射而张开一样。又如两块须铆合到一起的板件里侧人手不易到达，就用形状记忆合金做的开缝铆钉，冷态插入钉孔后受热时尖端张开反卷，就起到铆合作用。还有矫形、人造关节、管子接头、汽车冷却零件等等。这里只举一个使用 TiNi 丝制成的凝血过滤器做为例子。这是在血栓块还粘在血管上而未脱落时使用的。在冷却状态下把这种过滤器具由螺旋形状加力拉直。把这种拉直的丝借助导管插入血管。这时 TiNi 丝受血流加热而恢复到原始的螺旋形状,把它拉出时就可起到过滤作用。这种过滤器曾试用于动物有局部凝血情况的治疗,效果令人满意。

22.4.3 受控结构(被动型智能结构)

这种结构是指在构件中埋置传感器和致动器的结构。但是从传感器得到的信息是传到外部后引入微机处理,再发出控制信号输到致动器,达到控制构件某些性能的目的。这种类型的结构也叫做被动型智能结构,从 20 世纪 80 年代起就在开发的这种系统通常由以下部分组成:主体结构材料,微敏感器网络,信息传输线,数据处理器,含有运算程序的微机,微机策动的致动器。这种系统的目的常是为了控制、改变构件的形状特性或其能量消散特性,或改变其重量(mass)、刚度等。在军事系统中有很多情况可以应用机敏材料和结构,如冲击和振动的控制,穿甲武器的抵御性构件,在宽范围监视环境条件,增强设备保养和寿命预报等等。

飞机机翼的动态响应的自动控制对于平滑飞行是非常重要的,这是通过调节机翼截面的刚度和阻尼特性来达到。机翼由受控的几块组成。各块上都埋置有敏感器和致动器。图 22-11 中的 V_1 到 V_8 就是这种分块的示意表述。敏感器用于监视相关机敏结构的特性,从敏感器来的信号送到微处理器,后者再对信号进行估价,然后决定如何改变被控块区的响应特性,响应是通过在各块区中埋置的致动器来达到的。致动器材料的性能的变化将改变机敏结构的总刚度和阻尼特性,从而达到希望的响应。例如飞机在飞行时,安放在机翼中的油箱里的汽油将逐步消耗而使机翼质量减小,于是机翼结构的自然振动频率就会改变。要维持稳定飞行就需要通过前述控制系统来达到。

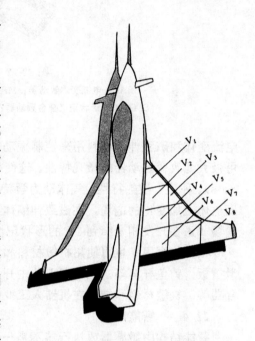

图 22-11　由机敏材料与结构制造的机翼受控响应示意图

直升飞机的转翼(rotors)是用先进的高分子纤维复合材料制成的,它的动态行为和性能指标决定于旋转速度、飞机的速度、空气动力学载荷以及环境的温度和湿度条件等。设计转翼时通常考虑最坏的情况,这使得它的质量偏大。这里应考虑应用机敏材料来制作,使得飞机在干冷的极区和湿热赤道区飞行时,它能感知这种变化,并给出阵风引起的形变。这种信息通过微机处理,并对不同工作状况给埋置在构件的致动器网络以指令,使其正确运作。

如图 22-12 所示是直升机螺旋叶片的设想结构。由光纤制做的敏感系统(FOS)可以感知振动和温度的瞬时变化。致动器系统可由多种材料组合而成,例如由电流变体(ER),磁流变体(MRF),磁致伸缩材料(MSR),形状记忆合金(SMA)和压电体(PGC)制作的各个分区。在微处理机对敏感系统通过数据连线送来的数据,根据预置的判据进行对比后,致动器按给出的调节指令而动作。这样叶片的气体弹性动力特性可控在预设范围内。通常在这旋转系统中用形状记忆合金来产生大的形状改变,而压电体用于改变叶片的表面几何,

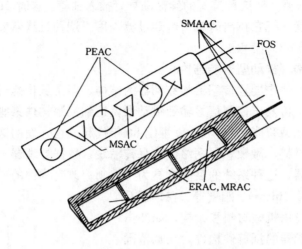

图 22-12　直升飞机的设想旋翼

ERAC—电流变体致动器；MRAC—磁流体致动器；PEAC—压电体致动器；
SMAAC—形状记忆合金致动器；MSAC—磁致伸缩致动器；FOS—光纤敏感器

电流变体和磁致伸缩材料用来控制振动响应。这样用性能迥异的各种材料制成的致动系统可极大地改变制动器的微观特性。这使得旋转叶片的总截面几何、表面几何、总重（global mass）、刚度、散热特性、气体动力学特性都有改变。这种效果的达到是通过在电流变体和压电体上加变化的电场，在磁致伸缩体上加改变的磁场，而在形状记忆合金上加改变的温度场（正在开发相变窄到 1℃ 的形状记忆合金）。

很多体育用品也可使用机敏材料和结构，这将导致生产一代新的运动商品，如网球拍，滑雪板，钓鱼杆等等。在汽车工业中开发一大类机敏材料和结构的零件，例如电流变体离合器等。机敏材料和结构在机器人工业中的应用也日益增多。

22.4.4　智能皮肤

智能结构中敏感器或执行器不是一个或少数几个，而是形成系统。火箭、卫星、飞机等航空航天器，潜水艇和水上舰船都有一个壳状的机身结构，它们的形状、性能和完整性对安全运行至关重要。在认识到多起事故是由壳体损伤引起后，所谓智能皮肤（或机敏皮肤）的开发研究便受到重视。对不同的航行器，这种皮肤的细节可有区别。例如潜水艇的智能皮肤设想用三层组成。最外层为敏感器系统层，中间一层是致动器系统层，最内为结构层。声纳波冲击到智能皮肤上就由敏感器产生信号，送往控制室放大处理，然后致动器受激发去调整反射波，使潜水艇不易被发现。海上船舰的智能皮肤的功能之一是减少海上环境对航行器的阻碍作用，以便增加航行速度。这种皮肤的形状在一定范围内可变并受控制，使船体与水接触的轮廓可以改变，表面可以更"光滑"，从而使阻力减少。

智能皮肤的最重要任务是对飞机的健康进行不间断的监测。飞行环境对结构的疲劳寿命起主要作用。所谓飞行环境是相当广义的，例如结构性负荷（大小、周期、着陆时的剧烈冲击等）、温度、湿度、加速度和电磁辐射等。健康连续监控的目的是为了飞行安全，杜绝或尽量减少灾难性事故的发生。当飞机的特定地点已有内部缺陷或结构失效，或者在飞机上结冰已超过预先设定的某临界值时，或有不利于飞机空气动力特性的严重影响，由敏感器系统来的信息经处理可在驾驶舱显示屏上显示出来，供驾驶员选择对策，是返航还是继续执行任务。

22.5 结束语

材料的发展是非常迅速的，人类文明是伴随着材料的发展而进步的。直到本世纪的前半期人们最关心的是结构材料的发展。但是这几十年来功能材料的发展越来越受到重视，并逐渐成为主要部分。半导体材料，电磁材料在人类文明发展中的重要性已是尽人皆知，不需任何更多的说明。约十年来智能（intelligent，smart，sense-able，adaptive）材料和结构以强劲的势头冲向人们的视听，并已逐步取得进展。最近有人又提出模糊（fuzzy）材料的看法[14]。人和机器在精确性方面存在极大差别。模糊而又能很好地解决问题那就是智能。总之材料的发展经历着结构材料→功能材料→智能材料→模糊材料的过程。

智能材料比功能材料更优越，它具有对环境判断和自适应、自修复、自诊断、预报等能力。在前面我们已介绍智能材料能够以最恰当的方式响应环境变化，并根据此变化显示自己的功能，它在很多方面都超过功能材料[8,13]。智能结构中有高度分布的致动器系统、敏感器系统，并且还有分布着的控制和计算功能的组分[7,8]。洛杰斯（Rogers）指出"智能材料系统和结构"这一表示法正在逐渐广泛地被采纳，特别是在 1990 年起第一份这方面的国际性杂志（Journal of Intelligent Material Sytems and Structures）面世后更是这样。但在我国，人们为了简便通常不采用这样长的名词，人们比较乐于采用智能材料或智能机构的称谓，在某些场合为了更确切，最多也不过采用"智能材料和结构"。严格意义上的智能结构在现在尚未实现，人们在不同方面努力着。美国在进行多方面的研究开发：如莱特航空实验室从事光纤敏感器和智能蒙皮（也叫机敏皮肤，smart skin）的研究；美国国家航空和航天管理局（NASA）和空军宇航实验室发展空间智能结构的主动控制和安全监控；麻省理工学院的空间工程研究中心（SERC）研究智能结构用的致动器和控制规律；弗吉尼亚工业学院研究把敏感器埋入复合材料层板的技术，和形状记忆致动器在智能结构上的应用；密执安大学对电流变体进行研究。日本东京大学、三菱重工业公司也在大力开展这方面的工作，总的说来日本政府对此项研究非常重视。日本学者提出的智能材料概念非常有名，在国际上被广泛引用，本章中 22.2 也是根据它展开讨论的。德国的斯图加特大学，英国的伦敦大学都在研究。欧洲还有不少公司在这方面开展工作。

智能（机敏）材料和结构中用的材料有：碳纤维等复合材料和合金等作为结构基础的材料；用于敏感器的光导纤维，压电体、形状记忆材料（合金的、陶瓷的、高分子的）、应变片材料；用于致动器的电流变体，磁流体，电致伸缩和磁致伸缩材料，形状记忆材料，压电陶瓷等；信息处理用的半导体、导体等材料。

智能结构的组成是：纤维/树脂基等制成的结构基础；监测应变、位移、加速度、应力、温度、辐射等的敏感器系统；数据联络及处理系统和控制系统；致动器系统。

智能材料和结构的应用非常广泛，可以说是很难列举全面。例如生物医学用的人造器官，假肢，血栓过滤器等等；运动用品如各种特性的运动衣，球拍，滑雪板等器具；生活上用的保鲜膜等等；复合材料结构固化的质量监控，甚至"从摇篮到坟墓"的跟踪监控；飞机结构的安全飞行，特别是在非结构环境（unstructured environment）下的安全运行；无损检验；航天中的保形天线或货舱；振动的阻尼和自然频率的调整；飞机气动力学的控制；汽车上的各种装置，如减振悬架，离合器，掣动器等等；水上水下舰船的壳体（智能皮肤）及某些部件等等；机器人肢体及某些动作和控制等。

智能结构的制造方法非常多样，对于复合材料类型的制作方法就与先进复合材料结构的制作方法相同。举例来说，设基体是纤维树脂基复合材料，要在其中埋置光导纤维敏感器。第一种方法叫做光纤埋入法；在基体材料制造和热处理中，将光纤加入材料使之成为总结构材料的一部分，或将光纤放在层合材料的叠层之间，经加压便集成到一起了。第二种可叫机械装配法，即将光纤敏感器固定在材料结构的表面，再在其上覆盖一层结构材料对光纤起保护作用。热喷射法分为火焰喷射和等离子体喷射，先将光纤铺在基体表面，把金属丝或粉末熔化后用喷枪喷到铺层上面即起到固定集成作用。粘合法是选择合适的粘合剂把光纤贴在材料结构的外部。尚有其他多样性的埋置敏感器系统和致动器系统的方法，还有在微处理器芯片上涂敏感器材料层的方法。有的致动器材料，也同时起到承担负荷的功能，在主动性结构[7]中就是这样。智能材料与结构是很多学科智识融合的结果，在智能材料和结构的制作技巧方面也受到很多技术科学的影响，例如纳米技术、纳米相材料、杂化复合材料制作方法等都将起很重要的作用。

智能材料和结构是由工程等各领域的需要而出现的新科技领域。它的未来受到需要的推动和技术实现能力两方面的制约。通过在集成电路硅芯片上沉积一层电子陶瓷作为敏感器和致动器系统，可以认为是把控制系统、敏感系统和致动系统集成到一起的一个尝试。纳米执行系统非常重要但尚处于初级阶段。对拟人化机器人和整体机器人领域可以说都有日益增长的需要，它需要具有高功率/重量比和高柔顺性的类肌肉执行器。肌肉有点像弹性模量可调的弹簧。这样的综合行为，将来有可能使用压电高分子聚乙烯撑（Polyvinylene）或聚合物胶来获得。导电聚合物也已表现出产生力量的能力。仿生学将受到更大重视并起巨大作用，对智能材料和结构设计提供思路。科学家和工程师在开发智能结构和系统方面已取得了进展，并考虑到损坏的修复，并在性能改变，形状和颜色的改变控制，结构寿命的延长和预报等方面都已取得并将继续取得进展。

夏海恩普尔（Shahinpoor）最近对智能材料和结构提出了更新的看法[15]。很有意思的是，他认为研究智能材料、结构和材料系统的人应去参考这方面的先驱工作：英文版的老子《道德经》[16]，巴赫姆（Bahm）对《道德经》的解释[17]，和特卡基（Takagi）的文章[9]。对机敏材料的定义是：能自动地、本能地感知（sensing or detecting）环境的变化并以某种动作（actuation or action）来响应这种变化的材料。以能感知和响应的种类数来定量描述材料的机敏程度，称为材料机敏商（MSQ）。以氨基酸类（如蛋白）为最高机敏材料，并定义其机敏商为1000。智能材料的定义是：能自动地、本能地感知环境的变化并以某种动作来响应这种变化（以上与机敏材料相同），同时有生存能力（表现为响应变化后还能维持材料的状态）的材料。并用材料智能商（MIQ）来定量描述材料的智能程度，把核甘酸系列中的核糖核酸（ribonuclic acid，即RNA）和脱氧核糖核酸（DNA）大分子系统和结构定为最高智能商的族类，给以数值1000，而蛋白质的材料智能商为700。离子聚合物凝胶，形状记忆合金、电磁材料（电致伸缩、压电、铁电、铁磁材料）、电流变体、磁流（变）体，都在这种机敏/智能材料框架中给以相应的较低MSQ和MIQ值。例如离子聚合物凝胶的MSQ/MIQ定为约400，形状记忆合金定为约300，电致伸缩材料和压电材料定为约150等。

一些结构也在 SIQ/SSQ（结构智商/结构机敏商）范畴中给以定量化。如细胞结构为约 1000，病毒结构约 700，DNA，RNA，蛋白质约 400，工程结构约 100。

我国的航天航空方面的研究所和学校，机器人的研制单位，传感器研究单位，材料科学家等对智能材料和结构的开发研究也很感兴趣，并已起步研究取得了进展。

参 考 文 献

1 杨振宁. 科学技术发展的历史与最近几十年科技发展、经济发展的关系. 香港《今日东方》创刊号，1997（参考消息，1997 年 3 月 24—31 日）

2 萨普利. 自我意识的结构（智能材料可能产生奇迹）.（美国）华盛顿邮报，1997 年 1 月 6 日（参考消息，1997 年 2 月 3 日）

3 Newnham R E，Ruschau G R. Smart Electroceramics. J. Am. Ceram. Soc.，1991；74（3）：463～480

4 Gandhi M V，Thompson B S. Smart Materials and Structures. New York. Chapman and Hall，1992

5 田莳，徐永利. 智能材料系统和结构中的压电材料. 功能材料，1996；27：103～109

6 Mucklich F，Janocha H. Smart Materials- The "IQ" of Materials in Systems. Z. Metallkd.，1996；87：357～364

7 Crawley E F，et al.，Recent Progress in Intelligent Material Systems. Materiaux & Techniques，1994；No. 12：31～37

8 Rogers C A，Intelligent Material Systems and Structures. U. S. Army Research Office Workshop on Smart Materials，Structuces and Mathematical Issues，Blacksburg，1989；Sept 15～16：11～31

9 Takagi T. The concept of Intelligent Materials and the Guidelines on R&D Promotion. Japan Science and Technology Agency Report，Tsukuba Science City，Japan，1989；A Perspective of the Intelligent Materials，proc. Ist International Conference on Intelligent Materials，1992；March 23-25，Kanagawa，Japan，3～8

10 Sandberg C. et al.，Intelligent distributed heater used for industrial application，Proc. IEEE Int. Conf Systems Man Cybernetics Vol. 4（of 5）/1995，Vancouver. BC. Can. Oct. 22～25，1995：3346～3351

11 Tao R. Physical Properties of Electrorheological Fluids. Adv. Sci. Techn.，10（Intelligent Materials and Systems），1995：109～119

12 Ghandi K，Hagood N W. Shape Memory Ceramic Actuation of Adaptive Structures. Proceedings of 35th AIAA/ASME/ASCE/AHS Structures，Structural Dynamics，and Materials Coference，Hilton Head，NC，1994（转引自［7]）

13 Takagi T. A Concept of Intelligent Materials，同[8]，3～10

14 Takahashi K. Intelligent Materials for Future Electronics. 同[8]，149～154

15 Shahinpoor M. Intelligent Materials and Structures Revisited. SPIE，1996；Vol. 2716：238～250

16 Tzu，Lao，《Tao Teh King》（老子道德经的音译名称），World Books，Albuquerque，New Mexico，1986

17 Bahm A J.《Nature and Intelligence》（老子道德经的意译名称），Second Edition，World Books，Albuquerque，New Mexico，1986

23 减振材料

23.1 引 言[1~6]

振动和噪音的危害，随着工业化和社会的发展，越来越引起人们的重视。在机器制造业中有将近80％的事故和设备损坏是由共振所致。振动影响机械产品的质量，缩短机械部件的寿命，降低仪表的精度和可靠性，所以机械的振动和噪声水平已成为机械产品在市场竞争中应考虑的重要因素。在实践中，人们积累了不少控制振动和噪声的方法如提高构件刚性和重量，抑制共振振幅或避免共振，安装减振装置，采用吸声材料等，如图23-1所示。减振材料是具有结构材料应有的强度并能通过阻尼过程（也称为内耗）把振动能较快地转变为热能消耗掉的合金等。在对强度和温度要求不高的少数情况下，减振能力强的塑料可以取代金属材料使用。早在20世纪50年代初期英国就研制出了颂奈斯都（54.25％Mn，37％Cu，4.25％Al，3％Fe，1.5％Ni）合金，美国发明了依库拉基欧都（58％Cu，40％Mn，2％Al）合金，其减振系数高达40％，引起了人们的注意。随后前苏联、日、德、法等国也开展了这方面的工作[7]。近年来，我国也在这方面作了努力，已开发了数十种减振合金，形成了一个新兴的功能材料领域。

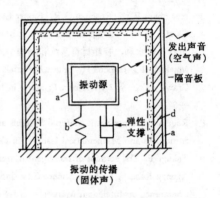

图 23-1 预防振动和噪音
材料示意图

a—减振材料；b—防振材料；
c—吸音材料；d—隔音材料

23.2 内耗的表述及各表示法之间的关系[1~3]

理想弹性体在受到外力时，应变在瞬间便达到胡克定律所规定的量值，也即应力和应变是同步的，是单值函数关系。当有非弹性行为出现时，应力应变不同相，例如应变的变化相对于应力的变化有一个相角差（φ）。这样，在应力应变图上出现滞后回线，这时才有内耗发生。在最简单的情况下可以只考虑主应变（其他应变分量对所加应力不做功），应力和应变随时间的变化可以表示为

$$\sigma = \sigma_0 \sin\omega t, \varepsilon = [\sigma_0 \sin(\omega t - \varphi)]/E \tag{23-1}$$

式中 σ_0 是应力振幅，$\varepsilon_0 = \sigma_0/E$ 是应变振幅，E 为杨氏模量。这种滞后回线所包围的面积代表应力一个周期内在材料中的能量损耗（Δu）

$$\Delta u = \oint \sigma d\varepsilon = (-\sigma_0^2/E)\int_0^{2\pi}\cos(\omega t - \varphi)\sin\omega t d\omega t$$

$$= (\pi\sigma_0^2/E)\sin\varphi \tag{23-2}$$

材料中单位体积的振动能 $u=\sigma_0^2/(2E)$，每周的能量相对损失为（因为 φ 角很小，以 φ 代 $\sin\varphi$）

$$\Delta u/u = 2\pi\varphi \qquad (23-3)$$

一般内耗用 Q^{-1} 表示，Q 是振动系统的品质因子，将式 23-3 改写为

$$Q^{-1} = (1/2\pi)(\Delta u/u) = \mathrm{tg}\varphi = \sin\varphi \approx \varphi \qquad (23-4)$$

减振性能有许多种表示法，在金属学中常用内耗（Q^{-1}）或对数衰减率（δ）表示，$\delta=$ in（第 n 次的振幅/第（$n+1$）次的振幅）。物理学中还常用阻尼系数 $\beta=(1/t)\ln(A_0/A_t)$ 和分贝衰减率（单位时间内振幅的常用对数衰减率）$\gamma=(20/t)\lg(A_0/A_t)$（分贝/秒）来表示。它们之间的关系为

$$Q^{-1} = \varphi = (1/2\pi)(\Delta u/u) = \delta/\pi = 2\beta/\omega = \gamma/(4.35\omega) \qquad (23-5)$$

工业上对材料减振性能更重视实用性。材料的振动衰减过程受温度、频率、应变振幅和磁场等外界条件的影响很大。改变外界条件，则同一材料的振动衰减能力可能有很大变化。詹姆斯提出了减振系数（SDC）（后来也有人把它叫做损失指数（loss index））的概念，在机械工程上被广泛采用。当材料产生 0.2% 永久形变时的应力为 $\sigma_{0.2}$，则以 $\sigma_{0.2}/10$ 作为剪切应力振幅，采用扭摆法测得振动能量每周相对衰减率并以百分数表示，即为减振系数。换言之，减振系数是振动物体内振动能转变为热能而损失的比率，即它是以振动一周振动能的损失率来定义的[4]。

$$\mathrm{SDC}=［振动一周损失的能量（\Delta U）/振动一周的总能量 U］\times100\% \qquad (23-6)$$

它和 Q^{-1}、δ 的近似关系为：

$$Q^{-1}=\delta/\pi=\mathrm{SDC}/2\pi \qquad (23-7)$$

内耗与频率、振幅和温度的关系随内耗类型的不同而变化。从减振材料的角度在下边作一简单叙述。

23.3 动滞后（dynamic hysteresis）型内耗[1,2]

动滞后型内耗也叫弛豫型内耗，它是材料的滞弹性（anelasticity）引起的，所以这种内耗也叫做滞弹性内耗。滞弹性的特征是在加载或去载时应变不是瞬时达到其平衡值，而是通过一种弛豫过程来完成这种变化的。如图 23-2 所示。在应力 σ_0 的作用下，应变有瞬时值

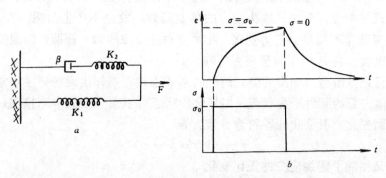

图 23-2　滞弹性体的应变与时间的关系

a—标准线性固体作为滞弹性体振动的机械模型；b—滞弹性体加载和去载后的应变时间关系曲线

ε'，随着时间的延续产生应变 ε''，与时间呈指数关系。ε' 与理想弹性体的应变相近，其模量值（σ_0/ε'）与动力学方法测得的动态模量相应。ε'' 与蠕变过程中出现的应变相近，故称微蠕变或应变弛豫。由于 ε'' 的存在，相应的弹性模量 $[\sigma_0/(\varepsilon'+\varepsilon'')]$ 变小，当时间趋于无穷大时，相应的模量称为静态模量。应力突然去掉后瞬时应变恢复量与 ε' 相同，而残余应变则与时间呈负指数关系趋向于零。通常把去除载荷后的应变恢复现象称为弹性后效。在滞弹性型固体中应变弛豫与应力弛豫两者是完全相应的。

设 τ_σ 为恒应力 σ 作用下的应变弛豫时间，τ_ε 是恒应变 ε 时的应力弛豫时间，M_R 为等温弹性模量，它们之间的关系表示为

$$\sigma + \tau_\varepsilon\sigma = M_R(\varepsilon + \tau_\sigma\varepsilon) \tag{23-8}$$

而应力和应变可分别以 $\sigma(t)=\sigma_0 e^{i\omega t}$，$\varepsilon(t)=\varepsilon_0 e^{i\omega t}$ 表示，代入式 23-8 后可以得到

$$\sigma_0 = [(1+i\omega\tau_\sigma)/(1+i\omega\tau_\varepsilon)]M_R\varepsilon_0 \tag{23-9}$$

此式表明，在弛豫过程存在时，弹性模量是个复数。若以应变落后于应力的相角的正切 $\text{tg}\varphi$ 来量度内耗大小，则

$$\text{tg}\varphi = M \text{ 的虚数部分} / M \text{ 的实数部分}$$
$$= [\omega(\tau_\sigma - \tau_\varepsilon)]/[1 + \omega^2(\tau_\sigma - \tau_\varepsilon)] \tag{23-10}$$

对式 23-8 积分，注意到当 Δt 取值很小并接近零时，等式 23-8 两边的第一项事实上趋近于零，于是

$$\tau_\varepsilon\Delta\sigma = M_R\tau_\sigma\Delta\varepsilon \tag{23-11}$$

由于当 Δt 很小时的应力和应变增量之比应为绝热模量 M_V，故有

$$M_V/M_R = \tau_\sigma/\tau_\varepsilon \tag{23-12}$$

以 $\bar{\tau}=(\tau_\varepsilon\tau_\sigma)^{1/2}$，和 $\bar{E}=(E_V E_R)^{1/2}$ 代入式 23-10，则有

$$\text{tg}\varphi = [(M_V - M_R)/\overline{M}][\omega\bar{\tau}/(1+\omega\bar{\tau})^2]$$
$$= \Delta_M\omega\bar{\tau}/[1+(\omega\bar{\tau})^2] \tag{23-13}$$

Δ_M 称为模量亏损。此式表示 $\text{tg}\varphi$ 是 $(\omega\bar\tau)$ 的函数（图 23-3），当 $(\omega\tau)=1$ 时，它有极大值，即 $Q_{max}^{-1}=\Delta_M/2$，也就是说在 $\text{tg}\varphi$ 与 $\omega\bar\tau$ 的关系曲线上出现一个内耗峰。这是很容易理解的，当频率很高时（$\omega\bar\tau\gg1$，$1/\omega\ll\bar\tau$）振动周期甚小于弛豫时间，即弛豫量很小，而实际上在一周期内几乎不发生弛豫，物体的行为接近完全弹性，所以内耗很小，$Q^{-1}\to0$。当 $\omega\bar\tau\ll1$ 时，即振动周期很长时，$1/\omega\gg\bar\tau$，振动周期远大于弛豫时间，弛豫在一周期内早已完成，故在每一瞬时应变都接近平衡值，应变又成为应力的单值函数，故也不产生内耗。在 $\omega\bar\tau$ 为中间值（$\omega\bar\tau\approx1$）时应变弛豫不能跟上应力变化，此时应力应变曲线为一椭圆，椭圆的面积正比于内耗，内耗值很大。在 $\omega\bar\tau=1$ 时呈现内耗峰。

以上所述只是弛豫型（动滞后型）内耗的形式理论。物体出现滞弹性现象是由于外加应力改变了物体内部的某种平衡状态。如果这种状态可以用一参数 p 来描述，则 p 趋向于新的平衡值 $\bar{p}$ 而变化，其变化速率符合弛豫方程

$$\dot{p} = -(1/\tau)(p - \bar{p}) \tag{23-14}$$

同时 p 改变时又伴随了附加应变的正比变化

$$\varepsilon'' = \lambda p \tag{23-15}$$

λ 为比例常数，这样即可导致弛豫型的非弹性应变。

23.4　静滞后 (static hysteresis) 型内耗[2,3]

动滞后的产生是由于实验的动态性质,与此不同静滞后的产生是由于应力和应变间存在着多值函数的关系。在同一载荷下,在加载过程中和去载过程中对应的应变值不同,并且在完全去掉载荷后有永久形变残留,要想把这部分残余应变去除就需在相反方向加一定载荷才行。静滞后的应力应变回线如图 23-3 所示。回线的面积与加载频率无关,但和振幅有密切关系。动滞后内耗与频率有关但与振幅无关的特征与此正好相反。静滞后是除弛豫以外产生内耗的另一原因。铁磁性材料或含有共格界面和位错的材料中都会有静滞后现象,并引起内耗,即起到减振作用。由于在材料中引起静滞后的各种机制没有相似的应力应变方程,所以数学处理也就不像弛豫型 (动滞后型) 内耗那样简单明确,需要针对具体机制进行计算,求出回线面积 Δu。进而从下式

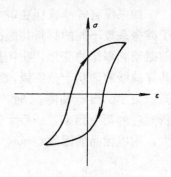

图 23-3　静滞后下的
应力应变回线

$$Q^{-1} = (1/2\pi)(\Delta u/u) \tag{23-16}$$

求得内耗值。

23.5　阻尼共振型内耗

材料中的阻尼共振 (damped resonance) 是产生内耗的又一种情况。例如晶体中两端被钉扎的位错线段在振动应力作用下可作受迫振动。对材料施加应力后,阻尼共振型固体的应变随时间的变化与材料的阻尼系数 λ 有关。在恒应力下其应变与时间的关系曲线如图 23-4 所示。这时的运动方程为

$$m\ddot{\varepsilon} + \beta\dot{\varepsilon} + k\varepsilon = \sigma_0 \tag{23-17}$$

式中 k 为弹性模量,β 为粘滞系数,m 为振动体的质量,$\lambda = \beta/(2m)$ 为阻尼系数。固有频率 $\omega_0 = (k/m)^{1/2}$,外力去除后为自由振动,即

$$m\ddot{\varepsilon} + \beta\dot{\varepsilon} + k\varepsilon = 0 \tag{23-18}$$

当对系统施加外力 $f = \sigma_0\sin\omega t$ 时,则

$$m\ddot{\varepsilon} + \beta\dot{\varepsilon} + k\varepsilon = \sigma_0\sin\omega t \tag{23-19}$$

用 $\zeta = \beta/(2\sqrt{km})$,$\omega_0 = \sqrt{k/m}$ 代入,可改写为

$$m(\ddot{\varepsilon} + 2\omega_0\zeta\dot{\varepsilon} + \omega_0^2\varepsilon) = \sigma_0\sin\omega t \tag{23-20}$$

用 $\varepsilon = (\sigma_0/k)\mu\sin(\omega t - \varphi)$ 代入,可以得到

$$\mu = 1/\sqrt{[1 - (\omega/\omega_0)^2]^2 + (2\zeta\omega/\omega_0)^2} \tag{23-21}$$

$$\mathrm{tg}\varphi = (2\zeta\omega/\omega_0)/[1 - (\omega/\omega_0)^2] \tag{23-22}$$

式 23-21 中的 μ 叫做振幅放大系数。当 $\omega = \omega_0$ 时,就得到共振振幅值与静态的应变值之比:$k/(\omega\beta) = \varphi^{-1}$,此比值叫共振放大率。一般金属的 φ 值多为 $10^{-2} \sim 10^{-4}$,所以金属构件的

共振放大率为 100~10000。在制作金属构件时不可能用这么大的安全系数，所以金属构件是很难避免共振破坏的。

由图 23-4 可见，当 $\lambda > \omega_0$ 时，施加应力后无共振现象，系统处于过阻尼状态；当 $\lambda < \omega_0$ 时，施加应力后会见到应变的衰减振动；当 $\lambda = \omega_0$ 时，系统处于临界阻尼状态。

如果没有外摩擦存在，材料中的内耗就是惟一的能量耗散效应，它决定共振的振幅。对于减振系数不同的材料共振振幅可以有很大的不同，图 23-5 中绘出了六种材料的相对振幅随振动频率比的变化，图中还绘出了它们的自由衰减曲线。黄铜和钢等减振系数小的材料，共振曲线的形状十分尖锐，而纯铁和镁合金等减振系数大的材料，其共振曲线趋于扁平，共振振幅小。当 ω 偏离 ω_0 时，振幅就会减小。相对振幅值为 $1/\sqrt{2}$（即振动能减少到 1/2）所对应的两个频率，一个大于 f_r，一个小于 f_r，二者之间的距离以 Δf 或 $\Delta \omega$ 表示，$\Delta \omega$ 越大，则机械品质因数 $Q = \omega_0/\Delta \omega$ 就越小，共振锐度也越小，也即共振曲线越趋于扁平。

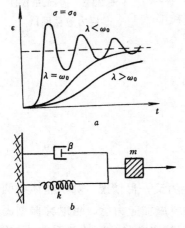

图 23-4   阻尼共振型固体的
ε-t 曲线与模型

a—ε-t 关系；b—沃伊特（Voigt）模型
λ—阻尼系数；ω_0—固有频率；
β—粘滞系数；m—质量；
k—弹性常数

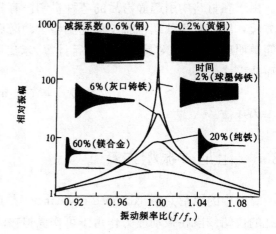

图 23-5   减振系数对共振曲线和
自由衰减曲线的影响

（f 为振动频率；$f_r = \omega_0/2\pi$ 为材料的固有频率）

23.6   金属强度与衰减系数的关系[4,5]

金属的特点之一是强度高。但现代的机器、仪表等构件除了要坚固以外，还要求体积小、稳定度高、精度高和噪音小等。这就要求材料要同时具备高的强度和高的减振系数。图 23-6 是各种金属材料的强度与减振系数双对数分布图。图中有 $\alpha = 10$，$\alpha = 100$，$\alpha = 1000$ 三条直线，它们分别表示有色金属、钢铁、减振合金三个系列材料的分布区域。α 是减振系数与强度的乘积，它常被用于比较实际材料的减振性能。在 $\alpha = 1000$ 的直线上有四个合金；其中三个为 Mn-Cu 合金、NiTi 合金和 Cu-Al-Ni 合金，它们都是形状记忆合金；另一个是无

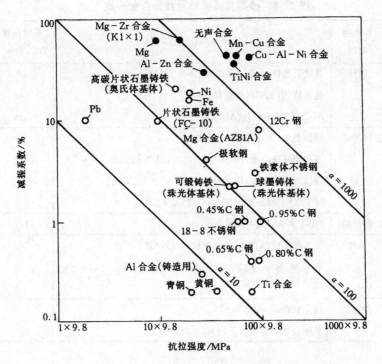

图 23-6　各种金属材料的强度和减振系数

减振系数（%）：使用扭转振动法求得的衰减特性，也称为固有衰减本领（Specific damping capacity，略作 SDC），所用扭转振动法使合金产生的剪切应力振幅，相当于合金 0.2% 屈服强度的 1/10 的剪切应力造成的振幅

$$\text{SDC}(\%) = \frac{\Delta W}{W} \times 100 = \frac{A_n^2 - A_{(n+1)}^2}{A_n^2} \times 100$$

式中　ΔW：每周期的振动能量损失；W：每周期的振动能量；A_n：第 n 次振动的振幅；$A_{(n+1)}$：第 $n+1$ 次振动的振幅

声合金（Silent alloy，Fe-12Cr3Al）。还有三个以黑点表示的合金，它们是 Mg-Zr（和 Mg-Mg_2Ni，二合金点重合）、Mg 和 Al-Zn 合金；它们是超塑性合金。含 12%Cr 的铁素体不锈钢也具有较好的减振性能。形状记忆合金和一些超塑性合金具有好的减振性能。同时具有形状记忆、超塑性和高减振性能的合金有时叫做多功能的力性功能材料。从图 23-6 还可以看到，通过调整成分等办法可以开发出减振性能好同时强度又高的合金。

23.7　从材料的内部组织结构观点看减振机制[5,6]

目前已开发出来并在应用的减振合金按其减振机制可分为五类，如表 23-1 所示。不管是哪种减振机制，减振的实质都是把振动能在合金内部转换为热能而释放出去。

第一类减振材料是复相的，例如片状石墨铸铁（灰口铁），通过铸铁内石墨的粘性和塑性变形而产生减振效应。球墨铸铁经过特殊处理后可以轧制，于是球状石墨变为片状石墨增加了减振能力。这些合金的内耗属于动滞后（弛豫型）机制。

表 23-1   根据减振机制对减振合金分类

机 制	衰减能类型	合金名称(组成举例)	抗拉强度/N·mm^{-2}	SDC/%
复相型	弛豫	片状石墨铸铁(Fe-3%C-2%Si-0.7%Mn)	98	10
		轧制铸铁(RFC)(球墨铸铁)	686	20
		Al-Zn 超塑性合金(Al-22%Zn)	196	20
铁磁性型	静滞后	消振合金(Fe-12%Cr-3%Al)	392	40
		都拉康隆依合金(Fe-12%Cr-1.3%Al-0.6%Mn-0.1%C)	392	20
		基欧大隆依合金(Fe-15%Cr-2%Mo-0.5%Ti)		
		NIVCO-10(Co-23%Ni-1.9%Ti-0.2%Al)		
位错型	静滞后	KIX1 合金(Mg-0.6%Zr)	147	50
共格界面型- I	弛豫	依库拉基欧都合金(Cu-40%Mn-2%Al)	588	40
反铁磁型		颂奈斯都合金(Cu-37%Mn-54%Al-3%Fe-3%Ni-1.5%Ni)		
共格界面型- II	静滞后	镍化钛(Ni-50at%Ti)	588	30
热弹性马氏体型		普隆台瓦斯合金(Cu-16%Zn-8%Al)	294	30
其他 晶间腐蚀型不锈钢 烧结多孔铸铁		V. C. 金属(18-8 不锈钢)		
减振钢板	弛豫	罗依普来斯合金,大福拉合金	294	30

第二类是铁磁性型合金,这一类合金中的无声合金(也叫消振合金)是个代表。铁磁材料内的磁畴由于各自的自发磁矩方向不同,在外力作用下会发生消、长和磁致伸缩,并且各磁畴互相联结,在各自伸缩运动时相互牵制,从而产生不可逆的畸变。各磁畴的消长引起微区域的磁化向量改变,由此产生涡流,这也引起能量消耗。这里的内耗属于静滞后型的,即应力和应变之间不是单值函数,这与磁滞回线上磁化强度与磁场强度之间不是单值函数一样。铁磁性材料的内耗大小与所处的磁场有关,磁化到饱和态的铁磁体,各磁畴的磁矩都是同向的,所以应力引起的内耗小。未磁化的或部分磁化(即未达到饱和的)铁磁体在外力作用下的内耗要大些。

第三类为位错型合金,如 KIXI 合金(Mg-0.6%Zr)。在组织中有析出物或杂质原子,它们对位错有钉扎作用,在外力作用下位错线作不可逆的往复运动,因此产生静滞后型内耗(图 23-7)。加载时位错线随应力的增加作 $a \to b \to c \to d \to e$ 的运动,卸载时发生 $e \to d \to c \to b \to a$ 运动。此时,在室温下 SDC 可达百分之几。位错线的弦与外力发生共振时,应变场的能量转变为晶格振动能和传导电子能量,这一过程是 $10^6 \sim 10^9$Hz 的超声衰减的原因。位错线在热能作用下(温度升高)能越过晶格节点处的热垒,而作可逆的移动,这是一种弛豫过程。在 -120℃ 以下出现这种峰的频率约为 $10^3 \sim 10^4$Hz,SDC<1%。在位错线运动过程中可因与杂质原子、空位等作用而表现出多个内耗峰。

第四类为共格界面型合金。以锰的面心立方 γ 相为基的合金在尼尔点(T_N)以下转变为反铁磁性的。另外，还有面心立方到面心正方的转变（转变温度为 $T_{fcc/fct}$），并形成极细的孪晶结构。由于外力和正方度引起的晶格畸变相互作用，使孪晶界发生移动，这样在 $-100℃$ 与 $T_{fcc/fct}$ 之间出现弛豫型 SDC 峰值（图 23-8）。在实用的 Mn-Cu 合金中适当选择成分和热处理制度，可以得到含有顺磁和反铁磁性两种相的组织。在转变点 $T_{fcc/fct}$（约为 $120℃$）以上减振系数会急剧减小。

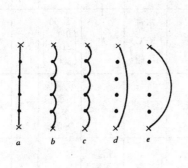

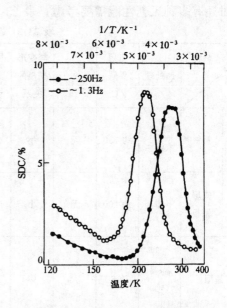

图 23-7　位错线从杂质原子
脱开产生的滞后过程

·表示杂质原子；×表示位错线的钉扎点

图 23-8　$Mn_{0.863}Ni_{0.135}$ 合金减振系数
与温度和振动频率的关系

　　热弹性马氏体型合金在部分转变后，马氏体中出现极细的孪晶或位错。马氏体相中的内耗以静滞后为主。马氏体和母相的界面也有共格性，也引起静滞后型内耗。

　　第五类减振材料是以上四类以外的材料。

　　首先是新近开发的各种复合材料。如低碳钢板与 Zn-22Al（是超塑性合金）叠轧或夹心轧形成的复合板材、软钢钢板与塑料复合的材料。一种具有晶界腐蚀层的减振耐蚀钢材是把不锈钢在高温敏化处理使铬的碳化物沿晶界析出，晶间贫铬后成为易腐蚀状态，然后在硫酸铜-硫酸水溶液中腐蚀，使表面形成一层多孔的被腐蚀层，再在重磷酸盐水溶液中浸渍数秒钟后进行烘烤，使被腐蚀晶粒表面形成一层保护膜。最后的状态比不锈钢还耐蚀。这样的材料与原始材料相比，对数衰减系数提高数十到数百倍，除了内耗外，晶粒间界还可能存在外摩擦，也起减振作用。

　　在钢表面轧出特殊形状的花纹，例如丫型的花纹，也能增加减振系数。多孔铸铁也具有高的减振系数，它是把片状石墨铸铁切削成屑，然后加压固化烧结成铸铁板。其减振系数比原始的铸铁高 2.5 倍。

　　Zn-22%Al 合金是最早发现的超塑性合金，在 $250 \sim 270℃$ 温度区间延伸率可达 1500%，此合金的组织是富锌和富铝两种片层的叠合组织，还有一些小的沉淀，是一种复相型组织。它的密度较小，强度较高而不是铁磁性的，还有较强的减振能力，它的内耗和机制可能兼有静滞后型和弛豫型。

23.8 典型减振合金的特点和减振合金的应用[4~6]

在表 23-1 中结合内耗的分类，列出了一些典型减振合金的成分、强度和减振系数。在应用时还有多种工艺性能需要考虑。表 23-2 中列出了常用减振合金的特点。

表 23-2 减振合金的特点

分类	特性	热处理	使用界限/℃	时效变化	与变形振幅的关系	与频率的关系（可听范围）	与磁场的关系	塑性加工性	耐蚀耐大气腐蚀性	强度/$N \cdot mm^{-2}$	表面硬化处理	焊接性	成本
复合型	铸铁	特别不需要	约 150	无	小	有	无	不行（RFC可能）	差	约 98（RFC 441~686）	可能	难	低
复合型	夹层钢板	不需要	约 100	无	小	有	无	（原板状）	差	软钢板断面积×45×9.8	可能	难	低
孪晶型		需要（难）	约 80	大	中	无	无	容易	稍差（耐海水腐蚀性好）	约 588	可能	难	高
位错型		不需要		无	中	无	无	难	稍差	约 196	不行	不行	高
强磁性型		需要（容易）	约 380	无	大	无	有	容易	好	约 441	容易	良好	低

注：RFC 表示轧后的片状石墨铸铁。

片状石墨铸铁是被最早使用的减振合金，其优点是成本低和耐磨性好。石墨有存油的效应且具有自润滑性。这种合金多用于机床的盖和传动装置上。在汽车上已用铸铝代替铸铁，以减轻汽车重量，但噪声比用石墨铸铁大。铸铁系减振合金的缺点是强度和韧性都较低，又不能进行压力加工。它们的减振系数随着各品种强度的增加而稍有下降（在 35MPa 下作的扭转实验，抗拉强度在 300~500MPa 之间）。

轧态片状石墨铸铁（rolled fraky graphite cast iron，简称 RFC）是把本来具有低减振系数的球墨铸铁经过变形量 75%~80% 的冷轧，使球状石墨成为片状，以得到良好的减振性能。其缺点是由于经过了轧制而具有一定的各向异性。由于是轧材故适于制作板状部件。

复合和夹层钢板是钢板树脂两层或两层钢板夹一层树脂组合而成。它们的减振性能良好。随着减振钢板的出现，弯曲加工、冲压加工、点焊加工技术也被开发。这些技术最适用于形状简单的板状构件和盖子等。因树脂具有粘性，其减振系数随温度和频率而变，故应根据使用温度和频率选择复合材料。

孪晶型减振合金是热不稳定的热弹性马氏体合金，故温度特性差，减振特性最多维持到 100℃ 左右。但其减振效果较好，仅次于减振复合钢板，减振效果受应变振幅影响较小，所以应用还是比较普遍的。

Mn-Cu 系减振合金早在 50 年代就得到开发，颂奈斯都（Sonostone）和依库拉基欧都合金都属于该系。它们的强度、韧性、延展性和可切削性都很好，而且用铸造、粉末冶金法都可制造，容易生产。含铝的依库拉基欧都合金抗海水腐蚀性较好，已用在螺旋桨等海洋设备上。但此系列合金在固溶处理后大多尚须进行时效处理，故对构件的弯曲和变形应特别注意。另外，长期应用时减振性能明显恶化，有的一年后性能便下降一半，故长期使用应特别注意。

尼太诺尔（Nitinol）的压力加工性能和切削性能不好，制造性能很差，但它的耐蚀性、耐磨损性、强度以及与生物体的相容性很好，故受到人们重视。它同时是一种优良的形状记忆合金。

镁系合金在强度、耐蚀性、压力加工性方面较差，也较贵，但其密度小，适合于现代减轻部件重量的要求。

铁磁性型减振合金的减振系数受频率影响小，可使用的极限温度高，并且成本低，压力加工性能、切削加工性能都很好，可铸造和用粉末冶金法制造，耐蚀性好，还可进行各种表面处理，长期使用后性能恶化不严重，特性能保持长期稳定，因此应用较普遍。但其减振性能受应变振幅影响大并且对残余变形敏感，因此给使用带来一定困难。

晶间腐蚀型合金利用裂纹表面的相互滑动摩擦而减振。在 18-8 不锈钢和铝合金上轧出细纹的摩擦界面也具有减振作用。

表 23-3 中归纳了减振合金的使用情况。

表 23-3 减振合金的应用[5]

分　类	设　备　名　称	安　装　部　位	使　用　目　的
设备	制动马达	闸瓦	防止制动时的声音
	装配线、链条	链轮、机动链轮	防止噪声
	电力用断开器	触头	防止噪声
	马达等	风扇	防止噪声
	运输带	齿轮	防止噪声
	锻造设备	滑轨	防止噪声
	部件传送器	传送器	防止噪声
	发电机	盖	防止噪声
机床	数控冲孔机	滑轨	防止噪声
	车床	钻柄等	提高加工精度
	电钻	减速齿轮	防止噪声
	冲床	脱模挡板	防止噪声
光学机械	滤光 8mm 摄影机	胶片输入机构	防止噪声
	35mm 照相机	自动绕卷机	防止噪声
	放映机	快门机构	防止噪声
精密机械	测量仪	齿轮等	提高测量精度
	轴承	挡板等	提高寿命等
	X 射线诊断装置	X 射线及传感器固定件	提高分解本领等
	缝纫机、编织机		防止噪声

分　类	设 备 名 称	安 装 部 位	使 用 目 的
汽　车	车闸 发动机 其他	闸瓦圆盘等 油盘汽缸头盖等 变速杆　门闩等	防止制动时的声音 防止噪声 防止振动、噪声
音响通讯	立体声设备 无线电收发机	扬声器架　拾音器臂 机箱　音响透镜	使声音清晰 防止高频，使通话清晰
办公用设备	打字机 复印机 自动分邮件机		防止噪声 防止噪声 防止噪声
建　筑	复式枕木捣固器	捣锤	防止噪声
其　它	食具　器具 谷物干燥机 广播、电视播音设备 铁路桥梁	除了刀以外 盖板	改善手感 防止噪声 防止噪声 防止噪声

　　减振合金的振动能量传递损失和在消音罩上的应用常受重量大小决定，故常用密度大的材料。一般金属和合金抗共振破坏能力差，这在前边阻尼共振一节已经论及。因此研制出来的减振系数高的合金受到重视，实际应用效果也较好，噪声平均值有所下降，达 20dB。在高频发电机罩上的应用表明减振钢板比普通钢板的传递损失高 7 个分贝。在油盘顶盖和铁路新干线防护器下面的安全板等也已有使用。

　　减振合金的振动发声与普通钢板相比可从图 23-9 看出。这个结果表明内耗可使运输体声音发射强度水平降低。如果条件相同，声音发射强度水平与噪声水平成正比。在铁路新干线上复式轨枕捣锤的台状面板使用减振合金后取得了降低噪声的效果。捣锤本身容易产生共振，而且容易把振动传递到别的构件，成为大的振动和噪声的发生源。采用减金合金后噪声降低了 4～5 个分贝。

　　在物体形状一定的情况下，静态的应力应变曲线决定于弹性模量 E，而对于动态下的激振力与振动振幅的关系，特别是共振状态下，则与材料的减振系数关系非常大。图 23-10 就是无声合金和 18-8 不锈钢的激振试验结果。由图可见 E 值小的无声合金与 E 值大的 18-8 不锈钢（相应各为 165MPa 和 197MPa）相比，动态刚性最大可高出七倍。钻杆、镗孔棒的动态刚性理论和试验都表明无声合金的使用增加了构件的振动刚性（所谓材料的动态刚性高是指在相同激振力下引发的振动振幅比其他材料的小）。无声合金的动态刚性高与它的减振系数高有关（图 23-10 右边所附小图）。图 23-10 中，在此特定的试验装置中横坐标激振力是由声波激发器电压（伏特数）来控制的。

　　现在已有的减振材料的生产和应用经验表明，除了从成分的角度考虑研制新品种以外，还应重视合金的后续工艺处理手段，如表面处理、热处理、表面压纹、多种合金复合，合金与塑料复合，多孔性的粉末冶金法制备减振合金等。激光技术和等离子技术的应用也会受到重视。

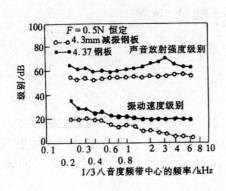

图 23-9　减振钢板和普通钢板的发射
声音和振动速度的比较

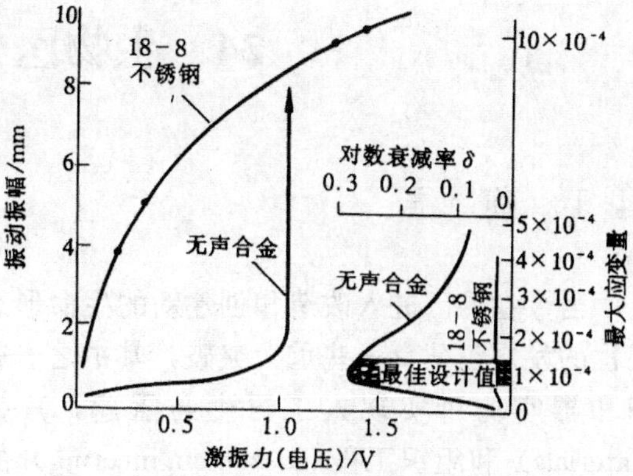

图 23-10　无声合金和 18-8
不锈钢的激振试验

　　还有一个方向就是研制多功能的合金。例如超塑性和形状记忆性能与减振性能的结合等[8]。尼太诺尔合金既具减振性能又是形状记忆合金，还具有与生物体的共容性。Cu-Al-Ni合金具有超塑性、形状记忆效应和良好的减振性能。正在开发中的 Fe-Mn-Si 基（可加铬、镍、钴等合金元素）合金系列具有形状记忆、超塑性，并有较高的强度。根据其马氏体转变机制和孪晶多、层错密度大等的组织特点很可能会具有良好的减振性能，值得探索研究[10]。

　　可以预料，减振材料应用的领域将会扩大，对社会的贡献也会更多。

参 考 文 献

1　陈洪荪主编. 金属材料物理性能手册第一册　金属物理性能及测试方法. 北京：冶金工业出版社，1987：139

2　冯端，王业宁，丘第荣. 金属物理. 北京：科学出版社，1975：554

3　Zwikker C. Physical Properties of Solid Materials, London. Pergamon Press，1955：106

4　赵秦生，胡海南. 新材料与新能源. 北京：轻工业出版社，1987：111

5　竹内荣等著. 功能金属材料. 张名大等译. 沈阳：辽宁科技出版社，1988：180

6　伊藤邦夫等著. 功能性金属材料. 蒋正行，孟宪玲译. 北京：科学出版社，1990：10

7　Головин И. С. и Головин С. А.，Бюллетень Черной Металлургий，1989；5：7～30

8　Jan Van Humbeek, Johannes Stoiber, Luc Delaey and Rolf Gotthardt，Z. Metallkd，1995；86（3）：176～183

9　Lee Y K *et al.*，Scripta Materialia，1996；35（7）：825～830

10　《阻尼材料和技术应用》文集，1991

24 生物医学材料[1～16]❶

24.1 前 言

当今世界已进入改造和创建新的生命形态的时代。现代科学技术随着生物技术与基因工程的发展正孕育一些重大突破，其中之一就是在不远的将来，除大脑外，人体所有的组织和器官均可实现人工再生与重建，其技术关键取决于生物医学材料（biomedical materials）和组织工程（tissue engineering）的发展。

那么什么是生物医学材料呢？简单地说，生物医学材料是用于与生命系统接触和发生相互作用的，并能对其细胞、组织和器官进行诊断治疗、替换修复或诱导再生的一类天然或人工合成的特殊功能材料，亦称生物材料（biomaterials）。用生物材料制作的心脏起搏器、人工心瓣膜、人工血管、人工心脏和介入性治疗导管与血管内支架等正在挽救和维持世界

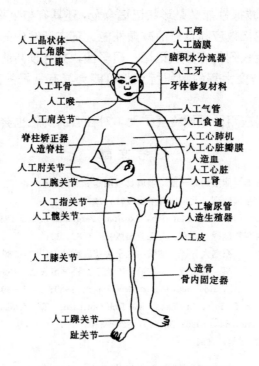

图 24-1 生物材料在医学领域的应用

上成千上万心血管病患者的生命；用生物材料制作的人工关节与功能性假体已广泛用于伤残人肢体形态与功能的恢复；生物降解材料已成功地应用于药物传递控释系统，并制成手术缝合线广泛应用于临床；用生物材料制成的各种人工器官，每年有数百万人在使用；用

---

❶ 本章 24.4.6 及部分图表文献是马如璋添加的。

生物材料制作的各种避孕器件在计划生育、控制人口增长和提高人民健康水平等方面发挥了巨大作用（图 24-1）。可以说，现代医学的进步是与生物材料的发展分不开的。鉴于生物材料的发展直接关系到人类的生命与健康，故有关研究与开发具有重要的科学意义和巨大的社会经济效益[10]。

24.2 生物医学材料的发展简史

人类利用天然物质和材料治病已有很长的历史。公元前 5000 年前，古代人就试用黄金修复失牙。公元前 3500 年，古埃及人用棉花纤维、马鬃等缝合伤口。墨西哥印第安人用木片修补受伤的颅骨。公元前 2500 年，在中国和埃及人的墓葬中已发现有假手、假鼻、假耳等人工假体。公元前 400～300 年，腓尼基人已用金属丝结扎法修复牙缺损。公元 2 世纪已有使用麻线、丝线结扎血管制止静脉出血的记载。我国在隋末唐初就发明了补牙用的银膏，成分是银、锡、汞与现代龋齿充填材料——汞齐合金相类似。最先应用于临床实践的金属材料是金、银、铂等贵重金属，原因是它们都具有良好的化学稳定性和易加工性能。1829 年通过对多种金属的系统动物实验，得出了金属铂对机体组织刺激性最小的结论。1851 年发明天然橡胶的硫化法后，开始用天然高分子硬橡木制作的人工牙托和颚骨进行临床治疗。1892 年将硫酸钙用于充填骨缺损，这是陶瓷材料植入人体的最早实例。

尽管生物医学材料的发展可追溯到几千年以前，但取得实质性进展则始于 20 世纪 20 年代[12]。1926 年，含 18％铬和 8％镍的不锈钢首先用于骨科治疗，随后在口腔科也得到了应用。1934 年，研制出高铬低镍单相组织的 AISI 302 和 304 不锈钢，使不锈钢在体内生理环境下的耐腐蚀性能明显提高。1952 年，耐蚀能力更强的 AISI316 不锈钢在临床获得应用，并逐渐取代了 AISI302 不锈钢。为了解决不锈钢的晶间腐蚀问题，在 60 年代又研制出超低碳不锈钢 AISI306L 和 317L，并制定了相应的国际标准。这两种奥氏体不锈钢因具有良好的生物相容性和综合力学性能而得到了广泛应用。与不锈钢发展的同时，钴基合金作为生物医学材料也取得很大进展。最先在口腔科得到应用的是铸造钴铬钼合金，20 世纪 30 年代末又被用于制作接骨板、骨钉等内固定器械。50 年代又成功地制成人工髋关节。60 年代，为了提高钴基合金的力学性能，又研制出锻造钴铬钨镍合金和锻造钴铬钼合金，并应用于临床。为了改善钴基合金抗疲劳性能，于 70 年代又研制出锻造钴铬钼钨铁合金和具有多相组织的 MP35N 钴铬钼镍合金，并在临床中得到应用。

在不锈钢和钴基合金成功地用于临床的同时，金属钛因具有优异的耐蚀性和生物相容性，且密度低而引起广泛的注意。40 年代已用于制作外科植入体，50 年代用纯钛制作的接骨板与骨钉已用于临床。随后，一种强度比纯钛高，而耐蚀性和密度与纯钛相仿的 Ti6Al4V 合金研制成功，有力地促进了钛的广泛应用。70 年代，又相继研制出含间隙元素极低的 EL1Ti6Al4V 合金、Ti5Al2.5Sn 合金和钛钼锌锡合金，从而使钛与钛合金成为继不锈钢与钴基合金之后又一类重要的医用金属材料。70 年代后，随着形状记忆合金的发展，以 Ni-Ti 系为代表的形状记忆合金逐渐地在骨科和口腔科得到应用，并成为医用金属材料的重要组成部分。此外，还有钽、铌、锆和一些磁性材料在临床医学也得到一些应用[12]。

高分子材料作为生物材料的发展略晚于金属材料。虽然有机玻璃和赛璐珞薄膜先后于 30 年代和 40 年代就应用于临床，但医用高分子材料取得广泛应用则始于 50 年代有机硅聚合物的发展。60 年代初，聚甲基丙烯酸甲酯（又称骨水泥）开始用于髋关节的修复，有力地促进了医用高分子材料的发展。从 70 年代起，随着高分子化学工业的发展，医用高分子材料逐渐地成为生物材料发展中最活跃的领域。一些重要的医疗器械与器材，如人工心瓣膜、人工血管、人工肾用透析膜、心脏起搏器、植入型全人工心脏、人工肝、肾、胰、膀胱、皮、骨、接触镜、角膜、人工晶体、手术缝合线等相继研制成功，并得到了广泛应用，有力地促进了临床医学的发展[14]。

生物陶瓷作为生物材料的研究与开发始于 60 年代初。1963 年和 1964 年，多晶氧化铝陶瓷分别应用于骨矫形和牙种植。1967 年，低温各向同性碳成功地应用于临床。1969 年，生物玻璃研制成功。1971 年，羟基磷灰石陶瓷获得了临床应用，从此开始了生物活性陶瓷发展的新纪元。进入 80 年代，人们对生物陶瓷复合材料进行了大量研究，以便在保持生物陶瓷良好的生物相容性条件下，提高其韧性与抗疲劳性能，改善其脆性。90 年代，生物陶瓷的一个重要研究方向是与生物技术相结合，在生物陶瓷构架中引入活体细胞或生长因子，使生物陶瓷具有生物学功能[10]。

研究表明，人体绝大多数组织的结构均可视为复合材料，故用单一的医用金属材料、医用高分子材料或生物陶瓷来修复人体组织时难以满足临床应用的要求，由此推动了医用复合材料的研究与开发，使其成为 70 年代后生物医学材料发展中最活跃的领域之一。

如果说以前生物材料与其他材料一样均属于无生命材料的话，那么进入 90 年代后借助于生物技术与基因工程的发展，已由无生物存活性的材料领域扩展到具有生物学功能的材料领域，其基本特征在于具有促进细胞分化与增殖、诱导组织再生和参与生命活动等功能。这种将材料科学与现代生物技术相结合，使无生命材料生命化，并通过组织工程实现人体组织与器官再生与重建的新型生物材料已成为现代材料科学新的研究前沿。其中具有代表性的生物分子材料（biomolecule materials）和生物技术衍生生物材料（biotechnologically derived biomedical materials）的研究已取得重大进展[10]。

24.3　生物医学材料的特征与评价

任何一种材料要作为生物医学材料使用的话，除了应具有必要的理化特性外，还需要满足在生理环境下工作的生物学要求，即应有良好的生物相容性。这是生物医学材料区别于其他材料的基本特征。

24.3.1　宿主反应与材料反应

生物材料植入机体后，通过材料与机体组织的直接接触与相互作用而产生两种反应：其一是宿主反应，即机体组织与生物活体系统对材料作用的反应；其二是材料反应，即材料对机体生理环境作用的反应[10]。从化学过程和物理过程来看，这种反应可用图 24-2 形式较直观地表达。

宿主反应通常分为 5 类：即局部组织反应、全身毒性反应、过敏反应、致癌、致畸、致突变反应和适应性反应。

局部组织反应是指机体组织对植入手术创伤的一种急性或炎性反应，是最早的宿主反应，其反应程度取决于创伤的性质，轻重和组织反应的能力，并受患者年龄、体质、防御系统的损伤、药物应用与体内维生素缺乏程度等因素的影响。全身毒性反应通常是由于植

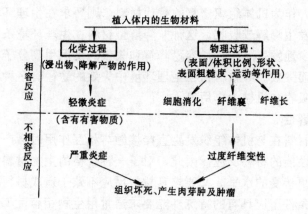

图 24-2   生物材料的组织反应[8]

入材料或器件在加工和消毒过程中吸收或形成的低分子量产物在机体内渗出或因生理降解所产生的毒性物质所引发的一种反应。这种反应一般分为急性和慢性两种,其中慢性毒性反应是因低分子材料在机体内缓慢释放和生理降解毒性产物所引发的。过敏反应比较少见,但其产生的机理与全身毒性反应相同。致癌、致畸、致突变反应一般属于慢性反应,其中致癌反应是因材料中含有致癌物质或材料在体内降解中产生的致癌物质所致。适应性反应属于慢性和长期性反应,其中包括机械力对组织与材料相互作用的影响。

材料反应通常包括生理腐蚀、吸收、降解与失效等反应。

生理腐蚀是材料在生理环境作用下的一种腐蚀。这种生理腐蚀对医用金属材料尤为重要,因为人体体液是含约 1% 氯化钠的充气溶液,此外还含有其他类型的盐、有机化合物、血液、淋巴液与酶等,在 37℃ 体温下对金属材料是一个相当强的腐蚀环境,可产生多种类型的腐蚀,如均匀腐蚀、点蚀、电偶腐蚀、缝隙腐蚀、晶间腐蚀、磨蚀、腐蚀疲劳和应力腐蚀等。生理腐蚀可引起金属从植入体表面脱落,导致过敏反应。生理腐蚀过程中产生的金属离子和腐蚀产物会引起局部组织反应或全身毒性反应。用医用金属材料制作的承载部件在生理环境中容易发生应力腐蚀和腐蚀疲劳,导致部件损伤与失效。因此,对于医用金属材料来讲,其发展历史实际上是寻求能耐生理腐蚀的金属材料的历史[12]。

吸收是指材料在体液或血液中因吸收某些成分而改变其性能的过程。这种吸收过程是慢性和远期反应。如人工心瓣膜支架在血液中因选择性吸收血液中的类脂化合物而变色、鼓胀和开裂,不过借助于支架表面改性或材料表面复合可使吸收现象得到控制。在生理环境中,吸收可使某些医用材料产生塑化反应,导致材料的弹性模量降低和屈服应力升高。但是,生理环境对材料也有浸析作用。例如通过对聚合物中的增塑剂的浸析,也可使材料的弹性模量提高和屈服应力降低。

降解与失效是材料在生理环境中两个重要的材料反应。生物降解是材料在生理环境作用下发生结构破坏与性质蜕变的一个过程。在生理环境中能发生降解的材料中有可降解生物陶瓷,如硫酸钙、β-磷酸三钙等;有可降解高分子材料,如天然的蛋白质(或聚肽)、交联明胶等;还有人工合成的聚乳酸、聚乙醇酸以及它们的共聚物等。它们作为生物降解材料的基本条件是降解产物应对机体无毒性,能参与体内的代谢循环。利用这些材料的降解特性可制造可吸收的手术缝合线、骨折内固定器、骨缺损填料和药物缓释的载体。这是降解有利的方面。但是，作为机体组织修复的替代材料，则要求在生理环境中能保持长期的化学稳定性，不希望发生降解或吸收。这种非降解型材料在生理环境条件下比较少见，绝大多数材料都或多或少地发生降解。最容易降解和失效的是医用高分子材料。陶瓷与金属材料也可能通过降解而失效。导致材料在生理环境中失效的途径有多种，除了降解外，还有磨损、生理腐蚀、吸收和机械力作用等。

24.3.2　生物相容性

上述表明，生物材料在与机体组织发生直接接触与相互作用时会产生有损伤机体的宿主反应和有损坏材料性能的材料反应。因此，对于一种合格的生物材料，既要求所引起的宿主反应能够保持在可接受的水平，又要求其材料反应不致于造成材料本身发生破坏。这种对材料在生理环境条件下应具有的特殊性能要求通常用生物相容性（biocompatibility）来表征，后者所表示的是材料在特殊的生理环境应用中引起适当的宿主反应和产生有效作用的能力。

生物相容性根据材料使用目的与要求的不同通常分为两类：其一是血液相容性，主要考察植入心血管系统的材料与血液相互作用的水平，其内容可简略由图 24-3 看出；其二是组织相容性或一般的生物相容性，主要考察植入机体组织的材料与体液相互作用的水平。血液相容性与组织相容性密切相关，但各有所侧重。例如用于制造人工关节的材料不苛求抗凝血性能，但用于制造制作血管内支架和人工心瓣膜的材料则要求有抗凝血特性。此外，对于植入体内承受负荷的生物材料，还要求其弹性形变和植入部位的组织弹性形变相协调，即应具有良好的力学相容性。

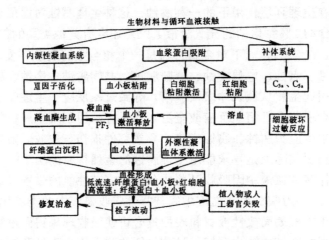

图 24-3　生物材料与循环血液接触的反应

24.3.3　生物相容性评价

为了确保生物材料与制品临床应用的安全性，必须遵照审批手续，在试生产与临床使用前严格按照有关生物学性质评价规程和方法进行材料生物相容性的测试与评价[8]。

首先，生物材料可按其组成和性质或最终使用的制品来分类。国际标准化组织 ISO/TC194 生物学评价技术委员会根据生物材料与制品在机体内的使用部位和时间的不同制定了分类标准和需要进行的生物学检测项目，并要求参照有关标准试验方法进行测试。生物学试验结果的判断多无绝对的标准，通常是使用参照（对比）材料在相同条件下进行试验，将试验材料和参照材料引起的宿主反应和材料反应水平进行对比来作出结论。所谓参照材料，是按标准方法试验能够重现符合要求结果的材料。

标准试验是可重复性试验，其程序一般由简到繁，由体外到体内，先动物后人体。首先根据材料的组成与结构，结合材料的理化特性和临床应用要求进行体外试验，其中包括材料溶出物测定、溶血试验、细胞毒性试验等。溶血试验通常是使受试材料与血液细胞直接接触一定时间后测定红细胞释放出的血红蛋白量，以此判断材料的溶血作用。细胞毒性试验是通过细胞与试验的直接接触来观察材料对细胞生长的抑制和对细胞形态的改变。体外试验是用于生物材料的初期筛选，以便早期淘汰有毒性的材料。

经体外试验合格的材料可进行动物体内试验。检测的项目有急性全身毒性试验、刺激试验、致突变试验、肌肉埋植试验、致敏试验、长期体内试验等。急性全身毒性试验是将一定量的试验材料浸提液注射到小白鼠体内，在规定的时间内观察小白鼠致残情况。刺激试验是将试验材料与有关组织接触，或将材料的浸提液注入有关组织内，观察组织是否出现红肿、出血、变性、坏死等症状及反应程度。致突变试验是常用的 Amas 突变试验。肌肉埋植试验多用于植入材料的评价，以了解材料的组织反应[10]。

上述体外与动物体内试验是非功能性试验，侧重于考察材料与植入环境的化学与生物成分之间的相互作用，是评价生物相容性最基本的试验。非功能性试验完成后，需要在动物体内进行功能性或"使用"状态的试验，其目的在于考察用于人体的种植部件在种植部位的情况，以检验其设计是否合理。动物试验完成后，可以在人体进行临床初试，以考察植入材料与部件实际使用的情况。最后进行人群试验，以便作出总的评价。决定生物相容性的因素是复杂的，且相互影响。因此，研究评价生物相容性标准与标准方法一直是生物材料研究的重要组成部分。

24.4 生物医学材料的分类、特性与应用

生物医学材料有多种分类方法。若按材料的基本性质来分类，则可将生物医学材料分为医用金属材料、生物陶瓷、医用高分子材料和医用复合材料等 4 类。这是最常用的分类法。但是，近年来常用一些天然生物组织，如牛心包、猪心瓣膜、牛颈动脉、羊膜、胚胎皮等，通过特殊处理使其失活，消除抗原性，并成功地用于临床。这类材料通常称为生物衍生材料（biologically derived materials）或生物再生材料（bio-regeneration material）。由于材料来源的特殊性，生物衍生材料一般未列为医用高分子材料，而是被视为一种新型的生物医学材料。另外，还有一些固定化生物活性物质，如固定化酶，亦称医用酶（enzyme in medical application），因在临床得到广泛应用而列入生物医学材料之中。上面所述的生物分子材料和生物技术衍生生物材料通常视为新型医用复合材料，但考虑到它们具有生物功能化的特殊性，在本书中拟将它们与医用酶同列为一类新型的生物医学材料来进行简单的描述。

生物医学材料若按用途分类可划分为牙齿、骨骼和关节等硬组织修复与替换材料；皮肤、肌肉、心、肺、肝、胃、肾、膀胱等软组织修复与替换材料；人工血管、人工心瓣膜、心血管内插管、介入性治疗血管内支架与导管等心血管病医疗材料；用于血液透析、过滤、

超滤、体内气体与液体的分离、物质选择性交换和角膜接触镜等医用膜材料；组织粘合剂与手术缝合线材料；药物载体与控释材料；临床诊断与生物传感器材料；口腔科医用材料等。下面按材料性质分类，分别对医用金属材料、生物陶瓷、医用高分子材料和医用复合材料以及几种新型生物材料进行简要的介绍。

24.4.1 医用金属材料[12]

金属材料种类很多，但能够在人体生理环境条件下长期安全服役的却不多。经过长期的研究和临床筛选而得到广泛应用的金属材料主要有医用不锈钢、医用钴基合金、纯钛与医用钛合金、医用形状记忆合金和医用贵金属，此外还有医用钽、铌、锆和医用磁性合金等。

24.4.1.1 医用不锈钢

不锈钢按其组织相的特点可分为马氏体不锈钢、铁素体不锈钢、沉淀硬化型不锈钢和奥氏体不锈钢，后者因具有良好的耐蚀性能和综合的力学性能而得到广泛的临床应用。常用的医用奥氏体不锈钢的组分与性能列入表 24-1。

表 24-1　几种主要医用奥氏体不锈钢的组成（%）与性能

名称、组成与性能	Cr	Ni	Mo	C	Fe	σ_b/MPa	$\delta/\%$
AISI 302	17～19	8～10	—	≤0.15	余量	530	68
AISI 304	18～29	8～10.5	—	≤0.08	余量	590	65
AISI 316	16～18	10～14	2～3	≤0.08	余量	590	65
AISI 317	18～20	11～13	3～4	≤0.08	余量	620	65
AISI 316L	16～18	12～15	2～3	≤0.03	余量	590	50
AISI 317L	18～20	12～15	3～4	≤0.03	余量	620	60

奥氏体不锈钢无磁性，不能通过相变使合金强化，但借助于冷加工方法可明显提高其力学性能。这类不锈钢均含有足够量的铬以保证其良好的耐腐蚀能力。碳含量高会引起不锈钢的晶间腐蚀，故超低碳 AISI316L 和 317L 不锈钢得到了广泛的临床应用。

不锈钢器件植入体内，其合金元素会通过生理腐蚀和磨蚀而导致金属离子溶出，后者进入组织液会引起机体的一些不良反应。在一般情况下，人体组织只能容忍微量金属离子存在，因此必须严格控制医用不锈钢在体内的金属离子溶出。医用不锈钢的合金元素多，且有强的负电性，能够变化其电子价态，并与体内的有机和无机物质化合而形成复杂的化合物。在铁、镍、铬、钼、钒等主要合金元素中，对机体组织影响比较清楚的是铁，它与血红细胞结合可形成铁血黄素。铬能与机体内的丝蛋白结合。机体过量富集镍有可能诱发肿瘤的形成。钒具有很强的细胞素性早已被试验所证实。通常医用不锈钢的小量腐蚀不会引起组织的明显变化，但量大时会引起水肿、感染、组织坏死或过敏反应。

医用不锈钢的临床应用比较广泛。在骨科常用来制作各种人工关节和骨折内固定器，如人工髋关节、膝关节、肩关节、肘关节、腕关节、踝关节与指关节；各种规格的截骨连接器、加压板、鹅头骨螺钉；各种规格的皮质骨与松质骨加压螺钉、脊椎钉、哈氏棒、鲁氏棒、人工椎体和颅骨板等，亦用于骨折修复、关节置换，脊椎矫形等。在口腔科医用不锈钢广泛应用于镶牙、矫形和牙根种植等各种器件的制造，如各种牙冠、牙桥、固定支架、卡环、基托、正畸丝、义齿、颌面修复件等。在心血管系统，医用不锈钢应用于制作各种植入电极、传感器的外壳与导线、人工心瓣膜、介入性治疗导丝与血管内支架等。此外，医用不锈钢还用于制作各种宫内避孕环、眼科缝线、固定环、人工眼导线等。

24.4.1.2 医用钴基合金

医用钴基合金包括钴铬钼合金、钴铬钨镍合金、钴镍铬钼钨铁合金和 MP35N 钴镍合金及其烤瓷合金。它们的成分与力学性能分别列入表 24-2 和表 24-3 中。

表 24-2　钴基合金成分（%）

元素　＼　种类	铸造 CoCrMo	锻造 CoCrMo	热等静压 CoCrMo	锻造 CoCrW-Ni	锻造(ISO) CoNiCr MoWFe	锻造 MP35N(ISO)
Ni	<2.5	<1.0	0.14	9~11	15~25.0	33.0~37.0
Cr	26.5~30	26~28	27~30	19~21	18~22.0	19.0~21.0
Mo	4.5~7.0	5~7	5.18		3.0~4.0	9.0~10.5
W				14~16	3.0~4.0	
Fe	<1.0	<0.75	0.15	<3.0	4.0~6.0	<1.0
Ti					0.5~3.5	
C	<0.35	<0.05	0.23	<0.05~0.15	<0.05	<0.025
Mn	<1.0	<1.0	0.40	<2.0	<1.00	<0.15
Si	<1.0	<1.0		<1.0	<0.50	<0.15
S					<0.010	<0.010
Co	其他	其他	其他	其他	其他	其他

表 24-3　典型钴基合金性能

种类　＼　性能	状　态	屈服强度 /MPa	拉伸强度 /MPa	延伸率 /%	疲劳强度 /MPa
CoCrMo	铸态	515	725	9	250
	固溶退火	533	1143	15	280
	锻造	962	1507	28	897
	退火（ASTM）	450	665	8	—
CoCrWNi	退火	350	862	60	345
	冷加工	1310	1510	12	586
	退火（ASTM）	310	860	10	
MP35N	退火	240	795	50	333
	冷加工	1206	1276	10	555
	冷加工加时效	1586	1793	8	850
	退火（ISO）	300	800	40	
CoNiCrMoWFe	退火	275	600	50	
	冷加工	828	1000	18	
	退火（ISO）	276	600	50	

医用钴基合金的生物相容性与其在机体的腐蚀行为密切相关。合金植入体内后一般保持钝化状态。与不锈钢相比，钴基合金的钝化膜更稳定，耐蚀性更好。钴铬钼合金的点蚀倾向非常小，对应力腐蚀断裂也不敏感，但铸造钴铬钼合金对缺口冲击的承受能力很低。当钴基合金因摩擦造成磨损时会很快由强烈的局部腐蚀转化为全面的均匀腐蚀，并显示出光亮的斑疤。用铸造钴铬钼合金制作的人工髋关节在人体内发生疲劳断裂的概率与医用不锈钢制作的相差无几，这主要是由于铸造组织的缺陷造成的。若采用锻造钴基合金则可大大降低腐蚀疲劳失效的概率。

医用钴基合金的耐磨性是所有医用金属材料中最好的，故钴基合金植入体内不会产生明显的组织反应。但是，钴基合金人工关节在机体中的松动率较高，其原因可能是由于金属磨损微粒在体内引起的组织反应和机体对金属钴离子的过敏反应所致。

医用钴基合金与医用不锈钢是医用金属材料在临床医学中应用最广泛的两类材料。相对不锈钢而言，医用钴基合金更适于制造体内承载苛刻的长期植入件。在骨科医用钴基合金是用来制作各种人工关节、接骨板、骨钉、骨针、接骨丝等；在心血管系统用于制造人工心瓣膜、血管内支架等；在口腔科用于制作卡环、基托、舌杆、义齿和各种铸造冠、铸造嵌件、整铸固定桥和铸造颌垫等。此外还用于脊椎整形、颅骨修复等。

24.4.1.3 医用钛与钛合金

钛是一种化学活泼元素，极易与空气中的氧、氢、氮反应形成化合物，影响其性能。纯钛在低于 882℃ 时为密排六方晶格的 α 单相组织，不能通过热处理强化，但冷加工变形可使其强度有所提高。纯钛通常按杂质元素碳、铁、氧的含量多少分为 4 个级别，其性能有所差异（见表 24-4）。氧是一种强的 α 相稳定剂，具有一定的固溶强化作用。随着氧含量增高，纯钛的强度有所提高，而塑性有所降低。

钛合金按其组织结构分为 α 相、β 相和 α+β 双相合金等 3 类。β 相钛合金在医学上应用较少。用于口腔矫正的 β 相钛合金一般含 11% 钼、4% 锡和 6% 锆，室温下的组织为亚稳态的 β 相，可通过热处理强化，具有较高的回弹性和低刚性。

表 24-4 金属纯钛型号及性能

成分与性能 \ 级别	N/%	C/%	H/%	Fe/%	O/%	屈服强度 /MPa	拉伸强度 /MPa	延伸率 /%
1	<0.03	<0.1	<0.01	<0.2	<0.18	170	240	24
2	<0.03	<0.1	<0.01	<0.3	<0.25	275	345	20
3	<0.05	<0.1	<0.01	<0.3	<0.35	380	450	18
4	<0.05	<0.1	<0.01	<0.5	<0.40	485	550	15

应用较多的医用钛合金是 Ti6Al4V 合金和 Ti5Al2.5Sn 合金。它们在室温下均具有 α+β 两相混合组织，通过固溶与时效处理可使合金得到显著强化。Ti6Al4V 合金的主要成分与性能示于表 24-5 中。

表 24-5 Ti6Al4V 合金成分与性能（退火）

Al/%	V/%	O/%	Ti/%	弹性模量/GPa	拉伸强度/MPa	屈服强度/MPa	延伸率/%
5.5/6.75	3.4/4.5	<0.2	余量	110	860	780	12.5

与其他医用金属材料相比，医用钛合金的主要性能特点是密度较低、弹性模量值小（约为其他医用金属材料的一半），与人体硬组织的弹性模量比较匹配。

纯钛与钛合金表面能形成一层稳定的氧化膜，具有很强的耐腐蚀性。在生理环境下，钛与钛合金的均匀腐蚀甚微，也不会发生点蚀、缝隙腐蚀与晶间腐蚀。当发生电偶腐蚀时，通常是与钛合金形成偶对的金属被腐蚀。但是，钛与钛合金的磨损与应力腐蚀较明显，腐蚀疲劳也较为复杂。

钛对人体毒性小，有利于其临床应用。由于医用钛与钛合金密度小、弹性模量接近于天然骨，故广泛用于制作各种人工关节、接骨板、骨螺钉与骨折固定针等。用纯钛和钛合金制作的牙根种植体、义齿、牙床、托环、牙桥与牙冠已广泛用于临床。用纯钛网作为骨头托架已用于颚骨再造手术。用微孔钛网可修复损坏的头盖骨和硬膜，能有效地保护脑髓液系统。用纯钛制作的人工心瓣膜与瓣笼已成功地得到应用，临床效果良好。

24.4.1.4 医用形状记忆合金

目前在临床医学得到广泛应用的是镍钛形状记忆合金。该合金是等原子比的金属间化合物，高温相呈体心立方 CsCl 型 B_2 结构，具有良好的耐磨耐蚀性；低温相马氏体（M）呈单斜 B_{19} 型结构，具有优良的阻尼性；中间相 R 呈菱形结构，相变时发生 $B_2 \rightleftharpoons R \rightleftharpoons M$，$B_2 \rightleftharpoons M$ 转变。在相变区镍钛合金具有奇特的形状记忆效应和超弹性以及高的强度与疲劳性能。有关镍钛形状记忆合金的力学与物理性能列入表 24-6 中。

表 24-6　镍钛形状记忆合金的力学、物理性能

抗拉强度 /MPa	剪切强度 /MPa	疲劳强度 σ_{-1}/MPa	延伸率 /%	弹性模量 /MPa	密度/ $g \cdot cm^{-3}$	熔点 /℃	硬度 (HRC)	恢复温度 /℃
>980	725～921	558（×10^7 周）	>20	61740	6.45	1270～1350	30～40	30～40

医用形状记忆合金有多种临床应用，在整形外科主要用于制作脊椎侧弯症矫形器械、人工颈椎间关节、加压骑缝钉、人工关节、膑骨整复器、颅骨板、颅骨铆钉、接骨板、髓内钉、髓内鞘、接骨超弹性丝、关节接头等；在口腔科用于制作齿列矫正用唇弓丝、齿冠、托环、颌骨铆钉等；在心血管系统用于制作血栓过滤器、人工心脏用的人工肌肉和血管扩张支架、脑动脉瘤夹、血管栓塞器等；在介入性治疗中用于制作各种食道、气道、胆道和前列腺扩张支架；在计划生育中用于制作节育环、输卵管绝育夹等。另外，医用形状记忆合金还用于制作耳鼓膜振动放大器、人工脏器用微泵、人工肾用瓣等。

24.4.1.5 医用钽、铌、锆

钽是化学活性很高的元素，在生理环境中，甚至在缺氧条件下也能在其表面生长一层化学稳定的钝化膜，使钽具有优异的化学稳定性与耐蚀性。钽植入骨内能与新生骨直接结合，但在软组织中引起的组织反应要比钛与钴基合金强些。钽的氧化物基本上不被吸收，不呈毒性反应。具有半导体性质，可用作刺激脑和肌肉组织的电极。钽可加工成板、带、箔、丝，钽片用于修补颅盖骨，钽丝可用于缝合神经、肌腱和血管，钽板和钽带用于修补骨缺损，用钽丝编制网可修补肌肉组织。钽在介入性治疗中有广泛用途，在血管内支架表面复合钽涂层能有效地提高抗凝血性能。

铌与钽同属于元素周期表第 V 族元素，具有极相似的化学性质。纯铌与纯钽一样具有

很强的耐蚀性、良好的加工性能与生物相容性，用铌制成的骨髓内钉已应用于临床。

　　锆与钛同属于元素周期表第Ⅳ族元素，具有相似的组织结构与化学性质。致密金属锆与钛一样，具有很强的耐蚀性，良好的冷加工性能与生物相容性。金属锆可加工成板、带、线材。理论上讲锆可取代钛在临床上的应用，但因锆价格较贵，广泛应用受到限制。

24.4.1.6　医用贵金属

　　医用贵金属通常是指金、银和铂及其合金。贵金属具有化学稳定性和良好的耐腐蚀性与抗蠕变性能，对机体组织无毒、刺激性小、导电性优异。

　　金及其合金具有美丽的色泽和良好的生物相容性。用 $0.5 \sim 1.0 \mu m$ 厚的纯金箔可做牙齿的全包覆牙套，但不耐磨。在口腔科得到广泛应用的不是纯金，而是金合金，并根据临床需要分为软型铸造金合金（Ⅰ型）、中等铸造金合金（Ⅱ型）、硬型铸造金合金（Ⅲ型）和超硬型铸造金合金（Ⅳ型）等4种，其成分与性能示于表24-7中。

表 24-7　金系合金的成分及典型性能

成分及性能 典型	Au/%	Ag/%	Cu/%	Pd/%	Pt/%	拉伸强度/MPa
Ⅰ	80.2～95.8	2.4～12.0	1.6～6.2	0～3.6	0～1.0	250
Ⅱ	73.0～83.0	6.9～14.6	5.8～10.5	0～5.6	0～4.2	380
Ⅲ	71.0～79.8	5.2～13.4	7.1～10.6	0～6.5	0～7.5	510
Ⅳ	62.4～71.9	8.0～17.4	8.6～15.4	0～10.1	0.2～8.2	510～813

　　金合金主要用于口腔科，在颅骨修复与植入电极，电子装置等方面也得到了临床应用。由于使用金及其合金费用高，使仿金合金的研制得到了加强。现已研制出的铜锌仿金合金，其熔点约950℃（与合金的熔点相当），具有良好的加工性能与铸造性能，强度、耐蚀性与色泽均满足临床要求，可望获得应用。

　　银与银合金在临床医学中得到了广泛应用。纯银具有优异的导电性能，已用于植入型电极与电子装置。银汞合金（亦称汞齐合金）是龋齿充填材料。传统的汞齐合金是采用高银低铜的设计方案制备的，通常含有 γ_2（Sn_8Hg）有害相，会严重地降低合金的力学性能与耐腐蚀性。近10年来得到广泛应用的是按高铜低银设计方案制备的新型汞齐合金，不含 γ_2 有害相，是比较理想的龋齿充填材料。

　　铂与铂合金具有优异的抗氧化性能与耐蚀性。铂不会直接氧化，是惟一能够抗氧化到熔点的金属。在室温下除"王水"外，铂几乎不与任何化学试剂反应。在铂中添加金、银、钯、铑等金属可使色泽美丽素雅，具有极佳的耐蚀性与加工性能。常用的铂合金有铂铱合金、铂金合金、铂银合金等。用铂与铂合金制造的微探针广泛应用于神经系统检测，其相关装置有神经修复仪、耳涡神经刺激装置，横隔膜神经刺激装置、视觉神经装置、小儿脊椎弯曲整形装置。铂或铂铱合金导线电极用于心脏起搏器。镀铂的钛阳极用于血液净化处理。含铂植入电极可直接在动脉内测量血液成分与性能变化。用铂族金属作为放射性同位素源外壳植入人体肿瘤部位，可使全部辐射释放于恶性细胞的同时而不损伤或少损伤周围的健康细胞。

24.4.2　生物陶瓷[10]

　　生物陶瓷是一类用作生物医学材料，且在临床医学中得到应用的陶瓷材料，主要用于人体骨骼-肌肉系统与心血管系统的修复、替换以及用作药物运达与缓释载体。

生物陶瓷按其植入机体后所引起的组织—材料反应和在生理环境中的化学活性可分为3类：即近于惰性生物陶瓷、表面生物活性陶瓷和可吸收生物陶瓷。此外，利用生物陶瓷与其他医用材料所构成的生物陶瓷复合材料，通常被看作第4类生物陶瓷材料。这是当前生物陶瓷发展的一个重要方向，具有巨大的发展前景。生物陶瓷在临床应用中的主要问题是自身的脆性和在生理环境中的疲劳破坏。作为人体硬组织替换材料，生物陶瓷的补强增韧是一个核心问题，其具体的解决途径：一是通过材料的复合提高生物陶瓷的断裂韧性；二是要充分利用多孔生物陶瓷的传导骨生长功能，使新生骨长入多孔生物陶瓷中的贯通性孔隙，以达到补强增韧的目的。

24.4.2.1 近于惰性生物陶瓷

近于惰性生物陶瓷是一类暴露于生物环境中几乎不发生化学变化的生物陶瓷，其所引起的组织反应主要表现在材料周围会形成厚度不同的包囊性纤维膜。属于此类的生物陶瓷主要有氧化铝生物陶瓷、氧化锆生物陶瓷和医用碳素材料，后者包括玻璃碳、低温各向同性（LTI）碳和超低温各向同性（ULTI）碳等。在临床中得到广泛应用的是氧化铝生物陶瓷和医用碳素材料。

氧化铝生物陶瓷包括高铝瓷和单晶氧化铝。前者通常是在 $1500 \sim 1700 ℃$ 烧结而成的高纯（含99.9%以上的 $\alpha\text{-}Al_2O_3$）刚玉多晶体，后者是采用纯度为99.99%的 $\gamma\text{-}Al_2O_3$ 为原料，借助火焰熔融法或气相生长法、导模法、提拉法制备而成，俗称宝石。

多晶氧化铝陶瓷硬度高，摩擦系数小、磨损率低，其中摩擦系数与磨损率随水蒸气压升高而降低，故最适用于人工关节头和臼等承受摩擦力作用部位的修复。但是，氧化铝生物陶瓷的抗拉强度低，在生理环境中会发生老化和疲劳破坏，故不宜作为承受复杂应力的骨替换材料。多晶氧化铝陶瓷的强度受晶粒大小、纯度、气孔状态、缺陷等因素的影响。通常平均晶粒尺寸小于 $4\mu m$，纯度高于99.7%的氧化铝生物陶瓷具有良好的力学性能。若晶粒尺寸大于 $7\mu m$，则强度明显降低，为此在氧化铝生物陶瓷的国际标准（ISO6474）中明确规定了晶粒尺寸不大于 $7\mu m$。有关氧化铝生物陶瓷的主要物理与力学性能列在表24-8中。

表 24-8 氧化铝生物陶瓷的理化特性

性能 \ 材料	高强度氧化铝	氧化铝 ISO 6474 标准	宝 石	皮质骨
氧化铝含量（质量分数）/%	>99.8	≥99.50	99.9	
密度/g·cm⁻³	>3.93	≥3.90	3.97	1.6～2.1
平均晶粒大小/μm	3～6	<7		
硬度（HV）	2300	>2000	>2000	
抗弯强度/MPa	550	400	900	50～150
弹性模量/GPa	380		390	7～25
断裂韧性 K_{IC}/MPam$^{1/2}$	4～6			2～12

为了进行性能比较，表中还列出皮质骨的一些特性。可以看出，多晶氧化铝与皮质骨在断裂韧性上相差不大，但在抗弯强度与弹性模量方面相距甚远。研究表明，氧化铝生物

陶瓷过高的弹性模量使其在植入体内后会发生应力屏蔽效应,影响与组织的力学相容性。

　　氧化铝生物陶瓷在生理环境中基本上不发生腐蚀和溶解,具有良好的生物相容性。致密的氧化铝生物陶瓷与机体组织之间的结合属于形态性结合,即依靠组织长入材料表面凹凸不平的位置而实现的一种机械锁合。因此,氧化铝生物陶瓷植入体内时应与骨紧密配合。如果植入体与骨界面发生松动,将会导致其表面纤维膜增厚到几百微米,从而造成植入的失败。对于多孔氧化铝生物陶瓷,在其植入体内后与组织的结合属于生物性结合。新生组织长入多孔陶瓷表面上交连贯通的孔隙,必然会提高生物陶瓷与机体组织之间的结合强度,故生物性结合应优于形态性结合。但是,对于生物性结合要避免界面滑动,以防止因切断长入陶瓷孔隙中的血管等组织而引起孔隙内的组织坏死,出现炎症,导致植入失败。氧化铝生物陶瓷的临床应用比较广泛,已用于制作承力的人工骨、关节修复体、牙根种植体、折骨夹板与内固定器件,药物缓释载体等。用氧化铝生物陶瓷还成功地进行了牙槽嵴扩建、颌面骨缺损重建、五官矫形与修复等。

　　医用碳素材料是一类极其重要的生物陶瓷,主要包括玻璃碳、热解碳或 LTI 碳和 ULTI 碳。此外,还有用于制备各种生物医用复合材料的碳纤维和用于制作血液吸附材料的活性炭。

　　玻璃碳是通过加热预先成型的固态聚合物(酚醛树脂、糠醇树脂等)制取的。产品的断面厚度一般小于 7mm,密度只有 $115mg/cm^2$,强度与韧性均不如 LTI 碳,但有较好的耐磨性和化学稳定性。

　　LTI 碳是将甲烷、丙烷、乙烯或丙烯等碳氢化合物通入硫化床中,在低于 1500℃ 热解而制成。为了提高其强度与耐磨性,通常在热解气体中加入含硅的气体(如甲基硅烷),借助于共沉淀而生成 SLTI 碳,其层厚约为 1mm。

　　ULTI 碳是用电弧等离子体或电子束加热碳源或溅射而制取的各向同性的碳薄膜。另外,在真空中用催化剂使含碳的气体产生的前驱体高速沉积,也可以得到高强度、不透气和弹性好的 ULTI 碳膜,其厚度一般为 $1\mu m$ 左右。

　　玻璃碳、LTI 碳和 ULTI 碳均呈亚晶结构,结晶度较低,垂直层面的堆垛是无序的,故结晶结构是二维的。在三种碳素材料中,玻璃碳是一种低密度材料,强度很低。高密度块状的 LTI 碳强度最高,加入硅后强度会进一步提高。ULTI 碳具有高密度和高强度,但仅作为薄的涂层材料使用。

　　碳素材料的力学性能与其显微结构密切相关。各向同性碳的一个特点是断裂强度高 ($275\sim620MPa$),而弹性模量却接近自然骨(约 20GPa)的水平,故具有优异的力学相容性。这种层间无序结构的碳,其韧性极佳,断裂能可达 $5.5MJ/m^2$,比 Al_2O_3 陶瓷的断裂能 ($0.13MJ/m^2$)高 40 倍。ULTI 碳的断裂应变在 5% 以上,可作为涂层与柔性的聚合物复合,以用于制造人工血管等植入件。医用碳素材料具有极佳的耐磨性,几乎没有疲劳破坏问题,强度不随循环载荷作用而下降,特别适于生理环境中使用。ULTI 碳涂层与金属的结合强度高,超过 70MPa,加上涂层的耐磨性良好,使这种涂层材料成为制造人工机械心瓣膜的主要材料。有关医用碳素材料的力学与物理性能示于表 24-9 中。

　　医用碳素材料的组织相容性良好,且具有极佳的血液相容性,不会引起凝血和溶血反应,对血液的其他组分也不产生不良影响,是用于心血管系统修复的理想材料。LTI 碳还具有良好的不可渗透性,加上优良的力学性能,使其成为制作心血管系统修复装置的主要材料。至今世界上有近百万患者植入了 LTI 碳涂层的人工心瓣膜，有效地延长了心脏病患者的生命。另外，碳纤维与聚合物相复合的材料可用于制作人工肌腱、人工韧带、人工关节、人工食道等。玻璃碳、热解碳等可用于制作人工牙根和人工骨等。活性炭可用作透析装置中的吸附材料。碳素材料的缺点是在机体内碳离子扩散会对周围组织染色，但至今尚未发现由此而引起的对机体不良的影响。

表 24-9 医用碳素材料的力学和物理性能

性能 \ 材料	玻璃碳	LTI 碳	SLTI 碳	ULTI 碳
密度/kg·m^{-3}	1400～1600	1500～2200	2000～2200	1500～2200
晶粒度 L_C/nm	1～4	3～4	3～4	0.8～1.5
抗弯强度/MPa	70～207	275～550	550～620	345～690
杨氏模量/GPa	24～31	28～41	28～41	14～21
硬度（DPH）	150～200	230～270	230～270	150～250
热膨胀系数/K^{-1}	(2.0～5.8)×10^{-6}	5×10^{-6}	5×10^{-6}	
断裂应变能/MJ·m^{-3}	0.6～1.4	5.5	5.5	9.9
断裂应变/%	0.8～1.3	2.0	2.0	>5.0

24.4.2.2 表面生物活性陶瓷

表面生物活性陶瓷是一类能与机体组织在界面上实现化学键性结合的生物陶瓷，主要包括羟基磷灰石生物活性陶瓷和生物活性玻璃陶瓷，在临床医学已得到广泛的应用。

羟基磷灰石生物活性陶瓷是一种主要由羟基磷灰石所构成的生物陶瓷。羟基磷灰石的化学式为 $Ca_{10}(PO_4)_6(OH)_2$，简称 HA，其晶体结构属于六方晶系，Ca/P 原子比为 1.67。HA 生物活性陶瓷在 1250℃ 以下稳定，易溶于酸，难溶于水、醇，是构成骨与牙齿的主要无机质，具有良好的生物相容性。HA 生物活性陶瓷的制备通常是将 Ca/P 原子比为 1.67 的 HA 粉成型（发泡）后，在 1250℃ 左右和含水的氧气氛中烧结而成。HA 生物活性陶瓷可分为致密型与多孔型两种，致密型 HA 生物活性陶瓷的抗压强度可达 400～917MPa，但抗弯强度较低，仅 80～195MPa。多孔 HA 生物活性陶瓷的力学性能与孔隙率有关，其强度随孔隙率的提高而呈指数下降。致密 HA 生物活性陶瓷在体内能保持化学稳定，而多孔 HA 生物活性陶瓷在体内则呈现出一定程度的溶解。HA 生物活性陶瓷具有传导成骨功能，能与新生骨形成骨键合，植入肌肉、韧带和皮下后能与组织密合，无明显炎症或其他不良反应。HA 生物活性陶瓷的临床应用比较广泛，可用于制作牙种植体、经皮器件、人工血管、气管和喉管支架，可进行牙周袋与骨缺损充填、牙槽嵴扩建、颌面骨重建、五官矫形和脊柱融合以及广泛用于人工关节表面涂层，提高其生物相容性。HA 生物活性陶瓷的主要缺点是脆性和在生理环境中的抗疲劳性能差，但可以通过材料复合方法加以改善。

生物活性玻璃陶瓷又称生物活性微晶玻璃，这是一类含有磷灰石微晶相，或者即使不含有磷灰石结晶相，也能在体内与体液发生界面反应，并在其表面生成羟基磷灰石微晶层的玻璃陶瓷。生物活性玻璃陶瓷的制备工艺是先通过混料和熔化得到均质玻璃熔体，然后根据对制品性能的要求，选择不同成型方法，如采取浇铸成型法可获得致密体；若将玻璃粉碎，通过粉末烧结可得到多孔烧结体，最后通过结晶化处理即可制取玻璃陶瓷。这种玻璃陶瓷通常含有一种或一种以上的结晶相，其含量约占总体积的 50%～90%，其余是玻璃相。现用于临床的生物活性玻璃陶瓷主要有生物玻璃、塞拉维托（Ceravital）玻璃陶瓷、A-W 生物活性玻璃陶瓷、可机械加工生物活性玻璃等。Ceravital 玻璃陶瓷为系列产品，主要组分是 SiO_2、CaO、$Ca(PO_3)_2$、Na_2O 等，属于含有磷灰石微晶相的玻璃陶瓷。生物玻璃、A-W 生物活性玻璃陶瓷和可机械加工的生物活性玻璃均不含 $Ca(PO_3)_2$，但含有 P_2O_5，其主要组分有 SiO_2、CaO 和 P_2O_5，此外还有 Na_2O（仅对生物玻璃和 A-W 生物活性玻璃陶瓷），或 Al_2O_3 与 MgO（仅对可机械加工生物活性玻璃陶瓷）。它们均属于不含有磷灰石微晶相的一类生物活性玻璃陶瓷，但植入体内后却能在其表面生成羟基磷灰石微晶层，并能与骨键合。生物活性玻璃陶瓷的力学性能主要取决于结晶相的成分、数量与晶粒尺寸。有关典型的生物活性玻璃陶瓷的力学性能列在表 24-10 中。

表 24-10　典型生物活性玻璃陶瓷的性能

材　　料 ＼ 性　　能	抗压强度/MPa	抗弯强度/MPa	弹性模量/GPa
45S5 生物玻璃		70～85	79
A-W 生物活性玻璃陶瓷	910	220	117
塞拉维托玻璃陶瓷	500	150	
可机械加工生物活性玻璃陶瓷	410	128	40
羟基磷灰石陶瓷	510～920	113～195	120

　　生物活性玻璃陶瓷主要用于制作人工种植牙、牙冠、耳小骨、颅骨、脊椎骨等；颗粒状材料用于牙槽嵴扩建、骨囊腔充填；粉末体用于牙根管治疗等。

24.4.2.3　可吸收生物陶瓷

　　可吸收生物陶瓷是一类在生理环境作用下能逐渐被降解和吸收的生物陶瓷。属于可吸收生物陶瓷的主要有 β-磷酸三钙和硫酸钙生物陶瓷等。

　　β-磷酸三钙的化学式为 $β-Ca_3(PO_4)_2$，简称 β-TCP，其结构属于三方晶系，空间群为 R_3C，钙磷原子比为 1.5，是磷酸钙的一种高温相，在 1200℃ 以下可维持稳定；超过 1200℃ 将转变为 α-TCP。β-TCP 的制备通常是先用水溶液沉淀法合成钙磷原子比为 1.5 的磷酸钙盐，然后在 800～1100℃ 温度范围内灼烧，使合成的磷酸钙盐全部转变为 β-TCP，最后将 β-TCP 粉体成型制坯后在 1200℃ 和干燥的氧气氛中烧结即可制得 β-TCP 可吸收生物陶瓷，根据使用要求，可制成多孔型和致密型两种产品，每种产品又可加工成颗粒状和块状制品；而 β-TCP 可吸收生物陶瓷主要是指多孔型与颗粒状陶瓷制品。这类制品植入体内后将被体液溶解和组织吸收而导致解体，解体形成的小颗粒不断地被吞噬细胞所吞噬，这就是生物降解的基本过程。β-TCP 可吸收生物陶瓷具有良好的生物相容性，植入体内后血液中的钙与磷能保持正常水平，且无明显的毒副作用，其强度取决于孔隙度、晶粒度与杂质等因素的影响。致密型 β-TCP 生物陶瓷的弹性模量约为 87～95GPa，抗弯强度为 120～130MPa，断裂韧性为 $1.14～1.30MPa \cdot m^{1/2}$，其抗弯强度与断裂韧性虽略高于 HA 生物活性陶瓷，但仅为 Al_2O_3 陶瓷的 1/3～1/5，钛合金的 1/40～1/70，故不适用于承力体位的修复，在临床中主要用于骨缺损修复、牙槽嵴增高、耳听骨替换和用作药物运达与缓释载体。

24.4.3 医用高分子材料[10]

医用高分子材料是一类用于临床医学的高分子及其复合材料，是生物医学材料的重要组成部分。

24.4.3.1 医用高分子材料的种类

医用高分子材料按其来源可分为天然高分子材料和人工合成高分子材料两类。所谓天然高分子材料，是指取自自然界经加工或不加工而成的一类高分子材料，如纤维素、淀粉、壳聚糖、胶原、酪蛋白、血纤维蛋白等。人工合成高分子材料种类甚多，如聚乙烯、聚丙烯、聚四氟乙烯、聚氨酯、聚甲基丙烯酸甲酯、聚乳酸、聚乙内酯等。按材料的性质又可分为非降解型和可生物降解型两类医用高分子材料。非降解型医用高分子材料是指在生理环境中能长期保持稳定，不发生降解、交联或物理磨损等，且具有良好理化特性的一类高分子材料。属于此类的材料有聚乙烯、聚丙烯酸酯、芳香聚酯、聚硅氧烷、聚甲醛等。此类材料应用范围很广，主要用于制作人体软、硬组织的修复体、人工器官、人工血管、接触镜、各种医用模材、管材和中空纤维、载氧体、粘接剂和管腔制品等。可生物降解型医用高分子材料是一类在生理环境中可发生结构破坏与性能蜕变，其降解产物能通过正常的新陈代谢，或被机体吸收利用，或被排出体外的高分子材料。属于这类材料主要有胶原、线性脂肪族聚脂、甲壳素、纤维素、聚氨基酸、聚乙烯醇、聚乙内酯、聚肽等，主要用于制作可吸收手术缝线、药物缓释与运达载体、医用粘接剂、人工皮、人工血管、各种骨折内固定器件，如人工骨架、接骨板、骨螺丝、骨针、骨钉等。若按使用目的来划分，则医用高分子材料又可分为软组织修复替代材料、硬组织替代修复材料、介入性治疗医用材料、口腔科医用材料、医用膜材料、血液吸附净化材料和心血管系统医用材料等。用于心血管系统的医用高分子材料应具有良好的抗凝血性能、不破坏红细胞、血小板、不改变血液中的蛋白等特性。

24.4.3.2 医用高分子材料的临床应用条件

医用高分子材料同其他医用材料一样必须具备如下临床应用条件：（1）良好的理化特性与力学性能。在材料设计上要充分考虑强度、韧性、弹性、硬度、疲劳强度、蠕变、磨耗、吸水性、溶出性、体内老化性等综合性能，例如，用于制作人工髋臼材料，除了应具有足够的强度、韧性、硬度外，还要有良好的耐磨性和抗蠕变性能。又如人工心脏一年至少要不停地搏动 3 千万次以上，这就要求材料应具有优异的抗疲劳性能和良好的抗凝血特性。还有人工肾的透析膜，除了应有的理化性能外，还要求有特殊的分离透析功能。对于制作骨折内固定器的材料，除了应有良好的力学性能外，还要求有优异的成型性、加工性能和生物降解特性。（2）耐生物老化。人体既有像胃那样的酸性环境，也有像肺那样的碱性环境。在血液和体液中有 Na^+、K^+、Ca^{++}、Mg^{++}、Cl^-、PO_4^{---}、HCO_3^- 和 SO_4^{--} 等多种离子和 O_2、CO_2 以及多种蛋白质和酶等。高分子材料在上述的离子、分子、蛋白质和酶的作用下会导致聚合物断链降解、交链或形态变化，从而使性能蜕变。为此，对于长期植入人体的高分子材料，则要求有良好的抗生物老化特性，不受血液、体液、机体组织等生理环境因素的影响。（3）良好的生物相容性。材料植入体内后应无毒副作用、无热源反应、不致癌、不致畸、不致突变、不引起过敏反应或不干扰机体的免疫机理、不破坏邻近组织、不发生材料表面钙化等。（4）对于与血液直接接触的材料，要有良好的血液相容性，不引起溶血、不使血中蛋白质变质，不破坏其有效成分。

24.4.3.3 医用高分子材料的临床应用进展

现代材料科学和生物医学工程学的发展不仅能用医用高分子材料来修复人体损伤的组织与器官，恢复其功能，而且还可以用人工器官来取代人体器官的全部或部分功能（图 24-4）。例如，用医用高分子材料制成的人工心脏（又称人工心脏辅助装置）可在一定时间内代替自然心脏功能，成为心脏移植前的一项过渡性急救措施。还有一种全人工心脏可植入体内，从 1982 年就试用于临床。又如人工肾可维持肾病患者几十年的生命，病人只需每周去医院 2～3 次，利用人工肾将体内代谢毒物排出体外就可以维持正常人的活动与生活。人工心瓣膜的广泛应用已经拯救了成千上万人的生命。用人工肝解毒装置可使面临死亡的重症安眠药中毒患者在两个小时内脱离危险。上述的人工心脏、人工肾、人工肝、还有人工胰、人工膀胱等主要是用医用高分子材料制造的。另外，用硅橡胶制作的脑积水分流装置可使脑积水

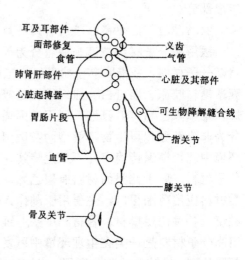

图 24-4 高分子材料在临床
医学中的各种应用

症的死亡率大为下降。用有机玻璃修补损伤颅骨已得到广泛采用。用高分子材料制成的隐形眼镜片可使视力恢复正常。用可降解高分子材料制作的骨折内固定器植入体内后勿需再取出，可使患者避免二次手术的痛苦。总之，由于医用高分子材料的发展，使得过去许多幻想逐渐变成现实。每出现一种性能优异的新材料，就会给临床医学带来新的突破。例如，聚氨脂的出现使得人工心脏的制作成为现实，进而推动了心脏病学的发展。人工脏器及通常选用的高分子材料简略地列入表 24-11。当然医用高分子材料本身还存在一些问题，与临床应用的综合要求尚有差距，有些材料对人体还不够安全，有些性能尚不能满足一些特殊临床应用的要求，还不能代替人体器官中的大部分功能，还不具备诱导人体组织再生的能力，故需要对医用高分子材料进行深入的研究，以便使材料具有更接近人体自身的组织与器官的功能与作用。

表 24-11 人工脏器及选用的高分子材料[10,14,16]

人工脏器	高分子材料	人工脏器	高分子材料
肝脏	赛璐珞，PHEMA	胰脏	丙烯酸酯共聚物（中空纤维）
心脏	嵌段聚醚氨酯弹性体、硅橡胶	人工红血球	全氟烃
肾脏	铜氨法等再生纤维素、醋酸纤维素、聚甲基丙烯酸甲酯立体复合物、聚丙烯腈、聚砜、聚氨酯等	胆管	硅橡胶
肺	硅橡胶、聚丙烯空心纤维、聚烷砜	关节、骨	超高分子量聚乙烯、高密度聚乙烯、聚甲基丙烯酸甲酯、尼龙、硅橡胶
胃肠片段	硅氧烷类		
皮肤	火棉胶、涂有聚硅酮的尼龙织物，聚酯	人工血浆	羟乙基淀粉、聚乙烯吡咯酮

人工脏器	高分子材料	人工脏器	高分子材料
角膜	PMMA、PHEMA，硅橡胶	耳及鼓膜等	硅橡胶，丙烯酸基有机玻璃聚乙烯
心脏起搏器	聚乙烯，乙缩醛	食道	聚硅酮，聚氯乙烯（PVC）
玻璃体	硅油（PVC，聚亚胺酯）	喉头	聚四氟乙烯、聚硅酮、聚乙烯
面部修复	丙烯酸有机玻璃	气管	聚乙烯、聚四氟乙烯、聚硅酮、聚酯纤维
乳房	聚硅酮	腹膜	聚硅酮、聚乙烯、聚酯纤维
鼻	硅橡胶、聚乙烯		
义齿	超高分子量聚乙烯，丙烯树酯	缝合线	聚亚胺酯
瓣	硅橡胶、聚四氟乙烯、聚氨酯橡胶、聚酯	尿道	硅橡胶、聚酯纤维
血管	聚酯纤维、聚四氟乙烯、SPEU		

24.4.4 医用复合材料

医用复合材料同其他复合材料一样均是由两种或两种以上的不同种类材料通过复合工艺组合而成的新型材料。由于人体的绝大多数组织都可视为复合材料，故研究与开发医用复合材料一直是生物医学材料发展中最活跃的领域之一。

24.4.4.1 医用复合材料的特点

医用复合材料的特点在于其本身与组分材料都必须具有良好的生物相容性。为此医用复合材料的组分材料通常选择医用金属材料、生物陶瓷和医用高分子材料，它们既可作为复合材料的基材，又可充当其增强体或填料。常用的基材主要有医用不锈钢、医用钴基合金、医用钛及钛合金等医用金属材料；有医用碳素材料、生物玻璃、玻璃陶瓷和磷酸钙基生物活性陶瓷等生物陶瓷材料；有包括可生物降解和吸收聚合物在内的医用高分子材料.常用的增强体有碳纤维、不锈钢和钛合金纤维、生物玻璃陶瓷纤维、碳化硅晶须等纤维增强体；有氧化锆、磷酸钙基生物陶瓷和生物活性玻璃陶瓷等颗粒增强体。还有一些天然生物材料，如天然骨与珊瑚等颗粒充当填料。

24.4.4.2 医用复合材料的分类

医用复合材料的分类有多种方法。若按材料复合的目的与用途来划分，则可分为医用结构复合材料和医用功能复合材料两大类。这是复合材料惯用的分类法。医用结构复合材料是作为承力结构使用的材料,其材料复合的主要目的是为了提高和改善材料的力学性能。而医用功能复合材料则是通过材料的复合赋予复合材料以新的特性或用于改善基体材料原有性能的不足。若按基体材料的性质分类，则可将医用复合材料分为金属基、陶瓷基和高分子基医用复合材料。若按增强体形态分类，则可将医用复合材料分为纤维增强型、颗粒增强型或颗粒充填型医用复合材料。由于医用复合材料的基材与增强体的多样性，则通过相互搭配，必然会形成许多种医用复合材料，其中有的是医用结构复合材料，有的是医用功能复合材料。

24.4.4.3 医用复合材料的性质和应用

对于金属基医用复合材料，其基材的特点在于有足够高的强度、韧性与抗疲劳性能，故成为人工关节制造的主要材料。根据 50 余万个 Muller 型和 Weber 型人工髋关节的长期临床应用结果而提出的有关人工髋关节制作材料的力学性能指标是：屈服强度不低于450MPa、极限抗拉强度不低于800MPa、疲劳强度要高于400MPa、延伸率要高于8%。这些性能指标对于医用钴基合金和钛合金是不难达到的，勿需通过材料复合途径来强化基材。因此，以医用金属材料为基材的医用结构复合材料为数不多，基本上都是以提高基材的生物相容性和血液相容性为主要目的的医用功能复合材料。

众所周知，医用金属材料的耐腐蚀性能较低，植入体内后极易产生应力腐蚀和腐蚀疲劳，引发有关毒性反应。另外，医用金属材料植入血管内容易引发血栓形成，导致血管阻塞。为了提高医用金属材料的耐腐蚀性和抗凝血性能，广泛地采用了在其表面加涂生物陶瓷和医用高分子材料的方法。目前，加涂LTI层的人工心瓣膜和加涂羟基磷灰石涂层的人工髋关节均已应用于临床。

对于陶瓷基和高分子基医用复合材料来讲，其多数属于医用结构复合材料。材料复合的主要目的是增韧和增强。用碳纤维、碳化硅晶须增强的医用生物碳和用不锈钢及钛纤维增韧的生物玻璃可用于制造人工骨。用氧化锆颗粒弥散分布增强的生物活性微晶玻璃陶瓷，其断裂强度高达703MPa，断裂韧性达$4MPa \cdot m^{1/2}$，是迄今强度最高的生物陶瓷材料。用碳纤维增强聚甲基丙烯酸甲酯可明显提高骨水泥的生物活性，并使断裂强度和断裂形变分别达到340MPa和10%，可用于制造承力的人工骨修复体。用定向排列的碳纤维增强的聚乳酸可用于制造人工韧带和肌腱修复体。用碳纤维弥散分布增强超高分子量的聚乙烯，可使其断裂强度和弹性模量提高40%，耐磨性和抗疲劳性能均得到明显改善，已用于人工关节臼的制造。用羟基磷灰石颗粒增强聚乙烯人工骨材料，可通过调整羟基磷灰石含量使材料的弹性模量达到自然骨的水平，以克服生物陶瓷因弹性模量过高及与自然骨弹性形变不匹配而产生的应力屏蔽效应。

24.4.5　几种新型的生物材料

这里主要介绍医用酶、生物衍生材料、生物技术衍生生物材料和生物分子材料。

24.4.5.1　医用酶

酶是一类对生物化学反应具有催化活性的蛋白质。机体内各种复杂代谢反应都是在酶的催化下进行的。酶在水溶液中一般不很稳定，在使用过程中易流失，不能重复使用。用物理或化学方法处理水溶性酶可制备出不溶于水的，且能保持酶活性和专一性的固定化酶。这种固定化酶在临床医学中有着广泛的用途，可用作临床化验与诊断材料、血液灌流吸附剂、生物传感器和作为药物使用等。例如，用膜状或颗粒状固定化酶与相应的电极组合而成的酶电极，在临床治疗中广泛用于测定血浆或尿中的葡萄糖、胆甾醇、氨基酸、肌酸酐、尿素、尿酸、半乳糖、双糖、有机磷酸酯等。将酶包埋固定于微胶囊中并装入体外灌流器进行血液灌流，不需要用电解液，且体积小，效率高。使用尿酶微胶囊灌流可清除血液中的尿素；将酪氨酸酶固定在人工细胞中，可以清除肝脏病人酚类毒物聚集；用固定化冬酰胺酶、丝氨酸脱水酶、精氨酸酶、苯丙氨酸—氨解酶和亮氨酸脱氢酶等作体外血液灌流，可治疗一些癌症。人体内缺乏酶可引发各种缺酶病。向体内注入相应的修饰酶可得到良好的治疗效果。在临床治疗中，用胰蛋白酶作为消炎药物可用于消毒清洗伤口；用血纤维蛋白溶酶可以催化溶解凝固血栓，用于治疗血栓症。

24.4.5.2　生物衍生材料

这是一类将生物活体组织经特殊处理后而形成的生物材料。所用的生物活体组织主要取自动物体，也取自人的尸体。所用的特殊处理方法有两种：一是能维持组织原有构型，仅消除其免疫排斥反应的轻微处理，如临床用的猪心瓣膜、牛心包、牛颈动脉、人脐动脉和冻干骨片等就是用戊二醛轻微处理法制备的；二是拆散原有组织构型而重建新的组织形态的强烈处理，如临床用的再生胶原、弹性蛋白、硫酸软骨素和壳聚糖及其粉体、纤维、膜、海绵体等就是用强烈处理法制取的。经过处理的生物活体组织已失去生命力，故生物衍生材料是一类无生命的材料。

生物衍生材料在临床中主要用于两个方面：其一是用于替换和修复病变损伤的机体组织。如经戊二醛定型处理的猪心瓣膜与人工机械瓣膜相比有血栓并发症率低、无噪声、对血液无害等优点，但长期耐用性略差；其二是作为供细胞、毛细管和组织长入的临时骨架，以促进被替换的组织再生。相关制品有皮肤掩膜、骨与软骨修复体、纤维蛋白制品等。它们在使用中随着组织再生将被降解、吸收直至消失。

24.4.5.3　生物技术衍生生物材料

这是一类将生物技术应用于生物材料而发展出的新型生物医学材料。这类新型材料不同于普通无生命的生物材料，其主要特点是在生物材料的设计中引入了生物构架—蛋白质和活体细胞，为利用基因工程制造仿生生物材料创造了条件。生物技术衍生生物材料的发展始于 20 世纪 80 年代末，主要研究领域有生物分子材料、有集合系统和组织工程，其发展目标在于实现人体组织和器官的修复与重建，并正在形成一个新的科学技术领域—人体自身"构件"的克隆与重建。这将为生物材料的发展开创一个新纪元。

24.4.5.4　生物分子材料

生物分子材料是一类利用生化提取或基因重组合成的生长因子及蛋白质与其载体复合的，或用有关生物分子与人造聚合物共价耦合构成的杂化分子所形成的新型生物材料。这种材料拥有一般生物材料所不具有的生物学功能，后者主要体现在能促进细胞分化与生长、诱导人体组织再生和参与生命活动。近年来，这种生物材料由于将材料科学与基因工程及现代医学紧密结合在一起而成为生物材料的一个新的研究前沿和热点科研项目，并且取得了重大进展，其代表性的研究项目就是 BMP 生物分子材料的研制与应用研究。

BMP 是骨形态发生蛋白（bone morphogenetic protein）的英文缩写。这种蛋白质具有独特的诱导成骨功能，可使断骨快速再接和缺骨快速再生，在骨科和口腔科具有广泛的应用前景。

BMP 是一种非胶原蛋白，是转化生长因子 TGF-β 家族的成员。至今已发现 13 种 BMP，除了 BMP-1 是一种蛋白酶，不具有骨诱导功能外，其余的均有诱导成骨作用，其中以 BMP-2 与 BMP-7 的作用最强。BMP 能与未分化的间充质细胞质膜的表面受体结合，引起质膜细胞 DNA 定向地朝前成骨细胞 DNA 转化，并随后可释放出骨衍生性生长因子（BDGF）。该生长因子反过来又刺激前成骨细胞 DNA 合成和细胞复制。因此，在 BMP 诱导成骨过程中，BMP 似具有胚性诱导作用，促进未分化间充质细胞向前成骨、成软骨细胞、成骨细胞及骨细胞方向转化，为骨的生长提供新的细胞来源，同时借助于释放出的 BDGF 类似于生长激素的作用，促进前成骨进行有丝分裂，增加成骨细胞的数量，两者相辅相成，共同促进骨的快速生长。

目前制备 BMP 有两种方法：一是生化提取法；二是基因重组法。用生化提取法从动物骨中提取的 BMP 是 13 种 BMP 与骨基质非胶原蛋白的混合物，活性较低、提纯难度大。利用基因重组法制备纯 BMP 是近年来才开始的，目前已成功地实现了基因重组人 BMP 在原核系统（大肠杆菌）和真核系统（CHO 或 COS 细胞）的高效表达。所制备的 BMP 活性强，纯度高，具有产业化的前景。

BMP 在应用中需要与载体材料相结合，后者应具有一定的控释功能，能引导新生细胞和组织定向生长和参与细胞组织的物质传递。BMP 有广泛的用途。在骨科可应用于大块骨缺损修复和椎体融合、骨不连、股骨头坏死与难以愈合的颅盖骨的治疗以及人工关节与牙根种植的生理固定。在口腔科可用于颅颌面和上下颌骨的重建、颌骨囊肿的囊腔充填修复、牙槽嵴加高和替代根管治疗等。

实现人体组织和器官的再生与再造是人类的一个梦想。近年来的研究进展表明，这个梦想有可能在近几年内通过 BMP 及其载体材料的研究，率先在人体骨骼的再生与再造方面得到实现。

24.4.6　多种生物医学材料的综合应用

我们把生物医学材料分为金属材料等五种分别给予了简略描述。但在医学应用中，有时是某些种各自单独使用的，而在很多场合却是综合使用的。心脏是非常重要的脏器，临床上需要移植心脏病例很多。根据美国国内的统计数字来估计我国的情况，每年很可能需十万个心脏移植，心脏来源非常有限。因此人工心脏或人工心脏辅助系统，就成为病人等待心脏移植的暂时植入装置，甚至相对长期在病人体中运作。心脏辅助装置（VAD）是非常复杂的（仅居整体人工心脏之后），在图 24-5 中引入了心脏辅助装置植入人体的示意图，在表 24-12 中载入了可植入心脏辅助系统各部件使用的材料。从表中可以看到在心脏辅助系统中应用了多种聚合物，金属钛和钛合金，动物的内脏制品等，另外还要用一些不属于生物医学材料的结构材料和功能材料，如含钒匸姆合金，铜丝，银丝和镍-镉电池等。

表 24-12　可植入的心脏辅助系统

系统的各部件		装置的下一级部件	生 物 材 料
1	接触血液的材料（内表面）泵/驱动单元	血泵袋	嵌段聚醚，聚亚胺酯（生物链节）
		流入流出阀	猪的阀（有硅氧烷法兰）
		腔面	尿烷高弹体（牌号 Adiprene L-100）
	流入流出导管		涤纶血管植入物
2	接触组织的材料（外表面）泵/驱动单元	封装壳	钛（CP-1）医学级粘结剂 A（硅氧烷）环氧（聚胺）
	流入流出导管可变容量补偿器	外表面（植入物）	涤纶血管植入物
		外部加固件	聚丙烯
		可弯膜，联节管	嵌段聚醚
		刚性外罩	钛（含 6Al，4V）
	能量控制和电源单元	密封壳	钛（CP-1）
	带子表皮变压器	带子本体	硅氧烷 医用级粘结剂 A（硅氧烷），银接触

续表 24-12

系统的各部件		装置的下一级部件	生 物 材 料
3	特殊的结构材料泵/驱动单元	螺线管换能器	钛去耦弹簧(Ti-6Al-4V),含钒巨姆,磁芯、铜线圈
		血液泵	轻质复合材料
	可变容量补偿器	充满气的（可再充的）储存器,特殊集成混合线路	
		可再充电池	Ni-Cd
	带状皮肤变压器（次级）	多股线	银,铜

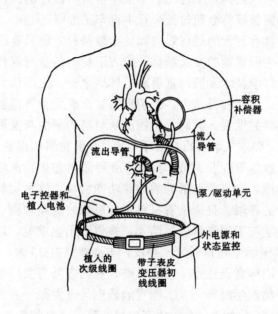

图 24-5　全植入左心室辅助装置（LVAD）

24.5　结束语

　　生物医学材料的研究与开发近十年来得到了飞跃发展，已被许多国家列为高技术新材料发展计划，并迅速成为国际高技术的制高点之一。美国、日本、欧共体诸国、加拿大、澳大利亚等国家和地区纷纷公布了各自的生物医学材料研究计划与巨额投资以及吸引人材或引导投资指南，以期能够在此领域的世界性竞争中占有一席之地。

　　生物医学材料的研究与开发之所以受到世界各国的高度重视，是因为其具有重大的社会效益和巨大的经济效益。第一，随着社会进步和经济发展及生活水平的提高，人类对自身的健康事业格外重视；第二，面对着近六十亿人口对生物医学材料巨大市场的需求；第三，生物医学材料产业是典型的知识密集型产业，价格昂贵，附加值极高。以高技术材料市场每公斤价格比较,生物医学材料最高,达 120~150000 美元;而建材仅 0.1~1.2 美元,宇航材料约 100~1200 美元。因此,近十年来一个生物医学材料与制品的高技术产业正在蓬勃发展。尽管世界经济长期不够景气,但生物医学材料与制品的市场销售额却稳步地以每年 15%~20% 速度递增。目前,世界生物医学材料的年产值已超过 1000 亿美元;而世界药品总产值约为 1700 亿美元,预计 10 年后生物医学材料所占的市场份额将赶上或超过药物市场,成为 21 世纪世界经济的一个支柱性产业[16]。有关专家认为,就生物医学材料目前发展趋势来看,可与 50~60 年代的半导体工业和汽车工业或 70~80 年代的电子工业和计算机工业在世界经济的重要地位相比拟。另外,除了生物医学材料与制品本身所创造的直接经济效益外,它们用于临床所创造的二次经济效益更为可观。在国外,生物医学材料用于临床所创造的经济效益约为材料本身市场价格的 10 倍左右,在国内约为 3~5 倍。正因为如此,日本各界人士一致认为,下世纪生物医学材料与医疗器械将成为日本的主要经济支柱产业之一,其市场销售额将会超过当今日本汽车工业[15,16]。

生物医学材料除了具有巨大的经济效益和社会效益外,还具有深远的科学意义。生物医学材料是材料科学与生命科学的交叉学科,代表了材料科学与现代生物医学工程的一个主要发展方向,是当代科学技术发展的重要前沿阵地之一。上面谈到,人类已进入改造和创建新的生命形态时代,再生和再造人体组织和器官已成为世界范围新的研究热点,其技术关键在于生物医学材料的发展。同时,生物医学材料的研究与发展将有力地推动全材料科学与工程概念的形成,要求从事有机高分子材料、金属材料和陶瓷无机材料以及物理学、化学、生物学和系统工程学等专业人员,打破专业界限,与生物医学工作者共同努力,设计与制造出适于人体环境,参与生命活动的特殊功能材料。这种材料的设计将跨越无机和有机,无生命与有生命的界限,且面临着材料设计思想的更新和概念的彻底革命。针对这样的挑战,生物材料科学与工程学科应运而生,并得到迅速发展。以世界生物材料学术会议为例,1972 年第一次国际生物材料学术会议,与会者只有 25 人;到 1988 年第三次国际生物材料学术会议时,出席者已达数千人。目前,在国内外有关综合材料科学和生物医学工程的学术会议上,生物医学材料与人工器官的研究与开发是一项重要的研讨课题,愈来愈多的国际知名物理学家、化学家、生物学家和材料科学家都积极参与这一新领域的研究。

我国是一个拥有 12 亿人口和 6000 万残疾人的大国,发展生物医学材料具有特殊意义。据民政部报告,我国肢体不自由患者已超过 1500 万,其中残肢者约 780 万。过去因缺乏生物医学材料和施行重建手术,已有 300 余万人截肢。我国青壮年类风湿关节炎发病率高,北方大骨节病患者约有数百万。患有不同程度骨质疏松症者高达 6300 万。我国牙缺损牙缺失患者约占总人口的 1/5~1/3,口腔生物材料需求量巨大。我国心脑血管病、内外源性中毒、高血压、糖尿病等发病率高。临床介入性治疗器件、吸附解毒材料、药物缓释与传递材料、一次性医用材料等市场远未开发。目前,我国正步入老龄化社会,到 2000 年,人口中 65 岁以上者将达 7.4%,到 2040 年将高达 21.4%。随着人口的老龄化,各种生物医学材料和医疗装置的需求将会大幅度增加。这一方面有助于我国生物医学材料的发展;而另一方面会加速我国医疗费的增长。对于医疗费年增长率达 20% 的我国,无疑是一个沉重的负担。因此,加速生物医学材料的发展,对于解除千百万患者的痛苦、提高人民的健康水平、延长寿命和降低医疗费用负担都是非常有意义的。

我国生物医学材料与医疗器械产业的发展起步晚,水平低,1982 年的总产值只有 0.65

亿美元。尽管每年以 15%～20% 速度增长,但 1994 年的总产值也只达到 9 亿美元,约占世界总产值的 0.75%,人均年消耗值只有发达国家的 0.5%～1%。如果说涵盖生物医学材料在内的我国医疗器械产业的发展与世界发达国家有差距的话,那么在临床应用上差距更大。例如,人工关节置换量目前世界一年可达 120 万例;而约占世界人口 22% 的我国,其人工关节置换量一年只有 3 万例。又如,美国 1996 年接受 PTCA(经皮腔内冠状动脉成形术)介入性治疗的冠心病患者已达到 40 万例;而我国现有 1000 万冠心病患者,一年能得到 PTCA 治疗者只有 2000 例左右。还有我国患白内障需要置换人工晶体患者一年约有 300 万,而 1996 年只进行了 10 万例手术。通过上述情况看出,在生物医学材料与医疗器械的临床应用方面,我国远未达到国际平均水平和国内的实际需求。正因如此,外国产品大量涌入,我国生物医学材料产业面临着可能丧失发展余地的严峻形势。大力发展生物医学材料,尽快实现国产化,满足国内市场需求,已是刻不容缓的大事。

根据有关专家的临床调查,生物医学材料与制品从使用现状和发展前景来看大抵可分为如下三大类:

一是已经在临床大量使用的生物医学材料和制品,其中有侧倾式单碟人工心脏、生物瓣、聚四氟乙烯心脏补片、心脏起搏器、聚甲基丙烯酸甲酯人工晶体、人工泪管、接触眼镜、人工肾透析器及血管回路、麻醉器材、氧合器、羟基磷灰石类骨填料、骨板、骨钉、人工关节、骨水泥、钛基人工种植牙、乳胶避孕套、宫内节育器、长效避孕器材、各种医用插管和导管、一次性注射器、一次性输液(血)器、血袋、人工皮、缝合线、导尿管,各种口腔医用材料与器材、创伤愈合保护材料等。

二是有发展前景的生物医学材料与制品,其中有人工血管、双叶机械瓣、抗钙化生物瓣、人工血液、人工晶体软镜、人工食道、人工喉、腹膜透析器、人工肺、整形材料、特种缝合线、介入性治疗器材(包括各种导管、支架、栓塞剂等)、外科防粘连膜、特种避孕套、人工肌腱、置留针和导管、人工乳房、可吸收生物材料制品、药物缓释与传递材料等。

三是还处在实验室研究阶段的生物医学材料与制品,其中有全人工心脏、人工肝、人工神经、杂化生物型人工胰脏、人工肾、人工胸腺、人工血管、生物分子材料与组织工程制品、智能化生物材料等。

因此,我们应该大力发展已经在临床大量使用的生物医学材料与制品,立足于国产化,满足临床日益增长的需求。同时要重点支持有发展前景的生物医学材料与制品和尚处于实验室研究阶段的生物医学材料与制品的研制与开发,使其早日应用于临床和实现产业化。

参 考 文 献

1　Biomaterial-Living System Interactions (Sevastianov,ed.,BioMir)

2　Biomaterials(inclcding Clinical Materials)(Elsevier)

3　Biomaterials Forum(Society for Biomaterials)

4　Biomaterials:Processing,Testing and Manufacturating Technology (Butterworth)

5　Biomedical Materials (Elseier)

6　Biomedical Materials and Engineering(T. Yokobor:,ed.,Pergamon Press)

7　张杏奎. 新材料技术. 江苏:江苏科技出版社,1992:92

8　曹征旺,王小祥. 生物材料学. 颜鸣皋等编著. 材料科学前沿研究. 北京:航空工业出版社,1994:112

9　李树尘,陈成澍. 现代功能材料应用与发展. 成都:西南交通大学出版社,1994:220

10　Ratner B D,Hoffman A S,Schoen F J,Lemons J E. Biomaterials Science. New York:Academic Press,1996

11　Williams D. Concise Encyclopedia of Medical and Dental Materials. Oxford,UK:Pergamon Press,1990

12　浦素云. 金属植入材料及其腐蚀. 北京:北京航空航天大学出版社,1990

13　Lee Stuart M,(Editor). Advances in Biomaterials. Techonomic Publishiny Company,Inc. 1986(SAMPE Journal)

14　风兆玄,戚国荣. 医用高分子. 浙江:浙江大学出版社,1989

15　Ashby M F. Industrial Materials for the Future. HMSO,1991

16　Szycher M. The Medical Device Industry. J. Biomat. Appl. Vol. 11(July)1996:76～118

附录一　物理学基本常数

物理量	符号	数值	误差	SI 单位	cgs 单位
真空中的光速	C	2.997 924 58(12)[①]	0.004×10^{-6}	$10^8 \text{m} \cdot \text{s}^{-1}$	$10^{10} \text{cm} \cdot \text{s}^{-1}$
万有引力常数	G	6.672 0(41)	615×10^{-6}	$10^{-11} \text{N} \cdot \text{m}^2 \cdot \text{kg}^{-2}$	$10^{-3} \text{dyn} \cdot \text{cm}^2 \cdot \text{g}^{-2}$
标准重力加速度	g	9.806 65		$\text{m} \cdot \text{s}^{-2}$	$10^2 \text{cm} \cdot \text{s}^{-2}$
标准大气压	P_0	1.013 25		$10^5 \text{N} \cdot \text{m}^{-2}$	$10^6 \text{dyn} \cdot \text{cm}^{-2}$
冰点温度	T_0	2.731 500(1)	0.36×10^{-6}	10^2K	K
理想气体标准状态下摩尔体积	V_0	2.241 383(70)	31×10^{-6}	$10^{-2} \text{m}^3 \cdot \text{mol}^{-1}$	$10^{-4} \text{cm}^3 \cdot \text{mol}^{-1}$
气体普适恒量	R	8.314 41(26)	31×10^{-6}	$\text{J} \cdot \text{mol}^{-1} \cdot \text{K}^{-1}$	$10^{-7} \text{erg} \cdot \text{mol}^{-1} \cdot \text{K}^{-1}$
玻耳兹曼常量	k	1.380 662(44)	32×10^{-6}	$10^{-23} \text{J} \cdot \text{K}^{-1}$	$10^{-16} \text{erg} \cdot \text{K}^{-1}$
斯忒藩—玻耳兹曼常量	σ	5.670 32(71)	125×10^{-6}	$10^{-3} \text{W} \cdot \text{m}^{-2} \cdot \text{K}^4$	$10^{-3} \text{erg} \cdot \text{s}^{-1} \text{cm}^{-2} \cdot \text{K}^{-4}$
阿伏加德罗常量	N	6.022 045(31)	5.1×10^{-6}	10^{23}mol^{-1}	10^{23}mol^{-1}
普朗克常量	h	6.626 176(36)	5.4×10^{-6}	$10^{-34} \text{J} \cdot \text{s}$	$10^{-27} \text{erg} \cdot \text{s}$
	$\hbar = h/2\pi$	1.054 588 7(57)	5.4×10^{-6}	$10^{-34} \text{J} \cdot \text{s}$	$10^{-27} \text{erg} \cdot \text{s}$
法拉第常量	F	9.648 456(27)	2.8×10^{-6}	$10^4 \text{C} \cdot \text{mol}^{-1}$	$10^3 \text{emu} \cdot \text{mol}^{-1}$
		2.892 5343(81)	2.8×10^{-6}		$10^{14} \text{esu} \cdot \text{mol}^{-1}$
真空的介电常量	ε_0	8.854 187 82(71)	0.008×10^{-6}	$10^{-12} \text{J}^{-1} \cdot \text{C}^2 \cdot \text{m}^{-1}$	$10^{-23} \text{erg}^{-1} \cdot \text{emu}^2 \cdot \text{cm}^{-1}$
真空的磁导率	μ_0	$4\pi = 12.566\ 370\ 614\ 4$		$10^{-7} \text{J} \cdot \text{s}^2 \cdot \text{C}^{-2} \cdot \text{m}^{-1}$	$\text{erg} \cdot \text{s}^2 \cdot \text{emu}^{-2} \cdot \text{cm}^{-1}$
原子质量单位	u	1.660 565 5(86)	5.1×10^{-6}	10^{-27}kg	10^{-24}g
电子的电量	e	1.602 189 2(46)	2.9×10^{-6}	10^{-19}C	10^{-20}emu
		4.803 242(13)	2.9×10^{-6}		10^{-10}esu
电子的静止质量	m_e	9.109 534(47)	5.1×10^{-6}	10^{-31}kg	10^{-24}g
		5.485 802 6(21)	0.38×10^{-6}	$10^{-4} u$	$10^{-4} u$
质子的静止质量	m_p	1.672 648 5(86)	5.1×10^{-6}	10^{-27}kg	10^{-24}g
		1.007 276 470(11)	0.011×10^{-6}	u	u
中子的静止质量	m_n	1.674 954 3(86)	5.1×10^{-6}	10^{-27}kg	10^{-24}g
		1.008 665 012(37)	0.037×10^{-6}	u	u
电子的荷质比	e/m_e	1.758 804 7(49)	2.8×10^{-6}	$10^{11} \text{C} \cdot \text{kg}^{-1}$	$10^7 \text{emu} \cdot \text{g}^{-1}$
		5.272 764(15)	2.8×10^{-6}		$10^{17} \text{esu} \cdot \text{g}^{-1}$
里德伯常量	R_∞	1.097 373 177(83)	0.075×10^{-6}	10^7m^{-1}	10^4cm^{-1}
玻尔半径	a_0	5.291 770 6(44)	0.82×10^{-6}	10^{-11}m	10^{-9}cm

① 括弧内的数值表示末位数值的准确度,即以(12)代替±12,下同。

附录二　国际单位制(SI)单位表

Ⅰ.国际制基本单位

量	英文名称	中文名称	国际代号(中文)	定　义
长度	metre	米	m(米)	m 等于氪-86 原子的 $2p_{10}$ 和 $5d_5$ 能级之间 跃迁所对应的辐射,在真空中的 1 650 763.73 个波长的长度
质量	kilogram	千克(公斤)	kg(千克)	kg 是质量单位,等于国际 kg 原器的质量
时间	second	秒	s(秒)	s 是铯-133 原子基态的两个超精细能级之间跃迁所对应的辐射的 9 192 631 770 个周期的持续时间
电流	ampere	安培	A(安)	A 是一恒定电流,若保持在处于真空中相距 1m 的两无限长,而圆截面可忽略的平行直导线内,则在此两导线之间产生的力在每米长度上等于 2×10^{-7}N
热力学温度	kelvin	开尔文	K(开)①	热力学温度单位开尔文是水三相点热力学温度的 1/273.16
发光强度	candela	坎德拉	cd(坎)	cd 是一光源在给定方向上的发光强度,该光源发出频率为 540×10^{-12}Hz 的单色辐射,且在此方向上的辐射强度为(1/683)W 每球面度
物质的量	mole	摩尔	mol(摩)	1. mol 是一系统的物质的量,该系统中所包含的基本单元数与 0.012kg 碳-12 的原子数目相等 2. 在使用 mol 时,基本单元应予指明,可以是原子、分子、离子、电子及其他它粒子,或是这些粒子的特定组合

① 热力学温度单位"开尔文(开)",而非"度开尔文",其符号为 K,不是°K。

Ⅱ.具有专门名称的国际制导出单位

量	英文名称	中文名称	国际代号(中文)	用 SI 基本单位表示的表示式	用其他 SI 单位表示的表示式
力	newton	牛顿	N(牛)	$m\cdot kg\cdot s^{-2}$	$J\cdot m^{-1}$
压力	pascal	帕斯卡	Pa(帕)	$m^{-1}\cdot kg\cdot s^{-2}$	$N\cdot m^{-2}$
能,功,热量	joule	焦耳	J(焦)	$m^2\cdot kg\cdot s^{-2}$	$N\cdot m$
功率	watt	瓦特	W(瓦)	$m^2\cdot kg\cdot s^{-3}$	$J\cdot s^{-1}$
电量	coulomb	库仑	C(库)	$S\cdot A$	
电位,电压,电动势	volt	伏特	V(伏)	$m^2\cdot kg\cdot s^{-3}\cdot A^{-1}$	$W\cdot A^{-1}$
电阻	ohm	欧姆	Ω(欧)	$m^2\cdot kg\cdot s^{-3}\cdot A^{-2}$	$V\cdot A^{-1}$
电导	siemens	西门子	S(西)	$m^{-2}\cdot kg^{-1}\cdot s^3\cdot A^2$	Ω^{-1}
电容	farad	法拉	F(法)	$m^{-2}\cdot kg^{-1}\cdot s^4\cdot A^2$	$C\cdot V^{-1}$

量	英文名称	中文名称	国际代号 (中文)	用SI基本单位 表示的表示式	用其他SI单位 表示的表示式
磁通[量]	weber	韦伯	Wb(韦)	$m^2 \cdot kg \cdot s^{-2} \cdot A^{-1}$	$V \cdot s$
电感	henry	亨利	H(亨)	$m^2 \cdot kg \cdot s^{-2} \cdot A^{-2}$	$V \cdot s \cdot A^{-1}$
磁感应强度	tesla	特斯拉	T(特)	$kg \cdot s^{-2} \cdot A^{-1}$	$V \cdot s \cdot m^{-2}$
光通量	lumen	流明	lm(流)	$cd \cdot sr$	
光照度	lux	勒克斯	lx(勒)	$m^{-2} \cdot cd \cdot sr$	$m^{-2} \cdot lm$
频率	hertz	赫兹	Hz(赫)	s^{-1}	
活度(放射性强度)	becquerel	贝克勒尔	Bq(贝克)	s^{-1}	
吸收剂量	gray	戈瑞	Gy(戈)	$m^2 \cdot s^{-2}$	$J \cdot kg^{-1}$

元 素 周 期 表

图例：
原子序数 —19 K ← 元素符号
钾 ← 元素名称
39.098 ← 原子量
注*的是人造元素

周期	I_A	II_A	III_B	IV_B	V_B	VI_B	VII_B	VIII			I_B	II_B	III_A	IV_A	V_A	VI_A	VII_A	0	电子层	电子数
1	1 H 氢 1.00794(7)																	2 He 氦 4.002602(2)	K	2
2	3 Li 锂 6.941(2)	4 Be 铍 9.0121823(3)											5 B 硼 10.811(5)	6 C 碳 12.011	7 N 氮 14.00674(7)	8 O 氧 15.9994(3)	9 F 氟 18.9984032(9)	10 Ne 氖 20.1797(6)	L K	8 2
3	11 Na 钠 22.989768(6)	12 Mg 镁 24.3050(6)											13 Al 铝 26.981539(5)	14 Si 硅 28.0855(3)	15 P 磷 30.973762(4)	16 S 硫 32.066(6)	17 Cl 氯 35.4527(9)	18 Ar 氩 39.948	M L K	8 8 2
4	19 K 钾 39.0983	20 Ca 钙 40.078(4)	21 Sc 钪 44.955910(9)	22 Ti 钛 47.88(3)	23 V 钒 50.9415	24 Cr 铬 51.9961(6)	25 Mn 锰 54.93805(1)	26 Fe 铁 55.847(3)	27 Co 钴 58.93320(1)	28 Ni 镍 58.69	29 Cu 铜 63.546(3)	30 Zn 锌 65.39(2)	31 Ga 镓 69.723(4)	32 Ge 锗 72.61(2)	33 As 砷 74.92159(2)	34 Se 硒 78.96(3)	35 Br 溴 79.904	36 Kr 氪 83.80	N M L K	8 18 8 2
5	37 Rb 铷 85.4678(3)	38 Sr 锶 87.62	39 Y 钇 88.90585(2)	40 Zr 锆 91.224(2)	41 Nb 铌 92.90638(2)	42 Mo 钼 95.94	43 Tc 锝* (97.99)	44 Ru 钌 101.07(2)	45 Rh 铑 102.90550(3)	46 Pd 钯 106.42	47 Ag 银 107.8682(2)	48 Cd 镉 112.411(8)	49 In 铟 114.82	50 Sn 锡 118.710(7)	51 Sb 锑 121.75(3)	52 Te 碲 127.60(3)	53 I 碘 126.90447(3)	54 Xe 氙 131.29(2)	O N M L K	8 18 18 8 2
6	55 Cs 铯 132.90543(5)	56 Ba 钡 137.327(7)	57-71 La-Lu 镧系	72 Hf 铪 178.49(2)	73 Ta 钽 180.9479	74 W 钨 183.85(3)	75 Re 铼 186.207	76 Os 锇 190.2	77 Ir 铱 192.22(3)	78 Pt 铂 195.08(3)	79 Au 金 196.96654(3)	80 Hg 汞 200.59(3)	81 Tl 铊 204.3833(2)	82 Pb 铅 207.2	83 Bi 铋 208.98037(3)	84 Po 钋 (209.210)	85 At 砹 (210)	86 Rn 氡 (222)	P O N M L K	8 18 32 18 8 2
7	87 Fr 钫 (223)	88 Ra 镭 226.0254	89-103 Ac-Lr 锕系	104 Rf 钅卢* (261)	105 Ha 钅杜* (262)	106 Unh* (263)	107 Uns* (262)	108 Uno* (265)	109 Une* (266)											

镧系

57 La 镧 138.9055(2)	58 Ce 铈 140.115(4)	59 Pr 镨 140.90765(3)	60 Nd 钕 144.24(3)	61 Pm 钷* (147)	62 Sm 钐 150.36(3)	63 Eu 铕 151.965(9)	64 Gd 钆 157.25(3)	65 Tb 铽 158.92534(3)	66 Dy 镝 162.50(3)	67 Ho 钬 164.93032(3)	68 Er 铒 167.26(3)	69 Tm 铥 168.93421(3)	70 Yb 镱 173.04(3)	71 Lu 镥 174.967

锕系

89 Ac 锕 227.0278	90 Th 钍 232.0381	91 Pa 镤 231.0359	92 U 铀 238.0289	93 Np 镎 237.0482	94 Pu 钚 (239.244)	95 Am 镅* (243)	96 Cm 锔* (247)	97 Bk 锫* (247)	98 Cf 锎* (251)	99 Es 锿* (252)	100 Fm 镄* (257)	101 Md 钔* (258)	102 No 锘* (259)	103 Lr 铹* (260)

注：1. 原子量录自1985年国际原子量表，以$^{12}C=12$为基准。原子量的末位数的准确度加注在其后弧内，未加注者准至±1。
2. 括弧内数据是天然放射性元素较重要的同位素的质量数或人造元素半衰期最长的同位素的质量数。

编 后 记

　　本书是一本新兴功能材料方面的学术专著,同时又是一本重要的教学参考用书,具有涵盖面和读者面广的特点。蒋民华院士、徐祖雄教授和我就本书的结构与性质、篇章分配、内容涵盖等进行了长时间的反复讨论并达成共识。展现在读者面前的《功能材料学概论》就是这种共识和各章作者认真编写的最终成果。

　　本书的出版得到了多方面学者、专家和领导的大力支持和帮助。北京科技大学陈难先院士、中国科学院大连物理化学研究所章素教授、华中理工大学张绪礼教授、西北工业大学前校党委副书记李青和系主任兰立文、中国科学院半导体研究所陈伟教授、山东大学邵宗书教授、清华大学张秀芳教授等都推荐了可供参考选择的高水平撰稿人选。在收集资料、审阅初稿和联系方面得到多位专家的帮助,他们是:天津大学张宝峰和李忆莲教授,北京理工大学邢修三教授,山东工业大学李胜利教授,北京科技大学王润、杨国斌、龙毅、夏守余、王佩璇、刘冠威、姚玉琴和万发荣教授,西南交通大学陶佑卿教授,北京航空航天大学田莳教授,北京钢铁研究总院的柯成、杜毓铣和唐与谌教授,中科院沈阳金属所的赵韦人、旅居美国的研究人员钱扬、王瑞萍和鲁燕霞等。北京科技大学孙义珍同志在本书的出版和争取北京科技大学出版经费的部分资助方面给予了非常热情的支持。我和其他主编及参编者向上述人士的协助致以深深的谢意。

　　本书内容涉及面广,而现代科学技术的发展又非常快,故本书难免有疏漏、错误等不当之处,希望广大读者不吝赐教。为此把各编著者的通信地址列出,以便联系。

马如璋

1999 年 1 月 20 日

编 者 通 讯 录

马如璋　100083　北京科技大学材料物理系
蒋民华　250100　山东大学晶体材料研究所
徐祖雄　100083　北京科技大学材料物理系
平爵云　100083　北京科技大学材料物理系
周寿增　100083　北京科技大学新金属材料实验室
高学绪　100083　北京科技大学新金属材料实验室
李　阳　100083　北京科技大学材料物理系
王耘波　430074　湖北武汉华中理工大学固体电子系
张正义　100083　北京科技大学材料科学与工程系
殷　声　100083　北京科技大学材料科学与工程系
邵宗书　250100　山东大学晶体材料研究所
马纪东　100083　北京科技大学材料物理系
张秋禹　710072　西北工业大学化工系
王继扬　250100　山东大学晶体材料研究所
肖耀福　100083　北京科技大学材料科学与工程系
刘　涛　100038　中科院高能物理研究所同步辐射室
陈　洪　518101　深圳宝安区新城 34 工业区黄金台创业村
王燕斌　100083　北京科技大学材料物理系
吴杏芳　100083　北京科技大学材料物理系
鲁燕霞　1081,Main Street,Apt. 6 Phelps,NY 14532,USA.
孙福玉　100081　北京钢铁研究总院 113 室